Das große Buch der Tierwelt

Das große Buch der Tierwelt

Der farbige Naturführer durch alle Kontinente

Herausgegeben von Heinz Sielmann

Weltbild Verlag

Autoren

Ann und Myron Sutton:
DAS LEBEN IM WALD

Edward Ricciuti:
BERGE UND TÄLER

William H. Amos:
BÄCHE UND FLÜSSE, TEICHE UND SEEN

Albert C. Jensen:
MEERE UND MEERESKÜSTEN

William H. Amos:
FASZINIERENDE INSELWELT

Kai Curry-Lindahl:
STEPPE, SAVANNE UND PRÄRIE

Frederic H. Wagner:
LEBENDIGE WÜSTE

G. Carleton Ray und M. G. MacCormick-Ray:
IM UMKREIS DER POLE

Dr. Siegfried Schmitz:
DAS TIERREICH · SYSTEMATISCHE ÜBERSICHT

Übersetzung und Bearbeitung: Dr. Siegfried Schmitz

Genehmigte Lizenzausgabe für
Weltbild Verlag GmbH, Augsburg, 1995

Hergestellt unter Verwendung der Texte und Bilder
von Chanti cleer Press, New York
Layout: C. A. von Delbrück
Einbandgestaltung: Peter Engel, München

Printed in the Slovak Republic
54570

ISBN 3-89350-374-9

Inhalt

Naturschutz ist Lebensschutz

Einführung von Heinz Sielmann

Auf meinen »Expeditionen ins Tierreich« in aller Welt mußte ich immer wieder feststellen, daß wir Menschen des Industriezeitalters die Oberfläche unserer Erde bereits weitgehend verändert haben. Kulturland verdrängt auf allen Kontinenten die Wildnis. Zwei Drittel der gesamten Waldfläche der Erde hat der Mensch bisher vernichtet, zahllose Flußläufe in Kanäle verwandelt und Hunderte von Tier- und Pflanzenarten ausgerottet.

Wenn wir früher an Naturschutz dachten, glaubten die meisten, es ginge allein um den Schutz gefährdeter Tierarten wie Kranich, Schwarzstorch, Uhu oder Adler, um Geschöpfe, die dem sogenannten Fortschritt nicht gewachsen sind. Heute erkennen wir immer deutlicher, daß Fortschritt auch für den Menschen zum »Fortschreiten« von gesunden Lebensbedingungen führen kann und daß das Verschwinden von Tier- und Pflanzenarten ein untrügliches Zeichen dafür ist, daß die Lebensqualität der Landschaft geschwächt wurde, nicht zuletzt auch für den Menschen. So wird Naturschutz immer mehr zum Umwelt-, ja zum Lebensschutz für alle Geschöpfe und naturkundliches Wissen zu einer Überlebenshilfe.

Ein Beitrag zum Umweltschutz

Ich bin davon überzeugt, daß das vorliegende »Große Buch der Tierwelt« einen besonders wichtigen Beitrag zum Natur- und Umweltschutz leistet, weil hier die Lebenserscheinungen nach den neuesten Erkenntnissen der Ökologie dargestellt werden. Hier wird versucht, jedem die Kenntnisse zu vermitteln, die er braucht, um die Zusammenhänge in den verschiedenen Lebensbereichen – von den Alpen in Europa bis zur arktischen Region – zu verstehen.

Im Gegensatz zu Wald und Flur war die Gebirgswelt weniger den ständigen Eingriffen des Menschen ausgesetzt, so daß sich vor allem die höheren und dünn besiedelten Bergregionen als ideales Rückzugsgebiet für Tierarten erwiesen, die in der Ebene verfolgt wurden und deren Lebensgrundlage durch Landschaftsveränderungen schwand. Denken wir nur an unseren Wappenvogel, den Steinadler der Alpen. Dieser eindrucksvolle Greifvogel war früher in großen geschlossenen Waldgebieten weit verbreitet. Heute ist sein Gesamtbestand auf wenige Paare zusammengeschrumpft, die in möglichst menschenfernen und schwer zugänglichen Steilwänden horsten.

Noch vor Jahren wäre als Phantast verlacht worden, wer vorausgesagt hätte, daß im Jahr 1984 über 29 Millionen Kraftfahrzeuge in der Bundesrepublik Deutschland fahren würden. Das Asphaltnetz der Straßen wird immer dichter, obgleich die Erschließung unserer Landschaft bereits perfekt zu sein scheint. Aus der Hektik und Enge der Ballungsräume zieht es die Menschen auf schnellen Straßen in die Natur. Die landschaftlichen Schönheiten der Berge, die gesunde, reine Luft und das Reizklima in der Höhe haben die Alpen zu einem Erholungsgebiet ersten Ranges werden lassen. Einst stille Ortschaften sind zu Kleinstädten angewachsen. Immer mehr Seilbahnen führen Millionen von Menschen in Gefilde, die vor ein paar Jahren nur der Senner auf beschwerlichen Pfaden erreicht hat. Die Skigebiete dehnen sich immer weiter aus, Wanderwege erschließen die entlegensten Gebiete, Bergsteiger erklimmen die höchsten Gipfel, und Drachenflieger schweben über unzugänglichen Steilhängen und Schluchten. Es ist erfreulich, daß es heute so viele Erholungsgebiete gibt, aber bei der gegenwärtigen Entwicklung steht der Naturschutz vor der wichtigen Aufgabe, einer teils planlosen, teils nur auf materiellen Profit ausgerichteten Zersiedlung der Landschaft entgegenzuwirken. Nicht nur der Mensch, auch die Natur braucht Erholungsgebiete.

Für die Existenz des Menschen hat keine Landschaft unserer Erde die gleiche Bedeutung wie der Wald, den man zu Recht »Das Rückgrat der Erde« nennt. Der Wald reinigt die von Staub und Abgasen verunreinigte Luft und reichert sie mit Sauerstoff an. So kann ein Hektar Buchenwald jährlich an die 70 Tonnen Staub aus der Luft herausfiltern. Und eine einzige Buche mit einem Kronendurchmesser von 15 Metern produziert pro Stunde ungefähr 1,7 Kilogramm Sauerstoff, das ist der tägliche Sauerstoffbedarf von drei Menschen. Waldungen sind also gerade im Bereich der Großstädte und Industriegebiete von unschätzbarem Wert.

Besonders wichtig ist der Wald als Wasserspeicher, weil er eine ausreichende Versorgung mit Grundwasser gewährleistet. Auch die Wasserqualität wird durch den Wald entscheidend beeinflußt, denn er säubert das Regenwasser, das immer stärker mit Schadstoffen der Luft belastet wird. Der Waldboden hat gewissermaßen die Funktion einer riesigen Kläranlage, die Wasser von bester Qualität erzeugt. Eine dritte, nicht minder wichtige Funktion des Waldes ist die Erzeugung einer Humusschicht, von der über die Nahrungskette alles Leben auf dem festen Land – Pflanze, Tier und Mensch – abhängig ist.

Die Urwälder der Vorzeit

Bis zum Beginn der jüngeren Steinzeit war fast ganz Mitteleuropa von Wald bedeckt. Unsere heutigen Wälder unterscheiden sich wesentlich von den Urwäldern der Vorzeit. Der größte Teil Mitteleuropas besaß Eichenwald, durchsetzt mit Rotbuchen, Ahornbäumen, Linden und Ulmen. Die Vernichtung dieser Urwälder begann in den Mittelmeerländern. Man brauchte Bauholz vor allem für den Schiffsbau, für die immer größer werdenden Flotten. Weiteren Schaden brachte die Weidewirtschaft, denn vor allem die Ziegen lebten von den nachwachsenden Trieben. Ähnlich große Holzmengen wie beim Schiffsbau wurden durch die Herstellung von Holzkohle für die Essen der Schmieden vernichtet. Doch auch die zunehmende Landwirtschaft und Viehzucht wirkten sich verheerend auf die ursprünglichen Mischwälder aus, da die Bauern die Tiere ausschließlich in den Waldungen weiden ließen.

Die schädlichen Auswirkungen der Entwaldung zeigen sich eindrucksvoll in den Mittelmeerländern, wo die einst von malerischen Wäldern bedeckten Gebirgszüge heute verkarstet sind und einen trostlosen Anblick bieten. Den deutschen Wäldern wäre wohl in der Neuzeit ein ähnliches Schicksal beschieden gewesen, wenn nicht rechtzeitig der Heizwert der Kohle entdeckt worden wäre. In der Zeit von 1750 bis 1850 haben die junge deutsche Forstwirtschaft und Forstwissenschaft den bis damals vernichteten Wald wiederaufgebaut, aber er hatte wenig Ähnlichkeit mit den Urwäldern. Er wurde zum Wirtschaftsgut, eine rationelle Bewirtschaftung machte den Wald zum Forst.

Die Bedeutung der Mischwälder

Die Erkenntnis, daß Nadelholz auf gleicher Fläche und in der gleichen Zeit mehr Holz liefert als die Laubbäume, und das Bemühen, möglichst hohe Erträge zu erzielen, führten zur Schaffung des schnellwachsenden Nadelwaldes. In der Bundesrepublik Deutschland sind heute etwa 30 Prozent der gesamten Landfläche wieder von Wald bedeckt. Davon entfallen aber nur noch ein Drittel auf Laub- und zwei Drittel auf Nadelwälder. Die Bevorzugung dieser Baumplantagen zeigte aber bald Auswirkungen, die erkennen ließen, daß die Natur falsch behandelt worden war. Es kam zum Beispiel zur Entartung der Böden, zur Veränderung des Wasserhaushalts, zu Pilzkrankheiten, Massenvermehrung von Schadinsekten, Sturmschäden und Waldbränden. In Mitteleuropa sind nur wenige Reste des ursprünglichen Urwalds erhalten geblieben, so im Bayerischen Wald, im Bereich der Alpen, in der Tschechoslowakei und in den Karpaten. Vernichtete Urwälder können vom Menschen niemals neu geschaffen werden. Denn die Natur hat dieses grandiose Ökosystem in zehntausendjähriger Entwicklung entstehen lassen. Was wir aber erreichen können und womit in Staats- und Privatforsten tatkräftig begonnen wurde, ist die Wiederherstellung naturnaher Mischwälder. Heute wissen wir, daß die richtig angelegten und gepflegten Mischbestände nicht nur der Verschönerung der Landschaft dienen und das Auge des Menschen erfreuen, sondern auf die Dauer auch besseren Holzertrag liefern. Das unterstreicht den Hinweis von Konrad Lorenz, daß Ökologie auch die beste Ökonomie ist. Darüber hinaus beherbergt der lichte Mischwald eine weit größere Artenfülle von Tieren und Pflanzen als dunkle Fichtenwälder, auf deren Boden kaum ein Strauch oder eine Blume leben kann.

Die Bevölkerungsexplosion seit dem letzten Jahrhundert und die Sicherung der Ernährung der Menschen haben dazu geführt, daß die landwirtschaftlichen Produktionsflächen weltweit ständig zunehmen. Dabei wurden gerade die fruchtbaren Steppengebiete bevorzugt unter den Pflug genommen. In früherer Zeit wurde der Boden vom Bauern schonend in der Dreifelderwirtschaft genutzt. Man baute abwechselnd Winter- oder Sommergetreide an und ließ das Feld im dritten Jahr unbestellt. Während dieser Ruhepause konnte sich das sogenannte Unkraut, also die vom Menschen nicht genutzten Pflanzengesellschaften, wieder üppig vermehren. Als Schutz gegen den Wind pflanzte man Hecken, die gleichzeitig wie Zäune das Vieh von den fruchtbaren Feldern fernhielten.

Vielgestaltige Feldflur

Diese vom Menschen gestaltete Feldflur bewirkte zugleich den Zuzug vieler Tierarten, die hier ein vielseitiges Nahrungsangebot und passenden Unterschlupf fanden. Das Rebhuhn, einstmals vor allem in den Natursteppen des Ostens zu Hause, siedelte sich in großer Zahl an, ebenso die Wachtel, unser kleinstes Feldhuhn. Freund Lampe, der Hase, war in vorgeschichtlicher Zeit bei uns spärlich vertreten. Erst die Landwirtschaft mit ihrem ganzjährigen reichen Nahrungsangebot schuf dem Feldhasen ein Schlaraffenland und bewirkte seine enorme Vermehrung. Aus der schwindenden Natursteppe wanderten Hamster, Ziesel und Feldlerche in die Kultursteppe, ebenso Europas Riesenvogel, die Großtrappe.

Die Feldraine waren geschmückt mit einer Fülle von Blütenpflanzen, die von verschiedenen Schmetterlingen und anderen Großinsekten besucht wurden. Es gab in den Hekken und Feldgehölzen eine große Zahl insektenfressender Singvögel, wie Grasmücken und Würger, und überall fanden sich Tümpel mit einer reichen Fauna und Flora. Doch dann vollzog sich in wenigen Jahrzehnten ein gewaltiger Wandel. Aus der vielgestaltigen naturnahen Feldflur wurde eine eintönige Produktionslandschaft, und das führte dazu, daß die meisten Tier- und Pflanzenarten verdrängt wurden.

So wie das DDT bei uns aus dem Verkehr gezogen werden mußte, ist damit zu rechnen, daß die Landwirtschaft künftig mit Dünger und Pestiziden viel vorsichtiger umgehen muß. In einer Zeit des Überan-

gebots landwirtschaftlicher Produkte sollte auch eine weitere Subventionierung der Erträge von Grenzertragsböden gründlich überdacht werden. Viele dieser unrentablen landwirtschaftlichen Nutzflächen würden sich hervorragend als Erholungslandschaften für Menschen und Tiere eignen und der Fauna und Flora einen Lebensraum wiedergeben, den man ihnen allzu leichtsinnig genommen hat. Jedenfalls liegt hier für die Zukunft eine große Aufgabe für den gestaltenden Naturschutz.
Nur wenige Landschaftsbereiche werden vom Menschen so vielseitig und intensiv genutzt wie Flüsse und Seen. Als Wasserstraßen dienen sie der Schiffahrt. Sie liefern Trink- und Brauchwasser. Als Vorfluter nehmen sie unsere Abwässer auf. Daneben sind sie Orte der Muße und Erholung. Zwischen den einzelnen Nutzformen kommt es häufig zu bedrohlichen Konflikten. So werden die stark beanspruchten Wasseradern in den Industrieländern allzu oft zu Abwässerkanälen, in denen das Leben stirbt.

Die Reinerhaltung des Wassers

Überall braucht man den Rohstoff Wasser, aber von allen Nutzungsplätzen wird es in verminderter Qualität oder mit Giftstoffen belastet in sein Bett zurückgeführt. Zu lange war man davon überzeugt, daß die Selbstreinigungskraft der Flüsse so groß sei, daß sie die belastenden Stoffe hinreichend verdünnen würden. Doch häusliche und industrielle Abwässer bewirken eine zu starke Düngung (Eutrophie) der Gewässer. Der Sauerstoffgehalt des Wassers wird verbraucht. Massensterben von Fischen ist die Folge und ein sehr ernst zu nehmendes Warnsignal. Zu einem ähnlichen Dilemma kann es kommen, wenn Kunstdünger nach starken Regenfällen aus der Feldflur in Flüsse oder Seen abgeschwemmt wird. Die Massenentwicklung von Algen färbt das Wasser grün oder blaugrün und zeigt die ökologische Kalamität an.
Noch verheerender als Überdüngung und Sauerstoffmangel aber wirken sich in unseren Flüssen und Seen die Industrieabwässer aus, die giftige chemische Substanzen ins Wasser bringen. Wie stark der Naturhaushalt unserer Binnengewässer durch Schadstoffe bereits bedroht ist, zeigen uns jene Vögel, die am Ende einer Nahrungskette stehen. Trauriges Beispiel ist der Wap-

penvogel der Vereinigten Staaten, der Weißkopfseeadler. Er lebt von Wasservögeln und Fischen, die sich wiederum von Plankton und anderen Kleinlebewesen ernähren. Die Gifte, die starke Regenfälle aus Wald und Flur in die Gewässer einschwemmen, werden dort in den Organismen angereichert und über die Nahrungskette weitergereicht, bis sie schließlich im Endverbraucher, dem Weißkopfseeadler, gespeichert werden. Sie führen dazu, daß diese Vögel dünnschalige Eier legen, die beim Brüten zerdrückt werden, oder gar Embryonen hervorbringen, die nicht lebensfähig sind. Die Vögel werden so zu Bioindikatoren, zu »Warnlampen« eines bedrohten Naturhaushaltes.
Zum Glück wächst bei uns die Einsicht in die Notwendigkeit des technologischen Umweltschutzes. Zufriedenstellende Wasserqualität allein ist aber nicht das einzige Maß für ein gesundes, biologisch funktionsfähiges Gewässer. Seine Tier- und Pflanzenwelt gehört ebenfalls dazu! Ich denke da an die letzten Auwälder und an die wenigen Bäche, die sich noch natürlich durch Wiesen und Waldtäler schlängeln, aber auch an Tümpel und Teiche, die in den letzten Jahren erschreckend weniger geworden sind. Mit ihnen verschwanden die meisten Frosch- und Schwanzlurche. Ich denke an idyllische Seen, in denen zwischen Seerosen noch viele andere selten gewordene Pflanzen und eine vielfältige Tierwelt ein Zuhause haben.
Wie oft erlebt man es an heißen Sommertagen, daß Hinweisschilder mißachtet werden und Touristen in Schutzgebieten die Ufervegetation zerstören und durch Zelten, Baden, Paddeln oder Angeln Vögel, die auf der Roten Liste der vom Aussterben bedrohten Arten stehen, am Brüten oder Füttern der Jungen hindern. Tiere, die einmal über die Grenzen unserer Heimatlandschaft hinausgedrängt worden sind – denken wir nur an Biber, Luchs oder Fischotter –, sind nur sehr schwer wieder einzubürgern.

Urlaub im Schutz der Küste

Kein Lebensraum vermag den Menschen mehr zu faszinieren als das Meer. Millionen zieht es jedes Jahr im Urlaub an die Küsten, um sich in frischer Seeluft beim Schwimmen, Segeln oder Tauchen zu erholen. Aber die meisten Menschen sind hier nur Gäste, sie erleben das Meer an der Randzone, im Schutz der Küste, wo man festen Boden unter den Füßen hat, und es sind überraschend wenig Menschen, die bei größeren Reisen das Schiff dem Flugzeug vorziehen.
Bis zum 10. Jahrhundert richtete der Mensch seine Aufmerksamkeit vor allem auf das feste Land. Das Meer, der Ozean, interessierte ihn nur in den Küstenbereichen. Und noch niemand ahnte, daß die Erdoberfläche zu mehr als 70 Prozent vom Meer bedeckt ist. Die Bevölkerungsexplosion und die Sorge um die Sicherung der Ernährung haben dazu geführt, daß Meeresforschung heute im großen Stil betrieben wird. Viele Nationen haben Forschungsschiffe im Einsatz, die den Naturhaushalt des Meeres und die Erschließung neuer Nahrungsquellen mit modernsten Geräten untersuchen. Es ist aber falsch zu glauben, daß das Meer für eine Weltbevölkerung, die sich in nur 35 Jahren von jetzt annähernd fünf auf wahrscheinlich acht Milliarden vermehren wird, ein unerschöpfliches Nahrungsreservoir darstellt. Das Meer ist nämlich viel weniger produktiv als das Land.
Die Nahrungsketten des Meeres basieren in erster Linie auf den assimilierenden Algen, die aus anorganischen Stoffen organische Verbindungen schaffen. Über die gesamte Meeresoberfläche ausgebreitet, würden die assimilierenden Algen nur eine sehr dünne Haut von einem Viertelmillimeter Stärke ergeben. Der Mensch aber ist dabei, diesen dünnen Algenteppich durch Gifte zu zerstören, die die Assimilation der Algen beeinträchtigen.
Manche Gifte, vor allem das DDT, werden von Algen aufgenommen und über die im Meer bestehende Nahrungskette über Garnelen, kleinere und größere Fische etwa an Pinguine weitergegeben, die am Ende der Nahrungskette die lebenbedrohende Wirkung dieser Gifte besonders deutlich zeigen. So wurde festgestellt, daß Pinguine der Antarktis in ihrem Fettgewebe so viel DDT gespeichert hatten, daß sie nach unseren Lebensmittelgesetzen ungenießbar wären, und hier handelt es sich bereits um Auswirkungen wahrlich am Ende der Welt.

Die Bedrohung der Meere

Besonders erschreckend ist die Bedrohung der Meere und ihrer Lebewesen durch die Ölpest, von der kaum ein Meeresgebiet verschont bleibt. Meeresbiologen haben festgestellt, daß die 2000 bis 3000 hochkomplizierten Kohlenstoffverbindungen, aus denen Erdöl besteht, kaum gezielt chemisch bekämpft werden können. Einige Bestandteile schwimmen an der Oberfläche, andere sinken auf den Meeresboden. Wieder andere lösen sich im Wasser auf, verdunsten in der Luft oder werden noch nach Jahren als Teerklumpen an den Strand gespült. Einige im Öl enthaltene Kohlenwasserstoffe, so die Benzpyrene, verursachen Krebs. Bestimmte Verbindungen töten als Ölschmiere vor allem Seevögel, weil sie in die Atmungsorgane eindringen und zum Ersticken führen, andere verschmutzen das Gefieder und lassen zahllose Vögel elend umkommen, weil das verölte Gefieder wasserdurchlässig wird. Aber auch Larven der verschiedensten Meeresorganismen werden vernichtet. Oft genügt schon eine Ölmenge von einem Teil Öl auf eine Million Teile Wasser, um Fischeier oder Larven abzutöten.

Zum Glück wird uns täglich neu bewußt, daß die hemmungslose Vermehrung unserer Art die Erdoberfläche immer lebensfeindlicher beeinträchtigt. Ist ein Moor, ein Urwald vernichtet, eine Tier- oder Pflanzenart ausgestorben, so kann dieser Tatbestand durch kein Geld der Welt rückgängig gemacht werden.
Noch ist unser blauer Planet liebenswert, aber es ist höchste Zeit, daß wir uns auch bewußt werden: Wir leben nicht in einem Universum mit unbeschränkt nutzbaren Naturkräften, sondern auf einem räumlich begrenzten Planeten, dessen Wachstumsgrenzen teilweise schon überschritten sind. Wir Menschen müssen endlich erkennen, daß wir selbst Geschöpfe der Natur sind und daß die Zerstörung letzter Naturlandschaften nicht nur die Lebensqualitäten, sondern auch die Lebensvoraussetzungen von uns Menschen gefährdet.

Das Leben im Wald

Naturgeschichte des Waldes

Fülle des Lebens

Seitdem die ersten Bäume vor mehr als 400 Jahrmillionen das Festland eroberten, haben sich die Wälder unseres Planeten immer wieder verändert. Doch boten sie von Anfang an Schutz – gegen Wind, Regen, Sonne und Hitze. Sie lieferten Nahrung. Sie fingen die Niederschläge auf und speicherten Süßwasser. Deshalb zogen sie andere Pflanzen und die ersten Tiere an, die sich auf dem festen Land entwickelten und in den entstehenden Wäldern eine gewisse Sicherheit vor Feinden fanden. Im weiteren Verlauf der Evolution besiedelten neue Tierarten den Waldboden, die Baumstämme, die Blätter und Zweige. Schon in einer frühen Epoche der Erdgeschichte muß der Wald von Lebewesen gewimmelt haben. Wir haben erst wenige Jahrhunderte Zeit gehabt, Gesetze und Formen der Veränderungen, die sich über viele Millionen Jahre hinzogen, wissenschaftlich zu erforschen.
Die Wälder gehören zu den erfolgreichsten natürlichen Lebensgemeinschaften, was sich allein daraus ergibt, daß sie seit einem frühen Stadium der Evolution bis heute überdauert haben. Keine Vegetationsform ist so weit verbreitet und so mannigfaltig – und keine ist auch so schnell im Schwinden begriffen. Nur noch wenige Waldlandschaften haben ihre Urtümlichkeit, ihre ursprüngliche Fauna und Flora bis heute bewahrt, und auch die natürlichen Lebensvorgänge und -zusammenhänge, die den Wald zu dem gemacht haben, was er vor dem Auftreten des Menschen war, sind vielfach gestört.

Die frühen Wälder

Die Botaniker nehmen an, daß die ersten Bäume nicht einmal 1 m maßen und einen winzigen Stamm und noch keine echten Blätter hatten, daß sie aber bereits ansatzweise eine Holzstruktur aufwiesen, die dem Wind Widerstand leistete und dem Sonnenlicht entgegenstrebte. Wann und wo diese ersten Bäume wuchsen, ist ungeklärt. Doch schon in der Devonzeit vor etwa 350 Millionen Jahren hatten sich riesige

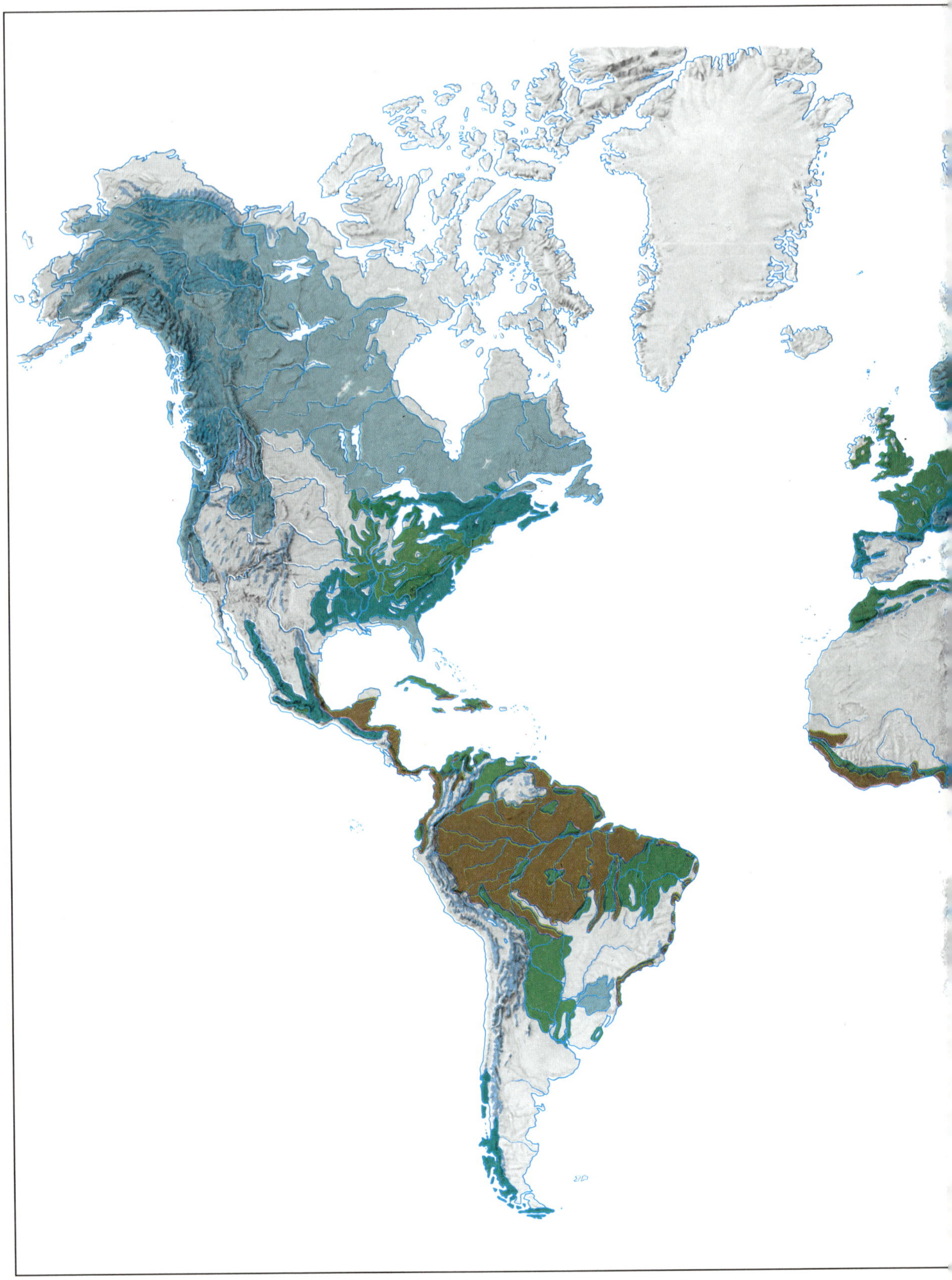

Wälder gebildet, freilich keine Wälder im heutigen Sinne, sondern Ansammlungen farnartiger Bäume.
Die frühen Wälder waren erfüllt vom Gesurr zahlreicher und mannigfaltiger Insekten, von denen manche eine Flügelspannweite von 70 cm hatten. Diese urtümlichen Insekten sind allerdings kaum vergleichbar mit unseren hochentwickelten modernen Fluginsekten, denn sie besaßen starre Flügel, die nicht zusammengeklappt werden konnten. Die ältesten Insekten waren sogar ungeflügelt. Doch sie füllten ihre ökologische Nische sehr erfolgreich aus; sie scheinen sich an das Waldleben gut angepaßt zu haben, denn die Hälfte der uns bekannten paläozoischen Insekten verfügten über stechende oder saugende Mundwerkzeuge, die zur Aufnahme von Pflanzensäften dienten. Allerdings waren diese Insekten eine leichte Beute für die größeren Libellen.
Heute stellen die Insekten mehr als 70 Prozent der wissenschaftlich beschriebenen Tierarten, die sich auf über eine Million belaufen. Zu den häufigsten Formen (fast 4000 Arten) gehören die Springschwänze, winzige Urinsekten, die heute die humusreichen Waldböden besiedeln. Mancherorts sind sie so zahlreich vertreten, daß auf einen Kubikdezimeter Erdreich 2000 Exemplare entfallen – ein Festschmaus für Spinnen, Tausendfüßer und Bodenkäfer.

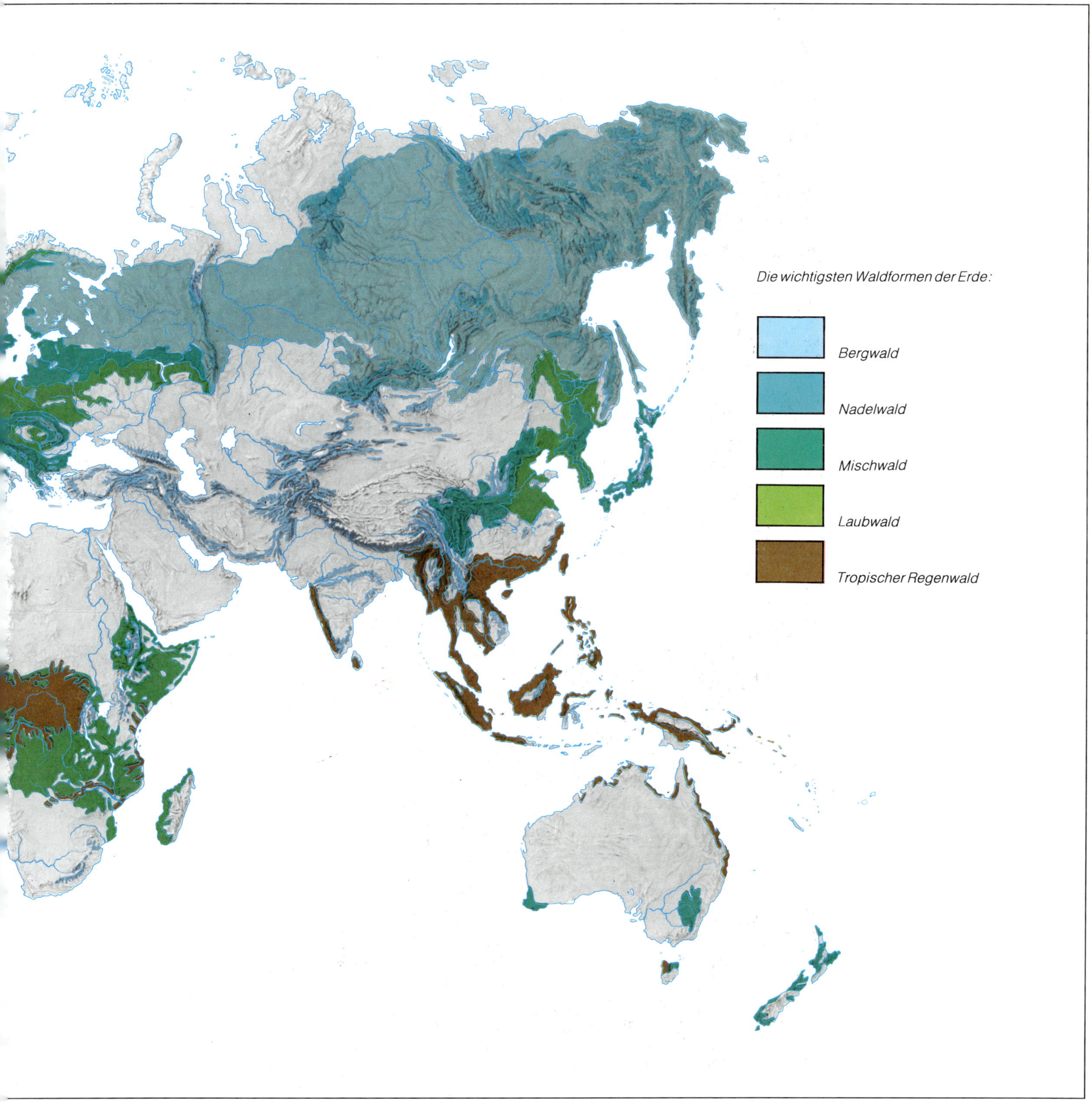

Im Paläozoikum (Erdaltertum) entstanden und verschwanden vor etwa 425 bis 240 Millionen Jahren viele Wälder, deren verrottende Bestandteile sich unter Druck in riesige Kohleschichten verwandelten. Nach und nach wurden die primitiven Pflanzen der altertümlichen Wälder – die Sporenträger – von einer neuen Gruppe erfolgreicherer Pflanzen verdrängt, die sich durch eine neuartige Form der Fortpflanzung auszeichnete. Vor rund 200 Jahrmillionen, zu Beginn des Zeitalters der Dinosaurier, begannen samentragende Farnpalmen und Koniferen (Nadelhölzer) die Sporenpflanzen zu ersetzen. Als die ersten warmblütigen Säugetiere auf der Erde erschienen, übernahmen die Koniferen die Herrschaft, die sie über Millionen von Jahren hinweg behielten. Doch allmählich mußten sie einem anderen Baumtyp weichen, den breitblättrigen, blütentragenden Laubbäumen, die erstmals im Zeitalter der Reptilien auftraten und sich vor 60 Jahrmillionen als großräumige Ökosysteme über die ganze Erde ausgebreitet hatten.

Seit jeher waren die Bäume und Wälder von Tieren bevölkert. Zu den kleinen insektenfressenden Säugern des Paläozäns, das vor 67 Jahrmillionen begann, zählten primitive Igel, spitzmausartige Tiere und Vorläufer der heutigen Beutelratten. Im Eozän, das etwa 10 Millionen Jahre später begann und 20 Millionen Jahre dauerte, entwickelten sich verschiedene faultierähnliche Arten, deren Nachfahren in Südamerika als Gürteltiere, Ameisenbären und Faultiere bis heute überlebt haben. Dann erschienen die Vorläufer der Katzen, Eichhörnchen, Biber, Tapire, Nashörner und anderer Waldbewohner, so daß gegen Ende des Oligozäns, vor ungefähr 25 Millionen Jahren, die Tierwelt ihre heutige Gestalt anzunehmen begann.

Wälder von heute: Formen und Typen

Die modernen Waldlandschaften verdanken ihre Entstehung nicht dem Zufall, sondern verschiedenen natürlichen und vielleicht auch einigen unnatürlichen Faktoren. Die Luftbewegungen in der Erdatmosphäre können darüber entscheiden, wo Wälder gedeihen und wo nicht; in bestimmten Breiten sinkt trockene Luft aus höheren Regionen ab und schafft Bedingungen, unter denen sich nur eine Wüstenvegetation zu halten vermag. Die

Geländeform der Erdoberfläche und die Intensität der Sonneneinstrahlung haben gleichfalls großen Einfluß auf den Charakter der Wälder. Das gleiche gilt für die Bodenbeschaffenheit, den Wassergehalt des Bodens und andere Faktoren. Wenn sich diese Bedingungen verändern, verändern sich auch die Waldlandschaften.

Wälder können nicht vor einem verheerenden Sturm fliehen oder während einer Dürrezeit zu einer Wasserstelle wandern. Deshalb muß jeder Baum an die jeweiligen Umweltbedingungen angepaßt sein. Manche Bäume sind beispielsweise nahezu »feuerfest« geworden, unter anderem bestimmte Kiefern, deren Rinde zwar von einem dahinrasenden Feuer versengt wird, die aber im übrigen kaum Schaden leiden. Andere Baumarten, wiederum Koniferen, sind ausgesprochen kälteunempfindlich.

Alle Bäume brauchen zum Leben Wasser, doch die Blätter mancher Wüstenbäume haben sich durch stark verminderte Wasserabgabe so sehr an ihre Umwelt angepaßt, daß selbst in trockenen Zonen Wälder sehr gut gedeihen können.

Das Ergebnis solcher Anpassungsprozesse ist eine erstaunliche Vielfalt von Wald-Ökosystemen. Im hohen Norden wächst im erdumspannenden Waldgürtel der Taiga kaum etwas anderes als kleinwüchsige Fichten und Birken. Die Taigatiere sind indes keineswegs kleinwüchsig; die zahlreich vertretenen Elche und Bären finden hier ausreichend Äsung und Beute.

Die Waldgürtel werden vielfältiger, je wärmer es wird. Dichte Bestände aus Fichten, Tannen, Kiefern und anderen großen Nadelbäumen überziehen die nördliche und südliche Hemisphäre bis etwa zum 30. Breitengrad. In diesen Nadelwäldern herrschen Schwarzbären sowie Hirsche vor, und Pelztiere und Vögel, etwa Rauhfußhühner, leben hier in großer Zahl.

Wenn man von der Taiga aus nach Süden reist, künden die immer häufiger werdenden Espenbestände, die sich unter die Nadelhölzer mischen, die ausgedehnte Laubwald-

Laubwälder, in die oft Nadelhölzer eingesprengt sind, gedeihen überall dort, wo es zumindest in einer Jahreszeit warm und feucht ist. In dieser romantischen Waldschlucht in New Hampshire (USA) künden die Verfärbung der Blätter und der Laubfall das Ende des Sommers und die bevorstehende Winterruhe an.

region an, die sich bis zu den Subtropen hinzieht. Diese Waldlandschaft, die von Buchen, Eichen, Ahornen, Erlen und anderen laubabwerfenden Bäumen geprägt wird, ist erfüllt vom Gezwitscher der Singvögel und vom lebhaften Treiben der Wildschweine, Hirsche und Raubtiere.

Selbstverständlich wird diese Aufeinanderfolge von Waldgürteln zwischen Arktis und Tropen gelegentlich unterbrochen durch Gebirgszüge, doch auch die Bergwälder gliedern sich in verschiedene Zonen, von den Nadelholzbeständen der Hochlagen bis hinab zu den Laubwäldern, welche die unteren Hänge bedecken.

Die eingangs erwähnte Luftbewegung wirkt sich nachhaltig auf das Klima aus, denn die Luft bringt oder entzieht der Erde Feuchtigkeit. Das vielleicht beste Beispiel dafür sind die Monsunwälder in Asien, wo im Sommer Regen und Nebel landeinwärts ziehen und die Vegetation von den hohen, immergrünen Salbäumen im Tiefland bis hinauf zu den Nadelwäldern des Himalajas gründlich durchfeuchten. Tiger, Nashörner, Affen und sogar die in großen Höhen lebenden Yaks fühlen sich offensichtlich wohl in diesem ständigen Wechsel zwischen sehr feuchter und sehr trockener Luft.

Die feuchtwarmen äquatorialen Regenwälder mit ihren lianenbekränzten Bäumen, die sich so dicht wie möglich aneinanderdrängen, gelten als typisch für die tropische Waldlandschaft, sind aber nicht so häufig und ausgedehnt, wie man vermuten möchte. Afrika und Asien haben vergleichsweise wenige Wälder dieser Art aufzuweisen; das größte zusammenhängende Regenwaldgebiet stellt der südamerikanische Amazonas-Urwald mit seinen zahlreichen Klammer- und Krallenaffen dar. In Afrika sind die Meerkatzen charak-

Nadelwälder, von den strauchwüchsigen polaren Fichten bis zu den Riesenformen der Kiefern und Mammutbäume, haben die mannigfaltigsten Klimazonen und Lebensräume erobert. Diese Aufnahme aus der nordamerikanischen Sierra Nevada zeigt einen Rest jener Wälder, die vor Jahrtausenden die Kontinente bedeckten.

teristische Bewohner des Tropenwaldes, in Asien die Gibbons. Daneben findet sich hier natürlich eine Unzahl anderer Baumtiere, so zum Beispiel das scheue Faultier, das wie die versteckt lebende Antilope in diesen Wäldern seine Heimat hat. Und niemand vermag zu sagen, wie viele Milliarden das Heer der Insekten und der übrigen Wirbellosen zählt.

Die Berge, die aus diesen regenfeuchten Niederungen aufsteigen, sind von dichten, nebelverhangenen Wäldern bedeckt, in denen Eichen und Orchideen, Frösche und Kröten und seltene Vögel wie der mittelamerikanische Quetzal leben. Doch im übrigen besteht die tropische Landschaft weitgehend aus trockenem Gelände, das gleichwohl voller Leben ist. Im weiten afrikanischen Buschwald streifen die Rappenantilopen umher. Dornbuschwälder erstrecken sich im südlichen Afrika, Riesenfarnwälder in Australien und Sumpfwälder in fast allen Erdteilen.

Wir sehen, daß sich in jedem Landstrich, jedem Regengebiet, jeder Küstenregion, jedem Bergland und in allen geographischen Breiten die unterschiedlichsten Wald-Ökosysteme ausgebildet haben. Die ungewöhnliche Vielfalt der Pflanzen und Tiere macht die niemals endende Faszination des Waldes aus. Kein Mensch hat sich jemals mehr als einen Bruchteil der Erkenntnisse zu eigen machen können, die aus diesen Systemen abzuleiten sind. Und es wird noch Jahrzehnte dauern, bis sämtliche Bewohner des Waldes bekannt und ihre Lebensabläufe und ökologischen Wechselbeziehungen im einzelnen erforscht sind. Allerdings sind wir bereits heute in der Lage, genügend Aspekte der Tierwelt des Waldes zu erfassen, um die Gesetze der Natur zu verstehen, denen diese »Fülle des Lebens« ihre Entstehung verdankt.

Heftige Regenfälle und nebelfeuchte Luft lassen im gemäßigten Regenwald einen reich abgestuften Pflanzenwuchs entstehen.
Eines der besten Beispiele für diese Vegetationsform ist die »Mooshalle« im Hoh-River-Regenwald des Olympic National Park im amerikanischen Bundesstaat Washington.

Botanik und Ökologie

Tiere im Schutz des Waldes

Ein Baum ist, auch wenn man es ihm nicht sogleich ansieht, ein dynamischer Organismus. In seinem Inneren, dem bloßen Auge unsichtbar und nur unter dem Mikroskop zu erkennen, wandern ständig Flüssigkeiten auf und ab, die ihn am Leben erhalten und sein Wachstum und seine Fruchtbarkeit über viele Jahre hinweg sicherstellen.
Die Wurzeln eines Baumes dringen in den Boden ein, gehen in die Tiefe oder wachsen in die Breite oder auch in beide Richtungen, je nach den Bedingungen über und unter der Erde. Wenn der Boden wenig Wasser enthält, müssen sich die Wurzeln entweder tief hinabsenken, um genügend Feuchtigkeit zu finden, oder sich dicht unter der Oberfläche ausbreiten, um das Regenwasser abzufangen, bevor es versickert. Bäume an wasserreichen Standorten, zum Beispiel in Flußbetten, haben im allgemeinen ein flaches, ausgedehntes Wurzelwerk.
Das Wurzelsystem ist ein Gewirr von Haupt-, Seiten- und Nebenwurzeln. Bei einer großen Eiche können diese Wurzelstränge, die sich drehend und windend nach allen Seiten ausgreifen, eine Gesamtlänge von mehreren hundert Kilometern haben. Wurzelhaare umklammern die Steine und Körnchen des Erdreichs und verstärken so die Verankerung des Baumes, damit ihm kein Sturm etwas anhaben kann. Die Wurzelzellen absorbieren Wasser und sind so gestaltet, daß das Wasser von einer Zelle zur anderen wandert.
Wenn der Boden bei warmem Wetter ausreichend erwärmt ist, vollzieht sich das Wachstum sehr schnell; die Zellen teilen sich, die Wurzel wird länger und verzweigt sich, die ersten Blätter werden vorgeformt, ein Stamm beginnt sich zu bilden, der Baum wird kräftiger und höher. Manche baumartigen Blütenstengel, etwa der Wüstenagave, deren Stamm so dick wie ein Menschenarm ist, können in drei Tagen 1 m hoch wachsen, und bestimmte Tropengewächse in Gebieten mit starken Regenfällen wach-

1

sen, wie Beobachtungen ergeben haben, sogar noch schneller.

Anatomie eines Baumes

Die »Wasserleitung« im Inneren eines Baumes grenzt ans Wunderbare, denn sie vermag Wasser über 100 m hoch in die Wipfel der höchsten Bäume und in die ausladenden Äste sowie in Tausende und aber Tausende von Blättern zu befördern und transportiert andererseits Flüssigkeiten zurück zum Stamm und zu den Wurzeln. Doch dabei ist keine Zauberei im Spiel; das Ganze ist ein Mechanismus, der in den Jahrmillionen der biologischen Evolution erprobt und vervollkommnet wurde.

Das Wasser mit den in ihm gelösten Nährsalzen steigt zu den Blättern hinauf, in denen mit Hilfe der Sonnenenergie Zucker und Eiweiß aufgebaut werden, die, wieder zurückgeleitet, dem Stamm und den Wurzeln als Nahrung dienen. Dieser Wassertransport wird vorwiegend im Stamm abgewickelt, bei den meisten Bäumen nur nahe der Außenseite des Stammes. Dort erfüllt eine dünne Schicht aus lebenden Zellen, das sogenannte Kambium, mehrere Funktionen gleichzeitig: Die Innenseite dieser Kambiumschicht, also die dem Stammzentrum zugewandte Seite, besteht aus einem Röhrensystem, das man als Xylem (»Holzteil«) bezeichnet und in dem das Wasser aufsteigt. An der Außenseite des Kambiums, dicht unter der Rinde, sitzt ein zweites Röhrensystem, das Phloëm (»Siebteil«), in dem nährstoffreiche Flüssigkeiten nach unten abgeleitet werden.

Das Kambium ist eine aus teilungsfähigen Zellen bestehende Gewebeschicht, die nach innen Splintholz und nach außen Rinde erzeugt. Im Frühjahr, wenn in der Regel reichlich Wasser vorhanden ist, bringt das Kambium zahllose fasrige Pflanzenzellen hervor, die sich zu hellem Holz verhärten. In den übrigen Jahreszeiten, in denen meist weniger Wasser zur Verfügung steht, werden die Fasern kompakter und ergeben schließlich eine feste Schicht aus dunklerem Holz (Kernholz). Dieses Dickenwachstum verläuft in zylindrischer Form und überzieht den ganzen Stamm von unten bis oben mit mehr oder weniger gleichmäßigen Lagen.

Wenn wir den Querschnitt eines Stammes betrachten, erscheinen diese zylindrischen Schichten als Ringe, die normalerweise heller oder dunkler gefärbt sind und jeweils das Wachstum eines Jahres darstellen.

2

3

4

1 Diese mächtige Eiche entfaltet unter der schützenden Rinde eine gewaltige Produktivität. Zugleich bietet ein solcher Baum Unterschlupf und Nistgelegenheit für Vögel, eine Heimstatt für Insekten und Nahrung für vielerlei Tiere.

2 In den Wäldern wimmelt es von Lebewesen, die auf mannigfache Weise Pollen von einer Blüte zur anderen befördern. Dadurch gewährleisten sie die Vermehrung der Pflanzen und zugleich den Erhalt ihrer Nahrungslieferanten. Mit vorgestrecktem Schnabel saugt ein Rubinkehlkolibri (Archilochus colubris) in Virginia, USA, Nektar aus der Blüte einer Klettertrompete (Campsis radicans).

3 Die australische Zungenorchis (Cryptostyles) wird durch eine männliche Wespe bestäubt (Lissopimpla sp.), welche die einer weiblichen Wespe ähnelnde Blüte zu begatten versucht.

4 Diese peruanische Biene (Englossa sp.) kann mit ihrer langen Zunge Nektar aus tiefen Blütenkelchen saugen.

Dendrologen – so nennt man die »Baumwissenschaftler« – können mit Hilfe dieser Jahresringe buchstäblich in die Vergangenheit blikken. Sie sehen sofort, ob ein Baum in einem bestimmten Jahr viel Wasser abbekommen und infolgedessen reichlich Splintholz angesetzt hat oder ob das Wasserangebot spärlich war, so daß sich nur schmale dunkle Ringe gebildet haben. Daraus lassen sich wiederum recht zuverlässige Rückschlüsse auf das Klima früherer Zeiten ziehen. Da sich Jahresringe auch in fossilen Stämmen erhalten haben, konnten die Wissenschaftler sogar die Klimaverhältnisse längst vergangener Zeiten erschließen.

Es liegt auf der Hand, daß ein Baum innen stets feucht sein muß, wenn er wachsen und gedeihen soll. Entzieht man den Wurzeln das Wasser, stirbt der Baum ab. Wenn man rings um den Stamm die Rinde tief einschneidet und somit die Xylem- und Phloëmröhren unterbricht, in denen die lebensnotwendigen Flüssigkeiten befördert werden, muß der Baum ebenfalls sterben.

Eine lang anhaltende Trockenperiode kann den Tod der Bäume herbeiführen, weil der Boden nicht genügend Wasser zur Versorgung der Blätter enthält. Die Xylem- und Phloëmgefäße trocknen aus. Die Photosynthese, also die Produktion von Kohlehydraten in den Blättern, hört auf. Die Blätter verwelken, färben sich braun und fallen ab. Die Wurzeln verdorren. Der Baum stirbt, verrottet, wird zur Heimstatt für Insekten und Säugetiere, die sich in seinem inzwischen hohlen Stamm einnisten, und zerfällt schließlich zu einem nährstoffreichen »Staub«, der den Boden anreichert.

Gleichzeitig entstehen neue Keimlinge aus den Samen, die vielleicht jahrelang im Boden geruht haben.

Um im Interesse der Arterhaltung die Samen möglichst weit zu verstreuen, haben die Bäume verschiedene Methoden entwickelt. Geflügelte Samen, etwa die des Ahorns und der Esche, werden vom Wind fortgetragen. Wohlschmeckende, fleischige Samen, wie zum Beispiel wilde Kirschen, wandern durch

Diese Bromelie, die auf einem Baumast im nordperuanischen Tropenwald wächst, sammelt und speichert Feuchtigkeit in dem von ihren Blättern gebildeten Trichter und wird damit zu einer Heimstatt für winzige wasserbewohnende Tiere.

den Verdauungstrakt von Vögeln oder Säugetieren und werden auf diese Weise verteilt. Und Kokosnüsse oder Mangrovensamen können, getragen von den Meeresströmungen, riesige Strecken zurücklegen, bis sie an irgendeinem Schlammstrand angespült werden, wo dann aus ihnen neue Bäume emporwachsen.

Die Lebensgemeinschaft des Waldes

Der Wald mit seiner lebenden und abgestorbenen Vegetation ist ein großes Nahrungsreservoir, das Tiere aller Art anlockt. In den Baumkronen gehen Singvögel auf Insektenjagd. Bienen und andere Insekten holen Nektar aus den Blüten. Auf und unter dem Boden durchwühlen Amphibien und Scharen von wirbellosen Tieren die vermodernden Abfallstoffe nach Nahrung. Die Lebensgemeinschaft des Waldes verteilt sich offensichtlich auf verschiedene Stufen, deren Bewohner nicht austauschbar sind. Manche Vögel und Ameisen sind zwar in allen Stufen vom Waldboden bis zu den Wipfeln anzutreffen, aber im allgemeinen beschränken sich Tiere auf eine bestimmte ökologische Nische.

Diese Schichtung läßt sich am besten in üppigen Laub- und Tropenwäldern beobachten, doch erkennbar ist sie in nahezu allen Waldlandschaften. Die unterste Stufe, der von Wurzeln durchzogene Boden, ist ein Paradies für Wirbellose und grabende Säugetiere. Die Bakterien und Kleinlebewesen, die in der Erde leben, sind entscheidend wichtig für die Fruchtbarkeit des Waldbodens. Sie arbeiten ihn um, mischen und belüften ihn. Sie verzehren die abgestorbene Vegetation und beschleunigen den Verrottungsprozeß. Insekten und Tausendfüßer ernähren sich von den Pflanzenrückständen, die von den Bakterien bereits teilweise zersetzt worden sind, und geben sie in zerkleinerter Form wieder von sich. Daraufhin werden die Humuspartikel von noch kleineren Tieren abgebaut und aufbereitet, damit einzellige Pflanzen und Tiere sie weiterverwerten können. In all diesen Lebensvorgängen besteht ein ausgewogenes, aber ziemlich labiles Gleichgewicht, das durch den Menschen, der die »Schädlinge« in Gärten, Wiesen, Feldern und Wäldern mit chemischen Mitteln bekämpft, empfindlich gestört werden kann.

Wir machen uns über diese Kleinlebewelt meist nur dann Gedanken,

1–4 Die Blattschneiderameisen der Gattung Atta legen Pilzgärten an. Jede Art züchtet eine bestimmte Pilzart, auf die die jeweilige Kolonie angewiesen ist. Arbeiterinnen schneiden Blattstücke aus (Abb. 1) und tragen sie ins Nest (Abb. 2 und 3). Soldaten bewachen den Nesteingang (Abb. 4). Im Inneren werden die Blattstücke zu einem »Kompost« zerkaut, der als Nährboden für die unterirdischen Pilzkulturen dient.

1

2

wenn wir ein Glühwürmchen in der Dämmerung aufleuchten sehen oder wenn winzige Gnitzen über unsere nackten Körperpartien herfallen. Doch der Boden beherbergt noch vieles andere Getier: Springschwänze, Milben, Hundertfüßer, Spinnen, Käfer, Wanzen, Würmer und unzählige Larven. Eine der interessantesten Larven lebt vier Jahre und länger in und von verrottendem Holz alter Eichen und verwandelt sich dann in einen dunkelbraunen wehrhaften Hirschkäfer *(Lucanus cervus)* mit stark vergrößerten, geweihartigen Oberkiefern. Die ausgewachsenen Käfer leben nur ein paar Wochen lang, in denen sie sich von Pflanzensäften und Nektar ernähren und einen Geschlechtspartner suchen. Sie können bis zu 8 cm lang werden und machen einen so furchterregenden Eindruck, daß ihnen die Menschen geheime Kräfte zuschrieben.

Das »Dach« des unterirdischen Lebensraums bildet der Waldboden, der von ganz anderen Tierformen besiedelt wird. Zu den bekanntesten Waldbodenbewohnern zählen die Huftiere, vor allem das Rotwild. Die Hirsche halten sich zwar gerne am Waldrand auf, aber um Schutz vor Feinden und schlechtem Wetter zu finden, flüchten sie ins Waldesinnere. Ihre düstere graubraune Fellfarbe ist eine gute Tarnung, außer vor dem Hintergrund einer verschneiten Landschaft. Der Wald bietet ihnen zudem Nahrung in Notzeiten; wenn die nahrhaften Gräser und Kräuter unter tiefem Schnee begraben liegen, können die Tiere oft nur dadurch dem Hungertod entgehen, daß sie die Nadeln und sogar die Rinde von den Bäumen abäsen – obgleich letztere mehr Füll- als Nährstoffe enthält. Auf jeden Fall ist der Hirsch an das Leben auf dem Waldboden hervorragend angepaßt. Das gleiche gilt für die Nager, Hasen und Bodenvögel, die ihren Lebensunterhalt mit Gräsern, Samen und niedrigen Kräutern bestreiten. Und natürlich auch für die räuberisch lebenden Tiere, etwa Schlangen und Füchse.

Der Waldboden ist vielfach mit Strauch- oder Buschwerk überzogen. Da die Sträucher Früchte hervorbringen, werden sie von Fruchtfressern wie Bären oder Vögeln aufgesucht. Scheue Tiere verstecken sich gern in diesem Unterwuchs, der ihnen einen gewissen Schutz vor Greifvögeln und Eulen gewährt.

Die nächsthöhere Etage des Waldes setzt sich aus kleinwüchsigen Bäumen zusammen, etwa genügsamen Ahorn- und Buchenarten, die im Schatten gedeihen und nicht mit anderen Bäumen um Sonnenlicht und offenen Himmel zu wetteifern brauchen. In Regenwäldern ist diese mittlere Stufe, die vom hohen, schweren Baldachin der Baumkronen überwölbt wird, besonders stark ausgeprägt. Farne, Moose und Flechten bedecken in einer dichten Schicht die Stämme und Äste, ebenso Epiphyten oder Luftpflanzen, die auf den Bäumen wachsen und die notwendige Feuchtigkeit und Nahrung der Luft und den Niederschlägen entnehmen.

Die Tiere, die diesen mittleren Lebensraum bewohnen, sind zumeist sehr beweglich und gewandt: Sie jagen ihre Beute sowohl auf dem Boden als auch in höheren Lagen, da sie geschickte Kletterer sind. Das trifft beispielsweise auf bestimmte Katzenarten wie Leoparden und Ozelots zu, die zum Teil vom Baum aus jagen, indem sie aus dem Geäst auf ihre Beutetiere herabspringen. Manche Katzen zerren sogar ihre Opfer hinterher auf einen Baum, um dort ihre Mahlzeit zu halten.

Für kletterfähige, aber ziemlich schwergewichtige Tiere sind die starken Äste der niedrigen Bäume ein idealer Aufenthalt. Zu dieser Gruppe zählen einige Bärenarten, desgleichen die größeren Baumleguane. Die leichteren Katzen, etwa die Ozelots und Margays, steigen indes höher hinauf und stellen sogar den Vögeln nach.

Die Stufe der kleineren Bäume geht über in die der hohen Bäume, die ihre Äste und Zweige ausbreiten und ineinanderschieben in dem Bestreben, ihre Laubkronen dem Sonnenlicht entgegenzurecken. Sie kämpfen gewissermaßen miteinander um den freien Raum, denn je mehr Sonnenlicht sie abbekommen, desto mehr Nährstoffe können sie erzeugen und desto kräftiger ist ihr Wachstum. Einzelne Bäume sind sogar imstande, ihre Wipfel über das geschlossene höchste Blätterdach zu erheben. Die Früchte, die in dieser oberen Etage reifen, befriedigen den Nahrungs- und Feuchtigkeitsbedarf bestimmter Tiere, die deshalb nur sehr selten auf den Boden herabkommen.

3

4

Besonders charakteristisch für das Tierleben in der obersten Stufe des Waldes sind die Affen, zumal die wehrlosen und flinken Arten, die in den allerhöchsten Ästen und Zweigen hausen. Dort finden sie Zuflucht vor den großen Raubkatzen, die meist zu schwer und ungeschickt sind, um solche Höhen zu erklettern. Durch ihren Aufenthalt in den luftigen Höhen sind die Affen auch vor bodenlebenden Feinden sicher, denn sie brauchen zum Trinken nicht einmal eine Wasserstelle aufzusuchen. Sie können allerdings nur überleben, wenn der Wald dicht genug ist und das ineinander verflochtene Geäst ihnen ununterbrochene Spring- und Kletterwege bietet, die ihnen das Auffinden saftiger Früchte ermöglichen.
Durch die Anpassung an die obere Etage des Waldes beschränkt sich der Lebensraum dieser Tiere auf einen mehr oder weniger horizontalen Bereich. Natürlich lauern auch hier Gefahren, wenn sich zum Beispiel ein Affe unvorsichtigerweise exponiert und einen Greifvogel anlockt oder wenn er durch ein Mißgeschick abstürzt und dabei einem Beutegreifer der unteren Stufen, etwa einem Jaguar, begegnet. Neben den Affen bevölkern auch noch viele andere Tiere die höchste Waldstufe: Vögel, Reptilien, Faultiere, Ameisenbären, Flughörnchen, Tag- und Nachtfalter und sonstige Insekten.
Adler und andere Greife sind typische Bewohner des offenen Raumes, der sich oberhalb des Waldes erstreckt. Ein solcher Greifvogel kreist und schwebt unablässig in den aufsteigenden Luftströmungen, bis er im günstigen Augenblick die Schwingen anlegt und in einem lautlosen, unglaublich schnellen Sturzflug auf irgendein Nagetier oder Reptil herabstößt.

Die meisten Waldlandschaften sind durchsetzt von lichten Stellen, von denen manche durch Zufall entstanden sind. Orkane und Wirbelstürme können beispielsweise über weite Strecken den Baumbestand und die in ihm lebenden Tiere vernichten, wenn sie über ein Waldgebiet hinwegrasen. Lichtungen bleiben auch dort zurück, wo der Mensch Waldstücke gerodet hat, um Weide- und Ackerland zu gewinnen. Doch solche Kahlflächen, ob sie nun auf natürliche oder künstliche Weise entstanden sind, behalten nicht sehr lange ihren wiesenähnlichen Charakter. Da hier das Sonnenlicht ungehindert einfallen kann, entwickeln sich bald Kräuter, Gräser, Sträucher und neue Bäume. Dieses Wachstum entfaltet sich in einem Prozeß, den man als Sukzession bezeichnet: Eine Pflanzenart oder -gruppe folgt auf die andere, wobei die zartere und weniger anpassungsfähige Vegetation nach und nach durch zähere und dauerhaftere Formen ersetzt wird.

Waldränder

Der Waldrand ist für viele Lebensformen eine wichtige Übergangszone, und es besteht hier ein regelmäßiger »Pendelverkehr«, wie wir ihn von den Hirschen kennen, die auf den Wiesen äsen und im Wald Schutz suchen. Ähnlich verhält es sich bei den Rauhfußhühnern, die das ganze Jahr über eine abwechslungsreiche Nahrung und sichere Versteckplätze brauchen. Waldbewohnende Bären suchen häufig auf Wiesen und in Flußtälern nach Wurzeln und anderer Pflanzenkost.
Vielfach sind Wald und Wiese durch eine scharfe Grenzlinie getrennt, was auf die unterschiedliche Bodenbeschaffenheit und Bewässerung oder den heftigen Wettbewerb zwischen den verschiedenen Pflanzen zurückzuführen ist. Der Waldrand kann aber auch eine breite Mischzone sein, in der Wiesen und Bäume nebeneinander existieren. Doch wie breit oder schmal der Waldrandstreifen auch sein mag, er beherbergt durchweg sowohl Pflanzen- als auch Tierarten, die beiden Vegetationstypen zugehören. Andere haben sich an das Leben in solchen Übergangsgebieten angepaßt.
Der »Randeffekt« bewirkt bei den Organismen eine erstaunliche Arten- und Individuenzahl, die größer ist als im Waldesinneren oder inmitten einer ausgedehnten Wiesenlandschaft.

Gegensätze

Manche Baumarten, zum Beispiel Pappeln, Birken, Kiefern und Mangroven, bilden im allgemeinen geschlossene Bestände. In anderen Waldgebieten sind zahlreiche Arten auf Tausenden von Quadratkilometern gründlich durchmischt, etwa in Brasilien. Manche Wälder sind schütter und trocken; die Wälder der nordamerikanischen Goldkiefer gleichen eher einer offenen Parklandschaft. Auch die Buche bildet lichte Wälder aus, denn in dem ausgedehnten Wurzelgeflecht und dem sauren Boden an der Basis dieses Baumes können nur wenige andere Pflanzen gedeihen.
Für die Wälder der gemäßigten Breiten ist bezeichnend, daß in ihnen einige wenige Baumarten vorherrschen und das Bild bestimmen; andere Arten innerhalb dieser Pflanzengesellschaft kommen nur

1

2

3

in begrenzter Zahl vor. Wir sprechen deshalb von »Eichenwäldern« oder »Kiefernwäldern«. Manche Wälder sind extrem dicht und artenreich. Wir haben uns einmal bei brasilianischen Fachleuten erkundigt, wie viele Arten in ihren Wäldern vertreten seien; die Antwort war ein hilfloses Achselzucken. Der Amazonaswald ist so unermeßlich, so mannigfaltig und so wenig erforscht, daß niemand eine solche Frage beantworten kann. Immerhin, ein sog. Waldexperte schätzte die Zahl der Baumarten, die auf einem Hektar des Tijuca-Nationalparks im Norden von Rio de Janeiro wachsen, auf annähernd 500!

Manche Arten sind selten geworden, beispielsweise die Zedern des Libanon oder die Araukarien und bestimmte Quebrachos im südlichen Südamerika. Andere Bäume,

4

5

wie die nordamerikanischen Kamelienbäume, sind in der freien Natur ausgestorben. Wieder andere Bäume bleiben sehr klein, so etwa in den hochgelegenen Regenwäldern von El Yunque in Puerto Rico. Der kleinste Baum der Erde ist wahrscheinlich eine unscheinbare zwergwüchsige Konifere, die auf exponierten Felsbändern nur 5 cm hoch wird. Als höchster Baum gilt der australische Rieseneukalyptus, der bis zu 150 m mißt.
Der mächtigste lebende Organismus ist allerdings der »General-Sherman-Baum«, ein Riesenmammutbaum in Kalifornien; er hat eine Höhe von 83 m, einen Stammdurchmesser von 11 m an der Basis, einen Stammumfang von 31 m, ein Gewicht von 635 t und ein Volumen von 1416 m³. Das Alter dieses Giganten wird auf 3000 bis 4000 Jahre geschätzt.

6

1/2 Die meisten kleinen Waldbewohner bekommt der Mensch nur selten zu Gesicht, weil sie sich im Holz, im Boden oder im Dunkel der Nacht verbergen. Das gilt jedoch nicht für diese südostasiatischen Leuchtkäfer. Wenn sich die Männchen versammeln und gemeinsam ihr Licht leuchten lassen, ist das Schauspiel im Wald weit zu sehen, vor allem für die weiblichen Tiere, die von ihm angelockt werden sollen. In Abb. 2 sieht man ein malaysisches Leuchtkäfermännchen (Pteroptyx malaccae) in voller Aktion. Auf der linken Seite ragt ein von Leuchtkäfern illuminierter Sonneratienbaum (Sonneratia cascolaris) Malaysias in das Dunkel der Nacht.

3 Stufen des Lebens im Wald: Keine ökologische Nische ist im Verlauf der Entwicklungsgeschichte der Wälder unbesetzt geblieben. Geflügelte Tiere haben sich insbesondere an den Luftraum und an die obere Baumstufe angepaßt und ernähren sich von Früchten, Nektar, Blättern oder anderen Organismen des Laubdaches. Ein typisches Beispiel ist der Arakanga oder Hellrote Ara (Ara macao) aus Venezuela.

4 Ein Meister der Tarnung ist dieser australische Blattschwanzgecko, der sich mit seiner Färbung und seinem gelappten, blattförmigen Schwanz so vollkommen an die Baumrinde anpaßt, daß man ihn kaum erkennt.

5 Schmetterlinge halten sich oft weiter unten auf, im Strauchwerk oder auf Baumstümpfen, so wie diese kopulierenden Vogelfalter (Ornithoptera priamus euphorion) in Nord-Queensland in Australien.

6 Steppen- oder Senegal-Galagos, die im Englischen als Buschbabys bezeichnet werden, lugen aus einer Baumhöhle im afrikanischen Wald hervor.

Vielfältige Waldlandschaften

Unsere europäische Heimat

Ein Blick auf die Landkarte zeigt uns, daß der europäische Kontinent von deutlich abgesetzten Waldgürteln überzogen ist. Südlich der arktischen Kältewüsten und der spärlichen Vegetation der Tundra, in Rußland und Skandinavien, fristen die zähen Nadelbäume der Taiga ihr Leben. Diese genügsame, an Eis, Schnee und Wind hervorragend angepaßte Vegetation wird beherrscht von hochwüchsigen Fichten- und Tannenarten. Etwas weiter südlich, wo die Lebensbedingungen weniger hart sind, werden die Koniferenbestände dichter und bilden den dicken Mantel des borealen Nadelwaldes, der sich über Nordeuropa ausbreitet. In der anschließenden wärmeren Klimazone treten die Nadelbäume zurück oder werden in der Naturlandschaft ganz und gar von Laubwäldern verdrängt. Im südlichsten Europa, an den Küsten des Mittelmeeres, nimmt die Landschaft einen fast wüstenartigen Charakter an, und die Bäume, die hier wachsen, müssen oft viele Wochen oder Monate mit geringen Niederschlägen überstehen.

Der Überlebenskampf des europäischen Waldes

Die europäischen Wälder haben in der Vergangenheit viel stärkere Unbilden durchstehen müssen als die Wälder anderer Erdteile. Daran sind vor allem die topographischen Gegebenheiten schuld, die den Pflanzen das Überleben unmöglich machten, als sich die eiszeitlichen Kontinentalgletscher nach Süden vorschoben. Während in Nordamerika die Gebirgsketten im allgemeinen in Nord-Süd-Richtung verlaufen und es somit den Pflanzen und Tieren erlaubten, vor dem vordringenden Eis nach Süden auszuweichen, sind die europäischen Gebirge von den Pyrenäen bis zum Kaukasus in Ost-West-Richtung angeordnet, wodurch der »Fluchtweg« in den eisfreien Süden blokkiert wurde. Das ist der Grund, warum in der Eiszeit so viele Wälder untergingen. Schlimmer noch: Wenn es einer Pflanzen- oder Tierart gelungen war, diese Gebirgsschranken zu überwinden, um wärmere Regionen zu erreichen, stieß sie schon bald auf das unüberwindliche Mittelmeer.

Bis zur Eiszeit wies die Vegetation im gemäßigten Nordamerika, in Europa und Asien auffallende Ähnlichkeiten auf (die sich zum Teil bis heute erhalten haben). Doch nachdem die Eismassen abgeschmolzen waren, hatten in Europa nur noch rund 35 Baumarten überlebt, wohingegen beispielsweise die Vegetation Chinas nahezu intakt geblieben war.

Vögel der Nacht: die Eulen

Seit uralten Zeiten gelten die Eulen als Symbole der Weisheit – vielleicht wegen ihrer würdevollen Erscheinung –, aber zugleich betrachtete man sie auch als Unglücksvögel wegen ihrer nächtlichen Lebensweise, ihrer unheimlichen Rufe und ihres geräuschlosen Fluges.

Von den 13 europäischen Eulenarten kommen einige nur in den weiten Nadelwäldern der Taiga vor, doch mehrere sind auch in Mischwäldern heimisch. Eulen sind Raubvögel, unterscheiden sich aber von den eigentlichen Raub- oder Greifvögeln unter anderem dadurch, daß sie fast ausschließlich im Dunkeln jagen. Daß sie so tüchtige Jäger sind, verdanken sie verschiedenen Körperanpassungen. Wie die meisten nachtaktiven Tiere haben sie sehr große Augen, doch noch wichtiger für das Aufspüren der Beute bei Nacht ist ihr Gehörsinn, der so hoch entwickelt ist, daß manche Arten selbst in völliger Finsternis ihr Ziel nicht verfehlen.

Die meisten Eulen verfügen überdies über kräftige, befiederte Läufe,

Wenn die Nacht hereinbricht und die tagaktiven Vögel ihren Beutefang einstellen, beginnt für die Eulen, die mit einem feinen Gehör und großen Augen ausgestattet sind, die Jagd auf kleine Nager und andere Kleinsäugetiere. Der Uhu, der größte europäische Eulenvogel, nähert sich seiner Beute mit lautlosen Flügelschlägen.

scharfe Krallen und einen starken, gekrümmten Schnabel. Wenn die Eule einen Feind bedroht oder angreift, stellt sie die Flügel vom Körper ab und sträubt das Gefieder, so daß sie sehr viel größer wirkt, als sie tatsächlich ist. Auch die Ohren, die normalerweise nur kleine Federbüschel sind, werden aufgerichtet, um die Drohgebärde zu verstärken.

Das Eulengelege umfaßt, je nach Art, nur ein einziges oder ein Dutzend Eier; bei den Bewohnern warmer Regionen ist die Eizahl gering, während sie bei den arktischen Arten am größten ist. Vermutlich um die Überlebenschancen der Nachkommen zu erhöhen, legen die Eulenmütter ihre Eier in gewissen Abständen ab und beginnen bereits mit dem Brüten, sobald das erste Ei im Nest liegt, so daß die Nestlinge unterschiedlich alt sind. Diese »Stottergeburt« hat den Vorteil, daß nicht so viele Schnäbel gleichzeitig gestopft werden müssen, sie bedingt allerdings auch, daß in Notzeiten die zuletzt geschlüpften Jungen verhungern.

Eine andere und noch erstaunlichere Überlebenstechnik besteht darin, daß manche Eulen, wie zum Beispiel die Sperbereule *(Surnia ulula)* und die Schnee-Eule *(Nyctea scandiaca)*, in einem guten Jahr ein großes Gelege haben, aber in einem mageren Jahr nur wenige oder überhaupt keine Eier legen.

Von den in Europa lebenden Eulenarten ist der Sperlingskauz

1

2

3

4

(Glaucidium passerinum) die kleinste und der Uhu *(Bubo bubo)* die größte. Obwohl der Sperlingskauz nicht viel größer wird als ein Spatz, jagt er mit Vorliebe andere Vögel, und zwar sowohl am Tage wie in der Nacht. Man erkennt ihn an seinen ruckartigen Schwanzbewegungen. Im Gegensatz zu ihm ist der 70 cm lange Uhu ein Riese. Er bevorzugt dichte Wälder und felsige Schluchten und ist ein kraftvoller Jäger, der Beutetiere bis zur Größe eines Auerhahns überwältigen kann. Im allgemeinen ernähren sich die Uhus von kleinen Wirbeltieren, von Mäusen, Eichhörnchen, Hasen und Vögeln. In Deutschland stehen die wenigen überlebenden Brutpaare unter Schutz.

Klima und Wald

Auch heute noch müssen die Pflanzen und Tiere Europas mit oftmals unberechenbaren Klimabedingungen fertig werden. Grabende Tiere, die zumeist einen Winterschlaf halten, können der schlimmsten Winterkälte entgehen, indem sie sich unter Schnee und Eis in den Boden zurückziehen, wo die Temperaturen nur selten unter den Gefrierpunkt sinken. Doch andere Lebewesen, Tiere wie Pflanzen, sind den Elementen schutzlos ausgeliefert. Sie müssen heftige Stürme, gewaltige Schnee- oder Regenmassen, schwere Hagelschauer oder auch lange Trockenperioden über sich ergehen lassen. Ein besonders tückischer Wind ist der Föhn. Er entsteht, wenn Luftmassen an den Südhängen eines Gebirges, zumal der Alpen, emporsteigen, sich abkühlen, ihre Feuchtigkeit in Form von Regen oder Schnee abgeben, über die Gipfel hinwegstreichen und als Fallwind an den Nordhängen absinken, wo sie sich durch Kompression erwärmen und einen jähen Temperaturanstieg bewirken. Dieser Föhnwind, der sich unabhängig von der Sonneneinstrahlung aufwärmt, kann so trocken werden, daß er den betroffenen Landstrich völlig ausdörrt. Hält er lange genug an, kann sich das trokkene Holz durch den kleinsten Funken entzünden. Auf der anderen Seite wirkt er sich auch wohltätig aus. Er vertreibt die Winterkälte, bringt den Schnee zum Schmelzen und verwandelt das Land in eine Frühlingslandschaft.

Betrachtet man die Risiken des europäischen Klimas, so kann man feststellen, daß es nicht immer kälter werden muß, je weiter man nach Norden kommt. In der norwegischen Stadt Bergen und im südfranzösischen Lyon sind die mittleren Januartemperaturen ungefähr gleich. Und am sonnigen Mittelmeer kann es so kalt werden, daß Wasser im Freien gefriert. Wir sollten nur von der einigermaßen gesicherten Erkenntnis ausgehen, daß es um so kälter wird, je weiter wir uns vom Einflußbereich der ozeanischen Luftmassen entfernen. Von daher erklärt es sich, daß es im nordöstlichen Europa, etwa im Gebiet nördlich von Moskau, am kältesten ist.

In Europa begünstigen die geographischen Verhältnisse ostwestliche Luftbewegungen, da die Gebirgszüge in dieser Richtung verlaufen. Luftbewegungen von Norden nach Süden sind dagegen stark behindert. Die Gebirgsketten, die sich in einer fast ununterbrochenen Linie von den Pyrenäen bis zum Kaukasus erstrecken, verlangsamen oder verteilen die nach Norden gerichteten tropischen Luftmassen und die südwärts ziehende Polarluft. Das ist einer der Gründe, warum im Süden der Berge gewöhnlich ein so mildes und nördlich der Berge ein

5

6

mäßigwarmes oder kühles Klima herrscht. Die feuchtesten Gebiete finden sich in den Hochlagen und in mehreren Küstenbereichen, die trockensten in der Arktis, in Südrußland und in bestimmten Gegenden Spaniens. Vereinfachend kann man die europäischen Klimaverhältnisse wie folgt zusammenfassen: In Westeuropa, einschließlich der Britischen Inseln, herrscht ein maritimes oder Seeklima vor; das südliche Mitteleuropa ist eine Übergangszone von See- und Landklima; im europäischen Teil der Sowjetunion und im nördlichen Skandinavien ist das Kontinental- oder Landklima bestimmend; und der Mittelmeerraum ist subtropisch.

Die Wälder sind ein getreues Spiegelbild dieser unterschiedlichen Klimaverhältnisse, auch wenn uns ein Blick auf die Landkarte verrät, daß der Mensch die Verteilung der Waldlandschaften weit stärker beeinflußt hat als alle natürlichen Faktoren zusammengenommen.

Von dem großen Mischwaldgürtel, der einst Mitteleuropa von England bis zum Ural bedeckte, sind nur noch unverbundene Flecken übriggeblieben. Die meisten mediterranen Wälder sind bereits vor langer Zeit abgeholzt worden. Die einzigen größeren Primär- oder Urwälder, die es noch gibt, liegen in unwirtlichen Regionen, die der Mensch als lebensfeindlich empfindet: die borealen Nadelwälder im hohen Norden Skandinaviens und Rußlands. Im kalten nördlichen Klima gedeihen die widerstandsfähigen Fichtenarten, desgleichen leben hier kälteunempfindliche Säugetiere, wie Bären und Rentiere. Wo relativ milde Meeresluft in östlicher Richtung landeinwärts zieht, überwiegen die Laubwälder, in die allerdings Kiefern und Fichten eingesprengt sind; nur in höheren Lagen finden wir ausgedehnte Nadelholzwälder vor. Laubbäume können die extreme Kälte des hohen Nordens ebensowenig überstehen wie die extreme Trockenheit im tiefen Süden. Somit sind Buchen, Ulmen, Ahorne und Eichen typisch für den mittleren Teil Westeuropas. Hirsche und Füchse ziehen in diesen Waldgebieten umher, auch in dichtbesiedelten Landstrichen, denn sie haben sich an die Nähe des Menschen gewöhnt. Das gleiche gilt auch für Dachse und Wildschweine.

Dem Norden entgegen

Wenn wir von den Britischen Inseln aus nach Osten reisen, empfängt uns ein breiter, unregelmäßiger Laubwaldgürtel, der sich von Frankreich aus über Dänemark, Südschweden und Norwegen bis Rußland erstreckt. Es ist größten-

1 Die Waldohreule brütet in verlassenen Krähennestern. Sie haust in Feldgehölzen, in lichten Baumbeständen und Parks, aber auch im tiefen Wald.

2/3 Waldbrände, wie etwa in einem portugiesischen Kiefernwald (Abb. 2) oder einem englischen Forst (Abb. 3), sowie Stürme, Felsrutsche, Lawinen und andere Naturkatastrophen verändern die Waldlandschaften überall auf der Erde. Durch Holzeinschlag und Brandrodungen nimmt der Gesamtbestand jedes Jahr weiter ab.

4/5 Die 290 000 Käferarten, die es auf der Welt gibt, weisen eine erstaunliche Vielfalt der Formen und Farben auf. Das vordere Flügelpaar ist bei den Käfern zu hornigen Flügeldecken umgebildet, die nicht mehr zum Fliegen verwendet werden. Nahezu alle Baumarten und Baumteile sind von Käfern besiedelt; Borkenkäfer bohren Gänge in die Kambiumschicht der Bäume, während die Larven der Hirschkäfer in morschem Holz leben. In ihrem nur wenige Wochen währenden Erwachsenendasein tragen die Männchen unserer heimischen Hirschkäfer mit ihren riesigen Oberkieferzangen heftige Rivalenkämpfe aus.

6 Alle Waldvögel der Welt zeigen eine Vorliebe für bestimmte Nahrungsstoffe und Nistplätze. Der Schottische Fichtenkreuzschnabel bevorzugt Nadelwälder und Kiefernsamen, die er mit Hilfe seines kräftigen gekreuzten Schnabels aus den Zapfen herausbricht.

teils eine freundliche Landschaft, die ihr mildes Klima vor allem dem wärmenden Einfluß des Meeres verdankt. Im Osten dieser maritimen Umwelt beginnt die kältere kontinentale Klimazone, in der Laubbäume nicht mehr recht gedeihen.
Zu den häufigsten Baumarten dieser Zone, vor allem auf guten Böden, zählen die Stiel- oder Sommereiche und die Stein- oder Wintereiche. Auf kalkhaltigeren Böden wachsen die Waldbuche sowie die Gemeine Esche; diese beiden Baumarten vertragen auch kühlere Temperaturen und sind deshalb in nördlicheren Regionen und höheren Berglagen anzutreffen. Noch nördlicher und höher gedeihen die genügsamen Birken. Innerhalb dieses ausgedehnten Lebensraums finden wir weniger häufige Baumarten an bevorzugten Standorten, etwa Erlen, Pappeln und Weiden in Wassernähe, Ahorn auf gut bewässerten und Ulmen auf kräftigen, nährstoffreichen Böden.
Im östlichen und nördlichen Rußland, wo der Einfluß des Seeklimas nachläßt, werden die Laubwälder zunehmend von Nadelhölzern durchsetzt. Die Taiga erstreckt sich ungefähr bis zum Breitengrad von Leningrad, und nach Süden dehnt sich eine Mischwaldzone aus. In der Gegend von Moskau herrscht oft sehr strenge Kälte; Schnee bedeckt die Landschaft von Ende November bis Mitte April, und selbst im Juli können die Temperaturen noch fast bis zum Gefrierpunkt absinken. Weiter südlich ist das Klima milder und ausgeglichener. Der wolkenverhangene Himmel und das regnerische Wetter sagen den Baumarten zu, die in diesen temperierten Wäldern heimisch sind, vorwiegend Mischwäldern aus Fichten und Eichen.
In bestimmten Gegenden sind auch Haselnußbäume und Hainbuchen eingesprengt, doch bildet diese Mischwaldregion die südliche Grenze der Fichte und die nördliche Grenze der Eiche. Obwohl die Eiche zu dominieren scheint, entdeckt man hier noch manche andere vertraute Baumarten wie Pappel, Kiefer, Linde, Ulme und Ahorn. In entlegeneren Revieren kann man mit etwas Glück Elche, Bären, Wölfe und Rehe beobachten. Daneben leben hier viele kleinere Säuger, etwa Füchse, Luchse und Hermeline. Zu den typischen Waldvögeln gehören der Grünspecht, der Trauerschnäpper, die Lasurmeise und der Wendehals.

1

2

3

1 Der Sperber streicht im Tiefflug über Hecken und an Waldrändern entlang, um plötzlich auf einen kleinen Vogel oder Säuger herabzustoßen. Während das hier abgebildete Weibchen den Horst hütet, trägt das Männchen Atzung heran.

2 Der häufigste Sommergast unter den Grasmücken in Nordeuropa ist der Fitis, der Wald- und Strauchlandschaften bewohnt. Die Grasmücken benötigen vor allem Insekten, Maden und Würmer, wie sie bei uns nur im Sommer reichlich vorhanden sind, um sich selbst und ihre Jungen zu ernähren.

3 Die Misteldrossel baut ihr Nest meist höher in den Bäumen als andere Drosselarten. Das Weibchen bebrütet das aus 3–5 Eiern bestehende Gelege etwa zwei Wochen lang. Anschließend werden die Jungen von beiden Eltern geatzt.

Der von Eichen beherrschte europäische Mischwaldgürtel endet im Osten am Ural, aber nach einer Unterbrechung von fast 7000 km, im sibirischen Amurbecken an der chinesischen Grenze, tauchen die Eichen und Haselnußbäume wieder auf; allerdings handelt es sich dabei um andere Arten.

Wehrhaftes Rotwild

Eines der größten und wehrhaftesten Tiere der europäischen Wälder ist der Rot- oder Edelhirsch *(Cervus elaphus)*, der sein mächtiges Geweih als Waffe geschickt einzusetzen weiß. Ein solches Geweih schmückt allerdings nur die ausgewachsenen »Hirsche« (so nennt man die männlichen Tiere), nicht aber die »Tiere« (Weibchen), und es braucht mehrere Jahre, bis es seine volle Ausdehnung und Schönheit erreicht. Die jungen Hirsche tragen zunächst nur ein Paar unscheinbarer Spieße, doch von Jahr zu Jahr nimmt die Kopfzier an Größe, Gewicht und Zahl der »Enden« zu. Das Geweih wird jeweils zum Winterende, im Februar oder März, abgeworfen, aber bereits einige Monate später ist das neue und größere Geweih voll entwickelt. Es ist anfangs von einer kräftig durchbluteten Haut, dem sogenannten Bast, überzogen, die nach und nach eintrocknet und schließlich an freistehenden jungen Bäumen »gefegt« wird.
Das Geweih der Hirsche spielt während der Brunftzeit eine wichtige Rolle. Die Hirschbrunft fällt in

1

2

1 Nur in der Brunftzeit erhebt der Rothirsch seine Stimme. Sein durchdringendes »Röhren« ist im Wald sehr weit zu hören. Brunftige Hirsche entwickeln eine heftige Aktivität; sie kämpfen mit ihren Nebenbuhlern um die Gunst der weiblichen Tiere, treiben ihren Harem zusammen, wälzen sich im Schlamm und bespringen wiederholt ihre Partnerinnen.

2 Rothirsche forkeln einander auf einer Lichtung. Der rechte Hirsch ist mit getrocknetem Schlamm bedeckt, der nach der Suhle im Fell hängengeblieben ist.

3 Das weitverbreitete Rehwild – die Aufnahme stammt aus einem deutschen Wald – ist die einzige Hirschart mit verzögerter Implantation: Das befruchtete Ei ruht vor der Einnistung etwa vier Monate lang in der Gebärmutter. Wenn die Zeit der Geburt naht, treibt die Rehmutter ihr vorjähriges Kitz vorübergehend fort und zieht sich ins Waldesdickicht zurück, wo sie ein oder seltener zwei Kitze setzt.

3

den Herbst; sie beginnt in der Regel Ende September und kann mehrere Wochen andauern. In den Nächten hallt der Wald wider vom Röhren der erregten Hirsche, die in dieser Zeit mit ihren Rivalen heftige Kämpfe austragen, bei denen es um die Gunst der weiblichen Rudelmitglieder geht. Laut krachend prallen die Geweihe aufeinander, die nicht selten ernsthafte Verletzungen verursachen. Zuweilen verhaken sie sich auch so fest, daß die beiden Kämpen sich nicht mehr voneinander lösen können und nach einiger Zeit elend zugrunde gehen müssen.

Nach einer Tragzeit von etwa acht Monaten setzt die Hirschkuh ein Kälbchen, in seltenen Fällen auch zwei. Trotz dieser geringen Vermehrungsrate zählen die Rothirsche zu den häufigsten Wildtieren in unseren Wäldern. Viele Reviere sind sogar so dicht besetzt, daß der Pflanzenbewuchs darunter erheblich leidet. Nicht nur durch das Fegen des Geweihs, sondern auch durch das Verbeißen junger Triebe und das Abschälen der Baumrinde, die den Tieren als Notnahrung dient, entstehen oft beträchtliche Waldschäden. In manchen schneereichen Gegenden finden die großen Rudel im Winter nicht mehr genug Äsung und müssen an bestimmten Stellen zusätzlich mit Heu, Eicheln und ähnlichem gefüttert werden. Neuerdings fordern viele Fachleute, die überhandnehmenden Rotwildbestände durch Abschuß stärker zu lichten, was sowohl der Gesunderhaltung des Wildes als auch dem Schutz der Waldlandschaft zugute käme.

Land der Fichten und Tannen – der Schwarzwald

Zwischen der Schweizer Grenze im Süden und dem Kraichgau im Norden umschließt der zunächst nach Westen und dann nordwärts fließende Rhein eine ausgedehnte Mittelgebirgslandschaft, die an einzelnen Stellen fast 1500 m aufragt und noch immer über weite Strecken von dunklen Wäldern bedeckt ist: den Schwarzwald. Dieses Mosaik aus Nadelwaldbeständen, Laubwaldeinsprengseln, den reizvollen Seen, Felshängen, Wasserfällen und Siedlungen hat in der Längsrichtung eine Ausdehnung von fast 120 km. Dichter haben den Schwarzwald mit den Wogen eines aufgewühlten dunklen Ozeans verglichen. Auf seinen Höhen beginnt die Donau ihre 2850 km weite Reise zum Schwarzen Meer.

In den verhältnismäßig unberührten Bergwäldern des Schwarzwalds begegnet man, wenn man sehr viel Glück hat, der Wildkatze *(Felis silvestris)*, die sich tagsüber versteckt hält und bei Nacht kleine Säugetiere und Vögel jagt. Beim Baum- oder Edelmarder *(Martes martes)* ist es ähnlich: Er ist meist nachtaktiv und stellt als ausgezeichneter Kletterer und Springer gern den flinken Eichhörnchen nach. Häufiger bekommt man den fast krähengroßen Schwarzspecht *(Dryocopus martius)* zu Gesicht, der auf der Suche nach Insekten gern verrottende Baumstämme aufhackt.
Ein seltenes Schauspiel von urtümlicher Schönheit ist das Balzritual, das die hier früher in lichten Waldungen heimischen Birkhähne *(Lyrurus tetrix)* aufführten. Heute trifft man sie nur noch in den Wäldern der Alpen und des Alpenvorlandes an. Zeitig im Frühjahr versammeln sich die Hähne schon vor dem Morgengrauen auf ihrem Turnierplatz und beginnen ihren Wettstreit. Mit waagerecht gehaltenem Körper, schleifenden Flügeln, aufgefächertem Schwanz und laut kollernd umkreisen sie einander bis nach Sonnenaufgang. Am Abend wird der Balztanz oft wiederholt.
Im übrigen sind im Schwarzwald Rehe, Hirsche, Füchse, Eulen und viele andere Wildtiere zu Hause – ein Zeichen dafür, daß sich diese abwechslungsreiche Landschaft noch einen Teil ihrer Ursprünglichkeit bewahrt hat.

Das Reh, ein Überlebenskünstler

Weil in Europa ein so großer Teil des ursprünglichen Laubwaldes gerodet und der verbleibende Rest durch menschliche Eingriffe immer wieder verändert worden ist, lassen sich die naturgegebene Artenzusammensetzung und die ökologischen Zusammenhänge kaum noch sicher feststellen. Die Buche ist vielerorts zur dominierenden Baumart geworden und bildet nahezu reine Bestände in Deutschland und der Tschechoslowakei.
Über weite Strecken bestehen jedoch die Wälder des europäischen Tieflands und der Mittelgebirge aus einem Gemisch von Stieleichen und verschiedenen Birkenarten mit größeren Einsprengseln von Nadelhölzern, meist Kiefern oder Föhren, Fichten und Europäischen Lärchen.
Zu den häufigsten und bekanntesten Bewohnern der gemischten Wald- und Wiesenlandschaft Euro-

1

pas zählt das zierliche Reh *(Capreolus capreolus)*, das bis zu 30 kg schwer wird. Es war ursprünglich ein reines Waldtier, doch infolge der starken Rodungen mußte es sich an veränderte Lebensräume – Waldrand und offenes Feld – anpassen. Klugerweise haben die Rehe auch ihre Nahrungsaufnahme auf die Tageszeiten verlegt, in denen Wälder und Felder menschenleer sind, nämlich auf die frühen Morgenstunden und manchmal auch auf die Mittagszeit. Die anderen Tiere, die denselben Lebensraum bewohnen wie das Reh, also Hirsche, Bären, Wölfe und Luchse, haben sich nicht so erfolgreich umstellen können. Sie überließen buchstäblich das Feld den Rehen, deren Bestände dermaßen zunahmen, daß heute allein in der Bundesrepublik rund 500 000 Stück pro Jahr erlegt werden.
Diese große Zahl verblüfft angesichts der Tatsache, daß die Rehe in ihrem Fortpflanzungsverhalten nicht so freizügig sind wie das Rotwild. Der Rehbock paart sich im Jahr nur mit einigen wenigen Rikken, die er gegen alle Rivalen beherzt verteidigt. Außerdem ruht das befruchtete Ei nach der Paarung, die im Juli oder August stattfindet, mehr als vier Monate im Uterus, bevor es sich weiterzuentwickeln beginnt, so daß die Kitze zum günstigsten Zeitpunkt, im Frühjahr, das Licht der Welt erblicken.

Ein Leben auf den Bäumen: das Eichhörnchen

Ein anderes Meisterstück der ökologischen Anpassung ist die Lebensweise des Eichhörnchens *(Sciurus vulgaris)*. Der Waldwanderer hört zwar das Keckern der Tiere und sieht sie behende auf den Baumstämmen umherflitzen oder tollkühn von Ast zu Ast springen, aber er macht sich nur selten klar, wie sehr sie auf die Bäume angewiesen sind – und umgekehrt.
Praktisch alles, was ein Eichhörnchen frißt, stammt aus seinem luftigen Revier: Schößlinge, Knospen, Blüten, Früchte, Nüsse, Baumsäfte und Samen, zumal die Samen der Tannen und Fichten. Wir können leicht feststellen, wo die Tiere ihre Mahlzeiten halten, denn Eichhörnchen sind alles andere als ordentlich und verstreuen ihre Essensabfälle wahllos auf die Erde.
Die unternehmungslustigen Tiere entdecken in ihrem unmittelbaren Lebensraum auch noch anderes Futter, etwa Pilze, Schnecken, Insekten, Ameisenpuppen und sogar Vogeleier und -junge. Aber nicht nur die Nahrungsaufnahme, auch die Fortpflanzung spielt sich fast ausschließlich auf den Bäumen ab. Eichhörnchen bauen im Geäst aus Zweigen, Blättern und Moos ein Kugelnest, das als Kobel bezeichnet wird und einen Durchmesser von 50 cm haben kann. Hier werden die nackten und blinden Jungen – in der Regel etwa fünf – geboren und aufgezogen, und hier finden die Tiere Schutz vor schlechtem Wetter und vor der Winterkälte. Daneben legen die fleißigen Eichhörnchen meist noch einige schlichtere Ausweich- oder Spielnester an, in denen sie gelegentlich schlafen oder Zuflucht suchen. Manchmal richten sie sich auch in verlassenen Vogelnestern ein.
Diese rege Bautätigkeit verrät zweifellos eine gewisse Intelligenz, die die Eichhörnchen im Sinne der Arterhaltung entwickeln mußten, um Mardern, Habichten und anderen Feinden zu entgehen. Doch wird dieses Verhalten dadurch erleichtert, daß die erforderlichen Baumaterialien so reichlich vorhanden sind. Alles Lebensnotwendige finden die Tiere in ihrem Baumrevier, bis auf Trinkwasser. Deshalb siedeln sie sich mit Vorliebe in der Nähe von Bächen an; wenn diese Tränke im Winter zugefroren ist, stillen sie ihren Durst mit Schnee. Die Ernährung ist in den Wintermonaten kein Problem, sofern das Eichhörnchen inzwischen nicht »vergessen« hat, an welchen Stellen es während des Sommers seine Vorräte an Nüssen und Samen versteckt hatte.
Solche vergessenen Wintervorräte stellen gleichsam ein Gegengeschenk an die Natur dar. Auf diese Weise »pflanzen« die Eichhörnchen unabsichtlich neue Bäume und tragen zur Ausbreitung und Erneuerung des Waldes bei, was wiederum der Landschaft und anderen Waldtieren zugute kommt und der Erosion des Bodens vorbeugt. Das Zusammenspiel von Geben und Nehmen im Eichhörnchendasein ist nur einer von zahllosen Lebenszyklen, die alle zusammen das komplexe Ökosystem des Waldes ausmachen.

2

1 Zu den bekanntesten europäischen Wildtieren gehört das Eichhörnchen. Die Bäume des Waldes bieten diesen Tieren, die mit ihren kräftig bekrallten Vorder- und Hinterfüßen sehr flink und gewandt sind, Unterschlupf, Nahrung und Fluchtwege, auf denen sie sich vor ihren Feinden retten können.

2 Das Verbreitungsgebiet der Igel erstreckt sich über ganz Europa und nach Asien hinein. Die 8000 spitzen Stacheln werden abgeworfen und wieder erneuert. Igel verzehren solche Mengen von wirbellosen Schädlingen, daß man sie zur Bekämpfung von Schadinsekten in landwirtschaftlich genutzten Gebieten ausgesetzt hat.

1

2

3

4

5

6

7

Unser Eichhörnchen bewohnt Wald- und Parklandschaften von West- und Südeuropa bis Skandinavien und Sibirien, doch die Gattung *Sciurus* umfaßt noch etwa 55 weitere Arten, die in anderen Weltteilen zu Hause sind. Die Eichhörnchenverwandtschaft bildet eine Tiergruppe, die sich besonders erfolgreich und harmonisch an das Baumleben angepaßt hat.

Der liebenswerte Stachelritter

Der Igel *(Erinaceus europaeus)*, als Vertilger lästiger Insekten, Schnekken und Würmer allgemein geschätzt, ist eines der bekanntesten und beliebtesten Tiere Europas. Im Volksglauben hat er seit jeher eine große Rolle gespielt, vor allem wegen seines eigenartigen Stachelkleids. Es besteht aus rund 8000 Stacheln, die dicht nebeneinander auf dem Rücken angeordnet sind. Wenn sich der Körper zu einer Kugel zusammenrollt, richten sich die nadelspitzen Stacheln auf – einer der wirksamsten Verteidigungsmechanismen im Tierreich. Der Igel steckt dann förmlich in einem Stachelsack; auch Kopf und Beine werden durch spezielle Muskeln eingezogen.
Man hat dem Igel immer wieder nachgesagt, er könne am Boden liegende Äpfel mit seinen Stacheln aufspießen, indem er sich über sie rollt, und sie als Nahrungsvorrat wegschleppen. Solche Geschichten sind, so hübsch sie auch ausgedacht sein mögen, reine Fabeln. Fest steht nur, daß der Igel sehr gern an Fallobst nascht. Beim Aufspüren der Nahrung verläßt er sich vor allem auf seinen Geruchssinn. Deshalb wandert er ständig schnüffelnd umher, und wenn ihm seine Nase meldet, daß etwas Eßbares in der Nähe ist, wird das Schnüffeln zu einem lauten Schnauben.
Die Schutzvorrichtung des Stachelkleides und die Fähigkeit zur Anpassung an die unterschiedlichsten Lebensräume sind die Erklärung dafür, daß die Igel, eine sehr altertümliche Säugetierfamilie, in so großer Zahl überlebt haben und so weit verbreitet sind. Obwohl der einzelne Igel sein angestammtes Territorium kaum verläßt und nur einige hundert Meter weit umherschweift, erstreckt sich das Vorkommensgebiet der 20 Igelarten von den Britischen Inseln über ganz Europa und Rußland bis Korea und Ostchina und umfaßt außerdem Süd-, Vorder-, Kleinasien und Afrika.

Der Bienenstaat

Wie die Igel genießen auch die Bienen *(Apis mellifica)* hohes Ansehen bei den Menschen, denn kaum ein anderes Insekt ist für den Wald von größerem Nutzen und keines erzeugt in solchen Mengen ein hochwertiges Nahrungsmittel – den Honig. Bienen sind lebenswichtig für den Fortbestand bestimmter Pflanzenarten; indem sie nektarsuchend von Blüte zu Blüte fliegen, übertragen sie die Pollen und schaffen somit überall, wo sich die Blüten auf Bienenbestäubung eingestellt haben, die Voraussetzung für die Vermehrung der betreffenden Pflanzen.
Das Faszinierendste an den Bienen ist jedoch ihr scheinbar unverständliches Verhalten, das wir dank den Forschungen hervorragender Gelehrter wie Karl von Frisch besser zu verstehen gelernt haben. Es ist erwiesen, daß Bienen seit Jahrmillionen in großen Verbänden zusammenleben und zusammenarbeiten und sich dadurch zu ungewöhnlich hochstehenden sozialen Insekten entwickelt haben. Jedes Bienenvolk ist im Grunde eine vieltausendköpfige Familie und besteht aus einer Königin, die sehr viel größer ist als ihre »Untertanen« und an einem Tag ungefähr 1500 Eier legen kann, aus den plumpen männlichen Bienen oder Drohnen, die nur eine Aufgabe haben, die Königin zu begatten, sowie aus dem Heer der Arbeiterinnen, verkümmerten Weibchen, zu deren Aufgaben das Einsammeln von Blütenstaub, die Wachsherstellung und nicht zuletzt die Brutfürsorge gehören.
Wildlebende Bienen legen ihr aus Waben bestehendes Nest meist in hohlen Bäumen, in Höhlen oder unter einem schützenden Felsvorsprung an. Da die Blumen und Bäume, deren Blüten den Bienen die Nahrung liefern, zu unterschiedlichen Zeiten und in verschiedenen Richtungen und Entfernungen blühen, sollte man meinen, die Tiere würden viel Zeit mit der Suche nach geeigneten Futterquellen verschwenden. Doch dem ist nicht so. Denn die Bienen verfügen über hochentwickelte Verständigungsmittel, über eine »Sprache«, mit deren Hilfe eine heimkehrende »Kundschafterin« ihren Stockgenossen den Standort einer ergiebigen Nahrungsquelle genau beschreiben kann. Das geschieht in Form von Tanzbewegungen. »Die Entdeckerin der Futterquelle«, so heißt es bei Karl von Frisch, »läuft die Waben hinauf, sitzt ein Weilchen still, gibt die süße Beute an die Kameraden ab, und dann beginnt ein Schauspiel, so reizvoll anzusehen, daß man verzagt vor der Aufgabe, es in dürren Worten zu schil-

1 Das Anfeuchten der Stacheln mit weißlichem Speichel bewirkt beim Igel die Entleerung der Mundhöhle.

2 Das für den Menschen nützlichste Insekt ist die Honigbiene, die den nahrhaften Honig erzeugt und die Bestäubung vieler Blütenpflanzen besorgt. Der Bienenschwarm hat mit der Königin den Stock verlassen und sich an einem Ast gesammelt.

3 Wenn eine Sammlerbiene in den Stock zurückkehrt, überläßt sie ihren Nektar anderen Bienen, die ihn mit ihren klebrigen Zungen hin und her bewegen, damit das Wasser verdunstet und der Zuckergehalt sich konzentriert.

4–7 Pilze sind primitive Pflanzen, die überall im Wald vorkommen, auf lebenden oder abgestorbenen Bäumen, zwischen Wurzeln, an Stämmen, Blättern, Früchten und Samen. Viele Waldtiere ernähren sich von ihnen: Eichhörnchen speichern zuweilen Pilze in Baumhöhlen, die ihnen in getrockneter Form als Winternahrung dienen.
4. Hallimasch (Armillariella mellea)
5. Schopftintling (Coprinus comatus)
6. Fliegenpilz (Amantia muscaria)
7. Flaschenbovist (Lycoperdum perlatum)

8. Wildschweine sind altvertraute Bewohner des deutschen Waldes.

dern. Sie vollführt einen Rundtanz auf der Wabe, indem sie mit raschen, trippelnden Schritten im Kreis herumläuft, einmal rechts herum, einmal links herum in raschem Wechsel.«
Der einfache »Rundtanz« zeigt eine Nahrungsquelle an, die höchstens 100 m entfernt ist. Daneben kennen die Bienen auch noch einen komplizierteren »Schwänzeltanz«, der für größere Entfernungen bestimmt ist und als ein Kreis mit einem wellenförmigen Durchmesser dargestellt wird. Die Richtung wird durch die Abweichung des Durchmessers (»Schwänzelstrecke«) von der Senkrechten angegeben. Der dadurch gebildete Winkel entspricht dem Winkel zwischen dem Sonnenstand und der einzuschlagenden Flugbahn. Dabei überträgt die Biene nicht nur den Winkel selbst bis auf wenige Grade genau, sondern auch die horizontale Ebene (in der Natur) in die vertikale (auf die aufrecht stehende Wabe). Und die Zahl der Schwänzelbewegungen auf dem Durchmesser und die Geschwindigkeit, mit der sie ausgeführt werden, verraten den anderen Bienen ziemlich exakt die Entfernung und Ergiebigkeit der Nahrungsquelle.
Damit sind nur ein paar Grundregeln der Bienensprache angedeu-

8

tet, die in Wirklichkeit noch viel mannigfaltiger und staunenswerter ist.

Leben im Boden

Kaum weniger staunenswert sind die Lebensvorgänge, die sich, unseren Augen meist verborgen, in und auf dem Waldboden abspielen. Die Aktivität der dort lebenden kleinen Pflanzen und Tiere, zumal der mikroskopisch kleinen, hat wesentliche Auswirkungen auf den gesamten Wald, vor allem durch die Anreicherung und Durchlüftung des Bodens, aus dem Bäume, Sträucher und Kräuter hervorwachsen.

Der Zerfall der abgestorbenen und absterbenden Überreste der grünen Pflanzen wird durch die Tätigkeit der verschiedensten Organismen bewirkt, unter anderem durch die zahllosen bodenlebenden Einzeller oder Protozoen. Dieser Vorgang, also die Zerlegung der pflanzlichen und tierischen Substanzen in ihre Bestandteile, setzt bereits ein, bevor die Bäume oder ihre Äste, Zweige und Blätter zu Boden fallen. Die Mineralien, die aus dem organischen Material, das sich auf dem Waldboden ansammelt, und aus den verrottenden Baumstämmen und -stümpfen hervorgehen, werden als Nährstoffe von den Wurzeln aufgenommen. Das Baumwachstum ist somit abhängig von einer »gesunden« Verrottung.

In nördlichen oder hochgelegenen Waldlandschaften wird dieser Prozeß durch die niedrigen Temperaturen zwar verlangsamt, aber nicht unterbrochen. In milderen Klimazonen, wo die Wälder eher durch Regen als durch Schnee durchfeuchtet werden, beschleunigt sich die Verrottung und verteilen sich die Nährstoffe schneller und gründlicher im Boden. Pilze greifen die leicht abbaubaren Zuckerbestandteile der Blätter an. Bakterien spalten die Zellulose. Bodentiere bereiten die vielerlei Abfälle mit chemischen oder mechanischen Mitteln wieder auf.

An der Wiederaufbereitung der Zerfallsstoffe haben die Regenwürmer einen wichtigen Anteil. In den Wäldern der nördlichen gemäßigten Zone arbeitet unser heimischer Regenwurm *(Lumbricus terrestris)* den Boden auf mechanische Weise um, indem er sich durch das Erdreich frißt. Die Zahl der übrigen Bodentiere, die ähnlich vorgehen, ist gewaltig. Nach den mikroskopisch kleinen Protozoen sind die Fadenwürmer oder Nematoden die häufigsten Bodenorganismen. Ein

Kubikzentimeter Erdreich kann 1000 bis 10000 von ihnen enthalten.

Größere Lebewesen, zum Beispiel Schnecken, Milben und Springschwänze – bei den letzteren handelt es sich um weitverbreitete und in großer Zahl vorkommende Urinsekten –, tragen gleichfalls zur Anreicherung des Waldbodens mit Mineralstoffen bei. Man schätzt, daß alle Bodenorganismen, einschließlich der unterirdisch lebenden Wirbeltiere wie Maulwurf, Spitz- und Wühlmaus, etwa 40% der Abfälle verarbeiten, die sich auf dem Waldboden ansammeln.

Die Wälder an der Donau

Hinter Wien fließt die Donau noch etwa 220 km nach Osten, bevor sie sich in einer scharfen Kehre nach Süden in Richtung Budapest wendet. In diesem Donauknie liegt der eigenartige Piliswald, eine vergleichsweise unberührte Laubholzregion, die vom ungarischen Staat verwaltet wird. Der Wald erstreckt sich ungefähr 70 km am Westufer des Flusses und ist zwischen 10 und 30 km breit. Der Untergrund besteht aus Dolomit, Kalkfels und Vulkangestein, und diese unterschiedliche Bodenbeschaffenheit hat eine abwechslungsreiche Waldlandschaft entstehen lassen.

Charakteristisch für die Flora sind die Flaumeiche, die Zerreiche und die Hain- oder Weißbuche. Der Wald zieht sich über niedrige Berge hin und hinab in die Täler, wo man Eschen, Ahornbäume und Ulmen antrifft. Die Wasserläufe sind von Erlen gesäumt. Besonders eindrucksvoll sind die Buchen, die ihre Kronen ineinanderschieben und deren blaugraue Stämme wie mächtige Säulen im dämmerigen Licht emporragen.

Der Piliswald beherbergt nahezu alle Vogelarten, die für Ungarn typisch sind, unter anderem Greifvögel wie die Lannerfalken, Wanderfalken, Rotmilane und Kaiseradler. Neben Tausenden von Wirbellosenarten kommen hier zahlreiche Waldsäugetiere vor, zum Beispiel

Wildschweinbachen mit ihren Frischlingen in lichtem Gehölz. Wildschweine sind vermehrungsfreudig und können im Jahr zwei Würfe haben, die jeweils ein Dutzend Junge umfassen. Die Lebenserwartung beträgt 15–20 Jahre. Schwarzwild wird in Europa seit jeher gejagt, nicht nur wegen des begehrten Fleisches, sondern auch wegen der von ihm angerichteten Flurschäden.

1

2

3

4

5

Wiesel, Eichhörnchen, Hermeline, Dachse, Füchse und Wildkatzen. Als Großsäuger sind die Rothirsche, Mufflons und die Wildschweine zu nennen.

Die Wildschweine konnten sich in Ungarn besser entfalten als im übrigen Europa, weil ein Teil des Landes mehr als 200 Jahre lang unter der Herrschaft der Türken stand, die wegen der muslimischen Speisevorschriften kein Schweinefleisch anrührten. Die Türken verboten auch die Jagd auf Wildschweine mit irgendwelchen Waffen, selbst mit Messern und Speeren. Bis zum Zweiten Weltkrieg waren die Bestände sehr groß. Doch nach dem Krieg wurden die riesigen Landgüter aufgeteilt, wertvolle Waldgebiete abgeholzt und Hirsche und Wildschweine abgeschlachtet. 1946 waren nur noch knapp 100 Wildschweine übriggeblieben. Zu diesem kritischen Zeitpunkt erließ die Regierung ein allgemeines Jagdverbot und begann damit, bestimmte Landschaften wie den Piliswald in Wild- und Vogelschutzgebiete umzuwandeln. Heute leben die weitaus meisten Wildschweine in den ungarischen Schutzgebieten.

Wildschweine wirken zwar ziemlich ungeschlacht, sind aber sehr trittsicher und schnell und schwimmen ausgezeichnet. Mit ihnen ist nicht zu spaßen: Die Keiler besitzen kräftig ausgebildete vorstehende Eckzähne, zwei im Ober- und zwei im Unterkiefer; die unteren werden Hauer genannt. Im allgemeinen greifen die Tiere nicht von sich aus an, doch wenn sie belästigt werden, können sie sich wütend zur Wehr setzen und eine gefährliche Situation heraufbeschwören, vor allem, wenn sie sich zu einer großen Gruppe oder Rotte zusammengeschlossen haben. Wildschweine sind von Natur aus sehr gesellig und am aktivsten in den Abend- und den frühen Morgenstunden. Wenn sie hingebungsvoll den Boden nach Wurzeln, Nüssen, Pflanzenstengeln, Insektenlarven und Aas durchwühlen, scheinen sie die Welt ringsum völlig zu vergessen. Trotz dieser bescheidenen Kost können sie ein Gewicht von 200 kg erreichen. In Kulturlandschaften richten Wildschweine oft großen Schaden an, aber in ausgedehnten Waldungen erweisen sie sich als recht nützlich, weil sie massenhaft die Engerlinge von Schadinsekten vertilgen und den Boden durchpflügen und auflockern.

Die Krokusteppiche der Karpaten

Zu den eindrucksvollsten Wäldern Osteuropas gehören die der Karpaten, die sich in einem weiten, 1300 km langen Bogen von der tschechisch-polnischen Grenze über den Westzipfel Rußlands und durch ganz Rumänien erstrecken. Dieser Gebirgszug ist ungefähr so lang wie die Alpen, aber längst nicht so hoch; er erhebt sich nirgendwo über die 3000-m-Grenze und ist deshalb dichter von Wäldern und Wiesen überzogen.

Im Gebiet der Hohen Tatra, das teilweise unter Naturschutz steht, begegnen wir einer abgestuften montanen Vegetation: Tannen und Buchen, durchsetzt von Kiefern, Lärchen und Bergahorn, bis zu einer Höhe von 1250 m; Fichtenwald bis 1550 m; strauchwüchsige Latschen oder Bergkiefern bis 2000 m. Rotwild, Rehe und Wildschweine bewohnen diese Wälder, daneben noch viele andere Säugetierarten; man schätzt, daß hier noch 30 Wölfe, 230 Bären, 30 Luchse und 100 Wildkatzen leben, um nur die wichtigsten Arten zu nennen.

1 Die Haselmaus ist in busch- und waldreichen Gebieten Europas, Kleinasiens und Rußlands beheimatet.

2 Die Waldmaus lebt vor allem in Laubgehölzen und Dickichten und geht abends auf die Suche nach Samen, Beeren und Insekten.

3 Eine Rötelmaus in einem österreichischen Wald. Diese kleinen Nager sind bei Tag und Nacht und in allen Jahreszeiten munter.

4 Ein Siebenschläfer mit einem Jungen. Dieses Tier hält einen Winterschlaf von sechs bis sieben Monaten und zehrt dabei von seinem angefressenen Fett.

5 Jungfüchse werden mit etwa drei Monaten selbständig; dann verlassen sie den elterlichen Bau und suchen sich ein eigenes Jagdrevier.

6 Das Auerwild, das aus seinem einstigen Vorkommensgebiet weitgehend verdrängt worden ist, lebt vor allem in ausgedehnten Fichten- und Kiefernbeständen mit einem Unterwuchs aus früchtetragendem Gesträuch. In einem norwegischen Wald vollführt dieser Auerhahn sein Balzritual.

6

Hinzu kommen noch zahlreiche Hermeline, Wiesel, Dachse, Füchse Marder, einige Fischotter.
Besonderer Beliebtheit bei Zoologen und Jägern erfreut sich der Luchs *(Lynx lynx)*, eine 1,20 m lange Katze, die jede geeignete Beute beschleicht und reißt, von der Maus bis zum Hirsch. Ist die Beute zu groß und stark, muß sich der Luchs allerdings mit jungen, alten oder kranken Tieren begnügen. In der Auseinandersetzung mit Wölfen zieht er nicht selten den kürzeren. Der Luchs zeigt ein ausgeprägtes Territorialverhalten; er ist bestrebt, sein Revier von Eindringlingen freizuhalten, und die Kater liefern sich der Ranzzeit zu Beginn des Frühlings heftige Kämpfe.
Die Luft ist zuweilen erfüllt von den monotonen Rufen der Zwergohreule oder vom wohllautenden Gesang des Zwergschnäppers. Von überwältigender Schönheit sind die dichten Blütenteppiche des Frühlingskrokus, die man hier vorfindet. Auch andere Karpatenregionen, beispielsweise die Pieniny-Berge der Hohen Tatra und die Bucegi in den Südkarpaten, umschließen ungewöhnliche Pflanzen- und Tierbestände, unter anderem ein Gebiet, in dem 1800 Tag- und Nachtfalterarten nachgewiesen worden sind.

Der anpassungsfähige Fuchs

In fast allen Biotopen, welche die Wälder Europas, ja der Welt zu bieten haben, auf den Bergen und im Flachland, in heißen und kalten, feuchten und trockenen, wilden und dichtbesiedelten Landschaften zwischen Arktis und Tropen ist die weitverzweigte Sippschaft der Füchse in zahlreichen Arten und Unterarten vertreten. Auch unser allbekannter heimischer Rotfuchs *(Vulpes vulpes)* ist nicht nur in Europa zu Hause, sondern auch in Asien, Nordafrika und Nordamerika.
Tatsache ist jedenfalls, daß sich der Fuchs in erstaunlichem Maße selbst an jene Lebensräume angepaßt hat, die vom Menschen völlig umgestaltet worden sind. Das hat dazu geführt, daß er besonders stark bejagt wird. Schuld ist die Tollwut. Es braucht nur ein Tollwutfall vorzukommen oder ein Tollwutverdacht aufzutauchen, und schon wird jeder Fuchs, ob tollwütig oder nicht, blindlings abgeschossen.
Solche Anfeindungen, mögen sie berechtigt sein oder nicht, haben die Füchse bisher allerdings noch immer überlebt, doch vielleicht sind auch ihre Tage gezählt. Durch intensive Bejagung und durch die Zerstörung ihrer Baue sind die Tiere in manchen Gegenden bereits ausgerottet und in anderen stark dezimiert worden. Ihre natürlichen Feinde, beispielsweise die Seeadler, sind zwar zurückgegangen, aber das fällt kaum ins Gewicht angesichts der vom Menschen vorgenommenen Vernichtung.
Dementsprechend hat der Fuchs sich von natürlichen auf »unnatürliche« Lebensräume umstellen müssen, sofern ihm nicht Nationalparks oder Reservate Schutz bieten. In solchen naturbelassenen Refugien können wir einen Eindruck von der bewundernswerten Anpassungsfähigkeit dieser Tiere gewinnen. Zunächst fressen sie nahezu alles. Die Hauptnahrung besteht aus Mäusen und anderen Kleinsäugern, und wenn diese reichlich vorhanden sind, bleibt der Fuchs gern innerhalb der Grenzen seines heimischen Territoriums, das nur einige wenige Quadratkilometer umfaßt. Auch Beeren werden verspeist, desgleichen Fische, Insekten

und Aas, doch wenn der Fuchs ausgehungert ist und sich eine günstige Gelegenheit ergibt, macht er auch Jagd auf größere Beute: Frischlinge, Rehkitze, Hasen, Fasanen, Rauhfußhühner, auch Hausgeflügel usw.
Der Fuchs gräbt sich einen Erdbau, falls er nicht einen passenden Dachsbau findet, den er sofort beziehen und in dem er sich mitsamt seiner Familie einrichten kann – mehr oder weniger in Harmonie mit den ursprünglichen Bewohnern. Alte Fuchsbaue bestehen aus einem Wohnkessel sowie mehreren Kammern und Röhren und haben mehr als ein Dutzend Eingänge. Gelegentlich bieten sie auch anderen Tieren wie Wildkatzen, Kaninchen und kleinen Eulen einen willkommenen Unterschlupf.

In der Taiga

Die bei weitem größte zusammenhängende Waldlandschaft der Sowjetunion ist die Taiga, die sich infolge ihrer nördlichen Lage ausschließlich aus Nadelhölzern zusammensetzt. Die Mischwälder und bewaldeten Steppengebiete sind im europäischen Rußland dagegen verhältnismäßig klein.
Die russische Taiga ist keineswegs nur »das Land der kleinen Stöcke«, wie dieser Name angeblich zu übersetzen wäre. Über weite Strecken haben wir es hier vielmehr mit einer ganz normalen Waldlandschaft zu tun. Fichten und Lärchen sind die vorherrschenden Baumarten, doch daneben wachsen noch weitere Koniferen wie Kiefern und Tannen. Wegen des extremen Klimas sind die Bäume der nördlichen Taiga, wie nicht anders zu erwarten, zwergwüchsig und verkrüppelt, oder sie bilden gleichsam Waldfinger, die sich in die verhältnismäßig geschützten Tundratäler erstrekken.
Die Fichte fühlt sich in dieser kalten Region wohl, solange sie einen kräftigen Untergrund und genügend Feuchtigkeit vorfindet. Ihre Wurzeln breiten sich seitlich weit aus, so daß der Baum selbst dort gedeihen kann, wo der Boden oberflächlich gefroren ist. Im Gegensatz zu den lichtbedürftigen Kiefern vertragen die Fichten auch mäßigen Schatten. Der Waldboden unter den Taigafichten ist oft von einem üppigen Unterwuchs bedeckt, dessen Beschaffenheit weitgehend davon abhängt, ob der Boden gut durchfeuchtet ist oder ob sich das Wasser in ihm staut.
Wenn Fichten vom Sturm gefällt oder ganze Bestände durch die nicht seltenen Waldbrände vernichtet werden, entstehen lichte Kahlflächen, auf denen die natürliche Pflanzenfolge von neuem beginnt. Das ist der Grund, warum die Taiga vielfach von Laubbäumen wie Birken und Espen durchsetzt ist; diese Arten besiedeln gewöhnlich als erste die Windbrüche und Brandflächen. Und wo die Taiga von Flüssen durchzogen ist, die für eine reichliche Wasserzufuhr sorgen, mischen sich »exotische« Bäume und Sträucher unter die Fichten: Hier trifft man auf Erlen, Wacholder, Weiden, Geißblatt, Weinrosen und Johannisbeeren.
Bei der Vielzahl der Lebensräume und dem reichen Nahrungsangebot ist es nicht verwunderlich, daß die Taiga von Tieren wimmelt – oder wimmelte. Hier lebten einst Bären, Rentiere, Rehe und Luchse in großer Zahl, doch viele Tierarten sind vom Menschen stark dezimiert oder fast ausgerottet worden und beschränken sich heute vorwiegend auf entlegene Rückzugs- und Schutzgebiete. Burunduks oder Streifenhörnchen und Flughörnchen, Vielfraße und Zobel sind typische Säugetiere der Taiga.
Verschiedene Vogelarten, etwa das Haselhuhn und das Moorschneehuhn, brüten hier. Sie haben sich an das Nahrungsangebot und allgemein an die Umweltbedingungen der Taiga so gut angepaßt, daß sie in ihrer Heimat auch überwintern. Im östlichen Sibirien gibt es mehr als 40 Arten solcher Jahresvögel.

Der Balztanz des Auerhahns

Eine der interessantesten Vogelarten der europäischen Nadel- und Mischwälder ist das Auerhuhn *(Tetrao urogallus)*, das größte Rauhfußhuhn überhaupt. Das Männchen, der Auerhahn, ist kräftig gebaut und mißt fast 1 m; das unscheinbare Weibchen bleibt erheblich kleiner. Der Auerhahn trägt ein düster schiefergraues Federkleid, ist aber an seiner Größe, an den roten »Rosen« über den Augen und an dem kleinen Federbart leicht zu erkennen. Allerdings bekommt man den scheuen und versteckt lebenden Vogel in freier Wildbahn nur selten zu Gesicht. Seine Nahrung bilden Fichten- und Kiefernnadeln und Knospen, außerdem frische Triebe und Beeren.
Ein höchst faszinierendes Schauspiel ist die Balz des Auerhahns. Er führt sie am Ende des Winters oder sehr zeitig im Frühjahr vor, oft gemeinsam mit anderen Hähnen und

auf einem festen Balzplatz. Unmittelbar vor dem Morgengrauen verfällt der balzende Vogel auf einem Ast oder auf dem Boden in eine Art Trance und läßt dabei eine rhythmische Folge von schnalzenden, »knappenden« Tönen hören, die mit dem »Hauptschlag« abgeschlossen wird, der einem dumpfen Pfropfenknall ähnelt. Dann folgt ein gutturales, seufzendes »Wetzen«. Der verliebte Hahn tanzt langsam hin und her, reckt den Kopf steil himmelwärts, läßt die Flügel hängen und stellt den Schwanz wie einen Fächer auf. Mit diesem Imponiergehabe will er die männlichen Rivalen und die Hennen gleichermaßen beeindrucken. Nach dem Ritual findet die Paarung statt.
In Deutschland ist das Auerwild, das neuerdings eine ganzjährige Schonzeit genießt, also nicht mehr bejagt werden darf, inzwischen sehr selten geworden. Es kommt bei uns nur noch in abgelegenen Waldgebieten der Alpen und der Mittelgebirge vor, während es in Skandinavien und in der sibirischen Taiga stellenweise noch recht häufig anzutreffen ist.

Der mächtige Wisent

Nachdem im 17. Jahrhundert der Auerochse oder Ur endgültig ausgerottet wurde, ist inzwischen auch das zweite große Wildrind der europäischen Wälder, der Wisent *(Bos bonasus),* in freier Wildbahn ausgestorben. Diese Tierart, die früher in ganz Eurasien vom Atlantik bis zum Pazifik verbreitet war, fand schließlich eine letzte Zuflucht in den Wäldern von Bialowieza an der polnisch-russischen Grenze. Und dort wurde der letzte wildlebende Wisent am 9. Februar 1921 von einem Wilderer abgeschossen.

Glücklicherweise lebten noch 56 Tiere in zoologischen Gärten und privaten Wildgehegen, und mit diesen Überlebenden unternahm man den fast aussichtslos erscheinenden Versuch, die Wisente wieder in der freien Natur einzubürgern. Der Wisent, der nach Ansicht mancher Wissenschaftler von dem einst in Indien beheimateten *Bison sivalensis* abstammt, ist aus vielen eiszeitlichen Höhlenmalereien bekannt. Einige Herden wanderten offenbar vor Jahrtausenden von Asien über die damals noch bestehende nordpazifische Landbrücke nach Nordamerika, wo sie sich zum Bison *(Bison bison)* weiterentwickelten.

Der Wisent, der einmal eine so bedeutende Rolle in der Natur gespielt hat, durfte nicht untergehen. Mit der Gründung der »Internationalen Gesellschaft zur Erhaltung des Wisents« im Jahre 1923 begann die planmäßige Zucht der Tiere in Polen, Deutschland, der Sowjetunion und andernorts, so daß 1956 eine kleine Herde im polnischen Bialowieza-Nationalpark wieder ausgesetzt werden konnte. Der Versuch gelang. Heute gibt es bereits weltweit wieder über 1000 Tiere.

Der Wisent hat in der urtümlichen Waldlandschaft von Bialowieza in Polen eine Zuflucht gefunden. Die als Wildform ausgestorbenen Wisente wurden in zoologischen Gärten gezüchtet und dann in freier Wildbahn wieder ausgesetzt. Die Wisentkälber werden von ihren Eltern und nötigenfalls sogar von der gesamten Herde beschützt.

Zwischen Tropen und Tundra

Von Sibirien bis Südostasien

Die asiatischen Waldlandschaften, die sich von den Tropen bis hinauf zur Tundra erstrecken, umfassen die ausgedehntesten Vegetationszonen der Erde. Von besonderem Interesse sind für uns die unermeßlichen Regenwälder, die sich vor allem in Burma, Thailand, Malaysia und auf den Inseln der Philippinen und Indonesiens ausbreiten und die an Umfang nur den Regenwäldern Südamerikas nachstehen. Daneben finden wir weit auseinanderliegende Nadel- und Laubwaldgebiete in Ostchina, Japan, Korea sowie in der UdSSR. Im Norden bedecken die Koniferen der Taiga eine riesige Fläche zwischen dem Ural und dem Pazifischen Ozean. Diese reichen Waldvorkommen lassen beinahe die Tatsache vergessen, daß ein großer Teil Zentralasiens unbewaldet ist und aus Wüsten, Steppen und gewaltigen Gebirgsketten besteht.

Leben auf dem indischen Subkontinent

In einem Expeditionsbericht heißt es: Unsere Reise durch die asiatischen Wälder begann in einer der eindrucksvollsten Naturlandschaften auf dem indischen Subkontinent – im Chitwan-Nationalpark im Süden Nepals. In Meghauli stiegen wir auf Reitelefanten um und machten uns auf den Weg zum Fluß Rapti. Wir brauchten nur eine Viertelstunde, um den Fluß zu erreichen und zu überqueren, und schon waren wir im Nationalpark. Alsbald umfingen uns die Restbestände eines subtropischen Monsunwaldes, der sich einst Tausende von Kilometern weit nach Osten und Westen erstreckte. Fern im Norden erhoben sich, kaum erkennbar, die weißen Gipfel der Himalajaberge. Hier im nepalesischen Tiefland, nur etwa 100 m über dem Meer, bekamen wir einen Vorgeschmack von der Üppigkeit und Feuchtigkeit der asiatischen Tropenwälder.

Chitwan wurde 1962 als ein Reservat für die mächtigen Indischen Panzernashörner eingerichtet und neun Jahre später in den ersten Na-

tionalpark Nepals umgewandelt. In dem fast 100 km^2 großen Park hat sich ein Teil der ausgedehnten Salbaumbestände im ursprünglichen Zustand erhalten. Wir haben es hier nicht mit einem tropischen Regenwald zu tun, denn die Bäume sind nicht immergrün, sondern laubabwerfend; in der Trockenzeit verlieren sie ihre Blätter. Außerdem ist der Wald lichter und das Blätterdach weniger dicht als in einem echten tropischen Regenwald. Dieser Monsunwald, dessen Niederschläge sich fast ausschließlich auf die Monsunzeit konzentrieren, wird von Juni bis September immer wieder von Regenstürmen heimgesucht. In dieser Zeit explodiert die Vegetation förmlich. Allein im Juli fallen fast 70 cm Regen, im Jahr insgesamt 216 cm.

Vom schwankenden Rücken der Elefanten aus, die in diesen Wäldern ein natürliches Fortbewegungsmittel darstellen, erblickten wir ringsum ein reiches Tierleben. Wildschweine zogen am Ufer eines Bachs entlang. Rote Kasarkas flogen über unsere Köpfe hinweg. In einiger Entfernung blitzte ein blauer Schimmer über den Bäumen auf; es war ein Pfauenpaar, das gemächlich herniederschwebte und am Rand eines Wasserlaufs aufsetzte. Nach Samen und anderen Pflanzenteilen suchend, wanderten die Vögel zwischen den Büscheln des Ufergrases hin und her, bis sie stromabwärts verschwanden.

Mehrere Bankivahühner strichen durch den Wald und strebten einer krautbewachsenen Lichtung zu, wo sie herumzupicken begannen wie Hühner auf einer Dorfwiese. Das Bild wirkte seltsam fremd in dieser wilden Umgebung. Aber der Eindruck täuschte: Diese urtümliche Landschaft ist seit Jahrtausenden die Heimat der Bankivahühner, der wildlebenden Vorfahren sämtlicher Haushuhnrassen. Heute deckt sich ihr Verbreitungsgebiet ziemlich genau mit dem des Salbaums.

Lärmende Urwaldhühner finden sich häufig in Gesellschaft des Gaur *(Bos gaurus)*, des größten Wildrinds der Erde. Die insektenfressenden Hühner warnen durch ihr auffälliges Verhalten die weidenden Gaurs vor drohenden Gefahren. Die Gaurs, die bis zu 1000 kg wiegen und eine Widerristhöhe von über 2 m erreichen können, halten sich am liebsten auf Wiesen in der Nähe bewaldeter Hänge und an Wasserläufen auf, in denen sie trinken und baden können. Die Tiere sind zwar scheu, schließen sich aber in Herden bis zu 20 Stück zusammen, ständig auf der Hut vor Feinden – man schätzt, daß die Hälfte der Jungtiere Tigern zum Opfer fällt –, denen sie sich lieber mit der Breitseite als mit dem Kopf voran zum Kampf stellen. Die seitlichen Stöße der Hörner sind gefährlich und flößen auch einem Tiger Respekt ein.

Der einsame Tiger

Wir hatten gehofft, in »Tiger Tops«, einer Station inmitten des

Der asiatische Tiger nimmt in der Nahrungskette den obersten Rang ein und hat kaum Feinde zu fürchten. Er erbeutet alle möglichen anderen Tiere und verspeist zuweilen sogar Urwaldfrüchte. Doch infolge Überjagung und Zerstörung seines Lebensraums durch den Menschen ist sein Bestand so gefährdet, daß sein Überleben nur noch in Schutzgebieten möglich ist. Das Foto zeigt einen männlichen Tiger im indischen Kanha-Nationalpark. Solche Reservate umfassen unzerstörte Ökosysteme, die groß genug sind, um den Tigerbeständen ausreichend Nahrung zu bieten.

Nationalparks, endlich Tiger *(Panthera tigris)* zu sehen, von denen noch etwa 35 im Park leben. Aber Tiger sind scheue, nachtaktive, allein lebende und unberechenbare Geschöpfe. Wenn man den jähen Rückgang ihrer Bestände bedenkt, ist es fast ein Wunder, daß überhaupt noch einige Exemplare übriggeblieben sind. Vor einem halben Jahrhundert lebten noch ungefähr 100000 Tiger aller Rassen auf der Erde, davon allein etwa 40000 in Indien. Heute gibt es nur noch 5000. Rund 2000 Vertreter der indischen Unterart, des Königs- oder Bengaltigers *(P. tigris tigris)*, haben in Indien, Nepal, Bangladesch und Bhutan überlebt.

Wenn man das wimmelnde Leben ringsum betrachtet, sollte man meinen, der Tiger brauche nur einmal mit der Pranke zuzuschlagen, um ein Beutetier zu erwischen. Doch ganz so einfach ist das Leben für diese größte Katzenart nicht. Ein Tiger muß oft tagelang auf die Jagd gehen, um Erfolg zu haben, weil die meisten Tiere seines Lebensraums sehr viel Geschick entwickelt haben, ihm auszuweichen. So greift selbst diese mächtige Katze zu List, pirscht heimlich an und kommt aus dem Hinterhalt. Es ist harte Arbeit, und sogar der verschlagenste Tiger muß zuweilen mehrere Tage lang hungern. Wenn der Tiger bei einem Überraschungsangriff sein Ziel verfehlt, verfolgt er die Beute vielleicht 200 m weit; dann gibt er auf. Trotz seiner Körpergröße und seines Gewichts (bis zu 272 kg) schleicht der Tiger lautlos durch das Unterholz; er ist ein ausgezeichneter Schwimmer und kann mit einem einzigen Satz 6 m zurücklegen. Wenn er auf der Jagd erfolgreich war, zerreißt er die Beute, schlägt sich den Magen voll, deckt etwaige Überreste mit Gras, Zweigen, Blättern und Ästen zu und legt sich in der Nähe zur Ruhe.

In der Regel führt jeder Tiger ein einsames Leben, außer in der Paarungszeit sowie in dem vollen Jahr, in dem die Jungen bei der Mutter bleiben. Jedes erwachsene Tier besitzt innerhalb seines Territoriums einen Bau oder auch deren mehrere. Das besagt freilich nicht viel; als Bau genügt eine Erdhöhle oder Felsspalte, ein umgestürzter Baum oder ein besonders starkes Dik-

Ein Tiger am Riß in Mittelindien. Dank seiner Ausdauer, Umsicht, Kraft und hervorragenden Tarnung kann der Tiger seine Beute gut beschleichen und überwältigen.

kicht, und der Boden wird mit trokkenem Gras oder Laub bedeckt. In einem solchen Unterschlupf schlafen oder ruhen die Tiger und richten die Weibchen ihre Kinderstube ein.

So wie man einst gewaltige Anstrengungen unternahm, um die Tiger auszurotten, so setzt man heute alles daran, ihn zu retten. Indien hat nicht nur die Tigerjagd verboten, sondern im Jahre 1973 auch das sogenannte »Tiger Project« in die Wege geleitet, demzufolge neun Reservate in verschiedenen Vorkommensgebieten des Tigers eingerichtet und betreut werden sollen, um den Fortbestand dieser Großkatze in Indien zu sichern.

Bellende Hirsche und heulende Schakale

Die Mahuts riefen den Elefanten plötzlich einige Befehle zu, die daraufhin kehrtmachten und eiligst in den dunklen Salwald trotteten, wo Hirsche standen, die so perfekt getarnt waren, daß wir sie vermutlich nie gesehen hätten. In Chitwan leben die winzigen, nur etwa 50 cm hohen Muntjak- oder Bellhirsche *(Muntiacus muntjak)* mit rötlichbraunem Fell, die ähnlich aussehenden Schweinshirsche *(Axis porcinus)*, die hell getüpfelten Axishirsche *(Axis axis)*, die Rudel bis zu 60 Köpfen bilden, und die großen, 1,30 m hohen und über 300 kg schweren Sambarhirsche *(Cervus unicolor)*.

Alle diese Hirsche haben eine Vorliebe für junge Triebe und Schößlinge – genauso wie die Nashörner. Doch im Gegensatz zu diesen stellen sie eine begehrte Beute der Tiger dar.

Sehr viel auffälliger oder zumindest lauter als die Hirsche benahmen sich die Languren oder Hulmans *(Presbytis entellus)*, baumbewohnende Schlankaffen, die ununterbrochen plapperten, während sie im Geäst der Salbäume umhersprangen. Sie müssen ständig darauf achten, den ebenfalls baumbewohnenden Leoparden zu entgehen. Auch Rhesusaffen *(Macaca mulatta)* hausen im Nationalpark,

Ein einsames Schweinshirschweibchen, auf dessen Rücken sich ein Hirtenstar niedergelassen hat, macht eine Verdauungspause im Chitwan-Nationalpark in Nepal. Schweinshirsche, die sich meist zu zweit oder dritt zusammentun, wagen sich nur selten ins Urwaldinnere vor; sie halten sich am liebsten in lichten Waldungen auf, wo sie sich von Gräsern, abgefallenen Blüten und Früchten ernähren.

allerdings mehr in den Wollbäumen an den größeren Flüssen.
Man muß schon einige Zeit suchen, um den nachtaktiven Lippenbär *(Melursus ursinus)* aufzuspüren, den man ursprünglich für ein bärenartiges Faultier hielt, weil er sich von den »normalen« Bären so sehr unterscheidet. Doch ist er keineswegs faul, sondern zählt zu den emsigsten Bewohnern des Waldes. Das zottige schwarze Tier mit dem V-förmigen weißen Abzeichen auf der Brust hat eine lang ausgezogene helle Schnauze, 10 cm lange Sichelkrallen und wiegt ungefähr 90 kg. Der Lippenbär verzehrt Früchte, Insekten und Honig, aber auch Termiten, deren Baue er mit seinen kräftigen Krallen aufreißt.
Wenn man sich lang genug in Chitwan aufhält, kann man noch manche anderen Bewohner dieses tierreichen Schutzgebiets entdecken – Rothunde, kleine Katzen, Mungos, Flughörnchen, Stachelschweine, Krokodile, Warane, Tigerpythons, Königskobras sowie mehr als 300 verschiedene Vogelarten. Jedem Besucher prägen sich bestimmte Eindrücke unauslöschlich ein; unser stärkster Eindruck war das klagende Geheul der Schakale im nächtlichen Salwald.

Indiens bedrohte Tierwelt

Die gewaltigen Bevölkerungsmassen des indischen Subkontinents und die ständige Vergrößerung der landwirtschaftlich genutzten Fläche haben zur Folge gehabt, daß sich der Waldbestand um 75% verringerte und die Zahl der wildlebenden Tiere in erschreckendem Maße abnimmt. Obwohl noch eine erstaunliche Vielfalt an Ökosystemen erhalten geblieben ist – Regenwälder, Wüsten und Mangrovenwälder –, gehört der einstige Wildreichtum der Vergangenheit an. Nur noch einige wenige Löwen haben im Gir-Wald von Gujarat überlebt. Die vielköpfigen Rudel des Barasingahirsches, der dem europäischen Rothirsch sehr ähnlich sieht, sind verschwunden.
Wo sich die Tropenwälder noch verhältnismäßig ungestört entfalten können, erreichen manche Bäume eine Höhe von fast 50 m und sind gekrönt von schirmförmigen Wipfeln. Andere Waldgebiete erstrecken sich zwischen feuchten und trockenen Klimazonen. In ihnen treffen wir noch eine Vielzahl von Wildtieren an, zum Beispiel kleine Gruppen von Hirschziegenantilopen, Nilgauantilopen und verschiedene Nashornvogelarten.

1

2

1 Dieser Tigerpython verschlingt einen Schweinshirsch, der vermutlich in das feuchte Revier der Schlange eingedrungen war, um zu trinken. Der Python stürzt sich blitzschnell auf seine Beute und packt sie mit seinen langen, spitzen Zähnen. Dann umschlingt er sein Opfer und erdrosselt es, oder er bringt dessen Blutgefäße zum Platzen. Nach einer solchen Mahlzeit kann die Schlange wochenlang fasten.

2 Die asiatischen Tropenwälder sind die Heimat verschiedener Nashornvogelgattungen, die allesamt einen mächtigen Schnabel besitzen und sich von Früchten und Nüssen ernähren. Das nasale Trompeten des abgebildeten Doppelhornvogels gehört zu den vertrautesten Geräuschen des asiatischen Waldes.

3 Der Mondspinner (Actias sp.) des südostasiatischen Regenwaldes sammelt Nektar und bestäubt dabei gleichzeitig die Blüten.

4 Diese Buckelzirpe von Mindanao repräsentiert eine große Insektenfamilie, in der das Pronotum, die Rückenpartie der Vorderbrust, besonders auffällig entwickelt ist.

5 Der Atlasspinner, der hier im malaysischen Urwald seiner Puppenhülle entsteigt, ist einer der größten Schmetterlinge der Welt.

6 Die Evolution hat die Schmetterlingsraupe in den Wäldern Thailands zum Schutz gegen Freßfeinde mit Giftstacheln ausgerüstet.

3

5

4

6

Diese mächtigen Vögel, die bis zu 1,20 m lang werden, fliegen in Scharen und mit lautem Geschrei von Baum zu Baum auf der Suche nach Früchten. Manche stoßen durchdringende Rufe aus, die wie Gelächter klingen, andere sind so groß, daß ihre schweren Flügelschläge an eine fauchende Dampfmaschine erinnern.

Nashornvögel nisten in Baumhöhlen, doch ihr Brutverhalten unterscheidet sich erheblich von dem anderer Höhlenbrüter. Sobald das Weibchen das Nest bezogen und seine Eier abgelegt hat, verschließt das Männchen die Höhle bis auf eine kleine Öffnung mit Lehm. Das brütende Weibchen bleibt in diesem natürlichen Gefängnis so lange eingemauert, bis die Jungen geschlüpft und herangewachsen sind. Das Männchen muß während dieser Zeit für das Futter sorgen. Dann reißt es die Mauer ein und befreit das Weibchen und die Jungen.

Affen und Tiger im Schnee

Durchquert man den asiatischen Kontinent in nördlicher Richtung, so nehmen die Wälder ständig ab. Erst im hohen Norden erstreckt sich wieder eine große zusammenhängende Waldlandschaft, die sibirische Taiga, in der die Birken- und Espenbestände nach und nach von den widerstandsfähigeren Fichten, Kiefern, Lärchen und Tannen abgelöst werden. Hier haben viele faszinierende Tiere überdauert. Die nördlichste Affenart, der japanische Rotgesichtmakak *(Macaca fuscata),* hat sich der Kälte völlig angepaßt. Dennoch ist es ein befremdlicher Anblick, wenn man die Affen durch den tiefen Schnee ziehen sieht.

Die mehr südlich gelegenen Wälder des Fernen Ostens stehen noch unter dem Einfluß des weit ausgreifenden Monsuns. Nadelbäume beleben die Landschaft, doch Birken, Ahorne, Ulmen und Linden herrschen vor. Noch weiter südlich wachsen kleinere Baumarten, die typisch sind für den Laubwald der Nordhalbkugel: Hainbuche, Weißdorn und Esche. Die Herbstfärbung dieser Waldlandschaft ist sehr eindrucksvoll. Hier leben Hirsche, aber auch Tiger, die einer weiteren Unterart angehören. Dieser langhaarige Tiger *(Panthera tigris longipilis),* der mit tiefem Schnee zurechtkommen muß, wird größer als seine tropischen und subtropischen Verwandten und ist viel seltener; man schätzt den Bestand auf nur noch 125 Exemplare.

Diese temperierten Wälder erstreckten sich einstmals viel weiter südlich bis nach China hinein, doch das ist längst vorbei. Einige größere Eichenbestände haben sich zwar erhalten, aber die Wälder des chinesischen Binnenlands und die dort heimischen Wildtiere sind im Laufe der jahrhundertelangen Urbarmachung und der Besiedlung weitgehend verschwunden. Nur im Süden, wo die Tropen beginnen, weisen die Wälder wieder eine gewisse Üppigkeit auf, bevor sie in die indisch-malaysische Region übergehen.

Die Wälder des tropischen Asien

Die Äquatorialwälder Südostasiens, Afrikas und Südamerikas ähneln einander sehr, und sie können insgesamt gesehen als »typischer Regenwald« bezeichnet werden. Doch die Pflanzen- und Tierarten in diesen drei Weltteilen unterscheiden sich bei genauerer Betrachtung erheblich voneinander; nur wenige Gattungen kommen überall vor, und viele Arten sind endemisch. Auf dieser unterschiedlichen Entwicklung der Fauna und Flora beruht die eigentliche Faszination der Regenwaldregionen der Erde.

Nur auf den Philippinen lebt zum Beispiel der vom Aussterben bedrohte Affenadler *(Pithecophaga jefferyi),* der heute auf die Insel Mindoro beschränkt ist, wo lediglich etwa 40 Brutpaare überdauert haben. Dieser gewaltige Greifvogel mit den flaggenartigen Kopffedern haust in den Kronen der riesigen Kapokbäume, die in einem der unzugänglichsten Regenwälder Asiens auf entlegenen Berghängen stehen. Er ernährt sich nicht ausschließlich von Affen, sondern jagt auch Vögel, Haustiere und andere Tiere, die in sein Revier geraten. Die größte Sorge bereitet seine geringe Vermehrung: Affenadler ziehen im allgemeinen jährlich nur einen einzigen Nachkommen groß.

Die Vegetation dieser Wälder ist ebenso üppig wie abwechslungsreich: Flügelfruchtgewächse, darunter die bis zu 60 m hohen Riesensalbäume, Gewürznelkenbäume, Feigen, Alpenrosen und Heidelbeeren sind hier jeweils in mehreren Arten vertreten. Diese Flora, die die verschiedenen Etagen vom Waldboden bis zum Kronendach ausfüllt und in der eine Pflanze auf der anderen wächst, ist eine der vielfältigsten Pflanzengesellschaften der Erde. Hier finden sich Kletterpalmen, Schilfpalmen, Heidekraut, Epiphyten, Bambusdikkichte, riesige Ingwergewächse und sogar vereinzelte Kiefern.

1

Auf der Grundlage dieser üppigen Vegetation hat sich in den Primärwäldern eine reiche Wildtierfauna entfalten können. Bei einem Streifzug durch einen solchen Wald kann man dreimal so viele tierische Lebensformen beobachten wie in den Wäldern der warm-gemäßigten Zone. Wer die Augen offenhält, entdeckt Dutzende von Schlangen- und Echsenarten und zahllose verschiedene Insekten. Könnte man hier mehrere Jahre zubringen, würde man womöglich heute noch ebenso viele Vogel- und andere Tierarten registrieren wie der englische Naturforscher Alfred Russel Wallace in den Jahren zwischen 1854 und 1862.

Man hätte allerdings erhebliche Schwierigkeiten, gewisse Säugetiere wiederzufinden, weil sie nahezu ausgerottet sind. Im Udjung-Kulon-Naturschutzgebiet auf Java könnte man – sofern man eine Besuchserlaubnis erhält – einen Blick auf eines der extrem seltenen Java-Nashörner *(Rhinoceros sondaicus)* werfen, von denen es heute nur noch ungefähr zwei Dutzend Exemplare gibt.

Sehr viel häufiger sind die baumbewohnenden Säuger, die Hörnchen und Affen, zum Beispiel die Gibbons, jene schwanzlosen, akrobatischen Primaten mit den stark verlängerten Armen und Händen. Dank ihren kräftigen Vordergliedmaßen und ihrer Gewandtheit sind sie die flinksten Primaten überhaupt. Wie im Fluge schnellen sie sich durch das Geäst des Waldes. Von langen, schwankenden Lianen aus schwingen sie sich in die Luft, legen in einem Satz bis zu 12 m zurück und erhaschen dabei sogar

1 Der Orang-Utan, ein großer baumbewohnender Menschenaffe, bewegt sich mit seinen Armen, die kräftiger ausgebildet sind als die der übrigen Menschenaffen, erstaunlich schnell von Baum zu Baum. Zum Schlafen baut er sich jeden Abend in einem Baum eine Plattform aus Zweigen und Lianen. Auf dem Foto schwingt sich ein Orang-Utan an Lianen durch den Wald. Weil er eine abwechslungsreiche Pflanzenkost braucht, schweift er im Urwald nahrungsuchend weit umher.

2 Ein männlicher Weißhandgibbon in Malaysia. Gibbons leben gewöhnlich in Familienverbänden, die sich aus einem Männchen, ein oder zwei Weibchen und den dazugehörigen Jungtieren zusammensetzen.

fliegende Vögel. Bei Sonnenaufgang erfüllen sie den dichten diesigen Wald mit ihrem machtvollen, lang andauernden Gesang, der ihnen den Namen »Brüllaffen der Alten Welt« eingetragen hat.
Ein lautverstärkender Kehlsack befähigt die Männchen zu diesen widerhallenden Tonfolgen, die alle anderen Urwaldgeräusche übertönen. Dabei handelt es sich freilich weder um einen Lobgesang an die aufgehende Sonne noch um fröhliche Weckrufe; mit ihren Lautäußerungen markieren die Gibbons vielmehr ihr Territorium, bevor sie sich auf die Suche nach Nahrung machen, die aus Blättern, Früchten, Knospen, Ameisen, Schnecken und allen möglichen anderen Gaben des Waldes besteht.

Die Welt des Orang-Utans

Die in zwei Formen auf Borneo und Sumatra heimischen Orang-Utans *(Pongo pygmaeus)* haben sich von allen großen Menschenaffen am stärksten an das Baumleben angepaßt. Weil sich ihre Stammesgeschichte auf den Bäumen abspielte und weil sie sich so häufig von Ast zu Ast schwingen oder an Stämmen festhalten müssen, haben ihre Arme eine Spannweite von etwa 2,25 m und sind kräftiger entwickelt als die ihrer nächsten Verwandten. Auf ihren Wanderzügen verspeisen die Orang-Utans Rinde und vermoderndes Holz, Pilze und Früchte, Insekten und Echsen, Blätter und junge Triebe und hin und wieder auch ein paar Vogeleier, wenn sie zufällig ein Nest finden. Um nach Nahrung und Feinden Ausschau zu halten, klettern sie oft in hohe Baumkronen, auf Bergrücken oder Felsen. Auch ihre Schlafnester legen sie hoch in den

2

Bäumen an, obwohl sie dort oben dem Wind und der Kälte stärker ausgesetzt sind.
Doch die Unbilden des Wetters sind nicht die eigentlichen Gefahren, die den Fortbestand der Art bedrohen. Beängstigend ist die geringe Vermehrungsrate dieser Tiere: Die Weibchen säugen ihr Junges vier Jahre lang, und während dieser Zeit werden keine weiteren Kinder geboren. Die weiblichen Tiere erreichen zwar ein Alter von 30 Jahren und bringen noch zwei oder drei Nachkommen zur Welt, aber das ist zuwenig in einer so gefährdeten Umwelt.
Gegenwärtig leben nur noch wenige tausend Orang-Utans. Obgleich die malaysische Regierung die Jagd untersagt hat, konnte den Wilderern nicht das Handwerk gelegt werden, und die Tiere werden zunehmend in entlegenere Gebiete und auf die Berge zurückgedrängt. Sie können jedoch nicht höher als 2000 m emporsteigen, weil die dort herrschende Kälte bzw. der unzureichende natürliche Wärmeschutz der Tiere schwere Erkältungen oder Schlimmeres zur Folge hat.

Schwingen über dem Wald

Da die Fledermäuse in ungezählten Millionen vor allem die Wälder der Erde bevölkern, üben sie einen beträchtlichen Einfluß auf den Lebensraum Wald aus, zumal in den Tropen, wo sie am zahlreichsten vertreten sind. Manche leben von Früchten und verteilen die Samen durch ihre Ausscheidungen. Andere sammeln Nektar und Pollen und bestäuben somit die Blüten, nicht anders als die Bienen und einige Vogelarten. Wieder andere Fledermäuse erbeuten Fische und Kleinsäuger. Doch der bei weitem wichtigste ökologische Beitrag dieser Tiere besteht darin, daß sie ein Überhandnehmen der Insekten verhindern.
Es ist verständlich, daß die Menschen früherer Jahrhunderte die Fledertiere für fliegende, flatternde Mäuse oder Hunde hielten. Doch die Tiere haben mit Mäusen oder Hunden nicht das geringste zu tun; sie bilden eine eigene uralte Säugetierordnung, die als einzige über Flügel und eine Echopeilanlage verfügt, die es den Tieren ermöglicht, sich in dunklen Höhlen oder Wäldern zu orientieren. Mit Hilfe dieses Sonarsystems, das mit Ultraschallwellen arbeitet, orten sie auch Insekten und andere Nahrung. Fledermausflügel, die die gleichen, allerdings stark verlängerten Kno-

1

chen aufweisen wie eine Menschenhand, können gewaltige Dimensionen annehmen. Der in Indonesien beheimatete Schwarze Flughund hat eine Spannweite von fast 2 m, und der Neuguinea-Flughund kann sogar noch größer werden.
In den Wäldern Malaysias allein leben an die 150 Fledermausarten, von den winzigen Langflügelglattnasen bis zu den großen Flughunden oder -füchsen. Manche Arten haben ein weites Verbreitungsgebiet, das selbst über Wüsten und Meere hinwegreicht; die Kleine Hufeisennase *(Rhinolophus hipposideros)* gehört einer Gattung an, die in der gesamten Alten Welt vorkommt. Einige Großohrenfledermäuse, die man gerne als »falsche Vampire« bezeichnet, sind hingegen auf das tropische Asien beschränkt. Sie saugen zwar kein Blut wie die echten Vampire Südamerikas, aber sie sind ausgesprochene Fleischfresser und ernähren sich von Insekten und kleinen Wirbeltieren, etwa Fröschen und Mäusen. Diese Fledermäuse können wie Greifvögel auf dem Boden landen und schleppen ihre Beute weg, oft zu einem Lieblingsplatz auf einem Baum, unter dem sich im Laufe der Zeit ein ganzer Knochenhaufen ansammelt.
Sehr viele Fledertiere der Tropen ernähren sich von Früchten und haben sich an ihre vegetarische Lebensweise vorzüglich angepaßt. Die Früchte werden im Maul aufgebrochen und die Samen, Schalen und Faserstoffe zu einem Kügelchen zusammengepreßt und ausgespien. Auf dem Gaumen sitzt eine Reihe von scharfen Querrillen, die das Zerkleinern und das Aufbereiten der Früchte erleichtern. Die lange Zunge der pollenfressenden Arten ist manchmal mit Haarbüscheln oder Barteln besetzt; wenn sie tief in eine Blüte hineingesteckt wird, kann sie große Mengen Pollen oder Nektar aufnehmen.

1 Flughunde hängen in Ruhestellung in den Bäumen, wie hier auf Ceylon. Da die echten Flughunde nicht echopeilen, müssen sie sich auf ihre Augen verlassen, und sie leben deshalb auf Bäumen und nicht in dunklen Höhlen.

2 Viele Fledermausarten können in ein und demselben Gebiet zusammen leben, weil sie ihre Nahrung in verschiedenen Bereichen des Kronendaches finden. Der Javanische Flughund ist ein Vertreter der Familie Pteropidae. Der Gaumen dieser Fledertiere ist mit scharfkantigen Querrillen besetzt, die das Zerkleinern der Früchte erleichtern.

2

Die Heimat der Koalas

Die australische Region

Die Hauptmerkmale der australischen Landschaft sind weite Wüstenregionen, baumlose Ebenen und grelles Sonnenlicht. Nur fünf Prozent des Kontinents sind von »richtigen« Bäumen bestanden; und weniger als 40 Prozent könnte man als Waldland im weitesten Sinne bezeichnen – kaum genug, sollte man meinen, für eine reiche Vogelfauna. Eukalyptusdickichte, auch »Mallees« genannt, gedeihen auf den alkalischen Böden am Rande der Wüstenzonen. Dahinter erstrecken sich halbtrockene Wälder, vermischt mit savannenähnlichen Wiesen und Grasland – die häufigste Vegetationsform Australiens. Und in einigen Gegenden, vor allem längs der Ostküste, trifft man auch Regenwälder an.

Keine Baumgattung ist in Australien stärker vertreten und charakteristischer für das Land als die Eukalyptusbäume, die etwa 600 Arten und Kreuzungen umfassen und bis zu 95% des Waldes ausmachen. Sie haben sich an extrem feuchtes und trockenes, heißes und kaltes Klima und an fruchtbare und unfruchtbare Böden gleichermaßen angepaßt. Der größte Baum der Erde, der bis 150 m hohe Rieseneukalyptus, ist im südlichen Bundesstaat Victoria und auf Tasmanien beheimatet. Viele andere Eukalyptusarten erreichen eine Höhe von mehr als 45 m und einen Umfang von über 20 m.

Hin und wieder sind andere Baumarten in die dominierenden Eukalyptusbestände eingesprengt, beispielsweise Buchs, Akazien, Keulen- oder Känguruhbäume, Sandarakzypressen, Araukarien und Südbuchen.

In diesen Wäldern und über den gesamten Kontinent verteilt leben ungefähr 700 Vogelarten. Die größten sind der Emu *(Dromaius novaehollandiae)*, ein 2 m hoher, dreizehiger Laufvogel der Buschsteppen, und der ihm nahestehende Helmkasuar *(Casuarius casuarius)*, der in dichten Regenwäldern lebt. Kasuare wiegen etwa 85 kg und ernähren sich von abgefallenen Früchten und Kleintieren. Trotz ihrer massi-

gen Gestalt bekommt man diese unscheinbar dunkel gefärbten Vögel nur selten zu sehen; viel auffälliger sind die zahllosen kleineren Vögel mit ihrem bunten Gefieder.
Wir hatten kaum erwartet, auf der Snowy Range in Höhen von 2000 m Papageien anzutreffen, doch während wir zwischen den Schneegummibäumen des Kosciusko-Nationalparks im Südosten Australiens umherstreiften, erblickten wir häufig Scharen von karminroten Pennantsittichen *(Platycercus elegans)*, die über die schneebedeckten Wiesen dahinflogen. In tieferen und wärmeren Lagen haben sich Papageien in einer ungewöhnlichen Formen- und Farbenvielfalt entwickelt. Eine Gruppe, die Loris, besitzt eine hochspezialisierte pinselförmige Zunge, mit der sie Nektar aufnimmt; Loris heißen deshalb auch Pinselzüngler. Wegen ihrer Ernährungsweise halten sie sich fast ständig auf Bäumen auf, insbesondere auf den üppig blühenden Bäumen der Küstenniederungen Ostaustraliens, Neuguineas und Indonesiens.
Die Kakadus, die eine eigene Unterfamilie bilden, verbringen mehr Zeit auf dem Boden als die Loris. Sie haben große Federhauben und meist kurze, fast quadratische Schwänze. Der Braunkopfkakadu *(Calyptorhynchus lathami)* ernährt sich fast ausschließlich von den Samen der Keulenbäume. Als schönster aller Kakadus gilt der etwa 40 cm große Inka-Kakadu *(Cacatua leadbeateri)*, der zum oberseits schneeweißen und unterseits rosigen Gefieder eine herrliche quergestreifte Haube trägt. Aus Australien stammen schließlich auch so beliebte Stubenvögel wie der Wellensittich, der Nymphensittich, der Königssittich und der Singsittich.
Neben den zahlreichen Papageien, die am meisten ins Auge fallen, besitzt Australien noch eine Fülle anderer prachtvoller Vogelarten: Eisvögel, Roller, Bienenfresser, Finken, Trupiale, Pittas, um nur einige wenige zu nennen.

Der Leierschwanz im Sherbrook Forest

Auf der Suche nach den Leierschwänzen, die zu den eigenartigsten Vögeln Australiens zählen, stiegen wir in eine Schlucht des unweit von Melbourne gelegenen Sherbrook Forest hinab. Es war, als drängen wir in eine Höhle ein. Dunkelheit hüllte uns ein. Riesenbaumfarne, die in Stufen übereinander wuchsen und deren Wedel sich so dicht ineinanderschoben, daß die Sonne kaum noch durchkam, erhoben sich über uns. Wir bahnten uns mühsam einen Weg durch den Unterwuchs. Eine Zeitlang war alles still; kein Lebewesen war zu hören. Da erfüllte ein durchdringender Schrei die Schlucht, gleich darauf ein zweiter und ein dritter, und wir wußten, daß wir gefunden hatten, was wir suchten.
Zuerst ließ ein Rieseneisvogel oder Lachender Hans seine laute Stimme erschallen, darauf folgten in schneller Folge die Rufe eines Rabenkakadus, einer Flötenkrähe, eines Peitschenvogels, einer Drossel, eines Fächerschwanzes, eines Rotbrüstchens, eines Honigfressers, einer Elster und eines Lauben-

Allfarbloris – die Aufnahme stammt aus dem Currumbin-Schutzgebiet in Queensland – sind schnellfliegende baumbewohnende Papageien, die auf der Suche nach blühenden Bäumen und Sträuchern die küstennahen Tieflandwälder durchstreifen. Sie ernähren sich von Nektar, den sie mit ihrer spezialisierten Pinselzunge aufsaugen.

1–6 Mit rund 600 Arten und Hybriden sind die Eukalyptusbäume die beherrschende Baumgattung Australiens, die in allen Lebensräumen vertreten ist, abgesehen von den trockensten Wüsten im Inneren des Kontinents und in den dichtesten tropischen Regenwäldern. Die Eukalyptusblüten sind in Australien die wichtigsten Honiglieferanten.
1. Eucalyptus exima, Neusüdwales
2. Zwerggummibaum (E. tetraptera), Neusüdwales
3. Sumpf-Kinogummibaum (E. ptychocarpa), Nordterritorium
4. Eucalyptus albens, Neusüdwales
5. Glockenfrucht-Zwerggummibaum (E. preissiana), Sterlinggebirge in Westaustralien
6. Darwin Gummibaum (E. miniata)

7 Eines der eindrucksvollsten Schauspiele in der Vogelwelt ist das Balzspiel des männlichen Prachtleierschwanzes, der mit seinem unscheinbar gefärbten Weibchen in den Bergwäldern und farnbestandenen Schluchten Südostaustraliens lebt. Im Sherbrook Forest in Neusüdwales stülpt sich der Leierschwanzhahn das Geflecht seiner Schwanzfedern über den Kopf, so daß sie vor ihm niederhängen.

1

2

3

7

vogels, und darein mischten sich allerlei Geräusche, die wie Husten, Schnaufen, Schneuzen und Pfeifen klangen. Sollten Dutzende verschiedener Vögel in dieser Schlucht leben? Nein, nur einer: ein Prachtleierschwanz *(Menura novaehollandiae = superba),* der größte Stimmenimitator in der Vogelwelt.
Als wir den Vogel endlich sahen, war es ein eher unansehnlich graubraun gefärbter Hahn von etwa 1 m Länge, der auf einem Erdhügel in einer kleinen Waldlichtung stand. An solchen Stellen führen die polygamen Vögel ihre Balztänze auf, die sie mit ihrem lautstarken Gesang begleiten. Plötzlich ertönen surrende, klickende Laute – das ist das Vorspiel der Balz. Gleich darauf stülpt der Vogel seinen langen Schwanz nach vorne über seinen Kopf, und der Körper verschwindet unter einem Baldachin aus silbrig schimmernden Federstrahlen. Der Anblick verschlägt einem den Atem; man will es kaum glauben, daß sich der unscheinbare bräunlich-graue Vogel in ein solches Prachtgebilde aus schwingenden filigranartigen Federn verwandeln kann. Man sieht keinen Körper mehr, sondern hört nur noch eine Stimme, die gleichsam in ein Silbergewand gekleidet ist.

Beuteltiere

Die australischen Wälder sind die Heimat zahlreicher Beuteltierarten. Das sind Angehörige einer altertümlichen Säugetierunterklasse, deren Junge in einem noch sehr unfertigen Zustand geboren und in einer Hauttasche (Beutel) am Bauch des Weibchens bis zum Selbständigwerden umhergetragen werden. Die bekanntesten Beuteltiere sind die Känguruhs, bei denen wir 51 Arten und 93 Unterarten unterscheiden, von Ratten- bis Mannsgröße. Am ehesten vertraut sind uns das Graue Riesenkänguruh, das Rote Riesenkänguruh und das Bergkänguruh. In ihrer Fortbewegungsweise und ihrer vegetarischen Ernährung sind sie am besten an ein Leben im Gras- und Buschland oder in lichten Waldungen angepaßt. Die Baumkänguruhs leben hingegen im echten Wald, und zwar im nordwestlichen Queensland und auf Neuguinea. Sie wirken auffallend ungeschickt, obgleich bei ihnen Arme und Hände kräftiger ausgebildet sind als bei den übrigen Känguruhs. Ihre bedächtigen Bewegungen lassen darauf schließen, daß sie niemals von Raubfeinden auf den Bäumen umhergehetzt

4

5

6

8

9

8 Die Baumkänguruhs haben sich im Laufe ihrer Entwicklung an das Leben im dichten Blätterdach des Regenwaldes angepaßt. Scharfe Krallen, Sohlenpolster und verlängerte Vordergliedmaßen ermöglichen ihnen Sprünge von Ast zu Ast.

9 Das Beutelflughörnchen füllt in Australien eine ökologische Nische aus, die auf anderen Kontinenten von den Eichhörnchen eingenommen wird. Da die zierlichen Tiere, die sich gleitfliegend von Ast zu Ast bewegen, nie auf den Boden herabkommen, sind sie vor Feinden weitgehend sicher.

worden sind und daß sie es deshalb nicht nötig hatten, zu ihrem Schutz eine besondere Behendigkeit zu entwickeln.

Zu den interessantesten Vertretern der überaus formenreichen Beuteltierfauna zählen die winzigen Rüsselbeutler und Schlafmausbeutler, die mittelgroßen Kuskus und die noch größeren Wombats, die immerhin 35 kg wiegen. Mit ihren langen Krallen, die zum Graben unterirdischer Gänge dienen, sehen die Wombats aus wie überdimensionale Maulwürfe. Diese Gänge können über 30 m lang sein und führen zu einer mit Blättern und Rinde ausgepolsterten Wohnkammer. Obwohl die Tiere hin und wieder gern ein Sonnenbad nehmen, sind sie vorwiegend während der Nacht tätig.

Gleitflieger in der Nacht

Im Verlauf der Evolution haben sich die Lebensformen unaufhörlich vervollkommnet oder zumindest gewandelt, um sich den jeweiligen Umweltbedingungen anzupassen. Für die Tiere des dichten Waldes, zum Beispiel die Gibbons und viele andere Affen, ist die rasche Fortbewegung von Baum zu Baum spielend leicht. Doch in den australischen Wäldern stehen die Bäume nicht immer dicht beieinander; wenn aber ein Tier zuerst zum Boden hinabsteigen muß, um den nächsten Baum zu erreichen, ist die Gefahr, einem Raubfeind zum Op-

1

1 Der Riesenflugbeutler ist ein Nachttier, das im Gleitflug Strecken von 110 m zwischen zwei Bäumen zurücklegen kann. Mit einer Gesamtlänge von 90 cm ist er der größte Gleitbeutler Australiens.

2 Der bedächtige Koala verzehrt pro Tag fast ein Kilo Blätter, die von nur einem Dutzend der zahlreichen Eukalyptusarten stammen. Dabei trinkt er nur höchst selten. Das Weibchen bringt jeweils nur ein Junges zur Welt, das nach ungefähr einem halben Jahr den schützenden Brutbeutel verläßt.

fer zu fallen, erheblich größer. Manche Beuteltiere haben dieses Problem durch eine sinnreiche Vorrichtung gelöst – eine Flug- oder vielmehr Gleithaut an den Körperseiten. Wenn diese Häute ausgespannt werden, bilden sie gleichsam einen »fliegenden Teppich«, der es den Tieren ermöglicht, von einem Ast zum anderen zu segeln, nicht anders als die Flughörnchen anderer Kontinente.

Die mausgroßen Zwerggleitbeutler *(Acrobates pygmaeus)* können nur kurze Strecken »fliegen«, vielleicht einen Meter weit. Die Riesenflugbeutler *(Schoinobates volans),* deren Rumpf bis 45 cm mißt, legen dagegen Entfernungen von mehr als 100 m zurück, wobei ihnen der lange buschige Schwanz als Steuerruder dient. Manchmal werden diese Gleitflüge von lauten gurgelnden Rufen begleitet, vor allem während der Fortpflanzungszeit. Der Grund dieser Lautäußerungen ist noch nicht völlig klar; möglicherweise handelt es sich um Stimmfühlungslaute, mit denen das Einzeltier den Kontakt zu seiner Gruppe aufrechterhält.

Die Koalas – Gefangene des Eukalyptus

Die Koalas *(Phascolarctos cinereus)* wären beinahe vom Erdboden verschwunden, nachdem man Anfang unseres Jahrhunderts die Tiere in großer Zahl wegen ihres weichen Felles jagte. Diese plumpen Beuteltiere haben es selbst unter natürlichen Bedingungen nicht leicht, und ihr Leben ist alles andere als idyllisch. Wenige Säuger sind so sehr wie sie von Bäumen abhängig, und zwar von ganz bestimmten Bäumen, denn nur ein knappes Dutzend der über 500 australischen Eukalyptusarten liefert ihnen ihre Nahrung in Form von Blättern. Da die Tiere genügend Feuchtigkeit mit den Blättern aufnehmen, brauchen sie fast nie zu trinken; deshalb wurden sie von den Ureinwohnern »kulah« genannt, was soviel wie »nicht trinken« bedeutet. Sie hatten ursprünglich keine Feinde, und sie brauchten weder zu kämpfen noch zu fliehen. Sie waren somit eine leichte Beute für die Menschen, die sie töteten und die Felle nach Übersee exportierten. Doch auch ohne menschliche Übergriffe machten Lungenentzündungen und andere Krankheiten, Dürreperioden und die nach Australien verpflanzten Füchse den Koalas allmählich genug zu schaffen. Und als langsame Baumbewohner waren sie überdies Waldbränden hilflos ausgeliefert; niemand kann sagen, wie viele Tausende Tiere elend verbrannt sind.

Im Jahre 1908 verbot der Bundesstaat Victoria die Jagd auf Koalas und stellte die Überreste ihres angestammten Lebensraums im Wilson's Promontory National Park unter Schutz. Im Rahmen eines »Koala-Entwicklungsprogramms« wurden Tiere, die in besonderen Reservaten aufwuchsen, in Gebieten ausgesetzt, wo sie bereits ausgestorben waren. Heute sind Koalas in allen australischen Staaten geschützt. So konnte in letzter Minute der Untergang eines Tieres abgewendet werden, das in der gesamten Welt wegen seines drolligen Aussehens überaus populär ist.

Neuseeland, das Land des Kiwis

Neuseeland besitzt, im krassen Gegensatz zu Australien, praktisch keine einheimische Säugetierfauna, hat dafür aber besonders eindrucksvolle und abwechslungsreiche Landschaftsformen, zumal auf der Nordinsel: tätige Vulkane, schneebedeckte Gipfel, heiße Quellen, Seen, dampfende Geysire, feuchte Wiesen, Gebirgsbäche und dichte Wälder. Einzelheiten der Landschaft, Tiere und Pflanzen tragen vielfach noch immer die Namen, die ihnen die polynesischen Eingeborenen, die Maoris, gegeben haben.

Die Urwälder Neuseelands sind Regenwälder gemäßigter Breiten. Farnbäume ragen 8 m hoch. Leuchtend blühende Rata-Schlingpflanzen winden sich durch den Unterwuchs und klettern zum Kronendach empor, in dem das Rot oder Weiß ihrer zarten Blüten aufblitzt. Auch eine andere Liane, die Busch-Clematis oder Puashanganga, strebt mit ihren kräftigen Ranken nach oben. Die gelben Blüten der Kowhai-Sträucher beleben die Schatten. Manche Urwälder sind von Südbuchen und anderen Baumarten durchsetzt. Stellenweise haben sich noch Reste der Küstenregenwälder erhalten, in denen die fleischfressende Riesen-

2

landschnecke *Paryphanta hochstetteri* heimisch ist. Von den Höhen schweift der Blick über ausgedehnte Bergwälder und dicht bewaldete Täler. Im berühmten, großenteils gebirgigen und vergletscherten Mount Cook National Park findet man waldbestandene Bergkämme und feuchte Matten. Im Westland National Park, der sich auf der anderen Seite des Gebirgszuges anschließt, geht auf den üppigen Regenwald, der die steilen Hänge überzieht, manchmal in 24 Stunden eine Niederschlagsmenge von 25 cm nieder. Im Südwesten der Südinsel herrscht Buchenmischwald vor, doch das feuchte Klima hat hier daneben eine reiche Vegetation entstehen lassen, die sich teilweise an die Steilklippen der Fjorde anklammern muß.

Waldpapageien, unter anderem Keas und Kakas, sind in diesen Wäldern zu Hause, ferner Rosellasittiche und Kakadus, die aus Australien herübergekommen sind. Andere Vögel, die man in Neuseeland eingebürgert hat, sind geradezu zu einer Plage geworden, so die Kalifornische Schopfwachtel, die Saatkrähe, der Hirtenstar und der Stieglitz.

Großer Beliebtheit erfreuen sich dagegen die Kiwis, zumal der weitverbreitete Gewöhnliche Kiwi *(Apteryx australis)*; er ist das Wappentier des Landes, und die Neuseeländer bezeichnen sich umgangssprachlich selber oft als »Kiwis«. Dieser seltsame langschnäblige, schwanzlose und flugunfähige Vogel, der 85 cm lang und 35 cm hoch werden kann, besiedelt bewaldete Gebiete bis in Höhen von mehr als 600 m. Den Tag verbringt er in Erdhöhlen inmitten dichter Vegetation, doch am Abend wird er munter und sucht nach abgefallenen Früchten, Insekten, Larven und Würmern, wobei er seinen langen Schnabel oft tief in den weichen Bodengrund stößt.

Der Eulenpapagei oder Kakapo *(Stringops habroptilus)* – Kakapo bedeutet in der Maorisprache »grüner Papagei« – kann nur noch gleiten, aber nicht mehr richtig fliegen. Das genügt dem Vogel vollkommen, denn er steigt in der Nacht auf Bäume, um nach Früchten, Nektar und anderer Nahrung zu suchen, und gleitet anschließend oft fast 30 m weit zum Erdboden hinab. Der sehr selten gewordene Kakapo wurde durch die Zerstörung seines Lebensraums und durch Hauskatzen und Hausschweine in ein letztes Rückzugsgebiet im Fjordland

National Park an der Südwestspitze der Südinsel zurückgedrängt. Flugunfähig ist auch die etwa hühnergroße Wekaralle *(Gallirallus australis),* ein seltsamer allesfressender Vogel, der sehr schnell laufen und schwimmen kann und bei Einbruch der Nacht im trockenen Buschland oder am Waldrand auf Nahrungssuche geht. Eine andere flugunfähige Ralle, die Takahe *(Notornis mantelli),* wurde 1948 nach intensiver Suche wiederentdeckt, nachdem man sie bereits für ausgestorben gehalten hatte, und sie bewohnt heute in einem kleinen Bestand das Murchison- und Keplergebirge.

Die Inseln des Südpazifiks

Sie sehen alle fast gleich aus, wenn man sich ihnen mit dem Schiff nähert. Kokospalmen, vielleicht auch Schraubenpalmen säumen die Strände. Doch wenn man, wie wir, von Neuseeland bis Tahiti über die südpazifischen Inseln hinwegfliegt, werden Unterschiede sichtbar. Als erstes überflogen wir den Gipfel des 3764 m hohen Mount Cook, von dem aus ganz Neuseeland wie eine stark zerklüftete, von Schnee und Eis bedeckte Gebirgslandschaft wirkt. Dann die grasbewachsenen Gipfel der Fidschiinsel Viti Levu, wo die Wälder in steile Schluchten eingekeilt zu sein scheinen oder sich über die Vorberge bis zu den Korallenriffen der Küste hinziehen. Dann durch die schweren Wolken über der Insel Tutuila im amerikanisch verwalteten Teil Samoas, wo dichte, dunkle Wälder jeden Vulkangipfel und jede Erdspalte bis hinunter zur Lavaküste dicht bedecken – kein Wunder, denn auf dem mit Recht so genannten »Regenmacher-Berg« geht alljährlich eine Niederschlagsmenge von über 500 cm nieder! Die Lava zerbröckelt und zerfällt unter dieser Wasserflut, und die Vegetation ist hier von verschwenderischer Fülle. Dann weiter zu den Gesellschaftsinseln mit ihren hochragenden Bergen und ihrem sattgrünen tropischen Waldteppich.

Die tropischen Wälder sind stark gemischt und weisen geographische Besonderheiten auf. Tropischer Regenwald erstreckt sich von Neuguinea zu den melanesischen Archipelen der Salomonen, der Neuen Hebriden und der Fidschiinseln und von dort weiter nach Osten bis Samoa, Tonga und Polynesien.

Das Klima wird immer trockener, je weiter man nach Osten vordringt,

1

2

4

3

5

so trocken, daß man die Osterinsel als einen Vorposten der Steppe bezeichnen kann.

In feuchten und geschützten Regionen gedeihen typische Regenwälder mit abgestuftem Baumbestand, mit einer mittleren Etage aus Epiphyten, Saprophyten (Moderpflanzen) und Lianen und einer Bodenschicht, in der Pilze und Bakterien leben und Termiten das abgestorbene Holz wiederaufbereiten. Die Pflanzen scheinen einander zu erdrosseln. Fledermäuse und insektenfressende Vögel huschen durch die domähnlichen Hallen dieses Waldes.

Hier leben manche Schlangen, deren Biß für den Menschen tödlich ist, allen voran die Todesotter und der Taipan. Häufiger begegnet man jedoch harmlosen Reptilien, etwa Geckos, kleinen nachtaktiven Echsen, die sich auf Insektenfang spezialisiert haben.

1/2 Raggis Großer Paradiesvogel stellt wie die anderen Mitglieder seiner Familie seine herrlichen Schmuckfedern zur Schau, um das weit unscheinbarere Weibchen anzulocken.

3 Der Helmkasuar, ein 1,50 m hoher Laufvogel des dichten Regenwaldes, kommt nur an der Nordostküste Australiens und auf Neuguinea vor, wo er sich hauptsächlich von Beeren und Palmkernen ernährt.

4 Der auf der Nordinsel von Neuseeland beheimatete Gewöhnliche Kiwi ist ein scheuer nachtaktiver Waldbewohner und ein typischer Vertreter der flugunfähigen Vögel, die sich in der Isolation Neuseelands entwickelt haben.

5 Die Kronentaube, die im westlichen Neuguinea und auf den benachbarten Inseln anzutreffen ist, ist die größte Taubenart der Welt. Sie lebt von Beeren, Früchten und Samen.

Im Herzen Afrikas

Wälder voller Leben

Afrika gilt als der von düsteren Geheimnissen überschattete »dunkle Kontinent«, doch zugleich ist er durchflutet von Licht und Farbe und erfüllt von überquellendem Leben. Dies ist nur scheinbar ein Widerspruch, denn es gibt nicht nur *ein* Afrika, sondern deren viele. Hier finden sich Wüsten und Gebirgsgletscher, gewundene Flußläufe und endlose Steppen, dichte, fast undurchdringliche Wälder, Inseln und Küsten. Überall ist Afrika ein Kontinent der Gegensätze.

Tropische Regenwälder gedeihen nur in einem vergleichsweise kleinen Teil des afrikanischen Festlandes, hauptsächlich im Kongobekken und am Golf von Guinea. Im Norden, Süden und Osten dieser Region gehen die Wälder in lichte Savannen, Baum- und Buschsteppen oder vegetationsarme Trockengebiete über. Die Bergwälder sind längst nicht so ausgedehnt wie in anderen Erdteilen; sie kommen vor allem in Südafrika, in Kenia und Tansania sowie im äthiopischen Hochland vor. Die mediterrane Strauchvegetation, die sich in einem mehr oder weniger breiten Streifen am Nordrand des Kontinents hinzieht, vervollständigt unsere Aufzählung der verstreuten Waldgebiete Afrikas.

Afrika ist gleichzeitig übermäßig feucht und knochentrocken, und die weitverbreitete Vorstellung, Urwälder und Dschungel seien typisch für diesen Kontinent, ist völlig abwegig. Afrika besteht zum größten Teil aus offenem, sonnenhellem und trockenem Gelände, und es ist der einzige Erdteil, der nördlich und südlich des Äquators große Wüstengebiete aufzuweisen hat. Bäume säumen vor allem die Flüsse (etwa im Sudan und Senegal), doch im übrigen findet man nur isoliert wachsende Wüstensträucher oder einzeln stehende

Dieser Urwaldgalago aus Mittelafrika vertritt jene Waldtiere, deren Anpassung an ihre Umwelt so hochspezialisiert ist, daß ihr Überleben durch jede länger anhaltende Störung bedroht wird.

Euphorbien und Akazien, die mit Dornen übersät sind.
Diese Vegetation, weite Sanddünenflächen, Trockenbecken und kahle Gebirgszüge prägen das Bild der afrikanischen Landschaft. Es ist eine ungewöhnlich faszinierende Landschaft, die einen starken Kontrast bildet zu den feuchten Ökosystemen Zentral- und Westafrikas. Nur in diesem Gebiet fällt sehr viel Regen; die Niederschläge, die sich manchmal über alle Monate verteilen, erreichen eine jährliche Mindesthöhe von 120 cm. Unter solchen Bedingungen vollzieht sich der Kreislauf des Lebens in geordneten Bahnen, ohne verheerende sechsmonatige Dürre und danach folgende sechsmonatige Regenzeit, wie man sie in anderen Tropenwäldern antrifft.
Wie bereits der Name sagt, wird der Regenwald kräftig von Regengüssen durchtränkt, die am Tage und/oder in der Nacht auf ihn niedergehen. Das Geräusch eines solchen Regens ist fast ohrenbetäubend, und die gewaltigen Wassermassen, die so oft und so regelmäßig niederprasseln, waschen viele lebenswichtige Nährstoffe aus dem Boden aus. Dennoch entfaltet sich eine mächtige Vegetation, die allerdings nicht ganz so dicht ist, wie man vermuten könnte. Wir haben jedenfalls die Erfahrung gemacht, daß manche Nadelwälder der gemäßigten Zone schwieriger zu durchqueren sind als bestimmte Regenwälder. In den Tropen ist man von riesigen Baumstämmen umgeben, deren Blätterdach nur wenig Sonnenlicht durchläßt. Die Wachstumsdichte ist in den oberen Etagen größer als auf dem Boden, der oft nur spärlich mit Strauchwerk und Unterholz bestanden ist.

Ein Tag im Leben der Schimpansen

Die Schimpansen *(Pan troglodytes)* sind zu Hause in diesem Gewirr von Ästen und Lianen, in dem sie sich mühelos fortbewegen. Sie sind für dieses Leben geschaffen: Mit ihren Armen, die länger sind als die Beine, schwingen sie sich behende von Ast zu Ast; und die Hände, die länger sind als die des Gorillas, umgreifen sicher das Geäst, und die langen, schlanken Füße mit der abspreizbaren großen Zehe verleihen den Tieren zusätzlichen Halt auf ihren Wanderungen durch das Blätterdach des Waldes.
Ihr Tag beginnt damit, daß sie im Morgengrauen nach einem Gähnen und Strecken aus ihrem Schlafnest hinuntersteigen, das sie auf einem Baum in 5 bis 15 m Höhe angelegt haben. Nachdem sie das Gestrüpp nach Beeren, kleinen Säugern und Insekten abgesucht haben, klettern sie wieder in die Wipfel, um sich an Blattknospen und Früchten gütlich zu tun. Die zwar vorwiegend vegetarisch lebenden Schimpansen verzehren nahezu alles, was sich ihnen darbietet. Sie brauchen kaum zu trinken, da ihre Nahrung sehr viel Wasser enthält. Man sollte annehmen, daß die Tiere, wenn sie sich am Morgen ein paar Minuten lang den Magen mit den reichlich vorhandenen Früchten und anderen Pflanzenteilen vollgeschlagen haben, den ganzen Tag gesättigt seien. Doch Schimpansen verbringen täglich sechs bis acht Stunden mit der Nahrungsaufnahme.
Begegnet später am Tage ein Schimpanse einem anderen, begrüßen die beiden einander und beginnen mit der gegenseitigen Körperpflege, bei der das Fell von Grassamen und Zecken befreit wird. Diese Tätigkeit wird unterbrochen durch

1

2

1/2 Der größte Menschenaffe, der Gorilla, bestreitet seinen Lebensunterhalt mit mehr als hundert verschiedenen Pflanzenarten und streift deshalb auf der Suche nach Nahrung in seinem Revier unaufhörlich umher. Weil der Nährwert der Pflanzenkost ziemlich gering ist, müssen die Tiere enorm große Mengen zu sich nehmen, was einen Großteil des Tages beansprucht.

3

4

5

3 In einem Regenwald oberhalb der Victoria-Fälle in Rhodesien kauert eine Familie der Grünen Meerkatze durchnäßt und schutzsuchend beieinander. Diese Meerkatzen sind die häufigsten Affen in den bewaldeten Regionen Afrikas. Sie ziehen meist in Trupps von 10 bis 30 Tieren umher, die von einem alten Männchen angeführt werden. Sie schlafen auf Bäumen und ernähren sich von Früchten, Beeren, Trieben, Samen und allerlei Kleingetier.

4 Schimpansen, die menschenähnlichsten aller Menschenaffen, sind vor allem im tropischen Regenwald zu Hause, wo ihnen ganzjährig reichlich Nahrung in Form von Früchten, Blättern, Blüten, Knospen und Stengeln zur Verfügung steht.

5 Schimpansen verfügen über eine reiche Mimik und können in ihrem Gesicht Angst, Wut oder Zufriedenheit ausdrücken. In den ersten zwei oder drei Lebensjahren verbringen die jungen Schimpansen die meiste Zeit bei ihrer Mutter, oder sie tollen mit ihren Altersgenossen umher.

aufgeregte laute Rufe, die aus einiger Entfernung herüberdringen und darauf hindeuten, daß andere Schimpansen einen Baum voller reifer Früchte entdeckt haben. Laufend und hangelnd streben die beiden eiligst dorthin und verbringen die Zeit bis zum Mittag mit Fressen. Daran schließt sich eine mehrstündige Pause an, die der Ruhe und Körperpflege dient und die die Jungtiere zum Spielen nutzen. Auch jetzt müssen die Tiere auf der Hut vor Feinden sein, insbesondere vor Leoparden, die der Mittagsruhe und dem munteren Treiben der Jungen ein jähes Ende bereiten können. Am späten Nachmittag ziehen sie zum Trinken zu einem Wasserlauf, setzen hinüber und tollen zwischen den Bäumen umher, wobei ihr Mundwerk nie stillsteht. Es ist eine geräuschvolle Gesellschaft. Schimpansen verfügen über einen umfangreichen Schatz an Lautäußerungen, die Emotionen wie Angst, Wohlbehagen oder Schmerz ausdrücken. Hinzu kommt eine komplexe Körpersprache, die Gebärden, Berührungen, Posen und ein teilweise sehr menschlich wirkendes Mienenspiel umfaßt.

Schimpansen ziehen in lockeren Gruppen oder Horden umher, in denen gleichwohl eine gewisse Rangordnung zu erkennen ist. Ranghohe Männchen gebärden sich oft sehr wild. Sie trommeln auf Baumstämmen, schlagen sich auf die Brust und stampfen auf den Boden. Doch zum Kampf kommt es selten. Die Intelligenz der Schimpansen zeigt sich unter anderem darin, daß sie einfache Werkzeuge (Stöcke) benutzen, um Termiten aus ihren Nestern hervorzuholen.

Gorillas bewohnen die Waldregionen von den Niederungen am Golf von Guinea bis hinauf ins Bergland der Virunga-Vulkane im östlichen Zaïre. Sie führen ein friedliches Leben, das nach dem morgendlichen Aufstehen ausgefüllt ist mit Fressen, Ruhen und Umherziehen. Wie die Schimpansen bewegen sie sich meist auf allen vieren fort, doch im Unterschied zu diesen halten sich die Alttiere tagsüber fast ausschließlich am Boden auf. Als Vegetarier, die sich von allen möglichen Pflanzenteilen ernähren, haben sie sich an das unterschiedliche Vorkommen von Futterpflanzen hervorragend angepaßt. Doch trotz dieser Anpassungsfähigkeit brauchen sie wegen ihrer Körpergröße einen relativ großen Lebensraum im tropischen Wald.

Die verschwiegenen Okapis und Antilopen

Selbst wenn wir unser ganzes Leben im afrikanischen Tropenwald zubrächten, würden wir nur einen Teil des dramatischen Geschehens erleben, das sich dort abspielt: die lauten Rufe der Nashornvögel, das unruhige Flattern der Fledermäuse, die Fischadler, die in den Flüssen nach Beute tauchen, die gefürchteten Mambas und die giftigen Gabunvipern, sie alle bilden nur einen Ausschnitt aus der Fülle des Lebens in einem solchen Wald.

Während die Schimpansen den Wald mit ihrem Lärm erfüllen und dem Beobachter dadurch ihren genauen Standort verraten, geben andere Säugetiere kaum einen Laut von sich und verziehen sich so geräuschlos ins Dickicht, daß wir ihre Existenz nur zu erahnen vermögen. Wenn wir uns allerdings so lautlos fortbewegen könnten wie ein Okapi *(Okapia johnstoni)*, würden wir vielleicht einmal dieser scheuen Waldgiraffe begegnen. Das Okapi trägt quergestreifte »Hosen« und im übrigen ein einheitlich braunes oder dunkelbraunes Fell, das sich vom schattigen Hintergrund kaum abhebt. Das fast 2 m hohe und ungefähr 250 kg schwere Tier hat sich

1

2

dank seiner Tarnkleidung und seiner einzelgängerischen, heimlichen Lebensweise der Entdeckung durch den Menschen bis ins 20. Jahrhundert entzogen, und seine Lebensgewohnheiten sind noch immer nicht restlos erforscht.

Etwas kleiner als das Okapi, aber fast ebenso selten zu beobachten ist der Bongo *(Tragelaphus euryceros)*, ein hübscher gehörnter Paarhufer und eine der schönsten Antilopen überhaupt. Dieses einsam und zurückgezogen lebende Tier haust in dichten Wäldern von Westafrika bis Kenia und Uganda, steigt auch hoch in die Bergwälder und ernährt sich von Blättern, Früchten und Trieben.

Nur selten bekommt man im tropischen Regenwald die kleinen Dukker zu Gesicht, bei denen wir mehrere Arten unterscheiden, die allesamt nicht größer als 45 cm und nicht schwerer als 65 kg werden. Über ihr Freileben ist nur wenig bekannt; der Rotducker klettert angeblich nach Ziegenart auf schrägstehende Bäume, um das Laub abzuäsen. Obwohl sich die Ducker hauptsächlich pflanzlich ernähren, fressen sie auch Termiten, und hin und wieder sollen sie sogar Vögel erbeuten. Doch die Geheimnisse dieser und anderer versteckt lebender Säuger des Regenwaldes sind noch längst nicht alle gelüftet – ein Beweis für den Reichtum und die Abgeschiedenheit der Ökosysteme des äquatorialen Waldgürtels.

Ameisen und Ameisenfresser

Das wohl schönste Beispiel einer Pflanzen-Säuger-Insekten-Anpassung stellen die marder- bis dachsgroßen Schuppentiere oder Pangoline der Alten Welt dar. Manche Pangoline sind ausgesprochene Baumtiere und vorwiegend nachtaktiv; sie brauchen Bäume als ständigen Wohnsitz und baum- und bodenbewohnende Insekten – Termi-

1 Viele Säugetiere der afrikanischen Wälder sind wegen ihrer scheuen, heimlichen Lebensweise und ihrer Schutzfärbung nur sehr schwer zu beobachten. Das Okapi lebt in einem kleinen Gebiet des äquatorialen Regenwaldes, das teilweise zum Ituri-Urwald gehört. Okapis sind die nächsten lebenden Verwandten der Giraffen.

2 Der Bongo ist eine Antilope, die in Afrika weiter verbreitet ist als das Okapi. Er bewohnt dichte, feuchte Wälder mit starkem Unterwuchs. Trotz ihrer Größe bewegen sich die Bongos behende und geräuschlos durch das Urwalddikkicht. Beide Geschlechter tragen Hörner, mit deren Hilfe sie junge Bäume ausgraben, um an die begehrten Wurzeln heranzukommen.

3 Die Fangschrecken der Familie Mantidae gehen tagsüber auf die Jagd, wobei sie durch ihre Färbung und Gestalt sich entweder tarnen oder Beutetiere anlocken.

4 Ein westafrikanischer Mistkäfer (Allomyrna dichotoma), der von Kot und verwesenden Abfallstoffen lebt. Er formt seine Nahrung zu Kugeln, die er wegrollt oder als Aufzuchtfutter für seine Larven im Erdboden vergräbt.

5 Stephanorrhina guttata ist ein Blatthornkäfer der Familie Scarabaeidae, deren Angehörige meist sehr auffällig geformte Hörner tragen. Die hornigen Fortsätze an den verschiedenen Körperteilen dienen u. a. dem Eingraben und der Beförderung von Nahrung.

6 Ein mit langen Fühlern ausgerüsteter Käfer aus der Familie der Bockkäfer (Cerambycidae), deren Mitglieder sich von Pflanzenstoffen ernähren und zum großen Teil Holzschädlinge sind.

7 Der abgebildete Blattkäfer (Platypria sp.) aus Liberia ist ein typischer Vertreter dieser formenreichen und sehr anpassungsfähigen Insektenfamilie.

3

4

5

6

7

1 Schon bald nach der Gründung eines neuen Staates beginnt die Termitenkönigin mit der Eiablage. Ihr Hinterleib schwillt dermaßen an, daß der viel kleinere König neben ihr winzig erscheint. Die beiden verbleiben in der gut geschützten und tief verborgenen »Königinkammer«, wie diese Aufnahme einer Königin und eines Königs von Macrotermes bellicosus in Ghana zeigt. Ohne ein Puppenstadium durchzumachen, gehen die Larven unmittelbar aus den Eiern hervor und können sich später in Arbeiter, Soldaten oder Geschlechtstiere verwandeln.

2 Ein Cubitermes-Nest in Kamerun, das einem Pilz verblüffend ähnelt. Die Größe, die ein Termitenbau erreichen kann, hängt von der Nahrungs- und Wassermenge ab, die am jeweiligen Standort zur Verfügung steht.

3 Ein Schnitt durch einen Termitenbau zeigt das komplizierte System von Gängen, Lüftungsschächten und Pilzgärten, die der Kolonie die Nahrung liefern. Arbeiter sorgen dafür, daß die Temperatur der Pilzkulturen konstant bleibt.

1

2

3

ten und Ameisen – als Nahrung. Diese merkwürdigen Säugetiere sind zur Abwehr von Ameisen- und sonstigen Insektenbissen mit Schuppen und schützenden Augenlidern bewaffnet und gleichen auf den ersten Blick einer Kreuzung zwischen Gürteltier und Ameisenbär. Sie haben einen langen Schwanz, eine langgestreckte schmale Schnauze, eine klebrige wurmförmige Zunge, und die einander überlappenden Hornschuppen bilden einen Panzer, wenn sich das Tier zu einer Kugel zusammenrollt. Dieser Panzer bietet allerdings keinen absoluten Schutz, denn er kann von größeren und stärkeren Räubern, etwa Leoparden, aufgebrochen werden.

Alle Schuppentiere sind Insektenfresser und tragen an den Vorderfüßen kräftige Krallen, mit denen sie Termiten- und Ameisenbaue aufreißen können. Da sie keine Zähne haben, wandern die 150–200 g Termiten, die sie pro Tag verspeisen, unzerkleinert in den Magen und müssen dort mechanisch zermahlen werden. Der Magen ist mit einer lamellenartigen Haut und zahnähnlichen Vorsprüngen ausgestattet, die diese Arbeit übernehmen, möglicherweise unterstützt durch einige Steine, die mit der Nahrung verschluckt werden. In schlechten Zeiten können Schuppentiere bis zu acht Wochen lang fasten, doch wenn ihre Fettreserven aufgezehrt sind, müssen sie entweder wieder etwas fressen oder sterben.

Das Weißbauchschuppentier *(Manis tricuspis)* ist eine baumlebende nachtaktive Art des tropischen Regenwaldes von Sierra Leone bis zum ostafrikanischen Graben. In einigen Vorkommensgebieten, zum Beispiel in Sambia und im südlichen Zaïre, bewohnt es die Waldränder und auch die offene Savanne und ernährt sich lieber von Termiten als von Ameisen. Das Langschwanz- oder Schwarzbauchschuppentier *(M. tetradactyla)* hält sich ständig auf Bäumen auf, geht jedoch auch tagsüber auf Ameisenjagd. Das Riesenschuppentier *(M. gigantea)*, das einschließlich Schwanz eine Länge von 1,70 m erreichen kann, ruht während des Tages in selbstgegrabenen Erdhöhlen und wandert in der Nacht weit umher auf der Suche nach Nahrung.

Wir unterscheiden mehr als 9500 Ameisenarten, von denen einige hochspezialisiert sind. Das machen sich die Ameisenräuber zunutze, indem sie die Marschkolonnen der Insekten belagern oder deren Bauten, Kammern und Gänge aufreißen. Gewiß, Ameisen können stechen, aber Schutzvorrichtungen gegen Ameisenattacken haben sich bei vielen Räubern entwickelt, zum Beispiel bei den Schuppentieren.

Und wenn ein Räuber den Geschmack einer bestimmten Ameisenart nicht mag, so ist es meist nicht weit bis zur Kolonie einer anderen Art. Manche Ameisen unternehmen Wanderungen, andere zerschneiden Blätter oder legen Pilzkulturen an. Wieder andere pulverisieren umgestürzte Stämme, abgefallene Äste und Baumstümpfe und tragen damit zur Wiederaufbereitung des Waldbodens bei. Einige führen ein räuberisches Leben: Sie greifen Insekten an, lähmen ihre Feinde durch Gift und halten Sklaven. Das Sozialverhalten der Ameisen ist ebenso phantastisch wie das der Bienen, und es ist fast unglaublich, mit welcher Präzision Tausende von Ameisen zusammenarbeiten, wenn es beispielsweise darum geht, die Königin des Staates zu betreuen und zu schützen.

Aus leicht verständlichen Gründen – Nahrungsreichtum, Wärme und Feuchtigkeit – finden sich die größten Ameisenkonzentrationen innerhalb oder in der Nähe der tropischen Regenwälder. Die Ameisenfauna dieser Regionen zeichnet sich durch eine große Artenvielfalt aus. Allein im Kongobecken hat man ungefähr 700 Arten nachgewiesen.

Termiten, die »Weißen Ameisen«

Eine ähnliche Funktion im Äquatorialwald haben die – mit den Amei-

4

5

4 Das Chamäleon erspäht und verfolgt seine Beute mit den Augen, die unabhängig voneinander bewegt werden können, und schießt dann das Opfer mit der langen Zunge ab. Die meisten tropischen Chamäleons halten sich eher im niedrigen Gebüsch als hoch oben in den Bäumen auf. Ein gehörntes Chamäleon aus Malawi verspeist ein soeben erbeutetes Insekt.

5 Ein typischer Vertreter der kleinen nachtaktiven Primaten ist der Steppen- oder Senegal-Galago. Dieses Buschbaby und seine Verwandten sind im afrikanischen Wald- und Buschland südlich der Sahara weit verbreitet. Wenn sie nachts im Geäst umherspringen, verraten sie sich durch ihre Quäk-, Schnatter- und Pfeiflaute.

sen nicht näher verwandten – Termiten, die man zuweilen fälschlich als »Weiße Ameisen« bezeichnet. Die meisten der 2000 Termitenarten leben in den Tropen. Sie stellen nicht nur eine lebenswichtige Nahrungsquelle für andere Tiere dar, sondern bieten ihnen mit ihren mächtigen Bauten auch Versteckmöglichkeiten und »Aussichtstürme«. Drei Millionen Termiten können in einem einzigen Nest zusammenleben, doch das ist nur möglich dank einer bemerkenswerten sozialen Organisation und einer raffinierten »Klimaanlage« innerhalb der Kolonie. Manche Termitenbauten sind so groß, daß sich auf ihnen eine reiche Vegetation ansiedeln kann. Bestimmte afrikanische Termitenhügel erreichen eine Höhe von etwa 6 m; sie bestehen aus »Lehm«, den die Tiere aus Speichel und teilweise verdautem Holz herstellen. Andere Nester werden auf Bäumen oder unterirdisch angelegt; die letzteren bilden ein Netz von Gängen und Galerien, die von einem Zentrum aus strahlenförmig nach allen Seiten verlaufen.

Beim Schwarmflug sind die Termiten den Nachstellungen von Vögeln, Säugetieren und Insekten ausgesetzt. Doch auch in ihrem Bau sind sie gefährdet. Neben den Schuppentieren haben sich noch andere Säuger auf Termitennahrung spezialisiert, und zwar durch eine stark verlängerte Schnauze, eine lange vorstreckbare Zunge bei rückgebildetem Gebiß, eine dicke Haut und kräftige Vordergliedmaßen mit starken Krallen. Ein gutes Beispiel für diese Anpassung ist das Erdferkel *(Orycteropus afer)*, das seine klebrige Zunge 30 cm weit herausstrecken kann. Angeblich können Erdferkel sogar mit dem Gehör Termiten-Marschkolonnen orten.

Chamäleons – Meister des Farbwechsels

Ein anderes Tier mit langer, klebriger Zunge ist das Chamäleon, eine ungewöhnliche Echse, die in rund 86 Arten und mannigfaltigen Formen über Afrika, Südeuropa und Asien verbreitet ist. Sie hat sich durch ihre Zehenstellung ganz an das Baumleben angepaßt, doch sie lebt eher in den unteren Stockwerken der tropischen Wälder als in den höheren Regionen. Das Afrikanische Chamäleon *(Chamaeleo africanus)* bewohnt die »Taille« des afrikanischen Kontinents. Das westafrikanische Kammchamäleon *(Ch. cristatus)* hat einen hochstehenden Rückensaum, eine smaragdgrüne Grundfärbung und einen gelblich-roten Kehlfleck. Das im tropischen und südlichen Afrika beheimatete Lappenchamäleon *(Ch. dilepis)* ist ein recht aggressives Tier, das sich wie seine Verwandten vorwiegend von Insekten ernährt.

Die auffälligste Eigenschaft der Chamäleons ist ihre Fähigkeit, die Farbe zu wechseln: Sie ist grün vor einem Blätterhintergrund, verwandelt sich in ein Rindenmuster, wenn sich das Tier hinter einem Ast versteckt, und im Erregungszustand verfärbt sich der Körper schwarz und grün mit weißen und gelben Flecken. Jede Art verfügt nur über eine begrenzte Farbpalette, aber das Phänomen ist gleichwohl verblüffend. Es ist abhängig von der jeweiligen Stimmung des Tiers und von seiner Reaktion auf Temperatur- und Lichtreize; die Pigmentzellen in der Haut verändern je nach Situation ihre Farbe.

Tiere der Nacht

Was geschieht, wenn sich die Vögel in der oberen, mittleren und unteren Etage des Waldes bei Einbruch der Nacht zur Ruhe begeben? Entsteht bis zur Morgendämmerung eine ungenutzte ökologische Nische? Keineswegs. Denn jetzt kommen kleine Säugetiere zum Vorschein und machen sich über die gleiche Nahrung her, von der die Vögel tagsüber gezehrt haben. So eindrucksvoll auch die Berichte über beutehungrig umherschleichende Leoparden und andere dramatische Ereignisse im nächtlichen Wald sind, die erstaunliche Präzision, mit der sich die Tiere an die Umwelt anpaßten, offenbart sich besser in weniger spektakulären Vorgängen.

Während seiner neunjährigen Feldstudien an fünf Tierarten im westafrikanischen Äquatorialwald von Gabun hat der Forscher Pierre Charles-Dominique festgestellt, daß sich diese Tiere zwar sämtlich von Insekten, Früchten und Baumausscheidungen ernähren, daß aber die Nahrungsaufnahme in unterschiedlichen Mengen und in verschiedenen ökologischen Nischen erfolgt.

Der Potto *(Perodicticus potto)* und zwei Galago-Arten, der Urwaldgalago *(Galago demidovii)* und der Helle Kielnagelgalago *(G. elegantulus)*, leben hoch oben im Laubdach des Waldes, während die beiden anderen Arten, der Buschwaldgalago *(G. alleni)* und der Bärenmaki *(Arctocebus calabarensis)*, den Unterwuchs besiedeln. Außerdem ernähren sich die drei Arten in der oberen Etage von verschiedenem Futter: die eine von Insekten, die andere von Früchten und die dritte von Baumsäften. Die beiden tiefer wohnenden Tiere suchen ihre Nahrung, die vorwiegend aus Baumsäf-

ten bzw. Insekten besteht, in Bodennähe. Es ist, als paßten die Lebensbereiche der einzelnen Arten, die aneinanderstoßen, aber sich nicht überschneiden, wie Teile eines Puzzlespiels zusammen.
P. Charles-Dominiques Untersuchungen erhellen modellhaft die Beziehungen, die zwischen ähnlichen Tierarten im selben Lebensraum bestehen: »Nahrungsspezialisierung im Verein mit der räumlichen Verteilung innerhalb des Waldes und mit unterschiedlichen Körpergrößen gestattet es diesen fünf Halbaffenarten, ohne zwischenartlichen Wettbewerb nebeneinander zu existieren.«
Das heißt mit anderen Worten, daß jedes Tier seine naturgemäße Nische ausfüllt, ohne seine Nachbarn zu stören. Dies trifft selbstverständlich auch weitgehend auf die tagaktiven Arten zu, aber diese bemerkenswerte Untersuchung gewährt uns einen beispielhaften Einblick in die sehr praktische Weise, wie diese Tiere ihr Zusammenleben in der Dunkelheit geregelt haben.

Elefanten und Wald: ein labiles Gleichgewicht

Der Wald spielt im Leben des afrikanischen Elefanten *(Loxodonta africana)* eine entscheidende Rolle, denn im Wald findet die Paarung statt, und hier erblicken die Elefantenkinder das Licht der Welt. Darüber hinaus ist der Wald ein Refugium, in das sich die Elefanten während der Trockenzeit zurückziehen, um Nahrung und Wasser zu finden. Ja, wenn es noch genügend Waldgebiete gäbe, in denen die Elefanten umherschweifen könnten, würden ihnen dort Früchte, Rinden, Holzfasern, Wurzeln, Knollen und Blätter alle Nahrungsstoffe bieten, die sie zum Leben brauchen. Doch leider ist nicht überall genug Wald vorhanden, um den Bedarf der Dickhäuter zu befriedigen. Ganze Waldlandschaften sind von Elefantenherden zerstört worden, die dermaßen zugenommen haben, daß der Wald überfordert ist.
Um ausreichend Nahrung zu finden, müssen viele Elefanten weit umherziehen; ihre Wanderwege lagen früher genau fest, und das Nahrungsangebot längs dieser Routen stand in einem ausgewogenen Verhältnis zur Zahl der Tiere. Die in den zentral- und westafrikanischen Regen- und Galeriewäldern beheimateten Elefanten haben es dagegen leichter, ihre Ernährungsprobleme zu lösen. Doch auch hier ge-

hen die Galeriewälder zurück. Mit dem Schwund der Wälder könnten auch die Elefantenbestände untergehen, denn ein ausgewachsener Bulle muß jeden Tag mindestens 135 kg Pflanzenstoffe zu sich nehmen.

Glücklicherweise kann sich der Elefant mühelos auf sehr unterschiedliche Pflanzenkost umstellen. Ebenso findet er sich mit großen Schwankungen der Temperatur, der Luftfeuchtigkeit und der Höhenlage ab und kann mit anderen Tierarten im selben Lebensraum zusammenleben. In den letzten Jahren bemühen sich die Regierungen der afrikanischen Staaten sehr um eine Verbesserung der Situation. Das 3970000 ha große Selous-Wildschutzgebiet in Tansania gewährt einem wechselnd großen Bestand wildlebender Elefanten Schutz (bei einer neueren Zählung waren es rund 110000 Stück), die recht gut gedeihen, weil das Reservat weiträumig genug und eine bedrohliche Übervölkerung nicht zu befürchten ist.

Die größten Säugetiere des afrikanischen Waldes sind die Elefanten, die in locker organisierten Herden überall dort umherziehen, wo sie genügend Schatten, Pflanzennahrung und Wasser vorfinden. Viele Fachleute nehmen an, daß die Elefanten ursprünglich Regenwaldbewohner waren, die sich erst nach dem Rückgang des Waldes an das Savannenleben anpaßten.

Land der endlosen Wälder

Der amerikanische Norden

Ein Blick auf eine Vegetationskarte Nordamerikas zeigt uns ausgedehnte und mannigfaltige Waldlandschaften. Ein dichter Nadelwaldgürtel, der einige der höchsten Baumarten der Erde umfaßt, bedeckt Teile der nordwestlichen USA, Kanadas und Alaskas. Östlich des Mississippi erstrecken sich Laubwälder von Labrador bis Alaska und von Neuengland bis zu den Appalachen. Riesige Sumpfwälder überziehen weite Landstriche von Georgia und Florida. Weitere Waldtypen sind der gemäßigte Regenwald in der Nordwestecke der USA, die Kakteenwälder im Südwesten des Landes und die Mangrovenwälder Floridas.

Vom Mammutbaum zur Schwarzeiche

Die dichtesten Koniferenbestände finden sich im Nordwesten der Vereinigten Staaten, wo im Sommer ein halber Meter Regen niedergeht, etwa die Hälfte der jährlichen Niederschlagsmenge. Hauptsächlich in einem 50 km breiten Streifen längs der Pazifikküste hat sich ein Ökosystem herausgebildet, das überreich ist an Pflanzen- und Tierarten. Im Redwood Creek, nördlich der kalifornischen Stadt Eureka, steht der größte Nadelbaum der Welt, ein Küstenmammutbaum, der 117 m hoch ist und einen Stammdurchmesser von 4 m und einen Umfang von 13 m hat. Die Riesenmammutbäume der Sierra Nevada im mittleren Kalifornien erreichen zwar ein größeres Volumen und höheres Alter als die Küstenmammutbäume, aber die Waldregion, in der sie wachsen, ist insgesamt weniger üppig.

Von den Wäldern der Sierra Ne-

Neugierig und ewig hungrig wandern die Schwarzbären durch die Wälder Nordamerikas, ständig auf der Suche nach etwas Genießbarem. Das schlechte Sehvermögen scheint den Bären nichts auszumachen; ein feines Gehör und eine gute Nase genügen ihnen, um allerlei Leckerbissen, wie beispielsweise wilden Honig, aufzuspüren.

vada steigt man hinunter zu der Wüstenzone im Südwesten der USA, und dort stößt man auf die ausgedehnten Bestände des Saguaro-Kaktus, der bis zu 15 m hoch werden kann. In den Hochlagen der halbtrockenen Gebiete Nordamerikas, vor allem auf dem Colorado-Plateau, entdecken wir sogenannte »Zwergwälder«, die sich aus Piniennußbäumen und Gemeinem Wacholder zusammensetzen, sowie große Goldkiefernwälder. In den Rocky Mountains und in der Sierra Nevada treffen wir ausgedehnte Bestände der Drehkiefer und der Weißrindenkiefer an. Im Gebiet der White Mountains in Florida stehen Grannenkiefern, deren Alter man auf 8000 Jahre schätzt und die somit die ältesten Bäume der Erde darstellen.

Wenn wir das weite Grasland in östlicher Richtung durchqueren, gelangen wir in das Stromtal des Mississippi und in eine typische Laubwald- und Wiesenlandschaft. Der Reichtum dieser einst riesigen Waldregion hat sich noch im Big Thicket im östlichen Texas erhalten; es bedeckte früher 1 500 000 ha, doch heute sind davon nur zwei Prozent übriggeblieben. Das Big Thicket bildet den Schnittpunkt der Westgrenze der östlichen Laubbäume, der Südgrenze der nördlichen Baumarten, der Ostgrenze der westlichen Arten und der Nordgrenze bestimmter subtropischer Lebensformen. Gleichwohl ist das Big Thicket im wesentlichen eine südliche Waldregion, die vor allem Eichen, Magnolien, Kohlpalmen, Sumpfzypressen und Amerikanische Rotbuchen umfaßt.

Im unteren Mississippi-Tal, wo es regelmäßig zu Überschwemmungen kommt, wurde ein dichter Tieflandwald gründlich gerodet, auch wenn noch einige Baumpatriarchen, bis zu 37 m hoch, stehengeblieben sind. An alten Kanälen und toten Nebenarmen, die man hier als »bayous« bezeichnet, steigen mächtige Sumpfzypressen aus dem spiegelglatten braunen Wasser. Die große Fruchtbarkeit der Sumpfbäume läßt sich an einer alten Schwarzeiche zeigen, die in einem einzigen Jahr mehr als 28 000 Eicheln hervorbrachte. Eine Ansammlung derartig zäher Laubbäume bildet gleichsam eine luftige Zuflucht nicht nur für allerlei Vögel, sondern auch für Eichhörnchen, Waschbären und Opossums.

Wanderer zwischen Wald und Fluß

Der Name »Waschbär« ist ein wenig irreführend, denn das so benannte Tier ist erstens kaum größer als ein Hauskater und mit den echten großen Bären nur entfernt verwandt, und zweitens wäscht es keineswegs regelmäßig seine Nahrung, wie zuweilen behauptet wird. Immerhin verbringt der Waschbär *(Procyon lotor)* so viel Zeit am Wasser, wo er seine Futterbrocken anfeuchtet und reibt und hin und her wendet, bevor er sie sorgfältig zerkaut, daß man diesen kleinen Allesfresser für ein besonders reinliches Geschöpf halten könnte. Tatsächlich verfügt er über einen hochentwickelten Tastsinn, der ihn veranlaßt, ausgiebig alles zu untersuchen, was ihm zwischen die Pfoten kommt.

Nächtliche Flußufer sind das bevorzugte Jagdrevier der Waschbären; dank einer reflektierenden Schicht im Auge, die *Tapetum lucidum* genannt wird und die Nachtsichtigkeit erhöht, können sie sich in der Dunkelheit recht gut zurechtfinden. Dennoch müssen sie ständig wachsam sein, denn für Alliga-

1 Das Opossum, die einzige Beuteltierart Nordamerikas, bewohnt Nutzflächen und Waldungen in Flußnähe. Wenn die Jungen die Zitzen verlassen haben, reiten sie oft auf dem Rücken ihrer Mutter, während sie nachts auf Nahrungssuche geht.

2 Das Leben des Waschbären spielt sich zum großen Teil auf Bäumen ab; dort schläft er, sucht er Schutz vor Feinden und hält er seine Winterruhe. Doch was seine Ernährung betrifft, so haben ihm die Bäume allenfalls kleine Zutaten zu bieten; die Hauptnahrung sucht er sich meist am Ufer von Bächen und Teichen.

3 Junge Waschbären, wie sie sich hier in ihrer Baumhöhle in Louisiana zusammenkuscheln, werden ungefähr bis zur 14. Lebenswoche von ihrer Mutter gesäugt. Die Jungtiere verbringen viel Zeit damit, die verschiedenen Klettertechniken zu erlernen.

4 Die Bärenjungen veranstalten gern Hetzjagden auf den Bäumen und tollen ausgiebig umher, aber auch für sie ist das Fressen der Hauptlebenszweck.

1

toren, Eulen, Pumas, Wölfe, Füchse und andere Raubtiere sind sie eine verlockende Beute.
Wegen seiner aparten Gesichtsmaske und seines dicken Fells, das früher viel zu Pelzmänteln verarbeitet wurde, ist der Waschbär eines der bekanntesten amerikanischen Wildtiere. Die furchtlosen und lebenstüchtigen Tiere sind von Panama bis Ostkanada verbreitet und dringen langsam weiter nach Norden vor.
Wenn sie hungrig sind, verzehren sie nahezu alles, was sie mit ihren geschickten »Fingern« als genießbar erkennen. Meist streifen sie an Flüssen und Teichen umher, auf der Suche nach Krebsen, Elritzen, Fischkadavern, kleinen Nagetieren und den Eiern von Enten und Schwänen. Aber sie wechseln auch gerne in die nahen Wälder und Felder über, wo sie sich an Beeren, Nüssen, Insekten und Getreide gütlich tun. Ihre Naschhaftigkeit verwandelt sich im Herbst in regelrechte Gefräßigkeit, denn dann muß sich der Waschbär eine dicke Fettschicht anfressen, mit der er über den Winter kommt, in dem die Gewässer zufrieren können und das Nahrungsangebot knapp wird. Jetzt ist es auch Zeit, einen hohlen Baum, einen Baumstumpf oder eine Erdhöhle zu finden, wo man sich jeweils für etwa eine Woche verkriechen kann. Die Waschbären halten zwar keinen echten Winterschlaf, aber die längeren Ruhepausen ermöglichen es ihnen, den schlimmsten Unbilden der kalten Jahreszeit einigermaßen zu entgehen.
Sobald der Frühling naht, findet die Paarung statt, und wenn dann etwa zwei Monate später die Jungen geboren werden – meist vier oder fünf –, beginnt für die Mutter und ihren Nachwuchs das muntere und geräuschvolle Treiben aufs neue.

Das possierliche Opossum

Das etwa waschbärgroße Opossum *(Didelphis virginiana)* mit seinem langen struppigen Fell ist das einzige Beuteltier Nordamerikas (weitere Arten kommen in Mittel- und Südamerika vor). Es schweift des Nachts umher und verschläft den Tag in irgendeinem Unterschlupf, einem hohlen Baum, einem verlassenen Eichhörnchenkobel, einem Holzstapel oder gar im Keller oder auf dem Speicher eines Hauses. Der lange Greifschwanz dient nicht nur als Kletterhilfe im Geäst; das Tier benutzt ihn etwa auch dazu, Nistmaterial zusammenzutragen. Das schwache Sehvermögen wird ausgeglichen durch ein feines Gehör, einen hochentwickelten Geruchssinn und durch empfindliche Sinneshaare am Kopf, die das Tier in der Dunkelheit vor Hindernissen warnen. Wenn Gefahr droht, schützt sich das Opossum durch Katalepsie oder Totstellung, eine Verhaltensform, die selbst verfolgende Hunde täuscht.
Das Weibchen trägt die Jungen an einem von einer Haut (einem »Beutel«) umkleideten Zitzenfeld umher. Von der Befruchtung bis zur Geburt verstreichen weniger als 13 Tage, und diese Zeit ist so kurz, daß die Kinder noch ungenügend entwickelt sind und nur die wenigen Zentimeter durch das Fell der Mutter bis zu deren Zitzen krabbeln können; dort suchen sie sich eine aus, an der sie sich für die nächsten 60 Tage festsaugen. Die Neugeborenen besitzen Krallen, mit deren Hilfe sie den Weg zum Beutel zurücklegen, doch sobald sie in ihm angelangt sind und an einer Zitze festen Halt gefunden haben, fallen diese Krallen wieder ab.

2

3

4

Die Vermehrungsrate der Opossums ist beträchtlich. Normalerweise werden zweimal im Jahr Junge geboren, und jeder Wurf besteht aus acht bis zehn Tieren. Nachdem die Kinder fast drei Monate an der Zitze zugebracht haben, werden sie entwöhnt und reiten anschließend eine Zeitlang auf dem Rücken ihrer Mutter, bis sie für sich selbst sorgen können.

Das weite Revier der Schwarzbären

Ein unvergeßliches Erlebnis für viele Besucher ist die Begegnung mit einem Schwarzbären oder Baribal *(Ursus americanus)*. Diese gewichtigen Tiere – manche Exemplare wiegen über 200 kg – bewohnen ein ausgedehntes Gebiet von den Wüstenbergen bis zum arktischen Kanada und vom Tiefland bis zum Nadelwaldgürtel der Berge. Sie sind die kleinste, häufigste und am weitesten verbreitete nordamerikanische Bärenart. Unermüdlich sind sie auf Nahrungssuche: Sie sammeln Beeren, klauben den Honig aus Bienenstöcken, graben Wurzeln und Nagetiere aus, verspeisen Eicheln und Nüsse, klettern auf Bäume, um an die Samen heranzukommen, und spüren Aas auf. Die Nahrung suchen sie zum großen Teil in der Nacht und in der Abend- und Morgendämmerung. Zu gegebener Zeit ziehen sich die fett gewordenen Bären zur Winterruhe zurück. Dabei handelt es sich nicht um einen echten, ununterbrochenen Winterschlaf; die Tiere wachen hin und wieder auf und wandern umher, wenn der Winter besonders mild ist oder wenn sie in wärmeren Breiten beheimatet sind. Körpertemperatur, Atmung und Puls bleiben fast normal.

Der Schwarzbär hat einen ungewöhnlichen Fortpflanzungszyklus, der seine Überlebenschancen zweifellos stark erhöht. Die Paarung findet im Juni oder Juli statt, doch die befruchtete Eizelle nistet sich erst im November in der Gebärmutterwand ein. Diese Verzögerung in der Entwicklung des Fötus bedeutet, daß die Bärenjungen im Januar oder Februar geboren werden, während die Mutter in einer warmen Höhle ihre Winterruhe hält.

Die Neugeborenen, in der Regel zwei, messen knapp 20 cm und wiegen etwa 500 g, bringen also nur ein Fünfhundertstel des Gewichts der Mutter auf die Waage. Das ist das kleinste Mutter-Kind-Gewichtsverhältnis in der Säugetierwelt, abgesehen von den Beuteltieren. Die kleinen, blinden und schwachen Jungen müssen gleichwohl den Weg zu den mütterlichen Zitzen finden. Die Mutter kann ihnen dabei nicht helfen, weil sie bei der Geburt nicht aufwacht. Doch während des Sommers wird das Leben für die Bärenfamilie zur Idylle; Schwarzbärkinder sind außerordentlich lebhafte und verspielte Geschöpfe, die gerne auch auf Bäumen herumtollen.

Die Brautenten

Wenn wir unsere Reise in südlicher Richtung nach Georgia und Florida fortsetzen, stoßen wir auf ausgedehnte Sumpfwälder. Am eindrucksvollsten ist der Okefenokee Swamp. Hier sind die Wurzeln vieler Bäume nicht in festem Boden, sondern in schwimmendem Torf verankert, so daß der Wald erbebt, wenn man durch ihn hindurchschreitet – der Indianername Okefenokee bedeutet soviel wie »Land der zitternden Erde«. Die dichten Bestände der Sumpfzypressen und der anderen Baumarten sind durchzogen von labyrinthischen Wasserläufen. In diesen Wäldern finden

1

2

3

1 Die ungewöhnlich hübschen Brautenten sind echte Waldbewohner, die in Baumhöhlen nisten und oft auf Ästen aufbaumen. Wenn sich ein Brautentenküken mit dem am Schnabel angewachsenen Eizahn aus seiner Schale befreit hat, klettert es zum Nesteingang, angelockt durch die Rufe der Mutter, und stürzt sich gleich darauf ins Wasser oder auf den Erdboden, ohne Schaden zu nehmen.

2 Bei dem schwimmenden Brautentenpaar erkennt man sehr deutlich das leuchtend gefärbte, schillernde Gefieder des Männchens und das unauffällige Federkleid des Weibchens, das fast wie eine Schutztracht wirkt.

3 Diese Weißwedelhirsche in einem Wald in Louisiana flüchten in eine Dekkung. Dabei lassen sie ihren leuchtendweißen Spiegel und Schwanzwedel als »Alarmsignal« aufblitzen. Dieses stumme Signal, das von anderen Rudelmitgliedern sofort bemerkt wird, warnt vor einer drohenden Gefahr.

zahlreiche Wildtiere Unterschlupf und Nahrung, unter anderem Weißwedelhirsche, Graufüchse, Opossums und Schwarzbären.

Eine farbenprächtige Vogelart der südlichen Wälder wäre beinahe vom gleichen Schicksal ereilt worden wie der wahrscheinlich ausgestorbene Elfenbeinschnabelspecht: Die Brautente *(Aix sponsa)* hatte unter der Überjagung und der Umweltzerstörung so sehr zu leiden, daß ihre Ausrottung nur durch Schutzgesetze verhindert werden konnte.

Brautenten nisten in Baumhöhlen – eine recht ungewöhnliche Verhaltensform für eine Ente – und halten sich sehr viel im Geäst der Bäume auf, wo sie angesichts ihrer auffälligen Gefiederzeichnung offensichtlich besser getarnt sind als auf dem Wasser. Eine Baumhöhle ist ein verhältnismäßig sicheres Versteck, sofern Waschbären nicht eindringen können, und so erscheint es ganz logisch, daß die Brautente, die die höheren Waldstufen bewohnt, dort ihr Nest einrichtet.

Der Umstand, daß die Brauteneneier in einer Baumhöhle ausgebrütet werden, hat zur Folge, daß jeweils ungefähr ein Dutzend Entenküken aus dem Nest hervorkrabbeln müssen, das oft 2 m tief in den hohlen Baum hinabreicht. Die Kleinen sind zwar mit scharfen, gekrümmten Krallen ausgerüstet, aber wenn sie ihr Nest verlassen, ist es mit ihrem Flugvermögen noch nicht sehr weit her. Die Mutter ruft; die Kinder klettern zur Nestöffnung empor; sie springen ab, flattern hilflos durch die Luft und landen recht unsanft auf dem Boden, zuweilen 20 m tiefer. Dann schart die Entenmutter die Küken um sich und führt sie zum Wasser. Doch schon bald entwickeln sich die Jungenten zu gewandten Fliegern,

die rasant durch dichte Wälder, Zuckerrohrdickichte und Lianengewirre fegen.

Gürteltiere

Im milden Klima der südöstlichen USA gedeihen Kiefern besonders gut. Die Kalkfelsen im südlichen Florida sind von Elliottskiefern und einem Unterwuchs aus Zwergpalmen bestanden. Die Kiefern bevorzugen höhere Lagen; sie benötigen zwar einige Feuchtigkeit, vertragen aber keine andauernde Staunässe. Feuer und Blitzschlag kann ihnen nicht viel anhaben, da eine vielschichtige Rinde das empfindliche innere Gewebe vor Hitzeschäden schützt. Die Zwergpalmen, deren Vorratswurzeln in Gesteinslükken Schutz finden, schlagen sogar wieder aus, wenn der Baum zum größten Teil verbrannt ist.
Hin und wieder sieht man zwischen den Zwergpalmen ein Lebewesen umherhuschen, das einer Mischung aus Säugetier, Reptil und Phantasiegeschöpf gleicht. Es ist ein Neunbindengürteltier *(Dasypus novemcinctus),* einer jener seltenen urtümlichen Säuger, die einen Panzer aus gürtelförmig angeordneten beweglichen Knochenplättchen tragen. Die dichte Vegetation bietet den Tieren genügend Schutz gegen Umwelteinflüsse, außer gegen die Kälte, und da sie im Gegensatz zu fast allen anderen Säugetieren kein wärmendes Fell besitzen, beschränkt sich ihr nordamerikanisches Verbreitungsgebiet auf die südlichen Staaten von Florida bis Texas. Die Gürteltiere streifen nachts umher auf der Suche nach Insekten, vor allem Käfern, Regenwürmern, Spinnen, Schnecken, Pflanzenteilen und Aas. Man kann ein Gürteltier häufig schon hören, bevor man es sieht, denn es gibt ständig grunzende Laute von sich und raschelt vernehmlich im Gesträuch.

Die Weißwedelhirsche

Im Vorkommensgebiet der Gürteltiere sind noch viele andere Tiere zu Hause, allen voran der Weißwedelhirsch, das häufigste wildlebende Huftier Nordamerikas. Mehr als 5 Millionen dieser Hirsche leben heute in den Wald- und Graslandschaften von Südkanada bis Mittel- und Südamerika. Ihr normaler Futterbedarf beträgt bis zu 5 kg pro Tag, doch manchmal finden sie nicht genügend Eicheln, Bucheckern, Knospen, Schößlinge und andere Pflanzenteile, zumal die meisten Hirsche ihr ganzes Le-

1

2

3

4

ben in einem Revier von weniger als 3 km² zubringen. In nördlicheren Breiten, wo sich die Tiere an schneegeschützten Plätzen, etwa in Mooren oder Dickichten, in großer Zahl versammeln, zehren sie oft die zur Verfügung stehende Nahrung schon sehr bald auf und können dann nicht mehr ausweichen, weil der tiefe Schnee ringsum sie gefangenhält. Sie müssen elend verhungern, und Versuche des Menschen, die notleidenden Hirsche zu füttern, vergrößern nur das Problem. Gewöhnlich äsen die Hirsche am frühen Morgen und am späten Nachmittag. Bei drohender Gefahr flüchten sie mit weiten Sprüngen und zeigen dabei ihr Wahrzeichen, den wie eine Flagge erhobenen weißen Schwanzwedel. Das rote Sommerfell hebt sich gut von der Umgebung ab und ist, zumal im offenen Gelände, leicht auszumachen.
Doch zu Herbstbeginn verfärbt sich das Fell grau und wird länger und dichter. Man unterscheidet etwa 40 Unterarten des Weißwedelhirsches. Die kleinste Unterart, der sogenannte Key-Hirsch, dessen Heimat die Keyinseln vor Florida sind, wiegt nur 23 kg, während die gewöhnlichste Unterart bis zu 125 kg schwer wird. Die beinahe ausgestorbenen Key-Hirsche stehen seit 1957 unter strengem Schutz, und ihr Bestand scheint sich gut zu erholen.

Das waldreiche Tiefland im Osten

Von Neuengland bis Texas erstrecken sich in einem riesigen, etwa 3000 km langen Bogen die sanfte Piedmont-Hügellandschaft und die breite Küstenebene des nordamerikanischen Ostens. Der vielfach sandige Boden ist zum großen Teil bedeckt von vergleichsweise lichten Eichen-, Kiefern- und Buchenwäldern, die immer wieder von üppigen Wiesenflächen durchsetzt sind. Trotz starker Besiedlung haben in dieser gesamten Region die Wildtierbestände kräftig zugenommen. Das ist einmal den zahlreichen Schutzgebieten zu danken, in denen sich die Natur frei entfalten kann, und zum anderen der Anpassungsfähigkeit der Opossums, Stinktiere, Hirsche, Biber, Waschbären, Truthähne, Enten und Gänse, die sich offensichtlich immer besser mit der Allgegenwärtigkeit des Menschen abfinden.
In den Waldgebieten im Nordosten Nordamerikas, die eine so reiche Tierwelt beherbergen, lebt auch der Kupferkopf *(Agkistrodon contortix)*, jene giftige Schlange, von der in den USA mehr Menschen gebissen werden als von jeder anderen Schlangenart. Die Zeichnung und Färbung des Kupferkopfes sind den Brauntönen des laubbedeckten Waldbodens hervorragend angepaßt, auf dem die Schlange kleinen Nagern und großen Insekten und Raupen nachstellt.
Die boden- und baumbewohnenden Insekten haben auch in den Spechten unerbittliche Feinde. Der Haubenschwarzspecht *(Dryocopus pileatus)*, die größte nordamerikanische Spechtart (es sei denn, daß der bereits erwähnte Elfenbeinschnabelspecht doch noch überlebt hat), verzehrt Ameisen und Käfer, aber auch Samen, Nüsse, Beeren und Früchte, was darauf hindeutet, daß er auf dichte, üppige Wälder angewiesen ist. Der Haubenschwarzspecht besiedelt inzwischen in geringer Zahl auch wieder jene Gegenden, aus denen er durch Holzeinschlag vertrieben worden war.

Der wildlebende Truthahn

Die Truthühner *(Meleagris gallopavo)*, das größte amerikanische Flugwild, sind in den wärmeren Gebieten Nordamerikas weit verbreitet; sie können recht gut fliegen, sind aber dennoch so mühelos zu erlegen, daß sie vielerorts ausgerottet wurden. Sie halten sich vorwiegend in bewaldeten Lebensräumen auf. Die frischgeschlüpften Küken sind sehr anfällig für Erkältungskrankheiten, wenn sie z. B. von einem sommerlichen Regenschauer durchnäßt werden; deshalb werden sie auf die Wiesen geführt, um sich in der Sonne aufzuwärmen. Truthühner können zwar auch von Wiesennahrung leben, aber um ihr volles Gewicht zu erreichen – bis zu 18 kg beim Hahn –, brauchen sie Waldkost: Nüsse, Beeren, Eicheln, Insekten und verschiedene andere Stoffe.
Ihr Überleben hängt davon ab, ob sie eine heikle Phase in ihrem Lebenszyklus überstehen. Die Hennen legen nämlich ihre Eier einfach in einer Mulde des Wald- oder Wiesenbodens ab. Dadurch sind das Gelege und die Küken dem gierigen Zugriff zahlloser Feinde ausgesetzt, zu denen unter anderen Waschbären, Stinktiere, Opossums, Schlangen, Krähen und Kojoten gehören. Allerdings vermag die Henne ihren Nachwuchs gut zu verteidigen, und sie benutzt zuweilen Täuschungsmanöver, um etwaige Angreifer vom Nest abzulenken. Überdies ist das Gelege sehr groß; es enthält mindestens ein Dutzend Eier.
Nur wenige Farben in der Natur sind so leuchtkräftig wie das Herbstlaub der Zuckerahornbäume im nordöstlichen Nordamerika. Die grüne Farbe, welche die Blätter in den Frühlings- und Sommermonaten haben, entsteht durch das Chlorophyll in den Pflanzenzellen. Bei den meisten laubabwerfenden Bäumen sind jedoch außerdem rote und gelbe Farbstoffe in den Blättern enthalten, die während der Wachstumsperiode von dem dominierenden Grün überlagert werden. Im Spätsommer und Herbst, wenn die Tage und Nächte kühler werden, geht bei den Laubbäumen die Chlorophyllproduktion zurück, und damit nehmen auch die grünen Pigmente im Blatt ab. Die roten und gelben Farbstoffe kommen jetzt zum Vorschein und entfalten eine Vielzahl von Purpur-, Scharlach-, Gelb- und Rottönen.

Die Wälder Neuenglands

Regenfälle sind das ganze Jahr über häufig, bisweilen gehen sie als Wolkenbrüche und Gewitterstürme nieder, die wütend an den Ästen und Zweigen zerren. Zu anderen Zeiten regt sich kein Blatt. Und stets erfüllt der Duft von Verfall und Verrottung den aus Laubbäumen und Nadelhölzern gemischten Wald. Überall vernimmt man das Geräusch von rieselnden Bächen, die sich zwischen Felsbrocken und Wurzelstöcken einen Weg bahnen. Ein lärmend auffliegendes Kragenhuhn *(Bonasa umbellus)* schreckt uns auf. Plötzliches Krachen im Unterholz verrät, daß ein Elch uns eine Weile beobachtet und dann beschlossen hat, sich zurückzuziehen.
Andere Laute dringen an unser

5

1 Keine Hirschart ist in Nordamerika so weit verbreitet wie der Weißwedelhirsch, der in den nördlichen Wäldern größer wird als in den südlichen. Mitte September beginnen die Weißwedelhirsche ihr Geweih an jungen Bäumen zu fegen. Das Abschälen des abgestorbenen Überzugsgewebes oder Basts kann nur eine einzige Nacht oder aber auch drei Wochen dauern, doch dann ist der Bock bereit für die Rivalenkämpfe der Brunftzeit.

2 Der Rotbauchbindenspecht verspeist große Mengen von holzbohrenden Käfern, Heuschrecken und anderen Insekten, nimmt aber auch Nüsse und Früchte zu sich.

3 Der Gewöhnliche Goldspecht, von den Amerikanern »Flicker« genannt, lebt von Ameisen und Käferlarven, die er auf dem Boden findet, nistet jedoch in Baumhöhlen und trommelt gern lautstark auf abgestorbenen Ästen herum.

4 Der Rotkopfspecht, der im offenen Waldland und in Obstgärten mit altem Baumbestand heimisch ist, vertilgt sehr viele Schadinsekten, die er meist im Flug erbeutet. Er ist von Ostkanada bis zum Golf von Mexiko anzutreffen und überwintert im südlichen Südamerika.

5 Lange Krallen, ein kräftiger Schwanz und bärenartige Pfoten erleichtern dem Baumstachelschwein das Umherklettern in Bäumen, wo es nach Rinde und anderen Holzstoffen sucht, die seine Nahrung bilden. Dieses große Nagetier des gemäßigten Waldes – die Aufnahme stammt aus Alaska – ist von Wüstengebieten bis zum Regenwald verbreitet.

6 Der Graubär oder Grisly, das stärkste Säugetier Nordamerikas, war einst überall im westlichen Teil des Subkontinents anzutreffen, doch durch Bejagung und Umweltzerstörung ist sein Vorkommensgebiet stark eingeschränkt worden.

6

Ohr: die rauhen Rufe des Blauhähers, das Rüttelgeräusch eines Halsbandfischers, der im Zickzack über einen Bach dahinfliegt, das Gekecker von Eichhörnchen und von Backenhörnchen.

Die Wälder des hohen Nordens

Die sogenannten Great North Woods erstrecken sich 6400 km weit von Labrador bis hinauf nach Alaska. Es ist eine unermeßliche nördliche Nadel- und Laubwaldregion, die sich in den Appalachen bis hinunter nach Tennessee behauptet hat.

Ein großer Teil der ursprünglichen Wälder ist abgeholzt, niedergebrannt und arg verwüstet worden; der heutige Sekundärwald erholt sich jedoch sehr gut überall dort, wo man großräumige Schutzgebiete eingerichtet hat. Man kann in der Wildnis der nordamerikanischen borealen Waldlandschaft wochenlang umherstreifen, ohne jemals die riesigen Nationalparks zu verlassen.

Solche Weiträumigkeit ist eine Lebensnotwendigkeit für manche Wildtiere, zum Beispiel für den mächtigen Grau- oder Grislybären *(Ursus arctos horribilis)*, der mit einer Körperlänge von 2,50 m erheblich größer wird als unser europäischer Braunbär, sein nächster Verwandter. Grislys benötigen, um auskömmlich leben zu können, ein sehr großes Territorium, und da ihnen dies in der vom Menschen weitgehend erschlossenen Landschaft nur noch selten zur Verfügung steht, wurden die Tiere in immer höhere Lagen zurückgedrängt.

Eine Geißel für die Bären sind die Baumstachelschweine oder Baumstachler *(Erethizon dorsatum)*, die in sieben Unterarten über Mexiko, Kanada und die Vereinigten Staaten verbreitet sind. Wenn ihre scharfen, mit Widerhäkchen versehenen Stacheln in die Schnauze eines Bären – oder irgendeines anderen Tieres – eingedrungen sind, können sie heftige Schmerzen verursachen und die Nahrungsaufnahme so erschweren, daß der Hungertod die Folge ist.

Während der mittsommerlichen Liebesspiele führen die männlichen oder die männlichen und weiblichen Graubären harmlose Ringkämpfe auf, so wie hier im Yosemite National Park in Wyoming. Zum richtigen Kampf kommt es, wenn es um die Gunst der Weibchen geht, und eine Bärin greift jeden Bären oder anderen Eindringling an, der ihre Jungen bedroht.

In breiten Streifen entrindete junge, saftige Kiefern und andere Bäume sind ein Zeichen dafür, daß Stachelschweine hier ihr Unwesen getrieben haben. Die Anpassung dieser Tiere an das Waldleben liegt sehr wahrscheinlich in ihrer Fähigkeit, Baumrinde abzuschälen und mit Hilfe der darunterliegenden weichen Kambiumschicht Notzeiten zu überstehen, in denen andere Nahrung, etwa Kräuter, Weidenkätzchen und Misteln, nicht zu finden ist. Stachelschweine können sogar Kiefernnadeln verwerten, die auch im kältesten und schneereichsten Winter leicht zu beschaffen sind. Sie gehen hauptsächlich während der Nacht auf Nahrungssuche, und deshalb kommt es immer wieder mal zu Begegnungen mit Bären oder anderen nachtaktiven Tieren.

Mit einer Rumpflänge von etwa 50 bis 60 cm und einem Maximalgewicht von 12 kg sind die Baumstachler zwar ziemlich klein, aber sie brauchen selbst weit größere Feinde kaum zu fürchten. Die Evolution hat sie mit sehr wirksamen Verteidigungswaffen ausgerüstet – mit rund 30000 starren, sich selbst erneuernden Stacheln. Freilich gelingt es hin und wieder einem Bären, Puma oder Kojoten, ein Stachelschwein zu töten, auch wenn das Gesicht des Angreifers hinterher wie ein Kaktus mit Stacheln gespickt ist.

Heimtückischere Feinde sind die Fischermarder *(Martes pennanti)*, marderähnliche Tiere, die ein Stachelschwein an der empfindlichsten Körperstelle, dem weichen Unterleib, angreifen. Die kampflustigen Fischermarder, die ihren irreführenden Namen den alten Trappern verdanken, denen sie gelegentlich Fische aus den Fallen stahlen, sind typische baum- und bodenbewohnende Tiere des nördlichen Waldes. Fischermarder sind die größten Sprinter unter den Baumtieren: Auf dem Erdboden holen sie Eichhörnchen, andere Marder und sogar Schneeschuhhasen ein. Dank ihrer Schnelligkeit und Aggressivität verkörpern sie eine besonders erfolgreiche Tierart; sie attackieren und verspeisen praktisch alles, was ihnen über den Weg läuft. Wenn sie einen Baumstachler überfallen, drehen sie das Opfer blitzschnell auf den Rücken und reißen ihm die Magengegend auf. Dabei können sie zwar ein paar Stacheln abbekommen, aber selten so viele, daß sie ernstlich Schaden nehmen.

1

2

1 Die Wälder im nördlichen Neuengland, im Bundesstaat New York und in großen Teilen Kanadas sind die Heimat des Fischermarders, der Baumstachelschweinen und anderen Tieren nachstellt – manchmal sogar Hirschen, die im Tiefschnee steckengeblieben sind.

2 Der Name »Moose« für den amerikanischen Elch ist von einem Indianerwort abgeleitet und bedeutet soviel wie »Zweigfresser«, was die Ernährungsweise dieser größten rezenten Hirschart treffend kennzeichnet.
Auf dem Foto äst eine Elchkuh in einem Wald in Alaska Zweige und endständige Knospen ab. Der Winter ist für die Elche eine harte Zeit, denn sie finden nur schwer genügend Nahrung für ihren massigen Körper. Am Winterende ist Unterernährung nicht selten.

Kojoten und Wölfe

Überall in den borealen Wäldern Nordamerikas sind der Amerikanische Rotfuchs *(Vulpes fulva)*, das als eigene Art aufgefaßte Gegenstück zum altweltlichen Rotfuchs *(V. vulpes)*, und der Kojote *(Canis latrans)* zu Hause. Diese allgegenwärtigen Wildhunde sorgen sehr wirksam dafür, daß die kleinen Nager und anderes Kleingetier im Ökosystem des Waldes nicht überhand nehmen, aber ihre wichtige Aufgabe im Naturhaushalt wird von vielen Jägern und Farmern verkannt, die es sogar durchsetzen, daß Kopfprämien auf den Abschuß des »Raubzeugs« ausgesetzt werden. Gleichwohl haben sich die Füchse und Kojoten behauptet; vor allem Kojoten kann man in den Nationalparks regelmäßig beobachten.
Seltener begegnet man dagegen den Wölfen *(Canis lupus)*, obwohl sie im nördlichen Wald und in der nördlichen Tundra weit umherschweifen. Sie unterscheiden sich von ihren vorgenannten Verwandten nicht nur durch ihre größere Gestalt und Körperkraft, sondern auch durch ihre Fähigkeit zur Zusammenarbeit: Sie greifen vielfach im Rudel an und können auf diese Weise selbst große wehrhafte Beutetiere zu Tode hetzen.

Die größten Hirsche

Das Verbreitungsgebiet des Elches *(Alces alces)*, dessen amerikanische Spielart auch als Moose bezeichnet wird, deckt sich weitgehend mit dem des Wolfes, wenngleich der Wolf in noch weit kälteren und nördlicheren Regionen anzutreffen ist. Beide Tierarten fühlen sich offensichtlich im offenen Gelände am wohlsten, besiedeln jedoch eine Vielzahl von Lebensräumen. Der Elch hält sich gerne in der Nähe von flachen Teichen, Seen und Flüssen auf, wo Weiden und Wasserpflanzen – seine Lieblingsnahrung – reichlich vorhanden sind, doch er ist auch nicht abgeneigt, den trockenen Pflanzenwuchs auf Berghängen abzuäsen. Elche müssen fast ununterbrochen fressen, denn um ihrem massigen, bis 630 kg schweren Leib genügend Nahrung zuzuführen, benötigen sie täglich 18–27 kg Pflanzenkost. Als größter Hirsch der Erde ist der Elch ein gefährlicher Gegner für jeden Angreifer; er ist imstande, einen Menschen in Grund und Boden zu treten.
Das ausladende, aus zwei gezackten Schaufeln bestehende Geweih der Bullen, das sich im Spätfrühling und Sommer entwickelt, ist eine furchterregende Waffe, die regelmäßig in den herbstlichen Brunftkämpfen eingesetzt wird. Dennoch sind Elche nicht unbesiegbar. Graubären können sogar einen voll ausgewachsenen Elch reißen. Junge und schwache Tiere fallen bisweilen einem Wolfsrudel zum Opfer, zumal im Winter, wenn der jährliche Lebenszyklus infolge der strengen Kälte und des hohen Schnees seinen Tiefstpunkt erreicht. Und wenn von den Wölfen keine Gefahr droht, müssen die Elche vor ihren natürlichen Feinden, Kojoten, Luchsen und Wildkatzen, auf der Hut sein.
Elche ziehen in den bewaldeten Gegenden Kanadas frei umher. Anders verhält es sich mit dem Waldbison *(Bison bison athabascae)*, dem größten Landsäugetier Nordamerikas. Er ist auf einige wenige Schutzgebiete beschränkt, insbesondere auf den kanadischen Wood Buffalo National Park, den flächenmäßig größten Nationalpark Nordamerikas – 4480800 ha Ebene, seichte Seen, Sümpfe, Wiesen, Fichten- und Kiefernwälder.

3 *Der Elchbulle, der bis zu 530 kg wiegt, besitzt eine stark ramsnasige Muffel, einen langen Kehlsack und ein riesiges Schaufelgeweih. Wenn die Brunftzeit naht, fegen die Elche, nicht anders als die übrigen Hirsche, an einem Baum den Bast von ihrem Geweih.*

Die dort lebenden Waldbisons haben sich allerdings zum großen Teil mit den einer anderen Unterart angehörenden Präriebisons *(B. bison bison)* vermischt, die man zu Tausenden in den Park überführt hat. Um 1960 wurde in einem abgeschiedenen Teil des Wood Buffalo National Park eine isolierte Herde von reinrassig gebliebenen Waldbisons entdeckt, auf die sich die Hoffnung gründet, den Fortbestand dieser Unterart zu sichern. Im Sommer ernähren sich die Waldbisons vor allem von Blättern, Schößlingen und Baumrinde. Im Winter graben sie im Schnee nach Flechten, trokkenem Gras und Moos.

Der gemäßigte Regenwald, die Heimat der Wapitis

Wenn ein Wald eine jährliche Niederschlagsmenge von 355 cm aufweist und der Boden fruchtbar und das Klima mild ist, dann erwartet man ganz selbstverständlich eine artenreiche, üppige Vegetation. Solche Umweltbedingungen herrschen auf der Olympic Peninsula (Halbinsel) im Bundesstaat Washington im äußersten Nordwesten der USA, zumal im Hoh River Rain Forest, der zum Olympic National Park gehört. Fast das gesamte Gebiet, das dicht bestanden ist mit riesigen Sitkafichten und Westlichen Hemlocks- oder Schierlingstannen, ist von zahlreichen Torfmoos-, Lebermoos- und Flechtenarten überzogen. Die wichtigsten Nutzholzarten der nördlichen Pazifikküste, die Douglastanne oder -fichte und der Riesenlebensbaum, überragen einen Ahornunterwuchs. Wasser ist reichlich vorhanden; es füllt Teiche und Quellen, ergießt sich in Bächen und Flüssen, tropft als kondensierter Tau von den Blättern herab oder geht in einem ständigen Nieselregen auf die Bäume nieder. Diese lichtlose, feuchte Waldlandschaft, in der fast kein Durchkommen ist, scheint kaum der rechte Aufenthalt für größere Säugetiere zu sein, zumal für mächtige Geweihträger. Und doch fühlt sich der Olympia- oder Roosevelt-Wapiti *(Cervus elaphus roosevelti)* durchaus wohl in den sumpfigen Niederungen und auf den Hängen des Kaskadengebirges, und er hat offenbar keine große Mühe, sich einen Weg durch das ineinander verflochtene Gewirr aus Roterlen und Pazifischen Weiden zu bahnen. Seine Äsung findet er vorwiegend auf den Weiden, doch hält er sich stets in unmittelbarer Nähe des dichten Waldes.

Im September und Oktober hallen die Wälder wider von den lauten, aber ziemlich mißtönenden Brunftschreien und dem Kampfgetümmel der liebestollen Hirsche. Im darauffolgenden Juni werden die Kälber gesetzt. Menschen ist es nur selten vergönnt, einen flüchtigen Blick auf die scheuen Wapitis zu werfen. Und wenn man einmal ein Tier entdeckt hat, kann man es im dichten Wald nur schwer verfolgen, um es genauer zu beobachten. Da jedoch ungefähr 5000 Stück den Olympic National Park bewohnen, wird der ausdauernde Wanderer schließlich doch belohnt, und er wird daneben wahrscheinlich auch noch andere Tiere des Regenwaldes zu Gesicht bekommen, wie zum Beispiel Pumas, Maultierhirsche, Schwarzbären, Kojoten, Biber und Eichhörnchen.

Die Tundra Alaskas

Dichte Wälder erstrecken sich weiter nördlich im Küstenland von Britisch-Kolumbien und Südostalaska. Sitkafichten, die sich nach dem Abschmelzen der Gletscher in den letzten 200 Jahren hier angesiedelt haben, überziehen eine grüne Hügel- und Berglandschaft, in der das Felsengebirgshuhn *(Dendragapus obscurus)* und das Rothörnchen *(Tamiasciurus hudsonicus)* heimisch sind. Eine so starke Bewaldung in diesen nördlichen Breiten läßt sich nur durch den mildernden Einfluß der Meeresströme vor der kanadischen und alaskischen Küste erklären.

Keine sanfte Meeresluft mildert indes das Klima in Zentralalaska, und der Wald verkümmert dort zu den kleinwüchsigen und schütteren

Fichten- und Weidenbeständen der Tundra. Die wichtigste Baumart ist die Schwarzfichte, die vielfach einen dichten Unterwuchs aus Gräsern und Sträuchern besitzt, etwa Blaubeeren, Bärentrauben und Heidekraut; eingesprengt sind Weißfichten, Espen, Lärchen und Birken.

Die auffälligsten Bewohner dieser Landschaft sind die großen Säugetiere. In vielköpfigen Herden ziehen die Barren-Ground-Karibus *(Rangifer arcticus)* durch die Tundrenwälder und über die steinigen Ebenen. Ihnen folgen die Wölfe, die es auf die kranken und schwachen Herdenmitglieder abgesehen haben und auf diese Weise zur Gesunderhaltung der Karibubestände beitragen. Den Wölfen folgen wiederum Adler, Füchse und andere Fleischfresser; sie plündern die »Vorratslager«, in denen die Wölfe einen Teil ihrer Beute verstecken, um sie später zu verzehren.

Die gewaltigen Elche trifft man am ehesten zwischen den Weidengehölzen oder in Teichen und Tümpeln an. Ein anderer Riese, der Graubär, hält sich meist auf Wiesen und Tundren auf, wo er Wurzeln und Erdhörnchen ausgräbt. Vögel nisten hier in großer Zahl, oder sie sammeln sich auf den Gewässern oder wandern als Rauhfußhühner geräuschlos durch das Unterholz.

All dies macht den natürlichen Reichtum Alaskas aus, einer der letzten noch unberührten Großlandschaften unserer Erde. Es ist eine nördliche Wald- und Tundrenregion voller Zauber, Leben und Aktivität. Wenn der Mensch der Versuchung widersteht, dieses Land planlos auszubeuten, dann wird es den Besucher noch lange begeistern, auch nachdem man das letzte Kilo Kupfererz und den letzten Tropfen Öl aus dem Boden geholt hat.

Die Wapitis des Yellowstone-Gebiets ziehen jeden Frühling aus den niedrig gelegenen Winterquartieren in höhere Lagen hinauf, wo frisches Grün reichlich vorhanden ist.

Die grüne Hölle

Urwälder Südamerikas

Der größte Tropenwald der Erde erstreckt sich von Mittelamerika südwärts durch das Amazonasbekken bis Südbrasilien. Diese weite Waldlandschaft umfaßt vielerlei Waldtypen: feuchtheiße Tieflandwälder, Bergwälder, Nebelwälder, Regenwälder und trockene, fast wüstenähnliche Pflanzengesellschaften. Sehr häufig wird das unermeßliche, dichtbewaldete Gebiet durch Gebirgszüge, Seen und weite Savannen unterbrochen. Am Westrand des Kontinents zieht sich die Andenkette bis in die südliche gemäßigte Zone und in das Gebiet der großen Buchenwälder hin, wo der Kondor am Himmel kreist und der Puma beutehungrig umherstreift.

Die Tiefland- und Bergwälder Mittelamerikas

Eine Reise in den Süden, nach Mexiko und Mittelamerika, führt nicht unbedingt in eine ganz neue Welt. Genauso wie in Nordamerika findet man hier Kiefern-, Eichen-, Mangroven-, Laub- und Regenwälder. Weißwedelhirsche *(Odocoileus virginianus)* durchstreifen den offenen Wald bis hinunter zum nördlichen Südamerika. Dennoch fallen gewisse Unterschiede ins Auge. Die mittelamerikanischen Eichenwälder sind beispielsweise vom Regen oft stark durchfeuchtet und von dicken Luftpflanzenpolstern überwuchert. In den Trockengebieten herrscht oft sechs Monate Dürre und sechs Monate Überschwemmung. Eindrucksvoll ist die Vielfalt der Ökosysteme, die man in einer einzigen Region im südlichen Costa Rica antrifft.
Die Tieflandwälder sind teilweise sehr dicht und bevölkert von Brüllaffen, deren nachmittäglicher »Chorgesang« weithin hallt. Scharen von Papageien fliegen durch das Geäst. Scharlachrote Felsen-

Die ausgezeichnet getarnte Hundskopfschlange packt ihre Beute mit ihren kräftigen Zähnen; dann umschlingt sie ihr Opfer und erstickt es. Einen Vogel auf solche Weise zu erbeuten, wie es das Foto zeigt, ist eine erstaunliche Leistung.

krabben huschen unter Palmen hin und her. Auf einem Streifzug durch diese vielgestaltige Waldlandschaft fallen dem Besucher allerlei Merkwürdigkeiten auf – Ojoche-Bäume mit mächtigen Brettwurzeln, Sumpfgebiete an der Pazifikküste, die so salzig sind, daß die Blätter sämtlicher Bäume und Sträucher dicht mit Salzkristallen überzogen sind und fast weiß erscheinen, neugierige, schwatzhafte Kapuzineraffen und farbenprächtige Motmotvögel, die unbeweglich auf den unteren Ästen der Bäume hocken und auf Beute lauern.
Groß ist die Überraschung, wenn plötzlich ein meterlanger Grüner Leguan *(Iguana iguana)* von einem Ast abspringt und eine Bauchlandung auf dem Boden des Tropenwaldes vollführt. Das haben wir mehr als einmal im costaricanischen Santa-Rosa-Nationalpark erlebt, wo diese Echsen wieder zunehmen, nachdem man sie lange wegen ihres wohlschmeckenden Fleisches gejagt hat. Die Grünen Leguane legen zwar ihre Eier am Uferrand ab und flüchten sich vor Feinden oft ins Wasser, verbringen aber ihr Leben vorwiegend auf den Bäumen. Die Färbung und Zeichnung ihres Schuppenkleides verschmelzen mit der Baumkulisse, und die Tiere verhalten sich bei Gefahr vollkommen still. Sie können jedoch auch rennend und springend sehr schnell flüchten, wenn sie sich bedroht fühlen. Die Leguane bilden eine ausgesprochen neuweltliche Reptilienfamilie, aber einige wenige Arten kommen auch auf Madagaskar und auf den Fidschi- und Tonga-Inseln vor, was die Vermutung nahelegt, daß sie einst die Wälder der ganzen Welt bewohnten.

Der geheimnisvolle Vogel Quetzal

Im unzugänglicheren Bergland von Costa Rica, wo die Feuchtigkeit zunimmt und sich zu Wolken verdichtet, die Hänge und Gipfel einhüllen, finden wir die verschwenderische Fülle noch ungestörter Nebelwälder. Hier lebt der Quetzal oder Quesal *(Pharomachrus mocinno)*, ein farbenprächtiger Vogel, dessen

Grüne Leguane nehmen gern auf hohen Ästen ein Sonnenbad. Die harmlosen Reptilien, die in waldreichen Gegenden von Mexiko bis Brasilien vorkommen, können mühelos an Baumstämmen entlanglaufen. Wenn Gefahr droht, springen sie von ihrem Ast auf den Boden oder ins Wasser.

elegante rote und grüne Federn in den Kulten der Maya und Azteken eine wichtige Rolle spielten. Der seltene Quetzal ist schwer zu entdecken; wir haben mehrere Tage in den mittelamerikanischen Nebelwäldern zugebracht und von ihm nie mehr gesehen als einen flüchtigen Schatten im fernen Gezweig des hohen Blätterdaches. Die langschwänzigen Vögel richten ihr Nest in Baumhöhlen ein, etwa 4–20 m über dem Boden. Ihre Hauptnahrung sind Früchte, doch gelegentlich erbeuten sie auch Insekten, Frösche und Eidechsen.
Eines der reichsten Naturschutzgebiete in Costa Rica ist das Monteverde-Nebelwald-Reservat. Es umfaßt sechs verschiedene Lebensräume mit insgesamt 2000 Pflanzen-, 320 Vogel- und 100 Säugetierarten. Zur letzteren Gruppe gehören Jaguare, Pumas, Ozelots, ferner Tapire, Pekaris, Hirsche und Affen. Hervorragende Vertreter der Vogelfauna sind, neben dem Quetzal, der Große Soldaten-Ara, das Schwarze Sichelflügelschaku und der Dreilappglockenvogel.

Farbenprächtige Giftfrösche

Es wimmelt allenthalben von Fröschen und Kröten; in keinem mittelamerikanischen Wald braucht man lange nach ihnen zu suchen. Meist sitzen sie gut getarnt in ihren Verstecken. Doch einige Froscharten sind außerordentlich farbenfreudig und tragen eine auffallende Streifen- oder Fleckenzeichnung. Diese Farb- oder Färberfrösche sind zum Teil hochgiftig. Südamerikanische Indianer bestreichen ihre Pfeilspitzen mit dem Hautsekret bestimmter Farbfrösche; dieses Nervengift wirkt fast sofort, zumindest wenn ein kleineres Tier von einem solchen Pfeil getroffen wird. Den Fröschen selbst dient das Gift als Schutz, denn mögliche Freßfeinde lernen sehr bald, sie zu meiden.
Solche Anpassungsformen haben sich bei Fröschen und Kröten entwickelt, weil diese Tiere klein, wohlschmeckend und von zahllosen Freßfeinden umgeben sind. Wie bei den Leguanen sind die meisten von ihnen beim Nahrungserwerb auf ihre Schutztracht und ihre Geduld angewiesen. Sie verstecken sich oft so tief unter der Pflanzendecke des Waldbodens, daß nur noch ihre Augen und ihre Nasenspitze hervorlugen. Im genau richtigen Augenblick öffnen sie das Maul und lassen es dann wie eine Stahlfalle über einem Beutetier zuschnappen. Frösche sind recht laut-

1

2

3

freudige Tiere. Im Amazonasurwald konnten wir an einem einzigen Standort mehr als ein Dutzend verschiedene Zirp-, Zwitscher- und Quaklaute gleichzeitig hören. Der brasilianische Kolbenfuß *(Hyla faber)* wird wegen seiner Lautäußerungen, die wie Hammerschläge auf einem Amboß klingen, auch als »Schmied« bezeichnet.
Ein Lieblingsversteck für Frösche, Kröten und anderes Kleingetier des tropischen und subtropischen Waldes ist das Blattwerk der Epiphyten oder Luftpflanzen. Diese Pflanzen sitzen auf Baumästen und beziehen Nährstoffe und Feuchtigkeit aus der Luft sowie aus dem Regen oder Nebel. Sie wachsen in großen Höhen, um möglichst viel Sonnenlicht einzufangen, und ihre bunten Blätter beleben den düsteren Wald mit leuchtend gelben, roten und grünen Farbtupfen. Jede Pflanze stellt einen Miniaturlebensraum dar, denn das Wasser, das sich in den Blattbechern sammelt, bildet winzige Tümpel, die vielen Organismen als Tränke oder als ständiger Aufenthaltsort dienen. Im Tropenwald wird jede ökologische Nische ausgenutzt.

Der Urwald des Amazonas

Der Macaya ist ein kleiner, wenig bekannter Fluß. Er mündet in den Caquetá, der seinerseits in den Amazonas fließt. Mit unserem Einbaum ließen wir uns auf dem kleinen, windungsreichen Macaya flußabwärts treiben, während von allen Seiten die Geräusche des Urwaldes auf uns eindrangen.
Zunächst waren es sanfte Geräusche, fernes Heulen und Grollen. Ein Taubenpaar stieß klagende Laute aus. Insekten surrten. Das Laub raschelte. Alle Tierstimmen erklangen gleichsam gedämpft durch die mächtigen Wände des Tropenwaldes, die zu beiden Seiten des Flusses aufragten. Die Vegetation schob sich so dicht an den Fluß heran, daß unter den überhängenden Ästen, deren Blätter ins Wasser eintauchten und die sich in der Strömung wiegten, nur selten ein schmaler schlammiger Uferstreifen sichtbar wurde. Riesige Morphofalter, deren purpurblau schillernde Flügel eine Spannweite von fast 20 cm hatten, flatterten im Laubwerk.
Plötzlich erschallte ein lauter melodischer Vogelruf, ein glockenähnlicher Stakkatoton, der so durchdringend war, daß er von überall her gleichzeitig zu kommen schien. In den Tagen vorher, als wir mit unserem Boot auf dem Orteguasa dahinglitten, hatten wir immer wieder die schlauchförmigen Hängenester dieses Vogels gesehen, der den Namen Schapu oder Haubenoropendola *(Psarocolius decumanus)* trägt. Die Vögel befestigen ihre Behausung an den äußersten Zweigen von Bäumen, die frei auf einer Kahlfläche oder am Flußufer stehen, so daß räuberische Säugetiere oder Reptilien das Gelege oder die Jungvögel nur sehr schwer erreichen können. Die sorgfältig geflochtenen und 1–2 m langen Nestbeutel, oft fünfzig an einem einzigen Baum, geraten bei der leichtesten Brise in Bewegung und pendeln in einem heftigen Regensturm wie wild hin und her. Wir hatten auch die etwa 45 cm langen schwarzen Vögel mit den leuchtenden gelben Schwanzstreifen ein- und ausfliegen sehen. Doch nur hier, in dieser noch wilderen Urwaldlandschaft, konnten wir ihre glockenhelle Stimme vernehmen. Während der Balz stellen die Männchen ihre bebenden Flügel auf und klappen sie zusammen oder schlagen vor dem Nest ein Rad.

4

5

1 Wegen der hohen Luftfeuchtigkeit der Regenwälder können die tropischen Laubfrösche auf das Leben im Wasser verzichten. Sie haben sich auf erstaunliche Weise an das Baumleben angepaßt. Der männliche Maki- oder Greiffrosch im Arina-Tal auf Trinidad hat Saugpolster an seinen Zehen, die ihm auf der zumeist schlüpfrigen Unterlage einen sicheren Halt verleihen, wenn er von Ast zu Ast hüpft.

2/3 Eine waldbewohnende Süßwasserkrabbe bei Barro Colorado in der Kanalzone in normaler Haltung und in Verteidigungsstellung.

4/5 Ein winziger Ananasfrosch auf Trinidad (in Großaufnahme) in der Wasseransammlung am Grunde der Blattrosette einer Bromelie.

Der tropische Regenwald im Amazonasgebiet ist offen und verhältnismäßig frei von Unterwuchs. Wir stapften durch eine Schicht aus großen, dicken Blättern, aber grüne Pflanzen wuchsen nur spärlich zwischen den schwach erhellten Stämmen der Riesenbäume. In gemäßigten Regenwäldern und sogar in tropischen Nebelwäldern ist die Vegetation reicher und üppiger.

Das Land der Jaguare

Tropenwald, Dickichte, Strauchland und felsiges Terrain sagen dem Jaguar *(Panthera onca)* zu; dabei bevorzugt er geschütztes Gelände, das ihm genügend Deckung bietet. Er klettert nicht so gewandt wie der afrikanische Leopard, vermutlich weil er untersetzter gebaut und etwas größer ist; seine Körperlänge beträgt 1,50 m bei einem Gewicht bis zu 135 kg. Der Jaguar ist eine kraftvolle Katze, die einem Pferd den Hals brechen kann. Denn zuweilen überfällt er auch Haustiere. Im Urwald muß er hingegen sehr behutsam zu Werke gehen, denn die meisten Beutetiere sind so wachsam, daß sie ihm sehr oft entkommen. Am häufigsten reißt er Pekaris oder Nabelschweine, die allerdings auch sehr flink sein können, wenn sie die Flucht ergreifen müssen. Tapire, Wasserschweine oder Hirsche sind für den Jaguar stets eine willkommene Beute. Von den Baumtieren machen ihm die bedächtigen Faultiere am wenigsten Schwierigkeiten, doch wenn er im Geäst Affen oder Vögel jagen will, muß er fast fliegen, es sei denn, er stößt auf ein verletztes Exemplar oder legt einen Hinterhalt. Da Jaguare gute Schwimmer sind, sind selbst Schildkröten, Fische und Amphibien vor ihnen nicht sicher.

Langschwanzkatzen oder Margays *(Leopardus tigrinus)*, eine andere neuweltliche Katzenart, sind reine Waldbewohner und ausgezeichnete Kletterer, die an den mächtigen Baumstämmen sogar mit dem Kopf nach unten hinunterrennen können. Im Gegensatz zu den Jaguaren gehen die kleineren Margays im Kronendach des Waldes auf Beutejagd.

Unten auf dem Boden tummeln sich ganze Herden wilder Schweine mit hohen, schlanken Beinen und zierlich zugespitzten Hufen: die bereits genannten Pekaris. Man tut gut daran, ihnen aus dem Weg zu gehen, denn die normalerweise friedfertigen Tiere können zu einem gefährlichen Gegner werden, wenn sie bedrängt oder verwundet werden. Und wenn eine Rotte von 100 Tieren geschlossen zum Angriff übergeht, gerät ein Feind leicht in Schwierigkeiten. Pekaris halten sich am liebsten in der Nähe von Flüssen auf, und obgleich sie recht behende sind, verlassen sie oft ihr ganzes Leben lang nicht ihr nur etwa 5 km^2 großes Revier.

Vogelriesen und Vogelzwerge

Die Vogelwelt des Tropenwaldes ist von verwirrender Vielfalt und Schönheit. Immerhin sind fast 3000 Vogelarten in Südamerika beheimatet – eine gewaltige Zahl. Und zu den ersten Gefiederten, die der Besucher vernimmt oder erblickt, gehören wahrscheinlich die großen Aras oder Araras mit ihrer krächzenden Stimme und ihrem herrlich gefärbten Federkleid: etwa der vorwiegend scharlachrote Arakanga, der blau-gelbe Gelbbrustara oder Ararauna oder einer der Dutzend anderen Arten. Diese Papageien hocken oft stundenlang schwatzend auf den Bäumen, oder sie fliegen mit schrillen Rufen über das Kronendach dahin.

Wie die mächtigen Aras leben auch die winzigen Kolibris ausschließlich in der Neuen Welt. Von den rund 320 Arten entfallen allein 235 auf Südamerika. Es sind hochspezialisierte und sehr aktive Flugkünstler, die gleich fliegenden Edelsteinen in den tropischen Wäldern umherschwirren und -flitzen. Allen gemeinsam ist das in vielen Farben irisierende Federkleid, und etliche Arten zeichnen sich durch ungewöhnliche Schnabelformen oder lang ausgezogene Schwanzfedern und aparte Federhauben und Federwimpel aus. Ihre wohlklingenden Namen können ihre Formenvielfalt und Schönheit nur andeuten: Schwertschnabelkolibri, Schleppensylphe, Schmuckelfe usw. Alle Kolibris ernähren sich von Insekten, die sie im Flug erhaschen, und von Nektar, den sie, im

1

2

3

4

5

7

6

8

9

1 Der Jaguar, die größte Wildkatzenart der Neuen Welt, ist von Texas bis Patagonien verbreitet. Er lauert seiner Beute auf und springt sie dann unverhofft an. Das Foto zeigt einen jungen Jaguar im Amazonasurwald, der sich über einen Kaiman hermacht.

2 Die andere große Katze, die man im dichten Wald antrifft, ist der Puma. Pumas stellen den verschiedensten Beutetieren nach und gehen oft des Nachts an Wasserläufen auf die Jagd.

3 Vor allem, weil sich die Nährstoffe im tropischen Regenwald in einer nur wenige Zentimeter dicken Oberflächenschicht ansammeln, reichen die Wurzeln vieler Bäume nicht sehr tief in den Boden hinab. Aber eine flache Bewurzelung gibt keinen festen Halt; deshalb bilden manche Bäume des Amazonasbeckens Stelzwurzeln aus, die ihnen mehr Standfestigkeit verleihen.

4 Eine wichtige Rolle bei der Bestäubung der Blütenpflanzen im tropischen Regenwald spielen die Kolibris, die sich offenbar nicht vom Geruch, sondern von leuchtenden Farben, zumal von Rot und Orange, anlocken lassen. Im Schwirrflug sammeln die Vögelchen Nektar, und dabei übertragen sie die Pollen von einer Blüte zur anderen.

5–9 Eine riesige Marschkolonne von Treiberameisen (Eciton) gehört zu den aufregendsten Schauspielen im tropischen Regenwald. Diese nomadischen räuberischen Ameisen wandern 15–30 Tage lang nachts umher, wobei sie ihre Larven mit sich tragen. Unterwegs attackieren und fressen sie alle Insekten und Kleinsäuger, die sie erreichen können. Dann folgt eine Ruheperiode, in der die Königin, wohlgeschützt in einem lebenden Nest aus Soldaten und Arbeiterinnen, jeden Tag Tausende von Eiern legt. Wenn die Larven etwa zwei Wochen alt sind, setzen die Ameisen ihren Wanderzug fort.

5–7 Treiberameisen haben eine Schlupfwespe entdeckt. Mit ihren sichelförmigen Oberkiefern reißen sie ihrem Opfer Stücke aus dem Leib. Andere Ameisen kommen hinzu, um sich am Schmaus zu beteiligen.

8 Die Großaufnahme einer Treiberameise.

9 Treiberameisen versammeln sich, um ein schützendes Nest für die Königin zu bilden.

Schwirrflug in der Luft stehend, aus den Blüten saugen. Das Protein der Insektenkost ist wesentlich zur Deckung des hohen Energiebedarfs der stets munteren Vogelzwerge. Manche Pflanzen, zumal solche mit langgestreckten orangefarbenen oder roten röhrenförmigen Blütenkelchen, sind ausschließlich auf die Bestäubung durch Kolibris angewiesen.
Ein ruhigeres Leben als die Kolibris führen die Tukane, die aber kaum weniger prachtvoll gefärbt sind. Sie bilden eine für den amerikanischen Tropenwald besonders charakteristische Vogelfamilie. An ihrem riesigen, aber federleichten bunten Schnabel sind sie sofort zu erkennen. Mit ihm pflücken und zerkleinern sie Früchte, die ihre Hauptnahrung darstellen. Tukane sind ausgesprochene Baumbewohner, die sich in den oberen Etagen des Waldes meist hüpfend und springend fortbewegen. Neben den Papageien zählen sie zu den lautfreudigsten Urwaldvögeln. Der größte Vertreter der vielgestaltigen Familie ist der Riesentukan *(Ramphastus toco),* der fast 60 cm lang wird. Eine eigene Gruppe innerhalb der Tukansippschaft bezeichnet man als Arassaris, die sich durch ihre zierlichere Gestalt und den kürzeren Schnabel von ihren Verwandten unterscheiden.
An den Flußufern können wir zuweilen Schopfhühner oder Hoatzins von einem Strauch oder niederen Baum abstreichen sehen. Der laute Lärm der Spechte, die in Südamerika mit mindestens 54 Arten vertreten sind, schallt durch den Wald. Baumkletterer oder Baumsteiger eilen an den Baumstämmen auf und ab und stochern in Rindenspalten nach Insekten, Spinnen und anderen Kleintieren. Drosselgroße Töpfervögel bauen im Geäst unermüdlich ihre kugeligen Lehmnester, die wie altmodische Backöfen aussehen.

Anmutige Falter und gefährliche Ameisen

Nach Artenreichtum, Farbenpracht und Formenfülle ist die Schmetterlingsfauna der neotropischen Region (Mittel- und Südamerika) die bedeutendste der Erde. Allein die kosmopolitische Familie *Erycinidae* ist in Südamerika mit mehr Arten vertreten, als die ganze übrige Welt aufzuweisen hat. Zahlreiche Schmetterlinge leben ausschließlich in den tropischen Regenwäldern der Neuen Welt. Viele der prächtigsten Falter bewohnen allerdings das hohe Kronendach des Waldes und sind deshalb in ihrer natürlichen Umgebung nur schwer zu entdecken.
Freilich ist es auch nicht der Zweck der bunten Schmetterlingsfarben, das Auge des Menschen zu erfreuen. Sie dient vielmehr der Tarnung, die den Tieren einen gewissen Schutz bietet, wenn sie sich auf den Blüten niederlassen. Zum anderen steht sie im Dienst der Arterkennung, das heißt, daß sich die Angehörigen einer Art an ihrer spezifischen Farbe und Farbverteilung wiedererkennen. Auch die Schmetterlinge haben ihren festen Platz in der Lebensgemeinschaft des Waldes und in der Nahrungskette: Sie fressen und verwerten Pflanzenstoffe und übertragen Pollen von einer Blüte zur anderen und dienen ihrerseits Schmarotzern, Aasfressern, Eidechsen, Vögeln, Fledermäusen und Affen als Nahrung.
Die geschlechtsreifen Schmetterlingsweibchen legen zahlreiche Eier. Die daraus hervorgehenden neuen Schmetterlinge machen eine Entwicklung oder Metamorphose durch, die sich in drei Stufen voll-

Die amerikanischen Tropenfalter bestechen durch ihre leuchtenden Farben und ihre Formenvielfalt. Sie leben von pflanzlichen Stoffen und dienen ihrerseits vielen anderen Tieren als Nahrung. Schmetterlinge bewohnen verschiedene Waldetagen, sowohl den schattigen Unterwuchs als auch die Baumkronen und die Lichtungen.

1 Ein Tagfalter mit transparenten Flügeln aus der Familie Ithomiidae in Costa Rica. Dank ihrer Ungenießbarkeit sind die meisten Vertreter dieser Familie vor Feinden sicher.

2 Ein Morphofalter aus Brasilien. Die Morphos halten sich fast ständig in oder über den Baumwipfeln auf, außer wenn sie zum Trinken ans Wasser kommen.

3 Kopulierende Zipfelfalter. Diese Schmetterlinge legen ihre Eier nicht selten in Blütenknospen ab. Die Raupen leben von der sich entfaltenden Blüte.

4 Ein durchscheinender Callitaera-Schmetterling aus der Familie der Augenfalter. Bei Gefahr flüchten sich die Augenfalter vielfach in dichtes Gesträuch und falten die Flügel über dem Rücken; die dunkel gefärbten Flügelunterseiten sind eine hervorragende Tarnung.

5 Morpho peleus-insularis. Die Raupen der Morphofalter leben gesellig in einem Gespinst, das die ihnen als Nahrung dienenden Blätter umhüllt.

6 Der wegen seiner auffälligen Flügelzeichnung so genannte »88«- oder »98«-Schmetterling (Callicore). Diese Zeichnung soll Feinde abschrecken oder deren Aufmerksamkeit von wichtigen Körperteilen ablenken.

1

2

4

5

zieht: Larve (Raupe), Puppe (Chrysalis) und Vollinsekt (Imago). Ausgewachsene Schmetterlinge verfügen über scharfe Augen und empfindliche Geruchs- und Tastorgane, die in den Fühlern sitzen. Obwohl die Tiere meist einzeln leben, versammeln sie sich manchmal in großen Schwärmen, die gemeinsam weiterziehen, um der Dürre oder extremer Feuchtigkeit oder Hitze zu entgehen.

Die Wälder Südamerikas sind förmlich vollgestopft mit Myriaden von Kleinlebewesen, und die Biomasse (das »Lebendgewicht« sämtlicher Organismen) der Wirbellosen übersteigt die der Säugetiere. Zumal die Insekten überraschen durch Formen- und Artenreichtum. Wirklich gefährliche Insekten sind die Treiberameisen der Gattung *Eciton.* In Marschkolonnen, die sich aus Millionen von Einzeltieren zusammensetzen, wandern sie mit einer Geschwindigkeit von vielleicht 20 m/h durch den Urwald. Andere Tiere ergreifen die Flucht vor ihnen, doch manche können ihrem Schicksal nicht entgehen und werden von den kräftigen Mundwerkzeugen der aggressiven Treiberameisen zerfetzt. Eine willkommene Beute ist diese Ameisenflut für die Ameisenvögel, eine unscheinbare Vogelfamilie, die jedoch in Südamerika mit 226 Arten vertreten ist. Sie folgen scharenweise den Marschkolonnen und picken sowohl Ameisen als auch andere Insekten auf, die von der Kolonne aufgescheucht werden.

Die Ameisenbären

Nicht nur viele Vogelarten haben sich auf die Insektenjagd spezialisiert, sondern auch einige Säugetiere, allen voran die neuweltlichen Ameisenbären, die hauptsächlich in den tropischen Wäldern zu Hause sind. Sie besitzen zu diesem Zweck eine ungewöhnlich lang ausgezogene, fast röhrenförmige Schnauze, die sich nach vorne verjüngt, und haben ein lange, klebrige Zunge. Außerdem sind ihre Vordergliedmaßen mit großen, scharfen Krallen bestückt, die sich zum Aufreißen von Ameisennestern oder Termitenbauen hervorragend eignen. Der tag- und nachtaktive Großameisenbär *(Myrmecophaga tridactyla),* der mit Schwanz ungefähr 2 m mißt, ernährt sich vorzugsweise von Termiten. Der erheblich kleinere Tamandua *(Tamandua tetradactyla)* wandert vor allem in der Nacht umher auf der Suche nach Ameisen, Termiten und Bienen.

In einem höheren Stockwerk des Waldes wohnen die nur eichhörnchengroßen Zwergameisenbären *(Cyclopes didactylus).* Sie verbringen die Nächte in den Baumkronen, wo sie Ameisen und anderen Insekten nachstellen. Mit ihrem Greifschwanz und ihren langen Krallen sind sie zwar langsame, aber geschickte Kletterer. Tagsüber ruhen sie zusammengerollt in einer Baumhöhle oder Astgabel. Doch Tag und Nacht müssen sie vor Feinden auf der Hut sein, denn hoch oben in den Wipfeln sind sie ständig von Adlern und Eulen bedroht.

3

6

Lebende Fossilien – die Tapire

Als wir in Richtung Westen durch eine weite Feld- und Wiesenlandschaft fuhren, die übersät war mit meterhohen Ameisenhügeln, entdeckten wir die Purpurblüten des Lapacho-Baums, der zum Wahrzeichen Paraguays wurde. Zwei andere wertvolle Baumarten erhielten den Namen Quebracho, weil ihr Holz so hart ist, daß es *quebrar el hacha* (»die Axt zerbrechen«) kann. Trockene, offene Quebracho-Wälder finden sich im Gran Chaco, einer riesigen Wildnis, die sich über große Teile von Paraguay, Bolivien und Argentinien erstreckt.

Die Wälder Paraguays, Kolumbiens, Venezuelas und Brasiliens sind die Heimat des Flachlandtapirs *(Tapirus terrestris).* Im Tertiär, also vor ungefähr 50 Millionen Jahren, bildeten nashornähnliche Grasfresser eine weitverzweigte Tiergruppe, von der sich nur wenige Vertreter bis heute erhalten haben – Einhufer, Nashörner und Tapire. Die urtümlichen Tapire, deren Körperbau sich in all den Jahrmillionen nur wenig verändert hat, gelten als »lebende Fossilien« und kommen in weit auseinanderliegenden Gebieten der Erde vor. Der mittelamerikanische Baird-Tapir *(Tapirus bairdi = Tapirella bairdi)* verkörpert die größte Art; er wird 2,40 m lang und über 300 kg schwer. Der Berg- oder Wolltapir *(Tapirus pinchaque),* der in den Anden Kolumbiens und Ecuadors haust, ist mit einem Gewicht von höchstens 250 kg am kleinsten. Der häufigere Flachlandtapir steht in der Mitte; er wiegt bis zu 280 kg. Die einzige andere Tapirart, der Schabrackentapir *(T. indicus),* lebt auf der anderen Seite der Erde, in Thailand, Malaysia und Sumatra.

Die dunkelbraune Haut der Tapire ist dick, rauh und lederartig und besitzt nur geringen wirtschaftlichen Wert. Die Oberlippe dieser Tiere ist zu einem rüsselförmigen Gebilde verlängert. Tapire ernähren sich von Gras, Wasserpflanzen, Laub, Schößlingen und sogar von kleineren Zweigen, sind nicht sonderlich gesellig und verfügen kaum über Angriffs- oder Verteidigungswaffen.

Araukarien, die »Rätselbäume« der Affen

Südlich des Amazonasurwaldes wachsen die Araukarienbäume, die man als Kiefern bezeichnet, obgleich sie einer anderen Pflanzenfamilie zugehören. Mit ihren spitz zulaufenden schuppenförmigen Blättern, ihrer breiten Krone und ihrer variablen Form sehen sie auch nicht wie Kiefern aus. Ihren Namen haben die Bäume von der chilenischen Provinz Arauco, doch sie kommen auch in vielen anderen Weltgegenden vor, vor allem auf der Südhalbkugel. Vor Jahrmillionen gediehen sie sogar in Nordamerika; im Petrified Forest National Park von Arizona hat sich eine große Ansammlung von Baumstämmen erhalten, die versteinerten und später durch Erosion freigelegt wurden. Das Holz der Parana-Kiefer genannten brasilianischen Art ist so begehrt, daß der Baum zunehmend seltener wird. Auf den Vorbergen der Anden stößt man häufig auf *Araucaria araucaria,* die frei steht oder kleine Haine bildet. Manche Exemplare erreichen eine Höhe von 40 m. Die Blattränder sind dermaßen scharf, daß ein Affe vor einem Rätsel steht, wenn er diesen Baum erklettern will; daher stammt die volkstümliche Bezeichnung »Affenrätselbaum«. Als die letzten Überbleibsel einer einst weitverbreiteten Baumfamilie verdienen die Araukarien besonderen Schutz.

1

2

3

4

Der Südbuchenwald

Die Gattung der Südbuchen, die jedem Botaniker wohlvertraut ist, umfaßt 35 immergrüne laubabwerfende Baumarten, die bis zu 40 m hoch werden und im südlichen Südamerika, auf Neuseeland und in Australien heimisch sind. In Argentinien und Chile heißen die Bäume Coihues.

Im Südbuchenwald kommt man sich beinahe vor wie in einem vielschiffigen Dom, dessen mächtige Säulen, die Stämme der Coihues, von einem schirmartigen Astgewirr überwölbt sind. Das Sonnenlicht, das dieses Laubdach durchdringt, fällt auf üppige Moos- oder Flechtenpolster. Der Lärm der Carpinteros, der argentinischen Spechte, erfüllt den Wald mit seinem hämmernden Stakkato. Doch am auffälligsten ist der laute, temperamentvolle Ruf eines unscheinbaren kleinen Vogels, den man im tiefen Schatten des Waldes nur selten zu sehen bekommt, des Buschschlüpfers Chucao.

Im Unterschied zum Tropenwald, in dem oft Hunderte von Baumarten auf einem Hektar wachsen, weisen die großen Südbuchenwälder nur eingesprengte Haine jeweils einer anderen Baumart auf. Das ist der Fall mit einem der reizvollsten Bäume Argentiniens, dem Arrayán, der zu den Myrtengewächsen gehört. Die Stämme schimmern in verschiedenen Rot- und Orangetönen.

Erheblich kleiner als der Coihue ist der Notro-Baum, aber in gewisser Hinsicht noch beeindruckender, denn die phantastischen scharlachroten Blütentrauben verwandeln den Baum im Frühling, der hier auf den November fällt, in eine einzige flammende Farbenpracht. So unvergleichlich ist dieser Anblick, daß die Argentinier den Notro zum Emblem ihrer Nationalparks erkoren haben.

Die Faultiere

Wenn man bedenkt, wie viele Räuber und andere Gefahren in den tropischen Wäldern lauern, sollte

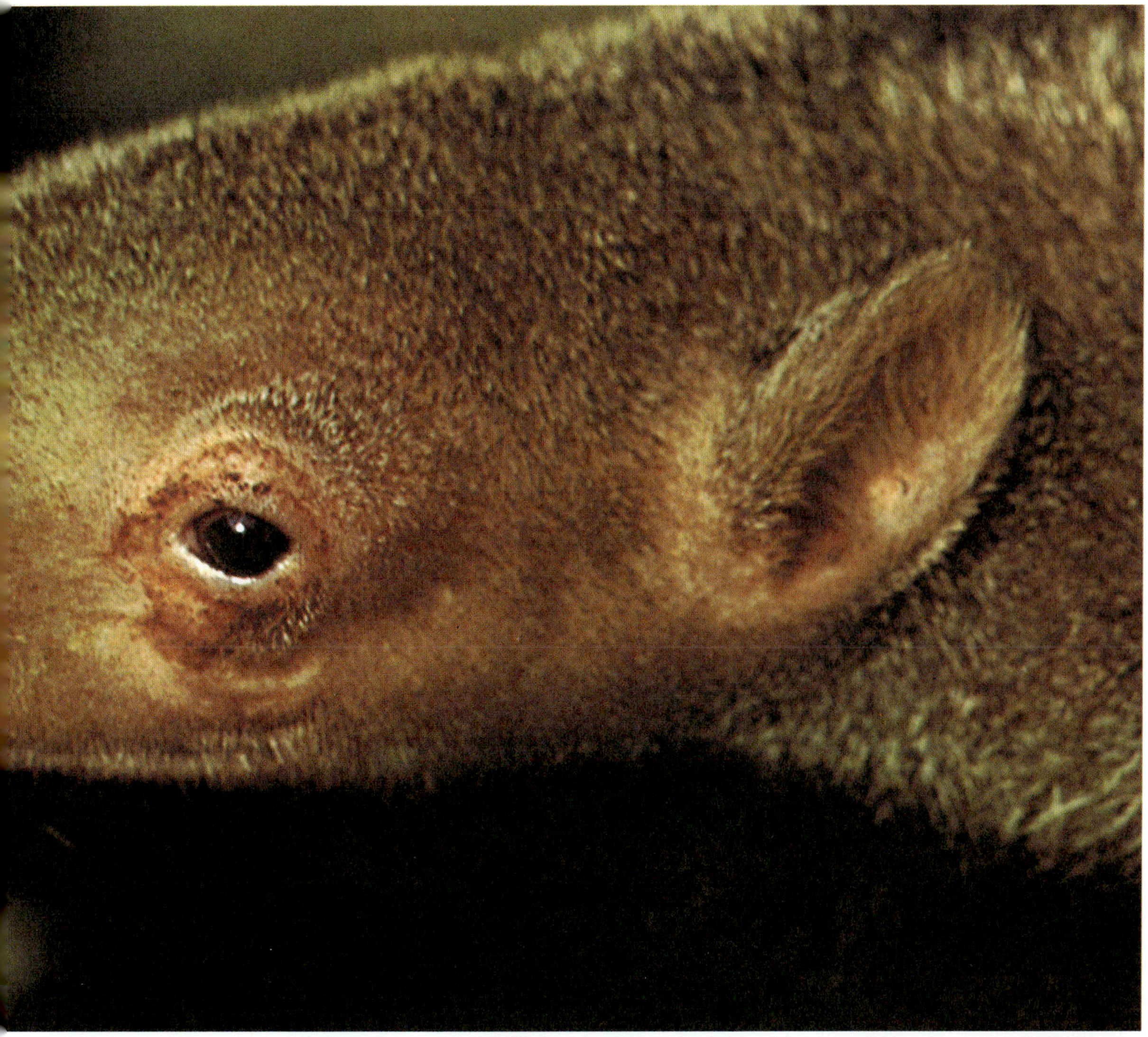

1 Das Profil des Großameisenbären läßt den typischen lang ausgezogenen Kopf mit der röhrenförmigen Schnauze erkennen, die zum Ausnehmen von Ameisen- und Termitennestern besonders geeignet ist.

2–7 Wenige Lebensformen des mittel- und südamerikanischen Tropenwaldes sind so auffallend an die verschiedenen Stufen des Waldes angepaßt wie die Neuweltaffen. Die Brüllaffen hausen im hohen Kronendach, die Klammeraffen bevorzugen die mittleren Etagen, und die Kapuziner bewohnen vor allem das untere Stockwerk und den Waldboden. Die Krallenäffchen besiedeln vorwiegend das niedere Gesträuch und die Waldränder, genauso wie die Nachtaffen, doch daraus ergibt sich kaum eine Rivalität, weil die letzteren den tagaktiven Krallenäffchen nur selten ins Gehege kommen.

2 Der Uakari oder Rotgesicht-Kurzschwanzaffe ist ein schlankes, behendes Tier, das nur in einem sehr begrenzten Gebiet am oberen Amazonas lebt.

3 Das Löwenäffchen, so benannt nach seiner goldenen Mähne, ist ein selten gewordenes Krallenäffchen, das von Spinnen, Insekten und Früchten lebt.

4 Die Schweif- oder Zottelaffen streifen in abgeschiedenen Gegenden des nördlichen Südamerika im Familienverband umher.

5 Der Schnurrbart-Tamarin ist ein munteres tagaktives Krallenäffchen, das nachts in Baumhöhlen Zuflucht findet.

6/7 Die Nachtaffen oder Durukulis schlafen tagsüber paarweise in Baumhöhlen und gehen nachts, unterstützt von ihren großen Augen, auf die Suche nach Früchten, Beeren, Baumschnekken und Insekten.

5

6

7

man meinen, es entspräche der Logik der Evolution, daß alle Tiere in diesem Lebensraum flink und gewandt und daß alle langsamen Säuger schon längst ausgestorben wären. Doch ausgerechnet die Faultiere gelten als eine der individuenreichsten und am weitesten verbreiteten Säugetierfamilien der südamerikanischen Tropenwälder.
Auf einem Streifzug durch den Wald wird man allerdings nicht viele von ihnen entdecken; oft halten sich die Tiere so hoch in den Bäumen auf, daß man sie nicht sieht, oder sie verbergen sich hinter der dichten Vegetation. Und gerade das ist ein Geheimnis ihres Überlebens: die Tarnung. Grün- und Blaualgen, die an ihren Haaren leben, gleichen sie dem Hintergrund an. Und auch ihre zeitlupenhaft langsamen Bewegungen, denen sie ihren Namen verdanken, sorgen dafür, daß man die Tiere kaum wahrnimmt. Sie brauchen freilich auch nicht weit zu wandern, um genügend Nahrung zu finden; sie sind rings umgeben von den Blättern und Früchten, die ihre Lieblingsspeise darstellen, zumal vom wohlschmeckenden Laub der häufigen *Cecropia*-Bäume. Indem sich die Faultiere mit ihren Krallen an einem Ast festhaken, bewegen sie sich kopfunter bedächtig weiter und nehmen unterwegs Nahrung auf. In dieser Körperhaltung schlafen sie auch. Und Schlafen ist anscheinend ihre Hauptbeschäftigung.
Die Faultiere gehören derselben sehr altertümlichen Säugetierordnung an wie die Ameisenbären und

1

2

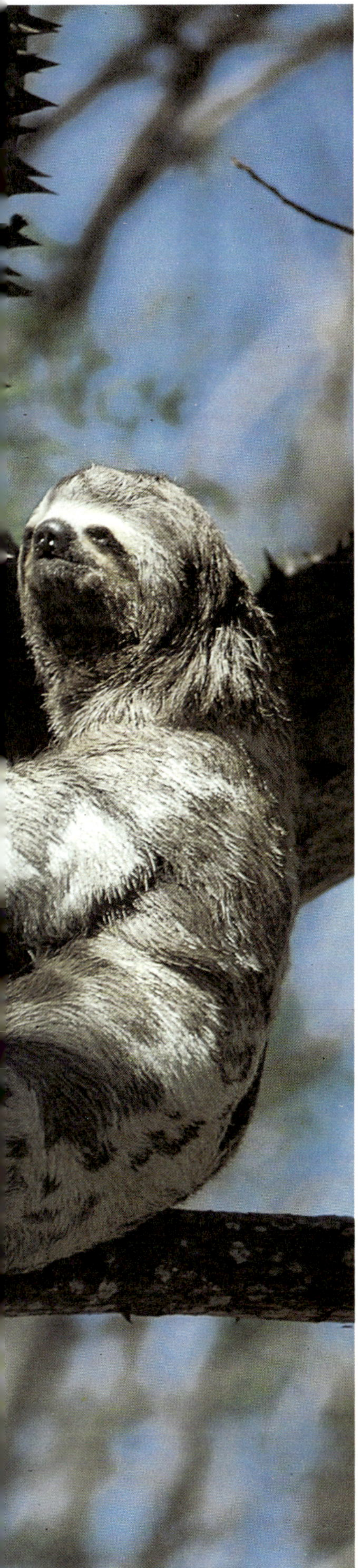

1 Tapire ernähren sich hauptsächlich von Blättern, frischen Trieben und kleinen Zweigen, die sie von Büschen und niedrigen Bäumen abreißen. Die Oberlippe ist zu einem kurzen »Rüssel« umgebildet. Am häufigsten ist der hier abgebildete Flachlandtapir aus dem Amazonas-Regenwald, doch alle Tapirarten sind infolge Überjagung und Waldrodung inzwischen selten geworden.

2 Wie bei seinem zweizehigen Verwandten spielt sich auch das Leben des Dreizehenfaultiers vielfach im Umkreis eines einzigen Baumes ab.

Gürteltiere, den sogenannten »Zahnarmen«, deren Hauptmerkmal die unvollkommen entwickelten oder völlig fehlenden Zähne sind. Wir unterscheiden nach der Zahl der Krallen an den Vordergliedmaßen Zweizehenfaultiere und Dreizehenfaultiere, die man mit ihren Eingeborenennamen auch als Unau bzw. Ai bezeichnet. Die ersteren werden etwa 50 cm, die letzteren etwa 70 cm lang.

Die Affen der Neuen Welt

Wir können die Tropen und Subtropen der Neuen Welt nicht verlassen, ohne einen Blick auf die beliebtesten und häufigsten Säugetiere Südamerikas zu werfen – die Affen. Sie sind, im Gegensatz zu vielen afrikanischen und asiatischen Arten, ausschließlich Baumtiere und besitzen fast ausnahmslos lange Schwänze, die oft als Greiforgan ausgebildet sind. Dafür haben die meisten keine echte Greifhand mit opponierbarem Daumen.

Die breiten Ströme sind Barrieren, die eine stärkere Vermischung der Bestände verhindern, so daß sich im Verlauf der Stammesgeschichte eine Fülle von Arten entwickelt hat. Eine weitverzweigte Familie bilden die possierlichen winzigen Krallenäffchen, zu denen die anmutigen Weißpinseläffchen und Löwenäffchen gehören. Die etwas größeren Eichhörnchenaffen, zum Beispiel das Totenkopfäffchen, sind in den mittel- und südamerikanischen Tropenwäldern weit verbreitet. Sie leben von Früchten, Nüssen und Beeren, aber auch von Schmetterlingen, Käfern und Fröschen. Ein ähnliches Leben führen die Kapuzineraffen. Die Brüllaffen besitzen in ihrem kräftigen Schwanz gleichsam eine fünfte Hand und haben eine machtvolle Stimme, die viele Zoologen für die lauteste im gesamten Tierreich halten. Wenn sich mehrere Brüllaffen zu einem Chor vereinen, hallt der Wald wider von ihrem ohrenbetäubenden orgelnden Geheul.

Bei den Klammeraffen, die man wegen ihrer grotesk schlanken und langgliedrigen Gestalt auch Spinnenaffen nennt, obwohl dieser Name bereits an eine sehr seltene andere Gattung vergeben ist, erreicht der überlange Wickelschwanz als Greif- und Kletterorgan seine höchste Vollendung. Die akrobatischen Tiere verlassen nur sehr ungern ihr luftiges Baumrevier; selbst zum Trinken kommen sie nicht auf die Erde, sondern lassen sich, mit dem Schwanzende an einem Ast aufgehängt, kopfunter zum Wasser hinab. Eine ähnliche Lebensweise haben die Wollaffen, die allerdings völlig anders aussehen: Sie sind eher massig und rundlich, tragen ein kurzhaariges wolliges Fell und bewegen sich mit Händen, Füßen und Greifschwanz überaus bedächtig durchs Geäst. Der Graue Wollaffe oder Capparo ist mit einer Rumpflänge von 70 cm der größte südamerikanische Affe. Doch trotz ihrer Größe sind die Wollaffen friedfertige Geschöpfe, die stets melancholisch wirken.

Eine Ausnahmeerscheinung in der Affenwelt sind die Nachtaffen der Gattung *Aotes*, denn wie ihr Name sagt und wie ihre großen runden Augen leicht zu erkennen geben, sind sie ausgesprochene Nachttiere. Diese Sonderanpassung unterscheidet sie von allen anderen Affen der Neuen und Alten Welt.

Baumbewohnende Reptilien

Von allen tierischen Bewohnern der südamerikanischen Wälder sind keine so gefürchtet (und so häufig falsch dargestellt worden) wie die Reptilien, zumal die großen Schlangen. In Filmen sieht man oft gestellte Szenen, in denen Menschen dramatische Kämpfe mit Anakondas *(Eunectes murinus)* austragen, die mit einer Rekordlänge von 9,60 m die größten Schlangen der Welt sind. Diese amphibische Riesenschlange, die in den Flüssen und Überschwemmungswäldern des Amazonasgebiets heimisch ist, ernährt sich vorwiegend von Waldsäugetieren, die sie packt, umschlingt und erdrosselt oder ertränkt, wenn sie zum Trinken ans Flußufer kommen.

Schauerliche Geschichten erzählt man auch von der Abgottschlange *(Boa constrictor)*, die 4 m lang und 60 kg schwer wird. Doch auch diese legendäre Riesenschlange, die vor allem höhergelegene Wälder bewohnt, hat es nur auf Säugetiere, Leguane und Vögel abgesehen, nicht auf Menschenfleisch; sie wird sogar von den Bauern als Haustier gehalten, um die Mäuse kurzzuhalten. Die etwas kleinere Hundskopfschlange *(Corallus caninus)* ist ein reines Baumtier, das, durch seine smaragdgrüne Grundfarbe hervorragend getarnt, Vögel und Echsen erbeutet.

Der gefährdete tropische Regenwald

Angesichts der Tatsache, daß die menschlichen Siedlungen an den Ufern der Flüsse und Ströme immer größer werden und sich immer weiter ins Land hinein ausdehnen, stellt sich die Frage nach der Zukunft der südamerikanischen Wälder, der größten Urwaldregion der Erde. Der wachsende Bevölkerungsdruck und der ständig steigende Bedarf an Nutzholz, Holzkohle, Straßen und Weideland könnten, so befürchten die Experten, in wenigen Jahren den Untergang des tropischen Regenwaldes zur Folge haben. Sie weisen darauf hin, daß bis heute bereits 40% dieser Wälder abgeholzt wurden. Und dabei sind die ökologischen Beziehungen zwischen Pflanzen und Tieren noch längst nicht auch nur annähernd erforscht. Allein die Flora ist von einem unvorstellbaren Reichtum; man schätzt, daß in den neuweltlichen Tropen rund 90 000 Blütenpflanzenarten, 50 000 Pilzarten und 5000 Farnarten wachsen. Viele davon sind noch nicht einmal beschrieben.

Wo man in Südostasien tropische Wälder gerodet hat, änderte sich die Verteilung der Niederschläge insofern, als stärkere Regenfälle in anormal langen Abständen aufeinander folgten. Das könnte ein unheilvolles Zeichen dafür sein, daß die Regenmenge auf die Dauer abnehmen wird. In den Augen der Fachleute ist der Tropenwald das am meisten gefährdete Ökosystem der Erde.

Abb. S. 102: Steinadler.
Abb. S. 103: Junger Steinbock.

Berge und Täler

Die Entstehung der Berge

Faltungen, Verwerfungen und Vulkanismus

Wer jemals auf einem hohen Gipfel gestanden hat, kennt das Gefühl der Befreiung, das die Höhen in uns erwecken, und er fragt sich, wie wohl die Natur solche gewaltigen Landschaften hervorgebracht hat.
Unvorstellbare Energie war nötig, um die Berge aufzutürmen. Obgleich sich die Wissenschaft schon seit Jahrhunderten mit den Bergen beschäftigt, haben die Kräfte, welche die Gebirgsentstehung bewirken, ihr Geheimnis noch nicht völlig preisgegeben. Doch so viel steht immerhin fest, daß diese Vorgänge letztlich die Folge von Ereignissen sind, die sich tief unter der Erdkruste abgespielt haben.

Kräfte unter der Erdkruste

Die Kruste der Erde läßt sich mit der Schale einer Orange vergleichen. Während der Durchmesser der Erdkugel fast 12900 km beträgt, ist die Kruste unter dem Meeresboden nicht einmal 50 km dick. Unter der Kruste befindet sich der Mantel, eine mächtige Kugelschale aus sehr dichtem und festem Gestein, das sich verschiebt, wenn auch nur unvorstellbar langsam.
Das Mantelgestein ist gewaltigen Temperaturen und Drücken ausgesetzt. Die Geophysiker nehmen nun an, daß die Hitze, die vor allem durch die radioaktiven Elemente in der Erde erzeugt wird, im Mantelgestein sogenannte Konvektionsströme auslöst. Diese Ströme sind das Resultat von Temperaturschwankungen innerhalb des Mantels. Die oberen Schichten des Mantels sind kühler als die unteren, die dem glutheißen Erdkern näher sind. Wie Wasser vom Kesselboden aufsteigt, wenn es erhitzt wird, so

Der Vierwaldstätter See in der Zentralschweiz ist einer der zahlreichen langgestreckten und relativ schmalen Seen, die für die Alpenlandschaft typisch sind. In vielen dieser Seen haben Kaltwasserfische wie die Seeforelle, der Seesaibling und die Weißfische weit südlich vom Verbreitungsgebiet ihrer Verwandten überlebt – ein Relikt aus der Eiszeit.

steigt auch das Gestein aus den Tiefen des Mantels nach oben, bis dicht unter die Kruste. Die Strömung bewegt das Gestein parallel zur Kruste, bis die Abkühlung einsetzt und das Gestein nach unten sinkt, wo es sich wieder erwärmt und abermals emporsteigt – ein unaufhörlicher, Jahrmillionen dauernder Kreislauf.

Die Wissenschaftler gehen davon aus, daß es zahlreiche derartige Ströme gibt, die innerhalb des Mantels jeweils eine Konvektionszelle bilden. Wo die Seiten solcher Zellen aneinanderstoßen, wird auf die darüberliegende Kruste Druck ausgeübt. Fließen die Ströme benachbarter Zellen nach unten ab, wird die Kruste zusammengepreßt. Sind sie nach oben gerichtet, wird die Kruste gedehnt.

Mit den Konvektionsströmen läßt sich die Theorie der Kontinentalverschiebung erklären, die 1912 von dem deutschen Geologen Alfred Wegener aufgestellt und im Laufe der Jahre so verfeinert wurde, daß sie heute in der Wissenschaft weithin Zustimmung findet. Im wesentlichen besagt diese Theorie, daß die Kontinente auf großen Krustentafeln aufliegen, die eine geringere Dichte als der mobile Mantel aufweisen und auf den parallel zur Erdkruste fließenden Konvektionsströmen »schwimmen«.

Die Gebirgsbildung

Wir unterscheiden bei der Gebirgsentstehung drei grundlegende Vorgänge: Faltung, Verwerfung und Vulkanismus. Faltungen und Verwerfungen stehen in engem Zusammenhang mit der Verschiebung der Krustenplatten, die wahrscheinlich auch die Drücke erzeugt, welche geschmolzenes Gestein durch die Erdkruste pressen und somit Vulkane entstehen lassen.

Die Faltung, die mit Sicherheit auf der Kontinentaldrift beruht, ist eine nach oben gerichtete Zusammenstauchung der Kruste, vergleichbar der Faltenbildung bei einem Tischtuch, das man auf der Tischplatte zusammenschiebt. Durch diesen Prozeß bilden sich im allgemeinen langgezogene Gebirgsketten. Die Grundstruktur der Alpen, des Himalajas, der Rocky Mountains, der Appalachen, des Atlas- und des Juragebirges, um nur einige zu nennen, ist durch Faltung zustande gekommen. Beim Jura, der Teil eines größeren Kettengebirges ist, das auch die Vogesen und den Schwarzwald umfaßt, läßt sich der Faltungsvorgang am leichtesten nachweisen: Wo der Fels zutage liegt, kann man die parallel angeordneten Falten, die wie erstarrte Wellen aussehen, erkennen.

Man nimmt an, daß eine Faltung dann entsteht, wenn driftende Platten an den Rändern zusammenstoßen und sich übereinanderschieben. Nach dieser Theorie wird der Rand der oberen Platte zu Faltengebirgen aufgeworfen. Die Alpen sind demnach durch mehrere Kollisionen zwischen den beiden Platten entstanden, die den afrikanischen und den europäischen Kontinent tragen. Der Himalaja wurde offenbar nach einem Zusammenstoß der indischen und der asiatischen Platte aufgetürmt.

In den frühen sechziger Jahren haben einige Geologen die These aufgestellt, daß die Plattenbewegung auch noch auf andere Weise Berge entstehen läßt. Wenn Platten voneinander wegdriften, bilden sich große Gräben oder Einsenkungen. Beispiele sind die Tiefseegräben und das ostafrikanische Grabensystem. Wenn sich in der ozea-

1
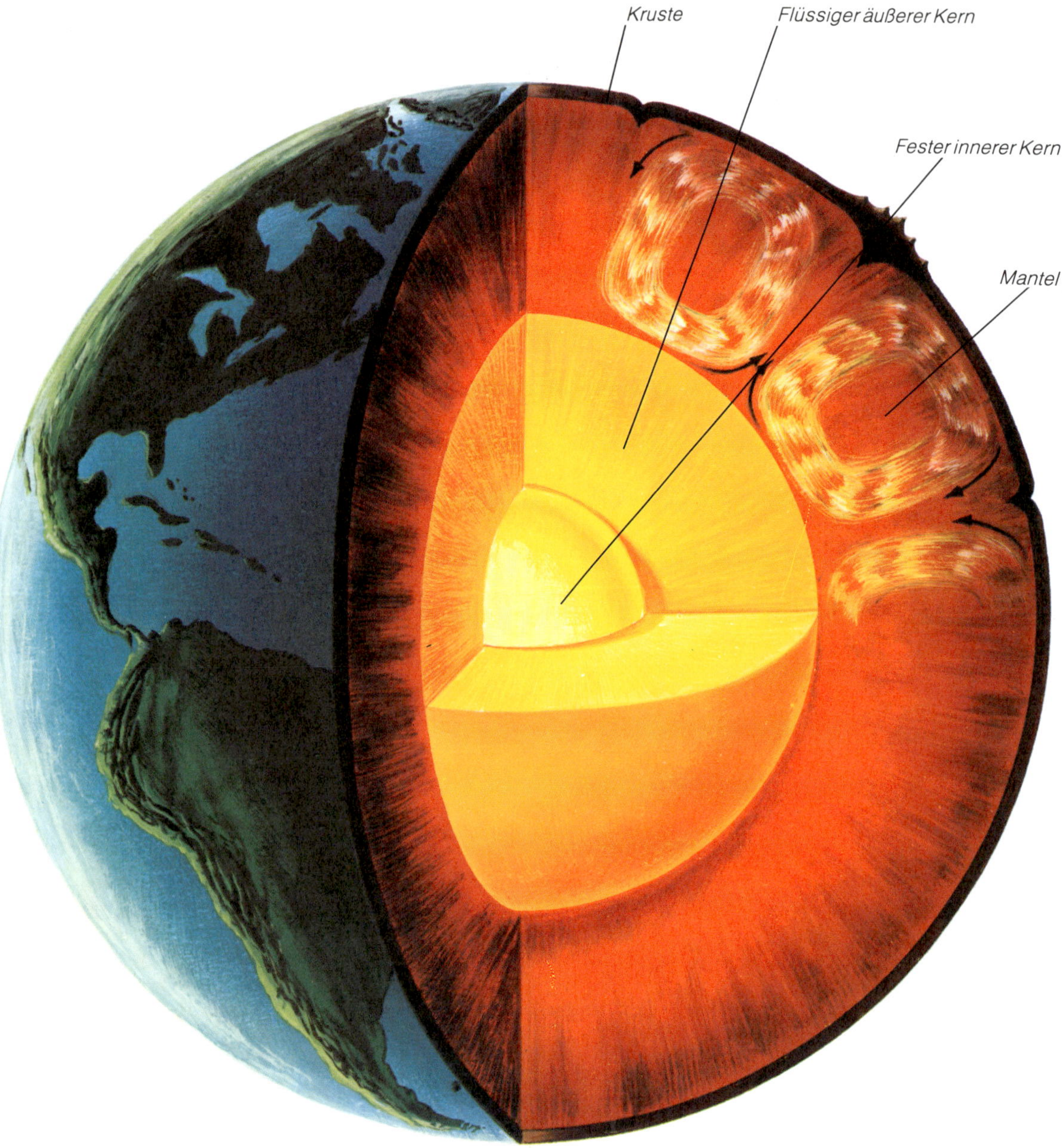

1 Die Erde besteht aus einem festen inneren und einem flüssigen äußeren Kern, einem dichten, aber verformbaren Mantel und einer dünnen Kruste. Man nimmt an, daß die Konvektionsströme, die durch Temperaturunterschiede innerhalb des Mantels ausgelöst werden, Veränderungen der Erdkruste bewirken. Wo die Ströme nach oben gerichtet sind, wird die Kruste angehoben. Dadurch entstehen Formationen wie die großen Ozeanrücken. Wo die Ströme nach unten abfließen, kommt es zur Bildung von Tiefseegräben. Neue ozeanische Kruste wird an die Höhenrücken angelagert und durch Bewegungen, die die Kontinentaldrift in Gang setzen, in die Gräben hinabgezogen.

nischen Kruste in der Nähe eines Kontinents ein Graben auftut, dann verschlingt die Lücke einen Teil der Kontinentalplatte, während gleichzeitig erhitztes Gestein aus dem Mantel über den Plattenrand emporsteigt und damit Gebirge hervorbringt. Die Anden könnten auch auf diese Weise entstanden sein.

Durch die Zerreißung der Erdkruste bilden sich Verwerfungsgebirge. Sie steigen auf, wenn sich zwei Gesteinsmassen an einer Spalte oder Bruchfläche in der Kruste gegeneinander verschieben. Die Verschiebung kann in verschiedenen Richtungen erfolgen. Längs des Rheingrabens, im ostafrikanischen Grabensystem und in der Sierra Nevada im westlichen Nordamerika haben sich Verwerfungsblöcke zu mächtigen Gebirgsketten aufgetürmt. Manche von ihnen, etwa die Berge des Schwarzwaldes, haben sich schräg nach oben geschoben und verworfen. Solche Gebirge steigen auf der Seite, wo sie schräg in die Erde hineinragen, sanft an und enden oberhalb des Grabens in einer steil abfallenden Wand. Die Verwerfung geht oft mit der Auffaltung einher oder verändert hinterher den Aufbau der aufgefalteten Gebirge. Die Alpen und die Rocky Mountains sind beispielsweise ursprünglich durch Faltung entstanden, zeigen aber auch die Auswirkungen von Verwerfungen.

Vulkane

Ungefähr 10000 Berge unserer Erde sind Vulkane, von denen rund 600 noch tätig sind. Vulkane entstehen durch Ausstoßen von geschmolzenem Gestein, das, solange es sich noch unter der Erde befindet, als Magma bezeichnet wird. Durchbricht es die Erdkruste und wird dabei der größte Teil der in ihm enthaltenen flüchtigen Gase freigesetzt, nennt man es Lava. Mit der Lava werden gleichzeitig Dampf und riesige Mengen Asche und Schlacke ausgestoßen, die oft stichflammenähnlich hoch zum Himmel emporsteigen. Ende August 1883 wurde durch einen Vulkanausbruch die halbe Insel Krakatau, die zwischen Java und Sumatra liegt, weggesprengt. Man konnte die Explosion noch in einer Entfernung von 4800 km hören, und der Aschenregen bedeckte ein Gebiet von etwa 827000 km². Die Rauch- und Staubsäule stieg 30 km hoch und war 700 km weit sichtbar.

Manche Vulkanausbrüche verlaufen vergleichsweise ruhig: Die Lava quillt im allgemeinen nur aus den Erdspalten hervor, breitet sich aus und erstarrt in dünnen Schichten, die einander überlagern. Schicht um Schicht baut sich so ein Vulkanberg mit sanft abfallenden Hängen und breiter Basis auf. Diesen Vulkantyp, für den der Mauna Loa auf Hawaii kennzeichnend ist, bezeichnet man als Schildvulkan, weil seine Form einem mittelalterlichen Buckelschild ähnelt.

Der Vesuv in Italien, der Fudschijama in Japan und der Mount Hood in den USA sind Beispiele für den sogenannten gemischten Vulkantyp, der dadurch entsteht, daß einerseits Lava aus Seitengängen austritt, die wie die Speichen eines Rades um den zentralen Schlot angeordnet sind, und andererseits Lava, Schlacke und Asche aus dem Hauptkrater ausgestoßen werden.

Manchmal erstarrt die Lava bereits im kegelförmigen Schlot, der dadurch verstopft wird. Wenn dann der Vulkanmantel verwittert, bleibt nur der feste Schlotkern als bizarr geformter Berg erhalten. Ein klassisches Beispiel ist der Shiprock in New Mexico. Zuweilen staut sich auch die Lava unmittelbar unter der Erdoberfläche und treibt die dünne Erdschicht zu einer Riesenblase auf, die mit der Zeit abgetragen wird, so daß eine große Kuppel aus erstarrter Lava zurückbleibt.

Eine Welt ohne Berge

Es ist schwer, sich eine Welt ohne Berge vorzustellen, aber bis zur Erstarrung der Erdkruste vor mehr als vier Milliarden Jahren gab es sie noch nicht. Die ältesten Gebirge entstanden aus dem Gestein, das heute das Fundament der Kontinente bildet und jene großen Plattformen schuf, die man »Schilde« nennt. Der Kanadische Schild zum Beispiel erstreckt sich von Minnesota und Wisconsin in den Vereinigten Staaten über die Hudson Bay nach Labrador und Grönland und reicht bis zur Nordspitze Schottlands. Ein großer Teil dieses alten Gesteins, das als »präkambrisch« bezeichnet wird, weil es vor dem Beginn des Kambriums, also vor mehr als 600 Jahrmillionen, entstand, liegt tief in der Erde. Im Bereich eines Schildes gibt es indes noch weite Flächen, auf denen der präkambrische Fels zutage tritt.

Solches Urgestein ist auch dort sichtbar, wo die Erde von tiefen Schluchten durchfurcht ist, etwa im Grand Canyon in Arizona. Ungefähr 600 m unter der Oberkante der Canyon-Wand beginnt das präkambrische Gestein, das bis zum Grund der Schlucht hinabreicht, wo es das Bett des Colorado River bildet. Es besteht zum großen Teil aus Schiefer, einem Gestein, das sehr viel Glimmer, Quarz und Hornblende enthält. Der Schiefer ist in blättrigen Schichten angeordnet und läßt sich leicht spalten.

Aus der Erforschung des anstehenden Urgesteins haben die Geologen die Erkenntnis gewonnen, daß in der Zeit von vor zwei Milliarden bis 700 Millionen Jahren allein in Nordamerika und Nordeuropa sechsmal große Bergketten entstanden und wieder untergegangen sind. Heute zeugen nur noch Verwerfungen und Bruchstellen in den Gesteinsschichten von diesen hochaufragenden Gebirgen.

Die alten Gebirge

Die ältesten Gebirge, die man noch immer als Gebirge bezeichnen kann, finden sich in Skandinavien und auf den Britischen Inseln; sie stiegen vor mehr als 330 Millionen Jahren auf. Diese Berge, zu denen das Schottische Hochland und der Höhenrücken zwischen Norwegen und Schweden gehören, sind niedrig im Vergleich etwa zu den Alpen und im allgemeinen nur ungefähr 1000 m hoch, obgleich einzelne Gipfel auch mehr als die doppelte Höhe erreichen. Als sie jedoch vor 330 Jahrmillionen aufgetürmt wurden, waren sie Bestandteil eines gewaltigen Hochgebirgswalls, des sogenannten Kaledonischen Gebirges, das den Nordatlantik vom östlichen Nordamerika über Grönland bis Europa umspannte. Das Kaledonische Gebirge entstand durch Faltungen und Verwerfungen, die sich in einer geologisch unruhigen Periode vollzogen. Damals zerrissen große Verwerfungen die Erdkruste und ließen die Schluchten der schottischen Lochs und der norwegischen Fjorde entstehen.

Gebirgsbögen und -ketten

Heutzutage bilden die meisten Gebirgszüge der Erde Bögen, die sich aneinanderreihen wie die Glieder noch größerer Gebirgsketten. Der Himalaja ist beispielsweise ein Bogen im Zentrum des großen eurasischen Gebirgsgürtels. Dieses System beginnt auf den Ostindischen Inseln, verläuft über Sumatra nach Indochina und Burma, dann über den Himalaja, das Zagros-Gebirge im Iran, den Taurus in der Türkei und den Balkan nach Mitteleuropa, wo es in die Alpen übergeht.

Der größte aller Gebirgsgürtel säumt den Pazifischen Ozean und wird zuweilen »Feuerring« genannt, weil er ständig von Vulkanausbrüchen und Erdbeben bedroht ist. Nicht alle Berge dieses Systems, zu dem etwa das Kaskadengebirge in den USA und die südamerikanischen Anden gehören, befinden sich auf dem Festland. Die meisten

2
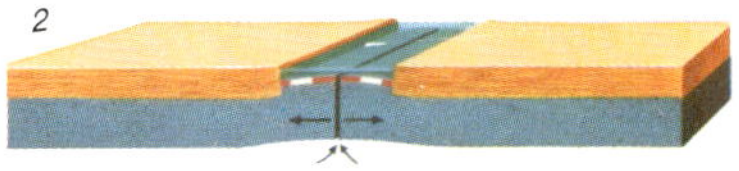

3

4

5

6

7
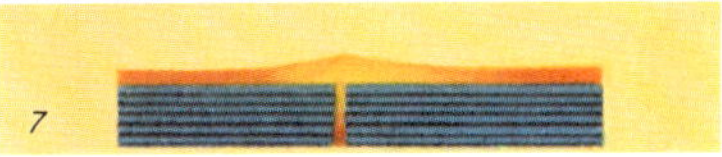

8
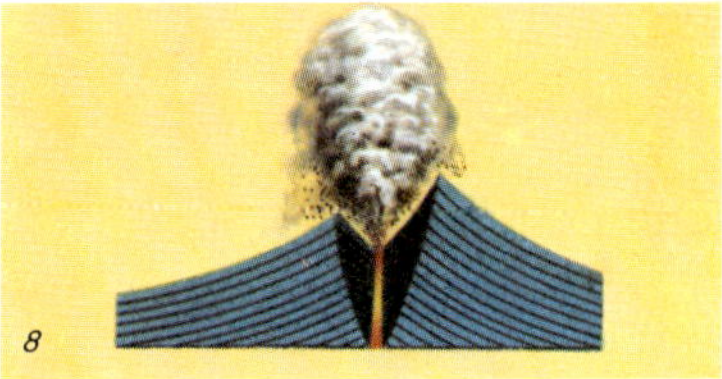

9

10

2 Wo die Konvektionsströme nach oben steigen, kann ein Riß entstehen, und die Platten, welche die Kontinente bilden, werden auseinandergedrängt. Gleichzeitig vergrößert sich die ozeanische Kruste durch das schmelzflüssige Gestein, das durch den Riß nach oben dringt. An einer solchen Divergenzgrenze treiben die Platten voneinander weg.

3 Wo die Konvektionsströme nach unten fließen, können kontinentale Krustenplatten in die Tiefseegräben absinken, die durch die Strömungen entstanden sind. Die abgebildete Platte ist in der Umgebung einer Inselkette in einen Graben abgesunken. Dabei kommt es zu Erdbeben und Vulkanausbrüchen.

4 Wenn der Meeresboden unter eine Kontinentalplatte absinkt, bildet sich durch die nach unten gerichteten Strömungen manchmal eine Konvergenzgrenze. Durch den Zusammenprall von zwei Krustenschollen können am Rande einer Kontinentalplatte Gebirge aufgeworfen werden, da das Gestein der absinkenden Platte durch Vulkantätigkeit erhitzt und hochgedrückt wird. Auf diese Weise sind wahrscheinlich die Anden entstanden.

5 Zusammenstoßende Kontinentalplatten türmen zuweilen Gebirge auf. Der Himalaja entstand, als die indische Platte die asiatische rammte und sich die Ränder der beiden Platten aufwarfen.

6 Aufeinanderprallende Kontinentalplatten lassen manchmal neue Kontinentalkruste entstehen, indem sie ein Stück des Meeresbodens nach oben drücken.

7–10 Wir unterscheiden mehrere Vulkanformen. Der isländische Typ (7) entsteht, wenn die Lava durch einen Spalt in der Kruste hindurchsickert und sich in dünnen Schichten ausbreitet. Beim Stromboli-Typ (8) bilden die Eruptionen einen Krater. Der gemischte Vulkantyp (9) ist gekennzeichnet durch heftige Lavaexplosionen aus dem Zentralkrater und Lavaströme aus den Seitenkanälen, die vom zentralen Schlot ausgehen. Schildvulkane bauen sich schichtweise aus langsam ausfließender Lava auf (10).

11

12

13

11/12 Der Kilauea (11) auf Hawaii und der Nyragongo (12) in Zaïre zählen zu den 600 tätigen Vulkanen der Welt.

13 Das Kaskadengebirge im Nordwesten der USA ist eine geologisch junge Gebirgskette, die geprägt ist durch Vulkane, von denen sich einer im Vordergrund mitten aus einem See erhebt, und durch unregelmäßige, zerklüftete Felsgrate, wie sie im Hintergrund zu sehen sind.

Gipfel im westlichen Abschnitt des pazifischen Randgebirgsgürtels steigen vom Meeresboden auf, und nur die höchsten unterseeischen Erhebungen ragen über den Meeresspiegel empor. Die meisten Gebirge sind vulkanisch und bilden Inseln wie die Aleuten und die Marianen.

Der Hawaii-Archipel ist typisch für diese Inseln, die in Wirklichkeit nur die Spitzen mächtiger unterseeischer Vulkane sind. Die Hauptinsel von Hawaii wird beherrscht von den Gipfeln des Mauna Loa und Mauna Kea, die sich mehr als 4000 m hoch erheben. Schon dank dieser Höhe über dem Meer wirken sie wie Bergriesen, doch ihre wahren Dimensionen werden erst deutlich, wenn man bedenkt, daß sie unter der Meeresoberfläche noch einmal 4800 m hinabreichen. Wenn der Mauna Loa und der Mauna Kea auf dem festen Land stünden, wären sie mindestens so hoch wie der Mount Everest.

Die absolute Höhe, also die Höhe über dem Meeresspiegel, ist nicht immer maßgeblich dafür, ob man einen Landstrich als gebirgig bezeichnen kann. Im technischen Sinne gelten nur Erhebungen über 1000 m als Bergland. Nach dieser Definition besteht mehr als ein Viertel der Landfläche unserer Erde aus Bergland, doch nicht alle Gebiete, die diese Höhe erreichen, werden als gebirgig empfunden. Es gibt zum Beispiel im westlichen Nordamerika und in Zentralasien ausgedehnte Hochebenen, welche die 1000-m-Marke erheblich übersteigen, und dennoch wird sie selbst ein Mensch mit sehr viel Phantasie nicht als Gebirge bezeichnen, weil ihre gesamte Oberfläche verhältnismäßig flach ist. Auf der anderen Seite ragen vielerorts – etwa auf einigen Westindischen Inseln – steile Erhebungen hoch über das Umland empor, die dennoch nicht hoch genug sind, um das Prädikat Gebirge zu verdienen.

Die relative Höhe oder das Relief einerseits und die absolute Höhe andererseits bestimmen, ob ein Gelände als gebirgig gelten kann oder nicht. Darüber hinaus kommt es sehr auf die Perspektive des menschlichen Betrachters an. Auf einen Flachlandbewohner kann schon ein kleiner Hügel wie ein Berg wirken, aber für jemanden, der im Hochgebirge zu Hause ist, muß ein »richtiger« Berg Tausende von Metern in den Himmel ragen und von Felsspitzen und Gletschern gekrönt sein.

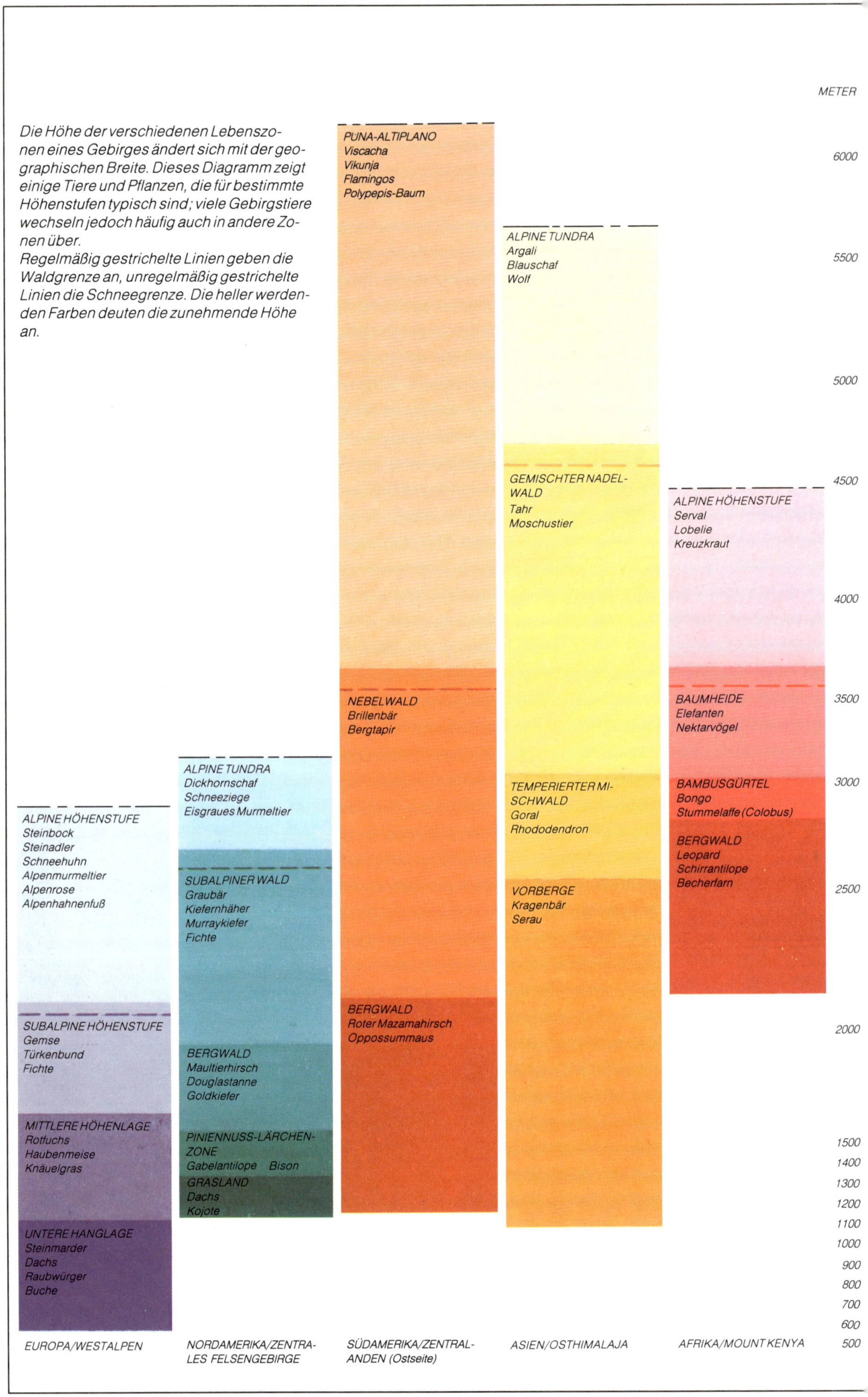

Die Höhe der verschiedenen Lebenszonen eines Gebirges ändert sich mit der geographischen Breite. Dieses Diagramm zeigt einige Tiere und Pflanzen, die für bestimmte Höhenstufen typisch sind; viele Gebirgstiere wechseln jedoch häufig auch in andere Zonen über.
Regelmäßig gestrichelte Linien geben die Waldgrenze an, unregelmäßig gestrichelte Linien die Schneegrenze. Die heller werdenden Farben deuten die zunehmende Höhe an.

Die Lebenszonen des Gebirges

Höhenstufen und Isolation

Ob ein Berg geologisch jünger oder älter, höher oder niedriger ist, er weist vom Fuße bis zum Gipfel eine Reihe genau umschriebener Lebenszonen oder Höhenstufen auf, die jeweils durch spezifische Pflanzengemeinschaften gekennzeichnet sind. Diese Eigentümlichkeit ist der bedeutsamste biologische Aspekt der Berge. Die Gliederung in Höhenstufen ist maßgebend für die Verteilung des Lebens auf einem Berg. Sie ist abhängig von der Temperatur, die wiederum eine Funktion der geographischen Breite und vor allem der absoluten Höhe ist. Einfacher ausgedrückt: Je höher ein Organismus auf einem Berg lebt, desto kälteunempfindlicher muß er sein. Die Lufttemperatur nimmt alle 300 Höhenmeter um ein bis zwei Grad Celsius ab, weil die immer dünner werdende Luft weniger Wärme zu halten vermag.

Der Einfluß der geographischen Breite

Die Auswirkungen der absoluten Höhe werden selbstverständlich durch die jeweilige geographische Breite modifiziert. Man muß in den Tropen höher hinaufsteigen als in der gemäßigten Zone, um dieselben Kältegrade zu erleben. Das erkennt man sehr deutlich an Gebirgszügen, die sich in Nord-Süd-Richtung über viele Breitengrade erstrecken, zum Beispiel an den Anden, wo die Waldgrenze ständig absinkt, je weiter man nach Süden kommt. In den bolivianischen Anden sind die Hänge bis über 4000 m bewaldet, während in den mäßigwarmen Südanden die Waldgrenze immer niedriger verläuft, bis sie im subpolaren Feuerland fast auf Meereshöhe abfällt.
In den Polargebieten sind die Temperaturunterschiede zwischen Fuß

An der Baumgrenze ist die Vegetation meist zwergwüchsig. Dieses sogenannte Krummholz besteht manchmal aus Bäumen, die in tieferen Lagen mehrere Meter hoch werden, aber in der Nähe der Baumgrenze nur noch verkrüppelt oder gar nur knöchelhoch wachsen.

und Gipfel der Berge so gering, daß sie sich ökologisch kaum auswirken. Die Gebirge in Lappland und auf der kanadischen Baffin-Insel sind beispielsweise bis zum Gipfel von Tundra bedeckt. Und die Erhebungen in der Antarktis sind von oben bis unten vergletschert.

Leben in Stufen

In den meisten Weltgegenden sind jedoch die Berge durch verschiedene Höhenstufen horizontal gegliedert. Die Vegetation weicht in den einzelnen Zonen so stark voneinander ab, daß man die Abstufung aus größerer Entfernung gut erkennen kann. Im allgemeinen ist das Vorherrschen einiger weniger Pflanzenformen oder auch nur einer einzigen Art, die innerhalb eines festumrissenen Höhenbereichs wachsen, charakteristisch für eine bestimmte Zone oder Stufe. Das gilt für nahezu alle Gebirgssysteme, sogar für eine vergleichsweise niedrige Bergkette wie die Luquillo-Berge auf Puerto Rico, deren höchste Gipfel kaum 1000 m übersteigen. Unterhalb von 600 m sind diese Berge von einem echten tropischen Regenwald bestanden, aus dessen Laubdach die 30 m hohen Tabonuco-Baumriesen emporragen, die eine weiße Rinde und einen Stammdurchmesser von 1,50 m haben. Oberhalb der 600-m-Grenze verschwinden die Tabonucos, die Wipfel werden niedriger, und die Bäume sind nicht mehr so gerade gewachsen wie im Regenwald. Diese Höhenstufe ist nach dem Baum benannt, der hier am häufigsten vorkommt, dem Palo colorado, einer knorrigen, rotrindigen Art, die 15 m hoch und 1000 Jahre alt werden kann. Diese Bäume sind mehr oder weniger auf eine Zone von knapp 200 m beschränkt, und noch vor der 800-m-Grenze werden sie von Sierra-Palmen abgelöst.
Einige der eindrucksvollsten Pflanzen der Welt sind zu Kennzeichen bestimmter Höhenstufen geworden, zumal solche Arten, die durch ihren Riesenwuchs auffallen. In vielen ostafrikanischen Bergen deuten die ausgedehnten Bambuswälder – dabei handelt es sich um

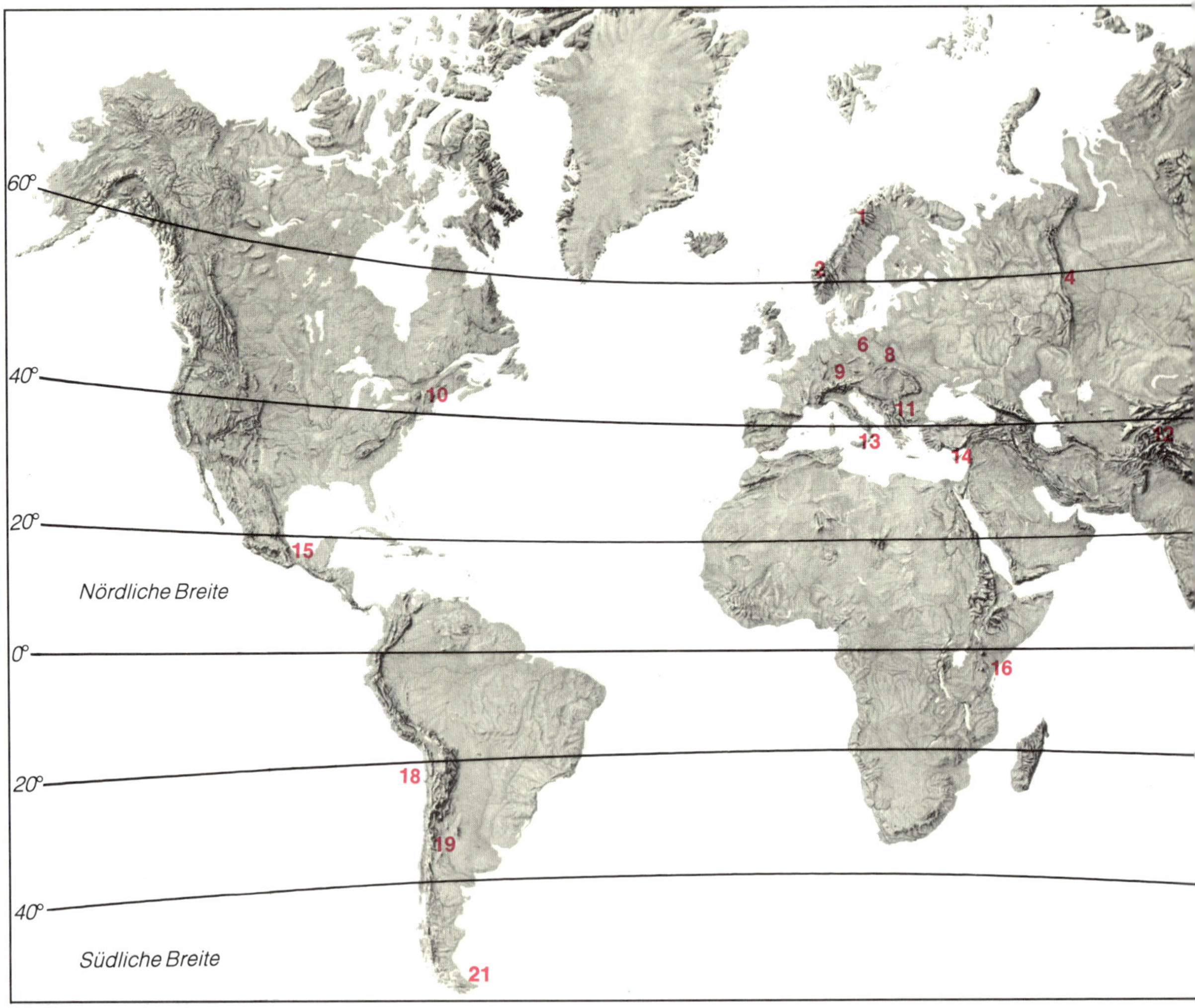

Auf den Gebirgshöhen vom westlichen Nordamerika bis Zentralasien huschen Pfeifhasen zwischen den flechtenüberzogenen Felsen umher. Diese Hasentiere sind tag- und nachtaktiv. Sie haben die Angewohnheit, sogar im Winter auf den Felsen Sonnenbäder zu nehmen. Bei drohender Gefahr stoßen sie zur Warnung schrille Pfeiftöne aus.

Der Verlauf der Waldgrenze auf der Erde wird vor allem durch die absolute Höhe und die geographische Breite bestimmt. Doch es hängt auch noch von anderen Faktoren ab, wie hoch ein Berghang von Bäumen bestanden ist. Die Waldgrenze liegt zum Beispiel auf sonnigen Südhängen höher. Selbst auf ein und demselben Berg verläuft sie auf der Seite, die starken Winden ausgesetzt ist, niedriger als auf der windabgekehrten Seite. An lawinengefährdeten Hängen steigen die Bäume nicht so hoch hinauf wie an Hängen, auf denen nur selten Lawinen niedergehen. Auch auf lockeren Böden, etwa auf vulkanischem Geröll, finden Bäume in größeren Höhen keinen Halt mehr. Die Tabelle zeigt die Verschiebung der Waldgrenze in ihrer Abhängigkeit von der geographischen Breite.

Gebirge	Waldgrenze (in m)	Geogr. Breite (in °)
1 Sarek-Berge	750	67
2 Jotunheim	900	62
3 Kamtschatka	300	55
4 Ural	1100	65–52
5 Sajan-Gebirge	2200	53
6 Sudeten	1250	51
7 Altai	1100–2400	50
8 Hohe Tatra	1600	49
9 Alpen	2050	48–45
10 Mount Washington	1290	44
11 Balkan	1850	43
12 Pamir	3600	40
13 Ätna	2200	38
14 Libanon-Gebirge	1950	34
15 Orizaba	3200	19
16 Kilimandscharo	3000	3
17 Java	2800	7
18 Anden	2400	4–18
19 Aconcagua	3500	33
20 Neuseeländ. Alpen	1300	38–46
21 Feuerland	550	55

Riesengräser, die höher werden als ein Mensch – darauf hin, daß das betreffende Gelände wahrscheinlich höher liegt als 2500 m. Und im gebirgigen Teil der Sonora-Wüste in Arizona und Mexiko sind für die Zone zwischen 600 und 1200 m die mächtigen Saguaro-Kakteen charakteristisch, die ungefähr 15 m hoch werden und Spechten und Eulen Unterschlupf bieten.

Eine weitere Vegetationsform, die für eine bestimmte Höhenlage kennzeichnend ist, ist der niedrige Buschwald, der als Maquis oder Macchie bezeichnet wird. Er überzieht die unteren Hänge in den trockenen und halbtrockenen Landstrichen der gemäßigten Zone und besteht vorwiegend aus immergrünen Sträuchern, die von kleinwüchsigen Eichen durchsetzt sind. Dem Maquis der Mittelmeerländer entspricht in den südwestlichen USA und im mexikanischen Baja California der sogenannte Chaparral. Dieser Name leitet sich von dem spanischen Wort »chaparro« her; so heißt die strauchwüchsige Eiche, die sich unter die immergrünen Pflanzen mischt. In höheren Lagen wird das Gesträuch durch echte Waldbäume abgelöst, im nordafrikanischen Atlasgebirge durch Kiefern und im Südwesten der USA durch Wacholder, Piniennußbäume, Goldkiefern, Tannen und Fichten.

Die Bedeutung der Höhe

Zwar beeinflussen Boden, Wind, Niederschläge und geschützte Lagen die Verteilung der Lebenszonen in einem Gebirge, aber die Aufeinanderfolge vom Fuß bis zum Gipfel ergibt sich grundsätzlich daraus, daß die Temperaturen mit der Höhe abnehmen. Unter dem Einfluß der wachsenden Kälte werden die Vegetationsgürtel durchweg immer schmaler, je mehr sie sich dem Gipfel nähern. So umfaßt beispielsweise die Saguaro-Zone am Fuß der Berge rund 600 m, während der Tannen- und Fichtengürtel in Gipfelnähe nur noch halb so breit ist.

Es ist nicht ungewöhnlich, daß Berge, die sich inmitten einer kahlen Wüstenregion erheben, in höheren Lagen dicht bewaldet sind. Das erklärt sich dadurch, daß die Wolken sich an den Bergen stauen und abregnen, zumal auf der dem Wind zugewandten Seite. Manche Höhenlagen in den Rocky Mountains bekommen zum Beispiel im Jahr dreimal soviel Regen ab wie die umliegende Wüste.

Sehr häufig weisen die Berghänge, die den vorherrschenden Winden zugekehrt sind, eine ebenso üppige

Vegetation auf wie die ihnen vorgelagerte Ebene, während das Land auf der anderen Seite des Berges knochentrocken ist. Das kann man sehr gut im nördlichen Iran beobachten, wo die Nordhänge des Elbrus-Gebirges am Kaspischen Meer dicht bewaldet und von reißenden Strömen durchschnitten sind. Auf der Nordseite fällt jährlich ungefähr 2 m Regen, und zwar über das ganze Jahr verteilt. Im Süden des Gebirges wird die Landschaft zunehmend trockener, und der Regen ist – wenn er überhaupt fällt – auf eine bestimmte Jahreszeit beschränkt; an manchen Stellen beträgt die jährliche Niederschlagshöhe weniger als 1 cm.

In größeren Höhen

In jedem Fall verringert sich das Höhenwachstum der Bäume mit zunehmender Bergeshöhe, zumal in den Lagen, die dem Wind ausgesetzt sind. Auf den windgepeitschten Kämmen vieler tropischer Gebirge hat sich dabei eine Bewaldungsform herausgebildet, die man mit dem poetischen Namen »Elfenwald« bedacht hat.

Der Elfenwald ist ein Krüppelwald, in dem die Bäume, die in der darunterliegenden Zone des Nebelwaldes mehrere Meter hoch werden, oft kaum größer sind als ein Mensch. Die bizarr gewundenen, knorrigen Bäumchen tragen Bärte aus Moos und sind behangen mit allerlei Gewächsen (Epiphyten). Der Boden unter ihnen besteht nicht aus Erdreich, sondern aus Luftwurzeln, die aus dem Erdreich herausragen und ein dichtes Geflecht bilden – gleichsam einen »doppelten Boden« –, das von Moosen überzogen ist und bei jedem Schritt elastisch schwingt.

Die durch Wind, Kälte und kargen Boden bedingte Kleinwüchsigkeit ist am augenfälligsten beim sogenannten Krummholz, das auf den Bergen der gemäßigten Zone die Waldgrenze säumt. Charakteri-

1

2

1 Die Gebirgspflanzen haben sich auf mannigfaltige Weise an ihre unwirtliche, hochgelegene Umwelt angepaßt. Das Edelweiß besitzt Blätter, die mit feinen Härchen bewachsen sind. Die Härchen schützen die Pflanze vor der Kälte und vor Wärmeverlust. Außerdem halten sie die Feuchtigkeit.

2 Die Schneeziege bewohnt den hohen Fels im Westen Nordamerikas. Trotz ihres Namens ist sie keine echte Ziege, sondern eine Verwandte der Gemse und wird deshalb zuweilen auch als Schneegemse bezeichnet.

stisch für die Krummholzstufe der Alpen ist die Latsche, die niederliegende Form der Bergkiefer oder -föhre.

Im Hochgebirge sind selbst die Zwergbäume in den höchsten Lagen nicht mehr lebensfähig. Die Höhe der Baumgrenze ist je nach der geographischen Breite sehr unterschiedlich. In den tropischen Anden liegt sie über 4000 m, und in den Alpen schwankt sie zwischen 1500 und 2400 m. Die Baumgrenze kann sogar bei ein und demselben Gebirge in verschiedenen Höhen verlaufen. Sie liegt höher, wo die Wirkung des Windes geringer ist, wo mehr Schnee die Kälte abhält und wo die Sonneneinstrahlung stärker ist.

Leben oberhalb der Baumgrenze

Oberhalb der Baumgrenze beginnt die Welt der wirklich alpinen Vegetation. Sie umfaßt Wiesen, Moore und vor allem Tundren, die sich von der arktischen und subarktischen Tundra nur wenig unterscheiden. Die von Felsbrocken übersäte, im Frühling mit leuchtenden Blüten gesprenkelte und von Sümpfen und klaren, eisigen Seen unterbrochene Landschaft der alpinen Stufe ist eine herbe, abweisende Welt, selbst in den Tropen. Sogar in Äquatorialafrika haben die Pflanzen der alpinen Zone unter Frost zu leiden.

Die Pflanzen der alpinen Höhenstufe müssen sehr zählebig und extremen Bedingungen gewachsen sein, zum Beispiel heftigen Stürmen. Wenn man einmal von Tornados absieht, so wurde die höchste Windgeschwindigkeit (372 km/h) im April 1934 auf dem Mount Washington in der Presidential Range gemessen.

Die Pflanzen des Hochgebirges haben sich auf mannigfaltige Weise an die kurzen Sommer, die langen, strengen Winter und die sonstigen harten Lebensbedingungen ihrer Umwelt angepaßt. Viele wachsen sehr langsam, nur wenige Zentimeter pro Jahr, und fast alle sind mehrjährige (perennierende) Pflanzen, die die kältesten Monate im Ruhezustand verbringen. Um dem kargen, felsigen Untergrund ausreichend Nahrung und Feuchtigkeit entziehen zu können, entwickeln einige Arten besonders zahlreiche Wurzeln. Der kleine Knöllchenknöterich vermehrt sich durch Luftknöllchen, die bereits Blätter treiben, bevor sie sich noch von der Elternpflanze getrennt haben; dadurch wird die kurze Zeit besser ausgenutzt, die für das Wachstum zur Verfügung steht, ehe das kalte Herbstwetter einsetzt. Das Edelweiß der Alpen ist mit feinen Härchen bedeckt, die dem Kälteschutz dienen.

Auf sehr hohen Bergen verkümmert die Vegetation oberhalb der Tundra zu einer Schicht aus Flechten und Moosen, die den nackten Fels überzieht. Und die höchste Region schließlich, wo jeder Pflanzenwuchs aufhört, ist mit ewigem Eis und Schnee bedeckt.

Wildtiere auf Wanderschaft

Die vertikale Zusammendrängung der Lebenszonen ist der wichtigste Gesichtspunkt bei der Beschäftigung mit den Gebirgen als Lebensraum. Vor allem in höheren Gebirgen ergeben sich dadurch auf engstem Raum die mannigfaltigsten Lebensbedingungen und Nahrungsquellen für die Tiere, welche die Hänge bewohnen. Wenn beispielsweise im Himalaja zu Beginn des Winters die Vegetation an der Waldgrenze als Futterlieferant ausfällt, steigen die Markhore oder Schraubenziegen in die Täler hinab, wo ihnen die winterharten Steineichen genügend Nahrung bieten.

Die dichtgedrängten, aber scharf voneinander abgesetzten Höhenstufen der Berge gestatten es Hochgebirgstieren wie etwa den Gemsen, der strengen Winterkälte dadurch zu entgehen, daß sie ein paar hundert Meter bergab wandern. Das Weißschwanz-Schneehuhn der Rocky Mountains wechselt von der Tundra zur Waldgrenze über, wo es Nahrung und Schutz vor den Winterstürmen findet. Auf diesem kurzen Weg verändert sich die Umwelt für das Schneehuhn nicht weniger als für jene Vögel, die von der arktischen Tundra zu den Nadelwäldern der nördlichen gemäßigten Zone ziehen.

Die Waldgrenze ist eine Trennungslinie zwischen zwei sehr unterschiedlichen Lebensgemeinschaften. Hier treffen Pflanzen und Tiere des Waldgürtels und der alpinen Höhenstufe aufeinander. Weil die Waldgrenze so viele Lebewesen aus beiden Zonen anzieht, weist sie eine besonders reiche Fauna auf und ist damit zugleich einer der gefährlichsten Lebensbereiche des Gebirges.

Große Wildtiere sind in vielen mittelhohen Gebirgen bis hinauf zu den Gipfeln verbreitet, während kleine Lebewesen bisweilen in geradezu schwindelerregenden Höhen anzutreffen sind. Bergsteiger haben auf dem Mount Everest noch in Höhen über 6700 m Spinnen und Springschwänze (primitive Insekten) in den vereisten Schneemassen entdeckt. Flugtüchtige Vögel vieler Arten nisten hoch oben auf den Gipfeln, und kein Berg der Erde ist so hoch, daß er nicht von Vögeln überflogen würde.

Im allgemeinen jedoch nehmen die Artenfülle und Zahl der Tiere mit der Höhe ab. Die Lebewesen, die im Gebirge um die Besetzung der ökologischen Nischen kämpfen, werden weniger, je stärker die Temperaturen absinken; vor allem wird auch das Nahrungsangebot in größeren Höhen immer geringer. Daß so viele Vogelarten oberhalb der Waldgrenze leben, hat seinen Grund unter anderem darin, daß sie auf der Futtersuche in kurzer Zeit weite Strecken zurücklegen können.

Zahlreiche Tiere der Berge – das gilt insbesondere für die Säuger – gehören denselben Arten an, die auch das umliegende Flachland bewohnen. Verschiedene Säugetiere, zum Beispiel Rotwild, Braunbären, Wölfe und afrikanische Elefanten, steigen regelmäßig bis zur Waldgrenze auf oder zumindest in die Nähe dieser Grenze. Manche wandern in der warmen Jahreszeit bergauf und ziehen bei Anbruch des Winters wieder in die Täler. Andere klettern nur vorübergehend zur Nahrungsaufnahme auf die Berge. Wieder andere haben in den Bergen ihre letzte Zuflucht gefunden, nachdem der Mensch sie aus der Ebene vertrieben hat. In Westeuropa kommt der Wolf heute nur noch in einigen wenigen gebirgigen Rückzugsgebieten vor wie den Pyrenäen und dem Apennin.

Das Wunder der Anpassung

Um überleben zu können, müssen die Hochgebirgstiere in der Lage sein, sich anzupassen. Das gilt insbesondere für jene Tiere, denen es gelungen ist, die Regionen oberhalb der Waldgrenze zu besiedeln. Ihre Heimat ist das hochgelegene, zerklüftete Gelände, wo die Vegetation oft spärlich, der Untergrund unsicher und die Möglichkeiten, vor den Unbilden des Wetters Schutz zu finden, gering sind. Typische Vertreter dieser Gruppe sind die Wildschafe, wie etwa das nordamerikanische Dickhornschaf und der europäische Mufflon sowie die Wildziegen, zum Beispiel der Steinbock.

3 *Die Hänge und Felsklippen oberhalb der Waldgrenze sind auf den Bergen der gemäßigten Breiten das Reich trittsicherer Huftiere, etwa des Steinbocks in den Alpen.*

Der Hauptfeind dieser und aller anderen Tiere, die im Hochgebirge zu Hause sind, ist die Kälte. Manche Arten, wie gesagt, weichen ihr aus, indem sie im Winter talwärts ziehen. Viele kleinere Säuger, vor allem Nagetiere, werden mit der Kälte fertig, indem sie sich eingraben oder Winterschlaf halten. Wieder andere Hochgebirgstiere schützen sich durch ein besonders dickes Fell.

Die nordamerikanische Schneeziege trägt zum Beispiel ein doppeltes Haarkleid, das einen hervorragenden Kälteschutz gewährleistet, und ist somit von allen Großsäugern für ein Leben im hohen Fels am besten ausgerüstet. Sie ernährt sich von den zähesten und den nährstoffärmsten Pflanzen, die zwischen den Felsen wachsen. Außerdem ist sie unglaublich trittsicher. Wie ihre eurasischen Verwandten, die Gemsen, besitzt die Schneeziege Hufe, die von einer harten, dünnen Kante eingefaßt sind, um so auf Felsen und in Spalten Halt zu finden, und deren Sohlen als Lauffläche ein elastisches Gewebepolster haben.

Die südamerikanischen Lamas und ihre wildlebenden Verwandten, die allesamt der Kamelfamilie angehören, zeigen eine erstaunliche Anpassung, um mit einer anderen Belastung des Hochgebirgslebens fertig zu werden, nämlich mit dem verringerten Luftdruck und der sich daraus ergebenden Schwierigkeit, dem Körper durch die Atemtätigkeit genügend Sauerstoff zuzuführen. Je höher also ein Tier hinaufsteigt, um so weniger Sauerstoff wird von seinem Blut aufgenommen. Das Lama verfügt indes über eine ungewöhnlich große Zahl roter Blutkörperchen, und sein Blut ist deshalb in besonders hohem Maße befähigt, Sauerstoff aufzunehmen und weiterzubefördern. So wird das geringere Sauerstoffangebot optimal genutzt.

Die Isolierung des Lebens auf den Bergen

Die Gipfel der Berge zählen zu den natürlichen Lebensräumen, die am stärksten isoliert sind, und es ist deshalb nicht verwunderlich, daß ein Lebewesen, das sich den Lebensbedingungen auf einem bestimmten Berg angepaßt hat, auf immer von der übrigen Welt abgeschlossen bleibt. So leben auf den Bergeshöhen der Erde verstreut vielerlei Tiere, die so spezialisiert sind, daß sie nur auf einem einzigen Gipfel oder allenfalls in einem Gebirgsmassiv zu existieren vermögen. Der Mount Kenya beherbergt beispielsweise eine nur dort vorkommende Maulwurfspitzmaus *(Surdisorex norae)*, deren Röhrensystem den Boden der alpinen Stufe mit einem Gewirr schmaler Gänge durchzieht. Auf dem Haleakala, einem 3000 m hohen Vulkan auf der Hawaii-Insel Maui, wächst eine eigentümliche Baumgeranienform, die sonst nirgendwo auf der Welt vorkommt. Der Endemismus, also die Beschränkung einer Art auf einen einzigen Standort, ist bei den Gebirgspflanzen häufiger als bei den Gebirgstieren. Die Botaniker nehmen zum Beispiel an, daß 75% der Pflanzen des Guayana-Hochlandes in Venezuela endemisch sind. Die endemischen Pflanzen und Tiere, die sich im Gebirge entwikkelt haben, sind das Produkt ihrer Isolation, denn ökologisch betrachtet sind Berge von ihrer Umgebung genauso abgeschnitten wie Inseln. Und gleich den inselbewohnenden Lebewesen sind die Pflanzen und Tiere des Gebirges vielfach besonders stark in ihrer Existenz bedroht, da der Lebensraum, auf den sie angewiesen sind, so begrenzt ist. Wenn er zerstört wird, können sie nirgendwohin ausweichen.

Die Zerstörung der Gebirgslandschaften

Die Ökosysteme der Gebirge sind sehr anfällig. Das Gestein, aus dem sich die Berge aufbauen, etwa der Sandstein, ist der Verwitterung

stark ausgesetzt. Angesichts der extremen Witterungsverhältnisse, die in den Bergen vorherrschen, ist die Erosion (Abtragung) eine ständige Gefahr, und wenn sie an den steilen Hängen einmal begonnen hat, schreitet sie sehr viel schneller fort als in ebenem Gelände und ist kaum noch aufzuhalten.

Nach Meinung vieler Ökologen unterliegen die Berge von allen Lebensräumen am meisten der Umweltzerstörung, und zwar in fast allen Teilen der Erde. Wie nie zuvor drängen die Menschen der tropischen und subtropischen Länder in die Berge, denn nur dort finden sie noch Siedlungsraum, Futter für ihr Vieh und Brennmaterial.

Manche Berglandschaften, zum Beispiel in Südeuropa, haben die Übergriffe des Menschen schon vor Jahrtausenden zu spüren bekommen. Hier ist das natürliche Gleichgewicht nachhaltig gestört worden. In der trockenen Jahreszeit brennt beispielsweise der Maquis wie Zunder, doch Brände sind in diesem mediterranen Ökosystem etwas Normales. Unter natürlichen Bedingungen erholt sich die Vegetation schnell wieder nach einem Feuer. Frisches Grün überzieht die schwarzen Brandnarben, sobald in der feuchten Jahreszeit die ersten Regenfälle niedergehen. In Südeuropa haben jedoch die Eingriffe des Menschen den natürlichen Kreislauf unterbrochen. Man hat das Land gerodet und seinem Schicksal überlassen, und die mürben Sandstein- und Kalksteinflächen wurden durch Erosion zerstört.

In anderen Gebirgslandschaften, die bis vor kurzem noch unberührte Wildnis waren, fängt die extensive Nutzung erst an. Farmen säumen die afrikanischen Bergwälder, in denen noch Elefanten umherziehen, und in einigen der entlegensten Gebirge der asiatischen Sowjetunion sind Wintersportzentren entstanden. Doch nicht alle menschlichen Aktivitäten wirken sich für die Berge negativ aus. Teile der Alpen haben dank einer sinnvollen Bewirtschaftung ihre Ursprünglichkeit bewahrt. Aber insgesamt hat der Mensch im guten oder im bösen fast überall die Welt der Berge verändert.

Der Schwarzwedelhirsch, eine Rasse des Maultierhirsches, bewohnt die Bergwälder im Nordwesten der USA und in den angrenzenden Gebieten Kanadas.

Belebte Bergwelt

Europäische Hoch- und Mittelgebirge

Die zerklüfteten und in den höchsten Lagen vergletscherten Alpen bilden einen mächtigen, reichgegliederten Bogen, der im Südosten Frankreichs beginnt, durch Teile Italiens, der Schweiz, Deutschlands und Österreichs verläuft und dann im Norden Jugoslawiens in das Bergland des Balkans übergeht. Die Alpen sind zwar keineswegs der einzige bedeutende Gebirgszug Europas und auch nicht der höchste, wenn man den Kaukasus, die südöstliche Grenze Europas gegen Asien, mit einbezieht, aber sie umfassen zweifellos die bekanntesten europäischen Berge. Die Alpen mit ihren von ewigem Schnee und Eis bedeckten Gipfeln und ihren bewaldeten Hängen sind durchzogen von breiten, fruchtbaren Tälern, in denen zahlreiche große Seen liegen, die wegen ihrer besonderen Schönheit immer wieder Erholungsuchende anziehen. Auch auf den Höhen finden sich eisig-klare Bergseen und ausgedehnte, blumenbestandene Matten, von denen sich grandiose Ausblicke eröffnen.

Der Alpensteinbock

Die eindrucksvollsten Wildtiere Europas sind heute vor allem in den Bergen zu finden. Einige Arten haben sich dort aus eigener Kraft behauptet, oft gegen den Willen des Menschen, der sie auszurotten trachtete. Andere, insbesondere aus der Gruppe der Huftiere, verdanken ihren Fortbestand dem Eingreifen des Menschen – eine bedeutende Leistung der Naturschützer. Das beste Beispiel hierfür ist der Alpensteinbock *(Capra ibex)*, der vor dem sicheren Untergang gerettet werden konnte.

Der Alpensteinbock ist vorwiegend oberhalb der Waldgrenze zu Hause. Nur zeitweise verläßt er die-

Das europäische Rotwild ist eine von mehreren Rassen der Art Cervus elaphus, die über Eurasien und Nordamerika verbreitet ist und sogar noch in den Randgebieten Nordwestafrikas vorkommt. Wie viele andere große Huftiere ist das Rotwild sowohl im Flachland als auch in den Bergen anzutreffen.

sen Lebensraum, etwa im Frühjahr, wenn er weiter unten nach frischen Trieben sucht. Während des Sommers hält er sich ständig in Gipfelnähe auf, wo er sich von den kargen Pflanzen ernährt. Wenn der Winter einsetzt, suchen die Steinböcke nicht wie andere Huftiere des Gebirges Schutz in den Tälern. Sie bleiben in mittleren Lagen, auf steilen, aber besonnten Hängen zwischen den tief verschneiten Höhen und der Waldgrenze. Die schattigen Täler und die Wälder sind zwar vor Wind geschützt, können aber kälter sein als die höheren Hanglagen, die der Sonneneinstrahlung ausgesetzt sind. Außerdem hält sich der Schnee an den steilen Hängen nicht, während er sich zwischen den Bäumen und in den Tälern ansammelt. Und je dünner die Schneedecke, desto günstiger ist es für den Steinbock, denn er muß an die niedrige Vegetation herankommen, die seine Nahrung bildet.

In aller Regel meiden die Steinböcke die Täler, auch wenn dort kein Schnee liegt. Ihre Bestände leben meist weit verstreut und isoliert auf den Zinnen der Berge, können aber gleichwohl in allen Hochlagen eines Gebirgssystems vertreten sein. Das gilt zum Beispiel für den Kaukasus, wo die beiden geographischen Unterarten des Steinbocks, die im Unterschied zum Alpensteinbock auch in die Wälder vordringen, noch in großer Zahl vorhanden sind. Im frühen Mittelalter waren die Steinböcke auch in den Alpen so weit verbreitet wie heute noch im Kaukasus, obwohl die einzelnen Rudel voneinander getrennt lebten. Doch schon damals begann der Prozeß, der beinahe zum Aussterben dieser herrlichen Tiere geführt hätte.

Für die Menschen des Mittelalters besaß der Steinbock übernatürliche Kräfte. Aus den Hörnern verfertigte man Zaubermittel, und den anderen Körperteilen des Tieres sprach man Heilkräfte gegen alle möglichen Krankheiten zu. Das Blut half angeblich gegen Schwielen und Warzen. Haarballen, Steine und andere unverdauliche Stoffe, die man im Magen der Tiere fand, sowie der ungefähr kreuzförmige Herzknorpel (das sogenannte Herzkreuz) galten als Allheilmittel. Kein Wunder also, daß die Steinböcke unaufhörlich bejagt wurden, obgleich man Gesetze zu ihrem Schutz erließ.

Gran Paradiso – Paradies der Steinböcke

Gegen Ende des Mittelalters gerieten die Steinbockbestände in Gefahr. Bereits im 16. Jahrhundert war er in der Schweiz und in Tirol selten geworden. In Tirol wurden Steinböcke nachweislich im Jahre 1706 zum letztenmal gesichtet; in dem Bericht ist von einem Rudel von fünf Böcken und sieben Geißen die Rede. Zu Beginn des vorigen Jahrhunderts lebten Alpensteinböcke nur noch auf den Südhängen der italienischen Alpen, in Piemont. Damals trat eine entscheidende Wende im Schicksal der Alpensteinböcke ein, vor allem deshalb, weil die Herzöge von Savoyen-Piemont, die auch Könige von Sardinien waren und 1861 Könige von Italien wurden, diese Wildziegen als Jagdwild schätzten. Durch immer strengere und besser überwachte Gesetze wurden die letzten Steinböcke geschützt, und 1856 richtete König Viktor Emanuel II. ein Schutzgebiet ein, das ganze Gran-Paradiso-Massiv, und erklärte das von den Tieren bewohnte Gebiet zum königlichen Jagdrevier.

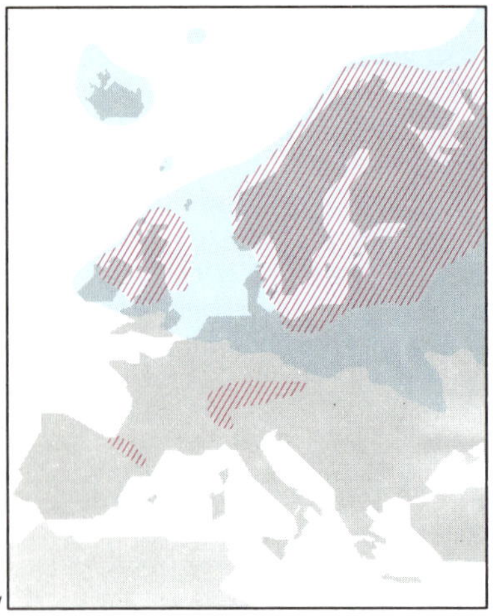

1

2

1 Die Karte zeigt die größte Reichweite der beiden letzten Eisvorstöße in Europa. Die schraffierte Zone stellt die Gletscherausdehnung der Riß-Eiszeit dar und die dunkle Zone die der Würm-Eiszeit, der bisher letzten Vereisung. In der Eiszeit, als das Inlandeis von Norden her bis Mitteleuropa vordrang, nahmen auch die Gletscher auf den weiter südlich gelegenen Bergen der Alpen, der Pyrenäen und des Kaukasus an Größe zu und schoben sich talwärts vor.

2 Der Steinbock ist eine Wildziege, die oberhalb der Waldgrenze in einigen europäischen Gebirgen vorkommt. Wenn die Böcke um die Vorherrschaft im Rudel und um die Gunst der Weibchen kämpfen, kreuzen sie die Hörner und stoßen sich gegenseitig. Manchmal steigen sie auch auf die Hinterbeine und lassen das Gehörn aufeinanderprallen. Jeder der beiden Rivalen versucht den anderen nach unten zu drängen, um im Stoßgefecht einen Vorteil zu gewinnen.

Königliche Wildhüter sorgten in den Bergen für den Schutz der Steinböcke, die sich in ihrem Reservat hoch droben in den piemontesischen Alpen allmählich wieder vermehrten. Der Bestand umfaßte 1879 ungefähr 600 Tiere, und vor dem Ersten Weltkrieg war er bereits auf mehr als 3000 angewachsen. Mittlerweile war der Steinbock auch in anderen Gebieten der Alpen wieder eingeführt worden, doch gelang dies nur mittels einer List.

1892 gründeten die Schweizer, die ihre letzten Steinböcke 1809 völlig ausgerottet hatten, ein Zuchtgehege, für das sie einige Tiere aus Italien kaufen wollten. Doch die Italiener waren nicht zum Verkauf von Steinböcken aus dem Gran Paradiso bereit, und bei den einzigen Tieren, die zur Verfügung standen, handelte es sich um Mischlinge, die aus Kreuzungen von Zootieren mit Hausziegen hervorgegangen waren. Die Schweizer entschieden sich für einen Handstreich: Im Jahre 1906 fingen sie im Gran Paradiso ein paar Steinböcke ein und schmuggelten sie über die Grenze. Nun erst gaben die Italiener ihren Widerstand auf und verkauften weitere Tiere in die Schweiz.

Seitdem ist der Steinbock mit Erfolg in verschiedenen Alpengebieten wiederangesiedelt worden. Nicht nur Italien, sondern auch Frankreich, die Schweiz und Österreich verfügen heute über ansehnliche Steinbockbestände, die Bundesrepublik Deutschland über eine kleinere Anzahl. Mindestens 8000 Tiere leben in freier Wildbahn, und darüber hinaus sind in den zoologischen Gärten zahlreiche Steinböcke nachgezogen worden.

Die Wiederkehr der Steinböcke bedeutet für die Fauna der Alpen eine wertvolle Bereicherung. In den meisten Gebieten ist der Steinbock das größte überlebende Wildtier; manche Böcke wiegen mehr als 120 kg bei einer Widerristhöhe von 75 cm. Die Stirn ist gekrönt von säbelförmig nach hinten gebogenen und spitz zulaufenden Hörnern, die ein Zehntel des Körpergewichts ausmachen.

Während der Brunftzeit im Winter tragen die Böcke ihre Rivalenkämpfe aus. Sie hämmern mit ihrem prachtvollen Gehörn aufeinander ein, doch sind Verletzungen selten. Die Hörner der weiblichen Tiere sind zwar weniger eindrucksvoll, können jedoch zu einer tödlichen Waffe werden, wenn es um die Verteidigung des Nachwuchses geht.

Im Lebensraum der Alpensteinböcke gibt es nur noch wenige größere Raubtiere, die ihnen gefährlich werden könnten, aber es kommt gelegentlich vor, daß ein Steinadler vom Himmel herabstößt und ein Kitz schlägt.

Von Gletschern geformt

Die naturgegebene Begrenztheit der Tier- und Pflanzenwelt Europas hat ihren Grund vor allem in der geringen Größe dieses Kontinents, der nur eine Fläche von ungefähr 6 200 000 km^2 bedeckt. Strenggenommen ist Europa überhaupt kein Kontinent, sondern eher eine riesige Halbinsel, die Asien im Westen vorgelagert ist. Die Frage, wo genau Asien aufhört und Europa anfängt, war lange Zeit umstritten. Heute haben sich die Geographen darauf geeinigt, daß zwei Gebirgszüge als Grenzwälle zwischen Asien und Europa zu betrachten sind: der Ural im Osten und der Kaukasus zwischen dem Schwarzen und dem Kaspischen Meer im Südosten.

Abgesehen von den arktischen

3

4

5

3 Junge Smaragdeidechsen schlüpfen aus ihren weichschaligen Eiern.

4 Die Smaragdeidechse gehört zu einer Reptiliengattung, die in ganz Europa verbreitet ist, auch im Bergland. Die Männchen tragen mit steifen Beinen, hochgewölbtem Leib und gesenktem Kopf heftige Rivalenkämpfe aus.

5 Der Feuersalamander ist in mehreren Unterarten über einen großen Teil Europas verbreitet. Der Gebänderte Feuersalamander kommt im Schweizer Jura vor. Der Name Feuersalamander beruht auf dem alten Volksglauben, daß das Tier dem Feuer entstamme. Man begründete dies mit der Tatsache, daß Salamander häufig unter der Rinde von Holzklötzen hervorkriechen, wenn diese ins Feuer geworfen werden.

Randgebieten liegt ganz Europa im nördlichen gemäßigten Klimagürtel. Es ist neben der Antarktis der einzige Erdteil, der keinen Anteil an den Tropen hat. Seine Pflanzen- und Tierwelt beschränkt sich deshalb auf solche Arten, die sich an das Leben in höheren Breiten angepaßt haben.

In der Eiszeit, als Gletscher große Teile Mitteleuropas bedeckten, wurde der Raum, der den Lebewesen zur Verfügung stand, weiter verkleinert. Wärmebedürftige Bäume wie der Tulpen- und Amberbaum wurden nach und nach aus Europa verdrängt. Viele Lebewesen waren gefangen zwischen den von Norden vorrückenden Eismassen und der großen Gebirgsschranke der Pyrenäen, der Alpen und der Karpaten, die Mitteleuropa von Südeuropa scheidet.

Die Vereisung kam zwar ein gutes Stück nördlich der Gebirgsschwelle zum Stehen, aber zwischen dem Eis und den Bergen verwandelten sich die Laubwälder der milden Klimazone in borealen Wald, in Kältesteppen und in Tundren. Die Tiere, die im vergleichsweise warmen Wald zu Hause waren, wurden nach Süden über die Berge abgedrängt – sofern sie sie zu übersteigen vermochten. Andernfalls waren sie dem Untergang geweiht. Unterdessen schoben sich von den Höhen der Gebirge Gletscher in die umliegenden Ebenen vor und zerteilten zusätzlich den kargen Lebensraum, der den Pflanzen und Tieren verblieben war. Beim Rückgang des Eises – ein Prozeß, der sich mehrmals wiederholte und dessen letzte Periode im Grunde seit 12 000 Jahren andauert – konnten einige der vertriebenen Arten über die Berge zurückkehren und ihre alten Verbreitungsgebiete wieder besiedeln.

Die wandlungsfähigen Salamander

Die Folgen des Wechsels zwischen Vergletscherung und Rückgang des Eises lassen sich recht gut an der Verbreitung des Salamanders ablesen. Der europäische Feuersalamander *(Salamandra salamandra)* braucht zum Leben den Schatten und die Feuchtigkeit mäßig warmer Wälder, etwa von Buchenwäldern. Diese Art hat sich in Europa in acht Unterarten aufgespalten, die man an der unterschiedlichen gelben Fleckenzeichnung ihres schwarzen Körpers leicht erkennen kann. Sechs Unterarten sind in Südeuropa beheimatet, während die beiden anderen bis tief nach Mitteleuropa hinein vorkommen.

Die Wissenschaftler nehmen an, daß der Feuersalamander von den Eismassen nach Süden vertrieben wurde und dann wieder nordwärts vordrang, als das Eis zurückwich. Während seines Exils besetzte der Salamander vereinzelte Rückzugsgebiete am Mittelmeer, wo die letzten Laubwälder Europas erhalten blieben. In dieser Isolation kam es zu einer Differenzierung der Art. Als das Klima wärmer wurde, begannen sich die einzelnen Bestände wieder auszubreiten. Manche Gruppen kreuzten sich, und daraus entwickelten sich weitere Varietäten. Heute zeigt sich die Variationsbreite des Feuersalamanders nicht nur in einer großen Vielfalt der Fleckenzeichnung, sondern auch in den unterschiedlichen Körpergrößen innerhalb ein und derselben Art.

Als das letzte Eis verschwand, überquerten zwei Feuersalamander-Unterarten das Gebirge und kehrten in ihre angestammte Heimat zurück. Eine gebänderte Unterart kam aus dem Südwesten, entweder aus Spanien oder Norditalien. Die andere, gefleckte, stammte aus dem Südosten, wo sie längs des Mittelmeeres bis hinunter nach Israel anzutreffen ist. Wo die Salamander feuchte Laubwälder vorfanden, etwa in den Ausläufern des Harzes, nahm ihre Zahl rasch zu.

Eine andere Wanderbewegung, ausgelöst durch das Vordringen des Eises, können wir beim Alpensalamander *(Salamandra atra)* beobachten, einem glänzend schwarzen Tier, das im Bergland von den Westalpen bis nach Albanien beheimatet ist. Dieser Salamander, der selbst noch in Höhen über 3000 m vorkommt, wurde wahrscheinlich aus dem Gebirge vertrieben, als sich die Gletscher dort ausdehnten, und fand Zuflucht an den Mittelmeerküsten. Sobald das Klima wieder milder wurde, stiegen die Tiere erneut die Berge hinauf.

Einmalig ist die Fortpflanzung der Alpensalamander in Anpassung an die unwirtliche hochalpine Lebenszone. Während das Weibchen des in tieferen Lagen vorkommenden nahe verwandten Feuersalamanders jedes Jahr zahlreiche Larven mit Kiemen ins Wasser ablegt, die nach mehreren Wochen als fertige kleine Feuersalamander das Wasser wieder verlassen, ist der Alpensalamander das Tier mit der längsten Tragzeit überhaupt: zwei oder gar drei Jahre.
Die Paarung findet im Sommer statt. Auf Kosten der anderen Eier wachsen im Mutterleib nur zwei Eier zu Larven heran, die auch Kiemen aufweisen, obwohl sie nie ins Wasser gelangen. Das Weibchen trägt die beiden Larven ganz aus, so daß sie als vollständig entwickelte kleine Alpensalamander zur Welt kommen.

Die Auswirkungen der Vereisung

Als sich das Klima besserte und die Gletscher nach Norden oder in die Hochlagen der Berge zurückwichen, folgten viele Tiere, die in der Eiszeit in Europa heimisch geworden waren, der rückläufigen Vereisung, oder sie verschwanden ganz und gar von der Bildfläche. Der Elch *(Alces alces)* zog mit dem borealen Waldgürtel, der sich aus Nadelbäumen, Birken, Erlen und Espen zusammensetzte, nach Norden und trat fortan im südlichen Mitteleuropa nicht mehr in Erscheinung, nachdem Restbestände im Frühmittelalter ausgerottet wurden.

Während der Eiszeit waren die westeuropäischen Steppen und Tundren nördlich der Alpen und Pyrenäen auch die Heimat der Murmeltiere, der Gemsen und Steinböcke, die heutzutage als typische Hochgebirgstiere gelten. Als sich die Gletscher die Hänge hinabschoben, trieben sie die auf den Höhen beheimateten Tiere vor sich her, immer weiter talwärts, bis diese sich schließlich im Flachland wiederfanden. Inzwischen war freilich auch das Klima in der Ebene so hart geworden, wie es früher auf den Gipfeln gewesen war, und daher boten die Steppen, Tundren und borealen Wälder den Gebirgstieren einen angemessenen Lebensraum. Sobald das Eis sich auf die Bergeshöhen zurückzog, folgten ihm die Gemsen, Steinböcke und Murmeltiere bis hinauf in die alpine Zone, die sie noch heute bewohnen. Auch Pflanzen besiedelten die Hänge, die von der Vereisung wieder frei waren. Dieser Vorgang dauert auf manchen Alpengipfeln bis heute an, wo die Gletscher zurückweichen und neue Pflanzen nachdrängen.
Da Vereisungs- und Wärmeperioden mehrmals wechselten, haben sich auch die Pflanzen und Tiere der europäischen Gebirge mehrmals die Hänge hinauf und hinab bewegt. Nur die mediterranen Randgebiete erwiesen sich als beständiger. Allein die allerhöchsten Gipfel waren vergletschert; deswegen verlief die Entwicklung der Gebirgsfauna und -flora im südlichen Teil Europas relativ ungestört, bis vor ungefähr 3000 Jahren der Mensch dort in die Natur eingriff.

Der Einfluß des Menschen

In ein paar Jahrhunderten hat der Mensch die Lebewelt der südeuropäischen Gebirgslandschaften weitgehend verändert. Selbstverständlich haben menschliche Eingriffe nicht immer zu Katastrophen geführt, und in manchen Gegenden erfolgten sie sogar im Einklang mit der Natur. Aber in den meisten Fällen hat der Mensch den Bergen, ihren Pflanzen und ihren Tieren nur Unheil gebracht.
Nirgendwo ist das Angesicht der Berge übler entstellt worden als in den Gebieten rings um das Mittelmeer, wo eine reiche, vielgestaltige Wildnis in eine verödete und lebensarme Landschaft verwandelt wurde. Allenthalben, im Apennin Italiens, in der Sierra Nevada Spaniens und im sagenumwobenen Bergland Attikas in Griechenland, hat sich dieselbe traurige Geschichte der Verwüstung und Zerstörung wiederholt. Man hat die Wälder auf den Hängen abgeholzt, ohne sich über eine Erneuerung des Baumbestandes Gedanken zu machen. Jahr für Jahr trieben die Hirten ihre Schafe und Ziegen höher die Berge hinauf, wo die Tiere auch

1

3

2

4

1–6 Bergwiesen und Tundren überziehen sich im Frühling mit unzähligen bunten Wildblumen. Viele Blumen haben die Höhen wiederbesiedelt, nachdem sich die Gletscher auf die Gipfel zurückgezogen hatten. Zahlreiche hochgelegene Matten- und Moorlandschaften der Alpen haben sich in ihrem natürlichen Zustand erhalten. Daneben sind im Laufe der Jahrhunderte durch Holzeinschlag und Weidewirtschaft neue Bergwiesen entstanden, und mancherorts hat sich auch die Waldgrenze gesenkt.

1. *Echte Bärentraube (Arctostaphylos nova-ursi)*
2. *Schwefelanemone (Pulsatilla alpina ssp. apiifolia)*
3. *Buchskreuzblume (Polygala chamaebuxus)*
4. *Alpenkratzdistel (Cirsium spinosissimum)*
5. *Breitblättriger Enzian (Gentiana kochiana)*
6. *Feuerlilie (Lilium bulbiferum)*

das letzte grüne Hälmchen abzupften und alles, was sie nicht fraßen, zertrampelten. Wo die Bäume fehlten, konnte sich kein Humus bilden. Und ohne den Schutzmantel der Vegetation wurde die geringe noch vorhandene Krume von Wind und Wasser abgetragen. Da die Hänge nicht mehr durch Bäume befestigt waren, verwitterten sie, und die Wassermassen, die sich unbehindert durch Gras oder Baumwurzeln talwärts ergossen, ließen auf den Hängen große Narben entstehen. Diese Form der Erosion verschlimmerte sich mit jedem Regenfall, zumal in dem lockeren Sedimentgestein, aus dem die Berge des Mittelmeerraums vorwiegend bestehen. Das Ergebnis einer solchen jahrtausendelangen Auswaschung ist vielerorts zu sehen: eine Landschaft, die so kahl wirkt wie die Oberfläche des Mondes.

Obwohl die Natur diesen zerstörerischen Kräften nicht gewachsen war, haben sich an versteckten Stellen und auf den Gipfeln der mediterranen Gebirge hier und da noch unberührte Flecken erhalten, die zumindest ahnen lassen, wie die Landschaft einst ausgesehen hat. Im Mittelteil des Apennin, nicht weit von Rom entfernt, sind zum Beispiel die höheren Lagen mit stattlichen Buchenwäldern bedeckt. Dort hausen noch Wölfe und auch einige Braunbären, die sonst aus Westeuropa fast vollständig verschwunden sind. Der büschelohrige und hochbeinige Pardelluchs *(Lynx lynx pardellus)* durchstreift noch immer die südspanische Sierra Morena, wo sich Vegetationsinseln mittlerweile auch auf Gebiete ausgedehnt haben, die vor langer Zeit gerodet worden waren.

Der Maquis, der für die tieferen Lagen der Mittelmeergebirge kennzeichnende Buschwald, zieht sich in manchen Gegenden an den Hängen hinauf, die ihren alten Laubwaldbestand eingebüßt haben. Der strauchwüchsige Maquis unterscheidet sich zwar sehr von den grünen, schattigen Wäldern früherer Zeiten, aber er stellt gleichwohl einen urtümlichen Lebensraum eigener Art dar. Das wirre, fast undurchdringliche Gesträuch beherbergt eine Vielzahl von Tieren. Auf Korsika und Sardinien, wo der Maquis von jeher den Räuberbanden Unterschlupf bot, ist er auch ein Zufluchtsort für die kleine tyrrhenische Rotwild-Unterart, die vor dem Aussterben steht, und der Weidegrund für die Mufflons aus dem höhergelegenen Fels.

Der Mensch in den Alpen

Auch die Alpen haben sich unter dem Einfluß des Menschen gewandelt, allerdings unauffälliger, wenigstens bis vor einigen Jahrzehnten. Die Alpen, nach dem Kaukasus das zweithöchste Gebirge Europas, sind durchzogen von einem Geflecht breiter grüner Täler, die in der Eiszeit durch die hangabwärts vorstoßenden Gletscher gegraben wurden. Durch diese Täler, von denen viele tiefblaue Seen und reißende Ströme bergen, drang der Mensch bis ins Herz der Alpen vor, und Bauernhöfe, Dörfer und Städte überziehen den gesamten Gebirgszug, der eine Fläche von mehr als 124000 km² bedeckt.

Tief unter den Felsgipfeln, wo der Steinbock seine kühnen Sprünge macht und das zarte, aber zähe Edelweiß sich an winzige Felsbänder anklammert, liegt eine Welt, die von diesen Höhen scheinbar unendlich weit entfernt ist. Doch von den Tälern aus hat der Mensch durch Vieh- und Forstwirtschaft auch den Lebensraum auf den Hängen verändert. Wie in anderen europäischen Gebirgen sind jedoch in den Alpen die Regionen oberhalb der Waldgrenze relativ unberührt geblieben.

Die größten Schäden wurden den Alpen vor 1850 zugefügt. Die Bevölkerung, die dort lebte, bestand zumeist aus armen Bauern, wobei ein großer Teil des Landes im Besitz von wenigen wohlhabenden Familien war. Zur Bestreitung des kargen Lebensunterhalts auf der einen Seite und aus Gewinnstreben auf der anderen wurden die Berge rücksichtslos ausgebeutet. Man rodete die Hangwälder, manchmal kurzerhand mit Feuer, um Land zu gewinnen. Rinder und andere Haustiere überweideten die Bergwiesen, und das Holz wurde als Bau- und Brennmaterial verkauft.

Mit dem Verschwinden dieses Wirtschaftsgebarens und der Entwicklung des Handelsverkehrs, der eine Erhöhung des Lebensstandards nach sich zog, wurde der massiven Ausbeutung der Alpen vor etwa hundert Jahren Einhalt geboten. Zugleich traten Gesetze zum Schutze der Wälder, Flüsse und Almen in Kraft. Diese Naturschutzmaßnahmen schufen einen Ausgleich zwischen der land- und viehwirtschaftlichen Nutzung, der Holzgewinnung und den natürlichen Ökosystemen des Gebirges. Ein großer Teil der Alpenvegetation ist zwar zugegebenermaßen nicht »natürlich«, wirkt aber dennoch harmonisch. Im übrigen sind vor allem in den höheren Lagen einige Naturwälder erhalten geblieben, daneben Bergwiesen, auf denen Enzian und Schlüsselblumen blühen, und Lichtungen, wo die Alpenrosen wie in einem wilden Garten wachsen. All dies stimmt zu-

5

6

1–3 Die Insekten haben auch das Hochgebirge erobert. Viele Arten behaupten sich oberhalb der Waldgrenze und sogar im ewigen Eis und Schnee der höchsten Gipfel. Zu den Myriaden von Insekten, die in den europäischen Bergen anzutreffen sind, zählen zum Beispiel die Langwanze Lygaeus sexatilis aus Griechenland (2), der Blattkäfer Clytra laeviuscula (1) und die Streifenwanze Graphosoma italicum (3) aus den österreichischen Alpen. Alle drei Arten ernähren sich von Pflanzenstoffen. Die Larven der Blattkäfer sind gefährliche Wurzelschädlinge. Die Langwanze saugt Pflanzensäfte auf.

4 Das Matterhorn, 4477 m hoch, bei Zermatt in der Schweiz.

5–7 Die Gletscher haben die Bergtäler umgestaltet. Hier ist zunächst ein Flußtal vor der Vergletscherung dargestellt, es ist flach und von sanft abfallenden Hängen begrenzt (5). Ein Gletscher, der sich von einem nahen Gipfel herab vorschiebt, höhlt das Tal aus, hobelt Gestein und Erdreich vom Boden ab und wirft an den Rändern Moränen auf (6). Nach dem Rückzug des Gletschers ist das Tal tief, steilwandig und mit Gesteinstrümmern übersät. Das Flußbett fällt steil ab und nimmt viele Wasserfälle auf (7).

1

2

sammen mit den Weiden und Forsten, die ihre Entstehung dem Menschen verdanken.
In den letzten drei Jahrzehnten bedroht indes der Tourismus das so sorgsam aufrechterhaltene Gleichgewicht der Natur in den Alpen wie in anderen Gebirgen der gemäßigten Breiten. Die Verstädterung breitet sich im Umkreis der großen Wintersportzentren immer weiter aus und zerstört nicht nur die Landschaft, sondern auch das Lebensgefüge der eingesessenen Bevölkerung, die soviel zur Erhaltung der Landschaft beigetragen hat. Da der Fremdenverkehr mehr Gewinn verspricht, machen sich viele Bergbauern nicht mehr die Mühe, ihre Wiesen zu mähen. Das hohe Gras bindet im Winter eine dicke Schneedecke. Wenn dann der Schnee im Frühling abschmilzt, kriecht er langsam hangabwärts und reißt das Gras samt den Wurzeln mit sich. Das ungemähte Gras bildet überdies eine glatte Rutschbahn für Lawinen. Die Lawinengefahr wird auch durch die Skiabfahrten erhöht, die im Grunde künstlich geschaffene Trassen für die herabstürzenden Schneemassen sind.

Die Pyrenäen und der Kaukasus

Im Gegensatz zu den Alpen, die der Mensch so nachhaltig verändert hat, sind die Pyrenäen und der Kaukasus noch echte, großräumige Naturlandschaften, in die der Mensch kaum eingegriffen hat. Will man die Abwesenheit des Menschen in diesen beiden Gebirgszügen verstehen, muß man wiederum auf die Eiszeit zurückgehen. Wegen ihrer südlicheren Lage bildeten sich in den Pyrenäen und im Kaukasus nicht solche mächtigen Gletscher wie in den Alpen. Die Täler wurden folglich vom Eis nicht so stark ausgefurcht, und sie sind deshalb bis auf den heutigen Tag schmal und steilwandig geblieben – sie sind also nicht leicht zu durchqueren und nicht sonderlich einladend. Gleichwohl breitet sich neuerdings auch in diesen Gebirgen der Fremdenverkehr mit seinen nachteiligen Folgen stark aus. Der fehlende menschliche Einfluß spiegelt sich in der Vegetation der Pyrenäen und des Kaukasus wider. Sie wirkt wild und urwüchsig, nicht so gepflegt wie die Forste und Weiden der Alpen. Der Kaukasus, mehr als 1200 km lang und bis 180 km breit, ist teilweise mit dichten Wäldern bedeckt, die im übrigen Europa meist nur noch eine schöne Erinnerung sind. In den Tälern und auf den unteren Hängen, zumal in den feuchten westlichen Ausläufern des Gebirges, erstrecken sich riesige Mischwälder, bestehend aus Eichen, Ulmen, Buchen und anderen Laubbäumen. Weiter oben herrscht die Buche vor, dann folgen die Birke und der Ahorn und schließlich, bis hinauf zur Baumgrenze, die Fichte. Diese Wälder sind das Reich der Bären und Wölfe, der Wildkatzen und sogar der Leoparden, der Wisente und der Wildziegen, Steinböcke und Gemsen.

Die Gemse

Der Steinbock bewohnt die Hochlagen der Alpen gemeinsam mit einem anderen großen Huftier, der Gemse oder Gams *(Rupicapra rupicapra).* Sie ist leichter als der Steinbock und vielleicht noch anmutiger, wenn sie über Felsgrate hinwegsetzt, mehr als 5 m breite Spalten überspringt oder auf einem winzigen Felsvorsprung steht.
Die Gemse ist viel häufiger als der Steinbock und nicht nur in den Alpen, sondern auch auf den Bergen von Nordspanien bis zum Kauka-

4

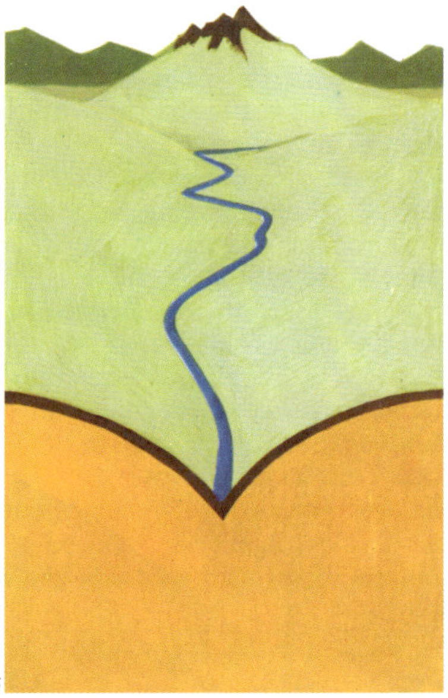
5

6

7

3

sus und im Norden bis in die Hohe Tatra verbreitet. Gemsen streifen in den Pyrenäen umher, im Zentralapennin, auf den Bergen des Balkans und der Karpaten, oft in stattlicher Zahl. Sie sind keineswegs nur auf das Hochgebirge beschränkt, sondern leben auch im Schwarzwald und im Elbsandsteingebirge, wo man sie ausgesetzt hat.

Die Jungen kommen im Mai zur Welt, hoch oben auf den höchsten Bergwiesen. Im allgemeinen setzt die Gemse nur ein einziges Kitz, doch in Ausnahmefällen können es auch zwei oder gar drei sein. Schon wenige Stunden nach der Geburt kann das Neugeborene mit seiner Mutter umherziehen, der es dicht auf den Fersen bleibt. Wenn die Mutter stirbt, wird ihr Kind unter Umständen von einer anderen weiblichen Gemse angenommen.

Im Sommer bilden die Jungtiere und die Weibchen Rudel, die mehr als 20 Tiere umfassen können. Zuweilen läßt sich beobachten, wie sie im Gänsemarsch über die Kämme und Grate ziehen auf der Suche nach saftigen Kräutern, Gräsern und Blüten. Die alten Böcke streifen im Sommer allein umher und halten sich von den Weibchen- und Jungtierrudeln fern. Die Fortpflanzungszeit fällt in den Herbst. Dann stoßen die Böcke zu den Rudeln und kämpfen miteinander um die Gunst der Geißen.

Im Gegensatz zu den Brunftkämpfen vieler hörnertragender Huftierarten sind die Duelle der Gemsen nicht ritualisiert, wodurch schwere Verletzungen ausgeschlossen wären. Vielmehr befehden sich die Gamsböcke auf Leben oder Tod. Ihre Waffen sind die schlanken Hörner, die »Krucken«, die etwa 20 cm lang sind und am Ende einen scharfen Haken bilden. Der Kampf tobt bergauf und bergab, denn er endet nicht, wenn einer der beiden Gegner die Flucht ergreift. Im Gegenteil, wenn ein Bock den Kampf abzubrechen versucht, wird er von seinem Gegner erbarmungslos verfolgt.

Vor der strengen Winterkälte und zumal vor schweren Schneefällen steigen die Gemsen in die Wälder hinab, wo sie Nahrung in Form von jungen Kieferntrieben, Flechten und Moosen finden. Aus den höhergelegenen Wäldern sind die »Sommergäste« unter den Huftieren bereits teilweise abgezogen, wenn die Gemsen eintreffen, denn der Wechsel der Jahreszeiten bringt auch eine vertikale Verschiebung der Lebewesen mit sich, welche die verschiedenen Höhenstufen bewohnen. Mit dem Einbruch des Winterwetters steigen viele Tiere zur nächsttieferen Zone hinab. So wie die Gemsen in den Nadelwaldgürtel ausweichen, wandert das Schalenwild von dort in die tiefergelegenen Laubwälder ab. Im Sommer dagegen steigen die Hirsche hoch hinauf in die Nadelwaldregion, sogar bis über die Waldgrenze. In den Schweizer Alpen beispielsweise zieht das Rotwild durch die Fichtenwälder hindurch bis in Höhen von fast 3000 m. Und in den Alpen, aber auch in den Karpaten, im Kaukasus und in allen vergleichbaren europäischen Gebirgen bevölkert das zierliche und elegante Reh, das häufigste Schalenwild Europas, die höheren Hanglagen.

Die anpassungsfähigen Hirsche

Zwei Vertreter der Hirschfamilie, der Rothirsch *(Cervus elaphus)* und das Reh *(Capreolus capreolus)*, sind typisch für die vielen größeren Säugetiere, vor allem unter den pflanzenfressenden Huftieren und den ihnen nachstellenden Raubtieren, die sich an das Leben in den Bergen angepaßt haben, obwohl sie, im Gegensatz zu den Steinböcken und Gemsen, von Hause aus nicht für ein solches Leben geschaffen sind. Beide Arten sind Waldtiere. Zumal das Reh fühlt sich dort am wohlsten, wo der Wald durch Wiesen und Felder unterbrochen wird. Wo die Laubwälder im Flachland gerodet wurden und nur noch auf den Hängen erhalten geblieben sind, haben sich die Rehe dorthin zurückgezogen. Und wenn am Fuße der bewaldeten Hänge Landwirtschaft betrieben wird, sind die Lebensbedingungen für die Tiere ideal: Sie finden schnellen und guten Schutz in den Wäldern und reichlich Nahrung auf den Feldern der Bauern.

Im Verlauf der letzten 25 Jahrmillionen haben sich bei den Huftieren Hörner entwickelt. Hinsichtlich Größe und Form weisen sie bei den einzelnen Arten und sogar bei den Unterarten erhebliche Unterschiede auf. Die Grundstruktur aller Gehörne ist jedoch gleich. Aus dem Stirnbein des Schädels wächst ein Knochenzapfen hervor, auf dem eine hornige Scheide aufsitzt, die periodisch unterschiedlich stark wächst. Hörner werden zwar zur Abwehr von Raubfeinden eingesetzt, dienen aber vor allem als Waffen in den ritualisierten innerartlichen Rivalenkämpfen der männlichen Tiere, bei denen es um die Gunst der Weibchen geht. Bei den Längenangaben in der nachfolgenden Zusammenstellung handelt es sich um Durchschnittswerte für männliche Gehörne.

Die Anpassungsfähigkeit der Hirsche zeigt sich besonders eindrucksvoll beim Rotwild der Grampians in Schottland. Weit mehr als 100 000 dieser großen Hirsche durchstreifen die zerklüfteten, nebelverhangenen Hochmoore, die die Berge bedecken. Die Hirschrudel, die manchmal Hunderte von Tieren umfassen, ziehen in einer baumlosen Landschaft umher, in der Heidekraut und Gras wachsen, Felsbrocken überall umherliegen und an vielen Stellen der nackte Fels zutage tritt. Die Moore überziehen selbst die Bergkämme in einer Höhe von 1000 m.
Einst waren die Moore längst nicht so ausgedehnt wie heute, und sie stellen sicherlich nicht die naturgegebene Landschaftsform des Hochlandes dar. Sie haben sich aus ihrer ursprünglichen Lage auf den exponierten Höhen weiter nach unten ausgebreitet – eine Folge der Waldrodung und der anschließenden Überweidung durch die Schafe. Das Vordringen der Moore auf die unteren Hänge ist zwar in den letzten Jahren weitgehend unterbunden worden, aber die Wälder sind dennoch nicht wiedererstanden. Trotz alledem hat das Rotwild, das seit vorgeschichtlichen Zeiten an den Wald gebunden war, nicht nur in dieser kahlen Landschaft überlebt, sondern sich sogar prächtig entwickelt.
Die Überreste des alten Kaledonischen Gebirges, die man als Schottisches Hochland bezeichnet, sind freilich nur Hügel, wenn man sie mit den Gipfeln der jüngeren Gebirge, etwa der Alpen, vergleicht. Keine Erhebung des Hochlandes ist höher als 1300 m.
Die dort heimischen Hirsche sind also nicht so heftigen jahreszeitlichen Wetterumschwüngen ausgesetzt wie ihre Artgenossen in anderen Gebirgen. Solange der Winter nicht sehr hart ist, halten sie sich das ganze Jahr über in den Bergen auf.

Hörner

EUROPA
Mufflon *(Ovis musimon)* – Hornlänge 75 cm.
Alpensteinbock *(Capra ibex ibex)* – Hornlänge 90 cm.
Gemse *(Rupicapra rupicapra)* – Hornlänge 25 cm.
Wisent *(Bos bonasus)* – Hornlänge 50 cm.
Iberiensteinbock *(Capra pyrenaica)* – Hornlänge 100 cm.

AFRIKA
Äthiopiensteinbock *(Capra ibex walie)* Hornlänge 27–100 cm.
Bergnyala *(Tragelaphus buxtoni)* – Hornlänge 110 cm.
Bongo *(Tragelaphus eurycerus)* – Hornlänge 90 cm.
Elenantilope *(Taurotragus oryx)* – Hornlänge 113 cm.
Büffel *(Syncerus caffer)* – Hornlänge 100 cm.

ASIEN
Marco-Polo-Schaf *(Ovis ammon poli)* – Hornlänge 190 cm.
Urial *(Ovis vignei arkal)* – Hornlänge 90 cm.
Sibirischer Steinbock *(Capra ibex sibirica)* – Hornlänge 140 cm.
Schraubenziege/Markhor *(Capra falconeri)* – Hornlänge 160 cm.
Yak *(Bos mutus)* – Hornlänge 95 cm.
Takin *(Budorcas taxicolor)* – Hornlänge 63 cm.

NORDAMERIKA
Schneeziege *(Oreamnos americanus)* – Hornlänge 30 cm.
Dickhornschaf *(Ovis canadensis)* – Hornlänge 90 cm.
Dallschaf *(Ovis dalli)* – Hornlänge 90 cm.
Gabelbock *(Antilocapra americana)* – Hornlänge 25 cm.

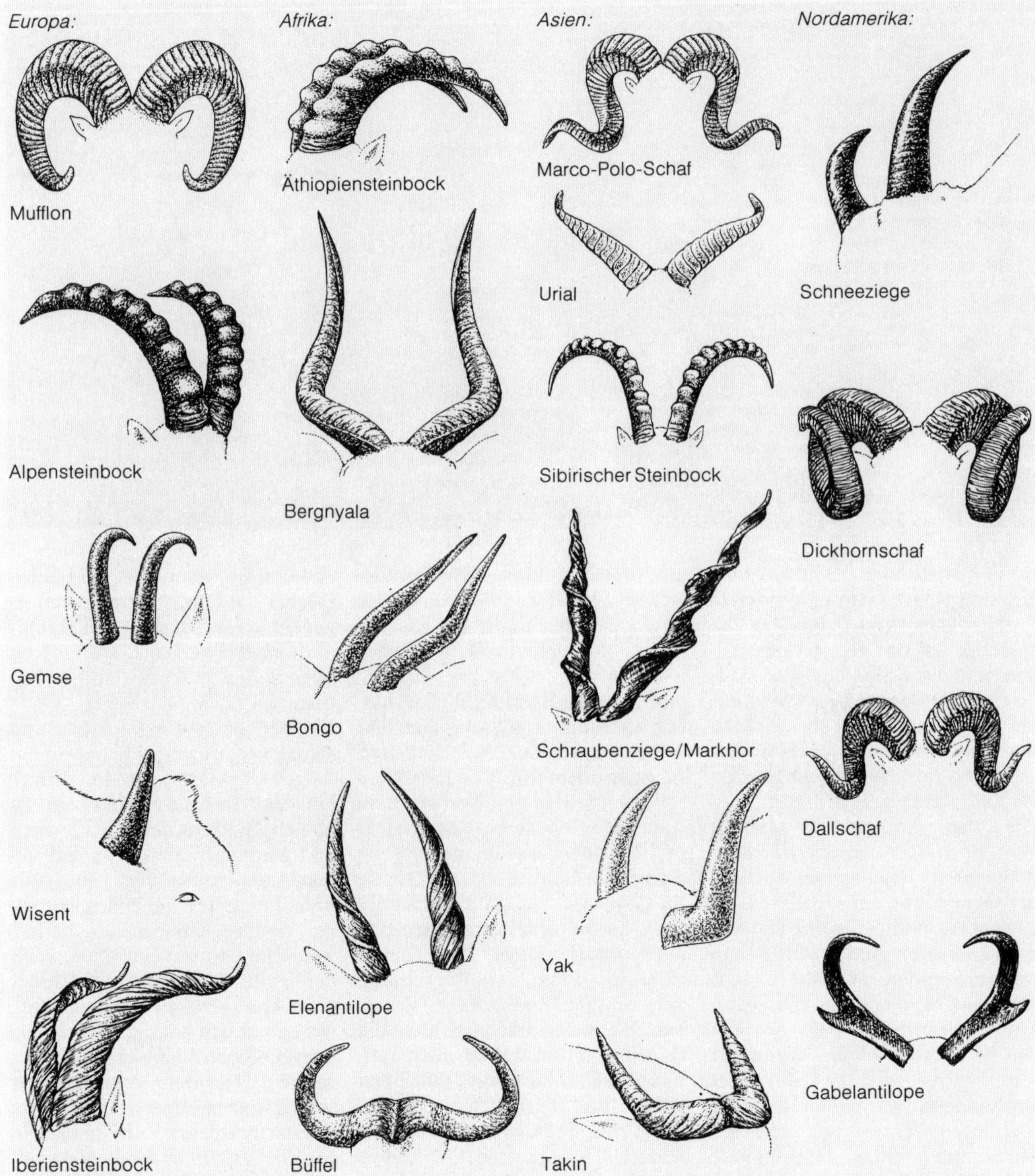

Kampflüstern zeigt dieser Rothirsch seine Paarungsbereitschaft an.

Der Mufflon

Im späten Pleistozän (Eiszeitalter) waren die Berge Süd- und Mitteleuropas bevölkert von kleinen Wildschafen, deren braunes Fell einen deutlich abgegrenzten weißen Sattel aufweist, vor allem dann, wenn die Tiere ihr Winterkleid tragen. Dieses Schaf, der Europäische Mufflon *(Ovis musimon)*, hat in historischer Zeit nur auf den Inseln Korsika und Sardinien überlebt, doch es wurde auch dort so stark bejagt, daß die Inselbestände heute nur noch nach Hunderten zählen. Glücklicherweise ist der Mufflon ein ungewöhnlich anpassungsfähiges Tier, das in den vielen anderen Gebirgen Europas, in die der Mensch es in den letzten anderthalb Jahrhunderten verpflanzt hat, sehr gut gedeiht.

Heute leben mehrere Tausend Mufflons in Deutschland und weitere Tausende in Dänemark, Holland, Frankreich, in der Schweiz, in Österreich, in der Tschechoslowakei, in Jugoslawien, Ungarn, Rumänien, Polen, in der UdSSR, in Kalifornien, Texas, Hawaii und in anderen Ländern. Die Mufflons sind mittlerweile selbst im Flachland so weit verbreitet, daß man ihren Gesamtbestand auf rund 20 000 schätzt.

Ein Grund für den Erfolg der Umsiedlung besteht darin, daß die Tiere nicht wählerisch sind: Sie nehmen harte Gräser und Kräuter genausogern an wie Knospen, Beeren, Flechten, Bucheckern und Kastanien. Die behenden und überaus klettergewandten Mufflons sind ausgesprochene Bergtiere, die jedoch nicht auf den höchsten Felsspitzen zu Hause sind, sondern im oberen Teil des Waldgürtels. Auf ihren heimischen Inseln trifft man sie auch im Maquis an.

Der Kampf gegen die Raubtiere

Nachdem der Mensch die Wildtierbestände in den Bergen Europas dezimiert hatte, waren Huftiere wie Mufflons und Steinböcke die ersten, die aus einer Wandlung der Einstellung den Tieren gegenüber Nutzen zogen. Die Gründe sind leicht einzusehen. Einmal sind die Huftiere keine unmittelbaren Rivalen des Menschen, auch wenn sie dem von ihm gehaltenen Vieh die Nahrung streitig machen können. Wo die Huftierherden ins Uner-

1

2

3

meßliche angewachsen waren und ihre Kopfzahl in die Millionen ging, wie es für die Steppengebiete Ostafrikas und den Westen Nordamerikas zutraf, hat der Mensch sie ausgerottet, um Platz für sein Vieh zu schaffen. Doch auf den Bergen, zumal in den höheren Lagen, waren die Pflanzenfresser nie so zahlreich vertreten wie in der Ebene, und deshalb kam es im allgemeinen nicht zu einem Nahrungswettbewerb zwischen ihnen und den Haustieren. Im übrigen leben die echten Gebirgstiere, wie etwa der Steinbock und die Gemse, in Höhen, in die sich die Haustiere, selbst Schafe und Ziegen, nur selten hinaufwagen. Und schließlich stellen die Huftiere keine direkte Gefahr für den Menschen dar, obschon manche gehörn- oder geweihtragenden Tiere, zum Beispiel Bergziegen, zu tollkühnen Gegnern werden können, wenn man sie reizt.

Die Raubtiere oder Beutegreifer, wie sie besser heißen sollten, befinden sich wegen ihrer Stellung im Haushalt der Natur in einer weitaus ungünstigeren Position. Einige der größeren Raubtiere fallen gelegentlich Menschen an, und die meisten Räuber, von den großen Katzen bis zum Iltis, kennen keinerlei Hemmungen, Haustiere zu töten und zu verspeisen, wenn sich ihnen die Möglichkeit bietet. Darüber hinaus sind die Beutegreifer von Natur aus Rivalen des Menschen, weil sie zum Teil den gleichen Tieren nachstellen, die auch der Mensch als seine Jagdbeute betrachtet. Somit kann vor allem in ländlichen oder landwirtschaftlich genutzten Gebieten ein heftiger Interessenkonflikt zwischen Mensch und Raubtier entstehen. Es ist deshalb kein Wunder, daß die Menschen einen unaufhörlichen Krieg gegen die Beutegreifer führen. Vor nicht allzu vielen Jahren wurden in der Bialowiezer Heide in Polen 150 Wölfe abgeschossen, und zwar mit Zustimmung derselben Forst- und Naturschutzbehörde, die für die dortigen Wisentherden zuständig ist. Erst in den letzten Jahren fordern polnische Biologen Schutzmaßnahmen für den Wolf, der bislang als Raubzeug betrachtet wurde, das vernichtet werden muß.

Diese Situation ist nicht nur für Polen typisch. Die Einsicht, daß die großen Raubtiere den gleichen Schutz verdienen wie die Huftiere, beginnt sich erst jetzt in vielen Ländern durchzusetzen. Aus dieser Sicht kommt den Bergen als Refugien der Wildtiere eine noch größere Bedeutung zu, denn in weiten Teilen Europas, mit Ausnahme des hohen Nordens, können die größeren Beutegreifer, wie beispielsweise die Wölfe, nur noch im Gebirge überleben.

Der graue Räuber

In der menschlichen Vorstellungswelt ist der Wolf *(Canis lupus)* zumeist eine wüste Schreckgestalt, ein übler Menschenfeind, ein heimtückisches, blutdürstiges graues Ungeheuer. Aberglaube, Volksüberlieferungen, Legenden und Unwissenheit – und nur selten echte Untaten des Wolfes – sind verantwortlich für den schlechten Ruf dieser Tierart, der weitgehend unbegründet ist. Allein die Angst und der Abscheu vor den Wölfen und nicht ihre gelegentlichen Überfälle auf Haustiere oder ihre noch selteneren Angriffe auf Menschen sind schuld daran, daß die grauen Räuber in den meisten Vorkommensgebieten ausgerottet wurden.

Der Wolf lebte einst fast überall in Eurasien, von Indien bis zu den Schneefeldern der Arktis. In vielen Gegenden Zentral- und Nordasiens ist er zwar immer noch häu-

4

5

6

7

1 Wie in anderen Gegenden Südeuropas sind auch auf Korsika die Bergwälder fast völlig abgeholzt worden, wodurch weite Landstriche der Erosion ausgesetzt sind. An vielen Stellen hat jedoch dichtes Gesträuch, der sogenannte Maquis, die unteren Hänge überzogen.

2 Wenn der Schnee im Winter die korsischen Berge bedeckt, wirken sie noch unzugänglicher.

3 Die wildzerklüfteten Berge Korsikas und Sardiniens sind die angestammte Heimat der Mufflons, die jedoch inzwischen in vielen Gebirgsgegenden Europas mit Erfolg eingebürgert worden sind. Der Mufflon ist ein widerstandsfähiges und vermehrungsfreudiges Tier, das sich von vielerlei Pflanzen ernährt, sogar von der giftigen Tollkirsche.

4 Der Wolf kann sich an sehr unterschiedliche Lebensräume anpassen von der tropischen Wüste bis zur arktischen Tundra. Vielerorts bieten die Berge den Wölfen eine letzte Zuflucht, obwohl die Tiere von Hause aus keine Bergbewohner sind.

5–7 Der einst in ganz Europa weitverbreitete Grauwolf hat in Westeuropa nur noch in einigen abgelegenen Gebirgsregionen überlebt. Die einzigen größeren Wolfsbestände außerhalb der UdSSR finden sich in den Bergen des Balkans und in den Karpaten.
Die von Wölfen bewohnten Gebiete in Mittel- und Süditalien umfassen insgesamt 8650 km^2. Da diese Reviere durch Täler und menschliche Ansiedlungen voneinander getrennt sind, kommen die einzelnen Wolfspopulationen nur selten miteinander in Kontakt.

fig, aber aus Europa ist er zum großen Teil völlig verschwunden. In neun europäischen Ländern ist er als freilebende Art ausgestorben: in Irland, Großbritannien, Belgien, Holland, Dänemark, Ungarn, Österreich, in der Schweiz und in Deutschland. Als so gut wie ausgestorben gilt er in Frankreich, Finnland, Norwegen und Schweden, obwohl man hier und anderswo hofft, die Art durch Aussetzung von Zootieren wieder einbürgern zu können.
Kleine Wolfsbestände haben auf der Iberischen Halbinsel, in Italien, Bulgarien, in der Tschechoslowakei und in Polen überlebt, desgleichen im europäischen Teil der Sowjetunion. Noch recht zahlreich kommen Wölfe im Ural vor, in den Bergen des Balkans und insbesondere im Kaukasus, der vermutlich den dichtesten Bestand der Erde aufweist. Mehr als 4000 Wölfe durchstreifen den Kaukasus und seine Umgebung; dort kommt in manchen Gegenden ein Wolf auf 20 km^2. Im Winter wagen sich die hungrigen Tiere sogar in die Vororte der wenigen großen Städte dieses Gebiets vor.
So ist leicht zu verstehen, warum die Bewohner des Kaukasus den Bemühungen der Naturschützer, die den Wolf als eine vom Aussterben bedrohte Art ansehen, mit einigem Mißtrauen begegnen. Obgleich Rothirsche, Rehe, Wildschweine und andere natürliche Beutetiere im Kaukasus reichlich vorhanden sind, fallen Wolfsrudel immer wieder über Haustierherden her. Die sowjetische Regierung ist der Auffassung, die Wölfe seien eine Gefahr für die Viehzucht im Kaukasus, und führt ein systematisches Programm zur Lichtung der Wolfsbestände durch, sehr zum Ärger mancher ausländischer Naturschützer. Auch die Wölfe in den Karpaten und in den Gebirgen der Balkanländer, zum Beispiel Jugoslawiens, sind nach dem Zweiten Weltkrieg planmäßig dezimiert worden. Die Tiere, die über 50 Jahre lang fast ausschließlich auf die Berge beschränkt waren, vermehrten sich stark und drangen in den Wirren des Krieges bis in die Dörfer und Städte vor, womit sie den alten Volksglauben der Balkanbewohner bestätigten: »Der Wolf ist der Bruder des Krieges.«
Mitte der siebziger Jahre wurde das Ziel der völligen Ausrottung ersetzt durch den Versuch, ein ökologisches Gleichgewicht zwischen Wölfen, Wildtieren und Haustieren herzustellen.

Die Jäger der Karpaten

Der Wolf des östlichen Mitteleuropas und des Balkans ist vorwiegend im Laubwald beheimatet, der sich fast nur noch im Gebirge findet. Sofern die Ebenen noch bewaldet sind, können die Wölfe dort ebenso gut überleben wie zum Beispiel auf den Bergen der Karpaten.
Als Fortsetzung der Alpen zieht sich der Bogen der Karpaten fast 1300 km weit durch Osteuropa; die Hohe Tatra bildet im Norden und die Transsilvanischen Alpen Rumäniens bilden im Süden den Abschluß. Die Hauptmasse des Gebirgszuges liegt in Rumänien, das demnach über ein Wolfsverbreitungsgebiet von 40 000 km^2 verfügt, in dem vielleicht noch 2000 Tiere leben.
Die Wölfe der Karpaten und des Balkans wandern mit den Jahreszeiten die Hänge hinauf und hinab. Wenn die Hirten im Sommer ihre Rinder, Schafe und Ziegen höher bergauf treiben, folgen ihnen die Wölfe. In dieser Zeit haben die Herden am meisten unter den Räubern zu leiden. Sobald sich der Schnee auf den Gipfeln auftürmt – in manchen Teilen der Karpaten kann er eine Höhe von 6 m erreichen –, beginnt der Viehabtrieb. Der Schnee drängt auch die Wölfe in tiefere Lagen ab, wo sie ihren natürlichen Beutetieren, dem Schalen- und Schwarzwild, nachstellen.

Rückzugsgebiet im Apennin

Fast ähnlich ist die Situation im mittleren und südlichen Apennin, dem letzten Rückzugsgebiet des italienischen Wolfes. Im Sommer und Herbst führen die Hirten sehr große Schafherden in die höheren Regionen des Apennin. Immer wieder fallen dann Schafe den Wölfen zum Opfer, und manchmal ist der Schaden beträchtlich. Im Herbst 1976 drang beispielsweise eines Nachts ein kleines Wolfsrudel in einen Pferch ein, in dem 400 Schafe eingesperrt waren, und ehe noch die Hirten aufwachten und das Rudel verjagen konnten, waren 67 Schafe tot. Im südlichen Apennin werden mehr Rinder als Schafe gehalten, und hier sind die Verluste erheblich geringer als weiter nördlich, da die Wölfe meist nur zu zweit oder dritt auf die Jagd gehen.
Vielleicht zehn verschiedene Wolfspopulationen verteilen sich auf die südliche Hälfte des Apennin, dessen wildesten Teil die Abruzzen bilden. Die einzelnen Gruppen, die insgesamt rund hundert Tiere umfassen, kommen selten oder nie miteinander in Berührung, weil sie durch tiefe und dicht besiedelte Täler voneinander getrennt sind. Die Anwesenheit der Wölfe in diesem

1 Braunbären haben in mehreren europäischen Gebirgen überlebt, so etwa in den Pyrenäen, in den Dolomiten, im Apennin, in den Karpaten und im Kaukasus.

2/3 Der Schneehase (2) und das Auerhuhn (3) sind typische Beutetiere der Luchse. Wenn die Hasenbestände zurückgehen, nehmen auch die Luchspopulationen in den nachfolgenden Jahren ab.

4/5 Die Berge sind die letzten Rückzugsgebiete für zwei der größten europäischen Wildkatzen, für den Luchs (4) und den Pardelluchs (5). Wie andere große Beutegreifer sind auch diese büschelohrigen Katzentiere inzwischen äußerst selten geworden. Der Pardelluchs, die seltenere Unterart, kommt fast nur noch in Spanien vor.

Gebiet zeugt einmal mehr nicht nur von der Zählebigkeit dieser immer wieder verfolgten Tiere, sondern auch von der Bedeutung der Berge als einer letzten Zufluchtstätte für Wildtiere aller Art.
Ausgiebig erforscht wurden die Wölfe, die nicht weit von Rom im Abruzzen-Nationalpark leben, der von der italienischen Regierung und dem World Wildlife Fund gemeinsam unterhalten wird mit dem Ziel, die italienischen Wölfe vor dem Aussterben zu bewahren. Die Zoologen entdeckten, daß die Wölfe – es haben dort weniger als zwei Dutzend Tiere überlebt – im Winter Schutz in den dichten Buchenwäldern suchen, die sich an manchen Stellen bis zu einer Höhe von 1800 m die Hänge hinaufziehen. Die Wölfe bleiben tagsüber im Wald und halten sich von den menschlichen Siedlungen fern. Doch wenn die Dunkelheit hereinbricht, kommen sie in Rudeln bis zu sieben Tieren aus dem Wald hervor und streichen um die Dörfer. Zuweilen wagen sich die großen Räuber – der europäische Wolf wiegt ungefähr 50 kg – sogar bis in die Randgebiete der großen Städte vor, einschließlich Roms. Im allgemeinen jedoch beschränken sich ihre nächtlichen Beutezüge auf die Bergdörfer, wo sie die Abfallhaufen durchwühlen oder Hühner, Schweine, Hunde, Kälber und Fohlen reißen.

Der Braunbär

Erstaunlicherweise beherbergen die Abruzzen auch einige Dutzend Braunbären *(Ursus arctos)*. Hier leben vielleicht sogar noch 60 dieser mächtigen zottigen Tiere – einer der wenigen Braunbärbestände in

1

2

4

3

5

Europa außerhalb der Sowjetunion, obgleich diese Art bis zum Mittelalter über den gesamten Kontinent verbreitet war. Heute fallen die wenigen Vorkommensgebiete genau mit den Gebirgen zusammen, die noch relativ urtümliche Lebensräume aufzuweisen haben. Neben den Abruzzen bewohnen die Bären noch die Karpaten, den Pindos in Griechenland und die Gebirgszüge in Albanien und Jugoslawien, das skandinavische Bergland, die Pyrenäen und das Kantabrische Gebirge im Westen der Pyrenäen.
In den gesamten Alpen gibt es freilebende Bären nur noch in den urwüchsigen Wäldern unterhalb der Kalksteinzinnen der Brenta-Gruppe in Südtirol. Nur ein knappes Dutzend Tiere hat dort überlebt.
Obwohl der Braunbär derselben Art angehört wie der unberechenbare nordamerikanische Grisly oder Graubär, ist er ein recht sanftes Geschöpf. Selten und nur unter außergewöhnlichen Umständen greift er ein größeres Tier oder einen Menschen an. Trotz seines Gewichts, das mehr als 250 kg betragen kann, schlägt der Braunbär kaum jemals Beutetiere, die größer sind als ein Murmeltier; allerdings verschmäht er nicht die Kadaver von Großtieren, zum Beispiel vom Rotwild. Selbst im Kaukasus, wo die Tiere häufig sind, kommen Angriffe auf Haustiere nur selten vor, obschon ein ausgewachsener Bär sogar einen Stier mühelos überwältigen kann.
Die Bären leben vor allem vegetarisch; reichliche Pflanzennahrung finden sie im Laubwald, der ihr ursprünglicher Lebensraum ist, und auch in den Nadelwäldern der nördlichen Breiten. In fruchtbaren Bergtälern ist der Tisch besonders reich gedeckt, aber in den wärmeren Monaten steigen die Bären auch gerne bis über die Baumgrenze hinaus, um die Wiesen nach Alpenlattich und Heidelbeeren abzusuchen.
Die ausgewachsenen Bären streifen meist allein umher, außer in der Fortpflanzungszeit, die in den Spätfrühling und Frühsommer fällt. Nach der Paarung gehen beide Partner ihrer Wege. Für das männliche Tier ist das Fortpflanzungsgeschäft für ein Jahr erledigt. Die Bärin trägt ihren Nachwuchs fast so lange aus wie eine Menschenmutter. Bei Anbruch des Winters suchen sich die Bären einen Unterschlupf, eine Höhle, ein Erdloch oder eine Nische zwischen den Wurzeln eines großen Baumes. In diesem von ihm mit trockenem Gras und Laub ausgepolsterten behaglichen Winterquartier legt sich der Bär zum Schlafen nieder, aber er verfällt nicht, wie allgemein angenommen, in einen Starrezustand, wie er für den echten Winterschlaf charakteristisch ist. Nachdem er sich im Herbst den Bauch mit Beeren, Maden und kleinen Nagetieren vollgeschlagen hat, entschlummert er, doch seine Körpertemperatur sinkt nicht so stark ab wie bei den richtigen Winterschläfern. Wenn sich ein Eindringling nähert, erwacht der Bär gewöhnlich, und auch ein besonders warmer Tag kann ihn aus seinem Versteck hervorlocken. Die ein bis drei Jungen werden geboren, während ihre Mutter überwintert. Im Schutz der Höhle säugt sie die Kleinen so lange, bis der Frühling beginnt und die Familie gemeinsam auf Nahrungssuche gehen kann.

Große und kleine Katzen

Bären und Wölfe sind nicht die einzigen großen Beutegreifer der euro-

1

päischen Gebirge. In der Weite des Kaukasus schleicht sogar der Leopard *(Panthera pardus)* umher, zwar nicht in großer Zahl, aber immerhin so häufig, daß man ihn als einen Bestandteil der europäischen Tierwelt betrachten kann. Keine andere Katzenart hat eine größere geographische Verbreitung und ist an so unterschiedliche Lebensräume angepaßt; nur der neuweltliche Puma steht ihm in letzterem wenig nach.

Leoparden bewohnen fast ganz Afrika und, soweit sie nicht ausgerottet wurden, ganz Asien mit Ausnahme der kalten Regionen im äußersten Norden. Berge, Halbwüsten, Dschungel, Wälder, Sümpfe – nahezu alle erdenklichen Lebensräume sagen dieser höchst anpassungsfähigen Großkatze zu. Wir verbinden den Leoparden in der Regel vor allem mit den Tropen, doch er kommt sogar noch in den südlichen Randgebieten Sibiriens vor.

Nach dem Leoparden, der mehr als 90 kg wiegen kann, ist der Luchs *(Lynx lynx)* mit einem Gewicht von bis zu 35 kg die zweitgrößte wild lebende Katzenart Europas. Das hochbeinige Tier mit seinen Ohrpinseln und seinem langhaarigen sandfarbenen oder rötlichgrauen Fell ist wie Wolf und Bär ein Waldbewohner, der in die urtümlichsten Gebirgsregionen zurückgedrängt wurde. Außerhalb der Sowjetunion und Finnlands hat der europäische Luchs nur noch in den Bergen überlebt – in den iberischen Gebirgen, den Karpaten, in der Tatra und den Transsilvanischen Alpen, im skandinavischen Hochgebirge, auf den Höhen des Balkans und im Kaukasus.

Die Hauptbeutetiere des Luchses sind auf dem Boden lebende Vögel, Hasentiere und kleine Nager, aber er kann auch größere Tiere, etwa Rehe und Hirsche, überwältigen, zumal wenn diese im hohen Schnee steckenbleiben, auf dem sich der Luchs mit seinen breiten, gepolsterten Pranken mühelos fortbewegt. In Polen sollen Luchse sogar Elche gerissen haben, doch dabei handelte es sich aller Wahrscheinlichkeit nach um junge oder alte und schwache Tiere.

Die südwestliche Unterart des Luchses, der etwas kleinere Pardelluchs *(Lynx lynx pardellus)*, der früher auf der Iberischen Halbinsel und in Südfrankreich weit verbreitet war, lebt heute noch in Rückzugsgebieten der Pyrenäen, in der Sierra Morena und auf den Bergen von Toledo, außerdem im Flachlandgebiet der Guadalquivirmündung.

Kaum größer als eine Hauskatze, doch berühmt wegen ihrer Furchtlosigkeit ist die europäische Wildkatze *(Felis silvestris)*, die sich wie ihre größeren Verwandten zumeist in die Berge zurückgezogen hat. Wildkatzen sind in den meisten Gebirgen West-, Süd- und Mitteleuropas, die auch den größeren Beutegreifern Zuflucht bieten, immer noch recht häufig, und wegen ihrer geringen Größe können sie sogar in Flachlandwäldern unbemerkt leben.

Jäger der Lüfte

Als Wahrzeichen der europäischen Hochgebirge gilt indes nicht ein Säugetier, sondern ein Vogel – der Steinadler *(Aquila chrysaëtos)*. Dieser majestätische Vogel, den im Mittelalter nur die Könige für die Beizjagd verwenden durften, baut seine Horste mit Vorliebe an steilen Felswänden, aber er wohnt bisweilen auch auf öden Meeresklippen, auf hohen Bäumen, und im asiatischen Teil seines Verbreitungsge-

2

3

biets dringt er sogar ins offene Gelände vor.
Wie andere Greifvögel hat auch der Steinadler unter dem Menschen gelitten. Er wurde abgeschossen von Jägern und von Bauern, die befürchteten, er könne ihre Jungtiere wegschleppen, und Falkner raubten seine Nestlinge. Er wurde vergiftet durch Pestizide, die seine Vermehrung beeinträchtigten, und die Einsamkeit seines Lebensraums wird zunehmend gestört.
Dennoch hat der Steinadler überlebt. Auf seinen mächtigen Schwingen, die mehr als 2 m klaftern, zieht dieser Beherrscher der Lüfte seine Kreise über den Alpen, dem Apennin, den Karpaten, den Pyrenäen, dem Pindos und anderen Gebirgsmassiven. Ungefähr 100 Brutpaare leben in Nordschweden, und einige wenige Paare nisten noch in den schroffen braunen Bergen Siziliens. In den Alpen ist der Adler das ein-

1 Die Wildkatze war nacheiszeitlich nördlich der Alpen nur bis Westpolen, Dänemark und Großbritannien verbreitet und hat Irland und Skandinavien nicht erreicht. Heute ist sie östlich des Harzes, in Dänemark und England verschwunden, in Schottland jedoch noch vorhanden. Sie lebt in den deutschen Mittelgebirgen, West-, Süd- und Südosteuropa sowie auf den großen Mittelmeerinseln.

2 Der Herrscher der Berge auf der nördlichen Halbkugel, der Steinadler, ist der einzige große Greifvogel, der sich in vielen Gebirgsregionen, etwa in den Alpen, bis heute gehalten hat. Nagetiere und Bodenvögel bilden die Hauptbeute des Adlers, der allerdings auch junge Gemsen schlägt.

3 Ein großer Vogel, der in den Bergen wie im Flachland zu Hause ist und menschenferne Gegenden bevorzugt, ist der Mönchsgeier, der in Spanien, auf einigen Mittelmeerinseln und auf dem Balkan vorkommt. Er horstet in Bäumen und auf Felsklippen.

1 Der Gänsegeier zeigt im Flug eine unverwechselbare Silhouette, die ihn von anderen Geierarten in seinem Verbreitungsgebiet unterscheidet. Die Schwingen sind sehr lang und breit. Der Schwanz ist ungewöhnlich kurz, viereckig und dunkel, der Kopf sehr klein und durch die Halskrause fast verdeckt.

2 Die Gänsegeier schließen sich meist zu großen Gruppen zusammen, die gemeinsam auf Felsbändern und in Felshöhlen horsten. Ihre Horste stehen oft dicht beieinander. Auf dem Foto verharrt ein Gänsegeier in den Pyrenäen geduldig vor dem Kadaver eines Schafbocks.

3 Fast überall in den Bergen sind die Kolkraben anzutreffen, die im Gefels nisten und hoch über den Gipfeln ihre Kreise ziehen. Die aggressiven Raben unterscheiden sich von den Krähen durch ihre größere Gestalt und ihre zottigen Halsfedern. Sie bauen große Nester aus Stöcken, Zweigen, Gras, Moos und anderen Pflanzenteilen. Das Weibchen legt im allgemeinen drei bis acht grünlich-graue Eier, die es ohne Hilfe des Männchens ausbrütet. Nach ungefähr drei Wochen schlüpfen die Jungen aus. Die kleinen Raben sind schon nach gut einem Monat flügge.

zige Tier, das auch junge Gemsen und Steinböcke schlägt, obwohl er sich hauptsächlich von Hasen und Murmeltieren ernährt. Oberhalb der Waldgrenze, auf den freien Bergwiesen, findet man in den Alpen zuweilen die Überreste von Murmeltieren, an denen sich Adler gütlich getan haben: Ein paar Fellfetzen oder Knochen bezeugen, daß ein Adler zugeschlagen hat.
Wenn der Steinadler jagt, streicht er in geringer Höhe über die Hänge. Er nimmt sich ein bestimmtes Gebiet vor, das er nach Murmeltieren, Hasen und Hühnervögeln wie Schnee- und Birkhühnern absucht. Trotz seiner Größe ist der Adler, der mehr als 5 kg wiegen kann, ein erstaunlich gewandter Flieger. Selbst ein hakenschlagender Hase entwischt ihm kaum. Sobald der Adler ein Beutetier ausgemacht hat, schießt er wie eine Rakete mit gespreizten Fängen herab und stößt mit einer Geschwindigkeit von mehr als 140 km/h auf das Opfer zu.
Seinen Horst baut der Steinadler gern auf schmalen Felsbändern und in den Nischen der unzugänglichsten Wände. Es ist fast unbegreiflich, daß die mächtigen Bauwerke, die ein Adlerpaar aus Zweigen und Stöcken errichtet, an den scheinbar glatten Felswänden

1

2

3

überhaupt Halt finden. Wenn die Horstmulde Eier oder Jungvögel enthält, wird sie von den Eltern täglich mit frischem Grünzeug ausgepolstert. Meist besteht das Gelege aus zwei Eiern, bisweilen sind es auch doppelt so viele. Nach einer Brutzeit von etwa 40 Tagen schlüpfen die kleinen Adler aus. Drei Monate lang, also während des ganzen Sommers, bleiben sie im Horst. Sie haben ständig Hunger und schreien nach Atzung, die ihnen von beiden Altvögeln zugetragen wird.

Die großen Geier

Kaum weniger prächtig als der Steinadler sind die großen Geier, die die Berge vor allem der Iberischen Halbinsel, Griechenlands und des Balkans bewohnen. Obwohl sich Geier im allgemeinen nur von Aas ernähren, erbeutet der Bart- oder Lämmergeier *(Gypaëtus barbatus)* gelegentlich auch kleine Säugetiere und sogar Gemsen. Er ist ein weißköpfiger Vogel, dessen Unterseite im Flug golden schimmert.

Der Bartgeier ist ein ausgesprochener Gebirgsbewohner, der in Asien und Afrika beheimatet ist, aber auch in den Pyrenäen, auf Korsika und Sardinien, dem Balkan und dem Kaukasus und vereinzelt auf Sizilien und in den östlichen Alpen vorkommt. Diese Art hat eine Methode des Nahrungserwerbs, die ihr den Namen »Knochenbrecher« eingetragen hat. Der Bartgeier lebt nämlich hauptsächlich von Knochenmark. Sobald die Vertreter der anderen Geierarten ihre Mahlzeit beendet haben, läßt sich der Bartgeier neben dem Kadaver nieder und beginnt die Überreste nach Knochen zu durchwühlen. Kleinere Knochen verschlingt er einfach, doch die größeren trägt er hoch in die Lüfte empor. Dann läßt er sie fallen, so daß sie auf den Felsen zerschmettern und er an das Mark herankommt.

Noch zwei andere große Geierarten horsten in einigen Gebirgen am Südrand Europas: der Mönchsgeier *(Aegypius monachus)* und der Gänsegeier *(Gyps fulvus)*. Der Mönchsgeier errichtet seinen Horst auf Bäumen oder Felsvorsprüngen auf der Iberischen Halbinsel mit Ausnahme der Pyrenäen, auf Sizilien und Sardinien und vom südlichen Balkan bis zum Kaukasus. Der Gänsegeier hat ein fast gleiches Verbreitungsgebiet, das sich jedoch ein wenig mehr nach Norden erstreckt. Er zieht seine Kreise hoch über den Pyrenäen, den Meeralpen und dem Nordbalkan sowie über den meisten Bergen, die auch der Mönchsgeier bewohnt.

Im Verhalten unterscheiden sich beide Arten sehr. Der Gänsegeier ist ein geselliger Vogel, der sich mit

1 Wühlmäuse bewohnen in vielen Arten die Bergwiesen und Geröllhalden. Die Wühlmausbestände sind von deutlichen Vermehrungszyklen abhängig.

2/3 Der Baum- oder Edelmarder (3) und das Mauswiesel (2) sind kleine, aber gefährliche Räuber, die sich durch blitzschnelle Bewegungen, wilde Entschlossenheit und nadelscharfe Zähne auszeichnen. Das Wiesel kann sich durch winzige Öffnungen zwängen, um kleine Nager in ihren Bauen aufzuspüren. Der waldbewohnende Marder ist ein hervorragender Kletterer und der Schrecken der Eichhörnchen.

4 Das Alpenmurmeltier, ein großes Erdhörnchen, ist die Lieblingsbeute der großen Greifvögel, vor allem der Adler. Murmeltierhaare und -häute, die auf den Bergwiesen zurückbleiben, zeugen vom Jagderfolg der Greife. Wenn ein Murmeltier im offenen Gelände von einem Feind überrascht wird, versucht es, schnell in seinen Bau zu flüchten.

4

1

2

3

5

6

7

5 Das Moorschneehuhn ist gerade dabei, sein Gefieder zu wechseln.

6 Die Schneehühner sind bekannt für den jahreszeitlich bedingten Wechsel der Gefiederfarbe. Alle Schneehühner sind im Winter weiß wie das Alpenschneehuhn.

7 Der bergbewohnende Steinrötel ist in Süd- und Osteuropa verbreitet. Wenn der scheue Vogel erschreckt wird, sucht er schnell zwischen Felsen und Steinbrocken Schutz. Oft läßt er von den Felsen herab seinen laut flötenden Gesang ertönen.

seinen Artgenossen zusammentut und auf Felsbändern und in Nischen horstet. Der Mönchsgeier ist dagegen ein Einzelgänger, der außerhalb der Brutzeit seine Artgenossen meidet. Beide ernähren sich von Aas, und der Mönchsgeier wagt sich oft in die Dörfer vor, um die Küchenabfälle nach Freßbarem zu durchwühlen. Der Gänsegeier nähert sich einer Futterquelle mit großer Vorsicht und hält sich zurück, bis das verendende Tier längst kein Lebenszeichen mehr von sich gibt. Trotz seiner eindrucksvollen Größe gilt der Gänsegeier als »Feigling«, und er läßt seine Beute sehr schnell im Stich, wenn sich auch nur ein kleiner Dorfköter nähert.

Luftakrobaten

Auf viele Leute wirken Geier unheimlich, so elegant sie auch durch die Lüfte gleiten und segeln mögen. Immerhin erkennt man an, daß sie als Gesundheitspolizisten eine wichtige Rolle in der Natur spielen. Bei dieser Aufgabe werden sie unterstützt von einem schwarzen Strauchdieb der Lüfte, dem Kolkraben *(Corvus corax)*. Von den Tropen bis zur Arktis läßt dieser Rabenvogel sein rauhes Krächzen ertönen, doch nirgends fühlt er sich wohler als zwischen den ödesten Felsen und Klippen.

Raben bewohnen alle Gebirgsregionen Europas, die sie unentwegt auf der Suche nach Aas durchstreifen. Aber sie betätigen sich auch als Räuber und erbeuten alle möglichen kleinen Säuger. Wenn es sein muß, fressen sie nahezu alles, Insekten oder Fische genauso wie Bucheckern. Trotz ihrer plumpen Gestalt sind die Raben akrobatische Flieger, vor allem in der Brutzeit. Sie kreisen und drehen Loopings, sie steigen steil empor, lassen sich fallen und überschlagen sich. Während der Balz, die zu einer lebenslangen »Ehe« führt, können die Rabenmännchen sogar auf dem Rücken fliegen – eine erstaunliche Leistung.

Ein anderer Flugkünstler des Gebirges ist der Habichtsadler *(Hieraaëtus fasciatus)*, der die mittleren und unteren Gebirgshänge der Mittelmeerländer bewohnt, mit Ausnahme des italienischen Festlands. Mit seinen schmalen Schwingen und dem etwa 70 cm langen Körper gleicht dieser Adler einem großen Falken. Sein schriller Ruf hallt wider von den Felsen, in denen sein Horst steht, und wenn er aus großer Höhe auf seine Beute herabstößt, dann geschieht das mit einer atemberaubenden Geschwindigkeit.

Die Beutetiere des Habichtsadlers, der nur selten über die Nordgrenze seines Verbreitungsgebiets vordringt, sind kleine Säuger und Vögel.

Die kleinen Säugetiere des Gebirges

Auf den Bergen Europas wimmelt es von kleinen Säugern, die den gefiederten und felltragenden Jägern als Nahrung dienen. Obgleich man sie nur selten zu Gesicht bekommt, huschen und rennen zahllose Mäuse und andere kleine Vierbeiner über den Boden der Bergwälder und über die Wiesen und Moore des Gebirges. In vielen Fällen verbringen diese kleinen Tiere einen großen Teil ihres Lebens unter der Erde, in Röhren und Gängen. Unter der Oberfläche der alpinen und subalpinen Wiesen des Kaukasus haust beispielsweise die kleine,

1

2

1 Im Gegensatz zur Alpenkrähe verläßt die Alpendohle kaum jemals das Hochgebirge.

2 Die Alpenbraunelle ist ein echter Gebirgsvogel, der in den Bergen Mittel-, Süd- und Osteuropas, aber nicht im umliegenden Flachland beheimatet ist. Die Vögel nisten in Höhlen und Spalten zwischen Felsblöcken und im niedrigen Buschwerk.

3 Die Bergfinken, die in den Birkenwäldern der skandinavischen Berge weit verbreitet sind, ziehen im Winter südwärts bis Mittelitalien und Griechenland. Der Bergfink gehört zu den zahlreichen Finkenarten, die über die Alpenpässe zu ihren Winterquartieren fliegen.

aber kräftige Prometheus-Maus *(Prometheomys schaposchnikowi).*
Diese Wühlmäuse graben ein kompliziertes Röhrensystem, das von einem mit Gras ausgepolsterten Kessel im Zentrum strahlenförmig nach außen verläuft. Je länger die Röhren werden, desto mehr nähern sie sich der Oberfläche, doch sie öffnen sich nicht nach außen, weil die Bewohner ein Leben im Untergrund vorziehen. Die Tiere kommen nur dann ans Tageslicht, wenn die Tunnel, die sie mit ihren langen, gebogenen Krallen graben, eingestürzt sind oder wenn sie unter der Erde nicht mehr genügend Nahrung finden, die hauptsächlich aus den Wurzeln von Kräutern besteht.
Eine andere interessante Wühlmausart besiedelt die jugoslawischen Berge in Höhen zwischen 680 und 2100 m. Es ist die Bergmaus *(Dolomys bogdanovi),* die 1898 aufgrund eines Fossilfundes bestimmt und ein Vierteljahrhundert später als lebendes Tier entdeckt wurde. Dieses graue Nagetier kommt des Nachts aus den Spalten und Ritzen der Kalksteinberge hervor und sucht nach Gräsern und anderen Pflanzenstoffen, die es als Wintervorrat in seine Lager schafft. Das Fossil, das die Identifizierung der Bergmaus ermöglichte, wurde in Ungarn gefunden.
Seitdem hat man in anderen Gegenden Europas weitere Fossilien dieser Art entdeckt, die beweisen, daß auch die Bergmaus zu den vielen Tieren gehört, die in vorgeschichtlicher Zeit weit verbreitet waren, aber heute nur noch in Rückzugsgebieten vorkommen.

Der Zug der Lemminge

Das berühmteste von allen kleinen Gebirgstieren Europas ist der Berglemming *(Lemmus lemmus),* bei dem es periodisch zu rätselhaften Massenvermehrungen kommt.
Diese stubsnasigen, fast rattengroßen Nager versammeln sich dann in riesigen Mengen und treten eine unaufhaltsame, hektische Reise ins Ungewisse an.
Die Ursachen der Lemmingzüge sind noch immer umstritten. Möglicherweise wird nach Erreichung einer bestimmten Bestandsdichte innerhalb eines Gebietes der Bevölkerungsdruck so groß, daß er eine allgemeine Ausweichreaktion auslöst. Weil in vielen Gegenden Norwegens die Berghänge direkt ins Meer abfallen, stürzt ein Teil der wandernden Lemminge in die Fluten und ertrinkt. Andere Gruppen kommen in Binnengewässern um, die sie zu durchschwimmen versuchen, oder werden von den natürlichen Feinden erbeutet, die von den Nagern angelockt werden.
Die Lemminge bewohnen die höheren Lagen des skandinavischen Gebirgsrückens. Die stämmigen kleinen Geschöpfe mit den winzigen Ohren halten sich zumeist auf dem flechtenbewachsenen Gelände oberhalb der Waldgrenze auf, ja sogar noch jenseits der strauchartigen Weidendickichte, welche die Obergrenze der Baumvegetation markieren.
Die Lemminge sind das ganze Jahr über munter und verbringen den Sommer meistenteils unter den dikken Flechten- und Moosteppichen, die ihnen Schutz vor Räubern wie Wieseln, Iltissen, Schnee-Eulen und Raben gewähren. Wenn der Winterschnee die Landschaft bedeckt, ziehen sich die Lemminge nicht wie viele ihrer Raubfeinde in tiefere Lagen zurück; vielmehr verlegen sie ihre Lager auf einen trokkeneren Untergrund, um ihren Nachwuchs vor allzu großer Feuchtigkeit zu schützen.
Versteckt in ihren Höhlenlagern unter dem Schnee, bringen die Lemminge mehrere Würfe mit 3 bis 9 Jungen hervor. Während die Alttiere unter der Schneedecke auf Futtersuche gehen, kuscheln sich die Jungen in ihr Lager, das aus Moos, Flechten und anderen weichen Pflanzenteilen besteht. Wenn der Winter lang andauert oder das Wetter wechselhaft ist, müssen viele Jungen und auch Alttiere sterben. Doch ein kurzer Winter mit be-

3

ständigem Wetter und genügend Schnee, der die Tiere vor Beutegreifern schützt, begünstigt den Fortbestand der Lemminge.

Der lange Schlaf

Im Gegensatz zu den Lemmingen meidet das plumpe Alpenmurmeltier *(Marmota marmota)* die heftigen Schneefälle, die auf die Höhen oberhalb der Waldgrenze niedergehen. Es zieht sich in seinen Bau zurück, den es bis zu drei Meter tief unter der Erde anlegt. Doch wenn die Frühlings- und Sommersonne die Bergwiesen erwärmt, zeigt sich das Murmeltier sehr häufig an der Oberfläche. Es ist ein tagaktives Tier, das sich von Gebirgspflanzen ernährt und ausgiebige Sonnenbäder nimmt, wenn sich die Gelegenheit bietet. Taucht über ihm ein Steinadler auf, saust es blitzschnell in seinen Bau, aber solange keine Gefahr droht, hält sich das Murmeltier, das ja nichts anderes als ein großes Erdhörnchen ist, die meiste Zeit des Tages außerhalb seiner unterirdischen Behausung auf.

Im Herbst ändert sich die Lebensweise des Murmeltiers. Es verzieht sich in seinen frostfreien Bau und überwintert. Murmeltiere halten einen echten Winterschlaf; Körpertemperatur und Stoffwechsel sind so weit herabgesetzt, daß die Tiere gerade noch am Leben bleiben. Der Winterschlaf dauert bis zu acht Monaten, bis der Beginn des Frühlings die Lebensgeister wieder weckt.

Sommerkleid und Winterkleid

Bei manchen Lebewesen des Hochgebirges kündigt sich das Nahen des Winters dadurch an, daß sich ihr Fell oder Gefieder weiß verfärbt. Zu diesen Tieren gehört der Schneehase *(Lepus timidus)*, der rings um den Nordpol verbreitet ist, aber auch in Irland, Schottland, Skandinavien, Rußland und in den Alpen häufig ist. Bei Beginn des Winters verwandelt sich das braune Fell des Alpenschneehasen in ein bläuliches Weiß, das zur Farbe der schneebedeckten Felsen paßt.

Der Gefiederwechsel des Alpenschneehuhns *(Lagopus mutus)* ist ein noch eindrucksvolleres Beispiel für eine jahreszeitlich bedingte Tarnfärbung. Die Veränderung geht allmählich vor sich und zieht sich fast über das ganze Jahr hin, entsprechend der Aufeinanderfolge der Jahreszeiten. Im Winter ist das Schneehuhn völlig weiß, abgesehen von unscheinbaren roten und schwarzen Abzeichen in der Umgebung des Auges und von dem schwarzen Schwanz, der jedoch nicht zu sehen ist, wenn das Tier ruht. Im Sommer sind nur die Flügel und die Unterseite weiß. Der Rücken des Vogels ist dann schwarzbraun gefleckt und wird im Herbst grau.

Das Alpenschneehuhn ist ein widerstandsfähiger Vogel, der sogar in der kalten Jahreszeit oberhalb der Waldgrenze ausdauert, sofern ihn nicht besonders heftige Winterstürme vertreiben. In Norwegen trifft man die Schneehühner sowohl in den Bergen als auch in der Ebene an. Überall sonst – neben Europa kommt diese Art auch in Nordasien und Nordamerika vor – sind sie reine Gebirgsvögel. Sie bevölkern die hochgelegenen Wiesen der Alpen und der Pyrenäen und die Moore des Schottischen Hochlands, wo sie ihre Anpassungsfähigkeit dadurch bewiesen haben, daß sie sogar inmitten von Wintersportgebieten leben.

Vögel in allen Höhenlagen

Unmittelbar unter dem Reich des Alpenschneehuhns lebt sein naher Verwandter, das Moorschneehuhn *(Lagopus lagopus)*. Im Sommer sind die beiden Arten nur schwer auseinanderzuhalten; allenfalls erkennt man das Moorschneehuhn an seinem leicht rötlich gefärbten Gefieder. In Norwegen bezeichnet man die letztere Art als »Weidenschneehuhn«, weil sie die Weidendickichte besiedelt, die den Lebensraum der Alpenschneehühner nach unten begrenzen. Die Moorschneehühner bewohnen ebenso die ausgedehnten Birkenwälder in den Tälern der skandinavischen Berge.

Eine ähnliche Zoneneinteilung der Lebensbereiche finden wir auch im Kaukasus vor, wo das Kaukasische Königshuhn *(Tetraogallus caucasicus)* auf der alpinen Höhenstufe beheimatet ist, während das Kaukasische Birkhuhn *(Lyrurus mlokosiewiczi)* die Rhododendronbüsche und die Birken- und Nadelwälder dicht unter der Baumgrenze bewohnt. Die Grenze zwischen den Lebensräumen der beiden Vogelarten, die nur im Kaukasus vorkommen, ist durch die Höhe genau festgelegt. Das Königshuhn verirrt sich nur selten in Lagen unter 3000 m, es sei denn bei allerschlimmstem Win-

Die Gelbgrüne Pfeilnatter, die bis zu 2 m lang werden kann, ist ein guter Kletterer und bewohnt die Felshänge der Alpen und Pyrenäen. Ihre Beutetiere sind kleine Säuger, Insekten, Reptilien und Amphibien.

terwetter, und das Birkhuhn überschreitet diese Grenze kaum jemals nach oben.

Diesen unterschiedlichen Lebenszonen verdanken die meisten europäischen Gebirge ihre vielgestaltige Vogelwelt. In einem Bereich, der nur wenige hundert Meter umfaßt, trifft man nicht nur Bergvögel an, sondern auch Flachlandvögel. Die in der Ebene beheimateten Arten haben bis zu einer gewissen Höhe auch die Ausläufer vieler Gebirge erobert. In den Buchenwäldern am Fuße der Alpen jagt beispielsweise der Raubwürger *(Lanius exubitor)* nach Mäusen, kleineren Vögeln und Insekten; und der Mittelspecht *(Dendrocopos medius)* mit seinem roten Krönchen und den weißen Schulterflecken legt seine Nisthöhlen hoch oben in den Buchenstämmen an. Auf den niedrigen Hängen der Pyrenäen schimmert oft das leuchtendrote Brustgefieder des Gimpels oder Dompfaffen *(Pyrrhula pyrrhula)* durch das Grün der Bäume, und manchmal läßt hier auch der Fitis *(Phylloscopus trochilus)* seine weiche Melodie ertönen. In den höheren Lagen der Pyrenäen und der Alpen, zwischen 1800 m und der Schneegrenze, nistet in Felsspalten der Mauerläufer *(Tichodroma muraria)*, der an seinem Sichelschnabel und den roten Flügeldecken leicht zu erkennen ist. In denselben kahlen Felspartien lebt auch der Schneefink *(Montifringilla nivalis)*, der seinen über 1800 m hohen Standort nur verläßt, wenn die Winterstürme um die steinernen Höhen toben. Über allen aber ziehen nicht nur die großen Greifvögel ihre Kreise, sondern auch die kleinere Verwandte des Kolkraben, die Alpendohle *(Pyrrhocorax graculus)*, die sich von den Aufwinden hoch emportragen läßt.

Weitgereiste Vögel

Während der herbstlichen Wanderzeit ist das Schauspiel, das die Vogelwelt in den europäischen Gebirgen aufführt, am farbenprächtigsten, vor allem im Umkreis der Pässe und Schluchten, wo die Zugvögel die Gebirgsschranke überqueren, die Nordeuropa von den milderen Breiten des Südens trennt. Auf der Flucht vor der kommenden Winterkälte bewegen sich die ziehenden Vögel in einem endlosen Strom durch die Lücken im Gebirgswall. Auf den Paßhöhen der österreichischen Alpen kann man die Finkenschwärme beobachten, die einer nach dem anderen im Tiefflug über die Bergwiesen da-

1

2

1 Die als Sinnbild der Heilkunst berühmte Äskulapschlange hat ein großes Verbreitungsgebiet, das sich vom südlichen Mitteleuropa bis zum Iran erstreckt. In manchen Gegenden, zum Beispiel in den Alpen, ist diese Schlange in ziemlichen Höhen anzutreffen. Da sie aber die Wärme liebt, hält sie sich meist auf Südhängen auf. In Mitteleuropa sind die Vorkommensgebiete der Äskulapschlange weit verstreut. Manche Fachleute nehmen an, daß diese verstreuten Populationen von den Römern eingebürgert wurden, die die Schlangen in den Tempeln des Aesculapius, des Gottes der Heilkunde, gefangenhielten.

2 Die nur in Europa beheimatete Aspisviper kommt oft in beträchtlichen Höhen vor. In den Pyrenäen wurde sie in Höhen über 2000 m nachgewiesen. Die kletterfreudige Schlange ist auch auf den Felshängen der Alpen anzutreffen. Sie ernährt sich vorwiegend von Kleinsäugern, Insekten, Reptilien und Amphibien.

hinstreichen. In Gruppen von ein bis zwei Dutzend Tieren streben die Buchfinken *(Fringilla coelebs)* von der Höhe herab den grünen Tälern zu. Die Fichtenkreuzschnäbel *(Loxia curvirostra)* reisen in etwas größeren Verbänden, die gewöhnlich aus mindestens 20 Vögeln bestehen. Hin und wieder lassen sich die Kreuzschnäbel von den geliebten Nadelbäumen zu einer kurzen Rast verlocken. Die ziegelroten Männchen bringen ein wenig Farbe in das dunkle Grün der Latschen, die die Waldgrenze säumen.

Gebirge als Barrieren

Pässe und Schluchten machen zwar die Schranke der Gebirge durchlässig, aber die ökologischen Barrieren lassen sich nicht so leicht überwinden, zumal nicht für Tiere, die laufen, kriechen oder dicht über dem Boden fliegen. Je höher die Pässe sind, desto weniger Tierarten können sie überqueren, denn mit zunehmender Höhe wird die Umwelt immer kälter und unwirtlicher. Viele in Schweden beheimatete Tiere sind zum Beispiel durch den skandinavischen Gebirgsrücken vom benachbarten Norwegen abgeschnitten. Gleichwohl haben mehrere Arten auf niedrigen Paßwegen die Barriere überschritten. Fast zwei Dutzend Laufkäferarten sind durch die tiefgelegenen bewaldeten Schluchten auf die andere Seite des Gebirges gelangt. In größeren Höhen stellen sich den wandernden Laufkäfern mehr Hindernisse entgegen, was schon daraus hervorgeht, daß nur elf Arten den Fichten- und Tannengürtel und nur sieben die subalpine Stufe überquert haben.

Die Ausbreitung der Laufkäfer in Nordeuropa setzte bereits vor ungefähr 9500 Jahren ein, also zu jener Zeit, als die Gletscher zurückgingen. Meter um Meter haben die kleinen Käfer, von denen viele flugunfähig sind, das vom Eis freigegebene Gelände erobert. Seit der letzten Eiszeit unternimmt ein kleines Insekt, eine Sackträgermotte *(Solenobia trignetrella)*, deren Weibchen flügellos ist, eine ähnliche Invasion der Alpen. Die Motte, die unter Steinen und in Rindenspalten lebt, kann kaum kriechen, und dennoch hat sie die gesamten Alpen bis zu den Gletscherrändern besiedelt, und sie folgt weiter den schrumpfenden Gletschern. So ist der Rhone-Gletscher seit 1874 um mehr als 1,5 km zurückgewichen. Der Sackträger folgte dem zurückgehenden Eis. In den sechziger Jahren wurde das Insekt in einem Gebiet entdeckt, das vor 40 Jahren noch vergletschert war.

In den Jahrtausenden seit dem Ende der letzten Eiszeit haben zahlreiche Reptilien Mittel- und Nordeuropa wiederbesiedelt, nachdem sie von ihren Rückzugsgebieten im Süden aus die Gebirgsschranke der Alpen und Pyrenäen überwunden hatten. Die Vipernatter *(Natrix maura)* hat von Spanien aus die Pyrenäen überquert und sich über Südfrankreich bis in die Alpen hinein ausgebreitet. Diese Wasserschlange, die sich von Fischen ernährt, zieht in den Flüssen bergaufwärts und ist bereits in Höhen über 2000 m beobachtet worden.

Zwischen Wüsten und Steppen

Die Höhen Afrikas

Afrika ist im Grunde ein riesiger aufgestiegener Sockel aus sehr festem Gestein, gegliedert durch zahlreiche Becken und gesäumt von Randgebirgen, die zu einem schmalen Küstenstreifen hin abfallen. Aus dem Felsschild des Sockels steigen, verstreut über den gesamten Erdteil, gewaltige Gebirgsmassive auf. Sie umfassen Gipfel, die höher sind als die höchsten Berge der Alpen und trotz Äquatornähe eine Haube aus ewigem Schnee tragen, verschiedene tätige Vulkane und die Randgebirge selbst, die teilweise schwindelerregende Höhen erreichen. Die Hänge der Drakensberge im östlichen Südafrika und die Semienberge in Äthiopien fallen zum Beispiel über 1000 m steil ab.

Im Gegensatz zu den Alpen, dem Kaukasus und den Rocky Mountains zeigen die Berge, die aus dem afrikanischen Sockel emporragen, kaum Spuren einer Faltung. Das Gestein, das den Kontinent bildet, ist so starr, daß sich die Erdkruste nur an zwei Stellen zu ansehnlichen Gebirgsketten aufgefaltet hat, und beide liegen außerhalb der Randgebirge, die den Sockel umgeben. Diese beiden Gebiete – das Atlasgebirge in Marokko und Algerien und die Bergketten an der Südspitze Afrikas – sind durch die gesamte Länge des Kontinents (fast 8000 km) voneinander getrennt.

Die afrikanischen Berge entstanden in der Regel durch Vulkanismus oder Verwerfungen, manchmal durch beides. Wiederholte Vulkanausbrüche haben an vielen Stellen Lava aufgetürmt, aus der sich schroff abfallende Hochebenen gebildet haben. Auf den Drakensbergen ruht beispielsweise eine Lavakappe von 1000 m Dicke.

Eine seltene Aufnahme einer Bongo-Antilope aus dem Bambuswald der Aberdares. Der Bongo, eine der scheuesten und geheimnisvollsten Antilopenarten, bewegt sich wie ein Phantom durch die Bambusdickichte. Die Streifenzeichnung des Fells läßt die Umrisse des Tieres in Laubwerk und Schatten verschwimmen.

Das eindrucksvollste Beispiel für die vulkanische Gebirgsentstehung findet sich indes im östlichen Äquatorialgebiet des Kontinents, wo die flache Landschaft von hochragenden, malerischen Vulkankegeln unterbrochen wird, in deren Schlünden es zum Teil noch immer brodelt. Mehrere ostafrikanische Vulkane, etwa der erloschene Mount Elgon an der Grenze zwischen Kenia und Uganda, brachen in jenem geologisch unruhigen Erdzeitalter empor, das zur Bildung des großen Grabensystems führte, das von Äthiopien aus nach Süden verläuft. Andere Bergmassive wurden durch die Verwerfungen aufgetürmt, die den Ostafrikanischen Graben ausformten. Die kahlen Höhen des Mau Escarpment in Kenia und des Livingstonegebirges in Tansania sind ein Teil des aufgeworfenen Grabenrandes. Der Ruwenzori, ein niederschlagsreicher Gebirgszug an der Grenze von Ruanda und Zaïre, ist ein Verwerfungsblock, der sich aus dem »Untergeschoß« des Erdteils schräg nach oben schob.

Isolierte Gebirge und einsame Gipfel

Es ist charakteristisch für die Berge Afrikas, daß sie isoliert in der Landschaft stehen und durch weite Savannen- oder Wüstengebiete oder auch durch die Senken des Ostafrikanischen Grabens voneinander getrennt sind. Der Kilimandscharo, ein erloschener Doppelvulkan in Nord-Tansania und die höchste Erhebung des Kontinents, ist ein auffälliges Beispiel für diese Isolierung. Er steigt bis zu einer Höhe von 5895 m auf und überragt mit seinem schneebedeckten Kibo-Gipfel die umliegende flache Savanne. Der einzige weitere größere Berg in der Umgebung, der Meru, ist 80 km entfernt.

Nirgendwo in Afrika wirken die Berge jedoch so isoliert und verloren wie in Äthiopien. Mehr als 2500 m hoch ragen sie aus einer riesigen Hochebene empor, die sich 2000 m über das Umland erhebt. Das von tiefen Schluchten durchschnittene Plateau dehnt sich fast über das ganze Land aus und hat die Form eines Fäustlings, dessen Spitze die Küste des Roten Meeres berührt und dessen Daumen auf das Horn von Ostafrika, die Somali-Halbinsel, weist. Nur wenige Gebirgsregionen der Erde sind so eindrucksvoll und zugleich so öde. Die hochragenden Gipfel und die tiefen Schluchten sind das Werk der Natur, aber die Verödung der einsamen Felslandschaft geht auf den Einfluß des Menschen zurück. Die dicke Bodenschicht mit ihrem üppigen Pflanzenwuchs, die einst das äthiopische Hochland bedeckte, ist heute verschwunden. Die Ursachen für diese Entwicklung sind dieselben wie in anderen Gebirgen der Erde: eine verständnislose landwirtschaftliche Nutzung und der steigende Bedarf an Bau- und Brennholz.

Die Tierwelt des äthiopischen Hochlandes ist folglich nur noch ein Schatten dessen, was sie vor Jahrhunderten war. Die verbliebenen Tiere beweisen jedoch, daß die Berge Äthiopiens ein Übergangsgebiet zwischen Europa und Afrika darstellen, denn hier leben nicht nur bodenständige Arten, sondern auch solche, die teils der europäischen und teils der äquatorialafrikanischen Fauna zugehören. Die europäische Alpendohle ist zum Beispiel in den Semienbergen genauso zu Hause wie der endemische Äthiopienfuchs *(Canis simensis)* und der ostafrikanische Augurenbussard *(Buteo rufofuscus)*. Die Steinböcke des äthiopischen Hochgebirges – der Nubische Steinbock *(Capra ibex nubiana)* und der sehr selten gewordene Äthiopische Steinbock *(Capra i. walie)* – sind die

1

2

südlichsten Vorposten der eurasischen Familie der Ziegen. Der Bergnyala *(Tragelaphus buxtoni)*, der im Süden des Landes auf den Bergen lebt, vertritt dagegen eine Antilopengattung, die ansonsten in Ost- und Südafrika beheimatet ist.

Der Nordwestrand des Kontinents

Im Nordwesten Afrikas bilden das Atlas- und das Rifgebirge einen ähnlichen zoologischen Schmelztiegel. Im Rif kommen Salamander vor, die in Europa zu Hause sind und im übrigen Afrika fehlen, und die Atlashänge sind sowohl von europäischen Arten wie etwa dem Wildschwein als auch von afrikanischen Tieren wie dem Honigdachs *(Mellivora capensis)* bewohnt. In ihrem Erscheinungsbild ähneln das Rif und die nördlichen Teile des Atlas eher europäischen als afrikanischen Gebirgen. In den höheren Lagen, die die Kaltfronten und Stürme aus dem Mittelmeerraum abfangen, fällt im Winter sehr viel Schnee, der die Pinien, Zedern und die anderen Koniferen in einen weißen Mantel hüllt.

Die marokkanischen und algerischen Berge liegen im mediterranen Klima. Mit seinen Faltengebirgen und seinem speziellen Klima gleicht der Nordwesten Afrikas der Gegend am Kap der Guten Hoffnung.

Eine weitere Gemeinsamkeit zwischen den Atlasländern und der Südspitze Afrikas ist die Umweltzerstörung durch Land- und Viehwirtschaft. In Nordwestafrika sind die Schäden jedoch erheblich größer. 1300 Jahre lang sind die eingeborenen Berberstämme mit ihren Schafen und Ziegen in die Berge zurückgedrängt worden, zuerst durch die arabischen Eroberer, dann durch die französische Kolonialmacht und heute durch die Regierung, die staatliche Landwirtschaftsbetriebe auf den Hängen errichtet hat. Der Massenansturm der Viehherden auf die Bergweiden hat einen Teil des Atlasgebirges in die gleiche kahle und erodierte Landschaft verwandelt wie das äthiopische Hochland. Mit der Vernichtung der Pflanzendecke wurden auch die abgestuften Lebenszonen der Tiere weitgehend zerstört.

Das äquatoriale Ostafrika

Südlich von Äthiopien, in Kamerun, Guinea und Ostafrika, ist die Gebirgswelt großenteils noch urtümlich und unzerstört, obgleich viele Savannen- und Urwaldgebiete im Umkreis der Berge in Akker- und Weideland umgewandelt worden sind. Vor allem auf den Hängen im äquatorialen Ostafrika kann man die Abstufung der Lebenszonen sehr gut studieren. Nirgendwo sonst auf der Erde ist die Bandbreite der Umweltbedingungen vom Fuß der Berge bis zum

1 Die Kröte Bufo hoechstii ist mit ihrem Tarnkleid auf dem Granitgestein des südwestafrikanischen Brandberg-Massivs kaum zu erkennen.

2 Das Berberschaf, das gewisse Ziegenmerkmale aufweist, lebt im Atlas sowie in den anderen Gebirgen Nordafrikas. Sein Lebensraum ist trockenes, felsiges Gelände.

3 Die Dschelada-Paviane ziehen in Trupps durch die äthiopischen Semienberge. Wenn diese Paviane angegriffen werden, bombardieren sie bisweilen ihre Feinde mit Steinen. Des Nachts suchen sie Schutz in Höhlen und unter Felsvorsprüngen.

4 Die Brazza-Meerkatze bewohnt die Wälder des Mount Elgon und der benachbarten Berge in Westkenia, aber auch bewaldete tiefere Hänge in Zentralafrika. Diese Meerkatze, die zu den farbenprächtigsten Säugetieren überhaupt gehört, ist ein ausgezeichneter Kletterer, verbringt jedoch die meiste Zeit auf dem Boden, den sie nach Insekten absucht.

3

4

1 Der Buschbock oder die Schirrantilope, ein bevorzugtes Beutetier des Leoparden, ist in den Aberdares und auf anderen Bergen des tropischen Afrikas eine der häufigsten Antilopenarten.

2 Der Doppelhalsband-Nektarvogel (Cinnyris mediocris) bewohnt das Bergland von Süd- bis Ostafrika und hält sich meist in Höhen über 1500 m auf. Die im Wald und Gebüsch beheimateten Vögel tauchen zuweilen auch in Gärten auf.

3 Die Veränderlichen Nektarvögel (Cinnyris venustus) schwirren auf den Bergen von Eritrea bis Sambia zwischen den Blüten umher. Die Nektarvögel sind die Pendants der neuweltlichen Kolibris. Mehrere Arten sind hoch auf den Bergen Afrikas anzutreffen, oft sogar oberhalb der Waldgrenze.

4 Auf den Aberdares in Kenia geht ein Trupp Weißbartstummelaffen im dichten Bambuswald auf Nahrungssuche. Die Stummelaffen sind Verwandte der asiatischen Languren, die ebenfalls im Gebirge umherstreifen.

Gipfel so extrem groß wie auf dem Kilimandscharo, dem Mount Kenya und dem Ruwenzori. Und in kaum einer anderen Weltgegend besiedeln Pflanzen und Tiere in solcher Fülle die einzelnen Höhenstufen. Auf den Hängen des Ruwenzori findet man beispielsweise üppig wachsende Baumheide, die noch höher wird als ein Mensch, und riesige Lobelien, die wie Türme in den Dunst ragen. Hier leben auch Leoparden und leuchtend rot und grün gefärbte Nektarvögel. Abgesehen von einigen individuellen Abweichungen folgen die Höhenstufen der Berge in diesem Gebiet nach demselben Schema aufeinander wie in anderen Teilen Afrikas, etwa Äthiopiens. Ein gutes Beispiel für die Zoneneinteilung ist die Aberdare Range, eine ungewöhnlich schöne Berggruppe nördlich von Nairobi und westlich des Ostafrikanischen Grabens.

Die Tierwelt der Aberdares

Die unteren Hänge der Aberdares tragen einen dichten Regenwald, die Heimat der Baumfarne, die ihre hellgrünen Wedel dem Laubdach entgegenrecken. Hier und da, zumal in tieferen Lagen, wird der Wald von Lichtungen unterbrochen, die mit smaragdgrünem Gras bestanden sind. Auf ihnen versammeln sich Kaffernbüffel, oft in Herden von mehreren Dutzend Tieren, die auf den ersten Blick bunt zusammengewürfelt erscheinen.

1

2

3

4

Manche Büffel sind auffallend groß und tragen ein dunkles Fell und schwere Hörner. Andere sind viel zierlicher gebaut und gehörnt und zudem rötlich gefärbt. Zwischen den großen dunklen und den kleinen rötlichen Tieren tummeln sich Büffel von unterschiedlicher Größe und Fellfärbung. Doch sie alle gehören derselben Art an *(Syncerus caffer)*. Diese Formenvielfalt ist wahrscheinlich durch Vermischung der beiden wichtigsten Formen des Kaffernbüffels, des Steppenbüffels und des Wald- oder Zwergbüffels, zustande gekommen.

Auf den Lichtungen der Aberdares weiden zusammen mit den Büffeln zahllose Warzenschweine *(Phacochoerus aethiopicus)*. Sie trotten in Familienrotten umher, die Schwanzquasten aufgerichtet, und halten immer wieder inne, um die saftigen Triebe abzuzupfen, die sie im Gras aufspüren. Hier und da zeigen sich kreisförmige Mulden in der roten Erde – ein Zeichen dafür, daß sich Warzenschweine dort gewälzt haben.

An manchen Stellen weisen die unteren Hänge Vertiefungen auf, die weit größer und tiefer sind als die Suhlen der Warzenschweine. Das sind die Krater der Bomben, die in den fünfziger Jahren von Flugzeugen abgeworfen wurden, als die Aberdares eine Hochburg der Mau-Mau-Bewegung waren. Diese Bomben sind nach Meinung mancher Eingeborener schuld daran, daß sich die Waldelefanten *(Loxodonta africana cyclotis)* in dieser Gegend so ungewöhnlich abweisend oder gar bösartig verhalten.

Mit zunehmender Höhe überzieht der Wald die jetzt fast senkrechten Hänge, an denen Wasserfälle herabstürzen. In den tiefen Schluchten äsen Schirrantilopen *(Tragelaphus scriptus)*. Diese sind in ganz Mittel- und Südostafrika verbreitet. Sie finden sich mit den verschiedensten Lebensräumen ab, mit dem Flachland genauso gut wie mit Bergeshöhen bis 4000 m, aber sie brauchen eine mit Büschen oder Bäumen bestandene Landschaft. Die ungefähr rehgroßen Tiere ruhen oft während der größten Hitze unter einem großen Busch oder kleinen Baum und sind dann im Schatten kaum zu erkennen.

Das Laub der Wälder verbirgt viele Lebewesen, die in ihnen hausen, doch zuweilen erblickt man die silberwangigen Trompeterhornvögel *(Bycanistes brevis)*, die unter dem Blätterdach umherfliegen, oder die schwarzweißen Weißbartstummelaffen *(Colobus polykomos)*, die zur Nahrungsaufnahme aus dem Pflanzengewirr hervorkommen. In den Bergwäldern sind die Temperaturen etwas niedriger als in der Ebene ringsum, und das Fell der bergbewohnenden Stummelaffen ist deshalb noch dichter und länger als das ihrer Artgenossen in den Flachlandwäldern.

Wenn man sich der 2500-m-Grenze nähert, geht der Regenwald der Aberdares in einen Bambusgürtel über – wie übrigens auf den meisten Bergen im tropischen Afrika. Eine Ausnahme bildet der Kilimandscharo, in dessen sehr trockenen oberen Lagen der Regenwald zu niedrigem Strauchwerk verkümmert, das dem Zwergwuchs an der Baumgrenze in den gemäßigten Breiten ähnelt. Doch im allgemeinen folgt auf den Regenwald ein Bambusgürtel, wobei sich der Übergang durch Wacholderbäume und Steineiben ankündigt.

Bambus und Bongos

Wie erwähnt, geht in der Aberdare Range der Regenwald in den Bam-

1

1 Der Bambusgürtel oberhalb des Regenwaldes ist für alle Gebirge des äquatorialen Ostafrikas kennzeichnend. Der Bambus wird bis zu 20 m hoch.

2/3 Die Berggorillas (Gorilla gorilla beringei) sind gesellige Wesen, die sich zu Familiengruppen zusammenschließen und auf manchen Bergen des östlichen Zentralafrikas bis weit über die Waldgrenze emporsteigen.

busgürtel über. Die Bäume hören auf und werden abgelöst von einem fast undurchdringlichen Wall aus bis zu 20 m hohen »Grashalmen«, denn der Bambus ist ja im Grunde nichts anderes als ein Riesengras. Der Bambuswald ist die Heimat der Bongo-Antilope *(Tragelaphus euryceros)*, die sich mit verblüffender Behendigkeit durch das Dikkicht bewegt. Dank ihrem kastanienbraunen, mit weißen Querstreifen gezeichneten Fell verschmilzt die Gestalt der 450 Pfund schweren Antilope mit ihrer Umgebung aus Schatten und Laub. Sie ernährt sich von Schößlingen und Blättern, wahrscheinlich aber nicht vom Bambus selbst, und richtet sich manchmal auf den Hinterläufen auf, um das Laub von höheren Zweigen abzuäsen. Der mit kräftigen leierförmigen Hörnern bewehrte Bongo gilt allgemein als ein furchtloses Tier, das es notfalls sogar mit einem Leoparden aufnimmt.

Der Bongo ist eigentlich nicht ein Tier des Gebirges, sondern des Waldes – des Bambuswaldes oder des Dschungels. Nur in Ostafrika, zumal in Kenia, lebt er ausschließlich in den Bergen, aus dem einfachen Grunde, weil die einzigen

2

3

Wälder dieses Gebiets, die ihm zusagen, auf den Hängen zu finden sind. Manche Zoologen nehmen an, daß der Vorfahr des Bongos eine Savannenart war, die in die dichten Wälder zurückgedrängt wurde.

Die Fähigkeit des Bongos, sich sehr unterschiedlichen Höhenstufen anzupassen, ergibt sich aus der relativen Temperaturunempfindlichkeit der Säugetiere. Wie der Bongo sind auch viele andere Säugerarten der Erde, die das Gebirge unterhalb der Waldgrenze bewohnen, nicht eigens für das Bergleben geschaffen, aber sie können sich auf den Höhen wie in der Ebene gleich gut behaupten.

Wenn man einmal von den obersten Höhenlagen absieht, lassen sich die Säugetiere der ostafrikanischen Berge in zwei Gruppen einteilen.

Zur ersten gehören nur wenige Arten wie beispielsweise die Leoparden und Elefanten, die sich an den Wald genauso gut anpassen können wie an den Busch oder an offene Ebenen.

Die zweite Gruppe besteht aus Waldtieren wie den Bongos und den Stummelaffen *(Colobus)*. Sie sind so spezialisiert, daß sie außerhalb des Waldes nicht existieren könnten, doch sie gedeihen praktisch überall dort, wo es Wälder gibt, unabhängig von der Höhenlage. Das Leben in höheren Lagen kann zwar geringe Abweichungen vom Grundtypus bewirken, wie etwa das üppigere Haarkleid der bergbewohnenden Stummelaffen, aber im allgemeinen sind die Säugetiere der afrikanischen Bergwälder auch in den bewaldeten Ebenen anzutreffen.

1

2

3

1 Johnstons Klippschliefer (Procavia johnstoni) lebt auf dem Mount Kenya bis in Höhen von 4000 m.

2 Der schwarzköpfige Maskenpirol (Oriolus larvatus) ist über weite Gebiete des tropischen Afrikas verbreitet, auch im Bergland.

3 Die Elefanten steigen in Ostafrika hoch auf die Berge hinauf und suchen sich ihre Nahrung in den von Moos überwucherten Riesenheidekrautbeständen, die unmittelbar unter der alpinen Höhenstufe die nebligen, windigen Hochmoore bedecken.

Gorillas unten – Pirole oben

Gorillas schließen sich zu Familienverbänden zusammen, die nur einige wenige oder aber bis zu 30 Tiere umfassen können und von einem alten Männchen angeführt werden. Es sind sanfte Riesen, die sich im Gegensatz zu Schimpansen

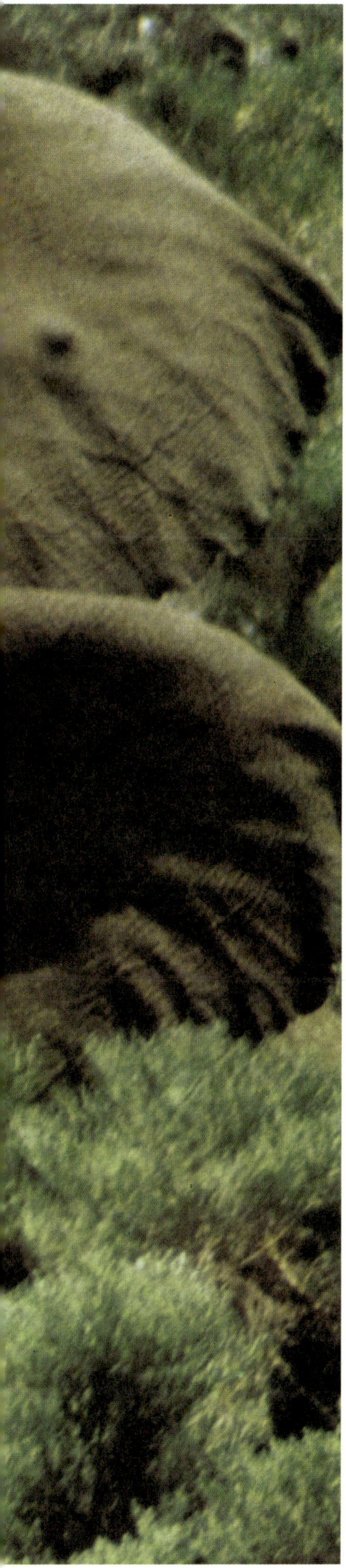

und Pavianen ausschließlich von Pflanzen ernähren und durchweg friedfertig verhalten. Obgleich ein gesunder ausgewachsener Gorilla, der sich bedroht fühlt, ein gefährlicher Gegner sein kann und keinen Raubfeind zu fürchten braucht, ziehen die gewaltigen Menschenaffen beim Auftauchen eines Eindringlings das Bluffen dem Kampf vor. Das berühmte Brusttrommeln und Gebrüll der Gorillamänner sind weniger ein Ausdruck der Angriffslust als ein Mittel, dem Feind zu imponieren. Ein Gorilla greift einen Menschen meist nur dann an, wenn sich dieser durch das Ritual des Brusttrommelns in die Flucht schlagen läßt.

Sich auf allen vieren fortbewegend – wobei das Gewicht auf die Fußsohlen und Fingerknöchel gleichmäßig verteilt wird –, ziehen die Gorillas hoch auf die afrikanischen Berge hinauf. Mehr als 100 verschiedene Pflanzenarten liefern die Früchte, Rinde und Blätter, die den großen Affen als Nahrung dienen.

Die Tiere ergreifen ihre Nahrung mit der Hand und zerreißen sie dann mit Händen und Zähnen. Solange ihnen saftreiche Pflanzen zur Verfügung stehen, brauchen sie nicht zu trinken.

Bei den temperaturempfindlicheren Vögeln liegen die Verhältnisse anders. Die in den Bergwäldern beheimateten Arten unterscheiden sich deutlich von denen der Tieflandwälder. Nur wenige, wie zum Beispiel der Schuppenfrankolin *(Francolinus squamatus)*, können in beiden Gebieten leben. Typischer sind die Gabunpirole *(Oriolus nigripennis)* und die Grünkopfpirole *(O. chlorocephalus)*, deren Gesang in den ostafrikanischen Bergwäldern ertönt, die aber in den bewaldeten Ebenen fehlen. Andererseits kommt es vor, daß bergbewohnende Vogelarten, die Hunderte, ja Tausende von Kilometern voneinander entfernt leben, einander sehr nahestehen, obwohl sie im dazwischenliegenden Flachland nicht nachweisbar sind.

Die ostafrikanischen Berge bilden einen Waldarchipel, in dem sich, wie auf Inseln, einzelne Tierarten erheblich gewandelt und nah verwandte Arten aufgefächert haben. Moreau entdeckte etwa auf isolierten Bergen im Umkreis von 1000 km zehn verschiedene Formen der Brillenvögel. Auf dem Mount Elgon, einem von Halbwüsten umgebenen bewaldeten Berg, kommen 26 Laufkäferarten vor, die einer hauptsächlich in Nordeurasien beheimateten Gattung angehören. Diese Käfer sind wahrscheinlich sämtlich aus sehr wenigen Stammformen hervorgegangen. Die Wälder des Mau Escarpment im Westen des Ostafrikanischen Grabens sind die Heimat der Petersducker *(Cephalophus callipygus)*, einer kleinen Antilopenart. Gegenüber, in der Aberdare Range, leben die ihnen sehr nahestehenden Rotducker *(C. natalensis)*, doch beide Arten, die durch den Graben und die Savanne getrennt sind, kommen nur selten miteinander in Berührung.

Die Schliefer

Zu den erfolgreichsten Siedlern auf vielen afrikanischen Bergen, zumal der alpinen Höhenstufe oberhalb des Bambusgürtels, gehören jene merkwürdigen kleinen Säuger, die man als Schliefer bezeichnet. An ihrer Verbreitung läßt sich sehr gut ablesen, wie weit sich Tiere des Flachlands im Gebirge eingerichtet haben. Die Schliefer, die fast wie Meerschweinchen aussehen, mit denen sie jedoch nicht verwandt sind, bewohnen vorwiegend den offenen Fels; eine Art, der Baum- oder Waldschliefer *(Dendrohyrax arboreus)*, hat sich zudem an das Leben im Wald und auf Bäumen angepaßt. Die sehr kletterfreudigen und wandlungsfähigen Tiere nehmen mit nahezu jeder pflanzlichen Nahrung vorlieb und können somit selbst in der Strauchvegetation der alpinen Zone überleben.

In den felsigen Höhenlagen der meisten afrikanischen Gebirge kann man die Schliefer umherhuschen sehen. Die Arten unterscheiden sich entsprechend den Bergen, die sie besiedelt haben, oder besser entsprechend den landschaftlichen Gegebenheiten des umliegenden Tieflands. Nördlich des Mount Kenya erstreckt sich zum Beispiel eine heiße, trockene Steppenregion. Von dort stammen die Klipp- oder Wüstenschliefer *(Procavia capensis)*, welche die Höhen über dem Bambusgürtel besiedelt haben. Die entsprechende Lebenszone auf dem Ruwenzori, der weitgehend von Wäldern umgeben ist, ist die Heimat des bereits genannten Baumschliefers geworden. Weiter östlich, auf dem Mount Elgon, wird die alpine Zone vom Busch- oder Steppenschliefer *(Heterophyrax brucei)* bewohnt.

Darunter, auf den bewaldeten Hängen des Mount Elgon, sind wiederum die Baumschliefer zu Hause.

Die alpine Höhenstufe der afrikanischen Berge, die sich oberhalb der Bambuszone erstreckt, gleicht einer Landschaft, wie sie in der Eiszeit vorgeherrscht haben mag. Für diese wolkenverhangene Welt können abermals die Aberdares als beispielhaft gelten. Über dem Bambusgürtel, also ab etwa 3000 m, dehnt sich ein weites, welliges Moorland, das besprenkelt ist mit den weißen Blüten des Johanniskrauts. Eisige Bäche durchschneiden das Hochmoor, über das der frische Wind Dunstwolken dahintreibt. Hier und da erblickt man buschgrasbestandene Sümpfe und flechtenüberzogene Felsbrocken, und in der Ferne stürzen Wasserfälle schäumend in verborgene Schluchten. Über die ganze Landschaft ist mannshohes Heidekraut verstreut. Dort kann man zuweilen äsende Elefanten beobachten, die ihre gewaltigen grauen Leiber durch das knorrige, mit Flechten behangene Astwerk schieben. Die Elefanten ziehen auf schlammigen, tief ausgetretenen Pfaden die Berghänge hinauf, die so steil sind, daß man sich kaum vorstellen kann, daß die mächtigen Tiere sie zu ersteigen vermögen.

Die Hochmoore

Der urtümliche Eindruck des Hochmoors wird noch verstärkt durch die Spitzmaulnashörner *(Diceros bicornis)* und die Elenantilopen *(Tragelaphus oryx)*, die ebenfalls aus der Savanne, die sich am Fuße der Berge erstreckt, zugewandert sind. Mit akrobatischen Sprüngen jagt der Serval *(Felis serval)* hier oben die Bergheidefrankoline, steinhuhnähnliche Vögel, die den Rand des Bambusgürtels nur selten nach unten überschreiten.

Die nur 4000 m hohen Aberdares tragen keine Schneehaube wie der Kilimandscharo, der Mount Kenya oder die Gipfel des Ruwenzori. Auf diesen Bergen breitet sich über der Heide eine deutlich abgesetzte, ausgedehnte »afro-alpine« Höhenstufe aus, eine gespenstische Landschaft, in der Riesenlobelien und Riesensenecien gleich uralten Monolithen im Nebel aufragen. Gewaltige Bestände dieser Pflanzen bedecken die Hochlagen des Ruwenzori und dienen den Baumschliefern als Heimat. Oberhalb dieses Vegetationsgürtels gibt es Leben nur noch in Form von Flechten und Moosen, die das nackte Gestein überziehen. Und darüber beginnt die Zone des ewigen Schnees, die gefrorene Krone Afrikas.

Das Dach der Welt

Bergketten von Asien bis Neuseeland

Zwischen Zentralasien und dem Norden Indiens steigt ein Gewirr von gewaltigen Gipfeln himmelwärts, die noch Hunderte von Metern höher sind als die mächtigsten Berge der übrigen Welt. Diese hoch aufgetürmten Gebirgsmassen, überragt von dem fast 8850 Meter hohen Mount Everest, werden zu Recht das Dach der Welt genannt.

Das Kernstück dieser Gebirgsregion, das durch Auffaltungen vor 65 Millionen Jahren vom Grunde eines längst verschwundenen Meeres emporstieg, ist der Himalaja. Die stark zerklüftete Himalaja-Kette, die von Gletschern gekrönt und von feuchtheißen Wäldern gesäumt ist, beginnt im Westen an den Grenzen Pakistans und geht im Osten in die Naga-Berge im Norden Burmas über.

Der Himalaja ist gleichwohl nur ein Teil des riesigen asiatischen Gebirgssystems, der südlichste Wall von mehreren gewaltigen Bergketten. Die westliche Verlängerung dieses Systems erstreckt sich bogenförmig bis Europa, während der östliche Flügel nach China ausgreift und zugleich über die dschungelbestandenen Berge Indochinas und die Inselwelt des Indopazifiks in Richtung Australien abzweigt. Wie die Hauptgebirge Europas bildet auch der Himalaja mit seinen Ausläufern eine Barriere für die Pflanzen und Tiere verschiedener Klimazonen. In den Vereisungsperioden der Vergangenheit haben sich Arten, die der Kälte nicht gewachsen waren, über den Gebirgswall nach Süden zurückgezogen, sofern sie ihn zu überqueren vermochten. Heute sind die schier endlosen Weiten im Norden des Gebirges kalt und trocken, während im Süden durchweg tropische Bedingungen vorherrschen. Am Südostende verliert das Gebirgssystem mit abnehmender Höhe allmählich seine Bedeutung als tren-

Die Streifengänse ziehen auf ihrem Flug ins Winterquartier manchmal hoch über dem Mount Everest dahin.

nende Schranke und geht schließlich in den Flachlanddschungel über.

Die höchsten Gipfel

Der Himalaja, das Kerngebiet des hier beschriebenen Systems, ist die eindrucksvollste Gebirgslandschaft der Erde. Neben dem Mount Everest weist der Himalaja noch mehrere Gipfel auf, die zu den höchsten Bergen der Welt zählen. Der Kangchendzönga in Nepal-Sikkim ist 8598 m hoch, der Makalu in Nepal und Tibet mißt 8481 m und der Dhaulagiri in Nepal 8167 m. Mehrere andere Himalaja-Gipfel erreichen fast die gleiche Höhe.

Westlich und nördlich des Himalajas erstrecken sich verschiedene Gebirgszüge, deren Gipfel den soeben genannten an Höhe kaum nachstehen. Am nächsten und am höchsten ist die Karakorum-Kette im indischen Jammu und Kaschmir und im äußersten Norden Pakistans. In ihr erhebt sich der zweithöchste Berg der Erde, der K2 oder Godwin Austen, der nur 237 m niedriger ist als der Mount Everest. Der Karakorum umfaßt außerdem den 8067 m hohen Gasherbrum und den 7790 m hohen Rakaposhi. Weiter westlich liegt der Hindukusch, gekrönt vom 7708 m (Neuvermessung) hohen Tiritch Mir. Der Hindukusch Afghanistans und Pakistans wird im Süden vom Hindu Raj flankiert, einer kleineren Gebirgskette, deren Gipfel gleichwohl Höhen bis 6400 m erreichen.

Bergketten über Bergketten

Im Osten des Himalajas, in den chinesischen Provinzen Szetschuan und Yünnan, breiten sich mehrere kleinere, aber stark zerklüftete Gebirgsketten aus. Am bedeutendsten ist der Tahsüe Schan (höchste Erhebung 7590 m), durch dessen Täler der Oberlauf des Yalung fließt. Dies ist die südöstliche Begrenzung des großen zentralasiatischen Gebirgssystems. In seinem Norden erstrecken sich reihenweise ähnlich eindrucksvolle Bergketten, die vielfach durch Hochebenen voneinander getrennt sind. Diese Ketten verlaufen mehr oder weniger parallel zueinander.

In der Sowjetunion schließt sich zum Beispiel unmittelbar nördlich an den Hindukusch das Hochland von Pamir-Alai mit dem 7494 m hohen Pik Kommunismus an. Weiter nördlich erheben sich rings um den kalten, klaren Bergsee Issyk-Kul die Vorberge der langgestreckten Tien-Schan-Kette, die an der sowjetischen Grenze im Pik Pobedy bis 7439 m aufsteigt.

Dieselbe Parallelstruktur zeigt sich auch im Norden des Himalajas. Die Nordhänge des Transhimalajas verschmelzen mit dem südlichen Rand des tibetischen Hochlandes. Am Nordrand des Plateaus erhebt sich eine weitere Gebirgskette, die wie der Himalaja durchweg in Ost-West-Richtung verläuft. Das ist das Kunlun-Gebirge, aus dem der 7724 m hohe Ulugh Mustagh hervorragt. Darauf folgt der Altin Tagh, hinter dem sich die riesige Takla-Makan-Wüste von Sinkiang ausdehnt. Im Norden wird die Wüste vom Tien-Schan-Gebirge begrenzt. Nördlich des Tien Schan schließt sich das trockene Tafelland der Dsungarei an, die ihrerseits an eine weitere Bergkette stößt, und zwar an das Altai-Gebirge, das im Westen an der Grenze zu Sibirien beginnt.

In ähnlicher Weise sind auch die Gebirgszüge im Osten des Himalajas parallel angeordnet. Nördlich

1 Die Hulmans, große Affen, die mit den afrikanischen Stummelaffen verwandt sind, bewohnen die Rhododendrondickichte auf den oberen Hängen in Nepal und in den angrenzenden Gebieten.

2 Der Silberfasan, in der altchinesischen Literatur und Kunst häufig beschrieben und dargestellt, ist berühmt für seine Kühnheit. Er ist in vielen Gegenden Europas eingebürgert worden.

3 Der auf Bäumen nistende Satyrtragopan ist ein Vertreter der fünf Tragopanarten, die allesamt ein prachtvoll gefärbtes Gefieder tragen. Die Tragopane besetzen bisweilen die aufgegebenen Nester anderer Vögel, die sie mit Zweigen und Blättern auskleiden. Das Gelege besteht im allgemeinen aus sechs Eiern.

4 Bis auf eine Art stammen alle Fasanen aus Asien. Vor allem die asiatischen Gebirge sind die Heimat dieser Vögel. Der Himalaja-Glanzfasan zählt zu den schönsten Vögeln der Welt.

des Tahsüe Schan verläuft der Bajan Char Uul, dann folgt, nach dem ausgedehnten Sumpfgebiet von Tshaidam, das Nan-Schan-Gebirge, hinter dem sich die Ausläufer der Wüste Gobi erstrecken.
Neben diesem riesigen Gebirgssystem besitzt Asien noch zahlreiche weitere Bergketten, etwa jene auf der sibirischen Halbinsel Kamtschatka mit dem 4749 m hohen Vulkan Kljutschewskaja Sopka und die Sichote-Alin-Kette, die nördlich von Wladiwostok längs der Küste des Japanischen Meers verläuft. Im westlichen Asien erheben sich das mächtige Zagros- und das Elburs-Gebirge, die über 4000 bzw. 5500 m hoch sind.

Vielfalt der Lebensräume

In diesem riesigen Raum sind nahezu alle Umweltbedingungen vereint, die es überhaupt auf der Landfläche unserer Erde gibt. Dementsprechend vielgestaltig ist die Pflanzen- und Tierwelt Asiens. Auf den Bergen der Sichote-Alin-Kette wächst der wilde Ginseng an einzelnen Standorten, die gut versteckt im Laubwald der unteren Hänge liegen. Auf dem steinigen, öden Hochland von Tibet gedeiht eine niedrige, rundliche Pflanze der Gattung *Saussurea*, die durch einen fellartigen Überzug vor Kälte und Feuchtigkeitsverlust geschützt ist und an der höchsten Stelle eine Öffnung hat, durch welche die Bienen eindringen, um die Pflanze zu bestäuben. Die seltenen wildlebenden Trampeltiere weiden im Sommer auf den Hängen des Altai-Gebirges, und der Bambusbär bewohnt die Berge im mittleren Westchina. Die verschiedenen Lebensräume im asiatischen Bergland haben zwar eine große Artenvielfalt hervorgebracht, aber zwischen den Lebenszonen der einzelnen Gebirge besteht immerhin so viel Ähnlichkeit, daß manche Arten sich sehr weit ausgebreitet haben. Rhododendrongewächse säumen die blütenübersäten Bergwiesen und Hochmoore in ganz Asien. Der Tiger streift auf den Hügeln Thailands genauso umher wie in den Bergen der Mandschurei, Koreas und Sibiriens. Wildschafe, Wildziegen und Verwandte sind von einem Ende des Kontinents bis zum anderen im Felsengebirge heimisch geworden.

Die farbenprächtigen Bergfasanen

Die Fasanen gehören einer Vogelfamilie an, die in mehreren asiatischen Gebirgslandschaften verbreitet ist, insbesondere im mittleren und südlichen Teil sowie auf einigen Inseln, zum Beispiel Japan. Zu den schönsten Fasanenvögeln, die allesamt prächtig gefärbt sind, zäh-

4

len die Glanzfasanen *(Lophophorus)*. Die Hähne tragen ein außerordentlich üppiges Federkleid, das bei Licht in allen Regenbogenfarben schillert.
Wir unterscheiden bei den Glanzfasanen drei Arten. Eine, der Himalaja-Glanzfasan *(L. impejanus)*, stellt den Wappenvogel Nepals. Die stämmigen Vögel sitzen auf den Felsspitzen oder hüpfen oberhalb der Waldgrenze, in Höhen bis zu 5000 m, auf dem kahlen Boden umher. Wenn sie erschreckt werden, erheben sie sich mit schweren Flügelschlägen ein wenig über die Erde und segeln dann wie blau-rotgoldene Federwölkchen hangabwärts. Sie entwickeln dabei eine große Geschwindigkeit und können in wenigen Augenblicken Hunderte von Metern zurücklegen. Sind sie unten gelandet, müssen sie allerdings zu Fuß zu ihrem Standort zurückkehren, denn ihre Flügel sind zu schwach, sie wieder bergauf zu tragen.
Die anderen Glanzfasanen leben nicht in so großen Höhen wie die Himalaja-Art. Der Chinesische Glanzfasan *(L. lhuysi)* bewohnt das westliche Szetschuan und kommt nur selten über die Waldgrenze hinaus. Bei schönem Wetter steigt er gelegentlich zu den alpinen Wiesen empor. Dieser Vogel, der größte der drei Glanzfasanen, scharrt nicht nach Fasanenart mit den Füßen, sondern stochert mit dem langen Schnabel nach Nahrung. Sclaters Glanzfasan *(L. sclateri)*, der vom östlichen Himalaja an und von Südtibet bis Yünnan verbreitet ist, bleibt im allgemeinen unter der 3000-m-Höhengrenze. Wie sein chinesischer Vetter lebt er in den Rhododendrondickichten und in den Kiefern- und Tannenwäldern.
In dieser Vegetationsform ist noch ein weiterer herrlicher Fasan zu Hause, der Blaukehltragopan *(Tragopan temmincki)*. Als besonderen Schmuck trägt der Hahn auf dem Kopf zwei fleischige »Hörner« und einen leuchtend blauen Kehlschild, den er während der Balz aufbläht. Der Blaukehltragopan bewohnt steile Felshänge zwischen Tibet und Burma.
Der Blutfasan *(Ithaginis cruentus)* mit seiner scharlachroten Kehle lebt ungefähr in demselben Gebiet wie der Blaukehltragopan und ist ein gutes Beispiel für die Widerstandskraft, die alle Fasanen der asiatischen Berge auszeichnet. Selbst im Winter geht er nicht unter 2000 m hinab, und im Sommer steigt er über die Waldgrenze hinaus und läßt auf den Bergwiesen sein langgezogenes Pfeifen hören.

Kleinvögel des Hochgebirges

Zahllose kleine, aber sehr widerstandsfähige asiatische Vögel leben auf der gleichen Höhenstufe wie die Fasanen oder gar in noch höheren Lagen. Mehrere dieser Gebirgsvögel sind nahe verwandt mit Arten, die auf den Bergen Europas beheimatet sind, und repräsentieren Gruppen, die sich in ganz Eurasien in gleichartigen Lebensräumen im Gebirge eingerichtet haben, aber durch weite Flachlandgebiete mit höchst unterschiedlichen Umweltbedingungen voneinander getrennt sind. Der Fichtenkreuzschnabel des Himalaja *(Loxia curvirostra himalensis)* ist zum Beispiel nur eine geographische Rasse unserer heimischen Art. Die asiatische Rasse hält sich stets in der Nähe von Fichten auf, in denen die Vögel Nistplätze und ihre Hauptnahrung, die Fichtensamen, finden.
Im Himalaja und in den angrenzenden Gebirgen lebt eine Braunellenart, die ihr Nest auf dem Boden oder in der niedrigen Vegetation baut, nicht anders als ihre Verwandten in den Hochlagen der europäischen Gebirge. Die asiatische Steinbraunelle *(Prunella himalayana)* ist jedoch bunter gefärbt als unsere Alpenbraunelle. Die Oberseite zeigt ein kräftiges Kastanienbraun, Nacken und Kopf sind schiefergrau, und die Stirn ist silbrig gemustert.
Die Rhododendrondickichte unterhalb der alpinen Höhenstufe des Himalajas und der südöstlichen Randzone des tibetischen Hochlandes sind die Heimat verschiedener Kleinvogelarten, etwa des Feuerschwanzes *(Myzornis pyrrhoura)* und der Gould-Kurzflügeldrossel *(Brachypteryx stellatus)*. Beide ernähren sich von den Insekten, die in den Büschen umherschwärmen.
Auf den Hängen über dem Rhododendrongürtel lebt die flinke, akrobatische Himmelblaue Grandala *(Grandala coelicolor)*. Das Männchen mit seinem tiefblauen Gefieder und seinen schwarzen Flügeln ist eine ausgesprochene Schönheit, während das graubraune, weißgestreifte Weibchen recht unscheinbar ist. Die beerenfressenden Vögel nisten dicht unter der Schneegrenze und lassen sich nur durch sehr niedrige Temperaturen und heftige Schneefälle aus ihrer hochalpinen Region vertreiben.
Fast überall auf dem Hochland finden sich die Brutplätze des Tibetischen Schneefinken *(Montifringilla adamsi)*, der sehr dem Schneefinken der Alpen und Pyrenäen ähnelt. Die Vögel leben von den Samen der spärlichen Pflanzen, die

1

2

3

1/2 Die Insekten haben sogar das Hochgebirge erobert. Viele Insektenarten können sich weit über der Waldgrenze behaupten, selbst im ewigen Schnee und Eis. Daß sie in solchen Höhen überleben können, hat seinen Grund vor allem darin, daß sie frostunempfindlicher sind als die meisten anderen Lebewesen. Ihr Körper enthält Glycerin und gefriert nicht einmal bei Temperaturen unter dem Nullpunkt. Sogar in der Antarktis hat man Insekten entdeckt. Die Abbildungen zeigen eine Feldheuschrecke (Acrididae; 1) und eine Heidelibelle (Sympetrum; 2).

3–5 Zahlreiche herrliche Blumen gedeihen auf den mittleren Himalaja-Hängen in Nepal. Die Porana grandiflora (3) wächst in ungefähr 2400 m Höhe. Die Sumpfdotterblume (Caltha palustris, 4), und eine Storchschnabelart (Geranium donianum, 5), wurden in einer Höhe von 3000 m aufgenommen. Die Blüten locken Insekten an, die wiederum den Kleinvögeln als Nahrung dienen.

6 Ein männlicher Blutfasan sucht im Schnee des nepalesischen Himalajas nach Nahrung. Außerhalb der Brutzeit schließen sich diese Fasanen in Gruppen zusammen, die manchmal aus mehr als einem Dutzend Vögeln bestehen. In dreizehn Rassen verteilt sich die Art über die asiatischen Gebirge.

6

4

5

sich auf der Hochebene zu behaupten vermögen, wo sich die Wachstumsperioden eher nach Wochen als nach Monaten bemessen. Verschiedene Formen des Edelweiß gedeihen hier und beweisen abermals, daß vielfach die Höhenstufe und nicht die geographische Lage die Verteilung der Gebirgspflanzen und Gebirgstiere auf unserer Erde bestimmt.

Wasservögel des Hochlands

Teilweise ist das tibetische Hochland übersät mit Seen und Sümpfen, die Heimat oder Rastplatz des Wassergeflügels und anderer Wasservögel, etwa der Regenpfeifer und Uferschnepfen, sind. Diese Feuchtgebiete und Gewässer bilden auch die Brutplätze der Streifengans *(Anser indicus)*, die ihren Namen dem schwarzen Streifenpaar am sonst weißen Hinterkopf verdankt. Bei Anbruch des Winters ziehen die Gänse nach Süden und überqueren dabei die Gipfelkette des Himalajas. Selbst in der kristallklaren Luft über dem Mount Everest hat man sie schon dahinfliegen sehen.

Die Heimat der Pandas

Der äußerste Nordostrand des tibetischen Hochlandes, eine Steppenlandschaft unweit des Bajan-Char-Uul-Gebirges, wird hin und wieder vom Bambusbären oder Großen Panda *(Ailuropoda melanoleuca)* aufgesucht, dessen eigentliche Heimat etwas weiter östlich liegt, in den tiefen Schluchten und auf den steilen Felshängen im Westen der Provinz Szetschuan. Das Gebiet ist ein Labyrinth aus Bergen und Tälern mit Nebel, Regen und Schnee. Manche Täler, die durch die Berge

1 Der Bambusbär scheint immer hungrig zu sein. Diese mächtigen Tiere der Bambuswälder Szetschuans verbringen fast die Hälfte des Tages mit der Nahrungsaufnahme.

2 Der Katzenbär ist ein sanftmütiges Geschöpf, das sich fast ständig auf Bäumen aufhält.

3 Der Kragenbär ist ein großer Beutegreifer, der im zentralasiatischen Hochgebirge heimisch ist. Im Sommer steigen die Bären bis in Höhen von 3600 m hinauf. Sie jagen große Tiere, wie etwa Wildschafe.

4 Das dichte Fell des Irbis oder Schneeleoparden zeigt an, daß diese Art auf den eisigkalten Höhen Zentralasiens zu Hause ist. Die Schneeleoparden wurden in manchen Vorkommensgebieten vom Menschen ausgerottet und sind außerhalb der UdSSR und Chinas z. T. vom Aussterben bedroht.

im Westen gegen die kalten Winde und Winterstürme abgeschirmt sind, gleichen einer Parklandschaft. Im Sommer sind sie mit Gras bewachsen und von Pappeln, Eichen und Eiben belebt. Doch insgesamt macht die Region einen schroffen, zerrissenen und abweisenden Eindruck.

In einer Höhe von ungefähr 1800 m beginnt hier der Bambusgürtel, der bevorzugte Aufenthalt des Bambusbären. Er zieht bis zur Obergrenze des Bambuswaldes hinauf, die bei etwa 2500 m liegt, aber sich auf einigen Hängen um mehrere hundert Meter nach oben verschiebt, wo sich dann Weißtannen unter den Bambus mischen. Der Bambusbär, der der westlichen Wissenschaft erst seit gut 100 Jahren bekannt ist, hat bei den Systematikern endlose Debatten über die Frage ausgelöst, welcher Säugetierfamilie er zuzuordnen sei. Er wurde zwischen der Familie der eigentlichen Bären und jener der Kleinbären immer wieder hin und her geschoben. Der Bambusbär ähnelt in seiner Größe und Gestalt einem »richtigen« Bären, doch gibt es noch eine zweite Panda-Art, die eher wie ein großer orangeroter Waschbär aussieht und mit ihm auch die Gesichtsmaske und den quergebänderten Schwanz gemeinsam hat. Es ist der Katzenbär oder Kleine Panda *(Ailurus fulgens)*, der von der Schnauzenspitze bis zum Schwanz ungefähr einen Meter mißt und teilweise denselben Lebensraum wie sein großer schwarzweißer Vetter bewohnt.

Der Katzenbär ist allerdings in den

1

asiatischen Gebirgen sehr viel weiter verbreitet und steigt meist auch in größere Höhen hinauf als der Bambusbär. Der gewandte Kletterer ist oberhalb des Bambusgürtels anzutreffen, in den Kiefern- und Tannenwäldern und in den hohen Rhododendrondickichten, die mit üppigen Moos- und Flechtengirlanden behangen sind und aus einem dicken Torfmoorteppich hervorwachsen.

Bären und Wölfe

Von Tibet aus dringt zuweilen eine Unterart des Braunbären *(Ursus arctos)* in das Reich des Bambusbären vor. Braunbären sind, wie bereits erwähnt, in weiten Teilen Eurasiens heimisch, und obgleich sie in vielen früheren Vorkommensgebieten ausgerottet wurden, überdauern sie in den meisten Bergregionen von der Türkei und dem Ural bis Japan und vom Himalaja bis nach Sibirien.

Die andere Bärenart, der man im Gebiet des Bambusbären begegnet, ist der rein asiatische Kragenbär *(Selenarctos tibetanus)*. Er ist vom Iran bis zu den nördlichen Inseln Japans verbreitet, und innerhalb dieses ausgedehnten Areals hält er sich vornehmlich im Gebirge auf. Im Iran galt die Art als ausgestorben, bis Biologen 1973 entdeckten, daß mehrere Kragenbären noch immer das Makran-Gebirge in der südöstlichen Provinz Belutschistan und der Nachbarprovinz Kerman durchstreiften.

Die Wölfe *(Canis lupus)* besiedeln weite Gebiete Asiens nördlich der Tropenzone und sind in mehreren Gebirgslandschaften vertreten. Im Pontischen Gebirge in der östlichen Türkei beispielsweise sind Wölfe noch so zahlreich, daß sie sich in großen Rudeln den Dörfern und sogar den Städten nähern, wenn die Winterstürme sie von den Höhen vertreiben. Im Hindukusch veranstalten Wolfsrudel regelmäßig Hetzjagden auf Haustierherden.

Die großen Katzen

Zu den anderen Großraubtieren, die in verschiedenen asiatischen Gebirgsregionen verstreut leben, gehören drei große Katzenarten: Tiger, Leopard und Schneeleopard. Der Sibirische Tiger *(Panthera tigris altaica)* ist die größte Katze der Erde. Er wiegt mehr als 300 kg und wird, einschließlich des Schwanzes, fast 4 m lang. Der Sibirische Tiger, der blasser gefärbt ist als die Tiger in südlicheren Breiten und ein sehr viel dichteres Fell trägt, war einst in Nordchina, in Korea, in der Mandschurei und in Sibirien weit verbreitet. Heute existieren nach Meinung der Zoologen gesunde Bestände nur noch in einigen gebirgigen Rückzugsgebieten – in der sowjetischen Sichote-Alin-Kette und in den unzugänglichen Bergen beiderseits der Flüsse Yalu und Tumen im Umkreis des Tschiang-Pai-Gebirges an der chinesischen Grenze zu Nordkorea.

Wie der Tiger kommt auch der Leopard *(Panthera pardus)* teilweise in den Bergen vor. Er ist jedoch sehr viel weiter verbreitet und häufiger als der Tiger. Keine andere Großkatze scheint so anpassungsfähig zu sein wie der Leopard, der sich in vielen Gebieten behauptet, aus denen die Tiger längst verschwunden sind. In fast allen großen Gebirgslandschaften Asiens hat er bis heute überlebt.

Im Gegensatz zu ihren Verwandten ist die dritte asiatische Großkatze, der Irbis oder Schneeleopard *(Uncia uncia)*, ein echtes Gebirgstier, das sonst nirgendwo vorkommt. Der Irbis, eines der schönsten Katzentiere der Welt, hat eine cremefarbene Brust und Unterseite und ein dichtes graues Haarkleid, das mit schwarzen Rosetten übersät ist. Nur wenige haben diesen Beute-

2

3

4

1

2

3

greifer frei jemals gesehen, denn er weicht dem Menschen aus und verläßt niemals seine angestammte Hochgebirgsheimat, wo sich sein Fell von Fels und Schnee kaum abhebt. Schneeleoparden sind zwar nirgends häufig, haben aber dennoch ein großes Verbreitungsgebiet, das sich vom Hindukusch nach Osten über Tibet und den Himalaja bis Szetschuan und im Nordosten über Pamir-Alai, Tien Schan, Altai bis zu den Sajan-Bergen erstreckt.

Wildschafe

Die asiatischen Wildschafe sind durch die teilweise Zerstörung ihres gebirgigen Lebensraums und durch übermäßige Trophäenjagd erheblich dezimiert worden. Zwei Schafarten werden wegen ihres kapitalen Gehörns und ihrer Größe besonders stark bejagt: Das Argali *(Ovis ammon ammon)*, das die Hochebenen vom russischen Turkestan bis Tibet bewohnt, ist das größte Wildschaf. Es wird so groß wie ein stattlicher Esel, und seine spiralig gewundenen Hörner erreichen, über die Krümmung gemessen, eine Länge von mehr als 1,50 m. Nah verwandt ist das Marco-Polo-Schaf oder Pamir-Wildschaf *(O. a. polii)* aus dem Pamir-Alai, Hindukusch und Karakorum. Es bleibt etwas kleiner als das Argali, hat aber ein noch mächtigeres Gehörn.

Der Urial *(O. vignei arkal)*, der eine Widerristhöhe von 1 m und ein Gewicht von 85 kg hat und an seiner weißen Halskrause zu erkennen ist, lebt im hügeligen Vorland östlich des iranischen Elburs-Gebirges, das sich im Süden des Kaspischen Meeres erstreckt. Im Gebirge selbst ist das Elburs-Wildschaf *(O. orientalis orientalis)* heimisch, das kleiner und dunkler ist als der östliche Urial und unter seiner weißen Halskrause einen schwarzen Brustfleck trägt. Das Elburs-Wildschaf ist nahe verwandt mit dem Armenien-Wildschaf *(O. orientalis gmelini)* im nordwestlichen Iran. Dieses wiegt nur 20 kg und hat keine weiße Halskrause, wohl aber einen großen schwarzen Brustfleck. Im Südwest-Iran, in Laristan und West-Belutschistan lebt noch ein weiteres Wildschaf, das Laristan-Wildschaf *(O. orientalis laristanica)*, das kaum größer wird als das Armenien-Wildschaf und auf Brust und Hals einen schwarzen Fleck zeigt.

Wildziegen

Die höchsten Gipfel des Elburs- und Zagros-Gebirges sind die Heimat eines anderen hörnertragenden Huftiers, der Bezoarziege *(Capra aegagrus)*. Diese stämmige Ziege mit ihren kurzen Beinen – ein Kennzeichen vieler Säugetiere kalter Zonen – gilt als die Stammform der Hausziege. Die Bezoarziege lebt in den Bergen des Kaukasus, Kleinasiens, des Nordost-Irak, Irans, Turkmeniens und Belutschistans. Ein kleiner Bestand hat sich auch in den Weißen Bergen Kretas erhalten.

Nah verwandt mit den Bezoarziegen sind die Steinböcke, von denen mehrere Formen in Asien vorkommen. Die kleinen Nubischen Steinböcke *(Capra ibex nubiana)* bewohnen den Sinai und die Felsenberge der Negev-Wüste und des Judäischen Hochlands in Israel. Der große Sibirische Steinbock *(C. i. sibirica)* ist auf den Bergen des Altai, Tien Schan und Pamir-Alai sowie in einigen benachbarten Gebirgszügen zu Hause. Dort ernährt er sich im Sommer von den Fetthennen, Wicken und Läusekräutern der Bergwiesen, und er steigt sogar bis zur Schneegrenze hinauf. Noch

1 Das Moschustier ist ein kleiner geweihloser und urtümlicher Vertreter der Hirschfamilie. Die männlichen Tiere haben im Oberkiefer stark verlängerte Eckzähne. Ihren Namen verdanken die Moschustiere dem Moschus, einem Duftstoff, den die Männchen in der Brunftzeit absondern und der bei der Parfümherstellung verwendet wird.

2 Die Hauptmerkmale des Markhor sind die spiralig gewundenen Hörner und die dichten Haarfransen des Fells. Heftige Schneefälle vertreiben die Tiere im Winter aus der Gipfelregion, doch sonst halten sie sich meist weit oberhalb der Waldgrenze auf.

3 Der Himalaja-Tahr mit seiner dichten Halsmähne wurde in den neuseeländischen Alpen eingebürgert, wo er sich wegen der dort fehlenden Raubtiere übermäßig vermehrt hat. In ihrer asiatischen Gebirgsheimat hingegen sind die Tahre immer seltener geworden.

4 Der zähe, gewaltige Wildyak durchstreift die vegetationsarmen Hochsteppen Tibets. Die Tiere müssen ständig auf den Beinen sein, um genügend Äsung zu finden. Der Wildyak ist viel größer und aggressiver als die domestizierte Unterart, die als Last- und Melktier gehalten wird.

vor einigen Jahren galten die Bestände des Sibirischen Steinbocks als nicht gefährdet, doch inzwischen sind sie bedrohlich zurückgegangen.

Die Schraubenhornziege oder der Markhor *(Capra falconeri)* ist bereits in großen Teilen ihres ursprünglichen Verbreitungsgebietes ausgerottet worden. Die prachtvollen Markhore, berühmt wegen ihrer schraubenförmig gewundenen Hörner, gehören zu den ersten Gebirgstieren, die den Einfluß des Menschen zu spüren bekamen, da sie in vielen Gegenden etwas tiefer angesiedelt sind als die anderen Wildziegen und -schafe. Schon in den dreißiger Jahren mußten Zoologen feststellen, daß die Markhore in den Bergen Afghanistans, einem Hauptvorkommensgebiet der Art, von schießwütigen Eingeborenen grausam dezimiert wurden, und seitdem hat sich die Situation noch verschlimmert. Das einzige Land, in dem die Schraubenhornziegen einen wirksamen Schutz genießen, ist die Sowjetunion, wo schätzungsweise noch 1000 Tiere leben.

Tahre, Blauschafe und Antilopen

Der Nilgiri-Tahr *(Hemitragus jemlahicus hylocrius)*, ein ziegenartiges Tier, das im südindischen Bergland bis in Höhen von 1800 m lebt, ist in seinem Bestand besonders bedroht; weniger als 1000 Exemplare haben in ihrer Heimat überlebt. Ähnliches gilt für den Arabischen Tahr *(H. j. jayakiri)* vom Dschebel el-Achdar in Oman. Um den Himalaja-Tahr *(H. j. jemlahicus)* steht es etwas besser. Er wurde in den Bergen Neuseelands eingebürgert, wo er wegen der fehlenden Raubtiere gut gedeiht.

Das Blauschaf *(Pseudois nayaur)*, auch Nahur genannt, ist solchen Gefahren weitgehend entzogen, weil es in sehr entlegenen Gebirgsregionen Zentralasiens beheimatet ist. Das Kerngebiet seiner Verbreitung ist das tibetische Hochland, wo es in Höhen bis zu 6000 m vorkommt. Der Nahur, der kein echtes Schaf ist, sondern Merkmale des Schafes wie der Ziege in sich vereint, weidet in Herden von mehreren Hundert Tieren auf den grasbewachsenen Hängen. Wenn die Tiere erschreckt werden, suchen sie blitzschnell Zuflucht hinter dem nächsten Felsvorsprung. Eine solche Verhaltensweise ist eher für die Ziegen als für die asiatischen Wildschafe typisch, die einen Feind meist durch eine lange Flucht zu ermüden und abzuschütteln versuchen.

Auf den Steppen des tibetischen Hochlands sind auch zwei kleine Antilopenarten anzutreffen, die man gewöhnlich nicht mit dem Hochgebirge in Verbindung bringt. Die Tibetgazelle *(Procapra picticaudata)* bewohnt die südlichsten und weniger schroffen Randgebiete des Plateaus. Die andere Art ist die Tibetantilope oder Tschiru *(Pantholops hodgsoni)*, ein seltsames, wenig erforschtes Geschöpf, das der russischen Saiga-Antilope nahesteht. Die kleine, zierliche Tibetantilope, die selten mehr als 30 kg wiegt, besiedelt eine der abweisendsten Regionen der Erde, die nordtibetischen Hochsteppen, die sich durchweg über 5000 m erheben und weder Bäume noch Sträucher, sondern allenfalls etwas Grasbewuchs aufweisen.

Die wilden Yaks

Diese öde Landschaft ist auch die Heimat des Wildyaks *(Bos mutus)*, der in seiner Größe und in seinem Verhalten weitaus eindrucksvoller ist als der friedliche Hausyak *(B. m. grunniens)*. Das 1000 kg schwere Tier, dessen geschwungene Hörner an den Spitzen bis zu 90 cm auseinanderstehen, ist der Herr seiner Gebirgswelt. Im Gegensatz zum klei-

4

1 Die nächtlich lebenden Felsenkänguruhs oder Felsenwallaby verbringen den größten Teil des Tages in Höhlen und Felsenverstecken. Diese Beuteltiere sind meisterhafte Kletterer und können sogar 4 m breite Schluchten überspringen.

2 Der kühne, neugierige Kea auf Neuseeland gehört zu den wenigen Papageienarten, die regelmäßig dem Winterschnee ausgesetzt sind. Die Keas ernähren sich von Fleisch – oft handelt es sich dabei um Schafskadaver –, doch schätzen sie im Sommer auch Nektar in größeren Mengen.

nen Hausyak, der als Reit- und Tragtier verwendet wird, läßt die Wildform keinen Menschen an sich herankommen. Die Bullen sind mindestens so gefährlich wie die afrikanischen Büffel, und wenn sie von einem Menschen gereizt werden, gehen sie sofort zum Angriff über. Die mit einem zottigen, dichten Fell bekleideten Wildyaks verbringen den Sommer auf den Schneefeldern, manchmal in Höhen über 6000 m. Im Winter ziehen die Tiere zu den Sümpfen und Seen oder in die Täler. Wenn ein Schneesturm aufkommt, drehen die Yaks ihre Leiber in Windrichtung und warten geduldig das Ende des Unwetters ab.

Der Takin und seine Verwandten

Eine Sonderstellung im zoologischen System nimmt der Takin *(Budorcas taxicolor)* ein, der in Südchina und Nordburma zu Hause ist und sich im Sommer manchmal in Höhen über 4000 m aufhält. Die rinderähnlichen, bis zu 350 kg schweren Tiere wirken ziemlich plump, zumal ihre Vorderbeine unproportioniert groß erscheinen. Der Takin ist auch nicht besonders schnell, aber er bewegt sich sehr trittsicher, ja elegant an den Felshängen entlang.

Entferntere Verwandte des Takins sind die kleineren, aber schnelleren Gorale und Seraue. Beide steigen nicht so hoch wie der Takin, aber der Goral *(Naemorhedus goral)*, der im Himalaja und ostwärts durch China bis zu den Gebirgen Koreas und der Mandschurei beheimatet ist, erreicht im Sommer immerhin Höhen von fast 4000 m.

Der Serau *(Capricornis sumatraensis)*, an seiner dichten Mähne zu erkennen, lebt auf den tieferen, dschungelbestandenen Berghängen des Himalajas und weiter südlich von Indochina bis Sumatra sowie ostwärts bis Ostchina, Formosa und Japan. In Indochina steigen die Seraue zuweilen bis auf Meereshöhe hinab, doch meist bleiben sie auf den steilen Kalksteinklippen, die unzugänglich und noch immer dicht bewaldet sind.

In den Gebirgen Australasiens

Südlich des asiatischen Festlands, auf den Inseln der allgemein als Australasien bezeichneten Region, erstrecken sich mehrere Berglandschaften, deren Gipfel durchaus Hochgebirgscharakter haben. Die höchsten erheben sich auf der Insel Neuguinea, wo der Mount Carstensz, der zum Nassau-Gebirge West-Irans gehört, bis auf wenige Zentimeter an 5000 m heranreicht.

Die Berge Neuguineas sind die Heimat einer wenig bekannten Beuteltiergattung, der Bergbuschkänguruhs *(Dorcopsulus)*, die in der Nacht in den Nebelwäldern umherstreifen, die sich bis in Höhen über 3000 m die Hänge hinaufziehen. Diese Gattung hat längere Vordergliedmaßen und schwächere Hinterbeine als die im offenen Gelände beheimateten großen Känguruhs. Das läßt darauf schließen, daß sie vorwiegend im Unterholz umhersteigen und sich nicht mit weiten Sprüngen fortbewegen.

Auf den oberen Berghängen Neuguineas sind mehrere Paradiesvogelarten beheimatet. Die vier Sichelschnabelarten findet man zum Beispiel nur selten unter 1500 m. Der Schwarze Langschwanzsichelschnabel *(Epimachus fastuosus)* ist der schwerste Paradiesvogel überhaupt und wird so groß wie eine Krähe. Mit seinem metallisch grün schimmernden kohlschwarzen Gefieder und seinen lang ausgezogenen Federfächern an den Brustseiten, die bei der Balz abgespreizt werden, verkörpert das Männchen die ganze Anmut dieser faszinierenden Vogelfamilie.

Australien besitzt viele steile, reichgegliederte Berglandschaften, etwa die Great Dividing Range, die die feuchte Ostküste vom trockenen Binnenland scheidet, aber keine echten Hochgebirge. Die höchste Erhebung des Kontinents, der Mount Kosciusko in den sogenannten australischen Alpen, ist nur knapp 2230 m hoch. Deshalb sind viele Säugetiere des Flachlands auch in den Bergen anzutreffen. Wenn man überhaupt von australischen Säugern behaupten kann, sie hätten sich auf das Leben in den Bergen spezialisiert, dann von den Felsenkänguruhs der Gattung *Petrogale*. Die Sohlen dieser Tiere sind als Tretpolster ausgebildet und von steifen Haaren umgeben – ein Gegenstück zu den Hufen der Schneeziege, was offensichtlich zur Erhöhung der Trittsicherheit im Fels dient. Außerdem ist der Schwanz der Felsenkänguruhs, im Gegensatz zum typischen Känguruhschwanz, am Ende dicht behaart. Er eignet sich deshalb besonders gut als »Balancierstange«, wenn die Tiere zwischen den Felsvorsprüngen oder Felsblöcken umherspringen.

Die Gebirgsvögel Neuseelands

Die südlichen Alpen Neuseelands, die vom 3763 m hohen Mount Cook beherrscht werden, sind eine echte Gebirgslandschaft, in der sich einige ungewöhnliche Vogelarten erhalten haben. In 1000 m Höhe lebt hier die einzigartige flugunfähige Takahe *(Notornis mantelli)*, eine Rallenart, die bis 1948 als ausgestorben galt.

Wie die anderen Rallen besitzt auch die purpurn gefärbte Takahe lange Spreizzehen, die es ihr gestatten, trotz ihres stattlichen Gewichts über Wasserpflanzen dahinzuhuschen. In ihrem feuchten, hochgelegenen Lebensraum, meist oberhalb des antarktischen Buchenwaldgürtels, der die unteren Berghänge überzieht, lebt die Takahe von Gräsern, deren blühende Ähren und Stengel ihre Hauptnahrung bilden.

Das Fjordland ist auch die Heimat eines noch selteneren Vogels, des Eulenpapageis oder Kakapos *(Strigops habroptilus)*. Dieser fast flugunfähige Papagei, der sich allenfalls kurze Gleitflüge zutraut, läuft auf dem Boden umher oder klettert auf Bäume. Dadurch wurde er eine leichte Beute der Hunde, Katzen, Iltisse und der übrigen Raubtiere, die der Mensch in Neuseeland eingebürgert hat. Das ebenfalls eingebürgerte Rotwild war zwar kein direkter Feind des Eulenpapageis, machte ihm aber die Nahrung streitig, indem es die Blätter und Beeren in den feuchten Buchenwäldern abäste, in denen er lebte. Wie viele andere Tiere mußte der Kakapo auf den Bergen Zuflucht suchen, wo seine Feinde und Nahrungsrivalen nicht so zahlreich waren.

Jenseits der Buchenwälder und der Hochmoore, wo die Takahe zu Hause ist, erstreckt sich die alpine Zone der Neuseeländischen Alpen. Hier lebt eine weitere seltsame bodenbrütende Papageienart, die unter dem Menschen sehr zu leiden hatte, aber sich inzwischen wieder stärker vermehrt hat. Gemeint ist der Kea *(Nestor notabilis)*, der wie der Eulenpapagei nur in Neuseeland vorkommt. Die aggressiven und anpassungsfähigen Keas suchen die alpinen Wiesen nach Nahrung ab, die sich aus rund 40 Pflanzenarten, aus Insekten und anderem Kleingetier zusammensetzt.

Im Reich des Berglöwen

Die Gebirge der Neuen Welt

Im Gegensatz zu den Alpen, den Pyrenäen, dem Himalaja und vielen anderen Gebirgsketten verläuft das wichtigste Gebirgssystem Amerikas in Nord-Süd-Richtung. Es beginnt in Alaska in der Nähe des Polarkreises, erstreckt sich in einer fast ununterbrochenen Folge von Bergketten entlang dem westlichen Rand des Kontinents und endet an der Südspitze Südamerikas, nicht weit von der Antarktis. Im Osten der Vereinigten Staaten – ebenso in Ostbrasilien – zeigen alte Gebirgsrümpfe dieselbe Nord-Süd-Richtung.
Vor allem die nord- und südamerikanischen Kordilleren, die sich fast über die ganze Erdkugel hinziehen, weisen eine ungemein vielgestaltige Pflanzen- und Tierwelt auf. Man trifft auf so unterschiedliche Tiere wie Karibus, Flamingos, Zwergboas, Grislybären sowie Jaguare. Schneeziegen, Murmeltiere und Meerschweinchen. Nicht weniger gegensätzlich ist die Flora dieses langgestreckten Gebirgssystems: Rentierflechten, Arktischer Mohn, Sitkafichten, Riesensequoien, Orchideen, Südbuchen, Kakteen, Steineiben und Palmen.
Viele Pflanzen und Tiere sind auf den großen amerikanischen Gebirgsketten buchstäblich von einem Ende bis zum anderen verbreitet. Das hervorstechende ökologische Merkmal dieser Gebirge ist eine fürs nördliche Flachland typische Vegetation, die aber auf den Bergen Tausende von Kilometern weit nach Süden reicht.

Die Appalachen

Die geologisch alten Appalachen, die als meerumspülte Klippen auf Neufundland beginnen, erstrecken sich, teilweise über 2000 m hoch, mehr als 3200 km weit nach Südosten und gehen dann in das Tief-

Der imposante Columbia-Gletscher in den alaskischen Chugach Mountains erreicht im Prince William Sound das Meer. Während der Flut reißen Eisberge vom Gletscher ab. Im Sommer ist die Gebirgskette bis auf den Gletscher schneefrei.

land von Georgia über. Diese Gebirgslandschaft setzt sich aus zahllosen kleinen Bergketten zusammen, die den Eindruck eines wirren Durcheinanders machen, doch bei genauerer Untersuchung durchweg parallel verlaufende Einheiten bilden, die allesamt nach Südosten ausgerichtet sind.

Alles in allem überbrücken die Appalachen 17 Breitengrade und bedecken eine Landfläche von mehr als 160 000 km². Obschon die Berge dicht an die Großstädte zwischen Washington und Boston heranrükken, bergen sie auch heute noch weite Gebiete von ursprünglicher Wildheit.

Die Appalachen beginnen zwar in Kanada, aber erst in Maine erreichen sie eine eindrucksvolle Höhe. Dort erhebt sich der 1605 m hohe zerklüftete Mount Katahdin über einen feuchtkalten Nadelwald, der von Tümpeln und Sümpfen durchzogen ist und Baumstachelschweinen *(Erithizon dorsatum)*, Kanadaluchsen *(Lynx lynx canadensis)* und Hirschen eine Heimstatt bietet. Trotz seiner vergleichsweise geringen Höhe beeindruckt der von Felsspitzen und -blöcken gekrönte Katahdin durch seine urwüchsige Öde und Unberührtheit.

Die Rückkehr des Pumas

Nirgendwo leben in den Appalachen wirklich große Gebirgssäugetiere wie etwa Schneeziegen oder Gemsen. Nur in den Hangwäldern wimmelt es von Weißwedelhirschen *(Odocoileus virginianus)*.

Diese Hirsche vermehren sich so stark wie nie zuvor, da sie fast keine Raubfeinde mehr haben, abgesehen von wenigen verwilderten Hunden oder neuerdings einigen Kojoten, die sich vom Norden und Westen nach Osten ausgebreitet haben. Außerdem wurden die Wälder teilweise gerodet, um Feldern Platz zu machen, die den Hirschen nun reichlich Nahrung bieten. Die Wölfe der Appalachen wurden schon vor langer Zeit ausgerottet. Für ebenfalls ausgestorben hielt man hier den Puma oder Kuguar *(Puma concolor)*, der auch unter dem Namen »Berglöwe« und »Silberlöwe« bekannt ist. Doch in den sechziger und frühen siebziger Jahren stand selbst für Skeptiker fest, daß der Puma in die Berge des

Der Puma schleicht seine Beute vorsichtig an und stürzt sich dann mit einem Satz auf sein Opfer. Pumas reißen vor allem Hirsche, begnügen sich aber manchmal auch mit kleinen Nagetieren.

Ostens zurückgekehrt war, wenngleich in kleiner Zahl.
Der Puma ist, wie der altweltliche Leopard, eine äußerst anpassungsfähige große Katze; sein Verbreitungsgebiet erstreckt sich von Britisch-Kolumbien bis Feuerland. Obwohl man ihn oft für ein Bergtier hält, bewohnt er auch Wüsten, Steppen, Urwälder und sogar Feuchtgebiete, wie zum Beispiel die Everglades in Florida. Aber die Berge sind zu einem Bollwerk der gelbbraunen Katzen geworden, die in den Rocky Mountains und in den Randgebirgen der nordamerikanischen Pazifikküste stellenweise noch ziemlich häufig sind. Die östliche Unterart in den Appalachen galt viele Jahre lang als ausgestorben – ein Irrtum, wie sich bald herausstellte. Von Kanada bis Georgia wurden in entlegenen Gebieten immer wieder Pumas gesichtet; einige Berichte stammen sogar aus der näheren Umgebung von Großstädten, einschließlich New Yorks. Heute gilt als sicher, daß der Puma wieder die Wildnis der Appalachen durchstreift.

Vogelschwärme über dem »Falkenberg«

Ein Naturschauspiel, das die nördlichen Appalachen berühmt gemacht hat, ist die Herbstwanderung der Greifvögel, die entlang den Gebirgskämmen nach Süden ziehen. Die Adler und Truthahngeier machen sich die warmen Aufwinde zunutze, die von den Hängen aufsteigen, wenn die Winde gegen sie blasen. So wird der Luftraum über den Appalachen zur breiten himmlischen Heerstraße für die Vögel, die sich hier in Riesenmengen einfinden. Über den niedrigen Bergen Ostpennsylvaniens laufen mehrere Luftstraßen zusammen und bilden eine Kreuzung an einem felsigen Aussichtsberg, der den Namen Hawk Mountain, »Falkenberg«, trägt. An schönen Herbsttagen segeln Tausende von Falken, Adlern, Fischadlern und Truthahngeiern an diesem Berg vorüber, von dem aus man Greifvögel im Fluge so gut beobachten kann wie sonst nirgends in Nordamerika, ja auf der ganzen Welt.
Im August erscheinen die ersten Wandervögel, in der Regel einige Weißkopfseeadler *(Haliaeëtus leucocephalus)*, denen bald ganze Geschwader von Breitflügelbussarden *(Buteo platypterus)* folgen, die auch sonst in den Schwärmen am häufigsten vertreten sind. Im September erreicht der Zug der Bussarde all-

mählich seinen Höhepunkt, und weitere Arten schließen sich an. Kleine Streifensperber *(Accipiter striatus)*, Verwandte der Habichte, flitzen vorüber. Die großen Rotschwanzbussarde *(Buteo jamaicensis)* tauchen auf und stellen bis Ende Oktober den Hauptanteil. Hin und wieder entlockt ein Steinadler *(Aquila chrysaëtos)* den Zuschauern laute Begeisterungsschreie. Im Laufe der Wochen kommen dann auch noch Cooper-Habichte *(Accipiter cooperi)*, Rotbugbussarde *(Buteo lineatus)* und sogar einige seltene Wanderfalken *(Falco peregrinus)* am Hawk Mountain vorbei.

Die Vögel erscheinen manchmal in Gruppen, oft aber auch einzeln, einer nach dem anderen. Zuerst erblickt man nur einen dunklen Punkt über dem Kamm des gegenüberliegenden Berges. Der Fleck wird immer größer, und endlich kann man die Schwingen erkennen. Dann plötzlich ist der Vogel ganz nahe; man sieht ihn in Lebensgröße, wie er, nur wenige Meter vom Aussichtspunkt entfernt, sich vom Winde tragen läßt und seine meisterliche Beherrschung des Luftraums zeigt.

Der Blue Ridge und die Smokies

Im Süden der Appalachen haben sich die längsten Kämme ausgebildet und die höchsten Erhebungen aufgetürmt. Der Blue Ridge, der erste Gebirgswall, auf den die europäischen Siedler auf dem Zug nach Westen stießen, erstreckt sich ungefähr 1300 km vom Potomac nach Südosten. Westlich des Blue Ridge, auf der anderen Seite des malerischen Shenandoah-Tales, liegen die rauhen Berge der Alleghenies, und an sie schließen sich südlich die Great Smokies an, das Kernstück der Appalachen.

Die Smokies verdanken ihren Namen den Nebel- und Dunstwolken, die von den feuchten Hängen und Tälern aufsteigen. Die Gebirgskette umfaßt rund zwei Dutzend Gipfel, die höher sind als der Mount Washington in der Presidential Range. Alle überragt der 2037 m hohe Mount Mitchell, der höchste Berg östlich des Mississippis. Auf solchen Höhen herrscht ungefähr das gleiche Wetter wie in Südkanada oder im nördlichen Neuengland. Während des strengen Winters fällt fast 1 m Schnee auf den Gipfeln der Smokies, und auch die Niederungen ringsum sind zehn Zentimeter hoch mit Schnee bedeckt.

Wegen der südlichen Lage der Smokies übersteigt kein Gipfel die Waldgrenze, die bei etwa 2130 m anzusetzen wäre. Es gibt somit zwar keine echte alpine Höhenstufe auf den Smokies, wohl aber Rasen- und Heideflächen, die dieser Stufe entsprechen. Manche Wissenschaftler führen diese »Kahlstellen« *(balds)* auf die Erwärmung nach der letzten Eiszeit zurück. In der Warmzeit, die auf die Vereisung folgte, war das Klima noch milder als heute. Für die Nadelwälder war selbst die Gipfelregion zu warm, und auch nach der Abkühlung kehrten sie nicht mehr zurück. Auf einigen Kahlflächen scheint den Koniferen jedoch eine Rückkehr geglückt zu sein. Die sich daraus ergebende Mischung von verstreuten Nadelbäumen und Bergwiesenpflanzen ließ einzigartige Steingartenlandschaften entstehen.

Die von zutage liegendem grauem Granit unterbrochenen sanften Hänge, die sich bis zum Gipfel hinaufziehen, sind bewachsen mit Fichtenwäldchen, Glatthaferwiesen und Rhododendrondickichten. Im Frühjahr und Sommer beleben Veilchen die Wiesen, seltene Graylilien, rote Wachslilien, wilde Geranien und viele andere farbenfrohe Wildblumen. Im Juni schimmern

1

1 In großer Zahl ziehen die zierlichen Heuschreckenfalken im Oktober über die Berge der Appalachen nach Süden. Ihre Beute besteht aus Insekten und kleinen Säugern, vor allem Mäusen.

2

3

4

5

2 Der Weißkopfseeadler ist in den Küstengebirgen häufig anzutreffen. Die mächtigen Vögel, deren Bestände infolge der Umweltvergiftung durch Pestizide stark zurückgegangen sind, ernähren sich vorwiegend von Fischen, die sie entweder selber fangen, den Fischadlern und Tauchenten abjagen oder tot am Strand finden.

3 Ein in Nordamerika weitverbreiteter Aasfresser ist der Truthahngeier, der ganzjährig in den Appalachen lebt, aber in der kalten Jahreszeit aus dem nördlichen Teil des Gebirges nach Süden zieht.

4/5 Die Zweifarbmeise (4) und der Rote Kardinal (5), zwei gängige Vogelarten der südlichen Appalachen, haben ihr Verbreitungsgebiet inzwischen nach Norden ausgedehnt, weil dort die Futterhäuschen in den Gärten immer zahlreicher geworden sind. Dank der Futtergaben der Vogelfreunde können die Tiere den nördlichen Winter überstehen.

6 Zwei Flughörchenarten, die hier abgebildete südliche Art (Glaucomys volans) und die nördliche (G. sabrinus), sind in den Appalachen beheimatet. Die nördlichen Flughörnchen leben vorzugsweise im Nadelwald, die südlichen im Laubwald.

6

die Rhododendronbüsche in blutroten, purpurnen und weißen Blüten. Seit der letzten Eiszeit sind die unteren Hänge der Smokies von verschiedenen anderen Baumarten besiedelt worden. Unter dem Nadelwaldgürtel gedeihen Zuckerahorn, Gelbbirken, Großblättrige Buchen und andere Laubbäume, wie sie für nördliche Wälder charakteristisch sind. In der darunter liegenden Zone herrscht die Hemlock- oder Schierlingstanne vor, und noch weiter unten stehen Gelbe Roßkastanien, Schwarzlinden, Roteichen und andere Bäume, die auch in der Ebene ringsum wachsen. Insgesamt lassen sich in diesem Gebirge mehr als 130 Baumarten nachweisen.

Die Tiere der Smokies

Die erstaunliche Vielfalt der Biotope in den Smokies ist kennzeichnend für die gesamten Appalachen, und so finden sich dort auch die meisten Tierarten, die in diesem Gebirgssystem vorkommen. Zwar fehlen Stachelschwein und Nordluchs, aber dafür läßt der Rotluchs *(Lynx rufus)*, ein kleinerer Verwandter unseres Luchses, in der Nacht seine maunzende Stimme hören. Der Schwarzbär oder Baribal *(Ursus americanus)* ist häufig, ebenso der Waschbär *(Procyon lotor)*. In der Dunkelheit huschen die Flughörnchen, die mit ihren seitlich ausgespannten Hautfalten nicht richtig fliegen, sondern nur durch die Luft gleiten können, zwischen den Bäumen hin und her. Bisamratten *(Ondatra zibethicus)* und Kanadische Biber *(Castor canadensis)* tummeln sich im Wasser der Teiche und Bergbäche, und in einigen Teilen des Gebirges entdeckt man sogar einen Gast aus der Alten Welt, das Wildschwein.

Die Vögel der unteren Hänge entsprechen der Vogelwelt des umliegenden Flachlands. Rote Kardinäle lassen in den Wipfeln ihren melodischen Ruf erklingen. Karolinazaunkönige, Singammern, Zweifarbmeisen, Östliche Schnäppertyrannen und Karolinameisen sind hier ganzjährig anzutreffen. Im Frühling erscheinen verschiedene Laubwürger und Waldsänger sowie der herrliche Indigofink und der Grünliche Erlentyrann. Der unheimliche Ruf der Waldohreule klingt durch die Nacht, und Krähen flattern über die Köpfe hinweg. In den höheren Lagen ähnelt die Vogelwelt jener der nördlichen Neuenglandstaaten. Kolkraben und nicht Krähen kreisen am Himmel, die Weidenmeise verdrängt die Karolinameise, die Weidendrossel tritt an die Stelle der Walddrossel und der Kleine Rauhfußkauz an die der Waldohreule. Kanadische Waldsänger zwitschern in den Rhododendronbüschen, und Kreuzschnäbel turnen in den Fichten. Winterjuncos, graue Vögel des Nordens, schießen dicht über dem Erdboden dahin und ziehen sich in der kältesten Winterzeit in die Niederungen zurück.

Auf den niederen Hängen der Smokies huschen Echsen umher, die typisch sind für die südöstlichen USA und im Norden nicht vorkommen. Der Rotkehlanolis und der Blauskink sind unter 800 m recht häufig. In höheren Lagen lebt der Zaunleguan, dessen Verbreitungsgebiet sich dementsprechend weiter nach Norden erstreckt. Die giftige Kupferkopfschlange und die Waldklapperschlange, die fast auf der ganzen Länge der Appalachen vorkommen, sind auch in den Smokies ziemlich häufig vertreten. Im Winter versammeln sich diese Schlangen in großer Zahl in Felshöhlen, wo sie überwintern.

Die feuchten Wälder der Smokies sind ein idealer Aufenthaltsort für Salamander. Fast 30 Salamanderarten sind allein hier beheimatet. Mehrere Arten, die den südlichen Teil der Appalachen bewohnen, sind an sehr genau festgelegte Höhenstufen gebunden, und manche kommen nur an ganz bestimmten Stellen des Gebirges vor.

Der Gebirgswall im Westen

Der Küstengebirgswall im Westen des amerikanischen Kontinents beginnt am äußersten Nordrand des Pazifiks und türmt sich zur Alaska Range auf, in der sich der höchste Berg Nordamerikas, der 6190 m hohe Mount McKinley, befindet. Hinter dem Küstengebirge erstreckt sich südlich von Britisch-Kolumbien das Kaskadengebirge, das mit Vulkangipfeln wie dem Mount Rainier und Mount Hood durchsetzt ist und schließlich in die Sierra Nevada übergeht, die sich über 600 km weit nach Süden hinzieht und nördlich von Los Angeles zur Mojave-Wüste abfällt. Die Rocky Mountains, das längste Kettengebirge der Erde, bilden den östlichsten Gebirgszug und nehmen ihren Anfang mit der Brooks Range im arktischen Alaska. Weiter südlich gliedern sich die Rockies in mehr als 60 kleinere Gebirgszüge, die zusammen ein System bilden, das bis nach Mexiko und bis zu den

1

2

4

5

7

8

1–9 Die feuchten Wälder der südlichen Appalachen sind ein idealer Lebensraum für Salamander und Molche, die auf dem humusreichen Boden in der Nähe der Bachläufe und in den Felshöhlen und -spalten sehr gut gedeihen. Die Tiere lassen sich zwar nur selten blicken, sind aber gleichwohl sehr zahlreich. Am häufigsten entdeckt man sie zur Fortpflanzungszeit im Spätwinter und zu Beginn des Frühlings. Dann wandern sie in ihre Laichgewässer ab; dabei überqueren sie oft in großen Scharen die Autostraßen, was zu enormen Gefährdungen im Straßenverkehr führen kann.

3

6

9

1. *Gefleckter Querzahnmolch (Ambystoma maculatum)*
2. *Gebänderter Querzahnmolch (Ambystoma opacum)*
3. *Höhlen-Gelbsalamander (Eurycea lucifuga)*
4. *Brauner Bachsalamander (Desmognathus fuscus fuscus)*
5. *Zwergbachsalamander (Desmognathus wrighti)*
6. *Yonahlossee-Waldsalamander (Plethodon yonahlossee)*
7. *Schenck-Rotsalamander (Pseudotriton ruber schencki)*
8. *Quellensalamander (Gyrinophilus porphyriticus)*
9. *Rotmolch (Diemictylus viridescens viridescens)*

nordamerikanischen Prärien ausgreift. Die westlichen Hänge der Rockies sind durchweg stärker bewaldet als die östlichen, weil die Winde, die vom Pazifik herüberwehen, bereits einen Großteil der mitgeführten Feuchtigkeit eingebüßt haben, wenn sie die hohen Grate überqueren. In der Regel ist jedoch die gesamte Kette der Rockies viel trockener als die Gebirge im östlichen Nordamerika.

In den unteren Lagen der westamerikanischen Gebirge kann die Vegetation große regionale Unterschiede aufweisen, doch die meisten Berge sind so hoch, daß sich auf ihnen sogar im Süden noch eine alpine oder mit Nadelbäumen bestandene Höhenstufe ausgebildet hat. So kommt es, daß der uhugroße Bartkauz *(Strix nebulosa)*, ein Jäger der nördlichen Wildnis, längs der Rockies und der Sierra fast bis Mexiko vordringt und daß die Pfeifhasen *(Ochotona princeps)*, die in Kanada im Flachland und auf den Bergen leben, in Südkalifornien und New Mexico in höheren Lagen anzutreffen sind.

Das Dickhornschaf

In gewissem Sinne läßt sich die Flora und Fauna der westamerikanischen Gebirge in zwei Gruppen einteilen. Die erste umfaßt jene Arten, die mehr oder weniger in allen drei Gebirgsketten verbreitet sind. Die zweite setzt sich aus Formen zusammen, die auf kleine Areale innerhalb dieser riesigen Gebiete beschränkt sind. Das Dickhornschaf *(Ovis canadensis)* gehört zur ersten Gruppe, denn bevor seine Bestände durch die Nahrungskonkurrenz der Haustierherden, durch Räude und durch verantwortungslose Bejagung dezimiert wurden, war es von den Osthängen des Kaskadengebirges bis an den Rand der Prärie zu Hause.

Innerhalb dieses Gebiets haben sich die Dickhornschafe an viele verschiedene Vegetationsformen und Höhenlagen angepaßt, von 4000 m hohen Bergwiesen bis zu den öden Schluchten des Death Valley, eines von der Sonne ausgedörrten Grabens, der fast 90 m unter Meereshöhe liegt. In der Sierra verbringen die Schafe den Winter in ostwärts gerichteten Lagen der Cañons unter 2000 m. Die Dickhornschafe im südwestlichen Arizona ziehen durch eine gebirgige Wüstenlandschaft, in der nur Feigenkaktus und Kreosotsträucher wachsen. Eine Gruppe von Schafen, die während des Sommers auf dem Gipfel des 3108 m hohen Mount Washburn in Wyoming lebt, ernährt sich auf den Bergwiesen von den Seggen, einer Riedgrasart, und den Steinbrechgewächsen, deren Wurzeln in den Felsspalten Halt finden. Die verschiedenen Dickhorn-Unterarten, die sich auf diese mannigfaltigen Lebensräume verteilen, stimmen zwar in ihrer Gesamterscheinung überein, unterscheiden sich aber in bestimmten Merkmalen, vor allem in der Größe und Form der Hörner und in der Färbung.

Im Winter suchen die Schafe Nahrung und Schutz in unteren Lagen, in denen sich inzwischen Viehzuchtbetriebe, Farmen und Wintersportzentren breitgemacht haben. Die Gegenwart des Menschen verdrängt die Tiere immer mehr aus ihren Winterrevieren. Doch vom Menschen und von Krankheiten abgesehen, haben Dickhornschafe nur wenige Feinde. Kojoten reißen hin und wieder Lämmer oder schwache Alttiere. Auch die Steinadler, die den Luftraum über den amerikanischen Bergen genauso beherrschen wie über den eurasischen Gebirgen, holen sich manchmal ein neugeborenes Lamm. Früher stellten auch die Wölfe eine Gefahr dar, doch findet man sie heute fast nur noch in Kanada. Der Puma, der in den meisten westlichen Gebirgen umherschleicht, kann Dickhornschafen gefährlich werden, die nicht schnell genug auf hohe Felsen ausweichen.

Der große Bär des amerikanischen Westens

In einem großen Teil des ursprünglichen Verbreitungsgebietes der Dickhornschafe war einst auch der Grau- oder Grislybär *(Ursus arctos horribilis)* zu Hause, eine der beiden nordamerikanischen Braunbärformen (siehe auch S. 128). Grislys, die über 200 kg wiegen – zuweilen sogar doppelt soviel –, benötigen jeweils ein Territorium von bis zu 270 km². Sie greifen den Menschen im allgemeinen nicht von sich aus an, doch wenn sie gereizt werden, gehen sie zur Attacke über – zumal

Die Vorfahren des Dickhornschafes gelangten während der Eiszeit von Asien nach Nordamerika und breiteten sich nach und nach über nahezu den halben Kontinent aus. Heute hat sich ihr Lebensraum infolge der Verstädterung erheblich verkleinert. Doch leben die Tiere noch immer verstreut im ganzen Westen Nordamerikas, von Kanada bis Baja California in Mexiko.

wenn es sich um eine Bärin handelt, die Junge führt. Grislys haben in der Tat zahlreiche Opfer gefordert. Es ist deshalb nicht verwunderlich, daß seit der Zeit, als die ersten Siedler in den amerikanischen Westen vorstießen, der Mensch den Grisly als Todfeind betrachtete.
In Alaska und Kanada sind die Graubären noch recht häufig, doch südlich der kanadischen Grenze haben schätzungsweise weniger als 1000 Exemplare in den USA überlebt. Diese wenigen Tiere werden vom Menschen immer mehr in die Enge getrieben.
Ein Grisly wird einen im Schnee steckengebliebenen Hirsch oder Elch nicht verschmähen, auch wenn er nicht eigentlich das Leben eines Raubtiers führt. Die einzigen Tiere, denen die Bären ziemlich regelmäßig nachstellen, sind kleine Säuger wie etwa Erdhörnchen. Gewöhnlich sind sie friedfertige Pflanzenfresser, die sich mit Schößlingen, Beeren und Wurzeln begnügen. Sie brauchen zum Leben jedoch die Einsamkeit, die selbst in den wilden Bergen des nordamerikanischen Westens immer seltener wird.

Die Musik der Berge

Im Gebirge müssen sich alle Lebewesen mit tiefem Schnee abfinden. Manche Tiere versuchen jedoch, ihm auszuweichen. Die Myrten-Waldsänger *(Dendroica coronata)* ziehen beispielsweise zur Pazifikküste oder nach Mexiko. Die Präriehunde *(Cynomys ludovicianus)* verkriechen sich in ihre Erdlöcher, obwohl sie keinen richtigen Winterschlaf halten. Die Rentiere der kanadischen Rockies und die Wapitis, die in den Rockies von Britisch-Kolumbien an südwärts und im zentralen Küstengebirge leben, steigen in die Täler ab. Im Yellowstone Park verläßt der Wapiti im November die Waldgrenze und wandert oft viele Kilometer weit in die tiefergelegenen Winterquartiere.
Sobald der Frühling anbricht, kehrt der Wapiti in die Hochlagen zurück. Mitte des Sommers haben die mächtigen Geweihe der Hirsche ihr größtes Ausmaß erreicht, und im September sind diese alljährlich erneuerten Waffen bereit, im Brunftkampf eingesetzt zu werden, bei dem es um den Anspruch auf die Hirschkühe geht. Dann hallen die Berge wider von dem pfeifenden Brunftruf der Hirsche.
Der prächtigste Vertreter der zahlreichen Wapiti-Unterarten ist der

1

1 Eine Unterart des Braunbären, die als besonders wild und gefährlich gilt, ist der hier abgebildete Graubär oder Grisly. Südlich der kanadischen Grenze sind die Grislys selten geworden, wenn man von einigen Rückzugsgebieten in den Bergen absieht.

2 Der größte Rothirsch, der Wapiti, verbringt den Sommer hoch oben in den Rocky Mountains und im Küstengebirge. Die Brunft der Wapitis fällt in die Monate September und Oktober. Dann versuchen die Hirsche einen möglichst großen Harem um sich zu versammeln. Die Jungen werden im darauffolgenden Frühjahr geboren. Während des Sommers und bis in den Winter hinein bleiben die Kälber bei ihren Müttern. Im Spätwinter oder zu Beginn des Frühlings werfen die Hirsche ihr Geweih ab, das jedoch bald wieder nachwächst, so daß die Hirsche im Sommer wieder im Bast stehen.

3 Der männliche Quetzal, der sich vom Weibchen durch seine langen Schmuckfedern und seine leuchtenderen Farben unterscheidet, gibt laute Pfeiftöne von sich, wenn fremde Artgenossen in sein Territorium eindringen. Während seines eindrucksvollen Balzfluges läßt der Hahn seinen herrlichen Gesang erklingen.

4 Eine Warntracht ist die grelle Färbung dieses Stummelfußes oder »Pfeilgiftfrosches« der Gattung Atelopus. Aus den giftigen Hautausscheidungen dieser Tiere stellen bestimmte Indianerstämme ihr Pfeilgift her. Die Frösche sind im tropischen Amerika weit verbreitet und steigen die bewaldeten Berghänge hoch empor.

Roosevelt-Wapiti, der die Küstengebirge von Nordkalifornien bis zum südlichen Britisch-Kolumbien bewohnt. Die großen, dunkel gefärbten Tiere mit ihrem ausladenden Geweih haben ihre Hochburg in den wilden Olympic Mountains im Bundesstaat Washington, unweit der kanadischen Grenze.

Die Olympic Mountains sind zwar längst nicht so hoch wie die Rokkies, aber sie zählen gleichwohl zu den eindrucksvollsten Gebirgslandschaften des amerikanischen Kontinents. Hier gedeiht ein echter mäßig warmer Regenwald, in dem die Sitkafichten fast 100 m hoch ragen und die Stämme der Douglastanne einen Durchmesser bis zu 5 m erreichen. Der reichlich mit Regen (bis 5 m Regenhöhe im Jahr), Nebel und Schnee bedachte Wald der Olympics ist so feucht und dunkel wie ein tropischer Dschungel. Hier werden die größten Niederschlags-

2

3

4

mengen der USA gemessen, was sich aus der Küstennähe des Gebirges erklärt: Es bildet einen Wall, an dem sich die vom Pazifik herandrängenden feuchtigkeitsgesättigten Wolken abregnen.

Riesenvögel

In der Küstenkette nördlich von Los Angeles windet sich ein schmaler, schlammiger Pfad in haarsträubenden Serpentinen hangaufwärts zu einem Aussichtspunkt, von dem aus man eine Landschaft aus Cañons und hohen Graten überblickt, die sich bis zum Horizont erstreckt. Wenn man dort oben ausharrt, scharfe Augen und etwas Glück hat, kann man einen riesigen Vogel beobachten, der mit ausgestreckten Schwingen, die mehr als 3 m klaftern, dahinsegelt. Es ist der Kalifornische Kondor *(Gymnogyps californianus)*, ein Riesengeier, dessen pleistozäne Vorfahren sich wahrscheinlich von den Kadavern der Tiere ernährten, die in den Teergruben von La Brea umgekommen waren, also dort, wo heute Los Angeles liegt.

Der Kalifornische Kondor kommt heute nur noch in wenigen Dutzend Exemplaren vor und ist dem Aussterben nahe, obwohl man in den Bergen Kaliforniens zwei große Schutzgebiete eingerichtet hat. Die früher sehr häufigen Vögel sind seit mehr als einem Jahrhundert, seit der Besiedlung Kaliforniens durch die Weißen, im Rückgang begriffen. Zur Zeit des Goldrausches und in den nachfolgenden Jahren wurden sie aus schierem Vergnügen abgeknallt oder deshalb, weil man in ihnen eine Gefahr für das Vieh sah, obgleich sie ja reine Aasfresser sind. In neuerer Zeit sind viele Kondore den vergifteten Ködern zum Opfer gefallen, die eigentlich für Kojoten und anderes Raubzeug bestimmt waren. Doch die größte Gefahr liegt im Brutverhalten der Vögel. Während der Brutzeit sind die scheuen Kondore, die ihren Horst in Felsspalten oder auf Felsbändern errichten, außerordentlich empfindlich, und sie lassen ihr einziges Ei oder Jungtier schon bei der geringsten Störung im Stich. Allerdings werden die Kondore fast ein halbes Jahrhundert alt, doch sie brüten erstmals mit sechs Jahren und auch dann nur alle zwei Jahre.

Geschwänzte Frösche und andere Merkwürdigkeiten

Bei der gewaltigen Ausdehnung der nordamerikanischen Kordilleren finden sich hier auch mancherlei merkwürdige und seltene Tiere. In den Gebirgsbächen vom Kaskadengebirge bis zu den westlichen Rocky Mountains lebt beispielsweise der geschwänzte Urfrosch *Ascaphus truei*. Das Männchen besitzt ein schwanzförmiges Begattungsorgan, mit dem es das Weibchen innerlich befruchtet – eine einmalige Erscheinung bei den Fröschen. Diese Art ist auch insofern ungewöhnlich, als sie offenbar über keine Stimme verfügt. Die Stimme dient bei den Fröschen der Anlockung von Geschlechtspartnern, doch beim Schwanzfrosch ist sie überflüssig, weil in den rauschenden Gewässern, die seine Heimat sind, ein gequakter oder pfeifender Liebesruf von dem möglichen Partner ja doch nicht zu hören wäre.

Eine andere Kuriosität der nordamerikanischen Kordilleren ist das Gila-Tier *(Heloderma suspectum)* der südwestlichen USA. Diese plumpe, gefleckte Krustenechse – eine der beiden giftigen Echsenarten der Welt – steigt in den Wüstengebirgen manchmal bis in Höhen über 1000 m hinauf.

In bestimmten Flüssen der südlichen Sierra Nevada, in Höhenlagen über 3000 m, lebt die einzigartige Goldforelle *(Salmo aguabonita)*, die sich nach ihrer Einbürgerung in anderen Gewässern bei den Anglern besonderer Beliebtheit erfreut.
Die Goldforelle entwickelte sich vermutlich aus den Regenbogenforellen, die nach der Eiszeit isoliert wurden, als die Gebirgsströme blockiert waren.

Die Nebelwälder Lateinamerikas

Die Isolierung auf einem Berg hat in der Sierra de Juarez im nordwestlichen Mexiko auch eine einmalige Zwergboa-Art *(Ungaliophis continentalis)* sich entwickeln lassen. Diese kleine Schlange, die nicht einmal 50 cm mißt, wurde 1967 in einem Nebelwald unter einem Felsen entdeckt. Der Nebelwald ist ein feuchter Lebensraum, der für die Gebirge der Tropen und Subtropen charakteristisch ist und nur in mittleren Lagen auftritt. Er bildet sich auf Berghängen, die fast ständig von Dunst oder Nebel eingehüllt und einigermaßen windgeschützt sind. Die exponierte, höhergelegene Gipfelbewaldung verkümmert hier zu dem kleinwüchsigen »Elfenwald«, wie er zum Beispiel auf den Luquillo-Bergen von Puerto Rico wächst.
Nebelwälder finden sich in den gesamten großen Kordilleren von Mexiko bis fast zu den vergletscherten Höhen an der Südspitze Südamerikas. Diese Waldform kommt zwar auch in anderen Teilen der Welt vor, doch in der amerikanischen Kordillere erreicht sie ihre größte Ausdehnung.
Unter dem Ansturm der verarmten Bauern mit ihren primitiven Ackerbaumethoden gehen heute aber auch die Nebelwälder Mittel- und Südamerikas ständig zurück. Das ist eine Tragödie, denn diese Wälder mit ihrer hohen Luftfeuchtigkeit, ihren kühlen Nächten und heißen Tagen beherbergen eine ungewöhnlich reiche Flora, darunter zahllose Arten, die noch nie genau bestimmt worden sind. Manche dieser Pflanzen könnten wegen ihrer heilkräftigen Wirkung Bedeutung erlangen, andere, etwa die Orchideen, verdienen Schonung we-

Dieser Dickkopffalter gehört zu den vielen herrlichen Schmetterlingen, die auf den niedrigen Bergen der Insel Trinidad vor der Küste Venezuelas beheimatet sind.

gen ihrer märchenhaften Schönheit.

Ihre leuchtenden Farben verdanken die Nebelwälder indes nicht nur den Orchideen, denn in ihnen wimmelt es ebenso von buntschillernden Vögeln. In den nördlichen Anden führt der Rote Felsenhahn *(Rupicola peruviana)* seine phantastischen Balztänze auf. Überall schwirren Kolibris von Blüte zu Blüte gleich fliegenden Edelsteinen. Und auf einer Länge von mehr als 1500 km ist der farbenprächtige Quetzal oder Quesal *(Pharomachrus mocinno)* in den nebligen Wäldern der mittelamerikanischen Berge anzutreffen.

Der Quetzal, der Wappenvogel Guatemalas und von den Azteken, Tolteken und Mayas als göttliches Wesen verehrt, taucht in vielen Mythen und Legenden auf. Quetzalcoatl, der geheimnisvolle Gott der präkolumbianischen Völker Mittelamerikas, wurde entweder als ein Mann mit einer Krone aus Quetzalfedern oder als eine – ebenfalls mit Quetzalfedern – »gefiederte Schlange« dargestellt. Der Name Quetzal leitet sich von dem Aztekenwort *quetzalli* her, das die Schwanzfedern des Hahns bezeichnet, die über 1 m lang werden, obwohl der Vogel selbst nur so groß wie eine Taube ist. Die Federschleppe ist nicht der einzige Schmuck des Quetzalhahns. Er hat außerdem eine leuchtend rote Brust und einen grün schillernden Rücken und Kopf und trägt eine gelbgrüne helmartige Haube.

Die Quetzals ernähren sich von Früchten und nisten vorzugsweise in oft selbstgezimmerten Höhlen in einer bestimmten Maulbeerbaumart. Das Roden der Bergwälder durch Abbrennen und das Bejagen des Quetzels wegen seiner Schmuckfedern – obwohl der Handel mit ihnen verboten ist – gefährden auch den Bestand dieses kostbaren Vogels ernsthaft.

Das Reich des Monarchen

Jedes Jahr im November sind die Berghänge der Sierra Madre nördlich von Mexico City von orangefarbenen und schwarzen »Blüten« übersät, denn um diese Zeit finden sich hier Millionen von Monarchfaltern *(Danaus plexippus)* ein, nachdem sie eine Wanderung zurückgelegt haben, die im Reich der Insekten ohne Beispiel ist. Die Monarchen brechen Ende des Sommers von ihrer nördlichen Heimat aus auf, die sich bis zum Südosten Kanadas erstreckt. Mit ihren

zarten Flügeln bewältigen sie – als »Einzelreisende« – Tausende von Kilometern. Sie fliegen die Küste Neuenglands entlang und überqueren die Felder und Prärien des amerikanischen Mittelwestens und die Ebenen von Texas, bis sie schließlich ihr Bestimmungsland Mexiko erreichen. Dort wurde ihr Winterquartier, wo die rätselhaften Schmetterlinge aus dem Osten Nordamerikas den Wald förmlich bedecken, erst 1975 entdeckt.
Nicht alle Monarchen ziehen zu den Bergen Mexikos. Wissenschaftler haben festgestellt, daß die dort ankommenden Falter offenbar erst im Spätsommer geschlüpft sind und erst im darauffolgenden Jahr geschlechtsreif werden. Die jungen Tiere weichen also vor der tödlichen Kälte nach Süden aus und kehren im Frühjahr in ihre Heimat zurück.

Fledermäuse

In den Bergwäldern Lateinamerikas und auf den vorgelagerten Inseln, vor allem auf Trinidad, sind Myriaden von Fledermäusen beheimatet. Wo die Hänge Höhlen aufweisen, finden sich die Tiere zu Tausenden und aber Tausenden ein. Werden sie während des Tages in ihrer Ruhe gestört, beginnen sie umherzuflattern, und das Geräusch ihrer Flügel gleicht einem mächtigen Sturm, der aus den Tiefen der Erde hervorzubrechen scheint. Des Nachts verlassen die Fledermäuse ihre Höhlen, Baumlöcher und sonstigen Schlafplätze und gleiten lautlos über das Land auf der Suche nach Nahrung.
Manche von ihnen, etwa die Blattnasen, erbeuten Mäuse, Kleinvögel und oft sogar andere Fledermäuse. Die Nektarfresser flattern dagegen von Blüte zu Blüte. Die seltene Gelbschulter-Fledermaus *(Corvira bidens)* ist in den Nordanden noch in Höhen über 2000 m anzutreffen.

Der Bär der Nebelwälder

Bis zu einer Höhe von 3000 m erstreckt sich in den Anden das Verbreitungsgebiet des geheimnisvollen Brillenbären *(Tremarctos ornatus)*, der einzigen Bärenart Südamerikas. Diese etwa 140 kg schweren, oft jedoch erheblich kleineren schwarzen Bären verdanken ihren Namen der gelben bis weißen Umrandung ihrer Augen. Die Tiere leben vorwiegend von Pflanzen; sie ernähren sich von Früchten, Wurzeln und Blättern und sind besonders erpicht auf die noch zusammengerollten jungen Palmblätter.

1

2

1 Lamas, schon vor langer Zeit von den Indios domestiziert, sind in den Anden die bevorzugten Lasttiere. Wie die anderen Vertreter der Kamelfamilie sind sie recht eigenwillig und zuweilen unberechenbar. Wenn sie in Wut geraten, spucken sie ihrem Widersacher ihren Mageninhalt ins Gesicht.

2 Wie alle Kamele besitzt auch das Vikunja einen aus drei Kammern bestehenden Wiederkäuermagen. Das nur etwa 1 m hohe und 50 kg schwere Tier ist das kleinste Mitglied der Kamelfamilie. Die jungen Vikunjas werden im Februar nach einer Tragzeit von elf Monaten geboren. Die Jungtiere grasen oft im Liegen.

Hin und wieder geben sie jedoch diese Lebensweise auf und durchstreifen das offene Gelände oberhalb des Waldgürtels, wo sie den Guanakos *(Lama guanicoë)* und Vikunjas *(L. vicugna)* nachstellen. Doch die eigentliche Heimat der klettergewandten Brillenbären ist der Wald, in dem sie ihre Lager hoch in den Bäumen errichten – ein Verhalten, das in der Bärenfamilie sonst nur noch beim kleinen Malayen- oder Sonnenbären der südostasiatischen Bergdschungel vorkommt.

Die Nebelwälder Lateinamerikas beherbergen noch viele andere einzigartige Tiere und Pflanzen. Zum Beispiel sind 75% der Pflanzen, die im Guayana-Hochland im Nordosten Südamerikas wachsen, ausschließlich auf dieses Gebiet beschränkt, ein weiterer sinnfälliger Beweis dafür, daß Artenreichtum oftmals eine natürliche Folge der Isolation ist.

Dichte Nebelwälder bedecken die Hügel der Paria-Halbinsel Venezuelas und die niedrigen, allenfalls

1100 m hohen Berge, die über die Halbwüstenlandschaft im Nordosten Brasiliens verstreut sind. Die Nebelwälder der Anden gedeihen vor allem im nördlichen Abschnitt der 8000 km langen Gebirgskette, die sich von der Karibikküste Venezuelas bis Feuerland erstreckt.

In den Hochanden

Nördlich von Peru sind die Anden besonders niederschlagsreich, und dichte, feuchte Wälder dehnen sich auf beiden Seiten des Gebirges bis weit nach oben aus. In Höhen zwischen 2000 und 4000 m lebt hier der kleine Bergtapir *(Tapirus pinchaque)*. Dieser seltene Tapir, der weit weniger bekannt ist als seine Flachlandverwandten, besitzt ein wolliges Fell, das er freilich auch dringend braucht, denn gelegentlich zieht er sogar bis zur Schneegrenze hinauf.

Über die Wälder der Nordanden ragen viele schneebedeckte Vulkane empor, die zum Teil noch tätig sind, wie etwa der 5897 m hohe Cotopaxi in Ecuador in der Nähe der Hauptstadt Quito. In Ecuador liegt auch der Äquator am höchsten. Er schneidet in 4876 m Höhe den sturmumtosten Gletscher des Cayambe-Vulkans (5796 m).

Die Welt der Zentralanden in Peru, Bolivien und Nordchile unterscheidet sich merklich von der des Nordabschnitts. Die Westflanke der mittleren Anden ist weitgehend trocken, teilweise sogar knochentrocken, während die östlichen Hänge bis zu 1000 m mit einem Dschungel oder »Selva«, bis zu 2000 m mit Bergwäldern und zwischen 2000 und 3500 m mit Nebelwäldern dicht bedeckt sind. Diese gegensätzlichen Landschaftsformen sind auf die hier vorherrschenden Winde zurückzuführen, die im Mittelteil des Kontinents von Osten wehen und ihre Feuchtigkeit verlieren, wenn sie über die Osthänge hinwegstreichen. Die Ostseite, die »Ceja de la Montana«, bekommt folglich sehr viel Regen ab und weist eine reiche Vegetation auf, während es an manchen Stellen der zum Pazifik abfallenden Hänge seit Menschengedenken nur ein- oder zweimal geregnet hat.

Da die Anden ein junges Gebirge sind – sie haben sich erst vor 100 Millionen Jahren geformt –, sind sie stark zerklüftet, von tiefen Tälern durchschnitten und von steilen Gipfeln gekrönt. Dadurch hat sich ein »Fleckerlteppich« von Biotopen herausgebildet, die dicht beieinanderliegen, aber dennoch isoliert und sehr unterschiedlich geartet sind. Die Zentralanden bieten dort, wo das Gebirge seine größte Breite erreicht (700 km von Ost nach West), eine Fülle von verschiedenartigen Lebensbedingungen in den unteren Lagen; erst weiter oben erstreckt sich eine einheitliche Landschaft, die charakteristisch für diese Region ist – ein kaltes Hochplateau mit tundraähnlicher Vegetation, das man als »Puna« oder »Altiplano« bezeichnet.

Die windgepeitschten und wegen der kurzen Regenzeit trockenen Hochebenen über 3500 m sind zugleich der am dichtesten besiedelte Teil der Anden. Vier Millionen Peruaner – 33% der Gesamtbevölkerung des Landes – leben in der Puna, desgleichen 3,5 Millionen Bolivianer, die sogar die Hälfte der Bevölkerung ausmachen. Auf den öden, von Büschelgras und Seggen bestandenen Hochebenen pflanzen die Bauern Kartoffeln und andere Feldfrüchte an, obgleich sich die hochgelegenen Grassteppen viel eher für die Viehhaltung eignen würden.

Doch keine Wildziegen oder -schafe äsen hier. Beide Tiergrup-

1

1 Die männlichen Kondore erkennt man an ihrem großen Hautkamm.

2 In seichten, brackigen Binnenseen des südamerikanischen Berglands versammeln sich oft Flamingos in großen Scharen. Sie sind in den Anden von Peru bis Feuerland verbreitet. Bei der Nahrungsaufnahme führen sie ihren Oberschnabel über den Gewässerboden und seihen dabei winzige Pflanzen und Tiere aus dem Wasser. Die Laguna Colorada, ein großer abgeschiedener Anden-See, ist ein beliebter Brutplatz der Flaminogs.

2

1

2

3

1/2 Zwischen den hohen Felswänden der Anden hausen die Bergviscachas oder Cuvier-Hasenmäuse (1) und die Chinchillas (2), die sich an das karge Nahrungsangebot angepaßt haben. Sie fressen Moose, Gräser, Flechten und praktisch alle anderen Pflanzen, welche die spärliche Vegetation ihres hochgelegenen Lebensraums zu bieten hat. Die Tiere, deren Kolonien oft mehrere Dutzend Exemplare umfassen, leben in Höhlen und Felsspalten.

3 Die zu den Spießhirschen gehörenden Pudus sind in den Andenwäldern von Kolumbien bis Südchile verbreitet. Die Tiere wurden stark bejagt und leben heute nur noch in isolierten Rückzugsgebieten. Sie erreichen die Größe eines Terriers.

4/5 Der Darwin-Nandu ist sowohl im Flachland Patagoniens als auch in den Bergen der Anden heimisch. Das Männchen übernimmt das Brutgeschäft und bewacht die Jungen nach dem Schlüpfen. Wenn die Jungtiere heranwachsen, findet der Vater kaum Zeit zum Fressen, weil er ständig damit beschäftigt ist, seinen Nachwuchs zusammenzuhalten.

pen drangen nicht nach Südamerika vor, als vor etwa 7 Millionen Jahren die Einwanderung der Lebewesen aus dem Norden begann, nachdem sich die Meeresstraße zwischen Nord und Süd durch die zentralamerikanische Landbrücke geschlossen hatte. Den Kamelen jedoch gelang damals die Überquerung, und zwei Vertreter dieser Familie nahmen im Andenhochland die Stelle der wilden Ziegen und Schafe ein: die schlanken, anmutigen Vikunjas und die größeren Guanakos, die Stammformen der domestizierten Lamas *(Lama glama)* und Alpakas *(Lama pacos)*.
Einst lebten die beiden Wildformen in großen Herden, die sich inzwischen stark gelichtet haben. Immerhin sorgen neuerdings Schutzmaßnahmen dafür, daß die Vikunjas wie auch die Guanakos nicht untergehen werden.

Eine vielgestaltige Tierwelt

Vereinzelt finden sich auf den kahlen Hochplateaus der Anden große Seen, von denen einige salzhaltig sind. Kennzeichnend für diese hochgelegenen Gewässer ist die 4414 m hohe Laguna Colorada in Bolivien, unweit der chilenischen Grenze. In dem seichten Wasser suchen zwei seltene Vogelarten nach Nahrung, die außerhalb ihrer Heimat erst 1960 bekannt wurden, als eine Expedition der New York Zoological Society einige Exemplare in die USA mitbrachte. Es handelt sich um Flamingos, und zwar um den Andenflamingo *(Phoenicoparrus andinus)* und den Kurzschnabelflamingo *(Ph. jamesi)*, die nur in den Hochanden Südperus, Chiles und Boliviens vorkommen.
Über den Bergen und hangabwärts bis zum Meer segelt der gewaltige Andenkondor *(Vultur gryphus)*, der 13,5 kg wiegt und nicht nur größer als sein kalifornischer Vetter ist, sondern zu den größten flugfähigen Vögeln überhaupt zählt. Nur einige Albatrosarten haben eine größere Flügelspannweite als der 3 Meter klafternde Andenkondor, dessen Schwingen überdies viel breiter sind als die der Meeresvögel. Der Kondor ist so massig, daß er sich nur mit einiger Mühe in die Luft erheben kann; zum Auffliegen braucht er eine mehrere Meter lange Startbahn. Sobald er jedoch einmal in der Luft ist, fliegt er fast ohne Flügelbewegung mit vollendeter Eleganz dahin, während seine scharfen Augen das Land nach Aas absuchen.

4

5

Im Unterschied zum Kalifornischen Kondor ist der Andenkondor allerdings kein reiner Aasfresser. Er erbeutet gelegentlich auch lebende Tiere, etwa Kitze oder Seevögel, die auf den Klippen der Pazifikküste brüten. Von ihren Nistplätzen auf den Berghöhen aus unternehmen die Kondore ihre Raubzüge zu den Seevogelkolonien. Ihre Fänge sind zwar schwach, aber dafür ist der starke hakenförmige Schnabel eine um so gefährlichere Waffe.
Der von Feuerland bis Ecuador verbreitete Kondor ist ein geselliger Vogel, der sich außerhalb der Brutzeit zu größeren Gruppen zusammenschließt. Die männlichen Tiere sind an ihrem großen Hautkamm zu erkennen, die erwachsenen Weibchen an ihren roten Augen; die Augen des Männchens sind bräunlich. Die Brutpaare bauen keinen richtigen Horst, sondern legen ihre ein oder zwei Eier einfach auf den Fels, nach Möglichkeit an einer sandbedeckten Stelle.

Wildhunde und andere Säugetiere

Vor allem im südlichen Teil der Anden kommen verschiedene Wildhundformen *(Dusicyon)* vor, deren taxonomische Stellung noch immer ungeklärt ist. Die als südamerikanische Hunde, Füchse oder Wölfe bezeichneten Tiere sind größer als ein Rotfuchs und kleiner als ein Schäferhund; äußerlich, doch nicht in ihrem inneren Bau, gleichen sie den nordamerikanischen Kojoten. Wie viele Arten von diesen »Füchsen« es gibt und welche Stellung sie in der Familie der Hunde *(Canidae)* einnehmen, ist eine in der Fachwelt zum Teil noch umstrittene Frage.
Die Hunde erreichten im späten Pliozän über die etwas früher entstandene Landbrücke Südamerika. Damals war ein großer Teil der heute bewaldeten Landschaft Südamerikas eine offene Grassteppe, also ein idealer Gelände für laufreudige Tiere wie etwa die Hunde, die ihre Beute hetzen und nicht beschleichen. Doch in Südamerika haben sich die Hunde in mehrere Formen aufgespalten, die mehr oder weniger in allen verfügbaren Lebensräumen heimisch geworden sind, sogar im Urwald. Die südamerikanischen »Füchse« durchstreifen die freie Pampa und die bewaldeten Andenhänge, zuweilen dringen sie bis in Höhen von 4000 m vor.
Die »Füchse« sind Allesfresser, die Zuckerrohr ebensowenig verschmähen wie Enten; bisweilen reißen sie auch größere Tiere wie beispielsweise Schafe, was ihnen die Feindschaft der Hirten und Viehzüchter eingetragen hat. Die vorwiegend nachtaktiven Tiere zeigen sich nur selten bei Tage, erst nach Einbruch der Dunkelheit erfüllen sie die Landschaft mit ihrem Geheul. In den höchsten Lagen der Südanden schweift angeblich ein besonders geheimnisvoller Vertreter der Hundefamilie umher, den Menschen nur selten zu Gesicht bekommen haben. In den vierziger Jahren wurde das Fell eines großen hundeartigen Tiers aus den südlichen Anden einer Art zugeschrieben, die 1949 den wissenschaftlichen Namen *Oreocyon* erhielt, doch später unter dem Namen Andenwolf *(Dasycyon hagenbecki)* bekannt wurde. Aufgrund des Fells nehmen manche Wissenschaftler an, daß dieser Wolf ungefähr schäferhundgroß sein muß und vielleicht den echten Hunden der Gattung *Canis* sehr nahesteht. Ob das zutrifft und ob der Andenwolf überhaupt als Art besteht, bleibt nach wie vor ein Rätsel.

Hirsche und Nager

Eine andere Säugetierart, für die Hochlagen der Anden unterhalb der Schneegrenze charakteristisch, ist der Andenhirsch oder Huemul *(Hippocamelus antisenis)*, der bisweilen über 5000 Meter hinaufsteigt, aber sich im allgemeinen, zumal im Winter, etwas tiefer aufhält. Den Sommer über ziehen die Hirsche in der Nähe der Waldgrenze umher, in den niedrigen Dickichten der Südbuche, die weiter südlich und in tieferen Lagen ausgedehnte Wälder bildet. Die Andenhirsche sind Nachttiere, die sich tagsüber verstecken und erst in der Dunkelheit hervorkommen, um Blätter, Flechten und Moose abzuäsen. An vielen Standorten sind sie selten geworden, eine Folge der Überjagung und auch ihrer Anfälligkeit für bestimmte Haustierkrankheiten. Nachdem man in den Anden europäisches Rotwild, Damwild und indische Axishirsche eingebürgert hat, sind die Andenhirsche noch stärker aus ihrem angestammten Lebensraum verdrängt worden.

Mehrere interessante Nagetierarten bewohnen die Hochebenen der Anden und sogar noch die darüberliegenden Steilhänge. Die Gebirgshasenmaus *(Lagidium peruanum subroseum)* und das Chinchilla *(Chinchilla laniger)* steigen am höchsten von allen; die Chinchillas erreichen sogar Höhen von 6000 m. Nur wenige Säuger kommen in größeren Höhen vor als diese beiden Nager, deren Fell so begehrt ist. Sie leben in Kolonien in Felsspalten und -nischen. Eine Kolonie kann Dutzende von Tieren umfassen, doch da beide Arten so stark bejagt werden, sind solche großen Verbände selten geworden.

Zu den Nagern der Hochanden zählen außerdem der Degu *(Octodon degus)*, eine Trugratte mit einem langen buschigen Schwanz, mit dunklem Rücken und schneeweißer Unterseite, die Felsenratte *(Aconaemys fuscus)*, eine andere Trugrattenart, die dicht unter der Erdoberfläche ein labyrinthisches Röhrensystem anlegt, und die Chinchillaratte *(Abrocoma bennetti)*, deren Felle die Eingeborenen den Touristen manchmal als echte Chinchillapelze verkaufen. Die Hochplateaus von den Zentralanden bis zum subarktischen Feuerland sind auch die Heimat der Kammratte Tukotuko *(Ctenomys)*, eines kleinen plumpen Nagers mit großem Kopf und kleinen Ohren und Augen, der seine unterirdischen Baue nur selten verläßt. Weil die Augen des Tieres sehr hoch sitzen, kann der Tukotuko die Umgebung seines Baus überblicken, ohne den Körper über die Erdoberfläche zu erheben.

Zum arktischen Süden

Je weiter man nach Süden kommt, desto stärker ändert sich das Bild der Anden. Die Hochplateaus verschwinden. Statt dessen ist die Landschaft von zahlreichen Tälern durchfurcht, und die Gipfel werden immer niedriger. Gleichzeitig verläuft auch die Schneegrenze immer tiefer, und an der Südspitze des Kontinents beginnen die Gebirgsgletscher bereits in Höhen von nur 700 m. Im Osten der Berge erstreckt sich die öde, trockene Hochebene Patagoniens, das Reich des Darwin-Nandus *(Pierocnemia penna-*

ta), eines großen flugunfähigen Vogels, der manchmal fälschlicherweise als der südamerikanische Strauß bezeichnet wird.

Nach der Eiszeit war die patagonische Hochebene feucht und noch nicht mit schütterem Gras, sondern mit Südbuchenwäldern bedeckt, so wie sie heute auf den unteren Hängen der Berge stehen. Das Vordringen des Waldes, das vor etwa 9000 Jahren begann, erreichte nach 7000 Jahren seinen Höhepunkt. Dann schlug das Klima um; das Land trocknete aus, und die Wälder wichen vor dem Gras zurück, das sich auch heute noch immer weiter ausdehnt. Auf Feuerland haben nur wenige alte Buchenbestände überdauert, inmitten der Grassteppe auf den niedrigen, aber zerklüfteten Bergen, dort, wo die sturmumtobten Ausläufer der Anden im Meer versinken.

Umweltfeindliche Anbaumethoden und Überweidung zerstören sehr rasch den Lebensraum des Altiplano und der anderen Andenlandschaften. Weil hier die Lebensbedingungen so ungewöhnlich hart sind, ist die Umwelt des Altiplano besonders stark gefährdet.

Abb. S. 182: Eisvogel.
Abb. S. 183: Eurasischer Fischotter.

Bäche und Flüsse, Teiche und Seen

Der Ursprung der Flüsse

Die Binnengewässer der Erde

Unsere Erde ist eigentlich ein »Wasserplanet«. Milliarden Tonnen Wasser bewegen sich Tag für Tag über den Planeten – in Form von mächtigen Strömungen in den Tiefen der Ozeane, von winzigen Tröpfchen, die als windgetriebene Wolken durch die Atmosphäre schweben, oder von Bächen, Flüssen und Strömen, in denen faszinierende Tiere und Pflanzen leben.

Im Jahr verdunsten rund 250000 km^3 Wasser auf der Erdoberfläche, davon allein 91 Prozent aus den Weltmeeren. Eine ungefähr gleich große Menge geht als Regen oder Schnee auf die Erde nieder. Das Festland empfängt davon nur etwa 40 Prozent, also rund 100000 km^3, in Form von Regen und weitere neun Prozent als Schnee. Die restlichen 51 Prozent fallen ins Meer zurück.

Man sollte meinen, das gesamte Regenwasser, das auf dem Festland niedergeht, und ebenso der Schnee, der auf dem Boden schmilzt, müßten in Flüssen und Strömen abfließen, doch das trifft nur auf ein Viertel der Wassermenge zu; ungefähr 25000 km^3 gelangen auf dem Weg über die Erdoberfläche ins Meer. Von den restlichen drei Vierteln verdunstet ein Teil sofort wieder, ein Teil versickert im Boden und wird zu Grundwasser, und ein Teil wird von den Pflanzen aufgenommen oder von absorbierendem Oberflächenmaterial festgehalten.

Somit tragen die Flüsse und Ströme trotz ihrer Größe und ihren oft zahllosen Nebenflüssen nur vergleichsweise wenig zum Oberflächenwasser der Erde bei. Doch ihre Bedeutung für das Pflanzen- und Tierleben, für die geologischen Prozesse und für die menschliche Zivilisation steht in einem umgekehrten Verhältnis zu ihrem geringen Anteil am gesamten Wasserkreislauf.

Flüsse waren nicht nur Wiegen der Kultur in der Entwicklung der Menschheit, sie hatten auch einen nachhaltigen Einfluß auf die Evolution und Ausbreitung der Tiere und Pflanzen, zumindest in der zweiten Hälfte der vier Milliarden Jahre umfassenden Erdgeschichte.

Die Tiere, die in und an den Flüssen leben, sind vielfach so spezialisiert, daß sie in keinem anderen Biotop vorkommen, und wegen dieser Abhängigkeit sind sie durch die Eingriffe des Menschen in die fließenden Gewässer vielerorts stark gefährdet. Wir haben uns der Flüsse bemächtigt, benutzen sie als Abfallkübel, begradigen sie und leiten sie um, fischen sie leer und setzen Organismen in ihnen aus, die aus fernen Zonen stammen. Gibt es heute überhaupt noch einen einzigen »natürlichen« Fluß auf der Welt? Wahrscheinlich nicht. Wir können jedoch dankbar sein, daß viele Flüsse noch immer ein reiches Tierleben aufweisen, und allmählich lernen wir auch, wie wir dazu beitragen können, daß sich die Gewässer von der allgemeinen Umweltverseuchung wieder erholen.

Flußformen

Die Einzugsgebiete der Flüsse lassen sich in drei Haupttypen einteilen. Als erstes wäre die verzweigte, dendritische (baumartige) Form zu nennen, wie wir sie häufig in granitischem oder basaltischem Hügel- und Bergland antreffen. Dieser Typ ist auf der ganzen Erde verbreitet und kommt in kleinen Ansammlungen von Wasserrinnen ebenso vor wie in ausgedehnten Stromsystemen, etwa in dem des Rheins. In seiner Gestalt gleicht er einem Baum, wobei der Hauptstrom den Stamm und die Nebenflüsse die Äste und Zweige darstellen.

Wo langgestreckte Gebirgszüge nebeneinander aufgefaltet sind, können Flüsse parallel zueinander verlaufen und ein gitterförmiges Muster ausbilden. Ein eindrucksvolles

Sobald die Pazifiklachse ihre Laichwanderung angetreten haben, kann kein natürliches Hindernis den Zug dieser kräftigen, zielstrebigen Fische mehr hemmen. Sie überwinden tosende Sturzbäche und kämpfen sich durch felsige Untiefen hindurch, bis schließlich die arg geschundenen Tiere ihren angestammten Laichplatz erreicht haben, jenen Bachlauf, in dem sie selber vor Jahren geschlüpft sind.

Beispiel dieses Typs findet sich in Zentralasien, wo der Mekong und der Jangtse in benachbarten Tälern Hunderte von Kilometern weit nebeneinander herfließen, ohne sich jemals zu vereinen, und schließlich auseinanderstreben, um sich in ganz verschiedene Ozeane zu ergießen.

Ein dritter Typ ist das radiale (strahlenförmige) Flußsystem, bei dem viele einzelne Flüsse von einem hochgelegenen Zentrum aus wie die Speichen eines Rades talwärts fließen. Die Flüsse des Bié-Plateaus im afrikanischen Angola sind dafür ein gutes Beispiel.

Flüsse sind dynamisch. Sie kommen niemals zur Ruhe und verharren nie lange in einem einzigen Bett. Wenn sie eine Landschaft durchziehen, können sie in das Gebiet eines Nachbarflusses eindringen und einen sogenannten Stromraub begehen. So bezeichnet man einen Vorgang, bei dem ein dominierender Fluß die Rinne eines anderen schneidet und dessen Wasser in sein eigenes Bett umleitet. Ein bemerkenswertes Beispiel dafür findet sich an der Ostküste der USA, wo der Delaware River nach dem Rückzug der letzten Vereisung über lange Zeit zahlreiche ansehnliche Flüsse anzapfte, die einst getrennt dem Meer zustrebten.

Flüsse und ihre Bedeutung

Ein großer Fluß vermag das Klima einer Region zu beeinflussen, vor

1

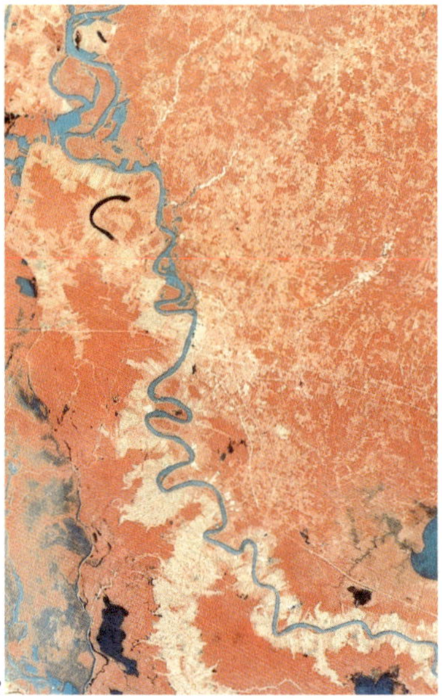

2

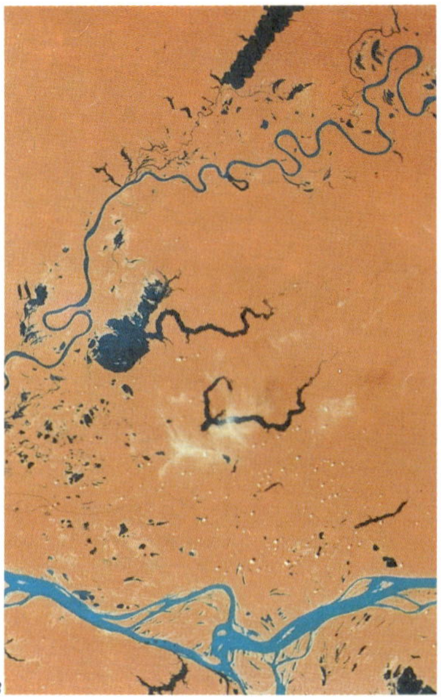

3

1 Aus einer Höhe von 914 Kilometer überschaut man die nach Süden ins Mittelmeer fließende Rhone. Diese Satelliten-Infrarotaufnahme zeigt ein breites Spektrum von Vegetationszonen: alpine Matten, Ackerland in den Tälern und Küstenebenen.

2 Die verschlungenen Mäander des Mississippi sind ein Zeichen dafür, daß auch ein mächtiger Strom den Weg des geringsten Widerstands wählt.

3 Der riesige Amazonas bildet auf seinem Weg durch Brasilien fast so etwas wie ein Flechtmuster aus. Er führt mehr Sedimente mit sich als sein südlicher Nebenfluß Purus. Dessen Mäander ergeben so enge Schleifen, daß sie teilweise abgeschnitten zu werden drohen. Die Überreste älterer isolierter Flußschleifen, die man als Altwasser bezeichnet, finden sich zu beiden Seiten des Hauptstroms.

allem dort, wo kühle Wassermassen durch trocken-heiße Landstriche strömen. Ebenso kann sich in kühl-gemäßigten und in subarktischen Breiten das vergleichsweise warme Flußwasser auf die trockenkalte Landschaft auswirken, die es durchfließt. Darüber hinaus kann ein Fluß bestimmte Gebiete abtrennen und isolieren und damit die Tiere daran hindern, von einem Teil zum anderen überzuwechseln. Der Colorado, der sich tief in ein riesiges Hochplateau einschneidet, hat zahlreiche Tafelberge oder Mesas isoliert, die wie oben abgeflachte Gebirgsstöcke aussehen, aber in Wirklichkeit nur stehengebliebene Überreste des von Cañons durchfurchten Plateaus sind. Die Vegetation und die wenigen Tiere auf einem solchen Restberg sind von der übrigen Welt abgeschnitten, sofern es sich nicht um Organismen handelt, die fliegen oder vom Wind verfrachtet werden können. Kleine Säugetiere, beispielsweise Erdhörnchen, unterscheiden sich hier manchmal durch kleine evolutionsbedingte Abweichungen von ihren nur wenige Kilometer entfernt lebenden Artgenossen im selben Plateau, kaum anders als Tiere, die auf einer Insel im Ozean isoliert sind. Weit mehr als fünfzig Flüsse der Erde sind länger als eineinhalbtausend Kilometer, und sie alle entwässern Regionen, die jeweils viele Tausende von Quadratkilometern umfassen. Jeder Fluß hat seine besondere Eigenart, seine charakteristische Fauna und Flora, seine eigene geologische und chemische Struktur. Keine zwei Flüsse sind einander gleich, und jeder einzelne zeigt überdies von der Quelle bis zur Mündung auffällige Veränderungen.

Vom Bergbach zum Meer

Der Fluß als Lebensraum

Viele Flüsse haben ihren Ursprung in den Bergen, als kalte, schnellfließende Bäche. Talwärts verbreitern sich diese Bäche und fließen gemächlicher dahin, bis sie sich schließlich vereinen und zu Flüssen werden. Wenn ein Strom am Ende seines Weges unter den Einfluß des Gezeitenrhythmus gerät, entstehen weite Mündungsgebiete oder Deltas. Überall dort, wo sich die Gezeiten nicht bemerkbar machen, können aber natürliche oder künstliche Dämme den Wasserstrom hemmen und Seen und Teiche bilden. Auch sie sind Bestandteil des Flußsystems, obwohl sie einen völlig anderen Lebensraum darstellen.

Ein Bergbach

Hoch in den Bergen erfreut uns der Anblick eines Bachs, der sich geräuschvoll zwischen Felsbrocken hindurchschlängelt. Solche Gebirgsbäche sind besonders vielgestaltig. Manchmal sind schmale, steilwandige Schluchten bis zum Rand gefüllt mit tosenden, gischtenden Wassermassen, die in ihnen gelöste Sedimente dunkel verfärben. Ein andermal verkümmern sie zu einem Rinnsal oder führen tagelang überhaupt kein Wasser, wenn in den höheren Lagen kein Regen fällt. Betrachtet man einen Bergbach während der sommerlichen Dürre, dann hält man es kaum für möglich, daß die mächtigen Felsblöcke, die seinen Lauf säumen, und die vielen entwurzelten Bäume durch die Sturzfluten der letzten Schneeschmelze verursacht wurden.

Normalerweise ist ein Gebirgsbach stärker bewegt. Sein Wasser schießt über den Felsgrund hinweg und bildet stark durchlüftete Stromschnel-

Ein großer Fluß kann in einer Felsspalte entspringen oder auch als kleines Rinnsal in einer bewaldeten Sumpflandschaft entstehen, so wie sie diese Aufnahme aus dem Nordwesten Nordamerikas zeigt. Feuchtigkeitsliebende Pflanzen aller Art und saprophytische Pilze, die vermodernde Baumstämme in Humus verwandeln, sind typisch für eine solche Landschaft.

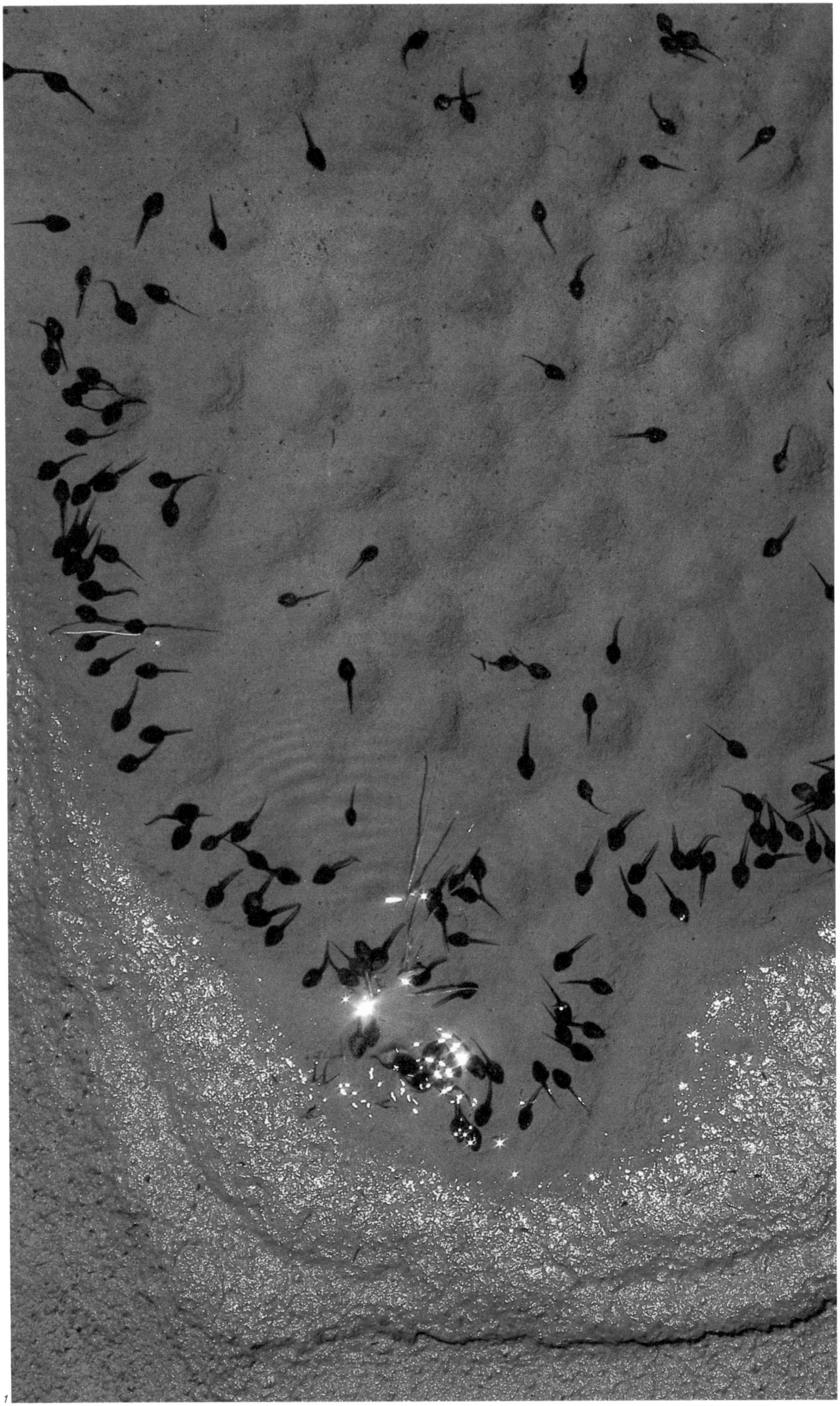

1

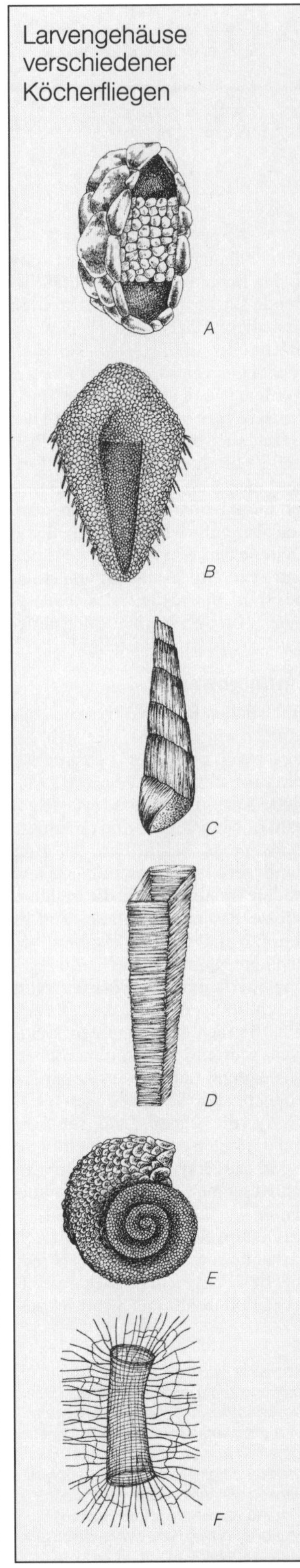

2

1 Das stille Stauwasser eines Flusses ist eine warme und einigermaßen geschützte »Kinderstube« für vielerlei Wassertiere. Hier tummeln sich nordamerikanische Kaulquappen im seichten Wasser, während sie gleichzeitig den Algenbelag des sonnenhellen Gewässerbodens abweiden.

2 Köcherfliegen sind auf der Nordhalbkugel allgemein verbreitet. Sie machen eine vollständige Verwandlung durch und nehmen somit eine Sonderstellung in den vier Ordnungen der Wasserinsekten ein. Im Larvenstadium bauen die meisten Köcherfliegen kunstvolle Röhren und Netze, durch die sie sich ebenfalls von den übrigen wasserlebenden Insekten unterscheiden. Diese »Köcher« sind der Gestalt der Larve angepaßt. Sie bestehen aus verschiedenen Baumaterialien, je nach der Turbulenz des Wassers, in dem sie leben. Die Insekten, die in den reißendsten Bächen zu Hause sind, bauen auch die schwersten Köcher, die das Insekt nach unten ziehen und ihm Schutz bieten, wenn es in der starken Strömung umhergestoßen wird.

- *A Die* Glossosoma*-Larve besitzt ein Steingehäuse, das die Form eines Schildkrötenpanzers hat. Eine Säule aus kleineren Steinchen verschließt die Köcheröffnung. Wenn sich die Larve verpuppen will, entfernt sie diesen Steinchenverschluß und heftet den Rand ihres Hauses an einen Stein an.* Glossosoma*-Larven leben in kalten, schnellfließenden Bächen.*
- *B In ruhigeren Fließgewässern erfüllen auch zerbrechlichere Köcher ihren Zweck. Die* Molanna*-Larve baut beispielsweise ein schildförmiges Gehäuse, das nur aus Sandkörnchen besteht.*
- *C Viele Larven der Familie* Leptoceridae *bauen Köcher aus Pflanzenteilen, vor allem Rinden- oder Blattstückchen, die sie in gleich große »Bausteine« zerbeißen und zu einem Spiralmuster zusammenfügen.*
- *D Die Köcher der* Oecetis*-Larven, die in kühlen Gebirgsbächen heimisch sind, bestehen gleichfalls aus Pflanzenstoffen, vielfach kleinen Zweigstücken.*
- *E Ein besonders auffälliges Gehäuse baut die* Heliocopsyché*-Larve. Es gleicht einem Schneckenhaus und setzt sich aus winzigen Steinchen und Sand zusammen.*
- *F Die Larven der Gattung* Polycentropus *bringen unter Steinen in schnellfließenden Bächen lange Gespinströhren an. Diese Netze filtern wie Siebe Nahrung aus dem Wasser, das durch sie hindurchströmt.*

3 Der große Gelbrandkäfer ist so schnell und kräftig, daß er andere Insekten und sogar Fische erbeuten kann, die mehrfach größer sind als er selber. Der stromlinienförmige Körper und die behaarten Hinterbeine, die als Antriebsruder dienen und nach jedem Schlag angelegt werden, bieten nur einen geringen Reibungswiderstand.

3

len. Auch unter Wasser ist ständig Bewegung. Unaufhörlich zerplatzen Luftblasen, Wasser ergießt sich in Strudellöcher, Steine stoßen gegeneinander, und Sand wird aus den Vertiefungen im Bachbett hochgewirbelt. Abgesehen von Zeiten mit ungewöhnlich starker Strömung erscheint das Wasser glasklar. Man würde es kaum wahrnehmen, wenn nicht das ständige Schattenspiel auf dem Boden wäre, hervorgerufen durch das von der bewegten Oberfläche gebrochene Licht. Auch die große Fließgeschwindigkeit des Wassers erkennt man erst, wenn man sieht, wie das Quellmoos fast waagerecht in der Strömung treibt. Auch der Sauerstoffgehalt des eiskalten Gebirgswassers ist höher als der aller anderen Gewässer.

Faßt man alle diese Faktoren zusammen, so erweist sich ein Gebirgsbach als ein ganz besonderer, scheinbar lebensfeindlicher Biotop, wenn man einen warmen, stillen Teich dagegenhält, der ein idealer Lebensraum für Süßwasserorganismen ist. Ein Bach beherbergt meist weniger Arten als ein Teich, doch jene, die in ihm leben, haben sich erstaunlich gut an ihre spezielle Umwelt angepaßt und könnten anderswo kaum existieren. Versetzt man eine Steinfliegenlarve aus einem Bach in einen Behälter mit kaltem, aber stillstehendem Wasser, so leidet sie bald unter Sauerstoffmangel und beginnt ihren Leib rhythmisch auf und ab zu bewegen, um an ihren Kiemen einen Wasserstrom zu erzeugen. Außerhalb des fließenden Wassers stirbt sie schon bald durch Ersticken.

Die Bachforelle

Das hervorstechende Merkmal eines Wildbaches ist die hohe Fließgeschwindigkeit. Sie schafft Lebensbedingungen, mit denen Pflanzen und Tiere ohne Spezialanpassung nicht fertig werden können.

Die augenscheinlichste Anpassung ist die Körperkraft einer Forelle oder eines Lachses. Doch selbst diese muskelstarken Fische halten sich nicht länger als nötig in der Strommitte eines Gießbaches auf, sondern suchen Zuflucht in stillen Tümpeln oder hinter Steinen. Nur wenn sie von einem Tümpel zum nächsten aufsteigen, entfalten sie für kurze Zeit ihre gewaltige Schwimmkraft. Unter einer Stromschnelle schießen sie hervor, über die Wasseroberfläche hinweg, und lassen sich an der höchsten Stelle der Schnelle wieder ins Wasser fal-

1

2

4

5

7

8

1–9 Die Hochzeit des Dreistachligen Stichlings: Das Männchen, das sein farbenprächtiges Hochzeitsgewand angelegt hat, trägt Pflanzenmaterial zum Laichplatz (1). Der Fisch scheidet aus den Nieren eine schleimige Substanz aus, um das Nest zusammenzuleimen (2). Er spuckt Sandkörner auf das Nest und sorgt dafür, daß Eingang und Ausgang offen bleiben (3).

Das Nest ist fertig, und das Männchen stößt seinen Kopf in den Eingang, um dem Weibchen die Öffnung zu zeigen (4).

Sobald die Partnerin in das Nest einge-

3

6

9

schwommen ist, betrommelt das Männchen ihren Hinterleib, um die Eiablage anzuregen (5).
Das Männchen schlüpft in das Nest und besamt die Eier (6).
Das Männchen vertreibt seine Partnerin, denn sonst würde sie das Gelege verspeisen (7).
Das Männchen befächelt das Gelege bis zum Schlüpfen mit den Brustflossen, um ihm sauerstoffreiches Wasser zuzuführen (8).
Die frischgeschlüpften Jungen bleiben noch etwa zwei Tage lang im Nest. Der Vater beschützt sie (9).

len, um so nach Möglichkeit die nächsthöhere Stufe zu erreichen. Sie wandern jedoch im allgemeinen nicht sehr weit. Die europäische Bachforelle *(Salmo trutta fario)* zeigt, wie alle bach- und flußlebenden Forellen, ein ausgeprägtes Territorialverhalten und entfernt sich nie sehr weit von ihrem Lieblingsplatz.

Trotz ihrer Größe sind die Forellen weitgehend auf die Nahrung angewiesen, die ihnen die Strömung zuträgt. Sie fangen zwar bisweilen Insekten im Fluge, aber zumeist ernähren sie sich von Wasser- oder Landinsekten, die vom Wasser fortgerissen und in die stilleren Tümpel geschwemmt werden. Die Erbeutung etwa einer Libelle, die über dem Wasser kreist, verlangt von dem Fisch eine erstaunliche Koordinationsleistung: Er muß die über ihm fliegende Libelle erkennen, ihre Richtung und Geschwindigkeit abschätzen, die Lichtbrechung im Wasser ausgleichen, sich hoch emporschnellen und dabei das flinke Insekt erhaschen.

Kleine Baumeister

Sich von Treibgut zu ernähren ist bei hochspezialisierten Bachbewohnern allgemein verbreitet, selbst bei den kleinsten. Verblüffender Fangmethoden bedienen sich dabei viele Köcherfliegenlarven. Manche Arten leben in schützenden Röhren zwischen Steinen im Bach und weben dicht hinter ihnen ein wunderbar gleichmäßiges Fallstricknetz, das an Steinen und am Boden verankert wird und sich in der Strömung aufbauscht. Organische Abfälle und tote oder lebende Insekten verfangen sich in diesem Netz, und die langgestreckte Larve kommt in regelmäßigen Abständen hervor, um die Nahrung aus den Maschen zu klauben. Wird das Netz durch einen größeren Gegenstand beschädigt, bessert die Larve sofort die zerrissenen Fäden wieder aus.

Andere Arten bauen kunstvolle Seidenröhren, in denen die organischen Partikel nach unten in eine zentrale Fangkammer geleitet werden. Wieder andere Köcherfliegenlarven verzichten auf ein Netz, obwohl sie nicht weniger gut an das Bachleben angepaßt sind. Die *Psilotreta*-Arten bauen aus sorgfältig ausgesuchten Steinchen längliche Röhren oder »Köcher«, die ihrem Schutz dienen und so schwer sind, daß sie vom schnellfließenden Wasser nicht abgetrieben werden können. Einige Arten *(Goera)* be-

1

2

3

nutzen als Verankerung lange, schmale Ballaststeine, die sie außen an ihrer Röhre anbringen. Andere *(Mystacides)* errichten ihre Köcher aus kleinen Pflanzenteilen, wobei ein oder zwei besonders lange Stöckchen am hinteren Ende weit hervorstehen und wie ein Ruder das Insekt stromaufwärts ausrichten, also in die Richtung, aus der die Nahrung kommt. Alle Köcherfliegenlarven besitzen kräftige, bekrallte Beine, mit denen sie sich am Boden festklammern können, sowie Spinndrüsen im Mund, mit denen sie Haltefäden erzeugen. Bestimmte Arten *(Brachycentrus)* strecken ihre behaarten Vorderbeine in die Strömung, um vorbeitreibende Futterpartikel aus dem Wasser zu fangen; andere *(Glossosoma)* klammern sich direkt unter dem Rand einer Stromschnelle an einen Stein an und raspeln, wohlgeborgen in ihren buckligen Steinchenköchern, Algen und andere organische Stoffe von der Steinoberfläche ab.

Die Verankerung in Stromschnellen kommt nicht nur bei Insekten vor. Manche primitiven Pflanzen, etwa das Quellmoos, gedeihen nur am Rand kleiner Wasserfälle, unmittelbar unter der heftigsten Strömung einer Stromschnelle. Das Moos gewährt allen möglichen winzigen Tieren Unterschlupf: Milben, Würmern, Rädertierchen, Bärtierchen und Einzellern (Protozoën). Das Wasser schießt nur wenige Zentimeter über diesen Organismen hinweg, aber unten im Moos herrscht Ruhe und Frieden – und die kleinen, schwachen und zerbrechlichen Lebewesen überdauern mühelos in einer Umwelt, die ihnen reichlich Nahrung bietet und mit Sauerstoff gesättigt ist. Der Sauerstoff, der im Bachwasser in größeren Mengen gelöst ist als in allen anderen Wasserbiotopen, ist für alle Tiere der Gebirgsbäche lebenswichtig.

Wie die bereits erwähnte Steinfliegenlarve sind alle Bachbewohner empfindlich gegen eine Verringerung des Sauerstoffgehalts. Deshalb überleben sie kaum in einem Aquarium, und sie sterben bald, wenn sie stromab in einen Teich oder See gelangen.

Überleben durch Anpassung

Viele Bachinsekten verfügen über stark vergrößerte büschelige Kiemen, die besonders geeignet sind, das lebensnotwendige gelöste Gas aus dem Wasser zu entnehmen.

Eine andere Anpassung an das Leben in Gebirgsbächen ist die Stromlinienform. Besonders gut ausgebildet ist sie bei den Hakenkäferlarven der nordamerikanischen Gattung *Psephenus.* Diese ovalen, trilobitenähnlichen Larven stecken in einem flexiblen Schild und heften sich mit beweglichen Haken fest an die jeweilige Unterlage an. Eintagsfliegenlarven in Nordamerika, Afrika und Australien sind nicht nur stark abgeplattet – eine häufige Anpassung bei bachlebenden Insekten –, sondern sie besitzen nach außen gerichtete Haare oder Kiemen, mit denen sie sich am Untergrund festhalten können. Manchen dieser Tiere schreibt man die Fähigkeit zu, sich festzusaugen, doch das ist ein Irrtum: Sie besitzen lediglich große rauhe Polster, die ihnen auch bei der stärksten Strömung festen Halt verleihen.

Echte Saugapparate kommen jedoch bei einigen Bachtieren vor, so bei Egeln, Schnecken und den absonderlichen Lidmückenlarven. Diese winzige Larve trägt auf der Unterseite seiner sechs Segmente je einen Saugnapf mit einer trichterförmigen zentralen Einbuchtung,

1/2 Libellennymphen (Anisoptera) sind reine Wassertiere, die in Bächen und stehenden Gewässern leben. Wenn die Nymphe ungefähr ein Jahr alt ist, steigt sie aus dem Wasser und klettert an einem Pflanzenstengel empor. Das trocknende Außenskelett platzt längs des Rückens auf, und das noch weiche Vollinsekt kriecht aus und läßt die Nymphenhaut zurück. Das soeben ausgeschlüpfte Vollinsekt (2) pumpt Blut in seine Flügeladern, bis sich die Flügel voll ausdehnen; danach trocknen die Adern aus. Die fertigen Flügel sind unbelebte Gebilde, die durch die kräftige Brustmuskulatur in Bewegung versetzt werden. Von nun an führt die Libelle ein Leben in der Luft, im allgemeinen in Wassernähe, wo sie Beute jagt und sich fortpflanzt.

3 Nur wenige Insekten fliegen im Regen; die meisten suchen irgendwo Schutz oder klammern sich an eine Pflanze an, so wie diese nordamerikanische Kurzlibelle. Obwohl die Libellen einer urtümlichen Insektengruppe angehören, sind sie den meisten anderen Insekten überlegen, was ihre Fluggewandtheit und ihr Sehvermögen anbetrifft.

4 Wo Flußpferde weiden, versammeln sich Kuhreiher, um die aufgescheuchten Insekten und Würmer aufzulesen. Der früher auf Afrika beschränkte Kuhreiher ist inzwischen auch in Nord- und Südamerika und sogar in Australien aufgetaucht.

4

aus der ein »Kolben« herausragt. Wird der Kolben eingezogen, so entsteht eine Saugwirkung, die auf einer glatten Oberfläche ausreicht, das Tier selbst in einem reißenden Gebirgsbach sicher festzuhalten. Gewöhnlich werden nur die vier mittleren Saugnäpfe zum Anklammern benutzt, während die beiden anderen es den Larven ermöglichen, sich wie eine Raupe fortzubewegen.

Die Abplattung, die wir bei niederen Bachbewohnern so häufig antreffen, wird ergänzt durch Häkchen und Haftwerkzeuge an den Beinen oder an anderen Körperfortsätzen. Vielfach dienen die Häkchen zum Anklammern an Steine, doch bei anderen Arten überzieht das Insekt zuerst die Oberfläche des Steins mit einer Gespinstdecke, an die es sich dann anklammert.

Gespinstseide wird überall auf der Welt von Bachinsekten verwendet, aber auch von einer kleinen Flohkrebsart *(Corophium curvispinum)*, die in Flüssen, die ins Kaspische Meer münden, heimisch ist. Manche Zuckmückenlarven heften sich mit Gespinströhren, deren Wän-

1 Der Malachit-Zwergfischer ist in Afrika weit verbreitet. Er fliegt schnell über Sumpflandschaften und offene Gewässer dahin, doch zum Brüten sucht er sich abgeschiedene Bäche aus. Das Paar gräbt in die Uferböschung eine Nisthöhle, in der die Eier und die Nestlinge bis zum Flüggewerden wohlgeborgen sind.

2 Der Eisvogel kommt in weiten Gebieten Eurasiens vor. Er zeigt ein ausgeprägtes Territorialverhalten und duldet keine Artgenossen in seinem Revier, das sich von seinem Nest aus etwa 120 Meter stromab- und stromaufwärts erstreckt. Wie die meisten anderen Eisvogelarten schlägt er einen erbeuteten Fisch so lange gegen einen Zweig, bis er tot ist. Dann erst wird die Beute verschluckt.

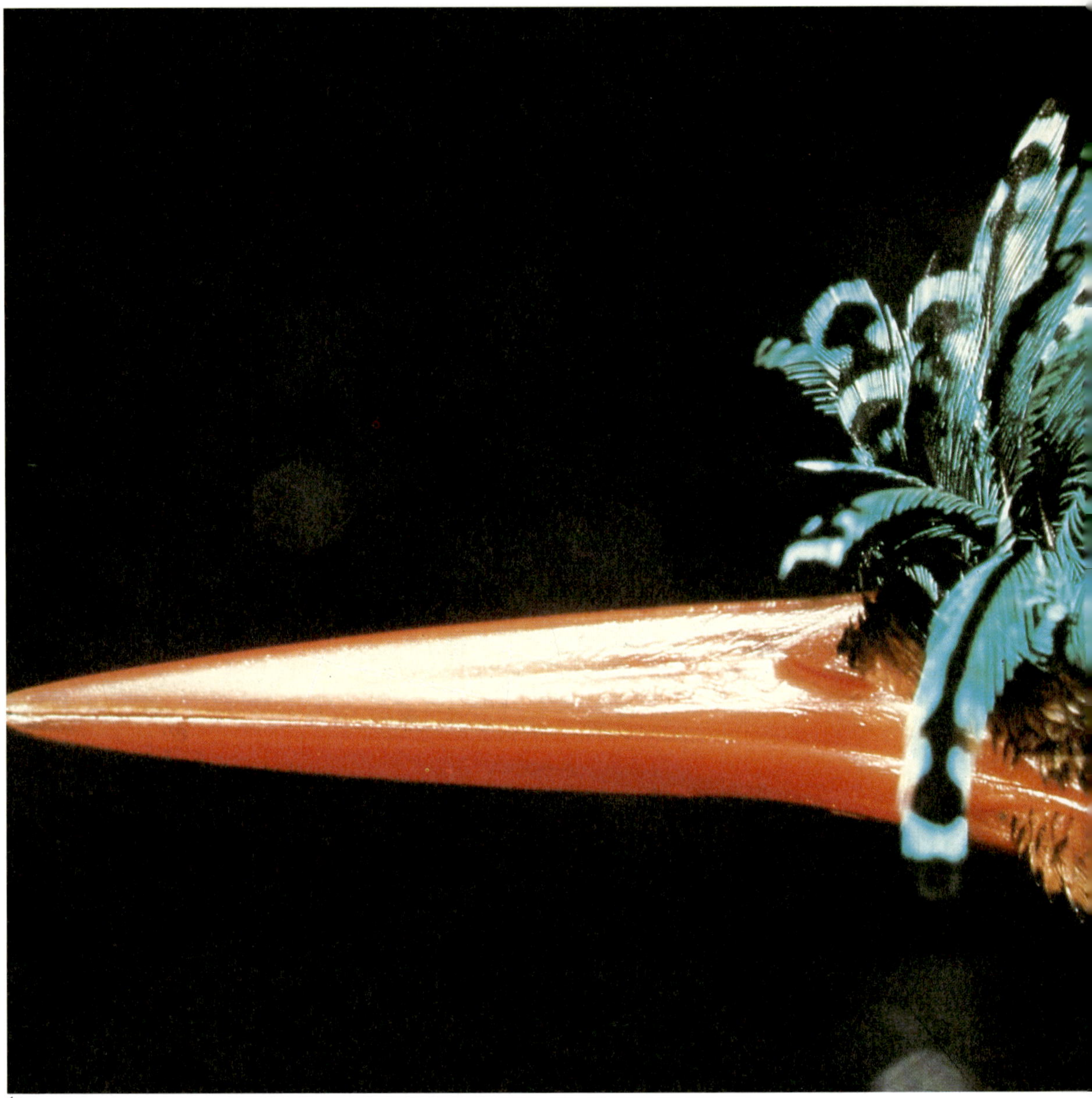

1

de durch allerlei Detrituspartikel (Lockermaterial) verstärkt sind, fest an Steine an. Die Larven der Kriebelmücken, die meist am Rand von Wasserfällen leben, weben eine Gespinsthülle um einen Stein, an die sie sich mit ihren widerhakenförmigen Hinterleibsfortsätzen festklammern. Ihre Nahrung seihen sie mit Hilfe befranster, freibeweglicher Fortsätze an ihrem Kopf aus dem Wasser. Wenn sich eine Larve von ihrer Unterlage löst, wird sie stromabwärts fortgerissen – aber nicht sehr weit. Selbst in der reißendsten Strömung kehrt das kleine Insekt zu seinem Standort zurück. Es vollbringt diese unglaubliche Leistung durch Aufwikkeln seiner seidenen »Fangleine«, die es zuvor als Sicherheitsmaßnahme am Stein befestigt hat.

Ankervorrichtungen und Fäden verleihen nicht nur Insektenlarven und einigen Muschelarten festen Halt, sondern werden vielfach auch dazu verwendet, Eier an den Bachboden anzuheften. Steinfliegen benutzen dazu eine klebrige Substanz, während die Eier mancher Eintagsfliegen lange klebrige Fäden ausscheiden, die sehr schnell an einer Unterlage haften bleiben. Die Verankerung muß indes nicht immer so augenfällig sein. Oft reicht auch das Eigengewicht aus. Flußmuscheln, die in schnellfließenden Bächen und Flüssen leben, haben stets viel schwerere Schalen als ihre seen- und teichbewohnenden Verwandten.

Insekten, deren Heimat fließende Gewässer sind, sind oft nur beschränkt flugfähig, denn dieses Mittel der Ausbreitung ist für sie nicht mehr lebensnotwendig, und die evolutionsbedingte Verkümmerung des Flugvermögens bringt ihnen keine größeren Nachteile. Manche Steinfliegen, zumal bestimmte japanische und südamerikanische Arten, besitzen überhaupt keine Flügel mehr, und bei anderen Arten sind die Flügel stark zurückgebildet. Verschiedene Bachinsekten können nur kurze Strecken oder unsicher fliegen, und wenn sie gute Flieger sind, leben sie als Vollkerfe nur wenige Stunden und sind dadurch an ihre jeweilige Bachregion gebunden.

Das Überleben im Bach bedingt selbstverständlich auch bestimmte Verhaltensanpassungen. Viele Bewohner schnellfließender Gewässer können sich der vollen Gewalt der Strömung nicht aussetzen, sondern verbringen ihr ganzes Leben in sicheren Gesteinsspalten, in tiefen Tümpeln und an anderen geschützten Plätzen oder am Rande des Baches, wo das Wasser durch die Reibung abgebremst wird. Manche Tiere verändern ihren Standort nur bei schwacher Strömung, wenn sich der Sturzbach in ein Rinnsal verwandelt hat.

Bachbesucher

Ein Bach ist keine völlig in sich abgeschlossene Welt. Er erhält regelmäßig Besuch von außenstehenden Tieren und nimmt organische Stoffe aus dem Boden und der herabfallenden Vegetation auf. Fischotter steigen ins Wasser, um zu fischen und zu spielen. Wasseramseln, deren Verbreitungsgebiet sich von Europa über Nordasien bis Amerika erstreckt, tauchen in die reißende Strömung ein, wandern auf dem Bachboden umher und benutzen auf der Jagd nach Wasserinsekten ihre Flügel wie Flossen. Libellenweibchen wie die Quelljungfern schweben über dem Wasserspiegel und strecken ihren langen Hinterleib hinein, um Eier abzulegen, aus denen dann freßgierige Larven hervorgehen.

Hirsche und Bisamratten, Nerze und Tiger – Tiere aller Art suchen Bäche auf, um Nahrung aufzunehmen, ihren Durst zu löschen oder anderen Bachbesuchern aufzulauern. Während der Laichwanderung der Lachse in nördlichen Breiten tun sich Braunbären an den Fischen gütlich, die im seichten Wasser leicht zu erbeuten sind. Sturzbachenten *(Merganetta armata)* folgen dem Lauf der Gebirgsbäche in den Hochanden und bewegen sich mit bewundernswertem Geschick durch die gefährlichsten Stromschnellen und Wasserfälle.

Stromabwärts

Bäche bleiben nicht lange kalt und reißend, obschon sie sich im steilen Hochgebirge manchmal viele Kilometer weit über Felsklippen und durch Schluchten einen Weg bah-

2

nen müssen, bis sie die sanfter abfallenden Hänge der sedimentgefüllten Täler und die Ebenen erreichen. Wo der Weg nicht so steil ist, fließen sie ruhiger und langsamer dahin; dort sind sie auch wärmer und viel stärker befrachtet mit Schwemmstoffen, so daß sie zunehmend trüber erscheinen. Die Erwärmung hat einen Rückgang des im Wasser gelösten Sauerstoffs zur Folge, der jetzt hauptsächlich ersetzt wird durch die Oberflächendiffusion und durch vereinzelte Stromschnellenturbulenzen, die das Wasser mit Luftbläschen anreichern.
Das Wasservolumen nimmt zu, denn im Oberlauf eines Flusses fließen meist zahlreiche Gebirgsbäche zusammen. Auch der Flußquerschnitt zeigt sich jetzt differenzierter. An den Ufern wird die Fließgeschwindigkeit durch die Reibung herabgesetzt, während in der Mitte das Wasser doppelt so schnell oder noch schneller strömt. Diese zentrale Strömung reicht nicht bis zum Boden hinab, denn dort verringert sich ebenfalls die Wassergeschwindigkeit durch Reibung. Auf dem Boden und an den Rändern bilden sich feinkörnige Sedimente aus den Schwebstoffen, die im ruhigeren Wasser absinken, während die zentrale Strömung noch immer reiches Schwemmaterial mit sich führt. Die schlammigen Ablagerungen bieten vielen Pflanzen und Tieren neue Lebensmöglichkeiten. Würmer, Insektenlarven und andere kleine Wirbellose wühlen sich in den Schlamm ein, der reich an organischen Stoffen, aber extrem sauerstoffarm ist. Auf dem Boden kriechen zahllose Aasfresser umher: Krebse, Schnecken und allerlei Insekten, die sich von den Bergbachbewohnern unterscheiden. Auch die Fischfauna ist anders. Im Oberlauf der europäischen Flüsse leben der Döbel, der Hasel, die Äsche und ähnliche Arten. Wo das Wasser besonders breit und langsam dahinfließt und stille Buchten bildet, sind Hechte, Plötzen, Flußbarsche und Aale häufig anzutreffen.

Luftatmende Bachtiere

Auch die Zahl der luftatmenden Tiere nimmt zu. Otter gehen auf Beutejagd, Schildkröten sonnen sich am Ufer oder auf angetriebenen Baumstämmen, und in wärmeren Breiten tauchen sogar Wasserschlangen und amphibisch lebende Echsen in den Flüssen auf. Schwimm-, Wat- und Tauchvögel sind überall zahlreich vertreten.
Die Wasseroberfläche, in den reißenden Gebirgsbächen für Tiere unbewohnbar, wird weiter stromabwärts zu einem neuen Lebensraum. In Ufernähe ist der elastische Wasserfilm eine schier endlose Fläche, auf dem zahlreiche Insekten hin und her rudern und flitzen, Nahrung suchen und sich paaren. Wasserläufer heben ihren schlanken Leib über die Wasserfläche, und ihre Füße werfen sechs kleine ovale Schatten auf den seichten Grund – ein Zeichen dafür, daß sie die Oberflächenhaut nicht durchstoßen.
Wasserläufer sind vorwiegend Aasfresser und leben von organischen Abfällen und von Insekten, die aufs Wasser fallen. Sie und ihre kleineren und gedrungeneren Verwandten, die Bachläufer, leben ausschließlich auf dem Wasserspiegel. Wenn sie durch Zufall einmal einbrechen, ertrinken sie, weil sie nicht mehr an die Luft zurückkehren können, die sie zum Atmen brauchen.
Diese Gefahr besteht für andere Wasserkäfer nicht. Die Taumelkäfer schwimmen im Zickzack auf dem Wasser umher, oft in großen Scharen, aber bei einer Beunruhigung tauchen sie ab. Wie die Schwimmkäfer und die eigentlichen Wasserkäfer oder Kolbenwasserkäfer sind sie Luftatmer. Sie kommen, das Hinterteil voran, an die Oberfläche, durchbrechen mit wasserabstoßenden Haaren die Wasserhaut und verstauen Luft in Form einer einzigen länglichen Blase unter ihren Flügeldecken. Nach dem Tauchen zehren sie nicht unmittelbar von diesem Luftvorrat, denn er wäre sehr schnell verbraucht. Die Haut, welche die Blase umhüllt, dient vielmehr als Ersatzkieme, die den Übergang von Sauerstoff aus dem Wasser in die Blase ermöglicht, während gleichzeitig das vom Käfer ausgeatmete Kohlendioxid nach außen abgegeben wird. So kann sich das Tier lange Zeit unter Wasser aufhalten, bis die Luftblase schließlich kleiner wird, da der inaktive Stickstoff, der 80 Prozent ihres Volumens ausmacht, allmählich ins Wasser übergeht. Erst dann muß das Insekt zur Oberfläche zurückkehren, um seine »Kieme« wieder aufzufüllen. Einige sehr kleine Käfer brauchen nur einmal im Leben »aufzutanken«.

Schwimmer und Mitschwimmer

Wasserinsekten, die sich schwimmend und tauchend fortbewegen, verfügen über besonders gut entwickelte Ruderbeine. Die Rückenschwimmer und die Wasserzikaden, die beide zu den Wanzen und nicht zu den Käfern gehören, besitzen lange Beine mit paddelförmig verbreiterten und behaarten Enden. Die Wasserkäfer sind mit sehr unterschiedlich gestalteten, zusammenklappbaren »Paddeln« ausgestattet, die sich bei der Vorwärtsbewegung fächergleich öffnen und beim Erholungsschlag säuberlich zusammenfalten, um den Wasserwiderstand möglichst zu verringern. Viele größere Wasserkäfer haben eine hervorragend angepaßte Körperform, die einem Tragflächenprofil gleicht – oben konvex und unten abgeflacht – und dadurch beim Durcheilen des Wassers einen gewissen Auftrieb erzeugt.

Der Schlamm- oder Schlickboden im Oberlauf der Flüsse ist ein idealer Lebensraum für viele Tiere, die in den kalten Gebirgsbächen mit ihrem Kiesel- und grobkörnigen Sandboden nicht existieren könnten. Muscheln wühlen sich mühelos in den weichen Untergrund ein und durchfurchen ihn, wenn sie sich mit Hilfe ihres ausstülpbaren muskulösen Fußes langsam fortbewegen. Sie sind Filterer, die dem vorbeiströmenden Wasser winzige organische Partikel, vor allem einzellige Algen, entnehmen. Wasser wird durch einen röhrenförmigen Sipho (Atemröhre) eingesogen, und die darin enthaltenen Futterteilchen bleiben in den geschichteten Kiemen hängen, die eine Doppelfunktion erfüllen, indem sie sowohl Sauerstoff als auch Nahrung aufnehmen. Das verbrauchte Wasser wird durch einen kleineren Sipho wieder ausgeschieden.

Die Flußmuscheln sind zur Verteilung ihrer Nachkommen auf Fische angewiesen. Die Eier reifen in den verdickten Kiemen, und die daraus hervorgehenden Larven gelangen durch den Ausströmsipho ins Wasser. Sie sehen aus wie Miniaturmuscheln, abgesehen von den Zähnchen, die ihren Schalenrand säumen. Wenn ein Fisch vorüberschwimmt, schnappen sie mit ihren winzigen Schalen wild um sich und klammern sich an den Flossen oder Kiemen des Fisches fest, wo sie ins Gewebe eindringen und ein Schmarotzerleben führen. Später fallen die jungen Muscheln ab und

Ein Amerikanischer Graureiher und ein Mississippi-Alligator pirschen sich im Flachwasser der Everglades Seite an Seite an ihre jeweilige Beute heran. Diese Landschaft in Florida, die heute unter Naturschutz steht, beherbergt eine sehr artenreiche Wildtierfauna.

leben auf dem Boden weiter. Einige Muscheln locken Fische regelrecht an, indem sie auf dem Mantel einen fleischigen Fortsatz ausbilden, der einem Fischchen ähnelt. Sobald sich ein echter Fisch neugierig nähert, schießen aus dem Sipho Hunderte von Muschellarven hervor, von denen wenigstens ein paar Dutzend ihr Ziel erreichen.

Die in Europa und Asien heimischen Bitterlinge drehen den Spieß um und benutzen die Flußmuscheln ihrerseits als Brutkammern. Das Bitterlingsmännchen sucht sich eine geeignete Muschel aus und geleitet ein Weibchen dorthin, das dann seine versteifte Legeröhre durch den Einströmsipho in die Kieme der Muschel einführt und seine Eier ablegt. Darauf stößt das Männchen eine Spermawolke aus, die durch den Sipho eingesogen wird und so den Laich befruchtet. Die jungen Bitterlinge entwickeln sich im sicheren Schutz der Muschelschalen.

Der Fluß in der Landschaft

Im Flachland entfaltet ein Fluß dynamische Kräfte, die sich von denen der Gebirgsbäche erheblich unterscheiden. Weil er in der Ebene ein sanftes Gefälle vorfindet, fließt er nicht mehr geradlinig dahin, sondern sucht den Weg des geringsten Widerstandes und wandert scheinbar ziellos durch die Landschaft.

Das auffälligste Kennzeichen des Flußverlaufs ist die Schleifen- oder Mäanderbildung. Ein Fluß, der eine bestimmte Grundrichtung einhält, stößt stets sehr bald auf ein Hindernis und wird dadurch zur Seite abgelenkt. Dieser Vorgang wiederholt sich immer wieder, so daß der Fluß aus der Vogelperspektive schließlich einer gewundenen Riesenschlange gleicht. Häufig bilden die Mäander fast eine Haarnadelkurve, bei der nur ein schmaler Landstreifen die beiden Schlingenenden voneinander trennt. Manchmal wird der Mäanderhals durch die Strömung so stark erodiert, daß ein Durchbruch entsteht und die Schlinge vom Hauptstrom isoliert wird. Der Fluß fließt nunmehr auf einer geraden Linie dahin, und die abgetrennte Schlinge, die man als Altwasser bezeichnet, stagniert. Da hier der Wasseraustausch aufhört, sinkt der Sauerstoffspiegel, und es entwickeln sich eine Fauna und Flora, die sich von der des gut durchlüfteten Flusses deutlich abheben. Das Altwasser ist im Grunde ein Teich, und die Pflanzen und Tiere, die es beherbergt, sind typische Bewohner stehender Gewässer. Uferpflanzen dringen nach und nach in das Altwasserbett vor, Sedimente lagern sich in ihm ab, und irgendwann verschwindet es bis auf eine kleine Vertiefung im Gelände. Bei einem Flug über eine weite, flache Tallandschaft entdeckt man oft Hunderte solcher Spuren alter Flußbetten und Altwasserteiche, die der Fluß hinterlassen hat.

Bei verringerter Fließgeschwindigkeit setzt der Fluß Sedimente an den Innenseiten der Mäanderschleifen und im Überschwemmungsgebiet ab, wenn sich der Wasserspiegel hebt. Dieser Prozeß verläuft zwar weiter stromabwärts noch dramatischer, aber er setzt bereits ein, sobald der Fluß die stürmische Gebirgsbachphase hinter sich hat. Die Ablagerungen bilden neue Lebensmöglichkeiten für grabende Tiere und nährstoffreiche Böden für feuchtigkeitsliebende Pflanzen. Und die Ufer werden von zahlreichen Pflanzen und kleinen Landtieren besiedelt, die hier Geborgenheit und Nahrung finden.

Die kleinen Flüsse innerhalb eines Einzugsgebiets vereinigen sich schließlich zu einem mächtigen Fluß oder Strom, und mit diesen großen Fließgewässern wollen wir uns im folgenden näher beschäftigen. Wo immer sie auch anzutreffen sind, sie prägen die Gestalt der Kontinente, bestimmen die Lebensräume der Wildtiere und beeinflussen die menschliche Zivilisation.

Der Rhein und die Donau

Flußlandschaften Europas

Auf einer Weltkarte nimmt sich Europa nicht sonderlich eindrucksvoll aus, und seine Flüsse lassen sich nicht mit Strömen wie dem Amazonas, dem Mississippi oder dem Nil vergleichen. Doch sind sie von besonderer historischer Bedeutung, die ihre oft eher bescheidenen Ausmaße vergessen läßt. Rhein, Donau, Seine, Loire, Themse, Avon, Po und Tiber – das sind nur einige wenige Flußnamen, ohne die die Geschichte des Abendlandes nicht denkbar ist. Jeder dieser Flüsse besitzt darüber hinaus seine eigene Tier- und Pflanzenwelt. Wir wollen uns im folgenden mit zwei für Europa besonders wichtigen Flüssen beschäftigen, mit dem Rhein und der Donau. Beide Ströme kommen sich in ihrem Oberlauf recht nahe, zwischen Schaffhausen und Donaueschingen liegen nur gut 30 Kilometer Luftlinie, sie nehmen aber im weiteren einen völlig anderen Verlauf. Der Rhein wendet sich nach Norden, die Donau fließt nach Osten in klimatisch ganz andersartige Gebiete.

Der Vater Rhein

Wie so viele Flußsysteme der Erde setzt sich auch der Rhein zwischen seinem Quellgebiet in den Alpen und seinem Delta vor der Nordsee aus vielen Flüssen zusammen. Seine beiden Hauptquellen liegen versteckt hoch oben auf den Bergen der Südostschweiz. Der Hinterrhein, der kleinere und südlichere der beiden Quellflüsse, entsteht in einer Gletscherzone am Fuße des Rheinwaldhorns, unweit des berühmten San-Bernardino-Tunnels. Der Vorderrhein hat seinen Ursprung in einem tiefen Bergsee dicht unter dem Gipfel des Piz Badus. Dieser fast 2400 Meter hohe Berg ist dadurch ausgezeichnet, daß an seinen Südwesthängen die Rhone ihren Weg nach Süden zum Mittelmeer beginnt. Er dient somit als Wasserscheide zwischen zwei bedeutenden Strömen Europas.

Der Iltis stellt am Bachufer gerne Wassertieren nach.

Hinter- und Vorderrhein vereinigen sich bei Reichenau zum Alpenrhein, einem reißenden, von Felsblöcken gesäumten Fluß von stattlichen Dimensionen. Die Tierwelt der Quellflüsse entspricht weitgehend der anderer Gebirgsbäche. In dem schnellfließenden Wildwasser der höheren Lagen, das eine Durchschnittstemperatur von etwa 13°C aufweist, lebt unter Steinen der kleine Strudelwurm *Planaria alpina*, dessen Platz ein wenig weiter stromab, wo sich das Wasser auf 16–17°C erwärmt, von einer ähnlichen Strudelwurmart, *Polycelis cornuta*, eingenommen wird. Im Winter, wenn sich das Temperaturgefälle stromabwärts verschiebt, wandern die Planarien ebenfalls in diese Richtung und kehren im Frühjahr gegen die Strömung wieder zurück. Es kommt selten vor, daß die Temperatur den Biotop eines Lebewesens so scharf begrenzt, aber in diesem Fall liegt darin offensichtlich der Schlüssel zur erfolgreichen Vermehrung der primitiven Geschöpfe. Wird die bevorzugte Temperatur auch nur geringfügig erhöht, so stehen die Planarien gleichsam unter Streß und verenden schließlich.

Auf der Höhe von Liechtenstein ist der Rhein trübe von den mitgeführten Sinkstoffen, und nur wenige Wassertiere können in den dunklen Fluten überleben. Das scharfkantige Material rasiert Algen und kleine Wasserpflanzen von den untergetauchten Gesteinsflächen ab, so daß nur eine kümmerliche Flora übrigbleibt. Das Rheinwasser besteht hier zu vier Fünfteln aus dem Regen- und Schmelzwasser der höheren Lagen – ein Zeichen dafür, daß der Rhein für diese Niederschläge und die fortgeschwemmten Sedimente fast den einzigen Abfluß darstellt. Der Bodensee, in den er dann mündet, dient als Auffangbecken für die Sinkstoffe, und wenn der Fluß den See am Westufer verläßt, ist sein Wasser wieder sauber und klar.

Seit dem Ende der letzten Eiszeit hat sich die Zahl der Seen im Umkreis der heutigen Schweiz um die Hälfte verringert, und statt dessen sind viele fruchtbare flache Täler entstanden. Auch die noch bestehenden Seen werden in mehreren Jahrzehntausenden verschwunden sein. Der Bodensee wird wahrscheinlich in rund 17000 Jahren vollständig mit Sedimenten aufgefüllt sein, eine Folge der allmählichen Ausweitung seines östlichen Deltas. Auf ähnliche Weise wird der Genfer See von der Rhone zugeschüttet.

Durchgangsstation Bodensee

Der Bodensee übt einen nachhaltigen Einfluß auf die Tier- und Pflanzenwelt des Rheins aus. Das ruhige Wasser eines Sees beherbergt große Planktonmassen – winzige, oft mikroskopisch kleine Organismen, die dicht unter der Oberfläche treiben oder umherschwimmen. Viele Süßwasserplankter ähneln Vertretern des Meeresplanktons, andere unterscheiden sich indes völlig von diesen. In Flüssen sind Planktonansammlungen dagegen eine Seltenheit, da die Strömung die fortpflanzungsbereiten Ansammlungen der kleinen Pflanzen und Tiere ständig von ihrem jeweiligen Standort vertreibt. Häufig enthalten Flüsse überhaupt kein Plankton. Das gilt jedoch nicht für den Rhein, zumindest für den Abschnitt westlich des Bodensees.

Ein Teil des Seeplanktons wird unweigerlich in den abfließenden Rhein gespült. Nicht alle Plankter sind damit dem Untergang ge-

1

2

3

5

6

7

weiht; manche finden geschützte Buchten und Winkel, in denen sie weiterleben und sich vermehren. Unaufhörlich gelangen so zahlreiche Rädertierchenarten, Geißeltierchen, Trompetentierchen, Hüpferlinge, Rüsselkrebschen sowie verschiedene winzige geometrisch gebaute Pflanzen – Kieselalgen oder Diatomeen – in den Rhein. Weil der Fluß unterhalb des Bodensees sauber ist, gedeiht hier das pflanzliche Plankton, das den Planktontieren als Nahrung dient. Das ist die Basis einer Nahrungskette, die sich über größere Wirbellose (Muscheln und Krebse) und Fische fortsetzt bis hin zu den räuberischen Vögeln und Säugetieren, die den Fluß aufsuchen.

Was die Fischfauna angeht, so sind der Rhein und seine Nachbarflüsse recht arm, verglichen mit manchen anderen großen Strömen der Nordhalbkugel, etwa dem Mississippi. Im Mississippi konnten die Fische vor den vordringenden Eismassen der Eiszeiten in wärmere Breiten ausweichen. Doch in Europa war ihnen der Weg nach Süden durch die Alpen versperrt; sie erfroren und starben aus. Die Folge davon ist, daß der Rhein nur 30 Fischarten aufweist, die vom Meer aus zuwanderten.

Ein Beispiel für die nachhaltige Störung der Fischverbreitung und -wanderung durch die eiszeitliche Vergletscherung stellt der Wandersaibling *(Salvelinus alpinus)* dar. Im hohen Norden steigen diese Lachsfische in die Flüsse auf, um in den angestammten wärmeren Gewässern abzulaichen. Doch daneben gibt es Saiblingsbestände, die heute isoliert in Alpenseen leben – offensichtlich Nachkömmlinge von Fischen, die angesichts der vorrückenden Vereisung die Gebirgsschranke zu überwinden versuchten. Als die Eiszeit zu Ende ging und das Eis sich zurückzog, blieb ein Teil dieser Fische in den hochgelegenen Seen zurück. Diese Restbestände bilden Kümmerformen, die zum Teil achtzigmal kleiner sind als ihre frei umherwandernden Artgenossen.

Im Bodensee, den man als einen stillen Gewässerabschnitt des Rheins auffassen kann, lebt allerdings eine Fülle von Fischarten. Die von Plankton lebende Große Schwebrenke *(Coregonus lavaretus)* ist selten in Tiefen unter 20 Meter anzutreffen, doch die jahreszeitlich bedingten Wanderungen, die Schwärme dieser Fische quer über den See unternehmen, deuten darauf hin, daß die Art einstmals weiter verbreitet war. Die ihr nahestehende Kleine Bodenrenke *(C. acronius)*, auch Kilch genannt, hält sich in Tiefen ab 100 Meter in Bodennähe auf. Wenn sie in seichteres Wasser aufsteigt, schädigt sie gelegentlich die Schwebrenkenpopulation durch Verzehr der auf dem Seeboden heranreifenden Eier. Die Schwebrenken sind jedoch so fruchtbar, daß ihr Bestand nicht gefährdet ist.

Andere Vertreter der Lachsfamilie, die Äschen, sind in Eurasien und Nordamerika weit verbreitet. Sie bevölkern sowohl Flüsse als auch Seen, doch es handelt sich wohl ursprünglich um Flußfische, von denen einige in Seen isoliert wurden. Im Unterschied zu den allein lebenden Forellen sind die Äschen Schwarmfische, die deshalb stark befischt wurden. Wirklich große Exemplare der Europäischen Äsche *(Thymallus thymallus)* kommen in den Alpenflüssen und im Oberlauf des Rheins nicht mehr vor, aber früher erreichten sie hier eine Länge von einem Meter und ein Gewicht von zehn Kilogramm.

4

8

1 Die räuberische Larve des Gelbrandkäfers hat es auf eine Kaulquappe abgesehen, die gerade Algen vom steinigen Bachboden abraspelt. Die Larve fällt vielleicht wieder einer Forelle zum Opfer und wird so zu einem Glied in der Nahrungskette.

2 Der Döbel (Leuciscus cephalus) ist ein gewandter Schwimmer, der im schnellfließenden Wasser der Forellenbäche lebt. Er kann ein Gewicht von vier Kilogramm erreichen.

3 Die Bachforellen (Salmo trutta fario) sind vergleichsweise kleine Vertreter ihrer Familie. Sie bleiben im allgemeinen in einem bestimmten Gewässerabschnitt und wandern nicht stromauf- und stromabwärts.

4 Der Bitterling (Rhodeus sericeus) legt seine Eier in Flußmuscheln ab, indem er sie mit einer langen Legeröhre in die Mantelhöhle des Weichtiers einführt. Die »Milch«, das Sperma des Männchens, wird von der Muschel in ihre Kiemenkammer eingesogen und befruchtet so die Eier.

5 Die europäische Teichmuschel (Anodonta cygnaea) kriecht durch die Bodenablagerungen, indem sie ihren langen muskulösen Fuß ausstreckt und wieder zusammenzieht. Sie hat keine Augen, wohl aber lichtempfindliche Zellen auf dem schalenerzeugenden Mantel, mit deren Hilfe sie einen über ihr dahingleitenden Schatten wahrnehmen kann, woraufhin sie sich in ihre Schale zurückzieht.

6 Der Brachsen (Abramis brama), ein großer Weißfisch, der sechs Kilogramm schwer werden kann, zählt zu den häufigsten und wirtschaftlich bedeutendsten europäischen Flußfischen.

7 Die Plötze (Rutilus rutilus) ist in vielen europäischen Flußmündungen stark verbreitet. Zum Ablaichen wandert sie meist stromaufwärts. Das Weibchen ist zwar ungewöhnlich fruchtbar – es legt auf einmal bis zu 150 000 Eier –, aber durch die hohe Sterblichkeit ist dafür gesorgt, daß die Bestände nicht überhandnehmen.

8 Der gesellig lebende Hasel (Leuciscus leuciscus) bevorzugt schnellfließende, sauerstoffreiche Bäche und Flüsse mit Kies- oder Sandgrund.

Die Überfischung ist nur ein Grund für den fortschreitenden Rückgang der Äschenbestände. Noch schlimmer wirkt sich die Verschmutzung der Flüsse aus – ein Mißstand, auf den wir leider noch öfter zurückkommen müssen.

Das Geheimnis der Aale

Die Lebensgeschichte des Europäischen Flußaals *(Anguilla anguilla)* war jahrtausendelang von Geheimnissen und Legenden umgeben. Aristoteles glaubte, die Aale entstünden aus den »Eingeweiden der Erde«, weil er bei ihnen niemals Eier oder Milch (Sperma) bzw. keine Fortpflanzungsorgane fand. Die Frage nach dem Ursprung der Aale wurde erst zu Beginn unseres Jahrhunderts beantwortet.

Von 1904 bis 1922 durchforschte der dänische Zoologe Johannes Schmidt den Atlantik von Nordeuropa bis Maryland und von Grönland bis zur Karibik. Dabei stieß er auf das Sargassomeer, einen geheimnisumwitterten Riesenstrudel im Nordatlantik, in dem Treibgut und Beerentangmassen einen ewigen Kreislauf beschreiben.

Alljährlich wandern Aale aus dem Rhein und aus anderen europäischen Flüssen sowie auch die nahverwandten Amerikanischen Aale *(Anguilla rostrata)* in diese entlegene Meeresregion, denn nur hier befinden sich ihre Laichplätze. Hier verenden dann die Alttiere nach dem Ablaichen. Doch die Geschichte beginnt in den Flüssen, in denen die uns vertrauten erwachsenen Aale zu Hause sind.

Nur die Weibchen leben weit stromaufwärts in den Flüssen; die Männchen bleiben in den Mündungsgebieten und Küstenflüssen. Sie werden etwa 45 Zentimeter lang, während die Weibchen ungefähr einen Meter messen. Die Tiere sind unbeschuppt, obwohl sich nach einem siebenjährigen Aufenthalt in Flüssen und Teichen winzige Schuppen zu zeigen beginnen. Auch dann noch sind die Aale nicht bereit, ihren binnenländischen oder küstennahen Lebensraum zu verlassen. Sie bleiben noch einige Jahre – bis zu fünfzehn – und nehmen an Größe und Muskelkraft zu. Ihre Augen werden größer, und ihre Nahrungsgewohnheiten verändern sich: Nachdem sie zunächst von Würmern, Insektenlarven, Krebstieren, kleinen Muscheln und anderen Wirbellosen gelebt haben, entwickeln sie jetzt die Fähigkeit, Fische zu erbeuten und zu verzehren. Zu diesem Zweck bilden sich mit zunehmendem Alter sogar Kiefer und Schädel um.

Auf großer Wanderschaft

Schließlich werden die Aale im Spätsommer oder Frühherbst von einem Wandertrieb erfaßt und streben dem Meer zu. Vor allem des Nachts schwimmen sie flußabwärts. In ihrem Drang, ein abgeschlossenes Gewässer zu verlassen und einen Abfluß zum Meer zu finden, überqueren sie sogar feuchte Wiesen. Die Nahrungsaufnahme wird eingestellt, und die Kiefermuskeln beginnen zu verkümmern, denn die Tiere haben nach so vielen Jahren des intensiven Beutefangs genügend Nahrungsreserven in ihrem Gewebe gespeichert.

In riesigen Scharen schwimmen die Aale, die nordamerikanischen wie die europäischen, in Richtung Sargassomeer. Die Reise vom Rhein oder von der Elbe ist über 4800 Kilometer lang und dauert sechs Monate. Die Amerikanischen Aale, die eine kürzere Strecke zurückzulegen haben, sind schon nach zwei Monaten am Ziel. In welcher Tiefe die Tiere wandern, ist noch ungeklärt, aber wenn sie im März oder April das Sargassomeer erreichen, sammeln sie sich dort in einer Tiefe von ungefähr 400 Meter. Das ist verhältnismäßig nahe an der Oberfläche, denn der Ozean ist an dieser Stelle mehr als 6000 Meter tief.

Das Ablaichen der beiden großen Aalpopulationen in einem so begrenzten Gebiet ist noch nie beobachtet worden. Wir wissen lediglich, daß die erwachsenen Aale nach dem Laichgeschäft sterben und zum Tiefseeboden absinken.

Aus den Eiern, die Hunderte von Metern unter dem Wasserspiegel schweben, gehen winzige *Leptocephalus*-Larven hervor, die keinerlei Ähnlichkeit mit der adulten (erwachsenen) Form haben. Der Name *Leptocephalus* wurde diesen kleinen durchscheinenden, blattförmigen Aallarven im vorigen Jahrhundert von Meeresbiologen gegeben, die eine neue Tierart entdeckt zu haben glaubten. Die Larven sind Planktonfresser, die ihre noch kleinere Beute mit winzigen scharfen Zähnchen greifen. Wenn sie heranwachsen, werden sie breiter und noch blattähnlicher. Die ganze Zeit lassen sie sich vom Golfstrom tragen, obgleich sie in ihrer unmittelbaren Umgebung durchaus aktiv umherschwimmen. Proben, die man diesem großen kreisförmigen Meeresstrom entnimmt, enthalten *Leptocephali* beider Aalarten, die sich kaum voneinander unterscheiden. Doch ein Jahr nach dem Schlüpfen beginnt die amerikanische Art vor der nordamerikanischen Küste aufzutauchen, wohingegen die europäische Art dreimal so lange braucht, um ihre heimatlichen Gewässer zu erreichen.

Bei der Entwicklung zum Glasaal werden die Tiere etwas kürzer, erheblich schmäler und rundlicher. In riesigen Massen schwärmen die Glasaale in die Flußmündungen ein; in einem einzigen Eimer Flußwasser können tausend oder mehr enthalten sein. Wieder rotten sich Freßfeinde zusammen und fallen über die nur sieben Zentimeter langen Fischchen her, aber durch ihre bloße Zahl ist ihr Fortbestand gesichert, denn nicht alle können gefressen werden. Die männlichen Jungaale bleiben im Brackwasser der Mündungszone, während die Weibchen weiter stromaufwärts schwimmen. Dank der einsetzenden Pigmentierung verlieren sie allmählich ihre Durchsichtigkeit. Sie werden jetzt als Gelbaale bezeichnet, denn ihre Unterseite verfärbt sich goldgelb und ihr Rücken grünlich-braun. In späteren Jahren heißen sie dann Blank- oder Silberaale, weil ihr Rücken noch dunkler und ihr Bauch heller werden.

Damit schließt sich der Kreis. Kaum ein anderes Tier der Welt hat eine faszinierendere Lebensgeschichte. Doch wie läßt sie sich erklären? Wir wissen es zwar nicht mit Sicherheit, aber die Ursachen

1

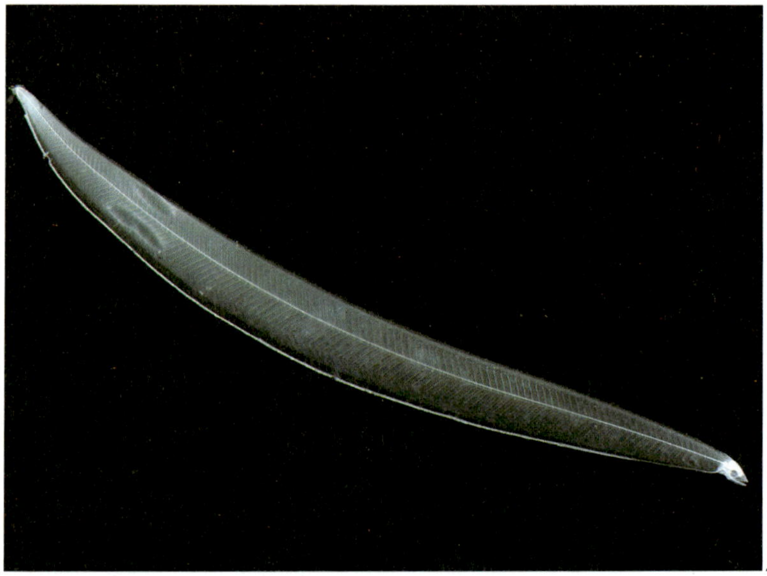
2

3

4

sind vermutlich im Auseinanderdriften der Kontinente zu suchen. Als Nordamerika und Europa noch eine zusammenhängende Festlandsmasse bildeten, hatten die gemeinsamen Vorfahren der Aale möglicherweise nicht weit vor der Küste einen gemeinsamen Laichplatz. Als der mittelatlantische Grabenbruch die Meeresbodenausdehnung einleitete und die beiden großen Landmassen auseinanderschob, war der Drang der beiden Aalarten zu ihren angestammten Laichplätzen so stark, daß sie von Jahr zu Jahr größere Entfernungen zu ihm zurücklegten. Die Kontinentalverschiebung vollzog sich freilich so langsam – im Jahr nur um Zentimeter –, daß die Fische ihr Verhalten schrittweise anpassen konnten.

Mutter Donau

Seit Jahrhunderten tragen die beiden großen Ströme, die sich so nahe kommen, die Beinamen »Vater Rhein« und »Mutter Donau«. Aus der Sicht des Biologen führt die Donau wegen ihrer Fruchtbarkeit diesen Namen zu Recht.
Mit einer Länge von 2850 km ist die Donau nach der Wolga der größte Fluß Europas. Sie hat ihren Ur-

1 Der Spiegelkarpfen, eine Zuchtrasse des Karpfens (Cyprinus carpio), trägt auf den Körperseiten nur eine oder zwei Reihen auffallend großer Schuppen.

2–4 Der Europäische Flußaal (Anguilla anguilla) hat eine außergewöhnliche Lebensgeschichte. Die ausgewachsenen Tiere (4) wandern fast 5000 Kilometer weit, um im mittelatlantischen Sargassomeer in Tiefen von mehr als 400 Meter abzulaichen. Aus den nach oben treibenden Eiern schlüpfen die blattähnlichen Leptocephalus-Larven (2), die als durchscheinende Planktontiere umherschwimmen, bis sie vom Golfstrom schließlich an die Küsten Europas verdriftet werden. Dort verwandeln sie sich in schlanke Glasaale (3), die vor dem Aufstieg in die Flüsse oft Massenschwärme im Mündungsbereich bilden. Die Männchen bleiben im Brackwasser, nur die Weibchen ziehen weit stromaufwärts ins Binnenland. Dort bleiben sie sechs oder mehr Jahre, bis sie geschlechtsreif werden.

5 Wenn die Gletscher abschmelzen, lassen sie eiskalte Sturzbäche entstehen, so wie hier in der Schweiz. Viele europäische Flüsse haben ihren Ursprung in solchen Schmelzwasserbächen.

5

Fische der Donau

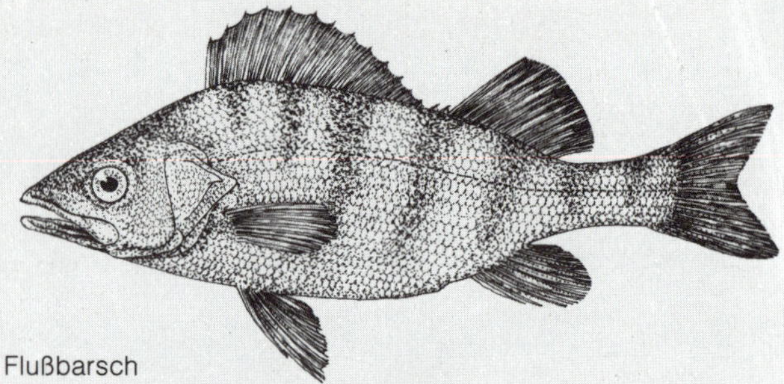

Flußbarsch
Perca fluviatilis (50 cm)

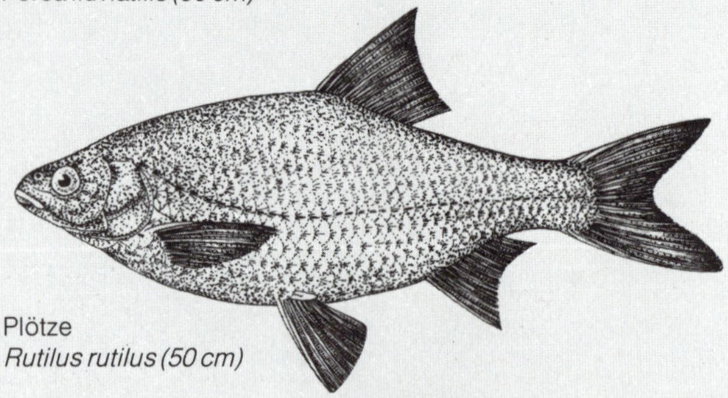

Plötze
Rutilus rutilus (50 cm)

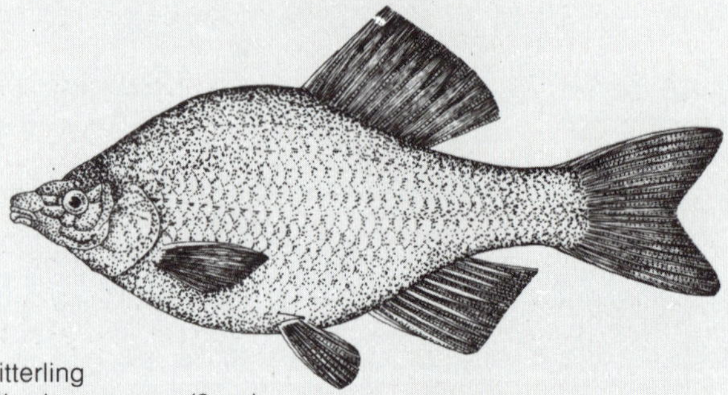

Bitterling
Rhodeus amarus (9 cm)

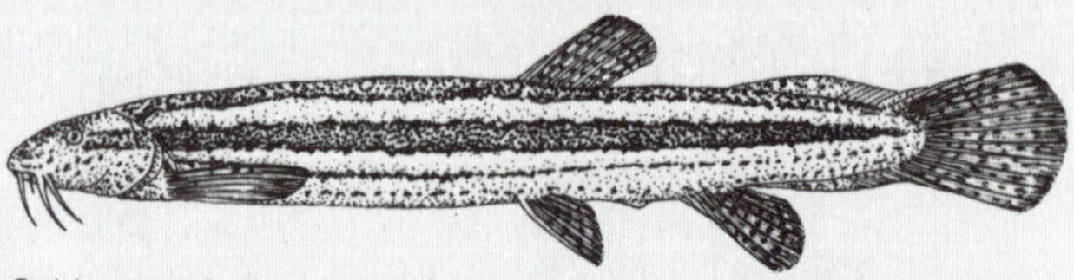

Schlammpeitzger
Misgurnus fossilis (30 cm)

Aalquappe
Lota lota (1 m)

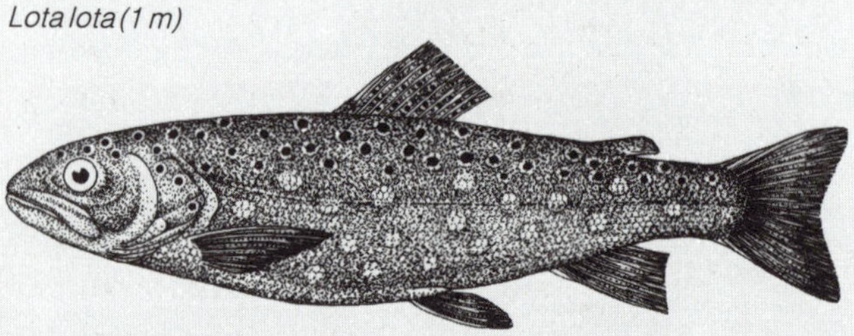

Forelle
Salmo trutta (1,40 m)

1

sprung im südlichen Schwarzwald und mündet ins Schwarze Meer, und zwar in Form eines großen Deltas mit drei Hauptarmen. Zusammen mit ihren Nebenflüssen erfaßt sie ein Einzugsgebiet von rund 800000 km² und befördert im Jahr mehr als 200 Milliarden Kubikmeter Wasser und fast 62 Tonnen Sedimente, durch die sich ihr Delta ständig erweitert. Die beiden Quellflüsse der Donau, Brigach und Breg, vereinigen sich bei Donaueschingen. Etwas weiter östlich scheint der Fluß in einem klüftigen Kalksteingebiet zu versiegen, um dann nach einigen Kilometern wieder aufzutauchen. Unweit der tschechoslowakischen Grenze ergießen sich zwei große Nebenflüsse in die Donau, die Isar und der Inn, die beide ausgedehnte Regionen der Ostalpen entwässern und ihrerseits nicht weit von den Rheinquellen entspringen.

Rhein und Donau liegen seit Jahrmillionen im Wettstreit miteinander. Vor mehr als zwei Millionen Jahren fingen die nach Süden fließende Wutach und der nordwärts gerichtete Neckar jeweils verschiedene Nebenflüsse der Donau ab, die dadurch weite Strecken ihres Stromgebiets an den Rhein verlor. Beide erodieren auch weiterhin die Hochtäler, welche die Quellbäche der Donau durcheilen, und in der erdgeschichtlichen Zukunft wird es dem einen oder anderen gelingen, in die Rinnen dieser Quellbäche einzuschneiden.

Nachdem die Donau die Schluchten des Böhmerwaldes passiert hat, die sie nach Südosten ablenken, fließt sie durch Wien und wendet sich bei Vác in Ungarn abrupt nach Süden und verläuft 370 Kilometer weit durch das große ungarische Tiefland – einstmals ein Binnensee, der ihr nach seiner Austrocknung ein bequemes breites Flußbett bot. Doch schon bald muß sie sich zwischen Karpaten und Balkangebirge hindurchzwängen, wo sie eine bis zu 300 Meter hohe Felsschlucht durchfließt und sich ihr weites Bett auf nur 146 Meter verengt. Am Ende dieser Bergstrecke durchbricht sie das Banater Gebirge im Eisernen Tor, das bei einer Länge von drei Kilometer das größte Hindernis auf ihrem Weg darstellt. Die mächtigen Felsen, die diesen Donaudurchbruch säumen, bilden große Stromschnellen, Strudel und Katarakte. Einer von ihnen, der Prigrada-Felsen, ist 250 Meter breit und erstreckt sich etwa zwei Kilometer flußabwärts. Schon zahllose Schiffe sind hier gescheitert. denn die riesigen Wassermassen der Donau ergießen sich an dieser Stelle in einer nur 108 Meter breiten Schlucht über eine Felsbank hinweg, an die sich zerklüftete Felsen anschließen. Nach 1896 wurde dieses Schiffahrtshindernis durch den Bau einer tieferen Fahrrinne, des Sip-Kanals, weitgehend beseitigt.

Uns interessieren hier vor allem der Unterlauf und insbesondere das riesige Delta der Donau, denn in ganz Europa gibt es nur wenige Landschaften, die faszinierender und tierreicher sind als diese ausgedehnte Schwemmlandebene.

Das Donaudelta

Im Laufe von Jahrmillionen hat die Donau wiederholt dramatische Wandlungen durchgemacht und dadurch sowohl die Landschaften, die sie durchfloß, als auch das Schwarze Meer, in das sie sich seit

1 Der gesellige Wasserfrosch, der stille Fließgewässer und Teiche bevorzugt, gehört zu den bekanntesten und am weitesten verbreiteten Amphibien Europas. Sein Vorkommensgebiet erstreckt sich vom Mittelmeerraum bis Skandinavien und weit nach Rußland hinein.

2 Der Feuersalamander bringt vollentwickelte Junge zur Welt, die sogleich selbständig sind, ohne vorher im Wasser ein Eistadium durchgemacht zu haben. Die Larven der typischen Salamander, wie die hier abgebildeten, leben unter Wasser und haben äußere Kiemen.

2

so langer Zeit ergießt, nachhaltig beeinflußt. Als sich die mächtigen Schollen der Erdkruste verschoben, veränderten sich die Oberflächengestalt des Landes und damit auch der Verlauf der Flüsse. Die Donau hat ihr Flußbett viele Male verlagert, aber niemals aufgehört, Schmelzwasser aus dem Gebirge weit nach Osten zu transportieren.

Eine besonders einschneidende Veränderung vollzog sich vor fünfzehn bis zwanzig Millionen Jahren, als das alte Tethysmeer, der ursprüngliche Ozean, über Europa hinweg zurückwich und den Atlantik und das Mittelmeer entstehen ließ. Während wenig später die europäische Atlantikküste ihre heutige Gestalt annahm, versickerte und verdunstete das Mittelmeer, bis es schließlich austrocknete, und zwar auf einer niedrigeren Ebene als der Atlantische Ozean, von dem es völlig abgeschnitten war. Im Nordosten dieses inzwischen trokkenen Meeresbeckens blieb ein riesiges isoliertes Gewässer bestehen, das ebenfalls zu schwinden begann und sich in zahlreiche kleinere »Binnenseen« aufteilte, von denen einige heute noch existieren: der Aralsee, das Kaspische Meer, das Schwarze Meer und der »Karpatensee« im ungarischen Tiefland. Die Donau floß durch diesen Karpatensee und füllte ihn allmählich mit Ablagerungen auf, bis er sich vor etwas mehr als 500000 Jahren in die Ebene verwandelte, die wir heute vorfinden. Daraufhin wurde das Schwarze Meer zum wichtigsten »Abladeplatz« für die von der Donau mitgeführten Sedimente und folglich immer seichter, aber es blieb ein reines Süßgewässer bis vor rund 10000 Jahren, als der Bosporus-Durchbruch eine Verbindung zum inzwischen wiederaufgefüllten Mittelmeer schuf, in dessen

Becken sich die Wassermassen des Atlantiks durch die Straße von Gibraltar ergossen hatten. Es drang jetzt also Salzwasser aus dem Mittelmeer ins Schwarze Meer ein und bewirkte die heutige Schichtung und Verbrackung. Das aus den großen Zuflüssen einströmende Süßwasser ruht auf einer salzhaltigen Brackwasserunterschicht, was zur Folge hat, daß die Tiefen des modernen Schwarzen Meeres unbelebt sind, während das Oberflächenwasser von Leben erfüllt ist. Infolge der dicken Schlammablagerungen der Donau und ihrer nördlichen Schwestern Dnjestr, Dnjepr und Don ist das Meer heutzutage viel flacher als in früheren Zeiten.

Das Donaudelta, das hauptsächlich in Rumänien liegt, gehört zu den Naturwundern der Welt und ist erfreulicherweise relativ unversehrt erhalten geblieben. Seine Ausdehnung, die mit über 5640 km² nur noch vom Wolgadelta übertroffen wird, wächst infolge der Sedimentablagerungen, die der Strom aus mindestens einem halben Dutzend Ländern heranführt, mit einer Geschwindigkeit von 45 Metern pro Jahr. Geologisch betrachtet, macht das Schwarze Meer einen ähnlichen Verlandungsprozeß durch wie der einstige Karpatensee.

Das Delta ist ein Gewirr aus drei Hauptarmen, zahllosen kleineren Wasserläufen, schmalen Bächen und dicht bewachsenen Sumpfgebieten, in denen es von Fischen, Amphibien, Reptilien, Vögeln und Säugetieren wimmelt. Nur wenige Menschen leben in einigen höhergelegenen Regionen, in denen im Lauf der Jahrhunderte Dörfer und kleine Städte entstanden sind.

Es liegt auf der Hand, daß das Donaudelta dank seinem fruchtbaren Schwemmland eine üppige Vegetation beherbergt, von den riesigen Schilffeldern, die sich ins Unendliche auszudehnen scheinen, bis hin zu den Wäldern von Letea und Caraorman, deren Ulmen, Eschen und Eichen allenthalben von Reben und Schlingpflanzen überwuchert sind. Große Eichen-, Buchen- und Weidenbestände folgen vielfach alten Küstenlinien, die mit dem Vorrücken des Deltarandes inzwischen verschwunden sind.

Schwarzerlen gedeihen in großer Zahl am sumpfigen Ufer und auf fruchtbarem Moorboden. Wildblumen wachsen überall: Sumpfdisteln und Seerosen bevorzugen stillere Standorte, während sich die feuchteren Uferböschungen mit Sumpflilien, Wasserschwertlilien, Vergißmeinnicht und kleinen Orchideen schmücken.

Die Fische des Deltas

Im Donaubecken, zumal im Delta, sind nahezu alle gängigen europäischen Fischarten vertreten. Zu den bekanntesten zählt der kleine silbrige Ukelei *(Alburnus alburnus)*, der geselliger ist als die meisten anderen Süßwasserfische. Während der Laichzeit bildet er oft sehr große Schwärme, wenn die Weibchen ihre kleinen Eierpakete an alle möglichen Unterwasserpflanzen und Steine anheften. Die größeren Flußbarsche *(Perca fluviatilis)* mit ihrem grünlichen, dunkel gebänderten Schuppenkleid sind eher Einzelgänger und können ein Gewicht von 2,5 Kilogramm erreichen. Sie legen bis zu 300000 Eier in Form von langen gallertartigen Schnüren ab. Solange die ausgeschlüpften Jungfische noch klein und verwundbar sind, leben sie in Schwärmen zusammen.

Der Brachsen *(Abramis brama)* ist ein großer Weißfisch mit hochgebautem Körper und kleinem Maul, mit dem der Fisch winzige Wirbellose aus dem Schlammgrund hervorholt. Nur im Donaubecken lebt der Steingreßling *(Gobio uranoscopus)*, während drei andere nahe verwandte Arten auch anderswo vorkommen. Der Karpfen *(Cyprinus carpio)*, ein sehr großer Fisch mit dunkelgrauer oder brauner Oberseite, goldenen Flanken und gelbem Bauch, war vor der Eiszeit überall in Europa verbreitet, mußte sich aber dann vor der vorrückenden Vereisung nach Süden zurückziehen. Später, nach dem Rückgang des Eises, fand er vor allem im Schwarzen Meer und im Donaubecken eine Heimat. Heutzutage ist er vom Menschen in viele andere Gewässer verpflanzt worden. In der Donau unternimmt er nur kleine Wanderungen; im Frühling verläßt er den Fluß und laicht in den Überschwemmungsgebieten. Wenn das Wasser sinkt, wandern die Jung- und Alttiere in die Donau zurück. Es sind widerstandsfähige und sehr fruchtbare Fische, die auf einmal bis zu 1,5 Millionen Eier ablegen.

Ein besonders auffälliger Vertreter der Donaufischfauna ist der Flußwels oder Waller *(Silurus glanis)*, der über fünf Meter lang und 330 Kilogramm schwer werden kann. Über die Lebensweise des ruhigen, trägen Fisches ist nicht allzuviel bekannt, obwohl er ein beliebter Speisefisch ist. Er hat einen dunkelgrauen schuppenlosen Körper und einen mächtigen breiten Kopf mit einem großen, fast bulldogähnlichen Maul; ein langes Bartelpaar (Bartfaden) hängt vom Oberkiefer herab und vier kleinere Barteln vom Unterkiefer. Die Augen sind winzig, so daß als die wichtigsten

1

1 Das Laichgeschäft des europäischen Grasfrosches vollzieht sich innerhalb weniger Nächte. Deshalb drängen sich im kühlen Wasser des Spätwinters die großen Eierhaufen dicht zusammen.

2 Der mitteleuropäische Laubfrosch hat, wie alle Baumfrösche, saugnapfähnliche Zehenspitzen, die es ihm ermöglichen, in der Ufervegetation umherzuklettern. Der Laubfrosch hat von allen europäischen Fröschen die lauteste Stimme.

3 Ringelnattern sind ausgezeichnete Schwimmer, die im Wasser auf Beutejagd gehen. Sie ernähren sich von Krebstieren, geschwächten Fischen und unvorsichtigen Fröschen, welche die sich heimlich anschleichende Schlange nicht bemerken.

2

3

Sinnesorgane wohl die Barteln und die Seitenlinie anzusehen sind. Die Welse bauen ein unordentliches Nest, das sie mit einem Wall aus Pflanzenmaterial umgeben. Nach der Ablage und Befruchtung der Eier bewacht das Männchen sein Gelege, selbst dann noch, wenn die winzigen, kaulquappenförmigen Jungen bereits geschlüpft sind. Sobald die jungen Welse groß genug sind und sich selbst durchschlagen können, verlassen sie das Nest.

Bewohner des Röhrichts

Das dichte Röhricht aus Schilf und ähnlichen Gräsern, das einen großen Teil des Deltas bedeckt, bietet einen einzigartigen Lebensraum für zahlreiche Tiere, die zwar keine echten Wasserbewohner, aber hinsichtlich der Fortpflanzung und des Nahrungserwerbs auf das Wasser angewiesen sind. Der mitteleuropäische Laubfrosch *(Hyla arborea)* beispielsweise verbringt den Tag zwischen den Schilfrohren und im Ufergebüsch. Das normalerweise grüne Tier kann sich an trüben, wolkenverhangenen Tagen graublau verfärben oder sogar ein braunes, olivfarbenes oder schiefergraues Gewand anlegen. Nach Einbruch der Dunkelheit steigt es zum Ufer hinab, bläht seine ballonförmige Schallblase auf, die am Unterkiefer angewachsen ist, und läßt sein lautes und immer schneller werdendes Quaken ertönen. Sobald ein Froschmännchen seine Stimme erhebt, fallen seine Artgenossen ringsum im Chor mit ein, bis die ganze Sumpflandschaft widerhallt.

Der Donaukammolch *(Triturus cristatus dobrogicus)*, ein Lurch wie der Frosch, geht ebenfalls aus im Wasser abgelegten Eiern hervor, verbringt darauf einige Zeit an Land und kehrt dann ins Wasser zurück, wo er fortan ständig lebt. Dank seinem seitlich zusammengedrückten flossenförmigen Schwanz ist er ein guter Schwimmer. In der Fortpflanzungszeit tragen die Männchen nicht nur ein buntes Hochzeitsgewand, sondern auch einen hohen gezackten Hautkamm auf dem Rücken, so daß sie wie kleine harmlose Drachen aussehen. Hin und wieder erblickt man eine dunkelbraun und gelb gesprenkelte Sumpfschildkröte *(Emys orbicularis)*, die auf einem sonnenbeschienenen Baumstamm am Ufer ein Sonnenbad nimmt. Es ist ein scheues und heimlich lebendes Geschöpf, das sofort ins Wasser gleitet, wenn es in seiner Nähe eine Bewegung wahrnimmt. Die Sumpfschildkröte ist zwar eine räuberische Art, kann aber nur kleine Beutetiere überwältigen, vor allem Wirbellose und kranke Fischchen.

Vielerlei Schlangen bewohnen das Donaudelta, unter anderem die ungiftige Glattnatter *(Coronella austriaca)*, die trotz ihrer Harmlosigkeit eine spektakuläre Abwehrreaktion zeigt, wenn sie sich bedroht fühlt: Sie steigt mit dem Oberkörper hoch, zischt und stößt beißlustig den Kopf vor. Deshalb wird sie vom Menschen oft mit der im selben Lebensraum heimischen Kreuzotter verwechselt und erschlagen. Die Ringelnatter *(Natrix natrix)* ist ein hübsches Reptil, das auf dem Hinterkopf zwei auffällige orangegelbe Halbmondflecken auf einer grünlichen oder braunen Grundfärbung trägt. Die Ringelnatter ist eine ausgesprochene Wasserschlange, die sich mit Vorliebe von Fröschen ernährt. Als ausgezeichnete Schwimmerin verbringt sie sehr viel Zeit im Wasser; an Land gibt sie sich kampflustig, doch ihr Biß ist für den Menschen völlig ungefährlich.

Reptilien kommen auch in ganz andersartigen Arealen des Deltabereichs vor, etwa in der Sanddünenlandschaft, wo wärmeliebende Eidechsen, Schildkröten und Schlangen beheimatet sind.

Pelikane und Schwäne

Für den Naturforscher wie den Naturliebhaber stellt die ungemein vielgestaltige Vogelfauna die größte Attraktion des Donaudeltas dar. Hier leben große Greifvögel wie der Seeadler und die Rohrweihe, der stattliche Purpurreiher und der schneeweiße Seidenreiher, der hochbeinige Säbelschnäbler und der Stelzenläufer, die scheue Rohrdommel und die Sumpfschnepfe, ferner Gänse und anderes Wassergeflügel, darunter der prächtige Höckerschwan und zwei Pelikanarten. Kleinere Vögel sind Legion im dichten Röhricht und in der vegetationsreichen Sumpflandschaft des Deltas.

Der Krauskopfpelikan *(Pelecanus crispus)* ist mit einer Flügelspannweite von fast drei Metern der größte Pelikan der Erde. Trotz seiner Größe ist er – wie andere Pelikane auch – leicht gebaut dank seinen luftgefüllten Hohlknochen und den Luftsäcken, die unter der Haut liegen. Das auffallendste Merkmal der Pelikane ist der riesige Schnabel mit dem dehnbaren Kehlsack, der sich bei der Unterwasserjagd auf Fische zu einem geräumigen häutigen Fangbehälter aufbläht. An der Oberfläche schwimmen die Pelikane mit zurückgelegtem Kopf. Ihr anmutiger Flug ist gekennzeichnet durch kräftige Flügelschläge und lange Gleitperioden. Der silbergraue Krauskopfpelikan baut im offenen Sumpfland flache Nester aus Schilf, oft in der Nachbarschaft von Rosapelikanen *(Pelecanus onocrotalus)*, die nicht nur zahlreicher, sondern auch geselliger sind. Im Laufe der Brutzeit verschmelzen die Nester miteinander, so daß eine einzige große Schilfplattform entsteht, bevölkert von hungrigen, tolpatschigen Jungvögeln, die ihre Eltern um Futter anbetteln. Diese fliegen immer wieder herbei und schaffen angedaute Fische heran, welche die Jungpelikane gierig aus dem Kehlsack hervorholen, indem sie ihren ganzen Kopf in den Schnabel der Altvögel stecken.

Rosapelikane arbeiten beim Beutefang zusammen; sie erschrecken die Fische, indem sie ihre Schwingen geräuschvoll auf das Wasser klatschen lassen, und treiben sie so ins seichtere Wasser, wo sie ihre Opfer mühelos »herausschaufeln«

Die Vipernatter ähnelt sehr einer giftigen Viper, aber ihre runde und nicht elliptische Pupille verrät, daß sie zur Familie der Nattern gehört. Die jungen Vipernattern können nur Regenwürmer und kleine Krebstiere verspeisen, doch wenn sie heranwachsen, stellen sie sich auf Fische und Frösche um.

1

2

3

können. Der Krauskopfpelikan dagegen vollführt einen Luftsprung, bevor er sich ins Wasser stürzt, um Fische in größerer Tiefe zu erbeuten.
Der Höckerschwan *(Cygnus olor)*, dessen Verbreitungsgebiet ursprünglich viel begrenzter war als das seines Vetters, des Singschwans, ist wegen der weitgehenden Domestizierung wahrscheinlich der bekannteste Vertreter seiner Unterfamilie. Heute trifft man ihn fast überall in europäischen Parkanlagen an, wo er mit seinem anmutig gebogenen Hals und seinen drohend abgespreizten segel-

1 Die Stockente kann sich von der Wasseroberfläche direkt in die Luft erheben und davonfliegen. Die farbenprächtigen Erpel und die unscheinbaren Weibchen ernähren sich als typische Schwimm- oder Gründelenten im Flachwasser von Wasserpflanzen und wirbellosen Tieren.

2 Das Bläßhuhn, ein Mitglied der Rallenfamilie, baut im Röhricht ein Schwimmnest aus Wasserpflanzen. Dank ihren breiten, mit Lappen versehenen Zehen können die Bläßhühner sehr gut schwimmen, aber das Fliegen bereitet ihnen einige Mühe. Vor dem Aufsteigen nehmen sie einen Anlauf auf dem Wasser.

3 Die Wasserralle besitzt einen schlanken Körper und kann deshalb mühelos durch die dichte Sumpfvegetation gleiten. Mit den langen Zehen schreitet sie über niederhängendes oder treibendes Schilf hinweg, sogar über die schwankenden Sumpfgrashalme.

4 Die Graugans hatte früher ein großes Verbreitungsgebiet, doch heute brütet sie fast nur noch östlich der Elbe. Graugänse zählen zu den bekanntesten und am gründlichsten erforschten Wasservögeln Europas. Konrad Lorenz wies bei dieser Gänseart nach, daß sich die Küken auf den ersten beweglichen Gegenstand, den sie nach dem Ausschlüpfen erblicken, prägen lassen und ihn als ihre »Mutter« betrachten.

5 Beim Fliegen streckt der Stelzenläufer die Beine weit vom Körper ab. Die überlangen Beine kommen dem Vogel sehr zustatten, wenn er im tieferen Wasser umherschreitet und nach Insekten, Krebsen und anderen Wirbellosen gründelt, die seine Hauptnahrung bilden.

4

5

förmigen Schwingen geradezu zum Urbild des Schwans geworden ist. Mit seinem orangeroten Schnabel, seiner schwarzen Gesichtsmaske und seiner ansehnlichen Körpergröße ist er in der Tat eine majestätische Erscheinung. Die Nordufer des Schwarzen Meeres und das Donaudelta waren von jeher ein Teil seines angestammten Vorkommensgebietes.

Greife und Reiher

Ein aufregendes Erlebnis ist der Anblick eines mächtigen Seeadlers *(Haliaeëtus albicilla)*, der mit breiten Schwingen, die bis zu 2,50 Meter klaftern, und schrillen Rufen hoch am Himmel über dem Donaudelta und dem Schwarzen Meer seine Kreise zieht. Dieser große Greifvogel mit dunkelbraunem Federkleid und keilförmigem weißem Schwanz ist ein gewandter Jäger, der mit seinen unerhört kraftvollen Fängen Fische und Vögel schlägt.

Die Rohrweihe *(Circus aeruginosus)* gehört mit einer Flügelspannweite von 1,20 Meter zu den größten Weihen überhaupt. Unermüdlich kreist dieser Greif im Tiefflug über der weiten Schilflandschaft und hält Ausschau nach kleinen Nagern und Vögeln. Obgleich er mit seinen Augen die kleinste Bewegung auf dem Boden wahrnimmt, verfügt er auch über ein ausgezeichnetes Gehör, das es ihm ermöglicht, das erste Piepen der noch nicht geschlüpften Küken in den Gelegen der bodennistenden Sumpfvögel zu bemerken. Mit ihren scharfen Fängen kann die Rohrweihe selbst Vögel von der Größe einer Ente, eines Tauchers oder eines Jungschwans erbeuten. Ihr Erfolg beruht vor allem auf dem Überraschungseffekt, denn sie gleitet auf lautlosen Schwingen dicht über den Schilfhalmen dahin und stürzt sich sofort auf jedes Opfer, das sich zwischen den Halmen zeigt.

Wie ihre Beutetiere nisten auch die Rohrweihen im sumpfigen Gelände. Aus Zweigen und Schilf bauen sie einen ebenerdigen Horst, meist an schwer zugänglichen Plätzen. Auf jeden Fall sind ihre Jungen besser geschützt als die meisten Nachkommen ihrer Opfer.

Die Vögel des Donaudeltas bewohnen, wie die Gefiederten überall auf der Welt, bestimmte Lebensräume und zeigen ein hochspezialisiertes, konkurrenzvermeidendes Verhalten. Bei vier Stelzvogelarten

wird dies besonders deutlich. Der Purpurreiher *(Ardea purpurea)* stellt größeren Fischen in Wassertiefen nach, für die seine langen Beine gerade noch ausreichen. Ein gutes Stück vom Ufer entfernt steht er im Wasser, speert einen Fisch mit seinem dolchspitzen Schnabel, wirft ihn in die Luft und fängt ihn wieder auf. Der Seidenreiher *(Egretta garzetta)* fischt kleinere Beute in seichterem Wasser, wobei er häufig in der Unterwasservegetation herumstochert. Der schwarz-weiße Stelzenläufer *(Himantopus himantopus)* geht trotz seiner ungewöhnlich langen Beine im flachsten Wasser auf Nahrungssuche, wo er Wasserinsekten und andere Wirbellose fängt. Die Rohrdommel *(Botaurus stellaris)* schreitet geduldig im Röhricht umher und wagt sich gelegentlich auch ins Wasser vor, um mit stets bereitgehaltenem Schnabel blitzschnell nach einem Beutetier zu schnappen. Wenn sie sich in ihrem dichten Schilfbiotop bedroht fühlt, richtet sie ihren langen Hals und Schnabel steil empor (Pfahlstellung), und ihr braun-weiß gestreiftes Gefieder verschmilzt dann so vollkommen mit der Pflanzenkulisse, daß sie kaum noch zu erkennen ist.
Offensichtlich kommt es zwischen diesen vier hochbeinigen Sumpfvögeln wegen der Spezialisierung zu keinem unmittelbaren Wettstreit um Nahrung und Lebensraum.

Das Turnier der Kampfläufer

Im Frühling finden sich auf freien Plätzen in der Sumpflandschaft die männlichen Kampfläufer *(Philomachus pugnax)* ein, um ihre ritterlichen, unblutigen Turnierkämpfe auszutragen, bei denen es um die Gunst der Weibchen geht. Die Hähne stellen ihre weißen Halskrausen auf und vollführen ihren ritualisierten Imponiertanz, in dessen Verlauf sie einander zum Schein attackieren. Dadurch werden die Weibchen angelockt, die unter den ihren Balzplatz verteidi-

1

1 Höckerschwäne errichten Nesthügel aus Schilf, das sie ständig umschichten. Während der Brutzeit sind die Vögel sehr aggressiv, vor allem das Männchen, das jeden Eindringling angreift, solange das Weibchen auf den Eiern sitzt.

2 Ein Graureiher schickt sich an, eine Goldorfe zu verschlingen. Diese goldfarbige Spielart des Alands wird als gesellig lebender Oberflächenfisch häufig in Teichen gehalten. Im flachen Uferwasser kann sie der Reiher erbeuten.

2

genden Männchen sich einen Hahn aussuchen. In der übrigen Zeit gehen die Vögel ihre eigenen Wege. Die Weibchen halten sich dabei lieber in der Nähe des Wassers und der dichten Röhrichtwälder auf als die Männchen.

Was die Kleinvögel angeht, so ist kaum eine Landschaft in Europa so reich gesegnet wie die Deltaregion der Donau. Hier, wo ihnen vom Wald bis zum verschilften Sumpf eine Vielfalt von Lebensräumen und Vegetationsformen zur Verfügung steht, füllen sie jede erdenkliche »ökologische Nische« aus. Das Schilf liefert ein hervorragendes Nistmaterial und wird entweder als Nestunterlage oder zum eigentlichen Nestbau verwendet. Der Teichrohrsänger *(Acrocephalus scirpaceus)* baut ein tiefes kegelförmiges Nest in halber Höhe der Schilfstengel, die zum Teil in das Bauwerk einbezogen werden und ihm Festigkeit bei Stürmen und Schutz vor Raubfeinden verleihen. Das Nest ist so stabil, daß es vielfach als Brutstätte für ein einzelnes Ei des viel größeren Kuckucks dient.

Verschiedene andere Singvögel errichten ihre Nester vom Ufer entfernt über dem Boden. Der Schilfrohrsänger *(Acrocephalus schoenobaenus)* und die Rohrammer *(Emberiza schoeniclus)* sind zwei weitere Arten, die zur Sicherung ihres Nestes dicht zusammenstehende hohe Schilfstengel benutzen, die ihm Halt geben. Die Beutelmeise *(Remiz pendulinus)* flicht ein kunstvolles körbchenförmiges Nest, das sie an Schilfrohren befestigt oder an Zweigen, die über dem Wasser hängen. Die grobe Arbeit verrichtet das Männchen, das das bis auf die Einschlupfröhre allseits geschlossene Bauwerk fertigstellt. Dann tritt das Weibchen in Aktion und kleidet das Nestinnere mit weichen wolligen Pflanzenfasern aus, bevor es seine Eier ablegt.

Im Gegensatz zu den Vögeln, die aus Sicherheitsgründen über dem Boden nisten, baut die Bartmeise *(Panurus biarmicus)* fast zu ebener Erde im Sumpf, gewöhnlich unmittelbar an der Basis eines dichten Schilfbestandes, der das Gelege und die Jungen schützend umhüllt.

Das Teichhuhn *(Gallinula chloropus)* ist gleichfalls ein Bodenbrüter. Es gehört zu den Rallen, die sich an ein Leben im dichten Röhricht der Sumpf- und Uferlandschaften angepaßt haben. Wie alle Rallen hat das Teichhuhn kurze, abgerundete Flügel. Es fliegt nicht sehr gut und nur ungern; lieber flüchtet es zu

Fuß durch das Schilf- und Binsendickicht. Der Rumpf ist schmal und von einem weichen Gefieder bedeckt, das es dem Vogel gestattet, sich mühe- und geräuschlos durch das Stengelgewirr zu bewegen. Teichhühner gehen gerne ins Wasser und schwimmen ausgezeichnet, obwohl sie keine Schwimmhäute, sondern nur dünne Hautstreifen zwischen den Zehen besitzen. An ihren ruckenden Kopfbewegungen sind diese Vögel leicht zu erkennen – falls man sie in ihrem dichtbewachsenen Lebensraum überhaupt zu Gesicht bekommt.

Die verspielten Fischotter

Zweifellos beherbergte das Donaudelta einst eine größere Zahl europäischer Säugetiere als heutzutage. Möglicherweise hat sogar früher einmal der große Elch *(Alces alces)* hier auf den saftigen Grasflächen und in den pflanzenreichen Gewässern geweidet. Eine andere Säugerart, die in Westeuropa weitgehend ausgerottet wurde, hat im Donaudelta bis heute überlebt: der eurasische Fischotter *(Lutra lutra)*. Er hält sich fast ausschließlich in der Nähe eines Flusses auf, gedeiht aber auch in der Mündungszone des Deltas, wo er häufig weit ins Schwarze Meer hinausschwimmt. Fischotter ruhen im allgemeinen tagsüber und lassen sich von der Sonne bescheinen, während sie sich des Nachts der Beutejagd widmen. Es sind elegante und kraftvolle Schwimmer. Sie treiben ihren langgestreckten, stromlinienförmigen Körper mit den Hinterbeinen durch das Wasser, wobei sie die Vorderbeine dicht anlegen und den Schwanz als Steuerruder benutzen. Ein Otter kann sieben oder acht Minuten lang untertauchen, wenn er mit großer Gewandtheit einem Fisch nachstellt. Er erwischt seine Beute regelmäßig, sobald er sie einmal gesichtet und die Verfolgung aufgenommen hat. Ein Fischotter lebt allerdings nicht ausschließlich von Fischen, sondern verzehrt auch Wasservögel, kleine Nager, Krebstiere und überwältigt gelegentlich sogar größere Tiere, denn er ist ein beherzter Kämpfer.

Im Wasser geben sich die Otter ungemein verspielt. Einzeln oder gemeinsam zeigen sie ihre Schwimmkünste in atemberaubender Behendigkeit. Die Tiere jagen einander und drehen sich schwimmend um ihre Längsachse, und dabei ziehen sie mit den Luftbläschen, die sich aus ihrem Fell lösen, eine glitzernde Spur hinter sich her. Im Donaudelta legen sie regelrechte Rutschbahnen am schlammigen Ufer an, auf denen sie immer wieder, offensichtlich aus reiner Spielfreude, ins Wasser gleiten.

Weil die Fischotter geschickte und eifrige Fisch- und Vogeljäger sind und zudem einen begehrten Pelz liefern, wurden sie in ihrem gesamten Verbreitungsgebiet stark bejagt. In dem ausgedehnten Delta, wo nur wenige Menschen leben, sind sie vor Nachstellungen sicherer und deshalb noch häufiger anzutreffen als im übrigen Europa.

Der urtümliche Marderhund

Der Marderhund *(Nyctereutes procyonoides)*, auch Enok oder Waschbärenhund genannt, ist ein weniger bekanntes Raubtier, das im Donaudelta vorkommt, und zwar als vom Menschen eingeführtes Pelztier aus Ostasien. Das Tier ist einer der urtümlichsten Vertreter der Hundefamilie überhaupt. Es ist ein stämmiges Tier mit kurzen Beinen und spitzer Schnauze, und um die Augen trägt es eine schwarze Gesichtsmaske, während das Fell sonst gelbbraun und mit dunkelbraunen Haarspitzen durchsetzt ist; die Läufe sind ebenfalls dunkel gefärbt. Im Delta ernährt sich der Marderhund hauptsächlich von Vögeln und Vogeleiern; hin und wieder vernichtet er eine ganze Brutkolonie.

Wenn sich die Gelegenheit ergibt, fängt er auch einmal einen Fisch – eine Form des Beuteerwerbs, die er in anderen Gegenden, wo Vögel nicht so zahlreich sind, häufiger praktiziert. Marderhunde sind allerdings, was ihre Nahrung anbetrifft, nicht besonders wählerisch. Sie verspeisen auch kleine Säugetiere, Beeren, Nüsse und manchmal sogar eine Kröte, die wegen ihres unangenehmen Hautsekrets von den meisten Tieren verschmäht wird.

Einen Marderhund wird man bei Tage nur selten zu Gesicht bekommen, denn dann versteckt er sich in der weiten Sumpflandschaft in einer Höhle oder im Dickicht, fernab von jeder menschlichen Siedlung. Obwohl die Marderhunde in kleinen Gruppen zusammenleben, die im Durchschnitt ein halbes Dutzend Tiere umfassen, arbeiten sie bei der Beutejagd nicht zusammen. In der Nacht gehen sie vielmehr getrennt auf Nahrungssuche. Ihr Geruchssinn ist hochentwickelt, und auf ihn stützen sie sich in erster Linie beim Aufspüren von Nahrung und bei der Ortung von fremden Eindringlingen. Sie können sich im Notfall energisch zur Wehr setzen und beispielsweise eine Meute von kleinen Haushunden vertreiben.

Der eurasische Fischotter ist ein geschickter nachtaktiver Jäger, der unter Wasser Muscheln, Krabben, Fische und Frösche erbeutet.

Unter tropischer Sonne

Die Flüsse und Seen Afrikas

Die Wasserscheide, die die Kontinente durchzieht, läßt immer wieder große Flüsse entstehen, deren Quellgebiete nicht weit voneinander entfernt sind. Wie nahe beieinander der Rhein und die Rhone entspringen, haben wir bereits gehört, und in den folgenden Kapiteln werden wir noch weitere Beispiele kennenlernen. In Afrika liegen die Quellen von drei Hauptströmen nur vergleichsweise wenige Kilometer auseinander. Der Kongo fließt durch die Äquatorialzone westwärts zum Atlantik, der Sambesi nach Osten zum Indischen Ozean, und der Nil nach Norden zum Mittelmeer. Alle diese drei Ströme entstehen im innerafrikanischen Hochland im Umkreis des großen Grabens, und ihre Quellflüsse werden gespeist von Seen, Gebirgsniederschlägen und dem Nebel des Hochplateaus.

Der mächtige Kongo

Manchmal wird behauptet, der fernste Quellfluß des Kongos sei der Tschambesi, der in den Bergen zwischen dem Tanganjika- und dem Njassasee entspringt, doch als eigentlicher Kongo-Oberlauf gilt der Lualaba, dessen Quelle in einer Höhe von etwa 1380 Meter fast 100 Kilometer südöstlich der Stadt Kolwezi liegt. Nach einer Gefällstrecke schneidet er tiefe Schluchten in die weite Hochebene ein und fließt dann in eine Senke, die Bestandteil einer Verwerfungszone ist. Sobald er den Upembasee erreicht, wird seine Fließgeschwindigkeit durch treibende Vegetationsinseln und ausgedehnte Papyrusbestände abgebremst. Von hier aus fließt er, parallel zum Tanganjikasee, fast direkt nach Norden zum Äquator und wendet sich bei den Boyomafällen, den ehemaligen Stanleyfällen, in einem weiten Bogen nach

Der Riesenreiher ist mit einer Höhe von fast anderthalb Meter die größte Reiherart überhaupt. Er lebt zurückgezogen in Sümpfen und stehenden Gewässern Äquatorialafrikas, wo er sich hauptsächlich von den reichlich vorhandenen Fischen ernährt.

Fische des Kongos

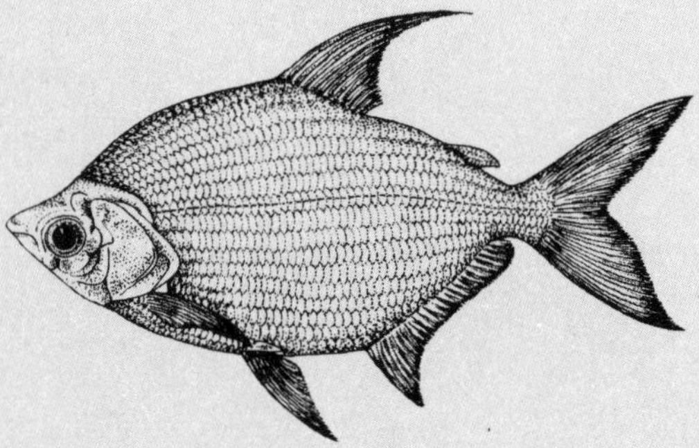

Kongo-Scheibensalmler
Citharinus congicus (40 cm)

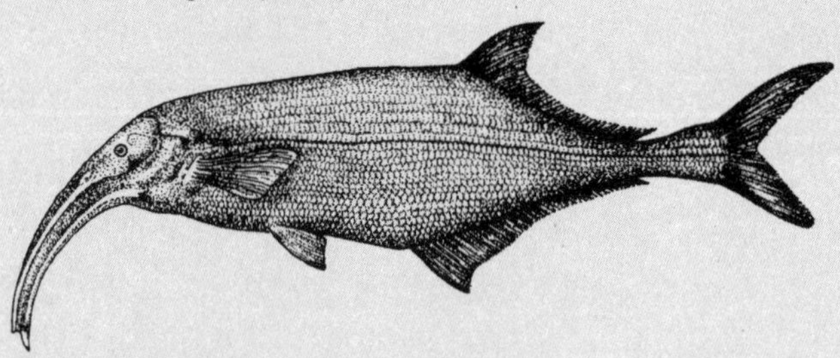

Langnasen-Nilhecht
Campylomormyrus rhynchophorus (20 cm)

Elektrischer Wels, Zitterwels
Malapterurus electricus (1 m)

Schönflößler
Polypterus ornatipinnis (40 cm)

Kongo-Pfeilaal
Mastacembelus congicus (30 cm)

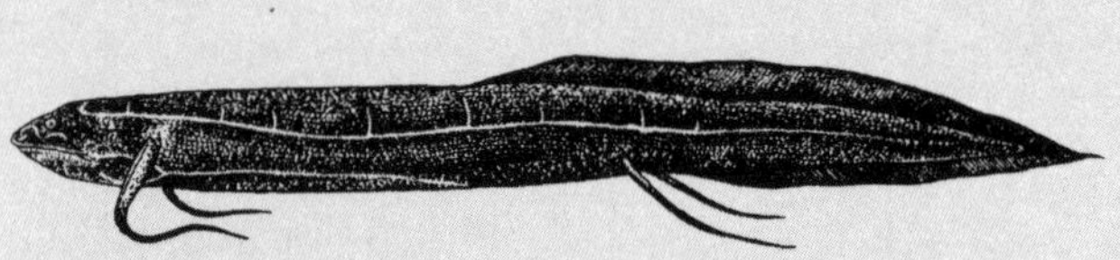

Dollos Lungenfisch
Protopterus dolloi (1 m)

Westen. Die Fälle sind eine eindrucksvolle Folge von Katarakten, die sich über 96 Kilometer erstrekken, und nach ihnen beginnt traditionsgemäß der eigentliche Kongo. Oberhalb der Fälle wird der Strom ebenso häufig als Lualaba bezeichnet.

Das Mittelstück des Kongos, der unterdessen mächtig angeschwollen ist, fließt durch Zaïre und wird innerhalb dieses Staates ebenfalls Zaïre genannt. Die Landschaft, die er durcheilt, war einst ein riesiger seichter Binnensee, und selbst heute noch ist der Kongo hier nur wenige Meter tief, aber sechs bis vierzehn Kilometer breit. Treibsandbänke sind überall zu sehen, große, stabile Inseln zerteilen den Hauptstrom, und eine lockere bewaldete Schwemmland-Ebene dehnt sich zu beiden Seiten des Flusses mehrere Kilometer weit aus.

Der letzte Abschnitt des Stroms beginnt beim Pool Malebo (früher Stanley Pool), einem großen Flachsee, und verläuft über 32 Stromschnellen hinweg zum Meer. Wenn man bedenkt, daß das Einzugsgebiet des Kongos mehr als 3 700 000 km² umfaßt, ist es kein Wunder, daß sich aus ihm im Durchschnitt über 42 000 m³ Wasser pro Sekunde ins Meer ergießen. Damit kommt der Kongo gleich nach dem Amazonas. Bei Überschwemmungen kann die Wassermenge fast auf das Doppelte ansteigen.

Absonderliche Fische

Der Kongo ist fischreicher als die meisten anderen großen Stromsysteme der Erde. Er beherbergt ungefähr 1000 Arten, darunter eine Reihe von Formen, die nur hier vorkommen. Der Rückenschwimmende Kongowels *(Syndontis nigriventris)* ist eine der ausgefallensten endemischen Arten, was sein Verhalten, aber auch sein Aussehen angeht. Er hat die ungewöhnliche Eigenschaft, fast ständig mit dem Bauch nach oben umherzuschwimmen. Ähnlich benehmen sich auch seine nächsten Verwandten, die wie er zur Familie der Fiederbartwelse gehören und meist bunt und hübsch gefärbt sind. Sie ruhen tagsüber an irgendwelchen Gegenständen im Wasser und nehmen dabei die absonderlichsten Stellungen ein: Kopf und Rücken nach oben oder unten, schräg in jedem beliebigen Winkel oder seitlich verkantet. Wenn sie jedoch auf Nahrungssuche gehen, kehren sie in die Normallage zurück und tasten mit ihren langen empfindlichen Barteln den Boden nach Futter ab. Einige Arten erzeugen deutlich hörbare Laute, deren Funktion noch nicht bekannt ist. Möglicherweise wollen sie damit etwaige Feinde abschrecken.

Die Mormyriden oder Nilhechte, eine andere hochspezialisierte Familie elektrischer Fische, ist in ganz Afrika verbreitet, mit Ausnahme des trockenen Nordens und Nordostens. Der im Kongogebiet heimische Tapir- oder Spitzbartfisch *(Gnathonemus petersi)* ist ein besonders bizarrer Vertreter dieser Sippschaft. Er hat einen schwärzlichen Körper, eine weißgesäumte, stark nach hinten versetzte Rücken- und Afterflosse und als auffälligstes Merkmal eine rüsselförmig verlängerte fleischige Lippe, die schräg nach unten aus seinem Kinn hervorwächst und zum Aufspüren von im Bodengrund verborgenen Würmern und Krebstierchen dient.

Wie der Elektrische Wels und der Elektrische Aal leben die Nilhechte entweder in fast undurchsichtigem schlammigem Wasser, oder sie werden erst in der Nacht richtig munter. Aus diesem Grunde kommt diesen Fischen das elektrische Feld, mit dem sie sich umgeben, sehr zustatten. Mit seiner Hilfe können sie nicht nur potentielle Beutetiere und Feinde, sondern auch unbelebte Gegenstände ausmachen, denn jedes Objekt, das in das elektrische Feld eindringt, verändert dessen symmetrische Struktur in einer bestimmten Art und Weise. Die elektrischen Entladungen des nur 22 Zentimeter langen Tapirfisches stehen offensichtlich eher im Dienste der Orientierung als der Aggression oder Abschreckung, wie die heftigen Stromschläge der größeren elektrischen Fische. Der Tapirfisch reagiert außerordentlich empfindlich auf kleine Veränderungen seines elektrischen Feldes, denn er verfügt über besondere Sinneszellen, die sich vor allem auf die Kopfregion konzentrieren. Diese Organe vergrößern sich während der Laichzeit ein wenig und ermöglichen es den Geschlechtspartnern, einander leichter zu finden in einem Lebensraum, in dem die Sicht gleich Null ist. Außerdem können die Fische mit Hilfe ihres elektrischen Feldes ihr Territorium vor der Paarung fixieren und verteidigen.

Frösche mit Krallen und Haaren

Zwischen den Fischen im stilleren Stauwasser des Kongobeckens schwimmt ein seltsamer Frosch umher, der auf der ganzen Welt für Schwangerschaftstests verwendet wird. Es ist der Glatte Krallenfrosch *(Xenopus laevis)*, ein reiner Wasserbewohner, der seinen Namen von den dunkel gefärbten, kurzen Krallen der drei mittleren Zehen hat. Amphibien sind in der Regel unbekrallt, aber diese Froschart ist infolge ihrer schleimigen Hautausscheidungen so schlüpfrig und glatt, daß das Männchen zusätzliche Haftorgane braucht, um das Weibchen bei der Kopulation festzuhalten. Allerdings sind offenbar beide Geschlechter mit solchen Krallen ausgerüstet. Die weiblichen Krallenfrösche sind ungewöhnlich fruchtbar und bringen in einem Jahr mehr als 10000 Eier hervor.

Dank ihren großen, mit Schwimmhäuten versehenen Hinterfüßen sind die Tiere geschickte Schwimmer, die sich an das Wasserleben so sehr angepaßt haben, daß sie kaum jemals auf das schlammige Flußufer steigen. Sie paaren sich häufig, und die Eiablage findet das ganze Jahr über statt, doch ist bei ihnen die Mutationsrate so hoch, daß viele Kaulquappen starke Mißbildungen aufweisen. Diese Nachkommen schwimmen nicht so kraftvoll und gewandt wie die gesunden Quappen und sind deshalb eine leichte Beute für ihre kannibalischen älteren Artgenossen.

Völlig anders als der Krallenfrosch sieht der Haarfrosch *(Trichobatrachus robustus)* aus, dessen Heimat die kühlen Nigerzuflüsse nördlich des Äquators im Westen des afrikanischen Kontinents sind. Dieses groteske Geschöpf scheint mit »Haaren« bewachsen zu sein, dichten Massen feiner Fäden, die seine Flanken und Schenkel überziehen. Die Männchen leben ausschließlich in schnellfließenden Bergbächen, in denen sehr viel Sauerstoff gelöst ist, während die Weibchen sich die meiste Zeit am Ufer aufhalten. Die dünnwandigen Hautfäden gestatten einen wirksamen Sauerstoffaustausch zwischen Wasser und Blut und verdoppeln somit die

Die Riedfrösche gehören zu den farbenprächtigsten Amphibien überhaupt. Diese auf Afrika beschränkte Gattung umfaßt Arten, die ihre Eier als gallertige Masse 10 bis 20 Zentimeter über dem Wasser auf Blättern oder Halmen ablegen. Wenn die Kaulquappen schlüpfen, gleitet die schleimige Masse am Stengel oder Halm hinab, so daß die Tiere sofort ins Wasser gelangen.

Atemkapazität der Haut bei den männlichen Tieren, solange sie untergetaucht sind und ihre Lungen nicht einsetzen können.

Vater Nil

Obwohl der Nil und der Kongo in Meeresregionen münden, die über 4000 Kilometer voneinander entfernt sind, erhalten sie beide Zuflüsse aus dem Umkreis des wolkenverhüllten Ruwenzorigebirges. Von dieser geheimnisvollen nebligen Gebirgslandschaft mit ihrer unwirklichen Vegetation bis zu den dampfenden tropischen Wäldern und den seichten, schilfüberwucherten Seen haben die beiden Ströme manche Gemeinsamkeit. Fast alle Lebensformen, die wir in diesem Kapitel kennenlernen, kommen im Oberlauf des Nils und des Kongos gleichermaßen vor; nur wenige sind auf das Kongobekken beschränkt.

Die Ägypter konnten nur überleben und eine hohe Kultur entfalten, weil der Nil durch ihr Land floß; der große griechische Historiker Herodot bezeichnete Ägypten treffend als ein »Geschenk des Nils«. Früh schon interessierte man sich für die Herkunft des Nils und suchte seine Quellen zu erreichen. So rüstete bereits der römische Kaiser Nero eine Expedition aus, die den Ursprung des Flusses finden sollte, aber ihr Ziel kläglich verfehlte. In den folgenden Jahrhunderten wurde dieser Versuch wiederholt unternommen, scheiterte aber ebenso regelmäßig bis ins letzte Jahrzehnt des vorigen Jahrhunderts. Doch verdanken wir all diesen Expeditionen die Erkenntnis, daß nach Aussage der im Niltal gefundenen Steinwerkzeuge dieses Gebiet seit mehr als hunderttausend Jahren ununterbrochen von Menschen besiedelt gewesen sein muß. Und von Anfang an bot der Nil Tieren aller Art einen idealen Lebensraum.

Das Flußpferd

Mit einem Gewicht von 3200 Kilogramm ist das Fluß- oder Nilpferd *(Hippopotamus amphibius)* das größte Flußtier der Welt. Trotz seines Namens hat es mit den Pferden nichts weiter gemeinsam als die vegetarische Lebensweise. Die Flußpferde bilden eine eigene Paarhuferfamilie mit nur zwei Arten. Die zweite, weniger bekannte Art ist das Zwerg- oder Kleinflußpferd *(Choeropsis liberiensis)*, das nur noch an wenigen Stellen des westafrikanischen Küstenlandes vorkommt, während sein großer Vetter, der jedem Zoobesucher vertraut ist, über weite Gebiete Afrikas südlich der Sahara verbreitet ist.

Das Flußpferd lebt zwar amphibisch, aber sein Lebensraum ist doch nicht so leicht zu beschreiben. Wir stellen uns die gewaltigen Tiere gewöhnlich im Wasser vor, wo sie von Zeit zu Zeit an die Oberfläche kommen, ihre Ohren trockenschütteln, die Nüstern blähen und die Überwasserwelt mit vorstehenden Glotzaugen betrachten. Dieser Eindruck ist entstanden, weil die Menschen den Nil und die anderen afrikanischen Flüsse nur am Tage bereisen, wenn die Flußpferde, oft in Herden von zehn oder mehr Tieren, im seichteren Wasser ruhen. Vielleicht sonnen sich auch ein paar Exemplare auf den exponierten Sandbänken in Ufernähe, zusammengesunken auf ihren kurzen stämmigen Beinen. Es ist ein friedliches, ruhiges Bild, das jedoch eine lebenswichtige Aktivität nicht zeigt: Keines der Tiere nimmt Nahrung auf.

Der massige Flußpferdleib verführt zu der Meinung, es handle sich um plumpe, um »fehlkonstruierte« Geschöpfe. Doch dieser Eindruck täuscht sehr. Unter Wasser bewegt sich dieses Ungetüm elegant und leichtfüßig, ja fast tänzerisch. Es ist aber kein guter Schwimmer; es läßt sich vielmehr wenige Meter tief auf den seichten Flußboden hinab und trippelt fast gewichtslos umher, da seine Leibesfülle durch das Wasser genügend Auftrieb erhält. Wenn das Flußpferd auftaucht oder sich auf einer Sandbank ausstreckt und sein riesiges Maul aufklappt, setzt sich oft ein Starenvogel, der Gelbschnabel-Madenhacker *(Buphagus africanus)*, auf seinen Rücken und sucht ihn nach Schmarotzern ab. Er klettert sogar in das Maul und verspeist die Futterreste, die sich zwischen den großen Zähnen festgesetzt haben.

Wenn die Sonne untergeht, beginnen die Flußpferde an Land zu steigen. Den Anfang machen die halbwüchsigen Tiere, die älteren Bullen folgen später. Seit Jahrhunderten benutzen die Flußpferde immer wieder dieselben Wechsel, die sich oft metertief in das Ufer eingegraben haben und vielfach sehr steil sind, was für die Kolosse kein Problem darstellt. Auf der Höhe des Ufers führen die Wechsel mehr oder weniger direkt zu den mehrere

Während die Flußpferde die Tage im allgemeinen in Gruppen oder Herden halb untergetaucht im Wasser verbringen, besetzen die alten Bullen zuweilen Territorien, die sie gegen geschlechtsreife männliche Artgenossen verteidigen. Daraus können sich ernsthafte Kämpfe entspinnen. Das Foto zeigt jedoch eher einen von Drohgebärden begleiteten Schaukampf als eine gefährliche Auseinandersetzung.

Kilometer entfernten Weideplätzen. Die Fährten sind in ziemlich regelmäßigen Abständen von meterhohen Kothaufen gesäumt, die von den Bullen als Markierungszeichen abgesetzt und ständig ergänzt werden. Sobald die Tiere das dichtbewachsene Grasland erreicht haben, widmen sie sich die ganze Nacht hindurch der Nahrungsaufnahme. Sie kappen die Grashalme mit ihren kräftigen Schneidezähnen. Ein ausgewachsenes Flußpferd verzehrt in einer Nacht über 40 Kilogramm Gras.

Am frühen Abend und dann wieder bei Tagesanbruch, wenn sie zu ihren Ruheplätzen zurückkehren, lassen sie häufig eine Folge von Ächz-, Grunz- und Brummlauten ertönen, jedoch kein Gebrüll, dessen Lautstärke ihrer Körpergröße angemessen wäre. Oft hört man von ihnen eine Serie von dumpfen Grolltönen, die viele Male wiederholt wird. Wenn die Tiere das Wasser erreicht haben, wird daraus ein zufriedenes Grunzen, so als freuten sie sich auf einen geruhsamen Tag im warmen Wasser und unter der Tropensonne.

Die großen Bullen suchen im Fluß sofort ihre ziemlich kleinen, genau umgrenzten Territorien auf, die sie gegen zudringliche männliche Artgenossen verteidigen. Ein Kampf zwischen zwei riesigen Bullen ist eine geräuschvolle, furchterregende und ernste Angelegenheit. Die beiden Kämpen stürzen aufeinander los, prallen zusammen und bearbeiten ihre dicke, zähe Haut mit den mächtigen Eckzähnen, deren Schmelzüberzug sehr hart und zu einer meißelscharfen Kante abgeschliffen ist. Hin und wieder wird ein ausgewachsener Bulle getötet, wahrscheinlich durch einen Stoß ins Herz. Drohgebärden sind allerdings viel häufiger zu beobachten als tätliche Auseinandersetzungen.

Eine andere Methode, einen Rivalen einzuschüchtern oder ein Weibchen zu beeindrucken, besteht darin, daß der Bulle seine Exkremente mit raschen Schwanzbewegungen weit verteilt. Dieses Verhalten ist schuld an der starken Trübung des Wassers und zugleich ein ökologisch wichtiges Phänomen. Der im Wasser gelöste nährstoffreiche Kot bringt ein üppiges Algenwachstum hervor, das wiederum anderen Wassertieren als Nahrung dient und schließlich mehr Fische anlockt, als sonst dort leben könnten.

Andere Säuger am und im Nil

Neben den Flußpferden gibt es nur wenige Säugetiere, die den Nil aufsuchen, um dort Nahrung und Wasser zu finden. Ausnahmen bilden drei sehr verschiedenartige Säuger, die sich ganz an das Sumpfbiotop des Nilufers angepaßt haben. Der erste, der Sumpfichneumon *(Atilax = Herpestes paludinosus)*, auch Wassermanguste genannt, geht gern ins Wasser und schwimmt recht gut. Er sucht den Gewässerboden nach Schnecken, Muscheln und anderen wirbellosen Beutetieren ab oder tut sich am Ufer an Vogel- und Reptilieneiern gütlich. Die beiden anderen Arten, die in den Ufersümpfen heimisch sind, gehören zu den Antilopen. Die Sumpfantilopen *(Tragelaphus spekei)*, die auch als Sumpfböcke, Sitatungas oder Wasserkudus bezeichnet werden, sind Verwandte der Großen Kudus und der Bergnyalas. Sie ernähren sich von Wasser- und Sumpfpflanzen und finden mit ihren langen, weit gespreizten Hufen sicheren Halt auf dem weichen Boden. Auf festem Untergrund wirkt ihr Gang durch diese Hufe sehr ungeschickt. Das graue oder braune Fell mit den weit auseinanderstehenden hellen Querstreifen verschmilzt mit dem dichten Röhricht und macht das Tier fast unsichtbar. Die andere Antilope ist der Wasserbock *(Kobus ellipsiprymnus)*, der auch Sumpfantilope genannt wird und mit Vorliebe auf trockenem Boden weidet, aber sofort ins nahe Wasser flüchtet, wenn ein Räuber hinter ihm her ist. Dort kann er es lange Zeit aushalten, da seine Haut und sein Fell durch ein fettiges Sekret gut geschützt sind.

Die Drachen des Nils

Einst erstreckte sich das Verbreitungsgebiet des Nilkrokodils *(Crocodylus niloticus)* über ganz Afrika, mit Ausnahme des trockenen Nordens, in dem nur das Niltal eine Enklave bildete. Heute sind die Tiere aus weiten Teilen ihrer früheren Heimat verschwunden. Vor wenigen Jahren waren sie noch häufig im Viktoria-Nil zwischen dem Albertsee und den Murchisonfällen anzutreffen, aber auch dieser Bestand ist durch Überjagung stark zusammengeschmolzen.

Tagsüber liegen die Krokodile meist am Ufer oder auf einer Sandbank, oft mit weit geöffnetem Rachen. Sie müssen eine Körpertemperatur von 24–27°C aufrechterhalten, doch das aufgesperrte Maul trägt offenbar nur wenig zur Abkühlung durch Verdunstung bei, da es ziemlich trocken ist und nur wenige Drüsen enthält. Wir haben es hier wohl eher mit einer Verhaltenseigenheit zu tun, einer allgemeinen Warnung an Artgenossen, die in ein fremdes Ruhequartier einzudringen versuchen. Um einen allzu starken Anstieg der Körpertemperatur zu verhindern, bedienen sich die Krokodile anderer Mittel: Sie haben die Wahl zwischen verschiedenen Schattenzonen, oder sie können ihren Schwanz ins kühle Flußwasser hängen und auf diese Weise Wärme aus dem Blutkreislauf ableiten.

An Land ruht ein Krokodil mit abgespreizten Beinen und läßt den Bauch auf den Boden sacken. Wenn es umherwandern oder ins Wasser zurückkehren will, muß es zunächst seinen schwergewichtigen Leib anheben, indem es die ständig nach außen gebogenen Beine hochstemmt – eine sehr viel mühsamere Form der Fortbewegung als die der Säugetiere, deren dünnere Säulenbeine senkrecht unter dem Rumpf aufgehängt sind. Im Wasser benutzen die großen Panzerechsen den großen, seitlich etwas abgeplatteten Schwanz als einziges Antriebsorgan; die Beine werden dicht an den Körper angelegt. Wenn die Tiere unbeweglich im Wasser treiben, bleiben sie im Gleichgewicht, indem sie die Beine als Stabilisatoren schräg nach unten abstellen. Sie tauchen mühelos, wobei die Lungen als hydrostatisches Organ die Sinkgeschwindigkeit regeln. Fast alle Panzerechsen verschlucken Steine und andere Fremdkörper, sogenannte Gastrolithen, die in einem muskelmagenähnlichen Abschnitt des Magens die mechanische Aufbereitung der Nahrung unterstützen. Früher glaubte man, diese Magensteine dienten als Ballast beim Tauchen oder zur Überwältigung der Beute, doch das ist höchst unwahrscheinlich. Ein paar Kilogramm Steine ändern am Gesamtgewicht der mächtigen Tiere kaum etwas.

In den meisten Berichten wird die Größe des Nilkrokodils übertrieben dargestellt. In Wahrheit wird es nicht länger als fünf Meter, doch auch das ist schon ein stattliches Maß für eine Echse, die damit zu den größten Reptilien der Welt gehört. Die Nahrung der Krokodile ist abwechslungsreich und umfaßt sowohl größere lebende Säugetiere und Vögel als auch vom Fluß angeschwemmte Kadaver. Der Beuteerwerb geschieht unter Wasser. Gewöhnlich packt die Echse mit der Schnauze ein Bein oder einen anderen Körperfortsatz des Beutetiers und dreht sich dann mit Hilfe einer Schwanzbewegung schnell um ihre Längsachse.

Die Zähne dienen lediglich zum Festhalten der Beute, der nur durch die Drehbewegung ein Bein oder

1

ein Fleischbrocken aus dem Körper gerissen wird.
Unzutreffend ist die häufig wiederholte Behauptung, daß sich die Krokodile an stark benutzten Wegen auf die Lauer legen, um Rinder oder gar Menschen zu erbeuten, die sie mit einem heimtückischen Schwanzschlag zu Fall bringen. Einem Krokodil jedoch gelingt es kaum, ein lebendes Opfer auf dem Ufer zu erwischen. Andererseits trifft es zu, daß die Panzerechsen den Tod vieler Menschen, vor allem Kinder, verschulden, die leichtsinnigerweise in von Krokodilen bewohnten Flüssen badeten.

Schildkröten und Warane

Der Oberlauf des Nils und andere Binnengewässer des tropischen Afrikas sind Refugien der Weichschildkröten, die der Familie *Trionychidae* angehören und nur noch in wenigen anderen Tropengebieten der Erde vorkommen. Diese Tiere passen nicht so recht in das Bild, das man sich allgemein von den behäbigen, harmlosen Schildkröten macht: Es sind sehr bewegliche, angriffslustige Räuber mit einem langen Hals und einem weichen Rückenpanzer, der von zahlreichen Blutgefäßen durchzogen ist und als zusätzliches Atmungsorgan dient.
Nicht alle Reptilien, die im Niltal leben, sind so stark vom Wasser abhängig wie die Krokodile und Weichschildkröten. Der Nilwaran *(Varanus niloticus)*, eine zwei Meter lange Echse aus einer wehrhaften Reptiliengruppe, die über ganz Afrika, Asien und Australien verbreitet ist, bewohnt im Unterschied zu vielen seiner Verwandten nicht nur das trockene Land, sondern geht auch gerne ins Wasser. Er schwimmt und taucht hervorragend, wenn er Fischen, Fröschen und Weichtieren nachstellt. Sehr gerne streift er am Ufer entlang auf der Suche nach den Gelegen bodenbrütender Vögel, und eine besondere Vorliebe hat er für Krokodileier, die er aus dem hartgebackenen Schlamm ausgräbt. Die lange gespaltene Zunge des Nilwarans ist ein außerordentlich empfindliches Sinnesorgan, das selbst jene Gelege aufzuspüren vermag, die allen anderen Räubern entgehen.

Die Vogelwelt der Flüsse und Seen

Die Feuchtgebiete und Seen im Stromsystem des Kongos und Nils beherbergen eine verwirrende Vielfalt von Vogelarten, deren Formenreichtum jedoch abnimmt, je mehr man sich der Mündungszone nähert. So ist beispielsweise die Trugschwalbe *(Pseudochelidon eurystomina)* auf den mittleren Kongo beschränkt. Sie ist zwar nicht so leicht gebaut wie die übrigen Mitglieder der Schwalbenfamilie, fliegt aber ebenso gewandt wie sie und erhascht im Fluge größere Insekten, die sie mit ihrem breiten, kräftigen Schnabel zermalmt. Ihre nächste Verwandte lebt merkwürdigerweise fast 9000 Kilometer entfernt in Thailand, zeigt jedoch das gleiche Verhalten.
Am Nil ist der Schreiseeadler *(Haliaeëtus vocifer)* im gesamten Stromgebiet südlich der Sahara anzutreffen. Sein Name verweist auf sein lautstarkes Gehabe; die wilden, schrillen Rufe tragen weit über die Wasserflächen. Von einem Uferbaum aus gleitet er über den Fluß und holt mit einem Fang einen Fisch aus dem Wasser, der ein Gewicht von einem Kilogramm oder mehr haben kann. Weil die afrikanischen Ströme – Nil, Kongo, Sambesi und Niger – sehr fischreich sind, begnügen sich die Fischadler des besagten Kontinents im allgemeinen mit vergleichsweise kleinen Territorien, und häufig können sie sogar ziemlich dicht nebeneinander horsten.

Die anmutigen Flamingos

Flamingos bevölkern vor allem die Seen und den Oberlauf des Kongos, doch ihr Verbreitungsgebiet erstreckt sich auch nach Norden über weite Teile des Niltals. Der Kleine Flamingo *(Phoeniconaias minor)* verteilt sich etwas weiter über die südliche Hälfte des afrikanischen Kontinents, und der Große Flamingo *(Phoenicopterus ruber)* besiedelt die gesamte Ostküste und auch das gesamte Niltal. Diese größere Art ist in drei Unterarten fast weltweit verbreitet: in Nordwestafrika, Südeuropa, Indien, Mittel- und Südamerika sowie auf Inseln der Karibik und auf den Galapagosinseln.
Bei der Nahrungsaufnahme beugen die Vögel ihren vorne abgeknickten Schnabel tief hinab, bis er mit der Oberseite nach unten im

2

1 Obwohl der Flußpferdkörper nicht gerade stromlinienförmig ist, ist er an das Leben im Wasser gut angepaßt. Die vorstehenden Augen, die Ohren und die Nasenlöcher verschließen sich, wenn das Tier untertaucht. Unter Wasser bewegt sich der Koloß, der durch Fett und luftgefüllte Lungen genügend Auftrieb erhält, mit leichtfüßiger Anmut auf dem Boden umher.

2 Das weibliche Nilkrokodil holt bisweilen mit der Schnauze Eier aus dem Nest hervor – eine erstaunliche Leistung, wenn man die gewaltige Kraft der Kiefer bedenkt. Das Nest ist gewöhnlich eine Grube, die das Weibchen gräbt.

Wasser hängt, öffnen die Kiefer und saugen Wasser ein, indem sie die Zunge zurückziehen. Sobald sich der Schnabel mit Wasser gefüllt hat, wird er geschlossen und das Wasser durch die vorschnellende Zunge ausgepreßt. Die Nahrungsteilchen verfangen sich in filterähnlichen Hornlamellen des Schnabelrandes und werden abgeschluckt, wenn die Zunge beim nächstenmal zurückweicht und neues Wasser einsaugt. Dank seiner sinnreichen Schnabelkonstruktion ist der Flamingo ein höchst effizienter Planktonfresser, von denen es unter den Vögeln ohnehin nur sehr wenige gibt. Pflanzliches und tierisches Plankton ist in tropischen Seen und still dahinfließenden Strömen reichlich vorhanden; es vermehrt sich schnell und üppig, so daß den Flamingos stets genügend Nahrung zur Verfügung steht. Flamingos bleiben beim Nahrungserwerb dicht beieinander, und ihre Scharen verdunkeln zuweilen das seichte Uferwasser eines Sees. Auch ihre kegelförmigen, hoch aufgetürmten Schlammnester, die sich über den Hochwasserspiegel erheben, drängen sich in großen Kolonien zusammen, halten aber stets einen bestimmten Abstand zueinander. In ganz Afrika gibt es kaum ein prächtigeres Naturschauspiel als den Anblick eines vieltausendköpfigen Schwarms von Großen Flamingos, die sich gleichzeitig in die Luft erheben. Das weiße Gefieder blitzt in der untergehenden Sonne, die langen roten Beine stehen fast waagerecht vom Körper ab, und die ausgestreckten gebogenen Hälse bewegen sich anmutig auf und ab im Rhythmus der kraftvoll schlagenden schwarzgesäumten Schwingen.

Gefiederte Fischer

Der den Störchen nahestehende Schuhschnabel *(Balaeniceps rex)* hat einen ähnlich ungewöhnlichen Schnabel, der an die Erbeutung von im Bodenschlamm lebenden Welsen und Lungenfischen angepaßt ist. Der einzigartige Vogel bewohnt nur dichte Papyrusbestände in der Osthälfte Afrikas, wo er ebenso zielstrebig wie lautlos seine Beute anpirscht. Er hält sich zwar meist auf dem Boden auf, ist aber ein

Die Witwenente (Dendrocygna viduata) ist nicht nur in Afrika, sondern auch in Südamerika beheimatet. Sie ernährt sich hauptsächlich des Nachts von Ufer- und Sumpfpflanzen und ruht tagsüber am Flußufer.

kraftvoller Flieger, der sich oft von Aufwinden hoch emportragen läßt. Wenn er still dasteht, muß er seinen schweren Kopf und Schnabel auf die Brust senken, was ihm ein seltsam würdiges und »weises« Aussehen verleiht. Der mächtige Schnabel mit der hakenförmigen Spitze ist ein ausgezeichnetes Fang- und Grabwerkzeug, das sich selbst im verfestigten Schlamm der trockengefallenen Ufer bewährt.

Das Werk eines anderen Ufer- und Sumpfbewohners, des 50 Zentimeter großen Hammerkopfes oder Schattenvogels *(Scopus umbretta)*, ist ein Nest von sage und schreibe 500 Kilogramm Gewicht. Dieser einheitlich braungefärbte Storchenverwandte verdankt seinen ersten Trivialnamen der dicken, nach hinten gerichteten Federhaube, die zusammen mit dem langen Schnabel einen schlanken Hammerkopf zu bilden scheint. Er jagt mit Vorliebe Wirbellose am Rand langsam fließender Flüsse und Bäche. Oft holt er seine Beute aus dem Boden hervor, indem er mit den Füßen tritt und scharrt.

Unser heimischer Weißstorch *(Ciconia ciconia)* ist zwar im Winter ebenfalls in Afrika anzutreffen, aber wer einen besonders prachtvollen Storchenvogel kennenlernen will, muß nach einer rein afrikanischen Art Ausschau halten, dem Sattelstorch *(Ephippiorhynchus senegalensis)*. Er zeichnet sich nicht nur durch eine eindrucksvolle Gestalt – Höhe 1,20 Meter und Flügelspannweite 2,40 Meter – aus, sondern auch durch eine sehr kontrastreiche Färbung. Der weiße Rumpf trägt dunkle Schwingen und einen pechschwarzen Hals und Kopf. Der lange, schwere, spitze Schnabel ist vorne rot, hat ein scharf abgesetztes schwarzes Mittelstück und einen scharlachroten Ansatz. Über dem Scharlachband sitzt ein leuchtend gelber Sattel, der bis in das schwarze Mittelteil hineinragt. Der Sattelstorch jagt in den dichtbewachsenen Sümpfen wie ein Reiher: Er stelzt langsam umher, hält inne und spießt dann seine Fischbeute mit dem langen Schnabel auf.

Leuchtende Farben schmücken viele Vögel, die am Nil und an anderen afrikanischen Flüssen leben, so etwa den schillernden, nur rund 12 Zentimeter langen Malachit-Zwergfischer *(Corythornis cristatus)*, der im Bereich von Flüssen, Seen oder Sümpfen häufig anzutreffen ist. Bis zur Brutzeit fischt er am liebsten an schilfbewachsenen Uferpartien; dann verzieht er sich

1

2

3

1 Wie die meisten flugfähigen Vögel bringt auch der Kleine Flamingo jeden Tag einige Zeit damit zu, sein Gefieder mit dem Schnabel zu strählen, damit es in Form bleibt.

2 Das Afrikanische Blatthühnchen (Actophilornis africanus) lebt an fließenden Gewässern bis in Höhen von 2200 Meter. Wie alle Blatthühnchen hat es auffallend lange Zehen, die ihm die Fortbewegung auf Schwimmpflanzen und auf dem weichen Uferboden erleichtern.

3 Das auffälligste Kennzeichen des Großen Flamingos ist sein abgeknickter Schnabel. Indem er den Schnabel mit der Oberseite nach unten ins Wasser steckt und seine Zunge zurückzieht, saugt er mit dem Wasser kleine Krebse und Planktontiere ein. Wenn die Zunge nach vorne schnellt, wird das Wasser ausgestoßen, und die winzigen Nahrungsteilchen bleiben zurück. Da die Flamingoküken noch nicht selber Nahrung aufnehmen können, scheiden die Eltern aus ihrem Verdauungstrakt eine Flüssigkeit aus, deren Nährwert fast dem der Milch entspricht.

4

5

6

4 Der Afrikanische Löffler (Platalea alba) ist ein Verwandter der Ibisse und Störche. Die abgeplattete breite Schnabelspitze kommt ihm bei der Jagd nach Weichtieren, Insekten und Krebsen sehr zustatten. Sein großes Nest errichtet der Löffler aus Schilf und Zweigen auf niedrigen Bäumen und Sumpfgewächsen, und zwar über dem Wasser oder dicht über dem Erdboden.

5 Zur weltweit verbreiteten Vogelfamilie der Rallen gehört auch das Madagaskar-Purpurhuhn (Porphyrio madagascariensis). Die Purpurhühner sind recht scheue Bewohner der dichtbewachsenen Küstensümpfe der afrikanischen und madagassischen Flüsse. Wie die meisten Rallen entziehen sie sich einer Gefahr nicht durch Davonfliegen, sondern durch Wegrennen.

6 Die Mohrenralle (Limnocorax flavirostra) bewohnt bevorzugt die dichten Papyrusbestände. Mit ihrem schlanken Rumpf, dem kurzen Schwanz und den langen kräftigen Beinen kann sie selbst dort die Röhrichtwälder durchdringen, wo es weniger spezialisierten Tieren verwehrt ist.

auf die Lehmbänke, in die er seine Nisthöhlen gräbt.
Ein ganz anderer gefiederter Fischer ist die nachtaktive und geheimnisvolle Pel-Fischeule *(Scotopelia peli)*, die selbst im Dunkel der Nacht Fische aus den Flüssen holt. Wie sie ihre Beute aufspürt, ist noch ungeklärt, aber jedenfalls hat sich ihre Methode bewährt, denn auch zwei nahe Verwandte, die Bouvier-Fischeule *(S. bouvieri)* und die Rotbraune Fischeule *(S. ussheri)*, jagen an den Urwaldbächen und -flüssen auf genau dieselbe Weise. Ihre Fänge mit den rauhen, bestachelten Sohlen eignen sich besonders gut zum Festhalten der schlüpfrigen Fischbeute.
Wassergeflügel aller Art bevölkert die afrikanischen Flüsse, allen voran die gesellige Nilgans *(Alopochen aegyptiacus)*, die dem Menschen von alters her vertraut ist. Auf antiken Grabmalereien ist dieser Vogel häufig abgebildet, der schon vor zwei oder drei Jahrtausenden ein beliebtes Federwild der ägyptischen Vogelsteller war. Die alten Ägypter hielten die Nilgans auch bereits als Haustier, ungeachtet ihrer Aggressivität. Sie ist keine »echte« Gans, sondern gehört zur altertümlichen Untergruppe der Halbgänse.
Unverkennbar sind ihr schmaler dunkler Halsring und die dunkelbraunen Augenflecken.

Papyruswälder

In den tropischen Regionen der Kontinente erstrecken sich weite Abzugsbecken und Feuchtgebiete, die durchflossen sind von weitverzweigten Stromsystemen – ein Ergebnis der heftigen Regenfälle und der kurzen Trockenperioden. In Afrika umfassen die Sumpflandschaften und Überschwemmungsebenen Tausende und aber Tausende von Quadratkilometern, und die einzelnen Lebensräume sind geprägt von besonders charakteristischen Pflanzenformen. Keine dieser Pflanzen ist so berühmt wie die Papyrusstaude *(Cyperus papyrus)*, ein großer und anmutiger Vertreter der Riedgrasfamilie. Die hoch aufragenden Stengel tragen bis zu einer Höhe von etwa drei Meter kei-

Da die afrikanischen Gewässer so fischreich sind, kommt der Schreiseeadler mit einem verhältnismäßig kleinen Revier aus. Mit seinen kraftvollen Fängen kann er einen Fisch von mehr als einem Kilogramm aus dem Wasser holen. Seine Spannweite beträgt ungefähr 1,60 Meter.

nerlei Blätter und sind gekrönt von staubwedelähnlichen Schöpfen, die vom Wind hin und her bewegt werden. Ein dichter Papyrusbestand, der sich über Tausende von Hektar ausdehnt, ergibt einen regelrechten Wald, den nur hochspezialisierte Tiere zu durchdringen vermögen. Neben denen, die wir bereits erwähnt haben, zählen dazu die Mohrenralle *(Limnocorax flavirostris)*, das Blatthühnchen *(Actophilornis africana)*, der Rallenreiher *(Ardeola ralloides)* sowie verschiedene Schlangen, Schildkröten und andere Kleintiere.

Die alten Ägypter kultivierten den Papyrus im Nildelta und führten ihn verschiedenen Verwendungsmöglichkeiten zu: Die büscheligen Schöpfe waren ausschließlich kultischen Zwecken vorbehalten; das Mark wurde gegessen, entweder roh oder gekocht, oder zu Papyrus verarbeitet; die festen Wurzelstöcke verwendete man als Brennmaterial und als Holz zur Herstellung von Gebrauchsgegenständen; die Stengel wurden zusammengebunden und zu Flößen, Booten, Körben usw. verarbeitet, oder sie wurden geklopft, zersplissen und zu Kleidungsstücken und Seilen verflochten. Das wichtigste Papyrusprodukt war jedoch der sog. Papyrus selber, ein papierähnliches Produkt, dem unser Papier seinen Namen verdankt.

Die Fischfauna

Der Hauptstrom des Nils beherbergt mindestens 112 Fischarten, von denen 16 nirgendwo sonst vorkommen. Am artenreichsten sind der mittlere und der Weiße Nil; der Blaue Nil enthält weniger Arten, doch diese wenigen sind weitgehend endemisch und hochspezialisiert.

Die wohl wichtigsten afrikanischen Süßwasserfische sind die zahlreichen Buntbarsch- oder Cichlidenarten der Gattung *Tilapia.* Sie vermehren sich rasch, wachsen schnell heran, kommen in großen Mengen vor, sind eßbar und besiedeln fast alle Flüsse, Bäche und Seen, ausgenommen jene Gewässer, die übermäßig viele Mineralsalze enthalten. Wo sie künstlich gezüchtet werden, kann sich der Jahresertrag auf 4000 kg/ha belaufen; doch auch ohne Zucht bringen manche Gewässer im Jahr mehrere Hunderte Kilogramm Fisch pro Hektar hervor. Der Nilbuntbarsch *(Tilapia nilotica)* ist hechtförmig, doch bei seinem Namen denkt man sofort an den viel größeren Nilbarsch *(Lates niloticus).* Dieser riesige Vertreter der Barschfamilie, der ein Gewicht von 160 Kilogramm und eine Länge von mehr als einem Meter erreichen kann, ist allerdings nicht auf den Nil beschränkt; man hat ihn sogar sehr weit westlich im Niger nachgewiesen. In Flußläufen, deren Fische zumeist erheblich kleiner bleiben, ist der Nilbarsch ein gewaltiger Räuber.

In den afrikanischen Strömen gedeihen auch noch andere Riesen. Ein großer Raubwels kann bis zu einem Meter lang werden, aber die Größe ist hier nicht das ausschlaggebende Merkmal. Neben ihren Kiemen besitzen die Raubwelse ein baumähnliches Labyrinthorgan, durch das sich die zur Absorption des gelösten Sauerstoffs bestimmte Oberfläche beträchtlich vergrößert. Dieser Anpassungsmechanismus gestattet es den Fischen, in sauerstoffarmem Wasser zu überleben und, was noch wichtiger ist, während der Nacht über Land von einem Gewässer zum anderen zu wandern. Wenn die Welse sich schlängelnd über den taunassen Boden bewegen, geben sie, wahrscheinlich bedingt durch ihre angestrengte Atemtätigkeit, grunzende Laute von sich.

Die Menschen des Altertums wußten sehr wohl, warum sie vom »Vater Nil« sprachen. Dieser Beiname hat seine Gültigkeit bis heute bewahrt. Tiere der Art, wie wir sie in diesem Kapitel kennengelernt haben, sind unauflöslich an das mächtige Stromsystem gebunden, denn infolge ihrer Spezialisierung können sie nur hier Nahrung finden, sich fortpflanzen und überleben.

Die Hauptströme Asiens

Zwischen Tundra und Tropen

Der Kontinent Asien mißt ungefähr 10500 mal 8000 Kilometer. Auf dieser gewaltigen Fläche entspringen zahlreiche große Ströme der Erde, die sich sehr stark voneinander unterscheiden, weil sie die verschiedensten Landschaftsformen und Breiten durchfließen, vom Hochgebirge bis zur Schwemmlandebene, von der arktischen Tundra bis zum tropischen Regenwald. Mächtige und bekannte Ströme wie Wolga, Ob, Lena, Tigris, Euphrat, Indus, Mekong und Amur können hier nur erwähnt werden. Dafür befassen wir uns ausführlicher mit drei Flüssen, mit dem Jenissei, dem Ganges und dem Jangtse, die wir vor allem deshalb ausgewählt haben, weil sie typisch auch für die anderen Stromsysteme sind.

Durch ewiges Eis

Der Jenissei Mittelsibiriens, mit einer Gesamtlänge von 5940 Kilometer einer der größten Ströme unserer Erde, wird von den beiden Quellflüssen Bei Kem und Khua Kem, die im Westlichen Sajangebirge entspringen, gespeist. Der bedeutendste Nebenfluß des Jenissei ist die Angara, die den Baikalsee in westlicher Richtung verläßt, während der See selbst die Selenga aufnimmt.

Der Jenissei wurde und wird nachhaltig geprägt von Vergletscherungen und fast arktischen Klimabedingungen. Er entstand vor mehr als 70 Millionen Jahren. Auf dem Höhepunkt der Vereisung bahnte er sich einen Weg zum Meer unter den gewaltigen Eisplatten, die Westsibirien bedeckten. Die nachfolgenden Eis- und Zwischeneiszeiten haben den Verlauf des Stroms nicht wesentlich verändert.

Sobald er sein hochgelegenes Quellgebiet verlassen hat, durchströmt er die nordsibirische Ebene,

Diese asiatischen Nonnenkraniche tragen einen Grenzstreit aus, während ihre Partnerinnen zuschauen. Die Errichtung eines Reviers ist wichtig für die Nahrungsversorgung und für den Schutz der Nester und Jungvögel vor zudringlichen Artgenossen.

deren Boden ständig gefroren ist. Durch den Schmelzvorgang an den Ufern wird dem Strom zusätzlich Wasser zugeführt. Wegen des Dauerfrostbodens ist die Erosion jedoch gering und eine Verschiebung des Flußbettes nahezu unmöglich. Nur zu einem Drittel wird der Strom durch Regen- und Schneefälle gespeist; mehr als die Hälfte seines Volumens verdankt er dem Schmelzwasser des Schnees, der in den Bergen sehr lange liegen bleibt. Das restliche Wasser hat seinen Ursprung unter der Erde. Da der Jenissei nach Norden in das Eismeer fließt, setzt das Tauwetter in seinen Quellflüssen bereits im April oder Anfang Mai ein, aber das Wasser in der Ebene und in der Deltaregion bleibt unter Umständen einen Monat länger gefroren. Diese alljährlich wiederkehrende Situation hat stromaufwärts vielfach größere Springfluten zur Folge, weil das Wasser im Unterlauf durch gewaltige Eisblöcke gestaut wird. Auch im Herbst kann es zu einer kleineren Überschwemmung kommen, da der nördliche Teil des Stroms früher zufriert als die Quellflüsse. Der Jenissei ist ein sauberer Fluß, der bisher von der allgemeinen Umweltverschmutzung verschont geblieben ist; allerdings wurde sein Strombett durch viele Staudämme verändert. Das Wasser ist klar, weitgehend frei von gelösten Mineralien, aber reich an lebenspendendem Sauerstoff. Nur im Unterlauf, wo die Wassertiefe sehr stark zunimmt, ist das Wasser etwas trübe, aber auch hier kann das Sonnenlicht tiefer eindringen als in den meisten großen Strömen.

Die Bewohner des Jenissei sind Plattwürmer, auch Fadenwürmer, Moostierchen, viele Muscheln und Schnecken, kleine Krebstiere und zahllose Insekten. Die Fischfauna umfaßt zwar eine Reihe von sibirischen Arten oder Unterarten, unterscheidet sich aber auf den ersten Blick nicht sehr von der europäischen. Manche Tiere wandern vom Brackwasser oder vom Meer stromaufwärts, so etwa das Japanische Neunauge, der Sibirische Stör, einige Flohkrebse und eine Spaltfüßerart. Charakteristische Fische des Unterlaufs sind Wandersaiblinge, Maränen, Äschen, Hasel, Stinte und Gehörnte Seeteufel. Viele dieser Fische ernähren sich von den reichlich vorhandenen bodenbewohnenden Wirbellosen, die im oder auf dem Schlamm des Strombetts leben.

Der Baikalsee

Der Baikalsee mit seiner einzigartigen Fauna und Flora ist der wohl ungewöhnlichste Binnensee der Erde. Mit einer Länge von 636 und einer Breite bis zu 80 Kilometer zählt er nicht nur zu den größten Seen der Welt, sondern er ist mit 1620 Meter auch der bei weitem tiefste. Selbst im Vergleich mit den Ozeanen ist er sehr tief, denn der Boden des Sees liegt 1285 Meter unter dem Meeresspiegel!

Der Baikalsee beherbergt über 1200 Tier- und 500 Pflanzenarten. Von den 842 Tierarten, die das offene Wasser bewohnen, sind 82 Prozent endemisch, kommen also nirgendwo sonst vor. Wer vermutet schon, daß in einem von Bergen umschlossenen Binnensee, 2000 Kilometer vom nächsten Meeresarm entfernt, echte Seehunde leben? Doch die Baikal-Ringelrobbe *(Phoca = Pusa sibirica)* existiert tatsächlich; sie ist ein großes, anderthalb Meter langes silbergraues Säugetier, das bis zu 130 Kilogramm schwer wird und der Eismeer-Ringelrobbe unverkennbar sehr nahe-

Fische des Ganges

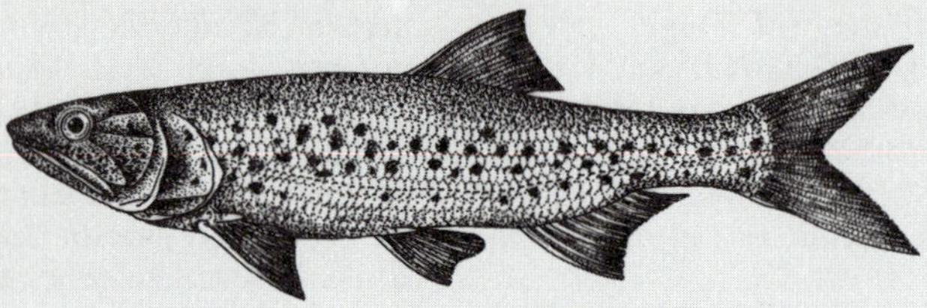

Indische Forelle
Barilius bola (30 cm)

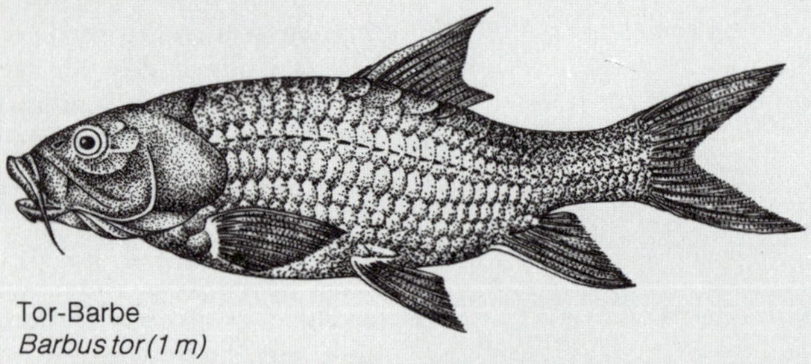

Tor-Barbe
Barbus tor (1 m)

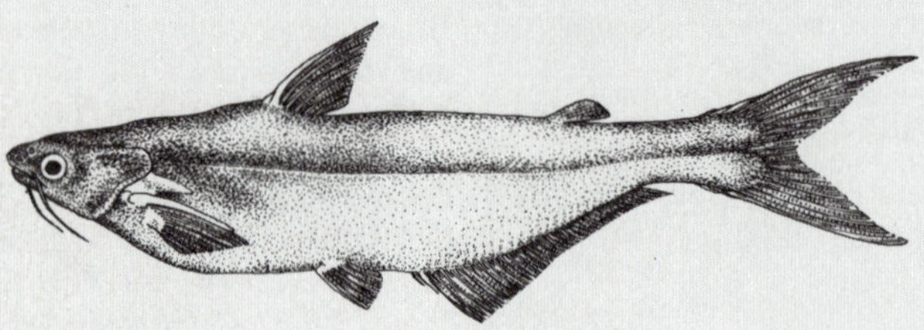

Pungas-Wels
Pangasius pangasius (1,50 m)

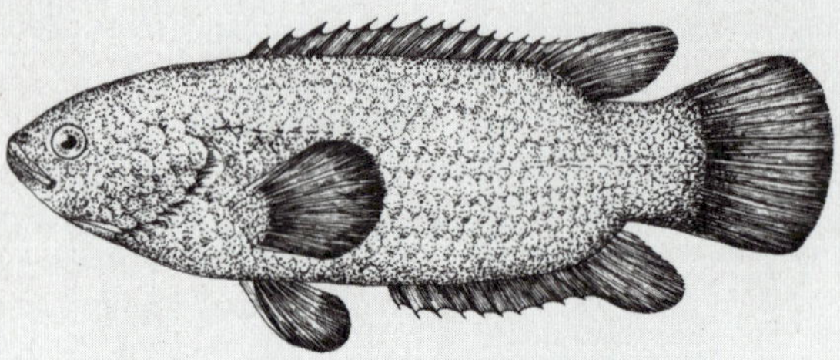

Kletterfisch
Anabas testudineus (25 cm)

Sackkiemer
Heteropneustes fossilis (70 cm)

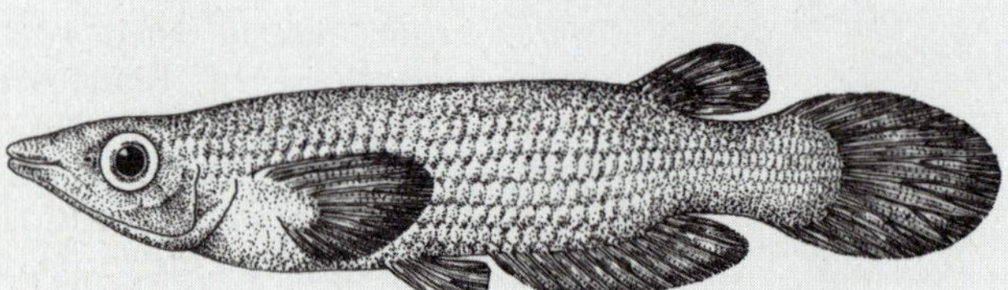

Panchax
Aplocheilus panchax (8 cm)

steht. Man vermutet, daß die Robben während der letzten Eiszeit durch den Jenissei und die Angara zum Baikalsee vorgedrungen sind, zur selben Zeit wie der Omul *(Coregonus autumnalis migratorius)*, ein Mitglied der Renkenfamilie, die über ganz Eurasien und Nordamerika verbreitet ist.

Von ihren meeresbewohnenden Verwandten unterscheidet sich die Baikalrobbe vor allem durch die langen, kräftigen Krallen der vergrößerten Vordergliedmaßen, die ihr das Umherkriechen auf felsigem Untergrund sehr erleichtern. Da der See stets sehr lange zugefroren ist, müssen die luftatmenden Robben, um die Verbindung zur Atmosphäre aufrechtzuerhalten, Löcher ins Eis brechen, die während des strengen Winters ständig offengehalten werden. Diese Löcher dienen nicht nur zum Luftholen, sondern auch als Ausstieg für die weiblichen Tiere, die im Februar oder März auf das Eis klettern und dort ihr einziges Junges zur Welt bringen. An den sonnigen Frühlingstagen vor der Eisschmelze kann man Baikalrobben oft auf dem Eis beobachten, wo sie die spärliche Wärme der ersten Sonnenstrahlen ausnutzen.

Welche Bedeutung hat der Baikalsee für die Flora und Fauna des Jenissei und der Angara? Die Angara und der Oberlauf des Jenissei sind hauptsächlich von Zuwanderern aus dem See bewohnt. Jahr für Jahr schickt der See Tausende von Tonnen pflanzliches und tierisches Plankton stromabwärts, vor allem Ruderfußkrebse, Hunderte von Tonnen Bakterien, die im Wasser schweben, Dutzende von Tonnen Flohkrebse sowie mehrere Tonnen Fischlarven, Bodentiere und Pflanzen- und Tierreste.

Weil der Jenissei über die Angara der einzige Abfluß des Baikalsees ist, gelangte ein Teil dieser einmali-

gen Lebensformen weit flußabwärts und ließ in dem großen Strom eine spezifische Tierwelt entstehen, wie sie die anderen Flüsse, die durch die endlosen Weiten Sibiriens nach Norden fließen, nicht aufzuweisen haben.

Der heilige Strom des Südens

Von den Höhen des Himalaja bis zum Golf von Bengalen erstreckt sich der mächtigste heilige Fluß der Erde, der Ganges, die »Mutter Gangá«. Auf einer Länge von rund 2500 Kilometer sind die Ufer dieses Stroms eine einzige Wallfahrtsstätte für die frommen Hindus, die in seinen läuternden Wassern ihre Sünden abwaschen.

Die Quellen nur weniger größerer Flüsse reichen so hoch auf die Berge hinauf. Eine Quelle des Ganges liegt auf dem Nanda Devi in einer Höhe von ungefähr 7690 Meter, und ein anderer Quellfluß entspringt in einer 3090 Meter hoch gelegenen Eishöhle auf den Schneefeldern des Himalaja. Sobald der Ganges das Hochgebirge hinter sich gelassen hat, strömt er, durch zahlreiche Nebenflüsse verbreitert, mit einem geringen Gefälle von nur zehn Zentimeter pro Kilometer dahin. Langsam und majestätisch windet er sich in östlicher und südöstlicher Richtung durch die nordindische Tiefebene, durch ein Einzugsgebiet von rund 100000 km². Im Unterlauf des Ganges, bis hin zu seinem ausgedehnten Delta, leben die charakteristischen und teilweise endemischen Tiere, denen unsere Aufmerksamkeit gilt.

Fische und Echsen

Hier ist die Heimat des 2,50 Meter langen zahnlosen Riesenwelses *(Pangasianodon gigas)*, dessen frühes Jugendstadium der Wissenschaft noch unbekannt ist, denn bisher wurde noch kein einziges junges Exemplar gefangen und von Zoologen beschrieben. Dieser riesige, ausschließlich vegetarisch lebende Wels ist ein wichtiger Speisefisch für die Asiaten. Andere ungewöhnliche Fischarten sind der Ganges-Zwergfadenfisch *(Colisa sota)*, der seine Eier in einem Nest aus Luftbläschen ablegt, der Indische Kurter *(Kurtus indicus)*, der seine Eier unter einem hakenförmigen Kopfvorsprung mit sich herumträgt, und der absonderliche Schlangenkopffisch *(Channa)*, der mit Hilfe eines speziellen Labyrinthorgans in der Kiemenhöhle Sauerstoff aus der Luft aufnimmt.

Vor mehr als 60 Jahrmillionen spaltete sich die Familie der Gaviale von den übrigen Krokodilen ab, deren damalige langschnauzige Form sie bis heute behalten hat. Der Gangesgavial *(Gavialis gangeticus)*, der einzige jüngere Vertreter dieser Familie, hat sich von allen Krokodilen am stärksten an das Wasserleben angepaßt, wie schon an seinen vergleichsweise schwachen Beinen und seinem kräftigen abgeplatteten Schwimmschwanz zu erkennen ist. Der Gavial kann zu einem Riesen heranwachsen. In manchen Berichten ist von einer Länge von zehn Meter die Rede; sieben Meter sind immerhin verbürgt. Von oben gesehen macht diese Panzerechse einen merkwürdigen Eindruck: Sie hat zwar einen typischen beschuppten Krokodilrumpf, aber die Kiefer

Der russische Hausen oder Beluga-Stör (Huso huso) kann 8,50 Meter lang und über 1300 Kilo schwer werden. Er ist ein Wanderfisch, der im Meer lebt und zum Ablaichen in die Flüsse aufsteigt. Sein sonst unbeschuppter Körper trägt mehrere Längsreihen aus schweren spitzen Schuppen. Die empfindlichen Barteln, die vom Unterkiefer herabhängen, sind zum Aufspüren der Nahrung im Boden wichtig. Die Eier des Hausen ergeben den berühmten »Beluga-Kaviar«.

1 Der stattliche Saruskranich, eine der größten Kranicharten der Welt, erreicht eine Höhe von anderthalb Metern. Sein Balzritual ist ein herrliches, unvergeßliches Schauspiel. Das Männchen wirft den Kopf zurück und stößt seinen trompetenden Paarungsruf aus, dann verbeugt es sich und öffnet weit seine Schwingen.

2 Der Indische Nimmersattstorch, der in Südasien heimisch ist, baut hoch in den Bäumen ein großes Nest aus Zweigen. Bis zu 500 Nimmersattstörche können in einer Brutkolonie zusammenleben, die nur zwei oder drei Dutzend Bäume umfaßt. Ihre Nahrung, vor allem kleine Fische, finden sie im seichten Wasser.

3 Viele Flüsse Asiens entspringen in Schneefeldern und Gletschern der mächtigen Himalajakette. Wo der hier gezeigte Manasfluß in Bhutan in das Tiefland absteigt, schneidet er tiefe Schluchten in die geologisch jungen Berge ein.

4 Der Singschwan (Cygnus cygnus) hat ein ähnliches Verbreitungsgebiet wie der Zwergschwan, zieht jedoch in kleineren Gruppen. Die Ornithologen vermuten, daß er früher auch in Grönland brütete, wo er noch immer häufig auftaucht.

5 Bei den Bewick-Zwergschwänen (Cygnus columbianus bewickii) ist die Zeichnung des gelb-schwarzen Schnabels individuell verschieden. Diese trotz ihres Namens großen Vögel brüten in Nordasien, verbringen aber den Winter in Nordeuropa und auf den Britischen Inseln.

verschmälern sich gleich hinter dem Schädel zu einer sehr lang ausgezogenen keulenförmigen Schnauze, die mit mehr als 100 spitzen Zähnen bestückt ist. Die Nahrung des Gavials besteht fast nur aus Fischen, vor allem aus solchen, die in Schwärmen durch das Wasser ziehen. Wenn die Echse einen Schwarm entdeckt, schiebt sie sich lautlos heran und holt dann mit einer blitzschnellen Schnauzenbewegung aus, die das Auge kaum wahrzunehmen vermag. Sie erbeutet meist zwei oder drei Fische auf einmal mit dieser Fangmethode.

Glückverheißende Vögel

Der Saruskranich *(Grus antigone)*, der in den Feuchtgebieten des Gangestals großes Ansehen und allgemeinen Schutz genießt, gilt bei den Indern als Symbol einer glücklichen Ehe. Das ist nicht verwunderlich, denn ein Kranichpaar hält das ganze Leben lang zusammen. Wenn die großen Kraniche paa-

1

2

3

4

5

rungsbereit sind, vollführen sie ein kunstvolles Ritual, bei dem sie in die Luft springen, mit den Flügeln schlagen, sich voreinander verbeugen und mit zurückgeworfenem Kopf laut in den Himmel trompeten. Noch im letzten Jahr konnte ein Forscher an einem nebligen Morgen neben einem stillen Wasserlauf einen solchen Hochzeitstanz beobachten, der sich ihm unvergeßlich eingeprägt hat, die lauten rasselnden Rufe, die Sprünge und Verbeugungen, die mächtigen Schwingen, die den Nebel zerteilten.

Von allen Blatthühnchen – das sind Vögel mit so weit auseinandergespreizten Zehen, daß sie mühelos auf dem Pflanzenteppich an der Wasseroberfläche umherlaufen können – ist der Wasserfasan *(Hydrophasianus chirurgus)* nicht nur das größte, sondern mit seinem langen Schwanz, den leuchtend weißen Flügeln und dem goldgelben Nackenfleck auch das schönste. Das Weibchen legt gewöhnlich vier glänzend braune Eier in einem lokker gebauten Schwimmnest ab. Das Ausbrüten des Geleges wird hauptsächlich vom Männchen besorgt. Es beugt sich über das Nest, schiebt die halb abgestellten Schwingen unter die Eier, die es auf diese Weise an seine Brust drückt; das Gewicht seines Körpers ruht auf den abgespreizten Flügeln. Auch nach dem Schlüpfen suchen die Jungen oft noch Zuflucht unter dem Körper des Hahns.

Flüsse und Sümpfe

Der Ganges sowie der Brahmaputra und der Indus sind die Heimat eines außergewöhnlichen Säugetiers, des Ganges-Delphins *(Platanista gangetica)*. Wie andere Flußdelphine ist er ein Flüchtling aus dem Meer, der vor sehr langer Zeit ins Süßwasser abwanderte. Verglichen mit anderen Delphinen ist er weder stromlinienförmig noch besonders kräftig gebaut. Er gründelt im weichen Boden nach Krebstieren und Fischen, wobei ihm nicht nur seine »Echopeilanlage«, sondern auch seine lange, schmale und bezahnte Schnauze zustatten kommen. Der Gesichtssinn spielt im trüben Flußwasser offenkundig keine große Rolle, und so hat der Ganges-Delphin so winzige Augen, daß man ihn vielfach für blind hält, was er freilich nicht ist.

Dort, wo der Ganges ins Meer mündet, tut sich eine eigene Welt auf – weder Süß- noch Salzwasser, weder Land noch See. Das ist das Reich der Mangrovenbäume, die das Gebiet, in dem sie gedeihen, völlig verwandeln und dort einen einzigartigen Lebensraum schaffen. Das Besondere der Mangroven ist ihre Fähigkeit, die Überflutung ihrer Wurzeln durch Salzwasser zu überstehen – eine Gefahr, die für die meisten anderen Bäume tödlich ist. Im Gangesdelta mischt sich das Meerwasser mit dem Süßwasser aus dem Fluß, und daraus ergeben sich besonders günstige Lebensbedingungen für die verschiedenen Mangrovenarten.

Ein Mangrovensumpf läßt sich in einzelne Zonen einteilen, die jeweils von bestimmten Mangrovenarten bestanden sind, entsprechend der Fluthöhe des Gezeitenwassers. Sobald sich die Mangroven einmal festgesetzt haben, breiten sie sich üppig längs der Küste aus, und im Laufe der Jahre dringen sie auch ins offene Wasser vor, wenn sich Fluß- und Meeressedimente im Gewirr der Stütz- und Atemwurzeln ablagern.

Boleophthalmus boddaerti ist ein Schlammspringer, ein sehr kleiner Fisch, der jenseits der Mangrovenbestände auf dem weichen Sedimentboden lebt, wo er hin und her wandert und die Algen abweidet. Die Bauchflossen des Schwemmland-Schlammspringers *(Periophthalmus chrysopilos)* bilden eine Art Saugnapf und ermöglichen es ihm, sich an die Stämme und Wurzeln der Mangroven anzuheften, auf die er vor der Flut flüchtet. Eine dritte Art, der fleischfressende Schlosser-Schlammspringer *(P. schlosseri)*, bevorzugt den festen Schlammboden in einer noch dichter bewachsenen Vegetationszone. Schlammspringer sind Grundeln, die sich eine amphibische Lebensweise zugelegt haben und deshalb auf dem trockengefallenen feuchten Boden der Mangrovensümpfe umherkriechen und -springen können. Manche Tiere ertrinken, wenn sie zu lange untergetaucht sind. Sie halten sich regelmäßig längere Zeit außerhalb des Wassers auf, solange die Luft feucht genug ist. Sauerstoff wird durch feuchte Hautfalten in der Mund- und Kiemenhöhle aufgenommen. Die Augen der Schlammspringer sitzen oben auf dem Kopf und können auf Gegenstände in unmittelbarer Nähe eingestellt werden, etwa auf die Krebschen und die anderen Wirbellosen, die die vielgestaltige Mangrovenlebensgemeinschaft bevölkern.

Der »lange Fluß«

Der Ch'ang Chiang, der »lange Fluß«, bei uns besser bekannt als Jangtse oder Jangtsekiang, macht seinem chinesischen Namen alle Ehre, denn er durchmißt von seiner Quelle im Kulun-Gebirge bis zu seiner Einmündung ins Ostchinesische Meer eine Strecke von 5494 Kilometer. Der turbulente Oberlauf des Jangtse, dessen Quellflüsse 5100 Meter hoch im nördlichen Tibet entspringen, windet sich fast 1000 Kilometer weit durch tiefe Bergschluchten und beschreibt dabei immer wieder Kehrtwendungen, bis er ebeneres Land erreicht und schiffbar wird. Die Talschluchten des Oberlaufs sind ein tückisches Gelände, in dem der Wasserstand um 60 Meter schwanken kann! Viele dieser Schluchten bieten imposante Naturschauspiele;

Das immer seltener werdende Indische Panzernashorn (Rhinoceros unicornis) sucht oft die Flüsse auf, um sich zu suhlen und umherzuschwimmen. An Land kann das Nashorn im schnellen Galopp zum Angriff übergehen, wenn es sich bedroht fühlt. Doch im übrigen ist es ein harmloser, friedfertiger Vegetarier.

die senkrecht aufsteigenden Felswände verschwinden im nebelumhüllten Hochgebirge, und die eingeschlossenen Wassermassen bilden gewaltige Strudel oder rasen mit einer Geschwindigkeit von 20 km/h dahin. Bisweilen lösen sich Teile der steilen Wände, stürzen in sich zusammen und überschütten den brodelnden Strom mit Felstrümmern.

Ungefähr 1600 Kilometer vor der Küste verliert der Jangtse sein ungestümes Wesen und fließt ruhiger durch die weite Ebene, wo er allerdings häufig verheerende Überschwemmungen verursacht.

Der wohl interessanteste Abschnitt dieses mächtigen Stromes liegt in der gebirgigen Provinz Szetschuan, einer urtümlichen Landschaft, die geologisch älter ist als das gewaltige Himalaja-Gebirge.

Die Wildtierfauna dieser Provinz hat sich an das kalte Klima angepaßt. Zum großen Teil ist sie einmalig und vielfach primitiv. Altertümliche Insektenfresser wie die Spitzmäuse leben hier und jagen im Strom oder an seinem Ufer mit hektischen Bewegungen ihre Beute. Die echten Wasserspitzmäuse haben sich ganz und gar auf ihren feuchten Lebensraum in den kalten Gebirgsbächen umgestellt.

Die Gefleckte Scheren- oder Gabelschwanzdrossel *(Enicurus maculatus)* ist ein reizvoll schwarz-weiß gesprenkelter und gestreifter Vogel, der an Gebirgsflüssen der Himalaja-Region bis in Höhen von 3600 Meter heimisch ist. Sie jagt nach Schnecken und Wasserinsekten zwischen den Ufersteinen und fliegt dann niedrig über das Wasser dahin auf der Suche nach neuer Beute. Dank ihrer Spezialisierung und ihrer Anpassung an das schnellfließende Gebirgswasser kann sie sich auf ein Nahrungsangebot stützen, das ihr kein anderer Beutegreifer in diesem Lebensraum streitig macht.

Von allen Säugetieren, die im und am Jangtse leben, ist keines so vollkommen an das Wasserleben angepaßt wie der zwei Meter lange Chinesische Flußdelphin *(Lipotes vexillifer)*, der nur in einem großen See, Tungting Hu in der Provinz Hunan, und angrenzenden Jangtse-Teilen vorkommt. In dieser Region füllt der Strom mehrere ausgedehnte Senken, die sich dadurch in ansehnliche Binnenseen verwandelt haben. Das hellgraue und unterseits weiße Tier hat breite Brustflossen und eine hochaufgerichtete fahnenähnliche Rückenflosse, an

der man seine Anwesenheit in den Weiten des Sees deutlich erkennen kann.
Wie sein entfernter Verwandter im Ganges hat auch der Chinesische Flußdelphin kleine und schwache Augen; er verläßt sich ebenfalls vor allem auf sein Echopeilvermögen, um seine Fischbeute aufzuspüren. Der Jangtse ist eine Wanderstraße für viele wasserlebende Tiere.
Die Chinesische Wollhandkrabbe *(Eriocheir sinensis)* pflanzt sich beispielsweise weit stromabwärts im Brackwasser fort, verbringt aber den Rest ihres Lebens mindestens 700 Kilometer entfernt flußaufwärts und entfernt sich manchmal sogar 1400 Kilometer von der Mündung. Mit seinen fellartig behaarten Scheren und seinem dunklen Rückenpanzer ist dieses Krebstier ein auffälliger Vertreter der Flußfauna. Ich habe die reizenden kleinen Krabben tief im asiatischen Binnenland angetroffen, selbst in hochgelegenen Bergbächen. Auch in Europa ist die Wollhandkrabbe inzwischen keine Unbekannte mehr, denn sie wurde vor rund 70 Jahren in unsere heimischen Flüsse eingeschleppt und ist bereits bis in die Tschechoslowakei vorgedrungen.

Farbenprächtige Vögel

Der Weißbrust-Königsfischer *(Halcyon smyrnensis)*, ein stattlicher hübscher Vogel mit rostfarbenem Kopf, rotem Schnabel und blauschillerndem Rücken- und Flügelgefieder, ist ein tüchtiger Jäger, der wie ein Pfeil ins Wasser schießt, um Fische, Krebse, Frösche oder Reptilien zu erbeuten. Das Opfer trägt der Vogel zu seinem Lieblingsplatz, wo er es vor dem Verschlingen so lange hin und her schlägt, bis es das Bewußtsein verliert. Die Königsfischer gehen oft auch in einiger Entfernung vom Fluß auf die Beutejagd, doch sie brüten stets in tiefen Niströhren, die sie ins Flußufer graben.
In Ostchina und im Jangtse-Tal lebt einer der schönsten Vögel der Welt: die Mandarinente *(Aix galericulata)*. Sie ist heutzutage in vielen Tiergärten zu bewundern. Im Flug gleichen sich die beiden Geschlechter in ihrer Silhouette und auch in der Färbung, doch wenn sie auf dem Wasser schwimmen, fallen die aufgerichteten segelähnlichen Schulterfedern des Männchens sofort ins Auge. Das phantastisch bunte Prachtkleid des Erpels mit der kühnen Streifung und Bänderung und der hohen Kopfhaube erregt Staunen bei jedem Betrachter.
In ihrer ostasiatischen Heimat, wo sie in unberührten Waldregionen brütet, wird die Mandarinente leider immer seltener, je weiter die Rodung der Waldflächen fortschreitet.

Die Mandarinente ist ohne Zweifel einer der schönsten und farbenprächtigsten Vögel der Welt. Bei der Balz stellt das Männchen sein Hochzeitsgefieder zur Schau.

Der Jangtse-Drachen

Der China-Alligator *(Alligator sinensis)* hat nahe Verwandte nur in der Neuen Welt in Gestalt der amerikanischen Alligatoren. In früheren Zeiten erstreckte sich das Vorkommensgebiet des China-Alligators vermutlich über weite Landstriche Ostasiens, doch heute beschränkt es sich auf den Unterlauf des Jangtse mit seinen Seen und überschwemmten Feuchtregionen. Hier überlebt diese Art in der für den Menschen unbewohnbaren Sumpflandschaft, in tiefen Seen und in den Wasserläufen, die wie ein Labyrinth die Sümpfe durchziehen.
Mit einem Drachen hat der China-Alligator nicht viel gemein. Er wird nicht viel länger als anderthalb Meter, obwohl er in altchinesischen Berichten als doppelt so lang beschrieben wird. Es gilt als ausgemacht, sowohl in der Volksüberlieferung als auch in Zoologenkreisen, daß er unter den zahllosen Schildkröten, die den Jangtse bewohnen, gewaltig aufräumt. Doch ohne Zweifel begnügt er sich nicht mit so einseitiger Kost; er erbeutet alle möglichen Tiere, unter anderem Wassergeflügel und kleine Säugetiere.
Weil die Temperaturen und die Wasserstände des Jangtse jahreszeitlich stark schwanken, hält der China-Alligator einen Winterschlaf, nachdem er sich etwa zwei Meter tief in das Flußufer eingegraben hat. Bei warmer Witterung baut er ein unordentliches Nest, das er gegen jeden Eindringling verteidigt, aber selbst bei seiner geringen Größe und zurückgezogenen Lebensweise kann er sich nicht schnell genug vermehren, um die Verluste auszugleichen, die auf das Konto der Jäger gehen, welche die Tiere als lebende oder ausgestopfte »Souvenirs« verkaufen.

Der wasserärmste Kontinent

Das einzige australische Stromsystem

Wenn man eine Karte Australiens betrachtet, auf der sämtliche Binnengewässer eingezeichnet sind, stellt man fest, daß die Flüsse im Innern des Kontinents durch gestrichelte Linien dargestellt sind, denn sie führen nur selten Wasser, und zwar nach starken Regenfällen. In den Randzonen dieses Inselkontinents entdeckt man im Westen wenige kurze Flüsse, einige mehr im Norden und auf der York-Halbinsel im Nordosten. Nur der Südwesten Australiens weist größere Flüsse auf, die sich mit denen anderer Erdteile messen können, und sie alle gehören zum Stromsystem des Murray-Darling. Von der Great Dividing Range, einer langgestreckten Gebirgskette an der Nordostküste, fließen die Flüsse entweder ostwärts ins Meer oder nach Westen und sammeln sich dort und bilden das Stromsystem des Murray-Darling. Die Quellflüsse der Osthänge mit ihrem klaren, kalten, reißenden Wasser gleichen denen der europäischen Alpen. Die Flüsse auf der Westseite sind dagegen in jeder Hinsicht typisch australisch: Sie sind breit, schlammig, träge, und ihre Wassermenge schwankt erheblich; in Dürrezeiten verschwinden sie manchmal fast vollständig.

Selbst im Weltvergleich ist das Murray-Darling-Stromsystem sehr groß; sein Einzugsgebiet umfaßt mehr als eine Million km². Der Murray, Darling und Murrumbidgee (ein Hauptnebenfluß, der wie der Murray in den Australischen Alpen im Südosten des Kontinents entspringt) haben eine Gesamtlänge von etwa 7000 Kilometer.

Die Bedeutung, die dieses weiträumige Stromsystem für den trockenen Kontinent hat, kann nicht hoch

Die Rotrücken-Radjahente ist ein auffällig gezeichneter Wasservogel Nord- und Ostaustraliens. Das Weibchen hat ein etwas reizbares Naturell; oft stachelt es den Erpel zum Angriff auf einen Störenfried auf, indem es mit dem Schnabel aufs Wasser schlägt und mit gesenktem Kopf die Angriffsrichtung anzeigt.

genug eingeschätzt werden, denn es gehört zu den wichtigsten Landschaftsmerkmalen, welche die Verteilung der australischen Wildtierfauna bestimmen.

Fische aus einer anderen Welt

In den australischen Flüssen leben zwar nur etwa 180 Fischarten, aber darunter befinden sich viele ungewöhnliche Formen, die nirgendwo sonst vorkommen. Allerdings sind nur zwei Arten, der Australische Lungenfisch *(Neoceratodus forsteri)* und der Australische Knochenzüngler *(Scleropages leichhardti)*, ausschließlich auf das Süßwasser beschränkt; die übrigen bewohnen zwar bevorzugt das Süßwasser, können aber auch ins Brackwasser oder sogar in die Küstengewässer vordringen.

Der Lungenfisch zählt zweifellos zu den interessantesten Fischen überhaupt. Seine Vorfahren lebten schon vor mehr als 100 Jahrmillionen in Australien, und er hat sich seither nur wenig verändert. Lungenfische gibt es auch in Südamerika und Afrika, doch die australische Art stellt eine Besonderheit dar und ist mit den anderen nur sehr entfernt verwandt. Es ist ein großer, massig gebauter Fisch, der bis zu 50 Kilogramm schwer wird, und am ganzen Körper mit sehr großen überlappenden Schuppen bedeckt. Die Jungfische ernähren sich pflanzlich, doch die ausgewachsenen Tiere sind Räuber, die anderen Fischen, Muscheln und Krebsen nachstellen.

Das Körpermerkmal, das dem Lungenfisch seinen Namen gegeben hat, ist nicht eine komplexe Lunge, wie wir sie sonst kennen, sondern eine modifizierte Luftblase, die über dem Darm sitzt. Der Fisch verfügt zudem über Kiemen, mit deren Hilfe er dem umgebenden Wasser Sauerstoff entnimmt. Seine Hauptgefährdung besteht darin, daß die Wasserstände der australischen Flüsse so unterschiedlich und unberechenbar sind. Wenn das Wasser stark zurückgeht, muß sich der Lungenfisch in einen der kleinen Tümpel zurückziehen, die im anderweitig ausgetrockneten Flußbett bestehen bleiben. Die Sonne erwärmt dieses Restwasser und treibt den in ihm gelösten Sauerstoff aus, was zur Folge hat, daß viele Wassertiere ersticken und sterben. Nicht jedoch der Lungenfisch. Er steigt an die Oberfläche und schluckt Luft, die in die Blase über dem Verdauungstrakt gelangt, welche von einem Gewirr von feinen Blutgefäßen überzogen ist und somit als Lunge dient. Dank dem Sauerstoff, der von dem »Lungen-Blutkreislauf« aufgenommen wird, kann der Fisch überleben, solange der Tümpel noch etwas Wasser enthält. Eine völlige Austrocknung übersteht allerdings auch der Lungenfisch nicht.

Das zweite »lebende Fossil«, der Knochenzüngler, stammt ebenfalls aus der Zeit vor 100 Millionen Jahren, als die Knochenfische noch eine verhältnismäßig junge Lebensform auf unserer Erde waren. Es ist ein Raubfisch mit einem kräftigen Gebiß und einem verknöcherten Stäbchenpaar auf dem Rachenboden; daher der Name Knochenzüngler. Nach dem Ablaichen, das im Oktober erfolgt, nimmt das Weibchen die befruchteten Eier in sein geräumiges Maul, wo die Jungen später schlüpfen und heranwachsen. Selbst wenn die Jungfische zur Nahrungssuche frei umherschwimmen, flüchten sie sich bei einer drohenden Gefahr noch ins mütterliche Maul. Während dieser Zeit nimmt das Weibchen keine

Nahrung auf, sondern zehrt von den im Körper eingelagerten Reserven.

Merkwürdige Frösche

Australien beherbergt mehr als 100 Froscharten, die bis auf sieben allesamt irgendeine Beziehung zum Oberflächenwasser haben. Die australische Amphibienfauna ist insofern ungewöhnlich, als sie keinerlei Salamander oder Molche, keine Echten Frösche und auch keine Echten Kröten aufweist; es sind allerdings zahlreiche Kröten aus anderen Erdteilen eingeführt worden, augenscheinlich zum Zwecke der Schädlingsbekämpfung.

Der größte Frosch des Kontinents, der zehn Zentimeter lange Gebänderte Blasenfrosch *(Mixophyes fasciolatus)*, lebt in den östlichen Küstengebieten von Queensland und Neusüdwales. Er gehört zu den sogenannten Nestbauern unter den Froschlurchen und laicht an schnellfließenden Gewässern. Ein Nest, wie es für diese Gruppe typisch ist, baut auch der Banjo-Sumpffrosch *(Limnodynastes dorsalis)*. Das ablaichende Weibchen paddelt an der Wasseroberfläche mit den Vorderbeinen, die zur Erzeugung einer Turbulenz mit vorstehenden Rändern ausgestattet sind, und bringt auf diese Weise einen Luftbläschenstrom hervor, der nach hinten abfließt und sich in dem Schleim verfängt, welcher die Eier zusammenhält.

Flußbewohnende Reptilien

Australien ist besonders reich an Reptilienarten, von denen einige zu den auffälligsten der ganzen Welt zählen. Doch auf diesem trockenen Kontinent sind nur wenige Reptilien ans Wasser gebunden; die meisten gedeihen sehr gut fern von dem spärlichen Oberflächenwasser.

Eine der wenigen Ausnahmen ist die Australische Schlangenhalsschildkröte *(Chelodina longicollis)*, die im gesamten Murray-Darling-Einzugsgebiet verbreitet ist. Das bewegliche und reizbare Tier hat einen unwahrscheinlich langen Hals. Im Unterschied zu den meisten anderen Schildkröten kann es seinen

Der Mertens-Wasserwaran (Varanus mertensi) hat sich speziell dem Leben im und am Wasser angepaßt. Beim Schwimmen benutzt er seinen breiten Schwanz als Ruder und Paddel. Seine Nasenlöcher sitzen oben auf dem Schnauzendach, so daß er selbst dann noch mühelos atmen kann, wenn er fast vollständig untergetaucht ist.

Hals nicht unter den Panzer zurückziehen, sondern muß ihn S-förmig zur Seite biegen. Trotz seines zierlichen Aussehens eignet sich der lange, einfaltbare Hals hervorragend zum Erhaschen vorüberkommender Beutetiere. Dabei stößt die Schildkröte blitzschnell und mit großer Treffsicherheit zu. Die Schlangenhalsschildkröte ist ein gewandter Schwimmer, bewegt sich aber auch genauso geschickt auf dem Flußboden. Mit ihren bekrallten Füßen kann sie Fische, Frösche und Krebstiere zerreißen, die sie mit der schnabelförmigen Schnauze gepackt hat.

Die Australische Schnappschildkröte *(Elseya dentata)*, auch als Gezähnelte Kurzhalsschildkröte bezeichnet, ist ein Flußbewohner, den man nur selten zu Gesicht bekommt. Wie schon der Name sagt, haben wir es hier mit einem angriffslustigen Tier zu tun, das nach allem schnappt, was sich im Wasser bewegt. Die Breitrand-Spitzkopfschildkröte *(Emydura macquarrii)* ist dagegen ein scheues, harmloses kleines Geschöpf. Zu ihrer abwechslungsreichen Kost gehören anscheinend auch Wasserpflanzen.

Echsen trifft man nicht häufig an Flüssen an, doch eine Art, der zu den Wasseragamen gehörende Gewöhnliche Wasserdrache *(Physignathus lesueurii)*, sonnt sich mit Vorliebe auf Ästen, die über dem Wasser hängen. Wenn das Tier erschreckt wird, springt es hinab und schwimmt mit mächtigen Schlängelbewegungen davon.

Australische Wasservögel

Viele Vögel, die an den Flüssen und in den Sumpfgebieten Australiens leben, ähneln ihren Vettern in anderen Erdteilen, unterscheiden sich von ihnen aber durch ihre Färbung und ihre Lebensweise, die den speziellen Bedingungen dieses Kontinents angepaßt sind. Der Gelbschnabelreiher *(Egretta intermedia)*, ein anmutiger weißer Vogel, fliegt mit gemessenen Flügelschlägen, den Hals S-förmig zurückgebogen, wie es für alle Reiher charakteristisch ist. Der Weißkopf-Stelzenläufer *(Himantopus leucocephalus)* und der Braune Sichler *(Plegadis falcinellus)*, hochbeinige Vogelgestalten mit lang ausgezogenem Schnabel, gründeln am Ufer nach Insekten, Krebsen und nach Weichtieren. Große, dunkelbraune Sumatra-Reiher *(Ardea sumatrana)* warten im Röhricht geduldig darauf, daß sich ein Fisch oder Frosch zeigt, oder werfen einen kurzen

1 Mit aufgeblähter Schallblase läßt der Rote Baumfrosch (Litoria rubella) seinen tiefen, volltönenden Ruf aus der dichten Ufervegetation erklingen.

2 Der Murray ist ein breiter, träger Fluß, der sehr viel Schlick mit sich führt. Dieser bedeutendste Strom Australiens entspringt in der Nähe des Mount Kosciusko und fließt dann durch Neusüdwales, Victoria und Süd-Queensland zum Meer.

3 Der Australische Lungenfisch hat sich seit mehr als 100 Jahrmillionen nicht wesentlich verändert. Der Lungenfisch besitzt eine lungenähnliche Luftblase, die vom Darm abzweigt. Und immer wenn der Wasserstand sinkt, schluckt er Luft, die in seine »Lunge« gelangt. Auf diese Weise kann er in kleinen, flachen und sauerstoffarmen Tümpeln überleben, solange er nur von Wasser bedeckt bleibt.

1

2

3

1 An Land bewegt sich das Schnabeltier nur schwerfällig fort, doch es schwimmt schnell und gewandt. Mit seinem gummiartigen, empfindlichen Schnabel sucht es den Gewässerboden nach Wirbellosen ab.

Blick auf die kurzschwänzige braune Australische Rohrdommel *(Botaurus poiciloptilus)*, die lautlos durch die dichte Sumpfvegetation huscht.

Australien ist die Heimat mannigfaltiger und zum Teil außergewöhnlicher Entenvögel, die meist endemisch sind. Die Radjahente *(Tadorna radjah)* gehört zur großen Gruppe der Halbgänse, die sowohl enten- als auch gänseähnliche Merkmale aufweisen.

Eine majestätische Erscheinung ist der große Schwarze Schwan *(Cygnus atratus)*, die einzige Schwanenart, die in Australien bodenständig ist. Das tiefschwarze Gefieder bildet einen herrlichen Kontrast zu dem leuchtend roten, an der Spitze gelben oder weißen Schnabel und den reinweißen Schwingenfedern, die im Flug deutlich zu sehen sind. Die mächtigen Schwingen klaftern fast zwei Meter weit und tragen den Vogel über weite Entfernungen, obwohl er keine festgelegten Wanderungen ausführt.

Ein eierlegendes Säugetier

Ein unverkennbarer Australier ist das Schnabeltier *(Ornithorhynchus anatinus)*, neben den Schnabeligeln, die mit dem Wasser nicht viel im Sinn haben, das einzige eierlegende Kloakentier der Erde. Das Schnabeltier lebt fast ausschließlich im Wasser und kann sich an

2

2/3 Der australische Schwarze Schwan brütet in Feuchtgebieten und baut ein großes Nest. Trotz der unterschiedlichen Färbung gehen wahrscheinlich der Schwarze Schwan und der Höckerschwan der Nordhalbkugel auf eine gemeinsame Stammform zurück. Beide Vögel tragen ihren langen Hals in einer anmutigen S-Kurve und stellen beim Drohen ihre Armschwingen segelförmig auf.

Land nur mühsam fortbewegen. Die großen Schwimmhäute, welche die stämmigen Beine unter Wasser sofort in breite Paddel verwandeln, überragen die Handkrallen so weit, daß das Schnabeltier, um sie zu schützen, außerhalb des Wassers buchstäblich auf den Knöcheln geht.

Beim Schwimmen unter Wasser verschließt es die Augen und sucht den Boden mit seinem gummiartigen Schnabel nach Krabben, Schnecken und anderem Kleingetier ab. Mit gefüllten Backentaschen steigt es an die Oberfläche, öffnet die Augen und verspeist seine Beute. Sein Appetit ist gewaltig: Ein Schnabeltier kann an einem einzigen Tag mehr als 1000 Insekten, Würmer und Krebse verzehren.

Nach der Paarung verzieht sich das Weibchen in seinen selbstgegrabenen, oft mehrere Meter langen Bau und legt in der Brutkammer zwei Eier ab, die es mit seiner Körperwärme ausbrütet. Die winzigen Jungen, die nach 7–10 Tagen schlüpfen, ruhen in der Pflanzenpolsterung der Brutkammer und lecken die Milch auf, die die Mutter aus Drüsen in ihrem Bauchfell ausscheidet. Erst nach etwa vier Monaten verlassen sie den Bau.

Der Vater der Ströme

Die großen Flußsysteme Nordamerikas

Nordamerika, von zwei großen Ozeanen begrenzt, die 4800 Kilometer auseinanderliegen, ist geomorphologisch eindeutig von Norden nach Süden ausgerichtet, von der Arktis bis zu den Subtropen. Längs der beiden Küsten verlaufen parallel angeordnete Gebirgsketten – das Küstengebirge, die Rocky Mountains und die Sierra Madre im Westen und die Appalachen im Osten –, die große Wasserscheiden bilden und ihre Wassermassen zum Pazifik oder Atlantik entsenden. Das riesige Becken zwischen den beiden Wasserscheiden wird von einem der gewaltigsten Stromsysteme der Welt entwässert, dem Mississippi und seinem Hauptnebenfluß, dem Missouri.

Die wandernden Lachse

Die berühmtesten Fische im Nordwesten des Subkontinents sind die Pazifischen Lachse *(Oncorhynchus)*. Sie sind die meiste Zeit ihres Lebens echte Meeresfische, steigen aber zum Laichen weit die Flüsse hinauf und müssen bei dem Versuch, ins Meer zurückzukehren, in der Regel ihr Leben lassen.

Der große, bis zu 45 Kilo schwere Quinnat *(O. tschawytscha)* kann im Yukon über 2000 Kilometer weit stromaufwärts wandern. Vor ihrem siebten Lebensjahr werden die adulten Quinnats im Meer geschlechtsreif und streben dann den Festlandsküsten zu. Alle Pazifiklachse haben mehr oder weniger die gleiche Lebensgeschichte, die wir bei dem etwas kleineren, aber farbenprächtigeren Blaurückenlachs *(O. nerka)* genauer verfolgen wollen.

Wo immer sich die Blaurückenlachse und ihre Vettern im weiten Pazifischen Ozean auch aufhalten, sie finden regelmäßig auf eine bislang ungeklärte Weise zu den

Die große Laichwanderung der Lachse lockt in Alaska alle möglichen Räuber und Aasfresser an. Möwen finden sich in Scharen ein, und das größte Landraubtier der Erde, der Kodiakbär, tut sich an den leicht zu erbeutenden Lachsen gütlich.

Quellflüssen zurück, in denen sie einst geschlüpft sind. Schon wenige Tage nach dem Einschwimmen in den Hauptstrom, der sie schließlich zu ihrem »Geburtsort« führt, verfärben sich die männlichen Blaurückenlachse auf Rücken und Flanken leuchtend rot, und zugleich setzt eine weitere Umwandlung ein. Die Kiefer verlängern sich und werden hakenförmig, so daß der Fisch am Ende sein Maul nicht mehr schließen kann, und auch die Zähne nehmen an Länge zu. Bei den Weibchen verstärkt sich zwar ebenfalls die rötliche Färbung, aber die Kiefer verändern sich nicht.

Die Massenlaichwanderungen lokken viele Freßfeinde an die Flußufer: Möwen, Greifvögel, Bären und andere Säuger. Die Sterblichkeitsrate der Lachse ist hoch, aber biologisch vertretbar, denn bei den vielen Tausend Eiern, die jedes Weibchen ablegt, sind eigentlich nur zwei Überlebende absolut notwendig, um den Fortbestand der Art zu sichern.

Im Meer ernähren sich die silbrigen, stromlinienförmigen Lachse von kleinen planktonischen Krebsen und bauen große Fett- und Muskelreserven auf. Sobald sie ins Süßwasser vorgedrungen sind und ihre Metamorphose durchgemacht haben, können sie nicht mehr fressen, weil sich ihre Kiefer so stark umgebildet haben und weil sie nicht die richtige Nahrung vorfinden. Der Buckel, den sich die meisten Lachsmännchen zulegen, besteht aus Muskelfleisch und Nahrungsvorräten. Anfangs ist das Muskelgewebe rot und fest, doch später, nach dem wochenlangen Anschwimmen gegen die Strömung, wird es blaß und schlaff. Doch die erschöpften und zerschundenen Fische kämpfen sich mit zerfetzten Flossen und oft nur noch einäugig weiter voran. Wenn das Ablaichen näherrückt, ist der Übergang der Fett- und Nahrungsreserven aus dem Fleisch in die Rogen abgeschlossen.

Wenn die Weibchen dort ankommen, wo vor sechs oder sieben Jahren ihr Leben begann, heben sie mit Rumpf- und Schwanzschlägen eine Laichgrube im kiesbedeckten Boden aus. Dann legt jedes Weibchen eine größere Zahl Eier ab, die sofort von einem Männchen befruchtet werden, und dieser Vorgang wiederholt sich viele Male, bis die Tausende von Eiern beisammen sind, die absinken und sich an Steine anheften. Das Weibchen deckt jedes Gelege sorgfältig zu, sobald das Männchen seinen Samen abgegeben hat. Die Laichgruben der einzelnen Paare werden hintereinander stromaufwärts angelegt und eine Zeitlang vom Männchen bewacht. Doch wenn die Eier zugedeckt sind, kümmern sich die Eltern nicht weiter um sie, und fast alle sterben hier.

Die Embryonen entwickeln sich, und die heranreifenden Jungen zehren, noch immer unter dem Kies begraben, von ihrem großen Dottersack. Schon wenige Wochen nach dem Verlassen des Nests beginnen sie ihre lange Wanderung zum Meer. Der Geruch ihres Laichflusses hat sich ihnen dabei so fest eingeprägt, daß sie Jahre später zu ihrem Ursprungsort zurückzufinden vermögen. Nur etwa zwei Prozent der Jungfische erreichen den Ozean, aber diese Tiere sind inzwischen so groß, schnell und beweglich, daß sie gute Überlebenschancen haben.

Säugetiere des Nordens

Die Kodiakbären *(Ursus arctos middendorffi)* lassen sich schwerlich als Wassertiere einstufen, doch zur Zeit der Lachswanderungen bringen sie Tage oder Wochen im Wasser zu und schlagen sich an günstig gelegenen Uferstellen den Magen mit Fischen voll. Der in Amerika als »Moose« bezeichnete Elch *(Alces alces)* hält sich im Sommer an Flüssen, Seen und Sümpfen auf und weidet dort die saftige Vegetation ab. Mit seinen riesigen, weit auseinandergespreizten Hufen kann er mühelos im sumpfigen Gelände umherwandern und mit kraftvollen Bewegungen selbst die breitesten nördlichen Seen durchschwimmen, wobei er Kopf und Schultern hoch aus dem Wasser hebt. Oft bis zum Bauch im Wasser stehend, stopft er sich mit Hilfe seiner langen, tastempfindlichen Oberlippe das Maul mit Wasserpflanzen voll.

Obwohl die Biber in mehreren Unterarten auch über Europa und Asien verbreitet sind, bringt man sie am ehesten mit Nordamerika in Verbindung, vor allem deswegen, weil ihnen hier noch ausgedehnte Wildnisgebiete zur Verfügung stehen. Der Kanadische Biber *(Castor canadensis)*, ein untersetztes, stämmiges Tier, das bis zu 30 Kilogramm wiegt, hat durch seine Bautätigkeit überall in seinem Lebensraum eine Vielzahl von natürlichen Teichen entstehen lassen. Die Biber errichten ihre Dämme in erster Linie in der Absicht, den Eingang zu ihrer »Burg« unter Wasser zu verlegen, aber der dabei entstehende Stausee ist ihnen ebenso willkommen, denn auf ihm lassen sich Äste und Baumstämme, die als Baumaterial und als Nahrung dienen, leichter befördern.

Bevor ein Biber mit der Arbeit beginnt, sucht er sich in einem Bach

1

1 Der Kanadische Fischotter (Lutra canadensis) repräsentiert eine der elf Otterarten, die in der Alten und Neuen Welt verbreitet sind. Dieser erstaunlich schnelle und gewandte Schwimmer kann bei der Verfolgung seiner Fischbeute mehrere Minuten unter Wasser bleiben. Die eigentliche Beutejagd findet in der Nacht statt; am Tage spielt und sonnt sich der Otter in Bächen und Flüssen, wenn er ungestört ist.

2 Eiskappen und Gletscher bedecken ein Zehntel der Erdoberfläche. Die vorrückenden Eisränder schmelzen unaufhörlich ab. In Alaska beläuft sich die Schmelzgeschwindigkeit auf rund 150 Meter in zehn Jahren. Allein in unserem Jahrhundert hat sich der Meeresspiegel durch das Schmelzwasser um fünf Zentimeter angehoben.

2

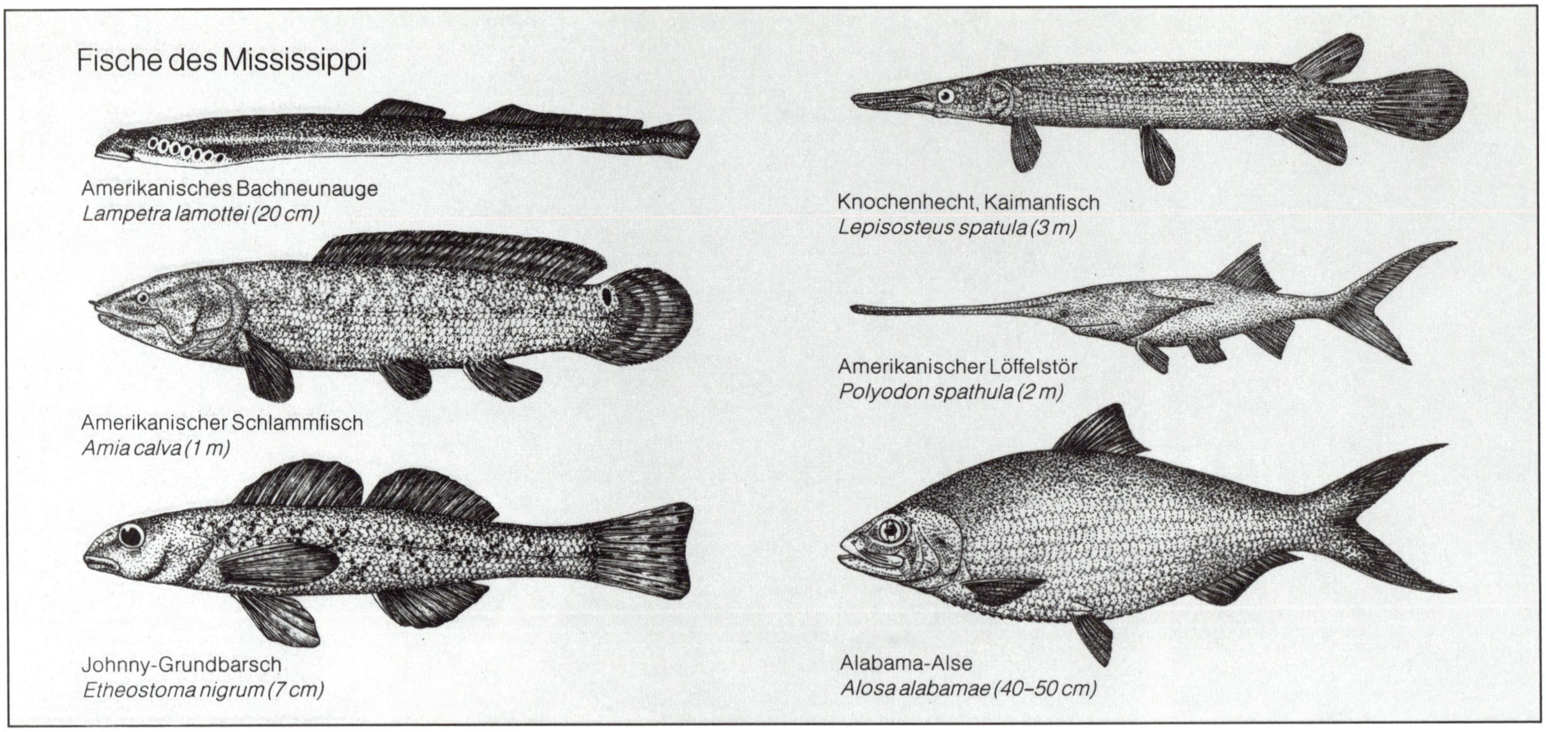
Fische des Mississippi
Amerikanisches Bachneunauge
Lampetra lamottei (20 cm)
Amerikanischer Schlammfisch
Amia calva (1 m)
Johnny-Grundbarsch
Etheostoma nigrum (7 cm)
Knochenhecht, Kaimanfisch
Lepisosteus spatula (3 m)
Amerikanischer Löffelstör
Polyodon spathula (2 m)
Alabama-Alse
Alosa alabamae (40–50 cm)

1

2

3

oder Fluß einen besonders geeigneten Platz aus. Bäume werden gefällt, und nach und nach entsteht ein Damm. Schon bald staut sich vor ihm das Wasser und steigt um einen Meter oder noch höher an. Im neuen Teich errichtet der Biber seine Burg, eine große runde Kuppel aus Stöcken und Lehm und mit mehreren Eingängen, die unter Wasser zur eigentlichen Wohnkammer führen. In der Nähe werden junge, noch belaubte Zweige und Äste in großen Mengen in einem Unterwasserversteck untergebracht, als Nahrungsvorrat für die Biberfamilie im Winter.

Sobald ein Damm fertig und ein Gelände überflutet ist, werden weitere Bäume gefällt, und andere sterben ab, weil ihre Wurzeln im Wasser stehen. Aus einem bachdurchflossenen Waldstück wird so ein offenes Gelände mit einer üppigen halbaquatischen Vegetation. Eine völlig neue Lebensgemeinschaft aus Pflanzen und Tieren entfaltet sich, doch dieses Ökosystem hat nur eine Zeitlang Bestand. Eines Tages übersiedeln die Biber in eine andere Gegend, wo sie leichteren Zugang zu den lebensnotwendigen Bäumen haben. Der alte Teich füllt sich mit Schlamm auf, und die unterschiedlichen Pflanzengemeinschaften und mit ihnen die entsprechenden Tiere wechseln sich ab.

Der Mississippi

Das Einzugsgebiet des Mississippi (dieser indianische Name bedeutet soviel wie »Vater der Ströme«) umfaßt ein Achtel des gesamten Subkontinents, das sind mehr als drei Millionen km². Jedes Jahr ergießt der Strom 22 Milliarden m³ Wasser in den Golf von Mexiko, das teilweise den ganzen 3757 km langen Weg von der Quelle an zurückgelegt hat.

In einem Atemzug mit dem Mississippi ist der Missouri zu nennen, der zwar nur ein Nebenfluß, aber gleichwohl einer der größten Ströme der Erde ist. Er entspringt 4200 Meter hoch in den Rocky Mountains und vereinigt sich in einer Höhe von etwas mehr als hundert Meter über dem Meer bei St. Louis mit dem Mississippi, der seine Wassermassen in den Golf befördert. Die Ausmaße des Missouri werden deutlich, wenn man sich vergegenwärtigt, daß er 1,3 Millionen km² des gesamten Stromgebiets entwässert.

Fische aus der Vergangenheit

Schon vor mindestens 80 Jahrmillionen schwamm im Mississippi ein Löffelstör *(Polyodon spathula)* langsam an der Oberfläche umher, der mit seinem großen aufgesperrten Maul gewaltige Mengen Plankton verschlang. Diese Fischart blickt nicht nur auf ein sehr hohes Alter zurück, sondern hat auch auf der ganzen Welt nicht ihresgleichen.

Der Löffelstör hat wie die Haie ein Knorpelskelett und eine stark nach oben verlängerte Schwanzflosse. Früher war er im gesamten Mississippigebiet verbreitet, heute ist er infolge Überfischung weitgehend ausgerottet. Der bis 1,80 Meter lange Fisch fühlt sich durchaus wohl im trüben Flußwasser, wo die vom Schlammboden hochgewirbelten Nährstoffe reiches pflanzliches Plankton unterhalten, von dem wiederum zahllose winzige Tiere leben. Die löffelförmig lang ausgezogene flache Schnauze dient dazu, den Kopf anzuheben und zu stabilisieren, wenn sich das geräumige Maul öffnet und wie ein lebendiges Planktonnetz die mikroskopisch kleine Nahrung einsammelt. Da der Löffelstör keine Schwimmblase besitzt und seinem massigen Körper laufend Nahrung zuführen muß, ist er in der Oberflächenschicht des Wassers ständig unterwegs.

4

1 Die Eier legt das Weibchen des Blaurückenlachses im flachen Wasser in selbstgegrabenen Vertiefungen ab. Sie werden sofort besamt, sinken ab und heften sich an die Steine an. Die Laichgruben werden von den Männchen wütend verteidigt, bis das Weibchen alle Eier abgelegt und mit lockerem Kies bedeckt hat.

2 Der Kanadische Biber ist eines der größten Nagetiere der Welt. Der breite, abgeflachte und beschuppte Schwanz, die »Biberkelle«, dient ihm als Antriebsruder. Wenn er sich beunruhigt fühlt, schlägt er mit dem Schwanz auf das Wasser, um vor der drohenden Gefahr zu warnen.

3 Die aus Zweigen, Holzstämmen und Schlamm erbauten Biberburgen sind so stabil, daß kaum ein Raubtier sie aufzubrechen vermag.

4 Mit einem Gewicht von mehr als 700 Kilogramm ist der Kodiakbär (Ursus arctos middendorffi) das größte landlebende Raubtier der Erde, obwohl er bei der Geburt weniger als 500 Gramm wiegt. Als Raubtier betätigt er sich freilich nur im Frühjahr während der Laichwanderung der Lachse, die in den Flüssen Alaskas stromaufwärts ziehen. In den anderen Jahreszeiten ernährt sich der Bär von Beeren, Wurzeln, Knollen und anderen Pflanzenstoffen.

1 Die sehr schwimmtüchtige Bisamratte (Ondatra zibethicus) hat einen seitlich abgeplatteten ruderförmigen Schwanz. Beim Tauchen verschließt sie ihr inneres Ohr mit einer Hautfalte.

2 Der Gelbkopf-Schwarzstärling ist in den von Rohrkolben und Teichbinsen bestandenen Sümpfen westlich des Mississippi häufig anzutreffen.

3 Der Rotflügel-Schwarzstärling ist eine der häufigsten Vogelarten Nordamerikas. Ufernahe Sümpfe und Feuchtgebiete hallen wider von seinem schrillen, trillernden Ruf.

1

Der Kaimanfisch oder Mississippi-Knochenhecht *(Lepisosteus spatula)*, der über drei Meter lang werden kann und rautenförmige Panzerschuppen und alligatorähnliche, mit spitzen Zähnen besetzte Kiefer besitzt, ist der »Hai« unter den Fischen des Mississippi. Sein gewaltiges Maul ist so muskulös, daß es, wie in einem Fall verbürgt ist, einen zwei Meter langen Alligator mit einem einzigen Biß zermalmen kann. Kein anderer Fisch vermag dem Angriff dieses bis 135 Kilo schweren Giganten zu widerstehen.

Ein gepanzertes Ungetüm

Auch wenn die Geierschildkröte *(Macroclemys temminckii)* auf dem Boden des Flusses ruht, vermittelt sie noch den Eindruck ungezügelter Kraft. Mit einem Gewicht von rund 100 Kilogramm ist sie eine der größten Süßwasserschildkröten der Welt und auch eine der wehrhaftesten. Im Gegensatz zu den anderen Schnappschildkröten ihrer Verwandtschaft schleicht sie ihre Beute nicht an, sondern lockt sie mit einem Täuschungsmanöver in ihr großes schnabelförmiges Maul. Sie liegt auf dem Gewässerboden mit aufgesperrtem Maul, das einer tiefen dunklen Höhle gleicht. Oben auf der Zunge sitzt ein roter wurmähnlicher Fortsatz, der sich mal heftig und mal langsam hin und her bewegt. Sonst verhält sich das Tier völlig reglos. Der breite, stark gekielte Rückenpanzer ist dunkel gefärbt und mit Schlamm und durch Algenbewuchs gut getarnt. Der dicke Schwanz und die beschuppten und bekrallten Füße rühren sich nicht. Das große Tier wartet und läßt nur seinen roten »Zungenwurm« hin und her zucken.

Ein Fisch erspäht den leuchtenden Köder und kommt näher, um den verlockenden und leicht erbeutbaren Leckerbissen zu inspizieren. Im selben Augenblick schnappen die Kiefer wie eine Falle zu, und das Opfer wird entzweigebissen oder als Ganzes verschluckt.

Die Vogelwelt der Feuchtgebiete

Das Mississippital beherbergt eine Vielzahl von Vögeln, von der Grauen Wasseramsel *(Cinclus mexicanus)*, die sich auf dem Boden der reißenden Gebirgsbäche der Rocky Mountains gegen die Strömung voranarbeitet, bis zum Amerikanischen Graureiher *(Ardea herodias)*, der in Ufernähe Fischen und Amphibien nachstellt.

Einer der anpassungsfähigsten und gewiß erfolgreichsten nordamerikanischen Vögel, der Rotflügel-Schwarzstärling *(Agelaius phoeniceus)*, ist ein häufiger und auffälliger Bewohner der flußnahen Sumpfgebiete. Die hellgesäumten scharlachroten Flügelflecken und die ständig vorgetragenen trillernden Rufe des Männchens sind östlich der Rocky Mountains jedermann vertraut. Beim Singen spreizt das Männchen seine Schwingen ab und stellt seine leuchtend roten Schulterflecken zur Schau, um seinen Territorialanspruch nicht nur gegenüber den männlichen Rivalen, sondern auch gegenüber den stilleren Weibchen geltend zu machen. Das tiefe, feste Nest wird im Sumpfgras gebaut, ein gutes Stück über dem feuchten Untergrund oder dem seichten Wasser. Nur im nordwestlichen Teil ihres Vorkommensgebiets muß sich diese Art gegen ihren größeren Vetter behaupten, den Gelbkopf-Schwarzstärling *(Xanthocephalus xanthocephalus)*, der sich die besseren Nistplätze über tieferem Wasser sichert und den Rotflügel-Schwarzstärling zum Ufer hin abdrängt, wo er durch räuberische Landtiere stärker gefährdet ist.

Wenn man von einem günstigen Aussichtspunkt aus die ausgedehnte Sumpflandschaft der Flußtäler überschaut, erblickt man früher oder später einen kräftigen, niedrig fliegenden Greifvogel – die Kornweihe *(Circus cyaneus)*, die einzige Weihenart in dieser Hemisphäre. Manchmal steigt sie empor und kreist hoch über der Erde, doch meist flitzt sie geräuschlos dicht über das Röhricht dahin und stürzt sich blitzschnell auf eine Maus, einen Frosch oder einen anderen kleinen Bewohner des dichtbewachsenen Sumpfgebietes.

Fluß ohne Namen

Im äußersten Südosten der Vereinigten Staaten fließt ein großer Strom vom Okeechobee-See südwärts zur mehr als 160 Kilometer entfernten Floridabucht, einem schmalen Meeresarm zwischen dem Festland und den Florida

2

3

Keys. Man sträubt sich, dieses Gewässer als Fluß zu bezeichnen. Obwohl der See stellenweise 80 Kilometer breit ist, beträgt die Wasserhöhe im Durchschnitt nur 15 Zentimeter. Da der Okeechobee-See lediglich 4,50 Meter über dem Meer liegt, ist das Gefälle des sogenannten Flusses minimal und die Strömung kaum wahrnehmbar. Die höchsten Erhebungen in dieser Landschaft, den Everglades, steigen nur selten über zwei Meter an und werden Hammocks genannt.

Der Wasserstand in den Everglades schwankt mit den Jahreszeiten, was zum Teil auf die hohe Verdunstungsrate des Sees und des breit und langsam dahinfließenden Stroms zurückzuführen ist. Wenn das Wasser fällt, verziehen sich die in ihm lebenden Tiere an tiefere Stellen, die im Volksmund »Alligatorlöcher« heißen, nicht nur deshalb, weil die Mississippi-Alligatoren *(Alligator mississippiensis)* dort ebenfalls Zuflucht suchen, sondern auch, weil diese Reptilien dafür sorgen, daß die Löcher offen und ziemlich tief bleiben. Solche Tümpel bergen zahlreiche Schildkrötenarten.

Zu allen Jahreszeiten wimmelt es in den Tümpeln von Fischen: Koboldkärpflinge, Fundulen, große, räuberische Forellenbarsche und kleine Zwergsonnenbarsche leben hier.

Der Mississippi-Alligator ist wahrscheinlich der berühmteste Bewohner der Everglades. Er wird dem Menschen nicht gefährlich und ist ein reines Süßwassertier, das sich nur selten ins Brackwasser vorwagt, wo sich sein Verbreitungsgebiet mit dem des weniger bekannten Spitzkrokodils *(Crocodylus acutus)* überschneiden kann.

Entgegen der landläufigen Meinung läßt der Alligator sein lautes Bellen nicht nur in der Paarungszeit, sondern das ganze Jahr über hören. Die eigentliche Werbung geht eher leise und sanft vonstatten; die Partner liegen Seite an Seite im seichten Wasser, und das Männchen streichelt das Weibchen hin und wieder mit seinem Vorderbein. Später schiebt es dann den Kopf unter den der Partnerin und reibt ihre Kehle, während es neben ihrem Kopf Luftblasen aufsteigen läßt. Bald darauf findet die Paarung statt, und danach trennen sich die beiden, bleiben aber oft im weiteren Umkreis des Reviers zusammen. Nach etwa zwei Monaten beginnt das Weibchen mit dem Nestbau, indem es Pflanzenteile und Schlamm mit dem Rumpf und Schwanz zusammenscharrt. Wenn nach wenigen Tagen das Bauwerk, das aus allen möglichen Materialien besteht, fertig ist, höhlt das Weibchen oben mit einem Hinterbein eine Vertiefung aus. Dann steigt es über das Loch und legt 30 bis 50 lederige Eier ab, deren Fall es mit dem Hinterfuß abbremst. Nach der Eiablage schiebt sich die Panzerechse zur Seite, ohne das Gelege mit ihrem Gewicht zu erdrücken, und deckt die Vertiefung mit Pflanzen und Schlamm sorgfältig zu. Während sich ihre Nachkommen in den Eiern entwickeln, bleibt sie in der Nähe des Nestes und attakkiert fauchend jeden Eindringling, macht aber keinen Versuch, ihn zu beißen.

Schlangen und Lurche

Von den 27 Schlangenarten der Everglades sind nur drei giftig, von denen wiederum zwei zu den Klapperschlangen gehören und nicht in Feuchtgebieten vorkommen. Die dritte Art, die Wassermokassinschlange *(Agkistrodon piscivorus)*, hält sich meist auf dem Ufer dicht am Wasser auf oder liegt auf überhängenden Ästen auf der Lauer. Sie schwimmt gern und mühelos, ist aber kein echtes Wassertier und jagt auch nicht nach Beute, solange sie sich im Wasser befindet. Wenn sie beunruhigt wird, droht sie mit weit aufgerissenem Maul und enthüllt dabei das weiße Innere des Mauls, was ihr bei den Amerikanern den Namen »Baumwollmaul« eingetragen hat.

Eines der absonderlichsten Tiere dieser Region ist der Zweizehen-Aalmolch *(Amphiuma means)*, den man auf den ersten Blick für eine dicke Schlange oder einen Aal halten möchte. Es ist jedoch ein Lurch, ein hochspezialisierter Salamanderverwandter, der fast einen Meter lang wird. Seine weit auseinanderstehenden Beine sind so winzig und schwach, daß sie absolut nutzlos sind. Normale Lurche machen ein Larvenstadium durch, das sie als Kiemenatmer im Wasser verbringen, und verwandeln sich dann in vollentwickelte lungenatmende Tiere. Die Aalmolche kennen nur eine unvollständige Umwandlung. Sie besitzen zwar Kiemenbögen und -öffnungen, aber keine äußeren Kiemen und atmen durch Lungen. Sie haben auch keine Augenlider wie andere erwachsene Amphibien. Insgesamt behalten sie also gewisse Larvenmerkmale bei, während sie andererseits auch Merkmale vollentwickelter Lurche erwerben.

Ein Vogelparadies

Der breite verschilfte Strom mit seinen Baumbeständen an den Ufern ist ein Refugium für die artenreichste Vogelfauna Nordamerikas. Ihre üppige Vegetation verdankt die Landschaft ihrer subtropischen Lage. Zu den größeren und bekannteren Vögeln, die man hier beobachten kann, gehören der Rosalöffler, der Weiße Sichler, der Waldstorch, der Weiße Reiher, der Gelbkopf-Nachtreiher, der Schlangenhalsvogel, der Amerikanische Seidenreiher und der seltene Schneckenmilan. Eine Gesamtzahl von 237 Vogelarten ist in den Everglades nachgewiesen, von denen sich einige nur zu bestimmten Jahreszeiten hier aufhalten.

Zu den seltsamsten Vogelgestalten der Everglades zählt der Schlangenhalsvogel. Wenn er schwimmt, ragt nur sein langer gebogener Hals aus dem Wasser hervor, der dann tatsächlich eine gewisse Ähnlichkeit mit einer Schlange hat. Beim Abtauchen öffnet der Vogel ein we-

1

2

3

1 Der Streifengrünreiher zählt zu den kleinsten nordamerikanischen Reiherarten. Er bevorzugt abgeschiedene Gebiete, wo er am Ufer baumbestandener Wasserläufe geduldig und regungslos darauf wartet, daß sich ein Fisch oder Frosch zeigt.

2 Der breite spatelförmige Schnabel des Rosalöfflers (Ajaja ajaja) dient dazu, winzige Krebschen und Planktontiere aus dem trüben, warmen Wasser zu seihen. Diese Vogelart ist in den Everglades nicht mehr so häufig wie früher.

3 Die subtropischen Everglades sind die Heimat einer reichen Vogelfauna, unter anderem der Schlangenhalsvögel. Der Schlangenhalsvogel schwimmt so tief im Wasser, daß nur sein gebogener Hals sichtbar ist. Um seine Fischbeute zu speeren, taucht er ab und »fliegt« unter Wasser dahin.

nig seine Schwingen und rudert langsam umher, den Kopf mit dem dolchspitzen Schnabel zurückgelegt. Sobald der schwebende Schatten der Flügel einen Fisch angelockt hat, stößt der Kopf blitzschnell vor, und das Opfer ist aufgespießt. Ist die Beute ziemlich groß, so wird sie an die Wasseroberfläche befördert, in die Luft geworfen und mit dem Kopf voran vom offenen Schnabel aufgefangen.

Da das Gefieder des Schlangenhalsvogels nicht wasserabstoßend ist, schüttelt sich der Vogel heftig, wenn er an Land steigt. Dann klettert er auf einen Ast dicht über dem Wasserspiegel und bleibt dort still sitzen, die ausgebreiteten Flügel der Sonne zugewandt, damit das Federkleid schneller trocknet. Dieses Verhalten hat er mit einer anderen Ruderfüßerart gemeinsam, der Ohrenscharbe *(Phalacrocorax auri-*

tus), die ebenfalls in den Everglades häufig vertreten ist.

Die Seekühe der Everglades

Die in Florida heimische Unterart des Westindischen Lamatins *(Trichechus manatus latirostris)* ist, wie die anderen Seekühe oder Sirenen auch, ein riesiges walzenförmiges Wassersäugetier, das über 600 Kilo – manche behaupten sogar, bis zu 900 – schwer wird und eine Länge von vier Meter erreicht. Die Lamatins sind schwerfällige, friedliche Vegetarier, und mit ihrem massigen, rundlichen Körper erinnern sie tatsächlich an Kühe, mit denen sie freilich nicht verwandt sind. Der Ruderschwanz ist stark abgerundet, der Beckengürtel besteht nur noch aus einer breiten Knochenplatte, die tief im Rumpf liegt, und die Hintergliedmaßen fehlen vollständig. Die kurzen Vorderbeine sind sehr beweglich; mit ihnen können die Lamatins ihre pflanzliche Nahrung einsammeln und auch ihre Kinder »wiegen«.

Die Tiere haben einen gewaltigen Appetit und verspeisen an einem Tag bis zu 30 Kilogramm Nahrung, die in einem über 20 Meter langen Darm verdaut wird. Wegen ihrer Gefräßigkeit sind sie willkommene Gäste in zugewucherten Wasserwegen, die durch die Lamatins wieder passierbar gemacht werden.

Das Gesicht der Tiere ist ebenso grotesk wie wandlungsfähig. Die borstenbestandenen Lippen können sich weit ausdehnen, wenn das Tier große Nahrungsmengen aufnimmt, oder sich wie Gummiwülste übereinanderschieben. Die Augen sind klein und sanft, äußere Ohren sind nicht vorhanden, und die Nasenöffnungen lassen sich fest verschließen, wenn das Tier untertaucht. Weil die pflanzliche Nahrung ausgiebig gekaut werden muß, nutzt sich das Gebiß stark ab, was zur Folge hat, daß die flachen Mahlzähne hinten im Kiefer ständig neugebildet werden und sich nachschieben, wenn die verbrauchten vorderen Zähne ausfallen.

Breite Straßen zum Meer

Dort, wo ein Fluß dem Einfluß des Gezeitenwechsels ausgesetzt ist,

Die Gemeine Miesmuschel (Mytulis edulis) lebt vor allem in den Mündungszonen der Flüsse. Diese kleinen zweischaligen Weichtiere filtern Plankton aus dem Wasser und heften sich zum Schutz gegen die starke Gezeitenströmung mit zähen Fäden (Byssus) an eine feste Unterlage an.

bildet sich eine Trichtermündung, die je nach Beschaffenheit der Küste unterschiedliche Formen annehmen kann, vom tiefen Fjord bis zur breiten Lagune hinter einer Nehrung oder Barriere-Insel. An der mittleren Atlantikküste Nordamerikas finden wir ein geradezu klassisches Beispiel für eine Trichtermündung: Hier weitet sich der Delaware zu einer glockenförmigen Bucht, fließt dann über eine Festlandsschwelle hinweg und ergießt sich in die Weiten des Ozeans.

Der Delaware hat zwei Quellen, beide im Bundesstaat New York gelegen. Viele Kilometer lang ist er ein ganz gewöhnlicher Fluß, der sich von den anderen Flüssen der Nordhalbkugel kaum unterscheidet. Doch dann kommt er an eine Übergangsstelle, wo das Wasser die geologisch alte felsige Piedmontfläche verläßt und auf den neueren und weicheren Sedimentboden des Küstentieflands auftrifft, der von Fließgewässern leichter erodiert werden kann als der Felsuntergrund, so daß sich in dieser Übergangszone Stromschnellen und Wasserfälle herausbilden. Von dort bis zum Meer unterliegt der Fluß dem Einfluß der Gezeiten; durch das Meerwasser, das zweimal täglich steigt und fällt, wird der Strom abwechselnd beschleunigt und abgebremst. Der Unterlauf des Flusses enthält zwar im wesentlichen Süßwasser, aber einige widerstandsfähige Tiere aus der Bucht können in ihm eine Zeitlang überleben, wenn sie etwa 150 Kilometer weit stromaufwärts befördert werden.

Von allen Wasserbiotopen stellt wahrscheinlich ein Mündungstrichter die höchsten Anforderungen an die wasserlebenden Organismen. Auf der einen Seite stehen die Süßwasserbewohner, die allesamt vor langer Zeit aus Meeres- oder Landtieren hervorgegangen sind. Auf der anderen Seite stehen die Meerestiere, die in die zunehmend brackige Bucht nur so weit vordringen, wie es die chemische Zusammensetzung erlaubt. Die Zone dazwischen wird bevölkert von einigen der zähesten und anpassungsfähigsten Lebewesen, die wir kennen. Sie haben sich mit den ständigen Umweltveränderungen abgefunden und dadurch im Verlauf ihrer Evolution eine gewisse Sicherheit gefunden.

Was lebt nun im Mündungstrichter des Delaware? Mikroskopisch kleine Rädertierchen, planktonische Krebse, Würmer und Fische aus dem Süßwasser breiten sich im Flußteil bis zu dem Bereich aus, wo ihnen das Meersalz das Leben unmöglich macht. Frösche und Salamander verschwinden sofort von den Ufern, wenn im Wasser die ersten Salzspuren auftauchen. Von der anderen Seite stoßen Meereslebewesen in die Mündungszone vor. Seesterne, Seeigel und deren Verwandte, die auf eine Verringerung des Salzgehaltes am ehesten reagieren, sind gleich hinter dem Buchteingang nicht mehr zu finden. Manche Krebse, Weichtiere, Würmer und Fische wagen sich weiter stromaufwärts, je nach der Jahreszeit. Der jahreszeitliche Wechsel ist ein wichtiger Faktor, denn im Frühling erhöht sich der Süßwasseranteil durch das Schmelzwasser, während im Herbst meist weniger Süßwasser in die Mündung gelangt. Dadurch kann sich die »Salzgrenze« um viele Kilometer verschieben.

Schließlich gibt es noch jene Tiere, die ausschließlich im Mündungstrichter leben oder dort zumindest am besten gedeihen. Ein solches Tier ist die Amerikanische Auster *(Crassostrea virginica)*, die im sauberen Mündungsgewässer riesige Bänke oder »Riffe« auf dem Flachboden bilden kann. Auch andere Weichtiere sind hier vertreten, darunter der Austernbohrer *(Urosalpinx cinerea)*, eine Schnecke, die junge Austern anbohrt und deren Weichteile verspeist. Zu den häufigsten Bewohnern der Mündungszone gehören die Blaukrabben *(Callinectes sapidus)*, die so weit stromaufwärts wandern, daß man sie zuweilen für reine Süßwassertiere hält.

Die fruchtbaren Uferwiesen

Die Mündungstrichter haben eine besondere biologische Bedeutung. Die Ufer sind dicht bewachsen von Spartgras, das auf den salzgesättigten Schlammflächen der Gezeitenzone sehr gut gedeiht und Nährstoffe erzeugt, die nicht nur dem pflanzlichen Plankton in der Bucht zugute kommen, sondern auch die Basis der Nahrungskette im Küstenbereich bilden.

Die Klapperralle *(Rallus longirostris)* ist ein Charaktervogel der Salzmarschen, der mühelos durch das dichte Spartgras schlüpft. Wo die Feuchtgebiete sehr ausgedehnt sind, bleibt die Klapperralle in der Nähe der brackigen oder salzigen Gezeitenbäche, während die sehr ähnliche Königsralle *(R. elegans)* mehr landeinwärts an den Süßwasserbächen lebt, die in das Marschland münden. Der kleine, scheue Küsten-Ammerfink *(Ammospiza maritima)* ist gleichfalls in den grasbewachsenen Marschen heimisch, aber wegen seiner unscheinbaren grauen Färbung nur selten zu sehen. Wenn er aufgeschreckt wird, fliegt er ein kurzes Stück und verschwindet dann wieder im Gras.

Die schlammigen Ufer der Gezeitenbäche sind die Heimat der Winkerkrabben *(Uca pugnax* und *U. minax)*; die erstgenannte Art schwärmt oft in solchen Scharen durch das Spartgras, daß es sich anhört wie ein Windstoß. Winkerkrabben sind ausgesprochene Sumpfbewohner und ernähren sich von den organischen Abfällen des Schlammbodens. Ihren Namen verdanken sie den Männchen, die eine stark vergrößerte Schere besitzen, mit der sie zur Abschreckung oder beim Balzzeremoniell »winken«. Die mächtige Schere ist zur Verteidigung oder zur Nahrungsaufnahme ungeeignet. Das Männchen kann seine Nahrung nur mit der kleineren Schere zum Munde führen.

Die Purpur-Sumpfkrabben *(Sesarma reticulatum)*, die etwas weiter landeinwärts auf dem Marschboden leben, graben tiefere Wohnröhren als die Winkerkrabben und schützen den Eingang oft durch einen »Vorbau« aus Schlamm. Diese stämmige Krabbe ernährt sich von Spartgras, das sie vor dem Verzehr in kleine Stücke schneidet.

Den Boden dieser Wasserläufe besiedeln vielfach Röhrenwürmer, Schwämme, Seeanemonen, Hohltiere und andere Zuwanderer aus dem Meer. Kleine und große Krabben der verschiedensten Arten eilen hin und her auf der Suche nach Leckerbissen, und Miesmuscheln, die sich mit starken Byssusfäden verankert haben, stoßen in der heftigen Strömung gegeneinander.

Das Ende des Flusses

Jenseits der beiden Landzungen, die den Mündungstrichter des Delaware begrenzen, setzt der Strom seinen Lauf gewissermaßen noch fort. Das Flußwasser, noch immer ein wenig süßer als das Meerwasser, gleitet über das dichtere Salzwasser dahin und vermischt sich erst allmählich mit ihm. Aber ein Fluß besteht nicht nur aus Wasser – er führt auch riesige Mengen Sedimentstoffe mit sich. Die schweren Partikel sinken ab, sobald ein Fluß an Geschwindigkeit verliert, doch die feineren Schwebstoffe werden weit ins Meer hinausgetragen. So klein diese Partikel auch sein mögen, sie und das als Transportmittel dienende Wasser ergeben eine Masse, die schwerer ist als das übrige Meerwasser und deshalb als trüber Strom schnell auf dem Meeresboden dahinfließt; und dabei schneidet sie in das Schelf (Grund des Flachseegürtels) ein und erodiert unterseeische Cañons, die am Kontinentalabhang steil abfallen. Weit draußen im Ozean verteilen sich diese Ströme über die Tiefseetafel und lagern dort ihr feinkörniges Material ab. So gesehen, erstrecken sich die großen Ströme der Welt sehr viel weiter, als es nach dem Kartenbild den Anschein hat, und durch ihre Tätigkeit gestalten sie den Meeresboden um.

Seepocken (Balanus spp.), die man allgemein für reine Meeresbewohner hält, können in einer Flußmündung viele Kilometer weit stromaufwärts wandern. Längere Aufenthalte im Süßwasser überdauern sie, indem sie ihre Klappen verschließen, bis die Gezeiten leicht salzhaltiges Wasser hereinspülen.

Der größte Strom der Erde

Das südamerikanische Amazonasgebiet

Das Stromgebiet des Amazonas, das sich über sechs Millionen km² ausbreitet, ist eine Welt für sich. Der Amazonas ist der größte Fluß der Erde. Über seine genaue Länge – jedenfalls mehr als 6712 Kilometer – gehen die Meinungen auseinander, doch er scheint ungefähr 80 Kilometer länger zu sein als der Nil. Seine Bedeutung verdankt er jedoch nicht seiner Länge, sondern vielmehr seinem Wasservolumen, das ein Fünftel des gesamten Flußwassers der Erde ausmacht. In den Regenzeiten ergießen sich aus dem Amazonas in jeder Sekunde über 200000 m³ ins Meer; das ist elfmal soviel wie beim Mississippi. Insgesamt etwa 1100 Nebenflüsse, die das Amazonasbecken durchziehen, sammeln ihr Wasser aus sechs verschiedenen Ländern. Auf seinen letzten 400 Kilometern erreicht der Strom stellenweise eine Breite von 56 Kilometer, und die Wassertiefe beträgt hier oft mehr als 90 Meter.

Der Amazonas, der im fernen Westen, nur 190 Kilometer vom Pazifik entfernt, in den Hochanden entspringt, hat zunächst ein steiles Gefälle – 4800 Meter auf nur 950 Kilometer. Nach diesem raschen Abstieg durchwandern er und seine Zuflüsse eine weite Ebene, die so sanft abfällt – um weniger als einen halben Zentimeter pro Kilometer –, daß die Wassermassen über die Ufer treten und auf dem umliegenden Land einen riesigen feuchten Urwald entstehen lassen. Diese Fläche ist nicht nur zweimal so groß wie jedes andere Flußbecken, sondern trägt auch den größten zusammenhängenden tropischen Regenwald der Welt. Verfolgt man den Strom zu seinem Ursprung zurück,

Die Sturzbachente ist einer der am höchsten spezialisierten Wasservögel. Mit Hilfe ihrer ungewöhnlich großen Schwimmhautfüße schwimmen die Enten entweder auf oder unter dem Wasser stromaufwärts. Das ist eine einmalige Leistung in der gesamten Vogelwelt. Die Sturzbachenten ernähren sich ausschließlich von bodenlebenden Wasserinsekten, die nur in der stärksten Strömung vorkommen.

so nimmt er andere Namen an – Solimoes, Ucayali, Tambo, Ene, Apurímac, Santiago, Toro –, bis man auf den winzigen Huaraco stößt.

Von Wasserfällen und Enten

Der Quellfluß des Amazonas ist der Huaraco, der in den Apurímac übergeht und in der 5100 Meter hohen Tundralandschaft auf dem Hang des Berges Huagra entspringt. Moos wächst in der Quelle, und Rentierflechten und Zwergsträucher kennzeichnen diese hochalpine Welt.

Der kalte kleine Gebirgsbach verliert auf weniger als 50 Kilometer rund 2400 Meter an Höhe und nimmt dabei das Wasser aus anderen Quellen und Bächen auf. Die gesamte Andenkette ist durchzogen von solchen Quellbächen, die teils in das Amazonas-Stromgebiet abfließen, teils auf der anderen Seite der Gebirgswasserscheide dem nahen Pazifik zustreben. In den steil abfallenden Bergtälern, die von nebelverhüllten Wäldern gesäumt sind, stürzt das Wildwasser von Katarakt zu Katarakt.

Das ist der Lebensraum für eine bemerkenswerte Entenart, die in der ganzen Andenkette vertreten ist, von Venezuela bis Feuerland. Die Sturzbachente *(Merganetta armata)* ist aufgrund ihres Verhaltens an die reißenden Gebirgsbäche gebunden. Die Art ist in sechs klar unterscheidbare Unterarten aufgespalten. Eine solche Aufsplitterung, die bei den Entenvögeln sonst nicht vorkommt, spiegelt die Isolierung wider, die das Leben den Sturzbachenten aufgezwungen hat.

Das Verbreitungsgebiet dieser Enten beschränkt sich auf schnellfließende Bäche und Flüsse bis in Höhen von 3500 Meter. Die Tiere sind nirgends zahlreich und bilden keine Schwärme. Ungewöhnlich sind zwei Merkmale, die den Enten den Aufenthalt im turbulenten Wasser erleichtern: Erstens haben sie am Flügelbug einen festen Sporn, mit dessen Hilfe sie sich an den felsigen Untergrund anklammern können. Zum zweiten sind die Schwanzfedern lang ausgezogen, sehr starr und leicht nach unten gebogen, so daß sich die Ente beim Erklettern der schlüpfrigen Felsen im Gleichgewicht halten und sogar abstützen kann. Außerdem dient der Schwanz gleichzeitig als Ruder, Propeller und Bremse.

Ihre Nahrung finden die Enten in Stromschnellen und Wasserfällen. Sie besteht aus Wasserinsekten, etwa Köcherfliegen- und Steinfliegenlarven, die zum Leben kaltes und gut durchlüftetes Wasser benötigen. Die Enten arbeiten sich 15 bis 20 Meter stromaufwärts, ehe sie für drei bis vier Sekunden auftauchen; gleich darauf tauchen sie wieder ab und bleiben 40 Sekunden lang, teilweise noch länger, unter Wasser. Manchmal benutzt eine Sturzbachente einen bestimmten Felsbrocken als Operationsbasis, zu der sie immer wieder zurückkehrt. Ein andermal schwimmt eine Ente bei der Nahrungssuche etwa einen halben Kilometer flußaufwärts, wozu sie eine halbe Stunde braucht, und dann läßt sie sich von der reißenden Strömung mit Höchstgeschwindigkeit wieder zu ihrem Ausgangspunkt zurücktragen. Dabei wird sie hin und her und im Kreis herum gestoßen, doch sie hat sich stets in der Gewalt und weicht Felsen und Strudeln geschickt aus. Hat sie ihr angestammtes Revier erreicht, hält sie mit Hilfe ihres breiten, starren Schwanzes, der ihr als »Treibanker« dient, inmitten der Strömung abrupt an und steigt auf ihren Lieblingsfelsen, an dessen

1

Leeseite sie vorher vielleicht noch schnell einen Leckerbissen aufschnappt.

Die Sturzbachenten leben weit verstreut und lassen sich nur selten blicken, doch ihr Vorkommen wird oft angezeigt durch einen anderen Vogel mit gleichen Lebensraum- und Nahrungspräferenzen – die Weißkopf-Wasseramsel *(Cinclus leucocephalus)*. Dieser starengroße Vogel mit seinem kurzen Schwanz, den kräftigen Stummelflügeln und dem gedrungenen Körper ist in den schnellfließenden Gewässern ebenso zu Hause wie die Sturzbachente. Sein Unterwasserverhalten unterscheidet sich jedoch von dem ihren, denn er »fliegt« mit seinen kurzen Schwingen förmlich durch das Wasser und zieht dabei die schwimmhautlosen Füße dicht an den Rumpf. Oder er taucht mit dem Kopf voran in den reißenden Bach und läßt sich von der Strömung nach unten auf den Boden

1 Der übergroße Schnabel des Riesentukans (Ramphastos toco) ist verhältnismäßig leicht. Er besteht aus Hornlamellen mit luftgefüllten Hohlräumen und erreicht bei geringem Gewicht eine große Festigkeit. Die Tukane verwenden ihre Riesenschnäbel mit erstaunlicher Geschicklichkeit: Sie ergreifen Früchte, Kleintiere und holen sogar Eier aus den Nestern anderer Vögel.

2 Der Kahnschnabel (Cochlearius cochlearius) schreitet bedächtig durch das seichte Uferwasser und schöpft kleine Fische und Krebse aus dem Wasser oder gräbt aus dem Bodenschlamm kleine wirbellose Tiere aus. Diese scheuen Reihervögel ruhen am Tage und gehen erst nach Einbruch der Dämmerung auf Nahrungssuche.

3 Die Gestreifte Tigerrohrdommel (Tigrisoma fasciatum) besiedelt bewaldete Flußufer und ist tagsüber munter. Diese solitär lebenden Vögel erstarren förmlich, wenn sie sich bedroht fühlen, und sind dann im Licht und Schatten der Ufervegetation kaum noch zu erkennen. Ihr Ruf gleicht dem Muhen einer Kuh.

4 Rote Sichler (Eudocimus ruber) waten in schwimmender Entengrütze umher, einer der kleinsten Blütenpflanzen der Welt. Sie gründeln tief im Bodenschlamm nach Fischen, Weichtieren und anderen Kleintieren. Sie fliegen oft gemeinsam auf und flattern und gleiten dann im gleichen Rhythmus einher.

drücken, wo er dann, auf der Jagd nach Insektenbeute, eine kurze Zeit umherwandert.

Der urtümliche Tapir

Vor 50 Jahrmillionen waren die Tapire auf der Erde weit verbreitet, doch in jenen fernen Zeiten waren die Lage und die Umrisse der Kontinente noch sehr viel anders als heute. Durch die Dynamik der Plattentektonik hat sich die Gestalt der Erdkruste so verändert (und sie verändert sich auch weiterhin), daß viele Landtierpopulationen voneinander getrennt wurden und die Zu- und Abwanderung endgültig unterbrochen war. Mit anderen Worten: Die Tiere wurden isoliert. Die Tapire stießen vor rund einer Million Jahren nach Südamerika vor, als die Landbrücke von Panama entstand. Sie verschwanden aus Nordamerika und ebenso aus Europa, doch sie überdauerten in Malaysia und in Mittel- und Südamerika, und zwar in fünf Arten, die sich seit ihren Anfängen kaum verändert haben. Trotz ihrer unterschiedlichen Lebensräume gleichen sie einander sehr.

Der Flachlandtapir *(Tapirus terrestris)* ist ein scheues, sanftes und harmloses Geschöpf, das außerhalb der Paarungszeit lieber alleine lebt. Es ist fast ausschließlich in der Nacht rege und verbringt den Tag ruhend oder schlafend im dichten Wald. In den frühen Abendstunden kommt es aus dem Dickicht hervor, um im sumpfigen Gelände zu äsen oder im Fluß von einem Weideplatz zum nächsten zu schwimmen. Seine Nahrung besteht aus allen möglichen Wasserpflanzen sowie aus Früchten und Blättern, die es am Ufer findet. Der Tapir ist ein kraftvoller Schwimmer, der im Wasser weite Strecken zurücklegen kann. Er ist auch erstaunlich schnell auf den Beinen, wenn er sich von einem Räuber bedroht fühlt. Sehr behende schiebt er dann seinen plumpen Körper durch das Unterholz, um in einem Gewässer Zuflucht zu suchen. Er ist zwar ein Verwandter des Nashorns, hat aber kaum eine andere Verteidigungsmöglichkeit, als zu flüchten und im Wasser zu entkommen. Infolgedessen trifft man ihn nur selten in größerer Entfernung von Flüssen und stehenden Gewässern an. Er ist somit ein echter Bewohner der Flußwelt des Amazonas.

Jäger und Gejagte

Die hübsch gefleckten und gestreiften jungen Tapire können den verschiedensten Raubtieren zum Opfer fallen, die im Umkreis der Flüsse leben, doch die Alttiere haben wahrscheinlich nur einen Hauptfeind, den Jaguar *(Panthera onca)*. Diese herrliche Großkatze, die oberflächlich dem Leoparden ähnelt, ist gleichfalls ein nachtaktives Tier, das gerne an den Ufern auf die Jagd geht. Im Unterschied zur Fleckenzeichnung des Leoparden setzen sich die Rosetten des Jaguars aus schwarzen Punkten auf gelbem Untergrund zusammen, der auf der Unterseite in Weiß übergeht. Der Jaguar hat überdies einen massigeren Körper als der Leopard; große Exemplare sind nur wenig kleiner als ein Löwe oder Tiger. Aufgrund seiner Größe hat er seinen südamerikanischen Namen *»el tigre«* durchaus verdient.

Wie der Tiger ist der Jaguar ein einsamer Jäger, der ein weites Revier durchstreift, das bis zu 400 km² groß sein kann, meist jedoch kleiner bleibt. Wegen seines untersetzten, schweren Körperbaus jagt er auf dem Boden und nicht in den Bäumen wie seine afrikanischen und asiatischen Vettern. Er gehört zu den wenigen Katzen, die gerne ins Wasser gehen; er schwimmt mühelos und geschickt, nicht nur bei der raschen Durchquerung sei-

2

3

4

nes Reviers, sondern auch bei der Verfolgung seiner Beute. Ein Jaguar verfügt über ungeheure Kraft und kann einen ausgewachsenen, 150 Kilogramm schweren Tapir mehrere hundert Meter durch den Urwald schleppen und dann auch noch mit seiner Beute einen breiten Fluß durchschwimmen. Er stellt freilich nicht nur den Tapiren nach, die ihn zwar jeweils für mehrere Tage mit Nahrung versorgen, aber nicht überall zu finden sind. Die große Katze erbeutet auch andere Säugetiere, zum Beispiel Affen oder Faultiere, die auf den Boden herabkommen, ferner Kaimane, Fische und verschiedene andere Tiere, die ihr über den Weg laufen.

Zur Lieblingsbeute des Jaguars zählen zwei große Nager. Der eine ist das Goldaguti *(Dasyprocta aguti)*, das in Südamerika noch mehrere Verwandte hat und im allgemeinen die feuchten Wälder an den Flußufern bewohnt. Es ist tagsüber munter und verzieht sich des Nachts in seinen unterirdischen Bau, begegnet also einem Jaguar nur durch Zufall. Eine häufigere und lohnendere Beute für die Raubkatze ist dagegen das Wasserschwein oder Capybara *(Hydrochoerus hydrochaeris)*, mit einem Gewicht von bis zu 54 Kilogramm das größte Nagetier überhaupt. Es gleicht einem stark vergrößerten Meerschweinchen und hält sich fast ständig im Wasser auf. Die kleinen Herden leben in Flüssen, stehenden Gewässern und Sümpfen. Am aktivsten sind die Capybaras in den Stunden der Morgen- und Abenddämmerung, obwohl sie sich oft auch noch lange nach Einbruch der Dunkelheit an ihrer Wasserpflanzenkost gütlich tun.

Ein Wasserschwein ist für den Jaguar eine verlockende, aber nicht leichte Beute. An Land bewegt es sich scheinbar schwerfällig fort, doch bei einer Bedrohung kann es mit hoher Geschwindigkeit und weiten Sprüngen in das nächste Gewässer flüchten, wo es sich am ehesten geborgen fühlt. Es schwimmt ausgezeichnet, der Jaguar indes nicht minder. Sicherheit findet es deshalb nur, wenn es abtaucht und mehrere Minuten lang unter Wasser bleibt, während es gleichzeitig von der Gefahrenquelle wegschwimmt. Es kommt dann vorsichtig wieder an die Oberfläche, so daß nur die Ohren, die Nasenlöcher und die Augen aus dem Wasser herausschauen, oft inmitten einer Ansammlung von Wasserpflanzen. Da der Jaguar ihm nicht zu folgen vermag, sucht er meist viele Meter entfernt vergeblich nach seiner Beute. Wie die meisten friedfertigen Tiere hat das Wasserschwein nicht nur einen Feind. Die Wasserwelt der Flüsse ist nicht immer ein sicherer Zufluchtsort, denn hier lauern zwei weitere gefährliche Jäger, beides Riesenreptilien.

Gefährliche Reptilien

Der Mohrenkaiman *(Melanosuchus niger)*, ein Alligator, der mit einer Länge von fast fünf Metern die größte südamerikanische Krokodilart darstellt, ist ein furchtbarer Gegner für jedes Tier. Wenn der Kaiman im flachen Wasser liegt und nur die Nasenöffnungen, die Augen und die Schuppenkämme des Rückens sichtbar sind, gleicht er einem Baumstamm, doch dieses friedliche Bild täuscht über seine Angriffslust und Kraft hinweg. Die Reihen der kräftigen kegelförmigen Zähne dienen nicht zum Kauen, sondern nur zum Ergreifen und Festhalten der zappelnden Beute, die unter die Wasseroberfläche gezerrt und ertränkt oder mit den kraftvollen Kiefern zermalmt wird. Um sein Opfer mit heftigen, krampfartigen Schluckbewegungen verschlingen zu können, muß der Kaiman wieder auftauchen.

Junge Tapire, Agutis, Wasser-

1

2

1/2 Der Königsgeier (Sarcorhamphus papa) ist ein waldbewohnender Vetter der riesenhaften Kondore, die im Hochgebirge heimisch sind. Hoch am Himmel über den Baumkronen kreisend, hält er Ausschau nach Kadavern oder geschwächten Tieren auf den Sandbänken der Flüsse. Ein Entdeckungsreisender, der um eine Strombiegung kommt, wird manchmal überrascht vom Anblick zahlreicher Königsgeier, die sich an einem toten Tapir oder Wasserschwein gütlich tun.

3 Im allgemeinen bewegen sich die Wasserschweine an Land recht bedächtig, aber sie können notfalls mit weiten Sprüngen ins Wasser flüchten. Ihre schnellen Schwimmbewegungen und ihre Fähigkeit, lange unterzutauchen, irritieren ihre Verfolger.

4 Das Wasserschwein oder Capybara, das größte Nagetier überhaupt, ist ein friedliches, geselliges Geschöpf. Es hat sich fast vollständig an das Wasserleben angepaßt und weidet vor allem Wasserpflanzen ab, doch es verspeist auch Gräser und andere Landpflanzen.

schweine, Vögel und sogar kleine Kaimane sind die Beutetiere der größten Schlange der Erde, der Anakonda *(Eunectes murinus)*. Auch wenn die meisten Exemplare die Rekordlänge von 11,25 Meter nicht erreichen, sind sie gefährliche Widersacher. Eine große Anakonda vermag ein 70 Kilogramm schweres Beutetier zu verschlingen, meist ein Säugetier, das sie im ufernahen Seichtwasser erbeutet hat. Häufig ruht die Schlange vollständig im Wasser, bis auf den breiten, keilförmigen Kopf. Ein andermal ringelt sie sich auf dem Ufer zusammen oder auf einem überhängenden Ast, jederzeit bereit, sich ins Wasser zu stürzen. Wie alle großen Boaschlangen erstickt die Anakonda ihr Opfer, um es dann als Ganzes zu verschlingen.

Eine große Anakonda, ein Muskelpaket von 225 Kilogramm, ist eine auffallend würdevolle und schöne Schlange. Ihre Farben – Grün,

3

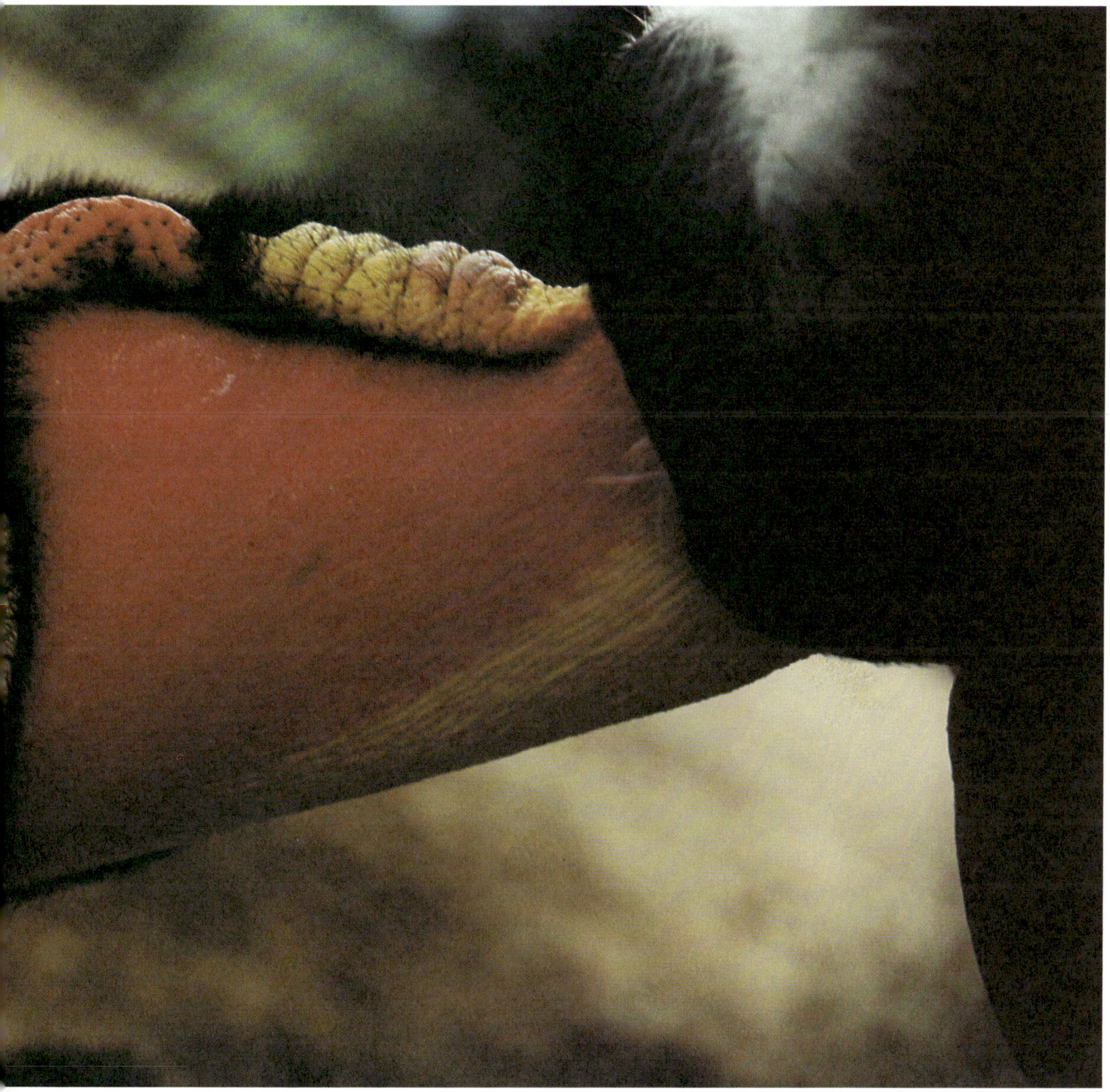

4

1 Die Anakonda ist die größte Schlange der Welt und mit mehr als neun Meter das längste Reptil. Diese mächtige Boaschlange nimmt nur in periodischen Abständen Nahrung auf und verbringt die meiste Zeit mit Sonnenbädern im Flachwasser oder am Ufer und auf überhängenden Ästen.

2 Die Fransenschildkröte oder Matamata (Chelus fimbriatus) ist durch ihren höckrigen Panzer und den breiten, dreieckigen und mit »Fransen« verzierten Kopf ausgezeichnet getarnt; unter Wasser ist sie kaum zu erkennen. Die flexiblen Nasenröhren dienen ihr als Schnorchel, der aus dem Wasser ragt, während der gesamte übrige Körper untergetaucht bleibt.

Braun, Schwarz und Gold – verleihen ihr die Pracht und den Schimmer eines Orientteppichs. Das ruhevolle Verhalten, das sie zwischen ihren zwei wöchentlichen Mahlzeiten an den Tag legt, ist ein Beweis für die Freiheit, die diese Schlange genießt, der kein anderes Tier der Amazonasregion etwas anhaben kann.

Andere Riesentiere des Amazonas

Der Amazonas ist ein Strom der Superlative: Er beherbergt das größte Nagetier, die größte Schlange, den größten Otter und die größte Süßwasserschildkröte. Der Riesenotter *(Pteronura brasiliensis)* unterscheidet sich von seinen Verwandten vor allem durch seine Größe: Er kann von der Nase bis zum Schwanzende zwei Meter lang werden. Er ist ein ausgesprochenes Wassertier, und die letzten beiden Drittel des Schwanzes sind stark abgeplattet – eine Anpassung, die ihm das Manövrieren im Wasser sehr erleichtert. Darüber hinaus sind die Füße bis zu den Zehenspitzen mit großen Schwimmhäuten versehen, wie wir sie sonst nur an den Hinterfüßen der anderen Flußotter kennen. Der Riesenotter bewegt sich im nassen Element so geschickt, daß er sich zuweilen wassertretend fast bis zur Körpermitte senkrecht über die Oberfläche erhebt. In dieser Stellung sondiert er seine Umgebung, und dabei läßt er oft seinen lauten Ruf hören. Die anderen Otter sind vorwiegend nachtaktiv, doch der Riesenotter des Amazonas ist ein Tagtier, das im Fluß vom Morgen bis zum Abend auf die Jagd geht, aber zwischendurch immer wieder Zeit zum Spielen und Herumtollen findet, wie es die Gewohnheit aller Otter ist.

Die größte Schildkröte ist die Ar-

1

rauschildkröte *(Podocnemis expansa)*, die ein Gewicht von mehr als siebzig Kilogramm erreichen kann. Ihr Rückenpanzer, ohne Kopf, Hals und Schwanz, mißt allein einen Meter in der Länge und gut 60 Zentimeter in der Breite. Trotz seiner Größe ist dieser Gigant kein Räuber, sondern ein Vegetarier, der sich von Wasserpflanzen und von den ins Wasser fallenden Früchten der Uferbäume ernährt. Ihre Größe und Kraft kommt der Riesenschildkröte jedoch sehr zustatten, wenn sie während der Paarungszeit weite Strecken zurücklegt – oft mehr als 150 Kilometer.

2

Die Wabenkröte

Im Amazonasbecken ist eine verwirrende Vielzahl von Fröschen und Kröten beheimatet, von denen viele hoch oben auf den Urwaldbäumen leben und in ihrem Lebenszyklus das übliche Quappenstadium auslassen. Von den Arten, die unmittelbar auf das Wasser angewiesen sind, ist die Wabenkröte *(Pipa pipa)* die ungewöhnlichste. An ein Leben im Wasser ist diese stämmige Kröte mit dem spitz zulaufenden Maul hervorragend angepaßt. Alle schwimmenden Froschlurche haben schwimmhäutige Hinterfüße, wobei die der Wabenkröte so groß sind, daß sie fast unproportioniert wirken. Sie verleihen dem Tier eine gewaltige Schubkraft, gestatten es ihm, nicht nur rasant zu schwimmen, sondern auch verblüffende Unterwasserkunststücke zu vollführen.
Das komplizierte Paarungsverhalten der Tiere hat die Gelehrten schon seit fast drei Jahrhunderten beschäftigt, aber erst in neuester Zeit konnte es in allen Einzelheiten erforscht werden. Wenn das Männchen das Weibchen mit den Vorderbeinen umklammert, beginnt dessen Rückenhaut so wie ein Schwamm anzuschwellen. Mit ihren großen häutigen Hinterfüßen stoßend, schwimmen dann beide Kröten vom Boden des Gewässers nach oben und beschreiben einen Bogen, an dessen Scheitelpunkt sie sich um die eigene Längsachse drehen, so daß die Rücken nach unten zeigen, und dabei legt das Weibchen mehrere Eier ab, die in Hautfalten auf dem Bauch des Männchens gleiten. Im weiteren Verlauf des Unterwassersaltos dreht sich das Paar wieder halb herum, und das Männchen preßt die Eier in das schwammige Gewebe des Weibchenrückens und befruchtet sie gleichzeitig. Dieser Salto wird fünfzehnmal oder noch öfter wiederholt, bis rund 200 Eier befruchtet und in den geschwollenen Rücken des weiblichen Tiers eingebettet sind.
In den folgenden Tagen sinken die Eier immer tiefer in die schwammige Masse ein, bis am Ende nur noch ein kleines Stück der Eihaut zu sehen ist. So reifen die Jungen heran, ohne ein freischwimmendes Quappenstadium zu durchlaufen, obgleich bei genauerem Hinsehen eine Spur dieser allgemein üblichen Entwicklungsstufe erkennbar ist: Es bildet sich ein winzig kleiner Schwanz, der jedoch nicht der Fortbewegung, sondern der Sauerstoffaufnahme dient. Nachdem die Jungen zweieinhalb Monate im Rükkengewebe der Mutter verbracht haben, kommen bei ihnen der Kopf und die Gliedmaßen zum Vorschein. Obwohl sie noch nicht frei umherschwimmen, entnehmen sie ihre Nahrung bereits dem umgebenden Wasser. Schließlich lösen sie sich als voll ausgebildete Krötchen von der Mutter und steigen zur Wasseroberfläche auf, wo sie verbleiben, bis sie größer geworden sind.

Fische in allen Variationen

Man schätzt, daß der Amazonas rund 2000 Fischarten birgt, weit mehr als alle anderen Stromsysteme der Welt. Niemand weiß, wie viele Arten hier tatsächlich leben, denn der gewaltige Strom ist über weite Strecken noch nicht erforscht, und laufend kommen neue Formen ans Tageslicht.
Jeder Aquarianer kennt zumindest einen Vertreter der sehr artenreichen südamerikanischen Salmlerfamilie, den kleinen Neonfisch *(Paracheirodon innesi)*, der kurioserweise ein naher Verwandter der berüchtigten Piranhas oder Pirayas *(Serrasalmus nattereri* und einige ähnliche Arten) ist. Der Piranha ist ein attraktiver, hochgebauter Sägesalmler, dessen silbrige und grünlichblaue Oberseite an Kehle und Bauch in ein bräunliches Orange übergeht. Solange er das Maul geschlossen hält, wirkt er ganz harmlos. Auf den ersten Blick erkennt man weder die kräftigen Kiefer noch das furchterregende Gebiß mit den breiten, dreieckigen Zähnen. Die Piranhas stellen zwar normalerweise nur anderen Fischen nach, aber weil sie zu den wenigen Knochenfischarten gehören, die in einen wahren Blutrausch geraten können, ranken sich zahllose Legenden und Schauergeschichten um sie. Zweifellos kann ein Piranhaschwarm ein Säugetier von der Größe eines Tapirs in kurzer Zeit bis auf das Skelett auffressen, denn jeder Fisch beißt mit seinen rasiermesserscharfen Zähnen immer wie-

1

2

1 Die groteske Wabenkröte bewohnt langsam fließende Gewässer im Amazonasbecken. Wegen ihrer dunklen Färbung und ihres unregelmäßigen Körperumrisses ist sie nur schwer auszumachen, wenn sie auf dem schlammigen Boden ruht. Die langen, schlanken Zehen sind mit empfindlichen Tastorganen ausgerüstet, so daß die Kröte selbst dort Nahrung findet, wo ihr im trüben Wasser die Sicht genommen ist.

2 Die ausschließlich im Wasser lebende Wabenkröte zeigt ein ungewöhnliches Paarungsverhalten, das auf S. 265 beschrieben wird.

Fische des Amazonas

Arapaima
Arapaima gigas (2–3 m)

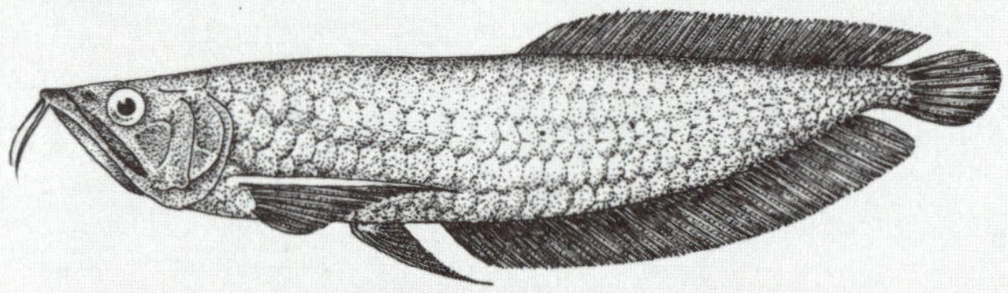

Arawana
Osteoglossum bicirrhosum (1 m)

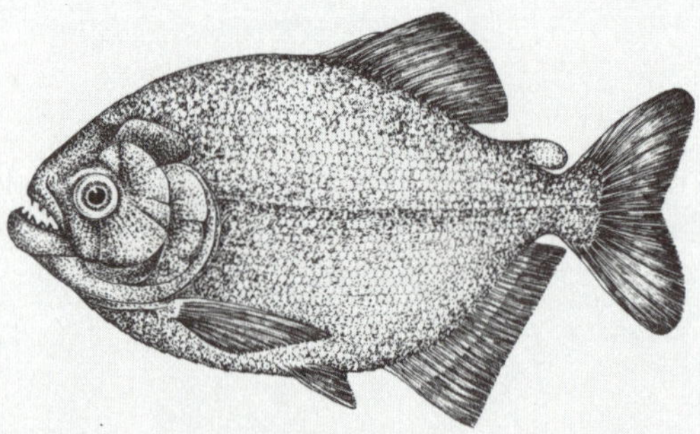

Piranha
Serrasalmus nattereri (30–60 cm)

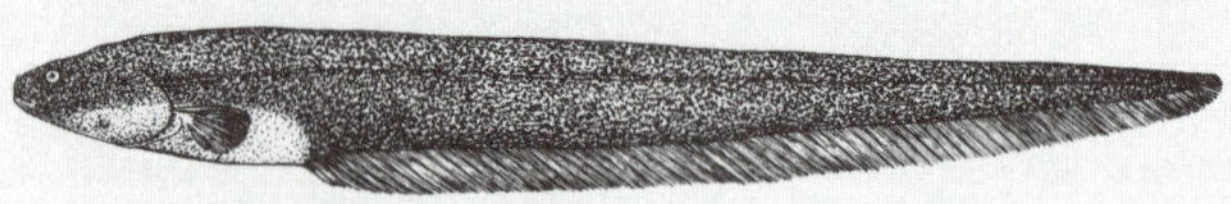

Elektrischer Aal, Zitteraal
Electrophorus electricus (2–3 m)

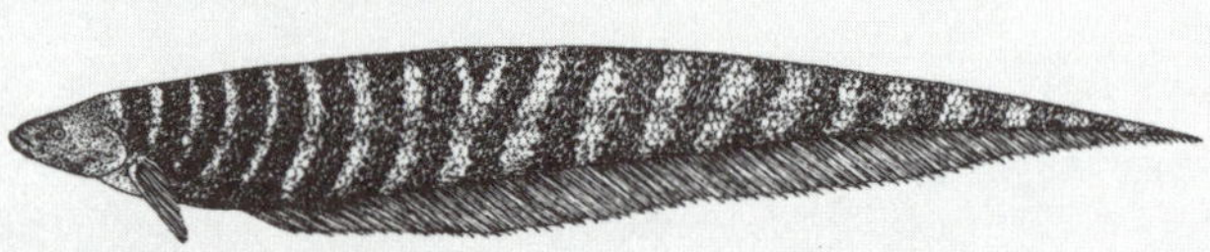

Gestreifter Messeraal
Gymnotus carapo (60 cm)

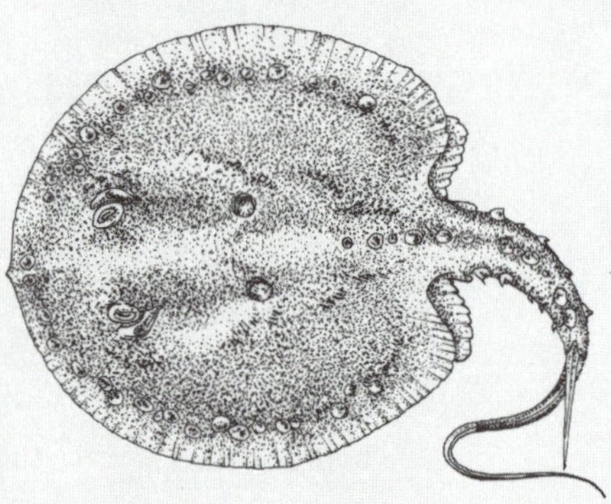

Stechrochen
Potamotrygon circularis (Durchmesser 30 cm)

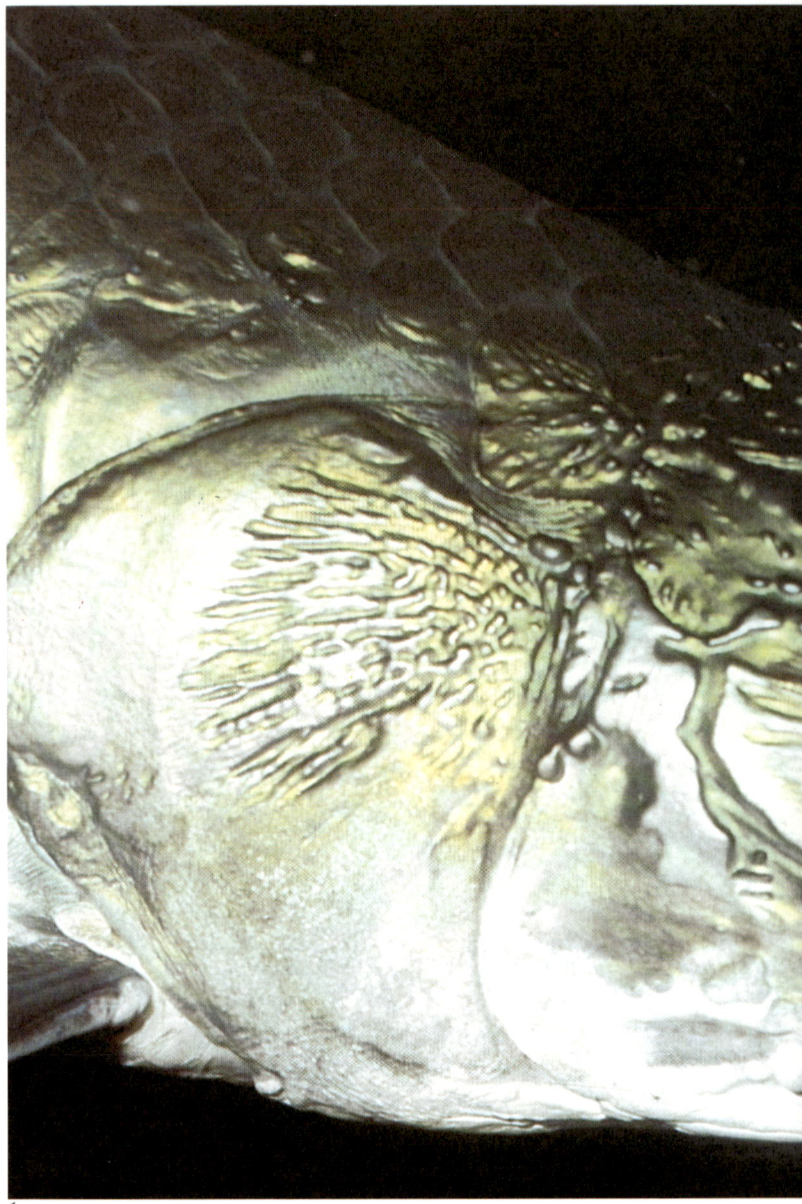

1

der wie besessen zu. Andererseits begnügen sich die Piranhas viel häufiger mit geschwächten, verletzten oder toten Tieren. Die Indios, die am Ufer des Amazonas leben, schwimmen regelmäßig im piranhaverseuchten Wasser, ohne Schaden zu nehmen. Der Piranha ist als Raubfisch ein wichtiger Faktor im Naturhaushalt, vom Menschen unnötig verteufelt und gefürchtet.

Zu den vielen Salmlern gehören auch die einzigen echten fliegenden Fische der Welt. Die anderen sogenannten Fliegenden Fische des Meeres und des Süßwassers können allenfalls mit ausgestreckten Brustflossen eine längere Strecke gleitend zurücklegen. Doch die Beilbauchfische des Amazonas, zum Beispiel der Gestreifte Beilfisch *(Carnegiella strigata)* oder der Silberbeilbauchfisch *(Gasteropelecus sternicla)*, fliegen mit regelrechten schwirrenden »Flügelschlägen« ihrer Brustflossen. Der tiefgekielte Beilbauch, dem sie ihren volkstümlichen Namen verdanken, ist eine auffällige Parallele zum gekielten Sternum oder Brustbein der Vögel. In beiden Fällen ist hier die kräftige Flugmuskulatur befestigt, die entweder flügelähnliche Flossen oder gefiederte Schwingen in Bewegung setzt. Das Flugvermögen kommt den Beilbauchfischen in doppelter Hinsicht zugute: Mit seiner Hilfe können sie sich einerseits dem Zugriff von Freßfeinden entziehen und andererseits niedrig fliegende Insekten erhaschen, eine Nahrungsquelle, die allen anderen Flußfischen verschlossen bleibt.

Lungenfische

Die Wissenschaft von der Plattentektonik, welche die Verschiebung der Kontinente erforscht, bietet auch eine Erklärung dafür, daß der Südamerikanische Lungenfisch *(Le-*

2

3

pidosiren paradoxa) seinem afrikanischen Vetter so sehr ähnelt, aber sich vom älteren und primitiveren Australischen Lungenfisch so deutlich unterscheidet. Der Südamerikaner hat einen dicken aalförmigen Körper und eine paarige Lunge, die vom vorderen Darmabschnitt abzweigt. Er ist im ausgewachsenen Zustand ausschließlich auf diese Lunge angewiesen, denn die büscheligen äußeren Kiemen des Jungfisches verschwinden mit zunehmendem Alter. Die langen, schlanken Flossenpaare gleichen eher flexiblen Stelzen als Paddeln und dienen dem Fisch dazu, sich auf dem schlammigen Gewässerboden aufzustützen.

Angesichts des Wasserreichtums im Amazonasbecken sollte man es für unmöglich halten, daß Gewässer jemals austrocknen könnten, doch das kommt durchaus vor, zumindest in Altwasserarmen, die als Tümpel von den Flußläufen abgeschnitten werden, wenn dort der Wasserspiegel sinkt. Sobald das Wasser zurückgeht, gräbt der Lungenfisch ein mindestens 50 Zentimeter tiefes Loch in den noch weichen Schlammboden, rollt sich an der tiefsten Stelle zusammen und scheidet eine Schleimkapsel zum Schutz gegen das Austrocknen aus. Eine kleine Öffnung in diesem Kokon, die sich in der Nähe des Mauls befindet, gestattet es dem Fisch, durch den oben offenen Schacht Sauerstoff aus der Atmosphäre aufzunehmen. In diesem Zustand der Trockenstarre kann ein Lungenfisch mehrere Jahre überleben – bis zu sieben Jahren, wie experimentell nachgewiesen werden konnte.

Ein räuberischer Riesenfisch

Der Amazonas kann mit einem weiteren Superlativ aufwarten: In ihm lebt einer der größten Süßwasserfische der Welt, der Arapaima *(Arapaima gigas)*, der in Südamerika auch Pirarucu oder Paiche genannt wird. Manche halten ihn für den größten Süßwasserfisch überhaupt, doch infolge Überfischung sind die Riesenexemplare inzwischen verschwunden. Immerhin gibt es einen anderthalb Jahrhunderte alten Bericht, in dem von einem 4,50 Meter langen und 180 Kilo schweren Giganten die Rede ist. Der räuberische Arapaima bewohnt vorzugsweise das seichte, dicht bewachsene Wasser in Überschwemmungsgebieten. Hier findet er eine Überfülle von Fischen vor, die seine Hauptnahrung bilden, aber auch vieles andere Wassergetier. Die Anwesenheit der Riesenfische bleibt nicht unbemerkt, denn sie erzeugen ein weithin vernehmbares Platschen, wenn sie in die Luft springen, und sie bringen angeblich auch ein dröhnendes Geräusch her-

1 Der Arapaima gilt als der größte Süßwasserfisch der Welt. Wenn der Amazonas über die Ufer tritt, schwimmt er oft landeinwärts und läßt sich in dichtbewachsenen flachen Tümpeln nieder, wo ihm kleinere Fische reichlich zur Verfügung stehen. Er kann auch in sauerstoffarmem Wasser überleben, weil er neben seinen Kiemen eine primitive Lunge (Schwimmblase) besitzt.

2 Die berüchtigten Piranhas zählen zu den gefährlichsten Fischen. Normalerweise ernähren sie sich von Aas oder geschwächten Beutetieren, doch wenn ein ganzer Piranhaschwarm vom Blutrausch befallen wird, kann er mit den großen rasiermesserscharfen, dreieckigen Zähnen in wenigen Minuten ein großes Tier skelettieren.

3 Der Rotmaulsalmler (Hemigrammus rhodostomus) besitzt eine kontrastreich gestreifte Schwanzflosse. Im trüben Wasser der südamerikanischen Flüsse kann man die vielen kleinen Salmlerarten oft nur an solchen auffälligen Zeichen erkennen.

1

2

3

4

5

6

7

8

__1–6__ In zahllosen Arten sind die leuchtend bunten Salmler über das ganze Amazonasstromgebiet verbreitet. Sie gehören zu den beliebtesten Aquarienfischen, weil sie ebenso farbenprächtig wie genügsam sind. Einige der schönsten Arten werden hier vorgestellt:

1 Zweitupfensalmler (Exodon paradoxus),

2 Kaisertetra (Nematobrycon palmeri),

3 Kirschflecksalmler (Hyphessobrycon rubrostigma),

4 Roter Neon (Cheirodon axelrodi),

5 Serpasalmler (Hyphessobrycon serpae),

6 Großschuppensalmler (Moenkhausia oligolepis).

__7__ Wo der Amazonas und sein mächtiger Nebenfluß, der Rio Negro, zusammenfließen, strömen die beiden Wassermassen eine beträchtliche Strecke nebeneinander her, ohne sich zu vermischen. Die Flächen des hellen Sandes, die sich im Rio Negro ablagern, erscheinen rot, weil das tiefere und dunklere Wasser nicht soviel reflektiertes Sonnenlicht durchläßt.

__8__ Viele Nebenflüsse des Amazonas, wie etwa der Manú, fließen langsam über das flache Land dahin und bilden ein starkes Mäandermuster aus.

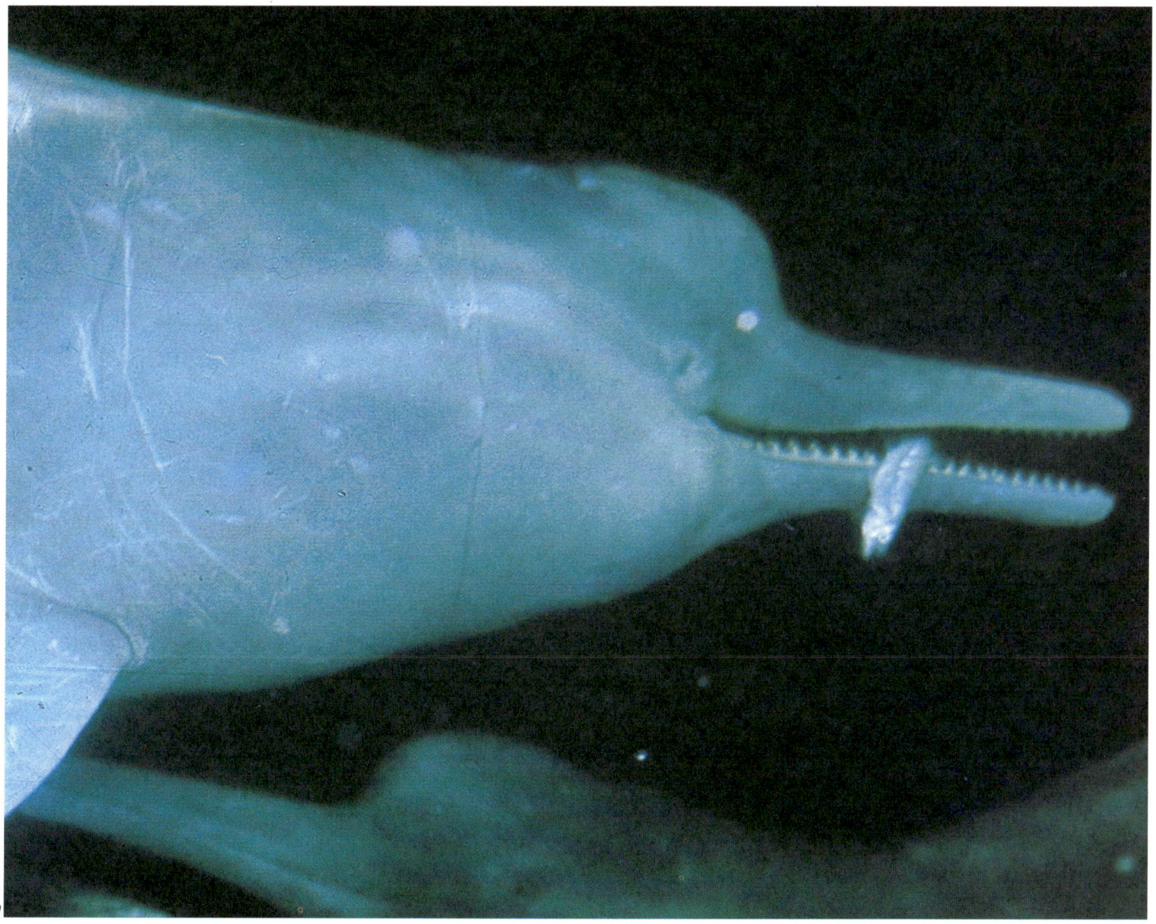

9 *Der Langschnauzen-Delphin lebt schon seit Jahrtausenden isoliert im trüben Wasser des Amazonas und anderer Flüsse Südamerikas. Sein Sehvermögen ist viel schwächer als das der Meeresdelphine und Tümmler, doch er gleicht diese Schwäche aus mit seinem leistungsfähigen Echopeilsystem und mit den zahlreichen Sinnesborsten an der Schnauze. Die Färbung der Langschnauzen-Delphine ist sehr variabel, sie schwankt zwischen Schwarz oder Dunkelbraun und Gelb, Weiß oder gar Rosa. Ausgewachsene Tiere erreichen eine Länge von 3,50 Meter.*

vor, wenn sie Luft holen; nicht selten müssen sie nämlich Sauerstoff aus der Atmosphäre einatmen, falls im warmen Flachwasser dieses lebenswichtige Gas knapp wird. Im übrigen atmen sie durch Kiemen.
Die Arapaimas besitzen keine so leistungsfähige Lunge wie der Lungenfisch, aber die Schwimmblase, die sie mit den meisten Fischen gemeinsam haben, ist bei ihnen besonders reich mit Blutgefäßen ausgestattet und mündet unmittelbar in den Schlund.
Die Funktion der Sekrete, die der Arapaima aus Drüsen am Kopf ausscheidet, ist bislang noch nicht geklärt. Manche Fachleute betrachten sie als ein Mittel, mit dem der Riesenfisch sein Territorium markiert; andere meinen, die Ausscheidungen dienten dazu, die Jungen durch Duftstoffe an den Kopf des sie beschützenden Vaters zu binden. Es trifft zu, daß die Jungfische stets über seinem Kopf schweben, doch was sie dort festhält – außer dem Sichtkontakt und dem Druckempfinden – ist unbekannt.

Elektrische Aale

Jedes Lebewesen, von der Qualle bis zum Menschen, erzeugt meßbare Mengen elektrischer Energie. Sie läßt sich bei den höheren Tieren vor allem im Nervensystem nachweisen, sowohl im Gehirn als auch in den Nerven, die zu den Muskeln führen. Im Meer und im Süßwasser haben bestimmte Fische zu ihrer Verteidigung und möglicherweise auch für andere Zwecke das elektrische Organ besonders stark ausgebildet. Nirgends hat dieser Anpassungsmechanismus extremere Formen angenommen als in Südamerika beim Zitteraal oder Elektrischen Aal *(Electrophorus electricus)*, und nirgends wird ein elektrischer Fisch mehr gefürchtet. Das Besondere an diesem Fisch (der übrigens mit den echten Aalen nicht verwandt ist) ist seine Fähigkeit, kräftige Stromstöße in das umgebende Wasser abzugeben; bei anderen elektrischen Fischen wird die Entladung nur bei einer Berührung ausgelöst.
Bereits ein junger Zitteraal von zwei bis drei Zentimeter kann beim Anfassen ein unangenehmes Kribbeln hervorrufen. Ein zwei Meter langes und 27 Kilo schweres Alttier erzeugt einen Stromstoß von 550 Volt und knapp zwei Ampere, der ein Pferd betäuben und zu Fall bringen und einen Menschen sogar töten kann.
Zu vier Fünfteln besteht der Körper eines Zitteraals aus kleinen umgestalteten Schwanzmuskeln, und alle übrigen lebenswichtigen Organe drängen sich im ersten Fünftel zusammen. Die Muskeln haben ihr ursprüngliches Aussehen verändert und bilden weiche, weiße und gallertige »Batterien«, die beiderseits des fast zylindrischen Schwanzes angeordnet sind und kaum noch Platz lassen für die normale Bewegungsmuskulatur. Bei den elektrischen Organen lassen sich drei verschiedene Typen unterscheiden, die jeweils aus kleinen elektrischen Platten bestehen – insgesamt mehr als eine halbe Million. Die Platten sind durch Nerven miteinander verbunden, und die gesamte »Anlage« ist ein Teil des zentralen Nervensystems, das seinen Sitz im Gehirn hat.
Eines der elektrischen Organe, das sogenannte Sachssche Organ, erzeugt um den Fisch ein schwaches elektrisches Feld, wobei der positive Pol am Kopf und der negative Pol am Schwanz liegt. Kleine Entladungen, etwa 30 pro Sekunde, werden ständig ausgesandt. Wenn irgend etwas in dieses elektrische Feld eindringt, das den Fisch unmittelbar umgibt, wird die Symmetrie des Feldes gestört und das elektrische Hauptorgan veranlaßt, einen vollen direkten Stromschlag auszuteilen. Solche Stromstöße von einigen Hundert Volt können sich innerhalb einer Stunde bis zu hundertfünfzigmal wiederholen, ohne daß der Fisch Ermüdungserscheinungen zeigt!
Wenn es sich bei dem Fremdkörper, der in das elektrische Feld eindringt, um einen potentiellen Feind handelt, wird er entweder getötet oder gelähmt. Ein kleiner umherirrender Fisch wird bis zu einer Entfernung von zwei Metern getötet und anschließend verspeist.
Ein Kapitel über die Merkwürdigkeiten der südamerikanischen Fischfauna ist nicht vollständig ohne einen Hinweis auf die Welse des Amazonas. Hier gibt es Riesenwelse, die den indischen ähnlich sind; Welse, die mit Hilfe ihres Saugnapfmauls den blanken Fels unter einem Wasserfall emporsteigen können; schwer gepanzerte Welse, die auf dem Gewässergrund umherspringen; parasitäre Welse, die sich in den Kiemenkammern größerer Flußfische einnisten oder in die Harnröhre von schwimmenden Säugetieren eindringen; blinde Welse, die sich in die Bodensedimente vollständig eingraben. Und so weiter und so fort…

Flußdelphine und Seekühe

Zwei sehr unterschiedliche Delphinarten leben im Süßwasser des Amazonas; beide scheinen einem altertümlichen Stamm anzugehören und dürfen nicht mit den uns vertrauteren Meeresdelphinen verwechselt werden, die eine ganz andere Familie bilden.
Der erste der beiden zählt zu den Schweinswalen und trägt den Namen Amazonas-Brackwasserdelphin oder Buffeo negro *(Sotalia pallida = fluviatilis)*. Seine Färbung schwankt zwischen Gelblich-Weiß und Schwarz. Er und der Langschnauzen-Delphin *(Inia geoffrensis)*, der rosa, grau oder schwarz gefärbt ist, sind über das ganze riesige

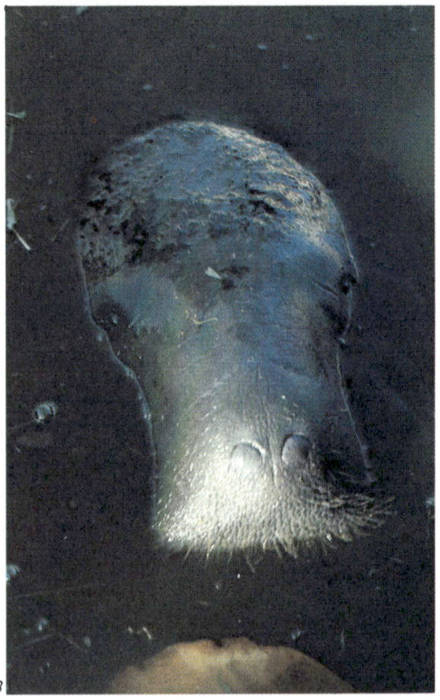

1 Der Amazonas beherbergt auch die größte Otterart, den Riesenotter. Im Unterschied zu seinen Verwandten macht dieses zwei Meter lange Riesentier am Tage Jagd auf Fische, Vögel und Vogeleier und sogar auf andere Säugetiere.

2 Die Biberratte oder Nutria (Myocastor coypus) hat sich sehr gut an das Leben in den südamerikanischen Flüssen angepaßt. Die Biberratten haben Schwimmhäute an den Hinterfüßen und schwimmen ausgezeichnet. Sie können bis zu fünf Minuten untergetaucht bleiben.

3 Obwohl die Amazonas-Lamatins von landbewohnenden Vorfahren abstammen, sind sie vollständig ans Wasserleben angepaßt. Diese ruhigen, friedlichen Pflanzenfresser bevorzugen stille Seitenarme des Amazonas, wo sie träge umherschwimmen und mit ihren sehr beweglichen Lippen große Mengen Wasserpflanzen einsammeln.

4 Die großartigen Iguassu-Wasserfälle an der Grenze zwischen Brasilien und Argentinien veranschaulichen die Dynamik des fließenden Wassers, das aus den Bergen herabstürzt und sich schließlich ins ferne Meer ergießt.

Stromgebiet verbreitet, im Norden und Süden so weit, wie die Nebenflüsse reichen, und im Westen bis zu den Andenausläufern.

Der Langschnauzen-Delphin ist ein seltsam ungeschlacht wirkendes Tier mit sehr großen Vorderflossen, einem langen, schmalen bezahnten Schnabel und kurzem Schnurrbart. Im Verlauf der langen Isolierung im trüben Flußwasser hat sich sein Sehvermögen verringert, was zur Folge hat, daß seine Augen kleiner sind als die seiner meereslebenden fernen Verwandten. Die Haut ist gleichfalls nicht so zäh wie die der Salzwasserdelphine; sie ist weich und wirft leicht Falten.

Beide Flußdelphinarten sind Fischfresser und spüren ihre Beute zweifellos durch Echopeilung auf. Wie die bekannteren Meeresdelphine sind auch die Flußbewohner menschenfreundliche und offensichtlich sehr intelligente Geschöpfe.

Delphine sind indes nicht die einzigen Säugetiere, die sich vollständig an das Wasserleben angepaßt haben. Der Amazonas-Lamatin (*Trichechus inunguis;* eine Seekuh-Art), ein bedächtiger und sanftmütiger Pflanzenfresser, der zuweilen melancholische Klagelaute von sich gibt, bewohnt stille Flußabschnitte des Amazonasbeckens, bis zu 3000 Kilometer von der Mündung entfernt. Im übrigen ähnelt er seinem nördlichen Vetter aus den Everglades so sehr, daß wir auf eine aus-

führliche Beschreibung verzichten können.

Abschließend sei noch einmal darauf hingewiesen, daß die Wälder, Sümpfe und Flüsse des Amazonasbeckens ihre Existenz allein dem größten Strom der Erde verdanken, der hier ein Ökosystem schuf, das nicht seinesgleichen hat. Selten in der Erdgeschichte wird es ein solches Zusammentreffen von gleichbleibend hohen Temperaturen, reichlichen Niederschlägen und einem riesigen Stromsystem gegeben haben. In diesem Lebensraum hat eine außergewöhnliche Tierwelt erstaunliche Spezialanpassungen entwickelt. Doch wir dürfen nicht übersehen, daß auch diese Region trotz ihrer Größe anfällig ist und daß ihr ökologisches Gleichgewicht durch den Menschen leicht gestört werden kann. Hoffen wir, daß die Bewohner der Länder an diesem mächtigen Strom die Amzonas-Landschaft in ihrer Ursprünglichkeit erhalten – zum Segen für die ganze Menschheit.

Abb. S. 274: Stein-, Leber- und Feuerkorallen im Roten Meer.
Abb. S. 275: Reiterkrabbe auf Ceylon.

Meere und Meeresküsten

Lebensgemeinschaft Meer

Unendliche Vielfalt

Die Faszination, die das Meer und seine Geschöpfe auf uns ausüben, beruht wahrscheinlich auf einer unterbewußten Erinnerung an unsere ursprüngliche Heimat. Selbst jene Menschen, die Hunderte von Kilometern vom Sog der unermüdlichen Brandungswellen entfernt leben, zieht es immer wieder zum Meer zurück. Die Seeleute sprechen oft von ihrer Liebe zur See. Aus der Begeisterung des Menschen für das Meer erwuchs seine intensive Beschäftigung mit dem Ursprung und der Beschaffenheit des Meerwassers. Heute wissen wir, daß die Meere mehr als 86% des auf der Erde vorhandenen Wassers ausmachen, während 12% in Sedimenten und Gesteinen gebunden sind. Nur ein dreihundertstel Prozent des gesamten Wassers unseres Planeten ist in Binnenseen und Flüssen enthalten.

Das Salzwasser

Die gewaltigen Salzwassermassen sind ein uralter Bestandteil der Erdoberfläche. Sie existieren seit mindestens 3 Milliarden Jahren, also fast so lange wie die Erde selbst, die nach heutiger Auffassung vor etwa 4,5 Milliarden Jahren entstand. Die Geologen nehmen an, daß sich die Urmeere durch das Wasser bildeten, das infolge heftiger Vulkantätigkeit nach und nach an die Erdoberfläche gelangte. Sorgfältige Untersuchungen von Meeresorganismen, die heute leben, und der Fossilien von solchen, die es vor rund 600 Millionen Jahren gab, lassen den Schluß zu, daß sich die Zusammensetzung des Meerwassers in diesem großen Zeitraum nicht sehr verändert hat.

Das Hauptmerkmal des Meerwassers, sein Salzgehalt, beschäftigt die Wissenschaft seit langem und hat zu vielen Spekulationen Anlaß gegeben. Eine volkstümliche Überlieferung erklärt das Salz im Meer mit einer »Salzmühle«, die einst in das ursprüngliche Süßwassermeer geriet und dem Wasser unaufhörlich Salz zusetzte. Auch die Ozeanographen gehen davon aus, daß das Meer zunächst aus Süßwasser bestand, das im Verlauf von Jahrmillionen salzig geworden ist. Jeder Fluß und jeder Strom, der sich ins Meer ergießt, führt geringe Salzmengen mit sich, die er aus dem Gestein und Erdreich seines Einzugsgebiets löst, und diese gelösten Salze haben nach dieser Theorie schließlich das Meerwasser hervorgebracht, wie wir es heute kennen.

Ozeanbecken und driftende Kontinente

Die verschiedenen geologischen Kräfte, die auf die Oberfläche der Urerde einwirkten, ließen Gebirge, weite Ebenen, Kontinentalschelfe und tiefe Ozeanbecken entstehen. Doch hatte die Erdoberfläche anfangs eine ganz andere Gestalt als heute. Einst bildeten alle Kontinente eine einzige riesige Landmasse, die allmählich auseinanderbrach und auseinandertrieb, bis sich schließlich die jetzige Verteilung von Erdteilen und Meeren ergab, die jedem Schulkind vertraut ist. Diese Theorie der »Kontinentalverschiebung« wurde 1912 von dem deutschen Geophysiker Alfred Wegener aufgestellt. Ihm war aufgefallen, daß die stark gekrümmte Ostküste Südamerikas wie ein Teil eines Puzzlespiels genau in die tief ausgebuchtete Westküste Afrikas hineinpaßte. Und Nordamerika und Europa paßten ebenfalls zusammen, wenn die keilförmige Landmasse Grönlands die verbleibende Lücke ausfüllte. Alfred Wegener meinte, daß sich auch die Antarktis, Australien und die Südspitze Südamerikas in dieses Puzzle einfügen ließen. Nach seiner Theorie, der sogenannten Kontinentalverschiebungs-Theorie, »schwimmen« die leichteren Erdteile auf dem schwereren und dichteren basaltischen Gestein des Erdkerns.

Die Vorstellung der driftenden Kontinente befriedigte die Meeresgeologen nicht ganz, die sich mit der Erforschung der großräumigen geologischen Veränderungen in den Tiefen der Ozeanbecken beschäftigten. Einen sehr eingehenden Deutungsversuch legte 1968 der französ.-amerikan. Geologe Xavier Le Pichon vor, nachdem er die Veränderungen der Festlandsmassen und des Meeresbodens eingehend untersucht hatte.

Er vertrat die These, daß die Erdoberfläche aus sechs großen Platten besteht, die sich in einer unendlich langsamen und kaum meßbaren Bewegung befinden. Die Platten drängen ständig gegeneinander; manchmal schieben sich benachbarte Platten übereinander, manchmal weichen sie zurück. Diese Bewegungen spüren wir in Form von Erdbeben.

Le Pichons Theorie, die inzwischen als »Plattentektonik« bezeichnet wird, trug zur Beantwortung vieler Fragen bei, welche die Meeresgeologen seit langem beschäftigen. Mit der Auffassung von den sich bewegenden Platten ließ sich zum Beispiel die Entstehung von neuem Meeresboden erklären: Wenn Platten auseinanderdriften, kann Lava aus dem schmelzflüssigen Kern der Erde zwischen den Plattenrändern

Der Überlebenskampf, das Gesetz des »Fressens und Gefressenwerdens«, wird auf dramatische Weise veranschaulicht durch dieses Foto: Ein Schwertwal hat vor einer einsamen Küste Argentiniens eine Mähnenrobbe ausgemacht. Während der heranschießende Schwertwal das Wasser aufschäumen läßt, versucht die Mähnenrobbe zu entkommen. Der ungleiche Kampf endet, wie nicht anders zu erwarten: Die Robbe wird von den Kiefern des Wals zermalmt.

1

2

1 Die uralte Faszination des Meeres: ein Sonnenuntergang über dem Kotzebue-Sund in Alaska, unweit des nördlichen Polarkreises.

2 Unterseeische Gebirgszüge, deren Gipfel den höchsten Festlandsbergen kaum nachstehen, winden sich 60 000 km weit durch die Becken des Weltmeeres. Steilwandige Seamounts und flachkuppige Guyots sind über die Meereslandschaft verstreut. Glutflüssige Schmelze (Magma) aus dem Inneren der Erde quillt durch einen Spalt in der Gebirgskette empor und bewirkt ein Phänomen, das man als Meeresbodenausdehnung bezeichnet.

emporsteigen und sich verfestigen. Ebenfalls läßt sich jetzt die Bildung von unterseeischen Gebirgsketten verstehen, etwa des Mittelatlantischen Rückens, der dort vom Meeresboden aufsteigt, wo zwei Platten sich voneinander fortbewegen.

Auf dem Festland sind durch den Druck der Platten Kettengebirge wie der Himalaja, die Alpen und die Anden aufgeworfen worden. In manchen Grenzregionen zwischen den Ozeanen und den Kontinenten setzen die sich bewegenden Platten nicht nur Gebirgsbildungsprozesse in Gang, sondern auch häufige Erdbeben und eine starke Vulkantätigkeit. Eine der unruhigsten Zonen dieser Art erstreckt sich längs der Küsten des Pazifischen Ozeans und bildet den sogenannten »pazifischen Feuerring«.

Gewaltige Vulkanausbrüche und Erdbeben, die verheerende Flutwellen oder Tsunamis auslösen, sowie die Gebirgsbildung, die tief unter dem Meereswasser vor sich geht, haben die Ozeanbecken geformt und den Meeren ihre heutige Gestalt gegeben. Diese geologi-

schen Vorgänge, die sich über viele Jahrmillionen hinziehen, haben aber auch die Voraussetzungen geschaffen für die Entstehung des Lebens im Meer und für die Evolution der Meeresorganismen.

Das Meer und die Evolution

Die meisten Biologen sind sich darüber einig, daß das Leben vor fast drei Milliarden Jahren im Meer begann – kurz nach der Entstehung der Urmeere. Der erste Organismus war wahrscheinlich ein Molekül, das die Fähigkeit besaß, sich zu teilen, also zu vermehren. Unvorstellbar langsam entwickelten sich komplexere Lebensformen, die eine große Ähnlichkeit mit dem heutigen Plankton hatten.

Im Laufe der Zeit gingen aus dem Plankton noch stärker entwickelte Organismen hervor, unter anderem jene großwüchsigen Pflanzen, welche die Gruppe der Tange bilden, während andere Organismen praktisch unverändert blieben. Entsprechend entwickelten sich aus einzelligen Tieren Schwämme, Korallen, Würmer und schließlich als erste Wirbeltiere die Fische.

Einige Meeresorganismen verließen das Meer und bildeten sich zu Landpflanzen und Landtieren um. Von den verschiedenen Tiergruppen auf dem Lande kehrten jeweils immer einige Arten wieder ins Meer zurück. Von den Säugetieren etwa lebten die Vorfahren der großen Wale und Delphine einige Millionen Jahre auf dem Lande, bis sie wieder ins Meer zurückgingen. Doch in den Genen dieser Tiere, die heute allein im Meer zu Hause sind, ist die »Erinnerung« an die alten landbewohnenden Vorfahren erhalten geblieben. Zu Beginn der Trächtigkeit bildet der winzige Keimling vorübergehend ein Paar fleischige Knospen aus. Diese Knospen sitzen dort, wo sich bei einem Landsäugetier die Hinterbeine befinden würden, aber sie verschwinden wieder, wenn der Embryo heranwächst.

Einige Meeressäugetiere, etwa die Robben, sind nicht vollständig ins Meer zurückgekehrt und halten sich immer wieder für einige Zeit an Land auf, um sich auszuruhen und fortzupflanzen. Und ein Tier, der Eisbär, hat sich erst vergleichsweise spät auf das Leben im Meer umgestellt. Heute zeigt der Körper des Eisbären bereits Veränderungen, die ihm das Leben auf dem Meereis erleichtern. Seine breiten, gutgepolsterten und behaarten Pranken, die

1

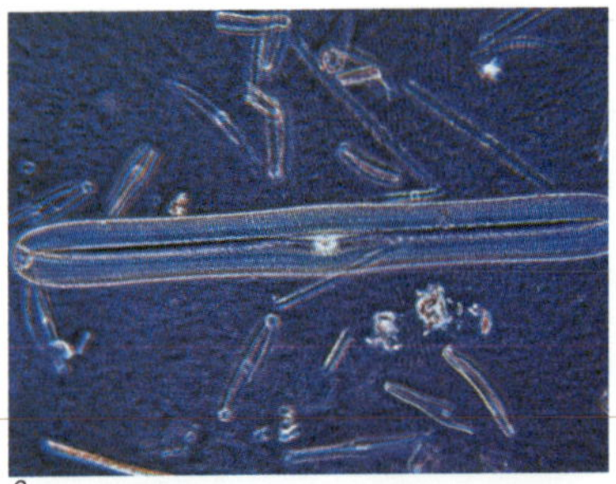

2

4

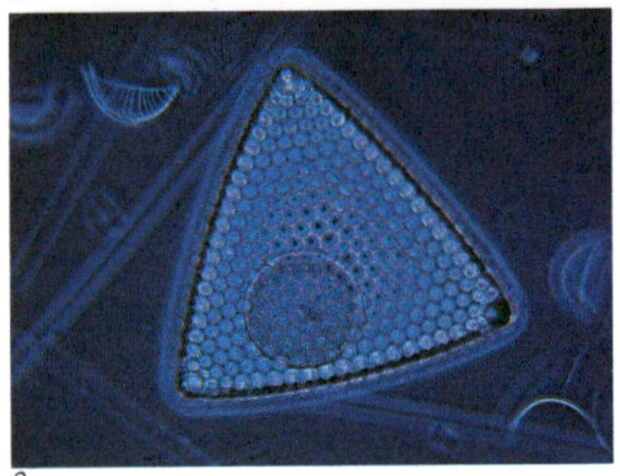

3

5

1 Die Nahrungskette im Meer: Phytoplankton (weniger als 1 mm groß) wird vom Zooplankton (4 mm) gefressen, von dem sich wiederum der Hering (22 cm) ernährt. Diesen frißt der Tintenfisch (50 cm), der schließlich vom Schwertfisch (120 cm) verspeist wird.

2–5 Die Fotos 2 und 3 zeigen die wunderbaren Formen einzelliger Kieselalgen oder Diatomeen, die die Hauptmenge des pflanzlichen Planktons bilden. Viele Zooplankter sind Larvenformen von Tieren, die im ausgewachsenen Zustand den Ozeanboden besiedeln. Auf den Fotos 4 und 5 sind eine Actinula (Hohltierlarve, 4) und eine Seescheidenlarve (5) zu sehen.

im Vergleich zu anderen Bärenarten groß sind, gestatten es ihm, die weiten Schneewüsten zu durchstreifen und seine Beutetiere, die Robben, geräuschlos zu beschleichen. Die breiten Pranken sind gleichzeitig sehr leistungsfähige Schwimmorgane, mit denen sich die mächtigen Tiere viele Kilometer weit durch arktische und subarktische Gewässer fortbewegen können.

Die Nahrungskette des Meeres

Die große Zahl und die verschiedenen Arten der Meeresorganismen lassen sich als eine Lebensgemeinschaft oder ein Ökosystem auffassen. Das gesamte System beruht auf dem pflanzlichen oder Phytoplankton, das die im Meer enthaltenen Nährsalze aufnimmt und mit Hilfe des Sonnenlichts Zucker und Stärke zu seiner Ernährung aufbaut. Diese Organismen haben nur geringe oder gar keine Möglichkeit, sich im Meer aktiv fortzubewegen, und werden deshalb von den Wellen und Strömungen hin und her getrieben. Beim Plankton (ein aus dem Griechischen kommendes Wort, das soviel wie »das Umhertreibende« bedeutet) unterscheiden wir das pflanzliche oder Phytoplankton und das tierische oder Zooplankton. Das Phytoplankton ist am zahlreichsten vorhanden, und eine Gruppe von mikroskopisch kleinen einzelligen Pflanzen, die sogenannten Kieselalgen oder Diatomeen, macht mehr als die Hälfte des gesamten Planktons aus. Das Phytoplankton und andere grüne Pflanzen, etwa die größeren Algen, sind die primäre Energie- oder Nahrungsquelle für das Ökosystem des Meeres. Alle anderen Organismen sind letztlich von diesen Pflanzenstoffen abhängig; sie bilden eine sogenannte Nahrungskette. Die Phytoplankter werden zum Beispiel von Zooplanktern gefressen, und beide dienen ihrerseits den Muscheln, Schnecken und Sardinen als Nahrung. Noch größere Lebewesen, etwa Dorsche, Thunfische, Haie und Tümmler, ernähren sich von den Muscheln, Schnecken und Sardinen. Andererseits werden Dorsche von Haien erbeutet, die wiederum anderen Haien zum Opfer fallen können. Das bedeutet, daß die in Nahrung umgewandelte Energie der Sonne auf sehr verschlungenen Wegen von einer Art zur anderen weitergegeben wird. Das gesamte Ökosystem befindet sich in einem ausgewogenen, aber anfälligen Gleichgewicht von Nahrungserzeugung und Nahrungsverbrauch, bei dem nichts verschwendet wird.

Der letzte Verbraucher ist natürlich der Mensch, und er allein ist imstande, zuviel zu nehmen und möglichst wenig zu geben, was die Zerstörung des Meeresökosystems zur Folge haben kann. Die Zukunft dieser großen Lebensgemeinschaft liegt in der Hand des Menschen.

Die sieben Meere

Der vielgestaltige Weltozean

Schon vor Jahrhunderten hat sich die Redewendung »die sieben Meere« eingebürgert. Wir wissen heute, daß es in Wirklichkeit viele Meere gibt – oder nur ein einziges. Ein Blick in den Atlas zeigt uns, daß das Salzwasser, das 71% der Erdoberfläche bedeckt, eine zusammenhängende Masse bildet. Die Kontinente, auf denen wir Menschen zu Hause sind, gleichen nur Inseln in den schier endlosen Wassermassen unseres Globus.

Die Einheit der Meere wird anschaulich demonstriert von den mächtigen Walen, die in aller Freiheit von einem Ende der Welt zum andern wandern. Große Fische wie der Blauhai, der Schwertfisch und der Thunfisch durchstreifen ebenso selbstverständlich die Meere, ohne Rücksicht auf die künstlichen Grenzen, die der Mensch geschaffen hat. Und viele kleinere Lebewesen, etwa die zu den Wirbellosen gehörenden Muscheln und Seepokken, sind Kosmopoliten, die durch Gezeiten und Strömungen oder an eisernen Schiffswänden und im Gefieder von Vögeln in die verschiedenen Meere verschleppt werden. Die Klaffmuschel *(Mya arenaria)*, die ein Badegast etwa an der Nordsee ausgräbt, gehört derselben Art an wie die Klaffmuschel, die ein Amerikaner an der Küste des Golfs von Maine findet.

Die drei großen Ozeane

Der Einfachheit halber könnte man sagen, daß es nur drei große Ozeane gibt und daß alle übrigen Meeresgewässer Anhängsel dieser drei Hauptmeere sind. Der größte, der

Der Schwertwal (Orcinus orca) ist das größte Mitglied der Delphinfamilie. Die Schwertwale sind zwar am häufigsten in arktischen und antarktischen Regionen anzutreffen, kommen aber in allen Weltmeeren vor. Die im Rudel jagenden und angreifenden Tiere können mühelos die größeren, aber vergleichsweise wehrlosen Bartenwale überwältigen. Doch häufiger erbeuten sie Robben, Delphine, Fische und Kopffüßer. Hin und wieder holen sie Robben und Pinguine von Eisschollen herunter, indem sie von unten das Eis rammen.

Pazifische oder Stille Ozean, erstreckt sich über mehr als 165 Millionen km². Der zweitgrößte ist der Atlantische Ozean mit 84 Millionen km², und der kleinste, der Indische Ozean, bedeckt eine Fläche von 73 Millionen km². Alle drei dehnen sich in die kalten Polarregionen der Erde aus und gehen in eisbedeckte Meeresgebiete über, in das Nord- und das Südpolarmeer.

In ihrer physikalischen Beschaffenheit weichen die drei Ozeane voneinander ab, vor allem in den biologisch bedeutsamen Faktoren der Temperatur und des Salzgehalts. (Der Salzgehalt wird definiert als die Gesamtmenge der in einem Kilogramm Meerwasser gelösten Salze und gemessen in Tausendstel-Einheiten [‰], also in Gramm Salz pro Kilogramm Wasser). Salzgehalt und Temperatur weisen in allen Ozeanen von einer Meeresgegend zur anderen erhebliche Schwankungen auf. Dagegen ändert sich der Wasserdruck nur in vertikaler Richtung, das heißt, er nimmt von der Oberfläche bis zum Meeresgrund stetig zu. Das bedeutet, daß in einer Tiefe von 30 m der Wasserdruck im Indischen Ozean, im Südpolarmeer und in der Ostsee gleich ist.

Die Temperatur und der Salzgehalt des Seewassers sind von sehr großer Bedeutung für die Meeresorganismen, weil sie deren Lebensvorgänge nachhaltig beeinflussen. Der Wasserdruck hat nur geringe oder gar keine Auswirkungen auf die Lebewesen, abgesehen von jenen, die in größeren Tiefen leben. Die Unterschiede in Temperatur und Salzgehalt, die zwischen den Ozeanen bestehen, zumal zwischen dem Atlantik und dem Pazifik, ergeben sich aus ihrer Lage und Ge-

1

2

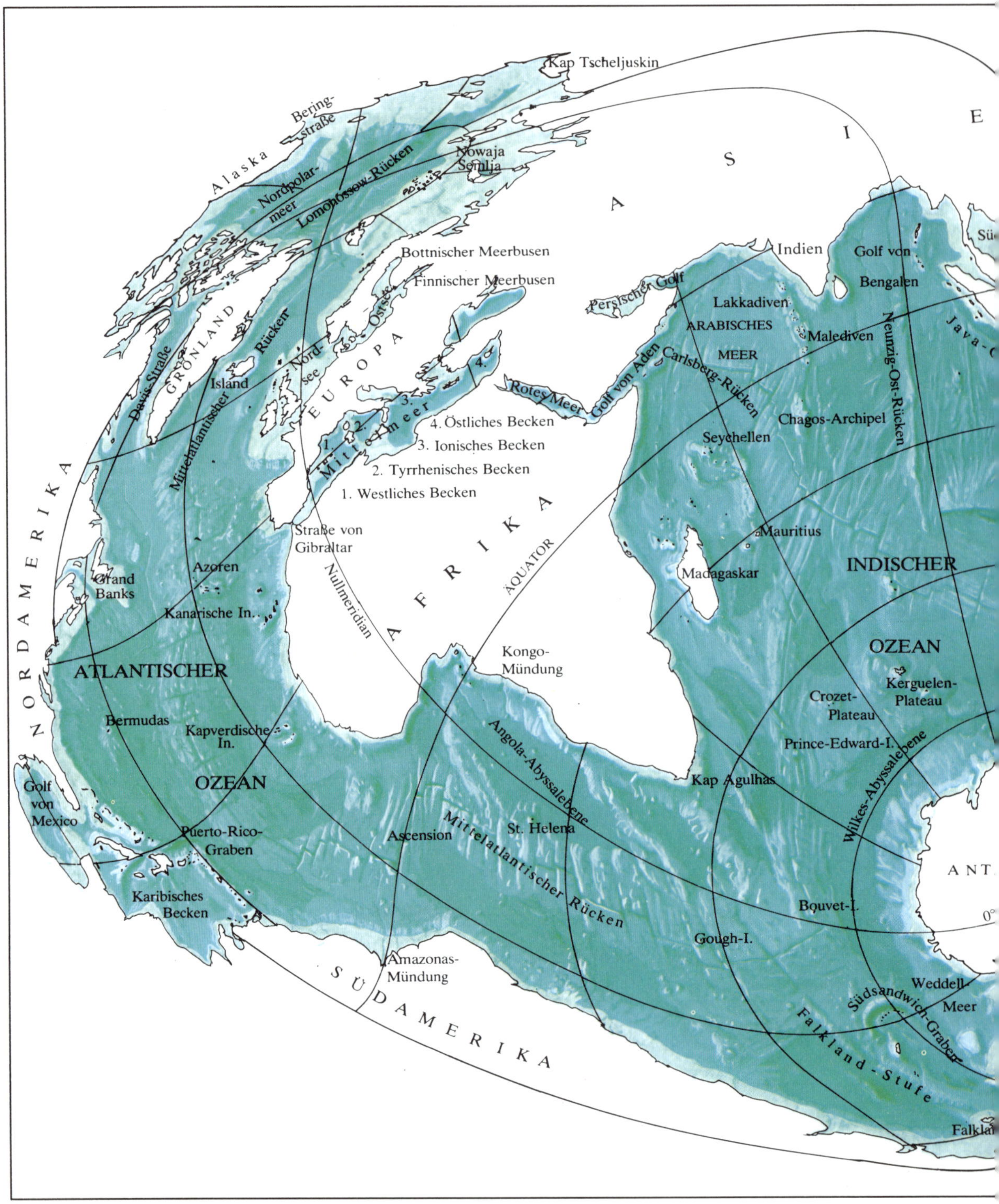

3

1 Die Hutton Cliffs der Ross-Insel zwischen Südamerika und der Antarktis sind typisch für die Wasservorräte der Erde, die in der Nord- und Südpolarregion in dauergefrorenen Eisfeldern und Gletschern gebunden sind.

2 Eisberge treiben im Meer vor dem Portage-Gletscher in Alaska. Sie sind die Überbleibsel gewaltiger Eismassen, die vom Rand des sich seewärts vorschiebenden Gletschers abgebrochen sind.

3 Auch der Boden der Ozeane ist bedeckt mit Bergen, Tälern und Schluchten – Landschaftsformen, die hauptsächlich durch die Meeresbodenausdehnung entstanden. In den gebirgigen ozeanischen Rücken nimmt die Ausdehnung ihren Anfang; hier bildet sich neuer Meeresboden. Tiefe Gräben hingegen sind Schrumpfungszonen, in denen Teile des Bodens in den schmelzflüssigen Erdkern absinken. Die Wissenschaftler nehmen an, daß Inselketten über »heißen Flecken« aufsteigen, kleinen, feststehenden Zonen mit vulkanischer Aktivität, die eine Insel nach der anderen hervorbringen, wenn sich der Meeresboden über sie hinwegschiebt. Die Karte zeigt eindrucksvoll die Verteilung von Wasser und Land auf der Erdkugel.

stalt. Den Atlantik hat man oft mit einer zusammengedrückten Wanne verglichen: Er beginnt in den frostigen Einöden der Arktis und Subarktis, verbreitert sich zwischen den Küsten Nordamerikas und Europas, erreicht seine größte Breite in der gemäßigten Klimazone zwischen New York und Gibraltar und ist am schmalsten in Höhe des Äquators. Im Süden weitet er sich wieder und ist am breitesten zwischen Buenos Aires und Kapstadt, also wiederum in einer gemäßigten Zone. Demnach erstrecken sich die größten Partien des Atlantischen Ozeans in Gebieten mit mittleren Temperaturen, während der kleinere Teil auf die Tropen entfällt. Die Durchschnittstemperatur beträgt 10,5° C und der durchschnittliche Salzgehalt 35,3‰.

Der Pazifische Ozean hat dagegen ein fast kreisrundes Becken, das am breitesten in der Äquatorgegend und am schmalsten in der Nähe der Pole ist. Obwohl der Pazifik sehr viel Wärme von der Tropensonne erhält, ist sein Wasser nur geringfügig wärmer (11,0° C) als das des Atlantiks, aber weniger salzhaltig (34,8‰). Auch der Indische Ozean, der eine ovale Gestalt hat, liegt größtenteils in den Tropen, doch er ist der kühlste von den dreien (10,0° C) und weist einen Salzgehalt von 34,9‰ auf.

Die Nebenmeere

Noch größere Abweichungen lassen sich in jenen Meeresregionen feststellen, die als Nebenmeere bezeichnet werden und die wir vielfach auch »Seen« nennen. Ein gutes Beispiel dafür ist die Ostsee, deren Wasser stellenweise fast salzlos, andernorts, vor allem in der Tiefe, ausgesprochen salzig ist.

Wie gesagt, schwankt der Salzgehalt der Ostsee beträchtlich, sowohl regional als auch jahreszeitlich bedingt. An der Einmündung in die Ostsee strömt stark salzhaltiges Wasser aus der Nordsee ein, und der Salzgehalt liegt hier bei 15‰. Doch im Norden und Osten, im Bottnischen und Finnischen Meerbusen, läßt der Zustrom aus der Nordsee nach und wird ersetzt durch Süßwasser, das vom Festland abfließt. Dort sinkt der Salzgehalt deutlich ab und erreicht nur noch Werte um 2‰. Die jahreszeitlichen Schwankungen des Salzgehalts ergeben sich dadurch, daß in langen Regenperioden oder während der Eis- und Schneeschmelze im Spätfrühling und Sommer große Süßwassermengen in die Ostsee gelangen.

Ebenso wie der Salzgehalt abnimmt, je weiter man von der Einmündung nach Osten vordringt, verringert sich auch die Artenzahl der marinen Pflanzen und Tiere in der Ostsee. Am auffälligsten verändert sich die Zahl der Polychäten- oder Borstenwürmerarten. Am Eingang der Ostsee haben die Meeresbiologen 160 Arten nachgewiesen, im mittleren Teil geht diese Zahl auf 70 zurück, weiter nördlich sogar auf 15, und im Bottnischen und Finnischen Meerbusen leben nur noch vier Polychätenarten. Ähnlich verhält es sich mit den Muscheln. In den genannten Ostseeregionen hat man dementsprechend 87, 34, 24 und fünf Muschelarten gezählt.

Archäologische Untersuchungen des Ostseeraums haben gezeigt, daß dieses Binnenmeer nicht immer ein »Arm« der Nordsee gewesen ist. Im Verlauf der Eiszeit hat sich die Ostsee mehrmals verwandelt. Zeitweise lag sie unter einem erdrückenden Eismantel, der eine Dicke von 1 km oder mehr erreichte. Damals war sie vermutlich nichts weiter als eine eisgefüllte Senke, die von den unglaublich langsam vorrückenden und zurückweichenden Gletschern tiefer ausgehöhlt und abgeschliffen wurde. Am Ende der Eiszeit, als die Gletscher abschmolzen und sich nach Norden in die Arktis zurückzogen, stand die Ostsee in Verbindung mit dem alten Polarmeer.

Das Mittelmeer

Während die Ostsee wegen ihres reduzierten Salzgehalts zuweilen einem Süßwassersee gleicht, ist das Mittelmeer teilweise noch salzhaltiger als der Atlantik, mit dem es in Verbindung steht. Der unterseei-

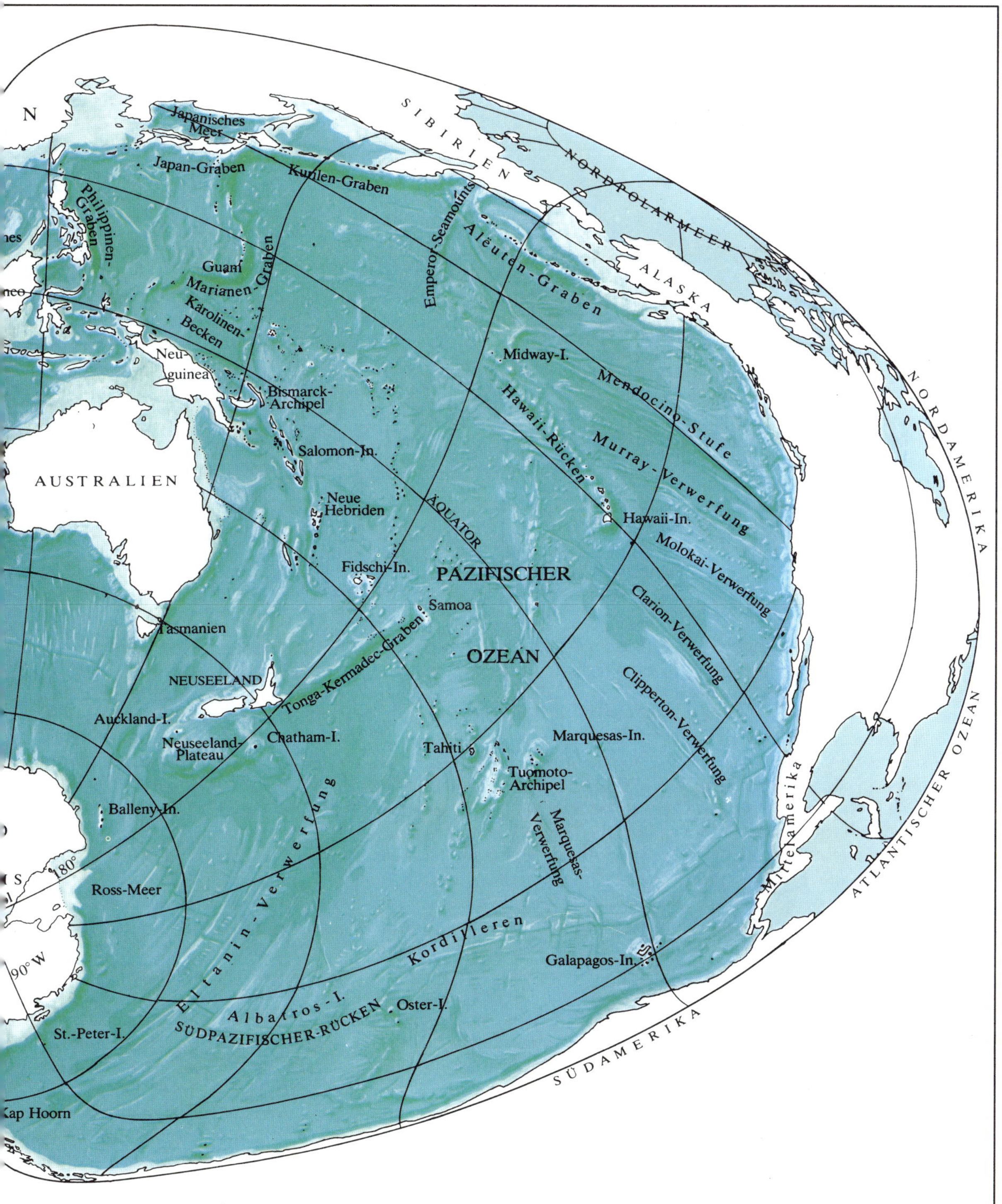

sche Gebirgsrücken von Gibraltar, der die Iberische Halbinsel mit der afrikanischen Nordwestküste verbindet, hemmt den Zufluß von kühlem, sauerstoffreichem Wasser aus dem Atlantik. Das trocken-warme Klima des Mittelmeerraums bewirkt eine beschleunigte Verdunstung des Oberflächenwassers, so daß der Salzgehalt steigt. Am Ostende des Mittelmeers erreicht der Salzgehalt Werte von 39‰. Zwar fließt ein Teil dieses stark salzigen Wassers in einem dünnen Strom über die Gibraltarschwelle in den Atlantik ab, aber das meiste sinkt auf den Grund des Mittelmeerbeckens.

Andererseits strömt warmes Oberflächenwasser aus dem Atlantik in das Mittelmeer ein, was zur Folge hat, daß dieses Binnenmeer sowohl wärmer als auch salziger ist als der riesige Nachbarozean. Alle diese physikalischen Faktoren – die Unterschiede der Temperatur und des Salzgehalts, der Abfluß von salzigem Wasser über die Gibraltarschwelle und die Sperrfunktion der Schwelle selbst – verhindern, daß atlantische Tiefseebewohner ins Mittelmeer eindringen. Deshalb leben die meisten Mittelmeertiere im Oberflächenwasser.

Besonders faszinierende und bekannte Vertreter der Mittelmeerfauna sind die Delphine, die durch zwei Arten, den Gemeinen Delphin *(Delphinus delphis)* und den Großen Tümmler *(Tursiops truncatus)*, vertreten werden. Diese verspielten Meeressäuger, die gern in den Bugwellen der Schiffe mitschwimmen, ernähren sich von den reichlich vorhandenen Fischen. Bisweilen kommen die Tiere den Berufsfischern ins Gehege, denn beide, Delphine und Menschen, stellen denselben Fischarten nach, insbesondere den Sardinen.

Die eindrucksvollsten Fische des Mittelmeers sind die Blauflossigen oder Großen Thunfische *(Thunnus thynnus)*, ebenso massige wie geschmeidige Tiere mit einem Gewicht von 200–1000 kg, die auf ihren Laichwanderungen zweimal im Jahr die Straße von Gibraltar passieren. Im Mai dringen die mächtigen Thune, nachdem sie während eines fast einjährigen Aufenthalts im Atlantik viel Fett angesetzt haben, in das Mittelmeer ein und suchen ihre angestammten Laichgründe auf. Die Weibchen sind dick und rund, denn ihre Leiber sind angeschwollen durch die Millionen reifer Eier, die sie möglichst bald ablegen wollen. Wenn im August das Ablaichritual abgeschlossen ist, sind die Thunfische erschöpft und ausgehungert und ziehen westwärts durch die Meerenge von Gibraltar, von den vergleichsweise kärglichen Gewässern des Mittelmeers in den nahrungsreichen Atlantik. In dieser Zeit werden die Thunfische mit stabilen Ringwaden (Kreisschließnetze) gefangen, welche die Fischer längs der Küste auf den wohlbekannten Wanderrouten aussetzen.

Die Gibraltarschwelle ist nur eine der geologischen Besonderheiten, die den Charakter des Mittelmeers bestimmen. Andere wichtige Besonderheiten sind die vier tiefen Becken, die von den Ozeanographen ausgelotet worden sind: das Westliche, das Tyrrhenische, das Ionische und das Östliche Becken. Der tiefste Punkt des Mittelmeers liegt im Ionischen Becken, wo Jacques-Yves Cousteau mit seinem Forschungsschiff »Calypso« eine Tiefe von fast 5 km gemessen hat.

1 Ein Großer Tümmler kommt zum Atemholen an die Wasseroberfläche. Er gehört zu den Walen oder Cetacea, einer Säugetierordnung, die 90 Arten umfaßt. Sie alle sind warmblütig, luftatmend und lebendgebärend. Die Nasenöffnungen (Blas- oder Spautlöcher) sitzen an der höchsten Stelle des Kopfes und haben eine direkte Verbindung zur Lunge. Wale atmen nicht durch den Mund.

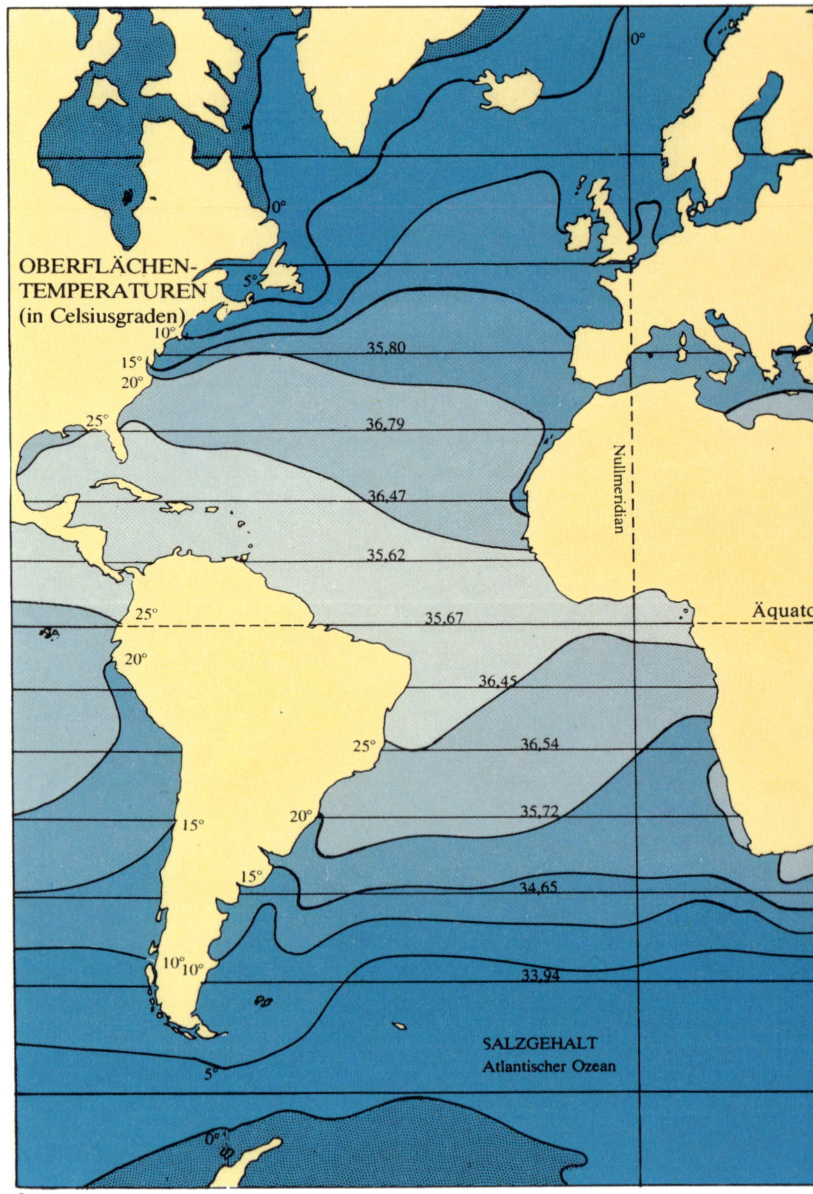

2 Der Salzgehalt und die Temperaturen des Weltmeeres schwanken von Ort zu Ort. Regenfälle, aus Flüssen einströmendes Süßwasser und die Verdunstung an der Meeresoberfläche bewirken die Unterschiede im Salzgehalt. Die Menge des einfallenden Sonnenlichts, die Nähe großer Eisansammlungen und die Verlagerung riesiger Wassermassen durch die Meeresströmungen sind für die Temperaturunterschiede verantwortlich. Salzgehalt und Temperaturen beeinflussen ihrerseits die Verteilung und die Zahl der Fische und der anderen Meereslebewesen.

Die Lebensbereiche des Meeres

Obgleich die Wassermassen der Weltmeere ineinander übergehen, lassen sie sich, was die in ihnen enthaltenen Lebensformen betrifft, in verschiedene »Zonen« einteilen. Diese Zoneneinteilung erfolgt einerseits horizontal, von den Küstengewässern bis zur Hochsee, andererseits vertikal, von der Oberflächenschicht bis zum Meeresboden. Die einzelnen Zonen sind zwar nicht abgeschlossen und genau begrenzt, aber sie prägen, teilweise sehr nachdrücklich, die jeweilige Fauna und Flora.

Wenn ein Mensch auf dem Meeresspiegel umherwandern könnte, würden ihm die Mannigfaltigkeit und der Wechsel der Pflanzen und Tiere auffallen, die zwischen der Küste und den Weiten des offenen Meeres leben. An der Felsküste wiegen sich Sägetange und andere festsitzende große Braunalgen in der unaufhörlichen Wellenbewegung hin und her. Winzige Fische jagen in den seichten Wassertümpeln zwischen den Felsen nach Beute. In einem sandigen Küstengebiet hingegen gedeihen nur wenige oder überhaupt keine Algen, weil der Sand zu instabil ist und von den Wellen ständig hin und her geschoben wird. Allenfalls einige wenige widerstandsfähige Algen heften sich an einen Stein oder eine Weichtierschale an, um sich zu verankern. Ansonsten fehlen an einer Sandküste die sessilen (seßhaften) Pflanzen fast völlig. Doch viele größere Fische dringen oft kühn in die Brandungszone vor, um Flohkrebse und andere kleine Wirbellose zu erbeuten, die die Wellen vom Sandboden losgerissen haben.

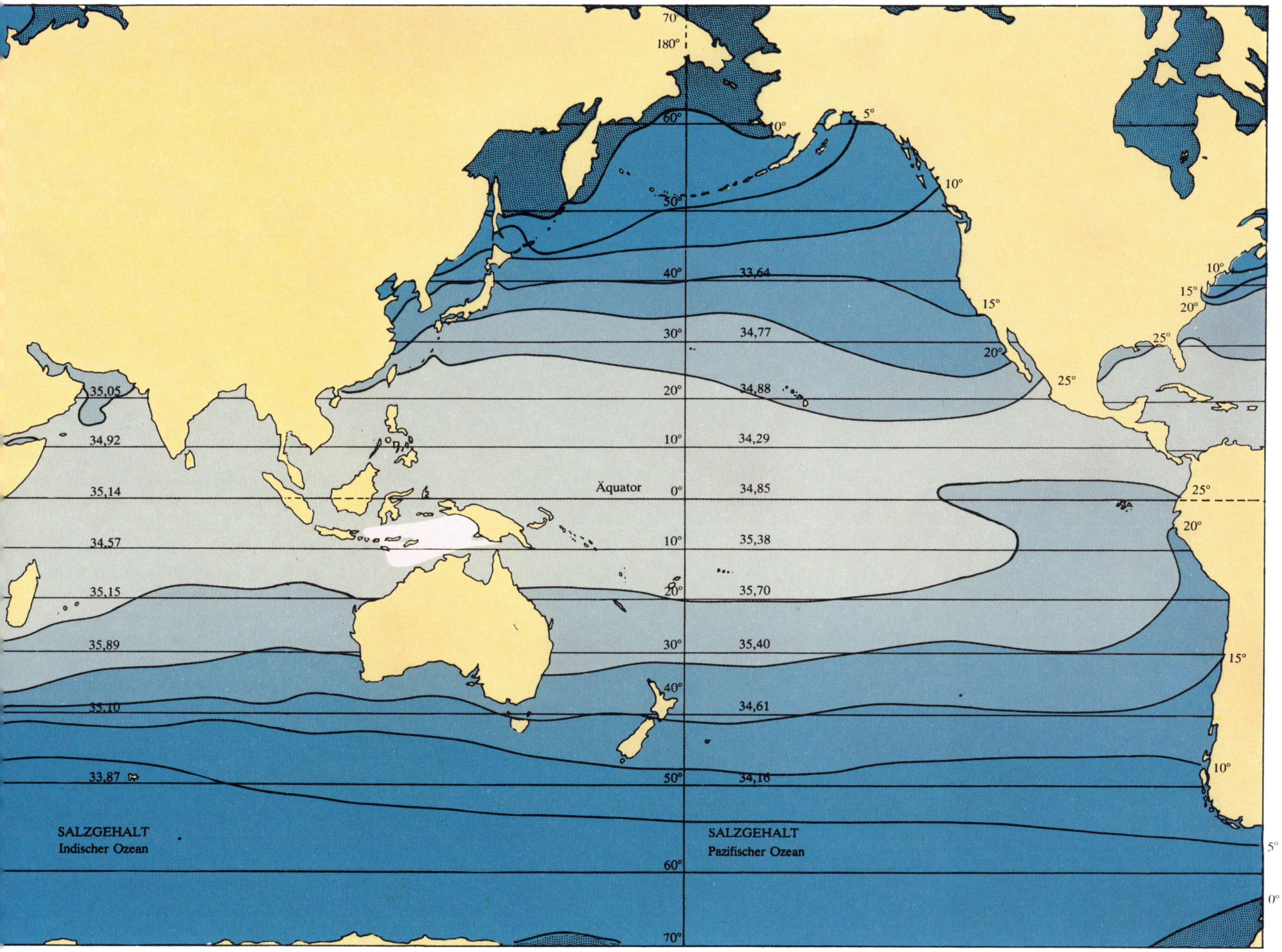

Je weiter sich der Beobachter vom Ufer entfernt, desto zahlreicher werden die Organismen, die er im Wasser vorfindet.

Heringe flitzen in ganzen Schwärmen durch das Wasser und seihen mit offenem Maul das üppige Plankton aus der nährstoffreichen und sonnenwarmen Oberflächenschicht. Haie, gelegentlich auch Delphine und Wale, tauchen immer wieder auf und holen sich ihren Anteil von den Heringen und Makrelen. 50–80 km von der Küste entfernt stößt man auf Thunfische, Schwertfische und vielleicht auch auf einzelne Makrelenhechte. Im Oberflächenwasser warmer und tropischer Meere schwimmt mitunter der derbkomische, scheibenförmige »Mondfisch« ungeschickt umher, der eine Länge von 2–3 m erreicht. Fliegende Fische schnellen aus dem Wasser und segeln ein gutes Stück durch die Luft, getragen von ihren verbreiterten Brustflossen.

Mitten auf hoher See macht das Meer einen unbelebten Eindruck. Fern vom Festland, wo sich die Flüsse ins Meer ergießen und wo Brandungswogen das Wasser mit Nährstoffen anreichern, gleicht der Ozean einer biologischen Wüste. Doch auch hier gibt es Leben, wenn auch in geringerer Zahl.

Die vertikalen Zonen

Die horizontale Verteilung der Meerespflanzen und -tiere ist weitgehend temperaturbedingt und somit auch nährstoffbedingt, doch die andere, die vertikale Gliederung, hängt vorwiegend vom Licht ab. Das Sonnenlicht dringt nicht in alle Schichten des Meeres vor, und es ist auch in den höheren Regionen nicht überall gleich stark. Die Klarheit des Wassers und somit die Intensität der Sonneneinstrahlung werden beeinträchtigt durch Schwebstoffe im Meer. Dazu gehören Luftblasen, mineralische und organische Substanzen und das Plankton. In gemäßigten und polaren Breiten schwächt reiches Planktonwachstum den Lichteinfall ab. In küstennahen Gewässern werden die Sonnenstrahlen durch Erdpartikel abgeschirmt, die mit den Flüssen und dem oberflächlich abfließenden Süßwasser ins Meer gelangen. In den Tropen indes ist die Planktonbildung gering, und die Sonne kann das klare, warme Wasser bis in große Tiefen erhellen. An manchen Stellen kann jedoch selbst hier der Lichteinfall durch Feststoffe behindert sein, die mit den riesigen Wassermassen der großen Stromsysteme, etwa des Kongos oder des Amazonas, weit ins Meer hinausgeschwemmt werden.

Die Beschaffenheit des Meeresbodens ähnelt der des Festlands. Der Hauptunterschied besteht darin, daß die Welt unter Wasser nicht der erodierenden Wirkung des Windes, des Regens und des Frostes ausgesetzt ist. Deshalb hat sich die Unterwasserlandschaft seit ihrer Entstehung nur wenig verändert. Doch ist der Meeresgrund mit charakteristischen Ablagerungen bedeckt.

Der Meeresboden in unmittelbarer Festlandsnähe wird als Kontinentalschelf bezeichnet, das im Durchschnitt weniger als 130 m tief unter der Meeresoberfläche liegt und rund 75 km breit ist. Die Topographie des Schelfbodens ähnelt der des angrenzenden Festlandes: Ist die Küstenregion zerklüftet, dann trifft dies auch auf das davorliegende Schelf zu, und wenn die Küstenlandschaft eben oder hügelig ist, dann ist auch das Schelf flach oder wellig. Die küstennahen Schelfgewässer umfassen nur etwa 8% der gesamten Meeresfläche, ge-

1

hören aber zu den tierreichsten Zonen der Erde. Etwa 90% der Welthandelsfischerei spielt sich im Bereich der Kontinentalschelfe ab, vor allem in so berühmten Fischgründen wie den Grand Banks bei Neufundland und der Nordsee. Nahezu alle Gruppen des Tierreichs sind in den Schelfzonen gut vertreten.

An das Schelf schließt sich mit scharfem Knick der Kontinentalabhang oder Tiefseeabfall an. Hier nimmt die Tiefe sehr rasch zu, von 130 m bis etwa 2000 m. Die Tiere dieser Region sind zumeist dunkel gefärbt und haben sehr große Augen, die es ihnen ermöglichen, sich in der fast lichtlosen Tiefe zurechtzufinden.

Jenseits des Kontinentalabhangs fällt der Meeresgrund allmählich bis auf 4000–6000 m zu den Tiefseebecken ab. Früher hielt man diese Region für flach und einförmig. Doch seit der Erfindung des Echolots ist es möglich geworden, den Tiefseeboden und sein Relief zu untersuchen. Die Echolotungen haben eine komplizierte und stark gegliederte Topographie enthüllt. Die Tiefseebecken sind übersät mit Vulkanen, die meist erloschen, doch zum Teil auch noch tätig sind. Viele Vulkane ragen über den Meeresspiegel hinaus und bilden so wohlvertraute Inseln wie die Azoren und die Inselkette von Hawaii. Die letztere steigt fast 9000 m vom Boden des Pazifischen Ozeans auf, ist also in der Gesamthöhe dem Mount Everest vergleichbar.

Untermeerische Gebirge und Tiefseegräben

Viele ozeanische Erhebungen überragen die Oberfläche des Meeres und bilden Inseln. Andere steigen nicht so hoch empor und sind als Seamounts und Guyots von einer dicken Wasserschicht bedeckt. Seamounts haben spitze Gipfel, während die Guyots abgeplattet sind; man deutet sie als sehr alte abgesunkene Brandungsplattformen, die von den Wellen abgeschliffen wurden. Alle untermeerischen Gebirge – Vulkane, Seamounts und Guyots – beherbergen Lebewesen in deutlich abgesetzten Zonen, die vom Meeresspiegel bis zur Tiefsee vertikal angeordnet sind.

Eine Sonderstellung nehmen die eindrucksvollen Tiefseegräben ein. Diese langen, schmalen und steil abfallenden Einsenkungen des Meeresbodens bilden die tiefsten Stellen der Ozeane. Die meisten Gräben finden sich im Pazifik (20),

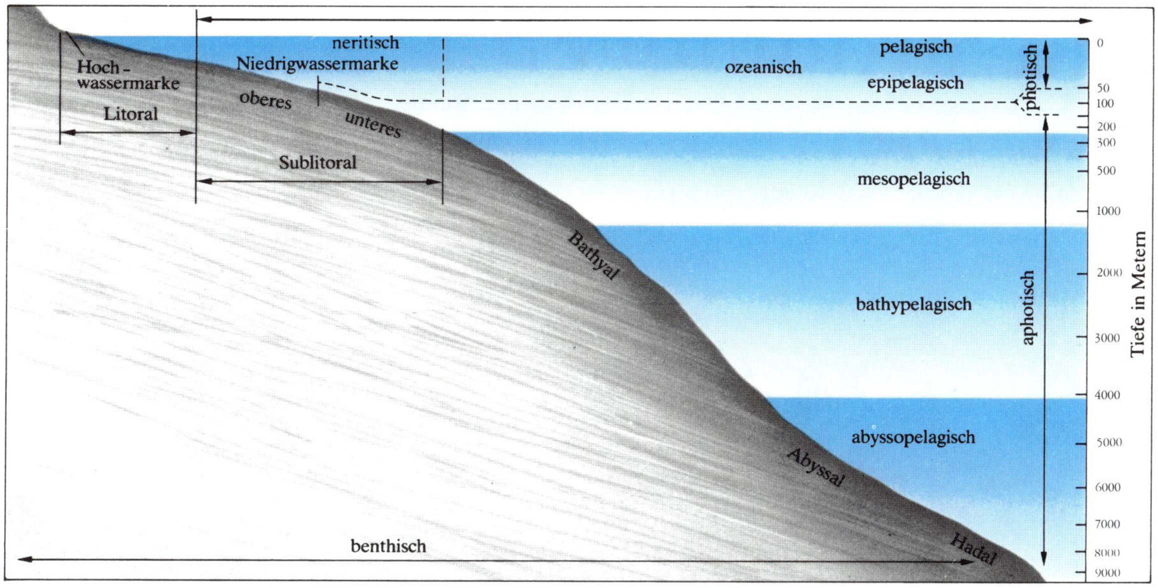

2

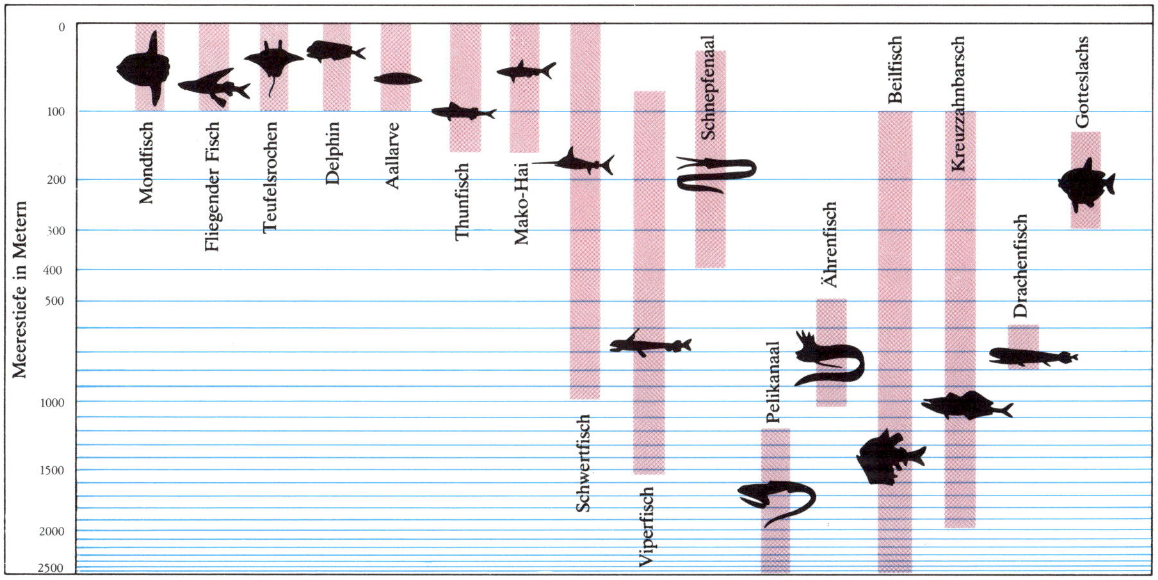

3

1 Island, durch Vulkanismus entstanden, ruht auf dem Mittelatlantischen Rücken und wächst infolge der fortdauernden vulkanischen Tätigkeit weiter. Im November 1963 tauchte 30 km vor der isländischen Südküste unverhofft eine neue Insel aus dem Meer auf. Sie erhielt den Namen Surtsey, als jüngstes Glied in der Kette der Westmänner-Inseln, deren Vulkane lange Zeit untätig gewesen waren. Schon 1970 wurden auf Surtsey fast 160 Insektenarten sowie einige Landpflanzen nachgewiesen. Diese Organismen stammten entweder von nahegelegenen Inseln oder vom Festland.

2 Die Meereslebewesen bewohnen entweder vorwiegend den Boden (Benthos) oder schwimmen bzw. driften im offenen Meer (Pelagial). Die Lebenszonen, welche die verschiedenen Organismen besiedeln, werden nach der Wassertiefe und der Entfernung von der Küste eingeteilt. Die Gezeitenzone (Litoral) wird von benthischen und pelagischen Formen gemeinsam bewohnt.

3 Pelagische Fische leben im offenen Meer. Die meisten von ihnen kommen niemals mit festem Land in Berührung, weder mit der Küste noch mit dem Meeresboden. Sie alle sind an ein Leben in den oberen, mittleren oder tieferen Meeresschichten angepaßt.

drei liegen im Atlantik und einer im Indischen Ozean. Der tiefste, der Marianen-Graben im südwestlichen Pazifik, erreicht Tiefen von 11 000 m. Im Atlantik hat man im Puerto-Rico-Graben 9200 m und im Südsandwich-Graben 8400 m gemessen. Im Indischen Ozean fällt der Java-Graben bis zu 7460 m ab.

In den tiefsten Tiefseegräben liegt die Wassertemperatur vermutlich bei nur −2°C, und der Wasserdruck beträgt bis zu 30 t pro Quadratmeter! Trotz der großen Kälte, des gewaltigen Drucks und der Nahrungsknappheit leben Tiere in den tiefsten Tälern des Meeresgrunds. Dies wurde schlüssig bewiesen am 23. Januar 1960, als Jacques Piccard, der Sohn des berühmten Schweizer Forschers Auguste Piccard, und der amerikanische Marineleutnant Donald Walsh mit dem Bathyskaph »Trieste« auf den Grund des Challenger-Tiefs im Marianen-Graben tauchten. Sie erreichten eine Tiefe von 10 912 m, was viele Wissenschaftler vorher für unmöglich gehalten hatten.

Das Bild, das sich den beiden Männern dort unten bot, war zunächst nicht sonderlich aufregend. Den Boden bedeckte eine weiche, kremfarbene Schlammschicht, und jenseits des Lichtkegels, den die starken Scheinwerfer der Taucherkugel erzeugten, erstreckte sich die unergründliche Finsternis der Tiefe. Aufregend war jedoch der Anblick eines etwa 30 cm langen Plattfisches, der langsam aus dem Lichtkreis schwamm und in die ewige Nacht eintauchte.

Die Beobachtungen von Piccard und Walsh räumten auf mit der Vorstellung, es gebe im Meer eine lebensfreie Zone. Anfangs glaubte man, sie beginne unterhalb der sogenannten photischen Zone, also dort, wohin das Sonnenlicht nicht mehr vordringt. Als dann immer bessere Fanggeräte entwickelt wurden und Unterwasserkameras eine genaue Erkundung des Meeresbodens in zunehmend größeren Tiefen ermöglichten, wurde der unbelebte Bereich von Mal zu Mal tiefer angesetzt. Schließlich gestatteten die verschiedenen Tauchfahrzeuge eine direkte Beobachtung des Tiefseebodens und sogar die Bergung der entdeckten Gesteine und Tiere. Damit war endgültig der Beweis erbracht, daß die Ozeane von der lichtdurchfluteten Oberflächenschicht bis zu den eiskalten schwarzen Tiefen von Leben erfüllt sind.

Gezeiten und Strömungen

Ihre Bedeutung für das Leben im Meer

Das Meer befindet sich in einem Zustand ständiger Veränderung. Am augenfälligsten ist der tägliche Gezeitenwechsel – jahrhundertelang konnten sich die Menschen das seltsame Steigen und Fallen des Meeresspiegels, das sie als Ebbe und Flut bezeichneten, nicht erklären. Erst 1687 wies der englische Gelehrte Isaac Newton nach, daß die Gezeiten oder Tiden auf die Anziehungskräfte des Mondes und der Sonne zurückzuführen sind, wobei sich die Kraft des Mondes stärker auswirkt. Beim Gezeitenwechsel lassen sich verschiedene Erscheinungsformen unterscheiden: Da ist zunächst der tägliche, etwa alle sechs Stunden erfolgende Wechsel zwischen der Flut, bei der das Wasser sich der Hochwassermarke nähert, und der Ebbe, wenn das Wasser bis zur Niedrigwassergrenze zurückgeht. Daneben kennen wir die Springtiden mit extrem hohen Tidenhüben und schließlich die Nipptiden, bei denen der Tidenhub am geringsten ist.

Ebbe und Flut kommen also dadurch zustande, daß die Anziehungskraft des Mondes auf die Ozeane einwirkt. Springtiden entstehen dann, wenn Erde, Mond und Sonne bei Neu- und Vollmond ungefähr in einer Linie stehen und sich somit die Anziehungskräfte der Sonne und des Mondes vereinen. Manche Springtiden sind so hoch, daß die flache Küstenregion weit überspült wird. Das Niedrigwasser kann bei Springtiden so extrem absinken, daß alte Straßen und Gebäudefundamente, die seit langem vom Meer bedeckt sind, wieder freiliegen.

Zu Nipptiden kommt es, wenn Sonne und Mond im rechten Winkel zur Erde stehen, und zwar zur Zeit der Mondviertel oder Quadraturen. Der Tidenhub ist dann in Gebieten, wo er normalerweise nur etwa einen halben Meter beträgt, beträchtlich geringer.

Das Marschland

Der Wechsel von Ebbe und Flut läßt durch die Ablagerung von Schlamm und Sand im flachen Kü-

stenbereich vielfach Marschböden entstehen, die zumeist besonders fruchtbar sind und eine vielfältige Vegetation tragen, die ihrerseits eine Fülle von marinen Tieren beherbergt.

Ein besonderes Kennzeichen der Marschen ist die Zonenbildung der Vegetation, die deutlich zu erkennen ist, wenn man sich vom Land zum Meer hin bewegt. An den höchsten Stellen, also am weitesten vom Meer entfernt, herrscht die Binse vor, die nur bei Stürmen mit dem Spritzwasser in Berührung kommt. Näher am Meer wächst das Spartgras *Spartina patens*, das von hohen Springtiden überspült wird. Und dem Meer am nächsten gedeiht die vom normalen Hochwasser regelmäßig bedeckte Spartgrasart *Spartina alternifolia.*

Von Spartgräsern bestandene Marschen säumen das Nordpolarmeer, die Küsten Nordeuropas, Australiens und Neuseelands. Ausgedehnte Marschgebiete finden sich auch an der Ostküste der Vereinigten Staaten, selbst an so unwahrscheinlichen Stellen wie der Jamaica Bay bei New York, in unmittelbarer Nähe des Kennedy International Airport. Dort leben auch Meerestiere aller Art.

In tropischen und subtropischen Meeren sind eher Bäume als Gräser typisch für die Marschlandschaft. Die Küsten sind oft dicht mit Mangroven bewachsen, jenen merkwürdigen Bäumen, die auf Stelzen ins Meer zu schreiten scheinen. Die Bäume selbst sind unempfindlich gegen Salzwasser, ihre Samen allerdings nicht, die deshalb durch ein einzigartiges Verfahren vor dem tödlichen Salz geschützt werden.

Die Mangrovensamen werden nicht, wie sonst üblich, von der Mutterpflanze abgestoßen, um sich im Boden weiterzuentwickeln, sondern keimen bereits vor dem Abfallen aus. Wenn die Keimlinge etwa 25 cm lang sind, fallen sie ab und treiben im Wasser, bis die Wurzel irgendwo auf festen Boden stößt, in dem sie sich verankern kann. Dort entsteht dann ein neuer mächtiger Mangrovenbaum mit seinen unverwechselbaren stelzenförmigen Luftwurzeln. Im Lauf der Zeit setzen sich Muscheln und Schnekken an den Wurzeln fest, und Fische und Krebstiere suchen zwischen ihnen nach Nahrung.

Die Mangrovenbestände binden große Mengen Schlamm, der von den Gezeiten angeschwemmt oder von nahen Flußläufen abgelagert wird, und tragen so zur Entstehung von »Neuland« bei. Ausgedehnte Mangrovensümpfe säumen die Mündungsgebiete vieler großer Flüsse (Mekong und Amazonas, Kongo und Ganges). Aber auch an der Nordküste Australiens und rings um Sumatra sind sie anzutreffen.

Flache Schlamm- oder Schlickböden sind charakteristisch für alle Marschlandschaften. Bei Niedrigwasser fallen breite Küstenstreifen trocken, welche nur aus ödem Schlamm oder Sand zu bestehen scheinen. Doch dieser Eindruck täuscht. Denn wenige Millimeter unter der Oberfläche, zuweilen bis zu einer Tiefe von 1 m, ist der feuchte Boden von zahlreichen Meerestieren bewohnt, von Muscheln, Würmern, Fadenwürmern und insbesondere von Bakterien. All diesen Organismen verdankt

Das Meer sollte für den Menschen nicht nur eine romantische Kulisse, sondern eine fortwährende Mahnung sein, mit den natürlichen Hilfsquellen der Erde bedachtsam umzugehen.

1

1 Auf diesem Satellitenfoto der nordamerikanischen Ostküste ist im unteren Teil der Golfstrom als grünes Band zu erkennen. Der Golfstrom ist das westliche Teilstück des großen Strömungssystems im Nordatlantik, das im Uhrzeigersinn verläuft. In einer Breite von ungefähr 80 km und einer Tiefe von etwa 100 m fließt er vom Golf von Mexiko aus durch die Floridastraße und dann in nordöstlicher Richtung an der nordamerikanischen Küste entlang. Bei Kap Hatteras wendet er sich nach Osten und erreicht mit einer Geschwindigkeit von rund 10 km/h den Norden Europas. Der warme Golfstrom hat einen mäßigenden Einfluß auf das Klima des Nordatlantiks. Er wurde erstmals von Benjamin Franklin beschrieben.

2

2 Tropische Rosalöffler (Ajaja ajaja) brüten in Florida zu Hunderten in den Mangrovenbäumen. Mangroven sind sehr widerstandsfähig gegen Salzwasser und schützen die sumpfigen Küsten in den Tropen vor der Erosion durch die sturmgepeitschten Wellen.

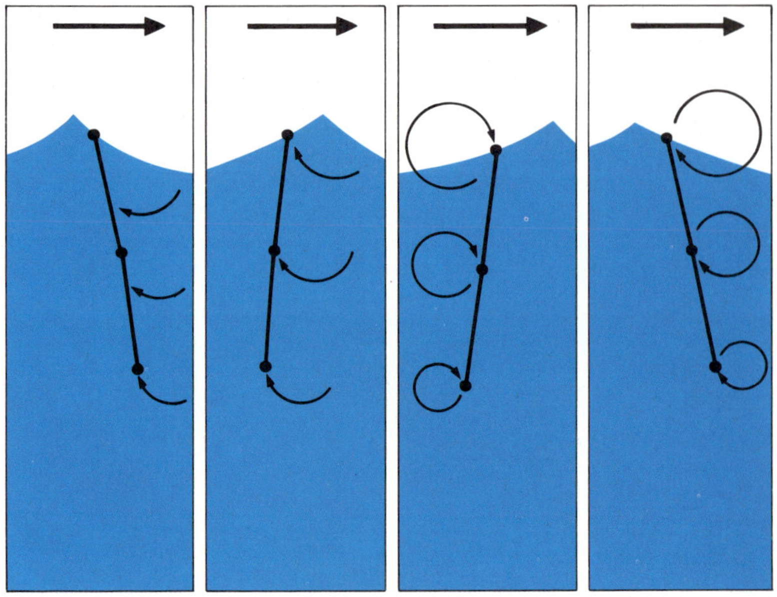

3

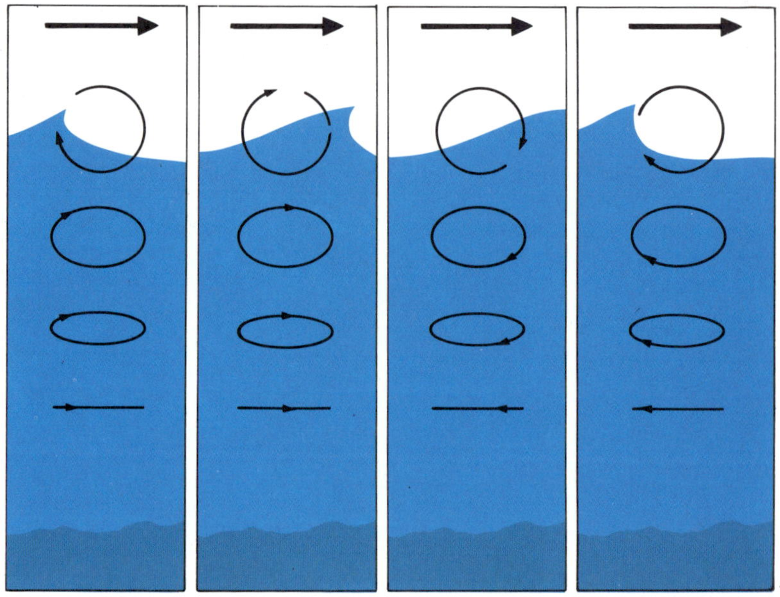

4

3/4 Wenn sich Wellen auf dem Meer ausbreiten, bewegen sich die Wasserpartikel (hier als schwarze Punkte gekennzeichnet) im Kreise. Die Kreisbahn der Partikel verkleinert sich mit zunehmender Wassertiefe (3). In seichten Gewässern nehmen die Bahnen eine elliptische Form an (4). Im Gegensatz zur landläufigen Meinung bewegt sich das Wasser durch die Wellen nicht vorwärts; die Wasserteilchen rotieren vielmehr auf der Stelle.

5 Die Anziehungskraft des Mondes und der Sonne wirkt auf die Ozeane ein und verursacht die Gezeiten, also den ständigen Wechsel von Ebbe und Flut. Wenn Erde, Mond und Sonne in einer Linie stehen (oben), steigt die Flut am höchsten; es kommt zu Springtiden. Stehen Mond und Sonne im rechten Winkel zur Erde (unten), erreicht das Hochwasser seinen niedrigsten Stand in den sogenannten Nipptiden.

die Marsch ihre ungewöhnliche Fruchtbarkeit.

Extreme Gezeiten

Die Höhe des normalen Tidenhubs ist abhängig von der Größe und Gestalt des Gezeitenbeckens. Ist das Becken breit, wie beispielsweise im Mittelmeer, steigt und fällt das Wasser nur geringfügig. In schmalen Becken, etwa in der kanadischen Fundy Bay, zwischen Nova Scotia und New Brunswick, können die Tidenhübe sehr groß sein, weil gewaltige Wassermassen auf engem Raum landeinwärts gedrückt werden. Die Fundy Bay verzeichnet die höchsten Tidenhübe der Welt; die Differenz zwischen Hoch- und Niedrigwasser beträgt hier im Durchschnitt 15 m.
Die kleine Insel Mont-Saint-Michel vor der Küste der Normandie wird jeden Tag vom Festland durch einen extremen Gezeitenwechsel abgeschnitten, der wie in der Fundy Bay einen Höhenunterschied von 15 m erreichen kann. Die Insel ist ein mächtiger Granitfels, der vom Meeresgrund aufsteigt und von einer weltberühmten Wallfahrtskirche gekrönt ist. Wenn die Flut über dem flachen Schlammboden ansteigt, umtost sie zischend und grollend die winzige Insel. In früheren Zeiten wurden nicht selten Pilger von der anstürmenden Flut überrascht. Die Fischer machen sich den extremen Gezeitenwechsel zunutze, indem sie bei Niedrigwasser ihre Netze aufstellen, in die dann das Hochwasser Fische und Krabben hineinschwemmt.

Flutbrandung

In manchen Flüssen der Erde bringen die Gezeiten ein Phänomen hervor, das man als »umgekehrter Wasserfall« bezeichnen könnte. Es handelt sich dabei um eine Flutbrandung oder Bore, wie sie genannt wird, also um eine rasch vordringende Wasserwand, die in einer Bucht oder sich verengenden Flußmündung durch eine sehr schnell steigende Flut aufgeworfen wird. Flutbrandungen kommen am häufigsten dort vor, wo die Tidenhübe groß sind. Die sich landeinwärts bewegende Wasserwand kann über 3 m hoch sein und kleinere Schiffe zum Kentern bringen oder zerschmettern.
Die mächtigste Flutbrandung der Welt gibt es in der Mündung des chinesischen Flusses Tsientangkiang südlich von Schanghai. Die Wasserwand kann hier eine Höhe von fast 8 m erreichen und schiebt sich mit einer Geschwindigkeit von mehr als 25 km/h flußaufwärts. Man schätzt, daß in einer solchen Flutwelle 1,75 Millionen Tonnen Wasser pro Minute bewegt werden. Andere bekannte Flutbrandungen

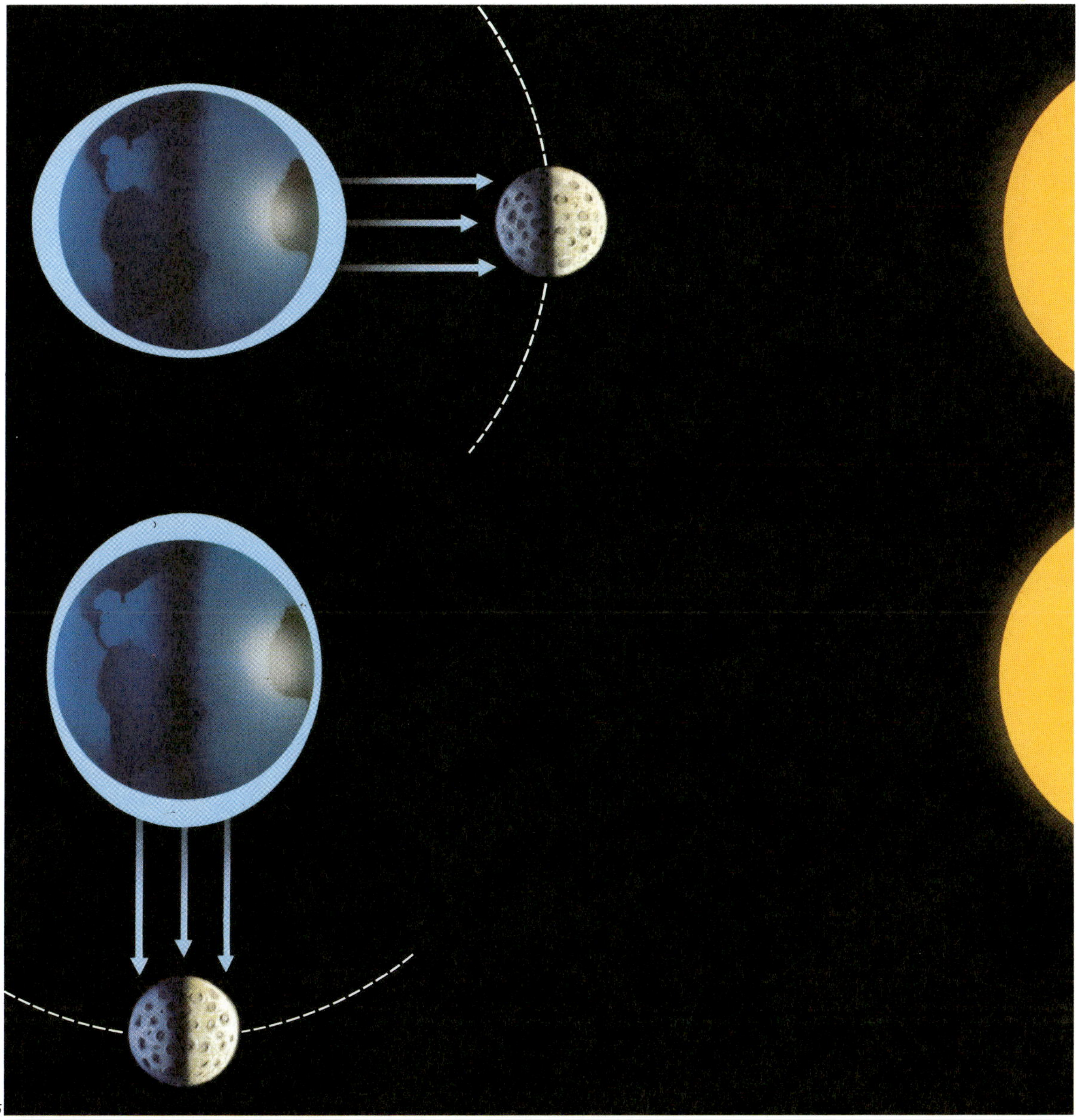

5

kommen im Gangesdelta (bis 6 m), im Amazonas (bis 5 m), in der Seine und Gironde und im Severn und Trent (bis 2 m) vor.

Tsunamis

Am verheerendsten wirken sich die Meereswogen in den Tsunamis aus, die man volkstümlich als Flutwellen bezeichnet, obwohl sie mit den Gezeiten nichts zu tun haben. Die zerstörerischen Wellen werden vielmehr von seismischen Störungen verursacht, von Vulkanausbrüchen und Erdbeben. Im Jahre 1883 kam es auf der kleinen Vulkaninsel Krakatau in der Sundastraße (zwischen Java und Sumatra) zu einer gewaltigen Eruption. Das Getöse war Tausende von Kilometern weit zu hören, und hochgeschleuderte Aschepartikel wurden über die ganze Erde verstreut. Der Vulkanausbruch löste einen mächtigen Tsunami aus, dem in Indonesien mehr als 36000 Menschen zum Opfer fielen.

Die meisten Tsunamis ereignen sich im Pazifik, der umringt ist von tätigen Vulkanen und Erdbebenherden. Die Tsunamis haben die seltsame Eigenschaft, daß sie sich Hunderte von Kilometern weit über das offene Meer ausbreiten können, ohne von den Schiffen, die in diesem Gebiet unterwegs sind, wahrgenommen zu werden. Die Wellenlänge kann 200 km betragen, die Höhe der Welle hingegen nur einen halben Meter. In etwa 150 m tiefem Wasser bewegt sich die Welle vielleicht nur mit einer Geschwindigkeit von 75 Knoten (140 km/h), doch bei einer Wassertiefe von 4600 m kann sie mit 420 Knoten (780 km/h) dahinrasen.

Seine zerstörerische Kraft entfaltet ein Tsunami, wenn er auf eine Küste auftrifft, wo er sich staut und überschlägt. Die Welle türmt sich zu einer riesigen Masse auf und begräbt Häuser, Schiffe und Hafenanlagen unter sich. Die Wasserfront kann unglaubliche Höhen erreichen: Der Tsunami der Krakatau-Eruption stieg 35 m hoch, als er auf die Küste auflief.

Wellen und Seegang

Die normalen Meereswellen, die wir als Seegang bezeichnen, werden vom Wind erzeugt, und zwar in unterschiedlicher Höhe und Stärke. Wenn wir auf hoher See an der Reling stehen und aufs Meer hinausschauen, scheint sich das Wasser in Richtung der Wellen fortzubewegen, die ihrerseits wiederum der Windrichtung folgen. Doch in Wirklichkeit bewegt sich das Wasser nicht von der Stelle; nur die Energie, die der Wind den Wellen mitteilt, bewirkt eine Wellenbewegung auf der Meeresoberfläche. Das ist so, wie wenn man ein Seil an den beiden Enden festhält und rhythmisch auf und ab schlägt: Dann laufen zwar Wellen am Seil entlang, aber das Seil selbst bewegt sich nicht vorwärts. Denselben Effekt kann man beobachten, wenn man ein Stück Holz auf das Wasser wirft. Das Holz steigt jedesmal auf den Wellenkamm und sinkt dann zurück in den Wellentrog, nimmt also ungefähr seine ursprüngliche Lage wieder ein.

Die Höhe der Windwellen hängt von der Windstärke ab und davon, wie weit der Wind auf hoher See »ausholt«. Bei leichtem Wind sind die Wellen klein und kaum erkennbar. Manchmal wachsen die Wellen stark an, vor allem wenn heftige Winde tagelang über weite Ozeanflächen dahinfegen. Es ist beinahe unmöglich, die Höhe des Seegangs von einem Schiff aus exakt zu messen, doch größere Höhen können durch einfaches Triangulieren (Dreiecksaufnahme) ermittelt werden. Während eines Sturms, der im Februar 1938 mitten auf dem Pazifik tobte, erblickte ein Offizier von der Brücke seines Schiffes aus eine mächtige Woge hinter dem Topp des Heckmastes. Mittels einer raschen trigonometrischen Berechnung schätzte er die Höhe der Woge auf 34 m!

Die Beaufort-Skala

Für alle, die auf See fahren, sind das Wetter und zumal der Wind von entscheidender Bedeutung. Aufzeichnungen über die Witterungsverhältnisse sind für alle Schiffe eine Selbstverständlichkeit. Um die Registrierung dieser Beobachtungen zu vereinheitlichen, entwarf der englische Admiral Sir Francis Beaufort 1806 ein System, in dem die unterschiedlichen Höhen des Seegangs und vor allem die Windstärken in einer Zahlenskala erfaßt werden. Der Beaufort-Grad 0 bezieht sich beispielsweise auf eine spiegelglatte See und eine Windgeschwindigkeit von 0–0,7 km/h; bei 5 sind die Wellen mäßig stark und überall mit weißen Schaumkämmen gekrönt, und es weht eine frische Brise (28,5–38,5 km/h). Der von allen Seeleuten gefürchtete 12. Grad bezeichnet außergewöhnlich hohe Wellenberge, eine durch Gischt stark herabgesetzte Sicht und Windgeschwindigkeiten von 117,5–132,8 km/h – mit anderen Worten: einen Orkan.

Die Windstärkeskala von Sir Francis Beaufort ist von fast allen seefahrenden Nationen übernommen worden.

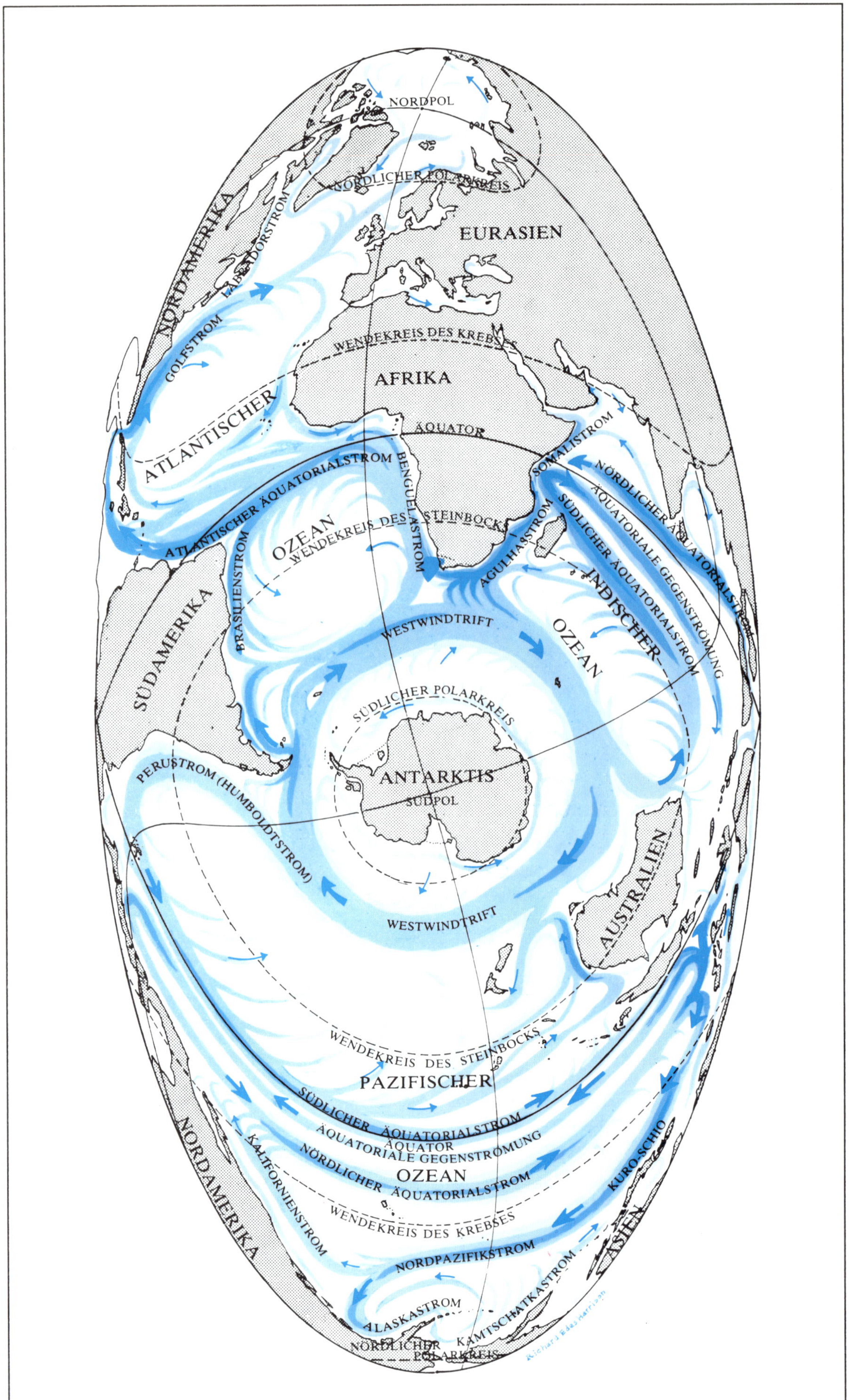
NORDPOL
NÖRDLICHER POLARKREIS
EURASIEN
NORDAMERIKA
LABRADORSTROM
GOLFSTROM
WENDEKREIS DES KREBSES
AFRIKA
ATLANTISCHER
OZEAN
ÄQUATOR
ATLANTISCHER ÄQUATORIALSTROM
BENGUELASTROM
WENDEKREIS DES STEINBOCKS
SOMALISTROM
NÖRDLICHER ÄQUATORIALSTROM
ÄQUATORIALE GEGENSTRÖMUNG
SÜDLICHER ÄQUATORIALSTROM
AGULHASSTROM
INDISCHER
OZEAN
BRASILIENSTROM
SÜDAMERIKA
WESTWINDTRIFT
SÜDLICHER POLARKREIS
ANTARKTIS
SÜDPOL
PERUSTROM (HUMBOLDTSTROM)
WESTWINDTRIFT
AUSTRALIEN
WENDEKREIS DES STEINBOCKS
PAZIFISCHER
SÜDLICHER ÄQUATORIALSTROM
ÄQUATOR
ÄQUATORIALE GEGENSTRÖMUNG
NÖRDLICHER ÄQUATORIALSTROM
OZEAN
NORDAMERIKA
KALIFORNIENSTROM
KURO-SCHIO
WENDEKREIS DES KREBSES
NORDPAZIFIKSTROM
ASIEN
KAMTSCHATKASTROM
ALASKASTROM
NÖRDLICHER POLARKREIS

1

2

3

Die Coriolis-Kraft

Wenn der Wind über das Meer hinwegbläst, wird das von ihm bewegte Oberflächenwasser oder Meereis auf der Nordhalbkugel nach rechts und auf der Südhalbkugel nach links abgelenkt. Die Ablenkung entsteht dadurch, daß sich die Erdkugel nach Osten um ihre eigene Achse dreht, und sie wurde benannt nach dem französischen Physiker Gaspard Gustave de Coriolis, der diese Auswirkung der Erdrotation 1835 entdeckte. Mit der Coriolis-Kraft lassen sich auch die großen trägen Wirbel erklären, die sich im Nord- und Südpazifik, im Nord- und Südatlantik und im Indischen Ozean in den Meeresströmungen bilden.

1 Die hier dargestellte winterliche Verteilung der Meeresströmungen zeigt im Sommer einige kleinere Abweichungen und eine wichtige Besonderheit: Im Indischen Ozean wechseln die nordäquatorialen und die äquatorialen Gegenströme während der Sommermonate ihre Richtung. Zusätzlich zu den Oberflächenströmungen bewegen sich Tiefenströme in mittleren und sehr tiefen Meeresschichten quer oder gegenläufig zueinander, mit Ausnahme der Antarktis, wo sämtliche Strömungen einheitlich von West nach Ost fließen.

2 Beringsmöwen (Larus glaucescens) haben sich auf Kelp niedergelassen. Die 20 m langen Stengel und die Pflanzenkörper (Thalli) bieten Fischen und anderen Meerestieren Nahrung und Schutz.

3 Sturmgepeitschte Wogen und heftige Winde mit einer Geschwindigkeit bis zu 240 km/h rasen während eines Hurrikans über den Strand von Miami in Florida hinweg.

Ströme im Meer

Der tägliche Gezeitenwechsel hat große Bedeutung für die Meeresorganismen, doch es gibt noch andere Bewegungen im Weltozean, nämlich die großen Meeresströmungen, die zwar nicht leicht zu erkennen sind, aber das Leben im Meer noch stärker beeinflussen.

Bestimmte Meeresströmungen mildern das kalte Klima in nördlichen Breiten und bescheren den Küstengebieten Islands, Norwegens und Alaskas ein relativ warmes Wetter. Andere Ströme erzeugen in Landstrichen wie Westkanada und dem Nordwesten der USA ein feuchtkaltes Klima. Doch alle Meeresströmungen bringen den Tieren des Meeres Nahrung, befördern Alttiere und ihre Nachkommen durch die Ozeane und besiegeln nicht selten das Schicksal vieler Meereslebewesen.

Ein allgemein bekanntes und auch gründlich erforschtes Beispiel einer solchen Meeresströmung ist der Nordatlantikstrom, nach seinem Ursprung, dem Golf von Mexiko, meist als Golfstrom bezeichnet.

Der Golfstrom hat eine Fließgeschwindigkeit von 40–175 km pro Tag. Einerseits führt er zahlreiche Organismen mit sich, die die europäischen Gewässer besiedeln, andererseits bringt er manchen anderen Tieren den Tod. Tropische Lebewesen wie die Segelqualle oder die pelagische Veilchen- oder Floßschnecke gehen zugrunde, wenn sie zu weit nach Norden in kühleres Wasser verdriftet werden.

Im nördlichen Pazifik entspricht dem Golfstrom der warme, kraftvolle Kuro-Schio, der seinen Ursprung in der Nähe des Ostchinesischen Meeres hat und nach Nord-

1 Das »Auge« eines Hurrikans, eines gewaltigen tropischen Wirbelsturms, stellt eine Ruhezone im Zentrum des mächtigen Zyklons dar, der Geschwindigkeiten von mehr als 120 km/h erreicht. Die über tropischen Meeren entstehenden Hurrikane, denen im Westpazifik die Taifune entsprechen, können ein Gebiet mit einem Durchmesser von über 400 km überziehen.

2 Eine mächtige Wasserhose steigt vor Key West, Florida, über dem tropischen Meer auf. Eine Säule aus Meerwasser, Gischt und Regen bewirkt dieses eindrucksvolle Naturschauspiel.

osten fließt, bis er schließlich in den Nordpazifischen Strom übergeht. Wo sich diese Strömung der Westküste des nordamerikanischen Kontinents nähert, gabelt sie sich; ein Teil richtet sich als Alaskastrom nach Norden, der andere Teil als Kalifornischer Strom nach Süden. Krebse, Lachse und zahlreiche Grundfische gedeihen im kühlen Wasser des Alaskastroms. Groteske Königskrabben, deren Beine zuweilen fast 2 m lang sind, suchen auf dem kalten Meeresboden nach Nahrung. Große Meeressäuger, darunter Seebären, Walrosse, Eisbären und zeitweise auch Grauwale, finden genügend Beute in diesen nährstoffreichen Gewässern.

Der Kalifornische Strom im Süden führt ebenfalls vergleichsweise kühles Wasser. In ihm gedeihen die als Kelp bezeichneten Braunalgenmassen, die sich gleich Meereswäldern in den Wellen des Pazifiks wiegen. Kleine Fische tummeln sich in den Kelpmassen. Stachlige Seeigel kriechen an den Stengeln entlang und ernähren sich von dem dünnen Mikroorganismen-Belag und auch vom Tang selbst.

Im einem ständigen Kreislauf fließt die kalte, stürmische Westwindtrift, unbehindert durch größere Landmassen, zwischen der Antarktis und den Südspitzen Australiens, Südamerikas und Afrikas in östlicher Richtung um die Erde. Unterwegs entsendet die Westwindtrift gewaltige kalte Nebenströme in den südlichen Teil des Pazifiks, des Atlantiks und des Indischen Ozeans.

Zwei wichtige Ausläufer dieser Meeresströmung streifen die Westküsten Südamerikas und Afrikas. Ihre kalten, sauerstoffreichen Wassermassen tragen wesentlich zur Mannigfaltigkeit und Fruchtbarkeit der küstennahen Meeresregionen bei.

Der eine der beiden Seitenströme, der Benguelastrom, fließt an Kapstadt vorbei und an der afrikanischen Westküste entlang und endet im Golf von Guinea. Vor Kapstadt entfalten sich im kalten Wasser dieser Strömung unweit der Küste dichte Tangwälder und über dem schmalen Kontinentalschelf eine abwechslungsreiche Meeresfauna.

Die andere Strömung, die von der Westwindtrift abzweigt, ist der Perustrom, der nach dem berühmten deutschen Entdeckungsreisenden und Geographen Alexander von Humboldt oft auch Humboldtstrom genannt wird. Er fließt längs der südamerikanischen Westküste nach Norden und stellt das südliche Gegenstück zum Kalifornischen Strom dar, ist aber kälter infolge der antarktischen Wassermassen, die er mitführt. Die von der Strömung an die Meeresoberfläche beförderten Nährstoffe haben einen der fruchtbarsten Lebensräume der Erde entstehen lassen. Anchovis oder Sardellen, kleine, silbern schimmernde Heringsfische, ernähren sich von dem reichlich vorhandenen Plankton. Sie selbst werden wiederum von verschiedenen größeren Räubern verfolgt und gefressen, von Thunfischen, Walen, Tümmlern und Seevögeln. Seit unvordenklichen Zeiten stürzen sich die Vögel in riesigen Scharen vor der peruanischen Küste ins Meer, um sich an den Anchovis zu mästen. Wenn sie sich den Magen vollgeschlagen haben, fliegen sie zu den nahegelegenen Felseninseln, um sich auszuruhen und zu verdauen. Im Laufe der Jahrtausende haben sich die Ausscheidungen der Vögel auf den Felsen als gewaltige Guanoschicht abgelagert, die Hunderte von Metern dick ist.

Meeresströmungen können allerdings recht unbeständig sein und sind zuweilen so launisch wie der Wind. Gelegentlich breiten sich warme äquatoriale Wassermassen nach Süden aus und verdrängen das kalte Wasser des Humboldtstroms. Das nährstoffreiche antarktische Wasser wird also ersetzt durch nahrungsarmes tropisches Wasser, was für die marine Pflanzen- und Tierwelt katastrophale Folgen haben kann. Zuerst sterben die primären Nahrungserzeuger, das Phytoplankton, ab, und die Fische, die vom Plankton abhängig sind, müssen gleichfalls sterben. Tote Fische werden in großen Mengen am Strand angespült, und die Netze der Fischer bleiben nahezu leer.

Auch für die Guanovögel beginnt eine Leidenszeit. Die Vögel, die in den Jahren des Überflusses fett geworden sind und sich stark vermehrt haben, verhungern jetzt, und die Strände sind übersät mit ihren Kadavern. Jäger und Gejagte erleiden das gleiche Schicksal.

Das Sargassomeer

Manchmal haben Meeresströmungen oder das Fehlen solcher Strömungen merkwürdige Erscheinungen zur Folge, so etwa im Sargassomeer, das sich im Mittelteil des Atlantischen Ozeans erstreckt. Um dieses Meeresgebiet ranken sich seit Jahrhunderten viele Legenden, und es galt lange Zeit als ein »Schiffsfriedhof«, weil dort zuweilen Schiffe in den riesigen Tangmassen steckenblieben. Bei dem Tang handelt es sich um tropische Braunalgen namens Beerentang *(sargassum)*, die sich tatsächlich im Mittelatlantik in gewaltigen Mengen ansammeln. Portugiesische Seeleute, die zum erstenmal die weiten tangbedeckten Meeresflächen erblickten, verglichen die im Wasser treibenden luftgefüllten Blasen der Pflanzen mit Weinbeeren *(sarga)*, und von daher haben der Tang und das Meer seinen Namen.

Das Sargassomeer ist das Zentrum eines Strömungssystems, das die schwimmenden Tange zusammentreibt. Doch inmitten des Meeres ist die Strömung schwach, und dort sammeln sich die Tange zusammen mit Baumstämmen, Wrackteilen und anderem Treibgut an. In dieser Region sind auch die Winde schwach und veränderlich, so daß

2

Segelschiffe dort oft tagelang unter der glühenden Sonne festlagen. Es sind zwar Schiffe und Besatzungen im Sargassomeer verschollen, doch daran waren nicht irgendwelche Meeresungeheuer schuld, sondern die natürlichen, wenngleich ungewöhnlichen Strömungs- und Windverhältnisse in diesem Teil des Weltozeans.

Hurrikane und Wasserhosen

In der einschlägigen Literatur spielen Stürme auf See eine große Rolle. Manche Stürme sind örtlich begrenzt und richten nur geringen Schaden an. Andere erfassen größere Gebiete, halten mehrere Tage lang an und verursachen oft unabsehbare Schäden. Damit sind die tropischen Zyklone oder Wirbelstürme gemeint, die im Atlantik als Hurrikane und im Pazifik als Taifune bezeichnet werden. Sie erreichen Geschwindigkeiten von 120 km/h, manchmal sogar 300 km/h, und können mit einem Durchmesser von mehr als 400 km über das Land hinwegrasen.

Auf dem offenen Meer werfen die Hurrikane und Taifune 15 m hohe Wellen auf, die schaumgekrönten Brechern in der Brandungszone gleichen. Der Sturm zerrt an den Wogenkämmen und schleudert horizontale Gischtbahnen über das Meer, die es im Verein mit dem Regen den Seeleuten unmöglich machen, Wasser und Luft zu unterscheiden. Nur ein sehr seetüchtiges Schiff kann einen Hurrikan überstehen.

Auf die Meeresfauna wirkt sich ein Hurrikan im allgemeinen kaum aus. Im küstennahen Flachwasser können zwar einige Tiere verletzt oder gar getötet werden, aber die meisten werden im turbulenten Wasser nur ein wenig hin und her gestoßen. Einzelne größere Meeressäuger, zum Beispiel Wale und Delphine, können allerdings ertrinken, weil es ihnen nicht mehr gelingt, zum Luftholen aufzutauchen.

Hurrikane und Taifune kündigen ihr Kommen meist durch Wolkenansammlungen und zunehmende Windstärke an. Wasserhosen entstehen jedoch spontan, oft über dem windstillen Meer und bei strahlender Sonne. Wir haben es hier mit einem Wirbelsturm auf engem Raum zu tun, der eine Wassersäule aus dem Meer aufsteigen läßt und durch Luftwirbel stabilisiert.

Man hat oft den Eindruck, als hinge von einer Wolkenbank ein Schlauch herab, der sich mit einem aus dem Meer emporwachsenden Gischtkegel vereinigt. Die Höhe einer solchen Wasserhose schwankt zwischen 3 m und mehr als 1 km, und ihr Durchmesser beträgt 3–150 m. Wasserhosen sind kurzlebige Erscheinungen, die nur etwa eine halbe Stunde andauern und nur selten irgendwelche Schäden anrichten. Wenn sie in sich zusammensakken, ergießt sich Salz- und Süßwasser wie ein Sturzbach ins Meer, der oft von Graupeln, Hagel oder Schnee begleitet wird. Wasserhosen machen einen furchterregenden Eindruck, doch sie sind eher eine Kuriosität als eine echte Gefahr.

Der Einfluß des Meeres auf das Klima

Wirbelstürme und Wasserhosen sind extreme meteorologische Erscheinungsformen von sehr kurzer Dauer, doch das Meer bewirkt auch langfristige klimatische Veränderungen. Der Einfluß des Meeres auf das Klima ergibt sich aus der Tatsache, daß die Ozeane gleichsam riesige »Warmwasserbehälter« darstellen, denn das Wasser besitzt in hohem Maße die Fähigkeit, Sonnenwärme zu absorbieren und zu speichern. In der kalten Jahreszeit wird die gespeicherte Wärme nach und nach an die Atmosphäre und von dort ans Festland abgegeben. Und aus diesem Grunde sind die Küstenländer im Winter nicht so kalt und im Sommer nicht so heiß wie das einige Hundert Kilometer entfernte Binnenland. In manchen Weltgegenden können diese Unterschiede sehr groß sein. Besonders stark ausgeprägt sind sie im Monsunklima des indischen Subkontinents. Im Sommer erwärmt die Sonne das Landesinnere. Die warme Luft steigt auf und wird durch feuchte Luftmassen ersetzt, die vom Indischen Ozean einströmen. Dadurch entsteht in Indien ein feucht-warmes Sommerklima. Im Winter kühlt sich das Binnenland ab, während das Meer seine Wärme behält.

Die erwärmte Luft über dem Ozean steigt empor und zieht kalte Luft vom Festland ab. Die Jahreszeiten und die jeweiligen Winde werden als Sommer- und Wintermonsun bezeichnet. Der Wechsel der Jahreszeiten ist sehr drastisch; in wenigen Stunden kann die Lufttemperatur um 20 Grad steigen oder fallen.

Die Gezeitenzone – Lebensraum der Gegensätze

Überlebensstrategien der Küstentiere

Die Ausbeutung der Meere durch den Menschen nahm ihren Ausgang von der Gezeitenzone, die man auch Litoral nennt. Darunter versteht man den Teil der Küste, der zwischen der Flut- oder Hochwasser- und der Ebbe- oder Niedrigwassermarke liegt. Auch heute noch sind der Strand und zumal die Gezeitenzone der einzige marine Lebensraum, der den meisten Menschen vertraut ist. Sie finden ein besonderes Vergnügen daran, Muschelschalen, Treibholz, Seeigelskelette und andere Gegenstände zu sammeln, die von der Brandung angespült werden. Das unaufhörliche sanfte Spiel der Wellen an einem schönen Sommertag hat etwas ungemein Beruhigendes, und die Brecher, die bei Sturm gegen die Küste rollen, flößen uns Ehrfurcht, vielleicht sogar Angst ein. Vor allem aber faszinieren uns die ständig wechselnden Lebensformen, die der Strand bei Ebbe enthüllt. Gerade dieser endlose Wechsel macht manchen Tieren und Pflanzen das Leben sehr schwer, während er andere zu besonderer Aktivität anregt.

Im Wechsel der Gezeiten

Der tägliche Rhythmus des Gezeitenwechsels läßt sich mit einer großen Uhr vergleichen, die das Leben der Litoralbewohner regelt. Bei Ebbe fällt die Gezeitenzone trokken und ist im Sommer der dörrenden Sonne und im Winter dem unbarmherzigen Frost ausgesetzt. Wenn die Flut hereinkommt, ergießen sich die Wellen über die Felsen, Kiesel- und Sandflächen des Strandes. Bei Hochwasser ist die Gezeitenzone von einer schützenden Meerwasserschicht bedeckt, welche die Tiere und Pflanzen vor Hitze und Kälte bewahrt. Die Wellentätigkeit kann bei Hochwasser zwar abnehmen, doch wenn ein heftiger Sturm aufkommt, gerät das ganze Litoral unter dem pausenlosen Ansturm der Brandungswogen aus den Fugen.

Gleichwohl bedeutet diese ständige Wasserbewegung Leben für die Organismen der Gezeitenzone. Die Wellen reichern das Wasser mit Sauerstoff an und schaffen, was noch wichtiger ist, Nahrung herbei, indem sie Flohkrebse und andere Kleinlebewesen freispülen und Nährstoffe vom Boden aufwirbeln. Seepocken, Muscheln und Napfschnecken, die sich fest an die Felsen anheften, leben von der nahrhaften Brühe, die ihnen das steigende Wasser zuträgt. Die Seepocken strecken ihre Rankenfüße aus und fangen mit ihnen winzige Organismen ein. Fische und Krebse jagen zwischen Steinen und Felsen nach Nahrung, und Würmer kriechen auf dem Boden umher, ewig auf der Suche nach organischen Abfallstoffen.
Welche Tiere in der Gezeitenzone leben und wie sie sich verhalten, hängt vor allem davon ab, ob das Litoral Teil einer Fels- oder Sandküste ist oder ob es den Saum einer Marschlandschaft bildet. Die an Wurzelpflanzen reichen Seemarschen zählen zu den biologisch fruchtbarsten Regionen der Erde und sind möglicherweise die Wiege der landbewohnenden Tiere gewesen.

Der Aufbruch der Landtiere

In der Frühzeit der Erdgeschichte waren die Meere voller tierischem Leben, doch das Festland war, von primitiven Pflanzen abgesehen, noch unbewohnt. Dann stiegen die ersten Tiere an Land, vielleicht unter dem Druck des mörderischen Nahrungswettbewerbs, der in der marinen Tierwelt herrschte. Die Eroberung des festen Landes geschah vermutlich in den Gezeitenmarschen oder -sümpfen, die im Vergleich zum Meer, in dem es von Räubern wimmelte, einen einigermaßen sicheren Lebensraum darstellten. Andererseits waren die küstennahen Marschen und Sümpfe regelmäßig großen Veränderungen unterworfen. Im endlosen Kreislauf der Gezeiten wurden sie überspült und wieder trockengelegt. Hier, in dieser sumpfartigen Umwelt, entwickelten sich schließlich größere Landtiere, die nicht mehr vom Meer abhängig waren. Manche Tiere blieben aber auch in der Marschlandschaft und bildeten Formen aus, die dem Leben in diesem wechselhaften Biotop hervorragend angepaßt waren. Viele von ihnen kann man noch heutzutage in den Salzwassersümpfen beobachten, die an vielen Stellen die Meeresküsten säumen.

Leben im Küstenschlamm

In einer typischen Sumpflandschaft der Gezeitenzone lebt eine abwechslungsreiche Fauna, deren Vertreter den verschiedenen Bereichen dieses Lebensraums zugeordnet sind. Am äußeren Rand, der allenfalls von den höchsten Sturmfluten und Brandungswellen erfaßt wird, liegt der Tummelplatz der bizarren Winkerkrabben *(Uca)*. Die im allgemeinen nur wenige Zentimeter breiten Tiere graben bis zu 60 cm tief gelegene Höhlen in den feuchten Untergrund. Wenn sie sich ungestört fühlen, huschen sie in großen Scharen nahrungsuchend auf dem Schlickstrand umher. Die kleinen Krabben formen aus den organischen Stoffen geschickt winzige Kügelchen, die sie entweder anschließend verzehren oder als Vorrat in ihre Höhlen schaffen.
Die männlichen Tiere haben den Winkerkrabben ihren Namen gegeben, denn sie verfügen über eine stark vergrößerte Schere, mit der sie »winken«, um Weibchen anzulokken oder Feinde zu bedrohen. Den weiblichen Tieren fehlt diese ungewöhnliche Ausbildung.

Bei Niedrigwasser klammern sich Seesterne an die Felsen der nordwestlichen Pazifikküste der USA. Kehrt die Flut zurück, gehen sie auf die Suche nach kleineren Seesternen, Seeanemonen, Muscheln und Schnecken, die sie in großer Zahl verzehren.

1

2

3

5

6

8

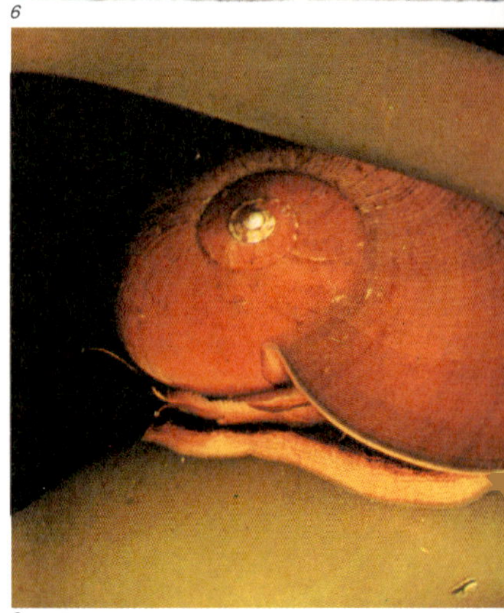
9

1 Winkerkrabben wie dieses in Thailand aufgenommene Exemplar sind im allgemeinen weniger als 3 cm breit. Sie sind auf Weichbodenstränden überall in der Welt häufig anzutreffen. Das abgebildete Tier steht vor dem Eingang seiner Wohnröhre und winkt einem vorüberkommenden Weibchen zu, das bei entsprechender Bereitschaft dem Männchen in die Höhle folgt, wo sie sich paaren.

2–10 Die Meeresschnecken haben sich größtenteils dem Bodenleben in allen Tiefenzonen sämtlicher Weltmeere angepaßt. Nur einzelne Arten schwimmen oder treiben auch im freien Wasser.

2. Gobelinturbanschnecke (Turbo petholatus), mit geschlossenem Dekkel (»Katzenauge«)
3. Gebänderte Spindelschnecke (Fasciolaria hunteria), Florida
4. Norris-Kreiselschnecke (Norrisia norrisii), Kalifornien
5. Astraea undosa
6. Nördliche Mondschnecke (Lunatia heros), nordamerikanische Atlantikküste
7. Reusenschnecke (Bullia), Südafrika
8. Große Harfenschnecke (Harpa major), Indopazifik
9. Kreiselschnecke auf Kelp
10. Grays Walzenschnecke (Amoria grayi), Westaustralien

Die Schlammflächen, die bei Niedrigwasser trockenfallen, enthalten sehr viel Detritus, eine Mischung aus Sand oder Schlick mit pflanzlichen und tierischen Überresten, die vom Wasser angeschwemmt werden. Viele Tiere der Gezeitenzone sind Detritusfresser; sie nehmen fast ohne Unterbrechung diese Mischung in sich auf, ziehen die Nährstoffe aus den organischen Bestandteilen und scheiden den Sand und Schlick sowie die unverdauten organischen Rückstände wieder aus. Andere Tiere gehören zu den sogenannten Filtrierern, die während der Flutzeit Schwebstoffe und Plankton aus dem Wasser seihen oder »filtern«. Wieder andere leben räuberisch und stellen ihren Mitbewohnern und manchmal sogar den eigenen Artgenossen nach.
Einer der häufigsten Kannibalen der Gezeitenzone ist die Netzreusenschnecke *Nassarius vibex*. Diese graubraune Schnecke mißt zwar nur etwa 12 mm, ist aber trotz ihrer Winzigkeit ein gewaltiger Räuber. Sie kann eine Nahrungsquelle mit ihrem empfindlichen Riechorgan über große Entfernungen orten und kriecht auf dem Weichboden zielstrebig auf ihre Beute zu. Muscheln verspeist sie, indem sie mit ihrer Raspelzunge oder Radula die Schalenkappe durchbohrt. Netzreusenschnecken schrecken auch nicht davor zurück, einen benachbarten Artgenossen zu überfallen, den sie auf die gleiche Weise anbohren.
Häufige Bewohner des Weichbodens sind auch die Schwertmuscheln *(Ensis)*, die zu den Filtrierern gehören. Ihre Schalen, die einem zugeklappten altmodischen Rasiermesser ähneln, werden bis zu 20 cm lang. Die Tiere stecken in der Nähe der Niedrigwasserlinie senkrecht im Boden, so daß nur ihre Siphonen herausragen. Strandvögel, unter anderem Möwen und Reiher, haben eine Vorliebe für Schwertmuscheln, nach denen sie den Schlickboden absuchen. Fühlt sich eine solche Muschel bedroht, macht sie sich schnell unsichtbar,

4

7

10

indem sie ihre Siphone einholt und sich mit ihrem muskulösen Fuß tiefer in die Wohnröhre zurückzieht. Schwertmuscheln sind auch ein Leckerbissen für die räuberischen Mondschnecken *(Polinices)*, doch um diesen Feinden zu entgehen, haben sie ein sehr wirkungsvolles Fluchtverhalten entwickelt: Sobald sich eine Mondschnecke langsam nähert, gleitet die Schwertmuschel aus ihrer Wohnröhre heraus und gräbt sich ein Stück weiter wieder blitzschnell ein.

Räuberische Vögel und Fische

Wer einmal die Tiere beobachtet hat, die im Gezeitenwasser auf Nahrungssuche gehen, wird wissen, daß die Vögel unter den räuberischen Arten stark vertreten sind. Manche Vögel, etwa die Möwen, sind während der Ebbe aktiv, während andere, zum Beispiel die Seeschwalben, sich beutejagend ins Wasser stürzen, wenn die Flut steigt.

Die bei Niedrigwasser trockengefallenen Strände locken viele Vögel an, die sich über die toten Fische hermachen, welche das zurückweichende Wasser hinterlassen hat. Andere Vögel suchen nach Würmern, Muscheln und Krabben. Am eifrigsten und lautesten sind die Möwen, die sich mit heiserem Geschrei um jeden stinkenden Fischkadaver streiten. Ebenso gierig schnappen sie nach Krabben oder Muscheln, die sich nicht gut genug versteckt haben, und fliegen mit ihrer Beute davon. Um die Muscheln aufzuknacken, tragen die Möwen sie hoch empor und lassen sie auf einen Felsen oder sogar auf eine gepflasterte Straße fallen. Zerbricht die Muschel nicht beim ersten Versuch, liest die Möwe sie wieder vom Boden auf und wiederholt den Vorgang.

Mit der einsetzenden Flut beginnt für die Filtrierer die Zeit der Nahrungsaufnahme. Der ansteigende Wasserspiegel ist aber auch für die Tiere unterhalb der Niedrigwassermarke das Signal zum Vormarsch. Kleine Garnelen und verschiedene Krabbenarten dringen in die jetzt überspülte Gezeitenzone vor und suchen auf dem Boden nach Nahrung.

Auch Fische unternehmen Beutezüge ins Litoral. In amerikanischen Küstengewässern flitzen die stämmigen Killifische *(Fundulus)*, die teilweise die Größe und Gestalt eines Daumens haben, über dem Boden hin und her und schnappen nach winzigen Wirbellosen oder Kieselalgen, die mit der Flut hereingeschwemmt werden. Zu bestimmten Zeiten tauchen Schwärme von noch jungen Blaubarschen *(Pomatomus saltatrix)* in der Gezeitenzone auf und stürzen sich freßgierig wie Wölfe auf die Killifische. Junge Schollen *(Pleuronectes platessa)*, deren Heimat der Ostatlantik ist, und Winterflundern *(Pseudopleuronectes americanus)*, die im westlichen Atlantik leben, ziehen mit wellenförmigen Bewegungen, gleich Fahnen, die man schräg in den Wind hält, beutehungrig durch das Wasser des Litorals. Gierig schießen sie auf Würmer, Hüpferlinge und andere Wirbellose zu, die sich am Boden zeigen.

Elegante Seeschwalben kreisen über dem überfluteten Strand und holen kleine Fische und Krustentiere aus dem Wasser. Manchmal verharren sie mit flatternden Schwingen einige Meter über der Wasseroberfläche in der Luft und halten nach den Schwärmen der Ährenfische und Killifische Ausschau. Sobald die Seeschwalbe eine mögliche Beute erspäht hat, stürzt sie sich ins Wasser und kommt sofort wieder hervor, den zappelnden Fisch im kräftigen Schnabel haltend.

Seßhafte Tiere

Während im Schlick- und Sandbodenlitoral ein reges Leben herrscht, wirkt die Gezeitenzone einer Felsküste auf den ersten Blick lebensarm oder gar unbelebt. In der Tat scheint Leben fast unmöglich zu

1

2

5

8

9

3

4

6

7

10

1 Eine Westliche Mantelmöwe (Larus occidentalis) steht in einem Gezeitentümpel an der kalifornischen Küste und hält einen Seestern im Schnabel, den sie soeben aus dem Wasser geholt hat. Diese großen, etwa 60 cm langen Vögel sind am Meer und an Flußmündungen sehr häufig. Sie suchen sich ihre Nahrung meist an Felsküsten.

2 Die Raubseeschwalbe (Hydroprogne caspia) brütet in den Küstenregionen aller Kontinente, abgesehen von Südamerika. Sie lebt von kleinen Fischen, raubt jedoch zuweilen auch die Nester anderer Meeresvögel aus und verschlingt die Eier und die Jungvögel.

3–5 Seesterne haben normalerweise fünf Arme, die strahlenförmig von einer zentralen Körperscheibe ausgehen. In der Körperscheibe befinden sich die Verdauungs- und Fortpflanzungsorgane. Manche Arten können den Magen an der Unterseite der Scheibe durch die Mundöffnung ausstülpen und die Nahrung außerhalb des Körpers verdauen. Muscheln und Schnecken sind die bevorzugte Beute. Typische Seesterne sind der Fledermausseestern (Patiria miniata; Abb. 3), der Großplattenseestern (Linckia; Abb. 4), und der Zangenseestern (Pisaster brevispinus; Abb. 5).

6 Die nur wenige Zentimeter langen Käferschnecken, deren Schale aus acht einander überlappenden Plättchen besteht, klammern sich mit solcher Kraft an die Wände der Gezeitentümpel an, daß man glaubt, sie seien festgewachsen.

7 Hummerkrill-Krebs bei der Häutung. Wie andere Krebse muß auch dieses Tier seine Schale (Außenskelett) abwerfen, um wachsen zu können.

8 Hummerkrill (Pleuroncodes planipes) taucht gelegentlich in riesigen Massen, in Ansammlungen von Milliarden und aber Milliarden Einzeltieren, vor den Küsten von Baja California und Südmexiko auf. Obwohl sich die Tiere gewöhnlich von der Küste fernhalten, werden sie hin und wieder an den Strand gespült.

9 Hummerkrill dient Walen und Fischen als Nahrung, vor allem den verschiedenen Thunfischarten. Er besteht aus Zehnfußkrebsen, die zur Familie der Springkrebse (Galatheidae) gehören. Wie die Hummer sind sie mit Scheren bewehrt. Dies fiel bereits den Walfängern auf, die den Hummerkrill entdeckten und benannten.

10 Die europäische Gemeine Napfschnecke haftet bei Ebbe unverrückbar an den Felsen, doch bewegt sie sich nach Rückkehr der Flut langsam umher, um Algen abzuweiden.

sein in dieser kahlen Landschaft, der die fruchtbare Grundlage des Weichbodens fehlt und die regelmäßig vom Meer überspült, vom Regen ausgewaschen und von der Sonne ausgedörrt wird. Dennoch gibt es Leben hier, freilich nur in unscheinbarer, kompakter und zäher Form.

Die Tiere des Felslitorals haben in einer viele Jahrmillionen langen Evolution gelernt, die Lebenschancen, die ihnen ihre Umwelt bietet, so gut wie möglich zu nutzen. Mit raffinierten Anpassungsmechanismen, die ihren Körperbau, ihre Größe, ihre Haftorgane und ihren Nahrungserwerb betreffen, begegnen sie der augenscheinlichen Lebensfeindlichkeit ihres artspezifischen Biotops.

Die abgeflachte kleine Gestalt der Seesterne, Napfschnecken und Käferschnecken schützt die Tiere weitgehend vor dem Ansturm der Brandungswellen. Um sich besser festklammern zu können, schaben die Napfschnecken eine ovale Vertiefung in den Fels, in der sie ihren kräftig bemuskelten »Fuß« verankern. So können sie einen Zug von fast 32 kg aushalten. Auch die Käferschnecken widerstehen dem Sog der Wellen, indem sie sich mit ihrem sehnigen Weichkörper fest anheften. Die Seesterne benutzen ihre vielfach mit Saugscheiben besetzten Füßchen in ähnlicher Weise, und sie sondern zusätzlich einen klebrigen Schleim ab, der die Adhäsion erhöht. Doch alle diese Anpassungsformen haben ihre Konsequenz. Sie schützen die Tiere zwar davor, von der Brandung losgerissen zu werden, zwingen sie aber zu einer trägen Lebensweise.

Den stärksten Widerstand gegen den unerbittlichen Sog der Wellen leisten jene Tiere, die sich für immer an den felsigen Untergrund anheften. Die weißlichen, kegelförmigen Schalen der Seepocken verschmelzen dank einem von den Tieren ausgeschiedenen »Klebstoff« geradezu mit dem Felsen. Nichts vermag diese feste Verbindung zu lösen, und selbst nach dem Absterben der Tiere bleiben die Plättchen der Schale noch jahrelang haften. Die Miesmuscheln verwenden einen Strang aus zähen Fäden (Byssus), um eine flexible, aber feste Verankerung herzustellen. Eine besondere Drüse sondert eine Flüssigkeit ab, die einen Faden bildet und beim Kontakt mit dem Meerwasser hart wird. Ein Faden nach dem anderen wird ausgeschieden und am Fels befestigt, bis die Muschel einen sicheren Halt gefunden hat.

Der langsame Seestern ernährt sich von den sessilen (festsitzenden) Tieren der Felsküste. Den starken »Festungswall« der Seepocken kann er zwar nicht sprengen, aber die Miesmuscheln sind für ihn eine verhältnismäßig leichte Beute. Auf seinen winzigen Füßchen über die Felswände gleitend, spürt der Seestern seine Nahrung auf. Er umarmt die unbewegliche und wehrlose Muschel und packt die beiden Schalenklappen mit festem Griff. Jetzt beginnt ein erbarmungsloser Zweikampf, dessen Ausgang unschwer vorauszusagen ist. Der Seestern übt mit seinen Armen einen mächtigen Sog aus und versucht so die Muschelschale auseinanderzuzwingen. Der Sog läßt keinen Augenblick nach und hält nötigenfalls stundenlang an. Schließlich wird

1

2

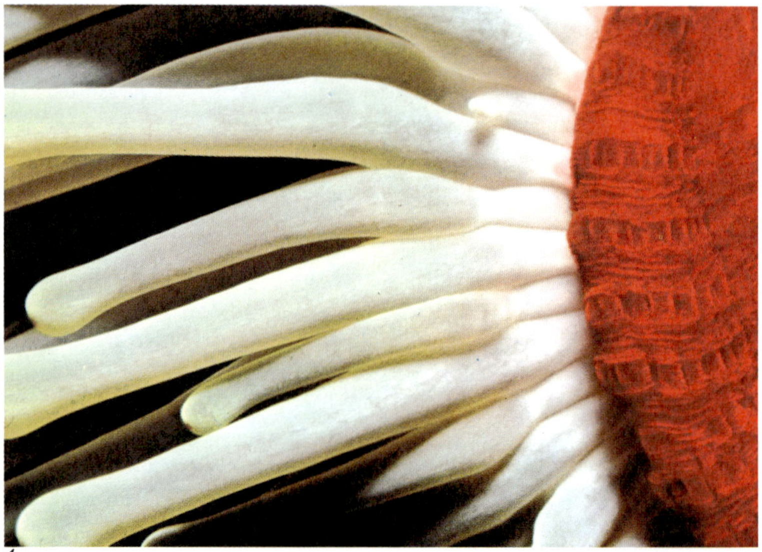
4

5

7

8

die Muschel müde, ihre Schließmuskeln geben nach, und die beiden Schalenhälften klaffen hilflos auseinander. Nun ist es soweit, der siegreiche Seestern stülpt seinen Magen vor und macht sich daran, das weiche Muschelgewebe zu verzehren.

Tiere auf der Algenweide

Im Gegensatz zu den festsitzenden, unbeweglichen Tieren klammern sich die Käferschnecken zwar fest an die Felsen an, unternehmen jedoch zur Nahrungsaufnahme kleine Ausflüge. Käferschnecken sind urtümliche Weichtiere mit breitem, flachem Fuß und einer Schale aus acht überlappenden Plättchen. Das Tier kann zwischen seinen Weichteilen und der felsigen Unterlage ein Vakuum erzeugen und so auch dem stärksten Sog widerstehen. Sollte sich die Käferschnecke dennoch einmal von ihrem Standort lösen, so verfügt sie über ein letztes Verteidigungsmittel: Sie rollt sich zu einer Kugel zusammen und kullert davon, um ihren Freßfeinden zu entgehen.

Ein wahrer Samson unter den Algenfressern ist die Napfschnecke. Die häufigste Art ist die Gemeine

3

10

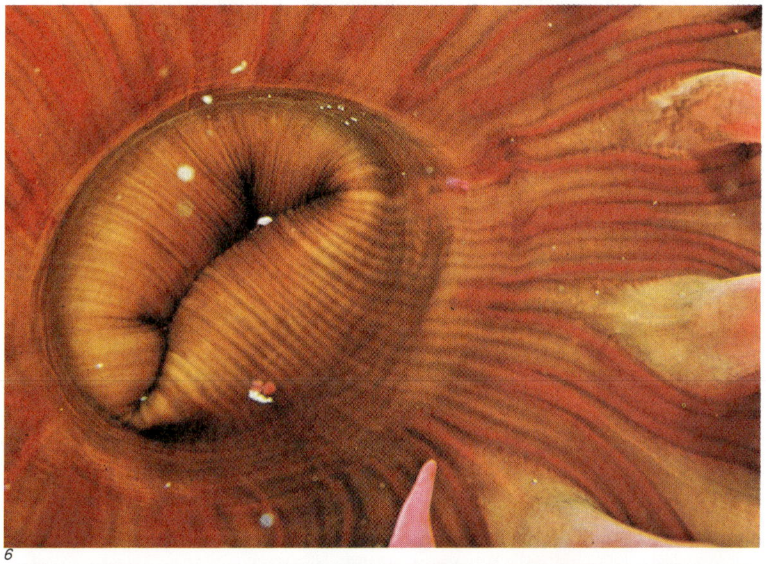

6

9

1–9 Obwohl die Seeanemonen mit einem Pflanzennamen benannt wurden, sind sie echte Tiere, deren Formenreichtum, Größenunterschiede und Farben jeder Beschreibung spotten. Manche ernähren sich von Plankton und Detritus, während andere aktive Räuber sind, die kleine Fische einfangen und verspeisen. Eine genaue Bestimmung der Art ist jeweils nur durch mikroskopische Untersuchung der Nesselkapseln möglich.

10 Die Fächerröhrenwürmer strecken ihre federartigen Tentakel aus, um Plankton und andere mikroskopisch kleine Nahrungsteilchen aus dem Wasser zu seihen. Wenn die Tiere gestört werden, ziehen sie blitzschnell die Tentakelfächer in die Röhre zurück, in der sie leben. Die Würmer sind 5–15 cm lang.

Napfschnecke *(Patella vulgata)*, deren Heimat die nordeuropäischen Felsküsten sind. Die Tiere besitzen feste napfförmige Gehäuse mit sehr weiter Öffnung und haften so fest an den Felsen, daß sie einen Zug von fast acht Kilogramm pro Quadratzentimeter aushalten. Ihren Stammplatz verlassen die Napfschnecken nur, um den Algen- und Diatomeenbelag in der Umgebung abzuweiden.
Müßte man eine Tiergruppe nennen, die für das Felslitoral am typischsten ist, dann fiele die Wahl bestimmt auf die Strandschnecken *(Littorina)*. Von den verschiedenen Arten dieser unscheinbaren kleinen Meeresschnecke sind vier an europäischen Küsten, die vom mäßigwarmen Wasser des Atlantiks bespült werden, allgemein verbreitet. Sie alle ernähren sich von der dünnen Algenschicht, welche die Felsen überzieht, doch jede Art bevorzugt eine bestimmte Strandzone.
Die Strandschnecken überstehen so auch längere Trockenperioden während der Ebbezeit. Manche ziehen sich in Gezeitentümpel zurück, um die Rückkehr der Flut abzuwarten. Andere machen einfach ihren Gehäusedeckel (Operculum) wie eine Falltür zu und bleiben an ihrem Felsen haften. Selbst die sengende Tropensonne kann ihnen dann kaum etwas anhaben.

Blumentiere

Manche sessilen oder halbsessilen Tiere der Felsenküste setzen nicht ihre Körperkraft ein, um den Wellen zu widerstehen, sondern absorbieren die auf sie einwirkenden Kräfte wie ein Boxer, der die Schläge des Gegners durch geschicktes Nachgeben und Zurückweichen auffängt. Wichtige Vertreter dieser Tiergruppe sind die Seeanemonen oder Aktinien, die äußerlich eher Blumen als Tieren gleichen und deshalb unter dem Oberbegriff Blumentiere zusammengefaßt werden. Die Seeanemone ist nichts anderes als ein großer Polyp, ähnlich den sehr viel kleineren Polypen, welche die Korallenriffe aufbauen. Der Polyp besteht aus einem dicken, muskulösen Stiel, der meist mehrere Zentimeter hoch ist. Am unteren Ende des Stiels sitzt die Fußscheibe, mit der sich das Tier an die felsige Unterlage fest anheftet. Oben an der Mundscheibe sind

Die Rückenfortsätze der tropischen Nacktschnecke Antiopella barbarensis leuchten auf, als ob sie von innen angestrahlt wären.

meist zahlreiche hohle Tentakel (Fanghaare) angewachsen, was dem Tier eine gewisse Ähnlichkeit mit den Blüten jener Pflanzen gibt, deren Namen es trägt.
Das leuchtende Weiß, Grün, Blau, Orange und Rot, beziehungsweise die verschiedenen Kombinationen dieser Farben, die den Körper und vor allem die Tentakel überziehen, verstärken das blumenartige Aussehen der Seeanemonen. Doch die Tentakel sind keine zarten, harmlosen Blütenblätter, sondern Teil eines sehr leistungsfähigen Freßapparats.
Bei Niedrigwasser findet die Seeanemone keine Nahrung, und deshalb zieht sie ihre Tentakel ein und schrumpft zu einer gummiähnlichen Masse zusammen. Wenn die Flut kommt, streckt das Tier seinen Körper, stülpt die Tentakel aus und bewegt sie über der Mundöffnung hin und her. Jetzt wird die mit Nesselzellen oder Nematozysten bewehrte Tentakelkrone zu einer tödlichen Falle für unvorsichtige Fische und kleine Wirbellose. Gerät ein Beutetier in ihre Reichweite, wird es durch das Nesselgift sofort betäubt. Die Tentakel befördern dann das hilflose Opfer in den Körperhohlraum, wo es verdaut wird.

Staubwedel des Meeres

Gezeitentümpel beherbergen oft höchst absonderliche Tiere, die zu den Borstenwürmern gehörenden Röhrenwürmer. Es sind Verwandte des allbekannten Regenwurms, doch im Unterschied zu diesem bauen sie aus Sand, Kalk und anderen Materialien schlanke, bis 45 cm lange Röhren, in denen sie sich verbergen. Sobald die Flut das Felslitoral überspült, kommt die obere Körperhälfte des Wurms aus der Röhre hervor und entfaltet die quergebänderten Kiemenfäden in einem symmetrischen Büschel, das einem altmodischen Staubwedel nicht unähnlich sieht.
An den europäischen Küsten begegnet man häufig dem Pümpwurm *(Sabellaria alveolata)*. Diese Röhrenwürmer legen ihre Wohnröhren bienenwabenartig dicht nebeneinander an, so daß kleine »Riffe« entstehen; man nennt die Tiere deshalb auch Sandkorallen, obwohl sie mit den echten Korallenpolypen nichts zu tun haben. Bei Niedrigwasser ziehen sich die Würmer in ihre Röhre zurück und verstopfen die Öffnung mit den beiden Vorderfüßen. Auch bei der leisesten Erschütterung oder wenn ein Schatten auf die Fadenkrone fällt,

1

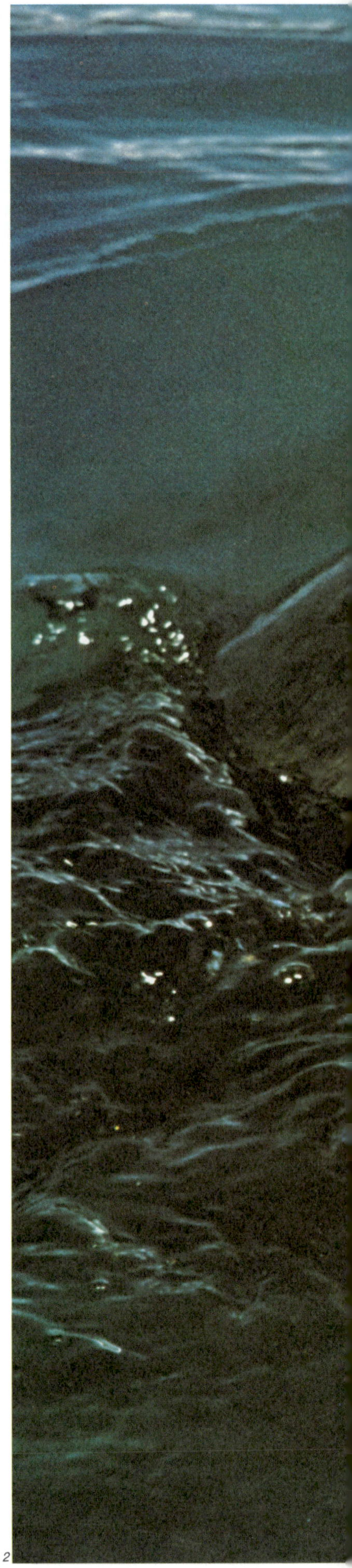

2

verziehen sich die Würmer blitzschnell in ihre Röhre.

Schalenlose Meeresschnecken

In vielen Weltmeeren tauchen in der Gezeitenzone gelegentlich die bizarren Vertreter einer Schneckenordnung auf, die kein Gehäuse tragen und deshalb als Nacktkiemer bezeichnet werden. Allenfalls besitzen sie eine stark rückgebildete innere Schale. Die Nacktkiemer sind oft von unwahrscheinlicher Farbenpracht und mit grotesken Körperanhängen verziert. Am Kopfende sitzen zwei empfindliche »Antennen«, die zum Aufspüren der Nahrung dienen. Der übrige Körper oder zuweilen auch nur das Hinterende trägt meist zahllose Fortsätze, die bunten Bäumchen, Blättern, Federn oder sogar Luftballons ähneln.

Eine Gruppe von Nacktkiemern ernährt sich von Hydroidpolypen und Seeanemonen. Wenn eine solche Schnecke sich über die giftigen Tentakel einer Anemone hermachen will, sondert sie zuerst über ihrem Opfer eine große Menge Schleim ab und beginnt dann mit der Mahlzeit. Die Schnecke speichert die Nesselzellen der Seeanemone in ihren Rückenfortsätzen, die sofort explodieren, wenn sich ein Fisch an der scheinbar harmlosen Meeresschönheit vergreift.

Die lebensfeindliche antarktische Küste

Von allen Litoralzonen der Erde weist die Küste des antarktischen Kontinents die härtesten Lebensbedingungen auf. Das Innere des Kontinents ist mit einer Eisschicht bedeckt, die eine Stärke von 3000 m erreichen kann. Wenn im kurzen antarktischen Sommer das Eis schmilzt und von der Küste zurückweicht, tritt ein sehr unwirtliches Felslitoral zutage. Einige wenige Pflanzen und wirbellose Tiere gedeihen hier ein paar Wochen lang, doch insgesamt sind Fauna und Flora sehr spärlich. Diese abweisende Landschaft ist jedoch das Reich der stämmigen, »befrackten« Pinguine. Diese flugunfähigen Vögel sind zum Inbegriff für die Tierwelt der eisigen Südpolarregion geworden.

Die Pinguine bleiben das ganze Jahr über in den kalten Einöden. Zum Teil paaren sie sich im sonnenlosen Winter und ziehen ihr einziges Junges während des kurzen Sommers auf. Im Winter sind die Tiere heftigen Stürmen mit Windgeschwindigkeiten bis 320 km/h und Temperaturen bis $-85°C$ ausgesetzt. Und im Sommer, wenn jeweils eines der beiden Alttiere im Meer auf Nahrungssuche geht, werden sie von ihrem Hauptfeind, dem Seeleoparden, unerbittlich gejagt. Diese Robben stürzen sich wie wild auf die Pinguine, wenn sie mit mächtigen Ruderbewegungen ihrer flossenförmigen Flügel unter Wasser »dahinfliegen«. Die Vögel sind den Robben wehrlos ausgeliefert, die von ihren schmucken Beutetieren nichts übriglassen als ein paar blutige Hautfetzen und Federn.

1 Ein Seeleopard patrouilliert vor einer Eisscholle in der Antarktis und wartet darauf, daß die Adeliepinguine ins Wasser springen. Diese räuberischen Robben, denen selbst die Schwertwale ausweichen, schwimmen hervorragend und können sich aus dem Wasser selbst auf eine 3 m hohe Eiskante schnellen.

2 Ein Adeliepinguin ist einem Seeleoparden zum Opfer gefallen, der den Vogelkörper aus seiner Haut »herausschüttelt« und als Ganzes verschlingt. Seeleoparden, die ihren Raubtiernamen zu Recht tragen, können eine Länge von 4 m erreichen.

Das fruchtbare Flachmeer

Wichtigster Lebensraum der Ozeane

Die Flachmeerzone, die sich unmittelbar an die Landmassen der Kontinente anschließt, wird üblicherweise mit dem Bereich des Kontinentalschelfs gleichgesetzt. In einigen Weltgegenden, etwa an der Nordostküste Nordamerikas oder in der Nordsee, ist das Kontinentalschelf sehr breit (maximal 250 km). Andernorts, zum Beispiel vor der Westküste Nord- und Südamerikas und Afrikas, ist es vergleichsweise schmal (ungefähr 75 km). Doch ob breit oder schmal, das Flachmeer ist ein ungewöhnlich produktiver Lebensraum, in dem die meisten wertvollen Nutzfische leben. Es bildet im wahrsten Sinne des Wortes die Basis der großen Nahrungspyramide, die eine erstaunliche Vielfalt von Meerespflanzen und -tieren und letztlich auch uns Menschen selbst am Leben erhält.
Das Flachwasser über dem Kontinentalschelf ist im allgemeinen weniger als 200 m tief. Hier fängt man Schollen, Heringe, Dorsche und andere wichtige Speisefische. Krabben und Hummer eilen nahrungsuchend auf dem Boden umher, und viele Muschelarten seihen Futterpartikel aus der Strömung, die über das Schelf hinwegfegt wie der Wind über ein Getreidefeld.

Versunkenes Land

Die Kontinentalschelfe sind unverkennbar noch ein Bestandteil des Festlandes. Ein Ozeanograph hat einmal die Landmasse eines Kontinents mit einem Flußpferd verglichen, das so tief im Wasser steht,

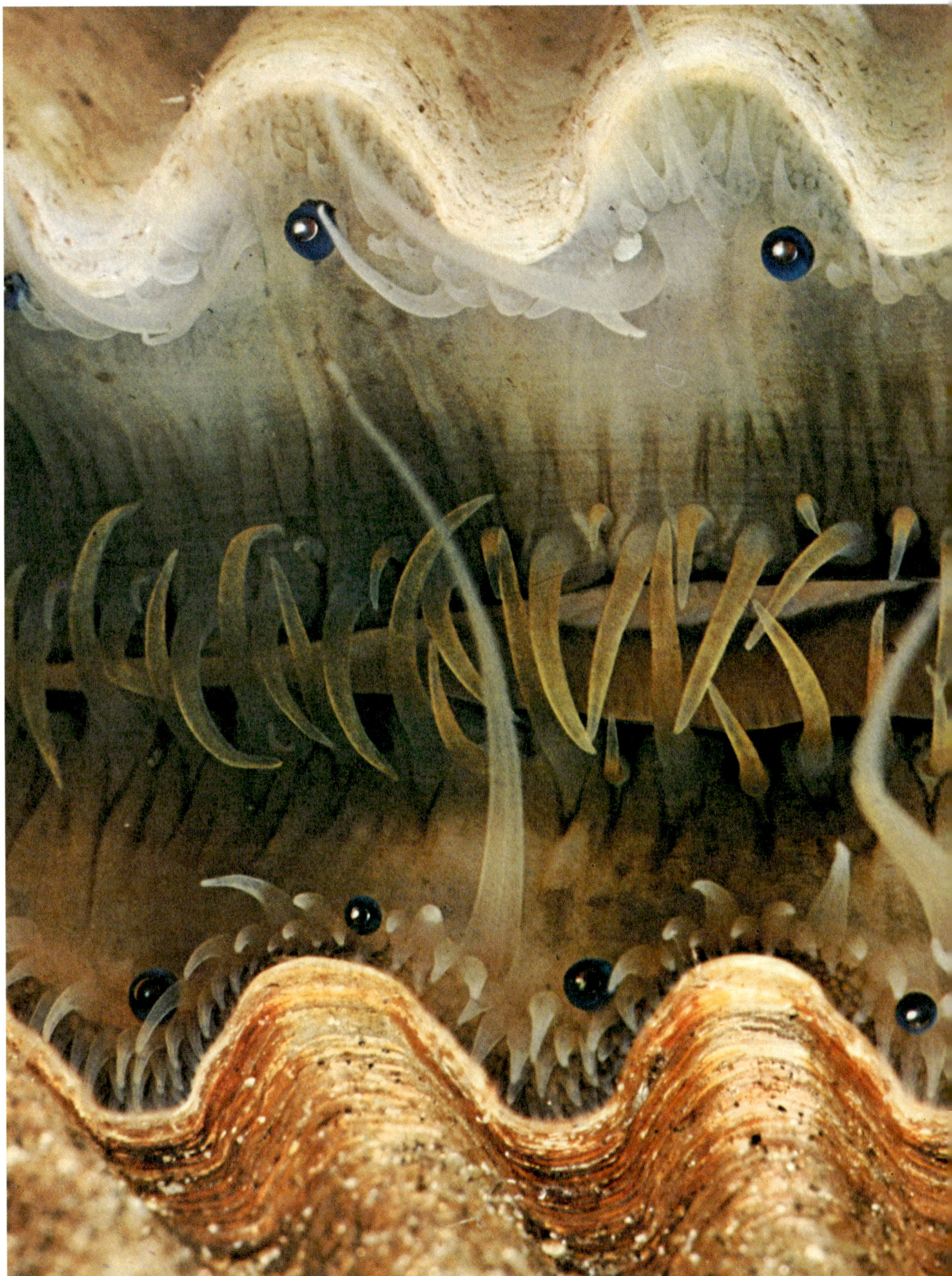

Kammuscheln sind Weichtiere, deren zweiklappige Schale hinten durch ein elastisches Schloßband (Ligament) zusammengehalten wird. Im Unterschied zu anderen Muscheln besitzen die Kammuscheln zahlreiche Augen, die jeweils mit Hornhaut, Linse und Netzhaut ausgestattet sind. Zwischen den blauen Augen dieser amerikanischen Art (Aequipecten irradians) sind viele Tentakel zu erkennen, die Tast- und chemische Sinnesorgane enthalten. Kammuscheln schwimmen im Zickzack hin und her, indem sie ihre Klappen schnell hintereinander öffnen und schließen.

daß nur sein Rücken und die obere Kopfhälfte daraus hervorragen. Die über dem Wasser befindlichen Körperteile entsprechen dabei dem trockenen Land, während die Schultern des mächtigen Tieres, die gerade noch vom Wasser überspült werden, gleichsam das Kontinentalschelf bilden. Die Flachmeere über den Kontinentalschelfen machen nur etwa 8% der gesamten Meeresflächen der Erde aus, aber sie bedecken ungefähr 20% der Festlandsfläche.

Die Schelfe waren jedoch nicht immer untergetaucht. Vor nur rund 11000 Jahren war auf der Nordhalbkugel ein den heutigen Küsten vorgelagerter Schelfstreifen, der eine mittlere Breite von 115 km hatte, noch trockenes Land. Auf diesem inzwischen untergetauchten Land lebten Menschen und hinterließen uns ihre Spuren in Form von »Speiseabfällen«, riesige Haufen Muschelschalen, die heute viele Kilometer von der Küste entfernt im Meer liegen. Große Tiere schweiften einstmals in den Steppen dieser längst entschwundenen Landstriche umher. Auch heute noch finden Fischer, die ihre Schleppnetze über den Schelfboden ziehen, gelegentlich Zähne, Knochen und Stoßzähne von Mammuten.

Heutzutage tragen jährlich fast 60 Millionen Tonnen Meeresfische und Krustentiere zur Ernährung der Menschheit bei. Davon stammen 78,5% aus der Flachmeerzone. Diese Menge besteht ungefähr zur Hälfte aus Fischen, die mit Netzen oder Angeln im Oberflächenwasser und in der unmittelbar darunter liegenden Schicht gefangen werden, und zur anderen Hälfte aus Fischen, Weichtieren und Krebsen, die man mit Treib-, Stell- und Schleppnetzen, mit Angeln und Reusen auf dem Meeresboden erbeutet.

Reiche Ernte

Ihre außerordentliche Fruchtbarkeit verdanken die Flachmeere dem Zusammenwirken verschiedener Faktoren. Da ist zunächst die große Sonnenlichtmenge, die das gesamte Wasser durchdringt und reichlich Energie für die Entfaltung des Phytoplanktons und der festsitzenden Algen liefert. Wie früher bereits dargelegt, stellt das Phytoplankton die Grundlage der gesamten Nahrungsproduktion dar. Die Diatomeen und die im Wasser treibenden grünen Pflanzen nehmen die Nährstoffe in den Oberflächenschichten auf und setzen mit Hilfe der Sonnenenergie einen komplizierten chemischen Prozeß in Gang. Innerhalb der pflanzlichen Zellen werden Zucker, Stärke, Fette und Vitamine gebildet. Jede dieser winzigen Pflanzen vermehrt sich sehr rasch, denn die Mutterzellen stoßen Tochterzellen ab, bis das Wasser schließlich zu einer einzigen »großen Meeresweide« wird, wie es ein Meeresforscher einmal ausgedrückt hat.

Sehr bald erscheinen die »Weidetiere« auf dem Plan. Die Zooplankter, vor allem Ruderfüßer und Verwandte, schlemmen auf den üppigen Wiesen des Ozeans. Diese winzigen Tiere gedeihen bei der reichen Pflanzennahrung so gut, daß es auch bei ihnen sehr schnell zu einer Bevölkerungsexplosion kommt und so wieder reichlich Nahrung für größere Tiere vorhanden ist.

In vielen Regionen der Weltmeere bilden Seegräser, untergetauchte Blütenpflanzen, die komplizierter gebaut sind als die einfachen Algen, die Basis der Nahrungskette. Zu ihnen gehören das eigentliche

1

2

3

4

Seegras der temperierten und kühlen Gewässer sowie das Schildkrötengras und Tanggras der tropischen Meere.

Diese schmalblättrigen Pflanzen vereinigen sich zu saftigen Unterwasserwiesen, die gewöhnlich in einer Tiefe von weniger als 1–2 m wachsen. Die Blätter wedeln in der Brandung hin und her. Im Unterschied zu den Tangen und anderen festsitzenden Algen, die sich einfach an den Untergrund anheften, besitzen die Seegräser echte Wurzeln. Sie brauchen einen weichen Untergrund und verhindern, daß der Weichboden von starken Winden und Gezeitenströmungen aufgewühlt wird. Die abgestorbenen Blätter reichern den Meeresgrund mit organischen Stoffen an und dienen den vielen Detritusfressern als Nahrung. Überdies bieten die Seegraswiesen zahlreichen Mollusken, Krebstieren und kleinen Fischen Schutz und Unterschlupf. Manche Wirbellose setzen sich auf den Blättern fest, andere gleiten daran entlang und weiden den Algenbelag ab, und wieder andere suchen zwischen den Pflanzenstengeln nach Nahrung oder ruhen wohlgeschützt durch den dichten Bewuchs einfach am Boden.

Schwimmende Muscheln

Die weltweit verbreiteten Kammuscheln sind wahrscheinlich die häufigsten und bekanntesten Schalentiere, die sich zwischen den Seegraspflanzen aufhalten. Für die verschiedenen Arten der Gattungen *Pecten, Aequipecten, Chlamys* usw. sind die Seegraswiesen ein geradezu idealer Lebensraum. Indem sie das nährstoffreiche Wasser mit rhythmischen Bewegungen ihrer gerippten Schalenklappen in die Mantelhöhle pumpen, entziehen sie ihm die Nahrungspartikel und den Sauerstoff, die sie zum Leben brauchen. Die meist flachen Schalen, die gleich Blütenblättern über den Meeresboden verstreut sind, sind weißlich, orangefarben, purpurn und braun, manchmal auch mit leuchtenden andersfarbigen Flecken und Bändern verziert. Zwischen den leicht geöffneten Schalenrändern lugen die 30–40 hellblauen Augen der Kammuschel hervor. Die zarten Tentakel zwischen den Augen reagieren auf jede Störung, vor allem auf die Annäherung der räuberischen Seesterne.

Die meisten Kammuschelarten können schwimmen und sich ihren Feinden durch schnelle flatternde Zickzackbewegungen entziehen, die an den Flug eines Schmetterlings erinnern. Diese Art der Fortbewegung entsteht durch schnelles Auf- und Zuklappen der Schalen, wobei ein kleiner Wasserstrahl aus der Mantelhöhle ausgestoßen wird. Auf diese Weise können die Tiere »Sprünge« von einem Meter machen.

Andere Muscheln, etwa die unscheinbaren Plattmuscheln *(Macoma)*, die in allen Weltmeeren vorkommen, wühlen sich in den weichen Boden der Schelfzone ein. Sie graben sich nur so tief in den sandigen oder schlammigen Untergrund ein, daß ihre beiden Siphonen ins Wasser emporragen. Durch einen Sipho saugen die Tiere Wasser ein, filtern die Nahrungsteilchen aus und scheiden das verbrauchte Wasser zusammen mit anderen Abfallstoffen durch den zweiten Sipho wieder aus. Obgleich die grabenden Muscheln nicht die Augen und Tentakel der Kammuscheln besitzen, können sie die Anwesenheit von Feinden wahrnehmen; besonders empfindlich sind diese Tiere gegen jede noch so geringe Erschütterung.

5

1 Im Gegensatz zu den Seesternen können sich die Schlangensterne durch Schläge ihrer Arme rasch auf dem Meeresboden fortbewegen. Die Arme treffen in der Körperscheibe zusammen, die den Mund und die inneren Organe birgt. Bei einigen Arten verzweigen sich die Arme viele Male. Das Gorgonenhaupt ist ein ineinander verflochtenes Gebilde, das sich erst in der Dunkelheit entfaltet.

2 Es gibt drei Arten der Atlantik-Seekühe oder Manatis: Eine lebt an den Küsten des tropischen Westatlantiks, die zweite im Mündungsgebiet des Amazonas und Orinokos und eine dritte an der westafrikanischen Küste. Seekühe sind Säugetiere, die 4–5 m lang und bis 350 kg schwer werden. Sie leben ausschließlich vegetarisch. Sie fressen praktisch alle Wasserpflanzen und sogar manche Landpflanzen, die über dem Wasser hängen. In Südamerika hat man die Tiere eingesetzt, um durch übermäßigen Wasserpflanzenwuchs verstopfte Kanäle wieder durchlässig zu machen. Seekühe sind sehr empfindlich gegen Temperaturschwankungen des Wassers und sterben manchmal bei sehr kaltem Wetter.

3/4 Manche Seesterne haben bis zu 50 Arme. Der Sonnenstern Solaster papposus (3) aus nördlichen Gewässern besitzt 15 Arme, und der kalifornische Sonnenblumenstern (Pycnopodia helianthoides; 4) kann sogar 24 Arme haben. Die meisten Seesterne sind mittelgroß, etwa 20–30 cm. Die Sonnenblumensterne messen allerdings mehr als einen halben Meter.

5 Der Griffelseeigel ist vom Roten Meer bis Hawaii verbreitet. Er wird recht groß: Der kugelige Körper hat einen Durchmesser von 15 cm, und die flachen Stacheln werden fast ebenso lang. Dieses Tier ist meistens in lebenden Korallenkolonien anzutreffen.

Lebende Nadelkissen

Muscheln sind besonders häufig in der Küstenzone, und zwar zwischen dem Strand, der bei Ebbe kaum von Wasser bedeckt ist, und Wassertiefen von etwa 15 m. An vielen Stellen findet man sie in Gesellschaft von Seeigeln, die den gleichen Lebensraum bevorzugen.
Wer im Seichtwasser tropischer und subtropischer Meere umherwatet oder taucht, fürchtet vor allem die Lanzen- und Diadem-Seeigel *(Diadema antillarum)*. Diese gefährlich aussehenden Tiere haben lange, nadelspitze Stacheln, die bis zu 30 cm lang werden und deren Hohlräume vielfach mit Gift gefüllt sind. Wenn ein unvorsichtiger Taucher auf einen solchen Seeigel tritt, dringen die Stacheln mühelos in die

Haut ein und brechen ab. Er spürt im Umkreis der Wunde sofort einen brennenden Schmerz und muß feststellen, daß der Versuch, die Stacheln herauszuziehen, vergeblich ist. Sie sind nämlich mit Widerhäkchen versehen, und das kalkhaltige Material, aus dem sie bestehen, zerbröckelt, wenn man es mit einer Zange zu fassen versucht.

Der eindrucksvollste, im Grunde jedoch harmlose Seeigel ist der Griffelseeigel *(Heterocentrotus mammillatus)*, der im indopazifischen Raum bis zum Roten Meer weit verbreitet ist. Die dicken, leicht abgeflachten Stacheln haben einen Durchmesser von 1 cm und werden 13 cm lang. Da sie sehr viel Kalk enthalten und sehr hart sind, kann man mit ihnen auf einer Schiefertafel schreiben, daher auch der Name des Seeigels. Wie andere Seeigel auch, ist er ein sogenannter »Bohrer«, das heißt, er bohrt das Gestein seines Standplatzes an und schafft sich auf diese Weise eine Höhlung, in die er genau hineinpaßt. Der Griffelseeigel kann seine Höhle zeitlebens nicht mehr verlassen, da die Öffnung kleiner ist als das Tier.

Die meisten Seeigel sind Vegetarier und ernähren sich von Algen. Einige Arten sind jedoch räuberische Allesfresser, die sich blindlings auf Weichtiere, Röhrenwürmer, Krebse und sogar andere Stachelhäuter stürzen. Die Nahrungsbrocken werden mit dem kräftigen Kauapparat, den man als »Laterne des Aristoteles« bezeichnet, schnell zermahlen. Die Kauvorrichtung trägt diesen merkwürdigen Namen, weil der griechische Philosoph Aristoteles ihn erstmals beschrieb und mit einer Laterne verglich.

Seesterne in allen Variationen

Die Schelfzone beherbergt eine große Vielfalt von Seesternen, deren Färbungs-, Gestalt- und Verhaltensunterschiede nahezu unbegrenzt sind. Einige Arten des gewöhnlichen Seesterns *(Asterias)* leben vor der Küste bis in Tiefen von 50 m. Häufig machen sie Ausflüge in die Litoralregion, wo sie den festsitzenden Mollusken nachstellen. Andere, so etwa die Sonnensterne *(Solaster)* und Gorgonenhäupter

Diese beiden Maskenkrabben oder »Dekorateure« (Macrocoeloma trispinosum) aus den tropischen Gewässern vor Florida tragen bunte Schwammstücke auf ihrem Rücken. Sie dienen als Tarnung, die etwaige Raubfeinde irritieren soll.

oder Medusensterne *(Gorgonocephalus)*, dringen nicht ins Litoral vor. Sie haben auch äußerlich kaum Ähnlichkeit mit dem allbekannten fünfarmigen Seestern. Sonnensterne können bis zu 24 Arme besitzen und einen Durchmesser von 60 cm erreichen. Es sind gefräßige Tiere, die kleinere Seesterne sowie Seeanemonen, Muscheln und Schnecken erbeuten.

Die grotesk gestalteten Gorgonenhäupter ähneln sehr stark einem aus Schilfrohr geflochtenen Korb, der sich in seine Bestandteile aufzulösen beginnt. Die Tiere haben zwar, genau wie der gewöhnliche Seestern, fünf Arme, aber jeder Arm verzweigt sich immer weiter, bis schließlich das Ganze wie eine wirre Masse von Tentakeln aussieht. Die zierlicheren Schlangensterne *(Ophiuroidea)* gleiten mit schlangenartigen Bewegungen ihrer zerbrechlichen Arme auf dem Meeresboden dahin und ernähren sich von organischen Abfällen, Kadavern und ähnlichem. Bei verschiedenen Schlangensternen leuchten die Arme im Dunkel. Die Art *Ophiacantha bidentata*, die sowohl im Atlantik als auch im Pazifik verbreitet ist, wirkt bei Tageslicht dunkelbraun, nimmt aber in der Nacht eine gespenstische bläulich-graue Färbung an.

Farbenfrohe Krebse

Die Schelfzone ist die Heimat vieler Krustentiere – Krebse, Krabben, Garnelen und Hummer. Die amerikanische Schwimmkrabbe *Callinectes sapidus* trägt einen Rückenschild, der 20 cm breit werden kann und auf seiner dunkelblauen oder blaugrünen bis bräunlichen Grundfarbe blaue und kremfarbene Flekken zeigt. Ihr Hauptverbreitungsgebiet erstreckt sich im Westatlantik von Cape Cod bis zum Golf von Mexiko. Die Strandkrabbe *(Carcinus maenas)* wird dagegen nur 7–8 cm breit und ist vorwiegend grün mit gelben Flecken. Sie ist in europäischen Gewässern heimisch, wurde jedoch zu Beginn des vorigen Jahrhunderts in den westlichen Atlantik eingeführt.

Allgegenwärtige Bewohner der Flachmeere in aller Welt sind die Einsiedlerkrebse. Diese kleinen Krebse sehen aus, als wären sie nur halb fertig. Kopf, Beine und Vorderleib sind normal ausgebildet und mit einer festen Schale bedeckt. Der Hinterleib ist jedoch weichhäutig und ungeschützt und könnte von jedem Räuber mühelos abgezwickt werden. Doch die Einsiedlerkrebse wenden eine erfolgreiche Form des Selbstschutzes an: Sie bedecken ihre leicht verwundbare Hinterpartie mit einem Panzer, indem sie sich ein leeres Schneckengehäuse suchen, in das sie sich hineinzwängen. Wenn der Krebs über den Meeresboden wandert, schleppt er sein Schneckenhaus wie einen Wohnanhänger hinter sich her. Wird der Einsiedlerkrebs größer, benötigt er auch ein größeres Haus. Wie jemand, der einen neuen Anzug kauft, probiert das Tier ein Schneckengehäuse nach dem anderen an, bis es das passende gefunden hat.

Eine sonderbare Beziehung besteht zwischen Einsiedlerkrebsen und bestimmten Seeanemonen, die der Krebs absichtlich auf sein Schneckenhaus »pflanzt«. Wenn er sein Gehäuse wechselt, zieht die Seeanemone mit ihm um. Die stechenden Tentakel des Blumentiers bieten dem Krebs Schutz vor Fischen und anderen Raubfeinden. Die Seeanemone ernährt sich ihrerseits von den Resten, die bei der Krebsmahlzeit übrigbleiben.

Auf diese Kunst der Täuschung verstehen sich auch andere Krebsarten, die manchmal als »Dekorateure« bezeichnet werden, weil sie ihren Körper mit Schwammstükken oder Algen verzieren. Die in europäischen Gewässern heimische Wollkrabbe *(Dromia vulgaris)* schneidet oft ein paßgerechtes Stück aus einem kräftig gefärbten Schwammstock heraus, das sie wie ein Schutzdach über den Rücken breitet und mit dem speziell dazu eingerichteten hintersten Beinpaar festhält.

Hummer und Langusten

Im Gegensatz zu den Krabben, die seitwärts laufen können, bewegen sich die Hummer und Langusten stets geradeaus auf dem Meeresboden. Sie suchen den Boden nach toten Fischen ab, die ihre Hauptnahrung bilden, und da sie über einen sehr feinen Geruchssinn verfügen, spüren sie Aas schon aus großer Entfernung auf. Wenn sich ihnen ein Feind nähert, schwimmen sie davon, indem sie mit kräftigen Hinterleibsbewegungen durch das Wasser rudern.

Nicht nur Feinschmeckern wohlvertraut sind aus dieser Krebstiergruppe die eigentlichen Hummer der Gattung *Homarus* mit ihren mächtigen Scheren. Die europäische Art trägt den Namen *H. gammarus*, während das amerikanische Gegenstück *H. americanus* heißt.

1

2

3

4

1 Ein großer Einsiedler, der Bernhardskrebs (Eupagurus bernhardus), wandert nahrungsuchend auf dem Meeresboden umher, gut geschützt durch ein Wellhorngehäuse, das er sich als Wohnung auserkoren hat. Auf dem Gehäuse sitzen drei Schmarotzerrosen, die dem Krebs als Tarnung dienen und sich ihrerseits von den Abfällen seiner Mahlzeiten ernähren.

2 Ein Amerikanischer Hummer versucht durch Drohgebärden mit seinen mächtigen Scheren seine Wohnhöhle zu verteidigen. Amerikanische Hummer erreichen manchmal eine Länge von 60 cm.

3 Der Gemeine Tintenfisch (Sepia officinalis), der im Atlantik und Mittelmeer weit verbreitet ist, besitzt zehn Arme, die wie bei den anderen Kopffüßern am Kopf angewachsen sind. Im Körper des Tiers ist ein harter Rückenschulp aus Kalk (»Sepiaschale«) eingebettet, der genauso wie die äußere Schale des Perlboots mit Gas angefüllt ist. Auch die Tintenfische regulieren ihren Auftrieb, indem sie die im Schulp enthaltene Gasmenge verändern. Tagsüber liegen sie meist eingegraben im lockeren Meeresboden, doch in der Nacht schwimmen sie umher, freilich längst nicht so kraftvoll und schnell wie die Kalmare.

4 Zu den interessantesten Vertretern des Weichtierstammes gehört das bis 30 cm große Perlboot. Es weist Ähnlichkeiten mit verschiedenen ausgestorbenen Kopffüßern auf und gilt in der Tat als ein lebendes Fossil. Im Gegensatz zu den meisten schalentragenden Weichtieren ist das Perlboot ein ausgezeichneter Schwimmer. Seine Schwimmfähigkeit beruht auf den gasgefüllten Kammern des Gehäuses.

Die echten Hummer sind nur im nördlichen Atlantik beheimatet. In den übrigen Weltmeeren werden sie durch die Langusten *(Palinurus)* vertreten, die man auch als Stachelhummer bezeichnet. Sie besitzen keine Scheren, sondern zwei überlange, kräftige Fühler, die sie wie eine Peitsche zur Abwehr von Feinden benutzen. Langusten können so schwer werden wie Hummer, doch infolge Überfischung sind solche schwergewichtigen Exemplare selten geworden.

Die meisten Hummer meiden ihre Artgenossen, denn sie sind Kannibalen, und wenn zwei Tiere sich zufällig auf dem Meeresboden begegnen, kann es passieren, daß eines das andere verspeist. Bei der karibischen Langustenart *Palinurus argus* verhält es sich jedoch anders. Diese Tiere haben das Interesse der Meeresbiologen geweckt, weil sie ein höchst sonderbares Verhalten zeigen. Wenn im Herbst das Flachwasser abkühlt, bilden die Langusten lange Reihen, wobei jedes Tier den Hinterleib des voraufgehenden berührt, und ziehen im Gänsemarsch in tieferes Wasser. Es ist wissenschaftlich noch nicht geklärt, warum die Langusten dies tun. Der Drang der Tiere, eine solche Formation zu bilden, ist jedenfalls sehr stark. Taucher haben des öfteren die langen Reihen der Langusten beobachtet, die im feierlichen Zug über den Sandboden marschierten und an Felsvorsprüngen vorbeikamen, in denen andere Langusten ihren Unterschlupf hatten. Als ob ein Rattenfänger den Zug anführte, kamen die in den Felshöhlen hausenden Langusten ohne Zögern hervor und schlossen sich der langen Reihe ihrer Artgenossen an.

Eine tödliche Umarmung

Überall im Atlantischen Ozean, wo Krabben und Hummer zahlreich vertreten sind, ist auch ihr wichtigster Freßfeind, der Gemeine Krake *(Octopus vulgaris)*, zu finden. Die eigentlichen Hummer können sich mit ihren großen und kräftig bemuskelten Scheren gegen ihn verteidigen. Doch die Langusten sind dem hartnäckigen Kraken fast wehrlos ausgeliefert, der in die scheinbar sicherste Felsspalte einzudringen vermag, die einer Languste als Unterschlupf dient. Der Krake erstickt sein Opfer buchstäblich mit seinen acht Armen und reißt es mit seinem kräftigen scharfen Schnabel, der dem eines Papageien ähnelt, in Stücke.

Die Kopffüßer (Cephalopoden), zu denen die Kraken, Tintenfische und Kalmare gehören, zählen zu den aktivsten Jägern in den Schelfzonen der Weltmeere. Die Kalmare *(Loligo* und *Illex)*, die mit ihrem »Düsenantrieb« im Wasser vorwärts und rückwärts dahinschießen, schnappen gierig nach Futterbrocken, die größere Räuber übriglassen. Sobald kleine Makrelen oder Jungfische anderer Arten auftauchen, werden die Kalmare munter und verwandeln sich in sehr zielstrebige Beutegreifer. Sie schleichen ihr Opfer gleichsam an, umschlingen es plötzlich in einer tödlichen Umarmung und beginnen mit ihrer Mahlzeit. Die Kalmare werden bis zu 90 cm lang; die Größe der anderen Tintenfische schwankt zwischen 5 mm und 18 m. Der größte bekannt gewordene Riesentintenfisch maß fast 22 m!

Der bekannteste Kopffüßer ist der Gemeine Tintenfisch *(Sepia officinalis)*, der im Mittelmeer und in der Schelfzone des Atlantiks vom Ärmelkanal bis zum Kap der Guten Hoffnung weit verbreitet ist. In der Nordsee finden die Fischer dieses zehnarmige Tier manchmal in ihren Netzen, und an der Mittelmeerküste wird es mit kleinen Tontöpfen gefangen, welche die Fischer auf dem Meeresboden aussetzen.

Diese Tiere, zumal die großen Kraken, sind in so vielen Horrorgeschichten geschildert worden, daß es den meisten Leuten schon beim Anblick oder bei der bloßen Erwähnung dieser Geschöpfe kalt über den Rücken läuft. Doch zwei Kopffüßergruppen (es sind übrigens die einzigen, die eine äußere Schale besitzen) gelten in den Augen vieler Konchyliensammler als Kostbarkeiten des Meeres. Zur ersten Gruppe gehört das Papierboot *(Argonauta argo)*, das im Oberflächenwasser aller warmen Meere vorkommt. Die Weibchen dieser Art messen etwa 30 cm und bringen eine dünne, perlweiße, spiralig gewundene Schale hervor, die als Eibehälter dient; die Männchen werden nur 1 cm (!) groß und besitzen keine Schale. Der wichtigste Vertreter der anderen Gruppe ist das Perlboot *(Nautilus pompilius)*, das im

Der Gemeine Krake, der mit seinen acht Armen eine Spannweite von 2–3 m erreichen kann, meist aber kleiner bleibt, macht einen gefährlichen Eindruck. Obgleich sich um ihn viele Schauergeschichten ranken, ist er ein scheues, zurückgezogen lebendes nachtaktives Tier, das sich von Krebsen, Fischen und Muscheln ernährt.

Indopazifik recht häufig ist. Das schwimmende Haus des Perlboots ist eine starkwandige, gekammerte spiralige Schale, deren gelblich-weiße Grundfärbung mit einem scharf abgesetzten kakaobraunen Streifenmuster geschmückt ist.

Fliegende Fischfallen

Weichtiere, Krebse und kleine Fische werden sehr oft eine Beute der zahllosen Vögel, die über dem Flachwasser der Schelfzone kreisen und dahingleiten, ewig auf der Suche nach Nahrung. Aus ihrer günstigen »Vogelperspektive« erspähen sie ihre Beute und stürzen sich auf sie.

In tropischen und subtropischen Gewässern stößt der Braune oder Meerespelikan *(Pelecanus occidentalis)* aus einer Höhe von 10 m steil auf sein Opfer herab und verschwindet im Wasser mit einem lauten Geräusch, das 1 km weit zu hören ist. Mit dem am Unterkiefer angewachsenen dehnbaren Hautsack schöpfen die Pelikane oft kleinere Fische aus dem Wasser, die von Haien in Küstennähe getrieben worden sind.

Schon mancher Hochseesegler und Fischer hat die präzise ausgeführten Sturzflugangriffe der Baßtölpel *(Sula bassana)* bewundert. Diese großen weißen Seevögel mit ihrem auffälligen gelben Schnabel kreisen flügelschlagend 30 m hoch über den endlosen Wellen und halten nach Fischen in der Tiefe Ausschau. Sobald sich eine Beute zeigt, legen die Tölpel ihre Schwingen an und schießen ins Meer hinab, das kaum aufspritzt, wenn sie die Wasseroberfläche durchstoßen. Die Wucht ihres Sturzfluges trägt sie fast 10 m tief ins Wasser, wo die Vögel mit heftigen Fuß- und Flügelbewegungen hinter ihrer Beute »herfliegen«.

Viele andere Meeresvögel haben sich darauf spezialisiert, ihre Beute in noch größeren Tiefen schwimmend zu jagen. Die Seetaucher und andere Tauchvögel erreichen Tiefen von 50–75 m und bleiben oft eine Viertelstunde unter Wasser, wobei sie bis 3 km zurücklegen. Der Prachttaucher *(Gavia arctica)* hält sich den Winter über in der warmen Schwarzmeergegend und im Sommer an der Ostsee und in Nordsibirien auf.

An der Verfolgung der Fische und Krustentiere in der Schelfzone beteiligen sich auch die vielen kleinen, aber sehr aktiven Vögel, die auf den Felsklippen der Meeresküsten wohnen. Zu den auffälligsten Gestalten dieser Küstenvögel gehört der Papageitaucher *(Fratercula arctica)*. Er mißt nur 25 cm und hat einen großen, seitlich abgeflachten roten Schnabel. Trotz des »unpraktisch« wirkenden Schnabels ist der Papageitaucher ein tüchtiger Fischer, der regelmäßig mit einem oder mehreren kleinen Fischen, die er quer im Schnabel hält, zu seinem Standquartier auf den Klippen zurückkehrt. Die Krabbentaucher, die Lummen, die Alke, zumal der Tordalk, und viele andere Vögel stellen mit großem Erfolg den kleinen Fischen nach.

Eine reiche Fischfauna

Wenn sich im Frühjahr das Plankton massenhaft vermehrt, finden sich Heringe, Makrelen und andere Fische in den küstennahen Gewässern ein, nachdem sie den Winter im offenen Meer verbracht haben. Unaufhörlich jagen die Heringsschwärme durch das Wasser und schnappen nach den zahllosen Ruderfußkrebschen, so schnell und raffgierig wie Kinder, denen man in einem Süßwarenladen freie Hand läßt. Schon bald sind die Fische rund und fett, und die Fischer setzen ihre Bodennetze aus, die für die Fischschwärme zu einer tödlichen Falle werden. Gerade der Hering ist in den letzten Jahren bedrohlich überfischt worden.

Im östlichen Atlantik wandern die Dorsche oder Kabeljaue *(Gadus morhua)* aus den subarktischen Gewässern in die Nordsee, um dort zu laichen. Durch die kalten, dunklen Tiefen dahinziehend, nähern sie sich den Küsten und beginnen im März mit dem Ablaichen. Die befruchteten Eier treiben empor in die Oberflächenschichten, wo sie heranreifen. Blitzschnell stürzen sich die Heringe auf die im Wasser tanzenden Kügelchen, bis kein einziges Dorschei mehr übrigzubleiben scheint. Doch die Natur hat die Dorschweibchen mit riesigen Eiermengen ausgestattet (teilweise 9–15 Millionen Eier pro Tier), so daß den gefräßigen Heringen und den anderen Räubern genügend Eier entgehen, die den Fortbestand der Art sichern.

Viele der Heringe, die sich an Dorscheiern und -larven satt gefressen haben, kehren rasch in die dunklen Tiefen des Meeres zurück. Dort treffen sie mit den Dorschen zusammen, die während der Laichzeit gefastet haben und jetzt wieder zu Kräften kommen müssen. Sie wiederum mästen sich an den flinken Heringsschwärmen und tun sich zwischendurch an dem Heringslaich gütlich, der auf dem Meeresgrund heranreift.

Doch unterdessen entwickeln sich an der Oberfläche des Meeres die Dorscheier weiter und werden zu glotzäugigen Larven, die sich schon bald über winzige Lebewesen hermachen. Die Larven von Entenmu-

1

2

4

5

scheln, Hummern, Garnelen und Krabben sowie Ruderfüßer fallen den kleinen Räubern zum Opfer. Wenn die jungen Dorsche etwa einen Monat alt und 20–25 mm lang sind, schließen sich viele von ihnen einer Gelben Haarqualle *(Cyanea capillata)* an. Die schwimmende Glocke dieser Qualle kann einen Durchmesser von fast 2 m erreichen, wird aber meist nur 30–60 cm groß. Lange, mit Nesselorganen besetzte Tentakelfäden hängen von der Glocke herab, mit denen die Qualle die kleinen Organismen fängt und tötet, die ihre Nahrung bilden. Häufig kann man beobachten, daß mehrere winzige Dorsche offensichtlich unbehelligt zwischen den Tentakeln umherschwimmen. Wissenschaftler haben nachgewiesen, daß die kleinen Fische und die Haarquallen in einer Gemeinschaft leben, die beiden Seiten zum Vorteil gereicht. Die Jungdorsche befreien die Qualle von bohrenden Schmarotzern und werden wiederum von ihr vor Seehechten und anderen Freßfeinden geschützt. Das Leben unter einer Haarqualle ist allerdings nicht immer ganz ungefährlich. Manchmal schwimmt ein kleiner Dorsch zu nahe an die Glocke heran und wird getötet. Die Qualle zögert keinen Augenblick, ihren ehemaligen Partner zu verzehren.

Später im Jahr, wenn die Sommersonne die oberste Schicht des Meeres erwärmt, ziehen sich die jungen Dorsche in die kalte Finsternis der Tiefe zurück. Hier finden sie genügend Nahrung in Form von kleinen Tieren. Doch hier werden sie auch von den verschiedensten Raubfischen verfolgt, sogar von ihren eigenen Artgenossen. Katzenhaie und Dornhaie, vor allem die letzteren, nehmen an der Freßorgie teil; sie greifen Heringe und Dorsche gleichermaßen an. Diese kleinen Haifische, die im allgemeinen nicht einmal 1 m lang werden, stehen an Gefräßigkeit ihren größeren Verwandten kaum nach.

»Freßmaschinen« des Meeres – die Haie

Die Fruchtbarkeit der Schelfzone und der dort herrschende Reichtum an Fischen und anderen Meerestieren sind eine übermächtige Verlockung für einige der eifrigsten und tüchtigsten Räuber der Weltmeere. Am gefürchtetsten und gefährlichsten sind die großen Haie, deren glatte, schlanke Leiber torpedogleich durch das Wasser schießen und die dichtgedrängten Herings- und Makrelenschwärme auseinandersprengen. Der Heringshai *(Lamna nasus)* treibt seinen 3 m langen Körper immer wieder mit ausgreifenden Schwanzschlägen in die Fischmassen hinein. So unersättlich ist dieser Hai, daß er sogar Fische, die bereits in den Fischernetzen zappeln, angreift und dabei Netze und Fische ohne Unterschied zerfetzt. Andere Haie beteiligen sich ebenfalls an dem Gemetzel, so etwa die bizarren Hammerhaie, bei denen Augen und Nasenöffnungen an den beiden Schmalseiten des hammerförmigen Kopfes sitzen.

Vom Nahrungsreichtum der Flachmeere zehren auch noch andere Haie, bei denen Körpergröße und Verhalten einen seltsamen Gegensatz bilden. Der eine ist der Riesenhai *(Cetorhinus maximus)*, dessen schokoladebrauner Leib eine Länge von 13 m erreicht. Der andere ist der gesprenkelte Walhai *(Rhincodon typus)*, mit 15–16 m der größte Fisch der Welt. Der Anblick dieser Untiere jagt Fischern und Seglern einen gewaltigen Schrekken ein, doch ihr äußeres Erscheinungsbild täuscht. Die beiden gargantuesken Fische sind sanfte Riesen, die Menschen und Boote kaum oder gar nicht beachten.

3

1–7 Der Braune Pelikan schien in den späten sechziger und frühen siebziger Jahren in Nordamerika zum Aussterben verurteilt zu sein. Damals hatten die Pelikaneier abnorm dünne Schalen, die schon vor dem Schlüpfen zerbrachen. Viele andere Eier enthielten tote Embryonen. In den Schalen und Embryonen wurde ein hoher Gehalt an Pestiziden (DDT) nachgewiesen. Seit dem DDT-Verbot hat die Verseuchung der Eier merklich nachgelassen, und die Pelikanbestände haben zugenommen. Heute kann man wieder Familienverbände bei der gemeinsamen Jagd vor den Küsten des Golfs von Mexiko und Kaliforniens beobachten, wo die Vögel auf kleinen Inseln brüten. Die Braunen Pelikane orten ihre Beute mit den Augen. Wenn die Vögel eine Beute erspäht haben, stürzen sie sich aus einer Höhe von ungefähr zehn Metern ins Meer.

6

7

Fische

Die Fische stellen etwa die Hälfte der rund 50 000 Arten des Stammes der Rückgrattiere (Chordata). Die andere Hälfte umfaßt die vorwiegend landbewohnenden Amphibien, Reptilien, Vögel und Säugetiere. Die rezenten Fische werden in drei Hauptgruppen eingeteilt: Rundmäuler oder Kieferlose (Cyclostomata) mit nur wenigen Dutzend Arten; Haie, Rochen und Seedrachen (Chondrichthyes oder Knorpelfische) mit etwa 1000 Arten und Strahlenflosser (Actinopterygii) mit etwa 25 000 Arten. Mit wenigen Ausnahmen gehören die Strahlenflosser zur Gruppe der Echten Knochenfische (Teleostei).

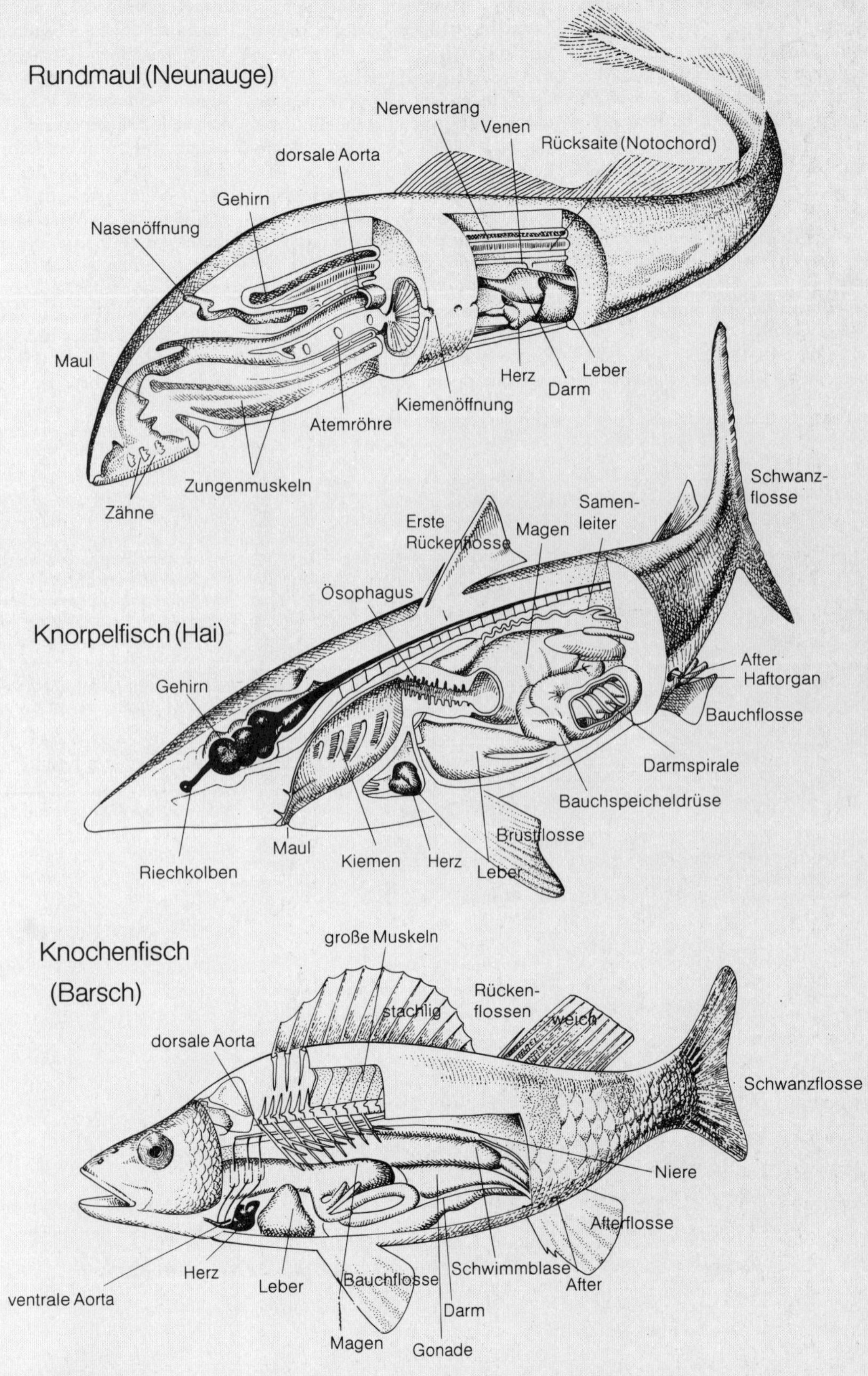

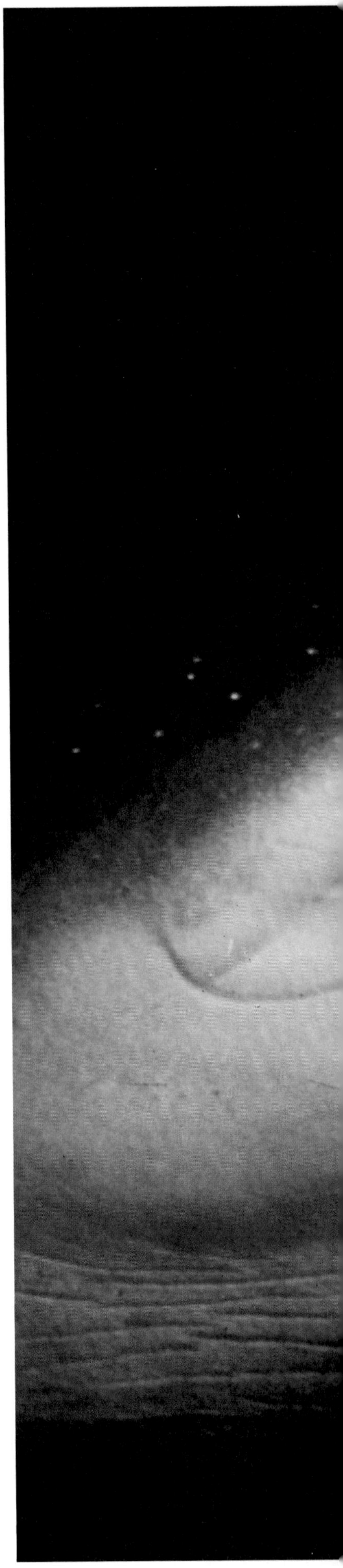

1

2

1 Ein Sandhai (Carcharias taurus), der 3 m lang werden kann, zeigt sein fürchterliches Gebiß. Er greift hemmungslos Fische, selbst andere Haie, und Meeressäuger an. Es heißt, daß Sandhaie Schwimmern gefährlich werden können, doch bisher ist ein Angriff auf Menschen nicht einwandfrei verbürgt.

2 Diese etwa 25 cm langen mexikanischen Stachelmakrelen (Decapterus hypodus) schließen sich zu dichten Schwärmen zusammen. Die Gründe der Schwarmbildung bei Fischen sind noch nicht eindeutig geklärt. Vermutlich handelt es sich um ein Verteidigungsverhalten, das Raubfeinde abschrekken und verunsichern soll.

1

2

1/2 Der Eisbär (Thalarctos maritimus), der auf den Eisschollen und im kalten Wasser der Arktis auf Robbenjagd geht, ist einer der großen Nomaden des Tierreichs. Unten schwimmt ein Weibchen mit seinen Jungen im eisigen Wasser. Oben bewegt sich ein großer, fast zweieinhalb Meter langer Eisbär leichtfüßig auf dem Packeis. Die mächtigen Tiere erreichen eine Laufgeschwindigkeit von 65 km/h.

3 Der Ohrenalk (Lunda cirrhata) ist ein Fischfresser, der auf küstennahen Felseninseln bis hinunter zu den Farallone Islands vor San Francisco brütet. Mit ihren kräftigen Schwimmhautfüßen scharren die Tiere in den Felsspalten eine Höhle aus, in die das Weibchen ein einzelnes großes Ei ablegt. Das Küken bleibt bis zum Flüggewerden in der Bruthöhle, wo es vor Möwen und Raubmöwen sicher ist.

4 Walrosse gehören ebenfalls zu den Robben und bilden innerhalb dieser Ordnung eine eigene Familie. Sie leben im Nördlichen Eismeer und wandern mit dem Vorrücken und Zurückweichen des Eises hin und her. Dabei benutzen sie gerne Eisschollen als Transportmittel. Sie sind aber auch hervorragende Schwimmer. Die oberen Eckzähne wachsen das ganze Leben lang weiter und ergeben die typischen Hauer, die bei den Bullen 1 m und bei den weiblichen Tieren 60 cm lang werden können. Walrosse suchen ihre Nahrung auf dem Meeresboden bis in Tiefen von 90 m. Die Hauer dienen offensichtlich dazu, den Boden nach schalentragenden Weichtieren zu durchwühlen, die die Hauptnahrung dieser Meeressäuger sind.

3

Ein weiterer Räuber, der sich im Flachwasser herumtreibt, ist der Blauhai *(Prionarce glauca)*, dessen fast indigoblaue Oberseite am Bauch in ein leuchtendes Weiß übergeht. Er hat eine spitz ausgezogene Nase, einen schlanken Leib und einen langen oberen Schwanzflossenlappen. Die meisten Blauhaie werden nicht länger als 3 m und verschlingen kleinere Fische in großen Mengen, auch Angehörige der eigenen Art. Sie zählen zwar nicht zu den eigentlichen Menschenhaien, aber wenn das Wasser von Fleischfetzen und Blut getrübt ist, können sie in einen solchen Angriffsrausch geraten, daß sie auch einen Menschen angreifen. Solche Attacken geschehen allerdings eher blindlings als absichtlich.

Jäger und Gejagte

Die Schelfregionen der Weltmeere mit ihrer reichen und vielgestaltigen Tierwelt sind Schauplätze, auf denen man das Wechselspiel von Jägern und Gejagten ausnehmend gut beobachten kann. An der Spitze der Jäger stehen die scheinbar unverwundbaren Meeressäugetiere. Doch auch sie entgehen nicht immer ihrem Schicksal. Die Klappmützen *(Cystophora cristata)* im nördlichen Atlantik und die Nördlichen Seebären *(Callorhinus ursinus)* des Beringmeeres werden dick und fett von den Fischen und Tintenfischen, die ihnen als Nahrung dienen. Aber manche dieser Robben erliegen den gefährlichen Angriffen des Eisbären, der im eiskalten Wasser des Nordpolarmeers ebenso zu Hause ist wie in der dauergefrorenen arktischen Eiswüste. Auf ihrer jährlichen Wanderung von den Überwinterungsplätzen in Kalifornien bis zu den etwa 1000 km entfernten Pribylow-Inseln im Beringmeer sind die Seebären allerlei Gefahren ausgesetzt. Auf den

4

1

2

3

4

5

6

1–6 Die Robben oder Flossenfüßer sind Säugetiere wie die Wale, doch sie sind noch nicht völlig zum Leben im Meer übergegangen, denn sie müssen zur Fortpflanzung an Land steigen. Die Paarungsplätze sind meist entlegene Inseln in höheren Breiten. Im allgemeinen wird jeweils nur ein Junges geboren. Die Bullen sind größer als die Weibchen und scharen einen Harem um sich. Robben können bis zu 20 Minuten lang unter Wasser bleiben und bis zu 300 m tief tauchen.

1. *Galapagos-Pelzrobbe (Arctocephalus galapagoensis)*
2. *Weddell-Robbe (Leptonychotes weddelli)*
3. *Krabbenfresser (Lobodon carcinophagus)*
4. *Sattelrobbe (Pagophilus groenlandicus) mit Jungem*
5. *Bartrobbe (Erignathus barbatus) im Atemloch*
6. *Stellers Seelöwen (Eumetopias jubata) an der Küste Alaskas*

7 An der Wasseroberfläche auf dem Rücken liegend, schmettert der Meerotter eine Muschel gegen einen Stein, den er als »Amboß« auf dem Bauch festhält.

8 Inmitten von Kelp verspeist dieser Meerotter in aller Ruhe einen Seeigel.

Pribylows, wo die Tiere an Land steigen, um sich zu paaren und ihre Jungen zur Welt zu bringen, tragen die massigen Bullen, von denen manche 1200 kg wiegen, heftige Rivalenkämpfe aus, bei denen es um die besten Territorien und die Verteidigung des Harems geht. In diesen wütenden Auseinandersetzungen sterben stets einige Bullen an ihren Verletzungen, und viele der kleineren Weibchen werden in dem Getümmel verwundet oder gar getötet. Auch unter den Robbenkindern ist die Sterblichkeit hoch.

Aber auch Raubfeinde verlangen ihren Tribut. In den vergleichsweise warmen Gewässern vor Kalifornien patrouillieren große Weiße Haie, die ständig auf Beute aus sind. Ein Seebärenweibchen, das vielleicht nur rund 200 kg wiegt, ist keinem hungrigen Haifisch gewachsen, der ohne große Anstrengung eine solche Robbe durchbeißen kann. Der gefährlichste Räuber ist jedoch der Schwertwal *(Orcinus orca)*, der den Seebären fast in ihrem gesamten Verbreitungsgebiet nachstellt und seine Beute als Ganzes verschlingen kann.

Robben werden manchmal auch von Walrossen *(Odobenus rosmarus)* angegriffen, nicht unbedingt als Beutetiere, sondern als Eindringlinge in das Territorium der mächtigen, hauerbewehrten Tiere. Dieses Territorium erstreckt sich auf dem Ozeanboden in Tiefen von 60–90 m. Hier durchpflügen die Walrosse, die ein Gewicht von 700–1400 kg haben können, mit ihren stark verlängerten oberen Eckzähnen systematisch den Boden auf der Suche nach Muscheln, Würmern, Krebsen, Seesternen und Seeigeln, die ihre Nahrung bilden. Doch hin und wieder verspeist ein Walroß auch den Seebär, den er bei der Revierverteidigung attackiert hat. Er zerfetzt seine Beute mit den Zähnen und dem borstenbestandenen Maul und schlingt die Stücke hinab.

Schwertwale verfolgen Walrosse zuweilen selbst zwischen den Eisschollen der arktischen Gewässer und des Beringmeers, doch der größte Feind der mächtigen Tiere ist der Mensch. Früher jagten die Eskimos die Walrosse zu Fuß oder von kleinen Booten aus. Sie harpunierten die großen Tiere, wenn sie auf Felsen oder Eisschollen ein Sonnenbad nahmen. Doch als die Walfänger die Eskimos mit Gewehren versorgten, artete die Walroßjagd zur Massenschlächterei aus.

7

8

Die Wiederkehr der Meerotter

Die Ausbeutung der Meeressäugetiere durch den Menschen hat eine sehr lange und unerfreuliche Geschichte. Manche Arten sind bis zur Ausrottung bejagt worden, andere, so zum Beispiel die Walrosse, galten bis vor kurzem als vom Untergang bedroht, sind aber jetzt geschützt. Nur bei einigen wenigen Arten haben sich die stark gelichteten Bestände wieder einigermaßen erholt. Zu diesen gehört der Meer- oder Seeotter *(Enhydra lutris)*.

Die Meerotter sind in doppelter Hinsicht einzigartig: Sie stellen die einzige Otterart dar, die ausschließlich im Salzwasser lebt, und sie zählen zu den seltenen Tieren, die zum Nahrungserwerb Werkzeuge gebrauchen. Die Otter tauchen bis zu 50 m tief auf den Meeresboden hinab, um nach Krabben, Seeigeln, Grundfischen und Tintenfischen zu suchen. Sie packen ihre Nahrung mit ihren Vorderpfoten und kehren dann an die Oberfläche zurück.

Während sie sich auf dem Rücken im Wasser treiben lassen, zerbrechen und zerreißen sie ihre Beute mit dem kräftigen Gebiß. Doch manchmal legen sich die Tiere auch einen Stein oder eine schwere Muschelschale auf die Brust und zerschmettern ihre schalentragende Beute an diesem »Werkzeug«, um an das saftige Fleisch heranzukommen.

Meerotter wälzen sich gern an der Wasseroberfläche – ein Verhalten, das den Wissenschaftlern lange Zeit Rätsel aufgegeben hat. Doch genaue Untersuchungen der Tiere und insbesondere ihres Fells haben den Grund für diese Drehbewegungen enthüllt. Im Gegensatz zu den meisten Meeressäugern besitzen die Meerotter unter ihrer Haut keine dicke isolierende Fettschicht. Um ihre Körpertemperatur zu regulieren, um sich also in ihren kalten heimatlichen Gewässern warm zu halten, wälzen sie sich im Oberflächenwasser und speichern auf diese Weise Luft in ihrem langhaarigen Fell.

Die Luft dient dann der Wärmeisolierung.

Farbenprächtige Korallenriffe

Lebensgemeinschaften der tropischen Meere

Das mächtige Große Barriereriff vor Australien, das herrliche kranzförmige Riff des Bikini-Atolls und anderer Inselgruppen im Südpazifik sowie das Gewebe von Saumriffen in den warmen Regionen der Ozeane beherbergen vielgestaltige und farbenprächtige Lebensgemeinschaften von Meerestieren.

Die Korallen, welche die Riffe bilden, sind die Skelette von Lebewesen, die wie stark verkleinerte Seeanemonen aussehen.

Das Riff selbst ist das Werk der Korallentiere oder -polypen, die wie ihre Verwandten, die Seeanemonen und Quallen, im zoologischen System zur Unterabteilung der Hohltiere *(Coelenterata* oder *Radiata)* gehören. Der Polyp besitzt die Fähigkeit, Kalk auszuscheiden, und dieses Skelett mit denen seiner Nachbarn fest zu verbinden. Wenn sich die Polypen vermehren, entstehen aus ihren Skeletten am Ende die gewaltigen Riffbauten, wie wir sie kennen.

Korallen leben in allen Tiefenschichten des Ozeans und in den meisten Meeresgebieten, auch im kühlen Nordatlantik und sogar in den norwegischen Fjorden. Riffbildende Korallen finden sich jedoch nur in jenen flachen tropischen Meereszonen, die von der Sonne erhellt werden und in denen die Wassertemperatur selten unter 20° C absinkt. Deshalb sind Korallenriffe im tropischen Pazifik weit verbreitet, während sie sich im Atlantischen Ozean auf die Bermudas, die Key-Inseln vor Florida, die Bahamas und die karibische Inselwelt beschränken.

Die Korallenriffe bieten den Myriaden von leuchtend gefärbten Fischen, die in den Höhlen und Spalten der Riffbauten umherschwimmen, sowohl Nahrung als auch Unterschlupf.

Der herrliche bunte Papageifisch etwa zermahlt mit seinen kräftigen

Im Roten Meer schwimmen Rote Kanarifische (Anthias squamipinnis) im Schutz eines Korallenstocks umher, auf dem farbenprächtige Lederkorallen und Steinkorallen zu erkennen sind.

Kiefern und meißelförmigen Zähnen ganze Korallenstöcke; die weichen Polypen verdaut er, und die harten Kalkbestandteile scheidet er wieder aus. Gefährlich aussehende Muränen lauern in den Spalten und warten auf vorbeischwimmende Beutefische. Überall ziehen in den tieferen Regionen gefräßige Haie unablässig ihre Bahn und stürzen sich sofort auf jeden Fisch, der ihnen zu nahe kommt.

Die Entstehung eines Korallenriffs

Nur wenige Korallenarten leben solitär. Die meisten sind koloniebildende Tiere, die, zu Hunderten oder gar Millionen vereint, die mächtigen Riffe aufbauen.

Die im Wasser treibenden Larven, die den zahllosen Planktonfressern entkommen sind, setzen sich auf einer harten Unterlage fest – einem Stein, einem längst abgestorbenen Korallenstock oder, wie man es häufig in den einstigen Kampfgebieten des Zweiten Weltkriegs im Pazifischen Ozean beobachten kann, auf einem gesunkenen Kreuzer oder Tanker. Sobald sich die Larve angeheftet hat, verwandelt sie sich in einen Polypen mit einer Mundöffnung und anderen Organen und beginnt mit der Ausscheidung des Skeletts. Das ist der Anfang eines neuen Riffs. Die Tiefe, in der sich die Riffkorallen entwikkeln, hängt weitgehend von der Lichtdurchlässigkeit des Wassers ab, also davon, wie weit die Sonnenstrahlen hinabdringen. Dagegen hat man Korallen, die keine Riffe bilden, sogar noch in Tiefen von fast 6000 m unter der Meeresoberfläche entdeckt.

Welche Bedeutung der Lichtdurchlässigkeit des Wassers bei der Riffentstehung zukommt, war so lange ein Geheimnis, bis sich bei der genaueren Erforschung der Polypen herausstellte, daß eine enge Verbindung besteht zwischen den Korallentieren und mikroskopisch kleinen Algenzellen, den sogenannten Zooxanthellen, die in ihrem Gewebe leben. Man nimmt an, daß der Polyp die Fähigkeit besitzt, den von den Zooxanthellen erzeugten Sauerstoff zu verwerten.

Die Korallenpolypen werden bei der Bildung der festen Riffbauten von einigen Pflanzen unterstützt. Dazu gehören etwa zwei Gruppen von kalkhaltigen Algen, die in ihrem Gewebe so viel Kalk speichern, daß sie sich starr anfühlen und bei Druck in der Hand zerkrümeln.

Die Verwandten der Korallen

Nicht alle Tiere, die sich auf einem Riff festsetzen, sind echte Korallen. Ein lebendes Riff ist ein kompliziertes Gebilde aus vielen anderen sessilen Organismen und umschließt verschiedene Lebewesen aus der Verwandtschaft der Riffkorallen, unter anderem Weichkorallen, Seefächer, Lederkorallen, Seepeitschen und Rindenkorallen. Wenn wir tiefer hinabsteigen, über etwa 50 m, treffen wir nur noch wenige Riffbauer an; dort herrschen die Seepeitschen und Rindenkorallen vor, von denen manche 2 m groß werden.

Manche Vertreter der Korallensippschaft sind ebenso schön wie gefährlich. Das haben schon viele Sporttaucher am eigenen Leib erfahren, wenn sie eine Feuerkoralle in die Hand nahmen oder auch nur zufällig berührten. Die Feuerkoralle hat lange, schlanke Polypen mit starken Nematozysten (Nesselkapseln), deren Nesselfäden in die menschliche Haut eindringen können. Das Gift, das aus den Nemato-

Typische Zooplankter

Das Plankton umfaßt sowohl Pflanzen (Phytoplankton) als auch Tiere (Zooplankton). Das ständig im Wasser treibende Plankton bezeichnet man als Holoplankton. Andere Plankter, die im Jugendstadium passiv treiben, aber sich später in Bodenbewohner oder Schwimmer verwandeln, werden als Meroplankton zusammengefaßt. Die meisten Meroplankter sind Larven bodenlebender Tiere (Würmer, Stachelhäuter, Krebse und Weichtiere). Eine Larve ist eine kleine, oft mikroskopische Lebensform, die nur wenig Ähnlichkeit mit dem ausgewachsenen Tier hat und an eine andere Lebensweise angepaßt ist. Die Larven ernähren sich von Phytoplankton und kleineren Zooplanktern, bis sie zu Jungtieren werden, die den erwachsenen Formen schon mehr ähneln. Bei vielen Arten heften sich bereits die Larven auf Lebenszeit an eine feste Unterlage an. Sobald sie seßhaft geworden sind, beginnt ihre Verwandlung.

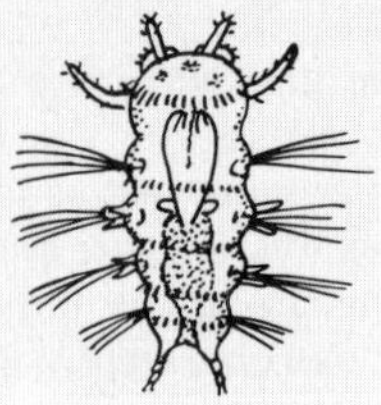

Vielborster-Larven
(Meroplankton)

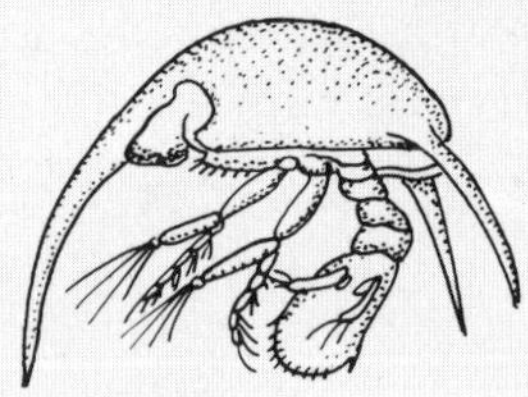

Leuchtkrebs
(Holoplankton)

Echinopluteus-Larve von Seeigeln
(Meroplankton)

Zoea-Larve einer Schwimmkrabbe
(Meroplankton)

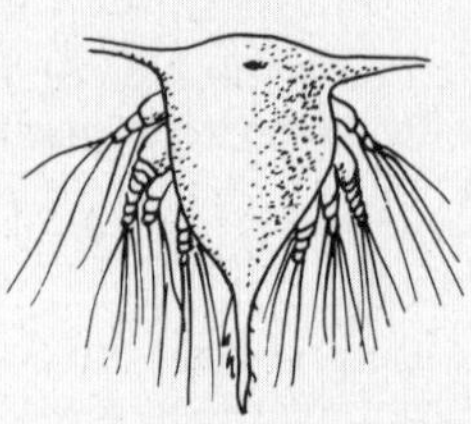

Nauplius-Larve einer Entenmuschel
(Meroplankton)

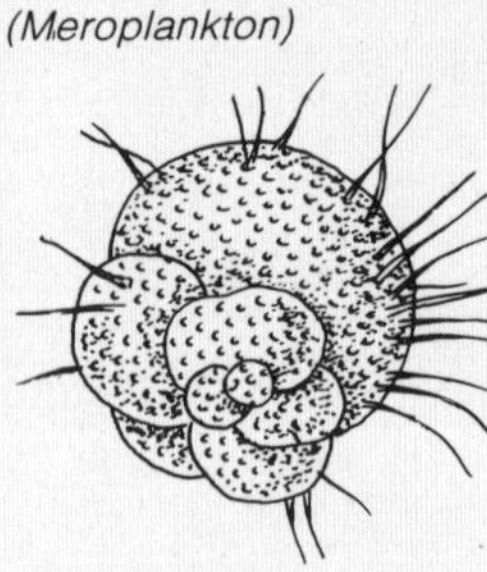

Veliger-Larve einer Schnecke
(Meroplankton)

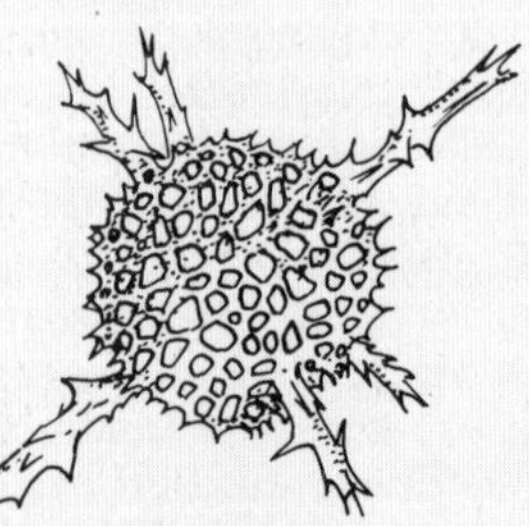

Strahlentierchen
(Holoplankton)

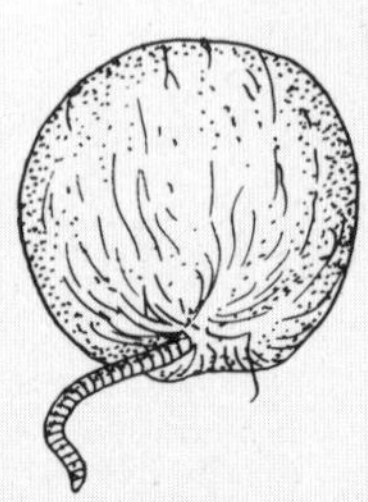

Porentierchen
(Holoplankton)

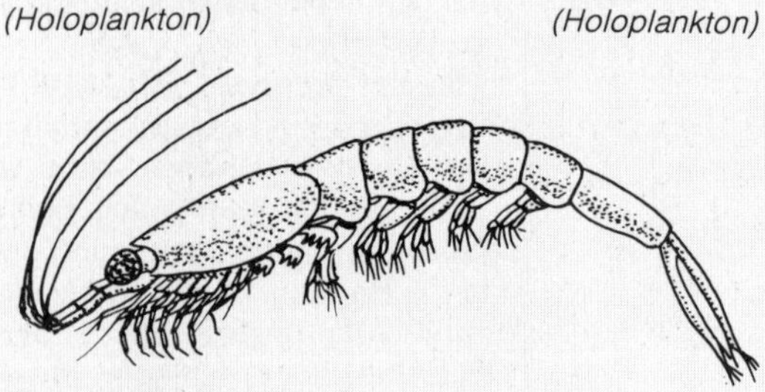

Panzergeißeltierchen
(Holoplankton)

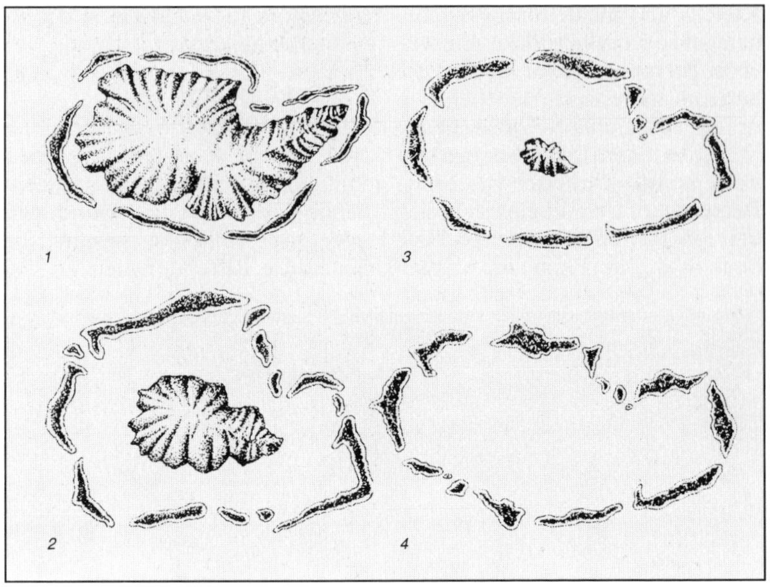

1–4 Nach der Theorie von Charles Darwin beginnt die Korallenriffbildung mit einer Vulkaninsel und endet mit einem Atoll. Während der Vulkan langsam ins Meer absinkt, wachsen die ihn umgebenden Korallenriffe in die Höhe – ein Vorgang, der Millionen von Jahren dauert. Darwin stellte seine Theorie bereits im Jahre 1832 auf. Die Ursache für das Absinken der Vulkane blieb ein Rätsel, bis man entdeckte, daß sich der Meeresboden von den ozeanischen Gebirgsrücken aus zur Seite verschiebt. Da Vulkane gewöhnlich auf den Ozeanrücken oder in deren Nähe entstehen, werden sie von dem sich verschiebenden Meeresboden in tieferes Wasser verfrachtet. 1: Junge vulkanische Insel mit Saumriff. 2: Ältere Vulkaninsel mit Wallriff. 3: Noch ältere, weitgehend untergetauchte Insel, die von einem fast fertigen Atoll umgeben ist. 4: Ein echtes Atoll, die Vulkaninsel ist versunken.

5 Der äußere Steilabfall eines Korallenriffs der Palauinseln zeigt die Fülle des Lebens, wie sie für das Riff als Lebensraum kennzeichnend ist.

zysten austritt, verursacht heftiges Brennen, das der unachtsame Taucher nicht so schnell vergessen wird, denn die Schwellung und der Juckreiz dauern oft über eine Woche an.

Rifftypen

Bei den Korallenriffen werden drei Hauptformen unterschieden. Der erste Typ ist das Saumriff, das, wie schon der Name sagt, als schmales Band längs der Küste verläuft und in vielen Fällen mit dem Land verbunden ist. Die meisten Saumriffe haben eine Breite von zehn bis zu einigen hundert Metern.

Der zweite Typ der Korallenbauten ist das Wall- oder Barriereriff, eine mächtige und ebenso gefährliche Schranke, die häufig durch eine stille Lagune vom Festland getrennt ist. An einzelnen Stellen kann das Wallriff von Durchlässen unterbrochen sein, durch die ein erfahrener Seemann sein Schiff zu steuern vermag. Das Große Barriereriff vor der Ostküste Australiens ist das längste und eindrucksvollste Wallriff der Erde. Es ist 150 km breit und erstreckt sich über 2500 km.

Der dritte Rifftyp ist das Atoll, das all das verkörpert, was eine romantische Phantasie mit dem Begriff »Südseeinsel« verbindet. Ein Atoll ist nichts weiter als eine etwa 50 m tiefe und einige Kilometer weite Lagune, die von Korallenriffen eingeschlossen wird, die kranzförmig angeordnete, nicht zusammenhängende flache Korallenkalkinseln bilden. Sie sind von anmutigen Kokospalmen, vereinzelten Sträuchern und niedrigen Bäumen bestanden und beherbergen kleine Bestände tropischer Vögel und Insekten.

Ein Atoll wird von Landpflanzen und Tieren auf verschiedene Weise besiedelt. Seevögel – das gilt vor allem für weit umherstreifende Arten wie die Albatrosse – werden oft von Sturmwinden weit aufs Meer hinausgetrieben und landen schließlich auf einem Atoll, wo sie sich ausruhen und unter Umständen sogar bleiben, um zu brüten. Auf demselben Wege gelangen auch manche Landvögel auf ein Atoll. Häufig befördern sie in ihrem Kropf allerlei Samenkörner, die sie auf dem Atoll ausscheiden, so daß dort eine mannigfaltige Vegetation entstehen kann. Manche Vögel und Insekten und auch einzelne kleine

Säugetiere erreichen das Atoll als unfreiwillige Passagiere auf einer schwimmenden Insel, die sich von einem anderen, Hunderte von Kilometern entfernten Atoll gelöst hat. Die zähesten Kolonisatoren sind die Kokospalmen. Die Frucht dieses Baumes ist von einer dicken Faserschicht und einer festen Außenhaut umhüllt und kann deshalb monatelang im Meer treiben, ohne vom Salzwasser angegriffen zu werden. Wird eine Kokosnuß am Ufer eines Atolls angetrieben, beginnt sie zu keimen und entwickelt sich schließlich zu einem hohen, biegsamen und von Palmwedeln gekrönten Baum.

Die bizarre Tierwelt des Riffs

Ein Korallenriff ist ein Labyrinth aus Gängen, Höhlen und Spalten und somit ein idealer Lebensraum für Fische, Würmer, Seeigel und alle möglichen anderen Organismen, die größtenteils auffällig gefärbt und bizarr gestaltet sind. Teilweise eingegraben lebt zwischen den Korallenbauten des tropischen Indopazifiks die Riesenmuschel *(Tridacna gigas)*, die regelmäßig Wasser durch ihren Körper pumpt, um daraus ihre Nahrung, das Plankton, auszufiltern. Diese überdimensionalen Verwandten der allbekannten Herzmuscheln gemäßigter Breiten bilden zuweilen Schalen von 1,50 m Länge aus. Die Schalenränder weisen gerundete Rippen und Einbuchtungen auf, die genau ineinanderpassen, wenn sich die Muschel schließt. Die Weichteile des Tiers – der sogenannte Mantel, der im geöffneten Zustand über die Schalenränder hervorragt – sind wegen der dichten Zooxanthellen-Kolonien im Mantelgewebe blaugrün gefärbt. Es sind Fälle bekannt, daß Perlentaucher versehentlich mit einem Arm oder Bein zwischen die offenen Klappen der Riesenmuschel gerieten und ertrinken mußten, als das Tier die Klappen schloß und den Taucher unentrinnbar gefangenhielt.
Ein Tauchgang in einem Korallenriff gleicht einem Besuch in einem großen tropischen Aquarium: Schwärme leuchtend blauer Demoisellefische huschen über die Korallenstöcke hinweg, unablässig auf der Suche nach Nahrung. Rotweiß geringelte Clownfische *(Amphiprion percula)* tummeln sich unbekümmert zwischen den giftigen Tentakeln der Seeanemonen, mit denen sie in bemerkenswerter

5

1

2

3

5

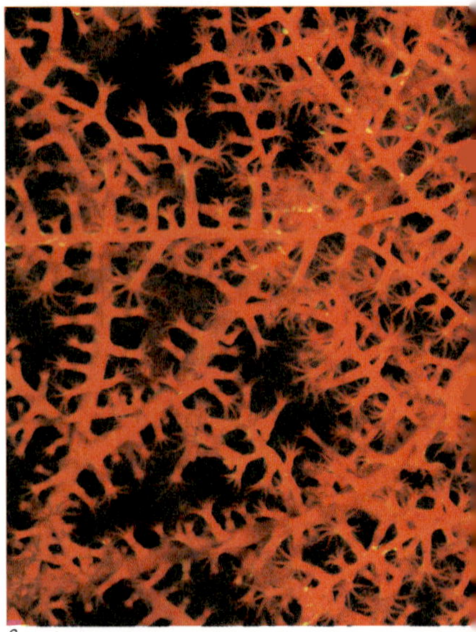
6

1 Korallen sind Tiere, die einzeln oder in Kolonien leben. Jedes Korallentierchen ist ein röhrenförmiger Polyp mit einem geschlossenen Fuß an einem Ende und einer Tentakelkrone, welche die Mundöffnung umgibt, am anderen. Der Polyp ernährt sich von Plankton, das er mit seinen mit Nesselzellen bewehrten Tentakeln fängt. Die meisten Polypen sind sehr klein und messen nur 1–3 mm. In den festen Korallenstökken können sich die Polypen in eine kleine Vertiefung des Kalkskeletts zurückziehen, das von der Kolonie ausgeschieden wird. Der abgebildete ausgestreckte Polpy einer einzeln lebenden Koralle stammt von der Westküste Floridas.

2–10 Die Farben der lebenden Korallen verwandeln das Riff in einen herrlichen »Blumengarten«. Manche Farben entstehen durch die goldbraunen Algenzellen, die in den farblosen Korallenpolypen leben. Andere ergeben sich aus der pastellartigen Tönung des fleischigen Korallengewebes.
2. Röhrenkoralle (Dendrophyllidae)
3. Turbinaria
4. Hirnkoralle (Diploria labyrinthiformis)
5. Blasenkoralle (Eusmiliidae)
6. Hornkoralle (Ellisella)
7. Scleractinia
8. Pectinia
9. Dendrogyra cylindrus
10. Poritidae

11 Die Riesenmuscheln haben, wie die Korallen, mikroskopisch kleine Pflanzen in ihrem leuchtend gefärbten Gewebe, das sie dem Sonnenlicht aussetzen, damit die Pflanzen Nahrung erzeugen können.

8

9

Symbiose leben, und ein grellbunter Kaiserfisch stochert zwischen den Korallen nach Leckerbissen. Die Ähnlichkeit zwischen dem Riff und seinen Bewohnern und einem Meeresaquarium ist nicht verwunderlich, werden doch die meisten Fische, die in die privaten Aquarien gelangen, in solchen Korallenriffen gefangen.
Lange haben die Zoologen herumgerätselt, warum die Korallenfische eine so auffallende Gestalt und Färbung haben. Die roten, gelben, grünen und blauen Farbtöne galten als eine Laune der Natur, da wahrscheinlich die meisten Fische farbenblind sind und ihre Umwelt nur in Abstufungen von Grau sehen. Was macht es einem Barrakuda oder Zackenbarsch schon aus, ob der Schleimfisch, den er erbeutet, blau oder braun ist? Eine Antwort lautet, daß es tatsächlich nicht auf die Farbe an sich ankommt, entscheidend ist die Art und Weise, wie der Beutefisch vor dem Hintergrund des Riffs er-

4

11

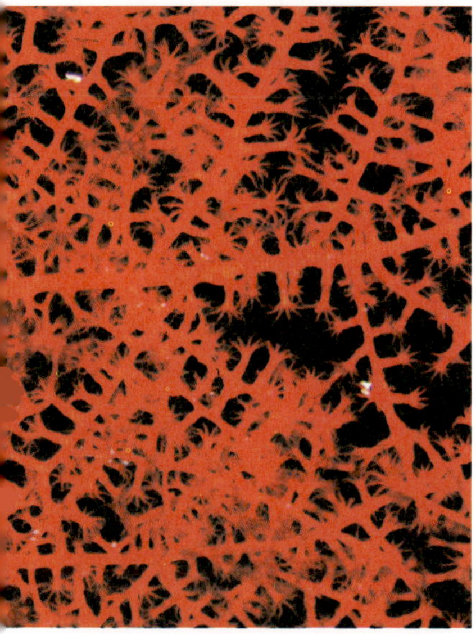

7

10

scheint. Mit anderen Worten: Wenn der Grauton, den der Schleimfisch in den Augen eines Zackenbarsches annimmt, mit dem scheinbaren Grau des Riffs verschmilzt, kann der Barsch sein Opfer nicht so gut erkennen. Der so getarnte Schleimfisch vermag also im Unterwasserdschungel länger zu überleben. Die Flecken, Streifen und Farbübergänge auf dem Körper der Korallenfische tragen gleichfalls zu ihrer Tarnung bei, indem sie die Konturen »auflösen«.

Ein weiterer, mindestens ebenso wichtiger Gesichtspunkt zum Verständnis der auffallenden Farben und Muster der Korallenfische ist die strenge Revierbegrenzung oder Territorialität, die unter den Riff-Fischen herrscht. Die Tiere können nur überleben, wenn jedem die benötigte Nahrungsmenge durch ein eigenes Territorium gesichert ist. Farbe und Muster lassen die Besetzung eines Reviers und die Artzugehörigkeit seines Inhabers sofort erkennen und warnen Artgenossen vor dem Versuch, hier ebenfalls nach Futter zu suchen.

Räuber auf der Jagd

In der landläufigen Vorstellung von den Räubern des Korallenriffs spielen die geschmeidigen Haie, die wie Gespenster umherschweifen und jeden erreichbaren Fisch zerfetzen, die Hauptrolle. Doch im Riff gibt es Räuber in allen Größen. Selbst die winzigen Polypen sind tüchtige Räuber.

Die interessantesten und aktivsten Jäger sind jedoch die Fische. Die vielen Spalten und Höhlen des Riffs stellen ausgezeichnete Verstecke dar, aus denen sie blitzschnell hervorschießen, um ihre vorüberschwimmende Beute zu packen. Kieferfische, Zackenbarsche und Pfeil-Schleimfische hausen in Riffhöhlen und lauern auf Beute. Die Höhlen schränken zwar die Bewegungsfreiheit und das Blickfeld dieser Tiere ein, aber gleichzeitig bieten sie ihnen Schutz vor Haien und Barrakudas, die ebenfalls auf der Jagd sind.

Der Große Barrakuda *(Sphyraena barracuda)* wird wegen seines Aussehens und Beutefangverhaltens als Hecht des Meeres bezeichnet. Er ist langgestreckt, schlank, schnell und gefräßig wie der Süßwasserhecht, und seine lange Schnauze ist mit gefährlichen Zähnen bewehrt. Barrakudas halten sich häufig am Rande der Korallenriffe auf und warten dort auf ihre Beute. Sie verharren nahezu reglos

1

2

3

1–9 Die Korallenfische gehören zu den farbenprächtigsten Lebewesen überhaupt. Sie sind im Durchschnitt 15–20 cm lang. In einer Riffzone können in nur wenigen Kubikmetern Wasser mehr als 100 Fischarten vertreten sein.

1. *Garibaldi-Fisch (Hypsypops rubicunda), Pazifik*
2. *Kariben-Kaiserfisch (Holacanthus tricolor), Karibik*
3. *Picasso-Fisch (Rhinecanthus aculeatus), Pazifik*
4. *Feenbarsch (Microlabrichthys tuka), Pazifik*
5. *Harlekin-Lippfisch (Lienardella fasciatus), Pazifik*
6. *Imperator-Kaiserfisch (Pomacanthus imperator), Pazifik*
7. *Weißgesicht-Doktorfisch (Acanthurus japonicus), Pazifik*
8. *Blaugestreifter Engelfisch (Pomacanthus annularis), Pazifik*
9. *Blauer Doktorfisch (Paracanthurus hepatus), Pazifik*

10 Seeanemonen sind Verwandte der Korallentierchen – eine Anemone sieht tatsächlich aus wie ein stark vergrößerter Korallenpolyp. Im Indischen und Pazifischen Ozean beherbergen sie die Clownfische (Amphiprion percula), die ausschließlich in Verbindung mit den Anemonen vorkommen, welche ihnen Unterschlupf und Schutz vor Feinden bieten. Aus Gründen, die wissenschaftlich noch nicht geklärt sind, werden diese Fische von den hochgiftigen Tentakeln ihrer Wirtstiere nicht gestochen. Wird ein Clownfisch von »seiner« Seeanemone entfernt und erst nach Monaten zu ihr zurückgebracht, ist er zunächst vor ihren Tentakeln nicht mehr sicher. Doch indem er bestimmte Körperteile mit der Anemone in Berührung bringt, gewinnt er nach und nach seine Immunität zurück und kann schließlich wieder frei zwischen den Tentakeln umherschwimmen.

6

7

10

4

5

8

9

und bewegen nur leicht die Schwanz- und Bauchflossen. Nicht nur ihre Bewegungslosigkeit, auch ihre Färbung, die unterseits hell und oberseits dunkel ist, täuscht etwaige Opfer. Wenn ein Anchovisschwarm in die Nähe kommt, stürzt sich der Barrakuda in das Gewimmel der kleinen Fische und richtet seinen Angriff gegen ein bestimmtes Einzeltier, ohne aber dessen Schwarmgenossen zu beachten.

Manche kleineren Räuber meiden die Riffhöhlen, denn sie verfügen über andere und noch wirksamere Methoden der Tarnung und des Beuteerwerbs. Der Gefleckte Drachenkopffisch *(Scorpaena plumieri)* ist dank seinen fleischigen Anhängseln und seiner Färbung so gut getarnt, daß er einem algenbewachsenen Stein zum Verwechseln ähnlich sieht. Aus seinem »körpereigenen« Versteck schießt er plötzlich hervor, um seine Beute zu fangen. Anglerfische oder Seeteufel und Rochen ruhen zwischen den Korallenstöcken auf dem Boden und überraschen kleine Fische und Garnelen. Der Anglerfisch sperrt sein Maul auf und lockt seine Beute mit einem wurmförmigen Hautfortsatz an, den er wie einen Köder hin und her schwenkt. Die Rochen wölben ihre breiten »Flügel« hoch, so daß eine Höhle entsteht; arglose Beutefische schwimmen schutzsuchend hinein und werden blitzschnell verschlungen. Der lange, schlanke Trompetenfisch *(Aulostomus maculatus)* wiederum hängt zwischen den Seepeitschen und anderen Weichkorallen fast senkrecht im Wasser und paßt seine Farbe weitgehend seinem Hintergrund an. So ist er für seine Beute, die aus kleinen Planktontieren besteht, unsichtbar.

Räuber, die weder Tarnfarben noch Versteckplätze brauchen, sind die Rotfeuerfische *(Pterois)*. Mit ihrer grellen Streifenzeichnung und ihren lang ausgezogenen federartigen Flossen gehören sie zu den auffälligsten und ungewöhnlichsten Riffbewohnern. Die befiederten »Lanzen« über den Augen des Rotfeuerfisches und die starren Rückenflossenstrahlen sind gefährliche Waffen, deren Drüsen starke Gifte enthalten. Nur wenige Räuber wagen sich deshalb an einen Rotfeuerfisch heran.

Die Muränen zählen zu den unheimlichsten und gefürchtetsten Räubern des Korallenriffs. Gewöhnlich schwankt ihre Größe zwischen 1,25 bis 1,50 m, doch sind auch Exemplare von 3 m Länge bekanntgeworden. Tagsüber ruhen sie in Riffspalten und lauern auf kleine Fische und andere Beutetiere, die der Zufall in ihre Nähe führt. In der Nacht gehen sie zusammen mit den Riffhaien auf die Jagd. Die scharfen Zähne zeigen, wie gefährlich diese Räuber sind. Muränen greifen zwar, soweit bekannt, von sich aus einen Menschen nicht an, aber schon mancher Taucher, der törichterweise versucht hat, eine Muräne aus ihrem Versteck hervorzuzerren, ist durch die kräftigen Bisse des Tiers an Händen und Armen übel zugerichtet worden.

Obwohl die schlimmsten Räuber des Meeres, die Haie, bereits im vorhergehenden Kapitel behandelt worden sind, soll hier noch angemerkt werden, daß das Korallenriff für gewisse Haiarten ein bevorzugtes Jagdrevier darstellt, weil dort das Nahrungsangebot besonders reich ist. Die ein bis zwei Meter langen Weißspitzenhaie *(Triaenodon obesus)* machen beutehungrig in der ruhigen Lagune der Atolle die Runde.

Das Große Barriereriff vor Australien ist bekannt als Tummelplatz der mächtigen Weißen Haie *(Carcharodon carcharias)*, die in den sonnenwarmen Gewässern umherziehen. Die volkstümlichen Bezeichnungen dieses Hais – »weißer Tod«, »Menschenfresser« oder »Menschenhai« – deuten seine Gefährlichkeit hinlänglich an.

Merkwürdigerweise ist einer der furchterregendsten Riffbewohner zugleich einer der harmlosesten. Taucher, die sich zwischen den Korallenstöcken zu schaffen machen, erleben zuweilen, daß sich die Sonne verdunkelt, wenn eine riesige Gestalt über ihnen durch das

1

Wasser »fliegt«. Die erste Reaktion des Tauchers ist Angst, denn das Tier, das er erblickt, ist ein Teufelsrochen *(Manta birostris)*, als Knorpelfisch ein Verwandter der Haifische, der eine Spannweite von 5–8 m hat und bis 1500 kg wiegen kann. Doch der Taucher hat von diesem Ungeheuer wenig zu fürchten – es ist ein Planktonfresser.

Putzstationen

Die Korallenriffe machen zwar den Eindruck eines Unterwasserdschungels, in dem allein das Gesetz des Tötens und Getötetwerdens gilt, aber es gibt dort auch Zonen, in denen »Waffenstillstand« herrscht. Das sind die Putzstationen, wo Räuber und Beutetiere das Gesetz des Dschungels vergessen und sich einem ritualisierten Reinigungsverhalten widmen. Die Reiniger oder »Putzer«, wie sie genannt werden, vollführen an diesen

2

3

Standorten allerlei kunstvolle Bewegungen – Rütteln, Posieren, Abspreizen der Flossen –, um ihren »Putzerkunden« Dienstbereitschaft zu signalisieren. Die kleinen Putzerfische und Putzergarnelen, die normalerweise von den Zackenbarschen, Barrakudas und anderen als Beute betrachtet werden, zupfen am Körper der geduldig ausharrenden großen Fische herum, um sie von schmarotzenden Asseln und Ruderfüßern zu befreien. Sie huschen auf den Flossen umher, schwimmen in die Kiemen und sogar in das aufgesperrte Maul der großen Raubfische, wo sie nach Parasiten oder Futterresten suchen, die sich zwischen den Zähnen festgesetzt haben.

Dieses Zeremoniell der Reinigung nützt allen Beteiligten: Die großen Fische werden von den Parasiten erlöst, die auf die Dauer lebensgefährlich werden können, und die Putzer ernähren sich von den Organismen und Nahrungsresten, von denen sie ihre Wirtstiere mit solchem Eifer befreien.

Der Tod des Riffs

Die festen Korallenbauten scheinen für die Ewigkeit geschaffen, doch dieser Eindruck täuscht. Das Riff ist in Wahrheit über große Zeiträume hinweg vielfältigen konstruktiven und destruktiven Kräften ausgesetzt. Konstruktiv ist selbstverständlich vor allem das natürliche Wachstum des Riffs dank der Bautätigkeit der Polypen, deren Kalkskelette jährlich um durchschnittlich 2,5 cm in die Höhe wachsen. Die kalkhaltigen Algen fügen weiteres Baumaterial hinzu und tragen zum Zusammenhalt des Riffs bei. Heftige Meeresstürme lagern Material vom Ozeanboden, insbesondere Sand und Weichtierschalentrümmer, auf dem Riff ab. Auf der anderen Seite leiten starke Wellen, die während eines Taifuns oder Orkans Teile des Riffs abreißen, die schließliche Zerstörung des Korallenbaus ein. Bohrende Schwämme, Würmer und Muscheln durchlöchern das Riff und schwächen es zusehends. Bei extremem Niedrigwasser werden die Po-

1 Die Barrakudas gehören zu den gefürchtetsten Räubern des Riffs. Barrakudas, von denen die meisten Arten bis 1,80 m lang werden, können nicht nur Schwimmern und Tauchern unmittelbar gefährlich werden. Der gekochte Fisch kann mitunter eine Fischvergiftung hervorrufen.

2 Manche kleinen Fische eröffnen »Putzstationen«, in denen sie größere Fische von Parasiten befreien. Ein Rotgefleckter Zackenbarsch (Petrometopon cruentatus) in der Karibik sperrt das Maul auf, um sich von einer Putzergrundel (Gobiosoma evelynae) bedienen zu lassen. Die großen Fische erkennen die Putzer an deren Färbungsmuster und Verhalten. Die Putzerfische werden von den Fischen, denen sie ihre Dienste erweisen, fast nie gefressen, obwohl sie diesen oftmals direkt ins Maul schwimmen.

3 Wie Callyspongia vaginalis haben die meisten Schwämme eine röhrenförmige Gestalt. Die Wand der unten geschlossenen Röhre ist porös, durchzogen von winzigen Kanälen, die in einen zentralen Innenraum münden. Die langbegeißelten Zellen, mit denen die Kanäle ausgekleidet sind, befördern mittels Geißelschlagbewegungen Wasser in den Innenraum und dann durch die oben befindliche Röhrenöffnung wieder hinaus. Aus dem durchströmenden Wasser filtert der Schwamm seine Nahrung heraus. Schwämme beherbergen zahlreiche Meeresorganismen, etwa Garnelen und kleine Fische, die im höhlenartigen Innenraum leben.

4 Im Indischen und Pazifischen Ozean erstreckt sich das Verbreitungsgebiet der Seeschlangen im Osten bis Ekuador und bis zum Golf von Kalifornien. Ein typischer Vertreter der verschiedenen Arten, die allesamt giftig sind, ist die Olivbraune Seeschlange (Aipysurus laevis). Bei diesem ans Meeresleben angepaßten Reptil sitzen die Nasenöffnungen auf dem Schnauzendach, und der Schwanz ist seitlich abgeplattet. Seeschlangen erreichen eine Länge von 2 m und mehr.

5/6 Über gefährliche Stacheln verfügen der Krokodilfisch (6) und der Skorpionfisch (5). Diese bodenbewohnenden Fische verursachen schmerzhafte und zuweilen tödliche Wunden, wenn man versehentlich auf sie tritt.

7 Wir kennen mehr als 500 aalartige Fische, von denen viele zur Familie der Muränen gehören. Sie sind nachtaktiv und ziehen sich tagsüber in Riffhöhlen zurück. Die meisten Aale besitzen ein hochempfindliches Geruchsorgan; das gilt auch für die Muränen, etwa für Rhinomuraena.

4

5

6

7

lypen von der Sonne ausgedörrt oder durch das Süßwasser des Regens geschädigt und häufig sogar getötet.
Manche Zerstörungserscheinungen der Korallenriffe sind auch eine Folge der Unterbrechung der natürlichen Nahrungskette der Meereslebewesen. Vor nicht allzu langer Zeit erfuhr die Welt von der heimtückischen Verheerung des Großen Barriereriffs. Der Schuldige war ein großer Seestern, der Stachelseestern – auch Dornenkrone genannt *(Acanthaster planci)*.
Unzählige dieser Seesterne überfielen das Riff in einer Masseninvasion, nachdem sich ihr Bestand in astronomischen Größenordnungen vermehrt hatte. Die Tiere fraßen die zarten Korallenpolypen und setzten somit viele Hektar abgestorbener Riffregionen der Erosion aus, weil jetzt keine Polypen mehr vorhanden waren, die das Bauwerk hätten erhalten und fortsetzen können. 1970 hieß es, daß die Stachelseesterne bereits 8,1% des Großen Barriereriffs zerstört hätten.
Die explosionsartige Seesternvermehrung führt man auf einen Rückgang der natürlichen Freßfeinde dieser Tiere, der Helmschnecken *(Cassis)*, zurück. Diese große Schnecke mit dem schweren Gehäuse klettert auf die Stachelseesterne, offensichtlich unempfindlich gegen deren Stacheln, und erdrückt sie buchstäblich. Dann verzehrt sie in aller Ruhe die Weichteile.
Doch auch durch das internationale Interesse der Konchyliensammler, denen es das eindrucksvolle Helmschneckengehäuse angetan hatte, waren die Bestände stark gelichtet worden. Befreit von ihren Feinden, vermehrten sich die Seesterne explosionsartig – zum Schaden des Riffs und der Korallentiere.
Neueste Beobachtungen lassen ver-

Darwin betrachtete das Bora-Bora-Riff in Französisch-Polynesien als klassisches Beispiel eines Wall- oder Barriereriffs, das von der vulkanischen Insel durch eine breite Lagune getrennt ist. Nach seiner Theorie zeigt das Riff die ursprüngliche Küstenlinie der Insel, die bei ihrem allmählichen Absinken von der Lagune mehr und mehr überspült wurde, während das Riff ständig weiter in die Höhe wuchs. Vielleicht wird die Insel eines fernen Tages vollständig im Meer verschwinden, so daß nur ein kranzförmiges Riff übrigbleibt, das eine kreisrunde Lagune umschließt.

muten, daß die Stachelseesterne den Höhepunkt ihrer Populationsdichte überschritten haben. Bedingt durch Krankheiten, Übervölkerung und Umweltfaktoren, zu denen etwa geringfügige Veränderungen der Wassertemperatur und der Strömungsverhältnisse gehören, nehmen die Bestände allmählich ab.

Es besteht gar kein Zweifel, daß die größten Schäden, die den Lebensgemeinschaften der Riffe zugefügt werden, ja sogar der Tod der Korallenriffe durch Übergriffe des Menschen verursacht werden. Diese Zerstörung wird teils bewußt betrieben, teils indirekt und unwissentlich.

Der Fang der farbenprächtigen Korallenfische zum Zwecke der Aquarienhaltung verringert die Zahl und Vielfalt der riffbewohnenden Organismen erheblich. Die Ökologen befürchten, daß das hemmungslose und kommerziell betriebene Einfangen von Fischen für die Aquarien schließlich alle jene schlimmen Folgen haben wird, die jede Überfischung mit sich bringt. In ihrer Sucht nach besonders begehrten Exemplaren brechen viele Sammler sogar lebende Korallenstöcke ab, und große Riffbauten werden mit Stemmeisen, Äxten oder gar Dynamit aus ihrer Verankerung gelöst.

Manche Harpunentaucher in den Tropen verwenden Haushaltsbleiche (Natriumhypochlorit), um Fische aus ihren Löchern herauszuscheuchen. Aber das Bleichmittel tötet auch die Korallenpolypen. Es tötet oder vertreibt Fische und Wirbellose und vernichtet Schwämme und Ringelwürmer.

Korallenriffe werden vielfach auch gesprengt, um Kalk für die Landwirtschaft, Zement und Straßenbaumaterial zu gewinnen. Ganze Riffbauten und ihre Lebensgemeinschaften sind bereits im Schlamm erstickt. Abgeholzte Wälder, Ananas- und Zuckerrohrplantagen, neue Straßen und Landerschließung sind schuld daran, daß durch die Erosion riesige Mengen Erde ins Meer gelangten und über die Riffe gespült wurden. An vielen Stellen sind die toten oder sterbenden Riffe von der grünen Blasenalge *Dictyosphaeria cavernosa* dicht überwuchert. Wie ein Monster aus einem Science-Fiction-Film hüllt die Alge das einst so lebenskräftige Riff in ein scheußliches Leichentuch, das bis zu 35 cm dick werden kann. Unter ihm wächst nichts mehr.

Das offene Meer

Tiere auf Wanderschaft

Ehe die Menschen ihre großen Fahrten unternahmen, galt das offene Meer als ein Ort des Schreckens, wo wüste Ungeheuer hausten, die Schiffe mitsamt deren Besatzungen verschlingen konnten. Oder man glaubte, die unermeßlichen Flächen des Ozeans erstreckten sich bis an den Rand der Welt, über den jedes Schiff ins Nichts stürzen mußte. Doch dann entdeckten die frühen Forschungsreisenden, daß die offene See im Grunde eine riesige Leere war – meilenweit nichts weiter als eintönige Wogen. Ab und zu erblickte man einen großen Wal oder eine Delphingruppe, oder eine schwimmende Insel mit Bäumen, Vögeln, Insekten und kleinen Säugetieren trieb vorüber wie ein gespenstischer Miniaturkontinent.
Doch abgesehen von solchen gelegentlichen Begegnungen bekam man mitten auf dem Ozean keinerlei Lebewesen zu Gesicht.
Tatsächlich hielten die Gelehrten das offene Meer lange Zeit für eine biologische Wüste. Erst die ozeanographischen Expeditionen erbrachten den Nachweis, daß das weite Meer von einer Vielzahl von Tieren bevölkert ist. In jedem Ozean wurden neue Tierarten entdeckt, die sich von den bis dahin bekannten unterschieden. Manche Regionen des offenen Meeres schienen allerdings noch immer die alte Auffassung zu bestätigen, daß die Ozeane weitgehend unbelebt seien.
Wir wissen heute, daß sich diese Erkenntnisse der frühen Forscher mit dem Einfluß erklären lassen, den unterschiedliche Umweltbedingungen auf die Verteilung und Artenfülle der Meerestiere ausüben.
So können beispielsweise tropische Meeresorganismen nicht zwischen dem Atlantik und dem Pazifik hin und her wandern. Wenn sie das wollten, müßten sie über weite Strecken kühle Gewässer durchqueren, in denen sie zugrunde gehen würden. Das war freilich nicht immer so. In vergangenen Erdzeitaltern bestand eine Verbindung zwischen den beiden Ozeanen, doch als vor wenigen Jahrmillionen der Isthmus von Panama als Landbrücke zwischen Nord- und Südamerika aufstieg, war der Seeweg zwischen der Karibik und dem tropischen Pazifik abgeschnitten. Die große Masse des afrikanischen Kontinents stellt im gleichen Sinne eine unüberwindliche Barriere dar, welche die Meeresorganismen des tropischen Atlantiks, des Mittelmeers und des Indischen Ozeans voneinander trennt. So haben sich in jedem Ozean und Binnenmeer eigenständige Pflanzen und Tiere entwickelt.
Ein zweiter Faktor, der die Verteilung und Vielfalt der Meerestiere beeinflußt, ist das Nahrungsangebot, das seinerseits zum Teil wieder von der Intensität der Sonneneinstrahlung abhängt. Auf hoher See, fern von den Küsten, ist die Sonnenlichtmenge von entscheidender Bedeutung. Dort wird die oberste Wasserschicht tagsüber von der Sonne so stark erhellt, daß die meisten planktonischen Pflanzen und Tiere nicht überleben können. Da diese Schicht bis zu einer Tiefe von etwa 20 m hinabreicht, ist es nicht verwunderlich, daß das Fehlen des Planktons und der vom Plankton lebenden Fische Anlaß gab zu Berichten, in denen von »toten Meeren« die Rede ist.
Die nächste Tiefenzone des offenen Meeres erstreckt sich etwa 20–40 m unter der Oberfläche. Hier herrscht rege photosynthetische Aktivität, und hier nutzen die mikroskopisch kleinen Pflanzen die schwache Sonnenenergie aus und bilden ihrerseits die Nahrung für pflanzenfressende Tiere.
Unterhalb der photosynthetischen Zone wimmelt das Wasser von Zooplanktern, die ein sehr unbeständiges Leben führen: In der Nacht steigen sie empor, um auf

Der Gemeine Delphin ist ein Kosmopolit, der in temperierten und warmen Meeren und vereinzelt sogar im Süßwasser zu Hause ist. Diese Delphine ziehen gewöhnlich in Gruppen oder »Schulen« von 20 oder mehr Tieren umher; es können unter Umständen aber sogar mehrere Hundert sein.

den Phytoplanktonweiden zu »grasen«, und morgens sinken sie wieder nach unten, um dem hellen Tageslicht zu entgehen.

Zonen der Fruchtbarkeit

Die frühen Ozeanographen erkannten bereits den Zusammenhang, der zwischen der Verteilung und Menge der planktonischen Organismen und dem von oben nach unten abnehmenden Sonnenlicht besteht. Was sie aber nicht verstanden, waren der Mangel an Plankton und das Fehlen von Fischen in weiten Gebieten des Ozeans. Wenn die Forschungsschiffe die aus feinster Gaze bestehenden Netze einholten, die sie auf ihren Fahrten etwa einen Meter tief durchs Wasser gezogen hatten, dann enthielten diese Netze praktisch keinerlei Leben. Solche Zonen geringer Fruchtbarkeit entdeckte man in den mittleren Regionen des Nordwestatlantiks. Eine besonders große Zone erstreckte sich im südlichen Atlantik. Auf weitere unfruchtbare Meeresgebiete stieß man im Indischen Ozean zwischen Australien und Madagaskar und im großen pazifischen Becken. Merkwürdigerweise wurde jedoch im Pazifik längs des Äquators eine »Zunge« mit reichem Leben festgestellt.

Trotz der großen lebensarmen Zonen bietet das Meerwasser an vielen Stellen günstige Voraussetzungen für die Entfaltung des Phytoplanktons. Die meisten der plank-

1

2

3

4

5

1 Das Plankton umfaßt unzählige Lebensformen. Wie für diesen Veliger, eine typische Meeresschneckenlarve, ist das Plankton gleichsam die Kinderstube für zahlreiche Lebewesen, die im ausgewachsenen Zustand zu Bodenbewohnern werden. Die erwachsenen Tiere scheiden ihre Ei- und Samenzellen ins Wasser aus und kümmern sich dann nicht weiter um ihre Nachkommenschaft. Die wochen- oder monatelang im Wasser treibenden Larven werden weit verstreut und entfernen sich oft Hunderte oder Tausende von Kilometern von ihren Eltern. An einer geeigneten Küste oder einfach auf dem Meeresgrund verwandeln sie sich in bodenlebende Miniaturausgaben der erwachsenen Tiere.

2 Es gibt ungefähr 50 Arten Fliegende Fische, die allesamt in den wärmeren Meeren zu Hause sind. Der Name »segelnde Fische« wäre allerdings zutreffender, denn diese Fische springen aus dem Wasser, nachdem sie unter Wasser ihre Geschwindigkeit erhöht haben. Dabei lassen sie ihre Schwanzflosse vibrieren, deren unterer Lappen lang ausgezogen ist, und durch den zusätzlichen Schub des Schwanzes erheben sich die Tiere in die Luft. In der Luft gleiten sie, offensichtlich ohne Steuerfähigkeit, auf ihren stark vergrößerten Brust- und Bauchflossen dahin. Die Flossen werden nur ausgestreckt, niemals auf und ab bewegt.

3 Die blaue Veilchen- oder Floßschnecke mit ihrem violetten Gehäuse ernährt sich auch von der Segelqualle. Eine Veilchenschnecke schwimmt, an ihrem Floß aus schleimumhüllten Luftbläschen hängend, an der Wasseroberfläche.

4 Ein größerer Verwandter der Segelqualle ist die Portugiesische Galeere. Die Tentakel dieser Quallenart reichen bis 50 m tief ins Wasser hinab. Wenn sie einen kleinen Fisch oder sonst etwas Genießbares berühren, ziehen sie sich zusammen und holen die Beute zum Verdauungsorgan unter dem Schwimmkörper herauf.

5 Die Suppenschildkröten sind berühmt wegen ihres wohlschmeckenden Fleisches. Zur Fortpflanzungszeit wandern die Schildkröten oft 1800 km weit zu bestimmten Inseln. Dort versammeln sich die männlichen und weiblichen Tiere vor der Küste. Wie das abgebildete Paar in indonesischen Gewässern zeigt, findet die Paarung im Wasser statt. Das Männchen packt das Weibchen mit den Klauen seiner Vordergliedmaßen und mit seinem langen, kräftigen Schwanz.

6 Die Suppenschildkröten legen ihre Eier außerhalb des Wassers ab. Dazu kriechen die Weibchen den Strand hinauf – ungefähr alle zwölf Tage einmal, bis die drei bis fünf Gelege fertig sind. Mit den Hinterbeinen graben sie ein gutes Stück oberhalb der Spritzzone eine Vertiefung in den Sandboden und legen in ihr die Eier ab. Anschließend wird das Loch mit Sand aufgefüllt und unkenntlich gemacht, indem der Sand ringsum aufgewühlt wird. Dann kriechen die erschöpften Tiere langsam zum Meer zurück. Das Gelege enthält ungefähr 100 Eier, aus denen nach etwa 60 Tagen die Jungen schlüpfen.

tonreichen Gebiete dehnen sich am Rande der großen Äquatorialströmungen aus, wo durch Wasserturbulenzen Nährstoffe in riesigen Mengen vom Meeresboden aufgewirbelt werden. Die Nährstoffe kommen den winzigen Pflanzen zugute, und der Kreislauf des Lebens erneuert sich immer wieder. Die Hochseefischer machen sich diese Fruchtbarkeitszonen zunutze, denn sie wissen, daß dort große Fische zu finden sind, die den zahllosen kleineren Fischen nachstellen, welche sich wiederum von den Planktonmassen ernähren.

Tiere als Hochseesegler

Dank der Entwicklung moderner Fanggeräte und ausgeklügelter

6

ozeanographischer Forschungsmethoden haben wir erstmals Kenntnis erhalten von vielen Lebewesen, deren Heimat das offene Meer ist. Einige Tiere waren bereits seit Jahrhunderten bekannt. Die Seeleute, die auf den langsamen Segelschiffen oft stundenlang an der Reling standen und ins Wasser starrten, konnten manche Tiere beobachten, die sich an der Oberfläche des Meeres aufhielten. Ein Geschöpf, das ihre besondere Sympathie genoß, war die Segelqualle *(Velella velella)*. Dieses koloniebildende Tier gleicht einem Miniaturfloß von 6 cm Länge und 4 cm Breite. Oben auf dem Floß befindet sich eine dreieckige Auffaltung, die wie ein Segel den Wind auffängt. An der Unterseite hängen die Polypen und Tentakel herab, mit deren Hilfe der Organismus seine Beute fängt und verzehrt. In manchen Jahren werden vom Wind und von der Strömung ganze Flotten der winzigen blauen Schwimmflöße über den sturmgepeitschten Atlantik getrieben und an den Stränden Nordwesteuropas angespült.

Die Quallen werden häufig von Veilchenschnecken *(Janthina janthina)* begleitet, deren ungefähr 3 cm großes Gehäuse, das an einem »Floß« aus Luftbläschen hängt, dicht unter der Wasseroberfläche dahintreibt. Ein Wissenschaftler an Bord des Forschungsschiffes »Discovery II« entdeckte im Atlantik, etwa 800 km westlich von Kap Finisterre an der Nordwestküste Spaniens, eine große Ansammlung von Segelquallen und Veilchenschnecken. Bei vielen Quallen hatten sich kleine Veilchenschnecken an die Unterseite angeheftet. Der Wissenschaftler setzte mehrere Tiere in ein Aquarium und beobachtete, daß die Schnecken die Tentakel der Quallen von unten her abknabberten und gleichzeitig einen purpurnen Farbstoff ausschieden. Der Farbstoff diente offenbar dazu, die Quallen zu betäuben und wehrlos zu machen. Am Ende blieb von der Segelqualle nichts weiter übrig als das stabile Floß. Auf solchen »herrenlosen« Flößen, die im offenen Meer treiben, setzen sich oft Entenmuscheln *(Lepas anatifera)* fest.

Die Seeleute sahen wahrscheinlich auch die Geschwader der Portugiesischen Galeere *(Physalia physalis)*, die wie kleine Ballons auf der Meeresoberfläche schwammen. Diese schöne, aber hochgiftige Qualle besitzt einen großen gasgefüllten Schwimmkörper, der bis zu 35 cm lang wird und seinen Kamm als Segel benutzt. In regelmäßigen Abständen taucht das koloniebildende Tier seinen Kamm ins Wasser, um die Haut weich und geschmeidig zu erhalten. Die zarte Umhüllung zeigt ein irisierendes Blau, das an der Oberkante des Kamms in Mauve und Rosa übergeht, und das Ganze wird von orangefarbenen Glanzlichtern umspielt. Doch hinter diesem reizvollen Äußeren verbirgt sich Gefahr. Von dem Schwimmkörper hängen nämlich Tentakel herab, die eine Länge von 50 m erreichen können! Diese Fangfäden lähmen auch größere Fische mit ihrem Nesselgift und ziehen sie zum Verdauungsapparat empor. Wenn die Qualle vor dem Wind dahintreibt, zieht sie die Fangfäden hinter sich her und angelt mit ihnen nach Beute.

Wo die »Seeschlangen« leben

Wale, Tümmler, große Haie und sogar Riesenkalmare haben seit jeher die Phantasie der Menschen beflügelt und Legenden von Seeschlangen entstehen lassen. Doch ohne

Zweifel sind manche dieser Geschichten von bizarren Fischformen angeregt worden, die man auf hoher See beobachtete oder deren Überreste man am Strand angespült fand. Ein Kandidat, der zu dieser Legendenbildung beigetragen hat, ist der Riemenfisch *(Regalecus glesne)*, einer der seltensten Meeresfische überhaupt. Er ist offenbar weltweit verbreitet, denn man hat einzelne Exemplare sowohl in japanischen als auch in europäischen Gewässern gefangen. Doch unser Wissen über diese Art beruht hauptsächlich auf Skeletten und halbverwesten Tieren, die an irgendeiner Küste gestrandet sind. Der Riemenfisch wird möglicherweise fast 6 m lang, ist aber nur 30 cm hoch und 5 cm breit. Er hat also einen seitlich stark abgeplatteten und bandförmigen Körper und schwimmt mit schlängelnden Bewegungen.

Die Färbung des Riemenfisches könnte von einem modernen Popkünstler stammen. Der silbrig schimmernde Leib trägt eine durchgehende, leuchtend scharlachrote Rückenflosse. Die Flossenstacheln über dem Kopf sind zu einem seltsamen mähnenartigen Schopf ausgezogen, und die stark verlängerten roten Brustflossen sind an der Spitze verbreitert wie Ruder oder »Riemen« – daher der Name des Fisches. In Nordeuropa nennt man den Riemenfisch manchmal auch »Heringskönig«, in der irrigen Annahme, er führe die Heringsschwärme an.

Ähnliche Vorstellungen verbinden die Indianer an der nordamerikanischen Pazifikküste mit dem sogenannten Lachskönig *(Trachypterus altivelis)*, einem Verwandten des Riemenfisches. Der »König« läßt sich immer blicken, bevor die Lachse zum Laichen flußaufwärts schwimmen, und die Indianer glauben, die Lachse müßten ihren Laichzug abbrechen, wenn der »König« getötet würde.

Reptilien des Meeres

Legenden und Mythen, in denen gefährliche Seeschlangen eine Rolle spielen, finden sich in allen Anrainerkulturen der Weltmeere.

Die Echten Karettschildkröten sind die kleinsten Meeresschildkröten. Diese Art wird wegen ihres herrlich braungelb marmorierten Panzers erbarmungslos verfolgt. Er liefert das echte Schildpatt, aus dem Kämme und Schmuckgegenstände gefertigt werden.

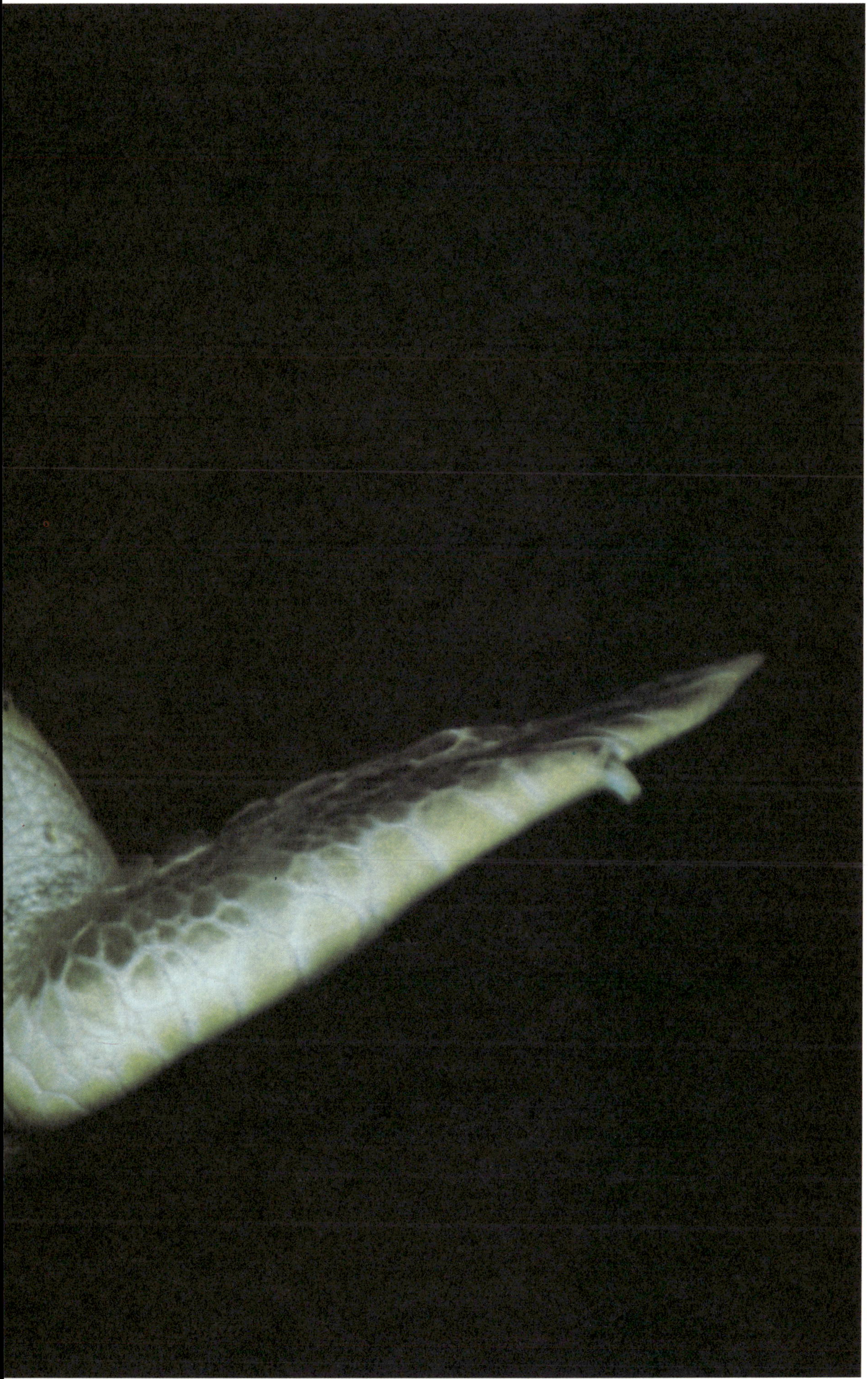

Doch sind damit nicht die echten Reptilien gemeint, die es in Form von Meeresschildkröten und meeresbewohnenden Schlangen tatsächlich gibt. Mit Ausnahme der »richtigen« Seeschlangen sind die Reptilien des Meeres relativ harmlos. Und ihre Zahl ist ziemlich unbedeutend. Das war freilich nicht immer so.

In einem fernen Zeitabschnitt der Erdgeschichte, im Mesozoikum vor ungefähr 130 Millionen Jahren, wimmelte es in den Meeren von großen und furchterregenden Reptilien. Das war das Zeitalter der Reptilien, als die Dinosaurier das Festland beherrschten. Doch wie die Dinosaurier starben die großen marinen Reptilien am Ende der Kreidezeit aus, also vor rund 50 Jahrmillionen. Unsere heutigen Reptilien sind nur noch kümmerliche Überbleibsel aus dieser großen Vergangenheit. Die Meeresschildkröten und Seeschlangen aus jüngerer Zeit sind in den Tropen und Subtropen beheimatet, aber viele Tiere werden von den »Flüssen des Meeres«, zum Beispiel dem Golfstrom, weit auf die hohe See hinausgetragen.

Ein seltener und wertvoller Vertreter der Meeresschildkröten ist die Echte Karettschildkröte *(Eretmochelys imbricata)*, deren Panzer ein begehrtes Handelsobjekt ist und zu kostbaren Kämmen, Spiegelfassungen und Schmuckgegenständen verarbeitet wird. Die hornigen Platten des Rückenpanzers überlappen sich wie die Ziegel auf einem Dach. Diese große Schildkröte, deren Panzer bis zu 1 m lang werden kann, besitzt einen greifvogelähnlichen Kopf und Schnabel. Die schwerfälligen Tiere kommen in allen warmen Meeren vor, auch im Mittelmeer.

In manchen Jahren befördert der Golfstrom im Verein mit starken Südwestwinden zwei ähnlich aussehende Schildkrötenarten in die Gewässer vor der nordwesteuropäischen Küste: die Unechte Karettschildkröte *(Caretta caretta)* und die Kemp-Bastardschildkröte *(Lepidochelys kempi)*. Beide werden mehr als 1 m groß und sind auch im Indischen Ozean allgemein verbreitet, wenn sie auch nicht sehr zahlreich vorkommen. Im Pazifik steigen die Tiere an Land und legen auf einer der zahllosen Inseln zwischen dem nördlichen Teil des Japanischen Meeres und Südaustralien ihre Eier im warmen Sand ab.

Die bei weitem seltsamste und größte Meeresschildkrötenart ist

1 Der Tordalk (Alca torda) ist ein lebender Verwandter des ausgestorbenen flugunfähigen Riesenalks. Der Tordalk kann sowohl in der Luft als auch unter Wasser »fliegen«. Er ernährt sich vorwiegend von Fischen, denen er im Wasser flügelschlagend nachstellt.

2 Die Eigentlichen Fächerfische sind imposante Tiere, die man allerdings nur selten zu Gesicht bekommt, es sei denn am Haken einer Angelleine.

3 Viele Delphine sind kontrastreich schwarzweiß gefärbt, wie etwa der Langschnabeldelphin (Stenella longirostris) im Golf von Kalifornien.

die Lederschildkröte *(Dermochelys coriacea)*. Dieses Ungetüm besitzt keinen Rückenpanzer aus Hornplatten, sondern ist mit einer dikken, längsgekielten lederartigen Haut bedeckt, in die ein Mosaik aus vielen kleinen Knochen eingebettet ist. Dank seiner gewaltigen Größe braucht das Tier keinen Feind zu fürchten, abgesehen vielleicht von einem sehr großen Hai oder einem Schwertwal. Es erreicht eine Panzerlänge von 2 m und wiegt bis zu 500 kg. Bei einem ausgewachsenen Tier von 1,70 m haben die mächtigen flügelartigen Vorderbeine eine Spannweite von fast 3 m!

Adulte Meeresschildkröten brauchen zwar keine große Angst vor Raubfeinden zu haben, einige sind aber selbst eifrige Räuber, die Fische und allerlei Wirbellose angreifen und verspeisen. Merkwürdigerweise ernähren sich mehrere Arten von giftigen Quallen, sogar von der sehr gefährlichen Portugiesischen Galeere. Das Gift ihrer Opfer kann ihnen offensichtlich nichts anhaben. Andere Arten, wie etwa die Suppenschildkröte *(Chelonia mydas)*, sind erwachsen Vegetarier und leben von Meerespflanzen.

Wie so viele andere Bewohner der Weltmeere sind auch die Meeresschildkröten überall gefährdet. Wegen ihres Fleisches und ihres Panzers werden sie rücksichtslos verfolgt, ja selbst ihre Eier gesammelt. Was der Mensch nicht umbringt, wird von Hunden, Ratten, Schlangen und Greifvögeln getötet, so daß die Schildkrötenbestände bedrohlich zurückgehen. Abgesehen von den Ländern rings um den Nordteil des Arabischen Meeres, deren Bewohnern traditionsgemäß der Verzehr von Schildkröten und Schildkröteneiern verboten ist, werden die Tiere allenthalben bis zur Ausrottung bejagt.

Die echten Seeschlangen

Die Seeschlangen sind echte Reptilien, die sich an das Leben im Meer angepaßt haben. Ihre Nasenöffnungen sind mit Ventilklappen versehen, die sich schließen, wenn die Tiere untertauchen. Die Schuppen, die bei landbewohnenden Schlangen im allgemeinen kräftig ausgebildet sind und die Fortbewegung erleichtern, sind bei den Seeschlangen sehr klein oder fehlen völlig. Der Schwanz ist nicht spitz ausgezogen, sondern abgeplattet, was der Schlange beim Schwimmen zugute kommt.

Die meisten Seeschlangen sind kleiner als 1 m, aber einige wenige Arten erreichen auch eine Länge von fast 3 m. Es sind hübsch gezeichnete, meist geringelte Tiere; am farbenprächtigsten ist die Plättchenschlange *(Pelamis platurus)* mit ihrem kräftig schwarzen Rücken und leuchtend gelben Bauch.

Insgesamt sind die Seeschlangen vorwiegend Küstenbewohner, die im ganzen Indischen und Pazifischen Ozean vorkommen, vom Persischen Golf bis zum Gelben Meer und von Japan bis zum nördlichen Neuseeland. Die bunte Plättchenschlange ist jedoch im offenen Meer zu Hause; man hat sie schon Hunderte von Kilometern vom Land entfernt mit ihren charakteristischen Wellenbewegungen umherschwimmen sehen. Diese Art ist von der Ostküste Afrikas über den gesamten Indopazifik bis zur Westküste Amerikas weit verbreitet.

Anchovis, kleine Heringe, Aale und Meeräschen sind die Hauptbeute dieser Reptilien, die zwar dem Menschen ausweichen, aber aggressiv werden, wenn man sie belästigt. Sie verfolgen und attackieren den Störenfried. Taucher, die sich mit einer Seeschlange eingelassen hatten, mußten zu ihrem Entsetzen erleben, daß das Tier scheinbar die Flucht ergriff, doch dann plötzlich kehrtmachte und angriff. Viele Seeschlangen sind hochgiftig, und ihr Gift wirkt schneller als das einer Kobra.

Das Rätsel der Langstreckenschwimmer

Das weite Meer ist durchzogen von den unsichtbaren Bahnen jener Tiere, die man als Langstreckenschwimmer bezeichnen kann. Vieles, was wir über diese Gruppe wissen, verdanken wir der Arbeit der Fischereiwissenschaftler, die Hunderte von Individuen einer bestimmten Art mit Markierungen gekennzeichnet haben. Nach einiger

3

Zeit werden wenigstens einige dieser markierten Tiere irgendwo wieder aufgefunden. Dann können wir zwar sagen, wann und wo ein Tier markiert und wann und wo es wieder eingefangen wurde, aber wir wissen nicht, wo es sich in der Zwischenzeit aufgehalten hat. Gleichwohl haben die Wissenschaftler wertvolle Informationen zusammengetragen.

Die wissenschaftlichen Berichte enthalten beispielsweise Aufzeichnungen über einen Gewöhnlichen Thunfisch *(Thunnus thynnus)* aus dem Pazifik, der zwei Jahre, nachdem er vor Kalifornien markiert worden war, im Japanischen Meer ins Netz ging. Man kann daraus errechnen, daß der Fisch mindestens 6980 km mit einer Durchschnittsgeschwindigkeit von 11 km pro Tag zurückgelegt haben muß. Andere Berichte betreffen Thunfische, die vor der Südostküste der USA markiert und später von Fischern vor Norwegen oder Spanien gefangen wurden. Doch die Daten über zwei außergewöhnliche Langstreckenschwimmer – einen Vogel und einen Fisch – sind nicht durch solche Markierungsverfahren, hingegen durch überaus mühselige Forschungsarbeit gewonnen worden, bei der die Gelehrten nicht wenig Scharfsinn aufwenden mußten.

Um die Geschichte des Riesenalks *(Pinguinus impennis)* zusammenzustückeln, benutzten die Gelehrten die Aufzeichnungen von Kabeljaufischern aus Neufundland, Museumsstücke und Schriften von Naturforschern des 19. Jahrhunderts. Der Riesenalk gehört zwar, trotz seines irreführenden wissenschaftlichen Namens, nicht zu den Pinguinen, die nur auf der Südhalbkugel beheimatet sind, aber wegen seines Aussehens und Verhaltens wurde er früher gern als »Pinguin des Nordens« bezeichnet. Er schwamm im offenen Meer umher – bis zu seiner endgültigen Ausrottung, die immer wieder als ein Beispiel für menschliche Habgier und Rücksichtslosigkeit zitiert wird.

Der Riesenalk war ein flugunfähiger Vogel, dessen stämmiger Körper im Stehen etwa 75 cm maß. Wie die heutigen Pinguine bewegte er sich an Land recht ungeschickt, aber desto eleganter und schneller im Wasser. Alljährlich legten große Scharen dieser Vögel schwimmend fast 5000 km von ihren Überwinterungsplätzen auf den Outer Banks vor Nordkarolina zu ihren Brutplätzen auf den felsigen Inseln rings um Island, Grönland und Neufundland zurück. Bei der Nahrungssuche tauchten die Tiere bis zu 60 m tief und schwammen wohl 1 km weit unter Wasser, wenn sie Heringen, Krabben und anderen Beutetieren nachstellten. Weil die Riesenalke so zahlreich waren, machten die Fischer aus Spanien, Portugal, Frankreich, Deutschland und England unterwegs auf den öden Brutinseln der Vögel Station, um sich an frischem Alkfleisch satt zu essen und ihre Pökelfleischvorräte zu ergänzen. Später entwickelte sich in Europa sogar ein schwunghafter Handel mit Alkfleisch und Alkfedern.

Kein Tierbestand kann eine solch intensive Verfolgung lange überstehen. Da die Alke lebenslängliche »Ehen« eingingen und die Weibchen jedes Jahr nur ein Ei legten, konnten die Verluste durch die natürliche Vermehrung nicht ausgeglichen werden. Bald schmolzen die nach Millionen zählenden Kolonien zusammen, und schließlich stellte man fest, daß die Tiere sehr selten geworden waren. Museumsleute und private Sammler veranstalteten einen verzweifelten Wettlauf um die Bälge der Riesenalke, bevor die Art endgültig erlosch. Am 3. Juni 1844 wurde der letzte Riesenalk auf der Insel Eldey von Sammlern erschlagen.

Schwertträger des Meeres

Nur wenige Hochseefische sind so eindrucksvoll und furchteinflößend wie die Fächerfische. Sie sind in der Regel langgestreckt und schlank und tragen ein Schwert – eine starke Verlängerung des Oberkiefers –, das dünn ausgezogen ist und einen runden oder leicht ovalen Querschnitt hat. Der Fisch benutzt es, um seine Beute zu betäuben und zu töten. Manchmal dient es auch dazu, andere große Meerestiere, selbst Haie und Wale, aufzuspießen oder gar Bootswände zu durchbohren.

Ein solcher Vertreter der Familie im Atlantik ist der Atlantische Fächerfisch *(Istiophorus albicans).* Er besitzt eine stark vergrößerte kobaltblaue Rückenflosse und ein langes, schlankes Schwert. Seine durchschnittliche Länge beträgt etwa 2 m, doch sind auch schon Tiere von 3,50 m und mehr gefangen worden. Der schwerste Atlantische Fächerfisch wog 60 kg, das mittlere Gewicht liegt bei 50 kg. Der Fisch ist ein gewaltiger Räuber, der große Mengen von Kalmaren, Kraken, Papierbooten, Makrelen und sogar kleine Thunfische erbeutet.

Im Pazifik leben mehrere Fächerfischarten, deren größte der Blaue Marlin oder Merlin *(Makaira nigricans)* ist. Lange Zeit glaubte man, diese Art sei ausschließlich auf den Pazifischen Ozean beschränkt, sorgfältige Untersuchungen der Fänge von Berufs- und Sportfischern haben jedoch ergeben, daß sie auch im Atlantik vorkommt und wahrscheinlich sogar weltweit verbreitet ist. Man hat einzelne Tiere gefangen, die über 900 kg wogen, doch seltsamerweise handelte es sich bei diesen sehr großen Exemplaren stets um Weibchen. Die Männchen wiegen im allgemeinen nur 90–140 kg. Die Nahrung des räuberischen Blauen Marlins besteht aus Thunfischen, Schwertfischen und Kalmaren.

Die warmen Gewässer des Indischen und Pazifischen Ozeans sind die Heimat des Riesen unter den Fächerfischen – des Schwarzen Marlins *(Makaira indica)*. Diese mächtigen Fische werden bis zu 4,50 m lang, und ein Gewicht von 900 kg ist keine Ausnahme. Hin und wieder wandern Schwarze Marline um das Kap der Guten Hoffnung und dringen in den Südatlantik ein. Vor Kapstadt in Südafrika wurde einmal ein 500 kg schweres Exemplar gefangen.

Merkwürdigerweise vergreift sich dieser Riesenfisch auch an Portugiesischen Galeeren, deren Fangfäden er verschlingt, ohne Schaden zu nehmen. Im übrigen ernährt er sich von Kalmaren und Thunfischen.

Die Thunfische

Der Atlantik ist die Heimat nicht nur der Fächerfische, sondern auch der Thunfische. Etwa 1200 km vor der afrikanischen Westküste, im Golf von Guinea, leben und gedeihen große Scharen von Großaugen-Thunfischen *(Thunnus obesus)*, Bonitos *(Euthynnus pelamis)* und Gelbflossen-Thunfischen *(Thunnus albacares)*. Die Thunfische, die mit rasanten Schwimmbewegungen den Anchovis, Fliegenden Fischen und zahlreichen anderen kleinen Beutetieren nachstellen, bilden die Spitze einer Nahrungspyramide, deren Grundlage die Nährstoffe sind, die von den großen Flüssen, etwa dem Niger und dem Kongo, in den Golf geschwemmt werden.

Mehrere atlantische Thunfischarten kommen auch im Pazifischen Ozean vor, so etwa der Großaugen- und der Gelbflossen-Thunfisch, der Bonito und der Weiße Thunfisch oder Albacore *(Germo alalunga)*. Sie alle werden mit Angeln und Beutelnetzen gefischt und teilweise sogar überfischt, obgleich internationale Abmachungen in Kraft sind, welche die Bestände vor der Ausrottung bewahren sollen.

Die Thunfische verfügen über eine Art Schutzfärbung oder Tarnung, wie sie vielen Fischen eigen ist, die sich zwischen der Meeresoberfläche und der Tiefenschicht aufhalten. Die Oberseite des Körpers ist im allgemeinen sehr dunkel, meist dunkelblau, während die Unterseite sehr hell ist, silbrig oder sogar weiß. Ein so gefärbter Fisch ist in größerer Tiefe für einen über ihm schwimmenden Raubfeind nahezu unsichtbar. Die dunklen Töne verschmelzen mehr oder weniger mit dem dunklen Blaugrün, das in tieferen Schichten vorherrscht. Bewegt sich der Feind jedoch unterhalb, dann vermischt sich die silbrige oder weiße Farbe des Bauches mit den hellen Tönen des Oberflächenwassers und des Himmels, der sich darüber erstreckt.

Säugetiere des Meeres

Manche Meerestiere unterscheiden sich äußerlich kaum von ihren landbewohnenden Verwandten. Das gilt auf jeden Fall für die Meerotter und die Eisbären. Andere marine Säugetiere haben jedoch einen großen Schritt vorwärts getan und sich vollkommen an das Wasserleben angepaßt. Bei den Robben ist die Anpassung weit fortgeschritten, aber noch längst nicht so restlos gelungen wie bei den Walen. Robben müssen immer wieder auf das angestammte Festland zurückkehren, um in der lauen Wärme der arktischen Sonne zu liegen oder um ihre Nachkommen zur Welt zu bringen. Die Wale hingegen verlassen ihr kaltes, nasses Element nie, es sei denn durch einen verhängnisvollen Zufall, der ihren Tod bedeutet.

Tümmler und Delphine

Die Menschen der Antike kannten die Tümmler und deren Vettern, die Delphine, sehr gut. Aristoteles beobachtete die verspielten Tiere, die sich in den warmen Wogen der Ägäis tummelten, und erkannte bereits, daß sie warmblütige Säuger und keine Fische sind. Manche seiner Zeitgenossen waren sogar der Meinung, in diesen Tieren verberge sich die Seele ertrunkener Seeleute. Antike Schriftsteller berichten uns von Delphinen, die sich schwimmenden Menschen näherten und ihnen gestatteten, sie zu streicheln und mit ihnen zu spielen. Manche Delphine ließen, so ist überliefert, kleine Jungen auf ihrem Rücken reiten, und »der Knabe auf dem Delphin« ist in der antiken Kunst ein wiederholt anzutreffendes Motiv.

Solche vermeintlichen Fabeln sind in neuester Zeit verschiedentlich als zutreffend bestätigt worden. Vor der neuseeländischen Küstenstadt Opononi schwamm ein Delphin zwischen badenden Menschen umher, ließ sich streicheln und von einem dreizehnjährigen Mädchen sogar als Reittier benutzen. Der Delphin war jahrelang ein regelmäßiger und beliebter Gast am Badestrand, doch dann verschwand er plötzlich. Niemand weiß, was mit ihm geschah, aber ein Gerücht besagt, daß ein betrunkener Matrose das sanftmütige Geschöpf totgeschossen habe.

Die beiden Arten, die den alten Griechen vertraut waren und die man auch heute noch in denselben Gewässern häufig antreffen kann, sind der Gemeine Delphin *(Delphinus delphis)* und der Große Tümmler *(Tursiops truncatus)*, der im

1

2

1 Der Blauwal ist das größte Säugetier aller Zeiten. Er zieht einzeln oder paarweise durchs Meer. Deutlich ist auf dem Foto die ausgeatmete Luft zu erkennen, die eine Wasserdampfwolke bildet.

2 Die Weißwale oder Belugas (Delphinapterus leucas) schließen sich zuweilen zu Verbänden von mehr als 100 Tieren zusammen, bei denen es sich jedoch in Wirklichkeit um Vereinigungen kleinerer Gruppen handelt, die jeweils nicht mehr als zehn Tiere umfassen. Der Beluga ist für einen Wal ungewöhnlich geschmeidig und kann sogar rückwärts schwimmen, indem er mit dem Schwanz »skullt«. Er hält sich ganzjährig in arktischen Gewässern auf. Belugas werden wegen ihrer trillernden Lautäußerungen, die man über dem Wasser hören kann, oft als »Kanarienvögel des Meeres« bezeichnet.

3/4 Die Nahrungsaufnahme der Bartenwale ist bedingt durch die Beschaffenheit des Kopfes, des Mauls und der Zunge sowie durch die Barten. Die Barten, die beim Südkaperwal (Eubalaena australis; 3) an der Seite des Gaumens herabhängen, gleichen den Zähnen eines Kammes. Sie sind etwa 2 m lang und werden eingefaltet, wenn sich das Maul schließt. Die beiden Bartenreihen treffen vorne nicht zusammen. Mit geöffnetem Maul schwimmt der Wal durch die Krillschwärme. Das nahrungsreiche Wasser gelangt ins Maul, die riesige Zunge verschließt den Schlund, und das Wasser fließt durch die Bartenreihen ab, die den Krill herausseihen. Wenn sich genug Krill angesammelt hat, schließt der Wal das Maul, taucht ab und schluckt den Krill unter Wasser hinunter, so wie es dieser Nordkaperwal (Eubalaena glacialis; 4) gerade vorhat.

Volksmund ebenfalls einfach Delphin heißt. Wir wissen inzwischen, daß beide Arten auch in anderen Meeresgebieten vorkommen, wo sie sich von Fischen und Tintenfischen ernähren und gerne in den Bugwellen der Schiffe mitschwimmen. Im Pazifik schließen sich die Streifen- oder Trugdelphine *(Stenella)* oft den Schulen (Gruppen) des Gelbflossen-Thunfisches an. Vielleicht jagen die Delphine die gleichen Beutetiere wie die Thunfische, vielleicht ist die Lebensgemeinschaft mit den Fischen auch nur ein Ausdruck der geselligen Delphinnatur.

Auch wenn die genauen Zusammenhänge noch ungeklärt sind, diese Verbindung hat vielfach den Tod der Meeressäuger zur Folge. Die Fischer halten nach den Delphinschulen Ausschau, weil sie wissen, daß dann die Thunfische nicht weit sind. In den Netzen, die daraufhin ausgelegt werden, finden auch immer einige Delphine den Tod.

Die Leviathane des Meeres

Während die Tümmler und Delphine nur indirekt unter dem Menschen zu leiden haben, werden ihre größeren Verwandten, die Wale, bewußt gejagt und ausgerottet. An erster Stelle ist hier der starke Rückgang der Blauwale *(Balaenoptera musculus)* zu nennen, der größten Säugetiere, die je auf der Erde gelebt haben. An Masse und Größe übertrifft der Blauwal, der 30 m lang und fast 170 t schwer werden kann, sogar noch die altertümlichen Dinosaurier, die einst das Festland erzittern ließen. Der als Tranlieferant rücksichtslos verfolgte Blauwal scheint, wie die meisten großen Waltiere, unaufhaltsam seiner Vernichtung entgegenzugehen. Seltsamerweise ernährt sich dieser Leviathan – ein Paradoxon der Natur – ausschließlich von Krill, kleinen, nur 5 cm langen planktonischen Krebstierchen, von denen er allerdings bei einer Nahrungsaufnahme 2–3 t verschlingt. Früher, als die Blauwale noch häufig waren, bevölkerten sie die Küstenmeere vor Island, Alaska, Japan, Kamtschatka, Mexiko, Chile, Kalifornien und Südafrika. Heute finden sich die Überreste der einst riesigen Blauwalherden hauptsächlich in den eisgesäumten Gewässern der Antarktis.

Man bezeichnet den Blauwal und seine Verwandten als Bartenwale, nach den Barten, welche sie im Maul haben und mit denen sie die winzigen Futtertiere aus den Tausenden von Litern Meerwasser heraussiehen, die sie auf einmal aufnehmen. Im Gegensatz dazu wird ein anderer großer Wal, der Pottwal *(Physeter catodon)*, zu den Zahnwalen gezählt, weil sein massiger Unterkiefer mit kräftigen kegelförmigen Zähnen besetzt ist.

Der Pottwal bleibt zwar kleiner als der Blauwal, aber er ist gleichwohl ein ehrfurchtgebietendes Geschöpf, das eine Länge von 18,5 m und ein Gewicht von 52 t erreicht. Die Pottwale stellen unter anderem den Riesenkraken der Tiefe nach, und fast immer ist ihre Haut gezeichnet von den Narben, welche die raubvogelartigen Schnäbel und die Saugnäpfe der Kraken hinterlassen haben – stumme, aber beredte Zeugen der Titanenkämpfe, die zwischen den Walen und ihren Beutetieren in den finsteren Abgründen des Meeres stattgefunden haben müssen.

Ein unverwechselbares Kennzeichen des Pottwals ist sein riesiger, fast vierkantiger Kopf, der ungefähr ein Drittel des gesamten Körpers ausmacht. Aus dem Speck oder »Blubber« des Pottwals und vieler anderer Wale wird ein hochwertiges Öl gewonnen. Doch der wertvollste Rohstoff verbirgt sich

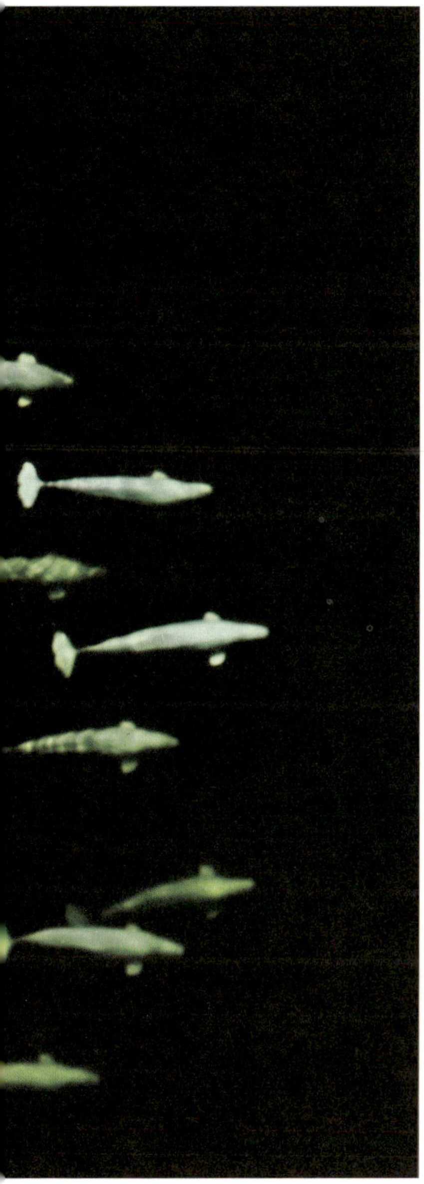

3

4

1

2

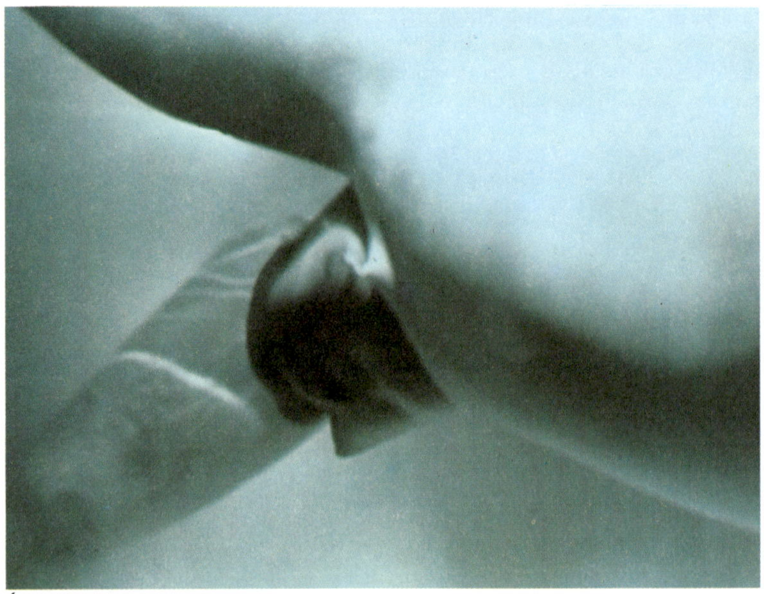
4

5

im mächtigen Kopf des Tieres, und zwar in Gestalt einer hellen öligen Masse (Walrat), die zum Schmieren von Uhrwerken und feinen wissenschaftlichen Instrumenten benutzt wird und bestes Wachs für besonders kostbare Kerzen liefert.

Obwohl die Pottwale einsame Jäger sind, führen die Mitglieder eines Familienverbandes ein geselliges Leben. An der Spitze der Sippe steht ein alter Bulle; er ist der Geschlechtspartner der älteren weiblichen Tiere und der Vater ihrer Nachkommen. Eine solche Familie umfaßt meist etwa 25 Tiere, die der alte Bulle vor räuberischen Haien und Schwertwalen schützt. Doch es gibt einen Räuber, gegen den selbst der stärkste Bulle machtlos ist, und das ist der Mensch mit seinen Harpunenkanonen und Fangbooten.

Geburt unter Wasser

Die Geburt lebender Jungen ist eines der Hauptmerkmale, welches die Säuger von den übrigen Tieren unterscheidet, und dies trifft auch auf die Meeressäugetiere zu. Wissenschaftler haben schon mehrfach Delphingeburten durch die Sichtscheiben von Ozeanarien beobachtet und fotografiert. Doch abgesehen von einem einzigen Fall, in dem an Bord eines Fabrikschiffes ein totes Walkalb aus dem Leib seiner toten Mutter hervorkam, hat bislang noch niemand bei einer Walgeburt im natürlichen Lebensraum der Tiere zugeschaut. Wir können diesen Vorgang nur erschließen aus dem, was wir über die Delphine wissen, was uns die Walfänger berichten und was über den Ablauf der Geburt bei anderen Säugern bekannt ist.

Ein wichtiges Ereignis im Fortpflanzungszyklus der großen Wale ist die Erreichung der Geschlechtsreife. Bei den Pottwalen zum Beispiel werden sowohl die männlichen als auch die weiblichen Tiere bereits mit ungefähr 9 Jahren geschlechtsreif, obwohl sie erst nach weiteren 25 Jahren voll ausgewachsen sind. In der Regel werden nur die größten und stärksten Bullen sexuell aktiv, und sie paaren sich mit möglichst vielen geschlechtsreifen Weibchen des von ihnen geführten Familienverbandes.

Die Begattung der großen Wale ist zwar noch nicht in allen Phasen beobachtet worden, aber Walfänger und Wissenschaftler sind übereinstimmend der Meinung, daß die Tiere dabei wild herumplanschen – ein Verhalten, das wahrscheinlich zum Liebesvorspiel gehört. Man nimmt an, daß sich die beiden Partner bei der eigentlichen Begattung senkrecht im Wasser aufrichten, die Köpfe oberhalb der Meeresoberfläche einander zugewandt.

Während beim Menschen die Schwangerschaft 9 Monate dauert, trägt die Walkuh ihr Kind 16 Monate lang in ihrem Leib. In seinem Frühstadium hat der Walfötus nur sehr wenig Ähnlichkeit mit seinen riesigen Eltern. Ein nur 10 cm langer Fötus, den man an Bord eines Walfangschiffes untersucht hat, hatte einen schweinsähnlichen Kopf und auf der Schnauze zwei ausgeprägte Nasenlöcher. Im Verlauf der 16monatigen Tragezeit verändert der Fötus seine Gestalt und nimmt natürlich auch an Größe zu. Eine der beiden Nasenöffnungen verschließt sich und verschwindet, während die andere auf die Oberseite des Kopfes wandert und sich in das Spaut- oder Blasloch verwandelt, wie man die Atmungsöffnung der Wale nennt.

Im Gegensatz zu den anderen Säugetierjungen, die normalerweise mit dem Kopf voran das Licht der Welt erblicken, erscheint beim Walkalb zuerst der Schwanz. Würde der kleine Wal mit dem Kopf voran geboren, was gelegentlich vorkommt, dann müßte er während des Gebärvorgangs ertrinken. Das Kalb gleitet sehr schnell und mühelos durch den Geburtskanal. Sobald es frei schwimmt, vollführt die Mutter eine heftige Körperdrehung, um die Nabelschnur zu zerreißen. Sie geleitet ihr Kind, das bei der Geburt etwa eine Tonne wiegt und fast 4 m lang ist, unverzüglich an die Wasseroberfläche, damit es zum erstenmal tief Luft holen kann. Eine Zeitlang muß sie ihr Kind dicht unter der Meeresoberfläche mit ihrem mächtigen Leib abstützen. Doch schon bald lernt das Kalb, selbständig umherzuschwimmen und zum Luftholen aufzutauchen. Schnell beginnt es auch nach den mütterlichen Zitzen zu suchen, die es nahezu zwei Jahre lang mit Milch versorgen. Die Walmilch enthält fast 34% Butterfett (bei einer holsteinischen Milchkuh sind es nur etwa 5%). Dank der äußerst nahrhaften fetten Milch nimmt das Kalb ungefähr 3,5 kg pro Tag zu.

Wenn der Jungwal zwei Jahre alt ist, beginnt er sich auf Fisch- und Tintenfischnahrung umzustellen, die allerdings noch immer durch Muttermilch ergänzt wird. Doch die Mutter zeigt sich zunehmend verärgert über ihr Kind, das sich trotz seiner stattlichen Größe immer wieder an ihr Gesäuge drängt. Nach einiger Zeit vertreibt sie es und legt eine etwa achtmonatige Ruhepause ein, bis sie wieder empfänglich ist für die Annäherungs-

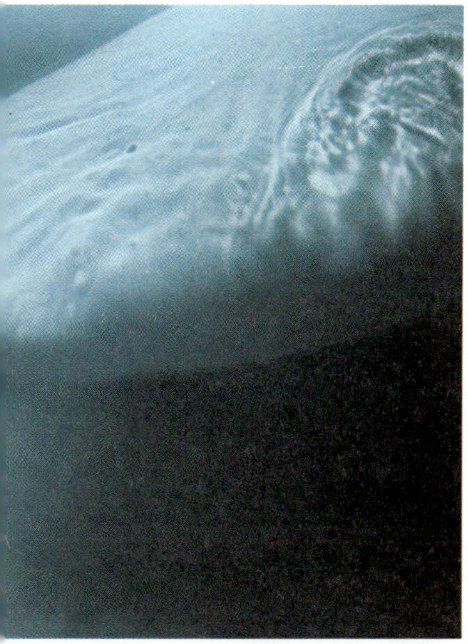

3

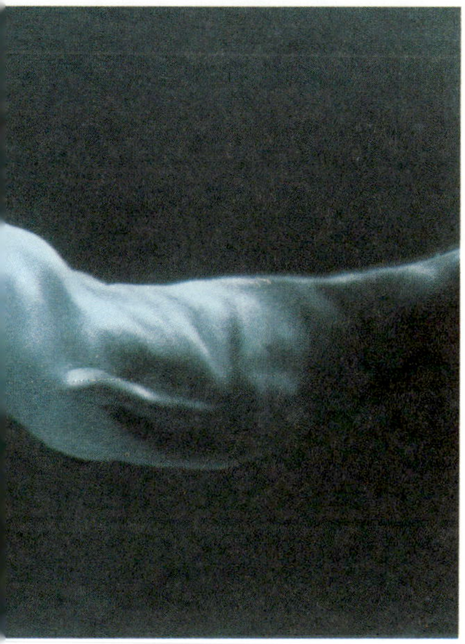

6

1–6 Die Unterwassergeburt eines luftatmenden Lebewesens ist in der Tat ein Wunder. Im Gegensatz zu den Landsäugern, die normalerweise mit dem Kopf voran geboren werden, kommt bei den Jungen der Wale meist zuerst die Schwanzflosse aus dem Mutterleib hervor. Diese Lage soll wahrscheinlich verhindern, daß das Junge während des ungefähr zwanzigminütigen Geburtsvorgangs ertrinkt. Beim Beluga beginnt die Geburt mit der Eröffnung des Geburtskanals. Beiderseits der Öffnung befinden sich die Zitzen, die gewöhnlich in schlitzförmigen Hauttaschen verborgen sind. Sobald der Kopf ausgetreten ist, dreht sich das Muttertier ruckartig zur Seite, um die kurze Nabelschnur zu zerreißen. Dann stupst die Mutter ihr Neugeborenes sanft an die Wasseroberfläche, damit es zum erstenmal Atem holen kann. Bei einigen Arten bleibt eine erwachsene Walkuh bei der Mutter und hilft ihr, das Junge gleich nach der Geburt an die Oberfläche zu bringen. Die Schwanz- und Rückenflosse sind bei der Geburt eingefaltet und schlaff. Das Kleine macht nur schwache Schwimmbewegungen, doch es kann sofort schwimmen. Andernfalls würde es nicht überleben. Das Muttertier wälzt sich an der Oberfläche auf die Seite, damit das Junge beim Saugen sein Atemloch über Wasser halten kann. Später wird es unter Wasser gesäugt. Sobald das Junge mit dem Maul die mütterliche Zitze umschließt, pumpen kräftige Muskeln, die die Milchdrüse umgeben, die Milch in das Kleine hinein.

versuche des »Familienoberhauptes«. Dieser Kreislauf setzt sich ein halbes Jahrhundert lang fort, bis der Tod kommt, dessen Ursache allerdings nur selten Altersschwäche ist (Wale können 75 Jahre alt werden), sondern die Harpunenkanone eines Walfängers.

Der ewige Wanderer

Hoch über dem südlichen Meer zieht der Wanderalbatros *(Diomedea exulans)* majestätisch seine Kreise. Mit einer Flügelspannweite von über 3,5 m ist er neben dem Kondor der Andenländer das größte flugfähige Tier der Erde und einer der wenigen Vögel, deren Heimat der weite Ozean ist. Getragen von den Luftströmungen, kann er in einem Monat mühelos die halbe Erdkugel umrunden.

Aus großer Höhe setzt er plötzlich zum Sturzflug an und rast mit einer Stundengeschwindigkeit von 65 km auf den Meeresspiegel zu. Wenn er unten ankommt und mit seinen Schwingen die Wogen durchschneidet, hat sich sein Tempo auf 145 km/h erhöht. Der Wanderalbatros schläft auf der unruhigen Meeresoberfläche, trinkt Seewasser und ernährt sich vorwiegend von Tintenfischen.

Albatrosse kommen nur zum Brüten an Land und zeigen ein eigenartiges ritualisiertes Balzverhalten. Das einzige Küken muß ein ganzes Jahr lang von den Eltern versorgt werden, bis es flügge ist. Die Alttiere kehren zum Strand zurück, um ihr Junges zu füttern, doch zwischendurch legen sie unter Umständen Entfernungen von mehr als 4000 km zurück.

Die Ausbeutung der Hochsee

Das Oberflächenwasser des offenen Meeres unterscheidet sich als Biotop erheblich von den küstennahen Zonen der Ozeane. In ihm lebt eine unermeßliche Fülle von teils »gewöhnlichen«, teils bizarren Organismen, die ein Landbewohner nie zu Gesicht bekommt, sofern sie nicht zufällig irgendwo stranden. Doch die Tier- und Pflanzenwelt der Hochsee ändert sich zusehends. Die Forschungsschiffe haben den Reichtum der weiten Weltmeere erkundet, vor allem die Fische, die sich als Nahrung für die rasch wachsende Erdbevölkerung eignen. Auf die Forschungsschiffe sind die großen, technisch hervorragend ausgerüsteten Fischereifahrzeuge gefolgt, die an einem einzigen Tag Hunderte von Tonnen Fische fangen können. Leider gibt es für diese Fischfangflotten keine international verbindlichen Kontrollbestimmungen und nur wenige allgemeine Pläne zur Begrenzung der Fangquoten. Doch ohne solche Kontrollen und Vereinbarungen können aus den Weiten der Ozeane einmal jene biologischen Wüsten werden, für die man sie früher fälschlicherweise gehalten hat.

In den Tiefen der Ozeane

Heimat bizarrer Lebewesen

Einst waren sogar die bedeutendsten Wissenschaftler davon überzeugt, daß die dunklen Abgründe der Ozeane noch öder und verlassener seien als das offene Meer. Sie stellten sich den Meeresboden als eine gestaltlose Ebene vor, die sich über Tausende von Kilometern von einer Küste zur anderen erstreckte. Neuere Forschungsunternehmen, zumal Echolot-Tiefenmessungen, haben jedoch den Beweis erbracht, daß der Meeresgrund keineswegs einförmig ist und sogar eindrucksvollere Landschaftsformen zu bieten hat als das Festland. Einige unterseeische Gebirgsketten sind höher als der Himalaja, und die hochaufragenden Gipfel der Ozeanrükken erheben sich Tausende von Metern über den Meeresboden. An manchen Stellen haben sich im Ozeanboden tiefe, steil abfallende Einsenkungen gebildet, wie etwa der Marianen- und der Puerto-Rico-Graben. Wenn man den Mount Everest in einen solchen Graben hineinstellte, befände sich zwischen dem Gipfel und der Meeresoberfläche noch immer eine Wasserschicht von 1 km.

Doch selbst als man davon ausging, daß es auf dem Meeresgrund Gebirge und Täler gibt, war man überzeugt, daß infolge des Wasserdrucks, der Lichtlosigkeit und des vermuteten Nahrungsmangels in den größten Tiefen jedes Leben unmöglich sei. Forscher aus vielen Ländern haben jedoch inzwischen nachgewiesen, daß der Druck allein die Entfaltung von Lebensformen in der Tiefsee nicht verhindern kann. Die Tiefseetiere schaffen hier einen Ausgleich, indem sie dem Außendruck einen entsprechenden Innendruck entgegensetzen. Aus Untersuchungen an Walen, Walrossen und Seehunden ergibt sich, daß diese Tiere bei der Beutejagd ohne Schwierigkeiten von der Oberfläche in die Tiefe hinabsteigen können.

Das Fehlen des Sonnenlichts ist gleichfalls kein Problem, wie sich herausstellte, denn die meisten Bewohner der ewigen Finsternis sorgen auf mannigfaltige Weise für ihre eigene »Beleuchtung«. Und Nahrung ist dort unten zwar knapp, aber immerhin vorhanden, wenn sie auch manche kuriose Formen des Erwerbs bedingt.

Eine Welt ohne Leben?

Je mehr die Wissenschaftler die systematische Erforschung der Weltmeere vorantrieben, desto stärker setzte sich die Vorstellung von der Zoneneinteilung der marinen Lebewelt durch. Der Wissenschaftszweig der Ökologie (der Lehre von den Beziehungen der Lebewesen zu ihrer Umwelt) hatte zwar im vorigen Jahrhundert noch keinen Namen, aber viele seiner heute vertieften Erkenntnisse waren bereits damals Allgemeingut. Um leben zu können, benötigen die Organismen Licht, Nahrung und angemessene Temperaturen. Deshalb war bis tief ins 19. Jahrhundert hinein die Mehrheit der Naturwissenschaftler überzeugt, daß in der ewigen Nacht und dem gewaltigen Wasserdruck der Tiefsee keinerlei Tiere überleben könnten. Durch einen ungewöhnlichen Vorstoß in die Tiefen des Meeres wurde diese Auffassung erstmals erschüttert.

Im Jahr 1858 wurde auf dem Boden des Atlantischen Ozeans das erste Telegrafenkabel verlegt, das Europa mit Nordamerika verbinden sollte. Der telegrafische Verkehr war jedoch anfangs häufig gestört infolge irgendwelcher Pannen, die sich kilometertief im Ozean ereigneten. Um das Kabel reparieren zu können, mußte man es mit komplizierten Greifwerkzeugen fassen und behutsam an die Meeresoberfläche heben.

Als das schwarz glänzende Kabel, noch triefend von Salzwasser, dann

Der Viperfisch (Chauliodus) ist ein kleiner Tiefseebewohner, der höchstens 20 cm lang wird. Wir kennen ihn hauptsächlich aus Fängen, die in Tiefen zwischen 400 und 2000 m gemacht wurden. Tagsüber halten sich die Viperfische in großen Tiefen auf, doch des Nachts steigen sie in höhere Wasserschichten auf, wo das Nahrungsangebot größer ist.

auf dem Deck des Instandsetzungsschiffes lag, staunten die Arbeiter nicht schlecht. Das Kabel war an manchen Stellen von einem seltsamen Belag überzogen, wie man ihn vorher noch nie gesehen hatte. Bei einer genaueren Untersuchung stellte sich heraus, daß es sich um lebende Organismen handelte. Sie waren der Beweis, daß es auf dem Meeresgrund Leben gab, zumindest in einer Tiefe von 2000 m, in der das Kabel geruht hatte.

Wyville Thompson, ein junger englischer Biologe, ließ wenig später seine Dredschenetze (Schleppnetze) auf den Meeresboden in Tiefen von fast 4500 m hinab und holte jedesmal lebende Organismen herauf. Die Tiefe, in der solche Funde gemacht werden konnten, war lediglich begrenzt durch die Länge und Festigkeit der Trossen, an denen die Dredsche befestigt war, und durch die Stabilität der Dredsche selbst. Thermometer, die mit einigen Dredschen hinabgelassen wurden, zeigten an, daß in großen Tiefen eine eisige Kälte herrschte.

Einen anschaulichen Beweis für die niedrigen Temperaturen und die extremen Druckverhältnisse in der Tiefenzone lieferte der in Amerika lebende Schweizer Pionier der Ozeanographie und Meeresbiologie Alexandre Agassiz während einer Forschungsreise der »Blake« gegen Ende des vorigen Jahrhunderts. Agassiz war damit beschäf-

tigt, die Proben zu sortieren, die eine Dredsche aus dem tropischen Meer heraufgeholt hatte. Die Luft war heiß und stickig, aber die Proben waren kalt. Agassiz beschloß, sich eine kühle Erfrischung zu verschaffen: Er befestigte eine Champagnerflasche an der Dredsche und senkte sie eine Stunde lang auf den 4300 m tiefen Meeresgrund. Als er das Netz wieder einholte, war die Flasche zwar eisgekühlt, aber ihr Inhalt ungenießbar. In dieser Tiefe übt das Gewicht der Wassersäule einen Druck von fast 120 kg auf den Quadratzentimeter aus. Der Korken war in die Flasche gepreßt und der Champagner herausgedrückt und durch kaltes Meerwasser ersetzt worden!
Viele Jahre lang brachte man aus der Tiefsee fast ausschließlich wirbellose Tiere ans Tageslicht, nur selten einen Fisch. Doch 1901 stellte Fürst Albert von Monaco, der wichtige Beiträge zur Meereskunde geleistet hat, einen Rekord auf, denn er fing vor den Kapverdischen Inseln in einer Tiefe von 6000 m einen Fisch, der später den Namen *Grimaldichthys profundissimus* erhielt. Ein halbes Jahrhundert lang blieb dieser Fisch der Inhaber des Tiefenrekords.

Anpassungen an die Tiefe

Die Fische und wirbellosen Tiere, die aus den Tiefen des Meeres stammten, ermöglichten wesentliche biologische Erkenntnisse. Sie stellten nicht nur neue und oft bizarre Formen dar, sondern zeigten auch phantastische Anpassungen an die Kälte und Dunkelheit der Tiefsee. Überdies regten sie Spekulationen über die Frage an, welche größeren Entdeckungen dort unten noch zu machen seien und welche Ungeheuer sich in noch größeren Tiefen verbergen mochten – vielleicht sogar die legendenumwobenen Seeschlangen?
Die Zoologen erkannten, daß die Färbung einer der wichtigsten Anpassungsmechanismen der Tiefseebewohner ist. Fische und Wirbellose, die sich an oder nahe der Meeresoberfläche aufhalten, weisen meist leuchtend blaue, grüne und gelbe Farben auf. Ganz anders die Tiefseetiere, die im allgemeinen dunkelrot oder einfach schwarz gefärbt sind. Ihre Skelette und Schalen sind weich, und manchmal ist das Muskelgewebe durch ein gelatinöses Gewebe ersetzt. Die andersartige Skelett- und Gewebestruktur läßt sich damit erklären, daß auf dem Ozeanboden keine größere

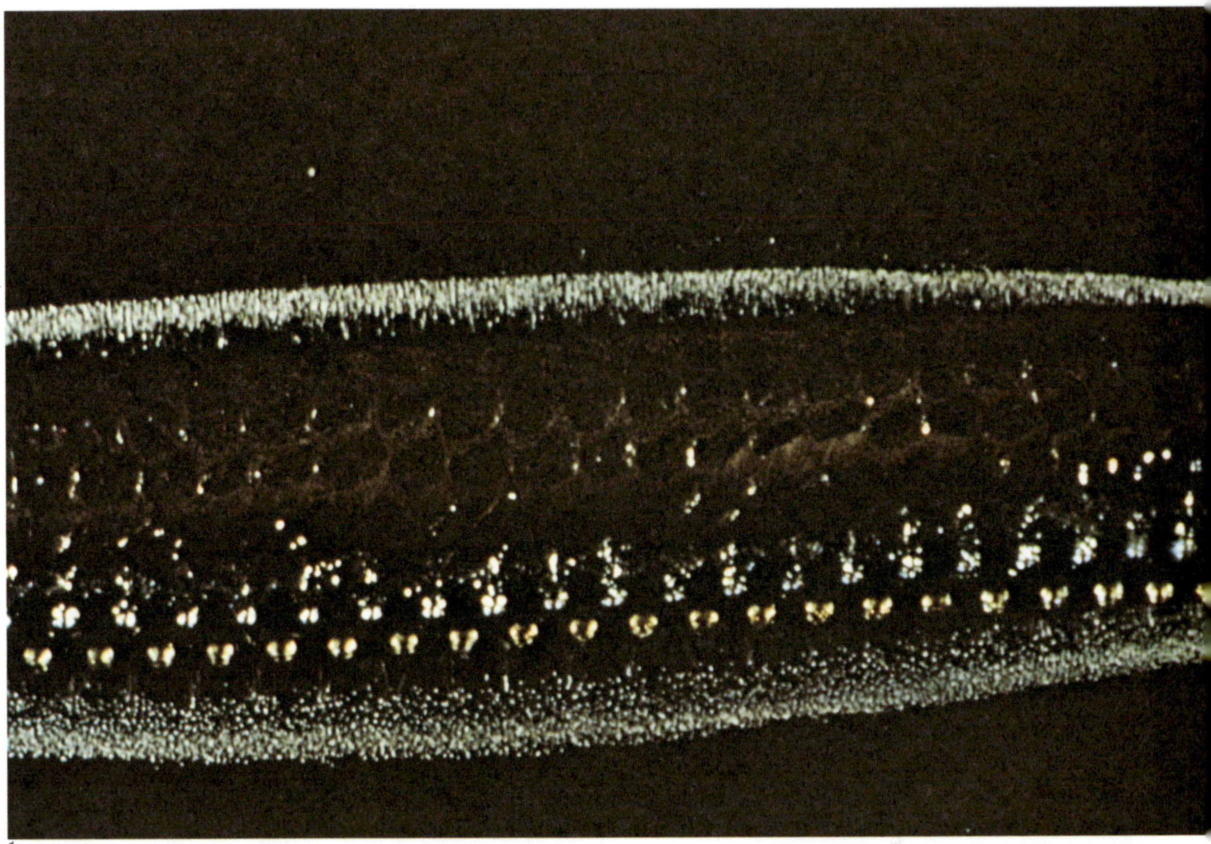
1

2

3

4

5

1 Schuppen-Drachenfische (Stomias) sind langgestreckte Tiere, die etwa 15 cm messen. Fast alle Arten besitzen Barteln, die am Kinn angewachsen sind. Die Barteln sind zuweilen fünfmal so lang wie der Fisch selbst. Weitere Leuchtorgane ziehen sich in Reihen über den Körper hin.

2 Der mit zahlreichen Leuchtorganen ausgestattete Tiefsee-Beilfisch (Argyropelecus) wird selten länger als 8 cm. Bei Fischen, die aus großen Tiefen heraufgeholt werden, schwillt die Schwimmblase oft so stark an, daß der Magen durch das Maul nach außen gepreßt wird.

3 Bei diesem Blick auf den Bauch eines Beilfisches erkennt man die in Reihen angeordneten Leuchtorgane.

4 Der schuppenlose Drachenfisch (Bathophilus metallicus) ist uns nur durch Exemplare bekannt, die in Tiefen von 200 m und mehr gefangen wurden. Er wird etwa 15 cm lang und ernährt sich von kleinen Krebsen.

5 Unterhalb der Oberflächenschicht und in mittleren Tiefen ist das Meer nicht sehr dicht mit Fischen besiedelt. Wenn dort zwei Fische einander begegnen, besteht für einen von beiden die Gefahr, daß er kurzerhand verschlungen wird. Sehr oft ist der Fresser der kleinere Fisch mit dem größeren Magen. Der abgebildete Fisch mißt nur 10 cm. Doch alles deutet darauf hin, daß er vor kurzem einen anderen Fisch verschlungen hat, der zwei oder dreimal so groß war wie er selbst.

Wasserbewegung herrscht, gegen welche die Tiere ankämpfen müßten. Auch die Dunkelheit stellt die Tiere vor keine Probleme: Sie sind entweder blind oder besitzen ungewöhnlich große Augen, mit denen sie möglichst viel von dem Licht auffangen, das die offenbar für alle Tiefseebewohner typischen Leuchtorgane aussenden.

Die Fische sind zumeist grotesk gestaltete Tiere mit weit aufklappbaren Kiefern, großer Mundhöhle und kräftigem Gebiß. Manche Fische haben einen sehr dehnfähigen Magen, der es ihnen ermöglicht, auch überdimensionale Beutetiere zu verschlingen. Da die Beutetiere selten sind und weit verstreut leben, sind die räuberischen Arten sehr angriffslustige und auch rasante Schwimmer.

Die Tiefenzonen des Meeres

Bei der vertikalen Einteilung der Weltmeere unterscheiden wir zwei Hauptzonen: das Pelagial, d. h. jene Hochseeregionen, in denen Pflanzen und Tiere unabhängig vom Meeresboden existieren, und das Benthal oder Benthos, wo sich das Leben auf dem Boden oder in dessen unmittelbarer Nähe entfaltet. Diese großen Zonen lassen sich von oben nach unten noch weiter unterteilen. Das Pelagial umfaßt einen oberflächlichen (epipelagischen), mittleren (mesopelagischen), tiefen (bathypelagischen) und einen allertiefsten (abyssopelagischen oder hadopelagischen) Lebensraum.

Das Epipelagial besteht aus der von der Sonne durchfluteten Wasserschicht, die uns am ehesten vertraut ist. Hier leben die Thunfische, die Heringe, die Fliegenden Fische, die Delphine und die Bartenwale, also die Mehrzahl der Hochseetiere. In klaren subtropischen Meeren kann diese Zone eine Tiefe von 300 m erreichen.

Nach unten schließt sich die mesopelagische oder Dämmerungszone an (bis 700 oder 1000 m), die Heimat der zierlichen Beilfische *(Argyropelecus* und *Sternoptyx)*, deren Gestalt sich schon aus ihrem volkstümlichen Namen ergibt. Dort sind auch die flinken Laternenfische *(Diaphus* und *Myctophum)* zu Hause, die das dämmrige Dunkel mit dem kurzen Aufleuchten ihrer Photophoren erhellen. Und letztlich hausen in dieser Zone die absonderlichen Viperfische *(Chauliodus)* und Schuppen-Drachenfische *(Stomias)* sowie die mit Leuchtorganen ausgestatteten Tintenfische

(Spirula, Lycoteuthis und *Ommastrephes*).

Ewige Nacht herrscht in der großen Tiefe der bathypelagischen Region zwischen 1000 und 2000 m und in der abyssopelagischen Zone, die sich von 2000 m bis zum Meeresboden erstreckt (der Bereich unter 6000 m wird von den Wissenschaftlern oft als hadopelagisch bezeichnet). Diese tiefsten Schichten des Meeres sind bevölkert von Pelikanaalen (die zoologisch nichts mit den echten Aalen zu tun haben), von dunkelroten Tintenfischen *(Histioteuthis)*, deren Fangarme durch Schwimmhäute miteinander verbunden sind, und vom Blauen Tiefseetintenfisch *(Cirrothauma)*, der an seinem Körper zwei flügelartige Fortsätze trägt.

Die Pelikanaale schwimmen durch das tintenschwarze Wasser und lauern auf den verräterischen Schimmer der Leuchtorgane eines unvorsichtigen Tintenfisches oder auch eines anderen Pelikanaals. Die Größe der Pelikanaale schwankt zwischen 60 cm und fast 2 m. Der größte Teil der Gesamtlänge entfällt auf den schlanken, peitschenförmigen Schwanz, und der übrige Körper besteht fast nur aus dem Maul, das im Grunde ein großer Sack mit Zähnen ist. Die mächtigen Kiefer lassen sich weit aufklappen, und der Bauch kann sich auf ein Mehrfaches seiner Normalgröße ausdehnen. So vermag der Pelikanaal Fische zu verschlingen, die so groß sind wie er selber oder gar noch größer.

Der Nahrungserwerb ist in der finsteren Tiefsee weitgehend dem Zufall überlassen, und ein Raubfisch muß ständig darauf vorbereitet sein, sofort zuzuschnappen, wenn er irgendwo eine Beute aufspürt, ohne Rücksicht darauf, wie groß sie ist. Dieses Problem haben die Tiefsee-Anglerfische auf einzigartige Weise gelöst. Die kleinen Fische schwenken einen Köder, der auf einer kurzen »Angelrute« sitzt, vor ihrem aufgesperrten und mit Zähnen bestückten Maul hin und her. Ein Beutetier, das sich von diesem Köder anlocken läßt, wird blitzschnell verschluckt.

Garnelenartige Tiere wie dieser Leuchtkrebs (Euphausia) sind in manchen Gebieten besonders häufig. Im Oberflächenwasser bilden sie den Krill, der den großen Bartenwalen als Nahrung dient. Viele Arten, die in mittleren Tiefen leben, sind leuchtend rot gefärbt, während andere weiß und durchscheinend sind.

Auch für das Problem, einen Geschlechtspartner zu finden, haben die Anglerfische eine ungewöhnliche Lösung entwickelt. Das Männchen ist sehr klein im Vergleich zum Weibchen und schwimmt auf der Suche nach einer Partnerin unaufhörlich umher. Wenn ein Zwergmännchen auf ein Weibchen trifft, beißt es sich an dessen Seite fest und verkümmert. Es verwandelt sich in einen kleinen Beutel, der nur noch die männlichen Geschlechtsdrüsen enthält. Das Männchen, das nunmehr direkt an den Blutkreislauf des Weibchens »angeschlossen« ist, steht jederzeit zur Verfügung, die ausgestoßenen Eier zu befruchten. Manche weiblichen Anglerfische tragen auf ihrem Körper fünf oder zehn Zwergmännchen herum.

Ein Blick in den Abgrund

Unterwasserfilm- und -fernsehkameras gewährten aufregende Einblicke in das Leben auf dem Meeresgrund, aber infolge technischer Schwierigkeiten – zum Beispiel mangelnde Bildschärfe und unzureichende Ausleuchtung – kamen häufig nur verschwommene Aufnahmen zustande. Außerdem gab es keine Garantie dafür, daß sich überhaupt irgendein Lebewesen vor der laufenden Kamera zeigte. Meist war das Ergebnis tatsächlich nur ein leerer Bildschirm oder ein Hunderte von Metern langer Film, auf dem nichts zu sehen war als eine scheinbar reglose Unterwasserlandschaft. Auch Kameras mit überstarken Blitzgeräten erbrachten kaum bessere Resultate, bis schließlich ein erfindungsreicher Fotograf auf die Idee kam, den Trick der Anglerfische zu kopieren und die Kamera zu »beködern«. Er versah die Kamera mit einem Korb voller Fischstückchen, der eine bestimmte Distanz zum Objektiv hielt, und mit einem Blitzlicht, das genau auf diesen Köder ausgerichtet war. Das gesamte Aufnahmegerät, das vorher so programmiert war, daß es in regelmäßigen Abständen das Blitzlicht und den Verschluß auslöste, wurde ohne Halteleinen ins Meer versenkt. Es stand dann fest auf dem Meeresgrund, machte Aufnahmen und wurde nach Stunden oder Tagen automatisch hochgetrieben und eingeholt. Als die Filme entwickelt waren, übertrafen die Bilder selbst die kühnsten Erwartungen der Tiefseeforscher.

Auf ungewöhnlich scharfen Fotos sah man ganz klar den Tiefseeboden, dessen weicher Schlamm kreuz und quer von merkwürdigen Spuren unbekannter »Kriechtiere« durchzogen und von kleinen Vertiefungen und Erhebungen bedeckt war, die von Lebewesen stammten, welche das Kameraobjektiv nicht erfaßte. Aber die Tiere, die sich um den Köderkorb drängten, waren endlich als gesunde Lebewesen zu sehen, im Unterschied zu den zusammengepreßten und zerfetzten Fleischklumpen, die man mit Schleppnetzen aus dem Meer geholt hatte.

Eine Kamera, die in 1400 m Tiefe auf dem Boden des San-Diego-Grabens vor Südkalifornien ruhte, fotografierte eine Unzahl Grenadierfische *(Coryphaenoides)* und auch Schwarzfische *(Anoplopoma fimbria)*, die den Köderkorb umschwärmten. Schleimbedeckte Inger *(Myxine)*, blinde, primitive Fische, die mit den Neunaugen verwandt sind, verknäulten sich zu unentwirrbaren Knoten, während sie sich mit ihren kieferlosen Rundmäulern an den Ködern festzusaugen trachteten. Zur großen Überraschung der Betrachter waren auf den Fotos auch sehr große Pazifische Eishaie *(Somniosus pacificus)* zu erkennen.

Die Grenadierfische

Kameras, die an verschiedenen Stellen des Pazifischen Ozeans bis in Tiefen zwischen 3500 und 6000 m hinuntergelassen wurden, erbrachten ebenfalls Aufnahmen von zahlreichen Grenadierfischen, was die Vermutung nahelegt, daß diese Fische in großen Tiefen am häufigsten vorkommen. Wegen ihrer Gestalt werden sie auch Rattenschwänze oder Langschwänze genannt. Sie besitzen einen großen gepanzerten Kopf und unter dem Unterkiefer einen fleischigen Bartfaden. Der sich stark verjüngende Körper endet in einem langen, schlanken Schwanz. Die Augen sind groß und offensichtlich hervorragend geeignet, das kleinste Aufleuchten eines anderen Tiefseebewohners sofort wahrzunehmen. Den Bartfaden, ein sehr empfindliches Tastorgan, zieht der Grenadier bei der Nahrungssuche über den Meeresboden. Spürt er einen eingegrabenen Flohkrebs oder ein anderes Beutetier auf, wühlt er das Opfer aus dem Boden hervor und saugt es in sein Maul.

Grenadierfische gibt es in verschiedenen Größen, je nach Art und Lebensraum. Die meisten sind zwischen 30 und 90 cm lang. Der Gewöhnliche Grenadier *(Macrourus bairdii)*, der im Nordatlantik und bei den Azoren zu Hause ist, gehört zu den kleineren Arten. Der Rauhkopfgrenadier *(M. berglax)* aus den Gewässern um Island, Nordnorwegen und Südgrönland wird verhältnismäßig groß. Alle Grenadierfische sind jedoch einheitlich dunkel gefärbt, und zwar ober- und unterseits aschgrau. Manche Exemplare des Gewöhnlichen Grenadiers, die man mit Grundschleppnetzen gefangen hatte, wiesen allerdings einige Farben auf; sie hatten rosige Schnauzen, eine violette Kehle, eine rosafarbene Rückenflosse und dunkelblaue Augen.

Mausefallenfische und Dreibeinfische

Die Tiefsee birgt Lebewesen, deren absonderliche Gestalt und Anpassung an ein Dasein in ewiger Nacht unsere Vorstellungskraft oft übersteigen. Zwei Fischarten zumal wirken auf uns wie Wesen von einem anderen Stern. Die eine, *Galatheathauma axeli*, wurde von der dänischen »Galathea«-Expedition vor dem tropischen Mittelamerika in einer Tiefe von 3590 m entdeckt. Es handelt sich um einen Vertreter der Anglerfische, dem man den Spitznamen »lebende Mausefalle« gab. Bei diesem Fisch hängt hinter den

1
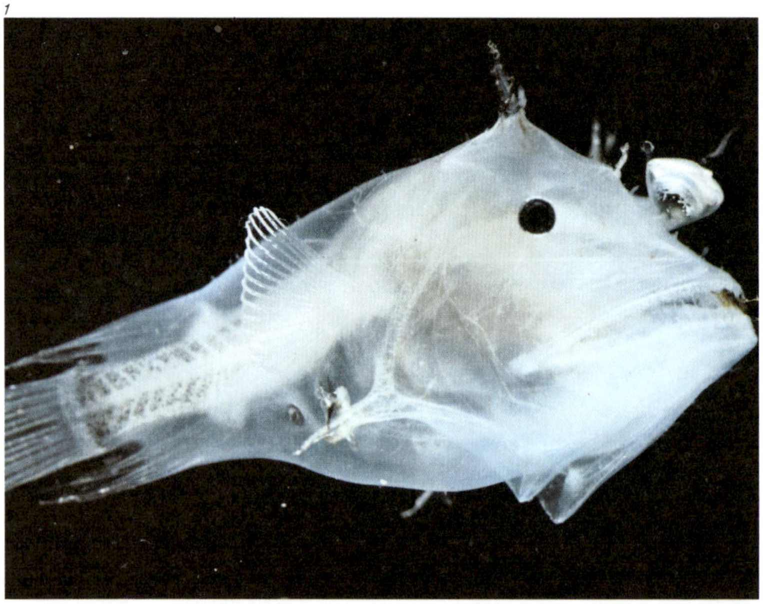

1 Eine Eigentümlichkeit der Tiefsee-Anglerfische ist der Parasitismus der Männchen. Die Männchen sind sehr klein (etwa 1 cm) und heften sich schon sehr früh an ein Weibchen an, so daß sie wie ein bloßer Fortsatz des weiblichen Körpers wirken. Das Foto zeigt einen weiblichen Fisch mit angewachsenem Männchen.

2 Die Tiefsee-Anglerfische wurden von einem dänischen Marineoffizier entdeckt, der Anfang des 19. Jahrhunderts an der Westküste Grönlands einige angespülte Exemplare fand. Um 1900 waren erst 19 Anglerfische bekannt, die 13 verschiedenen Arten zugehörten. Gegenwärtig unterscheidet man rund 80 Arten. Die meisten sind klein und messen nur wenige Zentimeter, aber manche Arten erreichen auch eine Länge von 1 m und mehr.

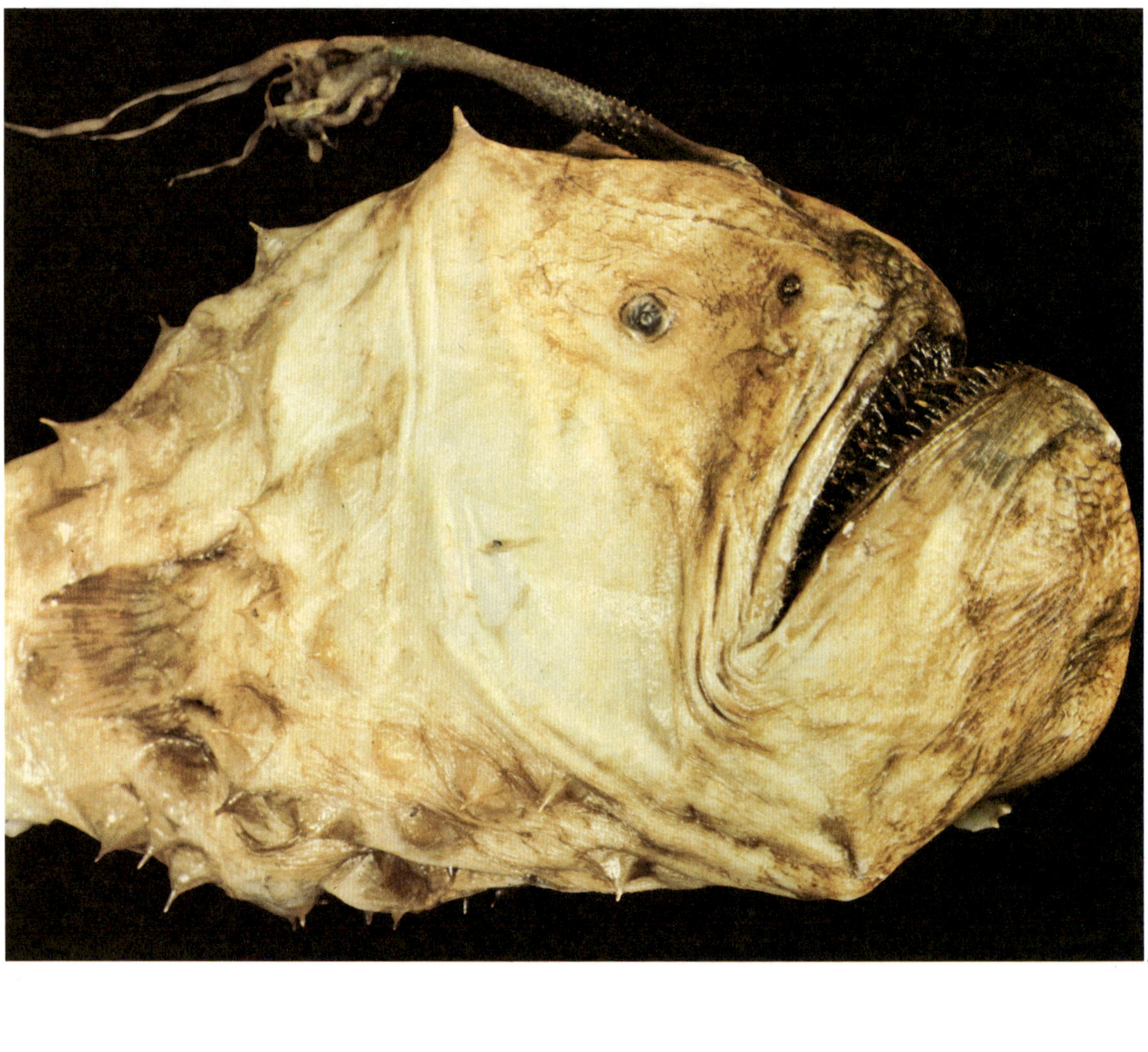
2

spitzen, gebogenen Zähnen eine große leuchtende und gegabelte »Köderangel« vom Kopf herab. Das 47 cm lange Tier ruht normalerweise wohl auf dem Boden, sperrt das Maul auf und läßt den leuchtenden Köder in der absoluten Finsternis hin- und herbaumeln. Wenn ein Fisch oder Krebs sich nähert, um den verlockenden Happen zu untersuchen, schnappen die mächtigen Kiefer zu.

Das andere Kuriosum ist ein kleiner, etwa 25 cm langer Fisch mit dünnen, elastischen Fortsätzen, die jeweils ungefähr 35 cm lang sind und vom Unterteil der Schwanzflosse und der beiden Bauchflossen ausgehen. Diese Fortsätze sind eigentlich nur stark verlängerte Flossenstrahlen. Als die Wissenschaftler die ersten Exemplare dieses Fisches erblickten, die mit einem Grundschleppnetz nach oben geholt worden waren, tauften sie ihn »Dreibeinfisch«. Zunächst nahmen sie an, der Fisch benutze seine drei »Beine« lediglich zum Aufspüren von eingegrabenen Beutetieren. Später sahen die Insassen des Bathyskaphs »Trieste«, der vor der Pazifikinsel Guam auf 7000 m abgetaucht war, voller Staunen einen »Dreibeinfisch« (er hat inzwischen den Namen *Bathypterois* erhalten), der wie ein Stativ mit seinen drei Flossenstrahlen auf dem Meeresgrund stand.

Noch genauer wurde ein solcher Fisch von »Deepstar 4000« aus beobachtet, einem Tiefsee-Tauchboot, das der französische Meeresforscher Jacques-Yves Cousteau entworfen hatte. Das Tauchboot glitt in einer Tiefe von 1219 m im Golf von Mexiko über den Ozeanboden dahin. Die Wissenschaftler erblickten einen etwa 25 cm langen »Dreibeinfisch«, der majestätisch auf seinen Bauch- und Schwanzflossenstrahlen ruhte und seine segelförmigen Brustflossen wie die Arme eines Ballett-Tänzers nach oben wölbte. Als ein Beutetier in Reichweite kam, sprang der Fisch in die Höhe, um es zu packen.

Wirbellose Tiere der Tiefsee

Auch die Seewalzen, Seeigel, Seesterne und Krebstiere der Tiefsee mußten sich auf vielerlei Weise an die Druckverhältnisse, die Kälte und die Dunkelheit ihrer lebensfeindlichen Umwelt anpassen.

Meist haben diese Organismen nur noch eine allgemeine Familienähnlichkeit mit ihren Verwandten aus der Schelfzone. Als die »Galathea« zwischen Madagaskar und Mombasa in einer Tiefe von 4820 m einen Schleppnetzzug durchführte, der sieben Stunden dauerte, stellte sich heraus, daß die Seewalzen in diesem Fang am häufigsten vertreten waren. (Diese weichen und schleimigen zylindrischen Lebewesen werden paradoxerweise zusam-

3

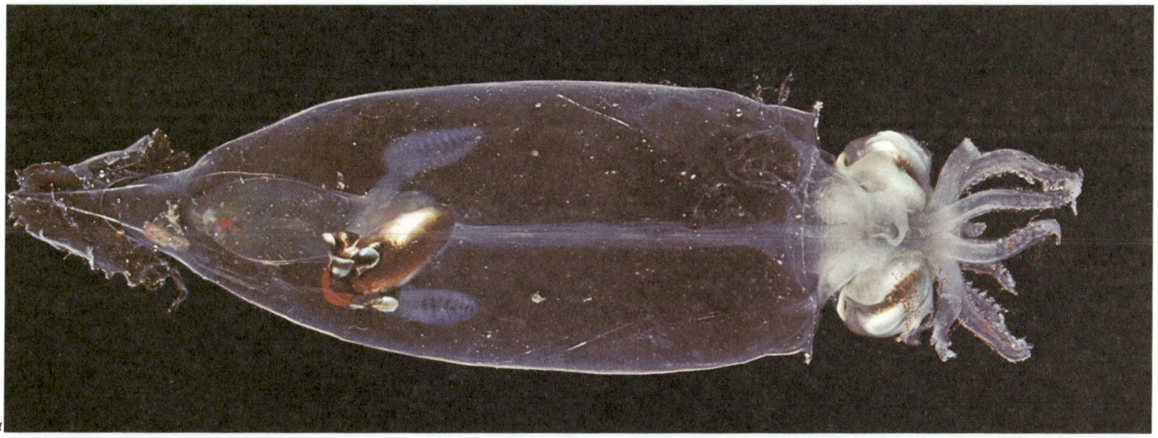
4

5

3–5 Die Tintenfische gehören wie die Schnecken und Muscheln zum Stamm der Weichtiere oder Mollusken. Sie haben ein hochentwickeltes Gehirn und zwei Augen, die dem menschlichen Auge sehr ähnlich sind. Doch während die Kraken acht Arme besitzen, haben die Kalmare deren zehn, und zwei davon sind ein wenig länger als die anderen. Tintenfische sind kraftvolle und rasante Schwimmer, die sich mit »Düsenantrieb« fortbewegen, indem sie Wasser aus der Mantelhöhle ausstoßen, einem Körperteil, der sich an der Unterseite des Tieres befindet und ein befiedertes Kiemenpaar enthält. Der Wasserstrahl kann durch entsprechende Bewegungen der trichterförmigen Öffnung nach vorne oder hinten gerichtet werden. Das zentralisierte Nervensystem steuert die Muskeln, die das Wasser durch den Körper pumpen, und befähigt das Tier zu sehr schnellen Reaktionen auf Außenreize. Wegen dieser hervorragenden Reaktionsfähigkeit gehen Tiefsee-Tintenfische nur selten ins Netz. Drei Tiefseearten sind hier abgebildet.

men mit den Seesternen und Seeigeln einem Tierstamm zugerechnet, der den Namen Stachelhäuter trägt.)

Eine der gefangenen Seewalzenarten gehörte der Gattung *Deima* an und besaß einen weißlichen, etwa 10–15 cm langen Körper. Eine andere stammte aus der Gattung *Psychropotes.* Die letztere Art, ein 20–30 cm langes rotviolettes Tier mit gelblicher Oberseite, besitzt einen Körper mit halbzylindrischem Querschnitt und einen großen Schwanzanhang, der sich wie ein Segel aufrichtet. Dieses »Segel« wird möglicherweise als Schwimmhilfe benutzt. Im allgemeinen jedoch, so meinen die Wissenschaftler, durchpflügt das Tier den Bodenschlamm auf der Suche nach Nahrung und reckt den Schwanz als Atmungsorgan nach oben.

In den Seeigeln der Tiefsee erkennt man kaum die kriechenden »Nadelkissen« der Schelfzone und der Felsenküste wieder. Die sehr seltene Art *Echinosigra paradoxa,* welche die »Galathea« aus Tiefen von 3000–4000 m heraufholte, hat nicht einmal die typische eiförmige Gestalt der anderen Seeigel. Das Hinterteil ist vielmehr lang ausgezogen, so daß das Tier aussieht wie ein Kopf auf einem langen Hals, der im Schlamm des Meeresbodens umherkriecht. Diese Art hat ein ungewöhnlich großes Verbreitungsgebiet, denn sie wurde sowohl 1515 m tief vor Südisland als auch inmitten des Indischen Ozeans in einer Tiefe von 3300 m entdeckt.

Nahrung auf dem Meeresgrund

Die tiefseebewohnenden Seewalzen und Seeigel befinden sich in einer heiklen Lage, denn sie sind abhängig von den geringen organischen Stoffen, die der Bodenschlamm enthält. Ein Teil ihrer Nahrung stammt zweifellos von den verwesenden Überresten anderer Tiefseebewohner, ein anderer, aber nicht sehr großer Teil von abgestorbenen Oberflächenorganis-

Spinnenähnlich und wahrscheinlich mit den Spinnen verwandt sind die Asselspinnen (Pantopoda), die auf dem Meeresboden umherkriechen, vermutlich sogar in den allergrößten Tiefen. Die Beine sind so lang, und der Körper ist so klein, daß die inneren Organe teilweise in den Beinen untergebracht sind. Die Langbeinigkeit ist eine Anpassung, die den Tieren die Fortbewegung auf dem weichen Sedimentboden der Tiefsee erleichtert.

men, die zum Meeresgrund absinken.

Neuere Analysen und Laboruntersuchungen haben die weitverbreitete Vorstellung, daß es im Meer unaufhörlich organische Stoffe »schneie«, nicht bestätigt. In Wirklichkeit erreichen nur sehr wenige organische Überreste den Ozeanboden. Die meisten kranken oder die toten Oberflächentiere werden schon während des Absinkens verzehrt. Die winzigen Ruderfüßer haben eine Sinkgeschwindigkeit von 500 m pro Tag, brauchen also eine Woche oder noch mehr, um in tiefen Gewässern den Boden zu erreichen. Während sie langsam nach unten schweben, werden sie von Fischen, Quallen und vielleicht sogar von anderen Ruderfüßern weggeschnappt.

Man hat ferner errechnet, daß ein toter Wal in einer Stunde um etwa 100 m sinkt und somit erst nach ungefähr zwei Tagen auf dem Meeresgrund anlangt. Unterwegs fallen Haie und Tintenfische über die Walkadaver her. Aus diesem Grunde liefern tote Wale den Bewohnern des Tiefseebodens im Jahr wahrscheinlich weniger als 1 g Nahrung pro Quadratmeter. Sogar die Knochen der Wale und der größeren Fische werden rasch verzehrt; nur das härteste Gewebe bleibt verschont. Die steinharten Gehörblasen von Walen und Haifischzähne sind die häufigsten tierischen Überreste auf dem Meeresgrund. Im Pazifischen Ozean wurden mit einem einzigen Schleppnetzzug 50 Walgehörblasen und Tausende von Haizähnen vom 4300 m tiefen Boden zutage gefördert.

Der Blumenkorb der Venus

Schwämme sind ungewöhnlich einfach gebaute Bewohner der Meerestiefen. Diese koloniebildenden Tiere – oder vielmehr ihre getrockneten und von allen Weichteilen befreiten Skelette – benutzen wir gerne beim Baden. Es gibt jedoch eine Ordnung von Tiefseeschwämmen, die sogenannten Glasschwämme, die wohl schön anzusehen sind, die anzufassen aber gefährlich ist. Wie bereits der Name sagt, besitzen diese Schwämme ein Skelett aus reinem Silicium, das klar wie Kristall und ebenso zerbrechlich ist. An Bruchstücken eines solchen Schwammes, die in ein Netz geraten sind, kann man sich leicht die Hand zerschneiden. Der eigentliche »Körper« des Schwammes ist mit einem starken seilarti-

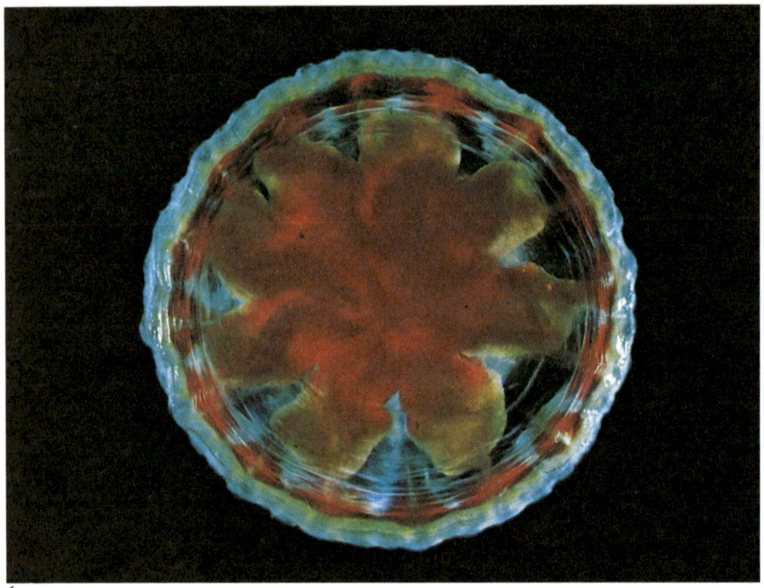

1

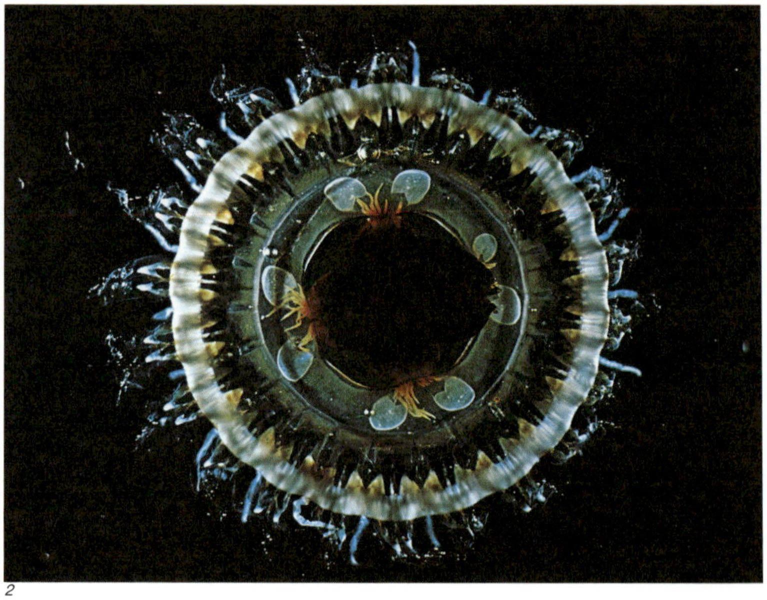

2

1–3 Der Riesenmuschelkrebs (Gigantocypris agassizi; 3) der Tiefsee ist mit einem Durchmesser von knapp 2,5 cm wahrlich ein »Riese« unter den winzigen Muschelkrebsen, die zu den häufigsten Krebstieren gehören und praktisch alle Gewässer der Erde bevölkern. Die Quallen (1 und 2) gleichen umgekehrten Seeanemonen oder Korallenpolypen.

4 Krebstiere sind im Meer allgegenwärtig, so wie die Insekten auf dem Festland. Dieser Mittelkrebs (Anomura) der Tiefsee ist ein Verwandter der Einsiedlerkrebse und Königskrabben.

5 Auf dem Tiefseeboden sind, wie dieser Blick durch das Sichtfenster des Tauchbootes »Trieste« beweist, Schlangensterne mit ihren ausgestreckten fünf Armen zahlreich vertreten. Man beachte auch die Spuren anderer Lebewesen, die sich in dem Sedimentboden abzeichnen. Selbst in dieser abweisenden Umwelt können sich viele Lebensformen behaupten.

gen Stiel aus verdrehten Siliciumsträngen im Meeresboden verankert.
Die Siliciumnadeln des Skeletts sind miteinander zu einem netzförmigen Gebilde verhakt, das im getrockneten Zustand einer gläsernen Blumenvase verblüffend ähnlich sieht. Unter dem Namen »Venusblumenkorb« ist es eine beliebte Kuriosität. Einige Arten, die Gießkannenschwämme, gehen eine interessante Lebensgemeinschaft mit bestimmten Tiefseegarnelen ein: Nicht selten schlüpfen eine junge männliche und eine junge weibliche Garnele in den von dem Gitterwerk gebildeten Hohlraum und bleiben dort, bis sie ihn wegen ihrer Größe nicht mehr verlassen können. Sie verbringen also ihr ganzes Leben in dem Schwammgefängnis und ernähren sich von den organischen Stoffen, die der Schwamm mit dem Atemwasser hereinschwemmt.

Krebstiere und Kopffüßer der Tiefsee

Krebse sind anpassungsfähige Tiere, die auch in einer sehr unwirtlichen Umwelt wie der Tiefsee leben und gedeihen können. In mäßig tiefem Wasser, etwa bei 1500 m, sind manche Arten recht zahlreich vertreten. Doch eine Art, die Rote Krabbe *(Geryon quinquedens)*, blieb lange unentdeckt. Erst in den fünfziger Jahren wurde die Existenz dieser Art durch die Grundschleppnetzzüge eines Forschungsschiffes nachgewiesen. Die Krabbe galt wegen ihres leuchtend roten Panzers und ihres Gewichts – sie wiegt zuweilen ein Kilogramm oder noch mehr – als eine Art Außenseiter. Sie wurde allgemeiner bekannt, als man zahlreiche Exemplare im Tiefwasser vor der Ostküste der USA in Hummertöpfen fing. Schon bald darauf belieferten einzelne Fangschiffe den Lebensmittelmarkt massenhaft mit diesen Krabben – bis zu 635 t jährlich. In rund 25 Jahren hat sich die Rote Krabbe von einer fast unbekannten Tiefseerarität in ein begehrtes Nahrungsmittel verwandelt. Leider ist es nicht ausgeschlossen, daß dieses Tier infolge Überfischung bald wieder zu einer Seltenheit wird.
Sogar Einsiedlerkrebse der Gattung *Parapagurus* rennen auf dem Boden der Tiefsee umher, kaum anders als ihre Verwandten, die sich Hunderte oder Tausende von Metern höher in sonnenhellen Küstengewässern tummeln. In den Tiefen des Meeres sind die Einsiedlerkrebse eifrig auf der Suche nach leeren Schneckenhäusern, die sie als Wohnung benutzen können, und nach Nahrung. Da Schneckenschalen im Tiefwasser selten sind, wird die »Wohnungssuche« der Einsiedlerkrebse zu einem oft nicht enden wollenden Unternehmen.
Die Wissenschaftler sind davon überzeugt, daß sehr viele Kopffüßer oder Tintenfische in der Tiefsee leben, wenn auch bislang in diesen Tiefenregionen nur wenige Exemplare gefangen wurden, denn die Tiere sind ausgezeichnete Schwimmer und weichen den Schleppnetzen geschickt aus. Die Kopffüßer, die dennoch ins Netz gegangen sind, haben im Unterschied zu den im Schelfbereich lebenden Arten ein gallertartiges Gewebe, das ebenso weich und empfindlich ist wie eine Qualle. Man hat Tintenfische in Tiefen von 3500 m entdeckt, und im antarktischen Weddellmeer lebt ein Oktopus *(Grimpoteuthis)* auf dem 3000 m tiefen Ozeanboden.

Der Ursprung des Lebens und die lebenden Fossilien

Die aufregenden Entdeckungen, die im 19. Jahrhundert in den Tiefen der Ozeane gemacht wurden, verleiteten viele Gelehrte zu der Vermutung, daß vielleicht eines Tages ein urtümliches Lebewesen – gewissermaßen die Stammform aller Tiere der Erde – aus dem Abgrund des Meeres geborgen werden könnte. Tatsächlich förderten Grundschleppnetze und Dredschen zahlreiche seltsame und ungewöhnliche Tiere zutage, doch sie alle stimmten bis zu einem gewissen Grad mit bereits bekannten Tierformen überein. Das Dredschen in den größten Tiefen war ein faszinierendes Unternehmen, weil niemand voraussagen konnte, was die Netze ans Tageslicht bringen würden. Ja, Forscher wie Louis Agassiz gingen davon aus, daß die Tiefsee sehr wohl ein Zufluchtsort für prähistorische Tiere sein könne, die man nur aufgrund von fossilierten Überresten kannte.
L. Agassiz' Erwartungen schienen sich zu erfüllen, als der norwegische Meeresforscher Georg Ossian Sars 1864 in nur 550 m Tiefe vor Norwegen ein lebendes Exemplar der Seelilie *Rhizocrinus lofotensis* entdeckte, die im Deutschen den Namen Wurzelhaarstern erhielt. Trotz des Pflanzennamens sind die Seelilien Tiere, die zu den Stachelhäutern gehören. Die fünfstrahlige »Blüte« sitzt auf einem langen Stiel und dient zum Einfangen von Planktonnahrung. Überreste dieser Art kannte man bis dahin nur aus 160 Jahrmillionen alten fossilen Lagerstätten. Tiefere Schleppnetzzüge förderten noch weitere »lebende Fossilien« zutage. Sicherlich, so glaubte man, würde die Tiefsee bald auch altertümliche Fischformen und vielleicht sogar einen Meeressaurier freigeben.
Im Jahre 1938 meldeten wissenschaftliche und populäre Zeitschriften die Entdeckung eines lebenden Quastenflossers, eines Fisches also, von dem die Zoologen bislang nur fossilierte Reste aus zwischen 60 bis 300 Jahrmillionen alten Gesteinsschichten gesehen hatten. Das Exemplar wurde im Indischen Ozean vor der südafrikanischen Hafenstadt East London von einem Fischkutter in 122 m Tiefe gefangen. Das Tier mit dem wissen-

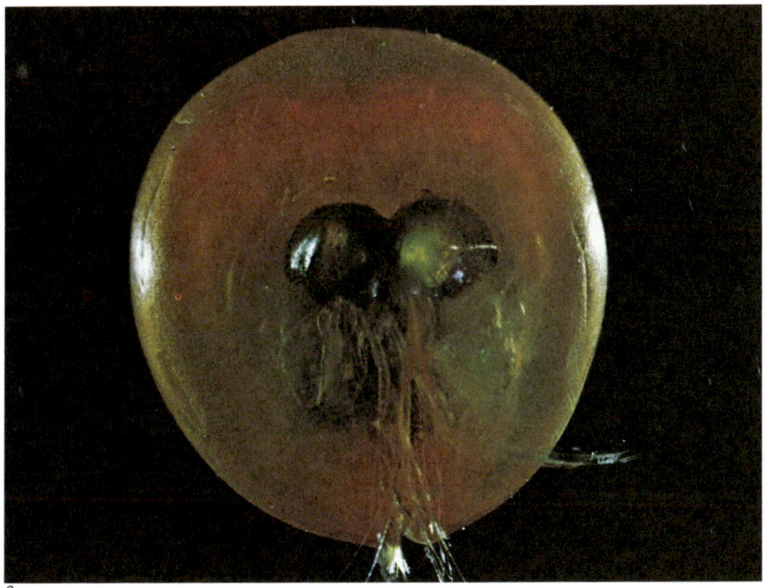
3

4

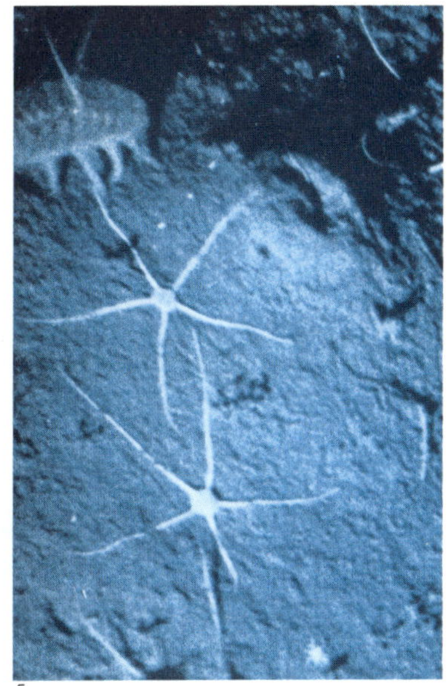
5

schaftlichen Namen *Latimeria chalumnae* war 1,50 m lang und wog 55 kg, hatte eine blaugraue Haut, auffallend blau schimmernde Leuchtaugen und eine tückisch wirkende Schnauze mit kräftigem Gebiß. Die stämmigen Flossen, die vom Körper abstanden, zwei auf jeder Seite, sahen wie Beine aus und legten die Vermutung nahe, das Tier stelle möglicherweise eine Übergangsform zwischen den Fischen und den Reptilien dar.
Seit jener sensationellen Entdekkung wurden noch weitere Exemplare eingefangen, teils von eingeborenen Fischern, die ihre beköderten Angelhaken in Tiefen von 100 bis 150 m hinabließen. Allen Anstrengungen zum Trotz ist es allerdings bisher nicht gelungen, Quastenflosser in künstlichen Behältern am Leben zu erhalten. Es hat den Anschein, als wäre der plötzliche Wechsel von ihrem kalten natürlichen Lebensraum zur subtropischen Meeresoberfläche ein zu großer Schock für die urweltlichen Tiere.

Quellen auf dem Meeresgrund

Die Tiefsee gilt allgemein als eine spärlich belebte Region. Doch es gibt Ausnahmen wie die von üppigem Leben erfüllten Gebiete in einer Tiefe von 2500 m vor der mittelamerikanischen Küste im Pazifik. Sprudelnde Quellen im Meeresboden, deren Wasser durch den glutflüssigen Mantel der Erde bis auf 17°C erwärmt wird, lassen dort Zentren des Lebens entstehen, die Oasen in der Wüste gleichen. Dank dem warmen Wasser und den Mikroorganismen, die in ihm gedeihen, entwickeln sich ausgedehnte Muschelbänke, deren Bewohner einen Schalendurchmesser von 30–40 cm erreichen und infolge der reichen planktonischen Nahrung dick und fett werden. Große, ungefähr 75 cm lange Grenadierfische schießen raubgierig, beutehungrig über den Muschelbänken hin und her.
Das fruchtbare Ökosystem, das sich rings um die warmen Tiefseequellen entfaltet, basiert allerdings nicht, wie in der seichteren photischen Zone, auf photosynthetisch erzeugter Nahrung, denn dort unten fehlt das Sonnenlicht, das für die Photosynthese erforderlich ist. Die Hauptenergiequelle ist vielmehr Schwefelwasserstoff, der aus den Tiefen der Erde stammt und Bakterien ernährt, die ihrerseits den Ausgangspunkt der Nahrungskette bilden. Also nicht die Photosynthese, sondern die Chemosynthese ist die Voraussetzung für das Leben in den Tiefseeoasen.
Fern von den warmen Quellen ist die Tiefsee, wie nicht anders zu erwarten, eine stabile Umwelt mit schwacher Wasserbewegung, wo die Jahreszeiten nicht wahrnehmbar sind und es weder Tag noch Nacht gibt. Die Temperaturen verändern sich von Monat zu Monat nur geringfügig, das Nahrungsangebot ist bescheiden, und die Organismen zeichnen sich aus durch verlangsamten Stoffwechsel, langsames Wachstum und Langlebigkeit.
Neuere Untersuchungen an lebenden Muscheln, die 300 m tief im Atlantischen Ozean vor der nordamerikanischen Küste eingesammelt wurden, haben ergeben, daß die nur 3 cm großen Weichtiere rund 250 Jahre alt waren!

Abstieg in die Tiefe

Der Abstieg in die Tiefen und der Wiederaufstieg sind ein alter Traum der Menschheit. Die Entdeckung von Pottwalen, die sich 1100 m tief in den Unterwasserkabeln verfangen hatten, war ein Beweis dafür, daß zumindest diese Meeressäuger so weit hinabtauchen können. Alle tauchenden höheren Wirbeltiere – Vögel, Reptilien oder Säuger – unterliegen beim Abtauchen starken Veränderungen in ihrem Stoffwechsel. Der Puls geht zu Beginn eines Tauchvorgangs drastisch zurück: 75 Herzschläge pro Minute im Normalzustand können sich auf nur 5 verringern. Das meiste Blut mit seinem lebensnotwendigen Sauerstoff wird aus dem Unterleib ins Gehirn, in die Sinnesorgane und in die beim Tauchen eingesetzten Muskeln gepreßt, was die Leistungsfähigkeit des Tieres unter Wasser wesentlich erhöht.
Auch der Mensch ist physiologisch zum Tauchen befähigt, allerdings nur innerhalb sehr enger Grenzen. Um in größere Tiefen hinabsteigen zu können, muß er sich komplizierter technischer Geräte bedienen. Die modernen Bathyskaphe eröffnen ihm nahezu unbegrenzte Möglichkeiten; mit ihnen können Menschen selbst in die tiefsten Regionen der Weltmeere vorstoßen. Natürlich ist dies stets mit Risiken verbunden.
Tauchfahrten in die Tiefsee haben uns die Mannigfaltigkeit der dort lebenden Tiere und die Beschaffenheit des Meeresbodens enthüllt. Erst vor kurzem hat die Besatzung des französischen Bathyskaphs »Archimède« den 9200 m tiefen Puerto-Rico-Graben erforscht und dabei voller Staunen beobachtet, daß jeder Quadratmeter Ozeanboden irgendwelche Lebensspuren aufwies – eine furchenartige Tierspur, eine von Lebewesen aufgeworfene Erhebung oder gar ein paar Krabben. Aber die Wissenschaftler stellten zu ihrem Entsetzen ebenfalls fest, daß sogar der Tiefseeboden bereits Anzeichen menschlicher Umweltverschmutzung aufwies: Verstreut zwischen den Lebewesen fanden sie eine leere Marmeladendose, Pappstücke und eine Bierflasche.
Solche unerfreulichen Entdeckungen verweisen auf ein wichtiges Problem. Die Tiefsee ist ein sehr spezialisierter Lebensraum, denn in seiner Dunkelheit und Kälte laufen physiologische und physikalische Prozesse nur sehr langsam ab. Wenn der Mensch die Meerestiefen als geeigneten Behälter für seine Abfälle betrachtet, für Abwässer, Gifte, Atommüll und veraltete Munition, dann sollte er bedenken, daß diese Stoffe auf dem Ozeanboden praktisch unverändert erhalten bleiben, vielleicht über Jahrhunderte hinweg. Und er sollte vor allem bedenken, daß solche Schadstoffe diesen sehr empfindlichen, sehr urtümlichen Lebensraum schädigen oder gar zerstören können.

Abb. S. 362: Baßtölpel auf dem Brutfelsen in der Plazentia-Bucht, Neufundland.
Abb. S. 363: Land-Leguan auf Plaza, einer Galapagos-Insel.

Faszinierende Inselwelt

Die Geburt einer Insel

Typen und Formen

In diesem Augenblick sind irgendwo vor den Küsten der Kontinente und in den Weiten der Weltmeere Inseln in der Entstehung oder Wandlung begriffen. Ozeanische Inseln, also Inseln, die niemals mit einer größeren Landmasse zusammenhingen, können durch Vulkanismus höher emporsteigen und an Umfang zunehmen, während andere – das gilt sowohl für ozeanische als auch für kontinentale Inseln – zur gleichen Zeit absinken, zerfallen und schließlich von den Wellen überspült werden. Inseln sind vergänglicher als alle anderen Landmassen, zumindest in geologischer Hinsicht. Ihr Alter zählt manchmal nach Tagen, manchmal auch nach Jahrtausenden. Nur verhältnismäßig wenige sind zehn oder hundert Jahrmillionen alt, und dabei handelt es sich meist um sehr große Inseln.

Ein gutes Beispiel für den Altersaufbau einer Inselgruppe ist der Hawaii-Archipel: Kauai, die älteste der größeren Inseln, besteht seit mehr als 5 Millionen Jahren, wohingegen die Hauptinsel Hawaii selbst nicht älter als 1 Million Jahre ist. Inseln, die noch älter sind als Kauai, liegen im Nordwesten der Inselkette, doch sie sind fast völlig abgetragen und weitgehend untergetaucht, überkrustet von Korallen, die Atolle und Kalkinseln bilden.

Wie Inseln entstehen

Wo breite, allmählich abfallende Kontinentalschelfe die Küsten säumen, herrschen Sandstrände und Sandbänke vor. In der gemäßigten Zone stammt dieser Sand aus jener fernen Vergangenheit, als mächtige Gletscher, weit mehr als einen Kilometer hoch, sich über die Berge hinwegschoben und riesenhafte Schmelzwasserströme das Land durchzogen. Das Gestein wurde dabei zermahlen und in Richtung Küste befördert, wo sich die Bewegung der Gletscher verlangsamte und sich das feinkörnige Material am Rand der Kontinente ablagerte. Im Laufe von Jahrmillionen, in denen die Küsten unter der Einwirkung klimatischer und geologischer Kräfte immer wieder vordrangen und zurückwichen, bauten sich so stufenweise die Kontinentalschelfe auf, deren einzelne Schichten ihre Herkunft und die Bedingungen ihrer Entstehung verraten.

In den küstennahen Untiefen eines Kontinentalschelfs prägen parallel angeordnete Erhebungen oder Sandbänke das Bodenrelief. Unmittelbar vor der Küste können sie so hoch ansteigen, daß sie aus dem Wasser emporragen, oder sie erstrecken sich als lange, spitz zulaufende Landzunge ins Meer hinaus, die früher oder später abgetrennt wird. Solche niedrigen und instabilen Inseln werden durch Gräser verfestigt, die sich dort ansiedeln, etwa durch den kosmopolitischen Strandhafer oder das Spartgras. Wenn eine langgestreckte Landzunge plötzlich durch starke Wellenbewegung von der Küste abgetrennt wird, entsteht eine neue Insel, deren pflanzliches und tierisches Leben mit dem des Festlandes gleich ist, zumindest in der ersten Zeit. Weil sie aufgrund ihrer Lage die Festlandsküste wie eine Schranke vor der Brandung schützt, bezeichnet man sie als Barriere-Insel. In Europa zählen die Ost- und Westfriesischen Inseln vor der deutschen und niederländischen Nordseeküste zu diesem Typ.

An vielen Felsküsten beider Hemisphären, wo steile Klippen ins Meer hineinragen, sind Wellen und Strömungen für die Entstehung neuer Inseln verantwortlich. Klippen können dadurch so stark unterhöhlt werden, daß sie abreißen und ins Wasser stürzen. Da solche Küsten niemals eine ganz gerade Linie bilden, sind die Kräfte der Wellen ungleichmäßig verteilt. Wo sie sich konzentrieren, können die Wellen, die tonnenschwere Felsstücke und scheuernden Sand mit sich führen,

Das herrliche Kwajulein-Atoll, das zu den Marshall-Inseln gehört, ist ein Produkt tierischer Organismen, der Korallenpolypen.

einen Landvorsprung an einer bestimmten Stelle so stark abwetzen, daß schließlich nur noch eine schmale, vom Wasser unterhöhlte natürliche Brücke übrigbleibt. Stürzt diese Brücke ein, dann ist aus dem vorderen Teil der einstigen Halbinsel eine neue Insel entstanden.

Im Verlauf der Erdgeschichte hat sich der Meeresspiegel wiederholt gesenkt und gehoben, wodurch sich die Küstenlinien stark verschoben. In den verschiedenen Eiszeiten war im Inlandeis und in den Gletschern mehr Wasser gebunden als heutzutage. Die Meeresoberfläche lag viel tiefer und sank zeitweise bis zum Rand der Kontinentalschelfe ab, wo der Ozeanboden unvermittelt steil zur Tiefseeplatte abfällt.

Aber es hat auch wärmere Perioden gegeben, in denen weniger Polar- und Gletschereis vorhanden war als heute und das Wasser in den Meeresbecken stark anstieg. In der Kreidezeit vor mehr als 100 Millionen Jahren waren große Teile des europäischen Tieflands und des nordamerikanischen Binnenlands vom Meer überflutet. Die maximale Schwankung der Meereshöhe betrug wahrscheinlich ungefähr 150 m und hatte nachhaltige Auswirkungen auf die Kontinente und Inseln der Erde.

Wenn der Meeresspiegel steigt, verschwinden flache Inseln im Wasser, und binnenländische Berge

Die Insel Tanna der Neuen Hebriden im Nordosten von Neukaledonien ist ein typisches Beispiel für eine »hohe« Insel. Sie ist übersät mit Vulkanen wie dem abgebildeten Yasur. Die meisten der 73 bekannten aktiven Vulkane befinden sich auf Inseln, und viele Inseln sind selbst vulkanischen Ursprungs. Sie entstehen, wenn untermeerische Vulkane aufsteigen und ausbrechen, und die Steilheit ihrer Hänge hängt ab von der Beschaffenheit des Materials, das bei der Eruption ausgeworfen wird. Vulkane, die vor allem Geröll und Asche ausspeien, haben in der Regel sehr steile Hänge.

und Hochebenen verwandeln sich in Inseln. Fällt das Meer, so steigen unterseeische Gebirge aus dem Wasser auf und werden von Landpflanzen und Landtieren besiedelt.

Inseln aus Pflanzen und Tieren

Manche Inseln werden durch Lebewesen aufgebaut, durch einfache Tiere und Pflanzen. Wo Mangroven in den seichten Küstengewässern der Karibik und des Südwestpazifiks Wurzeln schlagen, lassen sie nicht nur für ihr eigenes weiteres Wachstum, sondern auch für zahllose andere Lebensformen ein geschütztes Biotop entstehen. Nach und nach lagern sich hier Sedimente ab, bis nach Jahrhunderten der schlammige Untergrund über die Wasseroberfläche emporsteigt und somit Landpflanzen eine neue Möglichkeit bietet, sich dort anzusiedeln. Die junge Vegetation festigt den Schlamm und läßt den Boden weiter ansteigen. Vögel bauen dort ihre Nester und schleppen unbeabsichtigt die Samen weiterer Pflanzenarten ein. Schließlich finden andere Tiere den Weg zu dem neugewonnenen Landstück. Aus dem Nichts ist so eine Insel entstanden und besiedelt worden.

Allgemein bekannt ist, daß durch Korallentierchen neue Inseln aufgebaut werden, entweder kreisförmige Atolle oder einfache langgestreckte Bänke aus Korallenkalk, die einem unterseeischen Vulkanberg vorgelagert sind. Koralleninseln sind widerstandsfähige Gebilde, zumal wenn sich das lockere Material und die Korallentrümmer zu einer steinharten Masse verfestigen. Die Korallen wachsen rings um die Insel in die Höhe und vergrößern so ihren Durchmesser. Palmen, Gräser und alle möglichen Sträucher und Bäume setzen sich auf dem kargen Boden fest, der durch die verrottenden Überreste dieser Pflanzen allmählich angereichert wird.

Am eindrucksvollsten geht es bei der Geburt einer Insel zu, wenn ein Vulkan, der vielleicht über Jahrmillionen hinweg in den dunklen Tiefen des Ozeans emporgewachsen ist, schließlich mit donnerndem Getöse die Wasseroberfläche durchbricht.

Die ozeanischen Inseln

Wir wissen inzwischen, daß die Festlandsmassen auf riesigen Platten oder Schollen ruhen, die sich gegeneinander verschieben und im Laufe der Erdgeschichte bereits große Strecken zurückgelegt haben. Ursprünglich, so nimmt man an, gab es nur eine einzige zusammenhängende Landmasse, die als Pangäa bezeichnet wird. Später entstanden dann zwei Superkontinente, Gondwanaland und Laurasia, die durch das Tethys-Meer voneinander getrennt waren. Aus Gondwanaland bildeten sich Südamerika, Afrika, Indien, Australien und Antarktika. Laurasia spaltete sich und ließ Nordamerika sowie ganz Europa und Asien entstehen. Dieses allmähliche Auseinanderdriften und die späteren Zusammenstöße der Landmassen sind für den Botaniker und den Zoologen ebenso faszinierende wie bedeutsame Vorgänge, mit deren Hilfe sich die Probleme der Pflanzen- und Tierverbreitung, welche die Wissenschaft seit über einem Jahrhundert beschäftigen, endlich befriedigend lösen lassen. So weist zum Beispiel die Reptilienfauna Südamerikas und Ostafrikas eine starke Ähnlichkeit auf, und gleichartige Reptilien hat man als Fossilien im antarktischen Gestein entdeckt. Die älteren Biologen vermochten dieses Phänomen nicht recht zu deuten. Im vorliegenden Buch wird immer wieder von nah verwandten, aber räumlich weit voneinander getrennten Lebensformen die Rede sein, die uns heute nicht mehr so viele Rätsel aufgeben wie noch vor wenigen Jahren. Ein typisches Beispiel ist der in Hinter-

Die in dekorativen Mustern erstarrte Lava bildet den Hintergrund für die Naupakasträucher (Scaevola taccada) auf der Insel Hawaii. Die Lavamassen, die von den hawaiianischen Vulkanen ausgeworfen werden, verfestigen sich meist zu sehr langen seilförmigen Gebilden, die von kleinen Löchern wie von Pockennarben überzogen sind. Diese entstehen durch Gas- und Dampfblasen, die sich vor dem Erstarren in der Lava bilden und zerplatzen.

indien und auf Sumatra heimische Schabrackentapir *(Tapirus indicus)*, der sich im Grunde nur in seiner Größe und Fellfärbung von den drei südamerikanischen Tapirarten unterscheidet. Kontinentalinseln wie Sumatra wurden zusammen mit den dazugehörigen Festlandsmassen auf derselben Scholle verdriftet, wohingegen die ozeanischen Inseln ihre Existenz den Erschütterungen der Erdkruste verdanken.

Wir unterscheiden sechs große und mehrere kleinere Schollen. Wenn zwei Schollen sich aufeinander zubewegen und zusammenprallen, schieben sie sich am Rand übereinander und lassen im Meeresboden einen tiefen Graben und eine geologisch unruhige Zone entstehen. Wo zwei Schollen auseinanderdriften, ergibt sich eine immer breiter werdende Schwächezone, in der sich gewöhnlich aus aufsteigendem Gesteinsmaterial ein zentralozeanischer Rücken aufwölbt, wie beispielsweise der Mittelatlantische Rücken, auf dem sich Island, die Azoren und noch einige andere Inseln über den Meeresspiegel erheben.

Pioniere und Kolonisatoren

Selbst bei kleineren Vulkanausbrüchen, die wie auf Island oder Hawaii einen verhältnismäßig langsamen Lavafluß aufweisen, hat das zähflüssige geschmolzene Gestein beim Austritt Temperaturen bis zu 1180°C. Kein Organismus kann eine solche Hitze überstehen; alles pflanzliche und alles tierische Leben wird durch die Lava ausgelöscht.

Als der Krakatau 1883 explodierte, verschwand diese recht große Vulkaninsel in der Sundastraße zwischen Sumatra und Java fast vollständig; nur ein kleiner Überrest, Rakata, blieb bestehen. Die Eruption, eine der gewaltigsten in geschichtlicher Zeit, war Tausende von Kilometern weit zu hören, und der ausgeworfene Staub, der sich hoch in der Atmosphäre sammelte, verdunkelte noch monatelang die auf- und untergehende Sonne auf der ganzen Erde. In den ersten Monaten nach dem Ausbruch konnten die Wissenschaftler keinerlei Lebensspuren auf Rakata entdecken, doch drei Jahre später hatten sich bereits drei Dutzend Pflanzenarten angesiedelt, und schon vorher wurde die Insel regelmäßig von Vögeln aufgesucht. Seither hat die Besiedlung von Rakata rasche Fortschritte gemacht, und heute unterscheiden sich seine Vegetation und seine Tierwelt kaum von denen der umliegenden Inseln. Natürlich war dabei die unmittelbare Nähe der beiden großen Inseln Java und Sumatra von Vorteil.

Wie gelangen Organismen auf eine ozeanische Insel? Während seiner Weltreise auf der »Beagle« untersuchte Charles Darwin auch die Luft und konnte in ihr Sporen, Samen, Insekten und Jungspinnen nachweisen, die vom Wind über das offene Meer getragen wurden.

Heute wissen wir, daß Vögel an ihren Beinen und im Gefieder Samenkörner, Milben, Sporen und Eier von Insekten (und sogar von Fischen!) befördern. Samen, zum Beispiel Kokosnüsse, legen im Wasser treibend weite Strecken zurück, bis sie irgendwo an einem Inselstrand angespült werden und auskeimen. Seeleute beobachten zuweilen »Vegetationsflöße«, die sich von einem fernen Flußufer losgerissen haben und weit aufs Meer hinaus treiben. Manche Flöße dieser Art waren so groß, daß sie in Seekarten aufgenommen, jedoch dann nie wieder gesehen wurden – auch so läßt sich das »Verschwinden« von Inseln erklären. Auf einem solchen Floß können kleine Säuger, Reptilien, Insekten, Spinnen, Tausendfüßer, Landschnekken und anderes Getier mitreisen, allerdings schwerlich Amphibien oder Regenwürmer, die wegen ihrer feuchten Haut der Auslaugung durch das Salzwasser ausgesetzt wären.

Schmelztiegel der Evolution

Modellfall Galapagos-Archipel

Eines der größten Wunder des Lebens auf unserem Planeten ist die Evolution, also die allmähliche Verwandlung der Organismen in ganz andere Lebensformen, die einer veränderten Umwelt besser angepaßt sind. Wegen der unermeßlich langen Zeit, die darüber vergeht, fällt es uns schwer, das Ausmaß dieser Veränderungen zu erkennen, die sich in einer Vielzahl kleinster Einzelschritte vollziehen.
Unsere Erde ist voller Beweise für die Evolution, die durch eine Reihe von nachprüfbaren Faktoren bewirkt wird. Einer dieser Faktoren ist die Isolation von Lebewesen, entweder auf einem Berggipfel oder in einem erdgeschichtlich alten Gewässer, wie beispielsweise dem Baikalsee, oder auf einer Insel. Lebewesen finden, wie gesagt, auf mannigfaltige Weise den Weg zu einer Insel, auch wenn die Wahrscheinlichkeit, daß sie dort sicher ankommen, nicht sehr groß ist; viele sterben auf dem Meer. Doch einige Organismen erreichen ihr Ziel. Keine Insel bleibt lange unbesiedelt, ohne Rücksicht auf die geographische Lage, die Temperatur und das Klima, auf Meeresströmungen, vorherrschende Winde und Gegebenheiten der Oberflächengestaltung.
Sobald sich ein Organismus in seiner neuen Heimat eingerichtet hat, werden die Auswirkungen der Isolation spürbar. Das gilt für Pflanzen und Tiere gleichermaßen. Individuelle Abweichungen in der Beinlänge, der Blattgröße oder der Flügelbreite können mit der Zeit, über viele Generationen hinweg, zu einer Zunahme oder Abnahme von Individuen mit diesen Besonderheiten führen. Bald beginnt sich eine einst homogene Population in mehrere Gruppen mit unterschiedlichen Vorlieben und Fähigkeiten aufzuspalten, die am Ende sogar den Kontakt zueinander verlieren können. Manche Vögel bevölkern zum Beispiel die Berge, andere die Felsküste, wieder andere den dichten Wald. Die unterschiedlichen Merkmale, die jede Gruppe zum Überleben in diesen neuartigen Lebensräumen befähigen, prägen sich immer deutlicher aus, und es entwickeln sich schließlich neue Arten, die sich wegen der räumlichen Entfernung oder der abweichenden Verhaltensweisen, Körperstrukturen und Gene nicht mehr miteinander paaren können.

Auf den Galapagosinseln

Genau das beobachtete Charles Darwin, als er im September und Oktober 1835 die vulkanischen Felsinseln von Galapagos besuchte. Dort fand er Vögel vor, die ihn an Finken des südamerikanischen Festlandes erinnerten, die sich aber so stark spezialisiert hatten, daß zwischen ihnen keine oder nur noch geringe Gemeinsamkeiten bestanden. Der Wettbewerb um Nahrung und Nistgelegenheiten war bei diesen Nachkommen – insgesamt 14 Arten – eines gemeinsamen Vorfahren verkümmert oder völlig geschwunden. Darwin verbrachte nur drei Wochen auf den öden, zerklüfteten Inseln, aber was er dort gesehen hatte, gab ihm noch jahrelang zu denken und führte schließlich zu der Erkenntnis, daß sich eine einzige Stammform in verschiedene Arten aufgliedern kann. Die Isolation wurde zu einem außerordentlich wichtigen Faktor bei der Abstützung einer umfassenden Theorie, die er zu begründen versuchte. In jenen kurzen Wochen war er Zeuge eines weit fortgeschrittenen Artbildungsprozesses geworden, bei dem jedoch die enge Verwandtschaft zwischen den

Die Zoologen vermuten, daß Elefantenschildkröten auf den Galapagos Schlamm- und Wasserlöcher aufsuchen, um sich abzukühlen. Die kleineren Schildkrötenarten leben grundsätzlich in trockenen Gebieten, während die größeren Gegenden bevorzugen, in denen etwas Wasser vorhanden ist. Weil die kuppelförmigen Riesenschildkröten im Verhältnis zum Volumen eine kleinere Körperoberfläche haben, können sie überschüssige Wärme nicht so mühelos abgeben wie ihre kleineren Verwandten. Deswegen sind sie offenbar auf solche Hilfen angewiesen, wenn sie sich abkühlen wollen.

neuentstehenden Arten, also ihr gemeinsamer Ursprung, noch klar zu erkennen war.
Ein Merkmal, das Darwin bei diesen Finken genauer untersuchte, war die Schnabelform: Die Schnäbel waren teils schwer und kegelförmig, teils lang und spitz, teils scherenähnlich. Eine der in vier Gattungen zusammengefaßten Arten, der Spechtfink *(Cactospiza pallida = Camarhynchus pallidus)*, gehört zu der kleinen Gruppe der werkzeuggebrauchenden Tiere. Er benutzt einen Kaktusstachel, um Insekten oder Larven aus Rindenspalten hervorzustochern, was die Spechte überall auf der Welt mit ihrem Pfriemenschnabel und ihrer langen Zunge bewerkstelligen. Der Spechtfink füllt somit auf den Galapagosinseln die ökologische Nische der dort fehlenden Spechte aus.
Obwohl sich Darwin vor allem für die Finkenvögel interessierte, erkannte er auch, wenngleich nicht so deutlich, die Unterschiede zwischen den großen Landschildkröten auf den verschiedenen Inseln. Vermutlich sind die viel kleineren Vorfahren dieser riesigen Elefantenschildkröten *(Testudo elephantopus)* einst mit einem »Vegetationsfloß« vom amerikanischen Festland aus auf die Galapagosinseln gelangt.
Darwin hat zahlreiche Pflanzen und Tiere dieser Inselgruppe beschrieben, die wir heute als ebenso

wichtige Belege für den Spezialisierungseffekt der Isolation betrachten. Er beobachtete, wie man es heute noch kann, zwei große Leguanarten in ihren sehr unterschiedlichen Lebensräumen. Die Meerechsen *(Amblyrhynchus cristatus)* klammerten sich beim Sonnenbaden an die Lavafelsen, bevor sie in das vom Humboldtstrom abgekühlte Wasser hinabtauchten, um den braunen Tangbelag von den untermeerischen Felsen abzuweiden. Im Inneren der Inseln lebten die größeren braungelben Landleguane *(Conolophus subcristatus),* die eine längere Schnauze besaßen und mit Vorliebe bestimmte Blüten fraßen, sofern sie vorhanden waren. Hauptsächlich aber ernährten sie sich von Kaktusfrüchten und Kaktusblättern einschließlich der Stacheln.

Wegen der Kürze seines Aufenthalts blieb Darwin die uns heute geläufige Erkenntnis verschlossen, daß fast 40 Prozent der 700 Pflanzenarten des Archipels endemisch sind, also nur auf den Galapagos wachsen, und daß nahezu alle größeren Landtiere deutliche Abweichungen von ihren eingewanderten Vorfahren zeigen.

Und dann kam der Mensch...

Wir haben schon einmal erwähnt, daß eine Insel, geologisch gesehen, ein instabiles und recht kurzlebiges Gebilde ist. Noch größer und oft bereits im Zeitraum eines Menschenlebens wahrnehmbar ist die Unbeständigkeit ihrer Pflanzen- und Tierwelt.

Wenn sich die Lebensgemeinschaften einer Insel jahrtausendelang in einer gleichbleibenden Umwelt, von gelegentlichen zufälligen Neuzugängen abgesehen, entfaltet und spezialisiert haben, sind sie besonders anfällig für Störungen von außen. Im 17. und 18. Jahrhundert setzten Schiffsbesatzungen auf vielen Inseln Ziegen und Schweine aus, um sie gleichsam als lebende Proviantlager zu benutzen, doch diese Tiere zerstörten die endemische Inselvegetation so gründlich, daß viele Pflanzenarten fast völlig verschwanden und mit ihnen die Tiere, denen die Pflanzen bis dahin Nahrung und Unterschlupf geboten hatten. Ähnliches geschah, wenn Inseln von Menschen besiedelt wurden, die ihre Haustiere und allerlei fremde Pflanzen mitbrachten.

Katzen und Hunde dezimierten die auf der jeweiligen Insel heimischen

1

Die Darwinfinken der Galapagos

Insektenfressender Fink *(Certhidea olivacea)*, 10 cm

Spechtfink *(Cactospiza pallida = Camarhynchus pallidus)*, 15 cm

Mittlerer insektenfressender Baumfink *(Camarhynchus pauper)*, 13 cm

Spitzschnäbliger Grundfink *(Geospiza difficilis)*, 13 cm

Großer Kaktusgrundfink *(Geospiza conirostris)*, 15 cm

Großer Grundfink *(Geospiza magnirostris)*, 17 cm

2

3

4

5

6

7

kleinen Tiere, die weder körperlich noch verhaltensmäßig auf die räuberischen Fremdlinge eingestellt waren. Die neuen Grasarten, Getreidesorten, Unkräuter, Sträucher, Bäume und sonstigen Nutzpflanzen gediehen auf Kosten der vorhandenen Vegetation, die nur noch in tiefen Tälern, auf Berggipfeln und in anderen unzugänglichen Rückzugsgebieten überdauerte. – Nirgendwo in den Tropen und gemäßigten Zonen haben die Inseln ihren ursprünglichen Charakter bewahrt, alle wurden geschädigt.

Ausgestorbene Riesenvögel

Die alten Seefahrer, die Inseln anliefen, um ihre Lebensmittel- und Wasservorräte aufzufüllen, haben uns Berichte über die eigentümlichen Tiere hinterlassen, die sie dort vorfanden. Zu ihren seltsamsten Entdeckungen gehören die Dronte *(Raphus cucullatus)* auf der Insel Mauritius im Indischen Ozean und der ihr nahestehende Einsiedler *(Pezophaps solitaria)* von der benachbarten Insel Rodriguez. Da diese Vögel auf ozeanischen Inseln lebten, müssen ihre Vorfahren das Fliegen beherrscht haben, doch als der Mensch sie entdeckte, waren sie flugunfähig und besaßen nur noch stark zurückgebildete Flügel.

Zu Beginn des 16. Jahrhunderts bevölkerten Dronten und Einsiedler in großer Zahl die Buschwälder der Inseln, doch dann nahmen ihre Bestände rasch ab, weil die Seeleute sie massenhaft totschlugen. Heute

1 In dieser Galapagoslandschaft, die durch Lava und Kakteen geprägt ist, verstärken sich die Evolutionsvorgänge durch die völlige Isolation der Inselgruppe. Die Kakteen, dürrebeständige Pflanzen der Neuen Welt, haben sich schon vor langer Zeit auf den Galapagosinseln angesiedelt. Die meisten Arten unterscheiden sich beträchtlich von ihren festländischen Verwandten und haben neue, unverwechselbare Formen ausgebildet, unter anderem sogar großwüchsige Bäume.

2–7 Der Spechtfink (Cactospiza pallida) benutzt einen Zweig oder einen Kaktusstachel, um Insekten aus dem Holz hervorzustochern, die er mit seinem kurzen Schnabel nicht erreichen kann. Zuerst bearbeitet der Vogel die Rinde mit dem Schnabel, um die Verstecke der Insektenlarven zu öffnen. Im allgemeinen ruhen die Larven so tief, daß der Vogel sie mit dem Schnabel nicht hervorzuholen vermag. Deshalb hackt der Spechtfink mit seinem Werkzeug so lange auf seiner Beute herum, bis sie hervorkriecht oder für den Schnabel erreichbar ist.

1

2

3

1 Der Galapagosbussard (Buteo galapagoensis) gehört derselben Gattung Buteo an wie viele Bussardarten Eurasiens und Amerikas. Sein näch-

ster Verwandter ist der Swainson-Bussard (B. swainsoni) im westlichen Nordamerika. Wie viele andere Tiere, die sich auf Inseln entwickelt haben, welche bis vor wenigen Jahrhunderten noch nicht von Menschen besiedelt waren, ist auch der Galapagosbussard ungewöhnlich zutraulich.

2/3 Eine kleine Galapagosschildkröte verläßt ihr Ei. Kurz vor dem Schlüpfen verändert sich die Eischale: Sie verliert ihre schützende Festigkeit und läßt sich leicht zerbrechen. Die junge Schildkröte im Ei zerreißt die innere Hülle mit ihren Krallen und mit ihrem Eizahn, der auf dem Schnauzendach sitzt.

4 Ein Galapagosbussard reitet auf einer Elefantenschildkröte. Die Schildkröten haben von dem Greifvogel nichts zu befürchten, wohl aber andere Reptilien: Meerechsen, Landleguane und sonstige Echsen bilden die Hauptnahrung des Bussards.

4

1

2

3

gibt es längst keine Dronten und Einsiedler mehr. Die Dronte erhielt von den Matrosen den Namen Dodo, was soviel wie »Idiot« bedeutete. »Idiotisch« mochten die Vögel dem Menschen vorkommen, der ja bei Gefahr ausreißt; die Dodos lebten jedoch vor der Ankunft des Menschen in einer gefahrlosen Welt, und somit hatte sich die lebensrettende Angst zurückgebildet. Andererseits besaßen die Dodos alle die faszinierenden Eigenschaften, die für viele tierische Inselbewohner typisch sind: Riesenwuchs, Flugunfähigkeit, Zutraulichkeit, relative Unbeholfenheit und große Bestandsdichte.
Nicht alle inselbewohnenden Tiere werden überdurchschnittlich groß, aber doch sehr viele. (Einige wenige Arten zeigen die umgekehrte Entwicklung und werden kleiner, wodurch sie gewissermaßen ihr insulares Territorium »vergrößern«. Das gilt beispielsweise für gewisse Eidechsen auf tropischen Inseln.)
Die größten Vögel lebten auf Inseln, sind aber inzwischen allesamt durch den Menschen ausgerottet worden.
Die neuseeländischen Moas, insgesamt 19 Arten, waren weit verbreitet, bis die Maoris kamen und die Jagd auf die Vögel und deren Eier begann. Die Maoris brannten auch im großen Stil die Vegetation ab, um das Wild aus den Wäldern zu vertreiben; dadurch schwand der Lebensraum der Moas ständig mehr. Die größte Art, die Riesenmoa *(Dinornis maximus)*, muß eine imposante Erscheinung gewesen sein, denn sie erreichte stehend eine Höhe von weit über 3 m und ein Gewicht von 250 kg; ein Ei wog allein 7 kg.
Auf der Insel Madagaskar waren jedoch noch mächtigere Laufvögel heimisch, die Madagaskarstrauße *(Aepyornithidae)*. Sie standen nicht ganz so hoch wie die Riesenmoas, waren aber fast doppelt so schwer und legten 35 cm lange Eier, die das Volumen von 180 Hühnereiern hatten. Die Madagaskarstrauße lebten offenbar noch um die Mitte des 17. Jahrhunderts, starben aber wenig später aus.

Riesenwuchs und andere Isolationsfolgen

Der durch die Isolation bedingte Riesenwuchs beschränkt sich nicht nur auf Tiere; auch Vertreter allgemein bekannter Pflanzenfamilien zeigen diese Erscheinung. Auf vielen ozeanischen Inseln erreichen Sträucher die Größe von Bäumen, und sogar bestimmte Kräuter haben sich in Bäume verwandelt. Es ist manchmal schwierig, die Stammformen dieser Riesenpflanzen zu ermitteln, von denen sie sich oft sehr unterscheiden. Auf den Galapagos und Rarotonga wachsen Sonnenblumen, auf Samoa Gardenien und auf Neuseeland Efeugewächse zu Bäumen heran. Der krautige Wegerich nimmt auf den Kanarischen Inseln, auf St. Helena und Juan Fernandez die Dimensionen von Bäumen an; in ganz Polynesien gedeihen riesenwüchsige Lobelien; und der Lattich bildet auf den Kanaren und auf der kleinen Insel San Clemente vor der kalifornischen Küste hohe, waldartige Bestände aus.
Worin bestehen die Vorteile des Riesenwuchses? Ein Grund ergibt sich einfach daraus, daß in einem insularen Lebensraum der Tendenz zur Größe kaum Nachteile entgegenstehen.
In der Tierwelt erklärt sich diese Tendenz vielleicht damit, daß die pflanzenfressenden Tiere ein überreiches Nahrungsangebot vorfanden und im Laufe vieler Generatio-

1/2 Ein großer, über einen Meter langer Galapagos-Landleguan verspeist einen Kaktus. Die Kakteenstacheln wandern durch den Verdauungstrakt des Reptils, ohne Schaden anzurichten.

3 Meerechsen sind an den Küsten der Galapagosinseln in großer Zahl vertreten. Diese Tiere, die einzigen rezenten Echsen, die ihre Nahrung aus dem Meer holen, haben sich wahrscheinlich aus ihnen nahestehenden Landleguanen entwickelt. Wie die landbewohnenden Leguane sind die Meerechsen Vegetarier, die sich von Tang und Algen statt von Landpflanzen ernähren.
Eine weitere Anpassung an das Leben im Meer besteht in ihrer Fähigkeit, Salzwasser zu trinken. Durch Drüsen beiderseits der Schnauze wird das überschüssige Salz ausgeschieden.

nen immer größer wurden, nicht anders als viele Pflanzenfresser auf dem Festland – Elefanten, Nashörner, Büffel, Antilopen usw. Oder die Vertreter einer einzelnen Tierart, wie zum Beispiel die Komodowarane des Malaiischen Archipels, schwangen sich auf ihrer Insel, die ihnen reichlich Beute bot, als einzige Großraubtiere zu Alleinherrschern auf. Manche Tiere, vor allem Reptilien wie die Riesenschildkröten, hören selbst im Alter nicht zu wachsen auf. Da solche Tiere, sobald sie dem Jugendalter entwachsen sind, keine Raubfeinde und keine ernstzunehmenden Konkurrenten zu fürchten haben, können sie gewaltige Größen erreichen.

Flugunfähigkeit

Flugunfähigkeit treffen wir nicht nur bei Inselvögeln an, bei Moas, Dronten, neuseeländischen Kiwis, hawaiianischen Laysan-Rallen und Galapagos-Kormoranen, sondern auch bei vielen Insekten. Größere Vögel können ein gutes Flugvermögen auf einer Insel kaum ausnutzen. Wenn dann Mutationen diese Fähigkeit allmählich verkümmern lassen, hat das für die Vögel keine nachteiligen Folgen.
Bei den Insekten liegen die Dinge anders.
Kleine Käfer oder kleine Fliegen, die über einer Insel mitten im Ozean zu hoch auffliegen, können vom Luftstrom der Passatwinde erfaßt und aufs Meer hinaus und in den sicheren Tod getragen werden.
Die immer wieder auftretenden Individuen mit kleineren Flügeln und verringertem Flugvermögen haben am ehesten die Chance, zu überleben und ihre Merkmale an die nachfolgenden Generationen weiterzugeben. Flugunfähige Fliegen sind auf ozeanischen Inseln häufig anzutreffen; allein auf den wenigen kleinen Hawaii-Inseln mitten im Pazifik leben mehr Taufliegen *(Drosophilidae)*, nämlich rund 700 großenteils flugunfähige Arten, als auf dem gesamten amerikanischen Kontinent nördlich der Tropen. Sie alle sind offensichtlich Abkömmlinge von sehr wenigen eingewanderten Stammformen.

Leben ohne Angst

Eine zweite Isolationserscheinung bei Inseltieren ist die Zutraulichkeit. Der Autor selbst hat einmal brütende Rußsturmtaucher *(Puffinus griseus)* behutsam von ihrem Nest abgehoben, um das Gelege fotografieren zu können, und sie dann wieder zurückgesetzt. Die Vögel zeigten keinen Widerstand, keine Aufregung, keine besonderen Reaktionen, sondern setzten ihr Brutgeschäft fort, als ob nichts geschehen wäre. Auf der Midway-Insel kann man förmlich über Albatrosse stolpern, und sie lassen sich durch nichts davon abhalten, ihre althergebrachten Nistplätze zu benutzen, auch wenn diese inzwischen mitten auf einer Landepiste liegen.
Nicht alle Inseltiere sind frei von Angst, aber immerhin ist bei ihnen die Zutraulichkeit so ausgeprägt, daß sie die Menschen seit jeher beeindruckte.
Die offensichtliche Schwerfälligkeit bestimmter Inseltiere hängt vermutlich mit dem angstfreien Leben und dem Fehlen natürlicher Feinde zusammen. Wo Nahrung reichlich vorhanden ist, Raubtiere fehlen und die klimatischen Bedingungen günstig sind, erwachsen einem Tier, das seit vielen Generationen die Fähigkeit zur schnellen und geschickten Fortbewegung eingebüßt hat, keinerlei Nachteile. Die Meerechsen der Galapagos sind zwar elegante Schwimmer, aber wenn sie an Land in der Sonne liegen, wirken sie unbeweglich wie aus dem Lavagestein herausgemeißelte Standbilder.

Große Bevölkerungsdichte

Schließlich ist auch eine hohe Bestandsdichte, also eine Überfülle an Lebewesen auf engstem Raum, für viele Inseln charakteristisch. Auf denselben Felsen, auf denen die Echsen dicht nebeneinander ruhen, tummeln sich auch Rote Felskrabben *(Grapsus grapsus)* in unvorstellbaren Mengen. Und wenn die neuseeländischen Zwergpinguine *(Eudyptula minor)* nach einem ausgedehnten Fischzug des Abends aus

1

2

1 Rote Felskrabben, die sich auf dem Lavastrand sonnen, laufen zuweilen einfach über die reglos ruhenden Echsen hinweg.

2 Tölpel fühlen sich wohl auf den Galapagosinseln und brüten dort in großen Kolonien. Der Blaufüßige Tölpel (Sula nebouxii) baut kein Nest, sondern legt seine Eier einfach auf dem Boden ab. Bei der Balz breiten jedoch das Männchen und das Weibchen ein paar Zweige oder anderes »Nistmaterial« auf dem Boden aus. Zweifellos haben die Vorfahren dieser Vögel Nester gebaut, doch in der Isolation ihres insularen Lebensraumes ist dieses Verhalten verlorengegangen.

der Brandung auftauchen und an Land steigen, sieht es so aus, als hätte das Meer eine ganze Invasionsarmee herangetragen.
Inselbewohner sind zwar selten sehr artenreich, aber die vorhandenen Arten weisen im allgemeinen ungewöhnlich viele Individuen auf. Sandelbäume, Lobelien, Farne und andere endemische Pflanzen wuchsen auf den pazifischen Inseln in verschwenderischer Fülle, bevor sie durch den Menschen vernichtet oder durch eingebürgerte fremde Vegetationsformen zurückgedrängt wurden. Und die Felsklippen mancher Inseln im Nordatlantik sind weiß von den dort nistenden Meeresvögeln.
Die insularen Lebensbedingungen sind »richtig« für all jene Pflanzen und Tiere, die sich in dieser Isolation über Jahrtausende hinweg entwickelt haben. Wenn sie sich ohne menschliche Eingriffe entfalten können, sind sie genauso erfolgreich und lebenstüchtig wie alle anderen Organismen der Erde. Doch sind sie andererseits viel anfälliger.

In Schnee und Eis

Die Inseln der Polarregionen

Das Klima hat einen wesentlichen Einfluß auf die Lebensformen. Die Erde, die sich um ihre schräg geneigte Achse dreht, durchläuft verschiedene Jahreszeiten, die zu den Polen hin immer stärker ausgeprägt sind. An den Polen selbst bilden die Sonnenstrahlen mit der Erdoberfläche den kleinsten Winkel. Wenn die Erdachse sich von der Sonne wegneigt (auf der Nordhalbkugel herrscht dann Winter und auf der Südhalbkugel Sommer), scheint die Sonne dort nur kurz oder überhaupt nicht, und die Temperaturen sinken stark ab. Auch in den gemäßigten Breiten sind die jahreszeitlichen Schwankungen größer als in den Subtropen oder Tropen; mehrere Monate des Jahres ist es hier sehr kalt.

Wärmeschutz und Tarnung

Schon an der äußeren Erscheinung eines Tieres kann ein Zoologe mit einiger Zuverlässigkeit ablesen, aus welcher Klimazone es stammt. Es gibt gewisse »Regeln«, welche die Evolution zum Beispiel der Tierwelt des hohen Nordens vorschreibt. In Gebieten mit strengem Winter oder in den Polarregionen können die *Populationen* bestimmter Tierarten sehr groß sein, doch die *Vielfalt* der Arten ist stets gering, verglichen mit den gemäßigten und tropischen Breiten. Polartiere sind vielfach groß, denn je massiger ein Tier ist, desto kleiner ist seine Hautoberfläche im Verhältnis zum Volumen, und durch die Haut wird bekanntlich die Körperwärme abgegeben. Typische Beispiele sind der mächtige Eisbär der Arktis und der sehr große Kaiserpinguin der Antarktis.
Ein weiteres Kennzeichen der Polartiere ist die Verkleinerung ihrer

Wie einige andere Tiere der Arktis unternehmen auch die Polarfüchse (Alopex lagopus) zuweilen weite Massenwanderungen, meist dann, wenn die Nahrung knapp wird. Die Füchse jagen auf dem Eis ebenso wie in der Tundra, und oft folgen sie den Eisbären, um von den Überresten der Bärenmahlzeiten zu leben.

Gliedmaßen und Körperfortsätze (Beine, Ohren und Schwanz), die den Wärmeverlust durch Abstrahlung verringert. Wir alle wissen, wie sehr wir im Winter gerade an den Fingern, den Zehen, den Ohren und der Nase frieren; deshalb ist es nicht verwunderlich, daß der Polar- oder Schneehase *(Lepus timidus)* sehr viel gedrungener gebaut ist als manche seiner spindeldürren wüstenbewohnenden Vettern. Kaltwettertiere wie etwa die Polarwölfe *(Canis lupus tundrarum)* verfügen außerdem über ein ungewöhnliches System der Wärmeübertragung. Die Beinvenen, die das kalte Blut von den Füßen abführen, verlaufen sehr dicht neben den mit warmem Körperblut gefüllten Arterien. Die arterielle Wärme bleibt durch Übertragung auf das venöse Blut weitgehend erhalten, und dennoch bekommen die Füße genügend Wärme ab, die sie vor dem Erfrieren schützt.

Ein anderes Problem stellt die Färbung dar. Ist ein weißes Tarnkleid günstiger oder eine dunkle Farbe, die mehr Wärme der spärlichen Sonne absorbiert? Die am Südpol lebenden Pinguine haben einen schwarzen Rücken und Kopf, doch sie brauchen auch nur wenige Raubfeinde zu fürchten, abgesehen von dem gefährlichen Seeleoparden. Die Moschusochsen *(Ovibos moschatus)* auf Grönland sind ebenfalls dunkel gefärbt, denn sie leben in Herden und können sich ihrer Haut sehr gut wehren. Viele andere Tiere, Beutetiere und Räuber gleichermaßen (zum Beispiel Schneehühner und Eisbären), haben sich in der anderen Richtung entwickelt und tragen ein schneeweißes Kleid.

Das eisumschlossene Land

Im hohen Norden sind Inseln zahlreich und oft sehr groß. Zu ihnen gehört mit Grönland die größte Insel überhaupt (sofern man Australien als »Insel*kontinent*« auffaßt). Grönland besitzt keine Tiere, die nur dort heimisch sind; sie alle sind zugewandert oder ziehen im Wech-

Der Moschusochse, der den Schafen und Ziegen nähersteht als den echten Rindern, ist mit einem Gewicht von 300 kg der größte Pflanzenfresser des hohen Nordens. Die ungewöhnlich dicht behaarten Tiere sind fast vollständig von einem zottigen Fell bedeckt. Selbst das Euter der Weibchen ist behaart. Unter den langen Grannenhaaren sitzt eine dicke Unterwolle, die einen hervorragenden Kälteschutz darstellt.

sel der Jahreszeiten über die Insel hinweg. Die Säugetiere, insgesamt 10 Arten, können auf dem eisbedeckten Meer ohne weiteres auch andere Gebiete erreichen.

Die Eisbären *(Thalarctos maritimus)*, die bis zu 1000 kg schwer werden, sind nach den Kodiakbären die größten Landraubtiere der Erde. Sie sind rings um den Nordpol verbreitet und legen schwimmend oft weite Entfernungen zurück. Dank ihrer dicken Fettschicht und ihrem wasserabstoßenden Fell können sie in der eisigen Kälte mühelos überleben.

Der Eisbär gehört zu den wenigen arktischen Säugern, die auf dem Land beziehungsweise dem Eis leben. Der Polarfuchs *(Alopex lagopus)*, ein weiteres Landtier mit langem Fell, kleinen Ohren und kurzen Beinen, ist ein sehr viel kleinerer Fleischfresser, der Nagern, wie zum Beispiel Lemmingen, und geschwächten größeren Tieren nachstellt. Wenn im Winter die Nahrung knapp wird, folgen die Füchse oft den Eisbären, um sich an den Überresten der Bärenmahlzeiten gütlich zu tun.

Eine der größten Unterarten des Schneehasen *(Lepus timidus)* lebt auf Grönland und ernährt sich von der Tundra- und Strauchvegetation, die in den Randzonen der Insel gedeiht. Die breiten, stark behaarten Pfoten dienen den Hasen als »Schneeschuhe«, mit denen sie im Schnee umherlaufen können, ohne einzusinken. Andere Unterarten dieser Art, die etwas weiter südlich vorkommen, färben sich im Sommer braun, während der genannte arktische Schneehase das ganze Jahr über schneeweiß bleibt.

Nördgrönland ist auch die Heimat des zähen Moschusochsen *(Ovibos moschatus)*, der außerdem in den kanadischen Nordwestterritorien und auch in Alaska vertreten ist.

Inseln am Ende der Welt

Die Landschaft am anderen Ende der Welt, die Antarktis, unterscheidet sich erheblich von der des hohen Nordens. Das Kernstück bildet der Kontinent Antarktika, der vom Atlantischen, Pazifischen und Indischen Ozean völlig einge-

1

schlossen ist. Das nächste Festland ist die schmale Südspitze Südamerikas, weniger als 1000 km entfernt. Australien und Südafrika liegen ein wenig weiter weg. In der unmittelbaren Umgebung des antarktischen Kontinents befinden sich einige Inseln, die jedoch längst nicht so zahlreich und so groß sind wie die der Arktis.

Die nächstgelegenen Kontinentalinseln gehören zu Feuerland, und sie haben zweifellos einen gewissen Einfluß auf die Besiedlung Antarktikas gehabt. Im Westen dehnt sich der leere Pazifik aus, bis man schließlich vor Neuseeland auf die Campbell-Insel, die Antipoden-Inseln und die Bounty-Inseln stößt. Etwas weiter westlich liegen die Auckland- sowie die Macquarie-Insel, und dann wieder nichts als offenes Meer, bis man im Mittelteil des Indischen Ozeans die Insel Kerguelen und ihre kleinen Satelliteneilande erreicht. Im Süden sind den Kerguelen die Inseln Macdonald und Neard vorgelagert. Auf dem Wege nach Südafrika liegen die Crozet- und Prince-Edward-Inseln, Bouvet und, noch weiter westlich mitten im weiten Südatlantik, die Südsandwich-Inseln und Südgeorgien; endlich gelangt man zu den Falkland-Inseln, unweit der argentinischen Ostküste.

Von all diesen weit auseinanderliegenden zirkumpolaren Inseln ist keine einzige groß und keine einzige dicht bewachsen oder von einer vielgestaltigen Tierwelt bevölkert.

Ihre sehr spärliche Besiedlung erklärt sich vermutlich nicht nur mit ihrer Abgeschiedenheit, sondern auch damit, daß alle diese Inseln, die zum Teil erdgeschichtlich sehr alt sind, das gleiche Schicksal wie die Kerguelen erlitten haben. Diese Inselgruppe im südlichen Indischen Ozean war in der letzten Eiszeit von Gletschern bedeckt, die alles Leben auslöschten. Als das Eis zurückging, mußten die Inseln auf natürlichem Wege ganz von neuem besiedelt werden. Deswegen finden sich auf den Inseln der Südpolarregion keine altertümlichen Formen pflanzlichen oder tierischen Lebens.

Einige dieser Inseln, insbesondere die Kerguelen und die südlich von Neuseeland gelegenen Eilande, weisen einige wenige kleinwüchsige endemische Pflanzen, und zwar Gräser und Sträucher, auf. Die Tierwelt, die sich aus verschiedenen Vogel- und großen Meeressäugerarten zusammensetzt, ist dagegen etwas abwechslungsreicher. Der Südliche See-Elefant *(Mirounga leonina)* ist ein mächtiges Tier und die größte Robbenart überhaupt; er wiegt bis zu 3300 kg. Im Frühherbst steigen die Bullen an Land, bevor die Weibchen eintreffen, und sichern sich für die bevorstehende Paarung ein Territorium. Sie versammeln sich auf der Insel Gough, auf den Süd-Shetlands, auf Macquarie, den Kerguelen, Südgeorgien und den Falkland-Inseln, aber längst nicht mehr in solchen Scharen wie früher, als sie noch auf allen Inseln und an den Festlandsküsten der Antarktis vertreten waren. Manche Inseln, auf denen sie heutzutage anzutreffen sind, dienen als Paarungsplätze, andere werden zum Zwecke des Haarwechsels aufgesucht, bei dem sich das Fell mitsamt der äußeren Hautschicht in großen Flächen abschält. Die Nahrungsaufnahme erfolgt jedoch nicht auf dem Strand, sondern im Meer. Fische und Tintenfische sind die wichtigsten Beutetiere.

Inselbewohnende Pinguine

Wenn man von der Antarktis spricht, denkt man sofort an die Pinguine. Die 15 oder mehr Pinguinarten leben zwar nicht ausschließlich im Südpolarmeer, aber sie sind alle auf die südliche Hemisphäre beschränkt. Manche, zum Beispiel die Galapagos-Pinguine, halten sich sogar in Äquatornähe auf.

Fossilfunde bezeugen, daß es in vorgeschichtlichen Zeiten Riesenpinguine gab, die eine Höhe von 1,50 m erreichten, sich im übrigen aber kaum von den heutigen Arten unterschieden. Auf den ersten Blick hat ein Pinguin mit seiner gestreckten, aufrechten Körperhaltung, seinem glatten, fellähnlichen Gefieder und seinen zu »Flossen« umgestalteten Flügeln kaum etwas mit anderen Vögeln gemein. In einem gewissen Sinne aber sind die Pinguine keineswegs flugunfähig: Sie können zwar nicht durch die Luft fliegen, wohl aber unter Wasser, wo sie eine Geschwindigkeit bis zu 36

2

1 Mit einer Höhe von einem Meter wird der Königspinguin fast so groß wie der Kaiserpinguin. Die Königspinguine leben nicht auf dem antarktischen Festland, sondern sind reine Inselbewohner. Die hier abgebildete Kolonie besiedelt Südgeorgien, aber die Vögel kommen auch auf den Falklandinseln und verschiedenen anderen Inseln des antarktischen und subantarktischen Raumes vor.

2 Wölfe durchstreifen die Tundren der Inseln im hohen Norden, wo sie vor allem den Herden der Karibus und der Rentiere nachstellen. Zuweilen machen allerdings auch andere Beutetiere den Hauptanteil der Wolfsnahrung aus. Eine Untersuchung, die in den fünfziger Jahren auf der Insel Ellesmere durchgeführt wurde, ergab, daß die dortigen Wölfe hauptsächlich Polarhasen fressen.

km/h erreichen. Das dichte Federkleid und eine dicke Fettschicht schützen die Tiere vor der Kälte des antarktischen Wassers und der Polarstürme.

Pinguin-Brutkolonien finden sich auf den meisten zirkumpolaren Inseln. Auf dem antarktischen Kontinent selbst leben nur der Adeliepinguin und die größte Art, der Kaiserpinguin. Die anderen Arten sind auf Inseln in etwas höheren Breiten heimisch, wo die Lebensbedingungen nicht ganz so hart sind. Die zweitgrößte Art, der Königspinguin *(Aptenodytes patagonica)*, bewohnt vor allem das Gebiet um die Falkland-Inseln.

Die nördlichen Meere

Inseln im Atlantik und Pazifik

Der Wechsel von Tag und Nacht ist wohl die bekannteste Folgeerscheinung der Erdumdrehung, doch diese hat auch noch andere Auswirkungen, die für das Leben auf unserem Planeten nicht minder wichtig sind: Die Luftmassen der Atmosphäre wie die Wassermassen der Ozeane werden von der Rotation, deren Kräfte wegen der Kugelgestalt der Erde vom Äquator zu den Polen hin allmählich abnehmen, in Bewegung gesetzt.

Das Wasser der Nordhalbkugel fließt unmittelbar oberhalb des Äquators unter dem Einfluß der Passatwinde nach Westen, bis es auf die Barriere der Kontinente stößt, durch die es nach Norden abgelenkt wird. In den gemäßigten Breiten bewegt es sich dann in Richtung der Erdrotation ostwärts, bis es schließlich abermals von den Festlandswällen abgelenkt wird. Auf der Südhalbkugel spielt sich der gleiche Vorgang ab, nur daß sich hier die Wassermassen in umgekehrter Richtung, also gegen den Uhrzeigersinn, bewegen. Die westwärts fließenden Ströme beiderseits des Äquators speichern die Energie der Sonneneinstrahlung in Form von Wärme, die von den Tropen aus in höhere Breiten befördert wird.

Die erdumspannenden Winde, die ebenfalls von der Erdumdrehung gesteuert werden, wehen über die Ozeane dahin und nehmen dabei Wärme auf, die sie rund um den Erdball tragen. Dies bewirkt, daß viele Inseln und Küstenregionen im Nordatlantik bewohnbar, ja sogar einladend sind. Es läßt die nebligen Aleuten im Pazifik freundlicher erscheinen und beschert der Nordwestküste Nordamerikas ein angenehmeres Klima als dem nur 100 bis 200 km entfernten Binnenland.

Unter den wachsamen Augen der Möwen verspeist ein riesiger Kodiakbär einen Lachs, der mit seinen Artgenossen auf der Laichwanderung stromaufwärts strebte. Die Braunbären der Kodiakinsel, die über 800 kg schwer werden können, sind die größten Raubtiere der Erde.

Überall, wo in nördlichen Breiten das Klima milder ist als sonst, dringen Lebensformen aus dem Süden vor, und dort sind andere Arten vertreten als in Gebieten, wo große Kälte die Zahl der lebensfähigen Organismen einschränkt.
Von den zahlreichen nördlichen Inseln sind freilich nur einige mit einem Klima gesegnet, das durch die großen warmen Meeresströme aus den Tropen gemildert wird. Die meisten liegen so weit entfernt von diesen zirkulierenden Wassermassen, daß sie sich kaum von den eigentlichen Polarinseln unterscheiden und alljährlich monatelang vom Eis eingeschlossen sind. Die harten klimatischen Bedingungen und die Eis- und Schneedecke, die sich auf diesen Inseln lange hält, lassen die ohnehin bescheidene Tier- und Pflanzenwelt nicht recht zur Entfaltung kommen und beschränken die Artenvielfalt und die Bestandsdichte.

Die Britischen Inseln

Geologisch gesehen, sind die Britischen Inseln junge Kontinentalinseln. Als sie im Pliozän vor rund 10 Millionen Jahren Gestalt annahmen, war Irland noch ein Bestandteil der geschlossenen Inselmasse. In den darauffolgenden Eiszeiten lag der Meeresspiegel tiefer, und die heutigen Inseln hingen fest mit dem Kontinent zusammen. Als die letzte Vereisung zurückging und die Inseln freigab, wurde Irland durch die Irische See abgetrennt. England blieb noch lange mit dem Festland verbunden, bis das Meer vor 6000 bis 7000 Jahren die Straße von Dover überspülte.
Seit der letzten Eiszeit entspricht die Pflanzen- und Tierwelt der Britischen Inseln, dank der wärmenden Wirkung des Golfstromes, denen der gemäßigten Zone. Wäre dieser mildernde Einfluß nicht vorhanden, dann würden Tundra- und Taigatiere die Inseln bewohnen, etwa Rentiere und Vielfraße.
Verglichen mit den Verhältnissen auf dem Festland ist die Wildtierfauna der Britischen Inseln bescheiden; nicht einmal halb so viele Arten wie in Belgien, Frankreich und den benachbarten Ländern sind auf ihnen vertreten. Die am längsten isolierte Insel, Irland, wurde von der Hauptinsel England aus besiedelt und weist nur die Hälfte der dort vorkommenden Arten auf. Der geographische »Filtereffekt« ist also unverkennbar. In Irland ist nur der Rothirsch heimisch, während in England auch das Rehwild lebt. England weist vier Spitzmausarten auf, Irland lediglich die Zwergspitzmaus. Die dem Engländer vertrauten Haselmäuse und Maulwürfe und die weit seltenere Wildkatze fehlen in Irland.
In Irland gibt es keine Schlangen, und das einzige dort heimische Reptil ist eine kleine Eidechse. Nur eine einzige Kröten- und Molchart sowie ein Frosch, der vor langer Zeit durch den Menschen eingeführt wurde, sind in Irland vertreten. In England kommen dagegen Dutzende von Amphibien- und Reptilienarten vor, darunter auch mehrere Schlangen, etwa die Kreuzotter. Andererseits sind auf beiden Inseln Füchse, Igel, Eichhörnchen, Dachse, Wiesel und Otter weit verbreitet, desgleichen der Steinadler, das Rotkehlchen, das Auerwild und die Brandente. Die britischen Tiere unterscheiden sich nicht oder höchstens sehr geringfügig von den entsprechenden kontinentaleuropäischen Arten, denn die Inseln sind erst seit so kurzer Zeit vom Festland getrennt, daß eine eigenständige Entwicklung

1

2

3

1 Die Orkneyinseln, von Stürmen und Brandungswogen gepeitscht, erstrekken sich von der Nordspitze des schottischen Festlandes weit in den Atlantik hinein. Die vielfach von Mooren bedeckten Orkneys sind typisch für die Inselwelt der nördlichen Meere. Die felsigen Küsten sind Brutplätze zahlreicher Seevögel, und auf den zerklüfteten Stränden sonnen sich die Robben.

2 Der Seehund ist in den meisten Küstenregionen der nördlichen Hemisphäre und in einigen großen Binnenseen des Nordens verbreitet. Große Brutkolonien dieser Tiere finden sich auf den Friesischen Inseln, den Orkneys und den Hebriden.

3 Der Baßtölpel ist ein gewandter Fischer in den Gewässern des Nordatlantiks. Aus Höhen bis zu 18 m stürzt er sich wie ein Pfeil ins Meer. Luftsäcke in der Brust mildern den Aufprall, wenn der Vogel die Wasseroberfläche durchstößt. Die beiden Tölpel auf dem Foto tragen Nistmaterial im Schnabel.

nicht möglich war. Nur der Irische Hase, eine Unterart des Schneehasen, zeigt eine leichte Abweichung von der Stammform, vor allem in der Färbung.
Mehrere Tierarten sind durch den Menschen auf den Britischen Inseln eingebürgert worden. Die Normannen brachten das ursprünglich im Mittelmeer-Raum heimische Wildkaninchen mit, welches ihnen Fleisch lieferte. In neuerer Zeit sind Hirsche aus Japan, China und Indien in England heimisch geworden. Das gleiche gilt für die Biberratte oder Nutria, ein wasserlebendes Nagetier aus dem tropischen Südamerika, das wegen seines Fells sehr begehrt ist. Daß tropische Tiere in geographischen Breiten überleben können, die denen Südsibiriens entsprechen, ist ein Beweis für den wohltuenden Einfluß, den das Meer auf das englische Klima ausübt.

Ein Zugvogelparadies

Die Britischen Inseln mit ihrem feuchtwarmen Golfstromklima und ihren mannigfachen Lebensräumen sind ein wahres Paradies der Zugvögel, die um die halbe Welt fliegen, um hier zu brüten und Junge aufzuziehen oder um dem strengen Winter im hohen Norden zu entgehen. In jedem Monat des Jahres treffen Vögel nach einem feststehenden »Fahrplan« ein oder fliegen wieder weiter. Sanderlinge und Steinwälzer, die an der afrikanischen Ostküste überwintern und im Sommer in der Arktis brüten, passieren Südengland zweimal im Jahr. Im Frühjahr ziehen sie längs der Westküste nach Norden und im Herbst an der Ostküste nach Süden. In Nordengland und Schottland legen beide Arten eine Ruhepause ein, bevor sie sich zum Weiterflug nach Norden trennen.
Zahlreiche Seevogelarten brüten und versammeln sich an den Küsten Großbritanniens wie auch auf den vielen kleinen Inseln am Festlandsrand der Nordsee. Die Friesi-

In riesigen Scharen finden sich die Baßtölpel auf den Felsen der nordatlantischen Inseln ein, um dort zu brüten. Im 19. Jahrhundert umfaßten manche Tölpelkolonien Hunderttausende von Vögeln. Heute sind die Kolonien kleiner, aber sie setzen sich noch immer aus Tausenden und aber Tausenden von Tieren zusammen. Die Nester drängen sich dicht aneinander, so daß der verfügbare Platz bis auf den letzten Zentimeter ausgenutzt wird. Jedes Nest enthält nur ein einziges Ei.

schen Inseln vor Holland, Deutschland und Dänemark bieten vielen Meeresvögeln eine Heimstatt und Nistplätze, unter anderem dem Kormoran, der Küstenseeschwalbe und verschiedenen Möwenarten.

Die kleine amerikanische Bonaparte-Möwe taucht gelegentlich als Irrgast von jenseits des Atlantiks in England, in den Niederlanden und auf Helgoland auf. Helgoland ist jedoch vor allem bekannt für seine Brutkolonien der Trottellummen und Tordalken.

Seevogelinseln

Einige der größten Seevogelkolonien der nördlichen Halbkugel finden sich auf felsigen Inseln, die der kanadischen Atlantikküste vorgelagert sind. Hier brüten unter anderem Papageitaucher und die bereits genannten Trottellummen. Zu den großartigsten Schauspielen, die unsere Erde dem Vogelfreund zu bieten hat, gehören die atemberaubend steilen Klippen der Insel Bonaventure vor der Ostspitze der Gaspé-Halbinsel, wo Hunderttausende von Baßtölpeln *(Morus bassanus)* auf schmalen Felsbändern nisten. Doch nicht nur die reichlich vorhandenen Nistgelegenheiten locken die Vögel hierher – ein wesentlicher Faktor sind wiederum die Meeresströmungen. Das Wasser wird erwärmt durch die großen nordatlantischen Strömungssysteme, die diesen Teil der Küste bestreichen. Das nährstoffreiche Wasser wimmelt von Plankton, von dem riesige Schwärme kleiner Fische leben. Diese dienen ihrerseits den Vögeln als Nahrung. Manchmal ist die Luft über dem Meer dicht angefüllt mit den weißen Gestalten der Tölpel, die sich stoßtauchend auf die Fische stürzen und allenthalben das Wasser aufspritzen lassen.

Im Süden dieser Vogelinseln, die bis nach Maine hinabreichen, liegen weitere: Cape Cod, Nantucket, Martha's Vineyard und Long Island. Doch sie sind so dicht von Menschen besiedelt, daß sie keine größeren Wildtierbestände mehr beherbergen, obgleich sich ungestörte Lebensräume hier und da bis heute erhalten haben.

Nur auf den in Privatbesitz befindlichen Elizabeth-Inseln sind menschliche Ansiedlungen selten, aber die dort weidenden Schafherden haben die Insellandschaft so verändert, daß sie ihren ursprünglichen Charakter weitgehend verloren hat.

Der wohltätige Nordpazifikstrom

Wie die Britischen Inseln liegen auch die Küsten Britisch-Kolumbiens und Südalaskas nicht weit von der Arktis entfernt, doch dank der Wärme, die ihnen der Nordpazifikstrom beschert, haben sie ein gemäßigtes Klima. Diese Meeresströmung, die von Japan aus in weitem Bogen den Ozean durchquert, bringt jedoch den zahlreichen Inseln, die die Küste säumen, nicht nur Wärme, sondern auch sehr viel Feuchtigkeit. Die südlichsten Inseln sind von üppigen hohen Wäldern bestanden und noch weitgehend urtümlich und unbesiedelt. Die weiter nördlich gelegene Kodiakinsel und die Aleuten sind wegen ihrer weniger geschützten Lage zwar sturmgepeitscht, kahl und tundraähnlich, aber keineswegs ungewöhnlich kalt.

Da diese Inseln nur wenig bewohnt sind, verfügen sie auch heute noch über eine reiche und vielgestaltige Fauna. Eines der eindrucksvollsten Tiere ist das Walroß *(Odobenus rosmarus)* mit seinem massigen Körper, der bis zu 1400 kg wiegt, seinen kräftigen Bartborsten und seinen stark verlängerten elfenbeinernen Eckzähnen. Zwar können diese mächtigen Hauer als Verteidigungswaffen eingesetzt werden, aber da das Walroß nur wenige natürliche Feinde hat, benutzt es sie nur selten zu diesem Zweck; sie dienen vor allem dazu, Weichtiernahrung aus dem weichen Meeresgrund längs der Küste hervorzuwühlen. Das Pazifische Walroß *(Odobenus r. divergens)* ist im nördlichen Teil seines ursprünglichen Vorkommensgebietes noch immer vertreten, auch wenn die Bestände stark zurückgegangen sind. Das Atlantische Walroß *(Odobenus r. ros-*

1

1 An der Küste der Tschuktschen-See vor Nordalaska flattert eine dickschnäblige Lumme mit ihren Flügeln auf einem schmalen Felssims, der ein einzelnes Ei birgt. Lummeneier haben die Form einer Birne, und wenn sie in Bewegung geraten, drehen sie sich um ihr Schmalende und rollen nicht über die Felskante in die Tiefe. Die Nester der Lummen stehen meist so dicht beieinander, daß jeweils nur ein Elternteil genügend Platz hat, das Ei zu bebrüten.

2 Die mächtigen elfenbeinernen Hauer der Walrosse sind zugleich Waffen und Werkzeuge. Die Tiere können mit diesen Zähnen Robben und sogar Eisbären töten. Sie benutzen sie aber hauptsächlich, um Weichtiere aus dem Meeresboden hervorzuwühlen.

2

marus), die zweite Unterart, ist in seinem ausgedehnten Verbreitungsgebiet überall vom Aussterben bedroht.

Auf der Kodiakinsel vor der Südküste Alaskas lebt das mächtigste Landraubtier – der Kodiakbär *(Ursus arctos middendorffi)*. Ein ausgewachsenes männliches Tier hat eine Schulterhöhe von 1,50 m, ist fast 3 m lang und wiegt 800 kg oder mehr. Es ist ein furchteinflößendes Geschöpf, kraftvoll, schnell und behende.

Wenn die Lachse im Frühjahr in den nun eisfreien Flüssen ihre Laichwanderung stromaufwärts antreten, versuchen die Kodiakbären möglichst viele der großen Fische zu fangen. Jetzt ist der Tisch für sie reich gedeckt. In den übrigen Jahreszeiten müssen sich die gewaltigen Bären vor allem mit Beeren, Wurzeln und anderer Pflanzenkost sowie gelegentlich ein paar Maden begnügen. Wie sein Artgenosse, der Grisly- oder Graubär, kann auch der Kodiakbär leicht durch einen unvorsichtigen Menschen gereizt werden, wobei sich das Tier fast 3 m hoch aufrichten kann.

Die Inseln Japans

Die japanischen Inseln weisen ähnliche klimatische Bedingungen auf wie die Britischen Inseln. Vom warmen südlichen Kiuschu bis zum kalten Hokkaido im Norden erstrecken sie sich fast 2000 km weit, doch wird das Klima Japans großenteils gemildert durch den Kuro Schio oder Japanstrom, der sich in dem Nordpazifikstrom fortsetzt und das asiatische Gegenstück zum Golfstrom darstellt. Es besteht allerdings ein wesentlicher Unterschied zwischen Großbritannien und Japan: Die japanische Inselwelt ist schon sehr viel länger vom Festland getrennt. Die auf ihr heimischen Tiere sind zwar verwandt mit denen Kontinentalasiens, aber sie beginnen sich bereits durch bestimmte Merkmale von den Tieren Chinas, Koreas und der Mandschurei abzuheben.

Der Kragenbär *(Selenarctos thibetanus)*, der in der Eingeborenenkultur der Ainu auf Hokkaido eine so große Rolle spielt, gehört derselben Art an, die überall auf dem Festland, in China, Indien und im Himalaja, vorkommt, obgleich die dort lebenden Tiere im allgemeinen größer werden und länger behaart sind als die japanische Varietät. Es ist ein hübscher Bär mit großen, abgerundeten Ohren und einem V-förmigen weißen Brustfleck, doch

1 Die Widerstandsfähigkeit ihres Gefieders erhöhen die Singschwäne (Cygnus cygnus) durch das Strählen, bei dem Öl auf den Federn verteilt wird. Gleichzeitig werden Schmarotzer entfernt.

2 Wärmesuchend drängen sich Singschwäne während eines Schneesturms auf der japanischen Nordinsel Hokkaido eng aneinander. Die Schwäne brüten in Sibirien und überwintern in Japan. Die Hälfte der rund 13 000 Wintergäste bleibt auf Hokkaido, während die übrigen weiter südlich gelegene Inseln aufsuchen.

wie die meisten Bären gilt er als reizbar und gefährlich.

Die »Schneeaffen«

In der japanischen Kunst taucht immer wieder eines der ungewöhnlichsten Säugetiere Japans auf; es sind die am weitesten nördlich lebenden Affen der Welt. Der Rotgesichtmakak *(Macaca fuscata)*, ein Vertreter der in Asien weitverbreiteten Familie der Hundsaffen, behauptet sich sogar noch an der Nordspitze der Insel Honschu, wo die Winter sehr streng sind. Wenn es den wärmenden Japanstrom nicht gäbe, könnten freilich selbst diese widerstandsfähigen Affen nicht in solchen nördlichen Breiten überdauern.

Die zuweilen als »Schneeaffen« bezeichneten Rotgesichtmakaken leben in offenen Wäldern, wo sie sich mit großer Gewandtheit im tiefen Schnee fortbewegen und auf die entlaubten Bäume klettern, um sich von Knospen, Zweigen und Rinde zu ernähren. Überall, wo heiße Quellen kleine Teiche in den Bergen bilden, tummeln sich die

Affen selbst mitten im Winter oft stundenlang im dampfenden Wasser.

Die Vögel Japans

Infolge der Verkleinerung ihres Lebensraums ist die japanische Vogelfauna nicht mehr so reich wie einst. Das gilt insbesondere für die dicht besiedelten und stark industrialisierten Flachlandregionen.

Brillenvögelchen sind jedem Vogelliebhaber wohlvertraute gefiederte Zwerge, die von Afrika über Asien bis Australien und zum Südpazifik weit verbreitet sind. Das Japanische Brillenvögelchen *(Zosterops japonica)* ist von japanischen Einwanderern auf den Hawaii-Inseln eingebürgert worden, wo es bestimmte dort heimische Vogelarten verdrängt hat. Der Japanische Paradiesschnäpper *(Terpsiphone atrocaudata)* zählt zu den auffälligsten Vogelgestalten mit seinem dunklen Purpurgefieder und seinem überlangen Schwanz. Wenn er im dichten Kronendach der Wälder geschickt nach Insekten jagt, flattern die Schwanzfedern wie Wimpel hinter ihm her.

Weitere Vogelarten, die in Japan endemisch leben, sind die herrliche Blauflügelpitta *(Pitta brachyura nympha)*, eine langbeinige und kurzschwänzige Verwandte der anderen Pittas, die von Afrika bis zu den Salomonen verbreitet sind; die Japanische Wachtel *(Coturnix coturnix japonica)*, die Rohrdommel *(Ixobrychus eurhythmus)* und der wunderschöne Nippon-Ibis *(Nipponia nippon)*, der kurz vor dem Aussterben steht. Auf mehreren kleinen Inseln vor der Ostküste von Honschu lebt der kleine Japan-Alk *(Synthliboramphus wumizusume)*, der aus der Luft ins Meer eintaucht und unter Wasser »fliegt«, indem er mit seinen halb zusammengelegten Schwingen schlägt und die Füße als Steuerruder benutzt. Er kann zwei Minuten lang unter Wasser bleiben, während er den Boden nach Würmern, nach Krebsen und Weichtieren absucht, die seine Hauptnahrung bilden.

Die Japankormorane *(Phalacrocorax capillatus)* sind sehr flugtüchtig. Sie fliegen weit aufs Meer hinaus und holen sich ihre Beute – Fische, Tintenfische und Krebse – aus dem Wasser. Untergetaucht schwimmen sie sehr schnell mit Hilfe ihrer kräftigen Füße, die sehr weit hinten am Rumpf angesetzt und mit Schwimmhäuten überzogen sind. Ihre Beute orten sie mit den Augen. Wenn das Opfer zu groß ist, um un-

ter Wasser verschlungen zu werden, trägt der Kormoran es an die Oberfläche, wirft es in die Luft und fängt es so wieder auf, daß es mit dem Kopf voran verschluckt wird.

Riesensalamander

In Japan lebt eine Tierart, die uns an längst vergangene urgeschichtliche Zeiten denken läßt: der Japanische Riesensalamander *(Andrias = Megalobatrachus japonicus).* Er erreicht eine Länge von 1,50 m und ein Gewicht von 20 kg. Das gedrungene, dunkel gefärbte Tier mit seinen seitlichen Hautfalten und seinem warzenbedeckten Kopf wirkt schwerfällig und träge, kann sich aber blitzschnell auf seine Beute stürzen, die es mit dem breiten Maul packt und wie eine Bulldogge hin und her schüttelt. Die Riesensalamander verbringen ihr ganzes Leben in kalten Gewässern im südlichen Teil Japans, sind aber inzwischen recht selten geworden, da sie wegen ihres wohlschmeckenden Fleisches stark bejagt wurden.

Wie viele andere japanische Tiere ähneln auch diese Salamander sehr ihren festlandbewohnenden nächsten Verwandten, von denen sie sich gleichwohl in Einzelheiten unterscheiden. Der Chinesische Riesensalamander sieht fast gleich aus, wird allerdings nur ungefähr 1,10 m lang.

1 Erstaunlicherweise haben sich viele Affen an kalte Lebensräume angepaßt. Zu dieser Gruppe gehören die Makaken, deren berühmteste Vertreter die japanischen Rotgesichtmakaken sind. Wenn der Winter besonders kalt ist, suchen die Tiere heiße Quellen auf, um sich aufzuwärmen. Im nördlichsten Teil des japanischen Makakengebiets, auf der Insel Honschu, sinken die Temperaturen regelmäßig unter – 5° C ab.

2 Wenn Schnee die Erde bedeckt, ernähren sich die nordjapanischen Rotgesichtmakaken, die in Wäldern leben, welche denen in Mittel- und Nordeuropa gleichen, von den Knospen der Buchen, Ahorne, Eichen, Eschen und Ulmen und sogar von der Rinde dieser Bäume. Oft fressen sie auch die Grashalme, die die Schneedecke durchbrechen.

Polynesien, Melanesien und Mikronesien

Im weiten Pazifik

Für jeden, der einmal den Pazifischen Ozean befahren hat, verbindet sich mit diesem Namen die Erinnerung an endlose blaue Weiten. Und gleichzeitig tauchen vor dem geistigen Auge unvermeidlich Bilder von flachen Atollen mit azurnen Lagunen oder von grünbewaldeten Inseln auf, deren steile Berggipfel sich in den niedrigen Wolken verlieren, die der Passatwind vor sich hertreibt. Gewiß sind das romantische Vorstellungen, doch sie werden von der Großartigkeit dieses gewaltigen Ozeans und der Faszination seiner zahllosen Inseln eher noch übertroffen.

Der weite Pazifik läßt sich, wenn man die größte Insel des Südostens, Australien, einmal beiseite läßt, in drei große Inselbereiche einteilen: Polynesien, Melanesien und Mikronesien. Polynesien bildet die größte und zentral gelegene Region des Pazifiks und erstreckt sich von den Ellice-Inseln im Westen bis zur unwirtlichen Osterinsel im Osten und von Hawaii im Norden bis hinunter nach Neuseeland. Dieses riesige Gebiet umfaßt 17 Inselgruppen, unter anderem den Tuamotu-Archipel, die Gesellschaftsinseln mit Tahiti, Samoa und die Cook- und Tonga-Inseln. Zu Melanesien, das sich im Südwesten anschließt, gehören Neuguinea, die Salomonen, die Neuen Hebriden, Neukaledonien und die Fidschi-Inseln; als Kernstück dieser Region gilt Neuguinea, das für die Ausbreitung der Fauna und Flora besondere Bedeutung hat. Mikronesien,

Eine Pazifische Mönchsrobbe (Monachus schauinslandi) und ihr Junges sonnen sich auf einer Hawaii-Insel. Diese etwa zwei Meter langen Robben dösen tagsüber in der Sonne und steigen am Abend ins Meer, um Tintenfische und Fische zu jagen, von denen es in den Korallenriffen wimmelt. Die Jungen werden von Dezember bis März geboren und sind bei der Geburt knapp einen Meter lang. Zunächst sind sie mit schwarzen wolligen Haaren bedeckt, die später ausfallen und durch ein glattes dunkelbraunes Fell ersetzt werden.

Die Inseln Polynesiens sind von großen Korallenriffen gesäumt, so wie die Insel Raiatea. Im Inneren sind diese Inseln oft stark zerklüftet und von einer Pflanzendecke überzogen.

das Guam und die Marianen, die Karolinen, die Gilbert- und die Marshall-Inseln umschließt, ist von den drei Zonen am dünnsten besiedelt und am wenigsten bekannt.

Der »Feuerring«

Der berühmte »pazifische Feuerring« erstreckt sich von der nordamerikanischen Westküste über die Aleuten nach Japan, verläuft dann längs der chinesischen Küste bis zu den Philippinen, wendet sich ostwärts nach Neuguinea und erreicht über Neuseeland das »Ende der Welt«. Von dort aus setzt er sich in nordöstlicher Richtung fort, streift schließlich Süd- und Mittelamerika und endet in Kalifornien. Genau im Zentrum dieses gigantischen Rings befindet sich ein »heißer Fleck«, dem die Vulkane von Hawaii ihre Entstehung verdanken.

In längst vergangenen Zeiten muß der Pazifik eine noch viel unruhigere Weltgegend gewesen sein, denn alle seine Inseln sind ozeanisch, woraus wir schließen können, daß sie durch Vulkantätigkeit entstanden sind. Die Zahl der vorgeschichtlichen Vulkane entzieht sich einer Berechnung, aber auch die Zahl der heute noch vorhandenen Vulkane ist eindrucksvoll genug: 40 auf den Aleuten, davon 26 aktive; 60 im Bereich von Neuguinea und dem Bismarck-Archipel.

Die vulkanische Hawaii-Kette

Die höchsten Berge der Welt finden sich im Zentralpazifik, denn der Mauna Kea und Mauna Loa (beide erheben sich über 4000 m über den Meeresspiegel) müssen vom Ozeanboden aus gemessen werden, von dem sie aufsteigen. Somit ergibt sich eine Gesamthöhe von mehr als 9000 m; sie sind also – vom Sockel aus gerechnet – höher als der Mount Everest.

Der Mauna Loa ist ein Schildvulkan, der sich während eines Zeitraums von mindestens einer Million Jahren aus einzelnen Lavaströmen aufgebaut hat, die übereinanderflossen und sich beim Abkühlen verfestigten. Obwohl er zu den Vulkanen mit der beständigsten Aktivität gehört, ist er ein gutmütiger, wenn auch sehr eindrucksvoller Riese. Er läßt zwar mächtige Lavafontänen hochsteigen, zuweilen bis 500 m hoch, aber die Gefahr einer großen Explosion besteht nicht.

Die relative Ungefährlichkeit dieses riesigen tätigen Vulkans erklärt sich mit der Zusammensetzung des Magmas, nämlich der Gesteinsschmelze, die er ausspeit. Im Gegensatz zu vielen anderen Vulkanen der Erde ist die Lava der Hawaiivulkane sehr dünnflüssig, und sie besteht aus geschmolzenem Basalt mit geringen Beimengungen von Sauerstoff und Silizium.

Daß die Vulkane der Hawaii-Inseln nicht explosiv sind, wirkt sich sehr günstig auf den Fortbestand und die Evolution des Lebens dort aus. Die Lebensformen auf den Hängen des Mauna Loa werden nur dann in Mitleidenschaft gezogen, wenn ein Lavastrom direkt über sie hinwegfließt oder wenn der Wind einen Teil des Aschenregens zu ihnen herüberträgt. Die ersten Pflanzen und Tiere, die auf die Insel gelangten, nachdem sie aus dem Meer emporgestiegen war, haben sich zu den vielen hochspezialisierten endemischen Arten entwickelt, die wir heute dort antreffen.

Der große »heiße Fleck«, der die hawaiianischen Vulkane speist, ist verhältnismäßig standorttreu in bezug auf die Krustenschollen, die sich über ihn hinwegbewegen. Da sich die riesige Ansammlung von Lava, die den Hawaiirücken bildet, langsam nach Norden verschiebt, entstehen am Südende neue Vulkane. In periodischen Abständen vergrößert sich die Hauptinsel Hawaii durch Neuland, und hinter ihr wird der untermeerische Vulkanismus in ferner Zukunft neue Inseln aufwerfen.

Die gesamte Inselkette von Hawaii erstreckt sich 2600 km weit in nordwestlicher Richtung. Von den größeren Inseln ist die Hauptinsel die jüngste und das am anderen Ende gelegene Kauai die älteste. Noch viel ältere Inseln schließen sich im Nordwesten an. Sie sind jedoch heute klein und nicht mehr gebirgig. Sie wurden über Jahrtausende hinweg vom Regen ausgewaschen, von Wind und von Wellen abgetragen, vom steigenden Meeresspiegel überspült und von Korallen überkrönt. Eine Fahrt längs der gesamten Inselkette gleicht einer Reise durch die erdgeschichtliche Vergangenheit.

Die hohen Inseln

Die großen Hawaii-Inseln sind Musterbeispiele für ozeanische Inseln, die durch hochaufragende Berge und steile Schluchten und Täler gekennzeichnet sind – im Gegensatz zu den flachen ozeanischen Inseln, die vorwiegend aus Atollen und Korallenbänken bestehen, wie man sie allenthalben in Polynesien

und Mikronesien antrifft. Eine hohe Insel umfaßt natürlicherweise eine größere Vielfalt von Lebensräumen.

Das berühmte Silberschwert *(Argyroxiphium sandwicense)* gedeiht nur in der alpinen Umwelt des Haleakala-Kraters auf der Insel Maui, in Höhen bis 3000 m. Dieser Korbblütler zeigt pflanzliche Anpassungsfähigkeit in höchster Vollendung: Das große runde Polster der stachelförmigen Blätter drückt sich an den Boden und hält die Kälte ab; die Blätter können nach den sporadischen Regenfällen Feuchtigkeit speichern, die zum Austreiben der Blüten in großen Mengen benötigt wird; der dichte Überzug aus feinen Haaren, der die in diesen Höhen sehr starke Sonneneinstrahlung reflektiert, verleiht der Pflanze ein silbermetallisches Aussehen.

Das Silberschwert kann 15 Jahre alt werden, blüht jedoch nur ein einziges Mal vor dem Absterben. Mitten im Sommer bringt es einen zwei Meter hohen Stiel hervor, der mit zahlreichen dunkelroten Blüten besetzt ist, welche sich einige Wochen halten, bevor sie welken. Woher mag diese ungewöhnliche Pflanze stammen? Man nimmt an, daß einst die Vorfahren der unscheinbaren südkalifornischen Ölmadien als Samen den Ozean überquerten und die damals noch junge Vulkaninsel kolonisierten.

Musterbeispiele der Evolution

Die beiden Tiergruppen des Hawaii-Archipels, die für die Evolutionsgeschichte besondere Bedeutung haben, sind die Vögel und die Insekten. Die hawaiianischen Vögel bilden ein seltsames Gemisch von Typen, die vor langer Zeit auf die Inseln gelangten, wo sie überlebten und nach und nach eine Vielzahl von Anpassungsmechanismen entwickelten. Einige wenige Arten geben auch heute noch ihren Ursprung zu erkennen, wenn man sie mit ihren festlandbewohnenden Verwandten vergleicht. Die Hawaiigans oder Nene *(Branta sandvicensis)*, die heute nur noch auf der Insel Hawaii vorkommt, früher aber auch auf Maui vertreten war, ähnelt der nordamerikanischen Kanadagans. Doch auch sie hat sich stark verändert; die Füße haben die Schwimmhäute verloren, und die langen Beine haben sich an die Fortbewegung auf den Lavahängen angepaßt. Die Hawaiigans fliegt recht gut, aber meist nicht sehr weit – nur an den Berghängen auf und ab, nicht jedoch von Insel zu Insel.

Die Koloa-Ente *(Anas wyvilliana)* gleicht sehr stark der amerikanischen Stockente, und das gleiche trifft auch auf die Laysanente *(A. laysanensis)* zu. Beide Enten sind zwar rasante Flieger, aber auch sie haben etwas gegen weite Reisen und bleiben auf einige wenige Inseln beschränkt. Es ist möglich, daß wir diese drei Wasservogelarten derzeit in einer Übergangsphase erleben, in der sie zwar noch fliegen können, aber von dieser Fähigkeit kaum noch Gebrauch machen und somit wahrscheinlich auf dem langen Weg zur Flugunfähigkeit sind.

Die evolutionsgeschichtlich wichtigste Vogelfamilie der Hawaii-Inseln sind indes die Kleidervögel. Noch deutlicher als die bekannteren Galapagosfinken veranschaulichen sie die Differenzierung einer einzigen Stammform, die auf diese Weise eine Fülle von ökologischen Nischen besetzt. Die Differenzierung zeigt sich besonders in den unterschiedlichen Schnabelformen. Schwere Kegelschnäbel dienen speziell zum Aufknacken von Samen, dünne gerade Schnäbel zum Erhaschen von Fluginsekten, kräftige gebogene Schnäbel zum Aufreißen von Holz, in dem sich Insekten verborgen halten, kurze dünne Schnäbel zum Hervorstochern von Insekten aus der Baumrinde, lang ausgezogene dünne Schnäbel zum Aufsaugen von Nektar, kurze Schnäbel zum Verzehr von Früchten usw.

Wer der Ahnherr dieser erstaunlichen und oft sehr schön gefärbten Vögel gewesen sein mag, kann man nur vermuten. Manche Zoologen denken an eine amerikanische Vogelart, während andere glauben, die Ursprünge der Kleidervögel lägen auf Neuseeland oder anderswo im Pazifik. Wie dem auch sei – aus dieser Stammform haben sich zwei Dutzend Arten und eine Reihe von Unterarten entwickelt. Leider sind die meisten Kleidervögel inzwischen ausgerottet worden. Da viele dieser kleinen Vögel auf bestimmte Inseln beschränkt waren, waren sie im Überlebenskampf nicht beweglich genug. Die wenigen Arten, die sich erhalten haben, scheinen alle Veränderungen recht gut überstanden zu haben, und so können wir uns auch heute noch am Anblick der rot-schwarzen Apapanen *(Himatione sanguinea)* oder der leuchtend orangeroten und schwarzen Iiwis *(Vestiaria coccinea)* erfreuen. Auch der prächtige Haubenkleidervogel *(Palmeria dolei)*, der bis vor kurzem als ausgestorben galt, lebt, wie sich herausgestellt hat, noch immer tief in den Regenwäldern der fast unzugänglichen Bergtäler auf der Insel Maui.

Merkwürdige Insekten und Schnecken

Die Geschichte der hawaiianischen Insekten ist noch faszinierender und verwickelter als die der Vögel. Eine Taufliege ist ein kleines Insekt, das im allgemeinen nur für Vererbungsforscher von Interesse ist. Wegen ihrer Kleinheit ist sicher schon manche Taufliege vom starken Strom weltweiter Windsysteme erfaßt und in irgendeinem fernen Land abgesetzt worden, meist wohl als Leiche. Doch einige Fliegen haben anscheinend in vorgeschichtlicher Zeit ihre unfreiwillige Reise zu den Hawaii-Inseln überlebt, wo sie weiter gediehen und Sonderanpassungen entwickelten, die bis dahin in der Taufliegensippschaft unerhört waren. Sie paßten sich an alle möglichen Umweltbedingungen und Lebensräume an, und dabei veränderten sich ihre Körpergröße und ihre Gestalt. Schließlich hat eine pazifische Vulkaninsel einer winzigen Fliege weit mehr ökologische Nischen zu bieten als einem Vogel, und so ist es nicht verwunderlich, daß diese Insekten sehr viel mehr Spielarten ausbildeten als etwa die Kleidervögel. Manche Taufliegen eroberten Lebensräume, die in einem weit entfernten Erdteil völlig andere Insekten innehatten, andere zeigen eine Spezialisierung, wie sie im Insektenreich sonst unbekannt ist.
Auf Hawaii ernähren sich viele Taufliegen nicht mehr von Nektar oder zuckerhaltiger Kost, sondern

1 Das Silberschwert mit seiner hohen Spitze, die von silbrigen Blättern bedeckt ist, wächst nur auf den hochgelegenen Hängen des Haleakala-Vulkans auf der Hawaii-Insel Maui. Es ist kennzeichnend für die hawaiianische Flora, die im Verlauf ihrer langen Isolation viele bizarre Formen hervorgebracht hat. Die auf dieser Inselkette heimischen Pflanzenarten, mehr als 2000, sind fast alle endemisch, kommen also nur hier vor. Beinahe die Hälfte dieser einzigartigen Pflanzen sind von der Ausrottung bedroht. Zu ihnen gehört auch das Silberschwert, das unter eingeführten Hausziegen und rücksichtslosen Pflanzensammlern zu leiden hat.

2 Eine kleine Achatschnecke (Achatinella sowerbyana) erblickt das Licht der Welt. Die Achatschnecken haben sich in zahllose Arten aufgespalten; 40 Arten leben allein auf der Insel Oahu. Im Unterschied zu anderen Landschnecken, die mit ihrer »Sandpapierzunge«, der Radula, Pflanzen zerraspeln, können die Achatschnecken nur den dünnen Algen- und Pilzüberzug abweiden, der sich auf bestimmten Blättern bildet.

1

2

von verwesenden Bättern, und einige schmarotzen sogar an Spinneneiern. Doch selbst diese Verhaltensänderungen verblassen angesichts der Tatsache, daß gewisse Taufliegen an bestimmten selbstgewählten Paarungsplätzen ein erstaunliches Balzritual vollführen, das gleichsam eine Insektenversion der exotischen Paradiesvogelbalz auf Neuguinea darstellt. Manche dieser Insekten kommen nur in einem einzigen Tal einer einzigen Insel vor.

Daß viele Taufliegen auf Hawaii ihr Flugvermögen eingebüßt haben, überrascht nicht. Die kräftigen, allgegenwärtigen Passatwinde könnten allzu leicht ein winziges hochfliegendes Insekt weit über die sichere Inselküste hinaustragen.

Die Taufliegen sind allerdings nicht die einzigen flugunfähigen und hochspezialisierten Insekten auf diesen Inseln. Eine Insektenart lebt beispielsweise nur auf dem bereits erwähnten Silberschwert – eine Spezialisierung innerhalb einer Spezialisierung! Die endemische Euphorbie Akoko, deren Blätter einen dickflüssigen Milchsaft enthalten, beherbergt ein Insekt mit einem riesigen Hornfortsatz auf dem Kopf, in den die Eingeweide hineinreichen. Diese Verlängerung des Darms hängt vermutlich mit der Nahrung des Insekts zusammen, die aus dem milchigen Pflanzensaft besteht. Eine ursprünglich wasserlebende Libellenlarve geht in der Laubschicht des Waldbodens auf Beutejagd. Auch das ist eine völlig neue Verhaltensweise, die voraussetzt, daß sich eine ans Wasser gebundene Stammform in ein bodenlebendes räuberisches Insekt verwandelt hat.

Die Eigenarten der Stammesgeschichte der Taufliegen und der Kleidervögel wiederholen sich bei den schönen kleinen Landschnekken, die überall auf den Inseln anzutreffen sind, wobei vielfach jedes Tal von nur einer einzigen Art bewohnt wird. Allein auf der Insel Oahu lebten einst 40 verschiedene Achatschneckenarten der Gattung *Achatinella*, doch die meisten sind heute verschwunden, weil ihre angestammten Täler mit Siedlungen und Straßen überzogen und ihre farbenprächtigen Gehäuse von Konchylienliebhabern allzu eifrig gesammelt worden sind.

Atolle und andere flache Inseln

Mikronesien bildet ein riesiges Gebiet, das sich aus 2141 Inseln zu-

1

2

3

1/2 Wie so viele andere hawaiianische Tiere haben sich auch die Insekten stark differenziert. Die Fotos zeigen zwei Farbvarianten von Coleotichus blackburniae, dem größten zu den Wanzen gehörenden Insekt auf Hawaii.

3 Nachdem der weibliche Fregattvogel das einzelne Ei abgelegt hat, hört das Männchen mit dem Droh- und Imponiergehabe des Kehlsackaufblasens auf. Es unterstützt jetzt seine Partnerin sechs Wochen lang beim Bebrüten des Eis.

4 In der Paarungszeit verfärbt sich der Kehlsack des männlichen Prachtfregattvogels von Orange in ein leuchtendes Rot. Auf dem Nistplatz sitzend, bläht der Vogel diesen Kehlsack wie einen Ballon so stark auf, daß er fast bis an die hakenförmige Schnabelspitze heranreicht. In diesem Zustand bleibt er auf dem auserwählten Platz sitzen, während das Weibchen Stöcke und Zweige zum Bau des Nestes heranschleppt. Die Anwesenheit des Männchens schreckt andere Vögel ab.

sammensetzt, doch die gesamte Landfläche von 1800 km² geht fast unter in einem 7500000 km² großen Ozean. Allein die mikronesische Inselkette der Karolinen erstreckt sich über 3100 km und umfaßt 40 Atolle und verschiedene hohe Inseln, darunter Truk, Yap, Ponape und Paulau – wahrlich eine große geographische und geologische Spannweite. Der Marshall-Archipel im Osten besteht aus 32 Inseln und Atollen, die zusammen mit den Gilbert-Inseln eine Kette bilden, welche in südöstlicher Richtung bis zu den polynesischen Ellice-Inseln verläuft.

Ein typisches Atoll hat eine mehr oder weniger kreisförmige Gestalt und umschließt mehrere sandige Eilande, die durch Riff-Kanäle voneinander getrennt sind. Durch diese Kanäle ist die seichte Lagune im Inneren des Atolls mit dem Außenmeer verbunden, und durch sie strömt das Gezeitenwasser ein und aus.

In den Lagunen der meisten Atolle wachsen die Korallen weiter und bilden manchmal säulen- oder baumförmige Kolonien, die nahe an die Wasseroberfläche heranreichen. Am stärksten ist das Korallenwachstum jedoch an der Außenseite des Riffrings. Die äußeren Riffhänge, die Riffdächer, die Inselküste und die Lagune beherbergen charakteristische marine Lebewesen, die an die jeweilige Temperatur, Lichtmenge, Wellengeschwindigkeit, Strömung und an die im Wasser gelöste Sauerstoffmenge angepaßt sind.

Die flachen Inseln eines Atolls, die vielfach sehr schmal sind, lassen sich von der Seeseite bis zum Lagunenstrand in verschiedene Zonen einteilen, die ihr Gepräge durch die vorherrschenden Winde, die Salzablagerungen, die Bodenbeschaffenheit und natürlich auch durch die Pflanzenarten erhalten, welche sich hier festsetzen und durch ihre bloße Anwesenheit ganz bestimmte Lebensbedingungen schaffen.

Die Tiere, die ein Atoll bewohnen, sind zwar nicht sehr artenreich, verteilen sich aber über alle vorhandenen Lebensräume. Wir finden hier einige Glattechsen und Geckoarten, doch keinerlei Amphibien; eine Fülle von Meeresfischen, doch keine Süßwasserformen. Säugetiere fehlen, wenn man von eingeführten Ratten und Haustieren absieht. Zu den endemischen Tieren gehören fast immer bestimmte Schnecken und Krustentiere, wie etwa der Landeinsiedlerkrebs *(Coenobita)* und der eindrucksvolle Palmendieb *(Birgus latro)*. Letzterem sagt man nach, er könne Kokosnüsse aufbrechen, was aber wohl übertrieben ist. Mit seinen kräftigen

Die Kleidervögel von Hawaii

Keakleidervogel *(Pseudonestor xanthophrys)*, 14 cm

Akepa oder Kreuzschnabelkleidervogel *(Loxops coccinea)*, 13 cm

Sichelhalbschnäbler *(Hemignathus procerus)*, 19 cm

Iiwi oder Scharlachkleidervogel *(Vestiaria coccinea)*, 14 cm

Doppelschnabel *(Hemignathus wilsoni)*, 14 cm

Apapane oder Karminkleidervogel *(Himatione sanguinea)*, 13 cm

4

1

2

1 Das frisch geschlüpfte nackte und blinde Küken ist den Nachstellungen anderer Fregattvögel ausgesetzt, auch wenn es von seinen Eltern eifersüchtig bewacht wird. Schon bald legt es sich ein weißes Dunenkleid zu. Nach und nach nimmt das Jugendgefieder eine dunklere Färbung an, aber erst nach zwei oder drei Jahren wird es schwarz.

2 Der junge Fregattvogel wird von beiden Elternteilen geatzt. Mit einer Flügelspanne von mehr als zwei Meter sind die Fregattvögel die gewandtesten Flieger von allen Seevögeln. Sie benutzen ihre Flugkünste dazu, andere fischende Vögel so lange zu umkreisen und zu bedrängen, bis sie ihre Beute auswürgen oder fallen lassen, die dann von den Fregattvögeln noch in der Luft aufgefangen wird.

Scheren vermag der Krebs allerdings die Nüsse von den Palmwipfeln abzutrennen, die er zu diesem Zweck erklettert. Die schweren Nüsse reißen beim Aufprall auf dem Boden teilweise auf und können dann von dem großen Krebs ganz geöffnet werden.
Die zahllosen Krebse, Würmer, Weichtiere und anderen Riffbewohner dienen den Seevögeln als Nahrung, die auf den Atollen nisten oder auf ihren Wanderungen dort haltmachen.

Der prächtige Fregattvogel

Mindestens 40 Vogelarten sind auf den Marshall-Inseln heimisch, und in ähnlicher Zahl bewohnen sie andere Flachinsel-Archipele. Der größte Vogel in diesem Gebiet ist der Prachtfregattvogel *(Fregata magnificens)* mit seinen langen, spitz zulaufenden Schwingen, die über 2 m klaftern, und seinem auffällig gegabelten Schwanz. Fregattvögel sind Nichtschwimmer, und da sie nur verkümmerte Schwimmhäute besitzen, können sie nicht rudern und vom Wasser auffliegen. Ihre Nahrung jagen sie mit Vorliebe fischenden Seevögeln ab, die sie in der Luft so lange bedrängen, bis sie ihre Beute fallen lassen. Ehe diese die Wasserfläche erreicht,

wird sie von den fluggewandten Fregattvögeln aufgefangen.
Ihre Nester, die auf Bäumen oder Sträuchern angelegt werden, verteidigen sie mit ungewöhnlicher Ausdauer gegen diebische Artgenossen. Das Balzritual des männlichen Fregattvogels ist ein einmaliges Schauspiel. Er bläst dabei seinen leuchtendroten Kehlsack zu einem riesigen Ballon auf, der im Sonnenlicht vibriert.
Alle Vögel der Marshall-Inseln haben eine Beziehung zum Meer: Sturmtaucher sowie Seeschwalben, Sturmvögel, Regenpfeifer, Schnepfen und sogar ein paar Enten. Zu den häufigsten Vögeln gehören die drei großen tropischen Tölpelarten, die sich mit angelegten Schwingen aus 30, 40 m Höhe steil ins Wasser stürzen, um dort noch in über 20 m Tiefe Fische und Tintenfische zu erbeuten.

Inseln der Übergangszone

Die Inseln Melanesiens bilden den Übergang zwischen den kleinen, weitverstreuten pazifischen Inseln und den größeren, dichter zusammenrückenden Inseln im Umkreis von Australien und Neuguinea. Die Gruppe der Neuen Hebriden umfaßt ungefähr 80 gebirgige Inseln, die jedoch bis auf 12 sehr klein sind.
Unweit davon und etwa 1750 km östlich von Australien liegt die felsige, schroffe Insel Neukaledonien. Auf ihr leben 70 Vogelarten, darunter einige farbenprächtige Vertreter der Papageienfamilie sowie 16 endemische Formen.
Noch faszinierender ist indes die Vegetation der Insel, die mehrere sehr altertümliche Blütenpflanzen und Koniferen aufweist. Hoch oben auf den Bergen wachsen Araukarien, seltsame, weit ausladende Nadelbäume, die sehr urtümlich und geradezu künstlich wirken. In den Niederungen findet man eine alte Kamelienart *(Strasburgeria robusta)*, eine von zahlreichen Pflanzen, die sich aus vorgeschichtlichen Zeiten erhalten haben.
Der weite Pazifik mit seinen Tausenden von Inseln und riesigen Entfernungen ist zu groß und vielgestaltig, als daß wir ihn erschöpfend beschreiben könnten. Doch seine hohen Vulkaninseln und flachen Atolle liefern wichtiges Anschauungs- und Beweismaterial für den Evolutionsforscher, der die Isolation als einen entscheidenden Faktor in der Entwicklung des Lebens erkannt hat.

Inselketten zwischen Asien und Australien

Tierarten breiten sich aus

Inseln, die sich in einer Kette von einer großen Festlandsmasse aus ins Meer erstrecken, sind gleichsam Sprungsteine für die sich ausbreitenden Tiergruppen. Tiere, welche an die auf dem Festland vorherrschenden Lebensbedingungen angepaßt sind, versuchen früher oder später, die Inselkette zu erobern. Doch mit jedem Glied der Kette werden es weniger Tiere, die es bis zum nächsten schaffen, da die Streufähigkeit der Lebensformen mit der Entfernung abnimmt.

Das beste Beispiel für diesen Vorgang ist die riesige Ansammlung von Inseln vor den Küsten Südostasiens. Von der Spitze der Malaiischen Halbinsel aus erstreckt sich eine nahezu dreieckige tropische Inselregion ins Meer, die sich aus Landstücken sehr verschiedener Größe zusammensetzt. Von den Philippinen an der nördlichen über Sumatra an der westlichen bis zur Bandasee an der östlichen Ecke umspannt dieser Inselkomplex ungefähr 50 Längen- und 30 Breitengrade. Weitere wichtige Inseln sind Borneo, Java, Celebes und Timor. Die meisten dieser Inseln, zumal die mittleren und großen, sind von dichtem tropischem Urwald bedeckt.

Doch nicht alle Inseln sind bewaldet. Jene, die von heftiger Vulkantätigkeit heimgesucht wurden, sind vielfach recht kahl. Das gleiche gilt für alle Eilande, die so klein sind, daß ihre Landschaft über weite Strecken den Einwirkungen des Meeres – Wind und salzigem Spritzwasser – ausgesetzt ist. Es besteht ein gewaltiger Unterschied zwischen den tiefen, dunklen Urwäldern des großen Borneo und der offenen Landschaft der kleinen Insel Komodo, die nur 35 km lang und knapp 20 km breit ist. Fast alle

Wohlgeborgen in den Armen seiner Mutter, erkundet dieser kleine Javaneraffe seine Umwelt.

Inseln dieses Gebietes sind zerklüftet und gebirgig.
Die Inseln, die dem südostasiatischen Festland am nächsten liegen, weisen die meisten Tierarten auf, die denen des Kontinents ähneln. Doch fast mit jeder Insel der Kette nimmt die Faunenvielfalt ab. Süßwasserfische asiatischen Ursprungs sind beispielsweise nur bis Java vertreten, während der Tiger noch ein weiteres »Kettenglied« erobert hat, nämlich die Insel Bali, die durch eine schmale Meeresstraße von Java getrennt ist. Allerdings scheinen die letzten Balitiger inzwischen ausgestorben zu sein.
In dem großen Inselkomplex ist bis zu einem gewissen Grade noch ein zweiter, gegenläufiger Filtereffekt wirksam. Er geht von Neuguinea aus, das wiederum stark von Australien beeinflußt ist, wie die auf Neuguinea lebenden Känguruhs und Schnabeligel bezeugen. Celebes, die größte Insel zwischen Neuguinea und Borneo, beherbergt gleichfalls einige australische Formen, doch der australische »Tierstrom« verliert sich in jenem, der von Südasien ausgeht.

Elefanten und andere Großtiere

Es liegt auf der Hand, daß von allen Tieren die sehr großen Säuger die geringste Chance hatten, sich über die Inseln zu verbreiten. Der Elefant kam zum Beispiel nur bis Java. Die javanischen Elefanten sind vor 1000 Jahren untergegangen – aus zoologischer Sicht eine kurze Zeitspanne –, doch auf Sumatra hat sich noch ein Bestand erhalten. Die sumatranische Form ist eine Unterart des festländischen Indischen Elefanten, von dem sie sich durch die fast quadratischen Ohren unterscheidet.
Es fällt auf, daß die Großsäugetiere nicht nur seltener werden, je weiter man sich von ihrem Ursprungsgebiet entfernt, sondern auch körperlich »schrumpfen«. Das mächtige Panzernashorn *(Rhinoceros unicornis)* am Nordrand des indischen Subkontinents wiegt ungefähr 4000 kg. Es hat im Süden einen Verwandten, der einst von Indochina bis Java verbreitet war, aber heute wahrscheinlich nur noch in einem Schutzgebiet in Java lebt; möglicherweise haben jedoch noch einige Exemplare auf dem Festland überdauert. Das stark gefährdete Java-Nashorn *(Rhinoceros sondaicus)* wird nur halb so schwer wie große Vertreter der indischen Art. Noch kleiner ist das seltene Sumatra-Nashorn *(Didermocerus sumatrensis)*, das noch immer von Indochina bis Borneo vorkommt und sich wie die javanische Art vom Laub der unzugänglichen Dschungel ernährt.
Die gleiche Größenabnahme läßt sich beim Tiger beobachten. Die Unterarten auf Sumatra *(Panthera tigris sumatrae)*, auf Java *(P. tigris sondaica)* und auf Bali *(P. tigris balica)* sind merklich kleiner als die Festlandstiger und etwa 100 kg leichter als die großen Tiger in Sibirien, dem vermutlichen Herkunftsland dieser waldbewohnenden Raubkatzen.
Auch zwei andere große Katzenarten haben die Inselkette besiedelt. Der Leopard *(Panthera pardus)* ist bis Sumatra und Java vorgedrungen, und der kleinere Nebelparder *(Neofelis nebulosa)* kommt auf Sumatra und Borneo vor. Der Nebelparder gehört zu den Katzen, die sich am stärksten auf das Baumleben umgestellt haben; er kann sich sogar von einem Ast herabhängen lassen, indem er sich nur mit einer Hintertatze festhält.

Beim Klettern und Hängen rollt der Gleitflieger vielfach den Schwanz ein, um eine Verletzung und Verschmutzung der Flughäute zu vermeiden. Im Ruhezustand hängt er an einem Ast oder in einer Baumhöhle, meist in der Gesellschaft von Artgenossen, die denselben Baum bevorzugen. Nachts schwärmen die Tiere aus, um sich in den Wipfeln der Bäume von Früchten, Blättern und Blüten zu ernähren.

1 Die Atlasspinner zeichnen sich durch befiederte Antennen, auffällig gefärbte Flügel und gewaltige Körpergröße aus. Manche Formen haben eine Flügelspannweite von 25 cm und mehr. Die größte ist der hier abgebildete asiatische Atlasspinner auf Borneo.

2/3 Der seltsame Nasenaffe kommt nur auf Borneo vor, vor allem an den Flüssen und in den Mangrovensümpfen. Er lebt von Pflanzenstoffen, die er in diesen Feuchtgebieten vorfindet, und ist ein hervorragender Schwimmer.

4 Die Plumploris gehören zu den verschiedenen Halbaffenarten, die sich vom südasiatischen Festland aus über die Inseln verbreitet haben. Diese Tiere zählten zu Beginn des Zeitalters der Säugetiere zu den fortgeschrittensten Primaten, doch wurden sie später von den höherentwickelten Affen in den Hintergrund gedrängt.

5 Der Sunda-Koboldmaki ist ein kleiner Halbaffe mit auffallend großen Augen und langem Schwanz.

1

2

3

Der zweifache Prozeß der Größenabnahme und der Waldanpassung wird besonders anschaulich beim Malaien- oder Sonnenbär *(Helarctos malayanus)*, der vom Festland aus bis Sumatra und Borneo vorgedrungen ist. Mit rund 65 kg ist er der kleinste asiatische Bär und gleichermaßen ein ausgesprochener Baumkletterer. Er hält sich die meiste Zeit auf den Bäumen auf; dort schläft er des Nachts, und tagsüber nimmt er gerne Sonnenbäder im hohen Geäst. Dort findet er auch seine Nahrung, die aus Insekten, wildem Honig und frischen weichen Pflanzenstoffen besteht.

Huftiere

In dem Gebiet, von dem hier die Rede ist, sind mehrere Schweinearten heimisch. Besonders ungewöhnlich ist der Hirscheber *(Babyroussa babyroussa)* von Celebes, der nur wenig Ähnlichkeit mit einem Schwein hat. Der Hirscheber wiegt etwa 90 kg, hat fast keine Haare auf dem Körper und eine derbe graue und ziemlich lockere faltige Haut. Die nachtaktiven Tiere sind sehr flink und können gut schwimmen – eine Fähigkeit, die es ihnen ermöglichte, die vorgelagerten kleinen Inseln zu erreichen.

Auffälligstes Merkmal des Hirschebers sind die beiden Hauerpaare des Keilers. Das untere Paar wächst vom Unterkiefer aus längs des Rüssels nach oben, während das obere das Rüsseldach durchbricht und sich im Bogen zur Stirn neigt. Da diese langen Eckzähne nicht als Waffen eingesetzt werden, sind sie reine Schmuckformen, die vermutlich das andere Geschlecht beeindrucken sollen.

Baumbewohnende Affen

Auch die Primaten oder Herrentiere haben sich als erfolgreiche Kolonisatoren erwiesen. Nahezu alle, von den primitiven Halbaffen bis zu den großen Menschenaffen, sind Waldbewohner. Der Javaneraffe *(Macaca fascicularis)*, der vom Festland über Java bis Timor verbreitet ist, bildet scheinbar eine Ausnahme von dieser Regel, weil er sich auch an den offenen Meeresstrand vorwagt. Doch selbst dort bleibt er im Schutz der Bäume, bei denen es sich vielfach um Mangroven handelt. Der Schweinsaffe *(Macaca nemestrina)* hat die Inselwelt nur bis Java und Borneo erobert. Jenseits von Borneo, auf Celebes, kommen zwei einzigartige Affen vor, der Mohrenmakak *(Macaca maura)* und der Schopfmakak *(Cynopithecus niger)*. Im Mohrenmakak haben wir ein Musterbeispiel für die durch Isolation bedingte Artendifferenzierung vor uns. Celebes ist eine spinnenförmige Insel mit mehreren langgestreckten Halbinseln, die jeweils durch ausgedehnte Ozeanflächen voneinander getrennt sind. Auf jeder der drei südlichen Halbinseln hat sich der Mohrenmakak zu gesonderten Unterarten weiterentwickelt.

Nur auf Borneo lebt einer der seltsamsten aller Primaten, der Nasenaffe *(Nasalis larvatus)*. Die Weibchen und Jungtiere dieser baumlebenden Art haben leicht vorstehende »Himmelfahrtsnasen«, fallen aber ansonsten nicht auf. Die ausgewachsenen Männchen dagegen besitzen ein riesiges pendelndes Riechorgan, das die Form einer Gurke hat. Die Nase ist so gewaltig, daß sie beim Fressen stört und beiseite geschoben werden muß. Diese merkwürdige Bildung dient wahrscheinlich als Resonanzboden für die gedehnten lauten Rufe des Tiers.

Die Nasenaffen hausen in den Niederungen der Insel, vor allem an den Flußläufen und in den Mangrovensümpfen, in denen sie um-

4

5

1

2

herschwimmen und sogar untertauchen, um Raubfeinden zu entgehen. Trotz dieser ungewöhnlichen Verhaltensweise machen sie keine Jagd auf Fische oder wasserbewohnende Wirbellose, sondern ernähren sich von den Blättern und den Früchten der verschiedensten Sumpfpflanzen.

Gibbons und Orang-Utans

Sumatra, Java, Borneo und einige kleinere Inseln sind die Heimat der kleineren Verwandten der Menschenaffen, der Gibbons *(Hylobates)*. Vier Arten bevölkern die Wälder Südostasiens, wo sie sich zu außerordentlich geschickten Baumkletterern entwickelt haben. Der Rumpf eines Gibbons ist auffallend schlank und leicht, die Beine sind ebenfalls schlank, während die Arme vergleichsweise lang und besonders kräftig erscheinen. Wenn das Tier mit zunehmender Geschwindigkeit durch die Bäume hangelt, dienen der Körper als Pendel und die Gliedmaßen als Hebel. Dabei erreichen die Gibbons oft ein atemberaubendes Tempo, und wenn sie an einer lichten Stelle ankommen, katapultieren sie sich im weiten Bogen durch die Luft, die Arme weit ausgestreckt, damit sie auf der gegenüberliegenden Seite am erstbesten Ast sofort festen Halt finden. Gibbons, die es nicht so eilig haben, laufen aufrecht auf den Ästen entlang, wobei sie die Arme wie Balancierstangen heben. Ein großer Gibbonverwandter, der Siamang *(Symphalangus syndactylus)*, lebt auf Sumatra und eine Zwergform *(S. klossi)* auf den Mentawai-Inseln im Westen Sumatras. Mit einer Armspannweite von 1,50 m bewegen sich die großen Siamangs

1 Der wilde Schrei des riesigen Affenadlers (Pithecophaga jefferyi) ertönt nur noch selten über den Dschungeln der Philippineninseln, die seine Heimat sind. Nur eine Handvoll dieser prachtvollen Greifvögel hat überdauert, vor allem auf der Insel Mindanao.

2 Das Verbreitungsgebiet der Straußwachtel (Rollulus roulroul) erstreckt sich vom südostasiatischen Festland bis Sumatra und Borneo.

3 Der auf den Inseln Komodo, Rintja, Padar und Flores beheimatete Komodowaran ist die größte Echse der Welt und ein gewaltiger Räuber. Lange Zeit nahmen die Zoologen an, diese Riesenechse sei ein Aasfresser, doch neuere Untersuchungen haben ergeben, daß sie ein ausgesprochener Jäger ist. Sie reißt kleine Hirsche und hat sogar Menschen angegriffen.

3

außergewöhnlich geschickt durch den Urwald.

Siamangs sind berühmt für ihre gewaltige Stimme. Wenn alle Mitglieder einer Horde früh am Morgen ihr orgelndes Heulkonzert beginnen, bei dem sich ihre nackten Kehlsäcke wie schwarze Ballons aufblähen, werden alle anderen Urwaldgeräusche übertönt. Manchmal singen und brüllen sie unisono, und dann ist ihr Chor drei bis vier Kilometer weit zu hören. Es beginnt mit einzelnen Heullauten, deren Abfolge und Lautstärke ständig zunehmen, bis das Konzert schließlich mit einigen dumpfen »Hu«-Tönen ausklingt.

Nicht so gewandt wie die Gibbons, aber sicherlich ebenso stark an das Baumleben gebunden ist der Orang-Utan *(Pongo pygmaeus)*, der »alte Waldmensch«, wie er auf Borneo und Sumatra genannt wird. Er kommt heute nur noch auf diesen beiden Inseln vor, doch vor nicht allzu langer Zeit bewohnte er auch einige weitere große Inseln des indonesischen Raums sowie Südostasien.

Der Orang ist der einzige große Menschenaffe, der sich fast ausschließlich auf den Bäumen aufhält. Sein Körperbau weist ihn als Baumtier aus: die massige Brust, die langen muskulösen Arme und die relativ kurzen Beine. Orangs leben vorwiegend vegetarisch; ihre Lieblingsspeise sind die Früchte der Schraubenpalme und die köstlichen, wenngleich übelriechenden Zibetfrüchte. Auf ihrem abwechslungsreichen Speisezettel stehen ferner Samen, Blätter, Eier, nestjunge Vögel und sogar Schalentiere. Nachdem die Tiere den Tag mit geruhsamer Nahrungssuche verbracht haben, bauen sie sich hoch in den Bäumen ein Schlafnest für die Nacht.

Halbaffen

Die altertümlichsten Primaten, die Halbaffen, haben sich über viele Inseln ausgebreitet. Der Plumplori *(Nycticebus coucang)*, ein großäugiges Nachttier, das sich im Zeitlupentempo durchs Geäst bewegt, ist bis Java, Borneo und zu den Philippinen gelangt. Verschiedene Arten der Spitzhörnchen oder Tupajas haben ungefähr das gleiche Verbreitungsgebiet. Doch nimmt die Zahl der Arten mit größer werdender Entfernung vom Festland ständig ab: Auf Borneo leben vier, auf Sumatra zwei und auf den Philippinen und Java jeweils nur eine. Die Spitzhörnchen stehen an der Wurzel des Entwicklungsstammes der Primaten und bilden eine eigene Ordnung zwischen den Kerbtierfressern und Herrentieren.

Die Koboldmakis oder Tarsier *(Tarsius)* kommen von Sumatra über Borneo und Celebes bis zu den Philippinen vor, allerdings nicht auf Java. Was einem bei diesen kleinen Halbaffen als erstes auffällt, sind ihre riesengroßen, nach vorne gerichteten Augen, die ihre Umgebung oder ihre Beute, ein Insekt oder eine Eidechse, unverwandt und starr fixieren. Am Tage sehen die Koboldmakis nicht sehr gut, doch im dämmerigen Abendlicht sind ihre großen Augen ungewöhnlich leistungsfähig. Mit ihren vorstehenden runden Ohren, die fast ständig in Bewegung sind, hören sie ausgezeichnet.

Wenn ein Koboldmaki auf einem Ast kauert, wirkt er sehr gedrungen. Tatsächlich aber verfügt er über lange und schlanke Beine und dünne, abspreizbare Finger und Zehen, an deren Spitze jeweils ein Haftballen sitzt. Diese Haftorgane kommen dem Tier bei seinen Luftsprüngen zugute, denn wenn es sich zu einem mehr als einen Meter entfernten Ast hinüberschnellt, streckt es seine Beine vor, um mit den Zehen sofort einen sicheren Halt zu finden.

Die Vögel

Da Vögel sehr viel beweglicher sind als Säugetiere, macht sich bei ihnen der Filtereffekt nicht so deutlich bemerkbar. Die Festlandsvögel sind auf den Inseln überall vertreten, haben jedoch infolge der dortigen Isolation eine starke Differenzierung durchgemacht. Fast drei Dutzend Unterarten der Drossel *Turdus poliocephalus* leben auf verschiedenen Inseln, und eine ähnliche Unterartenvielfalt zeigt sich bei den Grasmücken, Fliegenschnäppern und Tauben. Inseln bieten sehr vielfältige Lebensräume, von Bergen über Niederungen bis zu Korallenstränden, und sie alle werden von Vögeln besiedelt, vielfach von hochspezialisierten Formen. Der Bali-Star *(Leucopsar rothschildi)* hat beispielsweise auf seiner Insel ein so engbegrenztes Vorkommensgebiet, daß er aussterben muß, wenn seine

Fortpflanzung nicht durch entsprechende Maßnahmen noch gesichert wird.
Die Abnahme der Vogelarten mit wachsender Entfernung vom Festland ist auch aus einem anderen Grund nicht so augenscheinlich. Sie wird verschleiert durch einen »Gegenstrom« von Vögeln, die von Australien über Neuguinea vordringen und auf den Inseln eine größere Artenvielfalt entstehen lassen.
Papageien leben sowohl auf dem asiatischen Kontinent als auch in der australischen Region. Obwohl die Angehörigen der verschiedenen Gruppen sich auf den ersten Blick sehr ähnlich sehen, weisen sie bestimmte Besonderheiten auf, die geographisch bedingt sind. Die Kakadus und Loris sind ihrem Ursprung nach Australier. Sie dringen jedoch in die Randgebiete der Inselregion vor. Der Weißhaubenkakadu *(Kakatoe alba)* bewohnt die zu Indonesien gehörenden Molukken, desgleichen der Kapuzenlori *(Eos squamata)*. Der Erzlori *(Domicella domicella)* hat sich auf den Inseln Ceram und Amboina im Westen Neuguineas niedergelassen.
In der Gegenrichtung stoßen Papageienformen vom asiatischen Festland aus vor. Der Langschwanzedelsittich *(Psittacula longicauda)* hat sich von Malakka aus über Sumatra und Borneo ausgebreitet. Ungefähr ebenso weit ist das Blaukrönchen *(Loriculus galgulus)* von Malakka und Südthailand aus nach Süden abgewandert.

Reptilien und Amphibien

Ähnliches läßt sich auch bei den Reptilien und Amphibien beobachten. Glattechsen oder Skinke sind auf dem Festland und in der australischen Region heimisch, und sie lassen sich offenbar mühelos auf Baumstämmen, Strauchwerk und anderem Treibgut übers Meer verfrachten. Folglich finden sich Glattechsen allenthalben auf den Inseln, wo sie von beiden Seiten aus aufeinandertreffen und nebeneinander leben. Ein australischer Blauzungenskink ist sogar bis Java vorgedrungen.

Zu den seltsamsten Reptilien zählen die »fliegenden Schlangen«, etwa die hier abgebildete Paradies-Schmuckbaumnatter (Chrysopelea paradisii), die sich von Südasien über die meisten Inseln ausgebreitet hat. Die Schlangen können ihre Unterseite nach innen wölben und mit Hilfe dieses »Fallschirms« aus dem Geäst zu Boden schweben.

Auf ähnliche Weise sind Laubfrösche von Australien aus auf die Inseln gelangt, während aus der entgegengesetzten Richtung kontinentalasiatische Ruderfrösche der Gattung *Rhacophorus* vorstießen. Ein Ruderfrosch *(Rh. nigropalmatus)* wird als Flugfrosch bezeichnet, weil er weite Sprünge auszuführen vermag, und zwar mit Hilfe der großen Spannhäute, die seine Zehen miteinander verbinden. Wenn der Frosch von einem Ast abspringt, streckt er die Beine aus, spreizt die Spannhäute und zieht den Bauch ein, so daß der ganze Körper die Form einer Tragfläche annimmt. Auf diese Weise kann das Tier im Schwebeflug 12–15 m zurücklegen und sich seinen Feinden entziehen.
Eine weitverbreitete Echsenfamilie, die Warane, ist gleichfalls auf dem Festland und auf der Inselkette vertreten. Besondere Berühmtheit erlangte der Komodowaran *(Varanus komodoensis)*, die größte Echsenart der Welt. Er kann 3 m lang und 135 kg schwer werden – ein insularer Riesenwuchs, der das Tier befähigt, Affen, kleine Hirsche und Wildschweine zu erbeuten und zu verschlingen. Im Erregungszustand richtet sich der Komodowaran hoch auf seinen Vorderbeinen auf und läßt seine lange gegabelte Zunge vor- und zurückschnellen, um Duftstoffe aus der Umgebung aufzunehmen.
Daß er ein gewaltiger Räuber ist, bezeugen seine zentimeterlangen Zähne, die kraftvollen Kiefer und seine Fähigkeit, sich trotz seiner Körpergröße schnell und geräuschlos zu bewegen. Häufig innehaltend, schleicht sich dieser »Drache« an ein Rudel der kleinen Timorhirsche *(Cervus timorensis)* an und betäubt sein Opfer mit einem heftigen Schlag seines muskulösen Schwanzes. Dann nähert er sich züngelnd der Beute und beginnt sein Mahl.
Einige Reptilien sind ausgezeichnete Schwimmer und können so den Filtereffekt weitgehend ausschalten. Zu dieser Gruppe gehört zum Beispiel die riesige Netz- oder Gitterschlange *(Python reticulatus)*, deren Vorkommensgebiet sich von Südostasien bis tief in die Inselregion, sogar bis Celebes, erstreckt. Dieser Python war das erste Großtier, das auf den Resten der Insel Krakatau auftauchte, nachdem sie im letzten Jahrhundert bei einem gewaltigen Vulkanausbruch förmlich explodiert war. Die Schlange muß von Sumatra oder Java aus die Sundastraße überquert haben.

Eine Insel als Kontinent

Von Australien bis Neuseeland

Einige Inseln unserer Erde sind so groß und bergen eine so vielgestaltige Flora und Fauna, daß man sie nicht als geschlossene Einheit erfassen und beschreiben kann – zum Beispiel Australien. Die meisten Biogeographen behandeln Australien wegen seiner völligen und seit langem bestehenden Isolierung wie eine Insel, die Geologen jedoch betrachten es vielfach als einen Kontinent, der in der Frühzeit der Erdgeschichte von Afrika, Antarktika und anderen Teilen des alten Gondwanalands weggedriftet ist. Wir wollen beide Aspekte miteinander verbinden, indem wir uns auf den häufig verwendeten Begriff »Inselkontinent« einigen.

Tasmanien ist eindeutig ein Trabant Australiens, während Neuguinea mit dem Inselkontinent durch ein großes flaches Kontinentalschelf verbunden ist. Anders verhält es sich mit den weiter entfernten großen Inseln Neuseelands. Sie sind von Australien durch die Tasmansee getrennt, die stellenweise mehr als 5000 m tief ist.

Alle diese Inseln sind untereinander verschieden: Tasmanien liegt zwar wie die Südinsel Neuseelands in einer kühlen Klimazone im tiefen Süden, aber beider Pflanzen- und Tierwelt weichen stark voneinander ab. Neuguinea ist eine tropische Insel unmittelbar südlich des Äquators. Und Australien selbst ist so riesig und topographisch und klimatisch so mannigfaltig, daß es sich nicht auf einen kurzen Nenner bringen läßt.

Das weite braune Land

Australien liegt geographisch weit ab von den anderen Kontinenten der Erde. Diese Rieseninsel mit einer Fläche von mehr als 7,5 Millionen km² ist eine Welt für sich, einzigartig in fast jeder Hinsicht. Sie bildet die flachste große Festlandsmasse, denn sie erhebt sich im Mittel nur 300 m über den Meeresspie-

Die Küste Neuseelands ist zum großen Teil stark zerklüftet, von mächtigen Klippen gesäumt und von Fjorden durchschnitten.

gel, und ihre höchste Erhebung, der Mount Kosciusko, erreicht nur 2230 Meter Höhe. Der Boden besteht zu 20 Prozent aus Wüste, und nur der Ostrand und die in den indonesischen Raum hineinreichenden Küstengebiete sowie die verhältnismäßig kleine Südwestecke sind dicht bewaldet und wildreich.

Australien ist ein Land der Extreme, denn insgesamt stellt es die trockenste größere Landmasse dar; auf einer Fläche von 2,5 Millionen km^2 beträgt die jährliche Niederschlagsmenge weniger als 25 cm. Nur im äußersten Südwesten und in einem großen Teil Südostaustraliens fällt regelmäßig reichlich Regen.

Flüsse sind im Vergleich zur gewaltigen Ausdehnung des Landes selten, und viele führen nur zeitweise Wasser. Lediglich das Murray-Darling-Stromsystem im Südosten ist von größerer Bedeutung. Die auf den Landkarten eingezeichneten Seen sind vielfach ausgetrocknet, obwohl sie in längst vergangenen Zeiten einmal große und tiefe Binnengewässer waren. Manche Becken füllen sich nur alle paar Jahre mit Wasser, andere sind alljährlich nur vorübergehend gefüllt. Oberirdisches Süßwasser ist eine Seltenheit in diesem Land.

Die lange Isolation

Während der Kontinentalverschiebung der Frühzeit hat sich Australien weit von seinem ursprünglichen Standort entfernt. Es wurde so vollständig isoliert, und dies begann so früh, daß die Lebensformen, die es bei der Abspaltung von der Gondwanalandmasse vor etwa 200 Jahrmillionen mit sich führte, eine eigenständige Entwicklung durchmachten. Die Säugetiere, die zur Zeit der Abtrennung Australiens lebten, waren primitive eierlegende Kloakentiere und altertümliche Beuteltiere.

Nach dem Aussterben der Saurier vor etwa 60 Millionen Jahren fehlten Großtiere und auch die höherentwickelten Plazentatiere, die sich auf anderen Kontinenten herausgebildet hatten. Die Beutler auf Australien entwickelten sich langsam und ungestört während der folgenden Jahrmillionen und drangen in alle Lebensräume vor.

Vor rund drei Millionen Jahren haben die Beuteltiere offenbar explosionsartig eine große Formenvielfalt hervorgebracht. Es entstanden ein über drei Meter hohes Riesenkänguruh, ein nashorngroßer Wombat, ein Riesenkoala und ein »Beutellöwe«, der so groß wie ein Leopard und ein stämmig gebauter, kraftvoller Räuber war. Alle diese Tiere sind wieder ausgestorben, doch leben andere Formen heute noch, teilweise stark gefährdet.

Die langwährende Isolation hat auch die australische Fauna geprägt. Die abwechslungsreiche Vegetation läßt sich in drei Hauptgruppen einteilen: endemische Pflanzen, die nur in Australien vorkommen; die aus dem indomalaiischen Raum stammenden Pflanzen der Nordküste, etwa der leuchtendrot blühende Illawarra-Flaschenbaum; letzten Endes die weit südlich wachsenden subantarktischen Pflanzen, etwa Südbuchen und Enziane.

Australien ist auch das Land der Gummi- oder Eukalyptusbäume, die über 500 Arten von sehr unterschiedlicher Größe umfassen. Manche werden nur strauchgroß, andere zählen zu den höchsten Bäumen der Welt. Abgesehen von den Wüstenregionen gedeihen sie auf dem gesamten Kontinent. Drei Arten werden höher als 60 m, und eine davon, der Rieseneukalyptus, kann sogar Größen weit über 100 m erreichen.

Die Känguruhs und andere Beuteltiere

Damit ein Tier als Pendant eines anderen Tieres gelten kann, das in einem gleichartigen Lebensraum auf einem anderen Kontinent lebt, muß es im Verhalten – nicht unbedingt im Aussehen – mit diesem weitgehend übereinstimmen. So sind zum Beispiel die Känguruhs die australischen Gegenstücke zu den Antilopen der afrikanischen Steppe. Känguruhs sind vorwiegend Grasfresser, die Känguruhgras und Stachelgras abweiden. Sie käuen die aufgenommene Nahrung im Ruhezustand wieder und schließen sich zu Herden von bis zu 50 Einzeltieren zusammen. Hier endet allerdings die Ähnlichkeit, denn Känguruhs haben keine Hörner und entkommen ihren Feinden nur durch mächtige Sprünge mit den Hinterbeinen. Ein Känguruh, das mit einer Geschwindigkeit von fast 50 km/h davonrast, kann Sprünge von 13 m ausführen und über 3 m hohe Hindernisse hinwegsetzen. Im Gegensatz zu einem Tier, das auf allen vieren geht, kann ein Känguruh im vollen Lauf plötzlich die Richtung ändern, indem es mit einem Hinterbein kräftig auftritt und das andere anzieht.

1

1 Sicher geborgen im mütterlichen Beutel, betrachtet ein junges Graues Riesenkänguruh die Welt. Australien, das vor 200 Jahrmillionen von einer größeren Festlandsmasse abgetrennt wurde, ist die letzte Bastion der Beuteltiere, die in der übrigen Welt fast vollständig verschwunden sind.

2 Das Graue Riesenkänguruh hüpft auf seinen kräftigen Hinterbeinen umher, mit denen es Sprünge von mehr als dreizehn Meter ausführen kann. In Australien besetzen die großen Känguruhs die gleiche ökologische Nische wie anderswo die Huftiere. Wie diese äsen sie im offenen Gelände und im Buschland.

3 In Australien wimmelt es von kleineren Beuteltieren. Die Breitfuß-Beutelmaus (Antechinus bellus) hat etwa die Größe einer Hausmaus.

4 Der Schlafmausbeutler (Cercaertus nanus) mißt mit Schwanz etwa 20 cm.

5 Das Langnasen-Rattenkänguruh (Potorous tridactylus) wird ungefähr rattengroß. Viele Rattenkänguruhs bevorzugen feuchte Lebensräume, sogar Regenwälder.

2

3

4

5

Diese Hinterläufe sind auch noch zu einem anderen Zweck zu gebrauchen. Wenn sich das Tier bedroht fühlt, richtet es sich so hoch wie möglich auf und lehnt sich auf seinen muskulösen Schwanz zurück. In dieser Stellung kann es mit seinen bekrallten Hinterfüßen ausholen und dem Angreifer den Leib aufreißen.

In Australien, auf Tasmanien, Neuguinea und einigen benachbarten kleinen Inseln leben 52 Känguruharten. Sie alle sind Variationen über dasselbe Thema, obwohl zwischen dem kleinen, nur 500 g schweren Moschus-Rattenkänguruh *(Hypsiprymnodon moschatus)* der nördlichen Regenwälder und dem 70 kg schweren Roten Riesenkänguruh *(Macropus rufus)* ein gewaltiger Unterschied besteht.

Die verzögerte Geburt

Wenn ein Känguruhweibchen der zuletzt genannten Art Nachwuchs bekommt, bereitet es in der Regel für ihn den Weg von der Geburtsöffnung zum etwa 15 cm entfernten Beutel durch Belecken des Bauchfells vor. Das Neugeborene (Zwillingsgeburten sind selten) kommt noch als Embryo zur Welt und muß innerhalb von drei Minuten den gefährlichen Weg durch das mütterliche Fell bis zum Brutbeutel zurücklegen, in ihn eindringen, eine Zitze finden und sich an ihr festklammern. Dies ist eine erstaunliche Leistung für ein hilfloses Wesen, das nicht einmal 20 g wiegt.

In der Bruttasche geht die Embryonalentwicklung weiter. Ein halbes Jahr hängt das Kleine ununterbrochen an einer Zitze. Es kann nicht saugen, weil seine Muskeln noch nicht entwickelt sind. Deshalb muß ihm die Mutter die Milch durch Kontraktionen der Milchdrüse einspritzen. Zunächst ist das winzige neugeborene Känguruh fast durchsichtig und besitzt keine Hinterbeine, keinen langen Schwanz, keine Augen und Ohren. Nach einem zweimonatigen Aufenthalt im Brutbeutel ist es noch immer unbehaart und blind, aber man kann es an seinen langen dünnen Beinchen und seinem Schwanz bereits als Känguruh erkennen. Wenn das halbe Jahr vorüber ist, kommt das Kleine zum erstenmal hervor, um seine Umwelt ein wenig zu erkunden, doch bei Gefahr oder Hungergefühl hüpft es sofort wieder in den Beutel zurück.

Unterdessen ist wahrscheinlich längst ein neues Känguruhbaby unterwegs. Wenige Tage nach der Geburt wird das Weibchen bereits wieder gedeckt, doch der neue Embryo ruht, ohne sich weiterzuentwickeln, so lange im Uterus, bis das erste »Joey« (so nennen die Australier ein Jungkänguruh) endgültig entwöhnt ist. Dann wird er geboren und siedelt in die freigewordene Bruttasche über.

Ähnlich verläuft das Fortpflanzungsgeschäft bei allen Beuteltieren, auch wenn manchmal mehrere Junge zugleich geboren werden und auch der Brutbeutel nicht immer genau dem der Känguruhs entspricht. Beim Nacktnasenwombat *(Vombatus ursinus)* befindet sich die Beutelöffnung auf der Rückseite des Tieres und ist somit für das Neugeborene leichter zu erreichen; außerdem würde ein Beutel auf der Vorderseite das in langen unterirdischen Gängen hausende Tier beim Graben sehr behindern.

Das Wahrzeichen Australiens

Neben den Känguruhs ist ein anderer Beutler, der Beutelbär oder Koala *(Phascolarctos cinereus)*, in aller Welt zum Wahrzeichen Australiens geworden. Dieses reizende Baumtier zählt zu den am höchsten spezialisierten Lebewesen der Erde und ist deswegen auf den Schutz und das Verständnis der Menschen besonders angewiesen.

Koalas verzehren zwar zuweilen Mistel- und *Tristania*-Blätter, aber ihre Hauptnahrung sind das Laub und die Rinde bestimmter Eukalyptusbäume, auf denen sie ständig leben. Sie können sich weder auf andere Lebensräume noch auf Ersatznahrung umstellen. Weil die Koalas von der Temperatur ihrer Umgebung abhängig sind, wählen sie jene Eukalyptusarten aus, in denen Substanzen enthalten sind, die nach Bedarf ihre Körpertemperatur senken oder ihre Wärmeerzeugung steigern.

Das Heer der mehr als 120 australischen Beutlerarten beeindruckt durch seine Mannigfaltigkeit – Flug- und Kletterbeutler, Beutelmäuse, Beuteldachse, Beutelmarder und viele andere haben sich allesamt erfolgreich an die verschiedensten Lebensräume in Australien angepaßt.

Die großen räuberischen Beuteltiere der Vergangenheit sind fast völlig verschwunden. Einer der wenigen Überlebenden ist der Beutelteufel *(Sarcophilus harrisi)*, der früher sowohl in Australien als auch auf der Insel Tasmanien heimisch war, doch nach Einführung der Dingos auf dem Kontinent ausgerottet wurde. Der Beutelteufel ist ein untersetztes, kräftiges Geschöpf, das fast 10 kg wiegt. Das nachtaktive Tier macht seinem Namen alle Ehre, denn es ist sehr reizbar und ausgesprochen bösartig. Als Hetzjäger verfolgt es zielstrebig seine Beute, die aus Säugetieren, Vögeln und sogar giftigen Schlangen besteht.

Säugetiere, die Eier legen

Obgleich das Schnabeltier *(Ornithorhynchus anatinus)* und die australischen Schnabel- oder Ameisenigel *(Tachyglossus)* nicht besonders ungewöhnlich aussehen, unterscheiden sie sich grundlegend von allen anderen Säugetieren. Sie haben gewisse Merkmale mit den Reptilien gemeinsam, aus denen sie vor etwa 200 Millionen Jahren hervorgegangen sind: Sie legen Eier, die von einer lederigen Schale umhüllt sind und außerhalb des Mutterleibes bebrütet werden müssen; sie weisen anatomische Eigentümlichkeiten auf, die an die Reptilien erinnern; und ihre Fähigkeit, eine konstante Körpertemperatur aufrechtzuerhalten, ist nur unvollkommen entwickelt. Zu den weiteren Reptilienmerkmalen gehören der breitbeinige Gang und die Anlage des Fortpflanzungs- und Ausscheidungssystems sowie die Tatsache, daß beide Systeme in eine gemeinsame Körperöffnung münden, die Kloake. Deshalb werden diese urtümlichsten Säuger auch als Kloakentiere bezeichnet. Aber echte Säugermerkmale sind ebenfalls vorhanden: Behaarung und primitive Milchdrüsen; die Anatomie des Gehirns und die Anordnung der Hauptarterie, die vom Herzen abführt, sowie der Bau des inneren Ohres.

Die Heimat der Schnabeltiere sind die Binnengewässer Ostaustraliens und Tasmaniens, von Meereshöhe bis in Hochlagen von 2000 m und von eiskalten Regionen bis zu tropischen Breiten. Sie sind ausgezeichnete Schwimmer, die zum Rudern ihre mit Schwimmhäuten versehenen Vorderfüße stärker benutzen als ihre Hinterbeine. Die vorderen Schwimmhäute stehen so weit vor, daß das Tier auf den Knöcheln geht, um eine Beschädigung der Häute durch die Zehenkrallen zu verhindern. Das Männchen trägt am Hinterfußgelenk einen Giftstachel, genauso wie die Schnabeligel.

Beim Tauchen verschließen sich die Ohrlöcher des Schnabeltiers, doch an Land öffnen sie sich, und wenn das Tier angestrengt lauscht, erhebt sich hinter der Öffnung eine kleine Hautfalte, so daß zeitweise so etwas wie eine Ohrmuschel entsteht. Der berühmte »Entenschnabel« besteht aus einer biegsamen hornigen Substanz und eignet sich hervorragend dazu, Insekten, Kru-

1

2

3

stentiere, Mollusken und anderes Getier aus dem Wasser zu seihen. Vor der Eiablage gräbt das Weibchen dicht über dem Wasserspiegel einen langen gewundenen Tunnel mit einem Kessel, in dem es seine beiden Eier etwa zwei Wochen lang bebrütet. Die frischgeschlüpften Jungen sind nur 2 cm lang, nackt und blind. Sie werden, genauso wie die kleinen Schnabeligel, nicht gesäugt, sondern lecken Milch von den Haaren der Milchdrüsenfläche am Bauch der Mutter.
Neben Kloaken- und Beuteltieren beherbergt Australien nur einige wenige endemische Plazentatiere, die im Laufe der Jahrtausende ohne Mithilfe des Menschen dorthin gelangt sind. Dazu gehören verschiedene Nagerarten.
Das bekannteste »echte« Säugetier Australiens ist der Dingo. Er galt lange als ein echter Wildhund, doch neuerdings sieht man in ihm einen verwilderten Haushund, der auf ein Alter von wenigstens 13 000 Jahren zurückblicken kann.

Vogelreichtum

Es hat den Anschein, als wolle Australien seine relative Säugetierarmut durch eine Überfülle von Vögeln ausgleichen. Von den mehr als 700 Vogelarten, die hier vorkommen, brüten mindestens 600 auf dem Kontinent und seinen küstennahen Inseln. Bei jenen, die Australien mit anderen Erdteilen und fernen Inseln gemeinsam hat, handelt es sich um Zugvögel und »Meereswanderer« wie die Sturmvögel und Albatrosse. Über zwei Drittel der australischen Vögel sind Insektenfresser. Die übrigen stellen kleinen Wirbeltieren nach oder leben von Früchten und Beeren.
Der Kookaburra oder Lachende Hans *(Dacelo gigas)* ist mit Australien unzertrennlich verbunden: Der wie lautes Lachen klingende Ruf dieses Rieseneisvogels kommt in fast jedem Film vor, der dem Publikum in aller Welt echte Dschungelatmosphäre vermitteln möchte. Tatsächlich aber lebt der Kookaburra nicht im dichten Regenwald, sondern in der offenen Waldlandschaft Ostaustraliens. Er ist auch in Tasmanien und Westaustralien eingebürgert worden.
Die Laubenvögel, die sich allesamt als Architekten und als bildende Künstler betätigen, sind in Neuguinea und Australien verbreitet. Der vom Männchen ausgestaltete Balzplatz bildet den Mittelpunkt seines Territoriums. Der Rosennackenlaubenvogel *(Chlamydera nuchalis)* errichtet aus sorgfältig ausgewählten Zweigen, die er fest in den Boden steckt, einen überwölbten Gang, der gerade so breit ist, daß ein Vogel hindurchschlüpfen kann. An beiden Enden des Laubengangs ordnet er eine Sammlung von Kieselsteinen und anderen bunten Gegenständen so an, daß die Sonnenstrahlen seine Schätze dem zuschauenden Weibchen, das still in der Nähe sitzt, im schönsten Licht zeigen. Während das Männchen seine Laube baut und ausschmückt, verhält sich die Partnerin die meiste Zeit sexuell inaktiv, und es können Monate vergehen, bis irgendein Umweltreiz sie veranlaßt, das Bauwerk zu betreten, in dem dann nach einem kurzen Balzspiel des Männchens die Paarung stattfindet.
Die Vielfalt der Architekturformen, die jeweils für eine Laubenvogelart charakteristisch sind, ist erstaunlich. Es hat den Anschein, als ob die kunstvollsten Lauben, Gänge und Grotten von den am unscheinbarsten befiederten Vögeln errichtet werden und daß die Bauwerke der Stimulierung der Weibchen dienen.

Brutkastenbauer und andere Vögel

Das eigenartige Verhalten der Laubenvögel steht im Dienste der Werbung. Der eigentliche Fortpflanzungs- und Brutvorgang hat dagegen nichts Ungewöhnliches. Ganz anders verhält es sich bei den »brutkastenbauenden« Vögeln Australiens und Neuguineas, zu denen das Thermometerhuhn *(Leipoa ocellata)* gehört.
Dieses Großfußhuhn lebt im trokkenen Busch- und Strauchland Zentralaustraliens, wo die Temperaturschwankungen sehr groß sind. Der Hahn gräbt eine zwei Meter breite und einen Meter tiefe Grube und füllt sie anschließend mit verrottenden Pflanzenteilen auf, die er in einem Umkreis von etwa 25 Metern findet. So entsteht am Ende ein Hügel, der einen Durchmesser von mehr als fünf Meter haben kann und der die Feuchtigkeit der spärlichen Regenfälle bindet. In ihm legt das Weibchen in bestimmten Abständen seine Eier ab, und das Männchen ist während der siebenmonatigen Brutzeit ständig damit beschäftigt, die Feuchtigkeit und vor allem die Temperatur zu regeln,

1 Der Gemeine Tüpfelbeutelmarder (Dasyurus viverrinus) erbeutet Vögel und andere kleine Tiere, kaum anders als die echten Marder.

2 Der Fuchskusu (Trichosurus vulpecula) klettert wie ein Affe in den Bäumen umher und ernährt sich von Früchten.

3 Der Numbat oder Ameisenbeutler (Myrmecobius fasciatus) benutzt seine überlange Zunge, um Ameisen und Termiten zu »angeln«, ganz in der Art der echten Ameisenbären.

die nicht mehr als ein Grad vom Optimalwert (33,5 °C) abweichen darf.
Tatsächlich erstreckt sich die Tätigkeit des Hahns über zehn Monate im Jahr: Im Frühling muß er Löcher in den Hügel graben, damit die überschüssige Wärme entweichen kann; im Sommer muß er zusätzliches Pflanzenmaterial aufhäufen, um eine Überhitzung zu verhindern. Und am frühen Morgen wird der Hügel mehrmals in der Woche für kurze Zeit geöffnet, damit er vor Sonnenaufgang abkühlen kann. Im Herbst muß der Vogel die oberen Schichten abtragen, damit die Sonne das Nest erwärmen kann, und den Hügel am Abend wieder mit sonnenwarmem Sand zudekken.
Mit einer Höhe von 1,80 m ist der Emu *(Dromaius novaehollandiae)* nach dem afrikanischen Strauß der größte Vogel der Erde. Doch trotz seiner Größe und seines Gewichts (bis zu 55 kg) kann der Emu über große Entfernungen eine Laufgeschwindigkeit von 60 km/h beibehalten, ohne zu ermüden. Das Weibchen legt bis zu einem Dutzend dunkelgrüne Eier mit ungewöhnlich dicker Schale, doch für das Ausbrüten ist das Männchen zuständig, das zweieinhalb Monate lang auf dem Gelege sitzt. Wenn alles normal verläuft, schlüpfen nach Ablauf dieser Zeit die auffällig gestreiften Küken, die von ihrem Vater so lange geführt werden, bis sie selbständig sind.
Australien ist ein Papageienland, und der Königssittich *(Alisterus scapularis)* übertrifft an Farbenpracht fast alle anderen Vögel des Inselkontinents. Im Flug gleicht er mit seiner karmesinroten Brust, seinem sattgrünen Rücken, seinen blaugrünen Flügelunterseiten und seinen grünen, blaugeränderten Schwanzfedern einem lebenden Edelstein. Der Königssittich ist indes nur eine von ungefähr 60 herrlichen Papageienarten, zu denen unter anderem der Inkakakadu, der Nymphensittich, der Rosellasittich und der allbekannte kleine Wellensittich gehören.
Der prachtvolle Trauerschwan *(Cygnus atratus)* bildet den einzigen schwarzen Vertreter seiner Familie und ist ebenfalls in Australien daheim. Sein glänzend schwarzes Gefieder wird belebt durch die weißgesäumten Schwungfedern, die im Flug am besten zur Geltung kommen, und den rot-weiß gestreiften Schnabel. Kein Überblick über die australische Vogelfauna wäre vollständig ohne den phantastischen Prachtleierschwanz *(Menura novaehollandiae)*. Diese scheue Art ist der größte Baumvogel der Erde und wetteifert mit den Paradiesvögeln um den Schönheitspreis. Da er im tiefen Wald lebt, muß er sich selbst eine kleine Lichtung für seine Balztänze schaffen, bei denen er seine langen filigranartigen Schwanzfedern wie ein Pfau über seinen Körper ausbreitet. Der Leierschwanz mit seinem schier unerschöpflichen Repertoire zählt auch zu den besten Sängern der Welt. Er verfügt nicht nur über einen außerordentlich lieblichen Eigengesang, sondern ist ein ausgezeichneter Spötter und »Bauchredner«.

Buntwaran und Kragenechse

In Australien sind etwa 20 verschiedene Waranarten heimisch, die derselben Reptilienfamilie angehören wie der mächtige Komodowaran. Keine dieser Arten erreicht dessen Ausmaße, obwohl der weitverbreitete Buntwaran *(Varanus varius)* zwei Meter lang wird und der grabfreudige Großwaran *(V. giganteus)* noch etwas größer werden kann. Der Buntwaran mit seinen unregelmäßigen braungelben Querstreifen, die den Rumpf, den Schwanz und die Gliedmaßen umgeben, ist eine schön anzusehende Echse, aber wie alle seine Verwandten ein ausgesprochener Räuber.
Dank seinen abwechslungsreichen Lebensräumen ist Australien für Kriechtiere ein außergewöhnlich günstiger Erdteil. Die Familie der Geckos oder Haftzeher ist hier mit mehr als 50 Arten vertreten. Es sind eifrige Insekten- und Spinnenjäger, die ihre Opfer anschleichen und dann blitzschnell zuschlagen.
Drei Agamenarten haben erstaunliche Methoden entwickelt, um etwaige Angreifer abzuschrecken. Wenn sich die Bartagame *(Amphibolurus barbatus)* bedroht fühlt, spreizt sie ihren stachligen »Bart« ab und sperrt ihr großes Maul auf, damit ihre leuchtendgelbe Mundschleimhaut sichtbar wird.
Die Kragenechse *(Chlamydosaurus kingii)* ist noch eindrucksvoller. Im Ruhezustand wirkt sie ganz nor-

1

2

1 Der Goldene Laubenvogel oder Reisigturmbauer (Prionodura newtoniana) in Queensland ist oft jahrelang damit beschäftigt, einen Turm aus Reisig um den Stamm eines kleinen Baumes zu errichten. Der Turm kann bis zu drei Meter hoch werden – eine erstaunliche Leistung für einen Vogel, der nicht größer ist als eine Amsel.

2 Zwei Emus wandern durch eine blühende Landschaft. Die Federn dieser flugunfähigen Vögel gleichen Haaren.

3 Ein Rosennackenlaubenvogel (Chlamydera nuchalis) schickt sich an, seinen aus Zweigen bestehenden Laubengang mit einer Hibiskusblüte zu verzieren.

mal, doch wenn sie erschreckt wird oder erregt ist, öffnet sie weit ihr Maul und spannt den riesigen bunten Halskragen wie einen Regenschirm auf. Dadurch erscheint die fast einen Meter lange Echse viel größer, als sie tatsächlich ist, und der potentielle Angreifer wird so durch den furchterregenden Anblick bewogen, sich die Sache noch einmal zu überlegen.

Der Moloch oder Dornteufel *(Moloch horridus)* verdient seinen abschreckenden Namen allenfalls aufgrund seiner äußeren Erscheinung. Es ist ein harmloses kleines Reptil (20 cm), das sich ausschließlich von Ameisen ernährt, von denen es bei einer einzigen Mahlzeit 1000–2000 verspeist. Es sieht jedoch sehr gefährlich aus, weil der ganze Körper mit spitzen Dornen bewehrt ist. Bei Gefahr senkt der Moloch seinen Kopf und stößt seine breite stachlige Schulter vor, die einen stark vergrößerten »Ersatzkopf« darstellt.

Doch nicht alle australischen Reptilien arbeiten nur mit solchen Bluffs. Auf dem Inselkontinent leben auch einige der gefährlichsten Schlangen der Welt. Von den 110

Vögel der australischen Region

Prachtleierschwanz *(Menura novaehollandiae = superba)*, 90 cm

Fadenhopf *(Seleucides melanoleuca = ignotus)*, 33 cm

Helmkasuar *(Casuarius casuarius)*, 150 cm

Busch- oder Talegallahuhn *(Alectura lathami)*, 60 cm

Emu *(Dromaius novaehollandiae)*, 200 cm

Gewöhnlicher Kiwi *(Apteryx australis)*, 50 cm

3

1

3

2

4

5

6

Schlangenarten sind immerhin 60 Prozent giftig. In Australien kommen nicht nur die Todesottern *(Acanthophis antarcticus)* aus Neuguinea, sondern noch schlimmere Schlangen vor: die Braunotter oder Mulga *(Pseudechis australis)*, die Tigerotter *(Notechis scutatus)* und der äußerst gefährliche Taipan *(Oxyuranus scutellatus)*.
Da Australien ein so trockenes Land ist, sind Amphibien selten und nur auf jene Regionen beschränkt, in denen die Niederschlagshöhe mindestens 60 cm pro Jahr beträgt. Manche der 70 Kröten- und Froscharten müssen sich in den Boden eingraben, um zum Überleben genügend Feuchtigkeit zu finden.

Insel der Täler und Wälder

Nach Australien und Grönland ist Neuguinea die drittgrößte Insel, mit einer Länge von 2400 km, einer Breite von 725 km und einer Fläche von mehr als 500000 km². Eine mächtige Gebirgskette durchzieht wie ein Rückgrat die Insel, und elf Gipfel steigen über 4880 Meter empor.
An das Gebirge schließen sich 1500 Meter hohe grasbewachsene Hochtäler an, deren Ebenen mit Baumfarnen bestanden sind. Baumfarne können nicht in die Breite, sondern nur in die Höhe wachsen.
Das Flachland am Fuße der Berge ist von dichten, dampfenden Regenwäldern bedeckt, die von zahllosen, zum Teil sehr großen Flüssen durchzogen sind. Seen und Sümpfe unterbrechen zuweilen diese mächtigen Ströme und bereichern die Lebensräume der Insel um weitere Formen. An der Südostküste, in der Umgebung von Port Moresby, beträgt die jährliche Regenmenge nur noch weniger als 100 cm, doch bei Gasmata auf der Insel Neuirland, die zu Neuguinea gehört, fällt mehr als 600 cm Regen.

Leben aus der Vergangenheit

Neuguinea ist eine alte Insel, die schon vor langer Zeit von der übrigen Welt getrennt wurde und mancherlei zoologische »Relikte« birgt, die hier überlebt haben, während sie auf den Kontinenten unter dem übermächtigen Wettbewerbsdruck ausgestorben sind.
Wegen seiner langen Isolierung besitzt Neuguinea nur wenige endemische Plazentatiere. Eine Biberratte (*Hydromys* sp.) hat ihren gewohnten Lebensraum teilweise aufgegeben und klettert hoch oben in den Bäumen herum, aber die Monckton-Schwimmratte *(Crossomys moncktoni)* lebt ausschließlich in Feuchtgebieten mit Flüssen, Teichen, Seen und Sümpfen. Sie ist von allen Nagetieren am besten ans Wasserleben angepaßt dank ihrem stromlinienförmigen Körper, ihren Nasenöffnungen, die sich beim Tauchen schließen, ihren mit Schwimmhäuten ausgestatteten Hinterpfoten und ihrem Schwanz, der an der Unterseite einen Saum aus Borstenhaaren hat und als Steuerruder dient. Wie diese Wassertiere nach Neuguinea gelangt sind, ist nicht schwer zu erklären: Immer wieder lösen sich Vegetationsflöße von den Flußufern und treiben mit allerlei Getier aufs Meer hinaus.
Neuguinea ist wie Australien von zahlreichen Kletterbeutlern bevölkert, kleinen Vertretern einer vielgestaltigen Beuteltiergruppe. Der feingliedrige Federschwanzbeutler *(Distoëchurus pennatus)*, der im Aussehen und Verhalten sehr einer Maus ähnelt, ist ein reizendes kleines Geschöpf mit einer dunklen

1–3 Das männliche Thermometerhuhn (1) gräbt eine geräumige Nistgrube und füllt sie dann mit Pflanzenteilen auf, bis ein mächtiger Hügel entsteht, der manchmal über einen Meter hoch wird. Das Weibchen legt seine Eier in dem Hügel ab, sobald das Pflanzenmaterial zu verrotten beginnt. Durch die bei der Verwesung entstehende Wärme werden die Eier ausgebrütet. Das Männchen muß jedoch ständig die Temperatur mit dem Schnabel kontrollieren (3) und sie konstant halten, indem es Material abträgt oder hinzufügt (2).

4/5 Die Wälder Neuguineas sind die Heimat des Grünen Baumpythons (Chondropython viridis), der im Jugendstadium gelb ist. Die Alttiere sind leuchtend grün gefärbt.

6 Der Riesenschraubenbaum, der auf dem Mount Albert in Papua-Neuguinea in Höhen von fast 2000 Metern wächst, ist nur eine der vielen merkwürdigen Pflanzen in den dichten Bergwäldern Neuguineas.

7 Die Kragenechse ist ein interessanter Vertreter der reichen Reptilienfauna Australiens und Neuguineas, denn sie besitzt die Fähigkeit, ihre Feinde zu bluffen. Der breite Halskragen ist normalerweise zusammengefaltet und dicht an den Körper angelegt. Wenn die Echse jedoch erschreckt wird, stellt sie den Kragen auf und öffnet weit das Maul, so daß sie sehr viel größer wirkt, als sie tatsächlich ist. In Wirklichkeit erreicht die Kragenechse nur eine Körperlänge von etwa einem Meter, und davon entfällt der größte Teil auf den Schwanz.

Gesichtsmaske und einem dichten rötlichbraunen Fell.
Sogar die Faultiere und die Plumploris haben ihre Pendants in der Beuteltiersippschaft. Der Neuguinea-Kuskus *(Phalanger gymnotis)* ist ein überaus bedächtiges nachtaktives Tier mit einem sehr kräftigen warzenbesetzten Greifschwanz. Seine etwas schwerfälligen Kletterbewegungen sind für ihn kein Handikap, denn außer einigen Schlangen und Waranen kennt er kaum Raubfeinde, die imstande wären, ihn im hohen Geäst aufzuspüren und zu erbeuten.

Vogelparadies Neuguinea

Neuguinea ist vor allem ein Vogelparadies. Große Arten bewohnen den Waldboden, kleine tummeln sich im Kronendach des Urwaldes. Viele zeigen ein ungewöhnliches Verhalten, und einige gehören zu den schönsten Gefiederten der Welt.
Drei große waldlebende Kasuar-Arten sind in verschiedenen Gegen-

den Neuguineas beheimatet, durch den langgestreckten, hohen Gebirgswall voneinander getrennt: der Goldhals- oder Einlappenkasuar *(Casuarius unappendiculatus)*, der Bennettkasuar oder Muruk *(C. bennetti)* und der Australische oder Helmkasuar *(C. casuarius)*. Diese Riesenvögel, die bis zu 85 kg wiegen, sind völlig flugunfähig und besitzen nur sehr kleine, äußerlich nicht sichtbare Flügel.

Ein Geheimnis umhüllt den Ursprung der flugunfähigen Vögel, der Kasuare, Kiwis und Emus. Es gibt nicht von der Hand zu weisende Argumente für die Ansicht, daß solche Vögel von zweibeinigen, warmblütigen Dinosauriern abstammen, die ja wahrscheinlich keine Reptilien waren, wie man bis vor kurzem annahm. Daraus würde folgen, daß diese Laufvögel niemals die Fähigkeit zu fliegen besaßen.

Ein ganzes Buch könnte man über die wunderschönen Paradiesvögel schreiben, die auf den bewaldeten Hängen der zentralen Gebirgskette leben. Ihr Formen- und Farbenreichtum übersteigt fast unser Vorstellungsvermögen. Der männliche Gelbschwarze Paradiesvogel *(Cnemophila macgregorii)* trägt entweder ein leuchtendgelbes oder scharlachrotes Grundgefieder, das sich vom Kopf über den Rücken bis zum Schwanz hinzieht; die Unterseite ist schwarz. Der Sichelschnabel *(Epimachus meyeri)* hat so lang ausgezogene Schwanzfedern, daß der vergleichsweise kleine Vogel von der Schnabel- bis zur Schwanzspitze mehr als einen Meter mißt. Das Männchen des Kragenhopfs *(Lophorina superba)* spreizt bei der Balz eine sehr breite, blau irisie-

1

1 Das Verbreitungsgebiet der Röhrennasen-Fledermaus erstreckt sich von Nordaustralien über Neuguinea bis Celebes und Timor. Das Tier zerkaut Fruchtfleisch und schluckt den dabei entstehenden Saft. Seinen Namen verdankt es seinen röhrenförmigen Nasenöffnungen, die für den Menschen unhörbare Töne erzeugen, welche wahrscheinlich der Orientierung dienen, obwohl dies noch nicht eindeutig nachgewiesen ist.

2 Die Kuskus haben sich von Australien aus auf den umliegenden Inseln verbreitet. Ihr Vorkommensgebiet umfaßt den Raum von Neuguinea bis Celebes, den Bismarckarchipel und die Salomonen. Zu den Feinden dieses Tüpfelkuskus (Phalanger maculatus) gehören die Pythonschlangen, die das langsame Tier im Geäst überwältigen.

2

rende »Brustplatte« aus Federn ab und richtet zugleich über dem Kopf einen gewaltigen Federkragen auf. Der balzende Große Raggi-Paradiesvogel *(Paradisaea raggiana)* tanzt auf einem Ast entlang, breitet seine Flügel aus und schlägt sie über dem Kopf zusammen, um ihre rosige Farbenpracht am vorteilhaftesten zur Geltung zu bringen, während er seine gelbe, grüne und schwarze Kehle pulsierend vorreckt. Der Blaue Paradiesvogel *(P. rudolphi)* hängt kopfunter an einem Zweig, wobei sich sein blauschimmerndes Gefieder wie eine Kaskade um seinen Körper ergießt und zwei lange dunkle Schmuckfedern im Bogen nach oben ragen. Wenn der Weiße Paradiesvogel *(P. guilielmi)*, der bei der Balz gleichfalls mit dem Kopf nach unten baumelt, seine safrangelbe und smaragdgrüne Brust zur Schau stellt, gleicht er einer erstarrten Fontäne, und sein gesamter Körper ist umhüllt von einer bebenden Gloriole aus ganz zarten weißen Federn. Nirgendwo sonst in der Vogelwelt bestehen solch auffällige Unterschiede zwischen nahverwandten Formen. Wir kennen mindestens 40 Paradiesvogelarten, von denen keine der anderen ähnlich sieht.

Die Reptilien Neuguineas

Die meisten Reptilien Neuguineas sind entweder den australischen sehr ähnlich oder stammen eindeutig von Vorfahren ab, die auf dem Inselkontinent ihre Heimat hatten. Das im gesamten südasiatischen Raum weitverbreitete Leistenkrokodil *(Crocodylus porosus)* hat sich in den Flußmündungen angesiedelt, doch daneben ist hier auch eine kleinere endemische Art vertreten, das Neuguinea-Krokodil *(C. novaeguineae)*, welches eine lange, schmale Schnauze besitzt und in den ausgedehnten Stromsystemen der Insel lebt. Auch mehrere Waranarten kommen auf Neuguinea vor, unter anderem der schöne Smaragdwaran *(Varanus prasinus)*, der kleiner als ein Meter bleibt.
Die Skinke oder Glattechsen sind Kosmopoliten. Einer der größten, der Riesen-Blauzungenskink *(Tiliqua scincoides gigas)*, findet sich nur auf Neuguinea und einigen indonesischen Inseln. Die leuchtendblaue Zunge sowie die scharlachrote Mundhöhle werden von dem Tier als Drohsignal eingesetzt, wenn es sich beunruhigt fühlt. Zu den echten Schlangen zählen mehrere ungiftige Pythons, etwa die Amethystschlange *(Liasis amethystinus)*, die

1 Die hohen Berge Neuseelands zeigen einen ausgesprochenen Hochgebirgscharakter. In einer Frühlingslandschaft, die an die Alpen erinnert, blühen Lupinen auf dem Mount Cook.

2 Der Scheinkleiber (Acanthisitta chloris) wird nur zeigefingergroß. Er ist jedoch ein guter Flieger und baut sein Nest oft in Bäumen. Manchmal befindet sich das Nest allerdings auf dem Boden, wo das Gelege dann durch eingeführte Beutegreifer stark gefährdet ist.

3 Da auf Neuseeland räuberische Säugetiere fehlen, haben dort viele Vogelarten durch hohe Spezialisierung ihr Flugvermögen verloren. Die Wekaralle ist ein solcher flugunfähiger Vogel. Von den Flügeln sind nur noch Stummel übriggeblieben, mit denen sich die Ralle nicht mehr in die Luft erheben kann.

1

eine Länge von 8 m erreichen kann. Von den Giftschlangen Neuguineas ist die Todesotter-Unterart *(Acanthophis antarcticus antarcticus)* eine der gefährlichsten, denn ihr Biß lähmt in sehr kurzer Zeit die Atemorgane.

Vogelinseln

Die Geschichte der neuseeländischen Vogelwelt reicht mindestens 60 Millionen Jahre zurück. Von den mehr als 300 Arten, die dort nachweislich in den letzten Jahrhunderten gelebt haben, sind mittlerweile 25 Prozent ausgestorben, doch nicht alle wurden durch den Menschen ausgerottet. Heute zählt man auf Neuseeland 149 endemische Vogelarten, von denen viele stark spezialisiert sind.

Eine wichtige Familie flugunfähiger Vögel, die zum Wappentier Neuseelands geworden sind, bilden die drei Kiwiarten. Der Gewöhnliche oder Streifenkiwi *(Apteryx australis)* wiegt bis zu 4 kg (meist weniger), doch das Weibchen legt in der Regel zwei Eier, von denen jedes 450 g schwer ist. Das sind, soweit bekannt, die größten Eier im Verhältnis zur Körpergröße des Alttiers. Wie bei den australischen Emus bebrütet auch bei den Kiwis das Männchen die beiden Eier, und zwar bis zu 80 Tage lang; die Jungen folgen ihm mehrere Monate.

Die Wekaralle *(Gallirallus australis)* ist eine andere flugunfähige Vogelart mit stämmigen Beinen und einem kräftigen Schnabel. Sie wandert mit gesenktem Kopf, wachsamen Augen und wippendem Stummelschwanz durch das Unterholz auf der Suche nach Nahrung, die aus Würmern, Insekten, Beeren, Eidechsen, Eiern, Jungvögeln und sogar Fischen besteht.

Auch die Takahe *(Notornis mantelli)* ist eine flugunfähige, grotesk wirkende Ralle mit plumpen roten Füßen, auffallend dickem rotem Schnabel, untersetztem Körper und winzigem Schwanz. Das blauschillernde Brust- und Nackengefieder und die grünlichen Flügel- und Rückenfedern bilden einen reizvollen Kontrast zum Rot der Beine und des Schnabels. Die Takahe ist an ihren Lebensraum, die hochgelegene Strauch- und Graslandschaft, hervorragend angepaßt, obwohl sie früher auch im Flachland vorkam. Wegen ihrer Größe und Plumpheit haben sie die Maoris und später die europäischen Siedler als Fleischlieferanten überall verfolgt. Zu Beginn dieses Jahrhunderts hielt man den Vogel für ausgestorben, und es war ein großes Ereignis, als man ihn 1948 am Ufer des Te-Anau-Sees an der Südwestspitze der Südinsel wiederentdeckte. In diesem Reservat im Fjordland National Park leben heute wieder mehrere Hundert Takahes.

Drei endemische Lappenkrähenarten leben – oder lebten – in Neuseeland. Eine davon, der wahrscheinlich ausgestorbene Lappenhopf oder Huia *(Heterolocha acutirostris)*, war die einzige Vogelart der Erde, bei der sich der Schnabel des Männchens und des Weibchens in Form und Funktion unterschieden. Die Lappenhopfe hausten im tiefen Urwald, wo das Männchen auf dem Boden oder zwischen den Bäumen umherhüpfte und nach bestimmten großen Käfermaden suchte, die sich unter der Rinde oder in verrottenden Ästen verbargen.

Sehr viele Tiere unserer Erde sind vom gleichen Schicksal des Aussterbens bedroht, so auch der selt-

2

3

same bodenlebende Eulenpapagei oder Kakapo *(Strigops habroptilus)*. Dieser Papagei, der sein Flugvermögen fast vollständig eingebüßt hat, lebt auf den Berghängen und in moosbewachsenen Buchenwäldern, wo er erst bei Sonnenuntergang aus seinem Versteck hervorkommt, um auf dem Waldboden umherzuwandern oder gelegentlich auf Bäume zu steigen, von denen er dann im Gleitflug zur Erde zurückkehrt.

Der Kea *(Nestor notabilis)*, neben dem ebenfalls auf Neuseeland heimischen Kaka *(N. meridionalis)* der primitivste Papagei der Welt, zählt zu den Charaktervögeln des Landes. Es ist der einzige Papagei, der sich bis zur Schneegrenze hinaufwagt, wo man ihn manchmal in voller Größe einherschreiten sieht.

Die »kaltblütigen« Neuseeländer

Neuseeland ist arm an Reptilien und Amphibien. Es sind hier zwar viele Gecko- und Skinkarten vertreten, aber keine anderen Echsen, keine Schlangen und keine Landschildkröten. Das berühmteste Reptil des Landes gehört keiner dieser Gruppen an, sondern bildet eine eigene: die Brückenechse oder Tuatera *(Sphenodon punctatus)*, die fast identisch ist mit bestimmten Reptilien aus der Zeit vor 140 Millionen Jahren. Sie ist einzigartig insofern, als sie die einzige überlebende Vertreterin ihrer Ordnung ist. Die Brückenechse wirkt äußerlich wie eine große Eidechse, unterscheidet sich jedoch von ihr durch mehrere anatomische Besonderheiten. So trägt sie beispielsweise auf der Stirn ein verkümmertes »drittes Auge« (Scheitelauge oder Parietalorgan), das nicht mehr zum Sehen taugt, aber wahrscheinlich auf Temperatur- oder Lichtreize reagiert und dem Tier hilft, seine Körperwärme zu regulieren, indem es die Sonne aufsucht oder meidet.

Sehr bescheiden, wenn auch einzigartig, ist die Zahl der einheimischen Amphibien: die drei Urfroscharten der Gattung *Leiopelma*. Deren Nachkommen machen ihre Jugendentwicklung im Ei durch, so daß beim Ausschlüpfen keine Kaulquappen, sondern winzige Fröschchen mit kurzem Schwanz erscheinen. *Leiopelma hochstetteri* lebt am Ufer der Gebirgsbäche oder im nahen Wald, während die beiden anderen Arten die notwendige Feuchtigkeit vom Tau, Regen oder Nebel erhalten. Eine der beiden, der seltene Stephen-Island-Frosch *(L. hamiltoni)*, haust fern von jedem Gewässer unter Steinen, und die andere *(L. archeyi)* lebt hoch oben auf den Bergrücken. Der Wegfall des Kaulquappenstadiums ermöglicht es offensichtlich diesen altertümlichen Amphibien, selbst dort zu überleben, wo sich andere nicht behaupten konnten.

Neuseeland beherbergt mindestens 10000 Insektenarten sowie 3600 weitere Wirbellose, etwa Spinnen und Milben. Ein einmaliges Insekt ist besonders berühmt geworden: die Pilzmücke *(Arachnocampa luminosa)*, auch Neuseeland-Glühwürmchen genannt. Das geflügelte Vollinsekt ist eine harmlose und träge Mücke mit einer leuchtenden Hinterleibsspitze, die ein intermittierendes Licht aussendet. Die ausgewachsenen Tiere leben nur wenige Tage, doch lange genug, um ihre Eier in Höhlen, tiefen Schluchten oder dichter Waldvegetation abzulegen. Nach drei Wochen schlüpfen winzige Larven, die sogleich irgendeine Spalte aufsuchen, wo sie einen Seidenkokon spinnen.

Zwischen Afrika und Indien

Madagaskar, Ceylon und Seychellen

Vor etwa 200 Millionen Jahren bestand die Festlandsmasse der Erde aus einem einzigen zusammenhängenden Stück, Pangäa, das sich wenige Jahrmillionen später in Gondwanaland und Laurasia zu teilen begann. Die dabei entstehende riesige Einkerbung füllte das Tethysmeer. In der Folgezeit bildeten sich durch heftige Vulkantätigkeit in Gondwanaland eine Reihe von langen, schmalen Meeren, die sich vom Tethysmeer nach Süden erstreckten und von denen eines bereits Madagaskar von Afrika trennte.

Inzwischen hatte sich Indien von Afrika gelöst und driftete auf einem »Polster« aus geschmolzenem Gestein nach Norden. Erst vor 45 Jahrmillionen begann der im Zeitlupentempo verlaufende Zusammenstoß von Indien und Asien, durch den der mächtige Himalaja aufgeworfen wurde. Damals nahm der Indische Ozean ungefähr seine heutige Gestalt an – eine weitgehend leere Meeresfläche mit einigen wenigen Inseln, Zeugen der gewaltigen geologischen Kräfte, die hier am Werk gewesen waren.

Ceylon (heute Sri Lanka) ist offenbar ein Landstück, das irgendwann vor der asiatischen Schollenkollision vom indischen Kontinent abgebrochen war, und infolgedessen ähnelt seine Fauna sehr stark jener des dazugehörigen Festlandes. Madagaskar hingegen ist auf der einen Seite erdgeschichtlich interessant, und zwar insofern, als es in seinen Umrissen genau zu den alten Erdteilen Afrika und Indien paßt. Auf der anderen Seite – biologisch gesehen – ist die Insel wegen ihres hohen Alters und ihrer frühen Isolierung eines der erstaunlichsten Gebiete unserer ganzen Erde.

Während Indien sich nordwärts verschob, behielt Madagaskar seine relative Position gegenüber Afrika bei, das nur 400 km entfernt ist. Die riesige, fast 600000 km^2 große Insel, die im Osten an die langgestreckten aufgefalteten untermeerischen Gebirgsrücken des Maskarenen- und Chagos-Lakkadiven-Plateaus anstößt, kann uns manche aufregende Erkenntnis vermitteln.

Urtümliche Halbaffen

Als erste erregen die 21 Lemurenarten unsere Aufmerksamkeit, ein Zweig des alten Primatenstammes, aus dem auch die Affen, Menschenaffen und Menschen hervorgegangen sind. Diese Halbaffen mit ihrem kleinen Gehirn, ihrem kammförmigen Gebiß und ihren speziellen Duftdrüsen haben keine sehr große Ähnlichkeit mit den uns vertrauten Primaten. Sie besitzen spitz ausgezogene Schnauzen und lange buschige Schwänze, doch bestimmte Verhaltensweisen, etwa die gegenseitige Körperpflege, und verschiedene anatomische Merkmale rechtfertigen ihre Zuordnung zu den Primaten. Madagaskar und die nahen Komoren-Inseln sind die Heimat der Lemuren.

Ein klassisch Gebildeter weiß, daß die alten Römer mit dem Wort »Lemuren« die Geister der Toten bezeichneten, die in der Nacht umherschweiften. Die lauten Klagerufe der vielfach nachtaktiven Tiere und ihre glühenden Augen, die im Licht der Lagerfeuer aufleuchteten, haben wahrscheinlich den Vergleich mit den Totengeistern nahegelegt, denen sie ihren Namen verdanken.

Unter den Lemuren gibt es einige sehr kleine Arten, wobei der Mausmaki *(Microcebus murinus)* nur 50 g wiegt und den Anspruch erhebt, das kleinste Herrentier der Welt zu sein.

Mit seinem hellen Gesicht, der schwarzen »Augenmaske«, dem grauen Körperfell sowie einem schwarzweiß geringelten langen Schwanz ist der Katta *(Lemur catta)* einer der auffälligsten Halbaffen. Wie die meisten größeren Lemuren nimmt er gerne Sonnenbäder, wobei er die Arme und Beine weit von sich streckt. Doch andererseits ist er ein munteres, behendes Tier, das die merkwürdige Angewohnheit

Der Mohrenmaki (Lemur macaco) hat große Augen, wie sie für Nachttiere charakteristisch sind. Vor der Tageshitze sucht das Tier Schutz im Geäst.

hat, den buschigen Schwanz über die Duftdrüsen an den Armen gleiten zu lassen und dann hoch über den Kopf zu heben, damit der Duftstoff sich in der Luft verteilt und die Rivalen vor dem Eindringen in das Territorium warnt. Kattas sind sehr gesellige Tiere und widmen sich gern mit Zähnen, Zunge und Zehen der gegenseitigen Fellpflege, die bei jung und alt eine wichtige Sozialbindungsfunktion erfüllt.

Ein anderer Halbaffe, der Larven- oder Verreaux-Sifaka *(Propithecus verreauxi)*, steht bei den Madagassen in dem Ruf, ein Sonnenanbeter zu sein. Am frühen Morgen bei Sonnenaufgang sitzt er aufrecht hoch oben auf einem Baum und breitet, der Sonne zugewandt, die Arme aus. Im Laufe des Tages entwickelt er dann eine große Aktivität. Manchmal springt er aus einer Hockstellung 10 m weit rückwärts zum nächsten Baum, und dabei kann er sich in der Luft drehen, um den vorgesehenen Ast anzusteuern. Auf dem Erdboden bewegen sich die Sifakas mit hüpfenden Sprüngen fort, oder sie gehen aufrecht einher und balancieren mit ausgestreckten Armen.

Der Indri *(Indri indri)* ist ein gutes Stück größer als seine nächsten Verwandten und fast schwanzlos. Wenn dieses schwarzweiß gefärbte Tier auf zwei Beinen durch den Wald schreitet, wirkt es menschenähnlicher als die meisten Affen, während es sich andererseits durch

1

2

3

4

1 Ein Brauner Maki (Lemur fulvus) hockt in einem Baum auf Madagaskar. Diese große Insel vor der Ostküste Afrikas sowie einige vorgelagerte kleine Inseln sind die letzte Zufluchtsstätte der Lemuren. Vor der Evolution der eigentlichen Affen waren die Lemuren die vorherrschenden Primaten. Später waren sie ihren höherentwickelten Verwandten nicht mehr gewachsen und verschwanden überall von der Erde, nur nicht auf Madagaskar, das vor dem Auftreten der Affen bereits von der übrigen Welt abgeschnitten war.

2 Die anmutigen Sifakas sind auf ihrer Heimatinsel Madagaskar vom Aussterben bedroht, weil ihr Lebensraum immer enger wird. Da sie ausgesprochene Nahrungsspezialisten sind, die ausschließlich auf die heimische Pflanzenkost angewiesen sind, lassen sie sich in zoologischen Gärten außerhalb ihrer Heimat kaum halten und nachzüchten.

3 Die Sifakas durchstreifen den Wald in kleinen Gruppen, die sich aus etwa einem halben Dutzend Tieren zusammensetzen. Sie ernähren sich hoch oben im Geäst von Blättern und Früchten. Sifakas sind ausgezeichnete Springer und können mit einem Satz fast zwölf Meter zurücklegen. Ihr langer Schwanz dient ihnen beim Umhersteigen in den Bäumen wahrscheinlich zum Gleichgewichthalten. Die Sifakas gehören zu den wenigen tagaktiven Vertretern ihrer Sippschaft.

4 Die Kattas sind ebenfalls tagsüber munter. Obwohl der abgebildete Katta im Geäst eines Baumes eine Blüte verzehrt, sind die Tiere vorwiegend Bodenbewohner. Ja, sie sind die einzigen Lemuren, die sich die meiste Zeit auf der Erde aufhalten.

sein »Fuchsgesicht« völlig von den höheren Primaten unterscheidet. Die Indris werden zunehmend seltener, doch wenn man sich zufällig einmal im Territorium eines solchen Halbaffen befindet, weiß man sofort, woran man ist, denn er besitzt von allen Tieren Madagaskars die lauteste Stimme. Die durch einen häutigen Kehlsack verstärkten heulenden und klagenden Rufe der Indris werden durch scharfe Bell-Laute unterbrochen. Wenn ein ganzer Trupp im Chor singt, ist der Lärm ohrenbetäubend.

Das bizarre Fingertier oder Aye-Aye *(Daubentonia madagascariensis)* gehört ebenfalls zu den Halbaffen, obgleich es mit seinem überlangen buschigen Schwanz eher wie ein Eichhörnchen aussieht. Bei einer genaueren Untersuchung ist eine Verwechslung indes ausgeschlossen: Das Fingertier ist ein wahrhaft einmaliges Geschöpf, der einzige Vertreter einer eigenen Familie. Es hat sehr lange Finger und Zehen, und der Mittelfinger ist besonders lang. Dieses stark verlängerte Glied leistet nützliche Dienste bei der Fellpflege und beim Nahrungserwerb, denn mit ihm angelt das Tier Insekten aus der Baumrinde oder aus Spalten im Holz.

Im Unterschied zu den großen Halbaffen ist das Aye-Aye ein ausgesprochenes Nachttier, das den Tag im tiefen Bambusdickicht verschläft. In der Nacht ruft es nicht, wie fälschlich behauptet, seinen Namen »aye-aye«, sondern gibt bei Beunruhigung ein rasselndes Fauchen und beim Fressen zufriedene Grunzlaute von sich. Das kleine Fingertier ist von den Madagassen niemals gejagt worden, denn es spielt eine wichtige Rolle in ihrer mythologischen Überlieferung, aber es wurde infolge der Erschließung seines Lebensraumes durch den Menschen bis auf ein Dutzend Tiere ausgerottet.

Primitive Säugetiere

In jener fernen Vergangenheit, als die Reptilien zurückgingen, die

1

2

1 Ein Madagaskarweber (Foudia madagascariensis) in einem madagassischen Reisfeld. Diese Weberart kommt nur auf einigen Inseln des Indischen Ozeans vor.

2 Der Blattschwanzgecko (Uroplatus fimbriatus) ist eine der 50 Geckoarten, die auf Madagaskar vertreten sind.

Säuger aber noch nicht begonnen hatten, größere Formen und eine größere Formenvielfalt auszubilden, waren die höheren Säugetiere kleine Insektenfresser mit spitzen Schnauzen und einem Gebiß, das mit vielen unspezialisierten kegelförmigen Zähnen bestückt war. Die Spitzmäuse und der europäische Igel repräsentieren dieses Entwicklungsstadium, aber es gibt noch urtümlichere Spielarten, die sich über Jahrmillionen hinweg kaum verändert haben: die Schlitzrüßler auf Kuba und Haiti und die Tenreks oder Borstenigel auf Madagaskar. Im Laufe der Zeit haben die madagassischen Insektenfresser eine große Anzahl von Varianten hervorgebracht, von denen jede einzelne ganz andersartigen Tieren in anderen Weltgegenden zu gleichen scheint. Die Tenreks sind primitive Plazentatiere, die bei einem Wurf bis zu zwei Dutzend Nachkommen haben können. Manche ähneln dem amerikanischen Opossum, andere entsprechen fast genau (freilich nur äußerlich) dem Igel, wieder andere wirken wie Nachahmungen der Maulwürfe, Stinktiere, Stachelschweine, Spitzmäuse oder Schlitzrüßler, und einige wenige sind völlig einmalig.

Der Igeltenrek *(Setifer setosus)* hat ebensolche kurzen und dicken Stacheln wie unser europäischer Igel und rollt sich bei Gefahr gleichfalls zusammen, doch ansonsten bestehen keinerlei verwandtschaftliche Beziehungen zwischen den beiden. Wenn er einen zusätzlichen Schutz braucht, kann er seine stachelbesetzte Stirn wie eine Kappe über die Augen ziehen, so daß nur die kleine spitze Schnauze hervorlugt. Der Streifentenrek *(Hemicentetes semispinosus)* ist ein drolliges kleines Wesen mit einem hochstehenden Haarschopf und aufrichtbaren gelben Stacheln, die in Längsstreifen den sonst schwarzen Körper überziehen. Zur selben Familie gehört auch der Wassertenrek *(Limnogale mergulus)*, der sowohl in kalten Gebirgsbächen als auch in sumpfigen Niederungen lebt. Mit Hilfe seiner Schwimmhäute und des seitlich abgeflachten Schwanzes kann er sehr gut schwimmen.

Die Schleichkatzen bilden die dritte wichtige Gruppe endemischer Säugetiere, bei denen die lange Isolation verschiedene Anpassungen bewirkt hat. Eine der sieben Arten, die Fossa oder Frettkatze *(Cryptoprocta ferox)*, hat man lange Zeit wegen ihres Aussehens und Beutefangverhaltens fälschlicherweise für eine Verwandte der echten Katzen gehalten. Sie ist jedenfalls das größte Raubtier Madagaskars und das einzige, das den Halbaffen nachstellt.

Die Vogelwelt Madagaskars

Da Madagaskar eine große Vielfalt an Lebensräumen aufweist, ist es kein Wunder, daß die Insel eine so reiche Vogelfauna beherbergt – allein 46 Gattungen, die nur hier vorkommen. Diese einheimischen Vögel interessieren uns natürlich am meisten.

Die zwölf Arten der Blau- oder Vangawürger, Verwandte der afrikanischen Würger, bilden die größte endemische Vogelfamilie, deren wichtigster Vertreter der Echte Blauwürger *(Leptopterus madagascariensis)* ist, ein hübscher, 15 cm langer Vogel mit blauer Ober- und weißer Unterseite. Die meisten Blauwürger sind nicht so farbenprächtig wie diese Art oder wie der Rotschwanzblauwürger *(Calicalicus madagascariensis).* Aber alle sind an ihre jeweilige Nahrung – Früchte, Samen oder Insekten – hervorragend angepaßt. Bei jeder Art entspricht die Schnabelform der Ernährungsweise – ein weiteres Beispiel für einen stammesgeschichtlichen Anpassungsprozeß in einer begrenzten insularen Umwelt.

Auch mehrere Erdraken, abwechslungsreich gefärbte und lautfreudige Vögel, leben endemisch auf Madagaskar. Der Kurol *(Leptosoma discolor)* ist offensichtlich das primitivste Mitglied dieser Gruppe. Der 43 cm große Vogel ernährt sich von großen Insekten und Chamäleons, denen er geduldig auflauert im hohen Geäst des dichten Waldes, wo sein buntes Federkleid mit den Farben des Blattwerks verschmilzt. Die Schuppenerdrake *(Brachypteracias souamigera)* hält sich dagegen meist auf dem Erdboden auf, wo sie auf langen, schlanken Beinen umherrennt und mit gesenktem Kopf und aufgerichtetem Schwanz nach Insekten, Spinnen, Fröschen und Eidechsen sucht.

Nur auf Madagaskar sind die Lappenpittas zu Hause. Die Seidenlappenpitta *(Philepitta castanea)* ist ein stämmiger, einzeln lebender Vogel, der im Unterwuchs und an den Waldrändern nach Früchten sucht. Diese düster gefärbte Art hat ei-

Der Indische Pfau (Pavo cristatus) ist typisch für die Tiere des asiatischen Festlands, die auch die Insel Ceylon (Sri Lanka) besiedelt haben.

ne farbenprächtige Verwandte, die Langschnäblige Nektarpitta *(Neodrepanis hypoxantha)*, die mit einer Länge von nur 9 cm zu den kleinsten Vögeln der Insel gehört. Sie ähnelt fast einem Kolibri, wenn sie im dichten Regenwald vor einer Blüte schwebt und ihren Sichelschnabel tief hineinstößt, um den Nektar aufzusaugen.

Die Stelzenrallen *(Mesitornis)*, die wahrscheinlich von den Rallen abstammen, zeigen das typische Inselmerkmal der Flugunfähigkeit: Die Flügel und die Flugmuskulatur sind zurückgebildet. Aber auch echte Rallen sind auf Madagaskar zahlreich vertreten. Ihre Flügel sind zwar gut entwickelt, aber die Vögel benutzen sie nur höchst ungern, vielleicht sogar niemals, selbst dann nicht, wenn sie von einem Raubfeind verfolgt werden.

Reptilien und Amphibien

Chamäleons leben auch auf dem afrikanischen Kontinent, jedoch ist auf Madagaskar die Formenvielfalt größer. Hier ist auch die größte Art überhaupt beheimatet, das Riesenchamäleon *(Chamaeleo oustaletii)*, das über 60 cm lang werden kann.

Während die Chamäleons afrikanischen Ursprungs sind, ist eine andere Reptiliengruppe der Insel eindeutig mit asiatischen Formen verwandt: die Warane. Noch verwirrender ist die Tatsache, daß auf Madagaskar sogar Leguane leben, die als eine ausgesprochen neuweltliche Echsenfamilie gelten. Wenn die Leguane tatsächlich so alt sind, wie es den Anschein hat, dann waren sie einst auf dem Urkontinent weit verbreitet, bevor die Landmassen sich voneinander trennten und auseinanderdrifteten. Später sind dann die Leguane überall ausgestorben, nur nicht in der Neuen Welt und auf Madagaskar.

Die madagassische Reptilienfauna umfaßt ferner die allgegenwärtigen Geckos, die Skinke, mehrere endemische Wasserschildkröten *(Erymnochelys)* sowie zahlreiche Pythons und andere ungiftige Schlangen. Seltsamerweise fehlen Giftschlangen, obschon sie auf dem nahen afrikanischen Festland stark vertreten sind. Im Rahmen der Evolutionsgeschichte sind die Schlangen relative Spätentwickler unter den Reptilien, und die Giftschlangen sind vermutlich als letzte entstanden. Sollte man daraus folgern, daß Madagaskar von der Festlandsmasse abgetrennt wurde, ehe sich die giftigen Schlangen entwickelten?

1

2

3

4

1 Die Seychellen-Inseln waren einst dicht bewaldet, doch inzwischen sind die Wälder weitgehend abgeholzt. Eine Insel des Archipels, Praslin, besitzt noch immer einige Waldgebiete, in denen Bäume wie diese sogenannte Palmistenpalme (Deckenia nobilis) gedeihen.

2–4 Einer der anmutigsten Meeresvögel ist die Feenseeschwalbe (Gygis alba), die auf tropischen und subtropischen Inseln rings um die ganze Welt brütet. Die Aufnahmen, die auf den Seychellen entstanden, zeigen eine Seeschwalbenbalz (2) und eine Paarung (3). Das Weibchen bebrütet sein einziges Ei auf dem nackten Fels (4).

Madagaskar bietet Fröschen offensichtlich sehr gute Lebensbedingungen, doch auch hier tauchen abermals schwierige Fragen auf. Von den 150 Froscharten der Insel haben nur sehr wenige irgendeine Beziehung zum nahen Afrika. Viel mehr Frösche stehen asiatischen Formen näher. Zweifellos haben diese Arten nicht den weiten Indischen Ozean überquert, denn Amphibien können salzhaltiges Meerwasser nicht vertragen. Bei den meisten madagassischen Fröschen liegen die Herkunft und die Verwandtschaftsverhältnisse noch völlig im dunkeln; wir wissen nichts über ihre Ursprünge.

Inseln im Wandel

Als sich Indien aus seiner Verbindung mit Afrika, Antarktika und Australien löste und wegdriftete, ließ es etliche Bruchstücke hinter sich zurück. Madagaskar ist das bedeutendste, aber unter dem Meer liegen weitere, vor allem die große untergetauchte Erhebung des Seychellen-Mauritius-Plateaus, welches östlich von Madagaskar beginnt und sich wie ein riesiges Fragezeichen nach Norden erstreckt. Am Südende befinden sich die drei Vulkaninseln der Maskarenen und im Norden die rund 90 Seychellen-Inseln, von denen einige so klein sind, daß man sie kaum als aufgestiegene Landstücke erkennt.

Einst waren die Seychellen dicht bewaldet, doch wurden die Bäume bereits in früheren Jahrhunderten abgeholzt. Praslin, die zweitgrößte Insel der Gruppe, beherbergt trotz alledem noch immer eine weltberühmte Pflanzenart, die Seychellennußpalme *(Lodoicea seychellarum)*, auch Meerkokospalme genannt.

Die Praslin-Insel ist auch die einzige Heimat des seltenen, scheuen Kleinen Vasa-Papageis *(Coracopsis nigra)*, der nur in etwa 50 Exemplaren überdauert hat. Andere Vögel sind weit häufiger auf den Seychellen. Unzählige Sturmtaucher, Tropikvögel, Regenpfeifer, Seeschwalben und Steinwälzer finden ihre Nahrung im seichten Küstengewässer oder am Strand. Auf dem winzigen Bird-Island, einem Atoll unweit der Hauptinsel Mahé, nisten, vom Menschen ungestört, etwa 1,5 Millionen Rußseeschwalben *(Sterna fuscata)*.

Ceylon verschob sich zusammen mit Indien und löste sich erst in einer vergleichsweise jungen Epoche der Erdgeschichte von ihm ab. Da Ceylon noch nicht einmal 2 Jahrmillionen lang vom Kontinent getrennt ist, gleichen seine Pflanzen und Tiere weitgehend denen des Festlandes. Aber auch auf dieser Insel hat die Isolation ihre Spuren hinterlassen. Manche Veränderungen im Aussehen und Verhalten der Tiere springen sofort ins Auge, andere sind nur geringfügig. So besitzen zum Beispiel weniger männliche Ceylon-Elefanten *(Elephas maximus maximus)* Stoßzähne als ihre indischen Gegenstücke, und der ceylonesische Leopard *(Panthera parda kotiya)* ist dunkler, kleiner und weniger stark gefleckt und hat einen auffallend langen Schwanz. Eine kleine Verwandte des Leoparden, die Fischkatze *(Prionailurus viverrinus)*, streift noch immer in den Sumpfgebieten der Insel umher. Sie sieht einem »Haustiger« sehr ähnlich, ist aber eine echte Wildkatze und ein gefährlicher kleiner Räuber.

Als ceylonesische Halbaffenart ist der Schlanklori *(Loris tardigradus)* zu nennen, der immer sehr bekümmert dreinschaut und einen stark abgezehrten Eindruck hinterläßt. Die großen starren Augen weisen ihn als ein Nachttier aus, das im hohen Geäst der Urwaldbäume lebt und sich von wildem Honig, Vogeleiern und Vögeln ernährt. Das wehrlose Geschöpf zittert heftig, wenn es erschreckt wird, doch ist schwer zu sagen, ob es sich dabei um eine Angstreaktion oder um einen Ausdruck von »Übernervosität« handelt. Der Schlanklori ist ein Verwandter des in Vietnam und Laos heimischen Plumploris.

Der große Hulmanaffe, der in Indien als heilig gilt, ist auf der Insel in einer Unterart *(Presbytis entellus priam)* vertreten, die sich nur durch kleinere Abweichungen in der Gesichtsbehaarung von der festländischen Unterart unterscheidet und auf dem Kopf einen dunklen Haarschopf trägt. Der Rotgesichtlangur *(P. senex)* mit seinem weißen Kinnbart ist eine rein ceylonesische Schlankaffenart.

Der Ceylon-Lippenbär *(Melursus ursinus inornatus)* ist eine Unterart des indischen Lippenbären. Die besonderen Kennzeichen dieser merkwürdigen Bären sind die langen abstehenden Haare, das V-förmige weiße Brustabzeichen und die helle Schnauze. Es sind Waldbewohner, die mit ihren langen kräftigen Krallen Termitenhügel aufreißen können. Der geöffnete Bau wird durch starkes Pusten von Verunreinigungen gesäubert, und dann saugt der Bär die Termiten zu Tausenden mit einem so lauten Geräusch ein, daß man es mehr als 100 m weit hören kann.

Zu den seltsamsten Lebewesen der Erde zählen die Schuppentiere. Das auf Ceylon vorkommende Indische Schuppentier *(Manis crassicaudata)* ist wie das Javanische Schuppentier *(M. javanica)* aus Indonesien an der Seite, auf dem Rükken und am Schwanz, aber nicht auf der Unterseite, mit großen, einander überlappenden Schuppen bedeckt. Beide Arten sind nachtaktiv und klettern gern auf Bäumen herum, aber ihre Beute – Ameisen und Termiten – finden sie in der Regel auf dem Boden.

Ceylon ist ein weiteres Beispiel der vielfältigen erd- und stammesgeschichtlichen Entwicklungen, die sich auf den Inseln des Indischen Ozeans abgespielt haben – einer Vielfalt, die oft noch unvollkommen bekannt ist.

Im Mittelmeer

Die Tierwelt der Urlaubsinseln

Das heutige Mittelmeer ist das Überbleibsel eines viel größeren Ozeans und steht nur durch die Straße von Gibraltar mit den Weltmeeren in Verbindung. Bislang enthält das Mittelmeer noch eine Meeresfauna, wie sie für warme Ozeane typisch ist, aber der Kreislauf des Wassers ist so schwach, daß die mediterrane Region ökologisch anfällig und ungünstigen Einflüssen ausgesetzt ist. Was damit gemeint ist, braucht kaum noch erläutert zu werden: Die Küsten und Inseln dieses eingeschlossenen Meeres sind seit langer Zeit so stark von Menschen besiedelt, daß die negativen Auswirkungen unübersehbar geworden sind.

Es läßt sich unmöglich feststellen, welche Inseln der Welt am längsten von Menschen bevölkert sind, doch im Abendland werden es wohl die Inseln des Mittelmeeres gewesen sein. Als aus unseren Vorfahren Seefahrer geworden waren, wurden die zahllosen großen und kleinen Inseln dieses Binnenmeeres besiedelt. Kulturen entstanden und gingen wieder unter. Die Täler und Hänge wurden kahlgeschlagen und in Acker- und Weideland verwandelt. Bergwerke und Steinbrüche entstanden, und Straßen wurden gebaut. Die ursprünglichen Wildtierbestände, vor allem der größeren Arten, nahmen auf den Mittelmeerinseln allmählich ab. Als die Inseln noch dicht bewaldet waren, lagen die Verhältnisse ganz anders. Löwen lebten in Kleinasien, Griechenland und Südeuropa ebenso wie in Afrika, und vielleicht bewohnten sie sogar die Inseln der Ägäis.

Huftiere und Räuber

Heutzutage leben nur noch wenige Huftiere wild auf den Inseln des Mittelmeeres, doch unter den wenigen Überlebenden gibt es recht ein-

Die Vogelfauna der Mittelmeerinseln setzt sich aus europäischen und afrikanischen Arten zusammen. Manche, wie etwa der Bienenfresser (Merops apiaster), ziehen im Frühjahr von Afrika nach Europa.

1

2

3

1 Die Bezoarziege (Capra aegagrus), von der unsere Hausziege abstammt, war einst in der Berglandschaft Anatoliens und der griechischen Inseln allgemein verbreitet. Ihr Bestand ist stark zurückgegangen, doch sie ist noch immer recht häufig in bestimmten Gegenden Kretas, wo diese Unterart (C. a. cretica) auf den hohen Felsen umhersteigt. Die eigentliche Heimat der Bezoarziege ist der Nahe Osten.

2 Ein Eleonorenfalke hat seinen Horst auf einer zerklüfteten griechischen Insel. Dieser seltene Greifvogel ist ein echter Bewohner der felsigen Mittelmeerinseln, wo er sich am liebsten auf den Berghängen und Meeresklippen aufhält. Er brütet im Spätsommer auf den griechischen Inseln, auf Sardinien und den Balearen.

3 Die Landschaft Kretas, wie die nahezu aller Mittelmeerinseln, hat ihre natürliche Vegetation weitgehend eingebüßt und ist dadurch einer starken Erosion ausgesetzt.

drucksvolle Gestalten. Die Berge Sardiniens und Korsikas, deren untere Hänge wie auf anderen Inseln auch von dichtem Eichen- und Nadelholzgestrüpp, der sogenannten Macchia, überzogen sind, beherbergen zwei stattliche Wildtierformen: eine Inselform des Rothirsches *(Cervus elaphus corsicanus)* und das Mufflon *(Ovis musimon)*, eine Wildschafart, deren Böcke mächtige, nach unten gebogene Hörner tragen. In den Weißen Bergen Kretas hat sich noch ein kleiner Bestand eines anderen Huftiers, der Bezoarziege *(Capra aegagrus)*, erhalten.

Große Beutegreifer fehlen fast völlig auf den Inseln, jedoch gibt es Wildkatzen *(Felis silvestris)* auf

Kreta, Sizilien, Sardinien, Korsika und den Balearen. Vor nicht allzu langer Zeit gab es auf Sizilien auch noch genug Wölfe, sie sind aber heute dort ausgerottet.

Reptilien

Verschiedene Reptilienarten, die dank ihrer heimlichen Lebensweise auch in dichtbesiedelten Gebieten überdauern können, haben sich auf den Mittelmeerinseln bis heute behauptet. Zumindest drei Giftschlangen sind hier vertreten: die Sandviper *(Vipera ammodytes)*, die Aspisviper *(V. aspis)* und die Wiesenotter *(V. ursinii)*.

Das insulare Vorkommensgebiet der Sandviper beschränkt sich auf die Ägäis vor der griechischen Küste. Auf dem Festland selbst ist sie hingegen allgemein verbreitet. Sie trägt auf der Schnauze ein »Horn« aus Schuppen und ist hochgiftig. Sie bevorzugt trockene Felshänge, wo sie gern ihren armlangen Körper ausstreckt, um sich zu sonnen. Jungtiere ernähren sich hauptsächlich von Eidechsen und gelegentlich von Wirbellosen. Später stehen vor allem nestjunge Vögel und schließlich kleine Säugetiere auf dem Speisezettel der Sandviper.

Bei der Schlange, mit der Kleopatra Selbstmord beging, soll es sich um eine Aspisviper gehandelt haben, doch vermutlich war es eher eine ägyptische Kobra. Die Aspisviper kommt heute unter anderem auf Sizilien und Elba vor. Die Zoologen bezweifeln, daß sich Kleopatra tatsächlich mit einer solchen Schlange getötet hat, denn das Gift der Aspisviper wirkt beim Menschen nicht unbedingt tödlich. Es ist jedoch stark genug, die Mäuse und kleinen Vögel zu töten, von denen die Schlange lebt.

Die Wiesenotter hat von allen europäischen Giftschlangen das allerschwächste Gift. Ihre Nahrung besteht zum größten Teil aus Insekten und Spinnen, die auch auf den Mittelmeerinseln überall reichlich vorhanden sind.

Der Hardun (Agama stellio), auch Schleuderechse genannt, bewohnt die Felsen der griechischen Inseln sowie einen Teil des griechischen Festlandes und Ägyptens. Dieses Reptil, das fast einen halben Meter lang werden kann, ist berühmt für seine unglaubliche Schnelligkeit.

Die Vogelwelt der Inseln

Die Vögel der Mittelmeerinseln sind weitgehend identisch mit europäischen und afrikanischen Arten, denn dieses Binnenmeer bildet eine Übergangszone zwischen zwei großen Faunengebieten, dem paläarktischen sowie dem afrikanischen bzw. äthiopischen. Die Biogeographen unterscheiden insgesamt acht Faunengebiete oder Tierregionen, von denen die paläarktische Region eine der größten ist. Sie umfaßt eine Vielzahl von Klimazonen vom polaren Island bis zum Jangtse und Mittelmeer.

Es gibt nur wenige Vogelarten, die man gemeinhin unmittelbar mit dem Mittelmeer verbindet, etwa den Korsika-Kleiber *(Sitta whiteheadi)* und die Samtkopfgrasmücke *(Sylvia melanocephala)*.

Einige Arten sind Standvögel, die auf den Inseln ständig leben und brüten, doch die meisten benutzen als Zugvögel die verschiedenen Inseln nur als Zwischenstationen auf ihrem Weg nach Süden oder Norden. Zur letzteren Gruppe gehört beispielsweise der Fitis *(Phylloscopus trochilus)*, während der große Weißstorch *(Ciconia ciconia)*, der früher in Holland und Norddeutschland ein so häufiger und beliebter Sommergast war, lieber an den Küsten des Mittelmeeres entlang nach Norden zieht und über Gibraltar oder den Nahen Osten nach Afrika zurückkehrt und unterwegs nur gelegentlich auf Inseln haltmacht.

Auf einer Insel wie Malta, wo nur wenige Vögel ganzjährig anzutreffen sind, obwohl hin und wieder ein Wanderfalke *(Falco peregrinus)* auf den Klippen horstet, können die Vogelfreunde alljährlich, vor allem im Herbst, ein eindrucksvolles Zugvogelschauspiel erleben. Wenn der Wind richtig steht, segeln Wespenbussarde *(Pernis apivorus)* in großen Schwärmen über die Insel dahin. Schwalben schießen aus den Wolken hervor und lassen sich oft zur Nacht in den wenigen Baumgruppen nieder, welche die sonst kahle Landschaft beleben.

Von den Kanaren bis zur Karibik

Inseln im Atlantik

Jede Karte des atlantischen Meeresbodens zeigt den Mittelatlantischen Rücken, von dessen Vorhandensein man an der Oberfläche kaum etwas ahnt. Die einzigen Anhaltspunkte sind weit auseinanderliegende Inseln: Island, die Azoren, die St.-Peter-und-Paul-Felsen, Ascension, Tristan da Cunha und Bouvet. Andere Inseln beiderseits des Rückens verdanken ihre Entstehung zwar ebenfalls der vulkanischen Tätigkeit des Gebirgszugs, befinden sich aber nicht unmittelbar über ihm. Das gilt zum Beispiel für Madeira, die Kanaren, die Kapverdischen Inseln und St. Helena im Osten und für die Bermudas und die Martin-Vaz-Inseln im Westen. Auf den Inseln des Mittelatlantischen Rückens und jenen, die in seinem Umkreis liegen, sind endemische Lebensformen selten. Wie alle anderen ozeanischen Vulkaninseln wurden sie nur durch Zufall besiedelt, oft vielleicht nur, weil sie von bestimmten Zugvögeln als Zwischenstationen benutzt werden. Die Inseln, die der Alten Welt am nächsten liegen, sind stärker bevölkert als die auf dem Mittelatlantischen Rücken, die nur eine kümmerliche Fauna aufweisen.

Auf keiner dieser Inseln sind außer Fledermäusen irgendwelche Säugetiere heimisch, auch keine Amphibien oder Süßwasserfische. Einige wenige Eidechsenarten bleiben auf die festlandsnahen Kanaren, Madeira und die Kapverdischen Inseln beschränkt.

Weißschwanz-Tropikvögel (Phaëton lepturus) kreisen über dem offenen Atlantik. Auf der Suche nach Fischen und Tintenfischen fliegt dieser elegante Vogel weit aufs offene Meer hinaus. Er brütet auf Inseln, wo er allerdings kein Nest baut, sondern das einzige Ei unmittelbar auf dem Erdboden oder auf einem Felsband ablegt. Große Brutkolonien der Tropikvögel finden sich auf den Klippen der Bermudas, und auch auf den Bahamas kann man die Vögel häufig beobachten.

Wenn man weiß, daß in Marokko mehr als 200 Vogelarten beheimatet sind, sollte man meinen, viele von ihnen müßten auch auf Madeira vertreten sein. Man hat auch tatsächlich auf dieser Inselgruppe 69 Arten gesichtet, aber sie leben dort nicht als Standvögel. Auf Madeira brüten zwar 40 Vogelarten, doch nur das Madeira-Goldhähnchen *(Regulus madeirensis)* ist endemisch. Offenbar ist die Insel im ökologischen Sinne »voll besetzt« und hat Neuankömmlingen keine Lebensmöglichkeiten mehr zu bieten. Die Vogelbestände haben sich vermutlich unter natürlichen Bedingungen auf ein gewisses Gleichgewicht eingependelt.

Die weit draußen im Atlantischen Ozean gelegenen Inseln besitzen nur wenige endemische Vogelarten, erhalten jedoch von Zeit zu Zeit Besuch von gefiederten Gästen, von denen im Laufe der Jahrhunderte einige überlebt und sich angepaßt haben. Kürzlich wurden sechs südamerikanische Vogelarten, meist Reiher, auf der entlegenen Insel Gough beobachtet, die vom Festland 3000 km entfernt ist.

Zu den endemischen Vögeln der ozeanischen Inseln im Atlantik gehören der St.-Helena-Regenpfeifer (*Charadrius* sp.) und eine jetzt ausgestorbene flugunfähige Ralle auf Ascension. Auf der kleinen, kalten und weltabgeschiedenen Insel Tristan da Cunha leben noch immer zwei flugunfähige Rallenarten, eine endemische Drossel (*Nesocichla* sp.) sowie zwei verschiedene Finkenvögel. Diese Vögel scheinen afrikanischen Ursprungs zu sein, während Gough ganz offensichtlich stärker von Südamerika beeinflußt wird. Beide Annahmen lassen sich mit der geographischen Lage der Inseln begründen.

Die Heimat des Kanarienvogels

Die Kanarischen Inseln, die von allen dem Festland am nächsten sind, beherbergen natürlicherweise eine mannigfaltigere Vogelfauna, unter anderem die Alpenkrähe *(Pyrrhocorax pyrrhocorax)*, die auf der westlichsten Insel vorkommt, und die Madeira-Waldtaube *(Columba trocaz)*, die in den dichten Lorbeerwäldern der Inseln lebt und sich dort vorwiegend von Früchten ernährt. Die Lorbeertaube *(C. junoniae)* bewohnt gleichfalls die Kanarischen Inseln, während eine Unterart der festländischen Ringeltaube *(C. palumbus maderensis)* nur auf Madeira anzutreffen ist. Diese verwandten Arten haben bestimmte ökologische Nischen besetzt. Sie bevorzugen unterschiedliche Höhenlagen und machen sich deshalb weder den Lebensraum noch die Nahrung streitig.

Der bekannteste Vogel der ostatlantischen Inseln ist der altvertraute Kanarienvogel *(Serinus canarius)*, der nicht nur auf den Kanaren, sondern auch auf den Azoren und Madeira heimisch ist. Der wildlebende sog. Kanarienhahn ist nicht so leuchtend gelb gefärbt wie unsere Stubenvögel, sondern trägt ein verwaschen gelbes Federkleid mit graugrüner Rückenpartie. Das Weibchen ist fast einheitlich braun. Der Kanarienvogel gelangte im späten 15. Jahrhundert durch die spanischen Eroberer erstmals nach Europa. Durch gezielte Zucht wurden nicht nur verschiedene Farbschläge hervorgebracht, sondern auch die guten Gesangsleistungen der Wildform noch erheblich verbessert.

Die Inseln der Karibik

Die Karibik ist ein tiefes und stark gegliedertes Nebenmeer des Atlantischen Ozeans. Ihre Inselwelt besteht im wesentlichen aus zwei Gruppen, den Großen und den Kleinen Antillen. Beide zusammen bilden fast eine geschlossene Barriere vor dem Karibischen Meer und dem Golf von Mexiko.

Bei einem Blick auf die Landkarte gewinnt man den Eindruck, daß die vier großen Inseln der Großen Antillen kontinentalen Ursprungs

1

2

1 Auf einem Sandstrand der Bermudas begegnet eine Reiterkrabbe einer jungen Suppenschildkröte. Krabben sind die Todfeinde der jungen Schildkröten, wenn diese aus den im Sand abgelegten Eiern ausschlüpfen.

2 Viele Watvögel bewohnen sowohl die Salzwasser- wie auch die Süßwassersümpfe. Die Amerikanische Zwergrohrdommel (Ixobrychus exilis) brütet in den Süßwassersümpfen.

3 Zahlreiche Krabbenarten besiedeln die Inseln im tropischen und subtropischen Atlantik, so wie diese farbenprächtige Landkrabbe (Gecarcinus ruricola), die nicht auf das Wasser angewiesen ist.

4 Der Jamaika-Todi (Todus todus) ist eine von mehreren Todi-Arten, die auf den Inseln der Großen Antillen beheimatet sind. Diese zierlichen, schöngefärbten Vögel stellen Insekten und den zahllosen kleinen Eidechsen nach, die fast überall auf den Inseln umherflitzen und umherklettern.

5 Insekten, wie diese leuchtendbunte Schmetterlingsraupe, bevölkern in großer Zahl die Inseln der Karibik.

6–8 Trinidad ist eine Fledermausinsel. Die Höhlen, die hohlen Bäume und andere dunkle Verstecke in den Tropenwäldern der Insel beherbergen Millionen von Fledermäusen, etwa die Bulldogfledermaus Molossus major (6), die kleine Großohrenfledermaus Micronycteris megalotus (7) und die Langnasenfledermaus Choeronycteris godmani (8).

seien, doch inzwischen wissen wir, daß sie ozeanisch und sehr alt sind. Die Lebensformen, die sie beherbergen, zeigen von einer Insel zur anderen beträchtliche Unterschiede, die den Schluß zulassen, daß hier in der erdgeschichtlichen Vergangenheit keine einheitliche Fauna und Flora bestanden hat. Alle möglichen tropischen Pflanzen gedeihen auf diesen Inseln, so daß sich überall eine große Vielfalt von Lebensräumen herausgebildet hat: Berge, Moore, wüstenähnliche Regionen, Regenwälder, offenes Gelände und Mangrovensümpfe. Alle Vegetationszonen sind von entsprechenden Tieren bevölkert, teils Überbleibseln aus ferner Vergangenheit, teils Zugängen aus neuerer Zeit. Obgleich die Großen Antillen dem Festland so nahe sind, waren sie lange genug isoliert, so daß sich eine unverwechselbare endemische Fauna neben den Zuwanderern und Gästen vom Kontinent erhalten hat.

Auf den Karibischen Inseln – Jamaika, Kuba, Puerto Rico und Hispaniola – leben oder lebten bis vor kurzer Zeit einige besonders altertümliche Tiere: Die beiden Schlitzrüßlerarten – eine auf Kuba, die andere auf Hispaniola – sind die einzigen Vertreter dieser Insektenfresserfamilie auf der ganzen Welt. Mit ihrer langen, spitzen Schnauze ähneln sie den Spitzmäusen, doch im Gegensatz zu diesen bewegen sie sich nur langsam und schwerfällig, und wenn sie es eilig haben, verlieren sie nicht selten den Halt unter den Füßen. Diese nächtlich lebenden Tiere sind auf Hispaniola selten geworden und auf Kuba vielleicht schon ausgestorben, weil sie sich gegenüber dort eingeführten Räubern wie Katzen, Hunden und asiatischen Mungos nicht zu behaupten vermochten. Selbst die übelriechende, auffällig gefärbte Ausscheidung ihrer Beindrüsen (eigentlich ein sexuelles Lockmittel) und ihr giftiger Speichel gewähren ihnen keinen ausreichenden Schutz vor fremdländischen Eindringlingen. Heute bewohnen die Schlitzrüßler nur noch Höhlen und hohle Bäume in entlegenen Bergregionen von Haiti, dem westlichen Teil der Insel Hispaniola.

3

6

4

5

7

8

Die altertümlichen, unterentwikkelten Schlitzrüßler existieren wie die ihnen sehr nahestehenden madagassischen Tenreks seit mindestens 60 Jahrmillionen und haben sich in dieser Zeit kaum verändert. Wenn man diese absonderlichen, ungeschickten Geschöpfe betrachtet, fühlt man sich in eine Epoche zurückversetzt, in der die urtümlichen, kleinen Säuger in einer von Reptilien und warmblütigen Dinosauriern beherrschten Welt noch kaum eine Rolle spielten.

Vögel und Fledermäuse

Nur auf den Großen Antillen kommen die fünf Todi-Arten der Gattung *Todus* und die Palmenschwätzer *(Dulus dominicus)* vor. Die 20 cm großen Palmenschwätzer, die einzige Art einer eigenen Familie, sind auf Hispaniola und Gonave beheimatet und bauen riesige, bis 3 m hohe und über 1 m breite Nester, die bis zu 30 einzelne Kammern enthalten können. Jede Kammer besitzt ein eigenes Flugloch und wird von einem Brutpaar bewohnt. Die geselligen Vögel fliegen oft im Schwarm zu ihren Futterplätzen im Wald, wo sie nach Beeren und Samenkörnern suchen.

Die Todis, zierliche, farbenprächtige Vögelchen mit roter Kehle, kommen auf allen vier Hauptinseln der Großen Antillen und auf der Kuba vorgelagerten Isla de Pinos vor. Sie erhaschen vorüberfliegende Insekten im Flug und tragen ihre Beute vielleicht heim zu ihren Jungen, die in langen Erdröhren an den Uferböschungen auf Atzung warten. In ihrem Nistgebiet lassen die Todis zuweilen ein lautes Rasseln hören, welches sie mit ihren Schwingen erzeugen und das vermutlich Störenfriede vor dem Eindringen in das Revier warnen soll.

An die Großen Antillen, die mit Puerto Rico enden, schließt sich die lange Kette der Kleinen Antillen an, die sich im Bogen in Richtung Südamerika erstreckt. Auch hier haben wir es mit ozeanischen Inseln zu tun, die ihre vulkanische Vergangenheit nicht verleugnen und vereinzelt auch heute noch vulkanisch aktiv sind.

Die zahlreichen Inseln der Kleinen Antillen liegen im Durchschnitt etwa 30 km auseinander; oft kann man von einer Insel aus die Berggipfel der nächsten sehen. Einige sind sehr klein, zum Beispiel die Insel Barbuda mit ihren Fledermaushöhlen oder Montserrat mit seinen schwarzen Sandstränden und den dazu passenden schwarzen Gespenstkrabben. Andere sind größer und von hohen Vulkanbergen oder deren Überresten überragt: Martinique, Guadeloupe, S. Lucia usw. Die ursprünglichste von allen ist die Insel Dominica mit ihren dichten Regenwäldern und ihren dunklen Bächen, die sich um die Urwaldriesen winden.

Fledertiere sind auf den Kleinen Antillen weit verbreitet. Mehrere Arten sind zum Teil auf winzige Eilande beschränkt. So kommt beispielsweise die Baumfledermaus *Ardops montserratensis* nur auf Montserrat vor. Auch Guadeloupe, Dominica und S. Lucia besitzen ihre eigenen Baumfledermausarten. Trinidad, dem Festland am nächsten gelegen, beherbergt eine große Artenzahl, unter anderem die Hasenmaulfledermaus *(Noctilio leporinus)*, die Langnasenfledermaus *(Anoura geoffroyi)* und die bizarre Zenturionenfledermaus *(Centurio senex)*. Die zuletzt genannte Art ist mit ihrem nackten Gesicht und der großen Hautfalte unter dem Kinn alles andere als eine Schönheit. Wenn das Tier auf einem Baum ruht, zieht es sich diese Falte dicht

über den Kopf, so daß das Licht nur noch durch zwei durchscheinende Stellen einfallen kann. Beim Fliegen wird die Maske nach unten gestülpt und zu runzligen Falten zusammengelegt. Die Zenturionenfledermäuse ernähren sich hauptsächlich von Bananen, während die Langnasen eine Vorliebe für Nektar und Früchte sowie allerlei Insektenkost haben.
Die Hasenmaulfledermaus hat wiederum einen ganz anderen Geschmack. Sie ist ein geschickter Angler. Dicht über der Wasseroberfläche dahinfliegend, zieht sie ihre bekrallten Beine leicht durch das Wasser. Vermutlich spürt sie ihre Beute mittels Echopeilung auf, also durch das Echo der von ihr ausgesandten Töne, so wie andere Fledermäuse es mit Fluginsekten machen. Sobald sie einen Fisch erwischt hat, schnellt sie ihn aus dem Wasser und verzehrt ihn entweder im Fluge oder mit mehr Ruhe auf einem Baum.

Die Barriere-Inseln

Die Kontinente, die von dem sich verbreiternden Mittelatlantischen Rücken auseinandergeschoben werden, zeigen eine charakteristische Schelfbildung. Nordamerika besitzt an der Ostküste zum Beispiel ein sehr ausgedehntes Kontinentalschelf, das stellenweise 250 Kilometer breit ist. Während sich das Festland westwärts bewegte, haben die großen Ströme vor ihrer Mündung riesige Sedimentmassen abgelagert und ein breites Alluvialschelf aufgebaut, dessen Breite noch ständig zunimmt. Auf diesem Schelf ruhen verschiedenartige Inseln; einige sind felsig, andere bildeten sich durch Anhäufung von Schwemmsand, und manche sind durch die Aktivität von Sumpfpflanzen entstanden.
Vor Westafrika ist dagegen das Kontinentalschelf ziemlich schmal. Sehr groß jedoch ist das Schelf, das sich vom Norden Spaniens aus erstreckt und die gesamten Britischen Inseln, Nordeuropa und Skandinavien umschließt. Vor den Küsten des europäischen Festlandes und

Schwarze Scherenschnäbel schlüpfen auf dem Sandstrand einer Barriere-Insel vor der mittelatlantischen Küste der USA aus dem Ei. Die langgestreckten Barriere-Inseln, die auf der meerabgewandten Seite Salzmarschen und Lagunen aufweisen und auf der anderen der Brandung ausgesetzt sind, bieten zahllosen Seevögeln ideale Nistgelegenheiten.

Großbritanniens erheben sich zahlreiche kontinentale Inseln, die in ihrer Beschaffenheit ebenso unterschiedlich sind wie ihre nordamerikanischen Gegenstücke. Die meisten kontinentalen oder Schelfinseln sind von der Küste aus zu sehen. Ihre Entstehung ist eng verknüpft mit den Vorgängen an der Festlandsmasse, die sich hinter ihnen erstreckt, und ihre Lebensformen stammen gleichfalls vom Kontinent: Es sind Pflanzen und Tiere, die durch Zufall auf die vorgelagerten Inseln gelangen und dort gedeihen, sich vermehren und Nahrung finden.

Die Barriere-Inseln, die sich längs der Ostküste der Vereinigten Staaten erstrecken, bilden ein umfassendes System und haben nicht ihresgleichen. Sie sind in geologischer Hinsicht vergängliche Gebilde und in ständiger Wandlung begriffen. Gleichwohl sind ihre flachen Sanddünen, ihre vom Sturm ausgehöhlten Buchten und die seichten Lagunen, die sich zwischen den Inseln und dem Festland ausbreiten, von einer gegen Salz und Sand unempfindlichen Vegetation und von widerstandsfähigen Tieren dicht besiedelt.

Eine typische Barriere-Insel ist sehr lang und extrem schmal. Auf der meerzugewandten Seite, unmittelbar über der Küste, erhebt sich eine hohe Düne, an die sich flachere Dünen und Sandebenen anschließen. Auf der anderen Seite, in Richtung Lagune, erstrecken sich vielfach zunächst ein Kiefernwaldgürtel und dann ein breiter Salzsumpfstreifen, der dicht von Spartgras bewachsen ist. Alle diese einzelnen Zonen weisen charakteristische Lebensformen auf.

Ein Sandstrand ist für Tiere ein heikler Lebensraum, und Pflanzen haben es noch viel schwerer, hier Fuß zu fassen. In der Gezeitenzone leben die daumengroßen Maulwurfskrabben *(Emerita talpoida)*, die ihre langen befiederten Antennen dem abfließenden Gezeitenstrom entgegenstellen und dabei ihre Planktonnahrung aus dem Wasser seihen. Winzige, farbenprächtige Dreiecksmuscheln *(Donax variabilis)* leuchten auf, wenn sie sich auf dem feuchten Sand umherbewegen, und wühlen sich schnell ein, bevor die nächste Brandungswelle kommt. Weiter oben auf dem trockenen Sand leben weißliche Reiterkrabben *(Ocypode albicans)* und »Strandflöhe« *(Talorchestia megaophthalma)* – eine Flohkrebsart – von dem Spülicht,

Schmetterlinge wie dieser Acinote trinitatis scheinen auf vielen Westindischen Inseln allgegenwärtig zu sein. Besonders Trinidad ist bekannt wegen seiner vielen bunten Falter. Die Farben dieser Tiere haben verschiedene Funktionen. Sie dienen der Partnerfindung und dem Schutz vor Feinden.

den die Flut zurückgelassen hat. Hier findet man auch die ersten echten Landtiere: Käfer, Spinnen, Nagetiere und hin und wieder einen Waschbären oder ein Stinktier. Vögel gibt es an der Küste in großer Zahl, vor allem die typischen Strandvögel mit ihren langen Beinen und spitzen Schnäbeln, mit denen sie im Sand nach Nahrung stochern. Vertreter von drei oder vier verschiedenen Möwenarten warten dicht am Wasser auf eine Gelegenheit, irgendeinen Leckerbissen zu erhaschen oder anderen Vögeln wegzunehmen. Schwarze Scherenschnäbel *(Rhynchops nigra)* fliegen unmittelbar vor der Küste dicht über die Wasseroberfläche dahin, um mit ihrem verlängerten Unterschnabel, den sie herunterklappen und durchs Wasser ziehen, kleine Fische zu erbeuten. Flußseeschwalben *(Sterna hirundo)* tauchen im Sturzflug ins Wasser ein und kommen Sekunden später mit einem Ährenfisch oder einer Anchovis im Schnabel wieder hervor.

Sandfarbene Strandheuschrecken *(Trimerotropis maritima)* leben zwischen den Dünen, und blauäugige Grabwespen *(Microbembix)*, die ihre Tätigkeit vorübergehend eingestellt haben, schweben in der Luft, um sich etwas abzukühlen nach der sengenden Hitze des Sandbodens. Tagsüber verbergen sich große gelbliche Wolfsspinnen *(Geolycosa pikei)* in ihren Erdhöhlen und kommen am Abend hervor, um auf Insektenjagd zu gehen. In ihren trichterförmigen Fallgruben lauern Ameisenlöwen auf ihre Beute.

Wo die Vegetation in Gesträuch übergeht, jagt die Hakennatter *(Heterodon platyrhinos)* Wühlmäuse und andere Nagetiere. Wenn sie von größeren Tieren bedroht wird, stellt sie sich tot, indem sie sich auf den Rücken wälzt, das Maul aufsperrt und die Zunge heraushängen läßt. Die hell gefärbten Fowlerkröten *(Bufo woodhousei fowleri)* hausen in der Busch- und Waldzone, wo auch zahlreiche Vögel im Geäst Unterschlupf finden. Eulen, Falken und vereinzelte Weißkopfseeadler warten auf den hohen Weihrauchkiefern, bis sich unten auf dem Boden irgend etwas bewegt. Auf diesen Bäumen bauen auch die herrlichen Asch- oder Graureiher *(Ardea herodias)* und die Silberreiher *(Casmerodius albus)* ihre Nester, oft dicht nebeneinander. Ihre Nahrung holen sie sich aus den Sumpftümpeln.

Die Salzsümpfe, die aus dunklem, zähem Schlamm und einem dichten Spartgrasbewuchs bestehen, sind nur von wenigen Tierarten besiedelt, aber die wenigen Arten, die dort vorkommen, zeichnen sich durch eine große Individuenzahl aus. Winkerkrabben *(Uca)* und purpurne Sumpfkrabben *(Sesarma reticulatum)* suchen bei Niedrigwasser eifrig nach Nahrung auf dem Schlickboden. Bisamratten *(Ondatra zibethica)* errichten weit draußen im Marschland aus trockenen Grashalmen ihre hohen kuppelförmigen Behausungen und schwimmen in den küstennahen Wasserrinnen umher.

Die Barriere-Inseln in diesem Gebiet erfüllen eine wichtige Funktion als Zwischenstationen der »atlantischen Zugstraße«, auf der Vögel mit den Jahreszeiten nach Süden oder Norden ziehen. Zeitweise sind die Lagunen dicht bevölkert von Wassergeflügel, von Kanadagänsen, Schneegänsen, Pfeifschwänen und zahllosen Enten. Die prachtvollen Wanderfalken, deren Bestände in der Vergangenheit stark gelichtet worden sind, suchen auf ihrem Weg in ferne Länder gern die breiten Strände auf, und der Fischadler, einst der häufigste große Greifvogel an der Küste, horstet noch in den abgestorbenen Kiefern, die die Lagune säumen.

Abb. S. 446: Elefantengruppe auf Sambia.
Abb. S. 447: Massai-Giraffe in Kenia.

Steppe, Savanne und Prärie

Die Steppe als Lebensraum

Tierreichtum der Graslandschaften

Für die Steppenlandschaften der Erde hat der Mensch eine Reihe unterschiedlicher Namen geprägt: Savanne, Grasland, Grasflur, Prärie, Pampa, Llano, Veld und Plain. Diese Vielfalt ist nicht nur in der Verschiedenheit der Sprachen begründet, sondern auch in der Verschiedenartigkeit der Landschaftsformen. Die weitgestreuten Steppengebiete, die ungefähr 27 Prozent der natürlichen Pflanzendecke unserer Erde ausmachen, verteilen sich über alle Kontinente mit Ausnahme der Antarktis.

Der gemeinsame Nenner all dieser Steppentypen ist letztlich die geringe Feuchtigkeit. Temperaturen, Bodenbeschaffenheit und geologische Voraussetzungen spielen zwar ebenfalls eine Rolle, genauso wie der Einfluß des Menschen, aber der entscheidende Faktor ist und bleibt die Feuchtigkeit. Einfacher ausgedrückt: Wenn auf eine Landschaft mehr Feuchtigkeit niedergeht, als durch Verdunstung wieder abgegeben wird, so ist dort keine Steppe zu finden. Natürliche Steppen – im Gegensatz zu jenen, die durch menschliche Eingriffe entstanden sind – stellen so gewissermaßen das Zwischenglied zwischen dem feuchten Wald und den trockenen Wüstenzonen dar.

Es ist zuweilen schwer zu entscheiden, wo die Steppe aufhört und die nächste Landschaftsform anfängt. Die Randgebiete einer Steppe, die an eine Wüste angrenzen, können beispielsweise dieser Wüste sehr stark ähneln – vielleicht stärker als irgendwelchen anderen Steppen. Was für den einen schon eine Wü-

Eine Kaffernbüffelherde stürmt über die Savanne in Botswana dahin. Die afrikanischen Büffel bewohnen sowohl den Wald als auch die Savanne, aber die Savannentiere sind größer als ihre waldlebenden Verwandten und außerdem dunkler gefärbt. Manche wirken fast schwarz, während die Waldbewohner rötlichbraun sind. Wie viele andere hörnertragende Huftiere ist der Büffel ein geselliges Geschöpf. Die Herden sind während der jahreszeitlich bedingten Wanderungen besonders groß.

ste ist, kann ein anderer noch als Steppe auffassen, und selbst die Wissenschaftler sind sich über die Einstufung bestimmter Übergangsformen nicht einig.
Im großen und ganzen fügen sich jedoch die verschiedenen Steppentypen in ein allgemeines Schema. Obwohl im Einzelfall Gebirge und Ozeane den allmählichen Übergang vom Wald über die Steppe zur Wüste verwischen können, kann man diese Abfolge grundsätzlich in Form eines Spektrums darstellen. Wenn man auf der einen Seite vom Wald ausgeht, so verändern sich die Klima- und Umweltverhältnisse in einer bestimmten Reihenfolge. Das Klima ist zunächst humid oder feucht, wird dann subhumid und semiarid (halbtrocken) und schließlich arid (trocken). Wo das humide Klima ins subhumide übergeht, entwickelt sich gewöhnlich eine baumbestandene Grasflur, die eine Waldlandschaft ohne geschlossenes Laubdach bildet. Solche Gebiete, in denen Bäume und Sträucher über eine ausgedehnte Grasfläche verstreut sind, werden von manchen Fachleuten als Savannen bezeichnet. Andere Geographen definieren hingegen die Savannen als die Graslandschaften, wie sie für Afrika typisch sind, und sie verwenden dafür den Namen »Baumsavanne«. Diese Auffassung machen wir uns auch in dem vorliegenden Band zu eigen.
Wo die Trockenheit zunimmt, wird der Baumbestand lichter und verkümmert zum Strauchwuchs; am Ende verschwinden die Bäume völlig, und es bleibt eine ausschließlich von Gras bewachsene Landschaft übrig. Die Gräser lassen sich in Hochgras (150–300 cm), mittelhohes Gras (50–150 cm) und Kurzgras (10–50 cm) einteilen. Die höheren Gräser sind für feuchte, die kürzeren für trockenere Lebensräume charakteristisch. Selbstverständlich hat auch die Bodenbeschaffenheit Einfluß auf den jeweiligen Gräsertyp. Infolge solcher Umweltbedingungen können die Vorkommensgebiete der verschiedenen Gräser ein mosaikartiges Muster ausbilden, und in manchen Regionen sind die Begrenzungslinien zwischen ihnen deutlich ausgeprägt.

Die Grassteppe

Ökologisch betrachtet, war die unberührte amerikanische Prärie das Musterbeispiel einer Grassteppe. Bevor die weißen Siedler die Prärien unter den Pflug nahmen, die wie andere Hochgrasregionen zu den besten Ackerböden der Welt gehören, waren sie buchstäblich ein einziges Grasmeer.
Wenn man in Richtung Westen durch die amerikanische Prärie reiste, veränderte sich die Pflanzengesellschaft. Entsprechend der allmählich abnehmenden Feuchtigkeit verringerte sich bei den Gräsern, so wie vorher bei den Bäumen, das Höhenwachstum. Mischten sich im Osten vereinzelte Bäume unter das Hochgras, so standen sie hier inmitten des etwas niedrigeren Bartgrases *Andropogon scoparius.* Dieses noch immer in einer subhumiden Klimazone gelegene Gebiet, vielfach als eigentliche oder mittelhohe Grasprärie bezeichnet, erstreckt sich von Südkanada bis Texas und von Illinois nach Westen bis Mittelnebraska.
Westlich der eigentlichen Prärie wird das Klima semiarid. Wenn man sich den Rocky Mountains nähert, stößt man auf die *high plains,* eine unermeßlich weite, herbe und windgepeitschte Landschaft, die im Sommer glühend heiß und im Winter kahl und öde ist.

Pendants zur Kurzgrassteppe der *high plains* sind die Steppen im Inneren Eurasiens, die südliche Serengeti in Tansania und die trockenen Graslandschaften, die die westaustralische Wüste säumen. Solche Kurzgrassteppen gehen zumeist unmittelbar in Wüsten über, Landschaftsform eines echten ariden Klimas.

Das Klima der Steppengebiete kann extreme Formen annehmen. In den kanadischen Prärien sinkt die Temperatur im Winter bis zu 46 Grad unter Null ab, und die sommerliche Hitze erreicht manchmal Werte, die fast 80 Grad über dem winterlichen Tiefstwert liegen.

In den tropischen Steppen sind die Temperaturschwankungen erheblich geringer. In der äquatorialafrikanischen Savanne der Rutshuru-Rwindi-Ebene im Virunga-Nationalpark von Zaire weist der September, der heißeste Monat, zum Beispiel eine Durchschnittstemperatur von 23,9° C auf – nur 2,4 Grad mehr als der Mittelwert im Juli, der kältesten Zeit des Jahres. Die durchschnittlichen täglichen Temperaturschwankungen können allerdings in jedem Monat bis zu 16 Grad betragen, eine Folge der kühlenden Winde von den nahe gelegenen Bergen, von denen einige höher als 5000 Meter aufsteigen.

Der Wind ist ein weiterer wichtiger Faktor, der die Entstehung und den Fortbestand der Steppenlandschaften bestimmt. Da er die Verdunstung fördert, verringert er die Feuchtigkeit, welche die Bäume zum Leben benötigen. Gleichzeitig beeinträchtigen Stürme das Baumwachstum, während die vergleichsweise niedrigen Gräser, die zudem durch große Wurzelmassen im Boden verankert sind, weniger geschädigt werden.

Klimatische Veränderungen, besonders solche, welche die Niederschlagstätigkeit beeinflussen, können sich auf eine Steppenlandschaft nachhaltig auswirken, am dramatischsten dort, wo ein Lebensraum in einen anderen übergeht. Wo etwa Hochgräser an Baumbestände angrenzen oder sich mit Kurzgräsern vermischen, ist das ökologische Gleichgewicht so heikel, daß selbst ein scheinbar geringfügiger Klimawechsel die Vegetation in einer oder zwei Generationen verändern kann. In der Dürrezeit der dreißiger Jahre breiteten sich die Kurzgrasprärien in den Vereinigten Staaten nach Osten aus und verdrängten die Hochgräser, die in dem immer trockener werdenden Klima nicht mehr recht gedeihen wollten. Erst als die Dürre vorüber war, eroberten sie das verlorene Terrain wieder zurück.

1

2

3

Gras und Feuer

Die Grassteppe hat einen Verbündeten gegen den Wald in Gestalt des Feuers, ob es nun durch Blitzschlag oder durch Menschenhand entsteht. Feuer zerstört zwar sowohl das Gras als auch die Bäume, aber das Gras kann sich nach einem Steppenbrand schneller erholen, denn der größere Teil des Grases befindet sich in Form von Wurzeln usw. unter der Erde.

Die Folge davon ist, daß durch Brände, die über den Grenzbereich von Wald und Savanne hinwegfegen, die Bäume gezwungen werden, den Gräsern Platz zu machen. Umgekehrt bewirkt ein Feuer in der Übergangszone zwischen Grasland und trockeneren Gebieten ein Vordringen der Wüste in die fruchtbare Steppe.

Die Auswirkungen des Feuers auf Grasländer der gemäßigten Zone sind eingehend untersucht worden. Es zeigt sich, daß solche Grasfluren vom Verbrennen des überschüssigen Abfalls – abgestorbene Pflanzen und andere Überreste – durchaus profitieren können. Wissenschaftler haben im mittleren Westen der USA einige Stellen der Prärie abgebrannt und dabei festgestellt, daß die verschont gebliebenen Wurzeln des Hochgrases auf den Brandflächen kräftiger austrieben als auf den Kontrollflächen. Wo das Feuer über die Prärie hinweggegangen war, gingen außerdem Astern, Goldruten und ähnliche Pflanzen, also die Konkurrenten des Grases, erheblich zurück.

Die Bewohner des tropischen Graslands in Südamerika, Asien und Afrika brennen seit Generationen alljährlich das Gras ab, um dadurch sein Wachstum zu steigern. In den Tropen können die Nachteile solcher Steppenbrände indes größer sein als die Vorteile, vor allem wenn sie in der Trockenzeit gelegt werden, wie es häufig geschieht. Denn die Flammen geraten im trockenen Gras leicht außer Kontrolle und vernichten überdies Myriaden von Kleintieren.

Die Bedeutung des Grases

Die aus rund 4500 Arten bestehende Familie der Gräser ist aus der Sicht des Menschen die wichtigste Pflanzengruppe überhaupt. Alle Getreidesorten, etwa Roggen, Gerste, Weizen und Mais, sind kultivierte Gräser. Selbst das Zuckerrohr ist ein Gras, desgleichen der Reis und auch der Bambus, ein Riese unter den Gräsern.

Eine Graspflanze besteht aus dem Wurzelwerk, einem Stengel oder Halm, Blättern und Blüten. Die Blüten sind recht unscheinbar; sie haben keine leuchtenden Farben und keine Blütenblätter. Auf einem Rasen sieht man nur selten die Blüten, weil das Gras in der Regel geschnitten wird, bevor es die Möglichkeit zur Blüte hat. Die in Ähren oder Rispen angeordneten Grasblüten erscheinen oft als feine Büschel oder Fähnchen auf den hohen Halmen, von denen die Blätter in regelmäßigen Abständen abzweigen. Die Pollen, die aus den Blüten hervorsprießen, werden vom Wind weit fortgetragen und sorgen dafür, daß sich das Königreich der Gräser immer mehr ausdehnt.

Ein Teil der Grasarten kann sich auch durch unterirdische Ausläufer oder Rhizome vermehren. In kürzester Zeit kann eine einzige Graspflanze genügend Rhizome hervorbringen, um ringsum neue Pflanzen entstehen zu lassen. Während sich die Gräser durch ihre Samen über weite Entfernungen zerstreuen, sichert die vegetative Vermehrung mittels Rhizomen den Fortbestand der Gräser in ihrer unmittelbaren Umgebung.

Die Rhizome und zwei weitere Pflanzenteile, die Wurzeln und die Wurzelsprossen, bilden zusammen ein dichtes, zähes Geflecht, das den Bodengrund verfestigt. Dieses Geflecht ist so stabil, daß die frühen Besiedler der amerikanischen Prärie es in Stücke schnitten und mit diesen Soden ihre Hütten bauten. Aus dem Stengel wachsen genau in Bodenhöhe die Wurzelsprossen hervor, mit denen sich die Pflanze nahe der Oberfläche verankert.

Je öfter ein Grashalm geknickt, beschädigt oder geschnitten wird, desto mehr Wurzelsprossen treibt er aus. Auch aus den Stengeln können sehr schnell neue Blätter hervorsprießen, um die abgerissenen zu ersetzen. Deshalb bringt ein regelmäßig gemähter Rasen oder ein häufig, aber nicht übermäßig beweidetes Grasland eine so gesunde und feste Vegetationsdecke hervor.

Die Entstehung der Steppen

Die Gräser entwickelten sich vor rund 90 Millionen Jahren, aber erst im Miozän, vor 25 Jahrmillionen, begannen sie sich richtig zu entfalten. Das Miozän war eine Periode der Erdgeschichte, in der die Temperaturen sanken, die Trockenheit zunahm und die Gebirge weiter

4

1 Die weite Serengeti-Steppe in Tansania ist teils völlig baumlos, teils von Akazien bestanden. Riesige Herden – ungefähr zwei Millionen Antilopen, Zebras und andere Tiere – ziehen vor und nach der Regenzeit durch die Steppe.

2 In den nordamerikanischen Prärien wetteifern Baumbestände, etwa Eichen, mit den Gräsern. Eine besonders lange Trockenperiode ermöglicht es den Gräsern, in den Wald vorzudringen, während ein Übergang zu feuchterem Wetter das Baumwachstum fördert.

3 Känguruhgras und Eukalyptusbäume wachsen auf den Grasfluren Neuguineas (im Bild) wie auch auf denen des nahen Australiens. Die Steppen der australischen Region sind trockener als viele ihrer Gegenstücke in anderen Teilen der Welt.

4 Löwen stehen an der Spitze der Nahrungspyramide in den afrikanischen Steppen. Sie schlagen Weidetiere, verschmähen aber auch die Beute anderer Raubtiere nicht.

aufstiegen. Diese Bedingungen waren günstig für die Gräser, die in die Wälder vordrangen, welche seit Jahrmillionen unangefochten das Festland beherrschten. Als die Wälder zurückwichen, konnten die ersten großen Steppen entstehen.
Auf welche Weise die verschiedenen klimatischen und geologischen Faktoren die Ausbildung und Ausbreitung der Steppenlandschaften förderten, läßt sich am Beispiel des nordamerikanischen Westens zeigen. Während des Miozäns stiegen die Rocky Mountains, die schon seit langem bestanden, weiter empor. Mit zunehmender Höhe versperrten sie den vom Pazifik ostwärts wehenden Winden den Weg. Die Winde regneten sich auf den Westhängen der Berge ab. Auf der Ostseite verringerten sich die Niederschläge so stark, daß der Bestand der Bäume zurückging und die Gräser die Herrschaft übernahmen.

Eine explosionsartige Vermehrung der Säugetiere

Als die Graslandschaften den weichenden Wäldern folgten, entstand eine ganze Reihe von neuen Lebensräumen für die Säugetiere, die schon seit 40 Jahrmillionen die tonangebenden Landwirbeltiere waren. In der Übergangszone zwischen Gras- und Waldland kann sich – heute noch genauso wie im Miozän – ein mannigfaltigeres Tierleben entfalten als im Wald. Die so entstandene Biotopmi-

1

2

3

1 Der Amerikanische Brachvogel (Numenius americanus) brütet in den Prärien und Steppen des westlichen Nordamerikas, gewöhnlich in der Nähe von Sümpfen oder anderen Feuchtgebieten.

2 Eine Bullennatter (Pituophis melanoleucus) schickt sich an, ein Brachvogelei zu verspeisen. Diese Schlange, die eine Länge von fast zwei Meter erreichen kann, bewohnt große Steppengebiete Nordamerikas.

3 Der Körper der Giraffe ist dem Savannenleben hervorragend angepaßt. Mit ihren langen Beinen kann sie sich schnell fortbewegen, und dank ihrer großen Höhe vermag sie die Landschaft weit zu überschauen.

4 Der amerikanische Silberdachs, ein ausgesprochenes Steppentier, hat einen gedrungenen, etwa 50 Zentimeter langen Körper und verfügt über erstaunliche Kraft. Wenn er auf der Jagd nach Nagetieren ist, gräbt er sich tief in den Boden ein, wobei er die Grasnarbe mit seinen starken Krallen aufreißt.

schung bietet den Tieren eine größere Vielfalt an Nahrung und an Wohnstätten.

Besonders wichtig ist, daß natürliche Savannen, Steppen, Prärien und andere Graslandschaften bei Säugetieren, vor allem bei den großen, eine weit höhere Bestandsdichte zulassen als die Wälder. Die frühen Grasfluren beherbergten die größten Säugetiermassen, die es jemals auf der Erde gegeben hat. Solange sich eine Graslandschaft im vollkommenen natürlichen Gleichgewicht befindet, bietet sie nicht nur den großen Säugern, sondern auch zahllosen anderen tierischen Lebensformen optimale Bedingungen.

Die geheimnisvolle Fähigkeit der Gräser, eine solche Vielzahl und Vielfalt von Tieren zu ernähren, liegt in ihrem Fruchtknoten begründet. Nach der Bestäubung entwickelt sich aus ihm die Grasfrucht in Form eines Korns. Dieses Korn enthält stärkereiches Gewebe und andere Nährstoffe, in denen die Energie des Sonnenlichts so umgewandelt worden ist, daß sie von pflanzenfressenden Tieren verwertet werden kann. Auf einer Grasflur steht den Tieren mehr derartige Energie zur Verfügung als in jedem anderen Lebensraum der Erde.

Ein typischer Vertreter jener Pflanzenfresser, die sich erstmals diese neue Nahrungsreserve zunutze machten, ist ein frühes Pferd mit Namen *Merychippus.* Es stammte von Vorfahren ab, die friedlich im Walde gelebt hatten, wo sie sich von Blättern und Knospen ernährten. *Merychippus* hingegen besaß Zähne mit hohen Kronen, die es ihm ermöglichten, die zähen Gräser der Steppe zu zermahlen.

Eine weitere Anpassung, die es diesem urtümlichen Pferd erlaubte, die Steppe zu erobern, zeigt sich bei einem Blick auf seine Füße. Es besaß drei Zehen, deren mittlere jedoch so viel größer war als die beiden anderen, daß sie sich zu einem Huf umbilden konnte. Die gespreizten, mehrzehigen Füße der *Merychippus*-Ahnen eigneten sich sicherlich hervorragend für das Umherwandern auf dem weichen Waldboden, aber in der Steppe waren sie ein Risikofaktor. Der Steppenboden ist hart und bietet nur wenig Versteckmöglichkeiten; deshalb hängt das Überleben oft davon ab, daß ein Tier schnell und über weite Strecken flüchten kann, und dazu wird es durch Hufe befähigt.

Während die ersten Pferde den Wald mit dem offenen Gelände vertauschten, betrat auch eine andere Huftierfamilie, die Hornträger *(Bovidae),* das Grasland. Die Hornträger entstanden gleichzeitig mit den Graslandschaften, und die meisten sind auch heute noch in dieser Landschaft zu Hause. Die Boviden, zu denen unter anderem die Rinder, die Antilopen und die Gazellen gehören, entwickelten sich zu besonders erfolgreichen Steppenbewohnern.

Die Hornträger verfügen nicht nur über Hufe, sondern sind auch echte Wiederkäuer, das heißt, sie besitzen einen mehrkammerigen Magen, aus dem die »vorverarbeitete« Nahrung wieder aufgestoßen und ein zweites Mal gekaut wird. Die Tiere können also nach der Nahrungsaufnahme weiterziehen und den eigentlichen Verdauungsvorgang auf später verschieben, möglichst an einem geschützten Platz, wo sie vor Raubtieren sicher sind. Typisch für die Boviden ist auch die schnelle Geburt, die manchmal weniger als eine Stunde dauert. Die Jungen sind nur eine ganz kurze Zeit hilflos; bei vielen Arten stehen sie schon nach wenigen Minuten auf den Beinen. Das ist eine weitere Anpassungsform, welche die Boviden zur Vermeidung von Raubtierüberfällen in der offenen Steppenlandschaft entwickelt haben.

Bisons, Kaffernbüffel, Gnus und viele andere Horntiere schließen sich zu großen Herden zusammen, die mit den Jahreszeiten durch das Grasland ziehen. Die ausgedehnten saisonalen Wanderbewegungen sind gleichfalls eine Anpassung an das Leben in der Steppe, die bei den Gnuherden der ostafrikanischen Savanne besonders eindrucksvoll in Erscheinung tritt.

Die vertikale Schichtung der Steppenlandschaft

Die Steppentiere verwerten praktisch die gesamte Vegetation, die sich als Nahrung eignet. Ein und dieselbe Graslandschaft kann zu gleicher Zeit so unterschiedliche Tiere wie Flußpferde, Nashörner, Elefanten, Kaffernbüffel, Giraffen, Antilopen, Warzenschweine, Hasen, Trappen, allerlei Greifvögel, Kraniche sowie ungezählte Wirbellose ernähren. Die großen Weidetiere nutzen dabei zwei der drei Schichten des Graslandbiotops, das gebildet wird von dem die beiden folgenden Schichten trennenden Boden (Oberfläche des Erdreichs), der darüberliegenden Krautschicht (die Teile der Gräser und der anderen Pflanzen, die sich über der Oberfläche befinden) und der unterirdischen Schicht.

Die Pflanzen- und Tierwelt der Krautschicht und des Bodens fällt dem normalen Steppenbesucher am ehesten ins Auge. Zu den Weidetieren gesellen sich aber noch zahllose andere Lebewesen, große und kleine. Viele Insekten, manche Frösche und zahlreiche Säugetiere leben fast ausschließlich in der Krautschicht. Störche, Kraniche und Rauhfußhühner bilden eine andere wichtige Gruppe, die in der Krautschicht und auf dem Boden heimisch ist.

Viele kleinere Tiere nutzen nicht nur eine Schicht. Kaninchen, Hamster, Meerschweinchen und Erdhörnchen suchen ihre Nahrung auf dem Boden, leben aber unter der Erde. In der unterirdischen Schicht der Steppenlandschaften, die sich unseren Blicken entzieht, wimmelt es förmlich von Leben. So hausen beispielsweise 47 Prozent der Steppensäugetiere unter der Erde aber nur 6 Prozent der Waldtiere.

Maulwürfe, Wiesel, Gürteltiere,

4

Käfer, Schuppentiere, Mäuse, Würmer, Wespen, Spinnen, Termiten, Schildkröten, Eidechsen, Schlangen und ein nahezu unübersehbares Heer anderer Tiere bewohnen die Welt unter dem Gras. Manche dringen noch tiefer hinab als die Graswurzeln. Die nordamerikanische Prärie-Klapperschlange stellt noch in Tiefen von fast sechs Metern den Präriehunden in ihren Bauen nach. Präriebewohnende Ameisen legen ihre Gänge bis zu drei Meter tief an, also ein gutes Stück unter den Wurzelsystemen der Pflanzen.

Alle Organismen, die über, in oder unter dem Gras leben, bilden zusammen ein kompliziertes Gewebe ökologischer Abhängigkeiten und Beziehungen. Der Schlüssel zu diesem Gefüge ist das Gras selbst. Sein dichtes Wurzelgeflecht schützt den Boden, auf dem das gesamte System beruht. Eine dichte Grasdecke kann die Sonnenhitze am Boden um 15 Celsiusgrade senken; sie hindert das Erdreich daran, sich zu einer undurchdringlichen Kruste zu verhärten, und läßt Feuchtigkeit in den Boden einsickern, während sie ihn gleichzeitig vor dem Aufprall des Regens bewahrt. Der Grasteppich und der von ihm erzeugte Humus filtert den schmelzenden Schnee und das Regenwasser und läßt kristallklare Bäche entstehen. Wenn der Graswuchs auf wenige Zentimeter verkürzt wird, fließt mehr als die Hälfte des Regenwassers sofort wieder ab und schwemmt damit Erdreich fort. Verschwindet das Gras vollständig, wie es vielerorts durch Überweidung geschieht, so strömen womöglich zwei Drittel des Wassers davon; die obere Bodenschicht wird abgetragen, und fruchtbarer Boden verwandelt sich in Wüste. Das Wasser sammelt sich in schlammigen Sturzbächen, die den Untergrund auswaschen und eine Gefahr für alle Lebewesen sind.

Gefahren für die Graslandschaften

Unzureichende landwirtschaftliche Methoden, wie sie vor einem Jahrhundert in den amerikanischen Prärien und heutzutage in vielen Entwicklungsländern angewendet wurden und werden, vernichten die Graslandschaften, indem sie die Grasdecke zerstören. Eine Hauptsünde besteht darin, daß man dem Land mehr Weidevieh zumutet, als es verkraften kann. Das wird dadurch möglich, daß man die Tiere maschinell mit Trinkwasser versorgt und sie vor Krankheiten und Raubtieren schützt. Solche Massenansammlungen von Rindern, Ziegen und Schafen zerstören den Graslandlebensraum, indem sie ihn buchstäblich auffressen und das, was noch übrigbleibt, zertrampeln.

Unter natürlichen Bedingungen kann dieselbe Steppenlandschaft eine gewaltige Zahl von Wildtieren ernähren. Hinter diesem scheinbaren Widerspruch verbirgt sich ein System der Auslese und des Ausgleichs. Wildlebende Tiere pflanzen sich zwar so schnell fort, wie sie können, aber die Individuenzahl einer jeden Art wird durch verschiedene Faktoren begrenzt – etwa durch das Nahrungsangebot, durch Raubtierüberfälle, durch Krankheiten und sogar durch die jeweilige Sozialstruktur. Das Territorialverhalten mancher Einzeltiere kann beispielsweise für ihre Artgenossen den Hungertod bedeuten, indem es diese von den Futterplätzen ausschließt.

Die Riesenzahlen der Wildtiere, die etwa die afrikanischen Steppen besiedeln, erklären sich durch die Tatsache, daß diese Gebiete Nahrung für viele verschiedenartige Lebensformen bereithalten. Dank der Vielfalt der Ernährungsweisen können sehr viel mehr Tiere einen Lebensraum gemeinsam bewohnen, als wenn alle nur wenigen Gruppen angehörten und mehr oder weniger auf die gleiche Nahrung eingestellt wären. Zugleich kommt es zwischen den Wildtieren und ihrer Umwelt zu einer Wechselwirkung, die dem Lebensraum eher nützt als schadet. So üben die afrikanischen Elefanten einen ausgesprochen günstigen Einfluß auf ihre Umwelt aus. Sie bewirken eine positive Veränderung der Vegetation, indem sie dichte Waldgebiete durch Niederbrechen von Bäumen ausdünnen, so daß das Sonnenlicht besser durchdringen und das Wachstum des saftigen unteren Laubwerks anregen kann. Auf diese Weise wird den pflanzenfressenden Tieren eine abwechslungsreichere Nahrung zugänglich gemacht. Elefanten fördern außerdem die Durchlüftung des Bodens, wenn sie in Dürrezeiten nach unterirdischem Wasser graben, und zugleich schaffen sie damit Trinkgelegenheiten für andere Tiere.

Das Anwachsen der einheimischen Bevölkerung und die damit einhergehende Belastung der Landschaft durch Farmen, Viehzuchtbetriebe und andere Einrichtungen haben dieses natürliche Zusammenspiel nachhaltig beeinträchtigt. Viele afrikanische Nationalparks sind zum Beispiel willkürlich abgegrenzt worden, ohne daß man sich Gedanken über die ökologischen Zusammenhänge gemacht hatte. Elefanten, die in solchen Parks durch Siedlungen und Farmen in ihrem Bewegungsdrang eingeschränkt sind, können nicht mehr auf ihren jahrtausendealten Wanderwegen zu neuen Weidegründen ziehen. Eingesperrt in ihren Park, zerstören sie schließlich ihren Lebensraum, nicht anders als Weidevieh, das in zu großen Massen auftritt.

Die endlosen Weiten Eurasiens

Zwischen Pußta und Mandschurei

Quer durch Eurasien zieht sich ein breiter Graslandstreifen, der sich von der Mandschurei im Osten bis zur Ukraine im Westen erstreckt und einen Ausläufer nach Ungarn entsendet. Der letztere ist ein Überbleibsel einer größeren offenen Landschaft, die sich hier in den Eiszeiten des Pleistozäns ausdehnte. Das riesige eurasische Grasland setzt sich aus drei Gürteln zusammen, die eine unverkennbare, wenngleich stellenweise unterbrochene Nord-Süd-Gliederung aufweisen.

Im Norden breitet sich die Baumsteppe aus, die den äußeren Saum des Graslandes bildet und in Asien an den borealen (nördlichen) Birken- und Nadelwald und in Europa an den laubabwerfenden Eichenwald angrenzt. Im Süden schließt sich an die Baumsteppe unmittelbar der Grassteppengürtel an. Als nächstes folgt eine Trockensteppe, die fast unmerklich in die Wüste übergeht, welche sich, vor allem in Asien, im Herzen der Festlandsmasse erstreckt.

Dieses Grundschema läßt allerdings auffällige Abweichungen erkennen, die teils natur-, teils menschenbedingt sind. Auf der iranischen Hochebene ist das Grasland weitgehend von der Höhenlage und nicht von der geographischen Breite geprägt. Die kahle Wüste und der dürrebeständige Strauchwuchs in der Mitte des Plateaus sind umgeben von unregelmäßigen Steppenbändern, die in höheren Lagen Bäume und weiter unten Gras aufweisen. Einige wenige Grasfluren gedeihen auch auf den Saumgebirgen der großen arabischen Wüste.

Indien besitzt mehrere gemischte tropische Graslandschaften, die jedoch durch menschliche Eingriffe viel von ihrem ursprünglichen Charakter eingebüßt haben. Einige sind kultiviert, andere durch übermäßige Nutzung fast in Wüsten verwandelt worden.

Die europäischen Grasfluren sind ebenfalls weitgehend verschwunden. Die meisten wurden in Ackerland umgewandelt, so daß die Nord-Süd-Gliederung, die in Asien deutlich zu erkennen ist, vielfach verwischt wurde. Nur wenige Steppenlandschaften haben sich bis heute in Europa erhalten, und zwar ausnahmslos in Form von Schutzgebieten. Doch einst müssen die Grasländer Rußlands und Ungarns – die letzteren werden als Pußta bezeichnet – ein großartiges Erlebnis gewesen sein: endlose Grasflächen, im Sommer übersät von Blüten, im Winter kahl und eintönig, aber zu jeder Jahreszeit belebt von zahllosen Tieren.

Auch wenn man Europa außer acht läßt, ergeben die drei Graslandgürtel des gemäßigten Asiens die größte Steppenregion der Welt; sie erstreckt sich von Osten nach Westen über mehr als 4000 Kilometer und reicht von der sonnigen Meeresküste des Irans bis hinauf zu den Ausläufern des nördlichen Nadel- und Birkenwaldes.

Die Baumsteppe als Übergangszone

Jeder Steppengürtel besitzt eine charakteristische Flora und Fauna, auch wenn viele Arten in mehr als einem Gürtel vorkommen und manche sowohl eine Steppenregion als auch die benachbarten Wälder oder Wüsten besiedeln. Wie immer ein bestimmter Steppengürtel beschaffen sein mag, das weite, offene Gelände verlangt von seinen Bewohnern aus den bereits genannten Gründen eine große Anpassungsfähigkeit. In den eurasischen Steppen sind die klimatischen Extreme viel stärker ausgebildet als beispielsweise in der afrikanischen Savanne und üben daher auch einen extremen Druck auf die hier lebenden Pflanzen und Tiere aus.

In der indischen Grassteppe benutzt ein Hirtenstar einen Axishirsch als Reittier. Hirtenstare sind in weiten Teilen Südasiens sehr häufig. Sie gehen gerne in der Nähe von Herdentieren auf Nahrungssuche und picken die Insekten auf, die von den großen Tieren aufgescheucht werden. Die Axishirsche schließen sich oft zu Herden zusammen, die 100 Tiere umfassen können.

Obwohl jeder der drei Steppengürtel ein einheitliches Gepräge hat, zeigen sich einige Abweichungen im Landschaftsbild beiderseits des Ural, der das Grasland Europas und Asiens voneinander trennt. Die Baumsteppe wird zum Beispiel beeinflußt von dem Waldtyp, an den sie angrenzt. Da die europäische Baumsteppe an eine Eichenlaubwaldregion anschließt, ist sie mit Eichenbeständen durchsetzt, in erster Linie mit Stieleichen. Die Gehölze der asiatischen Baumsteppe bestehen dagegen aus Birken, die aus dem borealen Wald in die Grasflur vorstoßen.

Aus dem nördlichen Wald ist auch eine Reihe von Tieren in die Steppe vorgedrungen, in Europa wie in Asien. Das gilt etwa für den Elch und das Rehwild. Die Aufforstungen und die landwirtschaftlichen Nutzflächen in Sibirien, Rußland und Finnland erwiesen sich als günstig für diese Tierarten, und so haben sie zahlenmäßig zugenommen und sich in der Baumsteppe ausgebreitet.

In der Steppe scheint vor allem das Reh die Rolle der Huftiere übernommen zu haben, die jetzt dort nicht mehr existieren. Zu diesen ausgestorbenen Arten gehören der Wisent und der Auerochse oder Ur. Der Wisent, der immerhin in einigen osteuropäischen Schutzgebieten überdauert hat, und der Auerochse waren hauptsächlich in den Wäldern heimisch, doch sie unter-

nahmen jahreszeitliche Wanderungen in die Baumsteppe und von dort in die Grassteppe.
Das Rehwild bewohnt in der gemäßigten Zone eine Vielzahl von Lebensräumen, vom Gebirge bis zur Steppe. Die verschiedenen Unterarten dieser sehr anpassungsfähigen Tierart besiedeln ein Gebiet, das sich vom Atlantik bis zum Pazifik quer durch Eurasien hinzieht. Das Reh ist ein kleines bis mittelgroßes Hirschtier, das höchstens etwa 50 Kilogramm wiegt. Je weiter östlich die Rehe leben, desto größer werden ihr Körper und ihr Gehörn. Die sibirische Rasse kann doppelt so schwer sein wie die Rehe in den mitteleuropäischen Wäldern.

Das Leben des Dachses

Die Nadel- und Laubwälder haben natürlich auch Raubtiere in die Baumsteppe entsandt, unter anderem den Steinmarder, den Vielfraß und den Dachs *(Meles meles)*, die alle der Marderfamilie angehören.
Von den dreien hat der Dachs das größte Verbreitungsgebiet. Er tritt von den Randzonen der Tropen bis zu den kalten Ländern des Nordens auf. Im Norden, so auch in der Baumsteppe, ist er vom Spätfrühling bis zum Spätherbst aktiv. Den Winter verbringt er in seinem Bau. Er hält keinen echten Winterschlaf, sondern versinkt nur in einen tiefen Schlaf bei leicht herabgesetztem Stoffwechsel. An milden Wintertagen wacht er gelegentlich auf und unternimmt einen kurzen Rundgang, ohne allerdings Nahrung aufzunehmen.
Weil der Dachs im Winter fastet, schlägt er sich im Spätsommer und Herbst den Magen voll und legt sich dadurch eine stattliche Fettschicht zu, die ihm während der Winterruhe als »Brennstoff« dient. Vor allem die Weibchen sind auf diesen Nahrungsvorrat angewiesen, denn während sie schlafen, gehen in ihrem Körper zahlreiche physiologische Veränderungen vor, die mit der Fortpflanzung zusammenhängen. Die Paarung findet zwischen Mai und Juli statt, kann sich aber bis zum Oktober verzögern, wenn eine Dächsin bis dahin noch nicht mit Erfolg begattet worden ist. Die Keimentwicklung beginnt jedoch erst im Januar, und die ein bis fünf Jungen werden im Februar oder März geheckt (geboren). Die Pause zwischen Paarung und Entwicklung der Embryonen entsteht durch verspätete Einnistung des Eies in der Gebärmutter.
Der Dachs ist ein Allesfresser, der

2

3

1 Die in weiten Teilen Eurasiens heimische Wiesenweihe jagt ihre Beute in Mooren, Grasfluren und Sumpfgebieten. Wo sich Steppenlandschaften in Getreidefelder verwandelt haben, sind Nagetiere häufig, und deshalb finden sich hier auch die Wiesenweihen besonders zahlreich ein.

2 Die langen, kräftigen Hinterläufe kennzeichnen den Hasen als einen Bewohner des offenen Geländes. Er kann Spitzengeschwindigkeiten bis 70 km/h erreichen.

3 Zwei Hasenmännchen, die um die Gunst der Weibchen kämpfen, traktieren sich mit ihren Läufen.

Regenwürmer, Schnecken, Insekten und anderes Kleingetier, aber auch Wurzeln, Gräser und Beeren verzehrt. Da er sich bei der Jagd vor allem auf seine Witterung verläßt, streift er in der Nacht umher, und zwar stets auf gut ausgetretenen Wechseln.

Die Baue, in denen die Dachse sich tagsüber und im Winter aufhalten, sind oft Jahrhunderte alt und werden durch den ständigen Gebrauch über Generationen hinweg immer größer und labyrinthischer. Man hat Dachsbaue entdeckt, deren Röhrensysteme 310 Meter lang waren und aus denen die Tiere bis zu 25 Tonnen Erde ausgehoben hatten.

Manche Baue werden von mehreren Dachsfamilien gleichzeitig bewohnt. Obwohl die Tiere ein Territorialverhalten kennen, können sie recht gesellig sein. Wenn viele Dachse im selben Areal beisammen leben, setzen sie ihren Geruchs- und Gesichtssinn sowie ihre Lautäußerungen ein, um einander nicht ins Gehege zu kommen. Wie die meisten Tiere der Baumsteppe beschränken sich die Dachse nicht auf diese Region und den Wald, sondern wandern auch in die offene Graslandschaft hinaus.

Vogelleben in der Baumsteppe

Die Vögel, zumal jene der Baum- und Grassteppe, sind stärker an ihren Lebensraum gebunden. Die Gefiederten, die zum Nisten und Ruhen Bäume benötigen, wagen sich aus der baumbestandenen Steppe nicht ins offene Grasland hinaus. In der Baumsteppe finden sie sowohl Bäume zum Nestbau als auch freie Flächen für die Nahrungsaufnahme vor.
Insbesondere Singvögel bevölkern in großer Fülle diese gemischte Landschaft aus Lichtungen und Baumgruppen. In den kleinen Lichtungen tummeln sich zahlreiche Hänflinge und Stieglitze. In den dichten Gehölzen finden Sprosser, nahe Verwandte unserer Nachtigall, Schutz und Geborgenheit. Im Frühjahr und Frühsommer lassen sie in Osteuropa und im benachbarten Teil Asiens ihren herrlichen Gesang ertönen. Die Jungvögel müssen die melodischen Sprosserstrophen erlernen, und zwar von einem ausgewachsenen Männchen mit einer voll entwickelten Stimme. Während der Brutzeit, die etwa zwei Wochen dauert, singen die Männchen in der Nacht, und tagsüber füttern sie ihre brütende Partnerin. Sobald die Jungen geschlüpft sind, ist der Vater mit der Futterbeschaffung so sehr beschäftigt, daß er nicht mehr zum Singen kommt. Doch wenn die Nachkommen das Nest verlassen haben, erhebt er wieder seine Stimme. Das ist wahrscheinlich die Zeit, in der die Jungvögel das Singen lernen, obwohl sie erst ein Jahr später, nach dem Eintritt der Geschlechtsreife, von ihrer Fähigkeit Gebrauch machen. Die Anlage zum Singen ist zwar angeboren, aber sie muß durch eine kurze Lernperiode erweckt werden.

Die Vögel der Grassteppen

Als Gruppe unterscheiden sich die Vögel der Grassteppen erheblich von denen der baumbestandenen Grasfluren. Im offenen Gelände in-

Der Wiedehopf ist von der europäischen Atlantikküste bis China verbreitet. Mit seinem langen Schnabel stochert er geschickt im Boden nach Insekten.

mitten von Pfriemengras, Schwingel und Rispengras, leben die Bodenvögel, von denen der Jungfernkranich *(Anthropoides virgo)* einer der auffälligsten ist. Dieser Vogel, dessen Vorkommensgebiet sich beiderseits der Grenzregion zwischen Europa und Asien erstreckt, ist zwar für einen Kranich nicht groß, erreicht aber immerhin eine Höhe von etwa einem Meter. Sein elegantes Federkleid ist überwiegend blaugrau; der größte Teil des Halses und die verlängerten Brustfedern sind schwarz. Große Büschel aus weichen, weißen Federn hinter den Augen steigern noch seine Schönheit und unterscheiden ihn von anderen Kranichen.

Die Jungfernkraniche treffen zum Brüten im März auf der Grassteppe ein. Sie versammeln sich an bestimmten Plätzen mit trockenem Untergrund und vollführen dort ihr kunstvolles Balzritual. Auf der »Tanzfläche« bilden die Vögel einen unregelmäßigen Kreis. Innerhalb dieses Kreises tanzen reihum kleine Gruppen vor ihren Artgenossen. Sobald eine Gruppe ihre Vorstellung beendet hat, setzt eine andere den Tanz fort. Mit halb ausgebreiteten Schwingen rennen die Tänzer hin und her, sie verbeugen sich, springen auf und nieder oder verharren in einer halb liegenden Stellung. Manchmal strecken die Kraniche den Hals vor, spreizen die Kehlfedern ab und stoßen einen kehligen oder trompetenden Laut aus.

Weitere Bodenvögel der Grassteppe sind die Trappen und die Rebhühner. Die Großtrappe *(Otis tarda)* und die Zwergtrappe *(O. tetrax)* sind inzwischen selten geworden. Die Großtrappe zählt zu den eindrucksvollsten Vogelgestalten überhaupt. Die Hähne wiegen zuweilen mehr als 20 Kilogramm – ungefähr soviel wie ein mittelgroßes Reh. Die Hennen bleiben erheblich kleiner.

In der Fortpflanzungszeit zeigt das Männchen ein ungewöhnliches Balzzeremoniell. Wenn die Balzzeit näherrückt, dann verfärbt sich sein dunkles Brustgefieder rostrot. Die größte Attraktion des Hahns ist indes der riesige weiße Kehlsack, den er zu einer fußballgroßen Kugel aufbläht. Dieser lebende Ballon ist so groß, daß der Kopf des Vogels dahinter verschwindet. Gleichzeitig legt der Trapphahn seinen Schwanz kopfwärts auf den Rükken, so daß die weiße Schwanzunterseite sichtbar wird. Die Flügel werden so gewendet, daß das übrige weiße Gefieder hervortritt. So verwandelt sich der Großtrapphahn in einen mächtigen weißen Federball, der in der offenen Steppe zu sehen ist.

Die Greifvögel

Noch typischer als die Bodenvögel sind für die Grassteppe die Greifvögel, für die das weite, offene Land ein ideales Jagdrevier ist. Über dem Grasland ziehen der Kaiseradler *(Aquila heliaca)*, der Adlerbussard *(Buteo rufinus)* und die Steppenweihe *(Circus macrourus)* ihre Kreise.

Die Weihen fliegen niedrig, oft nur ein oder zwei Meter über dem Boden. Auf ausgebreiteten Schwingen, die sich niemals zu bewegen scheinen, gleiten die Vögel mühelos dahin und halten Ausschau nach kleinen Nagetieren, die ihre Hauptnahrung bilden. Da sich die Nager im Winter unter die Erde verziehen, wandern die Weihen nach Afrika in die Savanne, und sie kehren erst dann zurück, wenn das Wetter wärmer wird und die Nager wieder hervorkommen. Dieses Wanderverhalten ist charakteristisch für die Greifvögel der eurasischen Steppe, die nach Südasien oder Afrika ziehen.

Nagetiere, Reptilien und Amphibien

In weiten Teilen der Grassteppe ist wahrscheinlich der Perlziesel *(Citellus suslicus)* das häufigste Nagetier. Er gehört zu einer Gruppe von Erdhörnchen, die den größten Teil der baumlosen eurasischen Grasfluren bewohnen. Die Perlziesel sind zwar koloniebildend, leben aber in getrennten Bauen. Der Bau hat einen Haupteingang mit einer bis zu sechs Meter langen Röhre, von der zahlreiche Seitengänge abzweigen. Der Wurfkessel der Weibchen kann mehr als zwei Meter unter der Erde liegen.

Zu den anderen Nagern der eurasischen Steppen gehören der Steppenlemming *(Lagurus lagurus)* und die Streifenmaus *(Sicista subtilis)*. Die Streifenmaus klettert gern an Stengeln und in Büschen umher und benutzt dabei ihren langen Schwanz als Balancierstange. Sie ernährt sich von Knospen, Sämereien und Insekten.

Verschiedene Reptilien und Amphibien besiedeln die Grassteppen, wo sie reichlich Nahrung in Form von Wirbellosen Tieren vorfinden. Die Zauneidechse *(Lacerta agilis)* und der Steppenrenner *(Eremias arguta)* sind in den warmen Monaten aktiv, doch vor der Sommerhitze suchen sie Schutz in kühlen Nagetierbauen.

Von den Schlangen bekommt man die giftige Wiesenotter *(Vipera ursinii)* am ehesten zu Gesicht, vor allem deshalb, weil sie sich so langsam fortbewegt. Sie ist von Europa bis zur Mongolei verbreitet. Weniger auffällig, aber an vielen Stellen recht häufig, ist die harmlose Pfeilnatter *(Coluber jugularis)*, die von Südosteuropa bis Iran vorkommt. Mit einer Länge von über drei Metern ist sie die größte Schlange Europas.

Überall dort, wo Tümpel, Teiche oder kleine Seen die Grassteppe unterbrechen, finden sich Amphibien. Weit verbreitet sind die Wechselkröte *(Bufo viridis)* und der Wasserfrosch *(Rana esculenta)*. Zumal die Kröte ist an das Steppenleben hervorragend angepaßt. Sie begnügt sich mit kurzlebigen Wasserstellen, in denen sie ablaicht und die Nachkommen ihr Quappenstadium durchmachen. Danach können sie als luftatmende erwachsene Tiere weit vom Wasser entfernt umherstreifen. Doch wie andere kleine Steppentiere muß sich auch die Kröte bei extremen Witterungsverhältnissen, zum Beispiel bei übermäßiger Hitze oder Trockenheit so-

1

3

4

2

5

1 Die Färbung der Brettspielfalter (Melanargia galathea) bewegt sich zwischen Gelb und Weiß. Die Raupen leben von Gras, die Vollinsekten von Pflanzensäften, besonders Nektar.

2 Die sonnigen, blumenübersäten Grasfluren Eurasiens locken eine Vielzahl von Schmetterlingen an, unter anderem diesen männlichen Aurorafalter (Anthocaris cardamines), der sich auf einer Vergißmeinnichtblüte niedergelassen hat. Das Verbreitungsgebiet dieser Schmetterlingsart erstreckt sich von Mitteleuropa bis China.

3/4 Die Großtrappe (3), einer der schwersten flugfähigen Vögel, wiegt etwa 12 Kilogramm und wird über einen Meter hoch. Die Balz der Großtrappen ist ein eindrucksvolles Schauspiel. Wenn der Hahn vor seiner Auserwählten auf dem Boden umherstolziert, verwandelt sich sein Gefieder in einen wallenden Federball (4).

5 Mehrere Kampfläufer balzen auf einer »Arena« gleichzeitig um die Gunst der Weibchen. Sie gehen wütend aufeinander los, doch dieses scheinaggressive Verhalten entwickelt sich nie zu einem echten Kampf.

6 Ein ungewöhnliches Balzritual vollführt auch der Kampfläuferhahn, der in der Brutzeit an seiner großen Halskrause zu erkennen ist.

wie im kalten Winter, unter die Erde verziehen.

Die Saiga

Im Unterschied zu den kleinen Steppenbewohnern finden die größeren Tiere, vor allem auf den völlig baumlosen Grasflächen, keinen Schutz vor der Sommerhitze, der Winterkälte oder anderen Unbilden des rauhen eurasischen Klimas. Sie entziehen sich dem schlechten Wetter, indem sie wandern, vielfach über weite Entfernungen. Bei keinem anderen Tier ist diese Anpassung vollkommener entwickelt als bei der Saiga *(Saiga tatarica)*, einer antilopenähnlichen Huftierart, die einst über die Gras- und Trockensteppen Westrußlands und Ostasiens dahinzog, aber heute aus den meisten ihrer europäischen Lebensräume verschwunden ist.

Die Saiga ist ein sandfarbenes, etwa 70 Zentimeter hohes Tier, welches in Herden bis zu 100000 Köpfen zusammen lebt. Ihr auffälligstes Merkmal ist die übergroße aufblähbare, rüsselförmige Nase, die besonders die Männchen ziert. Die Funktion dieser Riesennase ist noch nicht eindeutig geklärt. Die Zoologen vermuten, daß sie die Aufgabe hat, im Sommer den Steppenstaub auszufiltern und im Winter die kalte Luft vor dem Eintritt in die Lunge anzuwärmen.

Die Saigas können lange Zeit ohne Wasser auskommen. Die notwendige Feuchtigkeit entziehen sie den niedrigen Gräsern und Sträuchern, die ihre Nahrung bilden. Sie gedeihen sowohl bei sehr trockenem und spärlich bewachsenem Boden als auch in den feuchteren Grassteppen. Dreizehn Prozent der Pflanzen, welche die Saigas zu sich nehmen, werden von allen anderen Tieren verschmäht, weil sie so stark salzhaltig oder gar giftig sind.

Die Saiga zeigt, daß selbst vergleichsweise unfruchtbare Grasländer und sogar die trockensten Steppengebiete ungemein ergiebig sein können, wenn sie von Tieren genutzt werden, die sich ganz an diese Umwelt angepaßt haben. Die Saigas konnten sich in den Steppen entfalten, weil sie so genügsam und ständig in Bewegung sind. Vor einem Unwetter laufen sie davon, oft mehrere Tage lang. Selbst wenn das Wetter einigermaßen gut ist, wandern die Saigas noch umher. Auf diese Weise verteilen sie sich über die Weidegründe und erlauben es der Vegetation, sich bald wieder zu erholen.

Um 1930 waren die Saiga-Bestände infolge Überjagung und einer Reihe von ungewöhnlich harten Wintern fast ausgerottet. Die gesamte eurasische Population war von ungezählten Millionen auf einige hundert Tiere zurückgegangen. Schutzgesetze, eine Verbesserung der Umweltbedingungen und die hohe Fortpflanzungsrate der Tiere sorgten dafür, daß die Bestände rasch wieder zunahmen. Um 1960 zählte die Population wieder rund zwei Millionen Tiere, von denen ungefähr ein Viertel zwischen Wolga und Ural lebte; die übrigen waren in Asien zu Hause.

6

Wildpferde und Kamele

So wie die Saiga in der Gras- und Trockensteppe vorkommt, so leben zahlreiche Huftiere sowohl in den Trockensteppen als auch in den anschließenden Wüstengebieten. Das trifft insbesondere auf Asien zu, wo riesige aride Steppenregionen im Süden in Wüste übergehen. Hier begegnet man Tieren wie der Kropfgazelle *(Gazella subgutturosa)* und dem Halbesel *(Equus hemionus)*.

In den Trockensteppen Zentralasiens war einst noch ein weiterer Vertreter der Einhuferfamilie heimisch, das Przewalski-Pferd *(Equus przewalskii)*, das ein gewaltiges Gebiet in China, der Mongolei und der Sowjetunion durchstreifte.

Diese Art repräsentiert das letzte echte Wildpferd.

Die letzte freilebende Herde, die 27 Tiere umfaßte, wurde 1969 in der Mongolei unweit der chinesischen Grenze beobachtet. Umweltzerstörung und der Nahrungswettbewerb mit den Haustierherden sind die Hauptursachen für den Niedergang der Wildpferdbestände gewesen. Da jedoch die Zucht der Wildpferde leicht gelingt, wäre es möglich, sie in der Steppe wieder einzubürgern. Das Przewalski-Pferd unterscheidet sich deutlich von einem Hauspferd, denn es hat noch ganz und gar das Aussehen eines Wildtieres bewahrt. Mit seinem gedrungenen Körper und seinem großen Kopf wirkt es kraftvoll und zäh. Der schwarze Schweif und die aufrechtstehende schwarze Mähne heben sich kräftig von der rötlichgelben Grundfarbe ab. Die Körperbehaarung ist lang und im Winter sehr zottig, wodurch sich der Eindruck der Urwüchsigkeit noch verstärkt.

Die vorgeschichtlichen Menschen schmückten oft die Wände ihrer Wohnhöhlen mit Pferdebildern, die wahrscheinlich das Przewalski-Pferd darstellen. Wie man glaubt, war dieses Wildpferd damals und sogar noch in neuerer Zeit sehr weit verbreitet. Doch im vorigen Jahrhundert wurden die mittelasiatischen Steppen zu seinem letzten Rückzugsgebiet. Es geriet in Vergessenheit, und nicht einmal die Zoologen ahnten etwas von seiner

Existenz. Erst 1879 entdeckte der polnisch-russische Forscher Nikolai Przewalski, der Berichten aus Innerasien nachging, die Pferde in ihrem weltabgeschiedenen Refugium.
Die wildlebende Population des Zweihöckrigen Kamels oder Trampeltiers *(Camelus bactrianus)* findet sich nur noch in der Wüste Gobi und in den Trockensteppen jenseits des Altaigebirges in der südlichen Mongolei und in Nordchina. Diese Kamele sind möglicherweise Abkömmlinge einer wilden Stammform oder von domestizierten Vorfahren, die schon vor längerer Zeit wieder verwilderten. Noch um die Mitte des 19. Jahrhunderts waren Wildkamele in der gesamten Mongolei und in Kasachstan zu finden. In den zwanziger Jahren unseres Jahrhunderts lebte die Art überall in den Halbwüsten und Trockensteppen der Gobiregion, doch als ihr die Haustiere das Weideland und das Wasser streitig zu machen begannen, ging der Bestand in den folgenden Jahrzehnten rapide zurück.
Domestizierte Kamele derselben Art sind sehr viel weiter verbreitet, und zwar in den Steppen und Halbwüsten von Kleinasien und der Krim im Westen bis nach China im Osten.

Steppenlemminge, Springmäuse und Iltisse

In allen Trockensteppen sind offensichtlich die Nager die häufigsten und artenreichsten Säugetiere. Viele Nagetiere der Trockensteppe stehen denen der Grassteppe sehr nahe. In den Trockensteppen der Mongolei vertritt der Gelbe Steppenlemming *(Lagurus luteus)* seinen schon erwähnten kurzschwänzigen Verwandten, der in der Grassteppe zu Hause ist. Der Perlziesel wird vom Zwergziesel *(Citellus pygmaeus)* und Gelbziesel *(C. fulvus)* verdrängt. Beide Arten verbringen bis zu neun Monate im Winterlager

Eine Familie der Hutaffen (Macaca radiata) in der südindischen Strauchsteppe widmet sich der gegenseitigen Körperpflege, die man irrtümlich als »Lausen« bezeichnet. Diese für alle Affen wichtige Verhaltensweise dient nicht nur dazu, die Haut von Parasiten zu befreien, sondern auch zur Festigung der Bindung innerhalb der Gruppe. Mütter mit Kindern stehen dabei vielfach im Mittelpunkt des Interesses. Andere Alt- und Jungtiere bearbeiten das Fell der beiden; so wird das Kind mit den verschiedenen Hordenmitgliedern vertraut.

unter der Erde, eine Anpassung nicht nur an den kalten Winter, sondern auch an den trockenen Herbst. Die Trockensteppen sind der bevorzugte Lebensraum der Springmäuse, die auch in der Wüste vorkommen. 20 der insgesamt 25 Arten bewohnen die ariden Steppen, vor allem in Asien. Die Hinterbeine der Springmäuse sind viermal so lang wie die Vorderbeine. Normalerweise bewegen sich die Tiere auf allen vieren in kleinen Sprüngen fort. Doch wenn sie sich beunruhigt fühlen, machen sie auf den Hinterbeinen gewaltige Sätze, manchmal über drei Meter weit.

Den Nagetieren der Trockensteppe stellen sowohl Greifvögel als auch kleinere Raubtiere nach. Ein typischer Vertreter dieser Greife ist der Steppen- oder Raubadler *(Aquila rapax)*. Er ist ein Bodenbrüter – in der baumlosen Steppe bleibt ihm auch keine andere Wahl – und hält sich viel auf der Erde auf. Wie die Steppenweihe macht er im Tiefflug Jagd auf Wühlmäuse und Ziesel. In seinem Winterquartier in der afrikanischen Savanne sieht man ihn dagegen oft hoch am Himmel kreisen.

Der Tigeriltis *(Vormela peregusna)*, dessen Verbreitungsgebiet sich vom Balkan bis zur Mongolei erstreckt, ist ein charakteristisches kleines Steppenraubtier. Er hat einen dichten Pelz, besonders im Winter, wenn er Sturm und Kälte ausgesetzt ist, und gleich anderen kleinen Wieseln kann er in enge Nagetierbaue einschlüpfen, um dort seine Beute zu finden. Er haust in selbstgegrabenen Bauen, doch zuweilen schläft er auch in den Wohnungen anderer Tiere. Eine weitere Erdmarderart, mit dem Tigeriltis nahe verwandt, bewohnt gleichfalls die eurasischen Grasfluren: der Steppeniltis *(Mustela eversmanni)*.

Die Steppen und Savannen Indiens

Eine völlig andersartige Steppenlandschaft existiert – zumindest dem Namen nach – in der Indus- und Gangesebene, einer halbmondförmigen Tiefebene in Pakistan und Nordindien. Diese Region weist auch eine tropische Savanne auf. Doch infolge der dichten Besiedlung und der intensiven landwirtschaftlichen Nutzung hat das Grasland sein Aussehen völlig verändert.

Große Gebiete Westindiens und der nicht wüstenhaften Regionen Pakistans sind bedeckt von einer

1

2

1 Die Palmenhörnchen der südasiatischen Steppen sind Tagtiere, die sich von Nüssen, Sämereien, Pflanzenstengeln, Blättern, Insekten und anderem ernähren.
Das Weibchen baut für seine Jungen aus Pflanzenfasern ein Nest in einem Baum.

2 Der indische Barasingha oder Zackenhirsch bevorzugt offene Sumpflandschaften. Das Geweih dieses mächtigen Tiers kann über einen Meter lang werden. Der Barasingha steht bei der Nahrungsaufnahme oft im Wasser. Weil er den Wald meidet, ist er ein leichtes Ziel für den Jäger.

1

Trockensteppenvegetation – von spärlichem Graswuchs und lockeren Dornstrauchbeständen, meist Akazien, die so hoch wie Bäume werden. Dadurch wirkt die Landschaft äußerlich wie eine Baumsteppe. Die Inder bezeichnen diesen Landschaftstyp als »Dornwald«. Es ist eine heiße Gegend, in der die Temperaturen bis auf etwa 40° C ansteigen.

In der Dornbuschzone im indischen Bundesstaat Gujarat liegt das Gir-Wildschutzgebiet, die Heimat der letzten freilebenden asiatischen Löwen. Sie gehören zwar derselben Art an wie der Afrikanische Löwe, bilden aber eine eigene Unterart. Dieser asiatische Vertreter, der sogenannte Persische Löwe *(Panthera leo persica)*, war einst vom Nahen Osten bis zum indischen Subkontinent verbreitet. Ursprünglich ein Bewohner der weiten, offenen Savanne, hat er sich in das strauchbewachsene Grasland zurückgezogen, den einzigen Lebensraum, der ihm noch geblieben ist.

Neben dem Persischen Löwen beherbergt das Gir-Schutzgebiet noch drei weitere Großraubtiere, und zwar die Streifenhyäne *(Hyaena hyaena)*, den Leoparden *(Panthera pardus)* und den Lippenbären *(Melursus ursinus)*. Außer den massenhaft vorhandenen Haustieren (Büffel, Rinder, Schafe und Ziegen) gibt es hier mehrere wildlebende Pflanzenfresserarten, die den Raubtieren als Nahrung dienen: die mächtige Nilgau-Antilope *(Boselaphus tragocamelus)*, die Vierhornantilope *(Tetracerus quadricornis)*, die Indischen Gazellen, den Pferdehirsch *(Cervus unicolor)* und den Axishirsch *(C. axis)* sowie das Wildschwein *(Sus scrofa)*, die Lieblingsbeute der Löwen.

Bis vor kurzem war die Hirschziegenantilope *(Antilope cervicapra)* ei-

1 Die asiatische Brillenschlange (Naja naja), die auch in Graslandschaften vorkommt, ist im Süden des Kontinents verbreitet. Sie ernährt sich vorwiegend von Nagern und Fröschen. Die ersteren jagt sie häufig in Wohngebieten und auf den Äckern, die letzteren in Reisfeldern. So kommt sie regelmäßig mit Menschen in Berührung, die wahrscheinlich deshalb von Brillenschlangen öfter gebissen werden als von allen anderen Giftschlangen. Die Brillenschlange ist jedoch keineswegs besonders angriffslustig.

2 Die Königskobra (Ophiophagus hannah) aus Südasien ist mit einer Länge von fast sechs Metern die größte Giftschlange. Sie stellt vor allem anderen Schlangen nach, die sie tötet und rasch verschlingt.

2

nes der häufigsten und charakteristischsten Graslandtiere Indiens und Pakistans, aber durch Überjagung ist sie vom Aussterben bedroht. Diese Art wurde in Wildgehegen und Schutzgebieten in den Vereinigten Staaten, Mexiko und Argentinien eingebürgert, wo sie sich stark vermehrt hat.

Eines der größten Säugetiere des indischen Graslandes und Dornbusches ist die Nilgau-Antilope, die ein Gewicht von fast 300 Kilogramm erreichen kann. Zu bestimmten Zeiten besetzen und verteidigen die Böcke ein kleines Areal, aus dem sie andere Böcke vertreiben, während sie durchziehende Weibchen willkommen heißen und zum Bleiben zu bewegen versuchen. Da die Nilgau-Antilopen ihre Nahrung sowohl auf dem Boden als auch über dem Boden finden, nutzen sie die Dornbuschvegetation optimal aus.

Seitdem die Bestände der Nilgau- und Hirschziegenantilopen stark abgenommen haben, herrscht in der Savannenregion Indiens die Indische Gazelle *(Gazella gazella bennetti)* vor, Vertreter einer Art, die trockene Grasländer und Halbwüsten von Nordafrika bis Asien bewohnt. Sie hat sich auch mit der allgemeinen Umweltzerstörung abgefunden, wird aber von Jägern kurzgehalten.

Der Schwarznackenhase *(Lepus nigricollis)* und das Palmenhörnchen *(Funambulus pennanti)* sind in der Graslandschaft ebenfalls häufig anzutreffen, und in den trockeneren Gegenden ist die Indische Rennmaus *(Gerbillus gleadowi)* zu Hause. Das größte Nagetier dieser Gebiete ist das nachtaktive Indische Stachelschwein *(Hystrix indica)*, dem man nicht nur im Grasland, sondern hie und da auch im Wald begegnet.

Grasreiche Täler oder Maidans in Südasien

Weite Gebiete Südasiens, vor allem in Indien, aber auch in mehreren anderen südostasiatischen Ländern, sind von kleineren Graslandflächen bedeckt, die von Laub-, Monsun- oder Regenwäldern gesäumt werden. Diese Grasfluren sind meist üppiger als die offenen Grassteppen. Manche Grasflächen umgeben Sumpfgebiete, deren Ränder von Bäumen bestanden sind. Andere erstrecken sich tief in die Wälder der Niederungen hinein, wieder andere ziehen sich die Berghänge hinauf. Diese Mannigfaltigkeit der Lebensräume gestattet es den Tieren, im täglichen oder jahreszeitlichen Rhythmus zwischen verschiedenen Biotopen hin und her zu wechseln. So weiden Waldtiere auf der eingeschlossenen Graslandschaft, oder sie gehen dort auf die Jagd. Doch die grasbestandenen Freiflächen und Täler, in Indien als Maidans bezeichnet, beherbergen auch eine eigene Fauna. Zu den größeren Tieren, die diesen Lebensraum bewohnen, gehören der Barasingha oder Zackenhirsch *(Cervus = Rucervus duvauceli)*, der Schweinshirsch *(Axis = Hyelaphus porcinus)*, der Axishirsch *(Axis axis)* und der Indische Elefant *(Elephas maximus)*, der mitsamt dem Großteil des indischen Urwalds dort vom Menschen weitgehend ausgerottet wurde.

Der asiatische Elefant

Der Indische Elefant unterscheidet sich in vieler Hinsicht von seinem afrikanischen Verwandten. Er ist zunächst kleiner. Während ein afrikanischer Bulle eine Höhe von 3,70–4 Meter erreichen kann, wird sein asiatisches Gegenstück selten höher als 3–3,10 Meter; die Rekordhöhe liegt bei 3,25 Meter. Ein asiatischer Elefant wiegt etwa 3,5–5 Tonnen, ein afrikanischer bis zu 6–7 Tonnen. Die beiden Arten zeigen auch gestaltliche Abweichungen, die im Körperumriß sofort zu erkennen sind. Der Kopf und zumal die Ohren sind beim Asiaten sehr viel kleiner, desgleichen die Stoßzähne. Im übrigen tragen in Asien allein die Bullen sichtbare Stoßzähne, während in Afrika beide Geschlechter mit mächtigen Zähnen bewehrt sind. Beim Indischen Elefanten überragen die Stoßzähne der Kühe kaum die Lippen. Überdies ist der Indische Elefant sehr viel weniger anpassungsfähig als sein afrikanischer Vetter. Die Paare leben für sich oder schließen sich zu kleinen Herden von 15 bis 30 Einzeltieren zusammen, darunter Kühe, Kälber und junge Bullen, die vielfach von einem dominanten Bullen angeführt werden. Bei den Afrikanischen Elefanten übernehmen dagegen alte Kühe die Leitung der Herde. Der Indische Elefant läßt sich außerdem leichter zähmen. Seine Beziehung zum Menschen reicht Jahrtausende zurück und spiegelt sich in einer noch älteren Mythologie. Er wurde wahrscheinlich um 2500 v. Chr. als Reittier domestiziert und spielte als Kriegselefant eine wichtige Rolle.

Kein Fahrzeug kann es bei der Überwindung von Hindernissen oder in der Manövrierfähigkeit mit einem Elefanten aufnehmen. Die Tiere bahnen sich auch durch fast undurchdringliche Vegetation einen Weg, sie steigen steile Hänge hinauf und hinab und durchqueren Sturzbäche und Moraste. Sie sind hochintelligent, und in ihrer Gesellschaft fühlt man sich sicher, wenn schwierige oder gefährliche Situationen entstehen.

Ein Goldschakal hält auf seiner Wanderung durch eine indische Graslandschaft einen Augenblick lang inne. Schakale sind wichtige Aasbeseitiger der tropischen Steppen; sie leben auch von den Überresten der Beute größerer Raubtiere.

Tierparadies Afrika

Die großen Herden

Im Norden des ostafrikanischen Staates Tansania erstreckt sich die Serengeti-Ebene, eine weite Kurzgrassavanne, die zum größten Teil in einen Nationalpark umgewandelt wurde. Hier schweifen riesige Antilopenherden umher – Gazellen und Gnus, Pferdeantilopen und Bleichböckchen, Impalas, Elenantilopen und Topis, und es gibt Zebras, Büffel, Spitzmaulnashörner und Giraffen.

All diese pflanzenfressenden Tiere werden gejagt von fleischfressenden Raubtieren, von Löwen, Leoparden, Geparden, Hyänen und Hyänenhunden.

Mit ihren Hunderttausenden von Großtieren ist die Serengeti nur noch ein Überbleibsel der unermeßlichen afrikanischen Graslandschaften, wie sie vor einem Jahrhundert bestanden, bevor der Mensch sie weitgehend in Ödland verwandelte. In ihrem Naturzustand sind die Steppen Afrikas die wildreichsten der ganzen Erde. Vor allem den großen Säugetieren verdankt diese Landschaft ihren Ruf, die eindrucksvollste Wildtierregion überhaupt zu sein. An keinem Ort sonst finden wir so viele Pflanzenfresser, die zuweilen hunderttausendköpfige Herden bilden.

Diese erstaunliche Säugetierfauna erklärt sich durch das Zusammenwirken verschiedener Umweltfaktoren, deren wichtigster der Pflanzenbewuchs ist. Die vielfältigen afrikanischen Graslandbiotope umfassen eine Fülle von Vegetationsformen. Schwankungen des Klimas haben die Landschaft verändert und zu einer zeitweiligen oder ständigen Ortsveränderung der Pflanzen und Tiere geführt, aber gerade dadurch wurde auch die Evolution vieler Arten gefördert.

Die große Vielfalt der Flora ermöglichte die Entwicklung mehrerer Steppentypen, die in Afrika oft in

Warzenschweine sind in den Steppengebieten fast überall in Afrika vertreten. Ihre riesigen Eckzähne verwenden sie zum Ausgraben von Wurzeln und anderen Pflanzenteilen, aber auch zur Verteidigung.

mehr als einer Region auftreten. In der Regel erstrecken sich gleichartige Steppengürtel in ungefähr den gleichen Breiten nördlich und südlich des Äquators.

Die Savanne

Die meisten afrikanischen Steppengebiete fallen unter den Oberbegriff Savanne, obwohl es die unterschiedlichsten Formen gibt. Die trockenste Landschaft dieser Art ist die Halbwüste. Ein größerer Halbwüstengürtel liegt unmittelbar südlich der Sahara und geht in die Wüste über. Das ist die Sahelzone, die sich vom Atlantik quer durch den Kontinent bis zum Roten Meer erstreckt. Der Sahel hat seine spiegelbildliche Entsprechung in der Karu Südafrikas und in den Halbwüsten rings um die kahle Etoscha-Pfanne im südwestlichen Afrika. In diesen

In der südwestafrikanischen Etoscha-Pfanne schauen Steppenzebras dem Zweikampf zwischen zwei Weißbartgnubullen zu. Die männlichen Gnus, die die Buren auch Wildebeests nennen, zeigen in der Brunftzeit ein ausgeprägtes Territorialverhalten. Wenn sie sich gegenseitig ihr Territorium streitig zu machen versuchen, gehen sie in ihrer ritualisierten Auseinandersetzung oft »in die Knie«.

Gebieten verschwinden die Gräser mehr oder weniger während der langen Trockenzeit, um in der Regenzeit wieder zu erscheinen. Die Pflanzendecke wird unterbrochen von trockenen Sandflächen, die immer größer werden, je mehr man sich der Wüste nähert.

Ein anderer Typ der Trockensavanne, der sich im allgemeinen an die halbwüstenartige Savanne anschließt, kommt im Norden im Sudan und im Osten teilweise in Somalia und Nordkenia sowie in Südwestafrika und in Botswana vor, desgleichen in der Kalahari im südlichen Teil des Kontinents. Wir haben es hier mit einer Mischung aus Hoch- und Kurzgräsern zu tun, die von Dornbäumen und -sträuchern durchsetzt sind.

Die vorherrschenden Bäume der Trockensavannen sind die Akazien. Im südlichen Afrika bilden *Acacia giraffae* sowie *A. haematoxylon* aride Parklandschaften. Im Norden findet man oft die hochwüchsige *A. tortilis*, einen Baum, der auch südlich des Äquators weit verbreitet ist.

Wo das Land verhältnismäßig viel Feuchtigkeit abbekommt, wird die Savanne grasreicher, wodurch ein anderer Vegetationsgürtel entsteht. Hier werden die Gräser einen Meter hoch, und die einzelstehenden Bäume werden zahlreicher. Grassavannen erstrecken sich südlich der Sahelzone, nördlich des Äquators und östlich des Weißen Nils quer über den Kontinent. Sie finden sich aber auch in Zaire und in Ostafrika sowie im Süden des Landes, in Südafrika und in Moçambique.

In vielen Teilen Afrikas, zumal am Rand des großen äquatorialen Regenwalds im Kongo-Becken, nehmen die Bäume so stark zu, daß man von einer Baumsavanne sprechen kann. Typisch für diese Landschaftsform ist die Savanne, die sich vom Norden Guineas in Westafrika bis zum Nordosten Zaires ausbreitet. Im Süden Afrikas bezeichnet man eine ausgedehnte Region dieses Typs als »Miombo« – ein afrikanischer Name für eine Mischung aus unterschiedlichen Pflanzenarten. Dieses Gebiet erstreckt sich vom Westen Angolas bis zum Indischen Ozean. Die Miombo-Baumsavannen bilden den größten geschlossenen Lebensraum in Afrika.

Der Mannigfaltigkeit der afrikanischen Savannenlandschaften entspricht eine verwirrende Vielfalt von Lebensformen. Jedoch sind vielen afrikanischen Steppenregionen optische und auch akustische Eindrücke gemeinsam, denen sie gleichermaßen ihre erregende Atmosphäre verdanken. Am Tage eröffnen die Savannen weite, freie Ausblicke, die oft den Blick auf zahlreiche Tiere freigeben. In der Nacht sind sie in ein geheimnisvolles Dunkel gehüllt, das aber keineswegs still ist. Viele Aktivitäten der Tiere gehen auch nach Einbruch der Dunkelheit weiter.

Die anpassungsfähigen Antilopen

Von der Sahelzone bis Südafrika, überall dort, wo die Umweltzerstörung noch nicht zu weit fortgeschritten ist, ändert sich die Zusammensetzung der steppenlebenden Huftiere nur geringfügig mit der geographischen Breite. Viele Antilopen können in verschiedenen Lebensräumen existieren. Die Schirrantilopen oder Buschböcke *(Tragelaphus scriptus)* beispielsweise bewohnen die meisten Wald- und Graslandschaften südlich der Sahara, ausgenommen die wirklich ariden Gebiete.
Andere Antilopenarten sind stärker spezialisiert, was ihren Lebensraum und ihre geographische Verbreitung angeht. Das gilt etwa für

1

1 Giraffen bewegen sich im Paßgang über die Steppe. Wenn die Tiere es eilig haben, heben sie häufig ein Beinpaar gleichzeitig vom Boden ab.

2 In der ebenen Steppe des Amboseli-Nationalparks in Kenia verharrt eine Steppenzebraherde im Abendlicht. Zebras gehen vor allem in der Nacht auf Nahrungssuche. Da sie sich dabei nicht gerade leise verhalten, können Beutegreifer sie aufspüren. Die Löwen sind ein Hauptfeind der Zebras.

3 Als wollten sie die Mannigfaltigkeit der afrikanischen Huftierfauna demonstrieren, finden sich ein Zebra, eine Giraffe und eine Pferdeantilope an der Tränke ein. Der sogenannte »Wettbewerbsausschluß« ist einer der Gründe dafür, daß die afrikanischen Graslandschaften so viele weidende und äsende Tiere beherbergen können. Der Begriff besagt, daß die verschiedenen Arten sich nicht ins Gehege kommen, weil sie sich in ihrer Ernährungsweise unterscheiden. Die Giraffe äst beispielsweise das Laub von den hohen Akazien und den anderen großen Bäumen ab, die sich über die Savanne verteilen. Die Pferdeantilope grast auf dem Boden. Die Zebras halten sich an Gräser, die zäher und derber sind als jene, welche von anderen Weidetieren bevorzugt werden.

2

3

1

1 Die Giraffe ist das höchste Tier der Welt; sie wird fast fünf Meter hoch. Die Gelbschnabel-Madenhacker (Buphagus africanus) auf dem Nacken und Rücken der Giraffe sind Vögel, die eine symbiotische Beziehung zu vielen Huftierarten unterhalten. Sie befreien die großen Tiere von Hautparasiten.

2 Ein junges Breitmaulnashorn ruht in der Savanne neben seiner Mutter. Diese Art, die manchmal auch als »weißes« Nashorn bezeichnet wird, verdankt ihren Namen dem breitlippigen Maul, das sich zum Abzupfen von kurzem Gras hervorragend eignet.

3 Ein Elefant bricht durch einen Akazienbestand im kenianischen Tsavo-Nationalpark. Die Tsavo-Elefanten nehmen Staubbäder in dem dort vorherrschenden roten Erdreich und sind deshalb bekannt für ihre rostrote Färbung.

2

die Moorantilope *(Kobus leche)*, die fast ausschließlich in Überschwemmungsgebieten heimisch ist, insbesondere am Kafue in Sambia. Tausendköpfige Herden dieser Antilopen schwärmen über die offene Flußebene aus und weiden das Gras ab. Sie waten aber auch in das Wasser, um die überfluteten Gräser abzuzupfen.

Eine andere Antilopenart, welche sumpfiges Grasland bevorzugt, ist die scheue Sumpfantilope *(Tragelaphus spekei)*, auch Sumpfbock, Sitatunga oder Wasserkudu genannt. In Gegenden, wo die Tiere ungestört sind, gehen sie auch tagsüber in der Savanne oder im Busch auf Nahrungssuche, doch sonst sind sie ausgesprochen nachtaktiv. Obwohl sie an Land weiden, sind sie hervorragend an die Sumpflandschaft angepaßt, in der sie sich am Tage versteckt halten. Die Sumpfantilope hat stark verlängerte Hufe, die sich wie Schneeschuhe auseinanderspreizen, wenn sie auf den treibenden Wasserpflanzenpolstern oder im Morast umherwandert. Wenn sie sich einer drohenden Gefahr entziehen will, flüchtet sie ins Wasser und taucht unter, so daß dann nur noch die Nasenspitze hervorschaut. Die Sumpfantilopen besiedeln ein großes Gebiet im mittleren Afrika.

Die Grasantilope

Ziemlich weit verbreitet ist auch die Gras- oder Kobantilope *(Adenota = Kobus kob)*. Sie bewohnt den nördlichen Steppengürtel sowie Gebiete südlich des Äquatorialwaldes. Die stattlichen Tiere – die Böcke wiegen durchschnittlich etwa 100 Kilogramm – haben eine gutproportionierte, anmutige Gestalt und ein prächtiges, rötlichbraun schimmerndes Fell. Die ausgewachsenen Männchen tragen

3

kräftige Hörner, die leierartig nach hinten und oben gerichtet sind.
Die Grasantilope ist erstaunlich unempfindlich gegen große Hitze. Sie sucht nur selten den Schatten auf, selbst nicht in den heißesten Tagesstunden, sondern grast auf offenem Gelände, wo die Bodentemperatur auf etwa 60° C ansteigt. Die Tiere sind sehr flink – eine nützliche Eigenschaft, denn in bestimmten Gegenden sind sie die Lieblingsbeute der Löwen. Sie können selbst in der Kurzgrassavanne hoch in die Luft springen, wahrscheinlich um einen besseren Überblick über die Umgebung zu gewinnen. In der Semliki-Steppe Ugandas und in der Kasenyi-Steppe Zaires zeigen die Böcke ein ausgesprochenes Territorialverhalten. Sie besetzen Reviere, die seit Jahrzehnten, vielleicht sogar seit Jahrhunderten ausgetreten sind. Diese eifrig gehüteten Plätze sind kreisförmig, haben einen Durchmesser von 30 bis 50 Meter und liegen dicht nebeneinander. In manchen Teilen der Savanne bilden Dutzende solcher Territorien ein 300 bis 500 Meter breites Gemeinschaftsrevier. Bis zu 13 derartige »Großterritorien« hat man in einem begrenzten Savannenareal entdecken können.
Die Weibchen ziehen in Herden um diese Plätze herum, und wenn eines paarungswillig ist, begibt es sich allein in das Territorium eines Bockes, wo vor der Begattung noch ein ritualisiertes Paarungsvorspiel erfolgt.
In der unmittelbaren Umgebung, in den Steppen südlich des Eduard-Sees in Zaire, kennen die dort heimischen großen Grasantilopen kein Territorialverhalten. Das hat seinen Grund vermutlich darin, daß diese Landschaft weiträumiger ist als die Semliki- und die Kasenyi-Steppe.
Wie die Grasantilope besiedeln auch viele andere Antilopenarten mannigfaltige Lebensräume in verschiedenen Teilen des Kontinents. Der Wasserbock *(Kobus ellipsiprymnus)*, ein naher Verwandter der

Das Weißbartgnu ist in weiten Gebieten des östlichen und südlichen Afrikas eine der häufigsten Antilopenarten. Bei einer drohenden Gefahr stürmen die Gnus in regelloser Flucht davon. Suchen sie der jahreszeitlich bedingten Dürre zu entkommen, wandern sie oft im »Gänsemarsch« und hinterlassen dabei auf dem Boden eine scharf ausgetretene Fährte. Viele Steppengebiete Ostafrikas sind von einem Netz solcher Fährten überzogen.

vorgenannten Art, kommt fast überall in Afrika südlich der Sahara vor. Das gleiche gilt für die bereits erwähnte Schirrantilope, die auch im Wald heimisch ist. Die verschiedenen Unterarten der Spießböcke oder Oryxantilopen *(Oryx gazella)* durchstreifen die afrikanischen Grasfluren von Norden bis Süden.

Die geselligen Zebras

An die Antilopenherden schließen sich häufig Zebras an. Wir unterscheiden drei Arten, das Grevyzebra *(Hippotigris grevyi)*, das Steppenzebra *(H. quagga)* und das Bergzebra *(H. zebra)*. Die erste Art ist selten geworden und bewohnt nur noch verstreute Gebiete in Ostafrika. Das Bergzebra ist ebenso selten und lebt in Restbeständen an wenigen Stellen Südafrikas, vor allem auf dem Kaokoland-Plateau im Südwesten. Das Steppenzebra hat mehrere Unterarten ausgebildet. Es ist noch häufig und weit verbreitet, vom Sudan bis Südafrika. Die wichtigsten Unterarten sind das Grant- und das Chapmanzebra. Eine weitere Unterart, das Burchellzebra, ist wahrscheinlich bereits ausgestorben.

Zebras sind sehr gesellige Tiere, die stets in Gruppen von 5 bis 15 Köpfen zusammenleben und sich jahreszeitlich bedingt oft zu großen Herden vereinen. In der Serengeti tun sich die Zebras meist mit den Gnus zusammen, aber sie weiden oft auch gemeinsam mit Giraffen, Elenantilopen, Kuhantilopen und anderen Arten. Gegen die Auswirkungen der Dürre sind sie ungewöhnlich unempfindlich: Sie fressen verdorrtes Gras und können selbst dort noch überleben, wo Rinder verhungern müssen. Ihr wichtigster natürlicher Feind ist der Löwe. Man hat vermutet, daß die Streifenzeichnung der Zebras den Tieren als Tarnung dient, weil sie ihre Körperumrisse auflöst. Doch andererseits werden Zebras hauptsächlich in der Nacht gerissen; dann können Raubtiere sie leicht aufspüren, weil sie sich durch ihre Freßgeräusche verraten.

Die großen Wanderherden

Viele afrikanische Huftiere unternehmen in den Steppen weite saisonale Wanderungen. In Ostafrika, wo Hunderttausende von Streifengnus *(Connochaetes taurinus)* bei Anbruch der Trocken- und Regenzeiten in der Serengeti hin und her ziehen, ist die Herdenwanderung ein spektakulärer Vorgang. Weiter nördlich sind die jahreszeit-

1 Alle Kraniche sind Bodenbrüter und legen in der Regel zwei Eier. Das Gelege kann aber auch nur ein Ei oder deren drei umfassen. Die Eier des hier abgebildeten Kronenkranichs sind grün oder blau, die der anderen Kranicharten dagegen schmutzigweiß oder braun.

2 Der mehr als ein Meter lange bodenlebende Hornrabe (Bucorvus leadbeateri) ist der größte Vertreter der verschiedenen afrikanischen Nashornvogelarten. Das Männchen hat eine nackte rote Kehlhaut, während die Kehle des Weibchens rot oder blau sein kann. Bei der Balz schwillt die Kehle des Männchens an.

3 In der Savanne stehend, läßt der Rotschnabeltoko (Tockus erythrorhynchus) sein monotones »wot-wot-wot-wot« ertönen. Im trockenen Buschland, etwa im südöstlichen Kenia, kann man den Ruf dieses häufigen Vogels den ganzen Tag lang hören.

4 Der Gelbschnabeltoko (Tockus flavirostris) ist eine andere Nashornvogelart, die im trockenen Busch häufig vorkommt. Die meisten Nashornvögel zeigen ein ungewöhnliches Brutverhalten. Das Weibchen erbrütet das Gelege in einer Baumhöhle, die bis auf einen kleinen Schlitz »zugemauert« wird, durch den das Männchen seine Partnerin und die Nachkommen füttert.

5 Die Kuhantilopen sind bekannt für ihre springende Fortbewegungsweise und ihre große Ausdauer. Die Buren nannten die Kuhantilopen deshalb »Hartebeest«, was soviel wie »zähes Tier« bedeutet.

6 Das Kleindikdik (Madoqua swaynei) ist kaum größer als ein Hase. Die nachtaktiven Dikdiks oder Windspielantilopen bewohnen Gebiete, in denen ihnen dichtes Gras und Buschwerk genügend Deckung bieten.

lich bedingten Wanderbewegungen der Huftiere weniger auffällig, und es beteiligen sich an ihnen nicht so gewaltige Tiermassen wie in den ostafrikanischen Steppen. Die Antilopen verbringen sehr viel Zeit mit Äsen, so daß man nur selten Gelegenheit hat zu beobachten, daß die Tiere tatsächlich ihre Weidegründe wechseln. Während der Wanderschaft treten Rotstirngazellen *(Gazella rufifrons)*, Wasserböcke *(Kobus ellipsiprymnus)*, Pferdeantilopen *(Hippotragus equinus)*, Elenantilopen *(Tragelaphus oryx)* und Kuhantilopen *(Alcelaphus buselaphus)* gewöhnlich in Herden auf, während die meisten anderen Antilopenarten in kleineren Gruppen oder einzeln umherziehen. Die Leierantilopen oder Topis *(Da-*

1

2

4

3

5

6

maliscus lunatus) können sich zu tausendköpfigen Herden zusammenschließen und wandern oft zusammen mit Kuhantilopen, gelegentlich auch mit Grasantilopen und Büffeln.

Die mächtigen Büffel und Flußpferde

Weitgehend dieselben Biotope wie die Steppenantilopen, allerdings auch den Wald, bewohnt der mächtige Kaffernbüffel *(Syncerus caffer)*. Die Savannenbüffel werden größer als ihre waldlebenden Verwandten; die Bullen erreichen ein Gewicht von 800 Kilogramm. Der Kaffernbüffel steht in dem Ruf, das gefährlichste Großwild Afrikas zu sein, das sehr schnell angreift.

Die Flußpferde *(Hippopotamus amphibius)* spielen eine ökologische Schlüsselrolle in der Savannenlandschaft rings um den Eduard-See. Dort sind sie am zahlreichsten vertreten. In der Nacht grasen sie in der Steppe, wo ihre Hauptnahrung das Hirsegras *Panicum repens* ist, eine ziemlich kurzwüchsige Art, die diese intensive Beweidung gut überdauert. Die Flußpferde benutzen stets dieselben Wechsel zwischen dem Seeufer und ihren Weideplätzen, und so kommt es, daß keine größeren Grasflächen zertrampelt werden. Jedes Tier verzehrt in 24 Stunden 40 bis 60 Kilogramm Gras.

Die Flußpferde verbringen den Tag im See und in dessen Zuflüssen, und dort fördern sie mit ihren Exkrementen den Algenwuchs. Die Algen und das dazugehörige Zooplankton dient wiederum mehreren Buntbarscharten als Nahrung.

Diese Fische, die im Eduard-See sehr zahlreich vorhanden sind, laichen mehrmals im Jahre ab und versorgen dadurch die größeren Raubfische mit Nahrung. Gleichzeitig bilden sie die Basis einer florierenden Fischindustrie. Im Laufe vieler Jahre haben die Flußpferde das Ufer des Eduard-Sees über weite Strecken mit dicken Polstern aus halbflüssigem Kot bedeckt. Algen und weitere mikroskopisch kleine Pflanzen, die als Fischnahrung wichtig sind, gedeihen hier üppig, desgleichen viele andere Organismen, von der sich die reiche Vogelfauna rings um den See ernährt. Das Flußpferd erfüllt somit eine entscheidende Funktion innerhalb dieser ungemein fruchtbaren Lebensgemeinschaft.

Spitzmaul- und Breitmaulnashörner

Ein weiteres Savannentier, das durch seine Körpergröße beeindruckt, ist das Nashorn. Sowohl das Spitzmaulnashorn *(Diceros bicornis)* als auch das Breitmaulnashorn *(Ceratotherium simum)*, volkstümlich auch als Schwarzes beziehungsweise Weißes Nashorn bezeichnet, sind in den meisten Vorkommensgebieten immer seltener geworden. Das Breitmaulnashorn wird in südafrikanischen Reservaten erfolgreich gezüchtet und ist dort so häufig geworden, daß man die Tiere zu Dutzenden an zoologische Gärten liefern kann. Wo die beiden Arten in freier Wildbahn zusammen leben, was wegen ihrer Seltenheit kaum noch vorkommt, machen sie einander keine Konkurrenz. Das Spitzmaulnashorn ist ein Äser, der Blätter, Knospen und Zweige von Sträuchern, Büschen und kleineren Bäumen abzupft, während das Breitmaulnashorn ein Weidetier ist, das sich von Gras ernährt. Beide sehen einander sehr ähnlich, aber das Spitzmaulnashorn hat, wie schon der Name sagt, eine schmale Schnauze mit einer vorstehenden, leicht hakenförmi-

gen Oberlippe, die fast wie ein Miniaturrüssel als Greiforgan dient. Das breite Maul der anderen Art ist dagegen an die Grasnahrung angepaßt.
In ihrem Temperament sind jedoch die beiden Nashornarten völlig verschieden. Das Spitzmaul greift meist sofort an, wenn es sich bedroht fühlt. Das Breitmaul ist ruhig, weniger mißtrauisch und läßt oft Menschen nahe an sich herankommen. Seine Zutraulichkeit ist eine der Ursachen für seinen rapiden Rückgang in ganz Afrika. Die beiden Nashornarten sind ein Musterbeispiel dafür, daß nahverwandte Tiere durch Spezialisierung auf verschiedene Pflanzentypen einen »Nahrungswettbewerb« vermeiden können.

Der Elefant

Das eindrucksvollste Steppentier des Schwarzen Kontinents ist der Afrikanische Elefant *(Loxodonta africana).* In der Savannenlandschaft schreiten die Elefanten gemächlich zwischen den Akaziendickichten und hohen Grasbüschen einher. Sie kennen augenscheinlich keine Furcht, und Alttiere haben nur einen Feind, den Menschen.
In den Steppen im östlichen Kivu in Zaire kann man die Dickhäuter fast ständig beobachten und ihren Tagesablauf verfolgen. Etwa drei Stunden vor Sonnenaufgang beginnt die Herde mit der Nahrungssuche, die bis 10 oder 11 Uhr vormittags andauert. Dann wird es so heiß, daß die Tiere den Schatten aufsuchen. Sie stehen ruhig, dösend oder schlafend, unter Bäumen oder begeben sich zu einem Sumpf, einem Fluß oder See, wo sie trinken und Schlamm- oder Staubbäder nehmen. Nach der Mittagsruhe fressen sie fast ununterbrochen bis Mitternacht. Dann schlafen sie. Bei der Nahrungssuche legen sie große Entfernungen zurück, und sie verzehren bis zu 150 Kilogramm Pflanzenkost pro Tag.
Die Einwirkungen der Elefanten auf die Vegetation können ganz beträchtlich sein. Abgesehen vom Menschen gibt es in Afrika kein anderes Lebewesen, das einen Lebensraum oder eine Landschaft so nachhaltig verändern könnte.
Wenn die Dickhäuter ihren Lebensraum zerstört haben, sind sie nicht selten verloren, falls es ihnen nicht gelingt, in ein neues Areal überzuwechseln.
Sowohl die einzeln lebenden Elefanten als auch die Herden sind vielfach standorttreu. Wir konnten beispielsweise bestimmte Elefanten wochenlang im selben Savannenabschnitt beobachten. Andere Herden schienen eher nomadisch zu leben und wanderten weite Strecken über die Steppe und in die nahen Tiefland- und Bergwälder. Manchmal zogen Herden von 200 Tieren im Gänsemarsch durch die Savanne.
Große Herden bestehen aus Kühen aller Altersstufen – von neugeborenen Kälbern bis zu 10 bis 14 Jahre alten Tieren. Eine solche Herde wird angeführt von einer erfahrenen alten Kuh. Sie trägt eine große Verantwortung. Wird sie getötet, ist die Herde hilflos und wie gelähmt. Die Familienbeziehungen spielen eine wichtige Rolle. Junge Waisenkinder werden von fremden Kühen betreut, die stets ein ausgesprochen mütterliches Verhalten an den Tag legen. Kleinere Herden setzen sich aus mindestens 15jährigen Bullen zusammen, doch diese Verbände sind ziemlich locker und bleiben nur vorübergehend zusammen. Bei den Einzelgängern handelt es sich fast immer um Bullen. Sie suchen

1

2

3

4

1 Die Steinantilope (Raphicerus campestris), auch Steinböckchen genannt, zählt zu den kleineren afrikanischen Antilopenarten. Sie ernährt sich von Baum- oder Strauchlaub und von Gräsern. Steinantilopen suchen vor Feinden manchmal Schutz in Erdferkelbauen.

2 Ein Bleichböckchen- oder Oribiweibchen (Ourebia ourebi) verhofft. Diese Art ist fast überall in Afrika in baumlosen Steppen verbreitet, meist in der Nähe von Wasser. Sie leben paarweise, meist in Begleitung des letztgeborenen Jungen.

3 Diese weibliche Giraffengazelle (Litocranius walleri), die im Unterholz ruht, zeigt ihren langen Hals, mit dem sie hohes Baum- oder Strauchlaub zu erreichen vermag. Beim Äsen stellt sich die Giraffengazelle meist auf die Hinterläufe und stützt die Vorderhufe gegen die Zweige.

4 Eine der bekanntesten afrikanischen Antilopenarten, die Gras- oder Kobantilope, bildet Rudel von bisweilen 100 Tieren. Diese Antilopen sind nicht scheu, sie sind zudem in der Landschaft deutlich sichtbar, und sie suchen auch in der Hitze des Tages keinen Unterstand auf.

5 An einer Wasserstelle begegnet eine Thomsongazelle einer Riesentrappe. Diese Gazelle, der man in Ostafrika am häufigsten begegnet, ist eine Lieblingsbeute der Geparde. Wie die anderen Trappen hält sich auch die Riesentrappe am liebsten auf dem Boden auf, obwohl sie ausgezeichnet fliegen kann.

nur in der Fortpflanzungszeit die Gesellschaft der weiblichen Tiere. Elefanten beiderlei Geschlechts wachsen bis zum Lebensende weiter. Dieses Ende ist mit rund 60 Jahren erreicht und wird bestimmt durch den Zustand des Gebisses.

Warzenschweine und Stachelschweine

Am anderen Ende der Säugetier-Größenskala befinden sich verschiedene kleinere Säuger, die nicht zur Gruppe der Raubtiere gehören. Eines dieser Tiere, das überall vertreten ist, ist das Warzenschwein *(Phacochoerus aethiopicus).* Es verzehrt Gras und gräbt Wurzeln, Knollen und andere unterirdische Pflanzenteile aus. Wenn es grast, bewegt es sich oft geschickt auf den Gelenken der Vorderhaxen fort. Warzenschweine benutzen vielfach von Erdferkeln gegrabene Baue, in denen sie gelegentlich eine

5

1

2

3

4

1 Die Klippspringer (Oreotragus oreotragus) besiedeln Felskuppen, Hügel und Lavaflächen, die in den afrikanischen Steppen überall vorhanden sind. Wie die Steinantilopen und die Bleichböckchen gehören die Klippspringer zu den »Kleinantilopen«. Sie wiegen nur etwa 15 Kilogramm und haben eine Widerristhöhe von ungefähr 55 Zentimeter.

2 Die Spießböcke oder Oryxantilopen (Oryx gazella) bewohnen die trockenen, fast wüstenhaften Steppenregionen Südafrikas, wo sie als »Gemsbock« bezeichnet werden. Sie kommen ohne freies Wasser aus und decken ihren Feuchtigkeitsbedarf mit Gräsern und Bodenfrüchten. Unterarten sind im Osten und Norden Afrikas sowie auf der Arabischen Halbinsel verbreitet.

Nacht oder auch mehrere Nächte hintereinander zubringen. Sie schlüpfen immer im »Rückwärtsgang« in den Bau, um einem Überraschungsangriff von hinten vorzubeugen.

Wird ein Warzenschwein in die Enge getrieben, weiß es sich mit seinen langen Eckzähnen sehr gut zu verteidigen, doch im allgemeinen entzieht es sich seinen Feinden lieber durch die Flucht. Warzenschweine leben in Familiengruppen, zu denen manchmal die Jungtiere aus den jeweils letzten beiden Würfen gehören. Die Frischlinge sind von Raubtieren, Adlern und Pythonschlangen stark bedroht. Wenn ein Jungtier angegriffen wird und nicht mehr fliehen kann, nehmen die Eltern, um es zu schützen, sogar den Kampf mit einem Löwen, einem Leoparden und einem Hyänen- oder Hyänenhundrudel auf.

Ein großes Steppennagetier ist das Stachelschwein, das in zwei Arten der Gattung *Hystrix* auftritt und unter den Nagetieren des Kontinents den Größenrekord hält. In der Nacht sucht es den Boden nach Nahrung ab. Wenn es beunruhigt wird, nimmt es mit rasselnden Stacheln schnell Reißaus. Wird es jedoch von einem Raubtier angegriffen, stellt es seine Stacheln auf und geht rückwärts schreitend zum Gegenangriff über, wobei es seine spitzen Waffen auf den Gegner richtet. Sobald die Stacheln im Fleisch des Widersachers haften, lösen sie sich vom Körper des Stachelschweins. Durch die Bewegungen des Opfers dringen sie immer tiefer ein, und sie können schließlich sogar für eine große Katze den Tod bedeuten.

Die großen Katzen

Überall, wo Weidetiere, Nager und Verwandte die Steppenlandschaft bevölkern, sind auch jene Tiere zu Hause, die ihnen nachstellen, vor allem Raubtiere wie die Katzen. Eine dieser Katzen ist der mittelgroße Karakal oder Wüstenluchs *(Caracal caracal)*, der vornehmlich die trockeneren Savannengebiete des Nordens bewohnt. Ein jagender Karakal erbeutet größere und kleine Säugetiere und Reptilien durch Anpirschen und Blitzspurt, und er kann aus dem Stand hoch in die Luft springen, um niedrig fliegende Vögel zu schnappen. Vögel scheinen überhaupt eine Standardbeute dieser akrobatischen Katze zu sein.

Die wohl berühmteste afrikanische Katze ist natürlich der Löwe *(Panthera leo)*. Er fällt insofern etwas aus dem Rahmen, als er sehr gesellig ist – ein Wesenszug, der bei Feliden sonst ungewöhnlich ist.

Die Sozialstruktur der Löwen ist variabel: Sie leben in Rudeln, die bis zu 45 Einzeltiere umfassen können. Es kommt allerdings auch vor, daß sich mehrere Rudel vorübergehend vereinigen und somit weit größere Verbände bilden. In der Regel besteht ein Rudel aus mehreren ausgewachsenen Männchen und Weibchen sowie Jungtieren verschiedenen Alters. Aber auch Einzelgänger sind nicht selten. Trächtige Löwinnen ziehen sich aus der Gruppe zurück, um allein zu gebären und die Jungen in den ersten Wochen zu betreuen. Dann schließen sich die Mütter wieder dem Rudel an, und die Jungen bleiben bei ihrer Mutter, bis sie etwa anderthalb Jahre alt sind.

Solange Löwen nicht jagen, haben ihre Beutetiere, etwa Büffel oder Antilopen, keinerlei Angst vor ihnen. Sie grasen dicht neben den ruhenden oder nahe vorüberziehenden Räubern. Auf ihren Streifzügen legen die Löwen oft über 30 Kilo-

5

6

3 Ein Impalabock (Aepyceros melampus) beschnuppert ein Weibchen. Ein einzelner Bock versucht, innerhalb seines Territoriums einen Harem aus mehreren weiblichen Tieren um sich zu scharen. Die meisten Harems bestehen aus weniger als 20 Weibchen, doch die Zahl kann auch ein Mehrfaches davon betragen. Impalas bevorzugen Savannen mit lockerem Busch- oder Baumbestand.

4 Die sehr häufigen Thomsongazellen sind ausgesprochene Steppenbewohner, die sogar das Hochgras und den Busch meiden und sich lieber im Kurzgras aufhalten. Bevor dieses Weibchen auf Nahrungssuche geht, leckt es sein Neugeborenes sauber, um jede Witterung zu beseitigen. Das Kleine hält sich dann im Gras verborgen.

5–7 Eine junge Thomsongazelle, die ein Gepard aufgespürt hat, rennt um ihr Leben. Die Katze ist jedoch schneller als jedes andere Landtier, denn sie erreicht Spitzengeschwindigkeiten von mehr als 100 km/h. Der Gepard schleicht sich so nahe wie möglich an seine Beute heran und nimmt dann blitzschnell die Verfolgung auf. Er verbraucht seine Energie allerdings sehr bald, und wenn es einer Gazelle gelingt, den Geparden durch Kehrtwendungen und Hakenschlägen zu erschöpfen, kann sie mit dem Leben davonkommen.
Eine junge Gazelle hat freilich kaum eine Chance. Sobald der Gepard sie eingeholt hat, versetzt er ihr einen Prankenhieb und tötet sie dann mit einem Kehlbiß. Nach erfolgreicher Jagd schleppt der Gepard sein Opfer davon.

7

meter in einer Nacht zurück. Weibchen aus verschiedenen Rudeln tun sich oft zusammen und jagen in derselben Gegend. In manchen Gebieten Afrikas mit großem Löwenbestand scheint es eine Art Rotationssystem in den Standorten zu geben: In einem bestimmten Areal folgt ein Rudel dem anderen in einem Abstand von ein bis zwei Tagen.
Löwen versuchen ihre Beute in einem Überraschungsangriff zu überwältigen. Sie schleichen sich vorsichtig im hohen Gras an, so nahe wie möglich, und stürzen sich dann auf ihr Opfer. Die Löwinnen sind zwar sehr schnell, geben aber auf, wenn sie ein flüchtiges Beutetier nicht auf den ersten 50 bis 70 Metern eingeholt haben. Wenn mehrere Löwen gleichzeitig jagen, verteilen sie sich so im Gelände, daß ein Löwe die Beute seinen Artgenossen zutreiben kann. Kleinere Tiere werden mit einem Hieb der Vorderpranke oder mit den zupakkenden Kiefern getötet. Einem großen Beutetier springt der Löwe auf den Rücken; und er tötet es, indem er ihm mit den kräftigen Pranken das Genick oder die Wirbelsäule bricht oder das Genick durchbeißt.
Der Gepard *(Acinonyx jubatus)* bedient sich einer ganz anderen Jagdmethode. Er sucht sich ein bestimmtes Tier in einer Antilopenherde aus und schleicht sich in geduckter Haltung so nah wie möglich an die Beute heran. Dann beschleunigt er in wenigen Sekunden auf 75 oder gar 110 Stundenkilometer, um sein Opfer zu hetzen. Der schlanke Körper des Geparden wird dabei von den langen Hinterläufen durch die Luft katapultiert, die so weit nach vorne ausgreifen, daß sie ein gutes Stück vor den Vorderbeinen auftreffen. Wenn es dem Geparden nicht gelingt, seine Beute innerhalb von etwa 800 Metern zu erreichen, gibt er die Jagd auf, denn er ist ein Kurzstreckensprinter, während Gazellen und andere Antilopen große Entfernungen mit Höchstgeschwindigkeit zurücklegen können.

Die Rudeljäger

Im Unterschied zu den Geparden jagen die Hyänenhunde *(Lycaon pictus)* in Rudeln. Jedes Rudelmitglied hat eine spezielle Aufgabe zu erfüllen, und alle zusammen zeigen eine perfekte Teamarbeit, vor allem wenn es um die Verfolgung der Beute geht – oft ein schwächliches oder junges Tier. Die Hyänenhunde stehen in dem Ruf, besonders blutgierig zu sein und überall dort, wo sie auftauchen, Angst und Schrecken unter den Weidetieren zu verbreiten. Dieses Verdikt haben sie nicht verdient. Häufig kann man ruhende, spielende oder fressende Hyänenhunde sehen, neben denen, nur 15 bis 30 Meter entfernt, Zebras, Gnus oder Antilopen friedlich grasen. Nur wenn sie auf der Jagd sind, werden sie zum Schrecken der Huftiere, die ganz genau wissen, was die Räuber im Sinn haben.
Ein anderer Rudeljäger, der freilich erst in den letzten Jahren als solcher erkannt wurde, ist die Flecken- oder Tüpfelhyäne *(Crocuta crocuta)*. Beobachtungen in der Serengeti und im Ngorongoro-Krater haben den Beweis erbracht, daß die Hyäne selbst Großtiere wie Gnus und Zebras reißt.
Hyänenrudel weisen eine strenge hierarchische Struktur auf und werden oft von einem dominanten Weibchen angeführt. Die Rudelangehörigen verhalten sich zueinander sehr loyal und verteidigen die Nachkommen mit großem Mut. Selbstverständlich vertilgt die Fleckenhyäne auch Kadaver, aber sie

ist keineswegs ausschließlich ein Aasfresser. Übrigens kommt es sogar häufig vor, daß Löwen an einem Hyänenriß schmarotzen.
Die anderen afrikanischen Hyänenarten sind nicht so aktive Jäger. Die Braune oder Schabrackenhyäne *(Hyaena brunnea)*, einst weit verbreitet im südlichen Afrika, schlägt zuweilen kleine Antilopen, hält sich jedoch vielfach an Aas. Sie sucht selbst die Strände nach toten Meerestieren ab. Die Streifenhyäne *(H. hyaena)* reißt nur dann kleinere Tiere, wenn sie kein Aas findet.

Das einzigartige Erdferkel

Eine der merkwürdigsten Tiergestalten Afrikas bewohnt die trockeneren Savannenregionen, läßt sich allerdings recht selten blicken, weil sie nur im Dunkel der Nacht munter ist. Gemeint ist das Erdferkel *(Orycteropus afer)*, das eine ganze Ordnung (Röhrenzähner oder *Tubulidentata*) repräsentiert. Dieses plumpe, bis zu 80 Kilo schwere Geschöpf besitzt eine lange röhrenförmige Nase mit einer schweineähnlichen Schnauze, lange Ohren, kräftige Beine und einen muskulösen Schwanz und ist sowohl anatomisch als auch ökologisch hochspezialisiert. Seine Zähne sind klein, und wenn die vorderen abgenutzt sind und ausfallen, schieben sich von hinten neue nach.
Das Erdferkel ist ein starker Wühler, der tiefe Baue gräbt, und seine graubraune Schwarte ist oft vollkommen rot verfärbt durch die Lateriterde, in der es sich grabend betätigt. Mit den großen Vorderfußklauen kann es selbst die betonharten Termitenbauten aufreißen. Diese Grabwerkzeuge sind für das Tier lebensnotwendig, denn es ernährt sich hauptsächlich von Termiten und Ameisen, nimmt allerdings gelegentlich auch Pflanzenkost zu sich. Nachdem das Erdferkel einen Termitenbau geöffnet hat, führt es seine lange, klebrige, fast schlangenförmige Zunge in den Bau ein und zieht sie dann mit den anhaftenden Insekten wieder zurück.
Ein nahrungsuchendes Erdferkel reißt nur ein einziges Loch in den Termitenbau und geht dann zum

Ein Leopard hat eine Antilope gerissen und auf einen Baum geschleppt. Leoparden sind einsame Jäger von ungewöhnlicher Kraft und Meister im Anschleichen. Sie durchstreifen sowohl die Steppen als auch die Wälder und wagen sich sogar hoch in die Berge und in größere Städte vor.

nächsten über. Auf diese Weise legt es in einer Nacht oft 15 Kilometer zurück. Die Termitennester werden durch den Eingriff nicht zerstört.

Die lebhaften Paviane

Zu den faszinierendsten Bewohnern der Savanne zählen die Paviane. Am weitesten verbreitet ist der Grüne oder Anubispavian *(Papio anubis)*, der in einem Savannengürtel, welcher sich vorwiegend nördlich des Äquators ausdehnt, fast über die ganze Breite des Kontinents vorkommt.

Paviane leben in Horden, die etwa 100 Tiere umfassen, und sind sehr anpassungsfähig; sie fühlen sich sogar in Kulturlandschaften wohl. Ihre Nahrung, in der Hauptsache Insekten und allerlei Pflanzenstoffe, finden sie vor allem am Boden. Eine Pavianhorde ist streng hierarchisch aufgebaut und wird geführt von einer »Junta« aus dominanten Männchen. Diese ranghohen Männchen verteidigen ihre Horde sehr beherzt gegen angreifende Raubtiere. Da die Affen am Tag ungefähr 1,5 bis 2 Kilometer weit umherschweifen, stoßen sie oft auf andere Tiere. Im allgemeinen ignorieren die Paviane fremde Säugetiere, doch ausnahmsweise jagen und töten sie sogar ein Gazellenkitz oder eine junge Meerkatze. Gewöhnlich machen sie sich jedoch nicht viel aus Fleisch. Die meiste Zeit verbringen sie mit Fressen, Körperpflege und Schlafen. Die gegenseitige Körperpflege, die irrtümlich als »Lausen« bezeichnet wird, erfüllt eine wichtige soziale Funktion, die den Zusammenhalt der Gruppe festigt.

Eine vielgestaltige Vogelwelt

Die eindrucksvolle Fülle der afrikanischen Säugetierfauna läßt oft vergessen, daß die Savannen auch ein reiches Vogelleben beherbergen. Myriaden von Vögeln ernähren sich von den Sämereien und Insekten der Graslandschaften oder machen Jagd auf andere Vögel, auf Reptilien und Nagetiere und gelegentlich sogar auf kleine oder junge Antilopen. In keinem anderen Teil der Erde sind so viele Greifvogelarten zu Hause. Oft wimmelt es am Himmel förmlich von Adlern, Falken und Geiern.

Kreisende Geier können andere Geier ausmachen, die in großer Entfernung auf einen Tierkadaver niedergehen. In kurzer Zeit haben sich dann manchmal Hunderte von Geiern aus sechs verschiedenen Ar-

1 Früher galt der Gepard als Einzelgänger, doch neuere Forschungen haben gezeigt, daß er recht gesellig sein kann. Man hat Rudel mit mehr als einem Dutzend Geparden beobachtet, und die Weibchen bleiben oft noch lange mit ihren bereits ausgewachsenen Jungen zusammen.

2 Eine geschmeidige Tigerginsterkatze (Genetta tigrina) hat ein Haubenperlhuhn getötet und sich mit ihrer Beute auf einen Baum verzogen. Die Ginsterkatze weist mehrere katzenartige Merkmale auf, unter anderem zurückziehbare Krallen, gehört jedoch nicht zu den echten Katzen, sondern zu einer eigenen Familie, den Schleichkatzen, die unter anderem auch die Frettkatzen und Mungos umfaßt. Die Tigerginsterkatze ist südlich der Sahara fast überall in Wäldern und Buschsteppen vertreten.

3 Im Norden Kenias sondiert ein Geierperlhuhn (Acryllium vulturinum) die Buschlandschaft. Diese in der Trockensteppe heimischen Perlhühner machen starke Bestandsschwankungen durch. Manchmal sind sie selten, während sie zu anderen Zeiten extrem häufig vorkommen.

ten um das Aas versammelt. Es entspinnt sich ein hektisches Gerangel, weil jeder Vogel dem anderen das Futter streitig zu machen versucht. Jede Art wendet jedoch eine eigene Technik an, um an die verschiedenen Körperteile des Kadavers heranzukommen.

Nicht alle Geier sind imstande, die feste Haut eines toten Tieres aufzureißen, doch sobald ein Raubtier seine Beute geschlagen hat, können die Geier sich an ihm gütlich tun, wenn es ihnen gelingt, sich dem Riß zu nähern. Sie fangen zunächst bei den Augen, dem fleischigen Maul und der Afterpartie an. Nur mit großer Anstrengung können etwa Wollkopfgeier *(Trigonoceps occipitalis)* und Ohrengeier *(Torgos tracheliotus)* die Decke der Tierleiche öffnen. Wenn das geschehen ist, kommen auch die anderen Geier zu ihrem Recht.

Die Zwerggänsegeier *(Pseudogyps africanus)* sind beinahe immer in der Mehrheit. Dank ihrem langen unbefiederten Hals können sie Fleischfetzen aus dem Inneren des Kadavers herausreißen. Der Sperbergeier *(Gyps rueppelli)* geht auf die gleiche Weise vor, ist aber längst nicht so häufig. Da diese beiden »Ausweider« zu den kräftigsten und schwersten Geiern gehören, schaffen sie es, sich große Stücke anzueignen. Die beiden kleinsten Geierarten, Kappengeier *(Necro-*

1

2

3

syrtes monachus) und Schmutzgeier *(Neophron percnopterus)*, machen sich schließlich über die kleineren Brocken her oder nagen das Fleisch von den Knochen ab.

Wenn Löwen am Riß sind, müssen alle Geier so lange warten, bis die Raubkatzen ihre Mahlzeit beendet haben, aber oft fressen sie gemeinsam mit Hyänen, Schakalen und Marabus.

Der grotesk wirkende Marabu *(Leptoptilus crumeniferus)* lebt freilich nicht nur von Aas, sondern stellt auch allen möglichen Kleintieren nach, die er mit seinem riesigen Schnabel packen kann. Die Marabus ruhen des Nachts meist auf Bäumen, tagsüber kreisen sie in der Luft oder stehen auf dem Boden herum.

Bodenvögel sind neben den baumlebenden Arten in den Savannen zahlreich vertreten. Von ihnen bekommt man am ehesten die Sekretäre *(Sagittarius serpentarius)*, die verschiedenen Perlhuhnarten, die Trappen und natürlich die Strauße zu Gesicht. Der Sekretär, ein echter Greifvogel, ist ungefähr einen Meter hoch und stelzt auf seinen sehr langen Beinen umher. Seinen Namen hat er von den Haubenfedern, die hinten am Kopf hervorragen wie der Federkiel hinter dem Ohr eines Schreibers von Anno dazumal. Die Sekretäre wandern auf der Suche nach Nahrung kilometerweit durch das Steppengras. Hin und wieder stampfen sie auf, um eine Maus aufzuschrecken. Aber berühmt geworden ist der Sekretär als geschickter Schlangentöter. Er erbeutet sogar zwei Meter lange Schlangen, die er mit kräftigen Fußtritten traktiert, während er seine Schwingen wie einen Schild

1 Eine Löwenhochzeit. Der Rudelführer und seine »Assistenten« haben das Recht, alle paarungsbereiten Weibchen im Rudel zu begatten.

2 In der Serengeti tun sich Hyänenhunde an einer Grantgazelle gütlich. Hyänenhunde bilden Rudel, die manchmal nur aus einem halben Dutzend Tieren bestehen, aber auch bis zu 40 Individuen umfassen können. Wie die Wölfe wenden sie eine hochentwickelte Jagdtechnik an. Sie wechseln sich ab, um ihre Beute zu ermüden, und versuchen sie durch Täuschungsmanöver zu überlisten.

3 Das Heulen der Schabrackenschakale ist in der offenen Steppe und im Busch weit zu hören. Schakale sind Aasfresser, aber sie reißen auch kleinere Tiere, etwa Vögel und manchmal sogar Antilopen.

4 Eine Flecken- oder Tüpfelhyäne durchquert die Savannenlandschaft. Die Hyänen galten lange Zeit als reine Aasvertilger, aber neuere Untersuchungen haben gezeigt, daß sie auch hervorragende Jäger sind, die oft im Rudel angreifen und sogar große Beutetiere wie beispielsweise Zebras und Gnus überwältigen können.

ausbreitet, um die Gegenattacken des Reptils abzuwehren. Manchmal entwickelt sich ein regelrechter Kampf, aber der Vogel trägt dank seinen flinken tänzerischen Bewegungen meist den Sieg davon.

Der Strauß und andere Bodenvögel

Der Strauß *(Struthio camelus)*, der größte Vogel, kann eine Höhe von 3 Metern und ein Gewicht von 150 Kilogramm erreichen und bewohnt die offenen Savannenlandschaften ganz Afrikas. Er ist flugunfähig, aber seine langen, kraftvollen Beine können tödliche Schläge austeilen und befähigen den Vogel zu einer Höchstgeschwindigkeit von etwa 70 km/h. Mit Hilfe seiner ungewöhnlich scharfen Augen kann er Feinde schon in großer Entfernung entdecken.

Strauße leben gewöhnlich in kleinen Gruppen, in Paaren oder auch allein. Häufig schließen sie sich an Antilopen- und Zebraherden an. In solchen gemischten Verbänden übernehmen die Strauße vielfach die Rolle eines Wachtpostens, denn sie können Gefahren früher erkennen als alle anderen Tiere, mit Ausnahme der Giraffen. Wie ihre Gefährten ernähren sich die Strauße von Pflanzenkost.

Sie sind polygam, und die Hähne paaren sich mit drei oder vier Hen-

1

2

4

3

nen. Der Hahn wählt den Nistplatz und scharrt eine flache Mulde aus, in die alle seine Hennen ihre Eier ablegen. Solche Gemeinschaftsgelege enthalten 12 bis 20 Eier, doch man hat auch schon rund 100 Eier in einem einzigen Nest gefunden, von denen jedes etwa 1,5 Kilogramm wog. Nur eine Henne besorgt das Brutgeschäft, während die anderen Weibchen von dannen ziehen. Der Hahn bleibt bei der Haupthenne, verteidigt das Nest und bebrütet die Eier in der Nacht.

Diese Arbeitsteilung ist sehr praktisch, denn die unscheinbar braun gefärbte Henne ist bei Tage besser getarnt als der vorwiegend schwarz befiederte Hahn. Wenn sich ihr ein Mensch oder eine Hyäne nähert, versucht sie sich möglichst unsichtbar zu machen, indem sie den langen Hals flach auf dem Boden ausstreckt. Wenn jedoch Elefanten-, Antilopen- oder Zebraherden auftauchen, schlägt die Henne heftig mit den Flügeln, bewegt sich im Kreis und bemüht sich mit allen Mitteln, sich bemerkbar zu machen. Auf diese Weise veranlaßt sie die Vierfüßer, einen Umweg um das Nest zu machen. Straußeneier werden gleichwohl von manchen Säugetieren und Vögeln erbeutet. Hyänen können die harten Eischalen mühelos zermalmen.

Weitere auffällige Bodenvögel der Savanne sind unter anderem die Hornraben *(Bucorvus abyssinicus* und *B. cafer)*, die Schwarzflügeltrappe *(Neotis denhami)*, der Klunkerkranich *(Bugeranus carunculatus)*, der Karminspint *(Merops nubicoides)*, der Weißstirn-Rotkehlspint *(Melittophagus bullockoides)* und das Helmperlhuhn *(Numida meleagris)*. In Afrika überwinternde Schafstelzen *(Motacilla flava)* bevölkern praktisch alle tropischen Kurzgrasgebiete, vom Parkrasen und Flughafengelände bis zum Grasland und zur Baumsavanne. Wie die Kuhreiher werden diese Vögel vor allem von Vieh- und Wildtierherden angelockt, denn die langsam umherziehenden Säuger scheuchen Insekten auf, die von den Schafstelzen blitzschnell verspeist werden.

Kleine Vögel, die man als Madenhacker bezeichnet, begleiten häufig die großen Huftiere, auf denen sie herumklettern auf der Suche nach Zecken und anderen Parasiten. Von den beiden Arten ist der Gelbschnabel-Madenhacker *(Buphagus africanus)* in den Savannen des Nordens, Ostens und Südens am weitesten verbreitet, während der Rotschnabel-Madenhacker *(B. erythrorhynchus)* auf den Ostteil des Kontinents beschränkt ist. Selbst wenn die Huftiere in vollem Galopp davonsprengen, bleiben die Madenhacker an ihnen hängen, obwohl sie mühelos neben den Tieren herfliegen könnten.

Die allgegenwärtigen Insekten

Myriaden von Insekten besiedeln die Savannen. Bienen und Wespen sind sehr häufig, aber noch charakteristischer für die Landschaft sind sowohl Heuschrecken wie Ameisen und Termiten. In den verschiedensten Größen und Formen sind Termitenhügel über die Savanne verteilt, obwohl doch viele Termitenarten ihre Nester unter der Erde oder in Bäumen anlegen. Sie bauen unterirdische Wohnungen oder leben einfach im Boden oder in den Holzteilen der Pflanzen. Viele Termiten sind Grasfresser; sie zerren dürres Gras unter die Erde und verzehren es dort. Diese und andere Aktivitäten der Termiten durchlüften den Boden und lassen Wasser besser durchsickern.

In manchen Steppengebieten sind die Termitenbauten sehr umfänglich, zuweilen acht Meter hoch und an der Basis rund zehn Meter breit. Sie sind hart wie Beton, erstaunlich solide und trotzen jahrzehnte- oder gar jahrhundertelang dem Regen, dem Wind und der Erosion. Die Bauwerke verfügen über eine ausgeklügelte »Klimaanlage«, bei der Pilze für eine fast gleichbleibende Temperatur sorgen und bakterielle Gärungsprozesse die Luftfeuchtigkeit regulieren. Diese Pilzgärten können überdies Feuchtigkeit absorbieren und bei zunehmender Trockenheit wieder freisetzen.

Heuschreckenschwärme fallen immer wieder über die afrikanische Steppenlandschaft her. Wenn die ausgewachsenen Heuschrecken ihre jeweiligen Nahrungsvorräte er-

1 Ein polygamer Straußenhahn begattet manchmal vier Hennen. Die Eier, die in einem flachen Gemeinschaftsnest abgelegt werden, werden tagsüber von den Hennen und in der Nacht vom Hahn bebrütet.

2 Nach rund sechs Wochen schlüpfen die kleinen Strauße aus dem Ei, das ein Gewicht von 1,5 Kilogramm erreichen kann. Die Küken können fast sofort nach dem Ausschlüpfen umherlaufen.

3/4 Ein junger Schwarzer Tschakma oder Bärenpavian hat ein Straußenei gepackt und schleppt es aus dem Nest. Dann beginnt er, das Ei auszusaugen.

schöpft haben, begeben sie sich auf die Wanderschaft und lassen sich bis zu 17 Stunden ununterbrochen vom Wind davontragen. In einer einzigen Saison können diese Schwärme eine Strecke von rund 3000 Kilometer zurücklegen. Heftige Regenfälle in normalerweise ariden Gegenden haben bisweilen eine explosionsartige Vermehrung der Heuschrecken zur Folge. Die Populationsschwankungen werden durch das Zusammenwirken verschiedener Umweltfaktoren ausgelöst. Günstige Wetter- und Nahrungsbedingungen sorgen dafür, daß besonders viele Heuschrecken schlüpfen und die einzelnen Stadien der Entwicklung erfolgreich durchlaufen.

Hochgiftige Mambas und andere Reptilien

Die Savannen mit ihrer reichen Insekten- und Nagerbevölkerung und ihren zahllosen unterirdischen Verstecken in Gestalt von Tierbauen und -höhlen bieten auch Reptilien einen abwechslungsreichen Lebensraum. Dabei handelt es sich meist um Schlangen und Echsen, aber auch um ein paar Schildkrötenarten. Von den Savannenschlangen sind die Kobras, Mambas und Vipern wegen ihrer Giftigkeit am berüchtigtsten.

Die Mambas gelten als ungewöhnlich aggressiv, doch wie die meisten Schlangen greifen sie den Menschen normalerweise nur an, wenn sie in die Enge getrieben oder gereizt werden. Das Bestreben einer Schlange, in ein Versteck zu entkommen, das sich in unmittelbarer Nähe des Eindringlings befindet, wird vielfach als bewußte Aggressionshandlung fehlgedeutet. Die Mambas in Afrika sind zudem noch außerordentlich schnell. Die eine von den beiden Arten, die Schwarze Mamba *(Dendroaspis po-*

1

3

2

4

lylepis), kann die stattliche Länge von 4,30 Meter erreichen und ist daher von allen afrikanischen Reptilien am meisten gefürchtet. Es sind haarsträubende Geschichten über die Wildheit und Gefährlichkeit dieser Schlange im Umlauf, doch sie sind meist stark übertrieben. Es trifft allerdings zu, daß das Gift der Mambas in wenigen Minuten Bewußtlosigkeit und den Tod herbeiführen kann.

Die Grüne Mamba *(D. angusticeps)* wird dagegen nur etwa zwei Meter lang. Beide Arten bewegen sich mit unglaublicher Geschwindigkeit, wenn sie einem Störenfried zu entfliehen versuchen. Auf einem Baum scheint die schlanke Mamba fast im Geäst dahinzufliegen, und auf dem Boden sieht man vielleicht nur einen seilförmigen Gegenstand davonflitzen oder eine kleine Staubwolke aufwirbeln, ehe man sich bewußt wird, daß dies eine Mamba war. Man hat bei den Tieren eine Geschwindigkeit von 10 km/h auf 43 Meter gemessen.

In einigen Savannengebieten sind die beiden giftigsten Schlangenarten Afrikas heimisch, die Boomslang *(Dispholidus typus)* und die Graue Baumnatter *(Thelothornis kirtlandii)*. Das Gift dieser Tiere wirkt sowohl auf das Nervensystem als auch auf den Blutkreislauf ein. Da jedoch bei beiden Arten die Giftzähne weit hinten im Rachen sitzen, können sie kaum einen tödlichen Biß anbringen, sofern man sie nicht so ungeschickt anfaßt, daß sie mit den Mundwinkeln zubeißen können. Von den nichtgiftigen Schlangen ist der Felsenpython *(Python sebae)* mit einer Länge von rund sieben Metern die größte afrikanische Schlangenart.

Die Echsen haben eine weit größere Wärmeresistenz entwickelt als die Schlangen und sind deshalb in der offenen Steppe besonders häufig anzutreffen, doch bevorzugen sie ein Terrain mit Bäumen, Büschen, Felsen oder Termitenhügeln, von denen aus sie ihr Revier überwachen können. Mabuyen, Agamen und Warane fallen am ehesten ins Auge. In Afrika sind zahlreiche Agamenarten beschrieben worden, und nahezu alle zeichnen sich aus durch die Befähigung zum Farbwechsel, die ein wesentlicher Bestandteil ihres Territorialverhaltens ist.

Heimat der Känguruhs

Das karge australische Binnenland

Steppen beherrschen das Landschaftsbild Australiens. Fast die Hälfte der Landfläche, 47 Prozent, besteht aus Steppe, und manche dieser Gebiete sind so trocken, daß sie ebenso öde wirken wie die Wüstenregion im Herzen des Kontinents.

Da ein beträchtlicher Teil Australiens nördlich des Wendekreises des Steinbocks liegt und sich die Festlandsmasse des Kontinents in der südlichen gemäßigten Zone fast über 15 Breitengrade erstreckt, ist die Steppenlandschaft trotz ihrer Trockenheit recht abwechslungsreich. Die Typenvielfalt reicht von der tropischen Savanne im Norden bis zu den Trockensteppen im Inneren. Die Trockensteppen umschließen zusammen mit dem als Scrub bezeichneten Buschland fast vollständig die zentrale Wüste. Beim Scrub unterscheiden wir zwei Hauptformen – die eine, in der die sogenannte Mulga-Akazie vorherrscht, und die zweite, das überwiegend von Zwergeukalyptusbäumen bestandene Mallee-Buschland.

Diese Buschlandschaften sind trokken, können aber – zumal im Süden – eine üppige Grasdecke aufweisen.

Ein weiterer Buschlandtyp findet sich in Inneraustralien und wird geprägt von Salzsträuchern. Diese Region, die sich an die zentrale Wüste anschließt, ist fast so trocken wie die Sahara, überzieht sich aber nach den seltenen Regenfällen mit einem grünen Gewand. Die ausgedehnteste Grasflur des Kontinents breitet sich zwischen der Great Dividing Range im Osten und der Zentralwüste im Westen aus. Sie ist zum größten Teil bedeckt von stachligen und zähen Spinifex-Gräsern und ist nicht so trocken wie die Salzstrauchlandschaft, aber arider

Graue Riesenkänguruhs bewegen sich im Hüpfgang durch den australischen Busch. Das Graue Riesenkänguruh dringt aus den bewaldeten Regionen in das Buschland vor, wird aber in der offeneren Trockensteppe von seinem roten Vetter abgelöst.

als das Mulga- und Mallee-Buschland.

Viele australische Steppengebiete haben infolge ihrer Nutzung als Weide- oder Ackerland ihren ursprünglichen Charakter eingebüßt. Ein großer Teil der bodenständigen Vegetation wurde außerdem durch eingeführte Pflanzenarten ersetzt, die zusammen mit den eingebürgerten Tieren vielerorts die Umweltverhältnisse völlig verändert haben.

Tiere aus fernen Ländern

Mindestens 17 Wildtierarten sind seit der Besiedlung des Kontinents durch Europäer nach Australien eingeführt worden. Das Kaninchen, das 1788 nach Australien mitgebracht wurde und schnell verwilderte, hat von allen Neuankömmlingen wahrscheinlich den größten Schaden angerichtet. Die ersten Kaninchen vermehrten sich explosionsartig und rotteten zahlreiche Steppenpflanzen aus. Zu dem Unheil, das die fremden Wildtiere gestiftet haben, kommen noch die Schäden durch Haustiere, vor allem Schafe, hinzu.

Weil Australien so lange von anderen Erdteilen abgeschnitten war, ist es zu einem Rückzugsgebiet für hochspezialisierte Pflanzen und Tiere geworden. In der Regel sind solche isolierten, hochspezialisierten Arten sehr anfällig, wenn sie sich mit eingeführten Formen auseinandersetzen müssen. Viele Beuteltiere sind beispielsweise verschwunden, seitdem die Europäer mit ihren Pflanzen und Tieren eintrafen. Die ursprüngliche Säugetierfauna der Salzstrauchsteppen ist unbekannt, denn dieser Lebensraum war bereits durch Weidevieh verwüstet, ehe man die angestammte Tierwelt überhaupt zur Kenntnis nahm. Der Haarnasenwombat *(Lasiorhinus latifrons)* ist möglicherweise das einzige größere Säugetier, das im Salzbuschland überlebt hat.

Die Känguruhs

Die eigentlichen Känguruhs sind die größten Vertreter der Beuteltierfamilie, der auch die Wallabys und die Rattenkänguruhs angehören. Die bekanntesten Arten sind das Bergkänguruh *(Macropus robustus)*, das Rote Riesenkänguruh *(M. rufus)*, das Östliche Graue Riesenkänguruh *(M. giganteus)* und das Westliche Graue Riesenkänguruh *(M. fuliginosus)*. Das männliche Graue Riesenkänguruh kann, einschließlich Schwanz, eine Länge von zwei Metern erreichen. Wie sein roter Vetter kann es sich im Stehen hoch aufrichten, wobei der Schwanz gleichsam das dritte Bein bildet. Diese würdevolle Haltung geben die Tiere aber sofort auf, wenn sie mit ihren eigentümlichen hüpfenden Bewegungen davonjagen. Auf den ersten Blick wirkt dieser Hüpfgang ungeschickt, doch sehr bald erkennt man, daß er nicht nur praktisch, sondern auch recht elegant ist. Känguruhs können eine Geschwindigkeit von fast 50 km/h vorlegen, über drei Meter hohe Zäune hinwegsetzen und Sprünge von neun Meter Weite ausführen. Beim Äsen hüpfen die Tiere sehr langsam umher, sozusagen in Zeitlupe.

Seit 1964 sind jährlich ein bis zwei Millionen Känguruhs abgeschlachtet worden, vor allem in Gebieten, wo man die Roten Riesenkänguruhs und die Bergkänguruhs als Nahrungskonkurrenten der Schafherden betrachtete. In Westaustralien ging man gegen das Bergkänguruh mit Gift vor, weil man glaubte, es verhindere die Regeneration des Weidelandes.

1 Das Hübschgesicht-Wallaby (Wallabia parryi) bewohnt das Hügelland von Neusüdwales und die Küste von Queensland. Es ist ein grasfressendes Rudeltier, das offenes Gelände mit lokkerem Baumbestand bevorzugt. Die Art hat ihren Namen von der schönen Gesichtszeichnung.

2 Die gerippten Füße befähigen die Hellbraune Breitfußbeutelmaus (Antechinus bellus) zum Klettern. Sie ist ein eifriger Insekten- und Kleinsäugerjäger.

3 Die Dickschwanz-Schmalfußbeutelmaus (Sminthopsis crassicaudata) stellt nicht nur Insekten, sondern auch Echsen und Kleinsäugern nach. Das im Schwanz gespeicherte Fett dient als Nahrungsvorrat für Notzeiten.

4 Zahllose kleine Beuteltiere besetzen in den Steppen Australiens die sonst den Nagern vorbehaltenen Lebensräume. Die Südliche Flachkopfbeutelmaus (Planigale tenuirostris) hat einen langen, abgeflachten Kopf, der es ihr ermöglicht, auf der Suche nach Beute, etwa Heuschrecken, in die dicht verfilzten Grasbüschel einzudringen. Die Art ist sehr selten geworden.

Doch Wissenschaftler haben festgestellt, daß die Hauptursache für die Verschlechterung der Weideflächen nicht das Beuteltier, sondern die Überweidung durch Schafe war. Känguruhs gedeihen nämlich auch in der augenscheinlich nährstoffarmen trockenen Grassteppe, und solange sie Schatten finden, kommen sie sogar ohne Wasser aus. Obwohl sie sich rasch vermehren, bleibt ihre Zahl infolge der hohen Sterblichkeitsrate ausgeglichen, so daß sich das Weideland immer wieder erholen kann. Mit anderen Worten: Die Känguruhs befinden sich im Gleichgewicht mit der Natur, die Schafe dagegen nicht.

Papageien und andere Vögel

Viele Vogelarten haben sich an das Trockenklima der australischen Grassteppen angepaßt. Bei einer großen Zahl dieser Vögel haben wir es nicht mit Stand- oder Zugvögeln zu tun, sondern mit Nomaden, die von Ort zu Ort wandern, je nachdem wo gerade die unberechenbaren Regenfälle optimale Lebensbedingungen schaffen. Papageien sind in Australien sehr zahlreich vertreten, und weit mehr Arten haben sich an die Steppenlandschaft angepaßt, als es für die Papageien anderer Kontinente gilt. Grün-rote Singsittiche, blauköpfige Blutbauchsittiche und vor allem grünliche Wellensittiche fliegen in gro-

1

2

4

3

ßen Scharen umher und beleben die weiten Grasfluren mit ihrem farbenfrohen Gefieder.

Rosakakadus, Gelbhaubenkakadus und grau-weiße Nymphensittiche flattern geräuschvoll zwischen ihren Futterplätzen am Boden hin und her, wo sie Sukkulenten, Samenkörner und Wurzeln verspeisen. Gelbbauchsittiche *(Platycercus caledonicus)* bringen einen neuen Farbton ins Spiel. Die reizenden Paradiessittiche *(Psephotus pulcherrimus)*, die in Termitenbauten brüten, und die Glanzsittiche *(Neophema splendida)* sind leider inzwischen selten geworden.

Trappen sind echte Steppenvögel, doch nur eine einzige Art kommt in Australien vor, im Gegensatz zu 18 Arten in Afrika. Wie alle ihre Verwandten hält sich auch die Australische Trappe *(Eupodotis = Ardeotis australis)* fast ausschließlich auf dem Boden auf. Selbst wenn sie erschreckt wird, flüchtet sie lieber laufend als fliegend. Sie vertilgt massenhaft Heuschrecken, wurde aber gleichwohl erbarmungslos bejagt und von eingeführten Hunden und Füchsen dezimiert. Sie hat nur in entlegenen Rückzugsgebieten überlebt.

Die Geschichte der sogenannten Schwarmtaube *(Histriophaps histrionica)* ähnelt der nordamerikanischen Wandertaube. Millionen dieser nomadisierenden Vögel versammelten sich einst in den Grassteppen von Nordaustralien, Neusüdwales und des nördlichen Südaustraliens. Riesige Schwärme fielen an den Wasserstellen ein und wurden eine leichte Beute der Jäger. Glücklicherweise scheinen sich die Bestände in letzter Zeit an einigen Stellen wieder zu erholen.

Überraschenderweise hat der Keilschwanzadler *(Aquila audax)*, der größte australische Greifvogel und ein echter Steppenbewohner, offensichtlich der hartnäckigen Verfolgung widerstanden, obwohl er einmal dem Aussterben nahe war. Mehr als 30 000 dieser Vögel werden alljährlich in ganz Australien abgeschossen unter dem Vorwand, sie vergriffen sich an Lämmern. Zu einem Teil handelt es sich bei den Schafen, an denen sich die Adler gütlich tun, zweifellos um Kadaver. Jedes Jahr verhungern in Australien zehn Millionen neugeborene Lämmer, weil die Säuglingsbindung an die Muttertiere unterbrochen oder nie geschaffen wird. Mit der Fülle der anfallenden Kadaver erklärt sich wahrscheinlich, daß die Keilschwanzadler inzwischen so gut gedeihen. Die natürliche Beute der Vögel waren früher Wallabys, doch heute bilden Kaninchen ihre Hauptnahrung, so daß die Dezimierung der Adlerbestände ganz unlogisch ist.

Zu den Vögeln, die die trockenen Grassteppen bevorzugen, gehören der Steintriel *(Burhinus grallararius)* und der Bindenlappenkiebitz *(Zonifer tricolor)*. In der Savanne leben unter anderem die großen Lerchensänger, die hier häufiger sind als in der offenen Steppe, der Liebliche Staffelschwanz *(Malurus amabilis)*, mehrere Honigfresserarten und der Blaßkopfsittich *(Platycercus adscitus)*. Typische Vögel des Mallee-Buschlandes sind die Erdtimalien oder Lauffflöter, Rotkehlchen, Zaunkönige, ungefähr 20 verschiedene Honigfresserarten, die Baumschwalbe, die in fast ganz Australien vorkommt, der Alexandra- oder Blaukappensittich und der Inka-Kakadu. Der Emu *(Dromaius novaehollandiae)* war früher in nahezu allen Lebensräumen anzutreffen. Doch am wohlsten fühlen sich die Emus in der Grassteppe, wo sie in kleinen Gruppen umherziehen.

Warane und Todesottern

Australien ist die Heimat einer reichen Echsen- und Schlangenfauna. Die eindrucksvollsten Echsen sind die Warane, die auch in der Alten Welt weit verbreitet sind. Doch die Hälfte aller Warane ist in Australien zu Hause.

Diese australischen Warane weisen erhebliche Größenunterschiede auf. Der kleinste, der Kurzschwanzwaran *(Varanus brevicauda)*, mißt nur ca. 20 Zentimeter, und der größte, der Riesenwaran *(V. giganteus)*, kann weit über zwei Meter lang werden. Auch in ihren Lebensgewohnheiten unterscheiden sich die Warane sehr. Der Gillenwaran *(V. gilleni)* lebt auf Bäumen, andere Arten sind bodenlebend oder halbaquatisch. Einige,

1

2

3

1 An einen Grashalm angeklammert, ruht diese farbenprächtige Heuschrecke, Petasida ephippigera. Diese Art ist der Wissenschaft erst seit 1971 bekannt. Sie gehört einer Unterordnung an, die man als Kurzfühlerschrecken bezeichnet. Diese Heuschrecken, die sich hauptsächlich von Gräsern, auch Getreide, ernähren, können große Ernteschäden verursachen, vor allem wenn sie zu schwärmen beginnen.

2 Australien ist die Heimat zahlreicher Papageienarten. Einige von ihnen, zumal die Nymphen- und Wellensittiche, sind ungewöhnlich häufig. Viele Arten, so auch dieser olivgrüne Schönsittich (Neophema pulchella), werden in Gefangenschaft gezüchtet.

3 Obwohl der Emu dem Strauß ähnelt, gehören die beiden Vögel verschiedenen Familien an. Emus können den Ernten großen Schaden zufügen, und da man sie als Schädlinge betrachtete, wurden sie massenhaft getötet. Die Emus, die sich sowohl von Insekten als auch von Pflanzen ernähren, bewohnen Steppen und lichte Waldungen, meist in Wassernähe. Sie können jedoch recht lange ohne Wasser auskommen.

so etwa der Bindenwaran *(V. salvator)*, hausen auf Bäumen, auf dem Erdboden, im Wasser und unter der Erde.

Nicht weniger abwechslungsreich sind die Nahrungsgewohnheiten der Warane. Einige ernähren sich von Insekten, andere von Eiern und Jungvögeln. Die größten Arten können sogar mittelgroße Säugetiere erbeuten. Mit Zähnen und Krallen reißen sie ihr Opfer entzwei und schlingen dann die Fleischstücke ganz hinunter. Warane vertilgen auch Aas in großen Mengen, das sie mit dem Geruchssinn aufspüren. In gewisser Weise übernehmen sie in der australischen Steppe die Rolle der afrikanischen Aasbeseitiger, der Schakale und Hyänen. Fast alle Warane besitzen in ihrem Schwanz eine furchtbare Waffe, mit der sie wie mit einer Peitsche kräftig um sich schlagen.

Männliche Warane liefern sich oft ritualisierte Rivalenkämpfe. Die Tiere richten sich auf ihren Hinterbeinen auf und traktieren sich so lange mit den Vorderbeinen, bis einer der beiden Kämpen umfällt. Das Gebiß wird bei diesen Auseinandersetzungen niemals eingesetzt.

Im trockenen Spinifexgras wimmelt es von Agamen, Skinken und kleinen Schlangen. Australien beherbergt mehr Agamen als alle anderen Kontinente. Diese Echsen sind an die heiße australische Umwelt hervorragend angepaßt. 16 Arten vertragen Körpertemperaturen über 43 °C. Die berühmteste Agamenart Australiens, der Dornteufel oder Moloch *(Moloch horridus)*, ist ein bizarres Geschöpf, dessen Körper über und über mit Stacheln besetzt ist.

Von den verschiedenen stattlichen Schlangen, die in Australien heimisch sind, kommen mehrere in den Steppengebieten vor, darunter einige, die zu den giftigsten der Welt zählen. Zu diesen gehören die Todesotter *(Acanthophis antarcticus)*, die Braunschlange *(Demansia textilis)* sowie die Australische Schwarzotter oder Mulga-Schlange *(Pseudechis australis)*. Hauptsächlich in den Grassteppen und Savannen Nordaustraliens, aber auch auf Neuguinea lebt ein Reptil, das den Anspruch erheben kann, die gefährlichste Schlange der Welt zu sein. Das ist der Taipan *(Oxyuranus scutellatus)*, der im Durchschnitt zwei Meter lang wird, aber zuweilen auch doppelt so lang werden kann. Er besitzt riesige Giftzähne und ist so schnell, daß er mehrmals zubeißen kann, bevor das Opfer sich überhaupt zu bewegen vermag. Sein Gift gehört zu den stärksten Toxinen, die wir kennen, und bevor man vor einigen Jahren ein Gegengift entwickelte, überlebten nur wenige Menschen einen Taipanbiß.

Die nordamerikanische Prärie

Heimat der Bisons

Die nordamerikanische Steppenlandschaft ist geprägt von dem riesigen Präriegürtel, der sich in Nordsüdrichtung über 3700 Kilometer erstreckt, von Alberta, Saskatchewan und Manitoba in Kanada bis zum Golf von Mexiko in Texas. Die Prärien, die gleich östlich des Mississippi beginnen und Ausläufer sogar bis Ohio und Indiana entsenden, dehnen sich im Westen bis zu den Rocky Mountains aus – zumindest in früheren Zeiten, als sie noch Naturlandschaften waren.
Westlich der Rocky Mountains, vor allem im Großen Becken von Utah und Nevada, ferner in Arizona, New Mexico und im Norden Mexikos liegen die arideren Steppenzonen. Hier mischen sich die Gräser mit Dreizähnigem Beifuß und Mesquitesträuchern. Diese Landschaft geht in die Wüste über und ist sehr viel weniger fruchtbar als der Präriegürtel mit seinen ungemein nährstoffreichen Böden.

In der Prärie

Die Fruchtbarkeit des Präriebodens ist die Hauptursache dafür, daß so wenig von den ursprünglichen Prärien übriggeblieben ist. Akkerbau und Viehzucht haben sich ihrer zum größten Teil bemächtigt, und über weite Strecken sind sie industrialisiert und verstädtert. Vom Menschen unberührte Prärien findet man kaum noch. Alle Nationalparks in Kanada und den Vereinigten Staaten wurden erst eingerichtet, als die westwärts gerichtete Besiedlungswelle über diese Steppenlandschaft hinweggegangen war.
Noch vor etwas mehr als einem Jahrhundert waren die Prärien eine einzige Wildnis und die Heimat von schätzungsweise 60 Millionen Bisons *(Bison bison)* – vielleicht die zahlenmäßig stärkste Ansammlung einer großen Säugetierart in historischen Zeiten. Daß die Prärie solche

Die Bisons waren einst von New York und Pennsylvania bis zu den Rocky Mountains verbreitet. Wo sie der Mensch nicht behinderte, legten sie auf ihren Wanderzügen zu neuen Weidegründen weite Entfernungen zurück.

Riesenherden und Millionen anderer Tiere tragen konnte, ist ein Beweis für das überreiche Nahrungsangebot, das sie hervorbrachte, solange ihr ökologisches Gleichgewicht noch nicht durch den Menschen gestört war.

Die Bisons nutzten die Prärie in einem zyklischen Wechsel, der sich sowohl innerhalb eines Tages als auch längerfristig vollzog. Die Tiere weideten regelmäßig am Vormittag und zogen dann zu einer Wasserstelle, um dort in den Mittagsstunden zu ruhen und wiederzukäuen. Am Abend nahmen sie die Weidetätigkeit wieder auf. In der Regel beweidete eine Herde ein Areal nur eine oder zwei Wochen lang„und wenn das Gras spärlicher zu werden begann, wanderte sie weiter. So wurde eine Überbeanspruchung des Bodenbewuchses vermieden.

Die Bisons, deren Bullen über eine Tonne wiegen und eine Widerristhöhe von 1,90 Meter erreichen können, brauchen gewaltige Futtermengen. Sie konnten dennoch fortbestehen, weil sie sich an eine Vielzahl von Nahrungspflanzen angepaßt hatten. Hausrinder dagegen können nur vergleichsweise wenige Pflanzenarten der natürlichen Prärievegetation verwerten und nutzen somit das Grasland nur ungenügend.

Eine weitere Anpassung der Bisons an das Leben in der Prärie ist ihre Fähigkeit, der Winterkälte, dem Schnee und selbst den heftigen Blizzards, die manchmal über das Land hinwegfegen, erfolgreich zu widerstehen. Wenn ein Unwetter droht, senken die Tiere ihr zottiges Haupt und richten es genau gegen den Wind. Da die mächtigen Bisons an ihrem Vorderleib besonders stark behaart sind, ist es für sie besser, sich dem Sturm entgegenzustellen, als vor ihm davonzulaufen, wie es die eurasischen Saigas tun. Ebensowenig beeinträchtigen den Bison sommerliche Temperaturen, die sich der 40-Grad-Marke nähern. Er erträgt die glühende Sonne der Great Plains genauso wie die eisige Kälte.

Der Sommer ist die Fortpflanzungszeit der Bisons. Wenn er näher rückt, werden die Bullen untereinander aggressiv. Jeder ist dann bestrebt, eine Gruppe von Kühen mit Beschlag zu belegen, die ihm andere Bullen wieder abspenstig zu machen versuchen. Ein Rivalenkampf zwischen zwei Bullen ist ein eindrucksvolles Schauspiel. Ihr zottiges Haupt schüttelnd, bekämpfen sie sich zunächst auf Distanz: Sie stampfen auf den Boden und wirbeln Staub auf. Dann gehen sie mit den Köpfen aufeinander los und schieben und stoßen sich mit den glänzenden spitzen Hörnern. Nach mehrmaligen Attacken und Zusammenstößen bleibt der kräftigere Bulle im allgemeinen Sieger. Wenn jedoch beide an Körperkraft fast ebenbürtig sind, können sich die Auseinandersetzungen wiederholen, bis die Rangordnung entschieden ist.

Die Kälber werden im Frühjahr geboren. Das Geburtsgewicht kann
Die Kälber werden im Frühjahr geboren. Das Geburtsgewicht kann
bis zu 32 Kilo betragen, liegt aber im allgemeinen darunter. Das Kalb steht schon gleich nach der Geburt auf eigenen Beinen, doch bis es richtig laufen kann, vergehen noch einige Tage. Die Mutter und die übrige Herde schützen es vor jeder Gefahr.

Bisons einst und jetzt

Die großen Bisonherden stellten für die Prärie-Indianer eine uner-

1

1 Wenn ein Blizzard wütet, richtet der Bison den Kopf gegen den Wind. Die Tiere ertragen Wintertemperaturen, wie sie gewöhnlich im Inneren Alaskas oder Nordkanadas herrschen.

2 Die »Pawnee National Grasslands« im nordöstlichen Colorado gehören zu den wenigen Relikten der weiten Prärien, die einstmals weite Gebiete des nordamerikanischen Westens bedeckten.

schöpfliche Nahrungsquelle dar, die jedoch bis zum Eintreffen der Europäer nur sparsam genutzt wurde. Es ist eine Ironie der Geschichte, daß die Bisonjagd der Indianer erst nach dem Auftreten der Europäer und der Einführung des Hauspferdes ihren Höhepunkt erreichte. Mit Pferden konnten die Indianer die Bisons effektiver bejagen, und so entwickelte sich bei den Präriestämmen eine völlig neue Lebensform, die auf der Bisonjagd be-

2

ruhte. Die Tiere lieferten ihnen nicht nur Fleisch, sondern auch Felle, Knochen usw.; alles wurde gegessen bzw. weiterverarbeitet.
Die Indianer erlegten indes nur sehr wenige Bisons und gefährdeten niemals den Fortbestand der Art. Erst als die Weißen in die Prärien vorstießen, begannen die Herden zu schwinden. Die Tiere wurden zunächst zur Gewinnung von Fleisch und Fellen abgeschlachtet, doch später diente die systematische Ausrottung der Tiere politischen Zwecken: Man wollte die Indianer zwingen, sich in den Reservaten mit den Rindern zu begnügen, die ihnen die Regierung zur Verfügung stellte.
Gegen Ende des 19. Jahrhunderts waren die Bisons vom Aussterben bedroht. Im letzten Augenblick konnten sie durch die Bemühungen der Naturschützer gerettet werden. Schutzgebiete wurden eingerichtet und größtenteils mit Tieren bevölkert, die in Gefangenschaft überdauert hatten. Heute haben sich die Nachkommen dieser Tiere, die in Nationalparks, Reservaten und privaten Gehegen leben, wieder auf über 30000 Köpfe vermehrt. Die Riesenherden von einst sind verschwunden, aber das Überleben der Art ist gesichert.

Der Gabelbock

Der Gabelbock *(Antilocapra americana)*, der früher einmal fast so häufig war wie der Bison, ist zwar wählerischer, was seine Nahrung angeht, kann aber auch in ariden Gebieten existieren. Er wird vielfach als Antilope bezeichnet, ist jedoch mit den echten afrikanischen und asiatischen Antilopen nur entfernt verwandt.
Der Gabelbock ist das schnellste Huftier der Neuen Welt und erreicht eine Höchstgeschwindigkeit von 95 km/h. Angesichts einer drohenden Gefahr läßt er seinen wei-

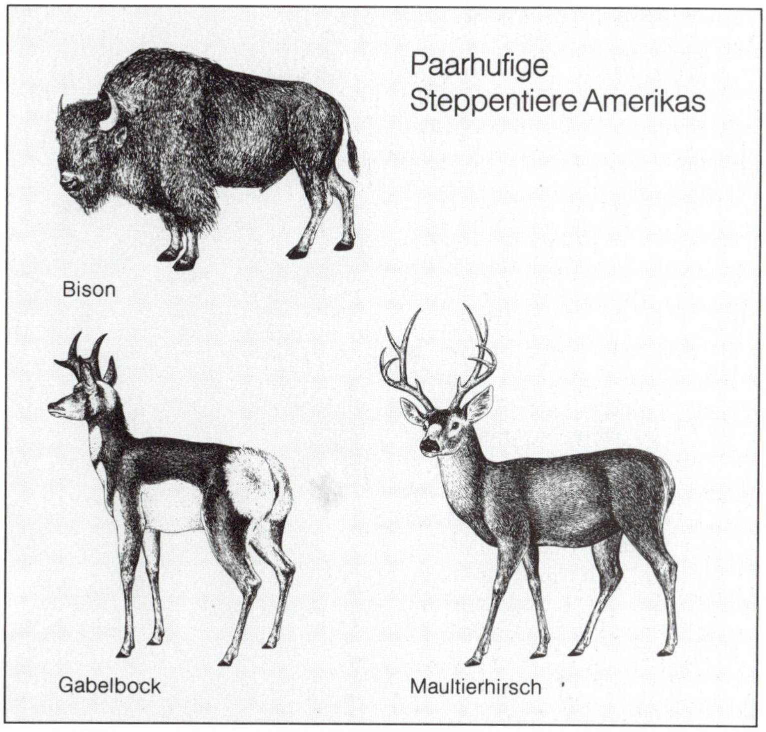

ßen »Spiegel« in der Sonne aufblitzen. Dieses Signal, das kilometerweit zu sehen ist und von den Artgenossen sofort bemerkt und wiederholt wird, entsteht dadurch, daß das Tier seine langen Haare am Hinterteil aufrichtet.
Wie die Bisons waren auch die Gabelböcke vom Aussterben bedroht, doch dank sorgfältiger Hege haben sich die Bestände wieder erholt. Heute geht die Zahl der Tiere wieder in die Hunderttausende, obgleich einige Unterarten noch immer selten und aus vielen Landstrichen, die sie früher bewohnten, verschwunden sind.
Weil der Gabelbock mit trockenerem Terrain vorliebnimmt als die Bisons, erstreckt sich sein Verbreitungsgebiet auch weiter, in die Beifußsteppen und Halbwüsten hinein, ja bis zum Pazifischen Ozean in Baja California.

Die Städte der Präriehunde

Die Präriehunde waren einst in den Prärien noch zahlreicher anzutreffen als die Bisons und Gabelböcke. Es sind eigentlich Nagetiere, die ihren volkstümlichen Namen der Tatsache verdanken, daß sie bei einer Beunruhigung wie Hunde bellen. In der Vergangenheit bevölkerten Präriehundkolonien mit Millionen und aber Millionen von Tieren die nordamerikanische Graslandschaft. Diese Kolonien, die sogenannten Präriehundstädte, umfassen Tausende von Eingängen zu dem Labyrinth der unterirdischen Röhren und Kammern sowie oft kilometerlange »Straßen« und Pfade, welche die Löcher miteinander verbinden. Vor jedem Einschlupfloch errichten die Tiere, um die Überflutung ihres Tunnelsystems zu verhindern, eine dicke Erdschwelle, die sich verhärtet und zu einem stabilen Damm wird.
Präriehunde sind tagaktiv. Die Nahrungsaufnahme erfolgt ausschließlich bei Tageslicht. Sie entfernen sich nie sehr weit von ihrem schützenden Bau, und beim ersten Anzeichen einer möglichen Gefahr geben sie einen durchdringenden Pfeifton von sich. Alle Artgenossen, die sich in der Nähe befinden,

Kanadische Kraniche erheben sich in Neumexiko in die Lüfte. Die Kanadischen Kraniche leben in Schwärmen, nur während der Fortpflanzungszeit sondern sich die Brutpaare ab. Diese Vogelart ist vorzugsweise in der Prärie zu Hause, vor allem in der Nähe von Sumpfgebieten.

sausen dann zum Bau zurück, wo sie entweder unter die Erde verschwinden oder draußen in aufrechter Haltung verharren, um die Bewegungen des Eindringlings zu beobachten. Ihr größter Feind ist der Mensch, aber Gefahr droht ihnen auch vom Kojoten, Silberdachs, Schwarzfußiltis, Fuchs und Steinadler. Kanincheneulen, Klapperschlangen und Langschwanzwiesel holen junge Präriehunde aus den Nestern und Laufgängen.

Im nördlichen Teil ihres Vorkommensgebietes bleiben die Präriehunde im Winter unter der Erde. Sie halten jedoch keinen echten Winterschlaf. In den Monaten vor dem Winter legen sie sich eine dicke Fettschicht zu, von der sie während der Ruhezeit zehren. Ein Grund für die weite Ausbreitung der Präriehundkolonien in der Vergangenheit mag der Umstand gewesen sein, daß Klapperschlangen deren Baue als Winterschlafplatz benutzten und dadurch die Nager zum Standortwechsel zwangen.

Die Schwarzschwanz-Präriehunde *(Cynomys ludovicianus)* stellen immer noch die individuenreichste Art dar. Noch vor einiger Zeit besiedelten sie in riesigen Kolonien von Saskatchewan bis Arizona und Mexiko die Ebenen und die Vorgebirgslandschaft. Ihr bevorzugter Lebensraum war die Kurzgrasprärie, wie sie Bisons und Gabelböcke schufen. Die Farmer verfolgten die Präriehunde, weil diese dem Weidevieh das Futter streitig machten. Heutzutage gibt es größere Kolonien nur noch in Schutzgebieten.

Andere Nagetiere der Prärie

Zumindest eine Nagetierart, das Richardson-Erdhörnchen *(Spermophilus richardsoni)*, ist in den Great Plains noch immer weit verbreitet und hat sich mühelos an Gebiete angepaßt, die von Haustieren stark beweidet werden. Wie viele seiner Verwandten – in Nordamerika gibt es 28 Erdhörnchenarten – lebt es kolonieweise in unterirdischen Bauen, doch jede Familiengruppe hält sich innerhalb der Gemeinschaft für sich. Erdhörnchen sind Tagtiere und verhalten sich ähnlich wie die Perlziesel der eurasischen Steppen.

Zu den anderen 22 Nagerarten, die in verschiedenen Prärielandschaften heimisch sind, zählen die Präriewühlmaus *(Microtus ochrogaster)*, die Hirschmaus *(Peromyscus maniculatus)*, die Steppenerntemaus *(Reithrodontomys montanus)* und die Flachland-Taschenratte

(Geomys bursarius). Bisamratten *(Ondatra zibethica)* sind häufig in fast allen Präriesümpfen, wo ihre kegelförmigen Behausungen im Wasser sofort ins Auge fallen. Zu den größten Nagetieren der Steppe gehören drei Kaninchenarten und zwei Eselhasen, der Weißschwanz- *(Lepus townsendi)* und der Schwarzschwanz-Eselhase *(L. californicus).* Der größte Eselhase ist der weißschwänzige, der fast fünf Kilogramm schwer werden kann. Die anderen bleiben etwas kleiner. Allen ist die gleiche Fortbewegungsweise eigen, kurze Hüpfsprünge, wenn sie sich ungestört fühlen, und weit ausgreifende Sätze, wenn sie vor einer Gefahr fliehen.

Ein flüchtiger Eselhase ist eindrucksvoll anzusehen; manchmal schafft er mit einem einzigen Satz fast vier Meter. Mit hochgestellten Löffeln fegen die Tiere über schulterhohe Hindernisse hinweg. Häufig richtet sich der Eselhase mitten im Sprung steil hoch, um einen Blick auf seinen Verfolger zu werfen. Die Spitzengeschwindigkeit der Tiere liegt bei etwa 70 km/h.

Kojoten, aber auch Haushunde und Füchse, stellen den Eselhasen am häufigsten nach. Verschiedene andere Tiere, von der Klapperschlange bis zum Adler, betrachten die Hasen ebenfalls als willkommene Beute. Das hat zur Folge, daß die Eselhasen recht scheue und heimlich lebende Tiere sind. Ihr bräunliches Fell verschmilzt mit der Vegetation. Wenn sie aber erschreckt werden, erstarren sie zunächst einmal zur Salzsäule, so daß man dicht an ihnen vorbeigehen kann, ohne sie zu bemerken.

Dank ihren riesigen Ohren hören die Eselhasen ausgezeichnet. Auch der Geruchssinn ist gut entwickelt, das Sehvermögen allerdings nur mäßig. Die normalerweise stillen Tiere vollführen ein furchtbares Geschrei, wenn sie angegriffen werden. Das Kreischen warnt die Artgenossen vor dem nahen Feind.

Die Eselhasen gehen des Nachts auf Nahrungssuche, weil sie dann am wenigsten auffallen. Ihre Kost ist abwechslungsreich und besteht aus Beifußgewächsen, Kakteen, allerlei Sträuchern und vor allem Gras. Wenn bei einer Dürre das Futter knapp wird, wandern die Tiere oft kilometerweit, um etwas Genießbares zu finden.

Der Schwarzfußiltis

Als die weißen Siedler sich in den Prärien niederließen, wurden verschiedene Raubtierarten durch Fallen, Gift und Haushunde ausgerottet. In Kanada starben die letzten präriebewohnenden Grislybären sehr bald aus. Die Schwarzbären oder Baribals folgten um 1900 und der Wolf und der Präriefuchs oder Nördliche Kitfuchs *(Vulpes velox hebes)* im Jahre 1920. Dieser Fuchs durchstreifte einst die Steppen Westkanadas und der Vereinigten Staaten, lebt aber heute nur noch in den Cypress Hills im südwestlichen Saskatchewan und ist auch dort sehr selten geworden.

Der Schwarzfußiltis *(Mustela nigripes)* ist möglicherweise das seltenste Säugetier der Vereinigten Staaten. Bei einer Gesamtlänge von etwa 60 Zentimeter (einschließlich Schwanz) wiegt das Tier weniger als ein Kilo; die Weibchen bleiben durchweg kleiner. Die Beine sind kurz und tragen große Krallen an den Vorderpfoten, die sich gut zum Graben eignen. Der langgestreckte muskulöse Körper kann auch in sehr enge Wohnröhren hineinschlüpfen.

Dieser Iltis, der der Wissenschaft bis 1851 unbekannt war, ist wahrscheinlich nie sehr häufig gewesen.

Doch wirklich selten wurde er erst in den fünfziger Jahren unseres Jahrhunderts, als man im Westen Nordamerikas in einer großangelegten Aktion den Präriehunden zu Leibe rückte, hauptsächlich mit Gift.

Bis heute haben vielleicht nur noch eine Handvoll Schwarzfußiltisse überlebt, und auch sie sind möglicherweise nicht mehr zu retten. Die Tiere jagen in der Dunkelheit und verlassen sich beim Aufspüren der Beute nicht auf ihre Augen, sondern auf andere Sinnesorgane.

Die Wissenschaftler vermuten, daß die Iltisse in der Nacht und unter der Erde Präriehunde überfallen, wenn die Nager schlafen, daß sie

1 Ein ausgewachsener Schwarzschwanz-Präriehund beschnüffelt ein Jungtier. Das ist eine Begrüßungszeremonie, die diesen Tieren eigen ist. Die jungen Präriehunde bleiben in den ersten sechs Lebenswochen im Bau. Erst dann wagen sie sich an die Oberfläche.

2 Ein Schwarzschwanz-Präriehund tut sich in Süddakota, wo sich eines der wenigen Rückzugsgebiete dieser Tierart befindet, an Gras gütlich. Weil die Präriehunde den Rindern die Nahrung streitig machen, sind sie im Westen weitgehend ausgerottet worden, wo sie einst in den unberührten Prärien üppig gediehen.

1

4

2

3

5

3 Seinen Namen hat der Präriehund von seinen bellenden Lautäußerungen. Die Tiere leben in Bauen, die von einem großen Hügel überwölbt sind, und kommen zur Nahrungssuche tagsüber zum Vorschein. Wenn sie sich bedroht fühlen, etwa durch einen am Himmel kreisenden Greifvogel, tauchen sie in ihre schützenden Erdwohnungen hinab.

4 Der Kojote, oft auch »Präriewolf« genannt, ist im westlichen Grasland überall anzutreffen, und obwohl er jahrelang von den Viehzüchtern verfolgt wurde, paßt er sich allen Veränderungen geschickt an. So hat er sich nach Osten in die Waldlandschaft ausgebreitet, ja sogar bis zur Atlantikküste, und manchmal tauchen Kojoten sogar in den Großstädten des Westens auf, zum Beispiel in Los Angeles.

5 Maultierhirsche äsen im »Wind Cave National Monument« in Süddakota. Der Maultierhirsch verdankt seinen Namen den auffallend großen Ohren und ist der typische Hirsch des amerikanischen Westens. Obgleich der Weißwedelhirsch weitgehend dieselbe Region bewohnt, kann der Maultierhirsch trockenes Klima besser ertragen als sein Vetter. Er besiedelt sogar Steppengebiete, die in Wüste übergehen.

1

2

1 Ein Weißwedelhirsch, der den Schwanz als Warnsignal aufgerichtet hat, flüchtet über die Sandhügel Nebraskas. Diese Hirschart lebt hauptsächlich im Wald, wagt sich aber oft in die Prärien vor.

2 Der Gabelbock ist das schnellste Säugetier Nordamerikas. Er erreicht Geschwindigkeiten bis zu 95 km/h. Als echter Steppenbewohner kommt der Gabelbock mit zäher Pflanzennahrung und wenig Wasser aus. Seinen volkstümlichen Namen hat der Gabelbock von seinem ungewöhnlichen Gehörn, das ihn von allen anderen Hornträgern unterscheidet.

3 Ein Weißschwanz-Eselhase kauert in seiner Sasse (Grube) in der nordamerikanischen Prärie. Die herabhängenden Ohren sind ein Zeichen dafür, daß sich das Tier ungestört fühlt. Diese größte Eselhasenart ist in den nördlichen Prärien heimisch.

3

sie aber auch im offenen Gelände angreifen. Der Iltis tötet sein Opfer, indem er seine rasiermesserscharfen Zähne in dessen Kehle oder Nacken schlägt. Dadurch dauert der Todeskampf eines Präriehundes nur Sekunden.

Es ist eine Angewohnheit der Präriehunde, Baue zu verschließen, in denen Schwarzfußiltisse auf Beute lauern. Die Nager scharren mit den Vorderpfoten Erde zusammen, die sie dann mit den Hinterbeinen in den Bau stoßen. Ist der Eingang zugeschüttet, drücken sie die Erde mit Nase und Stirn fest. Einige Wissenschaftler haben die Beobachtung gemacht, daß die Iltisse mit Vorliebe Baue mit ungewöhnlich weiten Einschlupflöchern beziehen, die von den Präriehunden nicht so leicht verstopft werden können. Freilich besteht auch in verschlossenen Laufröhren für den Iltis keine Gefahr, denn er ist selber ein geschickter Wühler. Wenn er sich ausgräbt, arbeitet er so, daß sein Hinterteil nach außen zeigt.

Kojoten und Dachse

Wichtige Raubtiere auf den verbliebenen Flächen der »gezähmten« Prärien sind die Kojoten *(Canis latrans)* und Silberdachse *(Taxidea taxus)*. Trotz aller offiziellen Nachstellungen haben die Kojoten überdauert, wenngleich in stark verringerter Zahl.

Die Hauptnahrung des Kojoten besteht aus kleinen Säugetieren, Vögeln, Reptilien, Insekten, Früchten, Beeren und Aas. Was seine Größe und teilweise auch sein Verhalten betrifft, nimmt der Kojote eine Mittelstellung zwischen Wolf und Fuchs ein. Gewöhnlich jagt er allein nach Nagern und Insekten, die er mit den Augen, dem Gehör und mit der schnüffelnden Nase ausfindig macht und aus dem Boden gräbt, doch hin und wieder stellt er auch größeren Säugern oder Vögeln nach. Wenn Kojoten es auf einen Gabelbock oder einen Hirsch abgesehen haben, bilden sie ein Team, in dem die einzelnen Tiere reihum die Verfolgung der Beute übernehmen, bis sie ermattet ist. Kojoten können einen Gabelbock nicht einholen, aber da die Gabel-

Mit aufgesperrtem Schnabel warten drei junge Ohrenlerchen (Eremophila alpestris) auf Futter. Die in Eurasien, Nordafrika und Amerika verbreitete Ohrenlerche ist ein Vogel der offenen Landschaft. In den nordamerikanischen Prärien kommt sie sehr häufig vor.

böcke nicht in gerader Linie flüchten, sondern im Kreis herumlaufen, um in ihrem vertrauten Revier oder in der Nähe ihrer Herde zu bleiben, kann ein Kojotenrudel sie zu Tode hetzen.

Der Dachs, der vorwiegend in der baumlosen Steppe heimisch ist, ernährt sich von Nagern, Reptilien, Insekten und auch von Pflanzenkost. Er ist keineswegs menschenscheu, doch die Geschwindigkeit, mit der er sich in den Boden eingräbt, ist frappierend. Dieses sehr zähe und mutige Tier kann sich selbst gegen mehrere Hunde mit Erfolg zur Wehr setzen, aber seine Hauptverteidigung im offenen Gelände besteht darin, daß er sich seinen Feinden durch Flucht unter die Erde entzieht.

Der Tanz der Präriehühner

Das Präriehuhn *(Tympanuchus cupido)* ist ein typischer Bodenvogel der nordamerikanischen Steppen. Sein Vorkommensgebiet ist begrenzt und beschränkt sich auf natürliche Prärielebensräume und ähnliche Standorte vom mittleren Südkanada bis zum Nordosten Oklahomas, aber es ist heute überall selten geworden und in den meisten Regionen im Schwinden begriffen.

Das im Frühling stattfindende Balzzeremoniell der Präriehühner, wobei die Hähne vor den Hennen singen und tanzen, ist ein großartiges Schauspiel, das die Tänze, die Kleidung und die Musik der Indianer nachhaltig beeinflußt hat. Von März bis Mai versammeln sich die Hähne allmorgendlich ungefähr eine halbe Stunde vor Sonnenaufgang auf bestimmten Tanzplätzen und beginnen sofort nach der Ankunft mit ihrer Darbietung, während weitere Hähne herbeifliegen und sich anschließen.

Mit ihren geblähten leuchtend-orangefarbenen Luftsäcken beiderseits des Halses, ihren ausgebreiteten Kopffedern, ihren hängenden Flügeln und ihrem über dem Rükken aufgefächerten Schwanz stolzieren die Vögel in der Arena umher und geben wohlklingende dumpfe Töne von sich, indem sie die Luft aus den Kehlsäcken ausstoßen. Diese Lautäußerungen sind kilometerweit zu hören. Schon eine Solovorstellung ist sehr eindrucksvoll, doch wenn ein Dutzend oder mehr Hähne ihren stundenlang andauernden Chorgesang vortragen, sind die optischen und akustischen Effekte einfach überwältigend. Die

1

2

1 Die jungen Königsbussarde bleiben nach dem Schlüpfen zwei Monate lang im Horst. Der Horst kann auf dem Boden, auf einem Baumstumpf, auf einem Felsblock oder in einem Baum stehen.

2 In ihrem Bodenhorst warten diese jungen Königsbussarde auf Atzung. Diese Bussardart ernährt sich fast ausschließlich von Nagetieren.

Hähne drehen Pirouetten, verbeugen sich, umkreisen und bedrohen einander oder balzen die Hennen an, die sich diskret in der Arena zeigen. Manchmal kommt es zu regelrechten Kämpfen zwischen den Hähnen, die einander mit Schnäbeln und Füßen traktieren, bis die Federn fliegen.

Sänger und Greife

Glücklicherweise ist es vielen Präriévögeln gelungen, sich an die Kultivierung ihrer angestammten Lebensräume anzupassen. Der Westliche Lerchenstärling *(Sturnella neglecta)* und der sehr ähnliche Östliche Lerchenstärling *(St. magna)* sind in der offenen Weideflur im östlichen Nordamerika häufig.
Diese beiden nahverwandten Arten sehen zwar wie Zwillinge aus, unterscheiden sich aber beträchtlich in ihren Liedern und Rufen.
Von den Greifvögeln ist nur der Präriefalke *(Falco americanus)* ein echter Präriebewohner; sein begrenztes Vorkommensgebiet liegt im Südwesten Kanadas und im Nordwesten der USA. Er ist so groß wie der Wanderfalke und erbeutet alle möglichen Vögel, von Präriehuhnküken und Tauben bis zu Ohrenlerchen, sowie Erdhörnchen, Wühlmäuse, Mäuse und Insekten. Der Präriefalke hat einen braunen

3

4

5

3–5 Eine bedrohte Hakennatter versteht sich meisterhaft aufs Bluffen. Zuerst bläht sie ihren Oberleib auf, spreizt den Kopf und den Nacken, gibt Zischlaute von sich und tut so, als ob sie zuschlagen wolle (3). Wenn sie mit dieser Taktik den Angreifer nicht abwehren kann, dreht sie sich auf den Rücken und stellt sich tot (4). Wendet man die Schlange, versucht sie sofort wieder ihre Totstellung einzunehmen (5).

6 Die Westliche Hakennatter (Heterodonnasicus) bewohnt die Prärien und Halbwüstengebiete. Wie ihr östliches Gegenstück lebt sie von Kröten. Ihren Namen verdankt sie der »Hakennase«, mit der sie im sandigen Boden nach Kröten sucht.

6

Rücken, sein übriges Gefieder ist weiß mit dunklen Abzeichen. Sein schriller Schrei klingt fast wie das winselnde Gebell eines Hundewelpen.

Ein anderer Greif, der vorwiegend die Prärien bewohnt, ist der Königsbussard *(Buteo regalis)*. Er hat eine Flügelspannweite von 1,40 Meter und kreist gerne hoch am Himmel, um nach Beute Ausschau zu halten. Er schlägt hauptsächlich Mäuse, Erdhörnchen und ähnliche Kleinsäuger, nimmt aber zuweilen auch mit großen Insekten vorlieb. Hoch über den westlichen Prärien kann man nicht selten einen majestätischen Steinadler *(Aquila chrysaëtos)* beobachten. Auch der Rotschwanzbussard *(Buteo jamaicensis)* ist in vielen Gegenden häufig anzutreffen.

Klapperschlangen und andere Schlangen

Die drei bekanntesten Reptilien der Prärielandschaft sind die Präriekklapperschlange *(Crotalus viridis)*, die Kettenbullennatter *(Pituophis sayi)* und die Schwarznatter *(Coluber constrictor)*. Die Prärieklapperschlange, die 1,50 Meter lang werden kann, benutzt Präriehundbehausungen als Winterquartier. Die Bullennatter, eine der größten nordamerikanischen Schlangenarten, erreicht eine Länge von fast 2,50 Meter. Wie die Klapperschlange stellt sie vor allem Nagetieren nach. Größere Beutetiere werden durch Umschlingen getötet, kleinere einfach verschlungen. Die Schwarznatter gehört mit einer Länge von mehr als 1,50 Meter ebenfalls zu den großen Schlangen. Im Unterschied zu den meisten anderen Schlangen hebt sie bei der Fortbewegung den Kopf hoch über den Boden.

Die sog. Beifußsteppen *(»sagebrush country«)* des Großen Beckens und andere Graslandschaften westlich der eigentlichen Prärien sind von der Umweltzerstörung einigermaßen verschont geblieben und bieten im Osten der Rocky Mountains mannigfaltige Lebensräume. Als die Siedlungswelle die Grasfluren im fernen Westen richtig erfaßte, war man hier bereits um die Errichtung von Nationalparks bemüht. So kommt es, daß ein großer Teil dieses Landstrichs noch echten Wildnischarakter hat.

Säugetiere der Beifußsteppe

Unter natürlichen Bedingungen bildet der Beifuß mit den Gräsern einen gemischten Bestand. Er dringt sogar in Gebiete vor, wo die Gräser durch Überweidung zurückgegangen sind. Da der Beifuß für Weidevieh ungenießbar ist, meiden die Herden die Gegenden, in die er vorgedrungen ist. Das Gras kann sich zwischen den Beifußpflanzen erholen, und wenn dieser Prozeß nicht gestört wird, kann sich hier wieder ein guter Graslandlebensraum für Wildtiere entwickeln. Viele Prärietiere, etwa die Gabelböcke, die notfalls auch mit Beifuß vorliebnehmen, haben das Land besiedelt, das von diesem Gesträuch bestanden ist. Der häufigste Bewohner der Beifußsteppe ist indes der Maultierhirsch *(Odocoileus hemionus)*. Dieser Trughirsch wiegt bis zu 215 Kilo und hat ungewöhnlich große Ohren, denen er seinen Namen verdankt.

Im Sommer bilden die Maultierhirsche kleine Gruppen von zwei oder drei Tieren oder ziehen einzeln umher. Nach der Brunftzeit, die in den November und Dezember fällt, schließen sich die Hirsche jedoch zu größeren Herden zusammen. Wenn sie beunruhigt werden, flüchten sie mit hohen Sätzen und landen nach jedem Sprung mit allen vieren gleichzeitig auf dem Boden. In der ebenen Steppe ist diese Fortbewegungsweise offensichtlich nicht sonderlich angebracht, und sie hat sich vielleicht in anderen Lebensräumen herausgebildet, die dieser Hirschart gemäßer waren.

In der warmen Jahreszeit steigen die Maultierhirsche hoch in die

Berge hinauf, die sich vielfach unweit der Steppe erheben, um die Sommerweiden der höheren Lagen zu nutzen. Im Winter kommen sie wieder ins Grasland hinunter, wo ihnen auch in den kalten Monaten genügend Nahrung zur Verfügung steht. Der Maultierhirsch ernährt sich vorwiegend von Gräsern, aber notfalls äst er auch Sträucher und kleine Bäume ab.
Als früher noch Wölfe die Steppen durchstreiften, waren diese der Hauptfeind der Maultierhirsche. Heute ist der Puma der wichtigste Beutegreifer, der ihnen gefährlich wird. Kojoten reißen zuweilen alte,

Die Balz der Wermuthühner

Viele nordamerikanische Prärievögel, darunter die Ohrenlerche, die Kanincheneule und der Präriefalke, kommen auch in der Beifußsteppe vor, doch einige Arten scheinen sich in diesem Lebensraum besonders wohl zu fühlen, nämlich Brewers Baumammerfink *(Spizella breweri)*, der Beifußsperling *(Amphispiza belli)*, der Grünammerfink *(Chlorura chlorura)*, der Salbei-Sichelspötter *(Oreoscoptes montanus)*, der Whip-Poor-Will *(Caprimulgus vociferus)* und das Wermuthuhn *(Centrocercus urophasianus)*. Die wohl interessanteste Art ist das Wermuthuhn. Es ist das größte amerikanische Rauhfußhuhn und hat einen langen Schwanz, fast wie ein Fasan. Die im Frühling stattfindende Balz der Hähne ist noch auffälliger als die der Präriehühner. Die Wermuthähne finden sich in der Morgendämmerung auf bestimmten, festgelegten Balzplätzen ein. Dort richten sie ihre Schwanzfedern wie einen Fächer auf und legen sie auf den Rücken. Dann blasen sie die großen Luftsäcke an der Brust so stark auf, daß sie beinahe den Boden berühren. Die Säcke werden rasch auf und ab bewegt, während sich die steifen Nacken- und Brustfedern aneinander reiben und ein rasselndes Geräusch erzeugen. In dieser Haltung verbeugt sich der Hahn zur Erde und stößt einen durchdringenden Ruf aus,

Eine Kornweihe tut sich an den Eingeweiden eines Kaninchens gütlich. Diese Greifvögel kreisen im Tiefflug über dem Gras und halten Ausschau nach Nagern, Vögeln, Reptilien und anderen Kleintieren. Kornweihen bewohnen nicht nur Nordamerika, sondern auch Eurasien, die Westindischen Inseln, das nördliche Südamerika und Nordafrika.

der durch die Luftsäcke noch verstärkt wird.

Die Mesquitesteppe

Trockene Graslandschaften, bestanden von Dreigrannengräsern und Moskitogras sowie mehreren Mesquitearten – das sind stachlige Bäume oder Sträucher mit bohnenähnlichen Fruchthülsen –, herrschen im südlichen Arizona, im südöstlichen Texas und in Nordmexiko vor. Kaktusgewächse wie der Feigenkaktus und der Kreosotbusch kommen in diesem Gebiet gleichfalls vor.

Diese Landschaft ähnelt der Halbwüste und weist zum Teil sehr trokkene Lebensräume auf. In vielen Gegenden befindet sich die Vegetation in einem Übergangsstadium; das Grasland von gestern ist auf dem Weg zur Wüste von morgen. Manche Wissenschaftler vermuten, daß nordamerikanische Wüstenregionen wie die Sonora- und Chihuahua-Wüste einst Grasfluren waren, die sich unter dem Einfluß des Menschen verändert haben.

Um 10 Uhr vormittags im Juli erscheint die Mesquitelandschaft etwa bei San Antonio in Südtexas so unbelebt wie eine Wüste. Die Wirbeltiere haben sich in Schattenverstecke oder unter die Erde verzogen. Zu den wenigen Ausnahmen gehört ein Lurch, der Grüne Laubfrosch *(Hyla cinerea)*. Ungeachtet der glühenden Hitze und der Sonneneinstrahlung sitzt er im Schatten der Schilfstengel.

Doch die ganze Nacht hindurch, bis etwa 9 Uhr morgens, herrscht in der Mesquitesteppe reges Leben. Selbst diese trockene und heiße Region beherbergt eine vielfältige Fauna. Unter den Säugetieren geben die Nager den Ton an. Zu den Arten, die für diese Landschaft und für andere halbaride Biotope typisch sind, zählen die Südliche Grashüpfermaus *(Onychomys torridus)*, die Kaktusmaus *(Peromyscus eremicus)*, die Merriam-Känguruhratte *(Dipodomys merriami)*, die Felsen-Taschenmaus *(Perognathus intermedius)*, das Rundschwanz-Erdhörnchen *(Spermophilus tereticaudus)*, das Gefleckte Erdhörnchen *(Sp. spilosomus)* und das Audubon-Waldkaninchen *(Sylvilagus auduboni)*.

Das Halsbandpekari *(Tayassu tajacu)*, ein lebhaftes Nabelschwein, aber kein echtes Schwein, ist im Mesquitegrasland und -buschland an der Südwestgrenze der USA und weiter südlich anzutreffen. Die Pekaris, die eine Schulterhöhe von

1

2

5

knapp 60 Zentimeter und ein Gewicht von nicht mehr als 30 Kilogramm haben, bilden Rotten aus einigen bis mehreren Dutzend Tieren. Sie sind schnellfüßig und besitzen haueráhnliche Eckzähne, die einem Gegner schwere Wunden beibringen können. Die Feinde der Pekaris sind die großen Katzen, vor allem der Puma und, insbesondere im Süden, der Jaguar. Kleinere Raubtiere, etwa Marder oder Kojoten, können ein junges Pekari überwältigen, wären aber einem Alttier nicht gewachsen und würden von einer Rotte in Stücke gerissen.

Vögel im Mesquiteland

Die Vogelfauna der Mesquitesteppe ist arten- und individuenreicher als die der reinen Beifußvegetation, was zum Teil darauf zurückzuführen ist, daß viele südamerikanische Vögel bis nach Arizona, Texas und Nordmexiko vordringen. Manche Vögel der Beifußsteppe, etwa der Schwarzkehlsperling *(Amphispiza bilineata)* und der Virginische Uhu *(Bubo virginianus)*, sind auch im Mesquiteland zu Hause. Doch zahlreiche Arten kommen vorwiegend in der Mesquitelandschaft vor, so die Krummschnabel-Spottdrossel *(Toxostoma curvirostra)* und der Rennkuckuck *(Geococcyx californianus)*. Ein Mesquitevogel, der bereits erwähnte Rotschwanzbussard, ist in fast ganz Nordamerika verbreitet. Im Mesquiteland sind Mäuse und andere Nager seine Hauptnahrung. Er erspäht die Bewegungen dieser kleinen Tiere entweder von einem Baum aus oder aus der Luft und zeigt seine Anwesenheit durch schrille Rufe an. Der Kaktuszaunkönig *(Campylorhynchus brunneicapillus)*, ein Riese im Vergleich zu anderen Zaunkönigen, fühlt sich in den Mesquitedickichten wohl, hat sich aber auch an Kulturlandschaften angepaßt. Aus unerfindlichen Gründen, vielleicht um zu täuschen, baut das Männchen mehrere Nester, von denen das Weibchen nur eines zum Ausbrüten der Eier benutzt.

Ein Reptilienparadies

Die Mesquitesteppe besiedeln mehr Reptilienarten als die anderen nordamerikanischen Steppenlandschaften. Mehrere davon sind auch in der Beifußregion und in der Wüste vertreten. Die Texasklapperschlange *(Crotalus atrox)* rollt sich bei einer Beunruhigung zusammen und erzeugt zur Abschreckung mit

3

4

1–3 Auch die den Wermuthühnern nahestehenden Präriehühner vollführen ein auffälliges Balzzeremoniell. Die Hähne versammeln sich auf der Arena und tragen vor den Hennen einen ritualisierten Kampf aus. Sie blasen ihre orangegelben Luftsäcke auf, richten ihre Federn empor und geben dumpfe Töne von sich.

4/5 Sehr eindrucksvoll ist das Balzritual der Wermuthühner. Die Hähne umkreisen einander mit Scheindrohgebärden (5). Dabei stoßen sie tiefe Laute aus, spreizen die Schwanzfedern und blähen die beiden Luftsäcke an der Brust auf (4). Diese Säcke verwandeln sich in große gelbe Ballons, die 300 Meter weit zu sehen sind. Wie oft ein Hahn den Balzvorgang wiederholt, hängt von seiner Stellung in der Hierarchie der jeweiligen Hahnengruppe ab. Auf den dominanten Hahn entfallen fast drei Viertel aller Kopulationen.

ihrem Schwanz ein rasselndes Geräusch. Die Klapper am Schwanzende besteht aus locker ineinandergefügten Hornringen, die bei den einzelnen Häutungen zurückbleiben. Bei der Geburt besitzt die Schlange noch keine Klapper, sondern nur eine kugelförmige Endschuppe. Die Intensität des Gerassels hängt von der Vibrationsgeschwindigkeit des Schwanzes ab, die ihrerseits den Erregungsgrad des Tieres widerspiegelt.

Die Texasklapperschlange wird manchmal über zwei Meter lang und gehört, wie alle Klapperschlangen, zur Familie der Grubenottern. Dieser Name stammt von den beiden grubenähnlichen Vertiefungen zwischen Nasenöffnung und Auge, mit deren Hilfe die Schlange die von warmblütigen Tieren abgegebene Körperwärme wahrzunehmen vermag. Mit diesem feinen Organ ortet die nächtlich jagende Klapperschlange ihre Beutetiere, etwa Ratten und Mäuse.

Die Grubenottern, die entwicklang und spitz und gleichen leicht gebogenen Injektionsnadeln, denn jeder Zahn bildet ein feines Röhrchen, durch welches das Gift in das Opfer eingespritzt wird.

Von den 15 Klapperschlangenarten Nordamerikas kommt ein Dutzend im Südwesten der USA vor, unter anderem in der Mesquite- und Beifußsteppe. Zu dieser Gruppe zählen die Tigerklapperschlange *(Crotalus tigris)* und die Prärieklapperschlange *(C. viridis)*. Die letztere ist eine echte Graslandart, deren Verbreitungsgebiet sich weit über den

Südwesten hinaus erstreckt und einen großen Teil der Prärielandschaft umfaßt.
Einige andere Schlangen scheinen das Schwanzrasseln der Klapperschlangen zu imitieren. Das gilt zum Beispiel für die kleine, nur 38 Zentimeter lange Blattnasennatter *(Phyllorhynchus decurtatus)*, die im Mesquiteland heimisch ist.
Im Reich der Echsen hat sich der Baumleguan *(Uta ornata)* aus Texas Schwanzschuppen zugelegt, die wie Haken vorstehen und ihm das Klettern erleichtern. Stachelleguane sind in verschiedenen Arten zahlreich vertreten. Die Echsenfauna umfaßt des weiteren Gitterschwanzleguane *(Callisaurus draconoides)*, Wüstenleguane *(Dipsosaurus dorsalis)*, Gebänderte Krallengeckos *(Coleonyx variegatus)* und Chuckwallas *(Sauromalus obesus)*. Der Chuckwalla ist eine große pflanzenfressende Echse, die für die Nahrungsaufnahme einige Zeit braucht. Sie ist deshalb meist am Vormittag munter, bevor es ihr in der Sonne zu heiß wird.

1

1 Diese große Heuschrecke (Romaleinae) hat einen gewaltigen Appetit und ist ein gefürchteter Ernteschädling.

2 Eine Krabbenspinne sitzt auf einem Schmalblättrigen Igelkopf. Hier lauert die Spinne Bienen, Fliegen und anderen Insekten auf, welche die Blüte aufsuchen.

2

Llanos, Campos und Pampas

Die Steppengebiete Südamerikas

Südamerika ist von riesigen windgepeitschten Steppen, von ausgedehnten halbariden Buschlandschaften und verschiedenartigen Savannen bedeckt. Obgleich diesen Regionen weitgehend die großen Tiere fehlen, die anderswo für ähnliche Landschaftsformen typisch sind, beherbergen sie so ungewöhnliche Lebewesen, daß der Besucher für den Mangel an Großtieren mehr als entschädigt wird. Viele dieser Lebewesen sind in zwei oder mehr Steppenbereichen anzutreffen. Das gilt insbesondere für die Savannen. Im großen und ganzen weisen die verschiedenen Savannentypen eine einheitliche Fauna auf.

Die Schwemmland-savannen

Zwei tropische und subtropische Savannenlandschaften, die man als Llanos bezeichnet, werden alljährlich zeitweise überflutet. Für den ersten Typ sind Büschelgräser mit locker verteilten Bäumen charakteristisch, für den zweiten Hochgräser.

Die meist von trockenen Laubwäldern gesäumten Llanos und verwandte Landschaftsformen finden sich in Kolumbien, Bolivien, Brasilien, Paraguay und Argentinien. Die größten Flächen erstrecken sich im Orinoco-Becken von Guayana und Venezuela. Dort macht sich der Einfluß der saisonalen Überschwemmungen auf die Lebewelt besonders stark bemerkbar. Im April, am Ende der Trockenzeit, ist der Llano arid und von der Sonne ausgedörrt. Brände fegen über das Land hinweg, zumal in den trockensten Gebieten. Hier wächst die feuerbeständige Llanopalme sowohl einzeln als auch in Gruppen. Im Herzen des Llano stößt man auch auf Baumdickichte, die sich etwa aus Kassien und Araguaneys, dem Nationalbaum Venezuelas, zusammensetzen.

Bevor der April zu Ende geht, kommt der Regen, der das Bild der Llanos völlig verändert. Sie verwandeln sich in weite Überschwemmungsebenen, die durch-

setzt sind von Seen, Lagunen und Sümpfen. Dieser Zustand bleibt bis Oktober erhalten.

Die Riesennager der Llanos

Wegen der regelmäßigen Überschwemmungen sind wasserlebende Tierarten besonders charakteristisch für die Llanos. Zu den auffälligsten Arten gehört die Capybara *(Hydrochoerus hydrochaeris)*, auch Wasserschwein genannt. Mit einem Gewicht bis zu 65 Kilo stellt sie das größte Nagetier der Welt dar. Ihre Anpassung an das Wasserleben zeigt sich schon an den mit Schwimmhäuten versehenen Füßen.

Die Capybaras finden ihre Nahrung an Land und im Wasser in Form von allerlei Gräsern und Wasserpflanzen. Weil sie so groß sind, bilden sie für die Bewohner der Llanos einen sehr wichtigen Eiweißlieferanten. Die geselligen Tiere sind recht lautfreudig und leben in größeren Gruppen. Obwohl sie standorttreu sind, müssen sie, um Weide- und Ruheplätze zu finden, umherwandern, wenn sich der Wasserspiegel verändert. Gerne nehmen sie Sonnenbäder an Flußufern. Bei einer drohenden Gefahr retten sie sich durch einen Sprung ins Wasser.

Capybaras fressen oder ruhen oft in Gewässern, die vollständig von einem Wasserpestteppich überzogen sind. Dann ragen nur Kopf und Rücken aus der Pflanzendecke hervor. Vögel lassen sich auf dem Rükken der Tiere nieder, und Blatthühnchen, die man Jacanas oder Jassanas nennt, trippeln über sie hinweg. Viele Aktivitäten der Capybaras, auch die Paarung, finden im Wasser statt.

Zwei kleine Hirschtiere, eine Unterart des Weißwedelhirsches *(Odocoileus virginianus gymnotis)* und der Rote Spießhirsch *(Mazama americana)*, bewohnen ebenfalls die Llanos. Beide, vor allem der Spießhirsch, sind hauptsächlich Waldtiere, die jedoch häufig die benachbarten Grasfluren aufsuchen. Als ein hervorragender Schwimmer, der große Wasserflächen überqueren kann, ist der Rote Spießhirsch sehr gut an die überschwemmten Llanos angepaßt.

Ameisenbären und Gürteltiere

In den südamerikanischen Savannen leben die Vertreter einer weiteren Tiergruppe, die in den Graslandschaften der Alten Welt nicht vorkommt – die Zahnarmen oder Edentata, also Ameisenbären, Gürteltiere und Faultiere. In den Llanos sind der Große Ameisenbär *(Myrmecophaga tridactyla)* und das Riesengürteltier *(Priodontes giganteus)* zu Hause. Der Ameisenbär füllt ungefähr die gleiche ökologische Nische aus wie das Erdferkel in der afrikanischen Steppe, obwohl beide Arten ganz verschiedenen Ordnungen angehören. Beide sind imstande, betonharte Termitennester aufzureißen, und benutzen ihre klebrige Zunge, um diese winzigen Insekten oder auch Ameisen zu erbeuten. Der Große Ameisenbär besitzt einen lang ausgezogenen Kopf mit einer röhrenförmigen Schnauze. Er hat keine Zähne, aber eine sehr lange Zunge und kräftige, scharfe Vorderfußkrallen. Mit diesen Krallen kommt er an

Der sowohl im Wald als auch in der Steppe heimische Große Ameisenbär erreicht eine Länge von zwei Meter. Das zahnlose Tier lebt von Ameisen und Termiten, die es mit seiner langen klebrigen Zunge erbeutet.

seine Hauptnahrung heran, und mit ihnen kann er auch fürchterliche Wunden schlagen.
Das rund 50 Kilogramm schwere Riesengürteltier ist ebenfalls mit riesigen Klauen bewehrt. Die dritte Vorderzehe ist besonders kräftig entwickelt und dient als Werkzeug zum Aufreißen von Termitenbauten und als Spaten zum Graben in der Erde. Während der Ameisenbär unbezahnt ist, besitzt das Riesengürteltier mehr Zähne als jedes andere landlebende Säugetier, aber sie sind winzig und haben keine Wurzeln. Alle Gürteltiere tragen zum Schutz einen absonderlichen Panzer, der aus überlappenden Knochenplättchen besteht und auch Kopf und Schwanz bedeckt. Die bindenförmig angeordneten »Gürtel« des Panzers sind beweglich und gestatten es dadurch einigen Arten, sich zur Abwehr von Feinden zu einer Kugel zusammenzurollen.

Wasservögel der Llanos

Wasservögel, die mit Ausnahme der trockensten Monate überall häufig sind, verleihen der Llanofauna ein unverwechselbares Gepräge. In riesigen Scharen gehen Reiher, vor allem die großen Silberreiher *(Ardea alba = Casmerodius albus)*, in den überschwemmten Steppen oder an den Ufern der Flüsse und Lagunen auf Nahrungssuche. Wahrscheinlich keine andere Region der Erde beherbergt so viele Reiherarten, aber auch Storch- und Ibisarten, wie der venezolanische Llano. Viele dieser Vögel, etwa der Rote Sichler *(Eudocimus ruber)*, der Rosalöffler *(Ajaja ajaja)* und der Speerreiher *(Agamia agami)*, sind ungewöhnlich farbenprächtig. Der Speerreiher zeigt so viele Besonderheiten, daß er eine Gattung für sich bildet. Das Federkleid des Altvogels schimmert in kastanienbraunen, grünblauen und hellblauen oder grauen Tönen. Die Beine sind gelblich, und durch den speerförmigen, himmelblauen Schnabel unterscheidet sich der Vogel von den anderen Reihern. Vielleicht haben wir es hier mit dem isolierten Abkömmling einer altertümlichen Reihergruppe zu tun. In den Llanos begegnet man übrigens auch dem Großen Flamingo *(Phoenicopterus ruber)*.

1

1 Die zarten jungen Triebe des Pfriemengrases werden fest und widerstandsfähig, wenn die Pflanze größer wird. Dieses Gras dient Lamas, Alpakas und Vikunjas als Nahrung.

2

3

2 Eine Pampashirschkuh begrüßt ihr Kalb. Wenn es in Gefahr ist, versucht das Muttertier, den Angreifer abzulenken, indem es einen kranken Lauf vorschützt. Pampashirsche sind in den trockenen Grasfluren von Brasilien bis Patagonien verbreitet.

3 Ameisenhügel sprenkeln die offene Graslandschaft der Xingú-Region im südlichen Mato Grosso.

4 Der Mähnenwolf ist ein scheuer Pampasbewohner. Er stellt Pakas, Agutis, Vögeln, Reptilien und Insekten nach, verschmäht aber auch Früchte nicht.

5 Ein trächtiges Pumaweibchen ruht im Gras. Obwohl ihr Lebensraum kleiner geworden ist, sind die Pumas in Südamerika noch immer häufig anzutreffen. Sie halten sich lieber im trockenen offenen Gelände als im feuchten Wald auf.

4

5

In den Uferdickichten lebt ein seltsamer Vogel, der Hoatzin *(Opisthocomus hoazin)* – ein bizarres Tier mit langem Federschopf. Frischgeschlüpfte Hoatzins tragen an jeder Flügelvorderkante drei funktionsfähige Krallen. Schon nach wenigen Tagen beginnen die Nestlinge, in den Bäumen umherzuklettern, wobei sie sich mit den Flügelkrallen und den Füßen im Gezweig festhalten. Nach drei bis vier Wochen werden die Krallen abgestoßen. Der Nestbaum steht häufig mitten in einem Überschwemmungsgebiet.

Ein weiteres ungewöhnliches Merkmal der jungen Hoatzins besteht darin, daß sie mit allen vier Gliedmaßen schwimmen können, wenn sie ins Wasser fallen. Sobald sie bei ihrem Baum angelangt sind, klettern sie einfach wieder ins Nest zurück.

Die Landvögel treten ein wenig hinter den Unmengen von Wasservögeln zurück, aber einige Arten sind wegen ihrer auffälligen Färbung oder wegen ihres Flugbildes nicht zu übersehen, wenn sie über der Ebene ihre Kreise ziehen. Das gilt etwa für die verschiedenen Geierfalken oder Karakaras *(Polyborinae)*, den Königsgeier *(Sarcorhamphus papa)*, den Rabengeier *(Coragyps atratus)* und den Truthahngeier *(Cathartes aura)*. Was die kleineren Sperlingsvögel angeht, so beleben nicht selten ganze Schwärme von roten, schwarzen und weißen Trupialen (*Icterus* spp.) die Savannenbäume.

Riesen- und Giftschlangen

In Zeiten der Überschwemmung dehnen manche Reptilien ihren Lebensbereich in der Savanne erheblich aus. Das gilt beispielsweise für die Anakonda *(Eunectes murinus)*, die an den Flußläufen des Llano lebt. Keine andere Riesenschlange verbringt so viel Zeit im Wasser wie sie; oft ist sie teilweise untergetaucht oder treibt so tief im Wasser, daß nur noch die Nasenöffnungen und die Augen hervorschauen.

Diese größte Schlange der Welt wird im Durchschnitt ungefähr sechs Meter lang. In Berichten ist zwar von Giganten die Rede, die über 20 Meter maßen, aber der offiziell bestätigte Längenrekord beträgt »nur« 11,30 Meter.

In den nicht überfluteten Savannenregionen haust eine andere große Schlange, die Königsschlange *(Boa = Constrictor constrictor)*, die mit Vorliebe Baum- oder Strauchgruppen und Galeriewälder besiedelt. Weitere auffällige Reptilien sind die Schreckensklapperschlange *(Crotalus durissus)*, der Grüne Leguan *(Iguana iguana)* und der Bänderteju *(Tupinambis teguixin)*. Die beiden letzteren, die größten Echsen Südamerikas, können bis zu 1,50 Meter lang werden.

Die Montes, Campos und Caatingas

Weite Gebiete Brasiliens, Paraguays, Uruguays, Argentiniens und Boliviens sind von trockenen Savannen, ariden Strauchsteppen oder trockenem Waldland bedeckt. Je nach ihrer Beschaffenheit bezeichnet man diese Landschaftsformen als Montes, Campos oder Caatingas. Obwohl die Montes und Campos keine zusammenhängende Fläche bilden, überziehen sie einen größeren Teil Südamerikas als jede andere tropische Steppenform, und sie umfassen sehr vielgestaltige Lebensräume, von der zeitweilig überschwemmten, llanoähnlichen Grasflur bis zur sehr dürren steppenartigen Landschaft.

Der Mato Grosso in Brasilien und der Gran Chaco in Argentinien

sind im wesentlichen Campo-Savannen oder Strauchsteppen, doch übt die Nähe des Amazonas-Regenwaldes beziehungsweise der Andenhänge einen starken Einfluß auf diese beiden Regionen aus. Der Gran Chaco ist meistenteils eine extrem heiße Halbwüste, in der Stürme hohe Staubwolken aufwirbeln. Nur sechs bis neun Meter hohe Kaktusgewächse und bis zu 18 Meter hohe xerophile (Trockenheit liebende) Bäume können hier überdauern. Aber mit den Regenfällen kehren auch die Gräser zurück. Im Sommer verwandelt sich das Gebiet in eine riesige, moskitoverseuchte Sumpflandschaft, die überflutet wird vom Regen und von den Flüssen, die das Schmelzwasser der Anden und der Nebelwälder anschwellen läßt. Solche regelmäßig überschwemmten Landstriche werden Pantanal genannt.
Die Caatingas umfassen Gebiete sowohl innerhalb als auch außerhalb der Regenwaldzone, und wir unterscheiden Caatingas mit immergrüner und mit laubabwerfender Vegetation. In der ersteren ist der Boden nährstoff- und wasserarm, während die zweite verhältnismäßig fruchtbare Böden und ein Klima mit strengen Trockenperioden aufweist, in denen die Verdunstung die Niederschläge übersteigt. Eine dornige Strauch- und Kakteenvegetation ist für viele Caatingas charakteristisch.

Gürteltiere, Pakas und Agutis

Drei Gürteltierarten sind in ihrem Bestand zusehends bedroht, und zwar durch die Erschließung ihres Lebensraums und durch Jäger. Die erste ist der Burmeister-Gürtelmull *(Burmeisteria retusa)* in der Chaco-Region, die zweite ist der kleinere eigentliche Gürtelmull *(Chlamyphorus truncatus)* in Mittelargentinien, auch Gürtelmaus oder Schildwurf genannt, und die dritte ist das Dreibinden-Kugelgürteltier *(Tolypeutes tricinctus)* im nordöstlichen Brasilien. Diese kleineren Vertreter der Gürteltiersippschaft leben weitgehend unterirdisch. Sie graben Tunnelsysteme und kommen im allgemeinen nur nachts an die

Das Sechsbinden-Gürteltier ist in den meisten Steppengebieten östlich der Anden verbreitet. Das plump gebaute Tier hat ein Gewicht von vier bis fünf Kilogramm. Gegen seine Feinde wehrt es sich mit den Zähnen und den großen Krallen. Die letzteren dienen auch zum Graben von Erdbauen.

Oberfläche. Sie ernähren sich hauptsächlich von Wurzeln, verzehren wohl aber auch Insekten. Dank seiner weiten Verbreitung ist das Neunbinden-Gürteltier *(Dasypus novemcinctus)* am bekanntesten geworden. Obwohl es auch in den Grasfluren und Steppen südlich des Gran Chaco vorkommt, ist es im Grunde ein Waldbewohner.

In den südlicher gelegenen Savannen Südamerikas sind mehrere große Nagetiere beheimatet. Neben der Capybara sind es vor allem die Pakas *(Cuniculus paca)* und die Agutis *(Dasyprocta)*. Beide sind Waldtiere, die aber auch ins Grasland und in das Savannen-Wald-Gemisch vordringen.

Sumpfhirsche und Pekaris

Die südlichen Savannen sind reicher an Huftieren als die nördlichen Llanos. Der Sumpfhirsch *(Odocoileus dichotomus)*, die größte südamerikanische Hirschart, bewohnt Sümpfe, feuchte Grasfluren und zeitweilig überschwemmte Baumsavannen.

Auch zwei Pekariarten sind hier vertreten, das Halsbandpekari, welches wir bereits kennengelernt haben, und das Weißbartpekari *(Tayassu albirostris)*. Obgleich die beiden hauptsächlich Nachttiere sind, werden sie auch am Tage munter. Sie durchwandern weite Gebiete und durchschwimmen mühelos Flüsse. Ihr eigentlicher Lebensraum ist der Wald. Die geselligen Tiere ziehen in kleinen Trupps umher und können sehr aggressiv werden, wenn sie verletzt sind oder in die Enge getrieben werden. Mitten auf dem Rücken haben sie eine große, nabelartig eingesenkte Duftdrüse, die einen starken Geruch verbreitet und nach der sie als Nabelschweine bezeichnet werden. 1975 wurde im Chaco von Paraguay eine dritte Pekariart entdeckt, das Großkopf- oder Chaco-Pekari *(Catagonus wagneri)*, das man seit 8000 Jahren für ausgestorben hielt.

Wildhunde der Steppe

Zu den häufigeren Säugetieren der Campos gehört noch der Mähnenwolf *(Chrysocyon brachyurus)*, ein schlankes hundeartiges Raubtier mit langen, fast stelzenähnlichen Läufen. Man findet die Tiere in Brasilien, in Ost- und Nordbolivien, in Paraguay und in Nordargentinien, doch nehmen die Bestände rasch ab. Die Mähnenwölfe jagen nachts und sind als Savannenschlenderer nur auf Kurzstrecken schnell. Heute stehen ihnen allerdings kaum noch andere Beutetiere zur Verfügung als Nager, Vögel und Insekten.

Ein weiterer Canide, der Waldhund *(Speothos venaticus)*, bewohnt die Savannen und Wälder von Panama bis Paraguay, ist jedoch überall selten geworden. Er hat auffallend kurze Läufe und ein stark zurückgebildetes Gebiß, das sich von dem anderer Hundearten erheblich unterscheidet. Daher hat er eher Ähnlichkeit mit Vertretern der Marderfamilie. Von den übrigen Raubtieren sind drei schakalartige Caniden erwähnenswert: der Kurzohrfuchs *(Cerdocyon microtis)*, der Waldfuchs *(C. thous)* und der Kampffuchs *(Dusicyon vetulus)*.

Ein seltener Hirsch

Heute ist das hohe Pampasgras zum großen Teil verschwunden und mit ihm die Lebensräume verschiedener Wildtiere. Mehrere Arten weisen inzwischen nur noch einen Bruchteil ihres einstigen Bestandes auf. Am meisten gefährdet ist der Pampashirsch *(Odocoileus = Blastoceros bezoarticus)*, der früher nicht nur in den argentinischen Pampas und den Steppen Patagoniens, sondern auch in den Campos von Uruguay, Paraguay, Bolivien und Brasilien weit verbreitet war. Er ist selten geworden infolge der Umweltzerstörung, der Überjagung und der von Rindern übertragenen Krankheiten. Wenn das hohe Pampasgras verschwindet, findet der Hirsch keine Deckung mehr und wird gezwungen, in ungeschütztem Gelände zu leben, wo er gegen Störungen durch den Menschen sehr empfindlich ist.

Wie die meisten Hirsche ist auch der Pampashirsch eigentlich ein Äser und kein Weidetier. Daß er einst die Pampas besiedelte, mag zumindest teilweise auf die Ausrottung aller echten Weidetiere in der Pampaslandschaft zurückzuführen sein, wovon nur der Guanako *(Lama guanicoë)* ausgenommen war. Nach dem Untergang der großen Pflanzenfresser wurde der Guanako zum erfolgreichsten Pampashuftier, obgleich er vorwiegend ein Gebirgstier ist.

Die Nandus

Die Pampashirsche ästen früher oft in Gemeinschaft mit den Nandus *(Rhea americana)*, doch auch ihr Bestand ist mittlerweile stark zurückgegangen. Wie die Riesenvögel anderer Erdteile ist auch der große, 1,50 Meter hohe Nandu ein flugunfähiger Laufvogel. Er hat sich auf

1

das Leben in der offenen Grasflur spezialisiert, und in vielerlei Hinsicht gleicht er dem afrikanischen Strauß, vor allem in seinem Brutverhalten.
Die Hähne sind polygam und scharen einen Harem von drei bis acht Hennen um sich. Diese legen gemeinschaftlich bis zu 60 Eier ab, die in einer vom Männchen vorbereiteten Mulde einen großen Haufen bilden. Der Hahn erbrütet das Gelege und betreut auch die Jungen, die er mit großem Mut selbst gegenüber Menschen verteidigt.

Wühler und Schwimmer

Was die Säugetierfauna angeht, so sind in den Pampas die verschiedenen Nagerarten weit zahlreicher als in den tropischen Steppen. Zu ihnen gehören beispielsweise die Kammratten oder Tukotukos *(Ctenomys)*, maulwurfähnliche Grabtiere, die in Kolonien leben. In Reihen angeordnete kleine Bodenerhebungen zeigen die Anwesenheit dieser Nager an.
Ein anderes koloniebildendes, aber viel größeres Nagetier ist die Viscacha *(Lagostomus maximus)*. Die Tiere graben ein weiträumiges Labyrinth aus Gängen und Kammern, das man an den aufgeworfenen Erdhügeln sofort erkennt. Die Maras *(Dolichotis patagonum)*, zuweilen auch Pampas- oder Patagonienhasen genannt, sind keine Hasen, sondern große, hochbeinige Nager und Verwandte der Capybaras, Pakas und Agutis.
An den Wasserläufen der Pampas lebt eine der zahlreichen südamerikanischen Großnagerarten, der Sumpfbiber *(Myocastor coypus)*, den man in seiner Heimat auch Coypu oder Nutria nennt. Er ist

2

3

4

1 Das Perlsteißhuhn kommt in Argentinien und Chile vor. Das Männchen brütet die Eier aus und betreut die Küken. Das Nest wird auf dem Erdboden im Gras oder in einem Busch angelegt.

2 In seiner Lebensweise ist der Nandu den Straußen vergleichbar, obschon beide nicht näher miteinander verwandt zu sein scheinen. Die Nanduhähne betreuen ihre Jungen, nicht anders als die männlichen Strauße. Die Nahrung der Nandus besteht aus Blättern, Sämereien und anderen Pflanzenstoffen, aber auch aus Insekten und kleinen Kriechtieren.

3 Die kleine Kanincheneule ist von Florida und vom Westen Nordamerikas bis Argentinien im offenen Gelände anzutreffen. Sie brütet gewöhnlich in den aufgegebenen Erdhöhlen von Nagetieren und ähnlichen Tieren, gräbt aber manchmal auch selbst eine Nisthöhle.

4 Wie der afrikanische Sekretärvogel ernährt sich die Seriema von Schlangen und Insekten. Dieser Pampasvogel wandert meist auf dem Boden umher und erhebt sich nur selten in die Lüfte.

noch stärker ans Wasser gebunden als die Capybara und ernährt sich vorwiegend von Wasserpflanzen. Im Aussehen ähnelt er einer Riesenratte. Er wird ohne Schwanz 40 bis 60 Zentimeter lang und wiegt bis zu zehn Kilo. Das Nutriafell spielt im Pelzhandel eine große Rolle. Aus diesem Grund ist der Sumpfbiber in seinem angestammten Lebensraum fast bis zur Ausrottung bejagt worden, doch es steht zu hoffen, daß die Nutriafarmen in Nordamerika, Europa und Asien den wildlebenden Beständen in Südamerika eine gewisse Entlastung bringen.

1

2

3

1 Der Truthahngeier ist in der Neuen Welt weit verbreitet. Er lebt von Aas, das er aus großer Höhe erspäht. Bei der Suche nach Tierkadavern »reitet« der Geier auf warmen Luftströmungen und zieht dabei unablässig seine Kreise.

2 Der Guanako ist ein Mitglied der Kamelfamilie. Diese herdenbildende Art besiedelt sowohl die Berge als auch die Pampas von Peru bis zur Südspitze Südamerikas.

3 Eine Fangschrecke pirscht sich an ihre Beute heran. Dieses aggressive Insekt jagt alle möglichen Beutetiere; große Arten verzehren sogar Jungvögel und Frösche. Sobald das Opfer in Reichweite ist, bewegt sich die Fangschrecke blitzschnell und packt es in einer Zwanzigstelsekunde mit ihren Vorderbeinen.

Wie alle südamerikanischen Steppenlandschaften sind auch die Pampas von Opossums oder Beutelratten bewohnt. Die meisten bevorzugen zwar Gehölze und Wälder, aber viele Arten sind auch am Waldrand häufig anzutreffen, von wo aus sie in die Savannen vorstoßen. Einige Arten scheinen sogar echte Graslandbewohner zu sein. Eine davon, die winzige Zwergbeutelratte *(Marmosa elegans)*, ist zwar ein echtes Beuteltier, besitzt aber keinen Beutel. Die Jungen heften sich fest an die Zitzen des Muttertiers an und werden von ihm umhergetragen.

Die Vögel der Pampas

Die schon mehrfach erwähnte Kanincheneule *(Speotyto cunicularia)*, die in Nord- und Südamerika weit verbreitet ist, richtet sich in den Pampas in Viscachabauen ein, so wie sie in den Prärien die Baue der Präriehunde bezieht. Sie kann aber auch selber Erdhöhlen graben. Diese Eulenart, eine der wenigen, die in der baumlosen Steppe heimisch sind, ist am Tage und in der Nacht aktiv. Tagsüber hockt sie meist vor dem Eingang ihres Baus. In der Morgen- und Abenddämmerung geht die Eule auf Insektenjagd, doch gelegentlich reißt sie auch kleine Nager und Vögel.

Die Pampas sind das Brutrevier einer Papageienart, des Mönchssittichs *(Myiopsitta monachus)*, der in Kolonien auf Bäumen nistet. Die Sittiche bauen riesige Gemeinschaftsnester, in denen jedes Paar ein eigenes Abteil bewohnt.

Der bekannteste Watvogel der Feuchtgebiete ist der Cayenne-Kiebitz *(Belonopterus cayennensis)*, der hauptsächlich von Regenwürmern lebt. Zu den Watvogelarten, die sich jeweils mehrere Monate im Jahr in den Pampas aufhalten, zählen die Zugvögel aus der nördlichen und südlichen Hemisphäre. Aus dem Norden kommt der Amerikanische Goldregenpfeifer *(Pluvialis dominica dominica)*, die Amerikanische Uferschnepfe *(Limosa haemastica)* sowie mehrere Wasserläufer und Strandläufer.

Der Goldregenpfeifer legt dabei die erstaunlichste Wanderstrecke zurück. Im Herbst verläßt er sein Brutgebiet im äußersten Norden Alaskas, Kanadas und im Norden Sibiriens. Der größte Teil der nordamerikanischen Populationen zieht in östlicher und südöstlicher Richtung über Kanada nach Labrador, Neuschottland und Neuengland, dann südwärts über den Atlantik zu den Überwinterungsquartieren in Südbrasilien und Argentinien. Die Frühlingswanderung führt auf einer westlichen Route über den Amazonas, den Isthmus von Panama oder den Golf von Mexiko, das Mississippital aufwärts und über die kanadischen Prärien westlich der Hudson-Bay hinweg – insgesamt mehr als 25000 Kilometer!

Abb. S. 528: Brachypelma smithi, Tarantelart aus Mexiko.
Abb. S. 529: Wasserbüffel im Tsavo Nationalpark, Kenia.

Lebendige Wüste

In Trockenheit und Hitze

Die Wüste als Lebensraum

Die Bedingungen, unter denen Wüstenpflanzen und Wüstentiere sich entwickeln und überleben müssen, sind sehr hart: eine glühende Sonne, deren intensive Strahlung die Lufttemperaturen bis auf 50°C im Schatten hochtreibt; windgepeitschter Sand, der aus hartem Fels bizarre Skulpturen meißelt; staubtrockener Boden, der seit zehn Jahren keinen Regen abbekommen hat. Die physikalischen Gegebenheiten einer Umwelt bestimmen, welche Pflanzen und Tiere dort gedeihen. Im Wald und im Grasland kann die Vegetation die physikalischen Bedingungen bis zu einem gewissen Grade verändern und umgestalten. Doch in der Wüste ist die Flora so spärlich, daß sie nur sehr wenig dazu beitragen kann, die Auswirkungen von Hitze, Wind und Dürre zu mildern.

Der Charakter der Wüstenlandschaften unserer Erde weist erhebliche Schwankungen auf, und die Ökologen sind sich noch nicht völlig darüber einig, welche Faktoren das Wesen einer Wüste bestimmen. Grundsätzlich gilt, daß in Wüsten hohe Temperaturen vorherrschen, zumindest in einem Teil des Jahres, und daß sie trocken sind. Wüsten erstrecken sich in der Regel in solchen Regionen, in denen die jährliche Niederschlagshöhe 25 cm nicht übersteigt und mehr Wasser verdunstet, als in Form von Regen niedergeht. Obwohl auch in den Polargebieten die Niederschläge gering sind, kann man hier wegen der niedrigen Temperaturen nicht von einer echten Wüste sprechen.

Luftströmungen, die Wüsten entstehen lassen

Satellitenfotos unseres Planeten zeigen deutlich eine scharf abgesetzte Gliederung der Pflanzendecke, die den meisten Menschen wenigstens in ihren Grundzügen vertraut ist. Die Polarregionen etwa sind von einer Eiskappe bedeckt, während Tropenwälder sich andererseits in der Nähe des Äquators erstrecken.

Keine dieser Vegetationszonen verdankt ihre Entstehung dem Zufall. Vielmehr prägen das Klima, die Topographie und die Bodenbeschaffenheit die Pflanzenwelt einer bestimmten Region. Um die Ökosysteme der Wüste zu verstehen, müssen wir wissen, wo klimatische Verhältnisse gegeben sind, die Wüstenlandschaften entstehen lassen, und welche Bedingungen ein solches Klima hervorbringen.

Am Äquator bildet die Erdoberfläche fast einen rechten Winkel zur Sonne. Doch je mehr die Oberfläche der Erdkugel zu den Polen hin abflacht, desto mehr verändert sich der Einfallswinkel der Sonnenstrahlen, bis sie schließlich an den Polen selbst mehr oder weniger parallel zur Erde einfallen. Deshalb bleibt die Sonne in den Polargebieten jeweils ein halbes Jahr lang unter dem Horizont. Im anderen Halbjahr, also während des Polarsommers, steht die Sonne 24 Stunden am Tag über dem Horizont, allerdings nie sehr hoch. Daraus folgt, daß sich die Oberfläche der Erde in den niedrigen Breiten sehr viel stärker erwärmt als in den höheren.

Da die Oberflächentemperaturen in Äquatornähe am höchsten sind, sind dort auch die Lufttemperaturen am höchsten.

Die Luftdichte ist eine Funktion der Lufttemperatur: je höher die Temperatur, desto leichter die Luft. Da die Oberflächenluft am Äquator am wärmsten und somit am leichtesten innerhalb der gesamten Erdatmosphäre ist, steigt diese äquatoriale Luft nach oben. Die Polarluft dagegen sinkt ab. Weil die Schwerkraft die Atmosphäre an die Erde bindet, kann die am Äquator aufsteigende Luft nicht in den Weltraum entweichen. Sie sammelt

Die Sanddünen der Namib-Wüste im Südwesten Afrikas erheben sich als weite, kontrastreiche Kulisse hinter einem Süßwasserteich. Sand ist zwar ein unfruchtbarer Boden, aber er ist porös, so daß das seltene Regenwasser hindurchsickert und den Pflanzenwurzeln Feuchtigkeit zuführt. Oder es fließt unter seiner Oberfläche dahin und läßt Oasen entstehen.

sich vielmehr über dem Äquator und wird gezwungen, sich von dort aus zu verteilen; sie bewegt sich also in großen Höhen auf die Pole zu.

An den Polen kann sich die absinkende Luft auch nicht beliebig verdichten, und so bewegt sie sich äquatorwärts und füllt die Leere aus, die durch die aufsteigende Luft entsteht, welche ihrerseits die Lükken über den Polen ausfüllt.

Die Wirkung der Erdumdrehung

Würde sich die Erde nicht um ihre Achse drehen, würde sich uns dieser Vorgang so darstellen: Es gäbe zwei Zonen *absinkender* Luft, je eine an den beiden Polen, und einen dritten Gürtel *aufsteigender* Luft am Äquator. Und wir würden dazwischen zwei riesige zirkulierende Luftmassen erkennen, welche die beiden Hemisphären einhüllten: Die am Äquator aufsteigende Luft flösse in großer Höhe polwärts und kehrte dicht über der Erdoberfläche zum Äquator zurück. Wir würden diese Oberflächenströmung auf der Nordhalbkugel als Nordwind wahrnehmen und als Südwind auf der südlichen. Doch so einfach liegen die Dinge nicht. Dieser Ablauf wird durch die Erdumdrehung gestört. Die Erde dreht sich am Äquator mit einer Geschwindigkeit von etwa 1700 km/h von Westen nach Osten um ihre Achse. Diese Geschwindigkeit

1

2

3

1 Auf diesem Satellitenfoto, aufgenommen von dem Raumschiff Gemini V, sind die Namib-Wüste und die Südwestküste Afrikas zu sehen. Der Fluß Kuiseb trennt die rosa überhauchte Dünenlandschaft im Süden von der Felsenwüste im Norden.

2 Wo keinerlei Vegetation die Kraft des Windes bricht, wird der feinkörnige Boden weggeweht, so daß nur der nackte Stein zurückbleibt, so wie hier in der Sturt-Steinwüste Australiens. Solche Oberflächenformen bezeichnet man in Australien als »Gibber«, in Asien als »Gobi«, in Vorderasien und Nordafrika als »Reg« und in Nordamerika als »Desert Pavement«, »Wüstenpflaster«.

3 Die Trockenbecken in den Talsohlen zwischen den Bergen sind ein Merkmal der Wüsten in der ganzen Welt. Das selten anfallende Regenwasser fließt ab, sammelt sich in den Becken und verdunstet. Auch für diese Landschaftsform existieren internationale Benennungen: das spanische Wort »Playa«, das in der Neuen Welt benutzt wird, und die Bezeichnung »Schott« in Nordafrika.

4 Wenn der schlammige Boden einer Playa austrocknet, zerspringt er und bildet ein kompliziertes, von Trockenrissen durchzogenes Mosaik, wie hier im Bett des Oranje-Flusses, der Namibia von Südafrika trennt. Die Trockenrisse beherbergen oft Eier von ephemeren Insekten, Krustentieren oder anderen Organismen, die mehrere Jahre lang ruhen können.

4

nimmt in höheren Breiten stetig ab, bis sie an den Polen gleich Null ist. Die Atmosphäre rotiert zusammen mit der Erdoberfläche. Die Erdkugel rutscht jedoch gleichsam unter der Atmosphäre weg, und dieser Schlupfverlust ist in niedrigen Breiten am größten und wird zu den Polen hin immer kleiner.

Deshalb ist unser Planet nicht von zwei, sondern von sechs großen zirkulierenden Luftmassen umgeben, welche die klimatische Gliederung der Erde und folglich auch die Verteilung des pflanzlichen und tierischen Lebens bestimmen. Dieses komplexe Zirkulationsmuster wird verursacht durch drei Gürtel *aufsteigender* Luft, je einer am Äquator und bei etwa 60 Grad nördlicher und südlicher Breite. Die aufsteigende Luft kühlt sich ab, sobald sie in der Höhe den Bereich niedriger Temperaturen erreicht. Und da kalte Luft nicht so viel Wasserdampf binden kann wie warme, kondensiert die in der Luft enthaltene Feuchtigkeit infolge der Abkühlung und bringt in diesen Aufstiegsgürteln Regen hervor. Somit sind die Äquatorregion und die Gebiete um den 60. nördlichen und südlichen Breitengrad sehr niederschlagsreich.

In Äquatornähe begünstigt das feucht-heiße Klima die Entstehung des tropischen Regenwaldes. In dem breiten Band um den 60. Breitengrad (ungefähr die geographische Breite von Leningrad) ist das Klima kalt. Aber die reichlich vorhandene Feuchtigkeit läßt die Tannen- und Kiefernwälder Nordeurasiens und Nordamerikas wachsen. Da die Südhalbkugel in diesen Breiten fast völlig vom Meer bedeckt ist, gibt es dort keine vergleichbare Vegetationszone.

Entsprechend den drei Gürteln aufsteigender Luft umspannen vier Gürtel *absinkender* Luft die Erde, je einer an den beiden Polen sowie zwischen 20 und 30 Grad nördlicher bzw. südlicher Breite. Da sich absinkende Luft erwärmt und mehr Feuchtigkeit binden kann, gibt sie nicht nur keinen Regen ab, sondern nimmt sogar noch Feuchtigkeit von der Erdoberfläche auf. Infolgedessen sind die Polargebiete vergleichsweise niederschlagsarm und werden zuweilen als Kältewüsten bezeichnet.

Die echten Wüsten der Erde – die Sahara (die größte der Welt), die australischen und nordamerikanischen Wüsten, die Wüstengebiete des Mittleren Ostens und Indiens und die heißen Wüstenzonen Süd-

Die Atacama-Sechura ist wie die Namib eine Küstenwüste und verdankt ihre Entstehung dem Zusammenwirken der gleichen physikalischen Kräfte. Dünen wie die hier abgebildeten aus der Gegend von San Juan in Peru bilden sich quer zur Richtung der vorherrschenden Winde. Auf der dem Wind zugekehrten Seite steigen die Dünen sanft an, während sie auf der Leeseite steil abfallen.

afrikas und Südamerikas – liegen vorwiegend in den beiden warmen subtropischen Gürteln mit absinkenden Luftmassen. Zwar haben sich in diesen Gürteln die ausgedehntesten Dürrezonen gebildet, aber infolge bestimmter topographischer Gegebenheiten und bodennaher Luftströmungen entstehen Dürrezustände auch in weniger ausgedehnten Regionen.

»Regenschatten«

Wenn vorherrschende Winde gezwungen werden, hohe Gebirgszüge zu überwinden, kühlen sie sich stark ab und büßen ihre Feuchtigkeit noch schneller ein. Längs der Westküste der Vereinigten Staaten erstrecken sich zwei Gebirgsketten von Norden nach Süden: Die Küstenkette und die höhere Bergkette des Kaskadengebirges und der Sierra Nevada. Die feuchten Westwinde, die vom Pazifik landeinwärts wehen, müssen diese Gebirgsschranken übersteigen; dabei kühlen sie sich ab und laden ihre Feuchtigkeit auf den Westhängen ab. Nachdem sie sich abgeregnet haben, bewegen sie sich an den Osthängen der Kaskaden und der Sierra Nevada talwärts und trocknen dabei die Landschaft aus. Das Ergebnis ist die Great Basin Desert, das Wüstengebiet des Großen Beckens im mittleren und nördlichen Teil der westlichen USA.

Die Leeseiten der Gebirgsketten liegen somit im sogenannten Regenschatten. Die Great Dividing Range an der Ostküste Australiens fängt die von den südlichen Passatwinden mitgeführte Feuchtigkeit aus dem Pazifik ab und bewirkt, daß der größte Teil des Kontinents im Regenschatten liegt. Die Takla-Makan-Wüste in der chinesischen Provinz Sinkiang ist sogar auf drei Seiten von Bergen umgeben. Und auch die Patagonische Wüste in Südamerika liegt im Regenschatten der Anden.

Trockene Luft und reflektierte Hitze

In den Wüstengebieten können der wolkenlose Himmel und die sehr geringe Luftfeuchtigkeit die Sonneneinstrahlung kaum behindern, die folglich fast vollständig bis zum Boden gelangt. Aus diesem Grunde empfangen die Wüsten mehr Sonnenenergie als die Tropen, obwohl sie in höheren Breiten liegen. Die höchsten Lufttemperaturen der Erde werden in Wüstengebieten gemessen. Sie steigen im Schatten gewöhnlich auf 40–45° C an, zuweilen sogar auf 50° C. Der Boden erwärmt sich noch stärker und kann Temperaturen von 70–80° C aufweisen.

Jeder Gegenstand, der Strahlenenergie aufnimmt, gibt sie auch wieder ab. Wenn sich ein Teil der Erdoberfläche im Laufe der Nacht aus dem Bereich der Sonneneinstrahlung wegdreht, gibt er mehr Energie ab, als er empfängt, und seine Temperatur sinkt. In feuchten Regionen behindern Wolken und Luftfeuchtigkeit teilweise diese Abstrahlung – genauso wie sie tagsüber einen Teil der einfallenden Energie abgefangen haben –, so daß das Thermometer nur um höchstens fünf bis zehn Grad fällt.

In der Wüste hingegen stellt die feuchtigkeitsarme Luft kein nennenswertes Hindernis für die nächtliche Abstrahlung dar, so wie sie auch tagsüber die einfallende Strahlung kaum behindert. In der Nacht können somit die Temperaturen um 20–25° C absinken. Deshalb sind große Schwankungen der Tagestemperaturen ein typisches Merkmal der Wüste.

Wie die Landschaftsformen der Wüste entstehen

Zu den eindrucksvollsten Erscheinungen der Wüstenregionen gehört das Landschaftsbild. Hier haben sich die titanischen Kräfte der Natur vereint, um Landschaftsformen hervorzubringen, wie man sie faszinierender kaum anderswo auf der Erde antrifft. Auf manche Betrachter wirken die Öde und der Mangel an Pflanzenwuchs gleichwohl bedrückend und abweisend. Aber eine dichte Vegetation würde die Topographie weitgehend verhüllen und die roten, goldenen, braunen, schwarzen und grauen Töne des Gesteins und des Bodens zudekken, denen gerade die Wüstenlandschaft ihr lebhaftes und unvergeßliches Farbenspiel verdankt.

Im wesentlichen werden die großen Strukturen der Erdoberfläche durch zwei ständig wirksame, aber einander entgegengesetzte Kräfte geformt: durch Kräfte, welche die Erdkruste zu Bergen, Graten und

1

2

3

4

1 Die kleinen Felsvorsprünge in der Painted Desert im westaustralischen Nambung-Nationalpark sind die Überbleibsel einer Gesteinsschicht, die bis auf diese Reste vom windgetriebenen Sand abgescheuert wurde.

2–4 Viele Wüstengebiete der Erde, wie etwa der Petrified-Forest-Nationalpark (»Versteinerter Wald«) im Westen der Vereinigten Staaten, sind erdgeschichtlich jung. Diese Baumstämme standen einst in einer üppigen Waldlandschaft, die sich in Wüste verwandelt hat. Seine Farben verdankt das versteinerte Holz den mineralischen Eisen- und Manganlösungen, die vor langer Zeit die Stämme durchdrangen.

Hochplateaus aufwerfen, und durch andere, welche diese Erhebungen wieder abtragen, also durch die Erosionstätigkeit von Wasser, Wind und Eis. Fließendes Wasser schneidet sich in den Untergrund ein, doch wenn es zusätzlich Sand oder Kiesel in größeren Mengen mit sich führt, steigert sich seine Erosionskraft ganz erheblich. Auch der Wind kann eine Landschaft durch Abtragung umgestalten, zumal wenn er ebenfalls »Scheuersand« mit sich führt. Und das Gletschereis, das sich über den Erdboden hinwegschiebt, zählt zu den mächtigsten Landschaftsgestaltern überhaupt.

In Trockengebieten erzeugt die Erosion einige charakteristische Landschaftsformen: so Gebirgsketten, die durch Becken voneinander getrennt, Rest- und Tafelberge, die von Tälern und Schluchten durchzogen sind. Da aufsteigende Luft sich abkühlt und Feuchtigkeit abgibt, bekommen die Hochlagen in Wüstenzonen mehr Regen ab als die umliegenden Ebenen. Das abfließende Wasser gräbt Cañons in die Bergwände ein und befördert Erosionsmaterial, wie Erde, Kies und Felsbrocken, zu Tale. Dieses Material wird in Form eines Alluvialfächers vor der Cañonmündung abgelagert.

Ein anderes Merkmal der Wüstenlandschaft sind die ausgetrockneten Flußläufe, die Trockenbetten oder Trockentäler, die man in Nordamerika »Washes« oder »Arroyos«, im arabischen Raum »Wadis« nennt. Sie haben ihren Ursprung häufig in einer Gebirgskette und winden sich dann durch den Wüstenboden. Sie bleiben trocken, außer nach einem der seltenen Regengüsse, wenn sich das Wasser in ihnen sammelt und die Landschaft durchfließt. Die Ufer der Wadis weisen im allgemeinen mehr Vegetation auf als die übrige Wüste. Aus der Luft betrachtet gleichen viele Wüsten einer spärlich mit Pflanzen gesprenkelten Fläche, von der sich die etwas dichter bewachsenen Wadis als feines Liniennetz abheben.

Wüstenböden

Viele Menschen denken bei dem Wort »Wüste« an endlose Sandflächen, die von Dünen durchzogen sind, und solche weiten Dünenlandschaften sind in der Tat charakteristisch für viele Wüsten unserer Erde. Die großen Ergs der Sahara werden volkstümlich als Dünenmeere bezeichnet. Andere ausgedehnte Dünenfelder erstrecken

sich in Saudi-Arabien, in der Wüste Gobi, in der Thar-Wüste im westlichen Indien, in der südafrikanischen Wüste Namib und in der Großen Sandwüste Australiens. Doch insgesamt sind in den Wüstenregionen der Erde die von verfestigtem Sand, schwerem Erdreich und Geröll bedeckten Flächen größer als die Lockersand- und Dünenlandschaften.

Da in der Wüste nur sehr wenig Regen fällt, bleiben die mineralischen Nährstoffe im Boden erhalten. Das Regenwasser dringt häufig nur etwa 20–30 cm in den Boden ein. Sobald sich die Regenwolken verzogen haben, beginnt die Feuchtigkeit in der heißen Sonne zu verdunsten. Ist die Oberfläche trocken, steigt das unter ihr vorhandene Wasser nach oben und verdunstet ebenfalls allmählich. Durch diese Aufwärtsbewegung des Wassers werden Mineralien in die oberen Bodenschichten befördert und schließlich teilweise an der Oberfläche abgelagert.

Wüstenböden können reich an mineralischen Nährstoffen sein, aber sie sind stets extrem arm an organischen Stoffen, da die Vegetation dürftig ist und nur sehr wenig verrottetes Pflanzenmaterial in den Boden gelangt. Der hohe Mineralgehalt reicht indes einigermaßen aus für eine landwirtschaftliche Nutzung, sofern der Boden nicht zu steinig ist und Wasser zur Verfügung steht. Durch künstliche Bewässerung sind bereits riesige Trockengebiete in den Vereinigten Staaten, in Mexiko, in Libyen, im asiatischen Teil der Sowjetunion, in Israel sowie in Saudi-Arabien und in Indien in fruchtbares Land verwandelt worden.

Der spärliche Pflanzenwuchs hat zur Folge, daß der Wüstenboden vor der Wind- und Wassererosion nur wenig geschützt ist. Die oberflächlichen Partikel werden häufig weggeweht, so daß Felsen und Geröll zutage treten und der Untergrund schließlich nur noch aus festem Gestein besteht. Solche steinpflasterartigen Wüstenböden werden in Nordafrika und im Mittleren Osten als »Reg« oder »Hamada« und in Australien als »Gibber Plains« bezeichnet.

Die Pflanzen nehmen mit ihren Wurzeln das erforderliche Wasser aus dem Boden auf. Dieser Vorgang und somit auch das Wachstum der Vegetation sind abhängig von der Größe der Bodenpartikel. Feinkörnige Böden behindern das Eindringen des Wassers stärker als grobkörnige. Und die Feuchtigkeit, die tatsächlich in den Boden eindringt, erreicht meist nur eine Tiefe von 10–15 cm. Ein sandiger Untergrund absorbiert hingegen das gesamte Regenwasser bis zu einer Tiefe von 40–50 cm. In einem groben Boden steht den Pflanzen somit mehr Wasser zur Verfügung. Ein grobkörniger Boden fördert auch insofern den Pflanzenwuchs, als das in ihm enthaltene Wasser für die Wurzeln leichter zugänglich ist.

Im Bryce-Canyon-Nationalpark in Utah befindet sich die Wind- und Wassererosion der Sandsteinschicht noch in einem frühen Stadium. Die kaum von Pflanzenwuchs bedeckten Wüstenböden und geologischen Schichten schillern in roten, goldenen, schwarzen und grauen Farbtönen.

Die Kunst des Überlebens

Unwirtliche Umwelt

Zu den Wundern der Natur gehört der Anblick einer Nachtkerze auf einer mächtigen Sanddüne, eines Kaninchens, das durch eine steinige Wüstenwildnis hoppelt, einer Eidechse, die in einer felsigen Einöde umherhuscht – und das unter einer sengenden Sonne, wo es kein Wasser und nur sehr wenig Nahrung gibt. Wie schaffen es solche Lebewesen, hier zu überdauern und sogar zu gedeihen?

Da die Wüste zu den unwirtlichsten Lebensräumen der Erde zählt, haben die wüstenbewohnenden Organismen einige extreme Anpassungsmechanismen entwickelt, um mit den Schwierigkeiten, denen sie ausgesetzt sind, fertig zu werden. Insofern sind sie besonders anschauliche Beispiele für die natürliche Auslese, die auf die Aussonderung der lebensuntüchtigen Individuen abzielt.

Die Überlebensprobleme, mit denen die Lebewesen in ariden Zonen konfrontiert sind, bestehen vor allem darin, Wasser zu finden und zu speichern, eine Überhitzung zu vermeiden, genügend Nahrung zu erwerben und Angriffen von Raubfeinden zu entgehen. Bei der Lösung dieser Probleme geraten die Wüstenpflanzen und Wüstentiere oft in ein Dilemma, denn indem sie ein Problem bewältigen, kann ein anderes noch bedrohlichere Formen annehmen.

Die Pflanzen stehen vor einer besonderen Schwierigkeit. Sie erzeugen den Zucker, den sie als Nahrung benötigen, indem sie Wasser, Kohlendioxid aus der Luft und Sonnenenergie miteinander verbinden. Doch wenn sie ihre Poren öffnen, um Kohlendioxid aufzunehmen, verlieren sie Wasser durch die sogenannte Transpiration. An einem regenreichen Standort können die Pflanzen diesen Verlust dadurch ausgleichen, daß sie dem Boden ebenso schnell Wasser entzie-

Burchellzebras trinken an einer der seltenen Wasserstellen in Südafrika. Zebras sind Steppentiere, aber sie wagen sich in die Wüste vor, wenn dort Regen gefallen ist.

hen, wie sie es transpirieren. Aber in der Wüste hat die trockene Luft eine stark austrocknende Wirkung, und die Pflanze tut sich schwer, ihren Wasserbedarf aus dem dürren Boden zu decken.
Die Tiere der Wüste stehen vor einem ähnlichen Problem. Wenn sie in der trockenen Luft auf Nahrungssuche gehen, geben auch sie Feuchtigkeit durch die Haut ab, zumal in der Hitze des Tages. Wie die Pflanzen müssen sie einen Ausgleich finden zwischen Verhungern und Austrocknung.
Die Gefahr der Überhitzung stellt ein weiteres Dilemma dar. Pflanzen müssen ihre Blätter der Sonne aussetzen, um Licht zu absorbieren, doch dabei steigt ihre Temperatur an, unter Umständen so sehr, daß das Gewebe geschädigt wird. Tiere, die in der Sonne aktiv sind, erwärmen sich ebenfalls sehr stark. Sie können sich zwar durch Abgabe von Feuchtigkeit abkühlen, wie es viele Tiere beim Schwitzen oder Hecheln tun, aber diese Erleichterung beschwört das andere Risiko herauf. Überdies sind Pflanzen, die im offenen Gelände wachsen, und Tiere, die sich zwecks Nahrungssuche aus ihrer Deckung hervorwagen, Freßfeinden ausgeliefert.

Wasserbeschaffung

In der Wüste besitzen die Pflanzen im allgemeinen zwei- bis sechsmal soviel unterirdisches Gewebe wie oberirdisches. Manche Wüstenbäume und -sträucher entsenden große holzige Wurzeln 50 oder 75 m weit waagerecht durch den Boden, bis sie auf ein Wadi oder Arroyo stoßen. Die Wurzelenden dringen dann senkrecht in das Bett des Wadi ein und entziehen dem Boden die notwendige Feuchtigkeit. Diese Wurzelbildung auf Kosten der Blätter und Stämme erklärt, warum die oberirdischen Teile der Wüstenpflanzen oft so klein sind.
Die Wüstentiere beschaffen sich ihr Wasser auf verschiedene Weise. Die kleineren Tiere, also Insekten, Reptilien, Vögel und Nager, die den Hauptanteil der Wüstenfauna stellen, können keine weiten Strekken zu den seltenen Wasserlöchern zurücklegen und müssen deshalb ausreichend Feuchtigkeit mit der Nahrung aufnehmen. Samen, Stengel und altes Laub bestehen etwa zur Hälfte aus Wasser, und bei Früchten, frischen Blättern und Sukkulentengewebe ist der Wassergehalt noch höher. In tierischen Körpern macht der Wasseranteil zwei Drittel bis drei Viertel aus, und er versorgt die von anderen Tieren lebenden Beutegreifer mit der notwendigen Feuchtigkeit.
Obwohl die meisten Wüstentiere kein freies Wasser benötigen, trinken sie gerne, wenn es ihnen zugänglich ist, etwa nach einem der seltenen Regenfälle oder falls ein Wasserloch in der Nähe ist. Der Massenandrang an den Wasserstellen in der Wüste zeigt, daß viele Tiere Trinkwasser zu schätzen wissen, auch wenn sie es zum Leben nicht unbedingt brauchen. Diese Wasserstellen sind Tummelplätze für zahlreiche Insekten, Vögel, Reptilien und Säugetiere.
Das machen sich die Räuber zunutze, die in der Umgebung jagen oder auf der Lauer liegen. Viele Arten warten daher die Dunkelheit ab, ehe sie sich der Tränke nähern, offensichtlich um tagaktive Jäger wie Falken oder Adler zu meiden.

Wasserkonservierung

Die Fähigkeit, mit der knappen Feuchtigkeit hauszuhalten, ist eine der wichtigsten Anpassungserscheinungen der Wüstenorganis-

1 Das Wasser ist bitter, und kein Leben regt sich in dieser Oase im Sand der Atacama-Sechura unweit der peruanischen Stadt Ica.

2 Diese Zierschildkröte (Chrysemys sp.) tummelt sich in einem Frühlingstümpel der Chihuahua-Wüste, unweit des Quellgebiets des ostwärts fließenden Rio Grande.

3 Eukalyptusbäume in einem Trockenbett im Westen Australiens. Wie viele der rund 600 australischen Eukalyptusarten hat auch dieser Gummibaum eine weißliche Rinde, die das Sonnenlicht reflektiert und damit eine zu starke Erwärmung verhindert.

4 Auf rätselhafte Weise behauptet sich dieser Baum auf einem Quarzgesims in der Namib-Wüste.

5 Die südafrikanischen Aloen sowie diese als »Kokerboom« bezeichnete Baumlilie (Aloë dichotoma) haben eine sukkulente Lebensweise angenommen. Sie besitzen also die Fähigkeit, in Blättern und Stämmen Wasser zu speichern, nicht anders als die afrikanischen und asiatischen Euphorbien und die neuweltlichen Kakteen und Yuccas.

men. Die Pflanzen haben verschiedene Methoden entwickelt, um die Transpirationsverluste so gering wie möglich zu halten. Eine besteht in der Reduzierung der transpirierenden Oberfläche. Viele Pflanzen haben nur winzige Blätter und überlassen die Nahrungserzeugung weitgehend den Stengeln, die nur wenige Spaltöffnungen aufweisen. Andere Pflanzen treiben Blätter nur nach einem Regen, wenn der Boden genügend Feuchtigkeit enthält, und verlegen die Photosynthese in diese Zeit. Sobald der Boden auszutrocknen beginnt, werfen sie ihre Blätter ab und warten auf den nächsten Regenguß.

Ein charakteristisches Merkmal der Wüstenvegetation ist der weite Abstand zwischen den einzelnen Pflanzen. Das hat seinen Grund in dem Wettbewerb der Wurzelsysteme um die spärliche Feuchtigkeit. Je trockener ein Gelände ist, desto weiter stehen die Pflanzen auseinander. Es gibt Anhaltspunkte dafür, daß manche Wüstenpflanzen über ihre Blätter oder Wurzeln Giftstoffe ausscheiden, die in den Boden gelangen und junge Pflanzen daran hindern, in unmittelbarer Nähe zu wachsen – eine Art chemische Kriegführung gegen mögliche Konkurrenten.

Manche Wüstenpflanzen sind imstande, nach einem Regenfall Wasser zu speichern. Die Kakteen und

1

2

4

3

5

die Palmlilien Nord- und Südamerikas, die Aloen Südafrikas und die Euphorbien Nordafrikas und Asiens werden als »Sukkulenten« oder »Saftpflanzen« bezeichnet, weil sie dicke, schwammartige Blätter und Stengel entwickeln, die große Wassermengen aufnehmen und speichern können. Die Feuchtigkeit wird nach dem Regen von den Wurzeln aufgesogen und in der Trockenzeit nach und nach aufgebraucht.

Die Sukkulenten verfügen über eine raffinierte Methode, die Transpirationsverluste stark zu verringern. Photosynthese und Metabolismus (Stoffwechsel) sind gewissermaßen zwei Vorgänge, die einander spiegelbildlich entsprechen. Bei der Photosynthese baut die Pflanze aus Kohlendioxid, Wasser und Sonnenenergie Kohlenhydrate auf; Sauerstoff wird als Nebenprodukt ausgeschieden. Beim Metabolismus wandelt der Organismus die zuckerähnlichen Kohlenhydrate in Baustoffe und Energie um, verbindet die Bestandteile mit aufgenommenem Sauerstoff und setzt die für die Aufrechterhaltung der Lebensvorgänge nötige Energie frei. Die Abfallprodukte des Stoffwechsels sind Kohlendioxid und Wasser. Die Abfallstoffe der einen Reaktion sind demnach die Baustoffe der anderen.

Die Sukkulenten besitzen nun die Fähigkeit, das Kohlendioxid, das beim Stoffwechsel frei wird, zurückzuhalten und für die Photosynthese wiederzuverwerten. Selbstverständlich könnte eine Sukkulente niemals gedeihen, wenn sie lediglich das durch den Stoffwechsel freigewordene Kohlendioxid für die Photosynthese wiederverwenden würde. Sie muß Kohlendioxid aus der Luft hinzufügen, so daß sie photosynthetisch mehr Kohlenstoff verbraucht, als sie durch Metabolismus abgibt.

Mit einer verblüffenden entwicklungsgeschichtlichen Parallele haben wir es bei manchen Wüstentieren zu tun, die ebenfalls zur Erhaltung von Feuchtigkeit Abfallprodukte des Stoffwechsels wiederzuverwenden vermögen. Doch in diesem Fall ist es das »Stoffwechselwasser«, das zurückgehalten und von den Nieren wiederaufbereitet wird, statt ausgeschieden zu werden. Durch die Wiederverwendung von metabolischem Wasser und durch die Herabsetzung des Wassergehalts im Urin kann der amerikanische Taschenspringer *(Dipodomys merriami)*, auch Känguruhratte genannt, seine tägliche Urinmenge auf ein Minimum reduzieren.

Solche wassersparende Nierenfunktion hat sich bei verschiedenen Wüstentieren herausgebildet, die nicht miteinander verwandt sind, nicht nur bei den Taschenspringern, sondern auch bei den afrikanischen und asiatischen Wüstenspringmäusen, bei der australischen Spinifex-Hüpfmaus, bei altweltlichen Gazellen und beim neuweltlichen Gabelbock sowie bei den australischen Känguruhs.

Diese Entwicklung ähnlicher Eigenschaften bei nicht verwandten Arten als Reaktion auf ähnliche Umweltbedingungen ist ein Musterbeispiel der sogenannten konvergenten Evolution.

Die lange Ruhe

Die allermeisten Wüstenpflanzenarten entgehen der Gefahr des Austrocknens dadurch, daß sie in den Dürreperioden keine Stengel, Blätter oder Blüten über der Erde ausbilden. Einjährige oder annuelle Pflanzen, wie beispielsweise die Möhren oder Ringelblumen in unseren Gärten, vollenden ihren Lebenszyklus innerhalb eines einzigen Jahres und hinterlassen nur ihre Samen, die im nächsten Jahr auskeimen. Auch in der Wüste sind einjährige Pflanzen am zahlreichsten vertreten. Im Wüstenboden wimmelt es von ihren Samen, die nur auf Regen warten, der sie zum Keimen bringt. Sobald es stark genug regnet, beginnen die Sämlinge zu sprießen und bringen innerhalb weniger Wochen Wurzeln, Stengel, Blätter, Blüten und neue Samen hervor. Das muß so schnell gehen, damit die Pflanzen ihren Lebenszyklus in der kurzen Zeitspanne abschließen können, in der genügend Bodenfeuchtigkeit vorhanden ist.

Die Lebensweise der einjährigen Pflanzen birgt allerdings ein Risiko. Wenn sie nach einem zu geringen Niederschlag auszukeimen und zu wachsen beginnen würden, könnte der Boden verdorrt sein, ehe sie ihren Lebenszyklus vollendet hätten. Sie würden dann absterben, bevor sie ihre Samen abgesetzt hätten. In Wüstengebieten verfügen jedoch die annuellen Pflanzen über besondere Mechanismen, die sie vor diesem Risiko schützen. Die Samen keimen erst nach ausgiebigen Regenfällen aus, die dem Boden so viel Feuchtigkeit zuführen, daß die Vollendung des Lebenszyklus gesichert ist.

Viele Wüsteninsekten verhalten sich nicht anders und könnten als »einjährige Tiere« bezeichnet werden. Ihre Eier liegen oft mehrere Jahre lang im Boden und warten auf Regenfälle, die ausreichen, den Schlüpfvorgang auszulösen. Alle diesen ephemeren (»kurzlebigen«) Pflanzen und Tieren, deren Auftauchen sich nie vorausberechnen läßt, verdanken die Ökosysteme der Wüste ihre ungewöhnliche Variabilität.

Pflanzen, die länger als ein Jahr lebende Zweige oder Wurzeln behalten – auch wenn sie zwischendurch ihr Laub abwerfen –, werden per-

1

1 Die Australischen Bienenfresser (Merops ornatus) sind Vögel, die in selbstgegrabenen Höhlen in Sandbänken nisten. Zahlreiche wüstenbewohnende Säugetiere, Reptilien und Insekten haben sich in den Untergrund zurückgezogen, um sich vor Hitze, Wasserverlust und Raubfeinden zu schützen, aber nur wenige Vogelarten führen ein unterirdisches Leben.

2 Dieses Antilopenerdhörnchen (Spermophilus leucurus) hockt in der nordamerikanischen Wüste auf einem Chollakaktus, offensichtlich unbekümmert um die nadelspitzen Dornen. Im Winter suchen die Tiere Zuflucht in ihren unterirdischen Bauen, aus denen sie sich nur im Frühling, im Sommer und im Frühherbst hervorwagen.

2

ennierend genannt. Viele Arten der perennierenden Wüstenpflanzen überdauern die Trockenperioden in Form von unterirdischen karottenähnlichen Wurzeln oder zwiebelförmigen Knollen. Diese fleischigen Wurzeln und Knollen speichern Feuchtigkeit und Nährstoffe, die den Stoffwechsel unter der Erde aufrechterhalten und den ersten Wachstumsschub nach dem Einsetzen der Regenzeit ermöglichen. Sobald sich Stengel und Blätter über der Erde entwickeln, erzeugt die Pflanze mehr Kohlenhydrate, so daß sie weiterwachsen und blühen sowie die Reserven in den Wurzeln ergänzen kann, die sie für die folgende Dürrezeit benötigt. Zu Beginn der Trockenperiode sterben die oberirdischen Pflanzenteile ab, und die Pflanze begibt sich gleichsam unter der Erdoberfläche zur Ruhe.
Wirbeltiere und auch einige Wirbellose wie Spinnen und Skorpione zählen zu den »perennierenden Tieren« der Wüste, und auch von ihnen verbringen manche die Zeiten der größten Hitze und Dürre untätig unter der Erde. Dieser Zustand wird allgemein als Trocken- oder Wärmestarre bezeichnet; bei Säugetieren und Vögeln spricht man von Sommerschlaf. Viele wüstenbewohnende Nager verfallen mitten im Sommer in diese Starre. Der Sommerschlaf ist das für die Wüste typische Gegenstück zum Winterschlaf der Tiere in kälteren Klimazonen.

Schutz gegen übermäßige Erwärmung

Da Pflanzen nicht wie Tiere den Schatten aufsuchen können, um der Sonnenhitze zu entgehen, verfügen viele Arten über andere Mittel, einen übermäßigen Temperaturanstieg zu vermeiden, der ihr Gewebe schädigen oder sie gar töten könnte. Eines dieser Mittel ist die Reflexion des einfallenden Sonnenlichts. Viele Wüstenpflanzen besitzen Blätter mit einem Überzug aus seidenfeinen weißen Härchen, der ihnen einen silbrigen Schimmer verleiht und die Sonnenstrahlen zurückwirft. Andere Pflanzen, so die australischen Eukalyptusbäume, sondern auf den Blättern eine weißliche Wachsschicht ab, die denselben Zweck erfüllt. Diese Schicht kann mehr als die Hälfte des Sonnenlichts reflektieren, das auf die Blätter auftrifft. Zahlreiche Wüstentiere bedienen sich einer ähnlichen Schutzvorrichtung; sie haben ein helles Gefieder oder Fell. Bunt

1

2

1 Der Saguaro- oder Riesensäulenkaktus der nordamerikanischen Sonora-Wüste erreicht eine Höhe von 15 Meter, ein Gewicht von 7000 Kilogramm (davon sind allein 5000 Kilogramm Wasser) und ein Lebensalter von 200 Jahren. Er wächst manchmal weniger als einen Zentimeter im Jahr und treibt erst mit 75 Jahren seine ersten Äste aus. Die Früchte des Saguarokaktus sind eßbar.

2 Die hoch aufragende Blüte der sogenannten Jahrhundertpflanze (Agave shawii), die in Baja California, Mexiko, wächst, ist ein Vorzeichen des Todes. Die Pflanze lebt und gedeiht 20 bis 50 Jahre, ehe sie ihren Blütenstengel austreibt. Ein Jahr nach dem Blühen stirbt sie ab. Im Gegensatz zu ihrem volkstümlichen Namen und zu einer allgemein verbreiteten Legende braucht die Pflanze jedoch kein Jahrhundert bis zur Blüte. Die Fasern der Jahrhundertpflanze ergeben ausgezeichnete Seile, die von den Vaqueros, den mexikanischen Cowboys, benutzt werden. Aus dem Saft dieser Sukkulente gewinnt man durch Vergärung das alkoholische Getränk Pulque und durch Veredelung den berühmten Tequila.

gefärbte Tiere sind in der Wüste selten.

Eine andere Methode, mit der manche Wüstenpflanzen ihr Unvermögen, der Sonne zu entfliehen, ausgleichen, besteht darin, daß sie während der heißesten Tageszeit eine möglichst geringe Oberfläche der Sonneneinstrahlung aussetzen. Kakteen und Euphorbien richten ihre Stämme auf die hochstehende Sonne aus, so daß nur die Spitzen von den Sonnenstrahlen direkt getroffen werden.

Die Eukalyptusbäume verfahren umgekehrt: Sie lassen ihre Blätter hängen.

1

1 Der Eselhase (Lepus californicus) ist in den Trockengebieten Nordamerikas zu Hause. Hasen werden nach einer Tragzeit von sechs Wochen in einer »Sasse«, einer flachen Mulde, unter freiem Himmel geboren. Sie sind voll behaart, haben die Augen offen und können sich fast unmittelbar nach der Geburt umherbewegen. Kaninchen werden dagegen schon nach vier Wochen gesetzt. Ihre Augen sind geschlossen, und sie sind nackt und hilflos. Die kleinen Kaninchen verbringen die ersten zwei oder drei Wochen ihres Lebens in geschützten Erdhöhlen.

2 Der Fahnenschwanz-Taschenspringer (Dipodomys spectabilis) ist die größte nordamerikanische »Känguruhratte«. Diese beiden Tiere, die sich um ein Territorium streiten, benutzen ihren quastenbesetzten Schwanz als Steuerruder bei ihren Zickzacksprüngen. Die Schwanzquaste dient wahrscheinlich auch dazu, Feinde zu narren und abzulenken.

3 Die Australische Hüpfmaus (Notomys fuscus) gehört derselben Familie

2

an wie die Hausmaus und die Wanderratte der Alten Welt. Doch die langen Hinterbeine und die bipedale Fortbewegungsweise sowie der lange, mit einer Haarquaste versehene Schwanz zeigen eine auffällige Übereinstimmung mit den nicht näher verwandten Taschenspringern Amerikas und den altweltlichen Wüstenspringmäusen.

4 Der Löffelfuchs oder Löffelhund (Otocyon megalotis) der süd- und ostafrikanischen Wüstenregionen sieht aus wie ein kleiner Schakal. Seine großen Ohren haben, genauso wie die des Eselhasen, die Aufgabe, überschüssige Wärme abzustrahlen.

Die Tiere meiden ebenfalls in der größten Hitze die direkte Sonneneinstrahlung, indem sie entweder den Schatten von Pflanzen, Felsen oder Geländeunebenheiten aufsuchen oder sich unter die Erde verziehen. Viele Nagetiere und Eidechsen verkriechen sich tagsüber in ihrem Bau. In den Dünenlandschaften schwimmen viele Arten förmlich in den Sand hinein, um der Oberflächenhitze zu entgehen. Um die Mittagszeit sinkt die relative Luftfeuchtigkeit im Wüstensommer durchweg auf zehn Prozent ab – ein Wert, bei dem die meisten Tiere austrocknen würden. In den unterirdischen Bauen dagegen liegt die Feuchtigkeit bei 30–40 Prozent. In der Nacht steigt sie über dem Boden auf 25–30 Prozent an, so daß sich die Tiere hervorwagen und auf Nahrungssuche gehen können.

Abbau der überschüssigen Wärme

Trotz allen Bemühungen der Wüstenorganismen, einer übermäßigen Erwärmung auszuweichen, ist in der heißen Wüste eine gewisse Überhitzung unvermeidlich. Pflanzen haben nur begrenzte Möglichkeiten, ihre Eigentemperatur zu regulieren, doch sie können große Temperaturunterschiede aushalten. Solange es ihnen gelingt, Extreme zu meiden, können sie recht gut überleben.

Bei den Tieren unterscheiden wir zwei physiologisch verschiedenartige Gruppen. Vögel und Säuger gehören der ersten Gruppe an, die man häufig als »warmblütig« bezeichnet, in der modernen ökologischen Fachsprache aber zutreffender »endotherm« nennt, was soviel wie »von innen erwärmt« bedeutet. Diese Tiere erhalten eine konstant hohe Körpertemperatur aufrecht, indem sie bei der Umwandlung der Nahrung große Wärmemengen freisetzen. Bei den Vögeln beträgt die durchschnittliche Körpertemperatur 40–41°C, bei den Säugetieren etwa 37°C.

Vögel und Säuger in einer kalten Umwelt, die ihrem Körper Wärme entzieht, nehmen mehr Nahrung auf, beschleunigen den Stoffwechselvorgang und erzeugen dadurch schneller Wärme. Sind die Umgebungstemperaturen jedoch hoch, wie in der Wüste, stehen die Tiere vor dem umgekehrten Problem. Sie können zwar ihren Stoffwechsel bis zu einem gewissen Grad verlangsamen, aber gleichwohl zeigt ihnen ihre ständig hohe Körpertemperatur an, daß sie Wärme abgeben müssen, wenn ihre Temperaturen nicht lebensgefährlich ansteigen sollen. Eine Möglichkeit, einen Hitzestau zu vermeiden, besteht, wie gesagt, für die Säugetiere darin, daß sie tagsüber unter der Erde bleiben, wo es kühler ist, und erst bei Nacht zum Vorschein kommen. Die Vögel suchen den Schatten auf und stellen jede Aktivität ein.

Eine andere Möglichkeit, überschüssige Wärme loszuwerden, ist die Vergrößerung der Körperoberfläche, durch die ein Tier Wärme in die Umgebung abstrahlen kann. Im Verlauf der Evolution haben manche Tierarten einen schlanken

3

4

Rumpf und Hals und lange, schmale Gliedmaßen entwickelt, wodurch sich eine möglichst große Körperoberfläche im Verhältnis zum Volumen ergibt. Die kleine, zierliche und herrlich proportionierte afrikanische Dorkasgazelle *(Gazella dorcas)* ist ein Musterbeispiel dieses Typs.

Andere Säugetiere nehmen mit ihrer Nahrung genügend Wasser auf und können die Feuchtigkeit für die Abkühlung durch Verdunstung verwenden. Zebras und Gazellen schwitzen, während Füchse, Wölfe und viele Wüstenvögel Wasser aus der Lunge oder dem Maul bzw. Schnabel durch Hecheln verdunsten lassen. Mehrere australische Känguruh- und Wallaby-Arten feuchten ihren Körper an, indem sie ihr Fell belecken.

Die Tiere der zweiten Gruppe, welche die Reptilien und Wirbellosen umfaßt, beziehen aus ihrer Nahrung weniger Wärme und können ihre Körpertemperatur von innen her nur sehr begrenzt regulieren. Sie ist deswegen sehr stark von der Temperatur der Umgebung abhängig.

Diese »ektothermen«, also »von außen erwärmten« Tiere können ihre Temperaturen an die Lufttemperatur anpassen oder darüber hinaus erhöhen, indem sie Sonnenwärme absorbieren oder ihren Körper mit einer warmen Oberfläche in Berührung bringen. Manche können auch durch schnelle Bewegung ein wenig Wärme erzeugen.

Andererseits müssen sich die Ektothermen vor einer Überhitzung hüten, wenn sie in den warmen Jahreszeiten der Wüstensonne ausgesetzt sind. Wie die endothermen Tiere ziehen sie sich deswegen in den Schatten zurück oder wühlen sich in den Boden ein, und viele werden im Sommer nur nachts munter. Sie können allerdings sehr viel größere

1

1 Eine Familie von sogenannten »Grabkäuzen« (Athene cunicularia) – das Weibchen ist das zweite Tier von links – beobachtet das Gelände vom Eingang ihrer Wohnhöhle in der Wüste von Chihuahua. Diese langbeinigen Eulenvögel erreichen eine Höhe von 23 bis 28 Zentimeter. Sie ernähren sich hauptsächlich von Nagetieren.

2 Ein nordamerikanischer Halsbandleguan verspeist gerade eine Heuschrecke. Die meisten Echsen sind Räuber, die Insekten und anderen kleinen Echsen nachstellen. Der Halsbandleguan kann sich auf seinen kräftigen Hinterbeinen aufrichten und in dieser Haltung sehr schnell laufen.

2

Schwankungen der Körpertemperatur ertragen als die Endothermen.

Satt werden in einer unberechenbaren Umwelt

In Wüstenregionen fällt vielleicht nur in einem von fünf Jahren überdurchschnittlich viel Regen, in zwei Jahren entsprechen die Niederschläge dem Durchschnitt, und in den beiden übrigen Jahren gibt es nur wenig oder überhaupt keinen Regen. Extrem trockene Wüsten empfangen oft mehrere Jahre hintereinander keinen Regen. Auf jeden Fall sind die Niederschläge im höchsten Maße unberechenbar.

In einer solchen Umwelt ist die »Vorratswirtschaft« – weit verbreitet bei den wüstenlebenden Nagern – offensichtlich eine sinnvolle Lösung für das Problem der Nahrungsknappheit. Die nordamerikanischen Taschenspringer und Taschenmäuse und die afrikanisch-asiatischen Wüstenspringmäuse sowie Wüstenrennmäuse sammeln in regenreichen Jahren Samenkörner und horten sie in ihren Wohnröhren; das gleiche gilt für die samenfressenden Wüstenameisen.

Es läßt sich zwar nie vorhersagen, wann in einer bestimmten Wüstengegend Regen fallen wird, aber innerhalb einer größeren Region bekommen alljährlich verstreute engbegrenzte Gebiete etwas von dem lebenspendenden Naß ab. Wenn ein Wüstentier keine Vorräte anlegen kann, muß es beweglich sein und dorthin wandern, wo es Regen und Nahrung gibt. Das ist der Lebensstil der Nomaden. Die meisten grasfressenden Großtiere der Wüste leben nomadisch, und wiederum ist auch dieses Verhaltensmuster bei vielen nichtverwandten Arten in weit auseinanderliegenden Wüstenzonen der Erde anzutreffen. Die Gazellen Afrikas und Asiens, die Gabelböcke Nordamerikas und die Riesenkänguruhs Australiens sind allesamt ausgesprochene Nomaden und ziehen über weite Strecken zu Gebieten, in denen es geregnet hat.

Auch viele wüstenbewohnende Vögel führen ein Nomadenleben. In Australien, das zu zwei Dritteln arid oder semiarid ist, schätzt ein Ornithologe den Anteil der nomadisch lebenden Vogelarten auf 25 bis 30 Prozent.

Wenn in der Wüste Nahrungsmangel herrscht, werden weniger oder gar keine Tiere geboren. Individuen, die in Notzeiten eine große Nachkommenschaft hervorbringen, überfordern ihre Energiereserven und haben keine Überlebenschance, während Tiere, die weniger oder überhaupt keine Jungen haben, diese Zeiten eher überstehen und im Laufe der Jahre insgesamt mehr Nachkommen zeitigen. Wüstentiere gehören, was ihr Fortpflanzungsverhalten angeht, zu den anpassungsfähigsten Geschöpfen der Erde; sie vermehren sich stark in regenreichen Zeiten, aber nur wenig oder überhaupt nicht in Dürreperioden.

Infolge des sehr unregelmäßigen Nahrungsangebots und der stark ausgeprägten nomadischen Lebensweise versammeln sich Wüstentiere mit Vorliebe in Gebieten, wo gerade Nahrung vorhanden ist. Wenn alle Tiere in ihren Nahrungsbedürfnissen übereinstimmen würden, könnte sich daraus ein tödlicher Wettbewerb ergeben. Doch im Verlauf der Evolution haben die Arten unterschiedliche Ernährungsgewohnheiten angenommen. Zwei Tierarten mit verschiedenen Nahrungsansprüchen rivalisieren nicht miteinander, und die Chancen, daß beide überleben und sich fortpflanzen, sind damit größer.

Feindvermeidung

Manche Wüstenpflanzen bewahrt ein großes Regenerationsvermögen vor der Vernichtung. Andere, beispielsweise Kakteen und Akazien, verfügen über einen Schutz aus Stacheln oder Dornen, der etwaige Freßfeinde abschreckt. Wieder andere erzeugen in ihrem Gewebe bitter schmeckende oder riechende Harze oder Terpene.

Die meisten Tiere besitzen weder die Regenerationskraft noch die Schutzvorrichtungen der Pflanzen und suchen ihr Heil lieber in der Flucht und im Verstecken. Im offenen Gelände der Wüste haben sich spezielle Formen der Fortbewegung entwickelt, die ein rasches Entkommen gestatten. Sogar viele Vogelarten sind Rennvögel geworden, die sich laufend und nicht fliegend ihren Feinden entziehen. Zahlreiche Eidechsen und Säugetiere haben sich während langer Zeiträume zum Bipedalismus (zweibeiniges Gehen) hin entwikkelt und erreichen, nur auf den Hinterbeinen laufend, hohe Geschwindigkeiten. Die letzte Stufe dieser Entwicklung ist die hüpfende Fortbewegung der Känguruhs, doch ähnliche Fortbewegungsweisen haben sich auch bei vielen wüstenbewohnenden Nagerarten herausgebildet.

Wenn ein Tier seinen Feinden nicht entfliehen kann, versucht es sich vor ihnen zu verbergen. Für viele Wüstentiere ist die helle Färbung der Haut, des Fells oder des Federkleids charakteristisch, die mit der sonnenüberfluteten Landschaft verschmilzt und von einem Angreifer nur schwer auszumachen ist. (Die helle Farbe dient, wie wir gesehen haben, außerdem dazu, die Sonnenstrahlen zu reflektieren.) Mit einer solchen Schutzfärbung oder Verbergetracht muß allerdings in der Regel eine völlige Bewegungslosigkeit verbunden sein, wenn das betreffende Tier den scharfen Augen eines Fuchses oder Greifvogels entgehen will. Diese Verhaltensform des »Erstarrens« zeigen besonders eindrucksvoll die in der indischen Thar-Wüste lebenden Triele *(Burhinus oedicnemus)*. Bei einer Bedrohung strecken sich diese Vögel flach auf dem Boden aus, pressen den vorgereckten Hals und Kopf an die Erde und verhalten sich vollkommen reglos.

Ein nachtaktiver Wüstengecko lugt aus dem »Fenster« im Holzskelett eines Chollakaktus. Die Aufnahme wurde in Arizona gemacht.

Unter sengender Sonne

Sand- und Steinwüsten Afrikas

Die Sahara ist die größte Region mit extrem trocken-heißem Klima, die wir auf der Erde kennen. Doch diese Wüste war nicht immer die ausgedörrte Einöde, die wir heute dort vorfinden. Es hat, zum Beispiel in der Jungsteinzeit, Feuchtperioden gegeben, die der Sahara so viel Regen bescherten, daß sich eine reiche Vegetation und Wildtierfauna entfalten konnten, ähnlich wie im heutigen Ostafrika. Prähistorische Fels- und Höhlenmalereien in der Zentralsahara zeigen Elefanten und Giraffen, Tiere also, die nur in einer baumbestandenen Landschaft ausreichend Nahrung finden, sowie Flußpferde, die sich die meiste Zeit im Wasser aufhalten. In den letzten Jahren hat man Krokodile in abgelegenen algerischen Wüstengewässern entdeckt, die vom Abfluß des im Norden gelegenen Atlasgebirges gespeist werden. Die nächsten Verwandten dieser Echsen leben weit südlich im tropischen Afrika. Offensichtlich war die Sahara einst von Wasserläufen durchzogen, welche die Tropen und die afrikanische Mittelmeerküste miteinander verbanden.
Das Klima war schon zu Beginn der christlichen Zeitrechnung umgeschlagen, denn römische Ruinen in Nordafrika sind höchstens etwas südlich der heutigen Wüstengrenze anzutreffen. Doch es muß damals noch eine reiche Wildtierfauna gegeben haben, zumindest in den Randzonen der Wüste. Die Römer fingen in den Steppen Algeriens und Tunesiens Elefanten für ihre Arenen in Rom und Karthago. Auf den herrlichen römischen Mosaiken in tunesischen Museen und in Ausgrabungsstätten sind immer wieder Wildschwein-, Löwen- und Gazellenjagden dargestellt.
Noch in den dreißiger Jahren des vorigen Jahrhunderts berichteten

Die Geparde (Acinonyx jubatus) sind die schnellsten Säugetiere der Welt. Bei diesen Sprintern, die im offenen Gelände zu Hause sind, hat man schon Spitzengeschwindigkeiten von 100 km/h gemessen. Gazellen sind die wichtigsten Beutetiere der Geparde.

die ersten französischen Siedler in Nordafrika von ausgedehnten Gazellenherden und zahlreichen Straußen. Ein Siedler meldete, daß er in vielen Gebieten Algeriens Geparde und Leoparden beobachtet habe – Tiere, die nur gedeihen können, wenn reichlich Beutetiere vorhanden sind.

Heute sind diese Herden aus Nordafrika und dem Nahen Osten weitgehend verschwunden. Sie gingen vor allem deshalb zurück, weil sich die Savanne über Jahrtausende hinweg allmählich in eine Wüstenlandschaft verwandelte. In einigen Gegenden Ost- und Südafrikas hat sich eine geringere Zahl von Arten erhalten, denen die Anpassung an die Beschwerlichkeiten des Wüstendaseins gelang.

In neuerer Zeit sind diese angepaßten Formen zu Restbeständen zusammengeschmolzen – und zwar durch Überjagung und durch die starke Ausbreitung der Weidewirtschaft. Die Schaf- und Ziegenherden in Nordafrika und im Nahen Osten sowie die Rinderherden am Südrand der Sahara fügen dem Land durch Überweidung schweren Schaden zu und lassen für die Wildtiere kaum noch etwas übrig. Der Boden, der schützenden Pflanzendecke beraubt, ist der Wind- und Wassererosion ausgesetzt. Das hat zur Folge, daß die Wüste an vielen Stellen ihre Grenzen weiter ausdehnt – ein für Wild- und Haustiere gleichermaßen bedrohlicher Vorgang.

Die Sahara heute

Die Sahara bedeckt eine Fläche von etwa zehn Millionen Quadratkilometern, ein Gebiet, das fast so groß ist wie die USA. Die meisten Menschen stellen sich diese riesige Wüste als eine endlose Dünenlandschaft vor, doch nur der siebte Teil ist sandig, vor allem die großen »Ergs« oder Dünenmeere.

Das große Sandmeer Libyens und Ägyptens ist mit einer Ausdehnung von der Größe Frankreichs die bedeutendste Dünenregion der Welt, in der viele Dünen hundert und mehr Meter emporragen. Andere große Ergs finden sich in Südtunesien, Ost- und Mittelalgerien, Mau-

Diese Dromedare warten mit geschlossenen Nüstern und Augen das Ende eines Sandsturms in der algerischen Sahara ab. Das einhöckerige Kamel wurde als domestiziertes Lasttier von Arabien aus nach Nordafrika eingeführt. Heute gibt es keine wildlebenden Dromedare mehr.

retanien und Niger. Ein großer Teil der Sahara, der nicht sandig ist, ist von »Reg«-Ebenen, einem »Wüstenpflaster« aus glattgeschliffenen schwarzen oder violetten Steinen, oder von dem flachen Kalkgestein der Hamada bedeckt.

Topographisch stellt die Sahara eine Mischung aus Hoch- und Tiefebenen dar, kreuz und quer durchzogen von Erhebungen und Senken, die ihr eine grandiose architektonische Einfachheit verleihen. In Ostwestrichtung verlaufen die vier mächtigen Gebirgsketten, die sich vom westlichen Sudan bis Südalgerien erstrecken. Die höchste ist das Tibesti-Gebirge in Tschad (bis 3400 m) an der Grenze nach Libyen. Am bekanntesten sind die algerischen Ahaggar-Berge (bis 3000 m), die man gerne als die »Alpen der Sahara« bezeichnet. Ebenfalls in ostwestlicher Richtung, von Kairo bis Südalgerien, zieht sich ein langgestrecktes Senkensystem hin. Im Norden flankiert von südwärts gerichteten Felsklippen, bergen diese Senken eine Kette von Oasen, die einst den zwischen dem ägyptischen Theben und Karthago verkehrenden Karawanen Zuflucht gewährten, und die Überreste antiker Städte.

Das auffälligste topographische Merkmal ist ein Grabensystem in Nordsüdrichtung, das nebeneinander gestaffelt das Rote Meer, das Niltal und einige weitere Einsenkungen umfaßt, die sich südwestlich über Libyen bis nach Ostalgerien erstrecken. Der Nil ist der einzige Strom, der die Sahara durchfließt; die zahlreichen Wadis in anderen Einzugsgebieten entspringen in Gebirgszügen im Inneren oder am Rande der Sahara und enden in Becken innerhalb der Wüste, die zuweilen unter dem Meeresspiegel liegen.

Vor allem weil sich die Sahara in der subtropischen Hochdruckzone ausbreitet, beträgt die jährliche Niederschlagsmenge meist weniger als 125 mm. Wie in allen Wüstenregionen schwanken die Regenfälle jedoch erheblich; in einem Zeitraum von 30 Jahren fiel in 17 Jahren überhaupt kein Regen. Die Tagestemperaturen steigen im Sommer auf weit über 40°C an und liegen häufig über 50°C.

Das nördliche Drittel der Sahara empfängt seine Feuchtigkeit hauptsächlich zwischen Herbst und Frühjahr. Die Strauchvegetation dieser Region bietet Weidemöglichkeiten für die Herden der arabischen Ziegen- und Schafhirten, die

1

1 Da bei der Sandviper Augen und Nase oben auf dem Kopf sitzen, kann die Schlange ihren ganzen Körper bis auf diese Sinnesorgane in den Boden eingraben.

2 Eine seitenwindende Sandviper bewegt sich über den Sand der Namib-Wüste dahin, indem sie jeweils eine ganze Körperwindung im rechten Winkel seitwärts schnellt. Der lockere Sand bietet der Schlange nicht genügend Reibungswiderstand für eine normale Fortbewegungsweise. Andere Schlangenarten in Nordafrika und Nordamerika beherrschen ebenfalls die Kunst

2

des Seitenwindens neben der üblichen Fortbewegung.

3 Der Fransenfinger bewegt sich auf dem Sand der Namib-Wüste wie auf einer heißen Platte. Er macht einen Schritt mit dem linken Hinter- und dem rechten Vorderfuß, während er die beiden anderen Füße anhebt, damit sie etwas abkühlen können. Dann tritt er mit den angehobenen Füßen auf und läßt die beiden anderen abkühlen.

4 Der nächtlich lebende Sandschwimmergecko (Palmatogecko rangei) verläßt am Abend seinen unterirdischen Bau im Namib-Sand und streift während der Dunkelheit nahrungsuchend umher.

5 Der Sandschwimmergecko übersieht die Sandviper, die sich so tief in den Sand eingewühlt hat, daß nur noch ihre Augen und Nasenöffnungen hervorlugen. In dieser Lage lauert die Schlange ihrer Beute auf.

noch vor zwei Generationen Nomaden waren, aber mittlerweile weitgehend seßhaft geworden sind. Das mittlere Drittel ist der trockenste Teil der Sahara, der nur in unregelmäßigen Abständen ein wenig Feuchtigkeit abbekommt. Obwohl er die spärlichste Vegetation aufweist, finden hier Schaf- und Ziegenhirten ein bescheidenes Auskommen. Im südlichen Drittel, der sogenannten Sahelzone, hat sich die Wüste in letzter Zeit infolge der anhaltenden Dürre beträchtlich ausgedehnt. Normalerweise fällt im Sahel der meiste Regen im Sommer. Die Vegetation besteht aus Bäumen, die nach Süden zu immer zahlreicher werden, und aus perennierenden Gräsern, von denen sich das Vieh der Nomaden ernährt. Die Somali-Chalbi-Wüste Somalias, Kenias und Äthiopiens – ein arider Gebietsstreifen um das Horn von Afrika – stellt eine östliche Verlängerung der Sahelzone dar; die sommerlichen Regenfälle lassen auch hier Gras gedeihen, das den Rindern als Nahrung dient.

Die meisten Menschen halten zwar

3

4

5

das Rote Meer für die östliche Begrenzung der Sahara, aber die subtropische Hochdruckzone endet hier keineswegs. Sie setzt sich vielmehr nach Osten auf der arabischen Halbinsel fort. Das riesige Gebiet zwischen Maskat am Golf von Oman und Dakar am Atlantik bildet eine geschlossene Region, und das Rote Meer ist nur ein Einschnitt in einer zusammenhängenden Wüstenlandschaft. Die arabische Wüste erstreckt sich über drei Millionen Quadratkilometer und besteht zu fast einem Drittel aus Sandboden, der höchste Sandanteil aller großen Wüsten.

Die beiden Wüsten im südlichen Afrika

Die regenreiche Äquatorialregion trennt die Sahara von zwei ungewöhnlichen und weniger bekannten Wüstengebieten in den trockenen Breiten der Südhalbkugel. Das größere ist die etwa 600000 km² messende Wüste Kalahari in Botswana, der Südafrikanischen Republik und Namibia. Sie ist nicht so kahl wie die Sahara oder die Arabische Wüste. Die vor allem im Sommer niedergehenden Regenfälle überziehen den Boden mit einer schütteren Grasdecke, die im Norden mit bis zu zwölf Meter hohen Bäumen und im trockeneren Süden mit Buschwerk durchsetzt ist.

Die Böden der Kalahari sind größtenteils sandig und bilden vielfach parallel verlaufende Wellen, Überbleibsel alter Sanddünen, die durch den Pflanzenbewuchs verfestigt wurden. Die Senken zwischen diesen Erhebungen fangen während der seltenen Regengüsse das abfließende Wasser auf, so daß vorübergehend Tümpel entstehen. Es ist eine Besonderheit der Kalahari, daß diese Tümpel zeitweise weit mehr Wildtiere anlocken, als in der Sahara zu finden sind. Wie der größte Teil Afrikas südlich der Sahara ist auch die Kalahari nicht so lange als Weideland genutzt worden wie das nördliche Afrika. Folglich kann die dortige Vegetation mehr freilebende Tiere ernähren als andere afrikanische und asiatische Wüstenregionen.

Zu den merkwürdigsten Wüsten der Erde zählt die Namib, ein schmaler, ungefähr 100 km breiter Landstreifen im Südwesten Afrikas, längs der Atlantikküste von Namibia. Die Wüste Namib ist aufgrund ihrer geographischen Breite zwar trocken, aber ihre Lage an der Stelle, wo der kalte Benguelastrom auf seinem Weg nach Norden antarktische Gewässer verläßt und die auflandigen Winde stark abkühlt, hat zur Folge, daß sie teilweise empfindlich kalt und an mehr als 200 Tagen im Jahr von Nebel eingehüllt ist. Trotz ihrer feucht-kühlen Atmosphäre trägt diese trockenste Wüste Afrikas keine nennenswerte perennierende Vegetation. Das nahezu völlige Fehlen einer Pflanzendecke hat die bizarre Fauna der Namib – eine bunte Mischung aus Käfern, Reptilien, Spinnen und sonstigen Tiergruppen – dazu gezwungen, sich an ein Leben im Sand anzupassen.

Die Suche nach Wasser

Für alle die wüstenbewohnenden Tiere, so mannigfach und geschickt sie sich auch an ihre Umwelt angepaßt haben, ist die Suche nach Wasser eine lebenswichtige Aufgabe. Während die meisten das erforderliche Wasser aus dem pflanzlichen oder tierischen Gewebe ihrer Nahrung oder bei der Verdauung der trockenen Nahrungsbestandteile durch Stoffwechselvorgänge beziehen, benötigen einige Arten »richtiges« Trinkwasser, und auch die anderen nehmen es gerne auf, wenn es ihnen zugänglich ist.

Zwar erhält die Wüste Namib weniger Regen als andere afrikanische

1

2

4

5

1 Trotz der Unfruchtbarkeit und Scheuertätigkeit des Sandes hat sich eine Vielzahl von Organismen in den Dünen der Namib-Wüste entfaltet. Ein Dunkel- oder Schwarzkäfer (Cardiosis sp.) taucht in den Sand ein, um sich vor Wasserverlust und Feinden zu schützen.

2 Ein anderer Dunkelkäfer verzehrt eine Dolchwespe. Dunkelkäfer sind Aasfresser, die sich von abgestorbenen Pflanzen und tierischen Überresten ernähren.

3 Die skorpionähnliche Helle Walzenspinne (Metasolpuga picta) der Namib-Wüste ist ein Räuber, der von Insekten lebt. Die Walzenspinnen sind in zahlreichen Arten über die Wüsten der Erde verbreitet.

4 Das Foto zeigt einen anderen Cardiosis-Käfer, eine der 200 Dunkelkäferarten, die in der Wüste Namib heimisch sind.

5 Onymacris vegatapennis bei einer Verfolgungsjagd während der Paarungszeit.

6 Die White-Lady-Spinne tarnt ihr Netz mit Sandkörnchen und breitet es dann über ihrem Bau aus. Die arglosen Beutetiere können das Netz nicht vom Sandboden unterscheiden und verfangen sich in ihm, sobald sie es betreten.

Wüsten, aber der Nebel, der nicht genügend Feuchtigkeit enthält, um eine dauerhafte Vegetation hervorzubringen, liefert immerhin Trinkwasser für jene Tierarten, die es zu kondensieren verstehen. Viele Schwarzkäfer nehmen »Nebelbäder«; sie stehen dabei reglos direkt auf dem Kamm einer Sanddüne, auf dem sie sich mit ihren Hinterbeinen festhalten, während die Vorderbeine am meerzugewandten Hang nach unten gerichtet sind. In dieser Hängelage ist ihr Rücken dem Nebel zugekehrt, der von der Küste aus landeinwärts zieht. Die Feuchtigkeit setzt sich in winzigen Tröpfchen auf dem Rücken ab und rinnt von dort zur Mundöffnung.
Die Sandviper *(Bitis peringueyi)* sammelt Wasser auf ähnliche Weise, indem sie sich auf meerseitigen Dünenhängen zusammenringelt. Der über sie hinwegziehende Nebel kondensiert auf ihrem Leib zu Tröpfchen, die von der Schlange aufgeleckt werden. Nur ektotherme oder »kaltblütige« Tiere wie Reptilien und Insekten können so Feuchtigkeit gewinnen, denn Nebel schlägt sich nur auf Oberflächen nieder, die kälter sind als die sie umgebende Luft. Ein Vogel oder Säuger mit konstant hoher Körpertemperatur kann dagegen keine Feuchtigkeit kondensieren lassen.
Viele Tümpel in der Kalahari sind wahrscheinlich Wasserlöcher, welche die Tiere selbst geschaffen haben. Solche Wasserstellen bildeten sich ursprünglich meist in der Nähe von Termitenhügeln, die reich an bestimmten Mineralstoffen sind, da sie aus Erdreich errichtet werden, das die Termiten mit ihren Sekreten zementieren. Große Weidetiere belecken deshalb die Hügel, so wie unsere Kühe an Salzblöcken lecken. Im Laufe der Zeit entstehen durch die vielen scharrenden scharfen Hufe Vertiefungen rings um den Hügel. Der Wind bläst den pulverisierten Boden fort, wodurch die Löcher immer tiefer werden, bis sie schließlich so groß sind, daß sich nach dem Regen Wasser in ihnen ansammelt. Die Tiere, die sich dann zum Trinken einstellen, setzen den Prozeß fort, so daß sich der Tümpel stetig ausweitet. Viele Tümpel bedecken mehrere hundert Hektar oder gar mehrere Quadratkilometer. Sie locken vielerlei Tiere an, unter anderem Spießböcke, Burchellzebras, Strauße und Springböcke.
Auch manche Vögel müssen täglich trinken. Zu dieser Gruppe gehören die Tauben, von denen in den meisten Wüstengebieten eine oder mehrere Arten heimisch sind. In Nordafrika legt die Turteltaube Tag für Tag 50 oder 75 km zum nächsten Wasserloch zurück. Im Unterschied zu anderen Vögeln, die Wasser mit dem Schnabel schöpfen und dann die Kehle herabrinnen lassen, trinken die Tauben nach Menschenart, indem sie das Wasser ohne Unterbrechung einsaugen und abschlucken. Die Taubeneltern füttern ihre Jungen mit einer im Kropf erzeugten Ausscheidung, der sogenannten Kropfmilch. Die Jungen führen ihren Schnabel in den des Elterntiers ein, das daraufhin die Kropfmilch auswürgt, welche die Küken mit der notwendigen Feuchtigkeit versorgt.
Die in Afrika und Asien beheimateten Flughühner bedienen sich eines noch ausgefalleneren Verfahrens, um ihre Jungen mit Wasser zu versorgen. Diese hochspezialisierten Vögel, die mit den Tauben verwandt sind, ernähren sich gleichfalls von Sämereien und benötigen täglich Trinkwasser. Wenn die Altvögel des Morgens zur Tränke fliegen, tauchen sie ihr Brust- und Bauchgefieder ins Wasser, das sich wie ein Schwamm vollsaugt. Dann kehren sie mit ihrem Wasservorrat zum Nest zurück, wo die Küken das Wasser mit dem Schnabel von den Federn abstreifen.

Schutz gegen Überhitzung

Alle Wüstentiere müssen Mittel und Wege finden, eine Zunahme der Körperwärme zu vermeiden und überschüssige Wärme abzugeben, wenn sie überleben wollen. Eines dieser Mittel ist die richtige Einteilung der Tagesaktivitäten. Sehr viele Tiere der Wüste sind nachtaktiv; sie werden im offenen Gelände nur in der Nacht oder am späten Abend und frühen Morgen munter. Wenn man im Sommer mitten am Tag durch die Negev-Wüste wandert, gewinnt man den Eindruck, die Gegend sei fast unbelebt. Doch macht man, mit einer Taschenlampe bewaffnet, den gleichen Spaziergang bei Nacht, dann entdeckt man allenthalben Skorpione und Schlangen, die aus der Erde hervorgekommen sind und auf Beute lauern. Nagetiere streifen nahrungsuchend umher, und an den Wasserstellen versammeln sich Gazellen, Steinböcke, Füchse und Goldschakale.
Eidechsen, Vögel und viele Insekten sind auch tagsüber rege. In den heißesten Monaten beschränken sich jedoch ihre Bewegungen auf kurze Phasen in der Morgen- und Abenddämmerung. In gemäßigten Breiten beginnen die meisten Vögel etwa 30 bis 45 Minuten vor Sonnenaufgang zu singen und zu balzen, und diese Darbietung dauert zwei oder drei Stunden. Aber Wüstenvögel, wie beispielsweise die Haubenlerche *(Galerida cristata)*, die in

3

6

Nordafrika und im Nahen Osten sehr häufig ist, sind schon eine Stunde vor Sonnenaufgang munter, doch wenn der Rand der Sonnenscheibe am Horizont auftaucht, haben sie ihre Aktivität bereits wieder eingestellt.

Ameisen, ebenfalls allgemein verbreitete Wüstenbewohner, sind wie die übrigen Insekten, die Fische und Reptilien ektotherme Tiere, deren Körpertemperatur stark von der Umgebung abhängt. Sie sind also der Gefahr der Überhitzung und Unterkühlung gleichermaßen ausgesetzt. Im Spätherbst, im Winter und im Frühling sind die Ameisen um die Mittagszeit munter, wenn es angenehm warm ist. Doch vom Spätfrühling bis zum Frühherbst steigen die Mittagstemperaturen zu stark an, und die Tiere verlegen ihre Aktivitäten auf Morgen und Abend.

Wüstentiere, die des Nachts oder in der Morgen- und Abenddämmerung munter sind, verbringen die Zeit der Untätigkeit im Schatten oder unter der Erde. Für jene, die sich nicht in die Erde verziehen, ist ein Schattenplatz eine Kostbarkeit. Der Kaphase *(Lepus capensis)* sitzt in den Morgenstunden auf der Westseite unter einem Busch, doch sobald die Sonne am Mittag ihren Zenit überschritten hat, wechselt er auf die östliche Seite über. Die Wüstenvögel hocken am hellen Tag vollkommen reglos unter Sträuchern oder Zweigen. Die Mendesantilope *(Addax nasomaculatus)* der Sahara und der Nubische Steinbock *(Capra ibex nubiana)* der Negev-Wüste, die vorzugsweise in gebirgigem und felsigem Gelände leben, bringen die Tagesstunden in Höhlen oder im Schatten überhängender Felsvorsprünge zu.

Der heiße Wüstenboden

Um der Hitze auszuweichen, haben viele wüstenbewohnende Insekten, Eidechsen und Nager eine grabende Lebensweise angenommen. Gewöhnlich legen sie ihre Wohnröhren im Löß oder Lehm in unmittelbarer Nähe der Büsche an. Die in Afrika und Asien heimischen Wüstenrennmäuse graben ein kompliziertes Röhrensystem, das ein bis zwei Meter unter die Oberfläche hinabreicht.

Der Rückzug in den Untergrund ist freilich nur Bestandteil eines umfassenderen Verhaltensmusters, durch das sich die Wüstentiere die vertikal gegliederten Temperaturunterschiede sowohl über als auch unter der Erdoberfläche zunutze

machen. Die Temperaturen sind am höchsten auf dem Boden und nehmen in den ersten Zentimetern darüber und darunter ganz abrupt und in größeren Höhen oder Tiefen langsamer ab.

Wüstentiere reagieren sehr empfindlich auf solche feinen Temperaturschwankungen. Wenn ein Tier nur einen Meter hoch auf einen Strauch steigt, wie es Schlangen und Eidechsen in der Regel tun, oder sich 30 cm tief in den Boden eingräbt, findet es eine Umgebung vor, die 20–30°C kühler ist als die Bodenoberfläche.

Selbst ein paar Millimeter können für ein Tier ausreichen, um der Gluthitze des Bodens zu entgehen. Die Vertreter einer nordafrikanischen Ameisenart laufen mit möglichst gestreckten Beinen umher, um ihren Körper so weit wie möglich vom Untergrund abzuheben. Darüber hinaus richten sie, um die Temperatur ihres Hinterleibs um ein oder zwei Grad zu senken, den Körper fast senkrecht empor, statt ihn wie die meisten Ameisen waagerecht zu tragen.

Die langen Läufe und die breiten Sohlen ermöglichen es dem Dromedar *(Camelus dromedarius)*, sich im lockeren Sand mühelos fortzubewegen. Doch ebenso wichtig ist, daß sich der Körper des Tiers dank der langen Beine in einer Höhe befindet, wo die Lufttemperatur etwa 25°C niedriger ist als auf dem Boden.

Die langen Beine der Strauße erfüllen den gleichen Zweck.

Greifvögel wie der Gaukler *(Terathopius ecaudatus)* der Kalahari – eine kurzschwänzige Adlerart – kreisen schwerelos im Aufwind der vom Boden aufsteigenden Luft. Sie fliegen in Höhen von 300 bis 500 m, wo die Temperaturen 40 bis 50°C

1 Strauße, die größten Vögel der Erde, flüchten über einen Trockensee in Namibia. Die nächsten Verwandten der Strauße sind die südamerikanischen Nandus und die australischen Emus. Die Verbreitung dieser flugunfähigen Vögel ist einer der Belege dafür, daß Afrika, Südamerika und Australien einstmals in dem riesigen südlichen Superkontinent Gondwanaland miteinander verbunden waren.

2 Ein männliches Namagua-Flughuhn (Pterocles namagua) ist mit seinen Küken auf der Futtersuche. Wie die ihnen nahestehenden Tauben ernähren sich die Flughühner von Sämereien. Sie brauchen täglich frisches Wasser, und um es zu finden, legen sie 50 bis 75 Kilometer zurück.

niedriger sind als an der Erdoberfläche.

Ein Saharavogel, der Rennschmätzer *(Oenanthe leucopyga)*, weicht der Wüstenhitze aus, indem er über Tage hinweg mehrere hundert Steine zusammenträgt, die halb soviel wiegen wie er selber, und zu einer etwa 15 cm hohen Pyramide aufschichtet. Oben auf dieser Steinpyramide baut er sein Nest, so daß sich das Gelege über den heißen Wüstenboden erhebt und der kühlende Wind durch den porösen Steinhaufen streichen kann. Die Nester werden oft im Schatten überhängender Klippen oder an der Ostseite großer Felsblöcke angelegt.

Wärmeabstrahlung

Durch ihr Verhalten können sich zwar die endothermen Vögel und Säugetiere der Wüstenhitze weitgehend entziehen, aber der im Körperinneren erzeugten Wärme können sie nicht entgehen. Um einen Hitzestau zu vermeiden, müssen sie sie nach außen abgeben. Keine Tierart verfügt über wirksamere Anpassungsmechanismen zur Wärmeabstrahlung als die Säuger der Sahara und der arabischen Wüstengebiete. Diese schlank gebauten Tiere, vielfach mit langen Ohren, Hälsen und Gliedmaßen, besitzen allesamt eine große Körperoberfläche im Verhältnis zu ihrem Volumen.

Die Dünengazelle *(Gazella leptoceros)* der Sahara ist ein typischer Vertreter dieser Tiergruppe. Das gleiche gilt für die Kamele, bei de-

1

1 Heuschrecken sind in den Wüstenregionen der Erde häufig vertreten. Diese südafrikanische Art, Phymatus morbillosus, ernährt sich von einer giftigen Euphorbie. Viele Pflanzenarten erzeugen in ihren Blättern giftige oder widerlich schmeckende Substanzen, um pflanzenfressende Tiere abzuschrekken. Doch manche Pflanzenfresser besitzen die Fähigkeit, diese Stoffe in ihrem Verdauungstrakt zu entgiften, und haben sich so stark spezialisiert, daß sie nur noch von einer einzigen Pflanzenart leben, an die sie sich angepaßt haben.

2 Die in der Namib heimischen Erdmännchen (Suricata suricatta), auch Surikaten oder Scharrtiere genannt, sind kleine Beutegreifer, die mit den in Afrika weitverbreiteten Mungos und Zibetkatzen verwandt sind. Die sehr geselligen Tiere leben in kleinen Familien in Erdbauen zusammen und ernähren sich vorwiegend von Wirbellosen, erbeuten aber gelegentlich auch Nager, kleine Vögel und Reptilien.

2

nen der lange Hals, die hohen Läufe und der langgestreckte Rumpf sowie die ausgedehnten Bauchseiten eine große Oberfläche zur Wärmeabsonderung ergeben. Beim Strauß dienen die langen Beine und der lange Hals der gleichen Funktion, und die nackte, nicht durch Federn isolierte Haut des Halses strahlt die Wärme besonders gut ab. Viele Tierarten der Wüste, etwa die kleine Wüstenspringmaus und der Kaphase, haben lange Ohren. Dieses Merkmal ist noch stärker ausgeprägt beim zierlichen Wüstenfuchs oder Fennek *(Canis = Fennecus zerdus).* Diese hübschen, hell gefärbten Füchschen, die kleiner bleiben als eine Hauskatze, besitzen riesige Ohren, deren Oberfläche auf einer Seite größer ist als das gesamte Gesicht der Tiere.

Die Notwendigkeit, körpereigene Wärme abzugeben, stellt die Wüstentiere vor ein anderes Problem. Weil das Nahrungsangebot in der Wüste höchst unzuverlässig ist, erweist es sich für die Tiere als vorteilhaft, wenn sie in Zeiten des Überflusses Fett speichern. Gewöhnlich legen jedoch Tiere ihre Fettvorräte unter der Haut an. Da Fett eine gute Isolierung gegen den Wärmeaustausch darstellt, würden solche Vorräte die Abgabe überschüssiger Körperwärme erschweren. Für die Wüstentiere besteht die Lösung des Problems darin, daß sie die Fettvorräte in einer begrenzten Körpergegend konzentrieren. Der Kamelhöcker ist dafür das bekannteste Beispiel, der Fettschwanzgecko *(Pterydactylus dauricus)* der jordanischen Wüstengebiete ein weiteres. In Nordafrika und Vorderasien ist das Fettschwanzschaf, eine Form des Hausschafes, weit verbreitet.

Jeder Gegenstand gibt Wärme ab, wenn auf seiner Oberfläche Wasser verdunstet. Das gilt auch für Tiere, auf deren Haut Schweiß verdunstet. Die Zebras schwitzen, desgleichen die anderen Huftiere wie Gazellen, Springböcke, Spießböcke und Steinböcke. Die Raubtiere der Sahara, also Streifenhyänen, Schabrackenschakale und Sandkatzen, hecheln. Dabei verdunstet Feuchtigkeit auf der Zunge und den Mundschleimhäuten.

Die Wüstenvögel, die tagsüber im Schatten sitzen, geben Wärme über die Kehle ab; dieser Vorgang entspricht dem Hecheln der Säugetiere. Sie öffnen dabei den Schnabel und lassen ihre Kehle vibrieren, während sie sehr schnell Luft einsaugen und wieder ausstoßen. Dadurch verdunstet Feuchtigkeit auf der Lungenoberfläche.

Die Sanddünen als Lebensraum

Lockerer, unbewachsener Sand ist eine labile Unterlage. Man möchte nicht glauben, daß sich in einer solchen Umwelt ein mannigfaltiges Tierleben entfalten könnte. Doch im Laufe von Jahrmillionen hat die Evolution Organismen hervorgebracht, die unter fast allen Umweltbedingungen, die unsere Erde zu bieten hat, überleben können. So bergen auch die kahlen Sanddünen der Namib-Wüste eine erstaunliche Vielfalt an Tieren, die sich auf die eine oder andere Weise den Sand zunutze zu machen verstehen, vor allem, indem sie sich in ihn einwühlen, um Wasserverlusten vorzubeugen, um der Sonnenglut zu entgehen, um sich ihren Feinden zu entziehen oder um versteckt auf Beute zu lauern.

Fortbewegung und Beutefang

Andere Arten bewegen sich mit großer Leichtigkeit durch den Sand. Die Lanzen- und Blindskinke *(Acontias* und *Typhlosaurus)*, zwei südafrikanische Glattechsengattungen, haben im Verlauf einer langen Auslese ihre Gliedmaßen vollständig zurückgebildet und können deshalb mühelos durch den Sand »schwimmen«, fast wie ein Aal im Wasser. Auch die Augen sind stark verkümmert, beziehungsweise unter Schuppen verborgen. Die Goldmulle *(Chrysochloridae)*, maulwurfähnliche, grabende Kerbtierfresser, die sich in ihrer Fellfarbe hervorragend an ihre Umwelt angepaßt haben, besitzen kräftige Vorderbeine, mit denen sie sich behende durch den Sand graben können, wenn sie ihrer Beute nachstellen, die aus den beinlosen Skinken sowie aus Insekten und Würmern besteht. Da sie im Sand ohnehin nichts sehen, sind ihre Augen stark

1

1 Spießböcke oder Oryxantilopen und Burchellzebras stehen in einem Trockensee in Namibia.

2/3 Diese West-Erdhörnchen tragen in der ostafrikanischen Somali-Chalbi-Wüste einen Territorialkampf aus. Die Tiere traktieren einander mit ihren Hinterbeinen, ohne daß sie sich dabei ernstlich verletzen oder gar umbringen. Das stärkere und energischere Tier geht aus dem Kampf als Sieger hervor.

2

3

verkümmert und vom Fell vollständig überzogen. Die Tiere verlassen sich ganz auf ihren feinen Geruchssinn und auf ihre anderen Sinne.
Zahlreiche räuberisch lebende Tiere haben ungewöhnliche Verhaltensweisen entwickelt, die ihnen beim Beutefang zugute kommen. Die bereits erwähnte Sandviper, eine kleine Schlange, die sich hauptsächlich von Eidechsen ernährt, wühlt sich durch Schlängelbewegungen so tief in den Sand ein, daß nur noch die Nasenöffnungen und Augen hervorschauen. Die Au- und Augen hervorschauen. Die Augen sind überdies so hoch angesetzt, daß der ganze Kopf im Sand untertauchen kann. So wartet die Viper, ohne sich zu rühren, auf vorüberkommende Beutetiere.

Zwei räuberische Spinnenarten benutzen Sandkörnchen, um ihre Beute zu täuschen. Die White-Lady-Spinne gräbt eine kleine Vertiefung in den Sand und überspinnt sie mit einem Netz, in das so viele Sandkörner eingelassen sind, daß es nicht mehr zu erkennen ist. Wenn ein Beutetier, zum Beispiel eine Grille, über das Netz läuft, bricht es ein und fällt in die Grube. Trifft die Spinne ihrerseits auf einen Raubfeind, flieht sie auf den Kamm einer Düne, rollt sich zu einer Kugel zusammen und wälzt sich schnell am Steilhang hinunter.

Die zweite Spinnenart webt ebenfalls Sandkörner in ein Netz ein, das groß genug ist, ihren Körper zu bedecken. Sobald das Gewebe fertig ist, wirft sich die Spinne auf den Rücken und zieht es über sich. Dann wartet sie darauf, daß ein Opfer das Tarnnetz betritt und sich in ihm verfängt.

Die Spinnenwespe *(Pepsis)* lähmt eine Spinne mit ihrem Giftstachel und gräbt dann mit Hilfe ihrer Beine, die an den Seiten mit rechenförmigen Fortsätzen besetzt sind, ein Loch in den Sand. Die Wespe schiebt die gelähmte Spinne in das Loch, legt ein Ei auf ihr ab und verschließt das Loch wieder. Die ausgeschlüpfte Wespenlarve ernährt sich von der noch immer lebenden Spinne. Wenn das Wirtstier so weit verspeist ist, daß es abstirbt, ist die Larve voll entwickelt und verwandelt sich in eine fertige Wespe.

So wie die Spinnenwespen mit rechenähnlichen Beinen ausgerüstet sind, so besitzen auch die Fransenfingereidechsen *(Acanthodactylus)* Borsten an den Zehenspitzen, die ihnen die Fortbewegung auf dem Sandboden erleichtern – wie der Mensch Schneeschuhe benutzt, um nicht einzusinken. Der nachtaktive Sandschwimmergecko *(Palmatogecko rangei)* hat sich für eine ähnliche Lösung entschieden: Seine Zehen sind mit »Schwimmhäuten« bespannt, so daß die Füße dadurch scheibenförmig werden.

Trockenzonen in Fernost

Die Wüstenlandschaften Mittel- und Südasiens

Bevor Sven Hedin und andere Forschungsreisende des 20. Jahrhunderts ihre Berichte über die Wüsten Takla-Makan, Kysylkum und Gobi und über die weite Sumpflandschaft von Lop Nor veröffentlichten, hatten die Menschen im Westen keinerlei Vorstellung von den Trockenräumen Mittelasiens.
Andere Entdeckungsreisende beschrieben das reiche Tierleben der Wüsten im Westen Indiens, und erst heute kann man sich ein Bild machen von den Ausmaßen und der Vielfalt der asiatischen Wüstenregionen.
In Zentral- und Ostasien können wir im wesentlichen zwei Wüstentypen unterscheiden. Der erste, wie ihn die Thar-Wüste im westlichen Indien und im östlichen Pakistan vertritt, ist eine heiße, in niederen Breiten gelegene Wüstenlandschaft, sehr ähnlich den Wüstengebieten Nordafrikas und Arabiens, als deren Ausläufer sie von manchen Geographen betrachtet wird. Der andere Typ, zuweilen als »Kältewüste« bezeichnet, erstreckt sich von Westpakistan in westlicher Richtung durch Afghanistan und Iran, verläuft dann nordwärts zum Süden der Sowjetunion und wieder nach Osten durch Nordchina und die südliche Mongolei. Er liegt in erheblich kälteren Breiten als alle Wüsten, die wir bisher kennengelernt haben. Die klimatischen Unterschiede sind im Sommer, wenn die Temperaturen hier fast so hoch ansteigen wie in den südlicheren Wüstenregionen, weniger spürbar als im Winter, wenn im nördlichen Teil das Thermometer bis 30–40° C unter den Gefrierpunkt fallen kann. Diese niedrigen Temperaturen stellen die Wüstentiere vor ein spezielles Problem: Sie müssen sich einerseits durch eine Isolierschicht aus Fell, Federn oder Fett vor der Kälte schützen und andererseits

Ein kapitaler Hirschziegenantilopenbock überquert das Katsch Bari Ran im westlichen Indien. Diese einst in der indischen Thar-Wüste weitverbreitete Antilopenart ist inzwischen beinahe ausgestorben.

mit der Schwierigkeit fertig werden, daß eine solche Isolierung im Sommer die Abgabe überschüssiger Körperwärme behindert.
So wie die Wüstentiere Mittel und Wege kennen, sich vor Überhitzung und Austrocknung zu schützen, haben sie auch verhaltensmäßige, körperliche und physiologische Anpassungsmechanismen entwikkelt, um Nahrung zu finden und Notzeiten zu überdauern. Wie andere Wüstenbewohner ziehen viele Tiere der asiatischen Wüsten umher auf der Suche nach Gebieten, in denen Regen gefallen ist und Nahrung zur Verfügung steht. Zahlreiche seßhafte Arten legen in Zeiten des Überflusses Vorräte an. Und außerdem haben sich die Tiere auf bestimmte Lebensräume oder Nahrungsstoffe spezialisiert, um einen selbstzerstörerischen Wettbewerb auszuschließen.

Im Lande der Maharadschas

Die Thar-Wüste, etwa zwischen 22 und 32 Grad nördlicher Breite gelegen, dehnt sich größtenteils im westlichen Indien aus, ragt aber noch ein kleines Stück nach Pakistan hinein. Seit vorgeschichtlichen Zeiten ist das Klima dieser 700000 km² großen Region, genauso wie das Nordafrikas und Vorderasiens, vermutlich immer trockener geworden. Dieser Verödungsprozeß wurde noch gefördert durch menschliche Eingriffe in Form von Viehwirtschaft und Holzeinschlag.
Noch vor einem oder zwei Jahrhunderten brachten die Niederschläge, die hauptsächlich im Sommer fallen und deren Jahresmenge zwischen 30 cm bei Jodhpur im Osten und 15 cm an der pakistanischen Grenze schwankt, eine savannenähnliche Vegetation mit perennierenden Gräsern und weit auseinanderstehenden Bäumen hervor. Von dieser Vegetation ernährten sich zahlreiche wildlebende Weidetiere, zum Beispiel die indischen Gazellen, die Nilgauantilopen, die Hirschziegenantilopen, die Wildesel und die indischen Panzernashörner. Diese Pflanzenfresser wiederum dienten zahlreichen Raubtieren als Nahrung, etwa den Tigern, den Löwen und den Geparden. Die vielen verlassenen Jagdsitze, die einst von den Maharadschas benutzt wurden, aber heutzutage ringsum von kahler Wüste eingeschlossen sind, bezeugen den früheren Wildreichtum dieser Region.
Das Land beherbergte einstmals auch zahllose Standvögel, denen sich im Winter noch Massen von Zugvögeln aus dem Norden hinzugesellten. In der Gegend von Bikaner im Westen der Provinz Rajasthan konnten die Jagdgesellschaften der britischen Vizekönige, der Gouverneure und der sonstigen Potentaten an einem einzigen Tag bis zu 2000 Sandflughühner *(Pterocles orientalis)* erlegen, die hier überwinterten. Bis vor kurzem lockten die Scharen der überwinternden Kragentrappen *(Chlamydotis undulata)* jagdbesessene arabische Scheiche aus dem Nahen Osten an, die diesen Vögeln mit abgerichteten Falken nachstellten. Die Jagd wurde zwar 1978 verboten, aber bis dahin hatten die Trappenbestände schon bedenklich abgenommen.
Heute ist die Wüste Thar ein verödetes Land, das über weite Strekken seiner ausdauernden Bodenvegetation beraubt ist. Der Boden ist sandig, und an der indisch-pakistanischen Grenze breiten sich ausgedehnte Dünenfelder aus. Die Nashörner, Wildesel und großen Raubtiere sind verschwunden, desglei-

chen fast alle Hirschziegen- und Nilgauantilopen. Man trifft zwar noch einige Gazellen und die meisten angestammten Vogelarten an, aber auch deren Kopfzahl ist stark zurückgegangen.

Die Kältewüsten

Die Kältewüsten setzen sich aus vier größeren Wüstenregionen mit jeweils zwei bis vier kleineren Gebieten zusammen und bedecken insgesamt eine Fläche, die fast halb so groß ist wie die Sahara. Die südlichste Region, die iranische Wüste in Westpakistan, Afghanistan und Iran, hat eine Ausdehnung von rund 500000 km^2 und erstreckt sich zwischen 25 und 38 Grad nördlicher Breite. Ihre Topographie ist von Gebirgszügen bestimmt, die durch geschlossene Becken voneinander getrennt sind, welche Höhen von 600 bis 2000 m erreichen. Folglich sind die Temperaturen hier deutlich niedriger als in der Thar-Wüste oder auf der arabischen Halbinsel.

Die Wildtierfauna umfaßt Arten aus verschiedenen Wüstengebieten, aus der Thar-Wüste im Osten, den vorderasiatischen Wüsten im Westen und den sowjetischen Wüsten im Norden, aber die Bestände sind infolge klimatischer Veränderungen und übermäßiger Bodennutzung stark zusammengeschmolzen, was sowohl die Individuenzahl als auch die Artenvielfalt betrifft. Ein großer Teil der iranischen Wüste ist kahl und unfruchtbar, so weit das Auge reicht. Die Sanddünen, die sich bis 250 m hoch auftürmen, zählen zu den größten der Welt.

Die zwischen dem Kaspischen Meer im Westen und dem Pamir- und Tienschan-Gebirge im Osten gelegene turkestanische Wüste, die zur Sowjetunion gehört, bedeckt mehr als zwei Millionen Quadratkilometer. Die Karakum-Wüste (»schwarzer Sand«) im Südwesten und die Kysylkum-Wüste (»roter Sand«) im Nordosten bilden die wichtigsten Untergliederungen dieser riesigen sandbedeckten Region.

Im Osten der turkestanischen Wüste, in der westchinesischen Provinz Sinkiang, breitet sich die Takla-Makan-Wüste mit einer Fläche von 600000 km^2 aus. Auch sie setzt sich aus zwei Gebieten zusammen; die eigentliche Takla-Makan-Wüste liegt in einer Senke zwischen den Tienschan-Bergen im Norden und dem tibetischen Hochland im Süden, die einst von einem eiszeitlichen Binnensee von der Größe des Kaspischen Meeres ausgefüllt war.

1

2

3

4

5

1 Der große iranische Trockenraum erstreckt sich in einer von Becken und Erhebungen geprägten Region. Die wichtigsten landschaftsgestaltenden Kräfte sind die Aufwärtsbewegungen der Krustenschollen, durch die Gebirgsketten aufgetürmt werden. Diese werden wiederum abgetragen, und das erodierte Material lagert sich in den Becken zwischen den Gebirgsketten ab.

2 Samenfressende Prachtkäfer bei der Paarung in der iranischen Wüste.

3 Wüstenrüsselkäfer tun sich an einem Strauch in der iranischen Wüste gütlich.

4 Die Gottesanbeterin ernährt sich von Insekten, denen sie, reglos in der Vegetation sitzend, auflauert. Die meisten Gottesanbeterinnen tragen eine Tarnfärbung.

5 Gefräßige Wanderheuschrecken fallen über eine Hirserispe her. Die Aufnahme entstand während der Heuschreckenplage von 1968 in der Nähe von Keran in Äthiopien.

Ein zweites, kleineres Becken nördlich der Tienschan-Gebirgskette umschließt die dsungarische Wüste, eine öde, ausgedörrte Landschaft mit Erhebungen von 700 bis 2400 m Höhe, sandigen Böden und zahlreichen Dünen.

Die große Wüste Gobi liegt im Nordosten der Takla-Makan, teils in China und teils in der südlichen Mongolei, und ist geprägt von kleineren Gebirgszügen und dazwischenliegenden Tälern. Der Untergrund besteht weitgehend aus kleinen Steinen, die »Gobi« genannt werden – das asiatische Gegenstück zum afrikanischen »Reg« und zum australischen »Gibber«.

Von der Ordos-Hochebene am östlichen Ende der Gobi bis zum Kaspischen Meer erstreckt sich eine riesige zusammenhängende Wüstenregion, die gelegentlich von mächtigen Gebirgszügen unterbrochen wird. Diese Landschaft, windgepeitscht und bitterkalt im Winter, heiß und trocken im Sommer, ist seit prähistorischen Zeiten die Heimat von Nomadenstämmen, die mit ihren Schafen und Ziegen umherziehen und wilde Tiere jagen. Die Vorfahren der Tataren im nördlichen Turkestan waren vermutlich die ersten, die das Przewalski-Wildpferd *(Equus caballus przewalskii)* einfingen und domestizierten. Sie gelten auch als die Erfinder des Sattels und der Reithose.

Die lange Zeit menschlicher Übergriffe hat ihre Spuren in der Wildtierfauna und in den Lebensräumen hinterlassen. Die großen Herden der Wildesel, Wildpferde, Gazellen, Saiga-Antilopen und Kamele sind untergegangen oder haben sich in stark dezimierter Form nur noch in Rückzugsgebieten erhalten.

Nomadische Lebensweise

Die meisten großen Huftiere der asiatischen Wüstenregionen führen ein Nomadenleben. Wenn der Regen in einem größeren Gebiet eine besonders reiche Vegetation wachsen läßt, sind diese Tiere die meiste Zeit des Jahres standorttreu. Doch in Zeiten, in denen der Regen nur spärlich und in weit auseinanderliegenden Gebieten fällt, legen sie im Laufe eines Jahres mehrere hundert Kilometer zurück. Sie bleiben nur so lange an einem Standort, wie dort Nahrung zur Verfügung steht.

Der Kulan *(Equus hemionus hemionus)*, die turkestanische Unterart des Wild- oder Halbesels, war einstmals so zahlreich, daß er überall in der Karakum- und Kysylkum-Wüste vorkam, doch heute sind die Bestände reduziert zu einer einzigen Herde von mehreren hundert Tieren, die sich gewöhnlich im Badchys-Reservat im südlichen Turkmenien aufhält. Der Kulan sieht fast so aus wie ein Hausesel, und sein Iahen gleicht dem des verwilderten Hausesels der nordamerikanischen Wüste. Man nimmt an, daß die Assyrer den Halbesel ihres Gebietes, den Onager *(Equus hemionus onager)*, noch vor dem Pferd zähmten und ihre Streitwagen von Eseln ziehen ließen.

Das Trampeltier oder Wildkamel *(Camelus bactrianus)*, ein weiterer Wüstenbewohner, der sich mit sehr schwer verdaulicher Nahrung begnügt – unter anderem angeblich mit Leder, Wolldecken oder Knochen –, unternimmt gleichfalls weite Wanderungen. Während sein nächster Verwandter, das einhökkerige Dromedar *(C. dromedarius)*, inzwischen vollständig domestiziert ist, schweift ein kleiner Restbestand des Wildkamels noch immer

frei in den Wüsten Nordasiens umher.
Viele Wüstenvögel leben ebenfalls nomadisch; z. B. die Schwarzkopftrappe *(Choriotis nigriceps)* der Thar-Wüste, eine nahe Verwandte der Australischen Trappe *(Ch. australis)*, ist besonders wanderfreudig. Dieser 18 kg schwere und fast einen Meter hohe Vogel ähnelt einem jungen Strauß, hat jedoch einen braunen Rücken, einen weißen Nacken und Bauch und einen schwarzen Oberkopf. Er brütet erst im Sommer während des Monsunregens; dann zieht er in Gegenden, die genügend Feuchtigkeit abbekommen haben.
Wie die afrikanischen sind auch die asiatischen Wüsten von mehreren Flughuhnarten bewohnt. Das Kaiserflughuhn *(Pterocles imperialis)* der turkestanischen Wüste und das gelbbraune Flughuhn *(P. exustus)* der Thar-Wüste sind an ihre Umwelt hervorragend angepaßt. Wie ihre afrikanischen Vettern ernähren sie sich fast ausschließlich von allerlei Pflanzensamen und legen von einem Jahr zum anderen beträchtliche Entfernungen zurück. Sie lassen sich dort nieder, wo Regen gefallen ist und ihnen die Vegetation eine reiche Samenernte garantiert.

Wandernde Heuschreckenschwärme

Das spektakulärste Schauspiel einer Massenwanderung, die durch Regenfälle in der Wüste ausgelöst wird, bieten die Wanderheuschrecken *(Schistocerca gregaria)*, eine Art, die von Nordafrika über Vorderasien bis zur Thar-Wüste verbreitet ist. Dieses Insekt kann sein Aussehen und Verhalten innerhalb seines Lebenszyklus so vollkommen verändern, daß man die beiden Formen lange Zeit für zwei verschiedene Arten gehalten hat. In der Trockenzeit ist die Heuschrecke ein träges und einzeln le-

1

2

1 Vor dem Hintergrund des Altai-Gebirges zieht eine Wildkamelherde durch die mongolische Wüste Gobi. Diese Art ist zwar – wie das einhöckerige Dromedar – unter dem Namen Trampeltier weitgehend domestiziert worden, aber ungefähr tausend freilebende Tiere haben in China und in der Mongolei überdauert. In beiden Ländern sind sie streng geschützt.

2 Der Gefleckte Krötenkopf ist eine mittelgroße Echse der zentralasiatischen Wüstenregion. Das bodenlebende tagaktive Tier ernährt sich von Insekten.

bendes Geschöpf, dessen Färbung auf die helle Wüstenlandschaft abgestimmt ist. Die Tiere pflanzen sich alljährlich fort, indem sie ihre Eier über dem Boden verteilen. Bei Dürre finden die ausschlüpfenden Larven nur wenig Nahrung, so daß nur eine kleine Zahl überlebt; wenn es jedoch regnet, ist das Nahrungsangebot groß, und viele Larven bleiben am Leben. Wenn dann die Trockenperiode wieder einsetzt und die Vegetation zurückgeht, werden die nunmehr sehr zahlreichen Heuschrecken auf kleinen »Inseln« mit rasch abnehmender Pflanzenkost zusammengedrängt. Diese beengten Verhältnisse wirken wie ein Stimulans auf die Tiere: Sie werden munterer und immer unruhiger und nehmen die dunklere, auffälligere Färbung an, die für das gesellige Stadium charakteristisch ist.

Es bilden sich schließlich Schwärme aus Millionen von Tieren, deren Erregung einen solchen Grad erreicht, daß sie sich in die Luft erheben, sobald ein Tiefdruckgebiet über das Land hinwegzieht. Emporgetragen von den aufsteigenden Winden, bewegen sich die Heuschrecken längs einer Sturmfront nach Osten. Da Tiefdruckzonen Regen mit sich bringen, nutzen die Tiere instinktiv eine Wetterlage, die ihnen höchstwahrscheinlich irgendwann, wenn sie sich wieder niederlassen, Feuchtigkeit, Pflanzenwuchs und Nahrung bescheren wird. Auf diese Weise breiten sie sich aus, und zumindest einige Individuen können überleben und sich vermehren. Die zerstörende Wirkung der Wanderheuschreckenschwärme ist bekannt: Bevor ihre Zahl zurückgeht und sie ihr solitäres Leben wiederaufnehmen, vernichten sie alles, was sie auf ihrer Wanderschaft vorfinden; Felder, Weiden und Bäume werden völlig kahlgefressen.

Vorräte für schlechte Zeiten

Kleine Tiere, die zwecks Nahrungssuche keine großen Entfernungen zurücklegen können, überbrücken Notzeiten vielfach dadurch, daß sie Vorräte sammeln und einlagern, wenn das Nahrungsangebot reich ist. Die Mongolische Wüstenrennmaus *(Meriones meridianus)*, ein kleiner Nager der Wüste Gobi, sammelt in regenreichen Jahren Samenkörner, die sie in ihren Backentaschen in die Kammern ihres unterirdischen Baus trägt. Von diesen Vorräten, die manchmal mehrere

1 Der asiatische Wildesel, der früher in vielen Teilen Asiens häufig war, ist bis auf kleine Herden in Rückzugsgebieten im westlichen Indien und im Badchys-Reservat der Turkmenischen Sowjetrepublik ausgestorben.

2 Der Indische Dornschwanz unterscheidet sich von den allermeisten Echsen dadurch, daß er vorwiegend vegetarisch lebt.

3/4 Die Uhus haben ein großes Verbreitungsgebiet. Sie bewohnen weite Gebiete Asiens und Europas und haben sich auch an das Wüstenleben angepaßt. Der Uhu ist eine der beiden größten Eulenarten der westlichen Hemisphäre. Dieser »Nachtjäger« erbeutet Hasen, Nagetiere, Vögel und Reptilien und schlägt zuweilen sogar Tiere von der Größe eines Rehs.

5 Die zu den Springmäusen gehörenden Pferdespringer (Alactaga) sind nachtaktive Einzelgänger. Wie bei so vielen Wüstentieren dienen auch bei ihnen die langen Ohren der Wärmeabstrahlung.

Kilogramm wiegen, kann das Tierchen dann in den Dürreperioden zehren.

Auch die samenfressenden Wüstenameisen horten die Nahrung Ameisenkolonien bestehen aus mehreren Kasten. Die Königinnen legen die Eier, die den Fortbestand sichern; die Männchen, die zweite Kaste, haben die Aufgabe, dafür zu sorgen, daß die Königinnen ständig Eier produzieren. Eine dritte Kaste umfaßt die Arbeitsameisen und ist häufig noch einmal unterteilt in zwei Gruppen, die für die Fütterung der Nachkommen beziehungsweise die Nahrungsbeschaffung zuständig sind. Die Nahrungsbeschaffer bilden die größte Abteilung der Kolonie und zählen in der Regel nach Tausenden. Täglich suchen sie in einem Umkreis von zehn bis zwanzig Metern rings um den Ameisenhügel nach Sämereien, die sie heimbringen und einlagern. Mit der Zeit kann der Vorrat einer Kolonie auf ein Kilogramm oder mehr anwachsen.

Eine andere Möglichkeit der Nahrungsspeicherung ist die Anlage eines Fettvorrats in Zeiten des Überflusses. Die beiden Höcker des Trampeltiers sind solche Fettspeicher, die in guten Zeiten jeweils zehn oder fünfzehn Kilogramm wiegen können. Doch wenn Nahrungsmangel herrscht, verschwinden diese kegelförmigen Auswüchse allmählich, bis am Ende nur noch ein leicht hochgewölbter Rücken übrigbleibt.

Eine weitere Methode, sich in Dürreperioden oder im Winter vor dem Verhungern zu schützen, besteht in der Drosselung des Tempos, mit dem der Körper Energie verbraucht. Sowohl in kalten als auch in warmen Wüstengebieten verfallen manche Nagetiere während der heißen sommerlichen Dürrezeit in eine Starre. In den Kältewüsten halten sie außerdem einen Winterschlaf. Ein Tier in Wärmestarre oder im Winterschlaf senkt seine Körpertemperatur und verlangsamt seinen Stoffwechsel so weit, daß es gerade noch am Leben bleibt. Es zehrt dann sein Körperfett so langsam auf, daß es monatelang in diesem Zustand verharren kann, ohne Nahrung aufzunehmen.

Zu den winterschlafenden Nagetieren der Wüste gehört der Großohrigel *(Hemiechinus = Erinaceus megalotis)*. Dieses seltsame, 15 bis 18 cm lange Tierchen ist ein Insektenfresser, der den Maulwürfen und Spitzmäusen nahesteht. Mit der spitzen Schnauze, den kurzen Beinchen und dem rundlichen Leib sieht er aus wie ein Spielzeugtier. Sämtliche Reptilien der kalten Wüsten halten einen Winterschlaf. Sie graben sich dazu in den Boden ein oder suchen Schutz unter Steinen oder umgestürzten Baumstämmen. Mit dem Absinken der Umgebungstemperaturen nimmt auch ihre Körpertemperatur ab, und ihr Energieverbrauch geht auf ein Minimum zurück.

Ausschaltung des Wettbewerbs

Wüstentieren ist noch eine weitere Eigenart von Nutzen, die sie vor dem Hungertod bewahrt: die Ausschaltung des Wettbewerbs zwischen den Arten, die gemeinsam ein bestimmtes Areal bewohnen. Zwei Arten mit gleichen Nahrungsansprüchen können zusammen leben, solange die Individuenzahl so niedrig bleibt, daß das Nahrungsangebot nicht erschöpft wird. Wenn die Zahl zu sehr ansteigt, kann die Auslöschung einer oder beider Arten die Folge sein – eine Gefahr, die in der Wüste durchaus gegeben ist.

Zwei verwandte Arten kommen jedoch einander nicht ins Gehege, falls sie sich so stark differenziert haben, daß sie sich auch in ihren Lebensansprüchen unterscheiden. Ein Überblick über die gesamte Tier- oder Pflanzenwelt zeigt, daß keine zwei Arten in ihren Lebensgewohnheiten und in ihrer Ernährungsweise genau übereinstimmen oder dieselbe »ökologische Nische« besetzen. Dies ist offensichtlich das Resultat einer evolutionären Entwicklung, die auf eine Vermeidung des zwischenartlichen Wettbewerbs abzielt.

Diesen Vorgang kann man bei den Tieren der zentralasiatischen Wüsten sehr gut beobachten. Von den großen Huftieren der Karakum-Wüste besiedeln die Kamele im allgemeinen das Flachland und begnügen sich mit derber, nährstoffarmer Kost. Ein anderer Bewohner der Niederungen ist die sehr viel wählerischere Kropfgazelle *(Gazella subgutturosa)*; sie beknabbert im Frühling und Frühsommer die zarten einjährigen Pflanzen und äst im Herbst und Winter die jungen Triebe bestimmter Straucharten ab. Die Wildesel oder Kulane leben hauptsächlich von Gras, verwerten aber auch andere geringwertige Pflanzenkost. Das Argali, das asiatische Gegenstück zum Mähnenschaf der Sahara, lebt in den Bergen und sondert sich dadurch von den anderen Tierarten ab. Und die Saiga-Antilope hält sich von etwaigen Rivalen fern, indem sie während der warmen Jahreszeit in der Steppe lebt und nur im Winter in die nördliche Randzone der Wüste vordringt.

Die räuberischen Arten haben sich auf unterschiedliche Beutetiere spezialisiert. Der Rotfuchs ernährt sich vorwiegend von Nagern, während der Schakal Hasen bevorzugt. Der Wolf, der über die gesamten nördlichen Wüstenregionen Asiens verbreitet ist, stellt fast ausschließlich größeren Huftieren nach, vor allem Gazellen.

Die Greifvögel schlagen nicht nur andere Beute als die Beutegreifer, sondern heben sich auch durch die Form des Nahrungserwerbs von

3

4

5

diesen ab. Der Uhu *(Bubo bubo)*, ein großer, kraftvoller Eulenvogel, lebt von größeren Beutetieren wie Hasen, Trappen und Flughühnern und geht meist nur in der Nacht und in der Morgen- und Abenddämmerung auf die Jagd. Der Mäusebussard *(Buteo buteo)* ist dagegen tagsüber aktiv; er nimmt mit Kleintieren wie Käfern, Nagern und kleinen Vögeln vorlieb und schreckt auch nicht vor Aas zurück. Der Schlangenadler *(Circaëtus ferox)* hat es hauptsächlich auf Reptilien und Amphibien abgesehen, auf Frösche, Eidechsen und kleine Schlangen. Und der Mönchs- oder Kuttengeier *(Aegypius monachus)* ernährt sich von verendeten Tieren oder von den Überresten der Raubtiermahlzeiten.

Auch bei den 23 Echsenarten, die in der Thar-Wüste heimisch sind, ist die Differenzierung der Lebensansprüche deutlich zu erkennen. Sie unterscheiden sich voneinander durch ihre Ernährung und durch die von ihnen bewohnten Biotope und sind zu verschiedenen Tageszeiten aktiv. Drei Arten zum Beispiel, der Indische Sandskink *(Ophiomorus tridactylus)*, der große Wüstenwaran *(Varanus griseus)* und der stumpfköpfige Indische Dornschwanz *(Uromastyx hardwickii)*, bevorzugen einen sandigen Lebensraum, haben aber ganz verschiedene Ernährungsgewohnheiten. Der Sandskink lebt ausschließlich von Insekten, der Waran stellt Echsen nach und verspeist sogar Artgenossen, ferner kleine Nagetiere und gelegentlich Vögel, und der Dornschwanz ist Vegetarier.

Die kalten Wüsten der Neuen Welt

Lebensfeindliche Küstenregionen in Nord- und Südamerika

Die nordamerikanische Kältewüste ist das neuweltliche Pendant zur turkestanischen, Takla-Makan- und Gobi-Wüste der Alten Welt. Sie erstreckt sich von der Grenze zwischen Kanada und den USA im Norden bis etwa 37° nördlicher Breite nach Süden und von der Sierra Nevada und dem Kaskadengebirge im Westen bis zu den Rocky Mountains im Osten. Die als Great Basin, »Großes Becken«, bezeichnete Region umfaßt ungefähr 400000 km².

In diesen Breiten und in Höhenlagen zwischen 1200 und 2000 m herrscht ein ebenso strenges Klima wie in den Wüsten Nordasiens. Das Große Becken ist trocken, weil es im Regenschatten der Gebirgszüge im Westen liegt, so wie auch die nordasiatischen Wüsten entweder im Regenschatten oder einfach so weit landeinwärts liegen, daß ihnen die vorherrschenden Westwinde keinerlei Feuchtigkeit mehr zuführen. Die amerikanischen Wüsten sind allerdings nicht ganz so trokken wie die asiatischen; die Niederschläge, die hauptsächlich vom Herbst bis zum Frühling fallen, erreichen hier 15 bis 30 cm im Jahr.

Die Landschaft des Großen Bekkens ist geprägt von Hochtälern und malerischen Gebirgsgruppen. Die Vegetation ist strauchartig, wenig abwechslungsreich und nicht so reizvoll wie in manchen anderen Wüstenregionen. Von Europäern ist diese Region erst seit gut einem Jahrhundert besiedelt. Obwohl hier Schafe und Rinder weiden und in manchen Gegenden Weizen und andere künstlich bewässerte Feldfrüchte gedeihen, sind die Eingriffe des Menschen nicht so spürbar wie in den altweltlichen Wüsten.

Das am weitesten verbreitete Huftier ist der sog. Gabelbock oder die Pronghornantilope *(Antilocapra americana)*, in ökologischer Hin-

Die strauchwüchsige Vegetation des peruanischen Altplano ähnelt in ihrer Erscheinungsform und in ihrer Struktur der Tieflandvegetation in anderen Wüstenregionen der Erde.

sicht das Gegenstück zur asiatischen Saiga-Antilope. Dem gebirgsbewohnenden Dickhornschaf *(Ovis canadensis)* entspricht in Asien das nahverwandte Argali.

Das südamerikanische Pendant zum Großen Becken stellt die Patagonische Wüste dar, die sich im wesentlichen zwischen dem 40. und 50. südlichen Breitengrad ausdehnt. Infolge ihrer Lage östlich der Anden ist sie ebenfalls eine Regenschattenwüste im Bereich der südlichen Westwinde. Sie erstreckt sich weiter südlich als das afrikanische Kap der Guten Hoffnung und hat deshalb in Afrika keine Entsprechung. Die mehr als 400000 km² große Patagonische Wüste ist eine weite, aride Hochebene, die von zahlreichen Cañons mit steilen Felshängen in ostwestlicher Richtung durchschnitten wird. Manche dieser Cañons sind von Flüssen durchzogen, die ständig Wasser führen.

Über Patagonien fegen häufig kalte Winde *»los pamperos«* hinweg, und der südliche Teil der Wüstenlandschaft ist fast ständig in Wolken und Nebel gehüllt. Die jährliche Niederschlagsmenge, die meist im südlichen Winter fällt, beträgt in manchen Gegenden nur 10 bis 12,5 cm. Die Region wird vorwiegend als Weideland für Schafe genutzt.

Die Atacama-Sechura

Die Atacama-Sechura-Wüste, eine der ödesten Regionen der Erde, ist ein 3000 km langer Landstreifen, der sich an einem Drittel der chilenischen Küste und an der gesamten Küste von Peru hinzieht. Sie dehnt sich zwischen dem 32. und 4. Grad südlicher Breite aus und ist das südamerikanische Gegenstück zur afrikanischen Namib-Wüste, denn sie verdankt ihre Entstehung genau der gleichen Kombination geologischer Erscheinungen. Die subtropische Hochdruckzone ist die Hauptursache für die Trockenheit des südlichen Teils, während der Norden, der westlich der Anden verläuft, im Regenschatten liegt. Die durch diese beiden Faktoren bewirkte Dürre wird noch erheblich verstärkt durch die kalten auflandigen Winde, die über den eisigen Humboldtstrom hinwegwehen.

Dieser Strom fließt, aus der Antarktis kommend, an der südamerikanischen Westküste entlang nach Norden, so wie der Benguelastrom in nördlicher Richtung die Westküste Afrikas streift.

Wie in der Namib ist das Resultat ein extrem trockenes Klima; hinzu kommen anhaltende Nebel- und Wolkenperioden, mäßige Temperaturen und eine für Wüstenverhältnisse hohe Luftfeuchtigkeit. Bestimmte Teile der Atacama-Sechura gehören zu den regenärmsten Gebieten der Erde. In der Küstenstadt Arica nahe der chilenisch-peruanischen Grenze soll die jährliche Niederschlagshöhe im Durchschnitt nur 1 mm betragen – ein Wert, der kaum noch meßbar ist.

Jeder für sich

Wie in allen Wüstengebieten ist auch in den kalten Wüsten der Neuen Welt das Nahrungsangebot bescheiden und unberechenbar, und wie in den asiatischen Kältewüsten sind die Winter streng, wodurch sich das Problem der Nahrungsbeschaffung noch verschärft. So wie ein hemmungsloser Nahrungswettbewerb zwischen den Individuen zweier Arten zum Untergang einer oder beider Arten führen kann, so könnte auch ein hemmungsloser Wettbewerb zwischen den Angehörigen einer einzigen Art große Schwierigkeiten heraufbeschwören. Dies wird durch unterschiedliche soziale Organisationsformen verhindert, wie auch die Aufteilung der vorhandenen Nahrungsquellen das friedliche Zusammenleben der verschiedenen Arten möglich macht.

Die einfachste Methode, die zur Verfügung stehende Nahrung innerhalb einer Art aufzuteilen, ist die Errichtung von Territorien. Einzeltiere, in der Regel Männchen, sichern sich ein Areal, das sie gegen alle artgleichen Männchen verteidigen. Eine Geschlechtspartnerin wird durch das Territorium angelockt, dann findet die Paarung statt, und die Nachkommen erblicken innerhalb der Territorialgrenzen das Licht der Welt. Der Festlegung der Grenzen können oft tage- oder wochenlange Streitereien zwischen den beiden Nachbarn vorausgehen, doch sobald der Grenzverlauf feststeht, bleibt er genau fixiert und wird von beiden Streithähnen respektiert. Jeder Revierinhaber vertreibt eindringende Artgenossen unverzüglich aus seinem Reich.

Die Größe eines Territoriums ist im allgemeinen abhängig von der Größe des betreffenden Tiers. In den kalten nordamerikanischen Wüstenregionen verteidigen die Arbeiter einer Ernteameisenkolonie *(Pogonomyrmex occidentalis)* ein Gebiet von 500–1000 m^2 gegen Arbeiter einer anderen Kolonie. Die in derselben Wüste lebenden Taschenspringer *(Dipodomys microps)* sind Einzelgänger, die jeweils ein oder zwei Hektar große Areale besetzt halten. Sowohl die Ameisen als auch die Taschenspringer legen Vorräte an, und das Territorium erstreckt sich rings um den Bau, in dem diese Vorräte eingelagert sind.

Die Territoriumsgröße hängt auch vom jeweiligen Nahrungsangebot ab. Eine Untersuchung an nordamerikanischen Wüstenleguanen

1

2

1 Zwei Dickhornwidder tragen bei Sonnenaufgang einen Rivalenkampf aus, der ein Bestandteil ihres Fortpflanzungsverhaltens ist. Der Sieger wird die Herrschaft über die Herde übernehmen, zu der sich die Tiere im Herbst zusammenschließen, und sich mit den meisten Weibchen paaren.

2 Der Weißschwanz-Eselhase ist der einzige nordamerikanische Eselhase, der im Winter ein weißes und im Sommer ein braunes Fell trägt. Die weiße Färbungsphase deutet darauf hin, daß die Tiere in nördlichen, kalten Wüstengebieten leben, wo sie diese Schutztracht benötigen.

(Dipsosaurus dorsalis) hat ergeben, daß die Tiere in Gegenden mit geringem Insektenaufkommen größere Reviere beanspruchen. Auf diese Weise breiten sich die Leguanbestände weiter aus.

Beutegreifer besetzen und bejagen sehr viel größere Reviere als vegetarisch lebende Arten, da ein bestimmtes Areal stets mehr pflanzliche als tierische Nahrung zu bieten hat. Der Amerikanische Dachs *(Taxidea taxus)* durchstreift in der beifußbestandenen Wüste ein Gebiet von zwei bis vier Quadratkilometer. Dank seinen festen Krallen und muskulösen Schultern ist dieses zehn Kilogramm schwere Tier ein kräftiger Wühler, der sich bei der Verfolgung grabender Nagetiere blitzschnell durch den Boden hindurcharbeitet. Ein einziger Dachs kann in kürzester Zeit gewaltige Erdmassen bewegen.

Dachse sind Nachttiere, die in der Dunkelheit jagen und ihr Revier abpatrouillieren und den Tag in ihren unterirdischen Bauen verbringen. Jedes Territorium ist wabenförmig mit solchen Bauen überzogen; ein einziges Tier kann in seinem Herrschaftsbereich 500 bis 1000 Löcher ausheben. Der Dachs nächtigt nur selten zweimal hintereinander im selben Bau. In der Abenddämmerung kommt er hervor, wandert während der Nacht in der Wüste umher und verschwindet bei Morgenanbruch wieder unter der Erde in einem Bau, der bis zu zwei Kilometer von jenem entfernt sein kann, den er in der vorangegangenen Nacht benutzt hat. Neben den zahlreichen Bauen graben die Dachse gewöhnlich auch noch weniger tiefe Löcher, in denen sie Beutestücke, die sie sich für später aufheben, verstecken und teilweise zudecken.

Der beweglichere Kojote *(Canis latrans)*, der in Aussehen, Größe und allgemeinem Verhalten den afrikanisch-asiatischen Schakalen sehr ähnelt, beansprucht ein Revier von 40 bis 60 km². Die Paarung findet im Januar statt, und im März kommen die Jungen zur Welt. Beide Elterntiere gehen gemeinsam auf die Jagd und versorgen ihren Nachwuchs in einem unterirdischen Bau, oft einem verlassenen und erweiterten Dachsbau. Im Spätsommer sind die Jungen so weit herangewachsen, daß sie mit den Alten zusammen jagen können. Die Familie streift des Nachts beutesuchend in ihrem Revier umher.

Der patagonische Puma durchstreift ein Areal, das 100 km² umfas-

1

2

3

4

1 Die wüstenbewohnende Unterart des Dickhornschafes unterscheidet sich von der weiter nördlich lebenden Rocky-Mountains-Unterart durch seine breiteren und schlankeren Hörner, die sich spiralig vom Kopf wegdrehen. Das Foto zeigt einen jungen Widder, der wahrscheinlich nicht älter als fünf bis sechs Jahre ist.

2 Ein Kojote beäugt eine zusammengerollte Klapperschlange, verhält sich aber instinktiv mißtrauisch und vorsichtig. Der Biß der Klapperschlange könnte sein Tod sein.

3 Die langen Ohren des kleinen Kitfuchses (Vulpes macrotis) sind ein weiteres Beispiel für die Evolution von wärmeabstrahlenden Organen. Dieser zierliche, scheue Bewohner der nordamerikanischen Wüstengebiete hat eine vorwiegend nächtliche Lebensweise.

4 Der Amerikanische Dachs ist ein Mitglied der sehr vielgestaltigen und anpassungsfähigen Marderfamilie. Das zehn Kilogramm schwere Tier ist kräftig gebaut und hat einen muskulösen, abgeflachten Rumpf und kurze Beine. Die Vorderpfoten tragen lange Krallen, mit deren Hilfe sich der Dachs bei der Verfolgung von Nagetieren schnell durch den Boden wühlen kann.

sen kann. Wie Dachs und Kojote geht er meist nachts auf die Jagd, und dabei legt er jeweils zwei bis zehn Kilometer zurück. Wenn er ein großes Beutetier gerissen hat, etwa einen Guanako, schlägt er sich den Magen voll und bedeckt den Rest der Beute mit Gras, Erde oder Laub, offensichtlich um ihn vor Füchsen und aasfressenden Vögeln zu verstecken. Nachdem sich der Puma mehrmals an den Überresten gütlich getan hat, nimmt er seine nächtlichen Streifzüge innerhalb seines Reviers wieder auf, bis er neue Beute findet, die er dann eine Zeitlang bewachen muß.

Rivalenkämpfe

Die Erringung eines Herrschaftsanspruchs, entweder auf ein Territorium oder innerhalb einer sozialen Gruppe, setzt vielfach einen heftigen Kampf voraus. Doch enden bei den Tieren, im Unterschied zum Menschen, solche innerartlichen Aggressionshandlungen nur selten tödlich. Das siegreiche Tier ist in der Regel der größere, stärkere, ältere und hitzigere Partner in der Auseinandersetzung. Sobald der Stärkere die Oberhand gewinnt und der Schwächere sich geschlagen gibt, stellt der Sieger gewöhnlich seine Angriffe ein. Doch bevor es soweit ist, kommt es oft zu eindrucksvollen Kampfszenen.
Die geräuschvollen Auseinandersetzungen zwischen zwei Dickhornschafen können Stunden oder gar Tage andauern. Die beiden Widder fassen einander ins Auge, stürmen dann mehrere Schritte aufeinander zu und richten sich auf die Hinterbeine auf. Unmittelbar vor dem Zusammenprall senken sie den Kopf, damit das Gehörn die Gewalt des Stoßes auffangen kann. Der Sieger schart eine Gruppe von Weibchen um sich, die im Herbst

1

1 Verdorrte Gedrängtblättrige Melden (Atriplex confertifolia) überziehen die Senken und Erhebungen der Wüstenlandschaft im nordamerikanischen Großen Becken. Diese Melde ist eine der zahlreichen Arten aus der Familie der Gänsefußgewächse, die einen auffälligen Anteil an der Vegetation der kalten Wüsten sowohl in Nordamerika als auch in Asien haben.

2 Der Steinadler ist ein weit umherschweifender, geschickter Greifvogel, der hauptsächlich Kaninchen und größere Nager erbeutet. Doch wenn sich die Gelegenheit ergibt, schlägt er zuweilen auch Lämmer oder Zicklein, und er hat nachweislich sogar schon junge Gabelböcke getötet.

2

gedeckt werden und im Spätfrühling ihre Lämmer setzen. Bis dahin ist die Brünftigkeit der Widder längst abgeklungen; sie haben sich aus der Gesellschaft der weiblichen Tiere zurückgezogen und verbringen den Sommer zusammen mit anderen freien und unabhängigen »Junggesellen«, die aller Familienpflichten ledig sind. In dieser Zeit deutet nichts darauf hin, daß sich die Widder noch vor wenigen Monaten erbitterte Kämpfe geliefert haben.

Kämpfende Gabelböcke senken ebenfalls den Kopf, schieben ihr Gehörn ineinander und versuchen sich gegenseitig wegzustoßen, bis einer von beiden nachgibt. Wie bei anderen Huftieren wird auch dieser Streit nach den Regeln sportlicher Fairneß ausgetragen; keiner der beiden Duellanten nutzt eine Schwäche des anderen aus oder beginnt mit dem Stoßen, bevor die Hörner richtig verhakt sind. Es kommt nicht vor, daß der Gegner von hinten attackiert oder ihm ein scharfes Horn in die Seite gerammt wird, wenn er nicht auf den Angriff gefaßt ist.

Guanakokämpfe sind von lauten grellen Schreien begleitet, wenn die beiden Widersacher einander mit den Vorderläufen und mit Nackenbissen traktieren. Der Sieger gewinnt einen Harem, der aus hundert Weibchen bestehen kann.

Wenn ein Steinadler *(Aquila chrysaëtos)*, der ebenfalls zu den Tieren mit Territorialverhalten gehört, in den Luftraum eines Artgenossen eindringt, entspinnt sich ein dramatischer Kampf. Der Revierinhaber packt den Eindringling in der Luft, Hunderte von Metern über dem Erdboden. Die beiden trudeln dann, mit den Fängen ineinander verkrallt, zur Erde nieder, wo sie ein paar Minuten lang liegenbleiben und einander grimmig anstarren. Schließlich trennen sie sich und fliegen auf, um den ganzen Vorgang eventuell noch einmal zu wiederholen.

In vielen Fällen beschränken sich die Rivalenkämpfe auf mehr oder weniger ritualisierte Verhaltensweisen. Die beiden männlichen Tiere stehen einander gegenüber, werfen sich in die Brust, geben einschüchternde Laute von sich und bedrohen einander. Das kleinere und schwächere Tier unterwirft sich dem größeren und kampfstärkeren. Sobald die Rangordnung einmal festgelegt ist, weiß der Unterlegene, »wo sein Platz ist«. Wenn die beiden einander begegnen, gibt der

Rangniedere automatisch dem Ranghöheren nach, der seine Vorrangstellung nur mit einem Blick oder einer leichten Kopfbewegung zu bekräftigen braucht.

Eine Welt voller Töne

Die Verteidigung eines Territoriums setzt voraus, daß seine Grenzen markiert werden und daß die Inhaber ihre Aggressionsbereitschaft zeigen. Jede Art verfügt über entsprechende Verhaltensweisen. Bei den Vögeln ist es meist der Gesang.

In bewaldeten Gebieten singen die gefiederten Revierinhaber meist vom Wipfel eines Baumes oder Strauchs oder von einem besonders auffälligen Zweig herab. Da er mit seinem Gesang den Besitz eines Territoriums verkündet *und* eine Partnerin anlockt, macht sich der Sänger so sichtbar wie möglich; er plustert sich auf und stellt seine bunten oder leuchtend gezeichneten Gefiederpartien zur Schau. In den meisten Wüstenregionen, wo die Vegetation spärlich ist und hochgelegene Singplätze rar sind, lassen die Vögel vieler Arten, zumal die Lerchen, ihren Gesang erschallen, während sie über ihrem Revier kreisen, schweben oder mit angelegten Schwingen abwärts fliegen. Die regste Sangestätigkeit fällt in die frühen Morgen- und die späten Abendstunden; um die Mittagszeit flaut sie ab oder hört vollständig auf. Wenn der morgendliche Gesang im Großen Becken seinen Höhepunkt erreicht, läßt das Männchen der Karolinataube *(Zenaidura macroura)* seine aus fünf Tönen bestehende Balzstrophe alle zwanzig Sekunden erklingen. Es hält diesen Rhythmus noch ein oder zwei Stunden nach dem ersten blassen Frühlicht bei, dann verlangsamt sich der Gesang und hört gegen 10 Uhr vormittags ganz auf.

Zu Beginn der Balzzeit, wenn die Vogelmännchen ihr Territorium erstmals in Besitz nehmen und verteidigen und eine Partnerin auf sich aufmerksam machen wollen, singen sie sehr ausgiebig. Doch sobald der Brutvorgang etwas weiter fortgeschritten ist, verstummen sie meist, um keine Raubfeinde zum

Wenn sich das Braunborstengürteltier (Chaetophractus vellerosus) bedroht fühlt, kann es sich in dem festen lederartigen Rückenpanzer zusammenrollen und unter ihm Schutz suchen wie eine Schildkröte. Die Gürteltiere sind nahe Verwandte der Ameisenbären und Faultiere.

Nest zu locken. Während die Morgenstunden im Frühling vom Gesang der Vögel erfüllt sind, ist es im Spätsommer um diese Zeit meist still.

... und voller Düfte

Säugetiere verständigen sich zwar bis zu einem gewissen Grade ebenfalls durch Lautäußerungen, aber sie verlassen sich vorwiegend auf ihren Geruchssinn, der bei den Gefiederten keine Rolle spielt. Die meisten Säugerarten haben irgendwo an ihrem Körper Duftdrüsen – am Kopf, im Nacken, auf dem Rücken, an den Beinen oder an der Schwanzwurzel. Diese Drüsen in Verbindung mit einem feinen Geruchssinn, der zehn- oder hundertmal empfindlicher ist als der des Menschen, versetzen die Tiere in eine Welt voller Duftsignale.

Die Moschusdrüse des Patagonischen Stinktiers oder Surilho *(Conepatus patagonicus)* ist eine extreme Entwicklungsform der Duftdrüsen, die bei anderen Vertretern der Marderfamilie am Ansatz des Schwanzes sitzt. Während das Stinktier die Drüse zur Abwehr von Feinden benutzt, verwenden die übrigen Marderartigen – und vielleicht auch die Stinktiere selbst – sie zur Markierung ihres Territoriums. Die Revierinhaber patrouillieren an den Grenzen ihres Reiches entlang und reiben den Körperteil, an dem die Drüsen sitzen, an Felsen, Bäumen, Büschen oder am kahlen Erdboden, um diesen Stellen ihren unverwechselbaren Duft mitzuteilen. Jedes Tier besitzt offensichtlich einen ganz bestimmten Geruch, an dem es von den im selben Gebiet wohnenden Artgenossen erkannt wird, so wie die Vögel ihre Artgenossen am Gesang erkennen.

Hundeartige Raubtiere wie der Patagonische Fuchs *(Dusicyon griseus)* oder der Kojote markieren ihr Territorium, indem sie auf Sträucher und Steine längs der Grenzen urinieren, nicht anders als unser Haushund, der auf die gleiche Weise Büsche und Bäume in seiner Umgebung kennzeichnet.

Der Puma markiert sein Revier ebenfalls mit Urin und mit seinen Exkrementen, die er bisweilen mit Erde zudeckt. Erwachsene standorttreue Pumamännchen scheinen außerdem die seltsame Angewohnheit zu haben, ihr Revier mit kleinen Haufen aus Erde oder abgestorbenen Pflanzenteilen abzustekken, die eine gleiche Länge und Breite von 15 bis 50 cm haben. Diese »Grenzpfosten« werden an

1 Eine weibliche Falltürspinne in der Patagonischen Wüste zieht bei Tagesanbruch die Tür ihrer Wohnröhre zu. Die Röhre dieses nachtaktiven Tieres kann 30 cm tief hinabreichen und ist mit feiner Gespinstseide ausgekleidet.

2 Der Guanako ist ein naher, wenngleich sehr viel kleinerer Verwandter der altweltlichen Kamele und in gewisser Weise ein ökologisches Äquivalent der nordamerikanischen Gabelböcke. Er ist der wildlebende Vorfahr des zum Haustier gewordenen Lamas.

3 Die Vicuñas verkörpern die zweite wildlebende Kamelart in Südamerika. Sie besiedeln die Anden in Höhen von 4000 bis 6000 Meter. Die Tiere, deren Widerristhöhe einen Meter beträgt, besitzen das feinste Haarkleid von allen Säugern. Die einzelnen Haare sind nur halb so dick wie die feinste Schafwolle.

1

2

3

Cañonmündungen oder auf Bergkämmen errichtet und sollen einem Eindringling anzeigen, daß das Terrain besetzt ist.
Obwohl viele große Pflanzenfresser kein so ausgeprägtes Territorialverhalten kennen wie die Fleischfresser, versehen auch sie das von ihnen besiedelte Gelände mit Duftmarken. Der Gabelbock, der seine Duftdrüsen an den Kopfseiten trägt, markiert einen Strauch, indem er einen Zweig ins Maul nimmt und dann die »Backen« daran reibt. Der Guanako benutzt zu diesem Zweck wiederum seinen Urin und Kot. Außerdem legt er zur Kennzeichnung seines Gebietes Suhlen an.
Viele Tiere bedienen sich auch optischer Mittel in Form von allen möglichen Posen, um potentielle Widersacher abzuschrecken. Eidechsen verwenden die farbigen Flanken- und Bauchstreifen und Vögel die auffällig bunten Gefiederpartien für diese Art der Signalgebung. Wenn sich die Tiere bedroht fühlen, strecken sie diese Körperteile ostentativ dem Eindringling entgegen. Viele Eidechsen und Vögel richten sich so hoch auf wie möglich, blähen ihren Unterleib auf oder spreizen ihr Gefieder ab, damit sie größer wirken.

Die Nahrungspyramide

Die vielgestaltigen Lebensformen in einem Ökosystem bilden gleichsam eine Pyramide, die sich aus mehreren Stufen aufbaut, welche jeweils durch die Ernährungsweise der sie bildenden Organismen gekennzeichnet sind. Da die Pflanzen ihre Nahrung aus Sonnenlicht, Wasser und Kohlendioxid selbst herstellen, bilden sie die Basis der Pyramide. Nicht alle Pflanzenstoffe werden schon bald nach ihrer Entstehung von Pflanzenfressern verzehrt. Manche sind zu grob oder holzig oder von Harzen und ande-

1

2

1 Flamingos (Phoenicopteridae) fliegen über die Laguna Colorada dahin. Diese herrlichen Watvögel sind in Trokkengebieten nur selten anzutreffen.

2 Die Laguna Colorada an der Grenze von Salar de Atacama in Chile liegt 4800 Meter hoch in den Anden. Der See ist salzig und, wie sein Name sagt, von Algen rot verfärbt.

ren Substanzen durchsetzt und werden von den Tieren verschmäht. Und nicht alle Pflanzenkost, die von vegetarisch lebenden Tieren aufgenommen wird, dient dem Körperwachstum. Ein Teil der Energie wird für die Fortbewegung, ein anderer Teil für die Aufrechterhaltung der Körperwärme verbraucht. Im allgemeinen beträgt das Gesamtgewicht der pflanzenfressenden Tiere innerhalb eines bestimmten Gebiets nur ein Zehntel dessen, was das gesamte Pflanzenmaterial wiegt. Das gleiche Verhältnis besteht zwischen Pflanzenfressern und Fleischfressern. Manche Pflanzenfresser entgehen dem Zugriff der Raubtiere, und auch die Raubtiere müssen einen Teil der Energie für die Fortbewegung und die Regulierung ihres Wärmehaushalts verwenden. Deshalb bringen die Raubtiere einer Region nur etwa ein Zehntel des Gewichts der Pflanzenfresser auf die Waage. Das erklärt, warum man ein Ökosystem mit einer Pyramide vergleichen kann; die Masse der Vegetation bestimmt die Fülle des Tierlebens in den anderen Stufen. In der Wüste ist der geringe Pflanzenwuchs die Hauptursache dafür, daß das tierische Leben sehr viel ärmer ist als im Grasland oder Wald. Durch den Pyramideneffekt läßt sich auch verstehen, daß Gräser und Sträucher in einem Ökosystem eine wesentlichere Rolle spielen als Mäuse und Hasen und daß andererseits diese zahlreicher vorkommen als Füchse und Adler.

Die nicht gefressenen pflanzlichen und die tierischen Stoffe werden schließlich von Lebewesen verwertet, die sich auf abgestorbenes Material spezialisiert haben. Aaskäfer, Termiten, winzige Bodenmilben und letztlich Bakterien übernehmen die wichtige Aufgabe der Abfallbeseitigung. Wenn es sie nicht gäbe, würde die Landschaft nach und nach unter Riesenmassen von nicht zersetzten Pflanzen und Tierleichen begraben werden.

Manche Wüstenregionen sind so trocken, daß sich in ihnen keine dauerhafte Vegetation halten kann. Dies gilt, wie wir gesehen haben, für Teile der Namib und auf jeden Fall für die dürrsten Gebiete der Atacama-Sechura. Dort kann sich keine »normale« Lebenspyramide aufbauen; das organische Gefüge ist weitgehend abhängig von den Abfallstoffen, die vom Wind oder auf andere Weise herangeführt werden. Die räuberisch lebenden Arten können sich nicht an eine Pflanzenfresserschicht halten, sondern müssen unmittelbar auf die Schicht der Abfallbeseitiger zurückgreifen.

Das Tierleben der Atacama-Sechura ist ungewöhnlich dürftig; manche Arten haben sich immerhin so stark anzupassen vermocht, daß sie ihre Nahrung aus allen Stufen der Pyramide beziehen können. Ihr Repräsentant ist der Perufuchs *(Dusicyon sechurae).* Im Winter steigt er meist die Andenvorberge hinauf, wo er sich von den Samen der Sträucher ernährt. In dieser Zeit wird er zum Pflanzenfresser. Hin und wieder erwischt er ein Nagetier, das es ihm gestattet, seine angestammte Rolle als Beutegreifer zu spielen. Zu anderen Jahreszeiten ziehen die Füchse hinunter in die kahle Wüste längs der Küste. Hier leben sie von angespülten toten Fischen und Krabben oder sogar von Seetang. Sie verwandeln sich jetzt in Abfallbeseitiger.

Die heißen Wüsten der Neuen Welt

Reizvolles Bergland zwischen Kalifornien und Argentinien

Obgleich die Nahrungspyramide bedingt, daß es in der Wüste mehr pflanzenfressende als fleischfressende *Individuen* gibt, machen die Beutegreifer doch mehr als die Hälfte der wüstenbewohnenden *Arten* aus.

Der Beutefang ist ein wichtiger biologischer Faktor, denn er sorgt dafür, daß die Tierbestände den durch das jeweilige Ökosystem vorgegebenen Rahmen nicht sprengen.

Das Beutefangverhalten spielt auch im Evolutionsprozeß eine bedeutende Rolle. Es übt einen beständigen Selektionsdruck aus, der die Tiere veranlaßt, schnellere Fortbewegungsweisen, bessere Tarntrachten und wirkungsvollere Methoden zur Ausnutzung des schützenden Geländes oder Bewuchses eines Gebietes zu entwickeln. So wie jedes Wüstentier über Anpassungsmechanismen zur Vermeidung der Überhitzung und zur Feuchtigkeits-Konservierung verfügt, kommen ihm auch Anpassungen zum Zwecke der Feindvermeidung zustatten.

Aber die Notwendigkeit des Nahrungserwerbs ist ebenfalls eine starke Kraft. Sie zwingt die Beutegreifer, ständig bessere Jagdmethoden, feinere Sinne zum Aufspüren der Beute und wirksamere Praktiken zur Überwältigung ihrer Opfer zu entwickeln. Die Beutegreifer-Beutetier-Evolution gleicht einem niemals endenden Wettrennen, bei dem die Beutetiere immer neue Strategien entwickeln, ihren Freßfeinden zu entkommen, und die Beutegreifer mit immer neuen Anpassungen nachziehen, um die Tricks der Beutetiere zu durchkreuzen.

Die nordamerikanische Sahara

Die heißen Wüsten Nordamerikas, ausschließlich im Südwesten der USA und im Nordwesten Mexikos gelegen, erstrecken sich im Bereich der nördlichen subtropischen Hochdruckzone und bilden somit das Gegenstück zur altweltlichen Sahara, bedecken jedoch mit 900 000 km² nur ein Zehntel der Fläche.

Obwohl in Teilen dieses Gebiets die jährliche Niederschlagsmenge nur 25 mm beträgt und obwohl mit 57°C die höchste Temperatur, die jemals auf der Erde registriert worden ist, in Nordmexiko gemessen wurde, weist die nordamerikanische Wärmewüste insgesamt kein so extremes Klima auf wie die Sahara. Im Vergleich zu den Wüsten der Alten Welt ist die Vegetation üppiger und abwechslungsreicher, da das Land erst seit viel kürzerer Zeit land- und viehwirtschaftlich genutzt wird.

Topographisch gesehen gehört die Region zum gebirgigen Typ. Kleinere oder größere Bergketten sind so dicht über diese Wüstenlandschaft verteilt, daß der Horizont nur an wenigen Stellen nicht von Erhebungen begrenzt ist. Die Böden bestehen meist aus feinkörnigem Material oder Geröll. Sandflächen sind selten, und deshalb paßt die Klischeevorstellung von endlosen kahlen Dünenfeldern im allgemeinen nicht zum Bild dieser Landschaft.

Der nordamerikanische Trockenraum wird gewöhnlich in drei getrennte Wüsten unterteilt. Die nordwestlichste und kleinste der drei ist die Mohave- oder Mojave-Wüste, die sich im südlichen Nevada, im Südosten Kaliforniens und im westlichen Arizona ausbreitet. Sie ist zugleich auch die eintönigste und abweisendste der drei Wüsten; die Niederschläge, die vom Herbst bis zum Frühjahr fallen, erreichen Werte von nur zehn Zentimeter oder weniger. Die ausdauernde Vegetation ist größtenteils strauchig und ausgesprochen monoton. Lediglich einige wenige Yucca- und Kakteenarten lassen die große Vielfalt der Sukkulentenpflanzen der beiden anderen Wüsten im Süden und Osten erahnen.

Die südöstlichste und größte der drei Wüstengebiete ist die Wüste von Chihuahua. Sie erstreckt sich ein kleines Stück in den Südwesten der USA – Texas und Neumexiko – hinein, bedeckt aber im wesentlichen die nord- und mittelmexikanische Hochebene zwischen der Sierra Madre Oriental und der Sierra Madre Occidental. Dank der Regenfälle, die hauptsächlich im Sommer niedergehen und durchweg Niederschlagshöhen von zehn bis zwanzig Zentimeter ergeben, entfaltet sich hier eine mannigfache Vegetation, bestehend aus Sträuchern, perennierenden Gräsern, niedrigen Bäumen, Kakteen und Blattsukkulenten.

Zwischen der Mohave- und der Chihuahua-Wüste im Südwesten der USA und dem Nordwesten Mexikos liegt die Sonora-Wüste, die allgemein als die reizvollste Wüstenlandschaft der Welt gilt. Ihren beiden Regenperioden im Sommer und im Winter verdankt sie die vielgestaltigste Flora aller Wüstengebiete der Erde und wohl auch die größte Fülle an Biotopen, wenn man von den feuchteren subtropischen und tropischen Breiten einmal absieht. Die Strauchvegetation ist durchsetzt von Kaktusgewächsen in einer schier unendlichen Formenvielfalt: flachstämmige Feigenkakteen, hohlstämmige Chollakak-

Rauhreif überzieht die Sträucher des Monument Valley im Westen der Vereinigten Staaten. Vereinzelte Restberge und Felstürme zeigen das Endstadium der Erosion an. Die Erosion schreitet schnell fort in regenreichen Gebieten, wo das abfließende Wasser die Landschaft abträgt und einebnet. Doch wo nur wenig Regen fällt, bleiben einzigartige Landschaftsformen über lange Zeiträume bestehen.

teen, ebenfalls Opuntienarten, die mit einem dichten Gewirr aus starren Dornen bewehrt sind, hüfthohe Tonnenkakteen mit festen, angelhakenförmigen Dornen. Über diese ein bis zwei Meter hohe Vegetationsschicht erheben sich niedrige Bäume oder drei Meter hohe Ocotillosträucher, die nach dem Regen eine rote Blütenkrone tragen, darüber hochstrebende, bis fünfzehn Meter große Saguaro- oder Riesensäulenkakteen und Cardónkakteen, die allesamt der Landschaft eine herbe Schönheit verleihen. In Jahren mit reichen Winterregen steigert ein Teppich aus leuchtend bunten einjährigen Pflanzen noch die Schönheit dieser Wüste.

Die argentinische Monte-Wüste

Der Monte, ein kleines Wüstengebiet ungefähr von der Größe der Sonora, liegt zwischen dem 27. und 35. südlichen Breitengrad im Osten der argentinischen Anden – das südamerikanische Pendant der Kalahari. Da die Monte-Wüste durch Mittelamerika und riesige äquatoriale Regenwälder fast 7000 km weit von den nordamerikanischen Wüstenregionen getrennt ist, sollte man meinen, sie würde sich von diesen nordamerikanischen Wüsten noch stärker unterscheiden als die Kalahari von der Sahara. Doch hat sie eine auffallende Ähnlichkeit mit der Sonora, was sowohl ihre Landschaftsformen als auch ihre Flora und Fauna betrifft. Gelbblühende, grünstämmige Palo-verde-Bäume, die jenen der nordamerikanischen Wüsten sehr gleichen, beleben die Strauchvegetation, die von Kreosotbüschen beherrscht wird. Der Monte besitzt seinen eigenen Cardónkaktus, der dem Saguaro der Sonora stark ähnelt, und auch viele kleinere Kaktusgewächse entsprechen den nordamerikanischen Arten.

Ähnliche Parallelen finden sich in der Tierwelt, am augenfälligsten bei den Raubtieren wie Füchsen und Katzen. Zwei Katzenarten, der Puma *(Puma concolor)* und der

Der Weißrüsselbär oder Coatimundi (Nasua narica) gehört derselben Familie der Kleinbären an wie der Waschbär und ist somit ein weitläufiger Verwandter der eigentlichen Bären. Dieses Tier ist in den Wüstenregionen im Südwesten der Vereinigten Staaten vertreten, aber sein Vorkommensgebiet erstreckt sich weiter südlich in das tropische Mittelamerika.

Jaguarundi *(Felis yagouaroundi)*, kommen sowohl in der Sonora- als auch in der Monte-Wüste vor. Es gibt allerdings auch Unterschiede. Die reiche Kleinnagerwelt und die verschiedenen Kaninchen- und Hasenarten der Sonora haben im Monte kaum ein Äquivalent. Nur den Zwergmara *(Pedio lagus salinicola)*, eine Pampashasenart aus der Familie der Meerschweinchen, kann man mit den Hasen vergleichen. Anders ist es mit den beiden Hirscharten und dem Halsbandpekari, dem amerikanischen Wildschwein *(Tajassu tajacu)*, das auch dort und zusammen mit dem Graumazama *(Mazama gouazouriba)*, einer Spießhirschart, vorkommt.

Fluchtverhalten im offenen Gelände

Die Taktiken, welche die Tiere anwenden, um sich ihren Feinden zu entziehen oder um ihre Beute zu verfolgen, werden weitgehend von der jeweiligen Vegetation bestimmt. Ein dichter Pflanzenwuchs hindert die Tiere an einer schnellen und weiten Flucht oder Verfolgung. In diesem Fall ist ein verfolgtes Tier wahrscheinlich sicherer, wenn es sich still verhält und ungesehen in die schützende Vegetation schlüpft. Und die Verfolger kommen wahrscheinlich eher ans Ziel, wenn sie sich auf die Lauer legen oder ihre Beute beschleichen.
Im offenen Gelände der Steppe und Wüste ist hingegen Schnelligkeit für Jäger wie Gejagte von lebenswichtiger Bedeutung. Hier haben die Tiere die vielfältigsten Formen der Fortbewegung entwickelt.
Von den größeren Säugetieren bedient sich der in der Sonora-Wüste lebende Weißwedelhirsch *(Odocoileus virginianus)* des allbekannten Galopps, bei dem beide Vorderläufe gleichzeitig den Boden berühren, gefolgt von den beiden Hinterläufen, die jeweils vor den Vorderläufen aufsetzen. Der Vetter des Weißwedelhirsches, der ebenfalls in der Wüste heimische Maultierhirsch *(O. hemionus)*, flüchtet in hohen Sprüngen; dabei berührt das Tier den Boden mit allen vier Hufen zur gleichen Zeit und schnellt sich federnd voran.
Die wüstenbewohnenden Hasen sind Meister im schnellen Flüchten. Der Antilopenhase *(Lepus alleni)* in Mexiko hat wahrscheinlich die größten Ohren von allen Wüstenhasen, doch wenn er flüchtig wird, legt er diese wärmeabstrahlenden Organe nach hinten flach an den Körper an, um den Luftwiderstand

zu verringern und besser durchs Gebüsch schlüpfen zu können.
Viele Wüstenvögel sind teilweise oder völlig zu Bodentieren geworden und verlassen sich eher auf ihre Beine als auf ihre Flügel. Die Gambelswachtel *(Lophortyx gambelii)* ist ein leichtfüßiges Federwild der nordamerikanischen Wärmewüste, das sich nur dann in die Lüfte erhebt, wenn es sich gar nicht mehr vermeiden läßt. Der Rennkuckuck *(Geococcyx californianus)*, der dieselbe Wüste bewohnt, ist von den Bäumen auf die Erde herabgestiegen. Diese räuberisch lebende Art, die man nur selten in der Luft beobachten kann, stellt ihrer Beute mit hoher Geschwindigkeit zu Fuß nach.
Zu den Wüstentieren mit den interessantesten Fortbewegungsanpassungen gehören jene vierfüßigen Arten, die nur auf den Hinterbeinen laufen, wenn sie es eilig haben. Verschiedene Wüstenechsen sind zu dieser Form des Bipedalismus übergegangen. Der nordamerikanische Leopardleguan *(Crotaphytus wislizenii)* richtet sich auf seine Hinterbeine auf und rast davon.
Eine neuartige Form der bipedalen Fortbewegung ist das Hüpfen auf den Hinterläufen, das die nordamerikanischen Taschenspringer oder »Känguruhratten« *(Dipodomys)* meisterhaft beherrschen. Gleich den afrikanisch-asiatischen Wüstenspringmäusen springen diese kleinen Nager auf ihren Hinterbeinen nicht nur bis zu 50 cm hoch, sondern sie bewegen sich dabei auch im Zickzack, wie ein Ball, der zwischen zwei Wänden hin und her springt. Diese Fortbewegungsart konnte sich nur im offenen Gelände der Wüste entwickeln. Die Taschenspringer tragen außerdem am Ende ihres langen Schwanzes ein großes schwarzweißes Haarbüschel, das vermutlich eine Art Köder darstellt. Wenn sich ein Raubfeind auf den Schwanz stürzt, hüpft der Taschenspringer in Zickzacklinie davon, so daß der Angreifer immer nur die Stelle trifft, die das Tier soeben verlassen hat.
Ähnliche Tricks, ihre Verfolger zu narren, wenden auch zahlreiche Echsenarten an. Der hübsche Gebänderte Krallengecko *(Coleonyx variegatus)* der Sonora-Wüste hat einen dicken, auffällig quergestreiften Schwanz, der als Fettspeicher dient. Die grelle Färbung scheint indes vor allem die Aufgabe zu haben, etwaige Angreifer irrezuführen. Wenn der Schwanz von einem Räuber gepackt wird, bricht er ein-

1

2

3

1 Heftige Regengüsse haben Gesteinstrümmer am Fuß eines Kraters im Death Valley National Monument angespült. Wenn das Regenwasser verdunstet, bildet sich eine Playa. Die Temperaturen im »Tal des Todes« gehören zu den höchsten auf dem nordamerikanischen Kontinent.

2 Der Puma, auch Berglöwe, Silberlöwe oder Kuguar genannt, ist das größte Raubtier der neuweltlichen Trokkenräume. Ein voll ausgewachsenes Exemplar wiegt 100 bis 125 Kilogramm. Seine Hauptbeute besteht in Nordamerika aus Hirschen und in weiten Teilen Südamerikas aus Guanakos.

3 Zwei Weißrüsselbären an einer Wasserstelle. In der typischen Haltung strecken diese Tiere ihren langen schwarzgeringelten Schwanz in die Luft.

fach ab. Während sich der Räuber mit dem Geckoschwanz beschäftigt, sucht der Gecko das Weite, zwar schwanzlos, aber im übrigen unbeeinträchtigt.

Die Kunst des »Seitenwindens«

Der Sand stellt die Wüstentiere vor mancherlei Fortbewegungsprobleme. Auf einem normalen Untergrund bewegt sich eine Schlange vorwärts, indem sie sich mit ihren Schuppen von Bodenunebenheiten abstemmt. Da der Leib bei diesem Schlängeln Schleifen bildet, wird der zum Voranschnellen erforderliche Reibungswiderstand nur von den Körperpartien erzeugt, die in einem bestimmten Winkel zur Laufrichtung den Boden berühren. Auf lockerem Sand hingegen rutscht dieser Sand lediglich unter den Körperschleifen weg, ohne daß die Schlange von der Stelle kommt.

Deshalb hat sich die Seitenwinderklapperschlange *(Crotalus cerastes)* eine andere Fortbewegungsmethode zu eigen gemacht: Sie hebt jeweils eine ganze Windung vom Boden ab und schnellt sie zur Seite, während sie sich gleichzeitig mit der Bauchschiene im rechten Winkel zur Bewegungsrichtung vom Sand abdrückt; dadurch entsteht genügend Reibungswiderstand, der ein rasches Fortkommen in seitlicher Schrägrichtung gestattet.
Dieser Stil des Seitenwindens hat sich unabhängig auch bei der Sandviper *(Bitis peringueyi)* in der Wüste Namib und bei der nordafrikanischen Hornviper *Cerastes viperus* entwickelt. Auf einer festen Unterlage können sich alle diese Arten auf übliche Schlangenweise fortbewegen.

Giftzwerge

Im Unterschied zu den Parasiten, die sich vielfach von weit größeren Wirtstieren ernähren, ohne sie zu töten, erledigen die Raubtiere ihre Beute sehr schnell mit ihren jeweiligen Waffen, mit Fängen, Krallen, kräftigen Schnäbeln und scharfen Zähnen. Doch trotz dieser wirksamen Waffen sind sie im allgemeinen auf gleich große oder kleinere Beutetiere angewiesen. Eine Möglichkeit, eine größere Beute zu überwältigen, ist die Verwendung von Giftstoffen, die das Opfer ohne vorhergehenden Kampf töten. Viele Wüstenbewohner bedienen sich dieser Technik.
Skorpione sind in allen Wüsten stark verbreitet. Mit der Giftdrüse und dem kräftigen Stachel am Ende ihres Hinterleibs, der eingerollt über dem Rücken getragen wird, können diese Spinnenverwandten auch einem Menschen schmerzhafte, zuweilen tödliche Stiche beibringen. Die Nahrung der Skorpione besteht allerdings vorwiegend aus Insekten. Tagsüber verstecken sie sich in selbstgegrabenen Erdgängen, aus denen sie des Nachts hervorkommen, um Beutetieren aufzulauern, die sich arglos in ihre Nähe wagen.
Die Spinnen teilen ihr Gift aus, wenn sie mit ihren Kieferfühlern oder Cheliceren zubeißen. Auch sie ernähren sich hauptsächlich von

Dieser Rotluchs hat gerade ein Erdhörnchen erbeutet. Mindestens die Hälfte der wüstenbewohnenden Tierarten sind Beutegreifer, und der Beutefang ist zweifellos eines der Regulative, die eine übermäßige Bestandsdichte in der Tierwelt verhindern.

Insekten, die sie meist mit ihren geschickt plazierten Netzen einfangen. Zu den furchterregendsten Wüstenspinnen zählt die Amerikanische Tarantel *(Aphonopelma)*, ein wollig behaartes schwarzes Tier, das fast so groß wird wie eine Menschenhand. Ihr Biß ist für den Menschen sehr schmerzhaft, wenn auch nicht tödlich.

Doch auch diese gefährliche Tarantel ist ihrerseits vor Feinden nicht sicher. Eine Tarantelwespe der Gattung *Pepsis* verwendet sie als Nahrung für ihre Nachkommen. Die Wespe geht dabei genauso vor wie die Spinnenwespen der Namib-Wüste: Sie lähmt die Tarantel mit ihrem Giftstachel und zerrt sie in ein Erdloch, wo sie auf ihrem Opfer ein Ei ablegt. Die ausgeschlüpfte Wespenlarve ernährt sich von dem noch lebenden Spinnentier, das erst abstirbt, wenn das Larvenstadium der Wespe abgeschlossen ist.

Die beiden einzigen giftigen Echsen der Welt sind das hübsche Gilatier *(Heloderma suspectum)* und die ihm nahverwandte Skorpionskrustenechse *(H. horridum)*; beide zählen zu den größeren Reptilien der nordamerikanischen Wüstengebiete. Die meisten wüstenbewohnenden Schlangen aber sind ungiftig; manche überwältigen ihre Beute, indem sie sie umschlingen und ersticken. Die nordamerikanischen Klapperschlangen sind allerdings sehr giftig. Ihr Toxin wird vor allem gegen Nagetiere eingesetzt, die ihre Hauptnahrung darstellen, und enthält zudem bestimmte Enzyme, die gleich nach dem Einspritzen die Beute zu zersetzen beginnen. Da die Schlange ihr Opfer als Ganzes verschlingen muß, kann sie mit dem vorher »eingeweichten« Futter besser fertig werden.

Rennkuckuck kontra Klapperschlange

Der Rennkuckuck steht vor einem ähnlichen Problem, das er auf weniger dezente Weise löst. Auch er ernährt sich von Nagern, die sich wegen ihres Knochengerüsts nur schwer abschlucken lassen. Deshalb schlägt der Vogel, kaum anders als ein Metzger, der ein zähes Fleischstück weichklopft, eine erbeutete Maus bis zu hundertmal gegen einen Stein, um die Knochen zu zerschmettern. Zu den vielen Talenten des Rennkuckucks gehört auch die Fähigkeit, Klapperschlangen zu überwältigen. Wenn die beiden Tiere aufeinandertreffen, rollt sich die Schlange angriffslustig zu-

1

2

sammen, während der Kuckuck sich darauf einstellt, ihren Angriff zu parieren. Sobald der Oberkörper der Schlange vorschießt, hüpft der Vogel rasch zur Seite, um ihm auszuweichen, und hackt dann mit seinem florettähnlichen Schnabel blitzschnell auf den Schlangenkopf ein. Nach ein paar Hieben liegt die Schlange tot zu Füßen des Siegers. Eine kleine Schlange kann der Vogel auf einmal verspeisen, indem er sie mit dem Kopf voran verschlingt. Doch wenn die Schlange größer ist als der Vogelmagen, verschluckt der Rennkuckuck seine Beute nur zum Teil. Er läuft dann oft stundenlang umher, während das hintere Ende des Schlangenleibs aus seinem Schnabel heraushängt. Erst wenn nach Verdauung des Vorderteils wieder genügend Platz in seinem Magen ist, verschlingt er auch den Rest.

Aasfresser

Andere fleischfressende Tiere der Wüste sind Aasverwerter, die in ihrer Stammesgeschichte nicht das Verhaltensrepertoire der aktiven Beutejagd erworben haben. Sie ernähren sich vielmehr von verendeten Tieren oder von den Überresten der Raubtiermahlzeiten. Der amerikanische Truthahngeier *(Cathartes aura)* ist ein typischer Vertreter dieser Gruppe. Bei seinem nackten Kopf und Hals handelt es sich offensichtlich um eine Anpassung, die es ihm erlaubt, den Kopf unbehindert durch Federn tief in einen Tierkadaver einzutauchen, um besonders begehrte Leckerbissen hervorzuklauben.

Diese Geierart hat ein merkwürdiges Verteidigungsverhalten entwikkelt, das mit ihrer Ernährungsweise

1 Der dreiste Rennkuckuck ist ein Charaktervogel der Wüstenregionen im Südwesten der USA und im nordwestlichen Mexiko. Dieser Vertreter der Kuckucksfamilie hält sich die meiste Zeit auf dem Boden auf und läßt immer wieder eine Folge von leisen gurrenden Tönen erklingen. Der abgebildete Rennkuckuck hat soeben einen Halsbandleguan gefangen.

2 Das Halsbandpekari hat eine Schulterhöhe von 50 Zentimeter und wiegt 20 bis 25 Kilogramm. Im Unterschied zum Wildschwein, das an jedem Hinterfuß vier Zehen hat, besitzen die Pekaris nur deren drei. Sie streifen in Rudeln von zehn bis zwanzig Tieren umher. Pekaris sind mit scharfen Hauern bewehrt und können recht gefährlich werden, wenn sie in die Enge getrieben sind oder wenn man sich ihnen zu sehr nähert.

1

2

3

4

1 Die Texas-Klapperschlange (Crotalus atrox) gehört zu den wenigen Giftschlangen, die in den heißen Wüsten Nordamerikas vorkommen. Bei geschlossenem Maul sind die vorderständigen Giftzähne dieser Grubenotter zurückgezogen und flach angelegt, doch wenn das Tier zubeißt, werden sie aufgerichtet und nach vorne gebracht.

2 Die Kiefernnatter (Pituophis melanoleucus) gebärdet sich zunächst sehr aggressiv und kampflustig, doch wenn man sie einige Minuten lang behutsam in die Hand genommen und gestreichelt hat, wird sie recht zutraulich.

3 Die nächsten Verwandten der Königs- oder Kettennatter (Lampropeltis getulus), die im Osten der Vereinigten Staaten lebt, sind Tagtiere, doch dieser westliche Wüstenbewohner ist nachtaktiv.

4 Die Kutscherpeitschennatter (Masticophis = Coluber flagellum) ist eine sehr flinke Schlange. Wenn sie zubeißt, gräbt sie ihre Zähne tief ins Fleisch ein und hinterläßt beim Zurückziehen des Kopfes unangenehme Verletzungen.

zusammenhängt. Wenn sich ein potentieller Widersacher zu sehr nähert, bombardiert der Geier ihn mit seinem ausgewürgten Mageninhalt. Da die ohnehin übelriechende Nahrung des Vogels in seinem Magen noch weiter zersetzt wird, vermag diese Verteidigungswaffe die allermeisten Angreifer abzuwehren. Der Audubon-Caracara *(Caracara cheriway)* läßt sich allerdings dadurch nicht abschrecken. Das aparte Aussehen dieses Greifvogels täuscht darüber hinweg, daß er über höchst unappetitliche Tischmanieren verfügt. Er setzt den Truthahngeiern im Flug so sehr zu, daß sie schließlich zu ihrem letzten Verteidigungsmittel greifen. Der Caracara fängt dann die ausgewürgte Geiernahrung in der Luft auf und verspeist sie.

Formen der Tarnung

Tiere, die zu klein oder zu langsam sind, um ihren Freßfeinden zu entkommen, müssen sich ihnen durch ein Tarnkleid oder durch die Flucht in die schutzgewährende Vegetation entziehen. Das ist nicht einfach in den meist nur spärlich bewachsenen Wüstengebieten. Eine für viele Wüstentiere charakteristische Lösung besteht darin, daß sie sich in den Boden eingraben oder einwühlen.

Doch früher oder später müssen sie wieder hervorkommen, um Nahrung zu suchen. Dann laufen sie, genauso wie die nicht grabenden Arten, Gefahr, von ihren Feinden gesehen zu werden. Der kahle Wüstenboden weist indes einen großen Farbenreichtum auf: schwarzes Vulkangestein, roter, gelber oder weißer Sandstein, grauer Schiefer usw. Viele Wüstentiere haben sich in der Färbung ihrer Haut, ihres Fells oder ihres Gefieders ihrem jeweiligen Untergrund angepaßt und sind dadurch recht gut getarnt. In einem Gebiet der Chihuahua-Wüste sind mehrere Taschenmausarten *(Perognathus)*, die auf Lavafeldern beheimatet sind, schwarz gefärbt, während dieselben oder nahverwandte Arten, die unweit davon auf weißem Gipssand leben, fast weiß sind. Die Antilopenerdhörnchen *(Spermophilus leucurus)*, die in einem anderen Teil der nordamerikanischen Wüstenzone heimisch sind, tragen dort, wo der Untergrund aus rotem Sandstein besteht, ein wunderschönes rötliches Fell, doch an Standorten mit gelbem Sandboden ist das Fell golden getönt.

Ähnliche Übereinstimmungen zwischen Haut- und Bodenfärbung kommen auch bei den Eidechsen vor.

Viele Insektenarten passen sich den Pflanzen an, die ihre Nahrung bilden, indem sie entweder die Farbe des Laubs annehmen oder ihre Körpergestalt so verändern, daß sie den Blättern oder Stengeln ähnelt. In der Monte-Wüste lebt eine erstaunliche Heuschrecke *(Astroma quadrilobatum)*, deren stockförmiger Leib aussieht wie ein Stengel des Kreosotbusches, von dem sich das Insekt ernährt

Kaktusgewächse

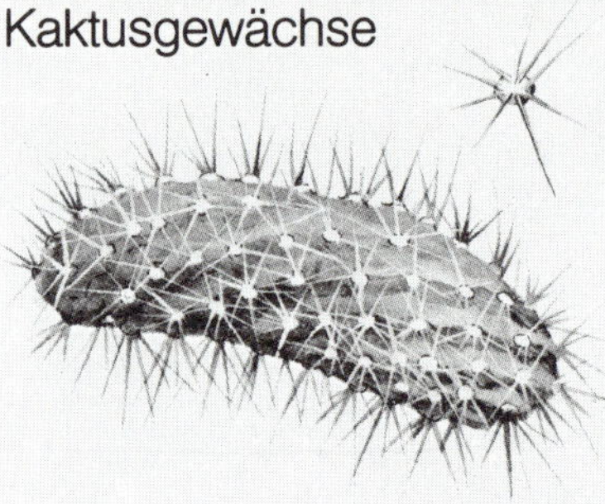

Springende Cholla *(Opuntia bigelovii)*

Simpson-Kugelkaktus *(Pediocactus simpsonii)*

1

2

3

5

6

7

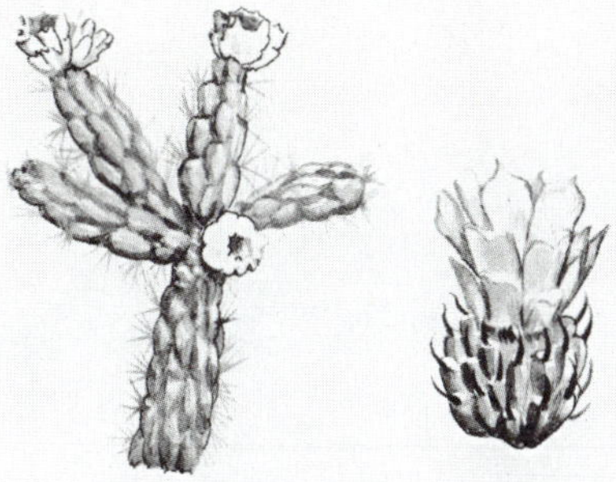

Stangencholla *(Opuntia spinosior)*

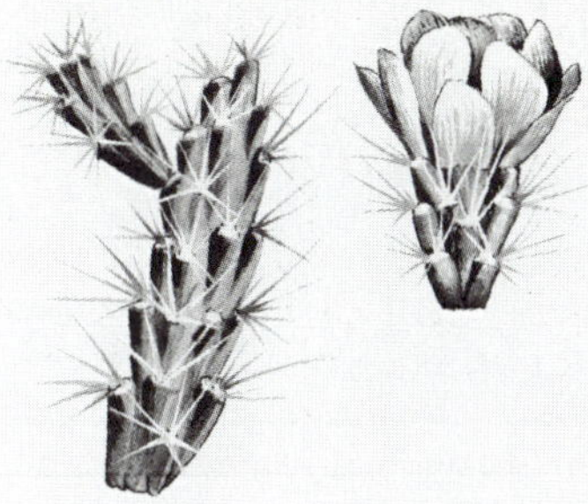

Hirschhorncholla *(Opuntia versicolor)*

Regenbogenkaktus *(Echinocereus pectinatus)*

Peyotl *(Lophophora williamsii)*

Biberschwanzkaktus *(Opuntia basilaris)*

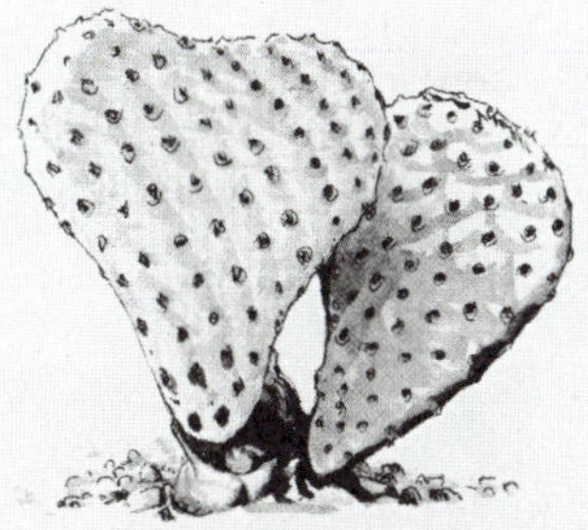

Angelhakenkaktus *(Mammillaria microcarpa)*

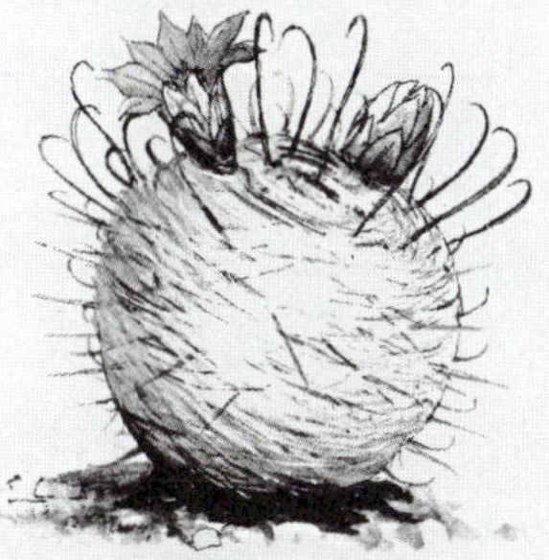

Mohave-Igelkaktus *(Echinocactus polycephalus)*

4

8

1 Samtmilben sind farbenprächtige Vertreter der nordamerikanischen Wüstenfauna.

2 Im Gegensatz zu sehr vielen »Motten« fliegt dieses Widderchen aus der Familie Amatidae am Tage.

3 Die kurzen Flügel dieser Gebirgsheuschrecke (Melanoplus sp.) zeigen an, daß sie sich in einem späten Nymphenstadium befindet, also noch nicht voll ausgewachsen und flugfähig ist.

4 Diese Chelinidea vittiger, Mitglied der artenreichen Leder- oder Randwanzenfamilie, hat sich auf Kakteen spezialisiert. Das Insekt ernährt sich von dem Saft, den es aus der Pflanze saugt.

5 Eine Yuccamotte legt eine Pollenkugel auf der Narbe einer Yuccablüte ab und bestäubt dadurch die Pflanze. Das Falterweibchen trägt die Kugel in seinen ausgekehlten Vorderbeinen. Nach der Bestäubung führt das Tier seine Eier in den Fruchtknoten der Yuccablüte ein, wo die ausgeschlüpften Larven heranwachsen und Nahrung vorfinden.

6 Die Sandwespen (Ammophila) legen ihre Nester in selbstgegrabenen Erdlöchern an. In jedes Loch deponiert das Weibchen eine Schmetterlingslarve, die es zuvor durch einen Stich gelähmt hat, und legt auf ihr ein Ei ab. Die ausgeschlüpfte Wespenlarve ernährt sich von der Schmetterlingslarve.

7 Die kurzen Flügel dieser Heuschrecke (Dactylotum bicolor) deuten nicht auf ein jugendliches Entwicklungsstadium hin. Die Flügel sind vielmehr von Hause aus verkümmert. Es handelt sich um eine flugunfähige Art, die nur noch hüpfen kann und ausgesprochen gesellig ist.

8 Dieser Blasen- oder Ölkäfer (Lytta magister) tut sich an einer Kaktusblüte gütlich. Die erwachsenen Käfer ernähren sich von Pollen und Teilen der Blüte, doch ihre Larven harren innerhalb der Blüte aus, bis sie die Möglichkeit haben, sich an den Beinhaaren einer honigsuchenden Biene anzuklammern. Sie lassen sich dann in die Bienenkolonie befördern, wo sie von Bieneneiern und -larven leben.

Sukkulenten

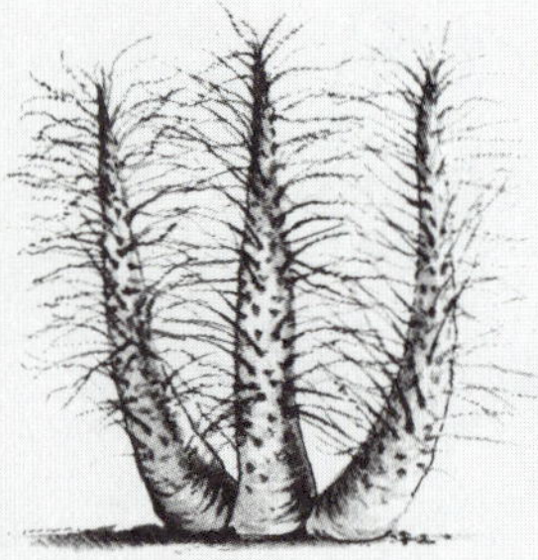

Boo-jum-Baum *(Idria columnaris)*

Josua-Baum *(Yucca brevifolia)*

Euphorbie *(Euphorbia sp.)*

Kakteen sind ihre Heimat

Zahllose Tierarten benutzen Pflanzen als Schutz vor Feinden und vor den Naturgewalten, als Platz, auf dem sie ausruhen, balzen und singen, als Nahrungs- und Wasserlieferant.

Da der mächtige Saguarokaktus im Innern sehr weich ist, können Vögel mühelos Nistlöcher in den Stamm hineinbohren. Angesichts der zahlreichen Greifvogelarten in der Wüste ist das Offenbrüten ein riskantes Unterfangen. In ungeschützten Nestern, wie sie für die Vögel in den Wäldern der gemäßigten Zone typisch sind, würden junge Wüstenvögel vielleicht nur in einem von vier oder fünf Fällen bis zum Flüggewerden überleben – Nagetiere, Schlangen oder andere Vögel können exponierte Eier oder Jungvögel sehr leicht ausmachen und erbeuten. Ein Gelege in einer Nisthöhle,

Die wüstenlebende nordamerikanische Gopherschildkröte (Gopherus agassizi) ist ein reiner Vegetarier. Diese Tiere können 50 bis 60 Jahre alt werden.

Sukkulenten

Nizanda-Agave *(Agave nizandensis)*

Kerzenpflanze *(Kleinia articulata)*

Haworthie *(Haworthia attenuata)*

etwa in einem Saguaro, hat dagegen eine viel größere Überlebenschance.

Die meisten Löcher in den Saguarokakteen stammen ursprünglich von den reizenden Goldspechten *(Colaptes auratus)* und von den etwas kleineren Gilabindenspechten *(Melanerpes uropygialis)*. Diese Vögel brüten in den Höhlen, doch in den nachfolgenden Jahren überlassen sie ihre Kinderstuben anderen Vögeln zur freien Benutzung. Einer der häufigsten Nutznießer der Spechtwohnungen ist der zierliche Elfenkauz *(Micrathene whitneyi)*, mit einer Länge von nur 15 cm die kleinste Eulenart der Welt.

Andere Vogelarten bauen ihre Nester lieber zwischen den Stämmen der Chollakakteen, die von den Amerikanern Teddybär- bzw. Springkaktus genannt werden.

Diese Pflanzen sind mit einem dichten Gewirr aus unglaublich spitzen Dornen bedeckt, die sofort in die Haut eindringen, sobald man sie nur leicht berührt. Der Kaktuszaunkönig *(Campylorhynchus brun-*

1

2

1 Rabengeier (Coragyps atrata) haben sich auf einem Cardónkaktus in der mexikanischen Sonora-Wüste versammelt. Diese Aasfresser kreisen oft in großer Zahl hoch am Himmel. Wenn sie einen Tierkadaver entdecken, finden sie sich allesamt bei ihm ein.

2 Der Audubon-Caracara ist ein Greifvogel, der sich von lebender Beute aller Art sowie von Aas ernährt.

3 Ein junger Goldspecht läßt vom sicheren Nest in einem Saguarokaktus aus den Blick über die Sonora-Wüste schweifen.

neicapillus), Le Contes Sichelspötter *(Toxostoma lecontei)* und der Krummschnabel *(Toxostoma curvirostre)* nisten unbekümmert in diesem Stachelpanzer. Die zuletzt genannte Art baut sogar ein kugeliges Nest aus den Dornen und Sproßgliedern des Chollakaktus.
Eine kleine Säugerart, die sich ebenfalls die Sukkulenten zunutze macht, ist die Weißkehlfelsenratte *(Neotoma albigula)*. Sie formt aus Zweigen, Pflanzenresten, kleinen Steinen und allen möglichen anderen Stoffen als Nest ein kugelförmiges Gebilde, das einen Durchmesser von einem Meter oder mehr hat. Oft errichtet sie ihr Nest in einem Chollakaktus oder zwischen den Blättern einer Yucca oder Palmlilie. Wenn sich die Ratte für eine Cholla entscheidet, verwendet sie die Dornen und Teile der Sproßglieder als Baumaterial. Niemand weiß, wie es die Felsenratten und die Vögel, die in den Chollakakteen nisten, fertigbringen, den nadelspitzen Dornen zu entgehen.
Die Sukkulenten stellen für viele Tiere auch eine unersetzliche Nahrungs- und Wasserquelle dar. Das

3

Texas-Halsbandpekari *(Tojassu tajacu angulatus)* ernährt sich regelmäßig von den Dornen und den Früchten des Feigenkaktus. Die Tiere müssen einen Magen aus Eisen haben, denn ihr Kot ist oft nur eine Ansammlung von unverdauten Dornen. Die Felsenratten beknabbern ebenfalls gerne Feigenkakteen und Yuccablätter, suchen aber vermutlich eher nach Feuchtigkeit als nach Nahrung.

Die Yuccamotte

Eine der innigsten und eigenartigsten Wechselbeziehungen, die sich zwischen einem Tier und einer Pflanze entwickelt haben, ist die gegenseitige Abhängigkeit der Palmlilie *Yucca elata* und der Yuccamotte *Pronuba yuccasella.* Die Fortpflanzungszeit des Falters und die Blütezeit der Yucca sind genau aufeinander abgestimmt. Unmittelbar vor der Eiablage dringt das Weibchen in eine Yuccablüte ein. Dort sammelt es Pollen, die es zu einer Kugel zusammenrollt und auf der Blütennarbe ablegt. Dadurch wird die Pflanze bestäubt. Im Verlauf der Evolution hat die Blüte eine so spezifische Form angenommen, daß die Befruchtung weder durch die Pflanze selbst noch durch irgendein anderes Tier erfolgen kann. Sie ist also ganz und gar von dieser bestimmten Schmetterlingsart abhängig geworden.

Die Pflanze erweist sich indes erkenntlich für diesen Liebesdienst. Der Schmetterling kann sich nur fortpflanzen, indem er etwa sechs Eier in den Fruchtknoten der Yucca einführt, aus dem der Samenbehälter hervorgeht. Nachdem die Larven geschlüpft sind, bleiben sie in der Samenhülle und ernähren sich von den jungen Samen. Wenn die Larven herangereift sind und die Hülle verlassen, bleiben genügend unversehrte Samen zurück, so daß sich auch die Pflanze vermehren kann.

Der abschreckende »Teddybärkaktus« ist bewehrt mit Millionen feiner Nadeln, dient aber vielen Tieren als Wohnstätte.

Rote Riesenwüste

Die »heiße Hölle« Inneraustraliens

Auf dem australischen Kontinent herrscht die rote Farbe vor, da der Boden meist aus rotem Sandstein und Granit besteht. In der Wüste, wo der Untergrund kaum von Vegetation bedeckt wird, dehnt sich der rötliche Boden nach allen Seiten aus, nur hier und da von Pflanzen betupft.

Etwa zwei Drittel Australiens sind arid oder semiarid; die Gesamtfläche der Wüste wird nur noch von der Sahara übertroffen. Der meiste Regen fällt in den Randzonen des Kontinents, während die Niederschlagshöhe im inneren Drittel nur 25 Zentimeter oder weniger beträgt. Wie andere Wüsten, die in der subtropischen Hochdruckzone liegen, erhalten auch die Trockenräume Australiens ihren Sommerregen vorwiegend in den äquatorialen Bereichen und ihre winterlichen Niederschläge größtenteils in den höheren Breiten.

Der Regen, der in der australischen Wüste reichlicher fällt als in den trockensten Regionen Afrikas, Asiens und Amerikas, läßt niedrige Bäume in erstaunlicher Fülle gedeihen. Die Bäume bieten zahlreichen Vogelarten Nistgelegenheiten, Nahrung und Ruheplätze und erklären zumindest teilweise die vielgestaltige Vogelfauna der australischen Trockenräume.

Abgesehen von der Great Dividing Range längs der Ostküste und von einigen niedrigeren Bergketten im Inneren des Kontinents, ist die geologische Gestalt des Landes ziemlich gleichförmig. Die niedrigen Berge, die vereinzelten Felsgrate und die flachen Klippen sind von zahlreichen Höhlen und Spalten durchzogen, in denen schattenliebende Tiere Schutz finden, also die vielen Insekten, Reptilien und Säugetiere, unter denen die Känguruhs die größten sind.

Von der Nordwestecke Australiens erstreckt sich ein breiter Sandbodenstreifen in südöstlicher Rich-

Regenbogen, so wie dieser über der Simpson-Wüste in Australien, sind in Trockengebieten eine seltene Erscheinung.

1 Das Bergkänguruh ist im felsigen Bergland der australischen Wüsten häufig anzutreffen. Wenn es Zugang zu Höhlen oder Felsvorsprüngen hat, wo es Schatten findet und den Wasserverlust verringern kann, braucht es kein Trinkwasser. Doch wenn solche Schattenplätze fehlen oder unzureichend sind, sucht es während der Trockenzeit in regelmäßigen Abständen Wasserlöcher auf.

2/3 Die Dickschwänzige Beutelspitzmaus ist kein Nagetier, sondern ein winziges, mausgroßes Beuteltier. Der Schwanz dient als Fettspeicher, der sich in regen- und nahrungsreichen Zeiten vergrößert und in Dürreperioden zusammenschrumpft. Im Gegensatz zu den meisten echten Mäusen sind die Dickschwänzigen Beutelspitzmäuse der australischen Trockenräume Fleischfresser, die von Insekten und anderen Wirbellosen leben.

4 Die kugeligen Büschel des Spinifexgrases im westlichen Queensland bieten zahlreichen Wüstentierarten Schutz.

5 Eine kleine Gruppe von Roten Riesenkänguruhs hat sich an einer der kostbaren Wasserstellen im Sturt-Nationalpark in Zentralaustralien eingefunden. Die meisten Wüstentiere können ohne Trinkwasser auskommen, trinken aber gern, wenn es ihnen zur Verfügung steht.

6 Ein ausgewachsener und zwei junge Kaninchenbeuteldachse. Diese Beuteltiere ernähren sich hauptsächlich von Termiten und Käferlarven, die sie mit ihren kräftigen Klauen aus dem Boden graben. Wenn sie schlafen, hokken sie zurückgelehnt auf ihrem Schwanz und stecken den Kopf zwischen die Vorderpfoten.

1

4

2

5

3

tung bis zum Mittelpunkt des Kontinents. Diese Region ist großenteils von parallel angeordneten sandigen Erhebungen durchzogen, die zehn bis fünfundzwanzig Meter hoch und mehrere Kilometer lang sind. Diese durch eine Pflanzendecke verfestigten Erhebungen ähneln sehr den alten Dünen der Kalahari, die ja ebenfalls bewachsen sind.

Andere Gebiete weisen nur eine kümmerliche, unscheinbare Vegetation auf. Nicht weit vom Mittelpunkt des Kontinents dehnt sich eine weite »Gibber«-Ebene aus, die sogenannte Sturt-Steinwüste, in der extreme Trockenheit herrscht; die jährliche Niederschlagsmenge erreicht hier nur 12,5 bis 15 Zentimeter. Der Boden ist bedeckt von kleinen glattpolierten Steinen (»Gibber«), die rötlichbraun schimmern, wenn man die Sonne im Rücken

6

hat, aber fast pechschwarz erscheinen, wenn man sie im Gegenlicht betrachtet. Da die dunklen Steine die Strahlen der sengenden Sonne absorbieren und sich aufheizen, verwandelt sich diese Gegend im Sommer in einen natürlichen Glutofen.

Blätter aus graugrünem Leder

Die lange Isolation hat in der Evolution der australischen Pflanzen- und Tierwelt eine starke Divergenz bewirkt. Ganze Pflanzengruppen sind entweder endemische Formen oder unterscheiden sich sehr deutlich von ihren Verwandten in anderen Erdteilen. Das beste Beispiel sind die 500 bis 600 Eukalyptusarten, die über den gesamten Kontinent verbreitet sind.

Eine andere ungewöhnlich vielfältige australische Baum- und Strauchgattung, deren Formen sich stark von den sonst auf der Erde vorkommenden Verwandten abheben, sind die Akazien. In Australien zählt man 900 oder mehr verschiedene Akazienarten. Im Gegensatz zu den nichtaustralischen Arten haben sie keine Stacheln und in der Regel einfache längliche Blätter. Nur an den Blüten und den gefiederten, mehrteiligen Blättern der ganz jungen Pflanzen kann man ihre Verwandtschaft mit den Akaziengewächsen in anderen Kontinenten erkennen.

Doch obgleich die australischen Pflanzen eine Sonderentwicklung durchgemacht haben, haben sie sich vielfach auf die gleiche Weise wie die in anderen Ländern vorkommenden Arten an die Wüstenverhältnisse angepaßt. Viele Eukalyptusarten, die, wenngleich zwergwüchsig, auch in den meisten australischen Trockengebieten verbreitet sind, zählen zu den dürrebeständigsten Bäumen, die wir kennen. Daß sich die Eukalyptusbäume und Akazien in Trockenräumen so erfolgreich behaupten können, verdanken sie der lederartigen Struktur ihrer Blätter, welche die Transpiration verringert, ihren riesigen Wurzelsystemen, die einer entsprechend großen Bodenmasse Feuchtigkeit entziehen können, und der blassen Färbung der Blätter, die das Sonnenlicht abstrahlen und dadurch eine Überhitzung verhindern. Die blasse graugrüne Farbe des Laubwerks entlockt den Australiern den oft gehörten Stoßseufzer, daß ihre Vegetation »nicht richtig grün« sei.

Im südlichen Teil der australischen

1

2

3

4

1 Der wunderschöne Inkakakadu (Cacatua = Kakatoe leadbeateri) ist in den Trockengebieten Australiens allgemein verbreitet. Seine Nahrung besteht vor allem aus Sämereien, Früchten und Wurzeln.

2 Die lautfreudigen australischen Zebrafinken zählen in aller Welt zu den beliebtesten Stubenvögeln. Außerhalb der Brutzeit schließen sie sich zu Schwärmen von 50 bis 100 Vögeln zusammen, die in der Wüste alltäglich Flüge zur nächsten Tränke unternehmen.

3 Die leuchtendbunte Scharlach-Ephthianura gehört zu den wanderfreudigsten australischen Wüstenvögeln. Sie legt große Entfernungen zurück und sucht nach Arealen, in denen Regen gefallen ist. Das napfförmige Nest besteht aus Grashalmen und Zweigen.

4 Von den 25 Taubenarten, die den australischen Kontinent bevölkern, ist ein Drittel in ariden Gebieten zu Hause, unter anderem die Schopfwachteltaube, die auf dem Boden in Spinifexbüscheln haust.

Wüstenzone, der im Winter Regen abbekommt, herrschen kleinwüchsige Sträucher vor, etwa der Salzstrauch, eine graue Meldenart, die mit den Melden der nordamerikanischen und eurasischen winterfeuchten Wüsten verwandt ist, und die sogenannte Sommerzypresse, ein attraktiver blaugrauer Strauch, der ebenfalls Verwandte in anderen Erdteilen hat.

In der nördlichen Hälfte der inneraustralischen Trockengebiete, wo der meiste Regen im Sommer fällt, besteht die Pflanzendecke vorwiegend aus ausdauernden Gräsern, zumal aus der Gruppe der Spinifexgräser, die ebenfalls eine endemische Pflanzenform Australiens darstellen. Die Spinifexgräser haben eine graugrüne Farbe, ausgesprochen lederige Blätter und starre, spitz zulaufende Stengel. Büschel mit einem Durchmesser von ein bis zwei Metern können meterhoch oder noch höher werden. Diese abschreckenden Pflanzen, von den Australiern »Hummocks« genannt, gewähren ganzen Lebensgemeinschaften, Beutejägern wie Beutetieren, eine sichere Zuflucht. Spinnen, Skorpione, Heuschrecken, Schaben, Dunkelkäfer, Steingeckos und Hüpfmäuse leben hier in einem heiklen Waffenstillstand

1 Die Amphibien haben eine weiche Haut, durch die leicht Wasser verlorengeht; sie sind deshalb in Trockengebieten recht selten. Die wenigen Arten, die sich dort halten können, zum Beispiel dieser sogenannte Katholikenfrosch (Notaden bennetti) aus Zentralqueensland, verfügen über verschiedene hochspezialisierte Eigenschaften, die es ihnen ermöglichen, die Trockenperioden zu überstehen. Festumhüllter Laich, der im trockenen Boden jahrelang am Leben bleiben kann, eine Beschleunigung des Lebenszyklus beim Vorhandensein von Wasser und die Fähigkeit der Tiere, sich einzukapseln, sind nur einige Formen dieser Anpassung.

2 Dieser westaustralische Frosch, Cyclorana aeboguttatus, zeigt zwei Anpassungsmechanismen, wie sie für die Amphibien in ariden Gebieten charakteristisch sind. Er hat sich in eine feste Kammer aus Erdreich zurückgezogen und eine Hülle ausgeschieden, die seinen Körper während der Trockenzeit umschließt. Beides dient dazu, Wasserverluste zu verhindern.

1

zusammen, weil sie sich in dieser bunt zusammengewürfelten Gesellschaft offensichtlich geborgener fühlen als in der noch gefährlicheren Welt außerhalb ihrer stachelbewehrten Festungen.

Beuteltiere

Noch stärker als in der australischen Flora tritt die Sonderstellung der Säugetierfauna auf diesem Kontinent in Erscheinung. Sie hat einen ganz anderen evolutionären Weg eingeschlagen als die allermeisten Säuger in den übrigen Erdteilen. Wenn dennoch Wüstentiere, die so wenig miteinander verwandt sind wie australische Känguruhs und afrikanische Gazellen, in der Gebißstruktur, in der Anatomie der Verdauungsorgane und in der Nierenfunktion auffallend übereinstimmen, dann ist das für die Wissenschaft ein besonders eindrucksvolles Zeugnis für die Macht der konvergenten Evolution. Ein Vergleich zwischen Känguruhs und altweltlichen und nordamerikanischen Huftieren scheint weit hergeholt, doch es ist keine Frage, daß sie alle in ihren jeweiligen Wüstenlebensräumen die gleiche Rolle als große pflanzenfressende Tiere spielen.

Paradebeispiele für die Konvergenz sind die mittelgroßen Beutegreifer. In den afrikanischen und asiatischen Wüstenregionen sind die hundeartigen Raubtiere durch Wölfe, Schakale und Füchse vertreten, in Nordamerika durch Kojoten und Wölfe. Das australische Beuteltierpendant zu dieser Gruppe ist der Beutelwolf *(Thylacinus cynocephalus)*, der einst über den gesamten Kontinent verbreitet war, bis er von den frühen Siedlern ausgerottet wurde, so daß er heute in sehr geringer Zahl nur noch auf der vorgelagerten Insel Tasmanien vorkommt.

Ein anderes Beuteltier, das Bergkänguruh *(Macropus robustus)*, bewohnt vorzugsweise die felsige Wüstenlandschaft Ostaustraliens und füllt somit die gleiche ökologische Nische aus wie das Mähnenschaf in Nordafrika, der Steinbock in Afrika und Vorderasien, das Argali in Innerasien und das Wüsten-Dickhornschaf in Nordamerika. Wie diese Tiere weicht auch das Bergkänguruh einer Überhitzung aus, indem es sich in den Schatten von Felshöhlen und Felsvorsprüngen zurückzieht. Weil es auf eine solche Geländeform angewiesen ist, gilt es als ein sehr standorttreues Tier, das sein rauhes Terrain nur selten verläßt. Doch wegen seiner Standorttreue muß es sich auch mit dem Nahrungsangebot seiner näheren Umgebung begnügen, das in Dürrezeiten oft sehr bescheiden ist.

Die Roten Riesenkänguruhs *(Macropus rufus = Megaleia rufa)* sind dagegen Tiere des offenen Geländes, so wie die Dorkas- und Dünengazellen Afrikas und Vorderasiens, die Kropfgazellen Vorder- und Mittelasiens und die Gabelböcke Nordamerikas. Gleich ihnen lebt das Riesenkänguruh nomadisch; es ist geselliger als das solitäre Bergkänguruh und zieht gewöhnlich in kleinen Herden umher. Seine Vorliebe für offenes Gelände bringt natürlich das Risiko einer Überhitzung mit sich. Deshalb erzeugt es durch Hecheln und Belecken der Vordergliedmaßen eine gewisse Verdunstungskälte. Die dadurch verlorengehende Feuchtigkeit ersetzt das Riesenkänguruh durch die Aufnahme von frischem Grünfutter mit hohem Wassergehalt. Dank seiner nomadischen Lebensweise steht ihm solche Nahrung immer zur Verfügung.

Auch andere australische Wüstenbeutler haben ihre ökologischen Entsprechungen unter den wüstenbewohnenden Plazentatieren in anderen Erdteilen. Das Westliche Hasenkänguruh *(Lagorchestes conspicillatus)*, das von den frühen europäischen Siedlern so genannt wurde, weil es in Größe und Verhalten den altweltlichen Hasen so sehr ähnelt, ist das Gegenstück des nordamerikanischen Eselhasen und der afrikanischen und asiatischen Wüstenhasen.

Im Unterschied zu den echten Mäusen ist die Dickschwänzige Beutelspitzmaus *(Sminthopsis crassicaudata)* ein Fleischfresser, der hauptsächlich von Insekten lebt. Seinen Namen verdankt das Tierchen seinem karottenförmigen Schwanz, der als Fettspeicher dient und in Zeiten der Dürre oder Nahrungsknappheit auf Normalumfang abmagert. In diesem Punkt ist die Beutelspitzmaus den afrikanischen Fettschwanzmäusen vergleichbar. Die australische Beutelspringmaus Wuhl-Wuhl *(Antechinomys spenceri)* ist ein zierliches, mausgroßes Geschöpf mit einer spitzen Schnauze und einem langen Schwanz, der am Ende ein Haarbüschel trägt. Es ist ein entzückender Anblick, wenn sich das Tierchen auf die Hinterbeine stellt, um seine Umgebung zu inspizieren. Die Beutelspringmäuse beherrschen das »Zickzackspringen« ebenso meisterhaft wie die nordamerikanischen Taschenspringer oder die Wüstenspringmäuse der Alten Welt; sie benutzen den Schwanz als Steuerruder, um ihre Bewegungsrichtung im rechten Winkel zu ändern.

Zu den merkwürdigsten Bewohnern der australischen Wüstengebiete gehört der Kaninchenbeuteldachs *(Macrotis lagotis)*. Dieses Tier, das etwas kleiner bleibt als eine Hauskatze, scheint aus übriggebliebenen Einzelteilen zusammengesetzt zu sein. Seine langen »Kaninchenohren« haben zweifellos die Aufgabe, überschüssige Körperwärme abzustrahlen. Die

2

langen, kräftigen Krallen der Vorderpfoten verraten, daß das Tier ein gewaltiger Gräber ist, vergleichbar den europäischen und nordamerikanischen Dachsen. Kaninchenbeuteldachse graben ein bis zwei Meter tiefe Baue mit spiralig verlaufenden Gängen. Der Eingang befindet sich häufig unter einem Spinifexbüschel, und das Revier eines Einzeltiers kann von zahlreichen Bauen durchzogen sein. Wie der echte Dachs wandert auch der Kaninchenbeuteldachs zwischen seinen Bauen hin und her, und er schläft jede Nacht in einem anderen.

Einwanderer aus aller Welt

Als Australien seine Nordostdrift in Richtung Südostasien beendet hatte und das Eiszeitalter anbrach, ging auch für seine Fauna eine fünfzig Jahrmillionen lange isolierte Evolution zu Ende, und aus anderen Teilen der Welt wanderten Plazentatiere zu.

Die mehr als hundertfünfzig angestammten Beutlerarten mußten sich jetzt mit neuen Rivalen und Beutegreifern auseinandersetzen, aber auch mit der Veränderung ihres Lebensraums, den diese Neuankömmlinge bewirkten.

Die erste Einwanderungswelle bodenlebender Säugetiere kam während der Eiszeit aus Südostasien und bestand vorwiegend aus Nagern, Verwandten unserer modernen Wanderratten. Da die Evolution bei den Beuteltieren offenkundig kaum maus- oder rattengroße Pflanzenfresser hervorgebracht hatte, stand diesen Immigranten in Australien eine ökologische Nische offen. Sie wurden seßhaft und entwickelten sich zu interessanten Arten mit verschiedenen Anpassungserscheinungen, wie sie uns von anderen Wüstenregionen her vertraut sind.

Eine australische Rattenart *(Leporillus conditor)* baut aus Zweigen und Steinen ein Nest, das auf ebenem Boden ungefähr einen Meter hoch wird. In felsigem Gelände wird das Nest oft in Felsspalten oder unter Felsvorsprüngen angelegt.

Die Spinifexhüpfmaus *(Notomys alexis)* ähnelt den afrikanisch-asiatischen Wüstenspringmäusen und den nordamerikanischen Taschenspringern insofern, als sie sich auf die bipedale Fortbewegung verlegt hat und lange Ohren und einen langen, mit einer Haarquaste versehenen Schwanz besitzt. Sie begnügt sich mit Samen und kommt ohne Frischwasser aus; ihr Harn ist so hoch konzentriert wie bei keinem anderen Säugetier, das wir kennen. Die Spinifexhüpfmaus hält sich tagsüber in ihrem unterirdischen Bau auf und kommt erst in der Nacht an die Oberfläche.

Spätere Neuzugänge, die einen größeren Einfluß auf die Beuteltierfauna ausübten, waren die prähistorischen Menschen und ihre Haushunde. Die Aborigines, wie man die australischen Ureinwohner nennt, trafen vor etwa 40000 Jahren aus Südostasien ein. In einem Zeitraum von 10000 bis 20000 Jahren folgten verschiedene Einwandererwellen, und mit einer oder mehreren gelangte auch der domestizierte Dingohund nach Australien. Obwohl die Aborigines ein primitives Leben als Jäger und Sammler führten, kannten sie bereits Speere, Bumerange und das Feuer, und es gilt als ziemlich sicher, daß schon bald nach ihrem Eintreffen mehrere Beuteltierarten, darunter ein Riesenkänguruh, ein nashorngroßes, dem Wombat ähnliches Tier, und der Beutelwolf, auf dem Kontinent ausgerottet worden sind. Doch im übrigen haben diese vorgeschichtlichen Stämme die Wildtierbestände nicht nachhaltig geschädigt.

Die bisher letzten Einwanderer, die Europäer, die im 19. Jahrhundert mit ihren Haus- und Wildtieren ankamen, haben die australische Fauna weit stärker verändert. Schon bald blühte eine umfangreichere Viehwirtschaft auf, und die Vegetation wurde vor allem durch Schafe und Rinder stark überweidet. Zahllose Haustiere – Pferde, Dromedare, Wasserbüffel, Ziegen, Schweine und Katzen – verwilderten, was verheerende Folgen sowohl für die Vegetation als auch für die einheimische Tierwelt hatte. Europäische Wildtiere, zumal Füchse und Kaninchen, wurden eingeführt und ausgesetzt und vermehrten sich in bedrohlichem Maße.

Die Vögel

Die Evolution der Vögel verlief in Australien ähnlich wie die der Säugetiere: Die Ahnenreihe vieler Arten reicht in die Gondwanaland-Zeit zurück, während zahlreiche andere eine ungewisse Vorgeschichte haben, aber offensichtlich schon seit sehr langer Zeit auf dem Kontinent heimisch sind. Die Vorfahren einiger Arten sind erst spät aus Südostasien zugewandert. Alle diese verschiedenen Vogelahnen waren ursprünglich keine Wüstenbewohner; die entsprechenden Anpassungen mußten erst nach und nach erworben werden.

Unter den urtümlichen Formen nimmt der 1,50 bis 1,80 m hohe Emu *(Dromaius novaehollandiae)*, der zweitgrößte Vogel der Erde, eine Sonderstellung ein. Seine nächsten Verwandten sind der afrikanische Strauß und der südamerikanische Nandu. Alle diese Vögel sind flugunfähig und können sich somit nicht über die Ozeane hinweg ausgebreitet haben; sie dürften also ein lebender Beweis dafür sein, daß die drei genannten Erdteile einstmals miteinander verbunden waren.

Die erst in neuerer Zeit zugewanderte Australische Trappe *(Choriotis australis)* steht der afrikanischen Riesentrappe und der indischen Flaggentrappe sehr nahe. Wie so viele Wüstenvögel sind die Trappen Laufvögel, die am Boden leben und sich nur dann in die Luft erheben, wenn es unbedingt notwendig ist. Der Emu, der keine funktionsfähigen Flügel besitzt, gehört gleichfalls in diese Kategorie; er erreicht eine Laufgeschwindigkeit von 48 km/h.

Australien beherbergt wahrscheinlich einen höheren Anteil von nomadisch lebenden Wüstenvögeln als alle anderen Kontinente. Während des Sommerregens ziehen viele Emus nach Zentralaustralien und wandern in den Südwesten des Kontinents, sobald der Herbst- und Winterregen einsetzt. Der ebenso seltene wie schöne Alexandra- oder Blaukappensittich *(Polytelis alexandrae)* ist ein regelrechtes Wüsten-

1

2

3

4

5

1 Der Stachelschwanz- oder Steingecko (Diplodactylus ciliaris) hat eine recht zarte Haut mit kleinen körnchenförmigen Schuppen. Die meisten Geckos sind Nachttiere; sie haben keine Augenlider und ungewöhnliche senkrechte Pupillen. Die Zehen sind oft abgeplattet, mit »Schwimmhäuten« oder Saugscheiben versehen, die ihnen die Fortbewegung auf glatten oder senkrechten Flächen oder auch auf lockerem Sand erleichtern.

2 Die Tannenzapfenechse gehört zu den Skinken oder Glattechsen, der größten Echsenfamilie in Australien. Der Schwanz dieses Bewohners der Salzstrauchwüsten ist ein Fettspeicher, von dem das Tier während des Winterschlafs zehrt. Das abgebildete Exemplar nimmt eine Drohhaltung ein.

3 Der Blauzungenskink in der australischen Simpson-Wüste ist ein weiterer Vertreter der sehr vielgestaltigen Skinkfamilie. Die Körpergröße dieser Tiere schwankt zwischen dem 30 Zentimeter langen Blauzungenskink und den winzigen beinlosen Skinken, die durch den Sand der Dünen gleiten.

4 Durch seinen Stachelpanzer wird der Dornteufel oder Moloch (Moloch horridus) für potentielle Freßfeinde ziemlich ungenießbar. Der Dornteufel ist ein australischer Vertreter der altweltlichen Agamenfamilie (Agamidae).

5 Obwohl der hier abgebildete australische Dornteufel oder Moloch der nordamerikanischen Krötenechse stammesgeschichtlich fernsteht, stimmen beide in ihrem Aussehen und in ihren Ernährungsgewohnheiten – sie leben von Ameisen – auffallend überein.

phantom. Ein Paar oder eine kleine Gruppe dieser pastellfarbenen Papageien kann plötzlich irgendwo auftauchen und brüten, und dann verschwinden die Vögel mitsamt ihren Jungen und lassen sich womöglich zwanzig Jahre lang nicht mehr in dieser Gegend blicken.

Eine andere bemerkenswerte Anpassung der australischen Wüstenvögel ist die Abstimmung des Fortpflanzungsverhaltens auf die Regenperioden. Nach einem Regenfall beginnen viele Vogelarten zu brüten, ohne Rücksicht auf die Jahreszeit. Die kleinen bunten Zebrafinken *(Poëphila guttata)* widmen sich schon einen oder zwei Tage nach einem Niederschlag dem Brutgeschäft. Die Schopfwachteltauben *(Geophaps = Lophophaps plumifera)*, die Trappen und allbekannten Wellensittiche reagieren fast ebenso schnell.

Die Trockenräume weisen keine so vielfältige Vogelfauna auf wie die Wälder, weil die bescheidene Vegetation weniger Nistgelegenheiten, Nahrung und Ruheplätze zu bieten hat. Im allgemeinen sind auch die wüstenbewohnenden Gefiederten nicht sonderlich farbenprächtig und attraktiv. Nur die australischen Wüstenvögel sind eine Ausnahme von dieser Regel, zumal die zahlreichen Papageienarten, die es an Farbenreichtum mit jeder anderen Vogelgruppe aufnehmen können.

Die Reptilien

Die Reptilien Australiens haben eine völlig andere stammesgeschichtliche Entwicklung durchgemacht als die Säuger und Vögel. Über die Hälfte der australischen Landsäuger besteht aus Beuteltieren, deren Ursprünge auf die Gondwanaland-Zeit zurückgehen, und die übrigen sind Abkömmlinge jener Plazentatiere, die erst sehr viel später aus Südostasien zugewandert sind. Wie die Beuteltiere läßt sich auch ein sehr großer Prozentsatz der Vögel bis in die Frühzeit zurückverfolgen, oder es handelt sich um Arten unbekannten Ursprungs, die sich schon vor langer Zeit auf dem isolierten Kontinent Australien entfaltet haben. Nur sehr wenige Vogelarten sind offensichtlich erst in neuerer Zeit aus Südostasien eingetroffen.

Ganz anders verhält es sich mit den Reptilien, die sich zum größten Teil von südostasiatischen Stammformen herleiten und relativ spät nach Australien gelangten. Sie haben sich nicht in der Isolierung entwikkelt und mußten sich erst an die australischen Wüstenbedingungen anpassen.

Obwohl die Echsen der australischen Trockengebiete erst so spät zugewandert sind, haben sie hier eine größere Vielfalt entwickelt als in allen anderen Wüstenregionen. Von den kleinen Skinken und Gekkos, die nicht einmal fünf Zentimeter lang werden, bis zum zwei Meter langen Riesenwaran *(Varanus giganteus)* sind in Australien alle Größenordnungen vertreten.

Ebenso mannigfaltig sind die Körperformen und Farben. Die meisten Echsen führen ein räuberi-

Der mächtige und eindrucksvolle Gouldwaran kann als Inbegriff der australischen Wüstenreptilienfauna gelten. Warane spielen eine wichtige Rolle in der Kunst, den Ritualen und der Mythologie der Ureinwohner oder Aborigines. So ist der Tanz der Warane ein wesentlicher Bestandteil des Initiationszeremoniells bei vielen Eingeborenengruppen.

sches Leben; die kleineren ernähren sich von Insekten, die größeren von anderen Reptilien, von Vögeln und kleinen Säugetieren.

Viele Echsenarten haben Verhaltensformen und auch anatomische Merkmale entwickelt, die sie größer erscheinen lassen, als sie tatsächlich sind. Der Gouldwaran *(Varanus gouldii)* erhebt sich auf die Hinterbeine, wenn er einen Artgenossen bedroht, und erreicht dabei eine Höhe von fünfundzwanzig Zentimeter und mehr. Die Bartagame *(Amphibolurus barbatus)* besitzt eine von Hornstacheln gesäumte Hautfalte, die dicht hinter dem Kopf angewachsen ist. In Drohhaltung spreizt das Tier diesen »Bart« ab und richtet ihn nach vorne, so daß der Kopf wie mit Stacheln bewehrt wirkt.

Viele australische und nordamerikanische Wüstenechsen gleichen einander in ökologischer und anatomischer Hinsicht. Der australische Dornteufel oder Moloch *(Moloch horridus)* entspricht sowohl in seiner Erscheinung als auch in seinem Verhalten den nordamerikanischen Krötenechsen. Beide ernähren sich von Ameisen. Eine weitere auffällige Parallele besteht zwischen den australischen Tannenzapfen-Skinken *(Tiliqua rugosa)* und den mexikanischen Krustenechsen. In beiden Fällen handelt es sich um große, träge und schwergewichtige Tiere mit kurzen, schwachen Beinen, die ihren Leib kaum vom Boden abheben, wenn sie schwerfällig umherstapfen.

Die Eidechsen der australischen Sandwüsten haben sich auf die gleiche Weise an das Leben im Sand angepaßt wie die Eidechsen in der Sahara und Namib. Viele wühlende Skinkarten haben die Fähigkeit erworben, buchstäblich durch den Sand zu schwimmen. Die Beine sind stark zurückgebildet und oft funktionsunfähig. Die Skinke besitzen überdies in ihren Augenlidern ein transparentes Häutchen, so daß sie beim Wühlen im Sand selbst mit geschlossenen Augen sehen können.

Australien beherbergt auch eine reiche Schlangenfauna, die zu zwei Dritteln der Familie der Giftnattern angehört, deren bekanntere Vertreter die Kobras Afrikas und Asiens und die amerikanischen Korallenottern sind.

Abb. S. 618: Walroßgruppe auf Round Island, Alaska.
Abb. S. 619: Pinguine in der Antarktis.

Im Umkreis der Pole

Ewiges Eis

Leben in lebensfeindlicher Umwelt

»Polare Eiswüste« – wie oft begegnen wir diesem irreführenden Begriff, und wie selten machen wir uns Gedanken darüber, was er beinhaltet! Bei dem Wort Polarzonen stellen wir uns weite gefrorene Landschaften und Eisberge vor, Gletscher und eisbedeckte Meere. Wir denken an Nahrungsmangel, Kälte und Unwirtlichkeit, an eine spärliche Tierwelt und eine noch spärlichere menschliche Besiedlung. Aber solche oberflächlichen Eindrücke täuschen über die Natur und Bedeutung dieser Gebiete hinweg.

In Wahrheit sind sie gerade wegen ihrer Eis- und Schneemassen für die Menschheit so überaus wichtig. Die Polargebiete üben einen entscheidenden Einfluß auf das Weltklima aus, an das sich der Mensch angepaßt hat. Außerdem bergen die nährstoffreichen Polarmeere die größten organischen Ressourcen, die uns auf der Erde noch geblieben sind. Das legt die Frage nahe, wie sich Leben dort überhaupt entwickeln und behaupten konnte.

Erst in neuerer Zeit hat der Mensch erkannt, daß die Polarzonen produktive Ökosysteme umschließen und daß die Lebensformen mannigfache und höchst ungewöhnliche Anpassungsmechanismen entwickelt haben, um sich unter extremen Umweltbedingungen durchzusetzen. Die Geschichte der Polarforschung ist verhältnismäßig kurz. In der Arktis hat der Mensch zwar schon vor Jahrtausenden Fuß gefaßt, aber auf dem antarktischen Festland brachte erstmals um die Jahrhundertwende ein Mensch eine längere Zeit hintereinander zu. Die eingehendere wissenschaftliche Erforschung begann jedoch erst mit der Einrichtung ständiger Forschungsstationen im polaren und subpolaren Bereich, die seit

Diese bizarren Eisskulpturen auf einem antarktischen Eisberg sind das Werk der Wellenerosion. Ein Eisberg kann durch solche Abtragung bisweilen so viel Masse verlieren, daß er kopflastig wird und umkippt.

dem Ende des Zweiten Weltkriegs im Dienste langfristiger nationaler und internationaler Forschungsprogramme stehen.
Wir wissen jetzt, daß die dort vorherrschenden physikalischen Gegebenheiten strenge Anforderungen an die Lebensformen stellen und einen ökologischen Rahmen geschaffen haben, der trügerisch einfach wirkt, wenn es um die Beantwortung der Frage geht, wer wen frißt und wer was braucht. Doch zugleich beherbergen diese Regionen umfangreiche Planktonschwärme, gewaltige Wale, die sich von ihnen ernähren, die größten Ansammlungen von Seevögeln, die es auf der Erde gibt, ferner zahllose Walrosse, Robben, Eisbären und vielköpfige Rentier- oder Karibuherden – also alles andere als eine »Wüste«!
Andererseits ist es ganzen Gruppen von Pflanzen und Tieren bisher nicht gelungen, sich den Lebensbedingungen in den Polarregionen anzupassen. Weder Amphibien (Frösche, Kröten und Salamander) noch Reptilien (Schlangen, Echsen und Schildkröten) kommen im hohen Norden und im tiefen Süden vor. Auf dem antarktischen Kontinent gibt es keine echten Landwirbeltiere, keine Farne, keine Nacktsamer und keine Süßwasserfische. Nur etwa vier Prozent der antarktischen Landmasse sind belebt, und dieses Leben besteht in der Hauptsache aus Mikroben, Protozoen, Rädertierchen, blütenlosen Pflanzen, Spinnentieren, Insekten, Pilzen, Moospflanzen, Algen und Flechten. Auch die Arktis weist relativ wenige terrestrische Lebensformen auf, freilich erheblich mehr als die Antarktis, was deren Artenzahl, Vielfalt und Biomasse (Gewicht der organischen Stoffe pro Lebensraumeinheit) anbetrifft. Von den rund 3200 Säugerarten der Welt bewohnen beispielsweise lediglich etwa zwei Dutzend die Gebiete nördlich der Baumgrenze in Nordamerika. Die geringe polare Pflanzen- und Tiervielfalt hängt nach Meinung mancher Wissenschaftler mit der relativen Jugend der polaren Ökosysteme zusammen. Denn an erdgeschichtlichen Dimensionen gemessen sind diese schnee- und eisbedeckten Regionen in der Tat vergleichsweise jung.

Frühlingserwachen

Doch man darf die Polargebiete nicht nur unter dem Aspekt der Unwirtlichkeit und Artenarmut betrachten. Der kurze Frühling beschert dem Land hier wie überall auf der Erde Wärme und neue Lebenskraft und Lebensfülle, allerdings sehr viel abrupter als anderswo. Und im arktischen Eismeerwasser über dem Kontinentalschelf gedeiht das Plankton und ergibt eine nahrhafte »Suppe«, die dem ungeübten menschlichen Auge verborgen bleibt, aber den Fischen, Vögeln, Robben und Walen keineswegs entgeht. In der Arktis bringt der Frühling überbordende Flüsse und eine Vielzahl von Süßwasserseen hervor. Die wärmende Sonne weckt schlafende Tiere auf und mahnt die Wanderer, zumal die Küstenvögel, daß sie in ihre Sommerquartiere heimkehren müssen, um dort ihren Nachwuchs aufzuziehen. Insekten und Blumen erscheinen in unvorstellbarer Zahl, darunter auch die berüchtigten Blutsauger des Nordens, die Stech- und Kriebelmücken, die für den Menschen und die Wildtiere gleichermaßen zur Plage werden.
Auch in den Gewässern der Antarktis bewirkt der Frühling eine erstaunliche Fruchtbarkeit, die den

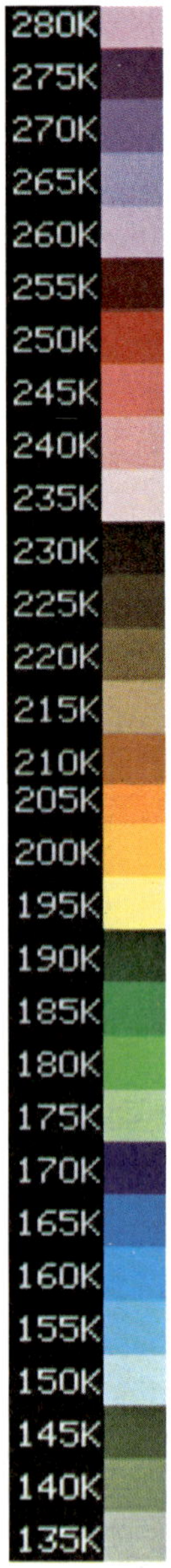

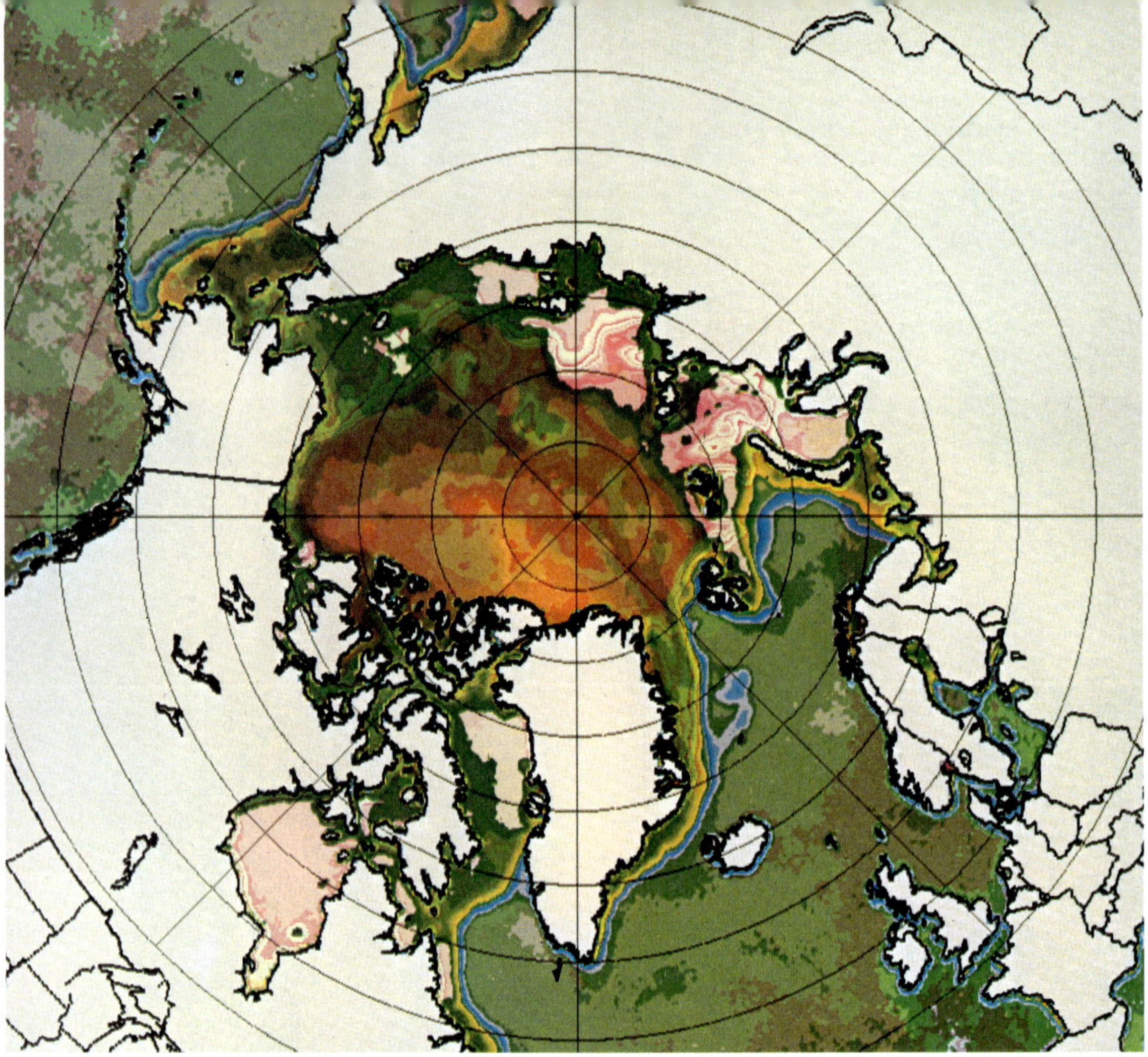

1

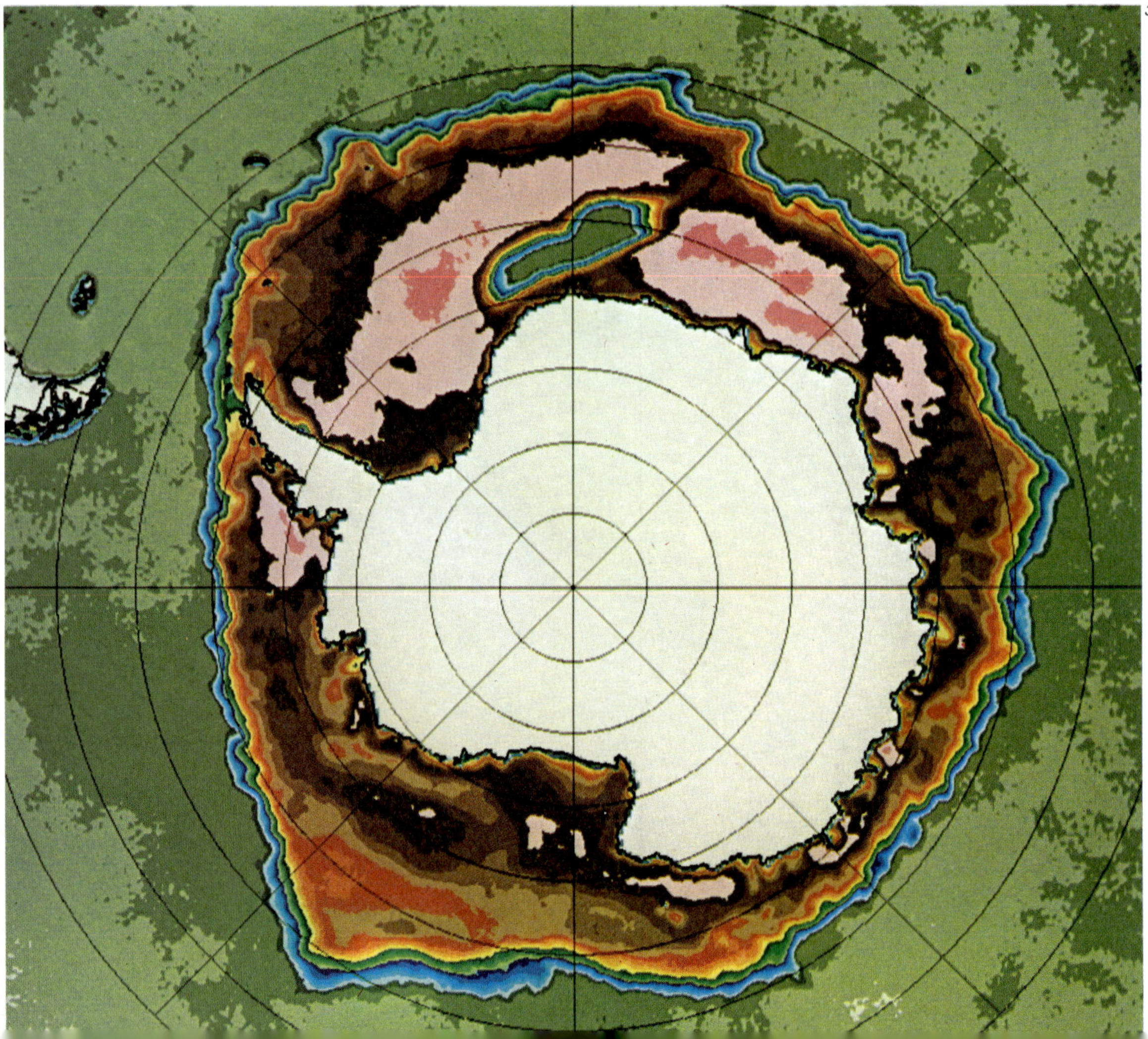

3

3/4 Dieses Computerbild entspricht dem vorhergehenden und zeigt die jahreszeitlichen Schwankungen in der Ausdehnung des Meereises rings um das antarktische Festland, das weiß wiedergegeben ist. Auf dem linken Foto, das im Winter (August-September) entstand, erkennt man große Eisflächen, die sich weitgehend oder vollständig ausgebildet haben und Temperaturwerten um 235° Kelvin (ca. – 2° C) entsprechen. Der Kontinent ist allseits von Eis umgeben. Von diesem Eis ist auf dem Sommerfoto (rechts) kaum etwas zu sehen. Das hellblau dargestellte Eis entsteht im Winter in großer Entfernung vom Festland, im Sommer jedoch säumt es den Kontinent. Ähnliche Vorstöße und Rückzüge des Meereises kann man auf den vorhergehenden Aufnahmen der Arktis erkennen.

1/2 Diese Computersimulation der Mikrowellenstrahlung unserer Erde beruht auf Aufnahmen des Satelliten »Nimbus 5«, der 1972 von der amerikanischen Raumfahrtbehörde gestartet wurde. Diese Karten sollen die unterschiedliche Ausdehnung des arktischen Meereises im Sommer und im Winter demonstrieren. Festland, Meereis und Ozean entsenden Mikrowellen in verschiedener Stärke. Beim Land ist die Strahlungsintensität am größten, beim Eis etwas geringer und beim Meer am schwächsten, weil die Meeresoberfläche einen Teil der Mikrowellen wieder ins Wasser zurückstrahlt, aus dem sie stammen.
Die Strahlenmenge wird hier in Helligkeitswerten der Temperatur nach der Kelvinskala dargestellt, deren Nullpunkt bei – 273,16° C liegt. Alle Landmassen, einschließlich Grönlands, erscheinen weiß. Die Farbstufe, die 150 Kelvingraden entspricht, zeigt das in der Entstehung begriffene Eis; die Eisschicht macht hier 15 Prozent aus. Bei 235° Kelvin ist die Eisdecke zu 100 Prozent ausgebildet. Man beachte, daß der größte Farbkontrast am Rand des Eises auftritt, wo das Meereis an das offene Wasser angrenzt. Diese Zone ist besonders reich an Meeresorganismen.

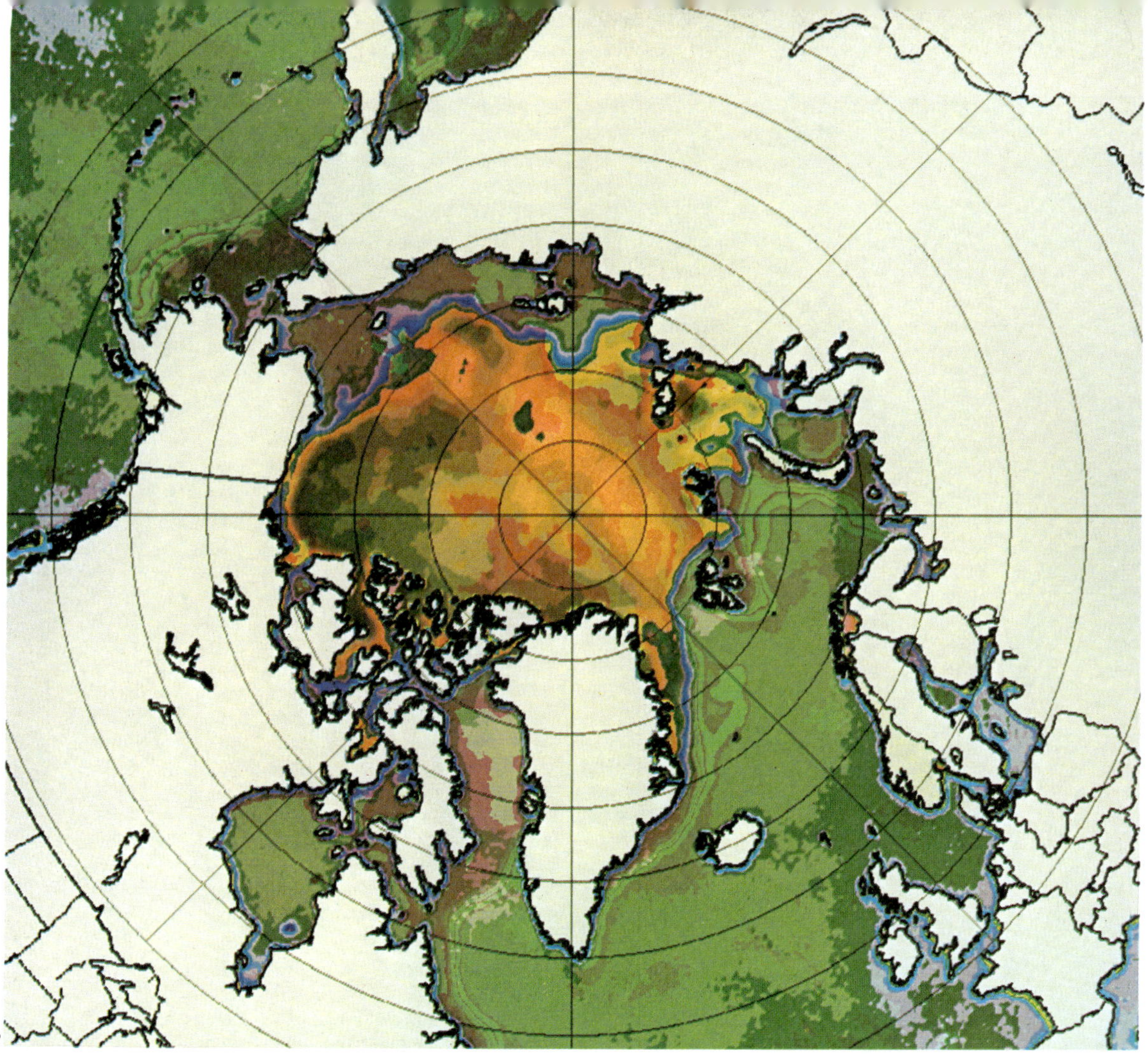
2

4
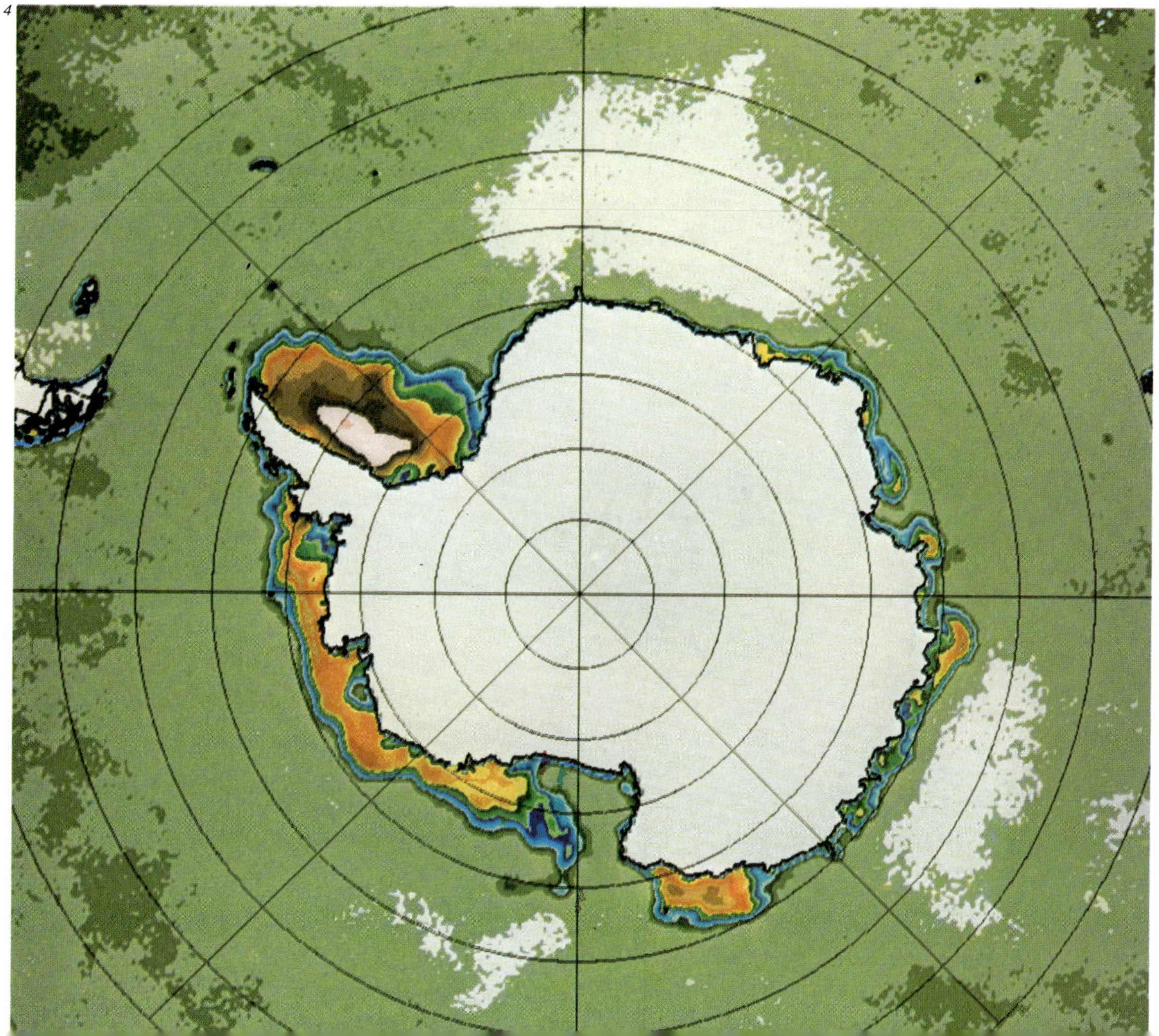

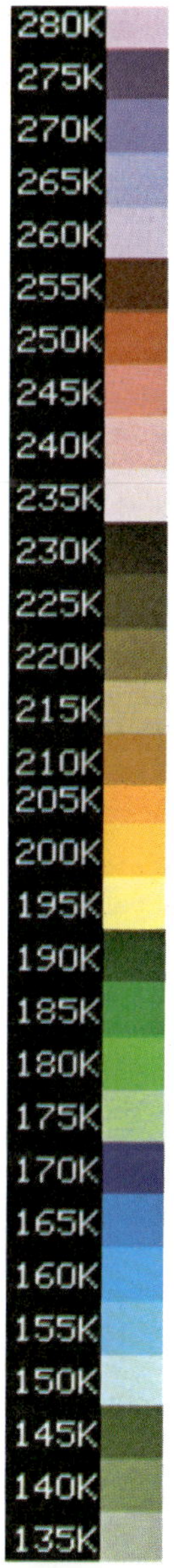

verschiedenen Meeresbewohnern zugute kommt. Die großen Wale finden sich jetzt hier ein, um sich vollzufressen, und den Pinguinen und Robben steht reichlich Nahrung zur Verfügung. Das Südpolarmeer macht zwar nur ein Zwanzigstel der gesamten Meeresfläche aus, aber es ist im Durchschnitt viermal so fruchtbar wie die anderen Ozeane der Erde.

Die Polarregionen

Was verstehen wir unter Polarregionen? Es gibt verschiedene Möglichkeiten, ihre Grenzen zu definieren, doch zuvor müssen wir einige Grundbegriffe erläutern. Die »Pole« haben keine flächenmäßige Ausdehnung; dieses Wort bezeichnet lediglich die Punkte, durch welche die Drehachse der Erdkugel verläuft. Die »Polarregionen« sind dagegen die beiden einander gegenüberliegenden und klimatisch umgrenzten Erdgebiete, die sich rings um den Nord- und Südpol erstrecken. Antarktika ist der Name des Kontinents im Zentrum der antarktischen Region; er ist umgeben vom Südpolarmeer. Die arktische Region ist gleichsam ein umgekehrtes Spiegelbild der antarktischen: In ihrem Zentrum liegt das Nordpolarmeer, das von den großen Landmassen Eurasiens und Nordamerikas umgeben ist.
Die Polarregionen lassen sich mit Hilfe astronomischer wie auch ökologischer Gegebenheiten umschreiben. Der Verlauf des Nördlichen und des Südlichen Polarkreises ergibt sich aus der Position von Erde und Sonne im Weltall und aus der Neigung der Erdachse. Die Sonne steht am 21. Juni in der nördlichen Hemisphäre genau senkrecht über

1 Ein arktischer Eisberg, der sich von einem Gletscher gelöst hat, treibt vor Neufundland nach Süden. Eisberge entstehen, wenn Gletscherzungen, die von der Eiskappe auf dem Land vorangeschoben werden, ins Meer gelangen. Sobald der Gletscher das Meer erreicht, zerfällt sein Vorderende in zerklüftete Eisberge, die manchmal viele Kilometer lang und breit sind und über 100 Meter aus dem Wasser emporragen. Bis zu 90 Prozent der Masse eines Eisberges können sich indes unter dem Meeresspiegel verbergen.

2 Hinter einem Eisschelf in der Nähe der Insel Argentine ragen Eisberge aus dem Meer empor. Sie sind entstanden, als ein riesiger Eisblock vom Gletscher der Insel abbrach. Die Eisberge der Antarktis sind im allgemeinen größer als die der Arktis.

2

dem sog. Nördlichen Wendekreis (23° 30′ nördlicher Breite), und die Sonnenstrahlen bilden dann eine Tangente zum Südlichen Polarkreis (66° 33′ südlicher Breite). Das bedeutet, daß alle Gebiete südlich des Südlichen Polarkreises den ganzen Tag lang kein direktes Sonnenlicht empfangen. Vom 22. Juni bis zum 21. Dezember treffen die Sonnenstrahlen, da sich die Erde weiter um die Sonne bewegt, in einem stetig kleiner werdenden Winkel auf die Nordhalbkugel auf. Am 21. September steht die Sonne senkrecht über dem Äquator; das ist das Herbstäquinoktium (Tagundnachtgleiche), ein Tag, an dem die Tag- und Nachtlängen auf der gesamten Erde gleich sind – jeweils zwölf Stunden lang. Am 21. Dezember steht die Sonne am weitesten im Süden, senkrecht über dem Südlichen Wendekreis (23° 30′ südlicher Breite), und ihre Strahlen bilden am Nördlichen Polarkreis (66° 33′ nördlicher Breite) eine Tangente zur Erdkugel. Während des sechsmonatigen »Abstiegs« der Sonne am Nordhimmel verkürzt sich die Tageslänge am Nördlichen Polarkreis jeweils um fast acht Minuten pro Tag. Und für den Nordpol selbst ist der sechs Monate lange »Tag« vorüber. Vom 22. Dezember bis zum 21. Juni verläuft der ganze Vorgang umgekehrt. Die Sonne wandert wieder nach Norden und passiert am 21. März das Frühlingsäquinoktium. Der sechsmonatige Tag am Südpol ist am 21. Juni zu Ende, und es beginnt die sechsmonatige Nacht. Man beachte jedoch, daß die sechs Monate langen Tage und Nächte Erscheinungen sind, die nur die Pole selbst betreffen. Die Polarregionen erstrecken sich weit über diese Punkte hinaus. Ihre Winter können zwar ebenfalls kurz sein, aber sie bleiben keineswegs aus, und die Sommertage sind herrlich lang und warm, ja heiß, infolge der lang andauernden Sonneneinstrahlung.

Die langen Winternächte haben in beiden Polarregionen auch ihre »hellen Seiten« – die Polarlichter, also das Nordlicht beziehungsweise das Südlicht. Dieses spektakuläre rote, gelbe und grüne Farbenspiel kann gelegentlich auch in gemäßigten Breiten, selten sogar in den Tropen beobachtet werden.

Grenzprobleme

Die polaren Lebensformen und Umweltverhältnisse richten sich freilich nicht nach den strengen astronomischen Abläufen, höch-

1

2

3

1 Eine Gruppe von Adeliepinguinen reitet auf einer Eisscholle im Südpolarmeer. Zum Brüten suchen die Tiere das Festland auf, wo das Weibchen zwei Eier in einem mit Kieseln ausgestatteten Nest ablegt.

2 Die Bartrobbe bewohnt den Saum des arktischen Eises rings um den Pol. Sie meidet die völlig vereisten Uferpartien und hält sich lieber auf Eisschollen auf.

3 Eine einsame Dominikanermöwe hat sich auf einer kleinen Eisscholle vor der antarktischen Palmer-Halbinsel niedergelassen. Seevögel gedeihen sehr gut in polaren Gewässern, weil die kalten Meere ungemein fischreich sind.

4 Im Schein der untergehenden Oktobersonne dehnt sich das Packeis vor der Küste des antarktischen Festlandes aus. Eisberge bestehen aus gefrorenem Süßwasser, während sich Packeis aus gefrorenem Meerwasser bildet, wobei Meersalz in den Eiskristallen eingeschlossen wird.

5/6 Wenn große Massen mikroskopisch kleiner Kieselalgen oder Diatomeen im Meereis einfrieren, verfärbt sich das Eis gelbgrün (5). Manchmal nehmen mächtige Eisschollen die Farbe dieser winzigen Pflanzen an. Kieselalgen kommen zwar in allen Weltmeeren vor, gedeihen aber am besten in den kalten Polargewässern. Sie stellen den Hauptanteil des Meeresplanktons.
Die Vergrößerung (6) zeigt, wie sie sich im Eis dicht zusammendrängen. Jede Kieselalge besteht aus einer Zelle, die in einer feinstrukturierten Kieselhülle steckt.

stens in ganz allgemeiner Form. Und die ökologischen Merkmale, wie sie für die arktische und antarktische Region charakteristisch sind, lassen sich demnach durch Breitengradangaben nicht exakt eingrenzen. Das annähernd kreisförmige Südpolarmeer, das den Kontinent Antarktika umfließt und in den Atlantischen, Pazifischen und Indischen Ozean übergeht, wird definiert durch einen Wechsel der Temperatur und des Salzgehalts, der das kalte antarktische Oberflächenwasser deutlich von den nördlicheren Wassermassen trennt. Das kalte, nordwärts fließende Oberflächenwasser des Südpolarmeers trifft in der Antarktischen Konvergenz zwischen dem 50. und 60. südlichen Breitengrad auf das wärmere und nach Süden fließende Oberflächenwasser aus dem Norden. Diese Konvergenz bildet eine Barriere und begrenzt die Verbreitung vieler Tierarten, welche die unverwechselbare Lebensgemeinschaft des Südpolarmeeres ausmachen. Natürlich können größere Tiere, etwa die Wale, diese Grenze mühelos überschreiten.

Nach unserer Definition umfaßt die antarktische Region die Meeresgebiete südlich der Antarktischen Konvergenz, die auch einige unverkennbar ozeanische, subantarktische Inseln mit einschließt. Wir sind uns jedoch im klaren darüber, daß sich nicht alle Wissenschaftler auf genaue ökologische und ozeanographische Abgrenzungen verständigen können.

Die Abgrenzung der arktischen Zone ist noch schwieriger. Da sie sowohl Land- als auch Meeresflächen umfaßt, muß man für beide unterschiedliche Definitionen verwenden. Zunächst ist es jedoch allgemein üblich, eine Temperatur von höchstens 10°C im wärmsten Monat als oberes Wärmelimit für viele polare Lebensformen aufzufassen, ganz besonders für die Bäume. Deshalb sollte man die 10°-Isotherme, also die Linie, die alle Bereiche mit einem Temperaturmittelwert von 10°C oder weniger im wärmsten Monat umschließt, als Begrenzung der arktischen Region ansehen. Diese Linie verläuft um den 70. nördlichen Breitengrad von Norwegen durch ganz Sibirien und von Alaska bis zum äußersten Westen Kanadas. Doch aus ozeanographischen und geographischen Gründen geht sie stellenweise auf 50 Grad nördlicher Breite herunter, weil sie die Beringsee und den größten Teil Nordkanadas und Grönland mit einschließen muß. Doch selbst dann entspricht sie nicht ganz den tatsächlichen Verhältnissen. Die baumlose Tundra und der ständig gefrorene Boden, der sogenannte Permafrost- oder Dauerfrostboden, müßten gleichfalls mit einbezogen werden. Damit dehnt sich die arktische Zone über weite Gebiete Westalaskas, Nordkanadas und Sibiriens aus. Diese Grenzziehung ist bestenfalls ein grober Annäherungswert, verglichen mit der ebenso exakt umrissenen wie praktischen Antarktischen Konvergenz, die auf der Nordhalbkugel keine Entsprechung hat.

Unterschiede und Gemeinsamkeiten

Aus unserer Definition ergibt sich, daß die antarktische Region größer und »runder« ist als die unregelmäßigere arktische. Aber auch weil die Antarktis ein von Wasser umgebenes Festland und die Arktis ein von Kontinenten eingefaßtes Meer ist, weichen die nord- und südpolaren Lebensbedingungen und Lebensgemeinschaften stark voneinander

4

5

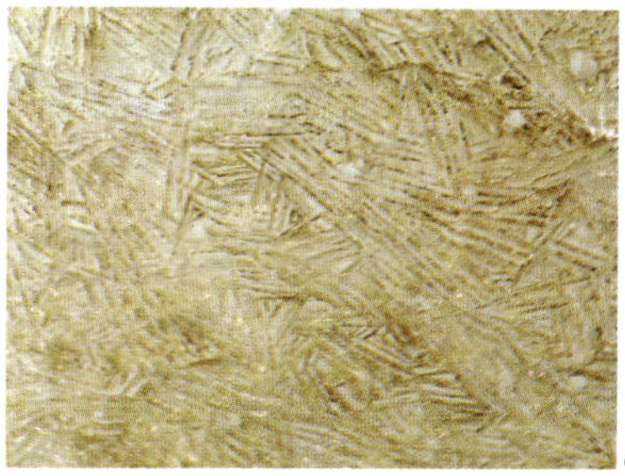

6

ab. Der Nordpol liegt in Meereshöhe ungefähr im Zentrum eines großen, mit dünnem Meereis bedeckten Ozeans, der Südpol hingegen 2912 Meter hoch und trocken auf einer dick vergletscherten Landmasse; das Nordpolarmeer ist von anderen Ozeanen weitgehend isoliert, während sich im Südpolarmeer drei andere große Ozeane vereinigen; die Arktis ist umgeben vom eurasischen und nordamerikanischen Festland, wohingegen die Antarktis von allen Landmassen durch eine kalte und vielfach stürmische See getrennt ist; die Arktis ist von zahlreichen Flüssen durchzogen, die einen nachhaltigen Einfluß auf die Entfaltung der Lebensformen und ihre Fortpflanzungsmechanismen haben. Doch in der Antarktis gibt es diese Form des Fließwassers nicht; die Festlandssockel der Arktis sind die breitesten der Welt, aber die der Antarktis sind verhältnismäßig schmal und zugleich die tiefsten der Erde, denn ihre Ränder fallen rund 1000 Meter steil ab.

Trotz all dieser Unterschiede bestehen dennoch auffallende Übereinstimmungen zwischen den beiden Regionen und erstaunliche Parallel- und Konvergenzentwicklungen in den Lebensformen. Die größte Ähnlichkeit ist die extreme Winterkälte.

Beide Gebiete umfassen ausgedehnte eisigkalte Ödflächen, die hoch mit Eis bedeckt und von Bergen, sogenannten »Nunataks«, unterbrochen sind, aber beide erleben im kurzen Sommer eine Periode großer Fruchtbarkeit. Beide sind geprägt von großen jahreszeitlichen Schwankungen, und die Temperatur- und Lichtverhältnisse ändern sich hier so stark wie sonst nirgends auf der Welt.

Der erdgeschichtliche Hintergrund

Die Polargebiete sahen nicht immer so aus, wie wir sie heute kennen. Im Laufe der vier Milliarden Jahre langen Erdgeschichte haben sich die Lage und Verteilung der Landmassen, die Position der magnetischen und geographischen Pole, die Ausdehnung der Eisdecke und die Entfaltung und Verbreitung der Lebewesen erheblich verändert.

Darüber hinaus entspricht unser gegenwärtiges Weltklima, das in Wahrheit einem »Eiszeitalter« zugehört, nicht dem »normalen« Zustand unseres Planeten. Perioden, in denen die Vergletscherung so stark war wie heute – und sie war noch stärker vor 20000 Jahren –, hat es auf unserer Erde wahrscheinlich nur viermal gegeben: im Präkambrium vor rund 600 Jahrmillionen, im späten Ordovizium vor etwa 450 Millionen Jahren, in der späten Karbon- und frühen Permzeit vor 300 bis 250 Jahrmillionen und im späten Känozoikum, das vor 15 Millionen Jahren begann und bis heute andauert. Alle diese Eisvorstöße hatten großen Einfluß auf die Höhe des Meeresspiegels, auf das Klima und das Leben, doch sie waren in der letzten halben Milliarde Jahren vermutlich nur in einem Fünftel der Zeit vorhanden. Wir leben somit heute in einer ziemlich ungewöhnlichen Epoche der Erdgeschichte, und wenn wir die 50 Jahrmillionen währende Permvereisung als Maßstab nehmen, dann hat unser gegenwärtiges Eiszeitalter gerade erst begonnen.

Eiszeiten können nur dann entstehen, wenn zumindest einer der beiden Pole von einer Festlandsmasse bedeckt ist. Die sieben Kontinente der Erde haben ihren Ursprung in einem Urkontinent, den man als Pangäa bezeichnet, aber die Lage der Pole in bezug auf diese riesige Landmasse war nicht immer konstant. Vom Devon bis zum Karbon war zum Beispiel das Zentrum von Pangäa mit ziemlicher Sicherheit nicht polar, wie die Wissenschaft

Eine Ansammlung von sogenanntem »Kerzeneis«, das durch teilweises Schmelzen und Gefrieren lange Kristalle ausgebildet hat, bedeckt den pflasterähnlichen Strand im Norden Alaskas. Die kristalline Struktur des Eises wird erst sichtbar, wenn es zu schmelzen beginnt.

aus geologischen und erdmagnetischen Untersuchungen folgert. Neuere Forschungen auf dem Gebiet des Erdmagnetismus zeigen, daß der magnetische Pol seine Position sehr schnell verändert; in den letzten fünfzig Jahren ist er in Antarktika 800 Kilometer weit gewandert. Vor etwa 500 Jahrmillionen befand sich der Magnetpol offenbar dort, wo heute die Insel Tonga im Südpazifik liegt. Da er sich stets in der Nähe der Erdachse bewegt, folgt daraus, daß Antarktika damals noch nicht wie heute das Südende der Erde bildete.

Pangäa begann vor etwa 180 Jahrmillionen auseinanderzubrechen. Ein nördlicher Grabenbruch spaltete Pangäa von Osten nach Westen längs einer Linie, die etwas nördlich vom Äquator verlief, und es entstanden Laurasia, das Nordamerika und Eurasien umfaßte, und Gondwanaland, das sich aus Südamerika, Afrika, Australien, Indien und Antarktika zusammensetzte. Als sich die Kontinente auseinanderschoben, ließen sie einzelne Bruchstücke in Form von Inseln zurück, die ebenfalls auseinanderdrifteten. Diese Verschiebung der Kontinente auf der Erdoberfläche bezeichnet man als Plattentektonik.

Die tektonischen Platten sind gleichsam kontinentale »Bausteine«. Die meisten Kontinente ruhen auf einer einzigen Platte. Die Arktis besteht allerdings aus zwei Platten, der nordamerikanischen und der eurasischen. Antarktika besitzt hingegen seine eigene antarktische Platte. Die Fugen zwischen den einzelnen Platten sind seismisch sehr aktiv; hier kommt es immer wieder zu heftigen Erdbeben und Vulkanausbrüchen. Ähnlich verhält es sich mit der arktischen Baffinbucht zwischen Kanada und Grönland, die seismisch sehr unruhig ist, obwohl sie ein gutes Stück westlich des tektonisch aktiven Mittelatlantischen Rückens liegt, der die nordamerikanische und die eurasische Platte voneinander trennt. Zu den tätigen Vulkanen der Polarzonen zählen der antarktische Mount Erebus, der sich 3743 Meter über der Rossinsel auftürmt und noch immer Dampf ausstößt, und die Berge Islands, das genau auf dem Mittelatlantischen Rücken sitzt und für seinen Vulkanismus berühmt ist. Eine neue vulkanische Insel mit Namen Surtsey entstand erst 1963 vor der Küste Islands.

Im Mesozoikum, dem Zeitalter der Reptilien, als die Kontinente auf ih-

1

1 Aus der Luft gesehen, zeigt diese arktische Landschaft eine merkwürdige Spaltenbildung des Tundrabodens. Solche Struktur- oder Polygonböden, wie sie für die Arktis typisch sind, entstehen wahrscheinlich durch frostbedingte Aufwerfungen, wenn Wasser in den Spalten des Erdreichs gefriert und sich als Eis ausdehnt. Das Eis bewirkt, daß sich die Erde aufwölbt. Doch wenn der Frühling kommt, schmilzt das Eis wieder und zerbricht. Der Boden, der jetzt nicht mehr vom Eis gestützt wird, sackt in sich zusammen. Die gewaltigen Ausmaße, die diese Bodenpolygone zuweilen annehmen, erkennt man an der Karibuherde, die im Juni den Norden Alaskas durchquert.

2

2 Im Sommer bilden sich oft Tümpel auf dem polygonen Tundraboden, weil das darunterliegende Erdreich noch immer so fest gefroren ist, daß das Wasser nicht versickern kann.

3

3 Durch einen tiefen Einschnitt in den Tundraboden in der Nähe des Nolucksees in Alaska wird die Eis- und Erdschicht freigelegt. Unterhalb des oberflächigen Erdreichs, das im Wechsel der Jahreszeiten auftaut und gefriert, liegt der ständig gefrorene Permafrost- oder Dauerfrostboden, der manchmal eine Tiefe von 600 Meter hat.

ren Platten auseinanderdrifteten, war das Weltklima so warm, daß sich eine üppige Vegetation entfalten konnte. Doch da sich die Erdteile voneinander trennten, nahmen auch die Übereinstimmungen zwischen den nördlichen und südlichen Faunengemeinschaften ab. Im frühen Känozoikum, dem Zeitalter der Säugetiere, hatten die Kontinente ihre heutige Position eingenommen; Antarktika lag über dem Südpol, und die nördlichen Kontinente drängten sich um das isolierte Nordpolarmeer zusammen. Um diese Zeit begann unser gegenwärtiges Eiszeitalter. Manche Wissenschaftler verlegen diese Anfänge in die Zeit vor rund 40 Millionen Jahren, in der das antarktische Inlandeis zu entstehen begann. Doch erst vor 16 Jahrmillionen war diese Eismasse so stark angewachsen, daß sie die Küsten Antarktikas erreichte. Sie kühlte dann allmählich die Ozeane ab, indem sie Meerwasser mit Temperaturen in Gefrierpunktnähe nach Norden bis zum Äquator und darüber hinaus entsandte. Dadurch ergaben sich für die Meeresorganismen neue Umweltbedingungen. Außerdem senkte sich infolge der massenhaften Eisbildung der Meeresspiegel, so daß sehr viel mehr Land trockenfiel. Eismassen binden irdisches Wasser, so daß weniger übrigbleibt, um die Meeresbecken zu füllen. Die durch die Vereisung bedingte Senkung des Meeresspiegels war eine der Ursachen für den Aufstieg der mittelamerikanischen Landenge vor ungefähr vier Millionen Jahren. Dadurch wurden der tropische Atlantik und Pazifik voneinander getrennt, und infolgedessen gelangte erheblich weniger warmes Atlantikwasser in die Arktis. So begann sich nunmehr eine Eisdecke über Grönland und dann über Nordamerika und Eurasien zu bilden. Das war der Anfang des Pleistozän-Eiszeitalters, das bis heute andauert.

Die letzte Eiszeit

Im Pleistozän wechselten Eisvorstöße und Eisrückgänge miteinander ab. Der letzte große Eisvorstoß wird in Nordamerika als Wisconsin- und in Europa als Würm-Eiszeit bezeichnet. Diese Vergletscherung erreichte vor etwa 20000 Jahren ihren Höhepunkt; danach begann die Vereisung in Nordamerika und Europa zurückzuweichen. Durch diese gewaltige Eisschmelze hob sich der Meeresspiegel in den folgenden 10000 Jahren um fast 100 Meter. Eisplatten wachsen nur langsam, aber schmelzen schnell.

Dieser Schmelzvorgang, der die Antarktis nicht betraf, hatte für das Leben in der Arktis große Auswirkungen. Auch wenn die Geschichte der eiszeitlichen Lebensformen, ihre Evolution und ihre interkontinentalen Wanderbewegungen bis heute noch nicht im einzelnen geklärt sind, so ist doch zumindest klar, daß sich damals sehr dramatische Veränderungen vollzogen haben müssen. Während der größten Ausdehnung der Wisconsin- und der Würm-Vergletscherung beschränkte sich die Verbindung zwischen Norden und Süden auf einige wenige eisfreie Korridore innerhalb Eurasiens. Und die Bering-Landbrücke zwischen Asien und der nordamerikanischen Arktis hatte zur Folge, daß die Pflanzen- und Tierwelt des arktischen Nordamerikas ihrem Wesen nach »asiatisch« war. Als das Eis abschmolz, wurde diese Landbrücke überflutet und der Verbindungsweg zwischen dem asiatischen und nordamerikanischen Festland wieder unterbrochen; die eurasischen Durchlässe zwischen der Arktis und dem Süden verbreiterten sich noch. Die arktischen Arten verteilten sich immer mehr über die inzwischen eisfrei gewordenen Gebiete der arktischen Region, und aus dem Süden zogen Tiere wärmerer Zonen nach Norden und traten in Wettbewerb mit den dort heimischen Tieren. Viele Arten starben aus, unter anderem das Mammut, das Mastodon und das Wollnashorn. Die Arktis wurde neu besiedelt von einer Mischung aus arktischen Reliktformen, die überlebt hatten, und südlicheren Arten.

Zu den ausgesprochen arktischen Tieren, die nicht nach Süden vorgedrungen sind, gehören der Eisbär, der Schneehase, der Polarfuchs, der Halsbandlemming, der Grönlandwal und die eisbewohnenden Robben und Walrosse. Von diesen Tieren repräsentieren vor allem die Eisbären und Polarfüchse solche Arten, die zirkumpolar in der gesamten arktischen Region verbreitet sind. Beispielhaft für jene Arten, die arktische Gebiete bewohnen, aber auch weiter nach Süden ausgreifen, sind der Braunlemming, der Braunbär, der Luchs, der Wolf, der Vielfraß sowie zahlreiche Vögel und Säuger, die jahreszeitlich bedingte Wanderungen unternehmen, wie etwa der Grauwal, die Seebären und viele Zugvögel. Natürlich liegen die Dinge nicht ganz so einfach. Manche Arten wurden in isolierten Enklaven oder Refu-

1

2

1 Auf dem sogenannten North Slope Alaskas lugen Grashalme aus dem Schnee hervor, der die Pflanzen gegen die Kälte isoliert. Die Vegetation ist dort, wo die Temperaturen sehr niedrig sind und nur wenig Schnee fällt, sehr viel frostanfälliger als an den Stellen, wo eine Schneedecke den Boden einhüllt. In einigen Regionen im Inneren der Arktis, die man als »Kältewüsten« bezeichnet, fallen zu Winteranfang nur wenige Zentimeter Schnee, aber die extreme Kälte verhindert in den folgenden Wintermonaten das Abtauen.

2 Während des arktischen Sommers schmilzt das Eis in der Oberflächenschicht des Tundrabodens, aber das Schmelzwasser kann wegen des Dauerfrostbodens nicht sehr tief eindringen. Das Wasser sammelt sich infolgedessen an der Oberfläche und verwandelt die Landschaft in Morast.

3 Ein solcher Geröll- und Erdhaufen, der durch Frostaufbrüche entstanden ist, wird von den Eskimos als »Pingo« bezeichnet. Pingos wie der abgebildete am Mackenzie in Kanada verdanken ihren Ursprung einem ähnlichen Vorgang wie die Polygonböden. Derartige Pingos sind zuweilen Hunderte von Metern hoch und bleiben jahrelang bestehen.

3

gien eingeschlossen, als sich die Gletscher ausdehnten. Beim Rückgang der Vereisung blieben diese Tierarten teils zurück, teils breiteten sie sich wieder aus und besiedelten von neuem ihre einstigen Lebensräume, je nachdem, wie groß ihre Anpassungs- und ihre Wettbewerbsfähigkeit war. Beispiele für arktisähnliche Zufluchtsstätten sind die hochalpinen Gebirgsstufen, wo Murmeltiere, Pfeifhasen, Raben und Schneeschuhhasen weit südlicher leben, als es ihnen eigentlich zukommt.

Was die Antarktis angeht, so begrenzt das den gesamten Kontinent umgebende Südpolarmeer weitgehend das Verbreitungsgebiet der meisten Arten, welche die vielgestaltige Lebensgemeinschaft dieser Region ausmachen. In den antarktischen Raum wagen sich nur wenige Tiere vor, so etwa die großen Wale auf ihrer jährlichen Wanderschaft, aber die landlebenden Arten und viele Meeresbewohner sind heute noch genauso isoliert wie vor vielen Millionen Jahren, als sich die Antarktis von den anderen Erdteilen gelöst hatte.

Die Herausforderung der Polargebiete

Gewiß zählen der antarktische und der grönländische Eisschild zu den abweisendsten Wüsteneien der Welt; sie sind sehr niederschlagsarm und fast unbelebt. Aber die Polarlandschaften insgesamt besitzen gleichwohl ihre unverwechselbaren Lebensgemeinschaften. Wir können von einer »Tundra-Lebensgemeinschaft« sprechen, ebenso von einer »ozeanischen Lebensgemeinschaft«, einer »Küstenlebensgemeinschaft« und so weiter.

In den Gebieten um den Südpol herrscht eindeutig das Meer vor. Hier gibt es keine echte Tundra, die in der arktischen Landschaft eine so große Rolle spielt. Aber es gibt hier von Flechten, Gras und Moos bewachsene Flächen, auf denen sich tierisches Leben entfalten kann. Und absonderliche Abnormitäten kommen hier vor, die den Wissenschaftlern noch immer Rätsel aufgeben, zum Beispiel Trokkentäler und eisfreie blaue und grüne Binnenseen. Durch eine hohe Gebirgskette wird Antarktika in die größere Ost- und die kleinere Westantarktis geteilt. Gigantische Eisschelfe, bis zu 700 Meter dick, kalben mächtige tafelförmige Eisberge, die nicht selten eine Fläche von über 100 km² einnehmen.

Diese Kulisse des Lebens unter-

scheidet sich deutlich von der weiten arktischen Tundra und dem Nordpolarmeer, wo die Eisberge, die meistenteils von den Gletschern Westgrönlands und der Ellesmere-Insel stammen, vergleichsweise nur kleine Ausmaße haben. Man sollte freilich stets bedenken, daß die einzelnen Tiere und Pflanzen weniger in einem globalen Klima als in einem eigenen Mikroklima heimisch sind. Lemminge können sich unter einer Isolierschicht aus Schnee und Tundravegetation einwühlen und dort hellwach und recht behaglich den Winter verbringen. In ähnlicher Weise verkriechen sich die Eisbären zur Winterruhe in einer Höhle. Je mehr man sich dem Meer nähert, desto wärmer wird es. Das Innere Sibiriens und Antarktikas ist bitterkalt, doch an den Küsten und auf den vorgelagerten Inseln sinken die Temperaturen im Winter vielfach nicht unter −15°C ab.

Die Temperatur ist überhaupt ein trügerischer Maßstab. Die Lufttemperatur kann zwar niedrig sein, aber erst aus dem Zusammenspiel von Sonneneinstrahlung, Windabkühlung und Luftfeuchtigkeit ergibt sich die eigentlich effektive Temperatur, die das Leben beeinflußt. Scheinbare Belanglosigkeiten, etwa das Gefälle der Landschaft, können in Polargegenden wegen des niedrigen Sonnenstandes beträchtliche Unterschiede bewirken. Durch solche Gegebenheiten gliedert sich die endlos scheinende Kältewüste in abwechslungsreiche Lebensräume.

Eine Gegebenheit ist jedoch unabänderlich: Die Polarwinter sind lang und füllen die Hälfte oder zwei Drittel des Jahres aus. Frühling und Herbst kommen unverhofft und sind kurz; sie dauern jeweils nur ein bis zwei Monate. Tierarten, die sich an die Polarregionen angepaßt haben, müssen ihren Fortpflanzungszyklus innerhalb dieser kurzen Jahreszeit vollenden, oder sie müssen sich mit kurzen Besuchen dort begnügen. Das ist wahrscheinlich die größte Herausforderung, die diese Landschaft an das Leben stellt.

Wenn die Kälte in den Gewässern vor Alaska zunimmt, bilden sich auf dem Wasser neue, dünne Eisplatten mit hochgewölbtem Rand, die man als »Pfannkucheneis« bezeichnet. Die Pfannkuchen frieren mit der Zeit zusammen und ergeben dann größere Eisschollen, die sich wiederum in riesigen Massen übereinanderschieben können.

Polare Ökosysteme

Überlebensstrategien in Schnee und Eis

Der Polar- oder Eisfuchs *(Alopex lagopus)* ist ein zierliches, leichtgebautes Tier, das sich an die Kälte der arktischen Polarregion nicht weniger vollkommen angepaßt hat als der Eisbär. Er vermag Temperaturen von –40° C zu ertragen, ohne daß sich seine Stoffwechselrate erhöht. Er hält keinen Winterschlaf, um der Kälte zu entgehen, sondern bleibt das ganze Jahr über aktiv und sichert sein Überleben durch ein dichtes Haarkleid und intensive Nahrungsaufnahme. Der Polarfuchs gehört nicht nur zu den sehr wenigen Arten, die in der gesamten Arktis, also zirkumpolar, verbreitet sind, sondern er besiedelt auch das Festland und das Meereis.

Normalerweise erbeutet der Polarfuchs kleine Nagetiere, oder er plündert die Nester bodenbrütender Alke und Papageitaucher, doch wenn solche Beute knapp wird, weicht er aufs Meereis aus. Oft folgt er den Eisbären, um sich von den Überresten ihrer Mahlzeiten zu ernähren, und dann kann man ihn viele Kilometer vom Ufer entfernt auf den treibenden Eisschollen beobachten. Im Unterschied zum Eisbären kann der Polarfuchs jedoch nicht ins Wasser steigen und sich schwimmend fortbewegen. Er besitzt keine Fettschicht, die seinen Körper warmhalten könnte, und wenn sein Fell einmal völlig durchnäßt ist, bietet es nur wenig Schutz gegen das kalte Wasser. Gleichwohl schreckt der Fuchs nicht davor zurück, sich auf dem schwimmenden Eis weit aufs Meer hinauszuwagen. Wenn seine Scholle sich von anderen Eisflächen löst, wird er buchstäblich zum Gefangenen seiner Eisinsel. Niemand kann sagen, wie viele Tiere auf diese Weise umkommen.

Das schneeweiße Fell des Polarhasen hebt sich deutlich ab von der sommerlichen Vegetation der Bathurst-Insel im hohen Norden der kanadischen Arktis. Etwas weiter südlich färbt sich diese Art im Sommer dunkel, doch in der Hocharktis bleibt sie das ganze Jahr über weiß.

Der Polarfuchs ist ein Musterbeispiel der Anpassung. Natürlich haben sich nicht alle polaren Tierformen so gut den extremen Klimabedingungen angepaßt. Manche stoßen nur zeitweilig in die Polarregionen vor oder dehnen ihr gemäßigteres Vorkommensgebiet bis in diese Regionen aus. In solchen Fällen sprechen wir von einer »unvollständigen« Anpassung, im Gegensatz zur »vollständigen« Anpassung der Dauerbesiedler. Doch in beiden Fällen darf im Prozeß der evolutionären Anpassung keine Schwachstelle auftreten. Allen Widrigkeiten des Polarklimas zum Trotz muß jede Art in der Lage sein, Nahrung zu bekommen, Unterschlupf zu finden, sich fortzupflanzen, mit den Nachbarn zusammenzuleben, ihre inneren physiologischen Vorgänge zu regulieren und eine Vielzahl von anderen Interaktionen durchzuführen. Zu diesen Anpassungsstrategien gehören unter anderem: anatomische Anpassungen, wie zum Beispiel der vergleichsweise große Körper und die rundliche Gestalt des Schneehasen; die Wärmeisolierung, etwa das dichte Fell der Karibus und Füchse und die dicke Speckschicht der Robben, Wale und Eisbären; Extremitäten zur Abstrahlung überschüssiger Wärme, wie die Flossen der Robben, die Schwanzfluke der Wale und die Ohren der Hasen; ferner große Füße zur Fortbewegung im Schnee, wie sie etwa die Schneeschuhhasen und die Luchse besitzen. Zu den Anpassungsmechanismen zählen außerdem gewisse physiologische Besonderheiten, wie beispielsweise Enzyme, die bei niedrigen Temperaturen ihre optimale Wirkung entfalten, Antigefrierstoffe im Blut, die den Gefrierpunkt senken, und sogar das Fehlen von Hämoglobin und roten Blutkörperchen, wie es bei einer antarktischen Fischfamilie der Fall ist.

Verhaltensmäßige Anpassungen gestatten gleichfalls ein Überleben unter polaren Bedingungen, auch wenn die entsprechenden anatomischen und physiologischen Voraus-

Diese Flechte bildet auf einem Felsen der Somersetinsel in der kanadischen Hocharktis ein zierliches Muster aus. Die Pilzfäden der Flechte erzeugen Säuren, die das Gestein wegätzen und auf diese Weise dem Organismus Mineralstoffe zuführen. Die Fäden absorbieren außerdem Wasser, das die Alge für die Photosynthese braucht; dadurch gewinnen beide Partner Nahrung.

setzungen offensichtlich nicht gegeben sind. Ein neugeborenes Walroß könnte ohne das schutzgewährende »Brutpflegeverhalten« seiner Mutter nicht auf dem Eis überleben. Die Lemminge wären zum Tode verurteilt, wenn sie nicht unter der isolierenden Schneeschicht, die im Winter ihre Behausungen in der Tundra bedeckt, zusätzlich Pflanzenmaterial verstauten. Bartenwale ziehen im Sommer in die Polarmeere, um das reiche Nahrungsangebot auszunutzen, das ihnen dort zu dieser Zeit zur Verfügung steht; eine Ausnahme bildet der Grönlandwal, der sich wie die polaren Robben und Walrosse ganz und gar an das Leben in der Meereisregion angepaßt hat.

Organismen, die sich wie die Pflanzen nicht von der Stelle bewegen können, müssen ihren Lebenszyklus an den Wechsel der Jahreszeiten angleichen. Samenkörner überstehen den Winter im Ruhezustand, bis sie einen geeigneten Standort finden, einen Mikrobiotop, der den Fortbestand der jeweiligen Pflanze gewährleistet. In ähnlicher Weise überwintern wirbellose Tiere in Gestalt von Eiern, Larven oder adulten Formen.

Konvergente Evolution und Formenvielfalt

Der Prozeß der stammesgeschichtlichen Anpassung hat bei polaren Tierarten einige erstaunliche Übereinstimmungen hervorgebracht. Im hohen Norden wie im tiefen Süden kommen Tierformen vor, die einander sehr ähnlich sehen, ob sie nun miteinander verwandt sind oder nicht. Alle eisbewohnenden Hundsrobben beider Polargebiete gehören der Familie *Phocidae* an. Einige haben ähnliche Lebensgewohnheiten angenommen: Die südliche Weddell- und die nördliche Ringelrobbe besiedeln das küstennahe Eis, und die Ross- und die Bandrobben sind beide tieftauchende, pelagische Tintenfischfresser. Sie alle haben sich auf »parallelen Wegen« der Evolution entfaltet, was zur Folge hat, daß einander ziemlich nahestehende Arten ähnliche Lebensformen entwickeln. Im Gegensatz dazu haben die antarktischen Pinguine und ihre arktischen Pendants, die Alke und deren Verwandte, eine konvergente Entwicklung durchgemacht; sie sind nicht näher miteinander verwandt, haben aber eine ähnliche Lebensweise.

Wenden wir uns den Fischen zu. Die arktische Region weist keine

1

2

1 Weite Teile der arktischen Tundra sind mit Rentierflechte bedeckt. Wie schon der Name sagt, ist diese Pflanze eine wichtige Nahrung der Rentiere, die in Nordamerika »Karibus« genannt werden.

2 Die Flechten und Moose, die den Felsboden der antarktischen King-George-Insel überziehen, können sich selbst dort noch behaupten, wo kaum andere Pflanzen überleben. Die beiden primitiven Pflanzen haben sich an unwirtlichste Regionen angepaßt, wobei die Flechte weitaus besser an einem zerklüfteten und kalten Standort gedeiht. Das hat seinen Grund darin, daß die Flechte nicht aus einer, sondern aus zwei Pflanzen besteht, einer Alge und einem Pilz, die in Partnerschaft zusammenleben. Der Pilz besitzt ungewöhnlich widerstandsfähige Fäden, mit denen er die Flechte am Fels oder Boden verankert und die zahlreichen winzigen Einzelpflanzen der Alge zusammenhält.

3 Das Moorschneehuhn ist in der Arktis weit verbreitet. Im Sommer ist sein Federkleid braun, doch im Winter, wenn sich die Vögel zu Schwärmen zusammenschließen, verfärbt es sich weiß, abgesehen vom schwarzen Schwanz. Aus dem nördlichsten Teil ihres Vorkommensgebiets ziehen die Moorschneehühner im Winter nach Süden.

4 Das Alpenschneehuhn, das dem Moorschneehuhn sehr ähnlich sieht, kommt in höheren Lagen und Breiten vor als sein Vetter. Es lebt auf hohen, felsigen Gebirgshängen, an der Nordküste Grönlands sowie in weiten Gebieten der Arktis, einschließlich Alaskas. In der strengsten Winterkälte steigt das Alpenschneehuhn in tiefere Lagen ab. Zu dieser Zeit bilden sich an den Füßen der Vögel Federbüschel, die ihnen als »Schneeschuhe« dienen.

3

4

endemische Fischfamilie auf, d. h. keine Familie, die nur dort anzutreffen wäre. Im Südpolarmeer ist die Situation völlig anders. Hier kommen rund 120 Fischarten vor, und von diesen bewohnen vier Fünftel ausschließlich das Südpolarmeer. Wie in anderen Meeresgebieten unterscheiden wir auch hier küstennahe Arten, Bewohner des Kontinentalschelfs, des Kontinentalabhangs sowie Tiefseefische. Außerdem gibt es hier pelagische Arten und solche, die nur im Umkreis der subantarktischen Inseln leben. Im Südpolarmeer sind selbstverständlich auch Vertreter von Fischfamilien anzutreffen, die ebenso anderswo vorkommen.

Doch uns interessieren vor allem die Fische der Unterordnung *Notothenidae*. Man faßt sie unter dem Sammelbegriff »Antarktisfische« zusammen, und sie machen 75 Prozent aller Arten des Kontinentalschelfs aus. Diese Fischgruppe ist ein Beleg für die langwährende Isolierung des Südpolarmeeres von anderen Ozeanen.

Bei den Antarktisfischen hat die Evolution Formen gezeitigt, die sehr fernstehenden Fischfamilien auffallend ähneln. Die sogenannten »Antarktischen Dorsche« der Familie *Notothenidae* sind in dieser Unterordnung am zahlreichsten vertreten. Sie gleichen äußerlich sehr stark völlig andersartigen Fischen der Nordhalbkugel, etwa den Grünlingen und den Dorschen. Die meisten Arten sind standorttreue Bodenbewohner, die sich von anderen Fischen, von Wirbellosen und sogar von Algen ernähren. Einer der außergewöhnlichsten Vertreter der Familie ist der größte antarktische Fisch überhaupt, der

»Zahnfisch« *(Dissostichus mawsoni)*, der 1,5 Meter lang und 50 bis 70 Kilo schwer werden kann. Hin und wieder befördern Weddellrobben einen dieser Giganten auf die Eisoberfläche, um ihn dort in aller Ruhe zu verspeisen. Eine weitere Art, der Silberfisch *(Pleurogramma antarcticum)*, gleicht einem Hering und ist der einzige echte pelagische und planktonfressende Fisch der Unterordnung. Die sogenannten »Plünderfische« der Familie *Harpagiferidae* sehen aus wie die nördlichen Groppen und haben in der Regel eine lange Bartel (Bartfaden) am Unterkiefer. Sie ähneln den antarktischen »Dorschen«, besitzen jedoch einen größeren Kopf. Eine Art ist in küstennahen Gewässern unter Felsen zu Hause. Die Drachenfische der Familie *Bathydraconidae* haben einen langgestreckten Körper und ähneln Hechten; wie diese verfügen sie über große Eckzähne. Doch im Gegensatz zu den Hechten halten sie sich meist auf dem Meeresgrund auf. Von den übrigen Antarktisfischen unterscheiden sie sich durch das Fehlen der hartstrahligen Rückenflosse. Am ungewöhnlichsten sind die weißblütigen Eisfische *(Chaenichthyidae)*, die nur wenige oder überhaupt keine roten Blutkörperchen besitzen. Es sind große Raubfische, die mit ihrem Kopf und mit ihrer langausgezogenen, abgeplatteten Schnauze ebenfalls eine Ähnlichkeit mit den Hechten haben.

Schutzmaßnahmen gegen die Kälte

Kein Organismus kann gefrieren und dabei weiterleben, denn während des Gefriervorgangs bilden sich im Körper Eiskristalle, welche die lebenden Zellen sprengen. Die Art und Weise, wie Lebewesen das Gefrieren verhindern, ist ein schwieriges Problem, das die Wissenschaft noch längst nicht restlos entschlüsselt hat. Landtiere, die in der strengen Kälte des Polarwinters aktiv bleiben, müssen ihre eigene Körperwärme erzeugen; bei Wasserbewohnern besteht die Schwierigkeit darin, daß sie das Erfrieren innerhalb des Wassers verhindern, dessen Gefrierpunkt tiefer liegt als der des eigenen Blutes.

Ein Südlicher Riesensturmvogel betreut sein Küken auf der King-George-Insel in der Antarktis. Der Riesensturmvogel ähnelt zwar einer Möwe, gehört aber einer ganz anderen Familie an, den Sturmvögeln, die auf dem offenen Meer weit umherschweifen.

Manche Tiere, die sogenannten Endothermen (»Warmblüter«), erzeugen genügend Körperwärme, um ihre innere Temperatur konstant hoch zu halten. Im Gegensatz dazu stehen die ektothermen (»wechselwarmen«) Tiere, deren Körpertemperatur sich ungefähr der Umgebungstemperatur angleicht.
Wenn ektotherme Landtiere, etwa Insekten, extremer Kälte ausgesetzt werden, haben sie keine große Wahl. Sie müssen dann einen wärmeren Lebensraum aufsuchen, abwandern oder eine Diapause einschalten, d. h. einen Ruhezustand, in dem die Lebensvorgänge auf ein Minimum verringert werden.
Den endothermen Tieren, wie Vögeln und Säugern, stehen hingegen sehr viel mehr Möglichkeiten offen. Manche gehen auf Wanderschaft. Andere steigern die Wärmeerzeugung oder die Wärmeisolierung, um aktiv bleiben zu können. Wieder andere verfallen in eine Kältestarre. Alle Spielarten der Kältestarre werden zuweilen fälschlicherweise unter dem Oberbegriff »Winterschlaf« zusammengefaßt. Echte Winterschläfer, so etwa die Ziesel und Murmeltiere, setzen im Winter ihre innere Körpertemperatur deutlich herab und zeigen eine verringerte Gehirntätigkeit. Andere Lebewesen, beispielsweise Bären, scheinen zu schlafen. Doch die Bären haben nur einen leichten Schlaf, und eine Bärenmutter kann sogar während des vermeintlichen Winterschlafs ihre winzigen Jungen säugen.
Die meisten polaren Säugetiere und Vögel, die nicht wandern, sind den ganzen Winter hindurch aktiv. Es gibt in der Tat keine winterschlafenden Vögel oder Meeressäuger. Manche Arten sind ihrer Umwelt so hervorragend angepaßt, daß sie ihren »elementaren« Stoffwechsel selbst bei extremer Kälte aufrechterhalten können. Tiere bezeichnet man als »thermoneutral«, wenn sie ihre Wärmeerzeugung, ihre Atmung und ihren Pulsschlag nicht zu erhöhen brauchen, um ihre normale innere Temperatur beizubehalten. Die Obergrenze der Thermoneutralität ist bei allen polaren wie tropischen Säugern und Vögeln ungefähr gleich – sie liegt bei 30–35°C. Sinkt dagegen die Körpertemperatur an der Peripherie nur ein wenig unter 30°C ab, beschleunigt zum Beispiel das tropische Faultier seinen Stoffwechsel, um warm zu bleiben; das gleiche gilt für einen nackten Menschen. Das ist in den beschriebenen Fällen

1

2

1 Die sogenannte Spinnenpflanze gehört zu den Steinbrechgewächsen, die in vielen Arten über Eurasien und Nordamerika verbreitet sind. Die Pflanze gedeiht auch auf Felsen und in der Tundra.

2 Flankiert vom Larsen-Schelfeis und dem Weddellmeer, erstreckt sich die Palmer- oder Antarktische Halbinsel vom Festland fast bis zur Südspitze Südamerikas. Im Unterschied zum Inneren des antarktischen Kontinents ist die Halbinsel im Sommer eisfrei und in den wärmeren Monaten sogar recht regenreich.

3 Dieser arktische Hahnenfuß blüht auf einer natürlichen Ölquelle in der Nähe von Sagwoan am Sagavanirktok-Fluß in Alaska. Diese Pflanze hat sich an sumpfige Standorte in kalten Klimazonen angepaßt.

4 In Antarktika leben rund 350 verschiedene Flechtarten. Die hier gezeigte rote Flechte, Caloplaca, verrät, daß über ihr Vögel ihren Stammplatz haben. Der Stickstoff des Vogelkots dient Dünger und spielt eine wichtige Rolle in der Pflanzenernährung. Im übrigen setzt sich die Flora der Antarktis aus einer Handvoll Moosarten und zwei Blütenpflanzenarten zusammen, die allerdings nur auf der Palmer-Halbinsel vorkommen.

die kritische Untergrenze der Körpertemperatur. Jedoch bei einigen kleinen Polartieren, etwa bei Lemmingen oder Wieseln, die sich durch Eingraben vor der Kälte schützen, beträgt die Untergrenze 10–20° C. Unterhalb dieses Wertes müssen die Nahrungsaufnahme und/oder der Metabolismus erhöht werden, damit die innere Temperatur normal bleibt. Bei Eisbären, Polarfüchsen, Walrossen und verschiedenen Robben liegt diese Untergrenze jedoch bei −40° C oder noch niedriger. Beim Faultier umfaßt die Thermoneutralität somit einen Bereich von nur fünf Grad, während sie bei den großen Polartieren eine Spannweite von 70 Grad haben kann!

Im Wasser kommen völlig andere Überlebensstrategien zum Zuge. Die absolute Kälte von Wasser im flüssigen Zustand ist nie so groß wie die der Luft, denn es gefriert bereits bei Temperaturen, die beträchtlich über denen der polaren Winterluft liegen – bei etwa −1 oder −2° C, je nach Salzgehalt. Doch die Wärmeleitfähigkeit des Wassers ist mehr als zwanzigmal größer als die der Luft, und so besteht für endotherme Tiere wie Robben, Pinguine und Wale, deren Temperatur konstant bleibt, die Umweltanpassung darin, daß sie sich eine dichte Fettschicht zulegen und den Blutstrom vom Oberflächengewebe fernhalten. Mit anderen Worten: Ihre Körperoberfläche hat ungefähr die gleiche Temperatur wie das sie umgebende Wasser, aber die Temperatur im »Kern« des Körpers behält innerhalb des wärmeisolierten »Kokons« ihren normalen Wert bei.

»Frostschutzmittel« im Fischblut

Die ektothermen Tiere stehen vor anderen Problemen: Sie brauchen nicht warm zu bleiben, aber sie müssen ihr Gewebe, das ungefähr die gleiche Temperatur wie die Umgebung hat, vor dem Erfrieren bewahren. Das Blut und das Fleisch der Fische sind weniger salzhaltig als das umgebende Meerwasser; deshalb sollte man meinen, ihr Blut müsse bereits gefrieren, wenn das Wasser noch immer flüssig ist. Dem ist jedoch nicht so. Das hat seinen Grund darin, daß sich im Blut mancher Arten, zumal der Antarktisfische, große Eiweißmoleküle befinden, die als »Frostschutzmittel« dienen, indem sie den Gefrierpunkt

3

4

des Blutes um ein Grad unter den des Umgebungswassers senken. Dennoch müssen manche dieser Fische erfrieren, sobald sie mit Eiskristallen in Berührung kommen oder an die Oberfläche emporgetragen werden, denn das Oberflächenwasser oder das Wasser in der Nähe des Eises kann sich übermäßig abkühlen und Temperaturen aufweisen, die sogar noch unter dem Gefrierpunkt des Fischblutes liegen. Es kommt uns merkwürdig vor, daß eine Flüssigkeit kälter sein kann als ihr eigener Gefrierpunkt und dennoch flüssig bleibt. Aber solange sie nicht einem festen Partikel ausgesetzt ist, um den herum sich Eiskristalle bilden können, geht sie nicht in einen festen Zustand über. Das ist für manche Fische eine Sache auf Leben und Tod. Der arktische Polardorsch *(Boreogadus saida)* lebt in mittleren Wasserschichten. Er besitzt nur wenig von dem Frostschutzmittel, von dem soeben die Rede war, und muß erfrieren, wenn er in der kältesten Jahreszeit zur Oberfläche aufsteigt oder zum Meeresgrund hinabschwimmt, denn hier wie dort kann es zur Unterkühlung des Wassers und zur Kristallbildung kommen. Ein ausgezeichneter Kältespezialist ist hingegen der Antarktisfisch *Trematomus borchgrevinki*. Durch sein Frostschutzmittel senkt sich der Gefrierpunkt seines Blutes auf −2,07° C, während das Wasser schon bei −1,9° C gefriert. So kann er in den Spalten an der Unterseite des Meereises überdauern, rings umgeben von Eiskristallen, ohne daß ihm die Unterkühlung und die Kristallbildung etwas anzuhaben vermöchten!

Kreislauf des Lebens

Die Tiere und Pflanzen, die in einem bestimmten Bereich, einem See, einer Tundra oder einem Meeresgebiet, zusammen leben und untereinander in Beziehung stehen, bezeichnen wir als eine »Lebensgemeinschaft«. Ihre Interaktionen können selbstverständlich vielerlei Formen annehmen. Manche Arten sind aufeinander angewiesen und profitieren gleichermaßen voneinander; eine Tundraflechte stellt nicht eine einzige Pflanze dar, sondern deren zwei, eine Alge und einen Pilz, die zusammen eine Einheit bilden. Nicht selten wird eine solche Symbiose zum Parasitismus, bei dem der eine Partner auf Kosten des anderen gedeiht. Doch den vielleicht besten Zugang zum Zusammenleben der Organismen eröffnet uns der Begriff des »Nahrungsnetzes«. Früher hat man die Beziehungen der Tiere untereinander auf die Frage reduziert, wer wen frißt und wer von wem gefressen wird. Die klassische »Nahrungskette« der Tundra reicht von der Rentierflechte über Pflanzenfresser wie die Karibus bis zum Wolf. Und aus dieser Reihenfolge ergeben sich die verschiedenen Stufen. Die Pflanzen, welche die Energie der Sonne mittels Photosynthese einfangen, sind die »Nahrungsproduzenten« auf der ersten oder untersten Stufe; sie selbst verzehren keine organische Nahrung. Die Tiere, die sich von den Pflanzen ernähren, sind die Herbivoren (Pflanzenfresser) oder »Primärkonsumenten« und bilden die zweite Stufe. Die von den Herbivoren lebenden Tiere sind die Karnivoren (Raubtiere oder Beutegreifer) und stellen die dritte Stufe dar. Die »Zersetzer«, etwa Bakterien und Aasfresser, bereiten tote organische Materie auf all diesen Ebenen auf und machen damit der ersten Stufe Nährstoffe zugänglich. Der Ernährungskreislauf schließt sich.

1/2 Parry-Ziesel besiedeln die gesamte Arktis und Subarktis, vor allem das Festland, aber auch die Inseln vor Alaska. Sie bewohnen Tundren und Wiesen, halten einen siebenmonatigen Winterschlaf und ernähren sich bei warmem Wetter von Pflanzen und Kleintieren. Manchmal erwachen sie aus ihrem Winterschlaf und wagen sich in die Schneelandschaft hinaus.

3 Ein junger Eisbär, der seine Mutter als Kopfkissen benutzt, döst an der Hudson-Bay-Küste vor sich hin. Die Jungen werden im Winter in einer Höhle geboren, die sich im Eis gebildet hat. Der neu gefallene Schnee isoliert das Lager und hält die Mutter – und später die Neugeborenen – warm. Eine Eisbärin bringt in einer Fortpflanzungsperiode gewöhnlich zwei Nachkommen zur Welt.

4 Nördlich der Hudson Bay tragen diese beiden männlichen Eisbären einen Vergleichskampf aus, wie er in der Fortpflanzungszeit allgemein üblich ist. Mit ihren scharfen Krallen finden sie dabei Halt auf dem glatten Eis.

5 Fast elfenhaft wirkt dieser Polarhase, der sich auf seine Hinterläufe gestellt hat, um die öde Landschaft der Bathurst-Insel zu überschauen. Die dichtbehaarten Pfoten dienen dem Hasen als »Schneeschuhe«.

Es ist erstaunlich, welche Futtermengen manche Tierarten der polaren Lebensgemeinschaften benötigen. Die Karibus der arktischen Tundra leben von niedrigen Pflanzen, hauptsächlich von Rentierflechten. Jeder Karibu braucht pro Tag im Durchschnitt zwei bis drei Kilogramm Nahrung. Zehntausend Karibus, die ein Gesamtgewicht von rund 1000 Tonnen haben, nehmen täglich 20 bis 30 Tonnen Tundrapflanzen zu sich, und diese Menge muß zum größten Teil in der sommerlichen Wachstumsperiode erzeugt werden. Weil die Tundra nicht sonderlich fruchtbar ist, müssen die Karibuherden in der Tundra weit umherwandern, um ihren Lebensunterhalt zu bestreiten. Wenn die Geschlossenheit der Weideflächen unterbrochen wird, ergeben sich schwerwiegende Folgen für den Fortbestand der Karibuherden.

Noch eindrucksvoller sind die Beispiele, die sich auf die Meeresbewohner beziehen. Ein Walroß wiegt durchschnittlich eine Tonne, wenn man junge und ausgewachsene Tiere zusammennimmt. In den nördlichen Gewässern zwischen Asien und Amerika leben schätzungsweise mindestens 150000 Tonnen Walrosse. Jedes Tier benötigt pro Tag ungefähr fünf Prozent seines Körpergewichts an Nahrung – zumeist Muscheln, aber auch andere Wirbellose. Jeden Tag müssen demnach das Beringmeer sowie die Tschuktschensee ca. 7500 Tonnen Walroßnahrung bereithalten. Auch die Walrosse sind zu weiten Wanderungen gezwungen, wenn sie diese Vorräte aufspüren wollen. Und zunehmend macht ihnen der Mensch die Futterquellen immer mehr streitig.

Ökosysteme

Die Wissenschaftler haben den Begriff »Ökosystem« geprägt, um die grundlegende Funktionseinheit der Natur zu erfassen, von der alles Leben abhängt. Der Begriff umfaßt alle Tiere, Pflanzen und anorganischen Stoffe innerhalb eines bestimmten Gebietes. Manche Ökosysteme sind klein und gut abgegrenzt, wie zum Beispiel ein Tundratümpel, andere dagegen weiträumig und dynamischer, wie etwa das gesamte Südpolarmeer.

Polarfüchse werden beispielsweise durch Nahrungsmangel an Land gezwungen, weit auf dem Meereis umherzuwandern, um sich von den Überresten der Eisbärmahlzeiten und von Eisbärkot zu ernähren. Dieses Landtier dringt also in das

1

2

3

4

marine Nahrungsnetz ein. Ein anderes Beispiel: In feuchten Tundraregionen kann vielfach die Zersetzung nicht Schritt halten mit dem sommerlichen Pflanzenwachstum, und das führt zur Anhäufung von Torf unter der Tundravegetation. Man vermutet nun, daß die Auswaschung von Torf in das arktische Küstenwasser eine wichtige Nahrungsquelle für die zahllosen Detrivoren in polaren Gewässern darstellt, also für jene Tiere, die von zerfallenen abgestorbenen Pflanzenstoffen leben. Auch hier wieder gelangen terrestrische Organismen, diesmal Pflanzen, in die Nahrungskette des Meeres. Doch im Unterschied zu den gelegentlichen Ausflügen der Polarfüchse ist diese Torfzufuhr vermutlich von entscheidender Bedeutung für das gesamte küstennahe Nahrungsnetz des Meeres.

Derartige Wechselbeziehungen machen das Wesen eines Ökosystems aus. Denn kein Tier, keine Pflanze lebt für sich allein.

Die Eisbildung im Meer

Wie wir gesehen haben, ist die Ausdehnung des Meereises im Winter und im Sommer sehr unterschiedlich – ein wichtiges Phänomen in den polaren Gewässern. Die Entstehung des Meereises beginnt bei etwa $-2°C$. Dieser Vorgang setzt dann ein, wenn sich auf der Wasseroberfläche ein feiner Film aus winzigen Eiskristallen bildet – das »Schmiereis«. Schon bald verfestigt sich eine Schicht aus »grauem Eis«, die noch so dünn ist, daß man das dunkle Wasser darunter sehen kann. Dieser Überzug wird durch Wind und Wellen häufig zerbrochen, so daß geometrische Muster entstehen, aber er schließt sich bald wieder und wird so dick, daß er einen Menschen trägt – oder auch eine Robbe, die sich zum Ausruhen ausstreckt. In diesem Stadium erreicht die Eisdecke eine Dicke von etwa 15 bis 25 Zentimeter, doch solche Maßangaben lassen sich nur schwer präzisieren, weil das Meereis, in dem kleine Salzwassertaschen eingebettet sind, nicht so massiv ist wie Süßwassereis. Wenn sich das Meereis zu »grauweißem« und dann zu »weißem« Eis verdickt, ist es recht stabil, oft mit Schnee bedeckt und 1,5 bis zwei Meter mächtig. Zu diesem Zeitpunkt ist die Eisdecke des Meeres schon so ausgedehnt, daß man sie als »Packeis« bezeichnen kann. Das gesamte Packeis ist ständig in Bewegung; eine Geschwindigkeit von zehn Kilometern pro Tag ist nichts Ungewöhnliches, doch die üblichen Werte bewegen sich zwischen 0,5 und fünf Kilometer. Man hat jedoch schon Spitzengeschwindigkeiten von fast 50 Kilometern pro Tag gemessen!

Die Packeisschicht, die vom Wind und von den Strömungen geformt und umgestaltet wird, zerbricht zu unregelmäßigen Schollen und kann an der Vorderseite, wo das Packeis ins offene Meer übergeht, zu rundlichem »Pfannkucheneis« zurechtgestutzt werden. An der Oberseite schmilzt und verdunstet das Eis, während sich an der Unterseite manchmal aus zarten Eiskristallen stalaktitenförmige Fortsätze bilden, die über einen Meter lang werden können und wie die Kristallstäbe eines Kronleuchters das Licht in tieferes Wasser leiten.

Vor allem der Wind deformiert das gesamte Packeis. Er erzeugt dort, wo sich die Eismassen auseinanderschieben, bachähnliche Rinnen und seenförmige »Polynyas«. Wo das Eis zusammengeschoben wird, türmen sich Grate und Hügel auf, die viele Meter unter die Oberfläche hinabreichen. Eis, das im Sommer nicht schmilzt, kann zum Ausgangspunkt für das feste, dicke »mehrjährige Eis« werden – ein

5

Vorgang, der in der Antarktis selten ist, aber im Nördlichen Polarmeer eine wichtige Rolle spielt.

Das fruchtbare Meereis

Das Meereis ist keineswegs lebensfeindlich, wie man allgemein annimmt, sondern wirkt sich zumindest in zweifacher Hinsicht sehr wohltätig aus. Zum ersten weist die zarte kristalline Unterseite der Eisdecke zahlreiche Zwischenräume auf, in denen sich ganze Lebensgemeinschaften ansiedeln – Einzeller, kleine Krebstiere, Würmer usw. Die wichtigsten Bewohner sind indes winzige Pflanzen, die sogenannten Kieselalgen oder Diatomeen, die einen wesentlichen Bestandteil des Nahrungsnetzes darstellen. Zum zweiten ist das Meereis so stabil, daß es das Gewicht von Eisbären, Walrossen und kleineren Tieren trägt, die dadurch die Möglichkeit haben, ihren Lebensraum weit aufs Meer hinaus auszudehnen. Viele Arten, die sich das Meereis zunutze machen, leben sogar ständig auf See. Robben müssen beispielsweise ihre Jungen auf einer festen Unterlage zur Welt bringen, aber ihre Nahrung aus dem Meer holen. Für sie ist das Meereis gleichsam zu einem »Festland« fern des Festlandes geworden, und manche dieser Tiere kommen deshalb nie mehr an Land. Den Eisbären wäre es nahezu unmöglich, den Robben nachzustellen, wenn es das Meereis nicht gäbe, auf dem sie sich mühelos fortbewegen können.

Wenn wir uns nun die Lebensgemeinschaft der Diatomeen etwas näher anschauen, so entdecken wir, daß diese bräunlichen, mikroskopisch kleinen Pflanzen mit ihrem schönen Kieselskelett zu bestimmten Jahreszeiten praktisch die gesamte Unterseite des Meereises mit einer wenige Zentimeter dicken Schicht überziehen. Manche heften sich an die Eiskristalle an, während andere in den Spalten frei umherschwimmen. Dutzende von Arten lassen sich unterscheiden, und sie vermischen sich mit verschiedenen anderen einzelligen Pflanzen, in der Hauptsache Dinoflagellaten. Selbst wo sie nur noch ein Hundertstel der Lichtmenge abbekommen, die oberhalb der Eisdecke vorhanden ist, können sie ein kräftiges Wachstum entfalten. Ihre Produktivität ist abhängig von der Temperatur, dem Licht, der verfügbaren Nahrung, der Strömung und der vertikalen Wasserbewegung. Unter günstigen Bedingungen können sie ihre Biomasse alle drei Tage ver-

1

2

1 Auf einer subantarktischen Insel hat sich eine Brutkolonie von Königspinguinen versammelt. Im Stehen erreicht der Königspinguin eine Höhe von fast einem Meter. Er brütet nicht auf dem antarktischen Festland selbst, sondern auf den im Norden vorgelagerten Inseln.
Die meisten Pinguine sind koloniebildend und benutzen Jahr für Jahr dieselben Brutplätze. Diese Form des Koloniebrütens bietet den Tieren erhöhte Sicherheit – viele Augen können einen Raubfeind eher wahrnehmen – und mehr Wärme. Wenn es sehr kalt wird, drängen sich die Pinguine eng aneinander, um sich gegenseitig warmzuhalten.

2 Eine McCormick-Raubmöwe kreist über zwei ausgewachsenen Kaiserpinguinen (Aptenodytes forsteri). Die Hauptnahrung der Raubmöwe besteht aus Pinguineiern und -küken. Erwachsene Pinguine, zumal voll ausgewachsene Kaiserpinguine, sind zu groß, um von der Räuberin überwältigt zu werden.

doppeln – ein sehr bedeutsames Phänomen in eisbedeckten Gewässern. Das für das Diatomeenwachstum entscheidende Lichtminimum wird in den Polargebieten zwischen Spätwinter und Frühlingsanfang erreicht, je nach geographischer Breite. Zu dieser Zeit ist die Diatomeenschicht so mächtig geworden, daß sie das ins Wasser einfallende Licht drastisch reduziert, wodurch auch die Photosynthese stark eingeschränkt wird. Die Photosynthese der Diatomeen spielt sich somit im eisbedeckten Meer vorwiegend im Frühjahr ab. Die riesigen Diatomeenansammlungen können dem Meerwasser Nährstoffe in großen Mengen entziehen und werden deshalb von zahlreichen Wirbellosen abgeweidet, die ihrerseits den Fischen, Robben und anderen Tieren als Nahrung dienen. Dies ist ein höchst effektiver Mechanismus, durch den die Wachstumsperiode in Breiten, in denen sie sonst sehr kurz wäre, beträchtlich verlängert wird.

Wenn das Meereis im Spätfrühling und Frühsommer aufzubrechen und zu schmelzen beginnt, beenden die Diatomeen ihr Wachstum an der Unterseite des Eises. Im Sommer, im eisfreien Wasser, wird die sogenannte »Sommerblüte«, die weitgehend aus Diatomeen besteht, zur wichtigsten Lebensgrundlage in den Polarmeeren, aber auch in nichtpolaren Gewässern. Das trifft insbesondere auf jene Gebiete zu, in denen eine vertikale Aufwärtsbewegung des Wassers stattfindet – in der Antarktis dort, wo die mittleren Wasserschichten zur Oberfläche aufsteigen, und im Norden am Rande der Kontinentalschelfe.

Die zeitliche Fixierung der Lebensvorgänge

Die sog. »Diatomeenblüte« veranschaulicht sehr eindringlich ein besonderes Merkmal der Polarregionen – ihre starke Abhängigkeit von den Jahreszeiten. Die Fortpflanzungs- und Wachstumsperioden sind nicht nur kurz, sondern setzen auch sehr plötzlich ein. In manchen Jahren ist der Frühling in der Tundra kaum wahrnehmbar. In wenigen Wochen sprengen die zugefrorenen Flüsse ihre Eisfesseln, der Schnee verschwindet, und mit ei-

Wenn Braune Raubmöwen eine Pinguinkolonie überfallen, rauben sie die Küken, ohne sich von den Elterntieren stören zu lassen. Hier auf den Falkland-Inseln packt eine Raubmöwe einen jungen Eselspinguin und tötet ihn.

nem Schlag setzen die Blütenpracht und die tierischen Aktivitäten ein. Die Erforschung der zeitlichen Steuerung der Lebenserscheinungen ist eine unerläßliche Voraussetzung für das Verständnis der Polarregionen. Würden sich beispielsweise die Tiere nicht zur rechten Zeit fortpflanzen, dann würden ihre Nachkommen das Auftauchen der ihnen als Nahrung dienenden Pflanzen oder Insekten verpassen, oder sie würden nicht schnell genug heranwachsen, um den Unbilden des Winters standhalten zu können. Diese »Eintrittszeit« ist ein lebenswichtiger Faktor, denn das gesamte Nahrungsnetz hängt von ihr ab. Ein Anhaltspunkt dafür, wie rasch der Frühling in den Polargebieten einsetzt, ergibt sich aus der Geschwindigkeit, mit der die Tage länger werden. Innerhalb eines einzigen Monats nimmt am Nord- und Südpolarkreis die Tageslänge um drei Stunden zu, während die Zunahme am Nördlichen und Südlichen Wendekreis nur die Hälfte dieses Wertes beträgt. Die Erwärmung erfolgt gleichermaßen rasch: Am ersten Sommertag, dem längsten Tag des Jahres, empfangen die Polarregionen mehr Lichtenergie von der Sonne als die Tropen. Die Vegetation reagiert darauf entsprechend. Manche Pflanzen stellen ihren »Konsumenten« nur einmal im Jahr für kurze Zeit Nahrung zur Verfügung; von daher erklären sich die plötzlich auftauchenden Mückenschwärme, die ihre Blutmahlzeit so früh wie möglich zu sich nehmen, damit sich ihre Eier ebenso schnell in Larven verwandeln können, die sich von den planktonischen Lebewesen der Tundratümpel ernähren müssen, bevor diese im Herbst zufrieren.

Genau zur rechten Zeit treffen auch die in der Tundra oder an Teichen brütenden Vögel ein, um ihre Eier abzulegen und die Jungen bis zum Flüggewerden großzuziehen, bevor mit dem Frost das Ökosystem in die Winterruhe oder in eine Periode stark verringerter Aktivität versinkt. Ein weiteres Beispiel, das in diesen Zusammenhang gehört, ist die Fortpflanzung der eisbewohnenden Robben. In den Jahren, in denen das Eis fest ist, gebären die auf dem küstennahen Eis heimischen Arten – die südlichen Weddellrobben *(Leptonychotes weddelli)* und die nördlichen Eismeer-Ringelrobben *(Phoca = Pusa hispida)* – ihre Jungen in einer gesicherten Umwelt. Die Jungen wachsen schnell heran und verdreifachen während der Säugezeit ihr Gewicht in vier bis sechs Wochen. Dies muß so schnell geschehen, denn es besteht sonst die Gefahr, daß ihre Meereiswohnung auseinanderbricht, bevor sie genügend Fett angesammelt haben, um das Jugendstadium heil zu überstehen. Darüber hinaus ist die Jugendentwicklung sehr eng mit der plötzlich èintretende »Diatomeenblüte« und der darauf beruhenden Fruchtbarkeit des ozeanischen Nahrungsnetzes verknüpft. Bei manchen Robbenarten ist die Säugezeit noch kürzer: Die jungen Sattelrobben *(Pagophilus groenlandicus)* vervierfachen beinahe ihr Körpergewicht in nur zehn Tagen.

Aufteilung der Ressourcen

Ein ökologischer Grundsatz besagt, daß zwei verschiedene Arten nicht genau dieselbe Lebensweise haben und damit dieselbe »ökologische Nische« besetzen können, wenn vermieden werden soll, daß eine von beiden im Wettbewerb unterliegt und ausstirbt. Im Südpolarmeer leben zwar fünf Bartenwalarten, die sich allesamt von Plankton ernähren, aber jede verfügt über leicht abweichende Freßgewohnheiten und Lebensräume. Anders ausgedrückt: Diese Wale teilen die Nahrungsressourcen und Biotope des Ozeans unter sich auf.

Die Wanderwege der großen Bartenwale zum Südpolarmeer sind aufgrund von Markierungsexperimenten an einzelnen Exemplaren in ihren Grundzügen bekannt. Alle diese Wale müssen sich in den Perioden gesteigerter Nahrungsaufnahme große Mengen Futter einverleiben, müssen sie doch ihre Nachkommen in wärmeren Gewässern gebären. Die fast specklosen Neugeborenen würden wahrscheinlich im eiskalten Wasser der Polarmeere nicht überleben. Der Zwang, in polaren Regionen Nahrung aufzunehmen und in wärmeren Meeren zu kalben, bedingt somit ausgedehnte Wanderungen. Alle Waltiere des Südpolarmeers ziehen also von ihren warmen Fortpflanzungsplätzen, die in gemäßigten und subtropischen Breiten liegen, zu den planktonreichen kalten Weidegründen. Die Bestände des inzwischen sehr selten gewordenen Buckelwals *(Megaptera novaeangliae)* verbringen den Sommer vor den Küsten Australiens, Südamerikas, Afrikas und bestimmter ozeanischer Inseln in den Tropen. Jede Population wandert von ihrem Sommerquartier aus fast genau

in südlicher Richtung zu den Nahrungsgründen, wo sie Fische und verschiedenerlei Planktontiere zu sich nehmen. Die einzelnen Populationen leben demnach das ganze Jahr über mehr oder weniger getrennt voneinander. Sie vermeiden es auch, mit anderen Bartenwalen in einen Nahrungswettbewerb zu treten. Der Blauwal *(Balaenoptera musculus)* südlicher Meere ist in seiner Ernährungsweise extrem spezialisiert: Er verspeist ausschließlich Krill. Die Walbestände der Nordhalbkugel sind dagegen nicht so wählerisch – ihre Nahrung besteht aus den verschiedensten Plankterarten.

Ein anderes gutes Beispiel für die Aufteilung der vorhandenen Lebensräume und Nahrungsreserven bieten die antarktischen Hundsrobben. Die sanftmütige Weddellrobbe ernährt sich vorwiegend von Fischen und besiedelt meist das küstennahe Eis. Die ähnlich gefärbte Rossrobbe *(Ommatophoca rossi)* lebt hauptsächlich von Tintenfischen. Diese Art, die zu den am wenigsten erforschten Säugetieren zählt, bewohnt sowohl das feste als auch das lockere Packeis, verbringt jedoch die meiste Zeit im Meer und ist darum nur selten zu beobachten. Die zahlenmäßig stärkste Robbenart der Welt, der Krabbenfresser *(Lobodon carcinophagus)*, nährt sich von Krill und besiedelt den offenen, lockeren Packeisgürtel. Und der Seeleopard *(Hydrurga leptonyx)* ist das ökologische Gegenstück zum arktischen Eisbären. Er stellt Fischen, Robben und Pinguinen nach und ist im gesamten Südpolarmeer verbreitet.

Eine Karibuherde zieht über die kanadische Tundra. Diese zottigen Hirschtiere unternehmen weite saisonale Wanderungen, oft in Herden von Zehntausenden von Individuen. Während des Winters streben die Karibus zu den Wäldern südlich der Tundra, und im Frühjahr kehren sie nach Norden zurück. Die Kälber werden im Spätfrühling gesetzt, unmittelbar vor dem Beginn der Wanderschaft.

Baumlose Weiten

Die arktische Tundra

Das russische Wort Tundra bezeichnet die baumlosen Ebenen der Arktis und Subarktis. In anderen Sprachen verwendet man den Begriff allgemein für alle baumlosen Landschaften in kalten Klimabereichen, ob sie nun in den Polarregionen oder im Hochgebirge gemäßigter oder gar tropischer Breiten liegen. Die Grenze, welche die polare oder alpine Tundra von den bewaldeten Flächen trennt, wird als Baumgrenze bezeichnet, wobei die Gebiete südlich der eigentlichen Tundra mit einem anderen russischen Wort »Taiga« heißen. Diese Gebiete sind meist mit Birken, Fichten und Erlen bestanden.
Die Tundra läßt sich aber auch definieren als eine Landschaft, in der die jährliche Durchschnittstemperatur unter dem Gefrierpunkt liegt, beziehungsweise die Temperaturen im wärmsten Monat einen Mittelwert von nur + 10° C erreichen, und in der der Boden ständig gefroren ist.

Permafrost und Landschaftsformen

Eine Luftaufnahme der Tundra beweist, daß wir es hier keineswegs mit einer eintönigen Weite zu tun haben. Obwohl der Pflanzenwuchs niedrig und vielfach spärlich ist, zumal in den nördlichsten Regionen, schwankt die Vegetation erheblich von einem Ort zum anderen. Dies

Eine kleine Gruppe von ausgewachsenen Moschusochsen zieht über die Tundra der Alaskainsel Nunivak, auf der diese Tiere eingebürgert worden sind. Ihr natürliches Verbreitungsgebiet umfaßt heute Teile der Nordküste Alaskas, von Nordkanada und Grönland. Im Sommer lichtet sich das Haarkleid der Moschusochsen, im Winter ist es dicht und üppig. Das doppellagige Fell ist eine hervorragende Wärmeisolierung. Außen wachsen die langen Grannenhaare, die fast bis zum Erdboden hinabreichen; von ihnen gleitet auch der Schnee leicht ab. Unter den Grannenhaaren bilden sehr feine und weiche Haare die Unterwolle, die so dick und dicht geschlossen ist, daß sie die Tiere auch vor der größten Kälte zuverlässig schützt.

fällt vor allem im Sommer auf, wenn die Blütenpflanzen üppig blühen und überall grüne, braune, gelbe und rote Flächen erscheinen. Die schneefreie Tundra zeigt ausgeprägte Konturen, vornehmlich bedingt durch den darunterliegenden permanent gefrorenen Boden, der Permafrost- oder Dauerfrostboden genannt wird und in der Arktis 600 Meter, in der Antarktis sogar 1500 Meter tief hinabreichen kann. Dieser gefrorene Boden ist wasserundurchlässig und enthält oft dicke Schichten oder Keile aus »Grundeis«, die sich unmittelbar unter der dünnen Humus- und Vegetationsdecke erstrecken. Die Vegetation isoliert den Boden und hindert ihn am Auftauen.

Durch das Gefrieren und Zerspringen des Bodens über dem Permafrost entstehen durch Eis auseinandergesprengte Polygone, insbesondere in feuchten Tundragebieten. Die durch Gefrieren und Austrocknen bewirkte Zusammenziehung des Bodens führt zur Bildung von Spalten, die sich mit Wasser auffüllen, das dann gefriert und sich in Eiskeile verwandelt. Diese Keile werden von Jahr zu Jahr größer und drücken das zwischen ihnen befindliche Erdreich nach oben. Wird der Rand eines Polygons emporgehoben, so entsteht eine in der Mitte vertiefte Fläche, auf der sich ein Tümpel bilden kann. Wenn das Zentrum angehoben wird, kommt ein in der Mitte aufgewölbtes Polygon zustande.

Dieses Grundmuster wird ergänzt durch Flußterrassen, tief eingeschnittene Wasserläufe, Sanddünen, steile Böschungen, an denen der Schnee liegenbleibt, Schmelzwasserseen und sogenannte »Pingos«, eisgefüllte und meist üppig bewachsene Erhebungen in der baumlosen Tundraebene.

Pflanzen der Tundra

Die Tundra ist alles andere als eine öde Landschaft, auch wenn ihr Artenreichtum von der südlichsten der drei Zonen, in die man sie üblicherweise unterteilt, nach Norden drastisch zurückgeht. An den relativ warmen, fruchtbaren und feuchten subarktischen Bereich schließen sich die mittelarktische und schließlich die nördlichste Zone der sehr kalten und trockenen Polarwüste an. Die sub- und mittelarktische Tundra ist überaus pflanzenreich. Auf den mittelarktischen Hängen Alaskas gedeihen rund 500 Moosarten und fast 450 verschiedene Farne und Blütenpflanzen; die Tundra weiter im Norden im Umkreis von Point Barrow beherbergt nur ungefähr ein Fünftel dieser Artenzahl. Wenn man sich weiter in nördlicher Richtung auf die polaren Wüsten zubewegt, etwa auf den äußersten Norden Kanadas oder das nördliche Grönland, so verschwindet die Strauchvegetation vollständig, die Flechten gewinnen die Oberhand, und die Artenzahl verringert sich auf ein Zehntel. Je unwirtlicher die Umwelt wird, desto geringer ist die Produktivität, und die Pflanzen haben einen höheren Anteil an photosynthetischem Gewebe, zumal an Blättern, während der Anteil der Wurzeln und Stengel abnimmt.

Für die meisten Pflanzen der Erde beträgt das Temperaturoptimum der Photosynthese 15° C oder mehr, wohingegen es auf der Tundra für manche Pflanzen in der Nähe des Gefrierpunktes liegt. Allerdings: die pflanzliche Produktivität wird durch die Kürze der Wachstumsperiode weit stärker eingeschränkt als durch die niedrigen Temperaturen. Eine Strategie, mit der Pflanzen

1–6 Das am Nachthimmel leuchtende und tanzende Polarlicht bildet Schleier, Bänder, Perlenvorhänge und andere Formen aus, wie sie auf dieser Seite zu sehen sind. Die Polarlichter erscheinen gewöhnlich in Höhen von 70 bis 1000 Kilometer, können jedoch manchmal noch viel höher steigen. Diese Lichterscheinungen entstehen in so großer Höhe, weil dort die Luft hinreichend verdünnt ist, so daß die von der Sonne ausgesandten Elektronen und Protonen die Gasatome zum Leuchten anregen können.

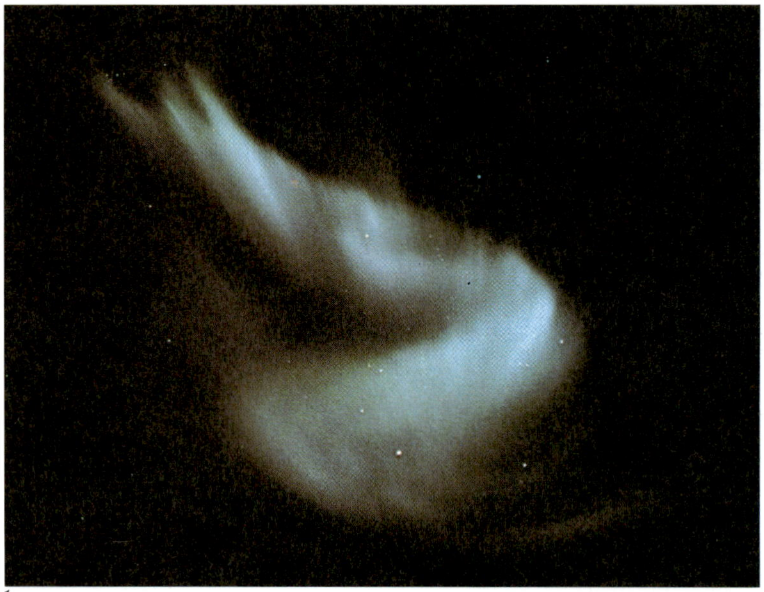
1

2

4

5

ihre Wuchsphase verlängern können, ist die sogenannte »Winterbegrünung«, bei der Blätter, die eigentlich im Herbst abfallen sollten, mehr als eine Saison überdauern. In diesem Sinne bleiben die immergrünen Nadeln der Tannen und Kiefern mehr als ein Jahr lang photosynthetisch aktiv. In ähnlicher Weise behalten in den polaren Wüsten Nordgrönlands die meisten Arten der normalerweise laubabwerfenden Pflanzenfamilien ihre Blätter den ganzen Winter hindurch und können ihre »Arbeit« wieder aufnehmen, sobald das Sonnenlicht und die Temperaturen im darauffolgenden Frühling zunehmen. Andernfalls wären alljährlich zu viel Zeit und Energie für die Ausbildung neuer Blätter erforderlich, bevor die Photosynthese in Aktion treten kann. Im übrigen gibt es in der Tundra kaum irgendwelche laubfressenden Insekten.

In der Tundra gedeihen zwar keine Bäume, wohl aber mancherlei andere Pflanzenformen: Laubsträucher wie die Arktische Weide, die flach am Boden kriecht und deren Blätter im Herbst weite Flächen leuchtend gelb färben; immergrüne Beerensträucher wie die Bärentraube und polsterbildende Pflanzen wie die zahlreichen Steinbrechgewächse; ferner viele Gräser und grasähnliche Pflanzen, unter anderem das zur Riedgrasfamilie gehörende Wollgras. Und hinzu kommen die zahllosen Moose und Flechten, die von allen Pflanzen der Kälte am besten angepaßt sind. Viele von ihnen vereinen sich oft zu einem weichen, nachgebenden, wassergetränkten Teppich, der für den Wanderer seine Tücken hat. Auf trockener Unterlage breiten sie sich dagegen nur spärlich aus.

Gibt es eine antarktische Tundra?

Wenn wir die Tundra einfach als baumloses Gelände definieren, dann zählen alle eisfreien Flächen des antarktischen Kontinents – einschließlich der trockenen »Oasen« an seinem Rand – zur Tundra. Doch wenn sich das Wort nur auf eine dünne Vegetationsdecke, vorwiegend aus Moosen und Flechten, beziehen soll, so ist eine genauere Betrachtung angezeigt. Die Antarktis weist viele Pflanzenarten auf, die andernorts nicht vorkommen. Nach Auffassung der meisten Wissenschaftler markiert die Antarktische Konvergenz (s. S. 626 vorne) zugleich die Südgrenze der antarktischen Flora. Die weiter nördlich verlaufende Subtropische Konvergenz fällt ungefähr mit der südlichen Begrenzung des hohen Baumwuchses zusammen. Südlich dieser Scheidelinie, von den subantarktischen Inseln, die mehr oder weniger auf der Breite der Antarktischen Konvergenz liegen, bis zur westlichen Palmer-Halbinsel, finden sich nur sehr wenige Blütenpflanzen; statt dessen dominieren die Moose. Ansonsten läßt sich der übrige antarktische Kontinent einteilen in eine von Moosen beherrschte Küstenzone, eine von Flechten bewachsene Hangregion und das vereiste Plateau, auf dem außer grünen und roten Algen nichts gedeiht. Alles in allem beherbergen die trockenen Landstriche und die Seen Antarktikas nur zwei Blütenpflanzenarten, etwa 75 Moosarten, 9 Lebermoosgattungen, 350 bis 400 Flechtenarten, rund 360 Algenarten und 75 Pilzarten – weit weniger also als die Arktis. Viele Gebiete sind noch nicht erforscht, aber es ist unwahrscheinlich, daß sich diese Zahlen noch nennenswert erhöhen werden.

An nur sehr wenigen Standorten bilden diese Pflanzen eine Bodendecke aus, die der arktischen Tundra entspricht. Am ehesten gleicht noch die arktische Polarwüste den Zuständen in Antarktika. Es ist nicht genau bekannt, wie die antarktischen Pflanzen dorthin gelangten – ob es sich um Relikte aus längstvergangenen wärmeren Zeiten handelt, ob ihre Samen durch Vögel mitgebracht wurden oder ob der Wind oder die Meeresströmung sie in ihre neue Heimat verschlagen hat. Zweifellos haben alle diese Vorgänge eine Rolle gespielt. Selbst der Mensch ist dabei beteiligt: Zwei Rispengrasarten, außerdem einige Schimmelpilze und Bakterien sind durch Zufall eingeschleppt worden.

Je näher am Meer ein Landstrich liegt, desto wärmer und feuchter ist er, desto mehr Salz wird ihm durch versprühtes Ozeanwasser zugeführt, und desto mehr Nährstoffe stehen zur Verfügung in Form von Exkrementen und anderen Hinterlassenschaften der Seevögel und Robben. Doch nur an der Westkü-

3

6

ste der Palmer-Halbinsel lassen die klimatischen Bedingungen die Entstehung eines ausgedehnten Tundra-»Pflanzenteppichs« zu. Hier werden die höchsten sommerlichen Durchschnittstemperaturen gemessen – ungefähr um den Gefrierpunkt. Die Lufttemperaturen liegen im Winter durchweg über −40° C, doch auf dem Boden ist es meist erheblich wärmer. Auch die Luftfeuchtigkeit ist hier höher als anderswo.

Moose, Algen und Flechten

Die Bodenschicht, sofern überhaupt vorhanden, ist in Antarktika gewöhnlich recht dünn. Vereinzelt kommen kleine Ablagerungen von saurem Humus vor. An der Westseite der Palmer-Halbinsel und auf den nahen Inseln finden sich moosbewachsene Torfbänke, die eine Mächtigkeit von fast zwei Meter haben. Sie sind freilich das ganze Jahr über gefroren. Die Verrottung und Zersetzung verlaufen außerordentlich langsam; durch die Radiokarbonmethode wurde nachgewiesen, daß die Ansammlung dieser Torfschichten schon seit 2000 Jahren im Gange ist! Andere Böden sind durch Vogelkot entstanden und deshalb sehr reich an Stickstoff, der eine wichtige Pflanzennahrung darstellt. Gewisse Algen und Flechten gedeihen am besten in der Nähe von Vogelkolonien.

Die physikalischen Faktoren, die das Pflanzenwachstum bestimmen, sind Wasserzufuhr, Lage und Schneedecke. Am wichtigsten ist wahrscheinlich das Wasser, doch muß man bedenken, daß Eis zwar aus Wasser besteht, aber keine Flüssigkeit ist, die von den Pflanzen aufgenommen werden kann. Die Neigung des Geländes und die Richtung eines Hanges entscheiden, in welcher Form das Wasser nach unten abfließt und wieviel Sonne ein Areal abbekommt. Und die Schneedecke erweist sich in mehrfacher Hinsicht als vorteilhaft. Wenn das abfallende Terrain der Sonne zugewandt ist, schmilzt der Schnee, so daß die dort wachsenden Pflanzen mit Wasser versorgt werden. Der Schnee schützt die Pflanzen außerdem vor dem Wind, vor niedrigen Temperaturen und sogar vor der schädlichen Ultraviolettstrahlung. Manche Algen und Flechten assimilieren besser im gedämpften Licht unter einer etwa 30 Zentimeter dicken Schneeschicht als im grellen Sonnenlicht, weil eine allzu intensive Strahlung die Photosynthese hemmt.

Die Flechten sind in den Polarregionen die am weitesten verbreiteten Pflanzen. Wir unterscheiden bei ihnen drei Hauptwuchsformen: Krustenflechten, die vor allem auf Felsen einen dünnen Überzug bilden; Laubflechten mit blattähnlicher Gestalt; und Strauchflechten mit verzweigter Gestalt. Flechten sind die einzigen Pflanzen, die nackte Gesteinsoberflächen besiedeln können, und manche von ihnen überleben in Antarktika noch bei −75° C. Sie gedeihen sehr gut bei Temperaturen unter dem Nullpunkt, am besten jedoch zwischen 0 und 20° C. Sie sind unempfindlich gegen Trockenheit, einige Arten vertragen auch Nässe und wachsen sogar untergetaucht.

Wirbellose Tiere der Tundra

Wir haben uns so eingehend mit den Pflanzen der Tundra beschäftigt, weil sie die Ernährungsgrundlage aller anderen Lebensformen abgeben. Sie sind die »Produzenten«, während die Tiere und die nicht assimilierenden Bakterien und Pilze die »Konsumenten« oder »Zersetzer« sind. Wirbellose Tiere fehlen nur in der nördlichen Tundra der Polarwüste und auf den exponiertesten Gipfeln. Doch in den meisten Gebieten der Arktis sind vor allem Insekten häufig. In Antarktika leben dagegen nur sehr wenige Arten, und die Verhältnisse sind hier viel einfacher zu beschreiben. Die gebirgige Beschaffenheit der Antarktis und die Begrenztheit der eisfreien Küstenareale bringen es mit sich, daß das tierische Leben ebenso bescheiden und isoliert ist wie die Vegetation. An einigen wenigen Stellen sind allerdings kleine Landlebewesen in großer Zahl vertreten. Die Wirbellosen, die sich in Antarktika zu behaupten vermögen, sind in erster Linie auf das Vorhandensein von Wasser angewiesen, und das bedeutet, daß sie Lebensräume benötigen, welche vom Frost verschont bleiben. Solche Temperaturen sind außerdem die Vorbedingung für die Produktion der Pflanzenstoffe, von denen die allermeisten dieser Tiere leben. Zum größten Teil besiedeln sie den Boden, und das Minimum an Bodenfeuchtigkeit, das ihren Fortbestand sichert, liegt anscheinend bei etwa zwei Prozent.

Zu diesen winzigen Bodenbewohnern gehören Protozoen, Spulwürmer, Rädertierchen und Bärtierchen. Das Bild bestimmen jedoch die Insekten und die Milben. Einige Dutzend Milbenarten leben hier, darunter eine Gattung, die das einzige »Landraubtier« Antarktikas aufweist, *Coccorhagidia.* Weniger als zehn Springschwanzarten findet man sowie eine flugunfähige

Fliege mit dem wissenschaftlichen Namen *Belgica antarctica*, die mit einer Körperlänge von etwa vier Millimeter das größte Landtier darstellt. *Belgica* vermehrt sich in brakkigen Seen und Teichen an der Küste. Die Milben sowie Springschwänze leben durchweg im flachen Boden, in Moosen, unter Felsblöcken und in Spalten zwischen Geröll und Kieseln. Die Milben sind von allen Tieren am wenigsten anfällig für Frost und Austrocknung, und weder die Milben noch die Springschwänze kennen eine jahreszeitlich festgelegte Fortpflanzungsperiode; sie vermehren sich einfach, wenn es die Umstände erlauben, und versinken in eine Kältestarre, sobald sich die Witterungsbedingungen verschlechtern.

In Küstennähe, wo die Vegetation am reichsten ist, existieren Biotope, die für vielerlei Arten, von den Einzellern bis zu den Insekten, günstig sind. In diesem aus Moosbüscheln und -matten gebildeten Lebensraum ist der Springschwanz *Cryptopygus antarcticus* das größte (zwei Millimeter) und häufigste Tier. Er kann stellenweise Populationsdichten von mehr als 60000 Individuen pro Quadratmeter erreichen, doch das Gesamtgewicht einer so großen Zahl beträgt noch weniger als ein Gramm! Bei einer Temperatur von 5°C verzehrt *Cryptopygus* am Tag etwa zwei Prozent seines Körpergewichts an Algen, Pilzen, Detritus und an Bodenmikroben. Dieser Springschwanz leistet vermutlich mindestens die Hälfte des gesamten Stoffwechselumsatzes der größeren Bodentiere und zeigt damit, wie überaus wichtig solche kleinen Organismen in diesen sehr einfachen Ökosystemen sind.

Kälteunempfindlichkeit

Winzige Insekten und Milben sind ihrer unmittelbaren Umwelt hilflos ausgeliefert. Sie können nicht wandern, und sie können die meiste Zeit des Jahres auch nicht sehr aktiv sein; deshalb bevorzugen sie Temperaturen über dem Gefrierpunkt. Äußere Bedingungen, die für ihre Aktivitäten günstig sind, sind im Jahr nur an 60 bis 100 Tagen gegeben; die übrige Zeit verbringen sie im Ruhezustand. Da

Der kräftige, verschlagene und furchtlose Vielfraß ist vom nördlichen Nadelwaldgürtel bis tief in die Tundra hinein verbreitet. Das ungewöhnlich borstige und dichte Fell ist ein guter Schutz gegen die Polarkälte und gegen eisige Nässe.

das Wachstum bei niedrigen Temperaturen relativ langsam vor sich geht, haben die Tiere mit kleinem Körper eine größere Chance, innerhalb einer einzigen Saison die Geschlechtsreife zu erreichen.

Die Kälteunempfindlichkeit ist in der Arktis genauso hoch entwickelt wie in der Antarktis, doch die arktische Tundra wird von sehr viel mehr wirbellosen Tieren bewohnt. Hummeln und Fliegen bestäuben die Blüten, und zahllose blutsaugende Insekten tummeln sich hier. Käfer und Spinnen treten als Nahrungskonsumenten und Räuber in Erscheinung. Einige von ihnen halten den Weltrekord der Kälteresistenz. Im Sommer ertragen manche weit nördlich lebende Insekten nur Frosttemperaturen bis −6°C – verhältnismäßig hohe Werte für eine Polarregion –, dagegen erweitert sich im Herbst die untere Grenze allmählich bis auf etwa −60°C! Diese erstaunliche Leistung erklärt sich damit, daß die Insekten glyzerinähnliche Antigefrierstoffe erzeugen, die ihre Zellen durchdringen. Offensichtlich muß die Abkühlung langsam erfolgen – weniger als ein Grad pro Minute –, wenn die Tiere ihre maximale Resistenz erreichen sollen.

Tierische Lebenszyklen in der arktischen Tundra

Der vermeintlich »selbstmörderische« Zug der Berglemminge *(Lemmus lemmus)* ins Meer ist zu einer Legende geworden. Solche Wanderzüge kommen zwar vor, aber ihre landläufige Deutung ist zum Teil ein Phantasieprodukt. Wissenschaftliche Untersuchungen haben gezeigt, daß die Massenwanderungen der Lemminge wahrscheinlich die Folge einer Bevölkerungsexplosion sind, eine Reaktion auf einen akuten Nahrungsmangel. Und wenn die Tiere an ein Gewässer gelangen, versuchen sie es schwimmend zu überqueren, und dabei nehmen sie das Risiko in Kauf, zu ertrinken oder Räubern zum Opfer zu fallen.

Um das Verhalten der Lemminge und ihre Bestandsschwankungen zu verstehen, muß man das gesamte Ökosystem genauer studieren, denn die Tiere reagieren empfindlich auf ihre Umwelt und ebenso auf eine etwaige Übervölkerung und auf das Nahrungsangebot. Lemminge sind grabfreudige Tundrabewohner, die ausgedehnte unterirdische Baue mit mehreren Kammern anlegen, welche einen Durchmesser von 10 bis 15 Zenti-

1

2

1 Ein großer arktischer Wolf steht auf der winterlichen Tundra der entlegenen Baffin-Insel. Das weite, offene Gelände der Tundra ist ein idealer Lebensraum für die Wölfe. Mancherorts durchstreifen sie so weiträumige Reviere, daß man nur alle 200 Kilometer auf ein solches Tier stößt. In der Tundra ist das Rentier oder Karibu die Hauptbeute des Wolfes, doch werden im allgemeinen nur schwache oder alte Tiere gerissen, so daß der Räuber sogar zur Gesunderhaltung der Herden beiträgt.

2 Das Hermelin bewohnt die nördlichen Breiten beider Hemisphären und kommt auch in hocharktischen Gebieten vor. Es ist keineswegs auf die Tundra beschränkt, doch lebt es besonders gut von den Lemmingen, Feldmäusen und anderen Kleinnagern, die dort heimisch sind. Das abgebildete Hermelin, das gerade ein Beutetier gepackt hat, trägt sein weißes Winterfell.

3 Mit einer erbeuteten Maus im Fang trabt ein Polarfuchs durch die niedrige Vegetation der Pribilof-Inseln im Beringmeer. Der Fuchs zeigt zwei Farbphasen, blau und weiß (auf den Pribilof-Inseln kommt allerdings nur die blaue vor). Während des Sommers, in dem dieses Foto entstand, sind beide Varietäten bräunlich bis grau gefärbt.

4 Der ausgewachsene Gerfalk besitzt einen scharfen, hakenförmig gebogenen Schnabel, mit dem er das Fleisch seiner Beutetiere zerfetzt. Die Ernährungsweise dieses Greifvogels wechselt mit den Jahreszeiten. Im Winter ernährt er sich von Polarhasen, Schneeammern und Schneehühnern. Gerfalken, die am Meer leben, stellen auch den Meerenten nach. Während des Sommers hat der Vogel eine viel größere Auswahl, die unter anderem Lemminge, Ziesel und sogar Gänse umfaßt.

3

4

meter haben. Ihre Nester kleiden sie mit Wolle aus. Es gilt als wahrscheinlich, daß die Wühltätigkeit der Lemminge dazu beiträgt, den Tundraboden zu lockern und zu belüften, so daß Gräser und Seggen (Riedgras) dort besser gedeihen. Da die frischen Gräser die Hauptnahrung der Lemminge bilden, könnte man sagen, die Tiere »bestellen ihren eigenen Garten«, was es ihnen ermöglicht, mehr Futtervorräte für die Wintermonate zu sammeln. Lemminge verspeisen aber auch die Rinde und die Zweige von Weiden und Birken, wenn ihre Nahrung knapp wird.

Ist die Bestandsdichte der Lemminge hoch – bis 200 pro Hektar –, dann werden sie zu den vorherrschenden Herbivoren, die einen großen Teil der verfügbaren Pflanzennahrung verzehren. Doch alle drei oder vier Jahre gehen die Lemmingbestände stark zurück, auf durchschnittlich ein Individuum pro Hektar, und dann ist ihr Einfluß auf das Ökosystem unbedeutend. Beim Nahrungserwerb kappen die Lemminge die Gräser dicht über dem Boden, da aber die Triebe unterhalb dieser Linie gebildet werden, können weiterhin neue Blätter heranwachsen. Wenn jedoch die Bestandsdichte drastisch zunimmt, werden auch die trieberzeugenden Pflanzenteile gefressen und sogar die Wurzeln ausgegraben. Dadurch werden die Pflanzen und die schützende Vegetationsdecke des Bodens zerstört, der damit der Erosion ausgesetzt wird.

Zu Beginn eines »guten« Lemmingjahres steht den Tieren noch reichlich hochwertige Nahrung zur Verfügung, doch wenn ihre Zahl im Laufe des Sommers anwächst, verringert sich das Futterangebot. Der Boden taut infolge der Überweidung der Pflanzendecke tief auf, und gegen Ende des Sommers setzt ein Massensterben bei den Lemmingen ein. Im nächsten Jahr erreicht die Population einen Tiefpunkt, und die Nahrung ist von geringer Qualität, weil die Verrottung die wichtigen Nährstoffe wie Kalzium und Phosphor noch nicht vollständig dem Boden wieder zugeführt hat. Im dritten Jahr ist das Nahrungsangebot reicher, und der durch abgestorbene und junge Pflanzen isolierte Boden verbessert sich. Bis zum vierten Jahr steigt die Zahl der Lemminge wieder stark an, der Boden ist in einem guten Zustand, und damit sind wieder die Voraussetzungen für einen neuen, durch Überweidung bedingten Zusammenbruch der Bestände geschaffen.

Die alte Erklärung der Lemmingwanderungen, die von den »psychologischen« Auswirkungen der Übervölkerung ausgeht, betrifft somit nur einen oberflächlichen Aspekt des Gesamtgeschehens. Wir wissen heute, daß man den Lemmingzyklus nur im Rahmen des gesamten Ökosystems verstehen kann, in dem die Bodenbeschaffenheit, die Nährstoffe, die Vegetation und die Tiere selbst eine bestimmte Rolle spielen.

Das ist jedoch noch nicht die ganze Geschichte. Da viele andere Pflanzenfresser mit den Lemmingen in einem Nahrungswettbewerb stehen, sind auch sie betroffen. Das gleiche gilt für die räuberischen Vogelarten, etwa die Schnee-Eule *(Nyctea scandiaca)*, die Sumpfohreule *(Asio flammeus)*, den Rauhfußbussard *(Buteo lagopus)* und die Mittlere Raubmöwe *(Stercorarius pomarinus)*, deren Kopfzahl und Wanderbewegungen sich in Reaktion auf den Lemmingzyklus verändern. Schließlich sind auch noch zahlreiche andere Vögel von der

1

2

1/2 Diese beiden jungen Schnee-Eulen (2) halten in ihrem Nest Braune Lemminge im Schnabel. Das Verbreitungsgebiet der Schnee-Eulen umfaßt die Arktis und Subarktis zwischen der Baumgrenze und dem Rand des ewigen Schnees und Eises. Sie leben vor allem dort, wo Bäume fehlen, und brüten auf dem Boden in einer kleinen Vertiefung, die das Weibchen ausscharrt. Lemminge sind ihre Hauptnahrung. Wenn die Lemmingbestände zunehmen, gedeihen auch die Eulen. Gehen die Lemminge zurück, so leiden auch die Eulen Not. Nahrungsknappheit vertreibt sie in großer Zahl nach Süden in die Vereinigten Staaten und nach Zentralasien. Die kleinen Eulen tragen schon ein weißes Gefieder und werden bald flügge sein. Das abgebildete (1) Exemplar steckt noch in seinem braunen Jugendkleid, in dem es vor kurzem erst aus dem Ei geschlüpft ist.

3 Auf der Bathurst-Insel in den Nordwestterritorien Kanadas bilden die Moose dicke Polster aus. Niedrige Pflanzen wie die Moose halten dem Wind und Wetter der freien Tundra besser stand als hochwüchsige. Moospflanzen brauchen Feuchtigkeit, die bei warmer Witterung in der Tundra reichlich vorhanden ist. Im trockenen Winter bilden sie »Klumpen«, die es ihnen gestatten, die verfügbare Feuchtigkeit zu konservieren.

4 Die Rote Bärentraube (Arctostaphylos rubra), die zur Familie der Heidekrautgewächse gehört, in einer Tundralandschaft Alaskas. Die meisten Bärentrauben sind niedrige Zwergsträucher.
Mehrere Arten, wie die hier abgebildete, sind in arktischen und subarktischen Regionen so weit verbreitet, wie bei uns das Heidekraut.

Tundra und ihrer Vegetation abhängig. Die Schnepfenvögel und Spornammern nutzen die Knochen- und Gebißüberreste der Lemminge als Kalkspender; sie können also vom Massensterben der Lemminge profitieren. So kommt es, daß manche Tierarten aufblühen, wenn für die Lemminge eine Katastrophe beginnt.

Vögel und Säugetiere der Tundra

Eine Vielzahl von Vogel- und Säugerarten bevölkert die Tundra des Nordens. Wie bereits erwähnt, sind viele von ihnen, zum Beispiel Raben, Eulen, Greife, Schneehühner und Strandvögel, Zuwanderer aus südlicheren Klimabereichen. Auch eine Reihe von Singvögeln lebt hier, allen voran die zirkumpolar verbreitete Schneeammer *(Plectrophenax nivalis)*, die auf den schmalen Grasflächen nach Nahrung sucht, sobald der Schnee schmilzt. Doch die wichtigsten Charaktervögel sind der Kolkrabe *(Corvus corax)* und die Schnee-Eule.
Der Rabe ist ein verspielter Opportunist. In den Dörfern des hohen Nordens nimmt er die Stelle der Stadttauben ein; er findet seine Nahrung überall, selbst in Abfallhaufen. Durch seine Größe, seinen kräftigen, schnurrbärtigen Schnabel sowie seinen keilförmigen Schwanz unterscheidet er sich von den Krähen, mit denen er nahe verwandt ist. Kolkraben sind Luftakrobaten, die hoch am Himmel Sturzflüge, Rollen und Loopings vollführen.
Die Schnee-Eule wirkt dagegen eher gesetzt. Sie fliegt so geräuschlos wie ein Nachtfalter, wenn sie ihrer Beute nachstellt, die aus kleinen Nagern, vor allem Lemmingen, besteht, und sie brütet in der offenen Tundra, wo sie fünf bis sieben Eier in trockenen Grasmulden ablegt. Wenn die Lemminge aussterben, ziehen die Eulen auf der Suche nach Nahrung weit nach Süden. Das plötzliche Auftauchen von Schnee-Eulen in gemäßigten Zonen ist ein sicheres Zeichen dafür, daß die Lemminge im Norden knapp geworden sind.
Die Säugetierfauna reicht von winzigen Wühlmäusen, die nur vier Gramm wiegen, bis zu den Elchen, die ein Gewicht von mehr als 600 Kilo haben. Dazu gehören Nager wie die Bisamratten, die Lemminge, die Erdhörnchen ebenso wie Füchse, Wölfe, Hasen, Luchse, Vielfraße, Wiesel, Otter, Rentiere, Elche und Moschusochsen. Die Lemminge sind die häufigsten Nagetiere der feuchten arktischen Ebenen, aber auch die Feldmäuse *(Microtus)* sind im selben Lebensraum vertreten und können andernorts sogar noch zahlreicher vorkommen. Die Gesamtbestandsdichte der Kleinnager kann 500 Tiere pro Hektar erreichen. Bei den größeren Nagetieren, etwa den Parry-Zieseln *(Spermophilus parryii)*, entfallen bis zu sieben Exemplare auf einen Hektar. Was die Rentiere oder Karibus *(Rangifer tarandus)* angeht, so kommt ein Individuum auf etwa vier Hektar, und der Durchschnittswert liegt vermutlich bei höchstens sieben pro Quadratkilometer. Selbst diese Zahl ist vergleichsweise hoch, und aus noch nicht völlig geklärten Gründen schwankt die Häufigkeit stark mit den Jahreszeiten und den Wanderbewegungen.
Erstaunlicherweise gibt es in der Tundra nur einen echten Winterschläfer – den Parry-Ziesel. Die Seltenheit dieser Tiere hängt möglicherweise mit dem Mangel an trockenen, frostfreien Plätzen zusammen, die sich für den Winterschlaf

3

4

eignen. Die meisten kleinen Tundrasäugetiere speichern Fettvorräte für den Winter und besitzen nicht einmal die Fähigkeit, bei kaltem Wetter in eine Starre zu versinken; deshalb bleiben sie den ganzen Winter lang munter. Diese kleinen Geschöpfe hausen im Winter gemeinsam unter der isolierenden Schneedecke, und jede Art verlangt eine spezielle Umwelt: Sumpflandschaften, Feuchtwiesen, Strukturbodenspalten, gut entwässerte Erhebungen, Hügelland oder auch die wenigen schneefreien Gebiete. Die großen Säuger können sich selbstverständlich nicht unter den Tundraboden zurückziehen. Nur die Bären überwintern in Höhlen, die übrigen Tiere sind den ganzen Winter über aktiv. Es ist ein besonders typisches Merkmal all dieser Tiere, daß sie sehr weite Wanderungen unternehmen. Die Tundra ist nicht sehr fruchtbar, und sie gilt nur deshalb als eine reiche Landschaft, weil sie so unermeßlich ist. Die großen Pflanzenfresser wie Rentiere und Moschusochsen werden vor allem durch den Schnee zum Wandern gezwungen. Wo sich der Schnee zu einer harten Oberfläche verfestigt, wird häufig die unter ihm befindliche Pflanzennahrung unzugänglich; die größeren Herbivoren müssen ihre Nahrung ausgraben und reagieren daher sehr empfindlich auf den hartgefrorenen Boden. Das macht den Elchen *(Alces alces)* weniger aus, denn sie finden ihre Äsung in wasserreichen Gegenden und verspeisen die Zweige, die aus dem Schnee hervorlugen. Zudem ist der Elch kein echter Tundrabewohner; seine eigentliche Heimat sind die Nadelwälder, Sümpfe und Moore. Auch die Rentiere suchen häufig diese Landschaften auf, doch nur dann, wenn im Tundrawinter der Schnee stark verharscht ist und dort die Nahrung knapp wird.

Die Wölfe und ihre Beutetiere

Der arktische Wolf *(Canis lupus tundrarum)* ist ein sehr intelligentes und geselliges Tier. Er zieht im Rudelverband umher, jagt in Zusammenarbeit mit seinen Artgenossen und verhält sich freundlich zu seinen Rudelgefährten. Er verfügt über eine komplizierte Gebärdensprache und bringt sogar so etwas wie ein »Lächeln« zustande. Der zwischen den Beinen eingeklemmte Schwanz drückt Unterwürfigkeit aus. Zurückgelegte Ohren und ein gebleckstes Gebiß sind Drohsignale. Die über dem Rücken eingerollte Rute ist ein Zeichen des Vertrauens. Die »Sprache« der Wölfe, ob in Lauten oder Körpergebärden, ist sehr viel ausgeprägter als die des Haushundes. Wölfe sind geschickte Jäger. Sie sind keine »Verschwender« und töten nur so viele Beutetiere, wie sie fressen können. Für die Bestände der Rentiere oder Elche stellen sie nur dann eine ernste Gefahr dar, wenn deren Zahl schon merklich zurückgegangen ist. Der Wolf zeigt ein ausgeprägtes Territorialverhalten, und ein Rudel durchstreift nicht selten ein Jagdrevier von mehr als 250 km^2. Wenn die Wölfe auf der Wanderschaft sind, halten sie Kontakt zueinander mit Hilfe von Stimmfühlungslauten, und durch Geheul zeigen sie ihren Standort oder das Eintreffen an einem Treffpunkt an. Das »Einsamkeitsgeheul« verrät, daß sich ein Tier vom Rudel getrennt hat. Die Rudel gehen im allgemeinen einander aus dem Weg, und für die Beutetiere besteht an den Reviergrenzen eines Rudels die geringste Gefahr.

Ein wichtiges Beutetier des Wolfs ist das Ren oder Rentier, das in verschiedenen Unterarten überall im hohen Norden vorkommt und in Amerika als Karibu bezeichnet wird. Es sind sehr gesellige Tiere, die zuweilen in vieltausendköpfigen Herden umherziehen. Die Rentiere sind hervorragende Sprinter – sie erreichen Geschwindigkeiten von 80 km/h –, aber sie können ein solches Tempo im Sommer nicht lange durchhalten, weil sonst die Gefahr einer Überhitzung besteht. Mit ihren sehr breiten, spreizbaren Hufen können sie sich im Schnee mühelos fortbewegen. Sie sind zudem gute Schwimmer und gehen gern ins Wasser oder legen sich in den Schnee, um den blutsaugenden Insekten zu entgehen. Ihre Hauptnahrung sind Flechten, vor allem die Rentierflechte, die nach ihnen benannt ist.

Der Moschusochse *(Ovibos moschatus)* ist der merkwürdigste Vertreter der großen Herbivoren. Das zottige Tier besitzt die feinste Wolle überhaupt – noch feiner und länger als Kaschmirwolle. Das bezieht sich allerdings nur auf die sogenannte Unterwolle, die im Sommer großflächig abgestoßen und dann von den Menschen gesammelt und zu hochwertigen Schals und Pullovern verarbeitet wird. Moschusochsen schließen sich zu Herden von 3 bis 100 Tieren zusammen. Wenn Moschusochsen von Wölfen angegriffen werden, bilden sie mit nach außen gerichteten Köpfen einen Kreis und senken den massigen Schädel. Die Jungtiere stehen geschützt im Inneren des Rings. Die Alten versuchen den Angreifer mit den Hörnern in die Luft zu schleudern – beide Geschlechter tragen übrigens ein Gehörn – und darauf mit den Hufen zu zertrampeln. Selbst für eine solche Phalanx stellt der Wolf zwar noch immer eine Bedrohung dar, aber man wundert sich nicht, daß er meist Hasen und Mäuse als Beute vorzieht.

Der Grisly oder Graubär ist ein außerordentlich kraftvolles Raubtier. In seiner Ernährungsweise ist er erstaunlich anpassungsfähig. Seine Beute umfaßt Tiere von der Größe eines Karibus oder Elchs, aber auch Kleingetier wie Mäuse und Maden. Darüber hinaus nimmt der Bär Beeren und andere Pflanzenkost zu sich, und wenn die Lachse die Flüsse der Arktis hochsteigen, schlägt er sich mit diesen Fischen den Bauch voll.

Oasen des Lebens

Berge und Gletscher, Flüsse und Seen

Entgegen der landläufigen Meinung fällt in den Polarregionen nicht sehr viel Schnee. Nur rund 30 bis 60 Zentimeter gehen alljährlich in der Hocharktis und auf dem antarktischen Festland nieder. Doch schmilzt nur sehr wenig von diesem Schnee. Auf den weiten Schnee- und Eisfeldern und in den Bergtälern bringt der Schneeüberschuß Eisplatten oder Gletscher hervor – Eismassen, die ständig in Bewegung sind.

Die Umwandlung von Schnee in Eis erfolgt durch das Schmelzen unter Druck und die anschließende erneute Kristallisierung. Wenn sich eine 20 bis 30 Zentimeter dicke Schneeschicht angesammelt hat, erzeugt ihr Gewicht so viel Druck auf die darunterliegenden Schichten, daß sie schmelzen und zu Eis rekristallisieren. Bei größeren Tiefen und höherem Druck wird das Eis zum Fließen gezwungen; es entsteht ein Gletscher. Wenn sich also Schnee in einem Gebirgstal anhäuft, kommt es zu einem talabwärts gerichteten Eisstrom. Die niedrigste, äußerste Spitze des Gletscherstroms kann in so tiefe Lagen gelangen, daß sie abschmilzt und einen Eiswasserfluß bildet, oder sie erreicht das Meer, wo dann Eismassen »kalben« und als Eisberge auf dem Wasser davonschwimmen. Beim Inlandeis – in Grönland oder in der Antarktis – verläuft die Fließbewegung vom Zentrum nach außen zum Rand der Landmasse.

Wasser in flüssigem Zustand ist ein lebensfreundlicheres Element als festes Eis. Insofern beherbergt die Arktis ein reiches organisches Leben, die Antarktis hingegen nur we-

Fächerförmig verbreitert, bewegt sich ein Gletscher talabwärts. Seine Bewegung wird bestimmt vom Gefälle, von seiner Form und vom Druck. Wo der Hang steiler wird und sich das Tal verengt, kommt das Eis schneller voran. Manche Gletscher in Nordamerika dringen vor, während sich andere zurückziehen. Gletschergeschwindigkeiten von mehr als 30 Meter am Tag sind unweit der grönländischen Küste gemessen worden.

1

1 Dallschafe im Brooks-Gebirge. Diese Schafe, die nach Ansicht der meisten Wissenschaftler nur eine Rasse der Dickhornschafe bilden, weiden im Morgengrauen und am frühen Morgen auf den Hängen und in den Talschluchten. Zum Ausruhen in den Mittagsstunden steigen sie höher hinauf, und am Nachmittag widmen sie sich wieder der Nahrungsaufnahme. Die Schafe fressen Gras und verschmähen auch die kriechenden Zwergweiden nicht, die in der Arktis wachsen. Wenn der Winter die Berge in Schnee einhüllt, weiden die Tiere auf den Kämmen und Graten, die vom Wind freigefegt werden.

2 Ein Dall-Mutterschaf ruht sich zusammen mit seinem zwei Tage alten Lamm aus. Die Lämmer werden meist im Spätfrühling nach einer Tragzeit von 180 Tagen gesetzt. Die Geburt findet auf abgelegenen, unzugänglichen Felsbändern oder -vorsprüngen statt. Die Lämmer können schon nach wenigen Stunden auf eigenen Beinen stehen und umhergehen. Wenn sie noch keine Woche alt sind, bewältigen sie bereits die zerklüfteten, schroffen Felsen, auf denen ihre Eltern zu Hause sind.

3 Zackige Eisklötze treiben auf dem Hulahula River, der zwischen der Beaufortsee und der Brooks Range dahinfließt. Wenn die Eisbrocken eine Zeitlang von der Strömung mitgeführt worden sind, schmelzen sie nach und nach. In solche Flüsse steigt im Sommer der Wandersaibling auf, um abzulaichen.

4 Flüsse und Bäche wie dieser Wasserlauf auf der Ellesmere-Insel verdanken ihre Entstehung zuweilen dem geschmolzenen Eis eines Gletschers. Viele Gletscherbäche nehmen ihren Anfang in Hohlräumen tief im Eis, die sich bei der Bewegung des Gletschers über den Boden bilden. Schmelzwasser von der Oberfläche und aus dem Inneren des Gletschers sickert in diese Hohlräume ein und läßt einen immer größer werdenden Bach entstehen.

nig. In der Arktis gibt es ohne Zweifel mehr Seen und Teiche als irgendwo sonst auf der Erde, denn ihre von Eis zerschundene Landschaft mit ihrer wasserundurchlässigen Permafrostunterlage enthält Zehntausende von Mulden und Vertiefungen, in denen sich Wasser sammelt, das im Winter gefriert, aber im Sommer auftaut. Und zudem speist das Schmelzwasser in der Arktis zahlreiche Bäche und Flüsse.

Die Welt der Gipfel, Klippen und Trockentäler

Schnee und Eis überziehen keineswegs die gesamte Polarlandschaft, nicht einmal im Winter. Auf steilen

2

3

4

Hängen oder Klippen kann sich kein Schnee halten, und erstaunlicherweise sammelt sich auch in den »Oasen« Antarktikas überhaupt kein Schnee an.

Das Klima der Berge und Felsklippen hängt nicht nur von langfristigen Wetterlagen ab. In der zerklüfteten Gebirgslandschaft bilden sich viele Mikroklimabereiche, die sich je nach Hangneigung und Lage erheblich voneinander unterscheiden. Ein Südhang in der Arktis empfängt über einen längeren Zeitraum hinweg sehr viel mehr Sonne als selbst die flache Tundra. Wenn Pflanzen den Untergrund bewachsen, ist dieser Boden besser isoliert als nacktes Gestein. Nackter Fels wirkt andererseits sehr viel schneller auf die Sonnenwärme zurück als die Spalten im Gefels, in denen die Temperaturen und der Feuchtigkeitsgehalt konstanter bleiben. Das Ergebnis all dieser Unterschiede ist, daß die Flechten, die den Fels überziehen, die Polsterpflanzen, die ebenfalls zur tundraähnlichen Gebirgsflora gehören, und die wirbellosen Tiere, etwa die Milben, auf den Hängen und Felsklippen der Gebirgslandschaften sehr verstreute Wohngebiete besiedeln.

Die Moorschneehühner *(Lagopus lagopus)* und die Alpenschneehühner *(L. mutus)* sind die nördlichsten Rauhfußhühnerarten. Beide sind Bodenbrüter und vertauschen ihr braun-weiß geschecktes Sommerkleid mit einem reinweißen Wintergefieder; nur Schnabel, Augen, Krallen und Schwanz bleiben schwarz. Das Alpenschneehuhn ist mehr in den Bergen heimisch als das Moorschneehuhn, das die Tundraebenen vorzieht. Beide Vogelarten müssen Tag für Tag ein Fünftel ihres Körpergewichts an Nahrung in Form von Beeren und anderen Pflanzenstoffen zu sich nehmen. Vögeln wie den Schneehühnern stellen die ungemein fluggewandten Greifvögel nach. Sowohl der Wanderfalk *(Falco peregrinus)* als auch der Gerfalk *(F. rusticolus)* horsten im schroffen Gefels. Mit ihren langen, spitz zulaufenden Schwingen und ihrem langen Stoß erreichen sie hohe Geschwindigkeiten. Sie kreisen nicht lange umher wie der plumpere Rauhfußbussard *(Buteo lagopus)*, sondern fliegen mit kurzen, raschen Flügelschlägen, wenn sie auf Beutejagd sind und weite Strecken zurücklegen müssen.

Die Falken ernähren sich vorwiegend von Vögeln und fangen ihre Beute mit eindrucksvollen Sturzflügen am Himmel. Nur der prachtvolle Gerfalk ist ein Standvogel der Arktis. Bei ihm unterscheidet man zwei Farbvarianten, eine dunkel gescheckte und eine schneeweiße mit grauen und schwarzen Tupfen. Er ist in seiner Ernährung sowie Jagdmethode etwas flexibler als der Wanderfalk und erbeutet auch Nagetiere auf dem Erdboden, genauso wie die Bussarde.

Das Dall- oder Dünnhornschaf *(Ovis dalli)* zählt zu den Charaktertieren der arktischen Gebirgslandschaft. Es ist im Süden bis nach Kanada hinein verbreitet und in seiner weißen Farbvarietät in Alaska zahlreich vertreten. Die Widder tragen imposante gewundene Hörner, die im Unterschied zu den knochenartigen Geweihen der Elche und der übrigen Hirschtiere aus Keratin bestehen, genauso wie Klauen, Hufe, Fingernägel und Barten. Während Geweihe jedes Jahr abgeworfen und neu gebildet werden, wachsen die Hörner der Dallschafe bei beiden Geschlechtern unaufhörlich weiter, allerdings in regelmäßigen Schüben; dadurch entstehen »Jahresringe«, an denen man das

1

2

3

4

5

6

7

1 Früher betrachtete man die blaue Farbphase der Schneegans als eigene Art, doch das häufige Auftreten von gemischten Paaren, wie auf dem Foto zu sehen, ist ein Beweis dafür, daß die Farbphasen in Wirklichkeit einer einzigen Art zugehören. Schneegänse brüten auf Teichen und Seen der arktischen Tundra, zwischen Nordostsibirien und Grönland.

2 Die Ringelgänse verlassen die Küstengewässer Westeuropas und Nordamerikas im Spätfrühling und ziehen weit nach Norden zur Arktis oberhalb des 74. Breitengrades. Dort brüten sie auf abgeschiedenen Stränden, Sümpfen und vor allem Inseln. Das Nest wird in einer kleinen Bodenvertiefung angelegt und mit Moos, Flechten und den eigenen Daunenfedern der Vögel ausgepolstert. Auch in der Brutzeit entfernen sich die Ringelgänse nur selten weit vom Ozean.

3 Ein Schneegänsepaar, gefolgt von seiner Kinderschar, watet durch das Flachwasser. Diese Gänse gehen vermutlich eine lebenslängliche »Ehe« ein und brüten in der küstennahen Tundra der Hocharktis. Sie ernähren sich von den Wasserpflanzen der Sümpfe und flachen Tümpel und von den Gräsern und Riedgräsern am Uferrand.

4 Die Kragenente ist das ganze Jahr über in weiten Gebieten der Arktis anzutreffen. Sie bewohnt Gebirgsbäche und bringt auch sehr viel Zeit auf dem Meer zu.

5 Im Flachwasser vor der Southampton-Insel in den kanadischen Nordwestterritorien taucht ein Thorshühnchen (Phalaropus fulicarius) nach winzigen Krebsen, kleinen Fischen und Algen. Dieser Vogel brütet in der Arktis, zieht aber im Winter weit nach Süden, bis Neuseeland, Chile, zu den Falklandinseln und Südafrika.

6 Das größte Verbreitungsgebiet von allen Seetauchern hat der Sterntaucher, der auf Teichen und kleinen Seen in der arktischen Tundra brütet. Die Nester werden aus Schlamm und Pflanzenteilen erbaut.

7 Ein Wandersaibling steht dicht unter der Wasseroberfläche eines glasklaren Baches auf der Baffin-Insel. Wie die Lachse leben die Wandersaiblinge im Meer und steigen nur zum Laichen in die Flüsse auf. Dieser Saibling stellt die nördlichste Süßwasser-Fischart dar.

Ein Elchbulle geht in einem arktischen See auf Nahrungssuche. Die Tiere bringen sehr viel Zeit im relativ tiefen Wasser von Teichen, Seen und Sümpfen zu. Sie entfernen sich dabei weit vom Ufer und stecken ihren Kopf ins Wasser oder tauchen sogar vollständig unter, um an die Wasserpflanzen heranzukommen.

Alter des jeweiligen Besitzers ablesen kann. Ein Widdergehörn braucht etwa sieben Jahre, um sich zu einer vollen Spirale auszuwachsen. Die Hörner werden von den Widdern zur Festlegung der sozialen Rangordnung eingesetzt. Die mit den Stirnwaffen ausgetragenen Rivalenkämpfe sind ein faszinierendes Schauspiel.

In den Bergen Antarktikas leben nur wenige Tiere. Hier ragen die Berggipfel, die sogenannten »Nunataks«, wie Felseninseln aus einem Schnee- und Eismeer hervor. Manche sind mit leuchtend bunten Flechten bewachsen. Doch keine Vögel nisten hier, und keine Schafe wandern umher. Nur am Rande dieses Erdteils gibt es Berge, die von Pflanzen sowie einigen wenigen Insekten, Krebstieren und Milben dichter besiedelt sind.

Man sollte meinen, die »Trockentäler« an der Westküste des Rossmeeres müßten ständig vergletschert sein, da sie zwischen schneebedeckten Bergen eingebettet sind. Doch in Wirklichkeit enthalten sie nur wenig Schnee und Eis, und sie zählen wahrscheinlich zu den trockensten Gebieten unseres Planeten. Sie liegen deutlich unterhalb der Schneegrenze – jene Höhenstufe, oberhalb derer sich mehr Schnee anhäuft, als schmilzt oder verdunstet –, und der Feuchtigkeitsgehalt ist hier so gering, daß nur ein paar Flechten und Bodenbakterien gedeihen können, und auch das nur an den feuchtesten Standorten. Rasche Austrocknung, niedrige Temperaturen, ein hoher Salzgehalt des Bodens, geringe Durchsetzung des Bodens mit organischen Stoffen, kurze Wachstumsperioden, intensive Ultraviolettstrahlung und häufiges Gefrieren und Tauen hemmen grundsätzlich die Entfaltung des Lebens. Doch selbst unter solchen extremen Bedingungen können sich einige Lebensformen behaupten. Wissenschaftliche Untersuchungen haben ergeben, daß sogar in diesen entlegenen und unwirtlichen Regionen Schimmelpilze und sporenbildende Bakterien existieren, die von Menschen eingeschleppt wurden.

Seen und Teiche

Die arktischen Binnengewässer hallen im Sommer von den Rufen der Wasservögel wider, während die der Antarktis still bleiben und größtenteils ständig von einer Eisdecke überzogen sind. Die arktischen Prachttaucher *(Gavia arctica)* brüten auf den Tundraseen und lassen eine Vielzahl von krächzenden, klagenden und hupenden Tönen erklingen. Ihre nächsten Verwandten, die Sterntaucher *(G. stellata)*, sind weniger lautfreudig; sie quäken nur von Zeit zu Zeit. Auch sie haben ihre Brutreviere in der Tundra, halten sich aber gewöhnlich an seichtere und kleinere Seen. Beide Arten sind große Vögel mit einer Gesamtlänge von 60 Zentimeter.

Das Wassergeflügel – also Enten, Gänse und Schwäne – ist auf den Teichen der Tundra am zahlreichsten vertreten, wo es Nistgelegenheiten und einen gewissen Schutz vor Landraubtieren, vor allem den Füchsen, findet. Viele dieser Wasservögel wandern alljährlich Tausende von Kilometern weit, von ihren Brutplätzen in der arktischen Tundra zu südlichen Seen, Buchten, zu Flußmündungen, Lagunen und Küstengewässern, wo sie den Winter verbringen. Im hohen Norden finden sie ideale Brutbedingungen vor, weil es hier zahllose Teiche und kleine Seen gibt. Viele Arten zeigen ein ausgeprägtes Revierverhalten, und so kann jedes Paar einen Teich für sich mit Beschlag belegen. Nach dem Schlüpfen leben die frühreifen Jungen und die Altvögel von den reichlich vorhandenen Insekten und von den proteinreichen frischen Trieben der Tundra- und Wasserpflanzen. Im Spätsommer haben die Jungvögel die Größe ihrer Eltern erreicht und sind flugfähig.

Die Seen der Antarktis sind völlig anders geartet. Auf ihnen brütet kein einziger Vogel. Niedrige Temperaturen und große Trockenheit sind die Hauptfaktoren, die ihre Eignung für tierisches Leben begrenzen. Mehrere Typen lassen sich unterscheiden. Da sind zunächst einige wenige größere, ständig zugefrorene Binnengewässer im Gebirge; selbst unter einer 3000 bis 4000 Meter dicken Eisdecke liegen vereinzelte Seen. Hier sind keinerlei Lebensformen nachweisbar. Am Rande des Kontinents finden sich Seen in eisfreien Gebieten, den sogenannten »Oasen«, zu denen auch die bereits erwähnten Trockentäler zählen. Das Wasser dieser Seen schwankt sehr stark in seiner Beschaffenheit – von Süßwasser bis zu Wasser, das mehr als dutzendmal soviel Salz enthält wie das Meerwasser. In einigen der zuletzt genannten Gewässer wird dadurch der Gefrierpunkt auf unter $-40°C$ gesenkt. Dieser Wert liegt manchmal noch unter dem Mittelwert der winterlichen Lufttemperaturen, so

ren Flecken. Er wird ungefähr 30 Zentimeter lang und ist in seinem Vorkommensgebiet die häufigste Fischart. Er laicht im Frühling und Sommer ab, wenn die Temperaturen auf 10 bis 15° C ansteigen, und frißt nahezu alles, was er findet – Krebse, Insekten, Weichtiere und Würmer. Seine Widerstandsfähigkeit ist verblüffend. Er kann das vollständige Fehlen von Sauerstoff bei niedrigen Temperaturen einen Tag lang überstehen und ein ganzes Jahr ohne Nahrung auskommen. Seine Unempfindlichkeit gegen Kälte ist legendär. Eine altüberlieferte Geschichte berichtet, daß ein Hund einmal einen gefrorenen Fächerfisch ganz verschlang, der dann im Hundemagen auftaute und lebend wieder ausgespien wurde. Ob diese Geschichte wahr ist oder nicht – die Kälteresistenz dieser Fische ist eine Tatsache, auch wenn man sie sich noch nicht restlos erklären kann.

Das Leben in den arktischen Flüssen

Viele große Flüsse fließen durch Alaska, Kanada, Europa und Asien ins Nördliche Polarmeer. Alle haben verschiedene Besonderheiten gemeinsam: saisonal stark schwankende Wasserführung – zumeist schlammiges Wasser –, das von Schnee- und Eisfeldern sowie Gletschern stammt, und eine recht einheitliche Fischfauna, in der die Forellen und deren Verwandte, die Lachse, Renken und Äschen, den Ton angeben. Hechte, Stinte, Dorsche und andere leben entweder ganzjährig in diesen Flüssen oder steigen zum Laichen aus dem Meer auf. Zahlreiche Fische sind vom Meer abgeschnitten worden oder haben sich in den großen Seen angesiedelt, allen voran die Sibirische Äsche *(Thymallus arcticus)* und der Hecht *(Esox lucius)*. Die meisten dieser Arten leben auch in Gewässern der gemäßigten Breiten.

Der Weißlachs *(Stenodus leucichthys)* lebt dagegen ausschließlich in der Arktis und Subarktis Nordamerikas und Sibiriens. Er tritt manchmal in ungeheuren Mengen auf und macht sich zu anderen Zeiten sehr rar. Das Weibchen legt 100 000 bis 400 000 Eier ab, stellt jedoch strenge Anforderungen an den Laichplatz: Er muß einen Wasserstand von 1,30 bis 2,60 Meter, eine starke Strömung und einen Boden aus verschieden großen Kieseln haben. Das Ablaichen findet im Frühherbst statt, und die Jungen wachsen sehr schnell heran.

daß solche Seen nie zufrieren. Durch die Sonneneinstrahlung im Sommer steigen die Temperaturen einiger dieser Seen auf 17° C an; einer erreicht gar 25° C, weil er möglicherweise nicht nur von der Sonne, sondern auch durch geothermische Quellen erwärmt wird.

Zu den antarktischen Binnengewässern gehören ferner die Seen der Küstenzone und der küstennahen Inseln, die ihren Ursprung zum Teil dem Meer verdanken. Schließlich sind noch die Seen der Antarktischen oder Palmer-Halbinsel und der vorgelagerten Inseln zu nennen, denen Pinguin- und Robbenkolonien teilweise durch ihre Exkremente zusätzlich Nährstoffe zuführen. Die Hauptorganismen dieser Seen sind Algen, zu 70 Prozent primitive »blau-grüne« Algen, die den Bakterien nahestehen. Bakterien, blau-grüne Algen und andere Algenformen verbinden sich miteinander und bilden filzähnliche »Algenteppiche«, die in diesen antarktischen Seen die wichtigsten primären Nahrungserzeuger darstellen. In manchen Seen leisten wasserlebende Moose einen bedeutenden Beitrag zur Flora, doch an keinem Ort ist das Phytoplankton besonders produktiv. Zahlreiche kleine, fast immer mikroskopisch kleine Wirbellose leben überall dort, wo Algenteppiche vorkommen; es sind Protozoen, Rädertierchen und Würmer. In einigen wenigen wärmeren, nährstoffreicheren und nördlicher gelegenen Seen sind Krebstiere in großer Zahl vertreten.

Das Leben im Wasser der arktischen Seen

Die Fische der nördlichen Seen ernähren sich vom Zooplankton, aber angesichts der geringen Produktivität, die vor allem in höheren Breiten vorherrscht, ist es zweifelhaft, ob sie vom Zooplankton allein leben können. Der Wandersaibling *(Salvelinus alpinus)* des hohen Nordens frißt vorwiegend Insekten. Da das Insekten- und Larvenvorkommen in der Arktis jahreszeitlich stark schwankt, fressen und wachsen die rings von Land eingeschlossenen Saiblinge in periodischen Abständen und können deshalb ein hohes Alter von 40 oder mehr Jahren erreichen.

Einer der absonderlichsten Fische der Arktis ist der Fächer- oder Schwarzfisch *(Dallia pectoralis)*. Er gehört zur Familie der Hundsfische *(Umbridae)*, deren übrige Mitglieder in der gemäßigten Zone Nordamerikas und Europas heimisch sind. Doch der Fächerfisch lebt ausschließlich im hohen Norden, in Ostsibirien, auf den Inseln des Beringmeeres und in den Teichen und Bächen der alaskischen Tundra. Er wühlt sich gerne in den schlammigen Gewässerboden ein. Der Fächerfisch ist düster gefärbt, dunkelgrün bis braun mit dunkle-

Küstenzone und Meeresboden

Tierreichtum in den Polarmeeren

An der Küstenlinie vermischen sich zwei sehr unterschiedliche Lebensräume, das Festland und das Meer. In solchen Grenzbereichen zwischen zwei Ökosystemen entsteht eine »Übergangsgesellschaft«, und diese Übergangsgesellschaft der Meeresküste ist besonders reich an Lebensformen, denn sie weist Merkmale des Ozeans und des Festlands auf und darüber hinaus einige Besonderheiten, die nur hier anzutreffen sind. Viele ihrer Bewohner, sowohl Pflanzen als auch Tiere, haben sie vom Meer beziehungsweise vom Land aus besiedelt, während andere, die sich an diese einzigartigen Umweltbedingungen angepaßt haben, nirgendwo sonst vorkommen. Die Bedeutung dieser Küstenübergangsgesellschaft beschränkt sich nicht nur auf die eigentliche Küstenlinie. Das Wasser vor der Küste wird durch zahllose Flüsse und Bäche mit Süßwasser angereichert, und Seevögel, die am Ufer brüten, fliegen zur Nahrungssuche oft Hunderte von Kilometern weit aufs Meer hinaus. Der Einfluß des Festlandes reicht also weit in den Ozean hinein. In der anderen Richtung erstreckt sich die Küstenzone so weit landeinwärts, wie das Spritzwasser vom Wind getragen wird und im Binnenland maritime Lebensbedingungen schafft.

Die polaren Küstenzonen auf der Land- wie auf der Seeseite sind genauso vielgestaltig wie die Küstengebiete in anderen Weltgegenden. Hier finden sich Sandstrände und steile Felsklippen im Wechsel mit Strandwällen, Flußmündungen sowie Lagunen. Und hier finden sich Seegras- und Tangwiesen und verschiedenerlei felsige, sandige oder schlammige Meeresböden. Die Küste bildet, zweifellos vor allem wegen ihres Übergangscharakters, die produktivste Region unseres Planeten. Wir haben bereits gesehen, wie

Der Streifen unter dem Kinn ist das Kennzeichen dieses Zügelpinguins, der seine Stummelflügel auf dem Strand der Paradise Bay (Palmer-Halbinsel) ausbreitet.

viele Fische (Heringe, Dorsche, Lachse und Saiblinge) sich hier tummeln. Noch eindrucksvoller ist die Vogelfauna: Die größten Vogelscharen, die wir kennen, bewohnen den Küstenbereich.

Eisgeplagte Küsten

In den meisten Polargebieten werden die Küsten vom Meer- und Inlandeis zerschunden und durchfurcht und festsitzende Seichtwasserarten, etwa Seegras, Tang und Seepocken, zermalmt oder losgerissen. Das Gletschereis kerbt Fjorde aus und erodiert die Küste. Unter dem Druck des Meereises werden Erhebungen aufgeworfen, Senken ausgehoben sowie die oberen Sedimentschichten durcheinandergemischt. Im Meer selbst bildet sich unter dem dicken küstennahen Eis vielfach eine Kristallschicht, die man als »Ankereis« bezeichnet; sie entsteht sowohl auf dem Meeresboden als auch an der Unterseite des Eises. Zumal in der Antarktis werden zahlreiche Meerestiere von diesem Ankereis eingeschlossen, wenn es sich in großen Massen vom Boden löst und zur Unterseite des darüberliegenden Meereises aufsteigt. Angesichts solcher Belastungen ist es erstaunlich, daß überhaupt irgendwelche Organismen überleben. Doch sehr vielen gelingt das, denn die zerstörerische Macht des Eises ist nicht überall gleich groß, und das Eis hat zumindest eine positive Auswirkung: Es mildert den Anprall der Brandungswellen, wie sie auf eisfreie Küsten auftreffen. Der Tidenhub ist in den Polarmeeren meist ebenfalls gering und wird durch das Meereis weiter abgeschwächt. All dies hat zur Folge, daß die bodenbewohnenden oder benthischen Lebensformen im Flachwasser nicht vernichtet werden und daß sich dort bestimmte Lebenszonen herausbilden, in denen sich die verschiedenen Organismen an die jeweiligen Umweltbedingungen anpassen, die sich aus der unterschiedlichen Belastung der abschüssigen Küstenlandschaft ergeben.

In stark belasteten Gebieten können sich beispielsweise keine Seepocken halten. Aber Seepocken können sich auch nicht von der Stelle bewegen. Die in der antarktischen Gezeitenzone heimische Napfschnecke *Patinigera* wandert dagegen im eisfreien Sommer in höhere Lagen, um dort Algen abzuweiden, und zieht sich im Winter nach unten unter das Eis zurück. Diese Napfschnecken schützen sich vor dem Erfrieren durch einen Schleimüberzug, der ein »Frostschutzmittel« enthält und das Eis daran hindert, in ihr Gewebe einzudringen. Die Strandschnecken *(Littorina)*, die in der nördlichen gemäßigten Zone wie in der Arktis vorkommen, können sich gleichfalls fortbewegen und dadurch dem Eis entgehen, doch sie überdauern auch Temperaturen von $-15°C$. Sie trocknen dabei aus und verhindern so die Bildung von Eiskristallen in ihren Zellen.

Was die Pflanzen angeht, so sind die eisgeplagten Küsten zwischen Hoch- und Niedrigwasserlinie von zahllosen Diatomeen und grünen Fadenalgen besiedelt, die freilich nur in eisfreien Sommern überleben. Sie müssen Austrocknung, niedrige Temperaturen und eine intensive Sonneneinstrahlung ertragen. Seegraswiesen gedeihen an arktischen Küsten, freilich nur im ruhigen Wasser von Lagunen, wo ihnen das Eis nichts anhaben kann. Hier übersteht das Seegras den dunklen Winter unter einer Eisschicht. Die Isembek-Lagune im

1

2

3

4

1 Den Rücken dem Wind zugewandt, halten diese Eselspinguine dem Sturm stand, der über die Antarktis hinwegfegt. Als zusätzlichen Schutz gegen die extreme Kälte besitzt der Eselspinguin ein dichtes Federkleid, das seinen ganzen Körper überzieht, und eine Fettschicht. Diese Art besiedelt Inseln vor dem antarktischen Festland.

2 Ein brütender Eselspinguin muß sich eines zudringlichen Scheidenschnabels erwehren. Die Scheidenschnäbel überfallen gerne Pinguinkolonien, zerbrechen die Eier, um deren Inhalt aufzufressen, und rauben Küken. Zuweilen setzen mehrere Scheidenschnäbel einem alten Pinguin, der seine Jungen atzt, so heftig zu, daß er sie ihnen schließlich als Futter überläßt.

3 Auf Elephant Island nahe der Antarktischen Halbinsel füttert ein Zügelpinguin seine Sprößlinge. Die Pinguineltern fangen Fische, schlucken sie und würgen sie dann als Nahrung für ihre Jungen wieder aus.

4 Ein Adeliepinguin läßt sich auch durch einen Schneesturm nicht vom Brüten abhalten. Das Pinguinmännchen bebrütet das Gelege zwei Wochen lang, während sich seine Partnerin im Meer der Nahrungssuche widmet. Es fastet, bis sie zurückkehrt und es beim Brutgeschäft ablöst. Nach zwei Wochen kehrt dann das Männchen zurück, um das Weibchen für die letzte Brutperiode abzulösen.

1 Adelies springen vom Eis ins Meer. Häufig steigen sie in großen Gruppen ins Wasser, wahrscheinlich um die Gefahr zu verringern, die Einzeltieren von Seeleoparden und anderen Raubfeinden droht.

2 Adeliepinguine schnellen sich auf eine Eisscholle. Manchmal schwimmen sie so rasant auf eine Scholle zu, daß sie wie ein Korken aus dem Wasser schießen und auf den Füßen landen.

3 Im strengen antarktischen Winter hütet ein Kaiserpinguin sein Küken. Wie bei den Adeliepinguinen lösen sich das Männchen und das Weibchen beim Brutgeschäft ab, um in der Zwischenzeit im Meer auf Nahrungssuche zu gehen.

südlichen Beringmeer beherbergt die größte Seegraswiese der Erde. Die erstaunlichste Pflanze ist wahrscheinlich eine antarktische Krustenflechte, *Verrucaria serpuloides,* die in Tiefen bis zu zehn Meter vorkommt und sich an Felsen anheftet. Es ist die einzige Flechtenart, die ganz im Meer lebt.

Meeresalgen, deren größere und derbere Formen man Tange nennt, treten in grünen, roten und braunen Farben auf und sind faden-, blatt- oder büschelförmig. Ihre Länge schwankt zwischen weniger als einem Zentimeter und – bei einer nordpazifischen Art – mehr als 100 Meter. Die polaren Arten werden selten länger als 50 Zentimeter. Sie haben keine Wurzeln, sondern verankern sich mit ihren Haftscheiben oder -fäden an Steinen und Felsen. Obwohl sie gegen die Schabwirkung des Eises sehr empfindlich sind, kommen sie in mehreren Arten in der eisführenden Küstenzone vor. Ganze Gruppen von Fischen und Wirbellosen sind direkt oder indirekt von diesen Algen abhängig. Die meisten antarktischen »Tangwälder« finden sich im Umkreis der Palmer-Halbinsel, aber reiche Bestände gedeihen auch im westlichen Rossmeer, bis hinab zum stark vereisten McMurdo-Sund.

In arktischen Gewässern sind weit weniger große Algen vertreten, und die meisten sind Zuwanderer aus wärmeren Meeren. Dafür gibt es viele Gründe, unter anderem das Meereis, der Mangel an harten Substraten und das durchweg trübe Wasser.

Der Meeresboden

Der Meeresboden, das Benthos, hat vieles gemeinsam mit den Lebensräumen auf dem festen Land.

1

2

3

Seine Sedimente gleichen weitgehend dem Erdreich und bilden ein Substrat, in dem Tiere wühlen und Pflanzen, zum Beispiel Seegras, anwurzeln können. Wie der Festlandsboden speichern sie Nährstoffe, und die in ihnen enthaltenen organischen Stoffe werden von benthischen Tieren verzehrt, genauso wie etwa die organischen Bodenbeimengungen den Regenwürmern als Nahrung dienen. Zahlreiche Bewohner des Meeresbodens benutzen das Substrat allein als »Ankergrund«; sie ernähren sich ausschließlich von Plankton, das sie aus dem Meerwasser filtern – das gilt für die meisten Austern, Pilgermuscheln und Manteltiere –, oder wie die meisten Krabben von Detritusteilchen, die ihnen zugetrieben werden.

Das arktische Benthos (Meeresboden) wird bestimmt von einem breiten Kontinentalschelf. Wo die Wellenbewegung gering und der Untergrund schlammbedeckt ist, sind Würmer, Weichtiere und kleine Krebse häufig. Wo die Wellentätigkeit groß und der Boden felsig oder kiesig ist, dominieren Algen und Schwämme. In manchen dieser Gebiete ist die Artenzahl und -vielfalt ziemlich klein, aber die Biomasse, die von den unter dem Eis lebenden Diatomeen profitiert, sehr groß. Je höher man in die Arktis vordringt, desto weniger Arten sind wegen der kürzeren Wachstumsperiode von den Diatomeen abhängig, und um so mehr sind auf den Detritus (Schwebe- und Sinkstoffe) und kleine Organismen angewiesen, die von Flüssen und Strömungen herangeführt werden.

Weiter südlich herrschen die Filtrierer vor. Tatsächlich verwandeln sich manche Weichtiere, die sich normalerweise durch Filtrieren ernähren, in hocharktischen Gewässern in Detritusfresser.

Das Südpolarmeer birgt eine größere Vielfalt von Benthostieren als die arktischen und subarktischen Gewässer. Im nahrungsreichen Wasser des östlichen McMurdo-Sunds erreichen diese Tiere eine so große Bestandsdichte wie kaum anderswo auf der Welt. Das bedeutet nicht, daß dort die Produktivität höher wäre; das ist zweifellos nicht der Fall, da diese Gewässer nur eine kurze jährliche Vermehrungsperiode des Phytoplanktons kennen. Aber das »stehende Heer« der Benthosbewohner ist hier außergewöhnlich arten- und individuenreich; die Zahl der Tiere ist doppelt so hoch wie in manchen Mün-

1

1 Ein »Garten« aus Tieren, die wie Pflanzen aussehen, entfaltet ein üppiges Wachstum unter einer Felsklippe im Südpolarmeer. Hier leben mehrere Weichkorallen und Seeanemonen sowie Seegurken und Stachelhäuter, zu denen die Seesterne und Seeigel zählen.

2 Eine Achtstrahlige Koralle (Dendroneptia) wächst im kalten Wasser von New Harbor am antarktischen McMurdo-Sund. Zu dieser Korallengruppe gehören unter anderem die Lederkorallen und Seefedern. Sie leben zumeist in warmen Gewässern, doch einige Arten gedeihen auch in kalten Meeren.

3 Der Schwamm Bemospongea sp. im McMurdo-Sund ist fast einen Meter hoch. Schwämme gedeihen im Polarwasser recht gut und stellen mancherorts den Hauptanteil der Biomasse.

4 Kleine Gliederfüßler wie dieses Mitglied der Familie Acanthonotosomidae gedeihen sehr gut in den kalten antarktischen Gewässern. Diese Aufnahme entstand im McMurdo-Sund.

5 Meeresasselspinnen besiedeln die kalten Meere von den Küsten bis zur Tiefsee. Das abgebildete Tier besitzt einen riesigen Rüssel mit einer Mundöffnung, den es in den weichen Körper von Hohltieren einführt, um deren Lebenssaft auszusaugen.

6 Die größte antarktische Assel ist Glyptonutus antarcticus. Asseln sind Krebstiere, die zumeist im Wasser leben.

7 Nacktkiemer sind leuchtend gefärbte Weichtiere, die keine Schale besitzen. Sie ernähren sich von Hohltieren. Die Nesselzellen der Hohltiere werden verschluckt und unter der Körperoberfläche abgelagert. Die Zellen behalten ihre Nesselfähigkeit und werden so zu einer Verteidigungswaffe für die Nacktkiemer.

8 Die fünf Arme der Schlangensterne sind sehr beweglich und drehen und winden sich tatsächlich wie Schlangen. Diese Tierklasse ist von den tropischen bis zu den polaren Gewässern und von den Küsten bis zur Tiefsee verbreitet.

9 Dieser Krake gehört einer der beiden antarktischen Gattungen Graneledone oder Pareledone an. Viele Menschen können sich Kraken nur in warmen Gewässern vorstellen, doch sie kommen auch im Polarwasser vor, wo sie zum Teil besonders groß werden.

10 Microarcturus zeigt sein gegliedertes hartes Außenskelett, das ihn als einen Vertreter der Asselordnung ausweist.

2

3

7

4

8

5

9

6

10

dungsgebieten der gemäßigten Zone.
Die meisten Wirbellosen der Antarktis haben niedrige Vermehrungsraten. Sie bringen wenige große Eier hervor, aus denen bodenlebende Larven schlüpfen – ohne das planktonische Zwischenstadium, das in wärmeren Gewässern die Regel ist. Manche Tiere wachsen zudem ungewöhnlich langsam heran. Einige Schwammarten werden sehr groß, fast so groß wie die riesigen »Korbschwämme« der Tropen, in denen ein Mensch Platz findet, aber selbst in zehn Jahren kann man mit bloßem Auge ihren Wachstumsfortschritt nicht wahrnehmen. Ihr Alter läßt sich nur schätzen, doch es beträgt vermutlich Jahrhunderte.

Säugetiere der Meeresküsten

Der See- oder Meerotter *(Enhydria lutris)* und die verschiedenen Pelzrobbenarten sind eigentlich Bewohner der Meere in den höheren gemäßigten und unteren polaren Breiten. Gleichwohl dringen sie auch weiter in das Polarmeer vor, obschon sie sich nicht so vollkommen angepaßt haben wie die Hundsrobben und Walrosse. Sie nutzen sehr häufig dieselben Nahrungsressourcen, wobei sie einige spezifische Anpassungsmechanismen für das Leben in der Kälte entwickelt haben.
Der Meerotter ist der größte Vertreter der Marderfamilie, größer noch als die Vielfraße. Er ist am häufigsten an den Küsten des Nordpazifiks bis hinauf zu den Aleuten an der Südgrenze des Beringmeeres. Der Nördliche Seebär *(Callorhinus ursinus)* wandert zu den Pribilof- und Kommandeurinseln am Rande des Kontinentalschelfs des Beringmeers, wo über eine Million Robben von Dorschen und anderen Fischen leben. Die verschiedenen südlichen Seebärenarten sind keine Polartiere, doch eine Art, der Kerguelen-Seebär *(Arctocephalus gazella)*, benutzt die subantarktischen Inseln als Wurfplätze und ernährt sich weit südlich der Antarktischen Konvergenz von Krillkrebsen.

Ein antarktischer Schleimfisch, Trematomus challengerians, sucht auf dem Meeresgrund des McMurdo-Sunds in der Nähe eines grünen Schwamms nach Nahrung. Dieser Schwamm kommt nur in der Antarktis vor. Schleimfische verspeisen gerne kleine Krebstiere, die sie vielfach in großen Tiefen erbeuten.

Alle diese Arten wurden im 19. und zu Anfang des 20. Jahrhunderts nahezu ausgerottet, vor allem der Meerotter, der schon als ausgestorben galt, als er am Ende der zwanziger Jahre wiederentdeckt wurde; alle Tiere stehen jetzt unter strengem internationalem Schutz. Die Meerotter bewohnen felsige Küstenstriche, in denen sich sehr oft große Tang- oder Kelpteppiche ausdehnen. Sie kommen selten an Land, obwohl sie sich dort mühelos fortbewegen können.

Die Pelzrobben hingegen müssen zur Fortpflanzung an Land steigen, und auch sie sind auf festem Untergrund recht beweglich. Die großen Bullen besetzen Territorien am Strand und verteidigen diese und die in ihnen lebenden Weibchen sehr nachdrücklich gegen andere Bullen. Alle diese Tiere besitzen einen echten Pelz, doch im Unterschied zu anderen Meeressäugern nur eine dünne Speckschicht. Das Wort »Pelz« besagt, daß eine dichte Schicht Unterwolle von längeren Grannenhaaren bedeckt ist. Der Meerotter hat die dichteste Unterwolle, die wir kennen. Auf einen Quadratzentimeter entfallen mehr Haare als auf einen ganzen Menschenkopf, und ein großer Meerotter trägt ungefähr eine Milliarde Haare auf seinem Körper. Das Haarkleid der Pelzrobben ist fast ebenso dicht. So dicht ist es, daß es keine Feuchtigkeit annimmt. Wenn eine solche Robbe ins Wasser geht, werden die Grannenhaare und die Unterwolle angelegt, wobei sie Luft »einfangen«; das Resultat ist eine Art Tauchanzug, der den Körper vor der Kälte schützt. Weil eine solche luftgefüllte Isolierschicht zusammenpreßbar ist und in großen Tiefen ihre Wirkung verliert, tauchen Meerotter und Pelzrobben nur selten tiefer als 30 Meter, obwohl sie für kurze Zeit noch tiefer absteigen können. Der Pelz darf nicht schmutzig werden, da er dann seinen Zweck nicht mehr erfüllt. Deshalb betreiben die Tiere unablässig »Hautpflege«, und ölverseuchte Gewässer stellen für sie eine große Gefahr dar.

Mehrere Pelzrobbenarten der gemäßigten Zonen dringen in die Polarregionen vor. Vor allem der Südliche See-Elefant *(Mirounga mirounga = leonina)* bringt seinen Nachwuchs auf subantarktischen Inseln zur Welt. Diese größte Robbenart bewegt sich an Land recht ungeschickt fort, und über ihr Leben im Meer wissen wir nur sehr wenig. See-Elefanten sind wahr-

1

2

3

4

5

1 Papageitaucher bewohnen die Küsten des Nordatlantiks. Mit ihrem großen Schnabel können sie mehrere Fische gleichzeitig fangen und festhalten. Lunde und ähnliche Seevögel können unter Wasser »fliegen«, ungefähr so wie die Pinguine; doch im Unterschied zu diesen fliegen sie auch in der Luft.

2 Dreizehenmöwen und Tordalke versammeln sich an einer nordatlantischen Felsküste. Oft brüten Meeresvögel verschiedener Arten auf Felsküsten und Inseln, manchmal in Kolonien, die Millionen von Vögeln umfassen.

3–5 Auf den Falklandinseln führen zwei Schwarzbrauenalbatrosse ihr kunstvolles Balzritual vor (3 und 4), zu dem Tänze, Verbeugungen, Schnabelklappern und nasale Lautäußerungen gehören. Diese Art bewohnt zirkumpolar die subantarktischen Gewässer und brütet auf ozeanischen Inseln. Das Nest ist gewöhnlich ein Erdhügel und wird vielfach mit Pflanzenteilen ausstaffiert. Sobald die Jungen geschlüpft sind (5), werden sie von beiden Eltern versorgt.

scheinlich Tieftaucher, die sich von allerlei Tintenfischen und Fischen ernähren. Die Bullen erreichen ein Gewicht von vier Tonnen, werden über sechs Meter lang und haben eine lang ausgezogene Nase. Verschiedene Hundsrobben besiedeln die nördlichen Küsten und küstennahen Gewässer, allen voran der Seehund *(Phoca vitulina)* und die Kegelrobbe *(Halichoerus grypus)*. Sie führen ein ähnliches Leben wie ihre eisbewohnenden Verwandten, die weiter unten behandelt werden, aber benutzen lieber die Strände als das Meereis als Wurf- und Ruheplätze. Deshalb machen sie auch nicht so weite Ausflüge im Meer.

Vögel zwischen Land und Meer

Von allen Tieren der Polargebiete fallen die Meeres- und Strandvögel am ehesten ins Auge. Wir finden dort Hochseevögel wie die Albatrosse und deren Verwandte, die Sturmvögel, Sturmtaucher und Walvögel; küsten- und hochseebewohnende Kormorane, Möwen, Raubmöwen, Seeschwalben, Alke, Lummen, Papageitaucher und Seetaucher; ferner die ausgesprochenen Strandvögel, die Regenpfeifer und ihre Verwandten, zu denen der merkwürdige antarktische Weißgesicht-Scheidenschnabel *(Chionis alba)* gehört. Und hinzu kommen noch die sieben echten antarktischen und subantarktischen Pinguinarten, von denen nur zwei auf dem Festland selbst heimisch sind, der Adelie- und der Kaiserpinguin. Die anderen fünf, der Königs-, Zügel-, Esels-, Goldschopf- und Felsenpinguin, bewohnen das Meer bzw. die Randgebiete der Antarktis.

Die Meeres- und Strandvögel haben viele verhaltensmäßige, physiologische und anatomische Eigenheiten entwickelt, die es ihnen ermöglichen, dem extremen Polarklima Trotz zu bieten und ihre Nahrung im Meer zu finden, während sie ihre Nachkommen auf dem Festland aufziehen. Ihre Verbreitung wird weitgehend bestimmt vom Vorhandensein geeigneter Nistplätze und vom Nahrungsangebot. Die meisten Arten brüten auf Inseln oder Felsklippen. Papagei-

Ein Elfenbeinmöwenpaar beim Liebesspiel. Diese arktische Möwe ist ein ungewöhnlich eleganter Flieger, der am Rande des Packeisgürtels umherschweift. Sie brütet in großen Kolonien auf Klippen und auf dem Boden.

taucher, Sturmvögel und Walvögel benötigen Erdreich für ihre Nisthöhlen; die Lummen und Seetaucher sind Klippenbrüter, die ihre Eier auf schmalen Felsbändern ablegen; die kleinen Alke nisten oft zwischen den Felsen der Steilhänge. Brutplätze können für manche Arten Mangelware sein; das eisbedeckte antarktische Festland hat nur wenige freie Stellen zu bieten, an denen die Adeliepinguine *(Pygoscelis adeliae)* ihre Brutkolonien gründen können. Vielleicht hat dieser Mangel die Kaiserpinguine *(Aptenodytes forsteri)* dazu gezwungen, auf das küstennahe Meereis auszuweichen.

Viele der genannten Vögel fliegen über den Meeresspiegel dahin und finden ihre Nahrung unmittelbar unter der Wasseroberfläche. Einige wenige, vor allem Sturmtaucher *(Puffinus)*, verfolgen ihre Beute eine kurze Strecke unter Wasser; sie sind ausgezeichnete Flieger, die sich auch im Wasser mit ihren Flügeln vorantreiben. Doch im allgemeinen sind gutes Flug- sowie Tauchvermögen nicht miteinander vereinbar. Flugtüchtige Vögel benötigen einen sehr großen Auftrieb, während tieftauchende Arten, zum Beispiel Alke, Lummen und Papageitaucher, schwerer gebaut und nicht so flugtüchtig sind. Ein Vogel, der ausgestorbene Riesenalk *(Pinguinus impennis)*, war völlig flugunfähig, genauso wie die heutigen Pinguine. Diese Vögel besitzen einen schweren Körper und haben das Flugvermögen aufgegeben zugunsten der Fähigkeit, ihre Nahrung aus dem tiefen Wasser zu holen.

Anpassungsformen der Vögel

Das Wandern ist für keine andere Tierklasse so charakteristisch wie für die Vögel. Die großen Kolonien der nördlichen Alke und Dreizehenmöwen ziehen im Winter nach Süden, teils nur bis zum Rande des Eisgürtels, wo das Nahrungsangebot relativ groß ist. Andere legen dagegen weite Entfernungen zurück, allen voran die Küstenseeschwalben *(Sterna paradisea)*, die in der Hocharktis brüten und in südlichen und südpolaren Breiten überwintern. Im tiefen Süden lassen sie sich auf dem Meereis nieder, vermeiden jedoch den Nahrungswettbewerb mit den anderen Seeschwalben, etwa den in der Antarktis heimischen Gabelschwanz-Seeschwalben *(St. vittata)*. Ein anderer Langstrecken-Zugvogel ist die

Buntfüßige Sturmschwalbe *(Oceanites oceanicus)*, die von Süden aus den Äquator überquert und außerhalb der Brutzeit die Meere der Nordhalbkugel bewohnt.

Die Pinguine sind in ihrem Wanderverhalten stark eingeschränkt, da sie nur laufen oder schwimmen können. Die Adelies marschieren in kleinen Gruppen tage- oder gar wochenlang über das Eis, um zu ihren Brutplätzen zu gelangen. Ihr Navigationsvermögen ist hervorragend. Im Winter besiedeln sie die Randzonen des Meereises, das sich in östlicher Richtung um den antarktischen Kontinent bewegt. Die Vögel können diese Verschiebung einkalkulieren und finden nicht nur zu ihrer Kolonie zurück, sondern sogar zu den Nestern, in denen sie im Vorjahr gebrütet haben. Sie wandern zu Fuß und orientieren sich am Sonnenstand. Wenn der Himmel bedeckt ist, verlieren sie allerdings die Orientierung.

Federn sind ein ausgezeichneter Wärmeschutz. Doch kein Vogel kann sich ein so dickes »Fell« zulegen wie etwa die Eisbären. Deshalb gleichen Polarvögel wie die Trottellummen *(Uria aalge)* und die Dickschnabellummen *(U. lomvia)* ihre verhältnismäßig bescheidene Isolierung durch einen erhöhten Stoffwechselumsatz aus. Die Küken erreichen erst nach neun oder zehn Tagen eine konstante Körpertemperatur und müssen darum von ihren Eltern ständig unter die Flügel genommen werden.

Manchmal wird es den Vögeln selbst in den Polarregionen zu warm. Dann müssen sie entweder einen Teil der Körperwärme abgeben, oder ihre innere Temperatur steigt lebensgefährlich an. Der Südliche Riesensturmvogel *(Macronectes giganteus)* wird so groß wie einige Albatrosarten. Seine normale Körpertemperatur beträgt 39°C. Er besitzt Blutgefäße, die sich bis in die Füße hinziehen und dort durch ein dichtes Netz von feinen Adern verbunden sind. Indem der Vogel die Blutzufuhr zu den Füßen steigert, verteilt er die Wärme und bleibt kühl. Im anderen Extrem, wenn die Außentemperaturen auf 0°C absinken, könnten die exponierten, ungeschützten Beine einen gefährlichen Wärmeverlust bewirken. Doch der Vogel verfügt über einen Mechanismus, der dies verhindert. Die Beinarterien liegen dicht neben den Venen; somit wird das kalte Blut, das in den Beinen zirkuliert, durch das nach unten strömende warme Blut gewärmt.

1

1 Eine Küstenseeschwalbe sitzt auf ihrem Gelege. Diese Art brütet an den Küsten der Arktis und Subarktis.

2 Die im Nordatlantik und Nordpazifik heimischen Eissturmvögel ernähren sich von kleinen Meerestieren und Aas.

3 Die Skua-Raubmöwe ist die einzige Vogelart, die sowohl in der Antarktis als auch der Arktis brütet.

2

3

Außerdem wird die Körperwärme durch einen verringerten Blutstrom zu den Füßen konserviert, weil sich das Blut infolge der Kälte verdickt und die feinen Fußäderchen nicht mehr so gut versorgt werden.

Die beiden Pinguine des antarktischen Festlandes

Der Kaiserpinguin ist die südlichste und der Kälte am besten angepaßte Vogelart der Erde. Er bewohnt ausschließlich das küstennahe Festlandseis und dringt nicht nordwärts in die maritime Region vor, wie es der einzige andere Brutvogel des Kontinents, der Adeliepinguin, regelmäßig tut. Der Kaiserpinguin scheint in seinem Verhalten allen Vernunftregeln zu widersprechen: Er hat das feste Land mit dem Küsteneis vertauscht; er legt sein einziges Ei mitten im tiefsten Polarwinter; und er fastet in der kältesten Jahreszeit drei Monate lang, während er dieses einzige Ei erbrütet.

Die Federn des Kaiserpinguins sind – wie bei anderen Pinguinarten auch – winzig und fast schuppenförmig. Zwischen den Federn befinden sich keine Zwischenräume wie sonst üblich, abgesehen von der Umgebung des Brutflecks zwischen den Füßen. Das Federkleid bildet eine Art Schale, die das Wasser von der Haut fernhält. Unter den äußeren Federn liegt eine dunige Unterschicht aus fast haarähnlichen Federn, die zusätzlich der Wärmeisolierung dient.

Spät im Mai, wenn die Kaiserpinguine genügend Fettreserven gespeichert haben, versammeln sie sich auf dem dicken Eis vor der Festlandsküste. Kurz nach ihrem Eintreffen legen die Weibchen im Dunkel der Polarnacht jeweils ein einzelnes Ei, welches die größeren Männchen sofort auf ihre Füße und unter eine Hautfalte bugsieren, die das Ei wie eine Decke schützt. Die Weibchen verschwinden dann und widmen sich zwei Monate lang dem Nahrungserwerb im Meer. Die Tiere kennen kein Territorialverhalten. Vielmehr drängen sich die brütenden Männchen so dicht zusammen, daß nur etwa 20 Prozent ihrer Körperoberfläche frei bleiben; das gilt natürlich nicht für die weniger glücklichen Vögel am Rand der Brutkolonie. Die Tiere können sich ein bißchen hin und her bewegen, ohne jedoch ihr Ei zu verlieren, aus dem nach 60 bis 65 Tagen das Küken schlüpft. Während der Brutzeit verlieren die Männchen bis zu 40 Prozent ihres Körpergewichts. Bald nach dem Schlüpfen kehren die Weibchen aus dem Meer zurück, um die Jungen zu betreuen. Gleichzeitig ziehen die Männchen zum Meer. Während des Frühlings wird das Küken von beiden Elternteilen gefüttert, und im Dezember wird es flügge, kurz bevor die Eisdecke, die seine Heimat bildet, aufzubrechen beginnt. Die Kaiserpinguine verbringen somit ungefähr ein halbes Jahr bei ihren Eiern und Jungen. Warum so lange? Das ist ein Opfer, das sie ihrer Körpergröße bringen müssen. Je größer ein Vogel ist, desto länger dauern das Brutgeschäft und die Jugendentwicklung. Der kleinere Adeliepinguin benötigt dafür nur die Hälfte der Zeit.

Das Brutverhalten der Adeliepinguine ist einfacher. Die Vögel beziehen rechtzeitig im Frühling ihr Nest, eine schlichte Plattform aus Steinen, auf der das Weibchen seine zwei Eier ablegt. Wie bei den Kaiserpinguinen übernimmt auch bei den Adelies das Männchen die erste Schicht des Brutgeschäfts, während sich das Weibchen zur Nahrungssuche ans Meer begibt. Es kehrt nach etwa zwei Wochen zurück, um das Männchen abzulösen, und nach weiteren zwei Wochen stellt sich das Männchen wieder ein und bestreitet die letzte Runde der Brutzeit. Die Jungen werden von den Altvögeln ungefähr drei Wochen lang betreut und verlassen die Kolonie etwa anderthalb Monate nach dem Schlüpfen, um sich selbst durchzuschlagen. Während dieser langen Zeit von der Eiablage bis zum Flüggewerden warten Raubmöwen, Eissturmvögel und Scheidenschnäbel auf eine Gelegenheit, unbeaufsichtigte Eier oder Küken zu stehlen; die Verluste, die durch diese Räuber entstehen, belaufen sich manchmal auf 80 Prozent. Seeleoparden patrouillieren in der Nähe der Brutkolonien durch die Küstengewässer und stellen den Altvögeln nach, die von den Brutplätzen kommen oder zu ihnen zurückkehren. Doch diese Pinguinart kann solche schweren Verluste verkraften, weil die Sterblichkeitsrate der Vögel sehr niedrig ist, sobald sie sich einmal im sicheren Meer befinden, und weil sie ein Alter von mehr als 20 Jahren erreichen können.

Das Reich der Robben und Wale

Leben zwischen Eisbergen

Alle Wirbeltiere, mit Ausnahme der meisten antarktischen »Eisfische« der Familie *Chaenichthyidae*, besitzen rote Blutkörperchen. Genauer gesagt: Bei einigen Eisfischen bestehen die festen Bestandteile des Blutes bis zu 30 Prozent aus roten Blutzellen – bei der Mehrzahl der Wirbeltiere sind es 95 bis 99 Prozent –, die meisten aber haben keinerlei rote Blutzellen und somit auch kein Hämoglobin. Das ist nur in dem ständig eiskalten Wasser des Südpolarmeeres möglich, denn je kälter das Wasser ist, desto mehr Sauerstoff kann es binden. Es hat den Anschein, daß die verschiedenen sogenannten Antarktisfische (Notothenioiden) zu einer Verringerung der Zahl der roten Blutkörperchen neigen; man könnte auch sagen, daß sie anämisch sind. Sie gleichen jedoch diesen Mangel auf verschiedene Weise aus, vor allem durch Reduzierung ihrer Aktivität. Neuere Forschungen haben außerdem gezeigt, daß bei ihnen das Blutvolumen, die Pumpleistung des Herzens sowie die Fließgeschwindigkeit des Blutes größer sind als bei anderen Fischen. Und sie haben in ihrer Haut und in ihren Flossen sehr viel mehr Kapillaren oder Haargefäße, mit deren Hilfe sie Sauerstoff aus dem Wasser aufnehmen.

In der Arktis kann dagegen ein Fisch nicht auf rote Blutkörperchen verzichten. Dort herrschen Arten vor, welche aus der nördlichen gemäßigten Zone stammen, wie beispielsweise Heringe, Dorsche, Lachse und Plattfische, die in die arktischen Gewässer vorgedrungen

Inmitten treibender Eisschollen tauchen die runzligen schnauzbärtigen Gesichter und die elfenbeinernen Hauer von Walrossen auf. Die Haut der Walroßbullen ist an den meisten Stellen dick wie ein Daumen – etwa zwei Zentimeter. Der Nacken wird sogar durch eine sieben Zentimeter dicke Haut geschützt. Bei den Weibchen ist die Haut dagegen einheitlich etwa ein Zentimeter dick. Unter der Haut liegt eine zehn Zentimeter dicke Speck- oder Blubberschicht.

bedingte Produktivität ihrer Phytoplanktonnahrung am höchsten ist, insbesondere im atlantischen Teil des Südpolarmeeres. Im Sommer bevölkern riesengroße Krillschwärme das Oberflächenwasser bis zu einer Tiefe von zehn Meter, und zwar sowohl im offenen Meer als auch zwischen dem lockeren Packeis. Das Vorkommen der Krillfresser – Fische, Pinguine, Robben und Wale – ist abhängig vom Vorhandensein ihrer Krillnahrung. Einige Fachleute schätzen die Gesamtmasse des ständig im Südpolarmeer verfügbaren Krills auf rund 250 Millionen Tonnen. Davon konsumiert allein der Krabbenfresser *(Lobodon carcinophagus)* wahrscheinlich etwa 100 Millionen Tonnen. In den Tagen vor dem kommerziell betriebenen Walfang verspeisten die Wale sehr viel mehr als heutzutage, vielleicht sogar noch mehr als die Krabbenfresser. Infolge der weitgehenden Ausrottung der Wale haben die Bestände der Krabbenfresser, der krillvertilgenden Pinguine, der Kerguelen-Seebären *(Arctocephalus gazella)* und wohl auch einiger Fischarten vermutlich zugenommen. Alle diese Tiere benötigen jedoch sehr unterschiedliche Krillmengen. Wale brauchen im Jahr schätzungsweise nur das Vierfache ihres Körpergewichts an Krillnahrung, Krabbenfresser das Zwanzig- oder Fünfundzwanzigfache und Pinguine sogar das Siebzigfache. Das erklärt sich mit dem Verhältnis von Körperoberfläche zu Körpermasse; je größer dieses Verhältnis ist, desto mehr Nahrung wird für die Wärmeerzeugung statt für den Körperaufbau verbraucht.

Das Meereis als Lebensraum

Das Meereis stellt einen stabilen Lebensraum für Tierarten dar, die einstmals ein »Landleben« führten. Die Meeressäugetiere sind allesamt aus luftatmenden Landsäugetieren hervorgegangen. Sie sind ins Meer zurückgekehrt und haben sich eine Körperform zugelegt, die äußerlich der eines Fisches ähnelt,

Eine Walroßherde drängt sich in der Tschuktschensee auf Eisschollen zusammen. Die Tiere reiten gewöhnlich auf dem Treibeis, wenn es im Frühling nach Norden driftet, im Herbst schwimmen sie vor dem sich bildenden Eis südwärts. Die geselligen Walrosse schließen sich oft zu Herden von Hunderten oder gar Tausenden Einzeltieren zusammen.

aber zugleich haben sie die wesentlichen Säugetiermerkmale beibehalten. Seebären und Seelöwen bringen ihre Jungen noch immer an Land zur Welt, während das Walroß nur gelegentlich zum Ausruhen das Land aufsucht. Andere Meeressäuger, etwa die Hundsrobben der Arktis und Antarktis, steigen nur selten an Land; sie benutzen zum Ruhen, Gebären und Säugen das Meereis. Wie die Robben sind auch die Wale vom Festland ins Meer zurückgekehrt, doch sie brauchen weder das Land noch das Meereis.

Das Meereis, das sich aus Meerwasser bildet und noch Hunderte von Kilometern vom Festland entfernt vorkommt, ist ein Bestandteil des Meeres, und daher gelten jene Tiere, die es als Liege- oder Wurfplatz benutzen, zu Recht als echte Meerestiere. Es gibt nur eine einzige Vogelart – den Kaiserpinguin –, die niemals das Festland betritt, aber sie brütet auf dem Eis unmittelbar vor der Küste, und deshalb sind diese Tiere nicht als echte Meeresbewohner zu betrachten.

Das Meereis beeinflußt nachhaltig das Leben der Robben und Walrosse sowie einiger Walarten. Vier Robbenarten – die Weddellrobbe, der Krabbenfresser, die Rossrobbe und der Seeleopard – bewohnen das Eis der Antarktis, sechs das der Arktis: Ringel-, Band-, Bart-, Kegel- und Sattelrobbe sowie die Klappmütze. Sie alle gehören der Hundsrobbenfamilie *Phocidae* an, im Unterschied zu den Seelöwen und Seebären der Familie *Otariidae* (Ohrenrobben), die kleine äußere Ohren besitzen, wie schon der Name sagt, und sich mit Hilfe ihrer vier Gliedmaßen recht gut fortbewegen können. Die Hundsrobben haben keine äußeren Ohren, sondern nur ein kleines Loch beiderseits des Kopfes, mit dem sie allerdings sehr gut hören können. Sie sind spindelförmig gebaut und haben die Fähigkeit eingebüßt, bei der Fortbewegung auf dem Boden ihre Hintergliedmaßen nach vorne zu drehen. Im Wasser treiben sie sich mit seitlichen Schlägen ihrer »Schwanzflosse« voran, auf einem festen Untergrund schieben sie sich nach Raupenmanier vorwärts.

Doch auf Eisflächen sind einige recht behende; die Krabbenfresser, die Bandrobben und einige andere gleiten auf glattem Meereis wie ein Reptil dahin und sind dabei so schnell wie ein Mensch in vollem Trab.

Das Walroß *(Odobenus rosmarus)*, das ausschließlich in den nördli-

1

2

3

5

6

4

1 Seehunde bewohnen häufig die Fjorde der subarktischen Region. Dort halten sie sich oft auf den von den Gletschern abgelösten Eisschollen auf.

2 Die Krabbenfresser sind die häufigsten Wasserraubtiere der Welt. Mehr als 15 Millionen dieser Tiere bevölkern das Meereis des Südpolarmeeres. Sie ernähren sich nicht von »Krabben«, wie es der Name vermuten läßt, sondern von winzigen Krebstieren, dem sogenannten Krill, der in den antarktischen Gewässern massenhaft vorkommt.

3 Es ist ein grotesker Anblick, wenn ein Klappmützenbulle seinen Nasenrüssel aufbläht, um männliche Artgenossen vor dem Betreten seines Territoriums zu warnen. Dieser »Ballon« kann abwechselnd aus einem der beiden Nasenlöcher ausgestoßen werden.

4 Die Antarktis-Drachenfische sind die einzigen Wirbeltiere, die farbloses Blut besitzen. Das ist auf das Fehlen der roten Blutkörperchen zurückzuführen.

5 Eine Rippenqualle treibt im Wasser der Resolute Bay in den kanadischen Nordwestterritorien. Diese Filtrierer ernähren sich, indem sie mit ihren kammähnlichen Wimpern einen Sog erzeugen, durch den Plankton in ihre Mundöffnung gespült wird.

6 Die Qualle Periphylla der antarktischen Gewässer gehört zur Ordnung der Tiefseequallen, die in vielen Weltmeeren vertreten ist. Periphylla steigt häufig in die obere Wasserschicht auf.

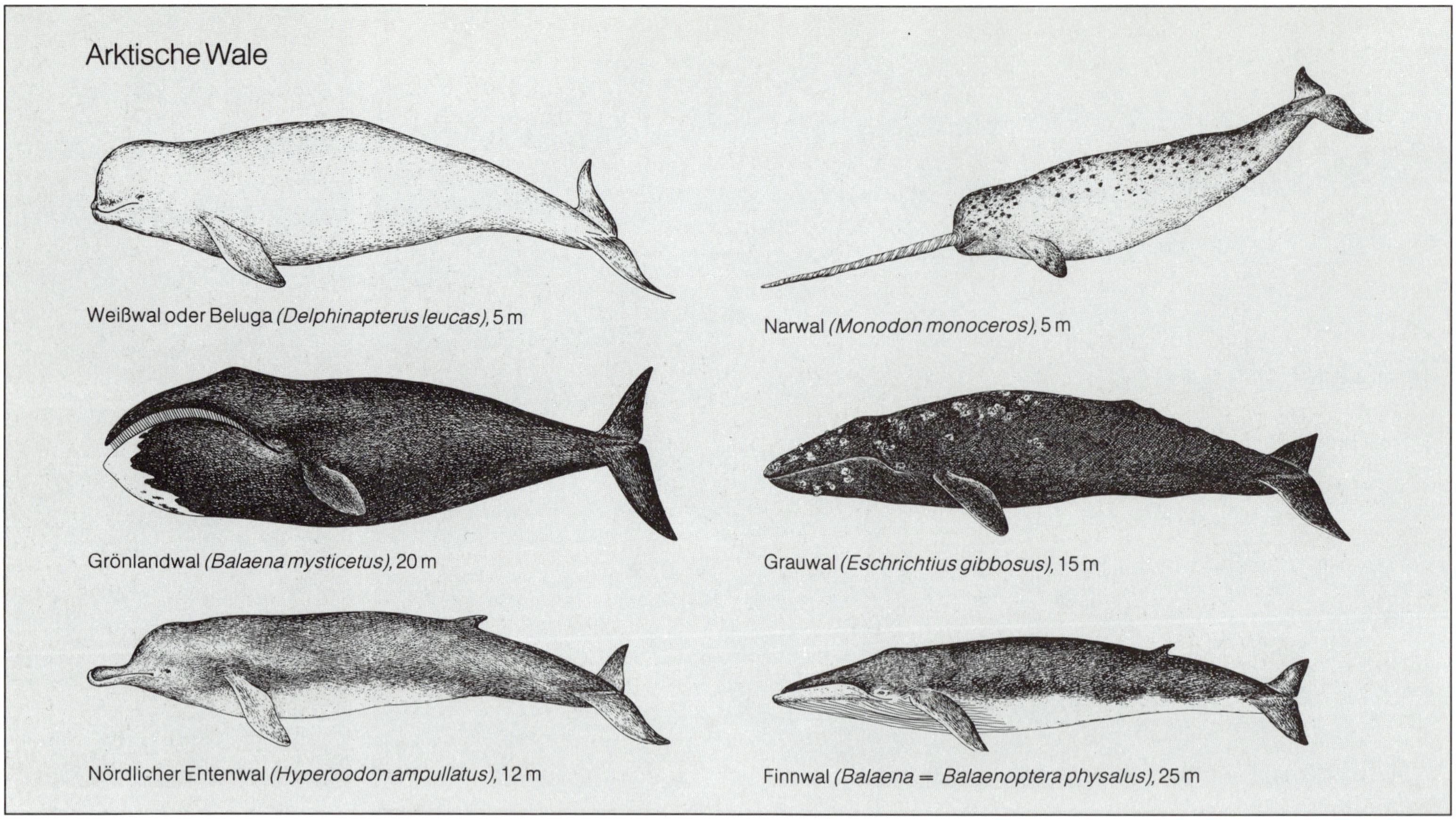
Arktische Wale
Weißwal oder Beluga (Delphinapterus leucas), 5 m
Narwal (Monodon monoceros), 5 m
Grönlandwal (Balaena mysticetus), 20 m
Grauwal (Eschrichtius gibbosus), 15 m
Nördlicher Entenwal (Hyperoodon ampullatus), 12 m
Finnwal (Balaena = Balaenoptera physalus), 25 m

1

2

3

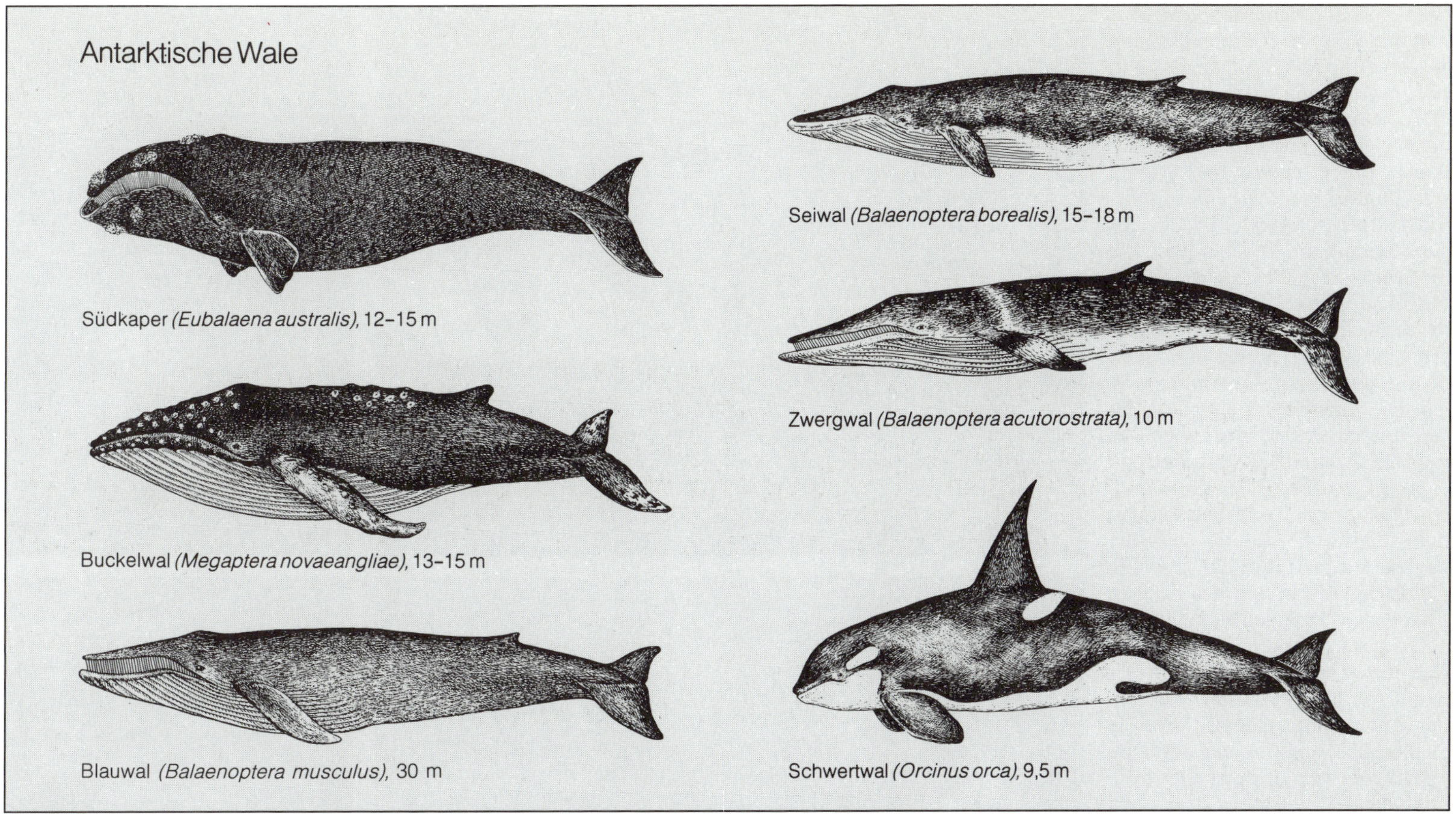

4

1 Unweit des offenen Wassers des kanadischen Eismeers taucht ein Zwergwal durch ein kleines Loch auf, um Atem zu schöpfen. Dies ist die einzige Furchenwalart, die das ganze Jahr über das lockere Eis bewohnt. Der Zwergwal ist zu klein – er mißt nur zehn Meter –, um die feste Eisdecke durchbrechen zu können.

2 Eine »Schule« Weißwale zieht durch die kalten kanadischen Gewässer. Diese Wale bilden oft sehr große Verbände, die bisweilen Hunderte von Tieren umfassen. Die Verbände stellen jedoch keine geschlossenen sozialen Einheiten dar, sondern zufällige Ansammlungen kleinerer Gruppen von höchstens zehn Tieren. Die Weißwale sind sehr lautfreudig, und wegen ihrer abwechslungsreichen »Gesänge«, die sie unter Wasser anstimmen, werden sie manchmal als »Kanarienvögel des Meeres« bezeichnet.

3 Ein Weißwal oder Beluga steigt in der kanadischen Arktis zur Wasseroberfläche auf. Dieser Wal ist ein Küstenbewohner, der Fische, Tintenfische und andere Wirbellose jagt, die er oft bis in die Häfen und Flüsse hinein verfolgt. Im Wasser bewegt er sich ungemein gewandt; durch Rudern mit der Fluke (Schwanzflosse) kann er sogar rückwärts schwimmen.

*4 Ein Blauwal atmet beim Auftauchen aus. Der Atemstrahl, der aus den Spritz- oder Spautlöchern des Wals aufsteigt, entsteht dadurch, daß der in der ausgeatmeten warmen Luft enthaltene Wasserdampf kondensiert.
Der Blauwal ist das größte Tier der Erdgeschichte.*

chen und arktischen Meeren vorkommt, wirkt wie eine Mischung aus Seehund und Seelöwe. Es kann sich, wenngleich ungeschickt, mit Hilfe seiner Schwanzflossen auf dem Meereis und auf dem festen Land fortbewegen. Im Wasser schwimmt es meist wie eine Hundsrobbe, doch gelegentlich benutzt es auch seine Vordergliedmaßen wie die Seelöwen; es bewegt sie fast wie Flügel auf und ab. Das Walroß und die zehn eisbewohnenden Robbenarten suchen zielstrebig das Meereis auf, wenn sie sich ausruhen wollen. Die meisten Wale meiden dagegen stark vereiste Meeresgebiete; nur drei Arten leben ganzjährig in eisigen Gewässern: der Grönlandwal, der Narwal und der Beluga- oder Weißwal. Andere, etwa die Furchen- oder Finnwale, also die nächsten Verwandten des riesigen Blauwals, verbringen einen großen Teil des Jahres im Eiswasser, halten sich dort aber nicht ständig auf. Obwohl sie den Nahrungsreichtum der Polarmeere ausnutzen, sind sie an das Leben im Eis nicht so gut angepaßt wie zum Beispiel der Grönlandwal.

Das Leben der Wale

Über die Wale sind wir noch weniger informiert als über die Robben. Grundsätzlich unterscheiden wir zwei Walgruppen: solche mit Zähnen (Zahnwale) und solche mit Bartenplatten, die am Oberkiefer aufgehängt sind (Bartenwale). Die Barten bestehen aus demselben Material wie Haare und Fingernägel – aus Keratin. Am Rand und an der Spitze sind die Barten fadenförmig aufgefasert und ergeben so eine Art Sieb, mit dem kleines Zooplankton aus dem Meerwasser ausgeseiht wird. Die Bartenwale ernähren sich von winzigen Tieren, die sie in riesigen Mengen zu sich nehmen müssen. Die Zahnwale, deren größter Vertreter der Pottwal ist und zu denen auch die Schwertwale und die kleineren Delphine und Tümmler gehören, halten sich dagegen an größere Meeresorganismen, vor allem Fische.

Da die Bartenwale das reiche Zooplanktonangebot der Polarmeere nutzen können, sind sie dort in größerer Zahl und Mannigfaltigkeit vertreten als in anderen Meeresgegenden. Die Nahrungsaufnahme beschränkt sich allerdings auf den Sommer, wenn die planktonischen Krebstiere, zumal Krill und Ruderfüßer, in sehr dichten Schwärmen das Wasser bevölkern. Einige kleine Fischarten ziehen ebenfalls in Schwärmen durch das Wasser, um dieses reiche Nahrungsangebot auszunutzen, und diese Fische werden ebenfalls von den Walen verspeist.

Der bemerkenswerteste Vertreter dieser Gruppe ist der Grönlandwal *(Balaena mysticetus)*. Ein 20 Meter langer Grönlandwal kann fast vier Meter lange Barten besitzen, die von einem stark hochgewölbten Oberkiefer herabhängen, der beinahe ein Viertel der Gesamtlänge des Tiers ausmacht. Der Grönlandwal ist insofern der ungewöhnlichste Bartenwal überhaupt, als er ganzjährig die polaren Gewässer bewohnt und nicht in wärmere Meere abwandert, wie es bei den anderen Bartenwalen üblich ist. Er lebt im kanadischen Archipel und bei Grönland, vor allem aber in den Gewässern Beringias. Die Gesamtzahl der Grönlandwale ist nicht genau bekannt, aber die heutigen Be-

1

2

4

5

7

1–7 Die abschmelzenden oder zerfallenden Eisberge der Antarktis sind zuweilen phantastisch gestaltet. Manche bilden Eispalisaden aus, andere tragen Türme und Spitzen aus Eis. Die frühen Polarforscher hielten die riesigen Eisberge manchmal für neuentdecktes Land. Das Hauptmerkmal eines jungen antarktischen Eisbergs ist seine tafelähnliche Form (1); man bezeichnet sie deshalb auch als Tafeleisberge. Obwohl diese Eisberge eine Mächtigkeit von 600 Meter haben können, sind sie oben stark abgeflacht, weil sie von dem Eisschelf, das den Kontinent umgibt, abgebrochen sind. In der Arktis gibt es jedoch nur wenige Eisschelfe; hier stammen die Eisberge von kalbenden Gletschern, die in unregelmäßige und vergleichsweise kleine Blöcke zerfallen. Eisberge der Antarktis können dagegen die Fläche des amerikanischen Bundesstaates Rhode Island oder der Insel Sizilien einnehmen.

3

8

8 Ein arktischer Eisberg, der mit der Strömung nach Süden driftet und wahrscheinlich von Grönland oder von der Ellesmere-Insel stammt, schwimmt auf dem Wasser der neufundländischen Notre Dame Bay.

6

stände stellen vermutlich nur noch ein Zehntel des einstigen Reichtums an Tieren dar.

Im Gegensatz zum Grönlandwal, der zu den »Glattwalen« zählt, ziehen die an ihren Kehlfurchen kenntlichen »Furchenwale« regelmäßig in wärmere Gewässer. Zu ihnen gehören die Verwandten des Blauwals *(Balaenoptera musculus)*, der über 30 Meter lang wird, und des Finnwals *(B. physalus)*, der eine Länge von über 20 Meter erreichen kann. Diese Arten finden ihre Nahrung in polaren und subpolaren Gewässern und wandern dann in gemäßigte oder sogar tropische Meere, wo sie ihre Jungen gebären.

Ein weiterer Bartenwal, der wiederum den Glattwalen zugerechnet wird, ist der Grauwal *(Eschrichtius robustus = gibbosus)*, der sich gleichfalls nur während des Sommers in polaren Breiten aufhält. Er verbringt den Winter in tropischen Lagunen vor Mexiko, wo seine Kälber im warmen Wasser geboren werden und aufwachsen.

Die Narwale *(Monodon monoceros)* und die Weißwale *(Delphinapterus leucas)*, die beide der Familie der Gründelwale angehören, sind in den vom Meereis beherrschten nördlichen Gewässern heimisch. Sie zählen zwar zu den Zahnwalen, aber ein ausgewachsener Narwal hat keinerlei Zähne im Maul. Statt dessen wächst ihm ein Schneidezahn durch den Oberkiefer und verwandelt sich in einen langen, schraubenförmig gedrehten Stoßzahn, der linksgewunden ist. In der Regel bildet sich nur *ein* Stoßzahn, der 2,50 Meter lang werden kann. Vereinzelt kommen aber auch zwei solcher Zähne vor.

Der Weißwal oder Beluga *(Delphinapterus leucas)* ist uns sehr viel besser bekannt. Er ist nicht so stark wie der Grönlandwal oder der Narwal an einen vereisten Lebensraum gebunden. Seine Nahrung besteht vorwiegend aus Fischen, aber er verspeist auch alle möglichen Wirbellosen. Als Fischfresser folgt er zuweilen den Lachsen weit flußaufwärts.

Der Schwertwal *(Orcinus orca)*, auch Mord- oder Killerwal genannt, ist ebenfalls in polaren Gewässern zu Hause. Mit einer Länge von über acht Meter und einem Gewicht von fünf bis sechs Tonnen – das gilt freilich nur für die Männchen, die Weibchen bleiben erheblich kleiner – ist der Schwertwal das größte Mitglied der Delphinfamilie. Er kommt in gemäßigten Breiten vor bis hinauf nach Beringia im Nordpazifik, scheint aber im Südpolarmeer am häufigsten zu sein.

Der wunderschön schwarzweiß gezeichnete Schwertwal ist in der Tat ein »Killer«, der die größten Wale ebenso umbringen kann wie Robben und Delphine, doch seine Hauptnahrung bilden Fische.

Ein Landraubtier im Meer

Der Eisbär *(Thalarctos = Ursus maritimus)* hat sich im Pleistozän aus einem graubärähnlichen Vorfahren entwickelt. Seine Zuordnung zu den Meeressäugern verdankt er allein dem Umstand, daß er meistenteils auf dem Meereis umherschweift, wo er Robben und jungen, leicht zu erbeutenden Walrossen nachstellt. Er ist jedoch anatomisch und physiologisch nicht speziell an das Leben im Meer angepaßt. Hin und wieder verspeist er auch Fische, doch seine Hauptbeute sind jene Meeressäugerarten, die das Meereis bewohnen und nicht schnell genug flüchten können, wenn sich der Feind ihnen nähert. Der Eisbär hat eine Nase für die Kinderstuben der Ringelrobben, die er zwischen den wirren Haufen des zertrümmerten Küsteneises aufspürt. Er gräbt die Jungtiere aus und verschlingt sie. Zu anderen Jahreszeiten lauert er an den Atemlöchern im Eis den ausgewachsenen Ringelrobben auf.

Eisbären sind indes auch weit draußen auf dem Meer zahlreich vertreten, denn ihr Lebensraum umfaßt einen Hunderte von Kilometern breiten Meereisgürtel. Da in solcher Entfernung von der Küste nur wenige Ringelrobben vorkommen, stellt sich die Frage, womit die Bä-

1 Das Fell des Eisbären ist lang und sehr dicht, so daß es einen hervorragenden Schutz im eiskalten Wasser wie auch auf dem Land bietet.

2 Ein Eisbär tut sich an der sommerwarmen Küste der alaskischen William O. Douglas Wildlife Range an einem Walkadaver gütlich. Wie viele andere Tiere, die in kalten Klimazonen heimisch sind, besitzt der Eisbär eine dicke Fettschicht, die Energiespeicher und Wärmeschutz zugleich ist.

ren dort draußen ihren Lebensunterhalt bestreiten. Die naheliegende Antwort lautet: von Walrossen. Walrosse verlassen panikartig das Eis, sobald ein Mensch oder ein Eisbär sich ihnen nähert, und wenn sie sich ins Meer stürzen, haben die Kälber oft das Nachsehen. Ein Eisbär attackiert tatsächlich gerne eine Walroßgruppe, offensichtlich nur in der Absicht, die Tiere in Panik zu versetzen. Vielleicht gelingt es ihm dabei, ein Jungtier bei den »Schwanzflossen« zu erwischen, bevor es ins Wasser flüchten kann. Dann hat das kleine Walroß keine Chance mehr. Es wird wahrscheinlich mit einem kräftigen Prankenhieb auf den Kopf getötet. Der Bär reißt das Beutetier hinter dem Kopf auf und verleibt sich nach und nach die Fettschicht und das Fleisch ein, so daß am Schluß von dem Walroß nichts weiter übrigbleibt als ein umgestülpter Balg und die Knochen.

Das Tierreich

Systematische Übersicht

Bis in die Antike reichen die Versuche des Menschen zurück, die Vielzahl der Lebewesen (Pflanzen und Tiere) sinnvoll zu gliedern und zu gruppieren. Doch erst dem schwedischen Naturforscher Carl von Linné (1707–1778) gelang mit seinem Hauptwerk *Systema naturae* (1735, maßgebende 10. Auflage 1758) eine befriedigende, auf Verwandtschaftsbeziehungen beruhende systematische Klassifizierung der Organismen, die im wesentlichen bis heute gültig geblieben ist. Linnés großes Verdienst ist es darüber hinaus, daß er die bis dahin sehr willkürliche Namengebung vereinheitlichte und die »binäre Nomenklatur« (aus zwei Wörtern bestehende Benennung) einführte. Seither tragen alle Tier- und Pflanzenarten einen international genormten wissenschaftlichen (lateinischen) Doppelnamen, der sich aus der (großgeschriebenen) Gattungs- und der (kleingeschriebenen) Artbezeichnung zusammensetzt, z. B. *Canis lupus* = Wolf.

Das Linnésche System bildet gleichsam eine Pyramide, die von oben nach unten reich abgestuft ist, vom umfassenden Begriff »Reich« bis hinunter zur »Art«, welche die Grundeinheit der belebten Natur darstellt. Die wichtigsten Stufen der Pyramide lauten in absteigender Folge: Reich (Regnum), Stamm (Phylum), Klasse (Classis), Ordnung (Ordo), Familie (Familia), Gattung (Genus) und Art (Species). Zur Feingliederung haben die Systematiker noch eine Reihe von weiteren Abstufungen eingefügt: Unterreiche, Unterstämme, Über- und Unterfamilien, Untergattungen, Unterarten usw.

Sämtliche Tiere, die es auf der Erde gibt und je gegeben hat, gehören somit einem einzigen Reich an und gliedern sich in 28 Stämme, etwa doppelt so viele Klassen und schließlich in rund 1,5 Millionen einzelne Arten.

Wie logisch das System aufgebaut ist, läßt sich am Beispiel des Wolfs erläutern. Von Stufe zu Stufe wird diese Art enger eingegrenzt, bis sie am Ende eindeutig definiert ist:

Reich: Tiere – *Animalia* (alle tierischen Lebewesen, vom Pantoffeltierchen bis zum Menschen)

Stamm: Chordatiere – *Chordata* (alle Tiere mit einer Chorda oder »Rückensaite«, die den Körper stützt)

Unterstamm: Wirbeltiere – *Vertebrata* (dieser weitaus größte Unterstamm der Chordatiere umfaßt alle Tiere mit einer Wirbelsäule, also Fische, Reptilien, Amphibien, Vögel und Säugetiere)

Klasse: Säugetiere – *Mammalia* (alle Wirbeltiere, die lebende Junge zur Welt bringen und nach der Geburt säugen)

Ordnung: Raubtiere – *Carnivora* (alle felltragenden Vierbeiner mit charakteristischem Raubtiergebiß, vom Iltis bis zum Löwen)

Familie: Hundeartige Raubtiere – *Canidae* (die gesamte Hundesippschaft, Wölfe, Füchse, Schakale und Kojoten)

Gattung: Hunde – *Canis* (Wolfs- und Schakalartige)

Art: Wolf – *Canis lupus* (vom Wolf gibt es noch mehrere Unterarten, die mit einem dreiteiligen Namen bezeichnet werden, z. B. *C. l. lupus* = Europäischer Wolf, oder *C. l. familiaris* = Haushund).

Das seit Linné stark erweiterte und verfeinerte moderne Ordnungssystem ist so kompliziert und umfangreich, daß man es auf wenigen Seiten unmöglich vollständig wiedergeben kann. Dennoch wird im folgenden der Versuch gewagt, es wenigstens in seinen Grundzügen darzustellen, so daß immerhin das Gesamtgefüge und der stammesgeschichtlich bedingte Aufbau des Tierreichs sichtbar werden. Dabei stehen die uns vertrauteren und im vorliegenden Band dominierenden Chorda- bzw. Wirbeltiere im Vordergrund, während die Wirbellosen nur ganz summarisch erfaßt werden können. Das ist in volkstümlichen zoologischen Darstellungen durchaus üblich, auch wenn dies nicht den objektiven Gegebenheiten, sondern eher der subjektiven Einstellung des Menschen zur Tierwelt entspricht, wie schon zwei Zahlenangaben erkennen lassen: Von den 28 Stämmen des Tierreichs ist nur ein einziger den Chordatieren, von den Fischen bis zu den Säugern, vorbehalten, und von den rund 1,5 Millionen Tierarten, die wir kennen, entfallen mehr als die Hälfte allein auf die Klasse der Insekten!

Um die reichlich abstrakte systematische Übersicht ein wenig mit Leben zu erfüllen, werden den jeweils untersten Kategorien (meist Familien) nach dem Doppelpunkt vielfach einige typische und allgemein bekannte Vertreter der betreffenden Gruppe beigefügt.

TIERREICH (ANIMALIA)

Unterreich und Stamm Einzeller (Protozoa)

Klasse Geißeltierchen oder -träger (Flagellata): *Goldmonaden, Panzergeißler*
Klasse Wurzelfüßer (Rhizopoda): *Amöben, Strahlentierchen*
Klasse Sporentierchen (Sporozoa): *Kokzidien*
Klasse Wimpertierchen (Ciliata): *Infusorien, Glockentierchen, Pantoffeltierchen*

Unterreich Vielzeller (Metazoa)

Stamm Schwammtiere (Spongia oder Porifera)

Klasse Kalkschwämme (Calcarea)
Klasse Glasschwämme (Hexactinellida oder Triaxonia): *Gießkannenschwamm*
Klasse Gemeine Schwämme (Demospongia)
Ordnung Strahlschwämme (Tetraxonida)
Familie Korkschwämme (Suberitidae): *Feigenschwamm*
Ordnung Netzfaserschwämme (Cornacuspongida)
Familie Süßwasserschwämme (Spongillidae): *Teichschwamm*
Familie Badeschwämme (Spongiidae)

Stamm Nesseltiere (Cnidaria)

Klasse Hydrozoen (Hydrozoa)
Ordnung Staatsquallen (Siphonophora): *Portugiesische Galeere*
Klasse Echte Quallen (Scyphozoa)
Ordnung Stielquallen (Stauromedusae): *Becherqualle*
Ordnung Fahnenquallen (Semaeostomae): *Ohrenqualle*
Klasse Blumentiere oder -polypen (Anthozoa)
Unterklasse Sechsstrahlige Korallen (Hexacorallia)
Ordnung Seerosen (Actiniaria)
Ordnung Steinkorallen (Madreporaria): *Fächerkorallen, Sternkoralle, Weiße Koralle*
Ordnung Dörnchenkorallen (Antipatharia): *Schwarze Koralle*
Ordnung Krustenanemonen (Zoantharia)
Ordnung Zylinderrosen (Ceriantharia)
Unterklasse Achtstrahlige Korallen (Octocorallia)
Ordnung Lederkorallen (Alcyonaria): *Orgelkorallen, Meerhand*
Ordnung Rinden- oder Hornkorallen (Gorgonaria): *Edelkorallen, Venusfächer*
Ordnung Blaue Korallen (Helioporida)
Ordnung Seefedern (Pennatularia)

Stamm Nessellose Hohltiere (Acnidaria)

Klasse Rippenquallen (Ctenophora)
Ordnung Cydippeen (Cydippidea): *Seestachelbeere, Seenuß*
Ordnung Venusgürtel (Cestidea)

Stamm Plattwürmer (Plathelminthes)

Klasse Strudelwürmer (Turbellaria): *Planarien*
Klasse Saugwürmer (Trematoda): *Egel*
Klasse Bandwürmer (Cestoda): *Hundebandwurm*

Stamm Kelchwürmer (Kamptozoa oder Entoprocta)

Klasse Schnurwürmer (Nemertini)

Stamm Schlauch- oder Rundwürmer (Nemathelminthes oder Aschelminthes)

Klasse Bauchhaarlinge oder Flaschentierchen (Gastrotricha)
Klasse Rädertierchen (Rotatoria)
Klasse Fadenwürmer (Nematoda): *Essigälchen, Spulwurm, Madenwurm, Trichine*
Klasse Saitenwürmer (Nematomorpha)
Klasse Hakenrüßler (Kinorhyncha)
Klasse Kratzer (Acanthocephala)

Stamm Priapswürmer (Priapulida)

Stamm Weichtiere (Mollusca)

Klasse Käferschnecken (Placophora oder Loricata)
Klasse Wurmschnecken oder Furchenfüßer (Solenogastres)
Klasse Schnecken (Gastropoda)
Ordnung Altschnecken (Diotocardia)
Familie Meerohren (Halotidae)
Familie Lochschnecken (Fissurellidae)
Familie Napfschnecken (Patellidae)
Familie Kreiselschnecken (Trochidae)
Ordnung Kammkiemer (Monotocardia)
Familie Turmdeckelschnecken (Cochlostomidae)

Familie Sumpfdeckelschnecken (Viviparidae)
Familie Blasenschnecken (Ampullariidae): *Apfelschnecke*
Familie Strandschnecken (Littorinidae)
Familie Turmschnecken (Turritellidae)
Familie Wurmschnecken (Vermetidae)
Familie Porzellanschnecken (Cypraeidae): *Tigerschnecke, Geldkaurischnecke*
Familie Nabelschnecken (Naticidae)
Familie Sturmhauben (Cassidae): *Helmschnecke*
Familie Stachelschnecken (Muricidae): *Purpurschnecke, Brandhorn*
Familie Olivenschnecken (Olividae)
Familie Walzenschnecken (Volutidae)
Familie Mitraschnecken (Mitridae)
Familie Kegelschnecken (Conidae): *Mittelmeerkegel, Gloria maris*
Ordnung Wasserlungenschnecken (Basommatophora)
Ordnung Landlungenschnecken (Stylommatophora)
Familie Wegschnecken (Arionidae): *Große Rote und Schwarze Wegschnecke, Gartenwegschnecke*
Familie Hain- und Schnirkelschnecken (Helicidae): *Weinbergschnecke*
Ordnung Nacktkiemer (Nudibranchia)
Klasse Kahn- oder Grabfüßer (Scaphopoda)
Familie Elefantenzähne (Dentaliidae)
Klasse Muscheln (Bivalvia)
Ordnung Fadenkiemer (Filibranchia oder Lamellibranchia)
Familie Archenmuscheln (Arcidae): *Arche Noah*
Familie Miesmuscheln (Mytilidae)
Familie Kammuscheln (Pectinidae): *Pilgermuschel*
Familie Austern (Ostreidae)
Ordnung Blattkiemer (Eulamellibranchiata)
Familie Herzmuscheln (Cardiidae)
Familie Riesenmuscheln (Tridacnidae): *Mördermuschel*
Familie Venusmuscheln (Veneridae)
Familie Flußmuscheln (Unionidae): *Malermuschel, Teichmuschel*
Familie Tellmuscheln (Tellinidae)
Familie Scheidenmuscheln (Solenidae): *Messerscheide*
Familie Bohrmuscheln (Pholadidae)
Klasse Kopffüßer (Cephalopoda)
Unterklasse Perlboote oder Vierkiemer (Tetrabranchiata)
Unterklasse Tintenschnecken oder Zweikiemer (Dibranchiata)
Ordnung Zehnarmige Tintenschnecken oder -fische (Decabrachia): *Gemeiner Tintenfisch, Kalmare*
Ordnung Achtarmige Tintenschnecken oder -fische (Octobrachia): *Kraken, Papierboot*

Stamm Spritzwürmer (Sepunculida)

Stamm Igel- oder Sternwürmer (Echiurida)

Stammgruppe Gliedertiere (Articulata)

Stamm Ringel- oder Gliederwürmer (Annelida)

Klasse Vielborster (Polychaeta)
Ordnung Freilebende Vielborster (Errantia): *Seemaus*
Ordnung Festsitzende Vielborster (Sedentaria): *Sandwurm, Köcherwurm*
Klasse Saugmünder (Myzostomida)
Klasse Gürtelwürmer (Clitellata)
Ordnung Wenigborster (Oligochaeta): *Schlammröhrenwurm, Enchyträen, Regenwürmer*
Ordnung Blutegel (Hirudinea): *Medizinischer Blutegel, Pferdeegel*

Stamm Stummelfüßer (Onychophora)

Stamm Bärtierchen (Tardigrada)

Stamm Zungenwürmer (Linguatulida oder Pentastomida)

Stamm Gliederfüßer (Arthropoda)

Unterstamm Fühlerlose oder Scherenfüßer (Chelicerata)

Klasse Spinnentiere (Archnida)
Ordnung Skorpione (Scorpiones)
Ordnung Skorpionspinnen (Pedipalpi)
Ordnung Echte Spinnen (Araneae)
Familie Falltürspinnen (Ctenizidae)
Familie Vogelspinnen (Aviculariidae)
Familie Kugelspinnen (Theridiidae): *Schwarze Witwe*
Familie Radnetzspinnen (Araneidae): *Kreuzspinne*
Familie Trichterspinnen (Agelenidae): *Hauswinkelspinne, Wasserspinne*
Familie Wolfsspinnen (Lycosidae): *Taranteln*
Familie Krabbenspinnen (Thomisidae)
Familie Springspinnen (Salticidae)
Ordnung Afterskorpione (Pseudoscorpiones): *Bücherskorpion*
Ordnung Walzenspinnen (Solifuga)
Ordnung Weberknechte oder Kanker (Phalangidae oder Opiliones)
Ordnung Milben (Acari oder Acarina): *Zecken, Krätzmilbe*
Klasse Asselspinnen (Pantopoda)

Unterstamm Zweiantennentiere (Diantennata oder Branchiata)

Klasse Krebstiere (Crustacea)
Unterklasse Kiemenfüße (Anostraca): *Salz- oder Salinenkrebschen*
Unterklasse Blattfußkrebse (Phyllopoda)
Ordnung Krallenschwänze (Onychura): *Wasserflöhe*
Unterklasse Muschelkrebse (Ostracoda)
Unterklasse Ruderfußkrebse (Copepoda): *Hüpferlinge*
Unterklasse Fischläuse (Branchiura): *Karpfenlaus*
Unterklasse Rankenfüßer (Cirripedia): *Seepocken, Entenmuschel*
Unterklasse Höhere Krebse (Malacostraca)
Ordnung Leuchtkrebse (Euphausiacea): *Krill*
Ordnung Zehnfußkrebse (Decapoda)
Familie Süßwassergarnelen (Atyidae)
Familie Langusten (Palinuridae)
Familie Hummer (Homaridae)
Familie Flußkrebse (Astacidae)
Familie Einsiedlerkrebse (Paguridae)
Familie Wollkrebse (Dromiidae): *Wollkrabbe*
Familie Schamkrabben (Calappidae)
Familie Schwimmkrabben (Portunidae): *Strandkrabbe, Blaukrabben*
Familie Renn- und Winkerkrabben (Ocypodidae)
Familie Springkrabben (Grapsidae): *Felsenkrabbe, Wollhandkrabbe*
Ordnung Spaltfüßer (Mysidacea)
Ordnung Flohkrebse (Amphipoda): *Bachflohkrebs, Strandfloh, Wattkrebs*
Ordnung Asseln (Isopoda): *Wasserassel, Kellerassel*

Unterstamm Tracheentiere (Tracheata oder Antennata)

Klasse Tausendfüßer (Myriapoda)
Unterklasse Hundertfüßer (Chilopoda)
Ordnung Erdläufer (Geophilomorpha)
Ordnung Skolopender (Scolopendromorpha)
Ordnung Steinläufer (Lithobiomorpha)
Unterklasse Doppelfüßer (Diplopoda)
Ordnung Pinselfüßer (Pselaphognatha)
Ordnung Schnurfüßer (Chilognatha)
Unterklasse Wenigfüßer (Pauropoda)
Unterklasse Zwergfüßer (Symphyla)
Klasse Insekten oder Kerbtiere (Insecta oder Hexapoda)
Unterklasse Urinsekten (Apterygota)
Ordnung Borstenschwänze (Thysanura)
Ordnung Doppelschwänze (Diplura)
Ordnung Beintastler (Protura)
Ordnung Springschwänze (Collembola)
Unterklasse Fluginsekten (Pterygota)
Ordnung Eintagsfliegen (Ephemerida oder Ephemeroptera)
Ordnung Steinfliegen (Plecoptera)
Ordnung Libellen (Odonata)
Unterordnung Kleinlibellen (Zygoptera): *Prachtlibellen, Azurjungfern*
Unterordnung Großlibellen (Anisoptera): *Edellibellen, Flußjungfern, Quelljungfern*
Ordnung Geradflügler (Orthoptera)
Unterordnung Schrecken (Saltatoria)
Familie Heupferde (Tettigonidae)
Familie Maulwurfsgrillen (Gryllotalpidae)
Familie Grillen (Gryllidae): *Feldgrille, Hausgrille*
Familie Catantopiden (Catantopidae): *Wanderheuschrecke*
Familie Feldheuschrecken (Acrididae): *Grashüpfer*
Unterordnung Gespenstschrecken (Phasmida)
Familie Stabschrecken (Bacteriidae)
Familie Wandelnde Blätter (Phyllidae)
Unterordnung Ohrwürmer (Dermaptera)
Ordnung Schabenartige (Blattoidea)
Unterordnung Fangschrecken (Mantodea): *Gottesanbeterin*
Unterordnung Schaben (Blattaria): *Küchenschabe*
Unterordung Termiten (Isoptera)
Ordnung Läuseverwandte (Psocoidea)
Unterordnung Bücherläuse (Copeognatha)
Unterordnung Federlinge oder Kieferläuse (Mallophaga): *Hundehaarling*
Unterordnung Echte Läuse (Anoplura): *Kopflaus, Kleiderlaus*
Ordnung Blasenfüße, Fransenflügler oder Thripse (Thysanoptera)
Ordnung Schnabelkerfe (Hemiptera oder Rhynchota)
Unterordnung Wanzen (Heteroptera)
Familie Bettwanzen (Cimicidae)
Familie Raubwanzen (Reduviidae)
Familie Schmalwanzen (Miridae)
Familie Wasserläufer (Gerridae)
Familie Schildwanzen (Pentatotomidae): *Stinkwanze*
Familie Skorpionswanzen (Nepidae): *Wasserskorpion*
Familie Rückenschwimmer (Notonectidae)
Unterordnung Pflanzensauger oder Zikaden (Homoptera)
Familie Singzikaden (Cicadidae)
Familie Schaumzikaden (Cercopidae)
Familie Buckelzirpen (Membracidae)
Familie Blattflöhe (Psyllidae): *Apfelblattsauger*
Familie Blattläuse (Aphididae)
Familie Baumläuse (Lachnidae)
Familie Schildläuse (Coccidae)
Ordnung Hautflügler (Hymenoptera)
Unterordnung Pflanzenwespen (Symphyta)
Familie Holzwespen (Siricidae)
Familie Blattwespen (Tenthredinidae)
Unterordnung Legwespen (Terebrantes)
Familie Schlupfwespen (Ichneumonidae)
Familie Hungerwespen (Evaniidae)
Familie Gallwespen (Cynipidae)
Unterordnung Stechwespen (Aculeata)
Familie Faltenwespen (Vespidae): *Feldwespen, Hornisse, Deutsche Wespe*
Familie Ameisen (Formicidae): *Treiberameisen, Blattschneiderameisen, Waldameise*
Familie Bienen (Apidae): *Honigbiene, Hummeln*
Ordnung Käfer (Coleoptera)
Unterordnung Raubkäfer (Adephaga)
Familie Sandlaufkäfer (Cicindelidae)
Familie Laufkäfer (Carabidae): *Bombardierkäfer, Prunklaufkäfer*
Familie Schwimmkäfer (Dytiscidae): *Gelbrandkäfer*
Familie Taumelkäfer (Gyrinidae)
Unterordnung Vielfresser (Polyphaga)
Familie Wasserkäfer (Hydrophilidae): *Kolbenwasserkäfer*
Familie Aaskäfer (Silphidae): *Totengräber*
Familie Leuchtkäfer (Lampyridae)
Familie Weichkäfer (Cantharidae)
Familie Schnellkäfer (Elateridae)
Familie Marienkäfer (Coccinellidae)

Familie Klopfkäfer (Anobiidae)
Familie Ölkäfer (Meloidae): *Blasenkäfer, Spanische Fliege*
Familie Schwarzkäfer (Tenebrionidae)
Familie Blatthornkäfer (Scarabaeidae): *Pillendreher, Mistkäfer, Maikäfer*
Familie Hirschkäfer (Lucanidae)
Familie Bockkäfer (Cerambycidae): *Hausbock, Zimmermannsbock*
Familie Blattkäfer (Chrysomelidae): *Ulmenblattkäfer, Kartoffelkäfer*
Familie Borkenkäfer (Scolytidae)
Familie Rüsselkäfer (Curculionidae): *Rebenstecher, Apfelblütenstecher, Fichtenrüßler*
Ordnung Netzflügler (Neuroptera)
Unterordnung Schlammfliegen (Megaloptera)
Unterordnung Kamelhalsfliegen (Raphidides)
Unterordnung Echte Netzflügler oder Hafte (Planipennia)
Familie Ameisenlöwen (Myrmeleonidae): *Ameisenjungfern*
Familie Goldaugen oder Florfliegen (Chrysopidae)
Ordnung Köcherfliegen (Trichoptera)
Ordnung Schmetterlinge (Lepidoptera)
Familie Echte Motten (Tineidae): *Kleidermotte, Pelzmotte*
Familie Sackspinner (Psychidae)
Familie Glasflügler (Aegeriidae): *Hornissenschwärmer*
Familie Holzbohrer (Cossidae)
Familie Wickler (Tortricidae): *Apfelwickler*
Familie Geistchen (Orneodidae)
Familie Zünsler (Pyralididae): *Wachsmotte*
Familie Spanner (Geometridae): *Birkenspanner*
Familie Augenspinner (Saturniidae): *Nachtpfauenaugen, Kometenfalter*
Familie Glucken (Lasiocampidae): *Eichenspinner, Kiefernspinner*
Familie Echte Spinner (Bombycidae): *Maulbeerspinner*
Familie Trägspinner (Lymantriidae): *Nonne*
Familie Schwärmer (Sphingidae): *Totenkopfschwärmer, Abendpfauenauge*
Familie Prozessionsspinner (Thaumatopeidae)
Familie Eulenfalter (Noctuidae): *Rotes Ordensband, Kieferneule*
Familie Bärenspinner (Arctiidae): *Brauner Bär*
Familie Widderchen (Zygaenidae): *Blutströpfchen*
Familie Dickkopffalter (Hesperiidae): *Malvenfalter*
Familie Ritterfalter (Papilionidae): *Schwalbenschwanz, Segelfalter, Apollofalter*
Familie Weißlinge (Pieridae): *Kohlweißling, Zitronenfalter*
Familie Bläulinge (Lycanidae): *Dukatenfalter, Zipfelfalter*
Familie Morphofalter (Morphidae)
Familie Fleckenfalter (Nymphalidae): *Kleiner Fuchs, Tagpfauenauge, Landkärtchen, Distelfalter*
Familie Augenfalter (Satyridae): *Brettspielfalter, Waldportier*
Familie Danaiden (Danaidae): *Monarchfalter*
Ordnung Zweiflügler (Diptera)
Unterordnung Mücken (Nematocera)
Familie Gallmücken (Itoniidae)
Familie Haarmücken (Bibionidae): *Märzfliege*
Familie Stechmücken (Culicidae): *Fiebermücken*
Familie Gnitzen (Heleidae)
Familie Zuckmücken (Tendipedidae)
Familie Kriebelmücken (Melusinidae)
Familie Schnaken (Tipulidae)
Unterordnung Fliegen (Brachycera)
Familie Bremsen (Tabanidae): *Rinderbremse*
Familie Jagdfliegen (Asilidae)
Familie Netzfliegen (Nemestrinidae)
Familie Wollschweber (Bombylidae)
Familie Schwebfliegen (Syrphidae): *Schlammfliege*
Familie Fruchtfliegen (Trypetidae)
Familie Halmfliegen (Chloropidae)
Familie Taufliegen (Drosophilidae)
Familie Echte Fliegen (Muscidae): *Stubenfliegen, Wadenstecher, Tsetse-Fliege*
Familie Lausfliegen (Hippoboscidae)
Familie Schmeißfliegen (Calliphoridae): *Blaue Schmeißfliege, Fleischfliege*
Familie Dasselfliegen (Oestridae)
Ordnung Flöhe (Siphonaptera): *Menschenfloh, Hundefloh*

Stamm Kranzfühler (Tentaculata oder Lophophora)

Klasse Hufeisenwürmer (Phoronidea)
Klasse Moostierchen (Bryozoa)
Klasse Armfüßer (Brachiopoda)
Unterklasse Schloßlose Armfüßer (Ecardines)
Unterklasse Schalenschloß-Armfüßer (Testicardines)

Stamm Kragentiere (Branchiotremata)

Klasse Eichelwürmer (Enteropneusta)
Klasse Flügelkiemer (Pterobranchia)

Stamm Bartwürmer (Pogonophora)

Stamm Stachelhäuter (Echinodermata)

Klasse Haarsterne und Seelilien (Crinoidea)
Ordnung Zirrentragende Seelilien (Isocrinida)
Ordnung Haar- oder Federsterne (Comatulida)
Ordnung Zirrenlose Seelilien (Millericrinida)
Klasse Seewalzen (Holothuroidea)
Klasse Seeigel (Echinoidea)
Ordnung Lanzenseeigel (Cidaroida)
Ordnung Lederseeigel (Lepidocentroida)
Ordnung Diademseeigel (Diadematoida)
Ordnung Sanddollars oder Schildseeigel (Clypeasteroida)
Ordnung Herzseeigel (Spatangoida)
Klasse Seesterne (Asteroidea)
Ordnung Großplattenseesterne (Phanerozonoda)
Ordnung Stachelseesterne (Spinulosa)
Ordnung Zangenseesterne (Forcipulata)
Klasse Schlangensterne (Ophiuroidea)
Ordnung Medusensterne (Phrynophiurida)
Familie Medusenhäupter (Gorgonocephalidae): *Gorgonenhaupt*

Stamm Pfeilwürmer oder Borstenkiefer (Chaetognatha)

Stamm Chordatiere (Chordata)

Unterstamm Manteltiere (Tunicata)

Klasse Seescheiden (Ascidia)
Klasse Salpen (Thaliacea)
Klasse Geschwänzte Schwimm-Manteltiere (Apendicularia oder Copelata)

Unterstamm Schädellose (Acrania)

Ordnung Lanzettfischchen (Amphioxiformes)

Unterstamm Wirbeltiere (Vertebrata)

Klasse Kieferlose (Agnatha oder Cyclostomata): *Inger, Neunaugen*
Überklasse Fische (Pisces)
Klasse Knorpelfische (Chondrichthyes)
Unterklasse Plattenkiemer (Elasmobranchii)
Ordnung Haie (Selachii)
Familie Sandhaie (Carchariidae)
Familie Makrelenhaie (Isuridae): *Weißer Hai, Heringshai*
Familie Riesenhaie (Cetorhinidae)
Familie Ammenhaie (Orectolobidae)
Familie Katzenhaie (Scyliorhinidae)
Familie Glatthaie (Triakidae)
Familie Blauhaie (Carcharhinidae): *Blauhai, Tigerhai, Riffhai*
Familie Hammerhaie (Sphyrnidae)
Familie Meersauhaie (Oxynotidae)
Familie Dornhaie (Squalidae)
Familie Engelhaie (Squatinidae): *Meerengel*
Ordnung Rochen (Rajiformes oder Batoidei)
Familie Sägerochen (Pristidae)
Familie Geigenrochen (Rhinobatidae)
Familie Zitterrochen (Torpedinidae)
Familie Echte Rochen (Rajidae)
Familie Stachel- oder Stechrochen (Dasyatidae)
Familie Adlerrochen (Myliobatidae)
Familie Teufelsrochen (Mobulidae): *Riesenmanta*
Unterklasse Seedrachen (Holocephali)
Familie Seekatzen (Chimaeridae)
Klasse Knochenfische (Osteichthyes)
Ordnung Flösselhechte (Polypteriformes oder Cladistia)
Ordnung Störe (Acipenseriformes oder Chondrostei): *Hausen, Sterlet*
Ordnung Knochenhechte (Lepisosteiformes): *Alligatorfisch*
Ordnung Kahlhechte (Amiiformes): *Schlammfische*
Ordnung Aalartige (Anguilliformes)
Familie Aale (Anguillidae): *Europäischer und Amerikanischer Aal*
Familie Muränen (Muraenidae)
Familie Meeraale (Congridae)
Familie Pelikanaale (Eupharyngidae)
Ordnung Heringsfische (Clupeiformes)
Familie Heringe (Clupeidae): *Atlantischer Hering, Sprotten, Sardinen, Alsen*
Familie Sardellen (Engraulidae)
Ordnung Knochenzüngler (Osteoglossiformes)
Familie Knochenzüngler (Osteoglossidae): *Arapaima*
Familie Messerfische (Notopteridae)
Ordnung Nilhechte (Mormyriformes)
Ordnung Lachsfische (Salmoniformes)
Familie Lachse (Salmonidae): *Atlantischer Lachs, Forelle, Saiblinge, Renken, Äschen*
Familie Stinte (Osmeridae)
Familie Hechtlinge (Galaxidae)
Familie Hechte (Esocidae)
Familie Laternenfische (Myctophidae)
Ordnung Karpfenfische (Cypriniformes)
Familie Salmler (Characidae): *Schmucksalmler, Neonfische*
Familie Sägesalmler (Serrasalmidae): *Pirayas*
Familie Beilbauchfische (Gasteropelecidae)
Familie Spritzsalmler (Lebiasinidae)
Familie Kopfsteher (Anostomidae)
Familie Zitteraale (Electrophoridae)
Familie Messeraale (Gymnotidae)
Familie Weißfische (Cyprinidae): *Bärblinge, Kardinalfische, Plötze, Rotfedern, Döbel, Elritzen, Ukelei, Brassen, Schleie, Bitterlinge, Gründlinge, Barben, Karpfen, Karauschen*
Familie Schmerlen (Cobitidae): *Prachtschmerlen, Schlammpeitzger*
Ordnung Welse (Siluriformes)
Familie Katzenwelse (Ictaluridae)
Familie Echte Welse (Siluridae): *Flußwels*
Familie Elektrische Welse (Malapteruridae)
Familie Fiederbartwelse (Mochocidae)
Familie Panzerwelse (Callichthyidae)
Familie Harnischwelse (Loricariidae)
Ordnung Armflosser (Lophiiformes)
Familie Seeteufel (Lophiidae)
Familie Fühlerfische (Antennariidae)
Familie Seefledermäuse (Ogcocephalidae)
Familie Laternenangler (Linophrynidae)
Ordnung Dorschfische (Gadiformes)
Familie Dorsche (Gadidae): *Kabeljau, Aalquappen, Schellfische*
Familie Seehechte (Merlucciidae)
Familie Aalmuttern (Zoarcidae)
Familie Grenadierfische (Macrouridae)
Ordnung Ährenfischartige (Atheriniformes)

Familie Fliegende Fische (Exocoetidae)
Familie Eierlegende Zahnkarpfen (Cyprinodontidae): *Floridakärpfling, Prachtkärpflinge*
Familie Lebendgebärende Zahnkarpfen (Poeciliidae): *Guppy, Schwertträger*
Familie Ährenfische (Atherinidae)
Ordnung Stichlingsfische (Gasterosteiformes)
Familie Stichlinge (Gasterosteidae): *Dreistachliger Stichling*
Familie Seenadeln (Syngnathidae): *Seepferdchen, Fetzenfische*
Ordnung Panzerwangen (Scorpaeniformes)
Familie Drachenköpfe (Scorpaenidae): *Skorpionsfisch, Goldbarsch, Rotfeuerfische*
Familie Knurrhähne (Triglidae)
Familie Groppen (Cottidae)
Ordnung Barschartige (Perciformes)
Familie Sägebarsche (Serranidae): *Seebarsch, Zackenbarsche*
Familie Sonnenbarsche (Centrarchidae)
Familie Echte Barsche (Percidae): *Flußbarsch, Zander, Kaulbarsch*
Familie Stachelmakrelen (Carangidae)
Familie Goldmakrelen (Coryphaenidae)
Familie Schnapper (Lutianidae)
Familie Meerbrassen (Sparidae)
Familie Umberfische (Sciaenidae)
Familie Meerbarben (Mullidae)
Familie Borstenzähner (Chaetodontidae): *Engelfische, Kaiserfische*
Familie Buntbarsche (Cichlidae): *Maulbrüter, Segelflosser*
Familie Riffbarsche (Pomacentridae): *Anemonenfische*
Familie Meeräschen (Mugilidae)
Familie Pfeilhechte (Sphyraenidae): *Barrakudas*
Familie Lippfische (Labridae)
Familie Antarktis-Drachenfische (Bathydraeconidae)
Familie Eisfische (Chaenichthyidae)
Familie Schleimfische (Blenniidae)
Familie Grundeln (Gobiidae)
Familie Makrelen (Scombridae): *Thunfische*
Familie Fächerfische (Istiophoridae): *Marline*
Familie Kletterfische (Anabantidae)
Familie Labyrinthfische (Belontiidae): *Makropoden, Kampffische, Fadenfische*
Ordnung Plattfische (Pleuronectiformes)
Familie Steinbuttverwandte (Scophthalmidae)
Familie Schollen (Pleuronectidae)
Familie Zungen (Soleidae)
Ordnung Kugelfischverwandte (Tetraodontiformes)
Familie Drückerfische (Balistidae): *Picassofisch, Feilenfische*
Familie Kofferfische (Ostraciontidae)
Familie Kugelfische (Tetraodontidae)
Familie Mondfische (Molidae)
Ordnung Quastenflosser (Crossopterygii)
Ordnung Lungenfische (Dipnoi)
Klasse Lurche oder Amphibien (Amphibia)
Ordnung Schwanzlurche (Urodela oder Caudata)
Familie Winkelzahnmolche (Hynobiidae)
Familie Riesensalamander (Cryptobranchidae)
Familie Olme (Proteidae): *Grottenolm*
Familie Echte Salamander und Molche (Salamandridae): *Feuersalamander, Kammolch, Teichmolch*
Familie Querzahnmolche (Ambystomatidae)
Familie Lungenlose Salamander (Plethodontidae): *Bachsalamander, Waldsalamander*
Ordnung Froschlurche (Anura oder Salientia)
Familie Urfrösche (Leiopelmatidae)
Familie Zungenlose (Pipidae): *Krallenfrösche, Wabenkröten*
Familie Scheibenzüngler (Discoglossidae): *Geburtshelferkröten, Unken*
Familie Krötenfrösche (Pelobatidae): *Schaufelfüße, Zipfelfrösche*
Familie Echte Frösche (Ranidae): *Wasserfrosch, Grasfrosch, Baumsteigerfrösche, Riedfrösche*
Familie Engmundfrösche (Microhylidae)
Familie Echte Kröten (Bufonidae): *Erdkröte, Wechselkröte*
Familie Laubfrösche (Hylidae): *Laubfrosch, Schmied*
Familie Südfrösche (Leptodactylidae): *Pfeiffrösche, Ochsenfrosch*
Ordnung Blindwühlen (Gymnophiona oder Caecilia)
Klasse Kriechtiere oder Reptilien (Reptilia)
Ordnung Schildkröten (Testudines oder Chelonia)
Unterordnung Halsberger (Cryptodira)
Familie Alligatorschildkröten (Chelydridae): *Schnappschildkröte*
Familie Schlammschildkröten (Kinosternidae)
Familie Sumpfschildkröten (Emydidae): *Europäische Sumpfschildkröte, Schmuckschildkröten, Wasserschildkröten*
Familie Landschildkröten (Testudinidae): *Griechische Landschildkröte, Sternschildkröte, Galapagos-Riesenschildkröte*
Familie Meeresschildkröten (Cheloniidae): *Suppenschildkröte, Karettschildkröten*
Familie Lederschildkröten (Dermochelyidae)
Familie Weichschildkröten (Trionychidae)
Unterordnung Halswender (Pleurodira)
Familie Schlangenhalsschildkröten (Chelidae): *Fransenschildkröte, Spitzkopfschildkröten*
Ordnung Schnabelköpfe (Rhynchocephalia): *Brückenechse*
Ordnung Krokodile (Crocodylia)
Familie Alligatoren (Alligatoridae): *Mississippi-Alligator, Kaimane*
Familie Echte Krokodile (Crocodylidae): *Nilkrokodil, Leistenkrokodil*
Familie Gaviale (Gavialidae)
Ordnung Schuppenkriechtiere (Squamata)
Unterordnung Echsen (Sauria)
Familie Geckos (Geckonidae)
Familie Flossenfüße (Pygopodidae)
Familie Leguane (Iguanidae): *Grüner Leguan, Krötenechsen, Meerechse, Wüstenleguane, Basilisken*
Familie Agamen (Agamidae): *Hardun, Dornschwänze, Moloch, Flugdrachen*
Familie Chamäleons (Chamaeleonidae)
Familie Glattechsen (Scincidae): *Sandskinke, Walzenechsen, Mabuyen*
Familie Gürtelechsen (Cordylidae): *Gürtelschweife*
Familie Schienenechsen (Teiidae): *Rennechsen, Ameiven, Tejus*
Familie Eidechsen (Lacertidae): *Zauneidechse, Smaragdeidechse, Wüstenrenner, Fransenfinger*
Familie Schleichen (Anguidae): *Blindschleiche, Ringelschleichen*
Familie Krustenechsen (Helodermatidae): *Gila-Krustentier*
Familie Warane (Varanidae): *Gouldwaran, Komodowaran*
Unterordnung Schlangen (Serpentes oder Ophidia)
Familie Riesenschlangen (Boidae): *Pythons, Hundskopfschlangen, Anakondas*
Familie Nattern (Colubridae): *Ringelnatter, Strumpfbandnattern, Boomslang*
Familie Giftnattern (Elapidae): *Kobras, Mambas, Taipan*
Familie Seeschlangen (Hydrophilidae)
Familie Vipern (Viperidae): *Ottern, Puffottern, Hornviper*
Familie Grubenottern (Crotalidae): *Klapperschlangen, Lanzenottern, Mokassinschlangen*
Klasse Vögel (Aves)
Ordnung Laufvögel (Struthioniformes)
Familie Nandus (Rheidae)
Familie Strauße (Struthionidae)
Familie Emus (Dromaiidae)
Familie Kasuare (Casuariidae)
Familie Kiwis (Apterygidae)
Ordnung Lappentaucher (Podicipediformes): *Haubentaucher*
Ordnung Seetaucher (Gaviiformes): *Prachttaucher, Sterntaucher*
Ordnung Pinguine (Sphenisciformes)
Ordnung Röhrennasen (Procellariformes)
Familie Albatrosse (Diomedeidae)
Familie Sturmvögel (Procellariidae): *Eissturmvögel, Walvögel, Sturmtaucher*
Familie Sturmschwalben (Hydrobatidae)
Ordnung Ruderfüßer (Pelecaniformes)
Familie Tropikvögel (Phaethontidae)
Familie Pelikane (Pelecanidae)
Familie Kormorane (Phalacrocoracidae)
Familie Schlangenhalsvögel (Anhingidae)
Familie Tölpel (Sulidae)
Familie Fregattvögel (Fregatidae)
Ordnung Stelzvögel (Ciconiiformes)
Familie Reiher (Ardeidae): *Graureiher, Rohrdommeln*
Familie Störche (Ciconiidae): *Weißstorch, Marabus*
Familie Ibisvögel (Threskiornithidae): *Heiliger Ibis, Sichler, Löffler*
Ordnung Flamingos (Phoenicopteriformes)
Ordnung Gänsevögel (Anseriformes)
Familie Entenvögel (Anatidae): *Gänse, Enten, Säger*
Ordnung Greifvögel (Falconiformes)
Familie Neuweltgeier (Cathartidae): *Andenkondor, Königsgeier*
Familie Sekretäre (Sagittariidae)
Familie Greife oder Habichtartige (Accipitridae): *Gleitaare, Wespenbussarde, Milane, Habichte, Bussarde, Adler, Altweltgeier, Weihen*
Familie Falken (Falconidae): *Gerfalk, Wanderfalk*
Ordnung Hühnervögel (Galliformes)
Familie Großfußhühner (Megapodiidae)
Familie Fasanvögel (Phasianidae): *Rauhfußhühner, Feldhühner, Wachteln, Pfauen, Truthühner, Perlhühner, Fasanen*
Familie Hoatzins (Opisthocomidae)
Ordnung Kranichvögel (Gruiformes)
Familie Rallen (Rallidae): *Wasserrallen, Wekarallen, Sumpfhühner, Teichhühner, Bläßhühner, Takahe*
Familie Kraniche (Gruidae)
Familie Trappen (Otididae)
Familie Seriemas (Cariamidae)
Ordnung Wat- oder Regenpfeifervögel (Charadriiformes)
Familie Blatthühnchen (Jacanidae)
Familie Schnepfenvögel (Scolopacidae): *Brachvögel, Pfuhlschnepfen, Wasserläufer, Strandläufer*
Familie Säbelschnäbler (Recurvirostridae)
Familie Regenpfeifer (Charadriidae): *Kiebitze, Steinwälzer*
Familie Austernfischer (Haematopodidae)
Familie Scheidenschnäbel (Chionididae)
Familie Brachschwalben (Glareolidae): *Rennvögel, Brachschwalben*
Familie Triele (Burhinidae)
Familie Raubmöwen (Stercorariidae)
Familie Möwen (Laridae)
Familie Seeschwalben (Sternidae)
Familie Scherenschnäbel (Rynchopidae)
Familie Alken (Alcidae): *Lummen, Papageitaucher, Schopfalk*
Ordnung Taubenvögel (Columbiformes)
Familie Tauben (Columbidae)
Familie Flughühner (Pteroclididae): *Steppenhuhn, Spießflughuhn*
Ordnung Papageivögel (Psittaci oder Psittaciformes)
Familie Papageien (Psittacidae): *Kakadus, Loris, Eulenpapagei, Sittiche, Amazonen, Aras*
Ordnung Kuckucksvögel (Cuculiformes)
Familie Turakos (Musophagidae)
Familie Kuckucke (Cuculidae)
Ordnung Eulenvögel (Strigiformes)
Familie Schleiereulen (Tytonidae)
Familie Eulen (Strigidae): *Zwergohreulen, Uhus, Käuze*
Ordnung Nachtschwalben oder Schwalmvögel (Caprimulgiformes)
Familie Schwalme (Podargidae)
Familie Ziegenmelker (Caprimulgidae)
Ordnung Seglervögel (Apodiformes)
Familie Segler (Apodidae): *Mauersegler*
Ordnung Kolibris (Trochiliformes)
Ordnung Verkehrtfüßer oder Trogons (Trogoniformes)
Ordnung Mausvögel (Coliiformes)

Ordnung Rackenvögel (Coraciformes)
Familie Eisvögel (Alcedinidae)
Familie Todis (Todidae)
Familie Sägeracken (Momotidae)
Familie Bienenfresser oder Spinte (Meropidae)
Familie Racken (Coraciidae)
Familie Hopfe (Upupidae): *Wiedehopf*
Familie Nashornvögel (Bucerotidae): *Tokos, Hornvögel, Hornraben*
Ordnung Spechtvögel (Piciformes)
Familie Glanzvögel (Galbulidae)
Familie Faulvögel (Bucconidae)
Familie Bartvögel (Capitonidae)
Familie Honiganzeiger (Indicatoridae)
Familie Tukane (Ramphastidae)
Familie Spechte (Picidae): *Wendehälse, Zwergspechte, Schwarzspechte*
Ordnung Sperlingsvögel (Passeriformes)
Unterordnung Schreivögel (Clamatores)
Familie Baumsteiger (Dendrocolaptidae)
Familie Töpfervögel (Furnariidae)
Familie Ameisenvögel (Formicariidae)
Familie Pittas (Pittidae)
Familie Tyrannen (Tyrannidae)
Familie Schmuckvögel (Cotingidae)
Familie Leierschwänze (Menuridae)
Unterordnung Singvögel (Oscines)
Familie Lerchen (Alaudidae)
Familie Schwalben (Hirundinidae)
Familie Stelzen (Motacillidae): *Wiesenpieper, Bachstelze*
Familie Haarvögel oder Bülbüls (Pycnonotidae)
Familie Würger (Laniidae): *Raubwürger, Neuntöter*
Familie Seidenschwänze (Bombycillidae)
Familie Wasseramseln (Cinclidae)
Familie Zaunkönige (Troglodytidae)
Familie Spottdrosseln (Mimidae)
Familie Fliegenschnäpper (Muscicapidae): *Timalien, Häherlinge, Droßlinge*
Familie Grasmücken (Sylviidae): *Zistensänger, Seidenrohrsänger, Schwirle, Spötter, Laubsänger*
Familie Drosseln (Turdidae): *Rotschwänze, Nachtigallen, Schmätzer, Steinrötel, Amsel, Wacholderdrossel*
Familie Meisen (Paridae)
Familie Kleiber (Sittidae)
Familie Blütenpicker (Dicaeidae)
Familie Nektarvögel (Nectarinidae)
Familie Brillenvögel (Zosteropidae)
Familie Honigfresser (Meliphagidae)
Familie Ammern (Emberizidae): *Goldammer, Schneeammern, Darwinfinken, Kardinäle, Tangaren*
Familie Waldsänger (Parulidae)
Familie Kleidervögel (Drepanididae)
Familie Stärlinge (Icteridae)
Familie Finken (Fringillidae): *Buchfinken, Girlitze, Zeisige, Stieglitze, Hänflinge, Kreuzschnäbel, Gimpel, Kernbeißer*
Familie Webervögel (Ploceidae): *Sperlinge, Schneefinken, Witwen, Widavögel, Feuerweber*
Familie Prachtfinken (Estrildidae): *Amadinen, Nonnen, Reisfinken, Zebrafinken, Astrilde, Amaranten*
Familie Stare (Sturnidae): *Star, Mainas, Glanzstare, Madenhacker*
Familie Pirole (Oriolidae)
Familie Drongos (Dicruridae)
Familie Schwalbenstare (Artamidae)
Familie Paradiesvögel (Paradisaeidae): *Großer Paradiesvogel, Laubenvögel*
Familie Rabenvögel (Corvidae): *Häher, Elstern, Raben, Krähen, Dohlen*

Klasse Säugetiere (Mammalia)

Unterklasse Ursäuger oder Eierlegende Säugetiere (Prototheria)
Ordnung Kloakentiere (Monotremata)
Familie Ameisenigel (Tachyglossidae)
Familie Schnabeltiere (Ornithorhynchidae)
Unterklasse Beutelsäuger (Metatheria)
Ordnung Beuteltiere (Marsupialia)
Familie Beutelratten (Didelphidae)
Familie Raubbeutler (Dasyuridae): *Beutelmäuse, Beutelmarder, Beutelwolf, Beutelteufel*
Familie Kletterbeutler (Phalangeridae): *Kusus, Kuskuse, Koala*
Familie Plumpbeutler (Vombatidae): *Wombats*
Familie Kängurus (Macropodidae): *Riesenkängurus, Baumkängurus, Wallabys*
Unterklasse Höhere Säugetiere (Eutheria)
Ordnung Insektenfresser (Insectivora)
Familie Schlitzrüßler (Solenodontidae)
Familie Tenreks (Tenrecidae)
Familie Goldmulle (Chrysochloridae)
Familie Igel (Erinaceidae)
Familie Spitzmäuse (Soricidae): *Waldspitzmaus, Feldspitzmaus*
Familie Maulwürfe (Talpidae): *Desman, Europäischer Maulwurf, Sternmull*
Familie Rüsselspringer (Macroscelididae): *Elefantenspitzmäuse*
Ordnung Herrentiere (Primates)
Unterordnung Halbaffen (Prosimiae)
Familie Spitzhörnchen (Tupaiidae)
Familie Lemuren (Lemuridae): *Mausmaki, Katta, Vari*
Familie Indris (Indriidae): *Indri, Sifakas*
Familie Loris (Lorisidae): *Schlanklori, Plumplori*
Familie Galagos (Galagidae): *Buschbaby*
Familie Koboldmakis (Tarsiidae)
Unterordnung Affen (Simiae)
Familie Greifschwanzaffen (Cebidae): *Nachtaffe, Uakari, Totenkopfäffchen, Kapuziner, Brüllaffen, Wollaffen*
Familie Krallenaffen (Callithricidae): *Weißpinselohräffchen, Löwenäffchen, Tamarins, Pinchéäffchen*
Familie Meerkatzenartige oder Tieraffen (Cercopithecidae): *Makaken, Paviane, Mangaben, Meerkatzen*
Familie Schlankaffen (Colobidae): *Languren, Nasenaffe, Stummelaffen*
Familie Gibbons (Hylobatidae): *Siamang, Schopfgibbon, Lar*
Familie Menschenaffen (Pongidae): *Orang-Utan, Gorilla, Schimpanse, Mensch*
Ordnung Fledertiere (Chiroptera)
Familie Flughunde (Pteropidae)
Familie Hufeisennasen (Rhinolophidae)
Familie Blattnasen (Phyllostomidae)
Familie Glattnasen-Fledermäuse (Vespertilionidae): *Mausohren, Abendsegler*
Ordnung Zahnlose (Edentata)
Familie Gürteltiere (Dasypodidae)
Familie Faultiere (Bradypodidae)
Familie Ameisenbären (Myrmecophagidae)
Ordnung Schuppentiere (Pholidota)
Ordnung Nagetiere (Rodentia)
Familie Hörnchen (Sciuridae): *Murmeltiere, Präriehunde, Ziesel, Streifenhörnchen, Eichhörnchen, Gleithörnchen*
Familie Taschenratten (Geomycidae)
Familie Taschenmäue (Heteromyidae)
Familie Biber (Castoridae)
Familie Wühler (Cricetidae): *Hamster, Wühlmäuse, Lemminge, Rötelmäuse, Feldmäuse, Bisamratten, Rennmäuse*
Familie Mäuse (Muridae): *Hausmaus, Hausratte, Gelbhalsmaus*
Familie Bilche (Gliridae): *Siebenschläfer, Haselmaus*
Familie Springmäuse (Dipodidae): *Wüstenspringmaus, Pferdespringer*
Familie Stachelschweine (Hystricidae)
Familie Chinchillas (Chinchillidae): *Chinchilla, Viscachas, Hasenmäuse*
Familie Meerschweinchen (Caviidae): *Hausmeerschweinchen, Maras*
Familie Agutis (Dasyproctidae): *Paka, Goldaguti*
Familie Baumstachler (Erethizontidae): *Borstenbaumstachler, Greifstachler, Urson*
Ordnung Waltiere (Cetacea)
Unterordnung Bartenwale (Mystacoceti)
Familie Glattwale (Balaenidae): *Grönlandwal, Nordkaper*
Familie Furchenwale (Balaenopteridae): *Finnwal, Blauwal, Buckelwal*
Unterordnung Zahnwale (Odontoceti)
Familie Pottwale (Physeteridae)
Familie Flußdelphine (Susuidae oder Platanistidae): *Gangesdelphin*
Familie Schweinswale (Phocanidae)
Familie Delphine (Delphinidae): *Delphin, Tümmler, Grindwal, Schwertwal*
Ordnung Raubtiere (Carnivora)
Unterordnung Landraubtiere (Fissipedia)
Familie Marder (Mustelidae): *Wiesel, Hermelin, Nerz, Iltis, Baummarder, Dachse, Stinktiere, Otter*
Familie Kleinbären (Procyonidae): *Waschbär, Nasenbär*
Familie Katzenbären (Ailuridae): *Katzenbär, Bambusbär*
Familie Großbären (Ursidae): *Braunbär, Schwarzbär, Lippenbär, Malaienbär*
Familie Schleichkatzen (Viverridae): *Zibetkatzen, Ginsterkatzen, Palmenroller, Mungos*
Familie Hyänen (Hyaenidae)
Familie Hundeartige (Canidae): *Wölfe, Füchse, Kojote, Schakale, Haushund*
Familie Katzen (Felidae): *Wildkatze, Serval, Luchse, Leopard, Jaguar, Tiger, Löwe, Hauskatze*
Unterordnung Wasserraubtiere (Pinnipedia)
Familie Ohrenrobben (Otariidae): *Seebären, Seelöwen*
Familie Walrosse (Odobenidae)
Familie Hundsrobben (Phocidae): *Mönchsrobben, Weddellrobbe, Krabbenfresser, Seeleopard, See-Elefanten, Klappmütze, Ringelrobben, Seehund*
Ordnung Hasentiere (Lagomorpha)
Familie Hasen (Leporidae): *Feldhase, Kaninchen*
Familie Pfeifhasen (Ochotonidae)
Ordnung Röhrenzähner (Tubulidentata): *Erdferkel*
Ordnung Seekühe (Sirenia)
Ordnung Rüsseltiere (Proboscidea)
Familie Elefanten (Elephantidae)
Ordnung Schliefer (Hyracoidea): *Buschschliefer, Klippschliefer*
Ordnung Unpaarhufer (Perissodactyla)
Familie Pferde (Equidae): *Wildpferd, Hauspferd, Zebras, Esel, Halbesel*
Familie Tapire (Tapiridae)
Familie Nashörner (Rhinocerotidae)
Ordnung Paarhufer (Artiodactyla)
Familie Schweine (Suidae): *Wildschwein, Hausschwein, Warzenschwein, Hirscheber*
Familie Nabelschweine oder Pekaris (Tayassuidae)
Familie Flußpferde (Hippopotamidae)
Familie Kamele (Camelidae): *Wildkamel, Dromedar, Lama, Guanako, Vikunja*
Familie Hirsche (Cervidae): *Rothirsch, Damhirsch, Muntjak, Axishirsch, Reh, Elch, Rentier*
Familie Giraffen (Giraffidae): *Giraffe, Okapia*
Familie Gabelhornträger (Antilocapridae): *Gabelbock*
Familie Hornträger oder Rinder (Bovidae)
Unterfamilie Ducker (Cephalophinae): *Rotducker, Blauböckchen*
Unterfamilie Böckchen oder Zwergantilopen (Neotraginae): *Dikdiks, Klippspringer*
Unterfamilie Waldböcke (Tragelaphinae): *Großer Kudu, Schirrantilope, Elenantilope, Nilgauantilope*
Unterfamilie Echte Rinder (Bovinae): *Hausrind, Wasserbüffel, Kaffernbüffel, Gaur, Banteng, Yak, Wisent, Bison*
Unterfamilie Kuhantilopen (Alcelaphinae): *Topi, Leierantilope, Gnus*
Unterfamilie Pferdeböcke (Hippotraginae): *Pferdeantilope, Rappenantilope, Spießbock, Oryxantilope, Mendesantilope*
Unterfamilie Riedböcke (Reduncinae): *Wasserbock, Kobantilope*
Unterfamilie Gazellenartige oder Großantilopen (Antilopinae): *Dorkasgazelle, Thomsongazelle, Hirschziegenantilope, Tibetgazelle*
Unterfamilie Saigas (Saiginae)
Unterfamilie Ziegenartige oder Böcke (Caprinae): *Hausziege, Gemse, Schneeziege, Steinböcke, Tahr, Wildschafe, Mufflon, Dickhornschaf, Moschusochse*

Register

Vorbemerkung: Im nachfolgenden Register sind nur die wesentlichen Textstellen und Abbildungen (jeweils nach der Abkürzung »Abb.«) berücksichtigt. Gleichheitszeichen (=) verweisen auf Synonyme, also auf gleichbedeutende Namen oder Begriffe, Pfeile (→) auf untergeordnete bzw. ergänzende Eintragungen. Alle wissenschaftlichen Tiernamen erscheinen *kursiv*.

A

B

C

D

E

F

G

H

I

J

K

L

M

N

O

P

Q

R

S

T

U

V

W

X

Y

Z

Bildnachweis

Die erste Zahl (14–700) gibt die Seitenzahl an, die Zahl hinter dem Komma die Bildnummer

Das Leben im Wald

14 Hans Reinhard/Bruce Coleman, Ltd; 15 Silvestris/Danegger; 16–17 Antonio Petruccelli; 18 Sonja Bullaty; 19 Sonja Bullaty; 20 Sonja Bullaty/Angelo Lomeo; 21 David Muench; 22,1 David Muench; 23,2 Dinny Slaughter/Photo Researchers, Inc.; 23,3 Oxford Scientific Films; 23,4 Edward S. Ross; 24 Loren McIntyre; 25 Loren McIntyre; 26,1 Oxford Scientific Films; 26–27,2 Tony Morrison; 27,3 Dale und Marion Zimmerman; 27,4 Raymond A. Mendez; 28,1 Ivan Polunin/Bruce Coleman, Inc.; 28,2 Ivan Polunin; 28,3 Joseph R. Jehl, Jr.; 29,4 Jean-Paul Ferrero; 29,5 Stanley Breeden; 29,6 Richard D. Estes; 30 Hans Reinhard/Bruce Coleman, Inc.; 31 Hans Reinhard/Bruce Coleman, Inc.; 32,1 Robert T. Smith/Ardea London; 32,2 Loren McIntyre; 32,3 R. F. Porter/Ardea London; 32,4 Hans Pfletschinger/Peter Arnold; 33,5 Hans Reinhard/Bruce Coleman, Inc.; 33,6 S. Roberts/ Ardea London; 34–35,1 Robert T. Smith/Ardea London; 35,2 Brian Benan/Ardea London; 35,3 I. A. Bailey/Ardea London; 36,1 Hans D. Dossenbach; 36–37,2 Hans Reinhard/ Bruce Coleman, Ltd; 37,3 Hans Reinhard/Bruce Coleman, Inc.; 38,1 Hans Silvester/Photo Researchers Inc.; 39,2 Jean-Paul Ferrero/Ardea London; 40,1 Jane Burton/Bruce Coleman, Inc.; 40,2 Stephen Dalton/Natural History Photographic Agency; 40,3 Jane Burton/ Bruce Coleman, Inc.; 40,4 L. Beames/ Ardea London; 40,5 Bob Gibbons/ Ardea London; 40,6 I. A. Bailey/Ardea London; 40,7 John Mason/Ardea London; 41,8 Hans Reinhard/Bruce Coleman, Inc.; 42 Hans Reinhard/Bruce Coleman, Ltd.; 43 Hans Reinhard/ Bruce Coleman, Ltd.; 44,1 Heinz Sielmann; 44,2 James R. Simon/Photo Researchers, Inc.; 44,3 Walter Fendrich; 44,4 Heinz Sielmann; 44,5 Hans Reinhard/Bruce Coleman, Inc.; 45,6 Arthur Christiansen; 46 Douglas Botting; 47 Douglas Botting; 48 Momatiuk/Photo Researchers, Inc.; 49 Momatiuk/Photo Researchers, Inc.; 50 Stan Wayman/ Photo Researchers, Inc.; 51 C. H. McDougal/Ardea London; 52,1 C. H. McDougal/Ardea London; 53,2 George Holton/Photo Researchers, Inc.; 53,3 M. P. L. Fogden; 53,4 Kjell B. Sandved; 53,5 William Ferguson; 53,6 Ivan Polunin/Natural History Photographic Agency; 54,1 Kjell B. Sandved; 55,2 George Holton; 56,1 Thase Daniel; 57,2 Kjell B. Sandved; 58 Tom McHugh/ Photo Researchers, Inc.; 59 Tom McHugh/Photo Researchers, Inc.; 60,1,2,3 Stanley Breedon; 60,7 L. H. Smith; 61,4,5,6 Stanley Breedon; 61,8 George Holton; 61,9 Stanley Breedon; 62,1 Stanley Breedon; 63,2 Douglas Baglin/Natural History Photographic Agency; 64,1 Eric Lindgren/Ardea London; 65,2 Eric Lindgren/Ardea London; 65,3 Belinda Wright; 65,4 Robin Smith; 65,5 Jean-Paul Ferrero; 66 Marty Stouffer/Animals Animals; 67 Marty Stouffer/Animals Animals; 68,1–68,2 George Holton; 68,3 Edward S. Ross; 69,4 George Holton; 69,5 T. W. Ransom; 70,1–70,2 George Holton; 71,3 Edward S. Ross; 71,4 Kjell B. Sandved; 71,5 Kjell B. Sandved; 71,6 Edward S. Ross; 71,7 Kjell B. Sandved; 72,1 Kjell B. Sandved; 72,2 Edward S. Ross; 72,3 Edward S. Ross; 73,4 W. T. Miller; 73,5 Jane Burton/Bruce Coleman, Inc.; 74–75 Bob Citron West Stock, Inc.; 76 Sonja Bullaty/Angelo Lomeo; 77 Sonja Bullaty/Angelo Lomeo; 78,1 Richard S. Diego; 79,2 Robert P. Carr; 79,3 Thase Daniel; 79,4 Sonja Bullaty/Angelo Lomeo; 80,1 Jack Dermid; 80,2 Philippa Scott/Natural History Photographic Agency; 80,3 Thase Daniel; 81 Thase Daniel; 82,1 Stephen J. Krasemann; 82,2 Thase Daniel; 82,3 Harry Ellis; 82,4 Jesse Lunger/Photo Researchers, Inc.; 83,5 G. C. Kelley; 83,6 Tom Brakefield/ Animals Animals; 84 Marty Stouffer/ Animals Animals; 85 Marty Stouffer/ Animals Animals; 86,1 Ylla Momatiuk/ Photo Researchers, Inc.; 86,2 Helen Rhode; 87,3 Stephen J. Krasemann; 88 Steven C. Wilson/Entheos; 89 Wolfgang Bayer; 90 Z. Leszczynski/Animals Animals; 91 Z. Leszczynski/Animals Animals; 92,1 Raymond A. Mendez; 92,2,3 Dale und Marion Zimmerman; 93,4–93,5 Oxford Scientific Films; 94,1–94,2 Loren McIntyre; 94,3 Kjell B. Sandved; 94,4 Karl Weidmann; 95,5–95,9 Raymond A. Mendez; 96,1 Edward S. Ross; 96,2 Edward S. Ross; 96,4 Edward S. Ross; 96,5 Raymond A. Mendez; 97,3 Edward S. Ross; 97,6 M. P. L. Fogden; 98,1 Loren McIntyre; 98,2 Wolfgang Bayer; 98,3 Tony Morrison; 98,4 Wolfgang Bayer; 99,5 Tony Morrison; 99,6 Wolfgang Bayer; 99,7 Wolfgang Bayer; 100,1 Loren McIntyre; 100,2 François Gohier; 101 François Gohier

Berge und Täler

102 Jeff Foott; 103 Prenzel/Maier; 104–105 Richard Rowan; 106,1 Paul Singer; 107,1–10 Howard Friedman; 107,11 Richard Rowan; 107,12 Carol Cawthra/Earth Scenes; 107,13 Harald Sund; 109 Sonja Bullaty/Angelo Lomeo; 110–111 Jeffrey Foott; 112,1 Jean-Paul Ferrero; 112,2 Breck P. Kent/Animals Animals; 113 Sonja Bullaty/Angelo Lomeo; 114–115 William A. Bake; 116–117 Helmut Gritscher/Animals Animals; 118,2 A. I. Sutcliffe/Natural Science Photos; 119,3,4 Hans D. Dossenbach; 119,5 Rene P. Bille; 120,1 Rene P. Bille; 120,2 Sonja Bullaty/Angelo Lomeo; 120–121,3 M. P. L. Fogden/Ecology Pictures; 120–121,4 Jean-Paul Ferrero; 121,5 Sonja Bullaty/Angelo Lomeo; 121,6 Hans D. Dossenbach; 122,1,2 Walter Fendrich/Animals Animals; 123,4 James Lester/Photo Researchers, Inc.; 123,3 Walter Fendrich/ Animals Animals; 125 Hans Reinhard/ Bruce Coleman, Inc.; 126,1,2 Walter Fendrich; 126,3 Kenneth W. Fink/ Bruce Coleman, Inc.; 127,4–7 John Ebeling; 128,1 Thase Daniel; 129,2 Roy A. Harris und K. R. Duff/J. Allan Cash, Ltd.; 129,3 A. Winspear Cundall/Natural Science Photos; 129,4 Gunter Ziesler/Photo Researchers, Inc.; 129,5 Brian Hawkes/Photo Researchers, Inc.; 130–131,1 G. Kinns/Natural Science Photos; 131,2 Tom Brakefield; 131,3 Eric Hosking; 132–133,1 Jean-Paul Ferrero; 133,2 Rene P. Bille; 133,3 Spectrum Color Library; 134,1 Rene P. Bille; 134,2 Roy A. Harris und K. R. Duff/J. Allan Cash, Ltd.; 134,3 Hans Reinhard; Bruce Coleman, Inc.; 134–135,4 Thomas Vanderschmidt/Animals Animals; 135,5 Jeffrey Foott; 135,6 Stephen J. Krasemann; 135,7 Jean-Paul Ferrero; 136,1 Rene P. Bille; 136,2 Jean-Paul Ferrero; 137,3 Arthur Christiansen; 138–139 Rene P. Bille; 140,1,2 Rene P. Bille; 141 Alan Root; 142,1 D. C. H. Plowes; 142–143,2 Patricia Caulfield/Animals Animals; 143,3 Leslie H. Brown; 143,4 Thase Daniel; 144,1 Peter Davey; 145,2 Dale und Marion Zimmerman; 145,3 Hans D. Dossenbach; 145,4 Eric Hosking; 146,1 Alan Root; 146–147,2 Alan Root/Tierbilder Okapia; 147,3 Deschryver/Tierbilder Okapia; 148,1,2 Hans D. Dossenbach; 148–149,3 Hans D. Dossenbach; 150–151 Belinda Wright; 152,1 John Melville Bishop; 152,2 Eric Hosking; 152,3 Belinda Wright; 153,4 Eric Hosking; 154,1–3 John Melville Bishop; 154–155,6 G. D. Plage/Bruce Coleman, Inc.; 155,4,5 John Melville Bishop; 156,1 Jean-Paul Ferrero; 157,2,3 Thase Daniel; 157,4 Belinda Wright; 158,1 Belinda Wright; 158,2 George B. Schaller/Bruce Coleman, Inc.; 158,3 Robin Smith Photography, Ltd.; 159,4 George B. Schaller/ Bruce Coleman, Inc.; 160,1 Francisco Erize/Bruce Coleman, Inc.; 160,2 Thase Daniel; 161 Harald Sund; 162–163 W. T. Hall/Bruce Coleman, Inc.; 164,1 Tom Brakefield; 164,2 Stouffer Productions, Ltd./Animals Animals; 164,3 Jack L. Griffin/Animals Animals; 164,4,5 Zig Leszczynski/Animals Animals; 165,6 Stouffer Productions, Ltd./Animals Animals; 166,1,2, 4,5,7,8 Jack Dermid; 167,3 Harry Ellis; 167,6,9 Jack Dermid; 168–169 Stephen J. Krasemann; 170,1 Stouffer Productions, Ltd./Animals Animals; 171,2 Thase Daniel; 171,3 Bruce Coleman, Inc.; 171,4 Edward S. Ross; 172–173 Raymond A. Mendez/Animals Animals; 174–175,1 William Franklin; 175,2 William Franklin; 176,1 Tony Morrison; 176–177,2 Marion Morrison; 178,1,2 Tony Morrison; 178,3 François Gohier; 179,4,5 Tony Morrison; 180–181 Tony Morrison

Bäche und Flüsse, Teiche und Seen

182 Fritz Polkin/Bruce Coleman, Ltd; 183 Hans Reinhard; 184–185 Jeff Foott; 186,1–3 National Aeronautics and Space Administration; 187 Steven C. Wilson/Entheos; 188,1 David Cavagnaro; 188,2 Dolores Santoliquido; 189,3 Hans Reinhard; 190–191,1–9 Dwight R. Kuhn; 192,1,2 Dwight R. Kuhn; 192,3 James H. Carmichael/Bruce Coleman, Inc.; 193,4 Hans D. Dossenbach; 194–195,1,2 I. P. Champroux/Jacana; 196–197 Angelo Lomeo; 198–199 Hans Reinhard; 200,1 Collection Varin-Visage/Jacana; 200,2,3 Hans Reinhard; 200,5 Hervé Chaumeton/Jacana; 200,6 Hans Reinhard; 200,7 Jane Burton/ Bruce Coleman; Inc.; 201,4 Klaus Paysan; 201,8 Hans Reinhard/Bruce Coleman, Inc.; 202,1 Hans Reinhard/Bruce Coleman, Inc.; 202,2–4 Heather Angel; 203,5 Bob und Ira Spring; 204 – Zeichnung – Dolores Santoliquido; 204,1 Stephen Dalton/Bruce Coleman, Ltd.; 205,2 Hans Reinhard; 206,1 Hans Reinhard; 207,2 Hans Reinhard; 207,3 Hans D. Dossenbach; 208–209 Hans D. Dossenbach; 210,1,2 Arthur Christiansen; 210,3 D. N. Dalton/Natural History Photographic Agency; 211,4 Arthur Christiansen; 211,5 Pissavini/Jacana; 212,1 Hans D. Dossenbach; 213,2 Jane Burton/Bruce Coleman, Inc.; 214 Hans Reinhard; 215 Bob und Ira Spring; 216 Dolores Santoliquido; 217 Anthony Bannister/Natural History Photographic Agency; 218–219 I. P. Hervy/Jacana; 220,1 Erwin und Peggy Bauer; 221,2 Wolfgang Bayer/Bruce Coleman, Inc.; 222–223 F. S. Mitchell/Tom Stack & Associates; 224,1 Animals Animals/ ©Fran Allen; 224,2 Hans D. Dossenbach; 224,3 M. Philip Kahl/Verda International Photos; 225,4 M. Philip Kahl/Verda International Photos;

225,5 Hans D. Dossenbach; 226–227 F. S. Mitchell/Tom Stack & Associates; 228–229 Jean-Paul Ferrero; 230 Dolores Santoliquido; 230–231 Tom McHugh/National Audubon Society Collection/Photo Researchers, Inc.; 232,1 Stanley Breeden; 233,2 Mike Price/Bruce Coleman, Ltd.; 233,3 Stanley Breeden; 233,4 Lynn M. Stone/Bruce Coleman, Inc.; 233,5 Joseph van Wormer/Bruce Coleman, Inc.; 234–235 François Gohier; 236–237 Frank S. Todd; 238–239 Joe B. Blossom/National Audubon Society Collection/Photo Researchers, Inc.; 240–241 Stanley Breeden; 242,1 Stanley Breeden; 242,2 Carl Purcell/National Audubon Society Collection/Photo Researchers, Inc.; 243,3 Jean-Paul Ferrero/Ardea London; 244,1 Tom McHugh, Taronga Zoo, Sydney/Photo Researchers, Inc.; 244,2 Frank S. Todd; 245,3 Michael Morcombe; 246–247 Jeff Foott, Bruce Coleman, Inc.; 248,1 Animals Animals/©Stouffer Productions; 249,2 Jim Brandenburg; 250 Dolores Santoliquido; 250,1 Jeff Foott; 250,2 Thase Daniel; 250,3 Steven C. Wilson/Entheos; 251,4 Jeff Foott; 252–253,1 Harry Engels; 253,2 Animals Animals/©Harry Engels; 253,3 Gregory K. Scott/National Audubon Society Collection Photo Researchers, Inc.; 254,1 Warren Martin Hern; 255,2 Edward R. Degginger; 255,3 William A. Paff/Tom Stack & Associates; 256, 257 William H. Amos; 258–259 G. Ziesler/Bruce Coleman, Ltd.; 260,1 François Gohier/National Audubon Society Collection/Photo Researchers, Inc.; 261,2 Hans D. Dossenbach; 261,3 Loren McIntyre; 261,4 Harold Schultz/Bruce Coleman, Ltd.; 262,1,2 Loren McIntyre; 263,3 Jan Lindblad/National Audubon Society Collection/Photo Researchers, Inc.; 263,4 Sven-Olof Lindblad/National Audubon Society Collection/Photo Researchers, Inc.; 264,1 Tom McHugh, Steinhart Aquarium/Photo Researchers, Inc.; 265,2 L. und D. Klein/National Audubon Society Collection/Photo Researchers, Inc.; 266,1 Loren McIntyre; 266–267,2 Heather Angel; 268 Dolores Santoliquido; 268–269,1 Klaus Paysan; 269,2 Tom McHugh, Steinhart Aquarium/Photo Researchers, Inc.; 269,3 Hans Reinhard/Bruce Coleman, Inc.; 270,1 Jane Burton/Bruce Coleman, Ltd.; 270,2 Hans Reinhard/Bruce Coleman, Ltd.; 270,3,4 Jane Burton/Bruce Coleman, Ltd.; 270,5 Serge Pecolatto/Jacana; 270,6 Mero/Jacana; 270,7,8 Loren McIntyre; 271,9 Collection Varin-Visage/Jacana; 272,1,2 Loren McIntyre; 272,3 Tony Morrison; 272–273,4 Michael P. L. Fogden

Meere und Meeresküsten

274 Prenzel/Y. Braun; 275 K. Wothe; 276–277 Maurice Rumboll; 278,1 Harald Sund; 278–279,2 Georg Kelvin; 280,1 Georg Kelvin; 280,2,3 Michael Abbey/Tom Stack and Associates; 280,4,5 Oxford Scientific Films; 281 Edward R. Degginger; 282,1 James David Brandt/Earth Scenes; 282,2 Breck P. Kent/Earth Scenes; Karte 282–283 Richard Edes Harrison; 284,1 Barry Parker; 284–285 Karte Richard Edes Harrison; 286,1 Harold Simon/Tom Stack and Associates; 287,2,3 Georg Kelvin; 288–289 Stephen I. Krasemann; 290,1 National Aeronautics and Space Administration; 290,2 Sonja Bullaty/Angelo Lomeo; 290,3–4 Georg Kelvin; 291,5 Georg Kelvin; 292–293,2 Steven C. Wildon/Entheos; 293,3 Kurt Severin; 292,1 Karte Richard Edes Harrison; 294,1 Leslie F. Conover/Photo Researchers, Inc.; 295,2 Richard Chesher/Photo Researchers, Inc.; 296–297 Steven C. Wilson/Entheos; 298,1 Colin B. Frith/Bruce Coleman, Ltd.; 298,2 Jeff Rotman; 298–299,3 Ron Church/Photo Researchers, Inc.; 298,5 L. M. Stone/Bruce Coleman, Ltd.; 298–299,6 L. L. T. Rhodes/Animals Animals; 298,8 Alan Power/Photo Researchers, Inc.; 298–299,9 Jeff Foott; 299,4 Kenneth R. H. Read/Tom Stack and Associates; 299,7 K. H. Switak; 299,10 N. Coleman/Tom Stack and Associates; 300,1,2 Jeff Foott; 300,8,9 Jack Drafahl; 300,5 Verna R. Johnson/Photo Researchers, Inc.; 301,3 Calvin, Larsen/Photo Researchers, Inc.; 301,4 Douglas Faulkner; 301,6 Kenneth E. Lucas/Steinhart Aquarium; 301,7 Jack Drafahl; 301,10 Stephen Dalton/Natural History Photographic Agency; 302,1 Edward R. Degginger; 302–303,2 Jeff Foott; 302,4 Jeff Rotman; 302–303,5 Klaus Paysan; 302,7 Jeff Foott; 302–303,8 Klaus Paysan; 303,3 Betty Randall; 303,8 Jack Drafahl; 303,9 Jack Drafahl; 303,10 Phil Degginger; 304–305 Jack Drafahl; 306,1, 306–307,2 George Holton; 308–309 Jack Dermid; 310,1 Charlie Ott/Photo Researchers, Inc.; 310,2 Russ Kinne/Photo Researchers, Inc.; 310,3 Klaus Paysan; 310,4 Betty Randall; 311,5 Carl Roessler; 312–313 James H. Carmichael; 314,1 Jane Burton/Bruce Coleman, Ltd.; 314,2 Douglas Faulkner; 315,3 Jacques Six; 315,4 Tom McHugh/Photo Researchers, Inc.; 316–317 Jacques Six; 318,1,2 Hans Dossenbach; 318,4 Phyllis Greenberg/Photo Researchers, Inc.; 318,5 William R. Curtsinger/Photo Researchers, Inc.; 319,3 Peter Ward; 319,6 William R. Curtsinger/Animals Animals; 319,7 William R. Curtsinger/Photo Researchers, Inc.; 320–321,1 Norman Tomlin/Bruce Coleman, Ltd.; 321,2 Russ Kinne/Photo Researchers, Inc.; 322,1 Koja Tanaka/Animals Animals; 322,2 Fred Baldwin/Photo Researchers, Inc.; 322,3 Jeff Foott; 322–323,4 Fred Bruemmer; 324,1 Michael und Barbara Reed/Animals Animals; 324,2 James D. Brandt/Animals Animals; 324,4 Thase Daniel; 324,5 Fred Bruemmer; 324–325,3 George Holton; 324–325,6 Steven C. Wilson/Entheos; 325,7,8 Jeff Foott; 326–327 Jeff Rotman; 329,5 David Doubilet/Animals Animals; 330,1 James H. Carmichael/Bruce Coleman, Ltd.; 330,2,3,5,6,8,9 Douglas Faulkner; 331,4,7,10,11 Douglas Faulkner; 332,1 Howard Hall/Tom Stack and Associates; 332,2 Charles Arneson; 332,3 Jacques Six; 332,6 Jeff Rotman; 332,7 Edward R. Degginger; 332,10 Bill Wood/Natural History Photographic Agency; 333,4,5 Bill Wood/Natural History Photographic Agency; 333,8 Jacques Six; 333,9 James H. Carmichael; 334,1 Douglas Allan/Ecology Pictures; 334,2 Charles Arneson; 334–335,3 Phil Degginger; 335,4 Bill Wood/Bruce Coleman, Inc.; 335,5,6 Jeff Rotman; 335,7 Zig Leszczynski/Animals Animals; 336–337 Nicholas Devore/Bruce Coleman/Ltd.; 338–339 François Gohier; 340,1 Oxford Scientific Films; 340,2 Jane Burton/Bruce Coleman, Ltd.; 340,3 Oxford Scientific Films; 340,4 Bruce Coleman, Ltd.; 340–341,5 Jack Fields/Photo Researchers, Inc.; 341,6 Keith Gillet/Animals Animals; 342–343 Bruce Coleman, Ltd.; 344,1 Bruce Coleman, Ltd.; 344,2 Fred Baldwin/Photo Researchers, Inc.; 345,3 Robert W. Hernandez/Photo Researchers; 346,1 Russ Kinne/Photo Researchers, Inc.; 346,2 Bruce Coleman, Ltd.; 347,3 Jen und Des Bartlett/Bruce Coleman, Ltd.; 347,4 François Gohier; 348,1 Stefani Hewlett; 348–349,2 Jeremy Fitz Gibbon; 348,4 Jeremy Fitz Gibbon; 348–349,5 Hans DeJager; 349,3 Jeremy Fitz Gibbon; 349,6 N. A. Newman; 350–351 Kenneth E. Lucas/Steinhart Aquarium; 352–353,1 Oxford Scientific Films; 352,2 Peter David/Photo Researchers, Inc.; 353,3 Oxford Scientific Films; 353,4 Peter David/Photo Researchers, Inc.; 353,5 Peter David/Photo Researchers, Inc.; 354–355 Oxford Scientific Films; 356,1 Peter David/Photo Researchers, Inc.; 356,2 Kenneth E. Lucas/Steinhart Aquarium; 357,3–5 Peter David/Photo Researchers, Inc.; 358–359 Oxford Scientific Films; 360,1,2 Oxford Scientific Films; 361,3,4 Oxford Scientific Films; 361,5 Official Photography U. S. Navy

Faszinierende Inselwelt

362 Okapia Tierbilder; 363 Bio-Info/Meyer; 364–365 Robert J. Shallenberger/Ahuimanu Productions; 366 Gordon Gahan/Photo Researchers, Inc.; 367 Earth Scenes/©Ed Cooper; 368–369 Tui A. de Roy; 370,1 Thase Daniel; 371 Zeichnungen Paul Singer; 371,2–7 Hans D. Dossenbach; 372,1 Tui A. de Roy/Bruce Coleman, Inc.; 372–373,2, 372,3 Hans D. Dossenbach; 373,4 Tui A. de Roy; 374,1,2 Hans D. Dossenbach; 374–375,3 Tui A. de Roy; 376,1 Francisco Erize; 376,2 Hans D. Dossenbach; 377 David R. Gray/National Museums of Canada; 378–379 David Gill/National Museums of Canada; 380–381,1 Francisco Erize/Bruce Coleman, Inc.; 381,2 David R. Gray/National Museums of Canada; 382–383 Jeff Foott/Bruce Coleman, Ltd.; 384,1 Edwin Mickleburgh/Ardea London; 384 bis 385,2 Ronny Jaques/Photo Researchers, Inc.; 385,3 Hans D. Dossenbach; 386–387 Robert Gillmor/Bruce Coleman, Ltd.; 388,1 Animals Animals/©John Stern; 389,2 Tom Walker/Tom Stack & Associates; 390,1 Teiji Saga/Pacific Press Service/Photo Researchers, Inc.; 390–391,2 Teiji Saga/Pacific Press Service/Photo Researchers, Inc.; 392,1,2 Tetsuo Gyoda; 393,3 David Cavagnaro; 394–395 Nicholas Devore/Bruce Coleman, Ltd.; 396,1 Robert J. Shallenberger/Ahuimanu Productions; 397,2 William P. Mull; 398,1,2 William P. Mull; 398,3 Tui A. de Roy; 399 Zeichnungen Paul Singer; 399,4 Feodor U. Pitcairn; 400,1, 400–401,2 David Cavagnaro; 402, 403 Ivan Polunin; 404,1 Michael P. L. Fogden/Bruce Coleman, Inc.; 404,2,3, 405,4 Ivan Polunin; 405,5 S. C. Bisserot/Bruce Coleman, Ltd.; 406,1 Colin B. Frith/Bruce Coleman, Inc.; 406,2 Gary Milburn/Tom Stack & Associates; 407,3 Heinz Sielmann; 408–409 C. B. Frith und D. W. Frith/Bruce Coleman, Inc.; 410–411 Bill N. Kleeman/Tom Stack & Associates; 412,1 Hans und Judy Beste/Tom Stack & Associates; 413,2 W. R. Taylor/Ardea London; 413,3 Hans und Judy Beste/Tom Stack & Associates; 413,4 Stanley Breeden; 413,5 Hans Beste/Ardea London; 414,1 Jean-Paul Ferrero; 414,2, 414–415,3 Hans und Judy Beste/Tom Stack & Associates; 416,1 Hans und Judy Beste/Ardea London; 416–417,2 Hans und Judy Beste/Tom Stack & Associates; 417 Zeichnungen Paul Singer; 417,3 Hans und Judy Beste/Tom Stack & Associates; 418,1,3 Animals Animals/©Hans und Judy Beste; 418,2 Hans und Judy Beste/Ardea London; 418,4 Belinda Wright; 418,5 Stanley Breeden; 418,6 Brian Coates/Bruce Coleman, Ltd.; 419,7 Popperfoto; 420,1 Eric Lindgren/Ardea London; 421,2 Belinda Wright; 422,1 George Holton; 423,2 M. P. Soper/Bruce Coleman, Inc.; 423,3 M. F. Soper/Bruce Coleman, Ltd.; 424–425 George Holton/Photo Researchers, Inc.; 426,1 Animals Animals/©Stouffer Enterprises; 426,2 Russ Kinne/Photo Researchers, Inc.; 427,3,4 Russ Kinne/Photo Researchers, Inc.; 428,1 A. Noldvay/Photo Researchers, Inc.; 428–429,2 Russ Kinne/Photo Researchers, Inc.; 430–431 Thase Daniel; 432,1 S. C. Bisserot/Bruce Coleman, Ltd.; 432,2,3 Robert W. Hernandez/Photo Researchers, Inc.; 432,4 George Holton/Photo Researchers, Inc.; 433 Werner Kurth/Ardea London; 434,1 Kenneth W. Fink/Photo Researchers, Inc.; 434–435,2 Richard Vaughan/Ardea London; 435,3 Farrell Grehan/Photo Researchers, Inc.; 436–437 Klaus Paysan; 438–439 Sandy Sprunt/Photo Researchers, Inc.; 440,1 Oxford Scientific Films, Ltd.; 440–441,2 Jack Dermid; 441,3 James H. Carmichael; 441,4 Oxford Scientific Films, Ltd.; 441,5 D. J. Stradling/Oxford Scientific Films, Ltd.; 441,6 Adrian Warren/Ardea London; 441,7,8 Animals Animals/©Raymond A. Mendez; 442–443 Animals Animals/©Richard Kolar; 444–445 Animals Animals/©Raymond A. Mendez

Steppe, Savanne und Prärie

446 Prenzel/Aberham; 447 Bio-Info/Meyers; 448–449 Tom Nebbia; 450,1

Edward R. Degginger; 450,2 Patricia Caulfield; 450,3 Eric Lindgren/Ardea London; 451,4 Tom Nebbia; 452,1 Gus Wolfe; 452,2 Patricia Caulfield; 452,3 Tom Nebbia; 453,4 Robert P. Carr; 454–455 Jean-Paul Ferrero; 456,1 Arthur Christiansen; 457,2 Ermie/Jacana; 457,3 Collection Varin-Visage/Jacana; 458 bis 459 François Gohier; 460,1 Bob Gibbons/Ardea London; 460,2 Jane Burton/Bruce Coleman, Inc.; 460,3 Collection Varin-Visage/Jacana; 460,4,5 Heinz Sielmann; 461,6 Arthur Christiansen; 462–463 Jean-Paul Ferrero; 464,1, 464–465,2 Jean-Paul Ferrero; 466–467,1, 467,2 Jean-Paul Ferrero; 468 Jean-Paul Ferrero; 469 Willem Botha/Colorado Nature Photographic Studio; 470–471 Clem Haagner/Bruce Coleman, Inc.; 472–473,1 Hans D. Dossenbach; 473,2 Clem Haagner/Bruce Coleman, Inc.; 473,3 Klaus Paysan; 474,1 Animals Animals/© Fran Allen; 474,2, 474–475,3 Edward R. Degginger; 476–477 Tom Nebbia; 478,1 Alan Weaving/Ardea London; 479,2 F. S. Mitchell/Tom Stack & Associates; 479,3 Edward R. Degginger; 479,4 Leonard Lee Rue III/Tom Stack & Associates; 479,5 J. Robert, Jacana; 479,6 Gerald Cubitt/Bruce Coleman, Ltd.; 480,1 Willem Botha/Colorado Nature Photographic Studio; 480–481,2, 480,3 Edward R. Degginger; 480–481,4 Klaus Paysan; 481,5 Alain Anton/Jacana; 482,1 Willem Botha/Colorado Nature Photographic Studio; 482,2 Al Nelson/Tom Stack & Associates; 482,3,4 Klaus Paysan; 483,5,6,7 Edward R. Degginger; 484–485 Edward R. Degginger; 486,1 Mohamed Amin/Bruce Coleman, Inc.; 487,2 F. S. Mitchell/Tom Stack & Associates; 487,3 Peter Davey/Bruce Coleman, Ltd.; 488,1 Heinz Sielmann; 489,2 Tom Nebbia; 489,3 J. M. Pearson/Bruce Coleman, Ltd.; 489,4 Animals Animals/© A. B. Shapiro; 490–491,1 Marion H. Levy/National Audubon Society Collection/Photo Researchers, Inc.; 490,4, 491,3 Warren Garst/Tom Stack & Associates; 491,2 Norman Myers/Bruce Coleman, Inc.; 492–493 Hans und Judy Beste/Ardea London; 494,1 Jean-Philippe Varin/Jacana; 495,2,3,4 Jean-Camp Paul Ferrero; 496,1 Jean-Paul Ferrero/Ardea London; 496–497,2 Isavon and Tilford/Ardea London; 497,3 Jean-Paul Ferrero; 498–499, 500,1 Jim Brandenburg; 500–501,2 Steven C. Wilson/Entheos; 502–503 Larry R. Ditto; 504,1 Harry Engels; 504,4 Wyman P. Meinzer; 505,2 John Shaw; 505,3 Harry Engels; 505,5 Steven C. Wilson/Entheos; 506,1 Jon Farrar; 506–507,2 Alan Nelson/Tom Stack & Associates; 507,3 Steven C. Wilson/Entheos; 508–509 Jim Brandenburg; 510,1 Gus Wolfe; 510,2 Charles G. Summers, Jr./Colorado Nature Photographic Studio; 511,3,4,5 John Cancalosi/Tom Stack & Associates; 511,6 Jon Farrar; 512–513 Steven C. Wilson/Entheos; 514,1,2 Gary R. Zahm; 514–515,5 Charles G. Summers, Jr./Colorado Nature Photographic Studio; 515,3 Gary R. Zahm; 515,4 Larry R. Ditto; 516–517,1 Jon Farrar; 517,2 Jim Brandenburg; 518–519 François Gohier; 520,1, 521,2,3,4,5 Loren McIntyre; 522–523, 524,1, 525,3,4 François Gohier; 524,2 Perry Shankle; 526,1 J. Robert/Jacana; 526–527,2 François Gohier; 527,3 Edward S. Ross

Lebendige Wüste

528 Stephen J. Krasemann; 529 Prenzel/Aberham; 530–531 Clem Haagner/Bruce Coleman, Inc.; 532,1 The National Space Administration, Gemini V orbit; 532–533,2 Robin Smith; 533,3 David Muench; 533,4 Edward S. Ross; 534–535 Loren A. McIntyre; 536,1 Robin Smith; 537,2,3,4 David Muench; 538–539 Wardene Weisser/Ardea London; 540–541 George Holton; 542,1 Loren A. McIntyre; 543,2 Steven C. Wilson/Entheos; 543,3,4,5 Edward S. Ross; 544–545,1 Michael Morcombe; 545,2 Stephen J. Krasemann; 546–547,1 Steve Crouch; 547,2 Jeff Foott; 548,1 Perry Shankle; 548–549,2,3 Willis Peterson; 549,4 Tom Nebbia; 550–551,1 Michael P. L. Fogden; 551,2 Wyman P. Meinzer; 552 Edward R. Degginger; 553 Tom Nebbia; 554–555 Giorgio Gualco/Bruce Coleman, Inc.; 556,1 Edward S. Ross; 556–557,2 Carol Hughes/Bruce Coleman, Inc.; 556–557,5 Edward S. Ross; 557,3 Rod Borland/Bruce Coleman, Inc.; 557,4 Anthony Bannister/Natural History Photographic Agency; 558,1, 558–559,2,5 Edward S. Ross; 558,4 Anthony Bannister; 559,3 Edward S. Ross; 559,6 Moira Borland/Bruce Coleman, Inc.; 560–561,1 Clem Haagner/Ardea London; 560–561,2 Clem Haagner/Bruce Coleman, Inc.; 562,1 Edward S. Ross; 563,2 M. Philip Kahl; 564,1 George Holton/Photo Researchers, Inc.; 565,2,3 Varin-Visage Collection/Jacana; 566–567 Belinda Wright; 568,1 Georg Gerster/Photo Researchers, Inc.; 569,2,3,4 Oxford Scientific Films; 569,5 Gianni Tortoli/Photo Researchers, Inc.; 570–571,1 George Holton; 570–571,2 Oxford Scientific Films; 572,1 Stanley Breeden; 572,2 Oxford Scientific Films; 573,3,4, G. K. Brown/Ardea London; 573,5 Oxford Scientific Films; 574–575 Michael P. L. Fogden; 576–577,1 Animals Animals/Stouffer Productions; 576–577,2 Harry Engels; 578,1 Steven C. Wilson/Entheos; 578,2, 578–579,4 Charles G. Summers, Jr./Bruce Coleman, Inc.; 578,3 Gary R. Jones/Bruce Coleman, Inc.; 580,1 David Muench; 581,2 Jeff Foott; 582–583 George Holton; 584,1 Des Bartlett/Bruce Coleman, Inc.; 584–585,2 Gunter Ziesler/Photo Researchers, Inc.; 585,3, 586,1, 586–587,2 Loren A. McIntyre; 588–589 Ralph H. Williams/Bruce Coleman, Inc.; 590–591 Steven C. Wilson/Entheos; 592,1 David Muench; 593,2 Edward R. Degginger; 593,3 Steven C. Wilson/Entheos; 594–595 Edward R. Degginger; 596,1 Wyman P. Meinzer; 596–597,2 Kenneth W. Fink/Photo Researchers, Inc.; 598–599,1 Tom McHugh/Photo Researchers, Inc.; 599,2,3 Edward R. Degginger; 599,4 Animals Animals/Zig Leszczynski; 600,1,2 Raymond A. Mendez; 600–601,3 J. A. L. Cooke/Oxford Scientific Films; 600,5 Michael P. L. Fogden; 600,6 D. Dee Wilder; 600–601,7 Edward S. Ross; 600 Zeichnungen Paul Singer; 601,4 Edward S. Ross; 601,8 Raymond A. Mendez; 601 Zeichnungen Paul Singer; 602 Zeichnungen Paul Singer; 602–603 Stephen J. Krasemann/Photo Researchers, Inc.; 603 Zeichnungen Paul Singer; 604,1 Michael P. L. Fogden; 604–605,2 Jen und Des Bartlett/Bruce Coleman, Inc.; 605,3 Russ Kinne/Photo Researchers, Inc.; 606 Steven C. Wilson/Entheos; 607 Stanley Breeden; 608,1,2 Michael Morcombe; 608,4 Robin Smith; 608,5 Gary Steer; 608–609,3 Stanley Breeden; 609,6 Douglas Baglin/Natural History Photographic Agency; 610,1 Animals Animals/Hans und Judy Beste; 610–611,2 Graeme Chapman/Ardea London; 611,3 Stanley Breeden; 611,4 Robin Smith; 612,1 Stanley Breeden; 613,2 Edward S. Ross; 614,1 Eric R. Pianka; 614,2 G. R. Roberts; 614,3 Stanley Breeden; 614,4 Robin Smith; 614–615,5 Hans und Judy Beste/Tom Stack and Associates; 616–617 Stanley Breeden

Im Umkreis der Pole

618 Bio-Info/Wisniewski; 619 Silvestris/Hilary; 620–621 Robert Hernandez; 622,1,3 623,2,4 Goddard Space Flight Center/National Aeronautics and Space Administration; 624,1 Russ Kinne/National Audubon Society Collection/Photo Researchers, Inc.; 625,2 Jen und Des Bartlett/Bruce Coleman, Ltd.; 626,1 Francisco Erize/Bruce Coleman, Inc.; 626,2 Steven C. Wilson/Entheos; 626,3 Fred Bruemmer; 627,4 Douglas Allan/Ecology Pictures; 627,5 G. Carleton Ray; 628–629 Tom Walker; 630,1 Steven C. Wilson/Entheos; 630,2 Fred Bruemmer; 630–631,3 Steven C. Wilson; 632,1,2 Steven C. Wilson/Entheos; 632–633,3 Fred Bruemmer; 634 G. Carleton Ray; 635 David R. Gray; 636–637 Fred Bruemmer; 638,1 Stephen J. Krasemann/DRK Photo; 638,2 Francisco Erize/Bruce Coleman, Ltd.; 639,3 Steven C. Wilson/Entheos; 639,4 Douglas Chadwick; 640–641 Clem Haagner/Ardea London; 642,1 Fred Bruemmer; 642–643,2 Franz Lazi/National Audubon Society Collection/Photo Researchers, Inc.; 643,3 Steven C. Wilson/Entheos; 643,4 Francisco Erize; 644,1 Stephen J. Krasemann/National Audubon Society Collection/Photo Researchers, Inc.; 644,2 W. E. Ruth/Bruce Coleman, Inc.; 644,3 Fred Bruemmer; 644–645,4 Fred Bruemmer; 645,5 David R. Gray; 646–647,1 Jouve/Jacana; 647,2 G. Carleton Ray; 648–649 Francisco Erize; 650–651 Steven C. Wilson/Entheos; 652–653 Jerry Hout/Bruce Coleman, Ltd.; 654–655, 1–6 Jack Finch; 656–657 Kenneth W. Fink/Ardea London; 658,1 Tom McHugh/National Audubon Society Collection/Photo Researchers, Inc.; 658,2 Claude Pissavini/Jacana; 659,3 Francisco Erize/Bruce Coleman, Ltd.; 659,4 John J. Burns; 660,1 Fred Bruemmer; 660–661,2 Brian Hawkes/Robert Picture Library; 661,3 David A. Gill; 661,4 Jim Brandenburg; 662 Steven J. Krasemann; 664,1, 665,2 Stephen J. Krasemann/DRK Photo; 665,3 Douglas Chadwick; 665,4 David R. Gray; 666,1,2 Heinz Sielmann; 666,3 Fred Bruemmer; 666,4 Mark Kelley; 666,5 George W. Calef; 666–667,6 Heinz Sielmann; 667,7 Fred Bruemmer; 668–669 Steven C. Kaufmann; 670–671 François Gohier; 672–673,1 Edward R. Degginger; 673,2,3 François Gohier; 673,4 Roger Tory Peterson/National Audubon Society Collection/Photo Researchers, Inc.; 674,1 Roger Tory Peterson/National Audubon Society Collection/Photo Researchers, Inc.; 674,2 Gerald L. Kooyman; 675,3 M. C. T. Smith/National Audubon Society Collection/Photo Researchers, Inc.; 676,1 Jon Brook/Ecology Pictures; 677,2,3 Paul K. Dayton; 677,4 Kjell B. Sandved/National Audubon Society Picture Collection/Photo Researchers, Inc.; 677,5 Douglas Allan/Ecology Pictures; 677,6 G. Carleton Ray; 677,7,8 Douglas Allan/Ecology Pictures; 677,9 G. Carleton Ray; 677,10 Douglas Allan; 678–679 Paul K. Dayton; 680,1 Stephen J. Krasemann/DRK Photo; 680–681,2 Hans D. Dossenbach; 681,3,5 François Gohier; 681,4 Kenneth W. Fink/Ardea London; 682–683 J. Hawkins; 684,1 René Volot/Jacana; 685,2 Francisco Erize; 685,3 R. J. Tulloch/Bruce Coleman, Ltd.; 686–687 G. Carleton Ray; 688 John J. Burns; 689 Zeichnungen Dolores R. Santoliquido; 690,1,2 Fred Bruemmer; 690,3 Francisco Erize; 690–691,4 David O. Lavallee; 692–693 G. Carleton Ray; 694,1 Farrell Grehan/National Audubon Society Collection/Photo Researchers, Inc.; 694–695,2 Francisco Erize; 694,3 Fred Bruemmer; 695,4 Gordon A. Robilliard; 695,5 William Curtsinger/National Audubon Society Collection/Photo Researchers, Inc.; 695,6 G. Carleton Ray; 696 Zeichnungen Dolores R. Santoliquido; 696,1 David O. Lavallee; 696,2 Russ Kinne/National Audubon Society Collection/Photo Researchers, Inc.; 696–697,3 Fred Bruemmer; 697,4 David O. Lavallee; 697 Zeichnungen Dolores R. Santoliquido; 698,1 Seven-Olaf Lindblad/National Audubon Society Collection/Photo Researchers, Inc.; 698–699,2 Robert W. Hernandez/National Audubon Society Collection/Photo Researchers, Inc.; 698,4 William Curtsinger/National Audubon Society Collection/Photo Researchers, Inc.; 698–699,5 Robert W. Hernandez/National Audubon Society Collection/Photo Researchers, Inc.; 698,7 Robert W. Hernandez/National Audubon Society; 699,3 Jean und Des Bartlett/Bruce Coleman, Ltd.; 699,6 R. Zanatta/Bruce Coleman, Inc.; 699,8 William Curtsinger/National Audubon Society Collection/Photo Researchers, Inc.; 700,1 Fred Baldwin/National Audubon Society Collection/Photo Researchers, Inc.; 700,2 Karen B. Reeves